HANDBUCH DER MIKROSKOPISCHEN ANATOMIE DES MENSCHEN

BEARBEITET VON

A. BENNINGHOFF · M. BIELSCHOWSKY · S. T. BOK · J. BRODERSEN · H. v. EGGELING
R. GREVING · G. HÄGGQVIST · A. HARTMANN · R. HEISS · T. HELLMAN
G. HERTWIG · H. HOEPKE · A. JAKOB · W. KOLMER · J. LEHNER · A. MAXIMOW †
G. MINGAZZINI · W. v. MÖLLENDORFF · V. PATZELT · H. PETERSEN · W. PFUHL
B. ROMEIS · J. SCHAFFER · G. SCHALTENBRAND · R. SCHRÖDER · S. SCHUMACHER
E. SEIFERT · H. SPATZ · H. STIEVE · PH. STÖHR JR. · F. K. STUDNIČKA · A. v. SZILY
E. TSCHOPP · C. VOGT · O. VOGT · F. WASSERMANN · F. WEIDENREICH
K. W. ZIMMERMANN

HERAUSGEGEBEN VON

WILHELM v. MÖLLENDORFF

FREIBURG I. B.

ERSTER BAND

DIE LEBENDIGE MASSE

ERSTER TEIL

ALLGEMEINE MIKROSKOPISCHE ANATOMIE UND
ORGANISATION DER LEBENDIGEN MASSE

MIT 456 ZUM TEIL FARBIGEN ABBILDUNGEN

BERLIN
VERLAG VON JULIUS SPRINGER
1929

DIE LEBENDIGE MASSE

ERSTER TEIL

ALLGEMEINE MIKROSKOPISCHE ANATOMIE UND ORGANISATION DER LEBENDIGEN MASSE

BEARBEITET VON

G. HERTWIG-ROSTOCK · F. K. STUDNIČKA-BRÜNN
E. TSCHOPP-BASEL

MIT 453 ZUM TEIL FARBIGEN
ABBILDUNGEN

BERLIN
VERLAG VON JULIUS SPRINGER
1929

ISBN 978-3-642-51291-9   ISBN 978-3-642-51410-4 (eBook)
DOI 10.1007/978-3-642-51410-4

Vorwort.

Eine umfassende Darstellung der mikroskopischen Anatomie des Menschen ist seit der letzten Auflage des Koellikerschen Werkes nicht versucht worden. Die Tatsachenkenntnis ist aber seit dieser Zeit gewaltig gewachsen, wenngleich trotzdem eine befriedigende Anschauung in sehr vielen Gebieten noch nicht erreicht ist. Da der Kreis derjenigen, die zur Erweiterung und Vertiefung unseres Wissens vom gestaltlichen Bilde des menschlichen Körpers beitragen, fast unübersehbar groß ist, Veröffentlichungen morphologischer Tatsachen daher in den verschiedensten Zeitschriften erscheinen, ist es heute schon für den unmittelbar Interessierten sehr schwer, die Fortschritte zu verfolgen. Demjenigen aber, der morphologischer Arbeit fernsteht, fehlt ein Werk, in dem er sich zuverlässig über das Erreichte unterrichten kann.

Aus dieser Erwägung heraus unterzog sich der Herausgeber der Aufgabe, ein Handbuch der mikroskopischen Anatomie zustande zu bringen. Er gedenkt an dieser Stelle dankbar der großzügigen Voraussicht des Verlages, von dem die Anregung ausging und der durch seine bekannte vorzügliche Organisation und die stete Bereitschaft, auch schwierige Wünsche zu erfüllen, das Zustandekommen des Werkes wesentlich gefördert hat.

Nur dem freudigen Widerhall, den der Plan bei den Fachgenossen fand, ist es zu verdanken, daß unsere Generation diese mühevolle Arbeit leisten kann, deren Notwendigkeit um so dringender erscheint, als über dem großen Eifer, mit dem sich die jüngere Generation der Morphologen der experimentellen Forschung zuwendet, eine Unterschätzung morphologischen Wissens vielfach Platz gegriffen hat.

Bei dem Entwurf zu dem Plan und dem Umfange des Handbuches war der Gedanke leitend, daß von diesem Werk in der Hauptsache eine zuverlässige Auskunft über den Stand morphologischen Wissens verlangt werden müsse. Dabei mußte der Mensch überall im Mittelpunkt der Darstellung stehen, da eine vergleichende Darstellung einen Raum eingenommen hätte, der nicht mehr an eine Fertigstellung des Werkes hätte denken lassen. Immerhin sind in den meisten Abschnitten die Beziehungen zur vergleichenden mikroskopischen Anatomie, ebenso wie zu Physiologie, Pathologie und Entwicklungslehre betont.

Bei der Einteilung des Stoffes wurde nicht wesentlich von der in den morphologischen Darstellungen üblichen abgewichen, schon deshalb nicht, weil dies die Benutzbarkeit sehr wesentlich behindert hätte und weil einem Handbuch kein größerer Vorwurf gemacht werden kann, als daß es unhandlich ist. Zwei Bände des Werkes werden der allgemeinen Gewebelehre, fünf Bände der mikroskopischen Anatomie der Organe gewidmet sein.

Möge das Werk die Mühe lohnen, die mit seiner Herstellung verknüpft war; möge es vielen Forschern das sein, was ein Handbuch sein soll: ein zuverlässiges Nachschlagewerk, das von den verschiedensten Problemen ein abgerundetes Bild entwirft und die Wege in die Literatur nachweist!

Die Mitarbeiter dieses Handbuches sind von einem schmerzlichen Verluste betroffen worden. Am 4. Dezember 1928 verschied plötzlich mitten aus fruchtbarer Arbeit Alexander Maximow. Mit berechtigter Befriedigung nannte das Handbuch diesen hervorragenden Gelehrten seinen Mitarbeiter. In unübertrefflicher Meisterschaft hat MAXIMOW seinen Abschnitt über Bindegewebe und blutbildende Organe für das Handbuch verfaßt und damit eine einzigartige Zusammenfassung unseres Wissens gegeben, die auch dann bleibenden Wert behalten wird, wenn manche seiner Grundanschauungen sich als unrichtig herausstellen sollten. Dies wird ihm den dauernden Dank der Wissenschaft erhalten.

Freiburg/Br., April 1929.   WILHELM V. MÖLLENDORFF.

Inhaltsverzeichnis.

Seite

A. Allgemeine mikroskopische Anatomie der lebenden Masse[1].

Von GÜNTHER HERTWIG, Rostock.

Mit 356 Abbildungen.

I. Einleitung.

Als ich vor 5 Jahren von Herrn v. MÖLLENDORFF die Aufforderung erhielt, für sein Handbuch die mikroskopische Anatomie der lebenden Masse zu bearbeiten, übernahm ich nur mit schweren Bedenken diese Aufgabe. War es mir doch von Anfang an klar, daß dieses Kapitel sich viel weniger zur Zeit für eine handbuchmäßige Darstellung eignet, als die Teile des Handbuches, welche sich mit der mikroskopischen Anatomie der Organe, speziell des Menschen, beschäftigen. Denn hier hat sich, dank der günstigen äußeren Forschungsbedingungen, von denen nur die Gründung besonderer histologischer Unterrichts- und Forschungsinstitute in den meisten Kulturländern zu nennen ist, das neue Tatsachenmaterial seit dem Jahre 1889, in welchem die letzte Auflage von KÖLLIKERs Handbuch der mikroskopischen Anatomie erschien, so gehäuft, daß eine erneute zusammenfassende Bearbeitung durchaus notwendig und zeitgemäß ist. Hiervon eine handbuchmäßige Darstellung des gegenwärtigen Standes der Forschung zu geben, ist um so leichter, als bei vielen Organen ein gewisser Abschluß ihrer mikroskopischen Erforschung erzielt ist und mit den zur Zeit angewandten Methoden wohl noch eine weitere Vermehrung der Detailkenntnisse, aber keine grundlegende neue Erkenntnis zu erwarten ist. In den Teilen, die von der mikroskopischen Organanatomie handeln, wird also das MÖLLENDORFFsche Handbuch aller Voraussicht nach ebenso einen Markstein einer zu einem gewissen Abschluß gekommenen Forschungsperiode darstellen, wie das HERTWIGsche Handbuch der Entwicklungsgeschichte (1901 bis 1906) ein solches für die beschreibende und vergleichende Embryologie geworden ist. Wie hier die entwicklungsmechanische Forschung auf die im Handbuch niedergelegten Ergebnisse der beschreibenden und vergleichenden Embryologie sich stützend systematisch weiterforscht und die Einsicht in das Entwicklungsgeschehen vermehrt, so wird auch das Tatsachenmaterial, das in diesem Handbuch der mikroskopischen Anatomie verzeichnet ist, dem experimentellen Morphologen die notwendige und willkommene Grundlage geben, um in der Richtung, wie sie OSCAR HERTWIG (1904) bei der Gründung seines anatomisch-biologischen Institutes vorgeschwebt hat, und wie sie klar bewußt zuerst H. BRAUS (1921) in seinem Lehrbuch für die makroskopische Anatomie, dann PETERSEN (1922) in seiner Histologie für die mikroskopische Anatomie gewiesen haben, zu einer biologischen Anatomie zu gelangen und dadurch unser morphologisches Wissen weiter zu vertiefen.

Ganz anders ist dagegen die Sachlage, der sich der Bearbeiter der allgemeinen Cytologie gegenübergestellt sieht, und die es nicht gestattet, ein irgendwie

---

[1] Abgeschlossen am 31. Oktober 1928.

abgeschlossenes Bild von diesem Teil der mikroskopischen Anatomie zu geben. Zunächst haben die alten für die Organanatomie wohlbewährten Untersuchungsmethoden in ihrer Anwendung auf die feinen Strukturverhältnisse der Zelle und ihrer Organe eine zum Teil berechtigte Kritik erfahren, was dazu geführt hat, daß einmal die wissenschaftlichen Grundlagen dieser Methoden genauer erforscht, zweitens neue Methoden ausgearbeitet wurden, deren Bewährung aber zum Teil noch aussteht. Ich halte diese Entwicklung, die die neue cytologische Forschung genommen hat, für sehr begrüßenswert und betrachte es nur als Vorteil, wenn dabei so manche künstlich getrennten und abgesonderten Arbeitsmethoden zu einem gemeinsamen Ziel sich vereinigen und dadurch neue Grenzgebiete, z. B. zur Kolloidchemie, erschlossen werden. Während daher in dem großen 1907—1911 erschienenen Werke von Heidenhain über „Plasma und Zelle" eine kritische Betrachtung über die cytologische Untersuchungsmethodik fast ganz fehlt, muß ihr in einer modernen Bearbeitung ein wichtiger Platz eingeräumt werden. Denn nur so wird es möglich sein, kritisch Stellung zu nehmen zu Fragen, welche sich auf Grund der verschiedenen Methodik zum Teil neu ergeben haben, oder die wieder erneut diskutiert werden müssen. Erscheint doch so manches scheinbar gesicherte Forschungsergebnis auf Grund neuer Untersuchungsmethoden in wesentlich anderem Lichte. Die Schwierigkeit für eine handbuchmäßige Darstellung ist nun die, daß ein abschließendes Werturteil zur Zeit oft unmöglich ist, weil die wissenschaftlichen Grundlagen der Methodik bzw. die Tragweite der Ergebnisse noch nicht genügend zu übersehen sind. Eine weitere Schwierigkeit für die Bearbeitung der allgemeinen Cytologie ist in der Fülle der Arbeiten gegeben, die auf diesem Gebiet von Jahr zu Jahr in wachsender Anzahl erscheinen und die dazu geführt haben, daß z. B. das erst in den Jahren 1907—1911 erschienene Werk von M. Heidenhain „Plasma und Zelle" in vielen Abschnitten bereits veraltet ist. Ich verweise nur auf die Kapitel über Chromosomen, über Plastosomen und den Golgiapparat, die den raschen Fortschritt der Cytologie besonders deutlich widerspiegeln. Eine erneute oder sogar ganz neue Darstellung ist hier also notwendig. Aber ich verhehle mir nicht, daß sie, soweit sie Gebiete behandelt, auf denen bisher keine allgemeiner anerkannte Lehrmeinung sich herauskrystallisiert hat und wo zur Zeit alles noch in Fluß ist, das Schicksal so vieler anderer, noch in neuester Zeit erschienener zusammenfassender Referate, wie z. B. von Lundegårdh über pflanzliche Plasmastrukturen (1922), von Tischler über den pflanzlichen Kern (1922), von Duesberg über Plastosomen (1914) teilen und ebenfalls bald als Tatsachensammlung überholt sein wird.

Aber schließlich ist es ja nicht die alleinige Aufgabe eines Handbuches und namentlich nicht seines allgemeinen Teiles, Detailbefunde zu sammeln und systematisch einzuordnen, und mit Einzel- und Teilproblemen sich zu beschäftigen. Der Leser soll gleichzeitig auch ein Bild von den Gesichtspunkten erhalten, die für die gegenwärtige Forschungsperiode charakteristisch sind, und dadurch auch die Direktiven für seine eigene weitere Forscherarbeit gewinnen. Hier hat sich nun in der Cytologie ein grundlegender Wandel angebahnt. Mit Recht sagt Wilson (1926): „The cytology outgroad the limits of merely morphological inquiry. The earlier morphological cytology has broadened out into a many-sided cellular biology, in which observation and experiment, morphology and physiology have entered into close affiliation with one another and with biophysics and biochemistry. The result has been to creat a new cytology".

Um dieser „neuen" Cytologie gerecht zu werden, war einmal ein häufiger Hinweis auf biophysikalische und genetische Fragen und eine Anknüpfung an die Probleme dieser Zweige biologischer Wissenschaft notwendig. Vor allem aber mußte die ganze Darstellung grundlegend anders, als es früher üblich war.

gestaltet werden. Denn ich bin ganz mit Gurwitsch (1908) der Meinung, daß eine vornehmlich auf Morphostatik begründete Darstellung, wie sie sich noch in Heidenhains Plasma und Zelle findet, nicht mehr genügt, und daß an ihre Stelle nur die morphokinetische oder genetische Betrachtungsweise cytologischer Strukturen auf vergleichender Basis einer biologisch gerichteten Morphologie zugrunde gelegt werden kann.

Die Möglichkeit, auf diese Weise mein Thema zu behandeln, war mir eine reizvolle Aufgabe, der zuliebe ich die eingangs erwähnten Bedenken zurückstellte. Gerne gedenke ich der wertvollen Anregungen, die mir die zum Teil erst während meiner Arbeit erschienenen Werke von A. Meyer: Analyse der Zelle (1920), von Cowdry (1924): General Cytology und von E. B. Wilson: The Cell in Development and Heredity. 3. Aufl. 1925, geboten haben. Auch die Allgemeine Karyologie von Tischler (1921—1922) und die Studie von Bělař (1926) über den Formwechsel der Protistenkerne habe ich viel benutzt. Den Herren K. Bělař und M. Hartmann in Berlin-Dahlem, M. Heidenhain in Tübingen, R. Krause in Berlin, von Tellyesniczky in Budapest sei an dieser Stelle bestens für die Bereitwilligkeit gedankt, mit der sie Originalvorlagen für meinen Handbuchbeitrag zur Verfügung gestellt haben.

Die in den letzten Jahren erschienene cytologische Literatur ist bis in die neueste Zeit verwertet worden; oft waren hierdurch nicht nur ergänzende Zusätze, sondern auch Umänderungen in den bereits niedergeschriebenen Kapiteln notwendig, um der Bedeutung dieser neuen Untersuchungen gebührend Rechnung zu tragen. Ich habe mich dieser Aufgabe gern unterzogen, wenn auch die Ablieferung meines Manuskriptes dadurch länger, als ursprünglich vorgesehen, hinausgezögert worden ist; gibt doch die jüngst erfolgte Veröffentlichung einer Reihe wirklich wertvoller Untersuchungen die Gewähr, daß die „neue" Cytologie, von der Wilson (1926) spricht, den richtigen Weg zu vertiefter biologischer Erkenntnis der lebenden Masse gefunden hat.

II. Historische Übersicht über die Bedeutung der mikroskopischen Anatomie zur Erforschung der lebenden Masse.

In der Einleitung habe ich schon auf die Schwierigkeiten und Gefahren hingewiesen, die einer handbuchmäßigen Darstellung der allgemeinen Anatomie der lebenden Masse aus dem Umstand erwachsen, daß bei dem Umfang des Themas eine erschöpfende Tatsachensammlung nicht geboten werden kann. Durch die hierdurch notwendige Auswahl und noch mehr natürlich durch die Bewertung dieses Materials ist der subjektiven Auffassung des Verfassers ein erheblicher Spielraum gelassen. Um trotzdem die Objektivität möglichst zu wahren, ist nichts besser geeignet, als die historische Betrachtung, die die verschiedenen Anschauungen zu Wort kommen läßt. Von ihr werde ich vielfach Gebrauch machen und beginne gleich mit einer historischen Übersicht, die den Zweck verfolgt, die Bedeutung der mikroskopischen Anatomie für das Problem der lebenden Masse zu verfolgen und auf die bisher gelösten und die vielen noch strittigen Fragen hinzuweisen. So wird der Leser am besten sich selber ein Bild von dem gegenwärtigen Stand der mikroskopischen Erforschung der lebenden Masse bilden können und einen Einblick in die Gesichtspunkte erhalten, die für den Verfasser bei der Darstellung, und der Verwertung des Tatsachenmaterials in dem speziellen Teil maßgebend gewesen sind.

Immer wieder stoßen wir bei dem Problem „lebende Masse" auf die große und bisher nicht gelöste Frage nach den Unterschieden, die zwischen der lebenden und der toten Masse bestehen. Sind diese Unterschiede prinzipielle oder nur graduelle, sind sie in Verschiedenheiten der Struktur begründet oder gibt es besondere Lebenskräfte? Unter welchen Bedingungen, wenn überhaupt, kann eine Urzeugung stattfinden, welches sind ihre Produkte? Gibt es elementare Bestandteile der lebenden Masse, welche Größenordnung besitzen dieselben, sind sie konstant oder unterliegen sie allmählichen Veränderungen? Welches sind die Ursachen dieser Veränderungen? Auf alle diese Fragen sucht der Biologe nach einer Antwort. Im folgenden soll untersucht werden, welchen Anteil die mikroskopische Forschung an der Klärung dieser Frage bisher gehabt hat.

Die mikroskopische Anatomie als Methode biologischer Forschung datiert mit der Erfindung des Mikroskopes im 17. Jahrhundert; sie brauchte nicht lange um Anerkennung zu kämpfen, denn zu jener Zeit war die Naturforschung aus dem langen Schlaf, in dem scholastische Bücherweisheit sie Jahrhunderte lang gehalten hatte, zu neuem Leben erwacht, und jede neue Methode, die sich dem Forscher bot, um das Naturobjekt selber zu studieren, wurde bereitwillig aufgegriffen. Zwar waren die damaligen Mikroskope optisch noch sehr unvollkommen, die Untersuchungstechnik noch eine ganz primitive, aber es genügte ja schon die Beobachtung eines Tropfens Wasser unter dem Mikroskop, um eine ganz neue, bis dahin noch unbekannte Formenwelt dem Forscher zu enthüllen. Jede mikroskopische Untersuchung in damaliger Zeit wurde so zu einer Entdeckungsfahrt in unbekanntes Land mit all ihren Überraschungen und die Phantasie mächtig anregenden Erlebnissen, und es ist nicht zum geringsten das Verdienst des Mikroskopes, wenn in der Biologie so rasch an Stelle der scholastischen Überlieferung unbefangene und exakte Beobachtung der belebten Natur selber trat.

Als Hauptbegründer der mikroskopischen Lebensforschung kann Leeuvenhoeck (1632—1723) angesprochen werden. Er entdeckte vor allem in dem früher für unbelebt gehaltenen Süßwasser eine Fülle von neuartigen, mikroskopisch kleinen Individuen, die sog. Infusionstierchen, die alle Charakteristica des Lebens aufwiesen, und erweiterte so den Kreis der biologischen Untersuchungsobjekte in vorher ungeahntem Maße. Malpighi (1675) vertiefte das Wissen über die Anatomie kleiner Tiere, indem er zielbewußt an die makroskopische Zergliederung die mikroskopische Untersuchung anschloß. In rascher Folge reihte sich auf zoologischem Gebiete eine mikroskopisch-anatomische Untersuchung an die andere. Man entdeckte, daß auch kleine Tiere im Prinzip gleich gebaut sind als ihre der makroskopischen Zergliederung zugänglichen größeren Artverwandten, daß auch sie z. B. ein Herz, ein Zentralnervensystem, Excretionsorgane besitzen, wenn auch von viel geringerer, oft nur mikroskopisch erfaßbarer Größenordnung. Man fand in der Raupe und der Puppe schon die Organe des Schmetterlings in mikroskopischer Größenordnung präformiert, die sich dann durch Wachstum weiter „entwickelten".

Während so einerseits die Entdeckung der Infusorien der alten Lehre von der Urzeugung neue Argumente lieferte, indem die scheinbar einfache Organisation dieser Lebewesen die Annahme ihrer Neuentstehung aus unbelebter Materie nahelegte, stützten mikroskopische Beobachtungen an den höheren Organismen die damals herrschende Lehre, die in dem Entwicklungsprozeß keine Entstehung neuer Formen, sondern nur ein durch Wachstum bedingtes Sichtbarwerden mikroskopisch präexistierender Organe erblickte. War aber diese Präformationslehre richtig — und sie war lange Zeit nach Art eines Dogmas die herrschende —, so hatte es keinen Zweck, ja war geradezu sinnlos, nach Elementarbestandteilen im tierischen Organismus zu suchen, vielmehr war es die Aufgabe der mikroskopischen Anatomen, im tierischen Ei oder in den von

LEEUWENHOECK (1677) entdeckten Samenfäden alle die Organe aufzufinden, die durch den Entwicklungsprozeß aus dem Miniatur- in den erwachsenen Zustand übergeführt wurden. Es ist bekannt, wie heftig sich die beiden Schulen der Ovisten und Animalkulisten befehdeten, von denen die einen in den Eiern, die anderen in den Samenfäden die Miniaturausgabe des zukünftigen Tieres erblickten und wie nun die mikroskopische Untersuchung die Entscheidung fällen sollte. Als lehrreiches Beispiel, wie sehr der beobachtende Forscher durch vorgefaßte Meinungen sich beirren lassen kann, sei auf die Abbildung von HART-SOEKER hingewiesen, in welcher er in dem Kopfteil eines menschlichen Samenfadens eine kleine, menschenartige Figur mit zusammengeschlagenen Armen und Beinen einzeichnete. DALENPATIUS lieferte ein Bild von der angeblich von ihm beobachteten Häutung eines menschlichen Samenfadens, an welchem er den noch von der Hülle bedeckten Kopf, Brust, Arme und Beine darstellte.

So sonderbar uns diese phantasiereichen Bilder heute anmuten, so sei doch schon hier darauf hingewiesen, daß 100 Jahre später bei den Infusorien wieder einmal Organe entdeckt werden sollten und auch entdeckt wurden (EHREN-BERG 1838), die späterhin bei objektiver Beobachtung sich als ebenso irreal erwiesen, ein Zeichen, wie schwer, wenn überhaupt möglich, ganz objektive voraussetzungslose Naturbetrachtung ist.

Um so mehr ist es zu bewundern, daß auf botanischem Gebiete MALPIGHI (1675, 1679) und GREW (1682) unbefangen genug waren, die Grundlage zu einer pflanzlichen Gewebe- und Zellenlehre zu legen, nachdem schon HOOKE in seiner Mikrographie 1667 im Flaschenkork „little boxes" oder „cells" beschrieben hatte. Denn eigentlich war es das zeitgemäße Bestreben, auch bei den Pflanzen dem tierischen Organismus analoge Organe aufzufinden. Man suchte auch bei ihnen nach einem Herzen; man nannte das pflanzliche Parenchym das Fleisch der Pflanze, man entdeckte röhrenförmige Organe und bezeichnete sie als Gefäße oder Adern. MALPIGHI (1675) und GREW (1682) beschrieben aber in den Pflanzenkörpern zahlreiche Säckchen oder Schläuche, von MAL-PIGHI als Utriculi bezeichnet, von GREW als bladders (Bläschen) benannt, und verglichen die Struktur der Pflanze mit einem Schwamm, oder mit einem Bierschaum oder mit porösem Brot. Diese poröse, zellige Struktur ist nach GREW eine allgemeine Eigenschaft der Pflanzenmaterie; die Zellen und ebenso die röhrenartigen Gebilde sind Hohlräume in einem zusammenhängenden „Gewebe", das eine fädige Struktur besitzt daher von GREW direkt mit gewebten Kleiderstoffen verglichen wird und so den Namen „contexture" bekommt. So ist GREW (1682) der Begründer der, wenn auch zunächst noch sehr primitiven „Gewebelehre" oder „Histologie" geworden.

In theoretischer Hinsicht blieben diese wichtigen Ergebnisse mikroskopischer Forschung aber noch lange unfruchtbar; denn der genetische Gedanke, der späterhin eine so wichtige Rolle spielen sollte, lag der damaligen Zeit noch ganz fern. Eine neue Epoche der mikroskopischen Anatomie begann erst mit der Veröffentlichung von C. FR. WOLFFs „Theoria generationis" (1759). Entgegen der Annahme der Präformationstheorie stellte WOLFF durch richtige Beobachtung fest, daß beim Hühnerembryo das Nerven- und Darmrohr nicht als solche im Ei präformiert sind, sondern durch einen Faltungsprozeß neu sich bilden. Entwicklung ist nach WOLFF nicht mehr Wachstum und Vergrößerung bereits vorhandener Organe, sondern vielmehr Neubildung von komplizierten aus einfachen Formen.

Dieser genetische Gedanke stellte die mikroskopische Forschung vor ganz neue Aufgaben und beherrscht sie bis zur Gegenwart. Anfänglich aber waren im Gegensatz zu später die tatsächlichen Ergebnisse nicht besonders erfreulich, woran nicht wenig der primitive Stand der Untersuchungstechnik

Schuld trug. So eilte dann die Hypothese der exakten Beobachtung voraus und führte die Forschung in mannigfaltige Irrwege. So erklärte Wolff selber alle in der ausgebildeten Pflanze beobachteten Strukturen als gebildet aus einer unorganischen Substantia vitrea. Genau so wie die Infusorien sich täglich neu aus organischem leblosem Material durch Urzeugung bilden sollten, so sollten sich nach der Meinung der Anhänger Wolffs auch die komplizierten Strukturen des tierischen und pflanzlichen Körpers gleichsam durch Urzeugung aus einer schleimigen, unorganisierten Materie allmählich entwickeln. „Die damalige Pflanzenanatomie betrachtete daher die pflanzliche Zelle nicht als den Anfang der Entwicklung, sondern als das Endresultat", so faßt Lundegårdh (1922) das Resultat dieser ersten genetischen Forschungsepoche zusammen und führt dafür als charakteristisch einen Ausspruch von Sprengel (1812) an, der schreibt: „In Kugeln drückt sich die ewige Lebenskraft des Universums aus; in Kugeln tritt zuerst auch der schwache Keim des Lebens aus der Flüssigkeit hervor". Erst im Jahre 1845 lieferte Mohl in seiner Schrift „Palmarum structura", der Theorie von Wolff, auf botanischem Gebiet eine tatsächliche Stütze, indem er den Nachweis erbrachte, daß die pflanzlichen Gefäße aus Zellenreihen entstehen, also nicht den Zellen gleichgeordnete, sondern von ihnen genetisch abhängige Strukturelemente darstellen. Dagegen beobachteten Dumortier (1832), Morren (1836), vor allem Mohl (1828) und Meyen an verschiedenen pflanzlichen Objekten den Zellteilungsprozeß und stellten damit also im Gegensatz zu Wolff die Entstehung neuer Zellen in Abhängigkeit von bereits präexistierenden gleichartigen Elementen sicher. Aber Schleiden, der sich in einer ausführlichen Schrift 1838 „Beiträge zur Phytogenesis" vor allem mit der Entstehung der Zellen beschäftigte, schrieb diesen Beobachtungen keinen größeren allgemeinen Wert zu, sondern ging von der allmählich zum Dogma gewordenen Vorstellung Wolffs aus, daß der eigentümliche kleine Organismus der Zelle aus einer „Cytoblastem" genannten Muttersubstanz gleichsam durch Krystallisation sich bildet, wobei das Cytoblastem „keine lebende Substanz, sondern ein Gemisch aus Zucker, Dextrin und Schleim darstellt". Jedoch unterscheidet sich Schleidens Theorie der Zellgenese dadurch von denen seiner Vorgänger, daß er die Entdeckung des Zellkerns durch R. Brown (1833) sich nutzbar machte und die Zellbildung folgendermaßen beschreibt, wobei wir uns der zusammenfassenden kurzen Darstellung von Schwann (1839) bedienen wollen: „Schleiden fand, daß bei der Bildung der Pflanzenzellen in einer körnigen Substanz zuerst kleine, schärfer gezeichnete Körnchen entstehen und um diese sich die Zellkerne (Cytoblasten) bilden, die gleichsam als granulöse Koagulationen um jene Körnchen erscheinen. Diese Cytoblasten wachsen noch eine Zeitlang, und dann erhebt sich auf ihnen ein feines, durchsichtiges Bläschen, die junge Zelle, so daß diese· anfangs auf dem Cytoblastem wie ein Uhrglas auf einer Uhr sitzt. Sie dehnt sich dann durch Wachstum weiter aus".

Obgleich diese Ausführungen Schleidens ausnahmslos als falsch und jeder tatsächlichen Unterlage entbehrend sich erwiesen haben, so haben sie doch dadurch eine historische Bedeutung gewonnen, daß R. Schwann (1839) durch sie zu seiner Untersuchung „über die Übereinstimmung in der Struktur und dem Wachstum der Tiere und Pflanzen" angeregt wurde, durch die er mit Recht als Begründer der Zellentheorie bezeichnet wird. Wie groß der Fortschritt war, den Schwanns Untersuchung brachte, können wir am besten erkennen, wenn wir kurz den Zustand der tierischen mikroskopischen Anatomie vor dem Erscheinen von Schwanns Schrift betrachten.

Auch bei den Zoologen hatte die mikroskopische Untersuchung ihrer Objekte, wenn auch später als in der Botanik, zur Entdeckung von elementaren

Strukturbestandteilen des lebenden Organismus und damit zu einer Histologie geführt. Im Vergleich zur Pflanze bot das Tier aber von Anfang an der mikroskopisch-histologischen Untersuchung, auch schon in technischer Hinsicht, viel größere Schwierigkeiten. Denn so groß die Mannigfaltigkeit der Pflanzen in ihrem äußeren Aufbau ist, so einfach ist verhältnismäßig ihre innere durch das Mikroskop erschlossene Struktur; die Unterscheidung von Zellen, Fasern und Gefäßen genügte im allgemeinen der Beschreibung. Der tierische Organismus zeigte aber eine viel mannigfaltigere Elementarstruktur. Der erste, der mit Erfolg Ordnung in diese durch das Mikroskop entdeckten mannigfaltigen Formelemente brachte, war BICHAT, der 1801 in seiner Anatomie générale eine systematische Gewebelehre begründete, indem er den Organismus und seine Organe in eine Anzahl von einfacheren Geweben aufzulösen trachtete, die er nicht nur von der morphologischen Seite, sondern auch durch ihre physiologischen Funktionen charakterisierte und so die Histologie zur Physiologie und Medizin in enge Beziehung brachte. Aber sein histologisches System konnte sich nicht halten, weil viele von seinen vermeintlich einfachen Geweben selber noch eine komplizierte Zusammensetzung aus mannigfaltigen Formelementen aufwiesen.

„So erschienen", wie SCHWANN (1839) den damaligen Zustand der tierischen Histologie charakterisiert, „die Elementarteile der tierischen Organismen unter den mannigfaltigsten Formen; mehrere von diesen waren einander ähnlich und man konnte nach dieser größeren oder geringeren Ähnlichkeit eine Gruppe der Fasern, der Zellen, der Kugeln usw. unterscheiden, und es gab in jeder dieser Klassen wieder verschiedene Arten. Alle diese Formen schienen untereinander nichts gemeinsam zu haben, als daß sie durch Ansatz neuer Moleküle zwischen die vorhandenen wachsen, daß es lebende Elementarteile sind. In der Art, wie sich die Moleküle zu den lebenden Elementarteilen zusammenfügen, schien nichts Gemeinsames stattzufinden. Hier fügten sie sich zu dieser, dort zu jener Art von Zellen, an einer dritten zu einer Faser usw. zusammen. Das Entwicklungsprinzip schien für die physiologisch verschiedenen Elementarteile durchaus verschieden zu sein. Zellen, Fasern usw. waren daher nur naturhistorische Begriffe und man konnte aus der Entwicklungsweise des einen Elementarteils nicht auf die eines anderen schließen". „Bei dieser Sachlage mußte die Idee ganz fernliegen, durch Vergleichung tierischer Zellen mit Pflanzenzellen die Gleichheit des Entwicklungsprinzips für physiologisch verschiedene Elementarteile nachzuweisen." Die Arbeit von SCHLEIDEN über den Entwicklungsprozeß der Pflanzenzelle lenkte nun besonders die Aufmerksamkeit auf den Zellkern und enthielt dadurch vor allem ein charakteristisches Moment, das sie ihm, wie SCHWANN ausführt, den Vergleich tierischer und pflanzlicher Zellen „in bezug auf ein gleiches Entwicklungsprinzip" möglich machte. SCHWANN verglich so die Elementarteile des Knorpels und der Chorda mit pflanzlichen Zellen und fand, „daß bei diesen tierischen Geweben Zellen, Zellmembranen, Zellinhalt, Kerne und Kernkörperchen durchaus den gleichnamigen Teilen bei den Pflanzen analog sind". Schwieriger gestaltete sich der zweite, für die „Übereinstimmung von tierischer und pflanzlicher Struktur" notwendige Beweis, „daß die meisten oder alle tierischen Gewebe sich aus Zellen entwickeln", schon weil hier der Nachweis für die Zellnatur der Elementarteile oft viel schwieriger zu erbringen war. „Denn es kann sehr wohl etwas eine Zelle sein, wenn auch die gewöhnlichen Kennzeichen einer Zelle, die Unterscheidung der Zellmembran und das Ausfließen des Zellinhaltes nicht in die Beobachtung fallen können. Aber mit der Möglichkeit, daß etwas eine Zelle ist, sind wir nicht viel weiter. Es müssen positive Kennzeichen da sein, um ein gegebenes Objekt als eine Zelle betrachten zu können."

Da nun aber, wie SCHLEIDEN gelehrt hatte, das erste, was bei einer Zelle entsteht, ihr Kern ist, so wurde für SCHWANN „der wichtigste und häufigste Umstand zum Beweise der Existenz einer Zelle die Anwesenheit oder Abwesenheit eines Kernes. Seine scharfe Begrenzung und dunkle Farbe machen ihn in den meisten Fällen leicht erkennbar, besonders wenn er Kernkörperchen enthält". „Es läßt sich zwar für jetzt noch nicht behaupten, daß der Kern allgemein bei den mit einem Kern versehenen Zellen das Primäre, die Zelle das Sekundäre sei, wahrscheinlich ist es aber gewöhnlich so, und das außerordentlich häufige Vorkommen des Kerns selbst in den jüngsten Zellen beweist die hohe Wichtigkeit dieser Gebilde für die Existenz der Zelle."

Von diesen Grundvorstellungen ausgehend untersuchte SCHWANN die tierischen Eier, die er für Zellen ansprach, und die sich aus ihnen bildende zellige „Keimhaut", dann die bleibenden Gewebe des tierischen Körpers, bei denen er 5 Klassen unterschied: Erstens isolierte selbständige Zellen (Blut- und Lymphzellen), zweitens selbständige, zu zusammenhängenden Geweben vereinigte Zellen (Epithelien, Pigment, Nägel, Federn, Krystallinse), drittens Gewebe, in denen die Zellwände untereinander oder mit der Intercellularsubstanz verschmolzen sind (Knorpel, Knochen, Zähne), viertens Faserzellen oder Gewebe, die aus Zellen entstehen, indem die Zellen sich in Fasern verlängern, welche sich in Faserbündel teilen (Zellgewebe, Sehnengewebe, elastisches Gewebe), fünftens Gewebe, die aus Zellen entstehen, deren Wände oder deren Höhlen miteinander verschmelzen (Muskeln, Nerven, Capillargefäße).

Wie wir aus dieser, ganz die Genese der Gewebe zu ihrer Klassifikation benutzenden Einteilung sehen, ist für SCHWANN die Zelle die Grundlage aller Gewebe des tierischen Körpers, wobei jede Zelle sowohl bei Pflanze wie bei Tier innerhalb gewisser Grenzen „ein Individuum, ein selbständiges Ganzes" ist. „Die Lebenserscheinungen einer Zelle wiederholen sich ganz oder zum Teil in allen übrigen Zellen." „Diese Zellindividuen stehen aber nicht als bloßes Aggregat nebeneinander, sondern sie wirken auf eine uns unbekannte Weise in der Art zusammen, daß ein harmonisches Ganzes entsteht." So ist SCHWANNs Werk, wie HEIDENHAIN (1907) mit Recht sagt, „die Grundlage zur Lehre vom Zellenstaat geworden".

Über die Rolle der Zellen und ihre Bedeutung für das Leben des vielzelligen Organismus stellt SCHWANN (1839) folgende, ganz modern anmutende Betrachtungen an: „Ein Organismus entsteht durch Kräfte, die ebenso durch die Existenz der Materie gesetzt sind wie die Kräfte in der anorganischen Natur. Da die Elementarstoffe in der organischen Natur von denen der anorganischen nicht verschieden sind, so kann der Grund der organischen Erscheinungen nur in einer anderen Kombination der Stoffe liegen, sei es in einer eigentümlichen Verbindungsweise der Elementaratome zu Atomen zweiter Ordnung, sei es in der Zusammenfügung dieser zusammengesetzten Moleküle zu den einzelnen morphologischen Elementarteilen der Organismen oder zu einem ganzen Organismus. Wir haben zunächst die Frage zu beantworten, ob der Grund der organischen Erscheinungen in dem ganzen Organismus oder in seinen einzelnen Elementarteilen liegt".

„Denn entweder wird durch das Zusammenfügen der Moleküle zu einem systematischen Ganzen, wie es der Organismus auf jeder Entwicklungsstufe ist, eine Kraft erzeugt, vermöge welcher ein solcher Organismus neue Stoffe von außen aufnimmt und zur Bildung neuer oder zum Wachstum seiner vorhandenen Elementarteile verwendet. Die Ursache des Wachstums der Elementarteile liegt also hier in der Totalität des Organismus. Oder aber jeder Elementarteil besitzt eine selbständige Kraft, ein selbständiges Leben und der ganze Organismus besteht nur durch die Wechselwirkung seiner einzelnen Elementarteile. Hier sind also nur die einzelnen Elementarteile das Aktive bei der Ernährung und dem Wachstum des Organismus und die Totalität des Organismus kann zwar Bedingung sein, aber Ursache ist sie nach dieser Ansicht nicht."

SCHWANN entscheidet sich zugunsten der zweiten Alternative auf Grund folgender Erwägungen: „Bei niederen Pflanzen kann jede beliebige Zelle von dem Gesamtorganismus sich lostrennen und selbständig weiter wachsen. Die Eier höherer Tiere sind ebenfalls solche selbständige, getrennt vom Organismus wachsende Zellen. Da nun alle Zellen nach denselben Gesetzen wachsen, also nicht in einem Fall der Grund des Wachstums in der Zelle selbst, im anderen Fall im ganzen Organismus liegen kann, da ferner nachgewiesen ist, daß einzelne von den übrigen in der Art ihres Wachstums nicht verschiedene Zellen selbständig sich entwickeln, so müssen wir überhaupt den Zellen ein selbständiges Leben zuschreiben. Der Grund der Ernährung und des Wachstums liegt nicht in dem Organismus als Ganzem, sondern in den einzelnen Elementarteilchen, den Zellen. Daß nicht wirklich jede einzelne Zelle, wenn sie vom Organismus getrennt wird, weiter wächst, ist gegen diese Theorie so wenig ein Einwurf, als es ein Einwurf gegen das selbständige Leben einer *Biene* ist, wenn sie getrennt von ihrem Schwarm auf die Dauer nicht fortbestehen kann. Die Äußerung der der Zelle innewohnenden Kraft hängt von den Bedingungen ab, die ihr nur im Zusammenhang mit dem Ganzen geliefert werden".

Mit diesem Werk von SCHWANN, dessen grundlegende, in vieler Hinsicht auch noch für die Jetztzeit wichtige Gedankengänge ich soeben skizziert habe, hebt, wie LEYDIG (1867) mit Recht betont, eine „Neugestaltung der Histologie" an; es war das „Grundschema" gewonnen, innerhalb dessen nun in der Folgezeit die Kenntnisse und Vorstellungen über die Lehre von der Zelle überhaupt und von den Beziehungen der Gewebe zueinander und zu den Zellen weiter bereichert und geläutert wurden. „Seit SCHWANN waren die Anatomen bemüht, die tierische Zelle nach allen Seiten auf ihren feineren Bau, ihre Entstehung und ihre Umbildungsmöglichkeiten genau zu verfolgen, und die Gewebelehre oder Histologie ist so in den Rang der anatomischen Wissenschaften eingetreten"; so urteilt A. KÖLLIKER in seinem Handbuch der Gewebelehre.

Als wichtigste Ergebnisse dieser weniger durch neuartige Ideen als durch exakte Beobachtungen mittels verbesserter und verfeinerter Untersuchungsmethoden ausgezeichneten bis zum Ende des 19. Jahrhunderts sich erstreckenden Periode sind zu nennen:

1. Die Feststellung, daß es keine freie Zellbildung gibt, sondern eine jede Zelle von einer anderen sich direkt ableitet.

2. Die Umbildung und andersartige Fassung des Zellbegriffes.

3. Die Beobachtung der indirekten Kernteilung und des Befruchtungsprozesses.

Die SCHLEIDEN-SCHWANNsche Anschauung über die Zellgenese im pflanzlichen und tierischen Organismus ging dahin, daß die Zellen in einer schleimigen Flüssigkeit, dem Cytoblastem, frei entstehen (von NÄGELI wurde daher dieser Vorgang als freie Zellbildung bezeichnet), indem nach Art von Krystallen zuerst ein Kernkörperchen, dann um ihn ein Kernbläschen, in einer dritten Schicht dann der Zelleib und die Zellmembran sich bilden, wobei allerdings schon SCHWANN eine Mitwirkung von Nachbarzellen an diesen Krystallisationsprozessen für möglich hält. Aber schon wenige Jahre später sank, wie LUNDEGÅRDH (1922) ausführt, auf botanischem Gebiet diese Ansicht der Zellbildung durch die Arbeiten von MOHL (1851), NÄGELI, HOFMEISTER (1849) u. a. von ihrer anspruchsvollen Stellung als allgemeingültige Theorie auf den Rang einer Ausnahmeerscheinung herab, um allerdings erst im Jahre 1879 durch den

Nachweis von STRASBURGER, daß es auch im Embryosack keine freie Zellbildung gibt, endgültig aus der Welt geschaffen zu werden.

Noch rascher wurde die Lehre von der freien Zellbildung im tierischen Organismus widerlegt. Eine Reihe von Embryologen, vor allem REICHERT, REMAK, KÖLLIKER (1844, 1852, 1859) verfolgten die Entstehung des vielzelligen Organismus aus dem Ei; schon 1844 stellte KÖLLIKER in seiner Arbeit über „die Entwicklungsgeschichte der Cephalopoden" fest, daß die Furchungszellen in direkter Generationsfolge durch fortgesetzte Zweiteilung von dem Ei sich ableiten und daß auch bei der späteren Entwicklung und Entstehung der tierischen Gewebe „ebenso wie bei den Pflanzen keine Zellbildung außerhalb der schon vorhandenen sich finde, vielmehr alle Erscheinungen als die ununterbrochene Folge von Veränderungen ursprünglich gleichbedeutender und alle von einem ersten abstammender Elementarorgane aufzufassen seien". Ihm schloß sich REMAK an, der den SCHLEIDEN-SCHWANNschen Modus der Zellgenese völlig verwarf und die Entstehung sämtlicher Zellen auf Teilung schon vorhandener zurückführte. Schließlich wies R. VIRCHOW (1858) durch eingehende Untersuchung der Bindesubstanzgruppen nach, daß auch hier die Lehre von der Entstehung der Zelle aus formlosem Stoff nicht haltbar ist und prägte den Satz: „Omnis cellula e cellula".

Wie sehr diese Untersuchungen über die Zellgenese die ganze Forschungsrichtung der damaligen Histologie in neue Bahnen drängten, zeigen am besten die einleitenden Worte KÖLLIKERs in der dritten Auflage seines Handbuches der Gewebelehre, die 1859 der im Jahre 1854 erschienenen zweiten folgte: „Solange die Ansicht von SCHLEIDEN und SCHWANN Geltung hatte, daß die Zellen frei in den flüssigen Zwischensubstanzen des Körpers sich bilden, konnte die Gewebelehre nicht anders, als diesen Zwischensubstanzen und den in ihnen vorkommenden Formen (Körner, Bläschen, freie Kerne) gehörig Rechnung tragen, und mußte es selbst als zweckmäßig erscheinen, diese Gebilde zum Ausgangspunkt der ganzen Darstellung zu wählen, wie es in den früheren Auflagen geschehen ist.

Nun aber gezeigt ist, daß eine solche Zellbildung nicht existiert, vielmehr der Organismus in ununterbrochener Folge der Formen aus der Eizelle sich aufbaut, treten die Zwischensubstanzen mehr in den Hintergrund und ist es das naturgemäßeste, die Zelle zum Mittelpunkt der Schilderung der Elementarteile zu machen."

Je mehr aber die histologische Forschung von der Bedeutung der Zelle als Elementarteil der lebenden Masse durchdrungen war, um so stärker wurde das Bedürfnis, eine allgemeingültige Definition des Begriffes „Zelle" zu geben, um so einen gegebenen Gewebsbestandteil als „Zelle" zu identifizieren. Hiermit stand es aber eigentlich noch sehr im argen. Die botanischen Entdecker der Zelle hatten sie als ein mit einer derben Membran umhülltes Kämmerchen oder Bläschen beschrieben, in dem sich entweder Flüssigkeit oder Luft als Inhalt befand. Die Wand war für sie das Wesentliche des Zellbegriffes, wie es bei der wichtigen funktionellen Bedeutung dieses, wie wir heute wissen, akzessorischen, so leicht der Beobachtung zugänglichen Bestandteiles der Pflanzenzelle auch gar nicht anders sein konnte. „Die Pflanzenzelle ist ein von einer vegetabilischen Membran vollkommen umschlossener Raum", das war die Definition der Zelle, die 1830 MEYEN gab.

Sie wurde bald durch eingehendere Beobachtung des Inhalts dieser Kammer erweitert, in der schon BONAVENTURA CORTI (1774) und TREVIRANUS (1811) eigentümliche Bewegungserscheinungen gesehen hatten, BROWN 1831 ein scharf begrenztes, stärker lichtbrechendes Bläschen, „den Zellkern", entdeckte. Aber war auch „der wichtigste und häufigste Umstand zum Beweis der Existenz einer Zelle" für Schwann (1839) der Nachweis eines Zellkerns, notwendig blieb für ihn, wenigstens für die vollentwickelte, ausgebildete Zelle, stets die Existenz einer besonderen Zellmembran; sie galt es daher nachzuweisen, um den Beweis für die Zellnatur eines fraglichen Gebildes zu führen. Mißglückte dieser Nachweis, wie z. B. bei den Furchungskugeln vieler tierischer Eier, so stand man, wie Heidenhain sagte, „vor einem kaum lösbaren Problem", wofür der lange dauernde Streit über das Wesen des Furchungsprozesses ein gutes Beispiel ist.

Aber auch sonst genügte diese Definition der Zelle keineswegs, wie am besten die Schwierigkeiten zeigen, die die Deutung des tierischen Keimbläschens Schwann und seinen Zeitgenossen machte. Schwann wirft die Frage auf, „ist das Keimbläschen eine junge, innerhalb der Dotterzelle entstehende Zelle oder ist es der Kern der Dotterzelle?", kommt aber trotz der großen Bedeutung dieser Frage für seine Zelltheorie nach ausführlicher Diskussion aller Möglichkeiten zu dem Ergebnis: „daß für jetzt die Entscheidung der Frage, ob das Keimbläschen Zelle oder Zellenkern ist, nicht möglich ist". Den Wendepunkt in dieser Frage brachten erst viel später die Untersuchungen von K. Gegenbaur, der 1861 den Satz scharf formulierte: „Die Eier der Wirbeltiere mit partieller Furchung sind keine wesentlich zusammengesetzteren Gebilde als die der übrigen Wirbeltiere; sie sind nichts anderes als zu besonderen Zwecken eigentümlich umgewandelte kolossale Zellen, die aber nie diesen Charakter aufgeben."

Zu Schwanns Zeiten aber war diese Klarheit über die Natur der tierischen Eier schon aus technischen Gründen — Gegenbaur bediente sich zu seinen Studien der embryologisch-histologischen Methodik am fixierten und gefärbten Material — nicht zu gewinnen und auch sonst blieb oft der exakte Beweis der „Zellnatur" eines fraglichen Bestandteiles unsicher infolge der Unklarheit und „Relativität des Zellbegriffes", über die schon 1841 Valentin mit Recht sich beklagte und der noch im Jahre 1859 von Kölliker in seinem Handbuch der Gewebelehre folgendermaßen formuliert wurde: „Die Zellen, Cellulae, auch Elementarzellen oder Kernzellen genannt, sind vollkommen geschlossene Bläschen von 0,005—0,01" mittlerer Größe, an denen eine besondere Hülle, die Zellmembran, und ein Inhalt zu unterscheiden sind. Der letztere besteht aus Flüssigkeit, häufig auch aus geformten Teilchen dieser oder jener Art und enthält außerdem einen besonderen rundlichen Körper, den Zellenkern, Nucleus, der wiederum Flüssigkeit und ein noch kleineres Körperchen, das Kernchen oder Kernkörperchen in seinem Inhalt führt".

Noch unbefriedigender wurde diese Definition, als durch die Widerlegung der Schleiden-Schwannschen Theorie der freien Zellbildung der Kern seine ihm dort zugesprochene Rolle als Bildungszentrum der Zelle verlor. Man beobachtete vielmehr, daß die Kerne bei den Zellteilungen unsichtbar wurden, sich auflösten und erst später in den Tochterzellen wieder erscheinen, woraus Hofmeister (1849) folgerte, daß dem Zellkern die Fähigkeit der individuellen Fortpflanzung überhaupt nicht zukommt.

Um so mehr richtete sich die Aufmerksamkeit der Forscher auf den übrigen Inhalt der Zelle und wieder waren es die Botaniker, die bahnbrechend vorangingen.

Mohl (1846) beschrieb den Inhalt der Zelle als eine trübe, zähe, mit Körnchen gemengte Flüssigkeit, die sich nicht mit dem wässerigen Zellsaft mischt, sondern sich zu ihm wie eine schaumige Flüssigkeit zu Luft verhält und gab ihm im Anschluß an Purkinje (1838) den Namen „Protoplasma". Nägeli stellte fest, daß es sich um eine stickstoffhaltige (eiweißartige) Substanz handelt. Ferdinand Cohn (1850) wies auf die Forschungen Dujardin (1841) hin, der die Körpersubstanz der Rhizopoden mit ihren eigentümlichen Lebenserscheinungen, der Körnchenströmung usw. studiert und derselben den Namen „Sarkode" gegeben hatte. Cohn verglich die Eigenschaften dieser „contractilen tierischen Sarkode" mit dem Inhalt pflanzlicher Zellen und stellte eine weitgehende Übereinstimmung zwischen beiden fest: „Die Sarkode ist homogen oder feinkörnig, eiweißartig, gallertähnlich, bricht das Licht mehr als Wasser, weniger als Öl; schrumpft in Alkohol und Salpetersäure gerinnend zusammen. Alle diese Eigenschaften besitzt auch jener Stoff der Pflanzenzelle, welcher als Hauptsitz fast aller Lebenstätigkeiten, namentlich aller Bewegungserscheinungen, betrachtet werden muß, das Protoplasma. Nicht nur stimmt das optische, chemische und physikalische Verhalten desselben mit der Sarkode überein, sondern auch die Fähigkeit, Vakuolen zu bilden".

Weiter beobachtete man schon damals, wie Algenschwärmer ihre Cellulosehülle verlassen und frei im Wasser sich fortbewegen und folgerte, daß man nicht bloß das durch ringsum geschlossene Wände gebildete Kämmerlein, sondern mit mehr Recht seinen lebenden Inhalt als lebenden Elementarteil betrachten sollte: „Die Zelle", so sagt Alex. Braun (1851), „ist somit ein kleiner Organismus, der sich nach außen eine Hülle bildet, wie die Muschel ihre Schale, die Schnecke ihr Haus, der Krebs seinen Panzer. Der von dieser Hülle umschlossene Inhalt aber ist der wesentliche und ursprüngliche Teil der Zelle, ja er muß als Zelle betrachtet werden, schon ehe er seine Überkleidung erhalten hat".

Man vergleiche diese Ausführungen mit der Zelldefinition von Kölliker im Jahre 1859, um zu erkennen, wie rückständig die tierische Zellenlehre damals geblieben war. Allerdings protestierte 1857 Leydig gegen die „schulmäßige Gliederung der Zelle in Membran, Inhalt und Kern" und hält dieser Definition entgegen, daß nicht alle Zellen blasiger Natur sind, „nicht immer eine vom Inhalt ablösbare Membran sich unterscheiden läßt". Aber erst die Studien von Max Schultze (1854—1866), in denen er die Identität der tierischen Sarkode niederer Organismen mit dem Protoplasma bestätigte, verhalfen der Anschauung, daß nicht die Membran, sondern der lebende Inhalt das Hauptcharakteristikum des Begriffs „Zelle" ist, bei den Zoologen zum Siege.

Die klassische Definition der Zelle durch Max Schultze (1861) als „eines mit den Eigenschaften des Lebens begabten Klümpchens von Protoplasma, in welchem ein Kern liegt", hebt mit Recht den morphologischen Dualismus als ein Hauptcharakteristicum der Zelle hervor, ist aber sonst in morphologischer Hinsicht noch recht dürftig zu nennen. Denn das Protoplasma wird von M. Schultze entsprechend allerdings den unzulänglichen, ihm zur Verfügung stehenden Untersuchungsmitteln beschrieben als eine in sich homogene, glasartig durchsichtige Grundsubstanz von zähflüssiger oder auch festerer Konsistenz, in welche Körnchen eingebettet seien; der Kern ist für ihn ein nahezu homogener, kugeliger, leidlich fester Körper mit einem glänzenden Kernkörperchen darin.

Schon in demselben Jahre, 1861, in welchem die Arbeit von Max Schultze erschien, hat daher der Physiologe Brücke in seinem berühmten Aufsatz „Die Elementarorganismen" den Gedanken ausgesprochen, daß die Substanz der Zelle nicht homogen sein kann, sondern eine Struktur besitzen muß. Er sagt: „Wir werden mit Notwendigkeit dazu geführt, im Zellinhalt einen im Verhältnis komplizierten Bau zu erkennen, wenn wir die Lebenserscheinungen berücksichtigen, welche wir an denselben wahrnehmen", sei es, daß „die Zellen aus noch kleineren Organismen zusammengesetzt sind, welche zu ihr in einem ähnlichen Verhältnis stehen, wie die Zelle zum Gesamtorganismus", sei es, daß die Zelle eine spezifische, für das Leben charakteristische Struktur besitzt.

Wenn wir von einigen mehr gelegentlichen Beschreibungen von mikroskopisch wahrnehmbaren Zellstrukturen absehen, so war C. Frommann 1865 und 1867 der erste, welcher faserartige Gebilde in den Zellen beschrieb und als allgemeingültige lebensnotwendige Strukturen hingestellt hat. Er ist daher der Begründer der Gerüst- oder Netztheorie des Protoplasmas, die namentlich von Heitzmann näher ausgeführt, von Klein, Leydig, Schmitz ebenfalls vertreten worden ist. Das Protoplasma, und zwar Kern und Zelleib, bestehen nach dieser Ansicht aus einem feinen Netzwerk von Fibrillen und Fäserchen, in dessen Lücken Flüssigkeit vorhanden ist. Die Struktur der Zelle wird so zu einer spongiösen, schwammartigen. „Das Kernkörperchen, der Kern, die Körnchen mit ihren Fädchen sind die eigentlich lebende, contractile Materie. Diese feste Materie ist eingelagert und aufgespannt in einer nicht lebendigen, nicht contractilen Flüssigkeit".

Gegen diese Netztheorie sprach sich vor allem Flemming aus. „Wenn es bei manchen Zellen so sein mag, so ist doch daraus kein Typus zu machen. Bei vielen Zellen findet sich jedenfalls die geformte Substanz in Gestalt von ziemlich gleich dicken Fäden" (Flemming 1882, S. 67). Er nimmt daher im Protoplasma zwei verschiedene Substanzen an, eine Fädchensubstanz, die Filarmasse oder das Mitom, und eine Zwischensubstanz, die Interfilarmasse oder das Paramitom (Flemming 1882) und spricht sich über die Verbreitung und die vitale Konstanz dieser Filarstruktur folgendermaßen aus: „Für die Strukturen der meisten Zellarten scheint ein Fluktuieren nicht zu gelten oder doch nicht die Regel zu sein. Wenn sie überhaupt vor sich gehen, müssen sie äußerst träge sein. Unter solchen Umständen hat man ein volles Recht, von geformten Strukturen zu sprechen. Wenn man temporär homogenes Protoplasma auftreten sieht, so braucht dies darum nicht der Normalzustand zu sein, es kann auch der Ausnahmezustand sein, in welchem die Fäden unter Wegdrängung der Zwischensubstanz bis zur Berührung genähert, vielleicht zeitweise verschmolzen sind, um sich doch wieder separieren zu können" (Flemming 1882, 66). Über die Rolle, welche diese Fäden und die Zwischensubstanz im Zelleben spielen, drückt sich Flemming sehr vorsichtig aus. „Wir sind noch gar nicht darüber unterrichtet, ob und inwieweit die Interfilarmassen oder das Paraplasma an den Vorgängen, die Leben genannt werden, beteiligt ist. Es wäre also voreilig, ihm die „Lebendigkeit" von vornherein abzusprechen. — Es erscheint mir nicht logisch, die Interfilarmasse oder Teile derselben, auch für den Fall, daß sie flüssig sind, unbelebt zu nennen; das, was „lebt", bleibt einstweilen für uns der ganze Zelleib" (Flemming 1882, 80—81).

Bütschli (1890, 1892), der Begründer der dritten Strukturtheorie des Protoplasmas, bestreitet nicht die Richtigkeit der Beobachtungen von Frommann und Heitzmann, deutet aber die als Netze beschriebenen mikroskopischen Bilder als ein Waben- oder Schaumwerk mit allseitig abgeschlossenen Räumen. Zwar ist bei der Kleinheit der in Frage stehenden Strukturen, namentlich im Schnittbild, die Entscheidung, ob eine Netz- oder Wabenstruktur vorliegt, nicht immer möglich, denn in beiden Fällen muß das mikroskopische Bild dasselbe sein, aber Beobachtungen an lebenden Protoplasmen und an künstlich hergestellten Schaummodellen, ferner allgemeine physikalische Erwägungen und Vergleiche zwischen den Eigenschaften von künstlichen Schäumen und denen des Protoplasmas, die weitgehende Übereinstimmung zeigen, lassen Bütschli zu der Annahme gelangen, daß das Protoplasma eine Schaum- oder Wabenstruktur besitzen muß.

Als vierte Strukturtheorie des Protoplasma ist die Granulalehre von Altmann (86, 90, 94) zu nennen. Mit einer besonderen Fixierungsmethode konnte Altmann in der Zelle Körnchen, Granula darstellen, die in einer homogenen nicht lebenden Grundsubstanz befindlich durch Teilung sich vermehren sollten, und deshalb von ihm als „die Elementarorganismen der Zelle", als „Bioblasten oder Cytoblasten" bezeichnet wurden. Später wurde dann diese Lehre namentlich auch von Arnold dahin erweitert, daß auch in der „Intergranularsubstanz" noch kleinste, ultramikroskopische Granula enthalten sein können, die erst durch ihr Wachstum oder Zusammenlagerung mit anderen Körnchen die Grenze der Sichtbarkeit überschreiten.

Die historische Bewertung dieser Strukturtheorien darf nicht übersehen, daß sie sämtlich für die Weiterentwicklung der Cytologie, der Lehre von der Zelle, von großer Bedeutung gewesen sind. Denn durch dieselben angeregt sind eine große Menge auch heute noch wertvoller Strukturbeobachtungen gemacht worden, die, soweit sie auf tatsächlich bestehenden Verhältnissen basieren, von bleibendem Werte sind. Andererseits darf nicht verkannt werden, daß unter der suggestiven Vorstellung, daß das Protoplasma eine mikroskopisch sichtbare, dauerhafte, lebensnotwendige Struktur besitzen müsse, gerade solche Untersuchungsmethoden bevorzugt wurden, die möglichst deutliche und dauerhafte Strukturbilder zeigten. Hatte man früher meist das lebende Objekt studiert, so gewöhnte man sich nunmehr daran, die Objekte zu fixieren, zu färben und in feine Schnitte zu zerlegen.

Anfangs stießen diese Methoden auf erheblichen Widerspruch, aber die Ergebnisse waren so neuartig und boten in vieler Hinsicht einen so unverkennbaren Fortschritt dar, daß die Kritik rasch verstummte. Die Entdeckung der karyokinetischen Prozesse, der feineren Vorgänge bei der Befruchtung waren ja tatsächlich auch nur mit Hilfe dieser neuen Untersuchungsmethoden möglich; andererseits darf aber nicht übersehen werden, daß die Grundlagen der Fixierung und Färbung rein empirisch waren und bis auf den heutigen Tag es größtenteils geblieben sind. Es ist ferner zuzugeben, daß die histologischen Untersuchungsmethoden oft nach Art von Kochrezepten kritiklos angewandt worden sind, und Strukturen erst künstlich erzeugt und ausführlich als real beschrieben worden sind, die in der lebenden Zelle niemals existiert haben. So ist das Urteil von Spek, wenn auch übertrieben einseitig, so doch nicht ganz ungerechtfertigt, der sich folgendermaßen äußert: „So kam denn bei den Strukturforschungen jener rein histologischen Periode der 80er und 90er Jahre trotz eines außerordentlichen Aufwandes minuziöser, gewissenhafter Arbeit zunächst nicht viel mehr heraus als eine Anzahl von „Strukturlehren", die sich auf das heftigste befehdeten, die „Lehre" vom fibrillären, vom retikulären (netzartigen), vom granulären (körnigen) und vom wabigen oder schaumigen Aufbau des Protoplasmas". „Jeder Untersucher schwor nur auf seine Technik und auf seine Präparate, und der von früher übernommene Leitgedanke, daß es natürlich nur eine Elementarstruktur des Plasmas geben könnte, wurde zum Dogma, zum unbewiesenen Glaubenssatz, von dem man auch dachte, daß er gar nicht bewiesen zu werden brauchte."

Aber wenn auch viele, eine Zeitlang als real im lebenden Zustand gedeutete Strukturen sich als reine Kunstprodukte der Fixierung erwiesen haben, so sei doch allzu großem Skeptizismus gegenüber schon hier betont, daß umgekehrt an der realen Existenz von zahlreichen Strukturen mikroskopischer Größenordnung im lebenden Protoplasma nicht gezweifelt werden kann. Gerade in neuerer Zeit sind in den Plastosomen einerseits, im Golgi-Apparat andererseits Strukturgebilde in den Zellen beschrieben worden, deren angeblich konstantes Vorhandensein sie nach der Meinung vieler Cytologen zu brauchbaren Charakteristica der Zelle machen. Für andere Strukturen ist dagegen durch Verbesserung der Untersuchungsmethoden bewiesen worden, daß sie nicht starr und unveränderlich, für alle Phasen des Lebens absolut notwendig sind, vielmehr einem raschen Wechsel unterworfen sind. Natürlich geht es nicht an, diesen nur temporär ausgebildeten mikroskopischen Strukturen jede Bedeutung für das Leben der Zelle abzusprechen, aber sie repräsentieren nicht die hypothetische, für das Leben charakteristische und spezifische Struktur, so daß sich nach der Meinung von TSCHERMAK „eine bestimmte mikroskopische Conditio sine qua non für das lebende Protoplasma nicht aufstellen läßt".

Trotzdem halten viele Biologen an dem Grundgedanken von BRÜCKE fest, daß das Protoplasma eine feinere für das Leben notwendige Struktur besitzen muß, nur daß sie jetzt dieselbe auf ultramikroskopischem Gebiet suchen (O. HERTWIG: Allg. Biol. 1923, 31). So schreibt auch SPEK (1925): „Das Schwergewicht der Strukturforschung hat sich von den mikroskopischen Strukturelementen, welche das Interesse der älteren Autoren so sehr fesselten, durchaus nach der Ultrastruktur verschoben." „Das Aktionsfeld für die Molekularkräfte, welche den vitalen Leistungen der Zelle zugrunde liegt, ist in der Ultrastruktur des Protoplasmas und in dem mikroskopischen Flächensystem des Plasmas und der Zelle selbst zu suchen" (1925, 900).

Ich werde auf diese Untersuchungen, die ja erst in neuerer Zeit dank der Verbesserung der technischen Hilfsmittel mit Aussicht auf Erfolg in Angriff genommen werden, später noch einmal zu sprechen kommen. Wir kehren bei unserer histologischen Übersicht zunächst zurück in die 70er und 80er Jahre des vorigen Jahrhunderts, als eben die mikroskopische Fixierungs- und Färbetechnik sich ausgebildet hatte und mit ihrer Hilfe zwei wichtige, für den Fortschritt der Cytologie folgenreiche Entdeckungen gelangen, die Aufklärung der Kernvermehrung durch die Mitose und die Aufdeckung der· morphologischen Vorgänge bei der Befruchtung.

Schon 1867 hatte HOFMEISTER die indirekte Kernteilung in ihren groben Umrissen bei einigen Pflanzenzellen richtig beobachtet, doch erst 1873 schilderte A. SCHNEIDER an einem tierischen Objekt „Die Karyokinese" genauer. STRASBURGER (1870) auf botanischem und namentlich FLEMMING (1879—1882) auf zoologischem Gebiete stellten die Einzelheiten dieses komplizierten Vorganges sicher, HEUSER (1884), GUIGNARD und VAN BENEDEN entdeckten die genaue Zweiteilung der Chromosomen durch Längsspaltung, RABL (1885) stellte dann das Gesetz der Zahlenkonstanz der Chromosomen auf und wurde mit VAN BENEDEN und vor allem mit BOVERI der Begründer der wichtigen Individualitätstheorie der Chromosomen.

Die zweite grundlegende morphologische Entdeckung wurde von O. HERTWIG gemacht, der 1875 „die Befruchtung als die Verschmelzung zweier Zellen und ihrer Kerne" definierte. VAN BENEDEN vervollständigte sie durch den Nachweis, daß die Chromosomen des befruchteten Eies zur einen Hälfte von der Mutter, zur anderen von dem Vater abstammen. Die befruchtete Eizelle und ihre Deszendenten, die den vielzelligen pflanzlichen oder tierischen Organismus bilden, sind eigentlich also Doppelwesen, sie besitzen „diploide" Kerne. Diese diploide Chromosomenzahl wird bei der Bildung der Geschlechtszellen auf die Hälfte reduziert durch eine besondere Kernteilung, die Reduktionsteilung (FLEMMING 1887).

Mit Recht sagt LUNDEGÅRDH (1922) von diesen morphologischen Entdeckungen: „daß wenige Errungenschaften der allgemeinen Biologie so tief in die Denkweise eingegriffen und die Forschung auf bestimmte Bahnen gelenkt haben". Denn schon 1884 wurden sie zunächst von O. HERTWIG und STRASBURGER, dann von KÖLLIKER und WEISMANN in Beziehung gebracht zum Vererbungsproblem, indem sie die Hypothese aufstellten, daß das von NÄGELI hypothetisch geforderte Idioplasma in den Zellkernen lokalisiert sei. Diese Hypothese wurde dann weiter für O. Hertwig der Ausgangspunkt für seine Theorie von der Artzelle, ferner wurde durch dieselbe die Beziehung der mikroskopischen Forschung zur Genetik hergestellt und vor allem auch die physiologische Forschungsrichtung in der Cytologie angebahnt. Durch die Lehre von der Artzelle erhält die Theorie von der Zelle eine wesentliche Bereicherung und Vertiefung ihres Inhalts. Die Zelle ist nunmehr nicht nur ein elementares Aufbauelement des pflanzlichen und tierischen Organismus, nicht nur, wie zuerst Schwann, dann Virchow und Brücke gelehrt hatten, eine elementare Lebenseinheit, vielmehr ist in Form der „Artzelle" (O. Hertwig) für jedes Lebewesen die zur Zeit bekannte einfachste „vollwertige" (Lundegårdh) Lebenseinheit gegeben; „in der Artzelle sind alle wesentlichen Merkmale, durch welche eine Tierart charakterisiert ist, in ihrer einfachsten Form enthalten oder gewissermaßen auf ihren einfachsten Ausdruck gebracht" (O. Hertwig). Es ist sehr wichtig, daß O. Hertwig sich gegen eine irrtümliche Auffassung des Begriffes „einfache" Form wendet, zu dem deszendenztheoretisch Spekulationen nicht wenig beigetragen haben. Sollten doch nach dem biogenetischen Grundgesetz von E. Haeckel in der Ontogenie jedesmal die verschiedenen Stadien, die in der Phylogenie aufeinander gefolgt waren, kurz rekapituliert werden und so der komplizierte vielzellige Organismus der Gegenwart das „Amöben"- oder „Monerenstadium" in seiner Eizelle wiederholen. Demgegenüber betont O. Hertwig mit Recht, daß jede scheinbar noch so einfach gebaute Eizelle in Wirklichkeit das Endresultat einer langen, phylogenetischen Entwicklungsreihe ist und sich „der Anlage" nach genau so von jeder anderen Eizelle unterscheiden muß wie die ausgebildeten vielzelligen Endformen, die sich aus ihr entwickeln. Es gibt also so viele Artzellen, als es Arten gibt. Daß aber jede Ontogenie mit einer Zelle beginnt, zeigt den überragenden biologischen Wert dieser Formeinheit, so daß die Artzelle nach der Meinung von O. Hertwig, und ihr haben sich viele Forscher angeschlossen, für den Biologen dasselbe bedeutet, wie das Atom für den Chemiker. „Wie in der Gegenwart die Atome der chemischen Elemente für den Chemiker die letzten Einheiten sind, zu denen ihn seine Zerlegung des Stoffes hinleitet, so für den Morphologen die Artzellen, denn diese bilden zuerst die einfachsten, einander vergleichbaren, lebenden Stoffeinheiten, die jedem Lebewesen zugrunde liegen. In ihnen ist die Eigenart eines jeden Organismus gleichsam in der einfachsten Formel ausgedrückt, in der Weise, daß wir sagen können, es existieren so viele verschiedene Artzellen, als das Organismenreich aus verschiedenartigen Lebewesen besteht" (O. Hertwig: 1920, Werden der Organismen).

Auf dem Boden der Vorstellung stehend, daß „die Zellen der normale Erscheinungstypus der lebenden Substanz seien und daß dieselben das biologische Teilungsminimum seien" (Lundegårdh: 1922, 154), haben O. Hertwig (1892, 1923), E. B. Wilson (1904, 1926) und ganz neuerdings noch M. Hartmann (1927) die Zelle zum Mittelpunkt ihrer Darstellungen über allgemeine Biologie gemacht, wobei M. Hartmann zur Begründung ausdrücklich bemerkt: „daß jedes Lebewesen dadurch morphologisch charakterisiert ist, daß es aus einer oder vielen Zellen besteht, und daß die morphologische Zusammensetzung aus Zellen das einzige Kriterium zur Zeit wenigstens ist, wodurch wir ein Lebewesen scharf charakterisieren und definieren können". Für die Wertschätzung dieser modernen Zelltheorie spricht ferner, daß besondere Archive, so das Archiv für Zellforschung, das Archiv für experimentelle Zellforschung, La cellule, zum Studium der Zelle begründet worden sind, daß vor allem ein besonderer Zweig der mikroskopischen Anatomie, die Cytologie entstanden ist, die mit den verschiedensten Methoden und vor allem auch den umfassendsten Gesichtspunkten die Organisation der Zelle erforscht.

Wenn aber, wie Wilson (1926) mit Recht hervorhebt, „the cytology outgrew the limits of merely morphological inquiry, the earlier morphological cytology has broadened out into a many sided cellular biology", so wurde diese Entwicklung der modernen cytologischen Forschung eingeleitet durch die soeben erwähnte Theorie von O. Hertwig und Strasburger, die das Idioplasma in den Kern der Keimzellen lokalisieren. Denn in dieser Theorie wurde zum erstenmal für eine bestimmte Funktion, die Übertragung der väterlichen und mütterlichen Erbqualitäten eine bestimmte Zellstruktur in Anspruch genommen und damit das funktionell lokalisierende Verfahren der Physiologie am vielzelligen Organismus auf den Organismus der Zelle angewandt.

Wie fruchtbar dieser Gedanke gewesen ist, zeigt vor allem die Entwicklung der cytologischen Vererbungsforschung mit den erfolgreichen Versuchen, die verschiedene Gene in bestimmte Chromosome zu lokalisieren (Morgan 1921) oder die Vererbung des Geschlechtes mit dem Heterochromosomenmechanismus in Beziehung zu setzen.

Durch diese **physiologische** Betrachtungsweise ist aber auch ein ganz neuer Gesichtspunkt zur Erforschung der Zellstrukturen gegeben. Jetzt sucht man nicht mehr nach der lebensnotwendigen Zellstruktur, man fragt vielmehr nach der biologischen Wertigkeit der durch das Mikroskop oder Ultramikroskop erschlossenen Strukturbestandteile, so wird der Spumoidbau in Beziehung gebracht zur Statik des Cytoplasmakörpers und auf diese Weise z. B. von Rhumbler (1914) versucht, denselben, weil lebensnotwendig, auch als stets vorhandenes und allgemeingültiges Bauprinzip des Plasmas hinzustellen; andere Zellbestandteile werden mit den Erscheinungen der Kontraktion, der Sekretion in Beziehung gesetzt, wieder andere werden für die Erhaltung der Artspezifizität in Anspruch genommen; es wird die Rolle des Kernes und des Cytoplasmas für die Lebenserscheinungen der Zelle studiert, um nur einige der Hauptprobleme moderner cytologischer Forschung zu nennen.

Eine andere moderne Betrachtungsweise arbeitet ganz mit Vorstellungen, die sie aus der Kolloidchemie übernimmt. Die Kolloide zeichnen sich durch ihre große Labilität aus und für den jeweiligen „Zustand" der kolloidalen Masse erweisen sich die Umweltsbedingungen als äußerst wichtig. Übertragen auf die lebende Masse der Zelle führt das zu der Vorstellung, daß jede spezialisierte Zellform und jede Zellstruktur gleichsam der Index für ein spezifisches Milieu ist, und in erster Linie das Reaktionsprodukt der lebenden Masse auf die Milieubedingungen darstellt. Durch experimentelle Umweltsänderungen werden künstlich Strukturen erzeugt, und es ergibt sich die bemerkenswerte Tatsache, daß die verschiedensten Artzellen auf identische Milieubedingungen mit der Ausbildung gleicher Strukturen reagieren. Unter diesem Gesichtswinkel werden nun auch die Strukturen, die bei den verschiedensten Artzellen zeitweise immer wieder auftreten, wie die Strukturen der Mitose, der Chromosomenkonjugation, der Reduktionsteilung, ferner die charakteristischen Erscheinungsformen, wie sie z. B. die verschieden differenzierten männlichen und weiblichen Fortpflanzungszellen darbieten, betrachtete und in ihnen Reaktionen der lebenden Masse auf bestimmte, in ihre Einzelheiten noch unbekannte, aber analysierbare Milieubedingungen erblickt. Alle Strukturen sind nach dieser Auffassung etwas Vergängliches, sie sind der Ausdruck für reversible Zustandsänderungen des Materials der Zelle unter dem Einfluß äußerer Milieueinflüsse.

Es ist leicht ersichtlich, daß diese kolloidchemische Betrachtungsweise der Zellstrukturen, deren Berechtigung und Fruchtbarkeit nicht geleugnet werden soll, in scharfem Gegensatz steht zu den älteren, auf S. 13 diskutierten Vorstellungen, die in **einer** bestimmten Zellstruktur, der fädigen, körnigen oder schaumartigen, ein konstantes und in seiner Konstanz lebensnotwendiges,

morphologisches Charakteristicum der lebenden Masse erblickten. Der für
Heidenhain (1906) so selbstverständliche Satz, daß es in der lebenden Masse
„ein Beharrendes gibt, nämlich die Form, auf welcher das Leben beruht", würde
heute von keinem kolloidchemisch orientierten Cytologen unterschrieben werden.
Gegenüber einer allzu weitgehenden Unterschätzung der Formkonstanz und
ihre Bedeutung für die Erforschung der lebenden Masse, muß aber doch darauf
hingewiesen werden, daß alle die soeben erwähnten Zustandsänderungen der
lebenden Masse reversibel sind und reversibel sein müssen, solange der lebende
Zustand erhalten ist; es muß ausdrücklich betont werden, daß es immer wieder
die Form der Artzelle ist, die mit so überraschender Konstanz an den Anfang
jeder neuen individuellen Entwicklung gestellt ist. So wird denn die Bedeutung
der „zelligen Organisation" für die Entwicklungsphysiologie auch von solchen
Forschern zugegeben, die sich neuerdings gegen die „klassische" Zelltheorie
wenden, welche von uns bisher zur Grundlage unserer Darstellung der lebenden
Masse gemacht worden ist. Ich halte diese Argumente nicht für gerechtfertigt,
aber wir müssen sie kennen lernen, da vielfach von einer ernsten Krisis der
Zelltheorie gesprochen und die Bedeutung der Artzelle als biologisches Atom
im Sinne von O. Hertwig nicht mehr anerkannt wird.

Wenig stichhaltig erscheinen mir die Vorwürfe der Physiologen, wie z. B.
Schenck (1899) gegen die Zelltheorie, daß mit ihrer Hilfe der Lebensprozeß
der (vielzelligen) höheren Organismen nicht oder höchstens nur teilweise erfaßt werden kann. Es ist in der Tat nicht möglich, so wie es etwa Verworn
wollte, alle Lebenserscheinungen des vielzelligen Organismus aus der Summe
der Lebenserscheinungen seiner einzelnen Zellen erklären zu wollen. Es sei
nur auf die Lehre von den Fermenten und Hormonen hingewiesen, ohne die
die moderne Physiologie nicht denkbar wäre, um die Grenzen der Zelltheorie zu
erweisen. Aber die Tatsache, daß es unmöglich ist, alle Eigenschaften des vielzelligen Organismus aus der Eigenschaft seiner einzelnen Zellen restlos ableiten
zu wollen, ist kein Argument gegen die Zelltheorie, genau so wenig wie etwa die
Atomtheorie dadurch widerlegt wird, daß es unmöglich ist, die Eigenschaft der
Moleküle aus denen der Atome, welche dieselbe aufbauen, erklären zu wollen.
Genau so wie bei der chemischen Verbindung der Moleküle u. a. die räumliche Anordnung derselben eine Rolle spielt, so ist auch bei der biologischen
Verbindung der Zellen zum vielzelligen Organismus ihre räumliche durch die
mikroskopische Anatomie erforschbare Anordnung von großer Wichtigkeit.

Schwerwiegender ist die Gegnerschaft, die der Zelltheorie von morphologischer Seite erstanden ist. So ist für M. Heidenhain „die Zelle nur eine bestimmte Form der lebenden Substanz oder besser ein bestimmter Apparat,
welcher aus lebendem Material besteht", und Hueck (1926) schreibt: „Nicht
die Zelle bildet den ersten Ausdruck des Lebens; die geheimnisvolle Organisation, die wir Leben nennen, beginnt schon mit den Protomeren". An Stelle
der Zelltheorie soll also die Protomerentheorie treten, die in Wiesner (1892),
dann vor allem in M. Heidenhain (1907—1925) ihre erfolgreichsten Vorkämpfer
gefunden hat.

Zur Begründung führt M. Heidenhain folgendes aus: „Der Gedanke, einen
elementaren Formbestandteil aller Struktur herauszufinden und in letzter
Linie zur Grundlage einer allgemeinen Strukturtheorie zu machen, ist zwar
durchaus richtig, allein die Zelle hat den Wert einer elementaren Formeinheit
verloren. Denn es ist zur Zeit unmöglich, zu beweisen, daß sämtliche bis auf
die kleinsten an und unter der Grenze der Sichtbarkeit liegenden Lebewesen
dem cellularen Prinzip folgen." Vor allem aber ist es nach Heidenhains Meinung
nicht richtig, daß „der Körper der höheren Organismen eine Vergesellschaftung
von Zellen darstellt", er ist vielmehr „seinem effektiven Bestand nach eine

Assoziation von ungleichartigen Formbestandteilen (Zellen, Muskelfasern, Bindegewebsbündeln, Intercellularsubstanzen)". Während nun die Anhänger der klassischen Zelltheorie, vor allem VIRCHOW und KÖLLIKER, die Meinung vertreten, daß im vielzelligen Organismus, im Zellenstaat die Zellen die alleinigen Vertreter des Lebens und die Intercellularsubstanzen nur ihre toten Abscheideprodukte seien, betrachtet M. HEIDENHAIN die Intercellularsubstanzen gleich den Zellen als integrierende Formbestandteile des lebenden Organismus oder seiner „lebenden Masse", wie HEIDENHAIN sagt, um damit auszudrücken, daß das Leben allen elementaren Formelementen, den Zellen sowohl wie den Zellprodukten „inhäriert".

Denn für M. HEIDENHAIN genügt als Kriterium des Lebens, daß ein bestimmtes Formelement wächst und sich durch Teilung fortpflanzt und er bezeichnet deshalb auch die Bindegewebe, die Muskelfibrille, kurz, alle metaplasmatischen Gebilde als lebendig. Da nun aber auch, „wie der vielzellige Organismus im ganzen", die einzelne Zelle eine Assoziation ungleichartiger Formbestandteile" (Kern, Mikrozentrum, Plasmafibrillen, Granula usw.) ist, die sich durch Teilung fortpflanzen, so steht HEIDENHAIN nicht an, auch diese Zellbestandteile als lebendig zu bezeichnen. „Nicht die Zelle ist der Träger des Lebens, sondern das Leben inhäriert jedem lebenden Teil bis auf kleinste Molekularverbände herab, die noch als lebendig bezeichnet werden dürfen."

Der Satz von der „Inhärenz des Lebens" bildet für HEIDENHAIN eine der Grundlagen für seine Protomerentheorie, nach der die „lebende Masse" aus kleinsten, mikroskopisch nicht mehr nachweisbaren, teilungsfähigen Lebenseinheiten aufgebaut sein soll, eine Vorstellung, die außer HEIDENHAIN von zahlreichen Physiologen und namentlich Morphologen (H. SPENCER: Physiologische Einheiten, WIESNER: Plasomen, WEISMANN: Biophoren, O. HERTWIG: Bioblasten) verfochten wird. Nach dieser Anschauung ist die Zelle nicht der Elementarorganismus, sondern „eine Kolonie von solchen Elementarteilchen mit eigenartigen Gesetzen der Kolonisation" (ALTMANN). Die Zelle selber soll nach dem Wiederholungsprinzip gebaut sein, wie der vielzellige Organismus aus der Wiederholung vergleichbarer Einzelzellen".

Ehe wir jedoch diese protomerale Strukturtheorie der lebenden Masse näher entwickeln, müssen wir auf die prinzipiellen Einwände eingehen, die gegen die Protomerentheorie geäußert werden.

HEIDENHAIN bezeichnet seine Protomeren als elementare Lebenseinheiten. Hiergegen wendet sich nun vor allem die Kritik der Gegner, die wir zunächst einmal zu Worte kommen lassen wollen. PETERSEN schreibt in seiner (1922) erschienenen Histologie und mikroskopischen Anatomie, daß es durch keine Erfahrung zwingend gemacht wird, einen Aufbau der Zellen aus lebenden Einheiten niederer Ordnung anzunehmen. Er spricht der Protomerentheorie aber auch sonst jeden heuristischen Wert ab: „Als Hypothese erklärt sie gar nichts"; „es ist erkenntnistheoretisch verfehlt, Dinge dadurch zu erklären, daß man sie Gebilden zuschreibt, von denen man gar nichts weiß".

Fast noch schärfer spricht sich MAX HARTMANN in seiner allgemeinen Biologie (1927) gegen die Lehre von den kleinsten Lebenseinheiten aus: „Manche Forscher meinten zwar, daß einer derartigen Theorie der Elementarstruktur für die Lebenslehre ein ähnlich fruchtbarer Wert zukommen könne, wie etwa der Atomtheorie für die Chemie. Diese Behauptung ist jedoch nicht zutreffend."

„Aus der Atomtheorie lassen sich deduktive Konstellationen ableiten, die experimentell prüfbar sind und hierauf beruht ja der große Fortschritt der Chemie. Aus einer Metastrukturtheorie des Lebens läßt sich dagegen nur ableiten, was an ungelösten Problemen in sie hineingeschaltet ist. Ihr kommt nicht der geringste heuristische Wert zu, wie die tauben Früchte, die sie bisher

2*

getragen, auch zeigen. „Die aufgestellten Theorien bestanden im wesentlichen nur darin, daß sie die zu erklärende Eigenschaft von Organismen und Organen auf hypothetische organische Moleküle und Molekülgruppen übertrugen." Dieser Satz von Wundt charakterisiert treffend das Wesen derartiger unfruchtbarer Theorien."

Ebenso ungünstig fällt schließlich die eingehende und sehr beachtenswerte Kritik aus, die Lundegardh (1922) den Vorstellungen der elementaren kleinsten Lebenseinheiten, die er unter dem Namen der Pangentheorie zusammenfaßt, widmet. „Die meisten Forscher, die die Pangentheorie übernehmen, erblicken in ihr ein Gegenstück zur Atomlehre der Chemie und Physik. Wie die Moleküle und Atome die letzten Einheiten der leblosen Materie sind, so sollen die Pangene die letzten noch mit den Fundamentaleigenschaften des Lebens, also Selbsterhaltung, Wachstum, Fortpflanzung ausgerüstete Elemente der lebenden Substanz sein. Die Analogie ist aber ziemlich schief. Denn die Atome haben nichts von den allgemeinen Eigenschaften des zusammengesetzten Stoffes. Sogar die Moleküle sind auch physikalisch ganz andersartig als die Molekülverbände, deren Eigenschaften eben durch die besondere Art entstehen, wie die Moleküle zusammenwirken".

„Man geht bei der Pangentheorie von der willkürlichen Annahme aus, daß es eine durch und durch lebende Substanz gäbe. Mit dieser Annahme steht und fällt die ganze Pangentheorie. Nun hat die experimentelle Zellforschung längst die Hypothese der durch und durch lebenden Substanz aufgeben müssen. Das Leben ist die Summe der Lebenseigenschaften und zu der Entfaltung dieser ist ein Zusammenwirken der verschiedenen Teile der Zelle notwendig. Eine folgerechte Durchführung des Atomgedankens löst die lebende Substanz in die verwickelten Komponenten der chemischen und physikalischen Organisation der Zelle auf. Durch das Zusammenwirken dieser verschiedenen Stoffe und physikalischen Zustände entstehen die Äußerungen des Lebens ebenso wie durch Zusammenwirken der verschiedenen Atome die Eigenschaften eines chemischen Körpers. Die Materie weist überhaupt sozusagen Sprünge auf; die Corpuskeln ändern, wenn man von System zu System geht, ganz den Charakter. Jedes Atom ist ein System von Elektronen, jedes Molekel ein System von Atomen, die Zelle kein Aggregat von Miniaturzellen, sondern ein Mikrokosmos, der sich aus den verschiedensten Elementen aufbaut", die aber andere Eigenschaften haben als das Gesamtsystem Zelle. „Die Pangentheorie verfälscht von vornherein das Problem des Lebens, indem sie die Lebenseigenschaften, die man erklären sollte, in unsichtbare Elementarteile verlegt. Sie verfährt hierbei gerade entgegengesetzt der Atomtheorie, die den Atomen selbst so wenig Eigenschaften wie möglich zuerteilt, um stattdessen die Eigenschaften der Materie durch die Art, auf welche die Atome gruppiert sind oder zusammenwirken, zu erklären."

Dieser Kritik gegenüber erscheinen mir die Argumente, die Heidenhain zugunsten der Protomeren als lebender Elementareinheiten anführt, wenig stichhaltig. So weist Heidenhain zur Begründung seines Satzes von der Inhärenz des Lebens auf die Erfahrungen an Bruchstücken von Flimmerzellen hin, deren Bewegungsfähigkeit nach den Experimenten von K. Peter (1899) noch erhalten bleibt, sofern nur die Basalstücke der Cilien intakt sind. Da also ein solches Bruchstück noch „Bewegung, Umsetzung chemischer Spannkräfte, Übergang von potentieller in kinetische Energie, Verbrennung, Wärmebildung, Erregbarkeit, kurz den ganzen Komplex primitiver Lebenserscheinungen" zeigt, so ist nach der Meinung von Heidenhain der Nachweis erbracht, „daß die Flimmerzelle keineswegs jene elementare, physiologische Lebenseinheit ist, von der man bisher gesprochen hat; vielmehr ist „das Leben jedem solchen Bruchstück inhärent, denn ein passives, eingeblasenes oder eingehauchtes Leben, welches entlehnt oder erborgt wäre von anderen selbst lebenden Teilen gibt es nicht".

Gegenüber dieser Argumentation HEIDENHAINs ist zu bemerken, daß der von HEIDENHAIN geprägte Begriff des „primitiven Lebenserscheinungskomplexes" recht unklar ist. Wenig förderlich erscheint mir auch der mehrfach gemachte Versuch, eine „Abstufung der Lebendigkeit nach Graden" (WEIDENREICH) aufzustellen. Wenn es auch zur Zeit „ein unfruchtbarer und unerfüllbarer Gedanke und Wunsch ist, das Wesen des Lebens klar zu definieren" (GUR-WITSCH), so kann man das Leben als einen Prozeß, „wenn auch nicht definieren, so doch charakterisieren" (CLAUDE BERNARD 1878) durch eine Summe von Erscheinungen, als welche wir nennen: Stoffwechsel, Energiewechsel, Bewegung, Sekretion, Wachstum und Fortpflanzung durch Teilung, Reizbarkeit, Regulation (nach PETERSEN). Alle diese Einzelvorgänge sind aufeinander abgestimmt und gegenseitig voneinander abhängig, der Lebensprozeß als Gesamtvorgang oder Erscheinungskomplex ist ferner „im Prinzip selbst bestimmt oder autonom" (TSCHERMAK); er spielt sich an den lebenden Wesen ab, die wir deshalb und solange dies geschieht, so bezeichnen" (PETERSEN 1922).

Das Bruchstück einer Flimmerzelle, um auf HEIDENHAINs Beispiel zurückzukommen, kann, da es nicht mehr selbsterhaltungs-, wachstums- und teilungsfähig ist, überhaupt nicht mehr als lebendig bezeichnet werden, vielmehr können die Bewegungserscheinungen an demselben nur so aufgefaßt werden, „daß der Pendelschlag des Lebens", um HEIDENHAINs eigene Worte zu gebrauchen, eben doch „in den einzelnen Teilen der zertrümmerten Zelle passiv fortläuft, obwohl das Leben der Zelle als Ganzes eigentümlich ist".

Zusammenfassend möchte ich mich also dahin äußern, daß die Kritik von PETERSEN, HARTMANN und LUNDEGARDH an der Protomerentheorie insofern berechtigt ist, als ich es mit diesen Forschern ablehne, die Protomeren als niederste lebende Einheiten zu bezeichnen. Vielmehr ist die Zelle der einzige wirklich lebende Teilkörper, weil er allein sich unabhängig von anderen Teilkörpern selbst zu erhalten, zu wachsen und durch Teilung sich fortzupflanzen vermag. „Die einkernige Zelle ist die normale Erscheinungsform der lebenden Substanz (LUNDEGARDH 1922), weil sie das „biologische Teilungsminimum" darstellt."

Wenn somit auch die vorhin erwähnten Angriffe von HUECK und HEIDEN-HAIN gegen die Zelltheorie in einem wesentlichen Punkte gescheitert sind, so wäre es andererseits aber doch verfehlt, durch die Argumente von HARTMANN und LUNDEGARDH etwa die gesamte Protomerentheorie als erledigt und widerlegt zu betrachten. Wenn LUNDEGARDH und HARTMANN glauben, durch ihre Kritik die Nichtexistenz von Teilkörpern niederer Ordnung als die Zellen erwiesen zu haben, so ist dies Urteil ebenso ungerechtfertigt, als wenn der Biologe aus der Tatsache, daß er den Lebensprozeß des vielzelligen Organismus nicht aus den Eigenschaften seiner einzelnen Zellen restlos ableiten kann, die Existenz der zelligen Bauelemente bestreiten oder gar der Physiker bei den Krystallen oder Molekülen deren Aufbau aus Molekülen und Atomen leugnen wollte. Es ist bezeichnend, daß LUNDEGARDH (1922) „trotz der prinzipiellen Abweisung der Pangentheorie nicht die Möglichkeit leugnet, daß es im Plasma auch andere und kleinere Organe als Kern und Chromatophoren geben könne". Ich möchte weiter gehen und sagen: „Die mikroskopischen Beobachtungen namentlich der Zellteilung, ferner die Tatsache der Vererbungslehre zwingen uns direkt zu dem Schluß, daß in dem lebenden System der Zelle noch kleinere, wachstums- und teilungsfähige Einheiten, Teilkörper oder Protomeren im Sinne

HEIDENHAINs enthalten sind, nur daß ich es eben im Gegensatz zu HEIDEN-HAIN ablehne, dieselben noch als lebend zu bezeichnen, da sie ja nicht autonom und selbsterhaltungsfähig, vielmehr ihre Reaktionen stets systembedingt sind" (G. HERTWIG 1927).

Die Erfahrungen der Genetiker lassen den Schluß gesichert erscheinen, daß bei der Fortpflanzung der Zellen durch Teilung ihr Artcharakter sich erhält; daß also durch den Teilungsakt stets 2 Zellen gleicher Art geliefert werden. Das gilt nicht nur für einzellige Organismen, sondern auch für die Zellen des vielzelligen Organismus. Denn die entwicklungsmechanischen Studien der letzten Jahrzehnte haben die Lehre von der erbungleichen Teilung widerlegt und immer deutlicher gezeigt, daß sämtliche Zellen eines vielzelligen Organismus äquipotential hinsichtlich ihrer Anlagen sind, daß also jede von ihnen den Keim eines neuen artgleichen Individuums der Anlage nach in sich trägt; eine Vorstellung, die zuerst von O. HERTWIG (1892) in der Biogenesistheorie gedanklich konzipiert, durch DRIESCH u. a. experimentell bestätigt wurde. Da nun die Zelle ein heterogenes System ist, so müssen die einzelnen verschiedenen Teile des Systems, soweit sie von essentieller Bedeutung sind, sich vor jeder Teilung verdoppeln und bei der Teilung halbiert verteilt werden, damit der Systemcharakter, der u. a. auf dem Massen-Gleichgewicht der einzelnen Teile beruht, bewahrt bleibt. Die cytologische Beobachtung lehrt, daß das Plasma und der Kern, ferner die Chromatophoren dieser Forderung entsprechend sich verhalten; daß im Kern wiederum der Chromosomenapparat vor jeder Teilung auf das Doppelte heranwächst und durch Teilung jedes Mutterchromosom in zwei gleiche Spalthälften, die Tochterchromosomen, zerfällt.

Mit Recht bezeichnete daher schon im Jahre 1883 W. ROUX in einem kleinen theoretischen Aufsatz „über die Bedeutung der Kernteilungsfiguren" dieselben als Mechanismen, welche es ermöglichen, den Kern nicht bloß seiner Masse, sondern auch der Masse und Beschaffenheit seiner einzelnen Qualitäten nach zu teilen. Für ihn ist hierbei „der wesentliche Kernteilungsvorgang die Teilung der Mutterkörner; alle übrigen Vorgänge haben den Zweck, von den durch diese Teilung entstandenen Tochterkörnern desselben Mutterkornes immer je eines in das Zentrum der einen, das andere in das Zentrum der anderen Tochterzelle sicher überzuführen".

Sehr anschaulich wird uns die Bedeutung und die Aufgabe des so komplizierten karyokinetischen Prozesses durch einen Vergleich von GOLDSCHMIDT gemacht (1923). Er vergleicht den Kern und seinen Inhalt mit einem Sack voll Bohnen verschiedener Größe und Qualität und wirft die Frage auf, wie kann dieser Sack voll Bohnen so geteilt werden, daß seine beiden Hälften einander genau gleichen. „Wir könnten die Teilung so ausführen, daß wir den Sack in der Mitte durchschnüren und so in zwei äußerlich gleiche Hälften zerlegten. Sehr genau wäre allerdings diese Teilung nicht. Besser wäre es, wir zählten die Bohnen ab und legten die Hälfte auf jede Seite; dann hätten wir in der Tat gleiche Zahlen, aber die eine Bohne ist groß, die andere klein, die eine sehr nährstoffhaltig, die andere verdorben, kurz, unsere beiden Haufen wären immer noch nicht gleich. Wirklich gut geteilt hätten wir erst, wenn jede Bohne der Länge nach halbiert und die Hälften verteilt würden."

Machen wir die Nutzanwendung auf den Zellkern, von dem wir durch die Genetik wissen, daß in ihm einzelne voneinander qualitativ verschiedene diskrete Erbeinheiten, Gene, enthalten sind, so kann deren exakte Verteilung offenbar nur so vollzogen werden, daß die Gene zum mindesten im Augenblick der Verteilung nebeneinander in Fäden, den Chromosomen, angeordnet und dann einzeln in zwei gleiche Spalthälften der Quere nach halbiert werden. MORGAN hat daher auch die Hypothese der linearen Anordnung der Erbeinheiten der Chromosomen aufgestellt, eine Hypothese, die sich als sehr fruchtbar zur Deutung zahlreicher Erblichkeitserscheinungen erwiesen und auch die Cytologen zu dem minutiösen Studium der Chromosomen angeregt hat.

Auf alle näheren Einzelheiten wird erst später an geeigneter Stelle eingegangen werden; uns genügt hier die Feststellung, daß morphologische Beobachtungen und unabhängig von ihnen die Ergebnisse der Vererbungslehre übereinstimmend zu dem Schluß führen, daß in der Zelle durch Wachstum sich verdoppelnde und durch Teilung sich vermehrende qualitativ voneinander verschiedene diskrete Teilchen vorhanden sind, mag man diese Teilkörperchen nun mit WIESNER als Plasome, mit O. HERTWIG als Bioblasten, mit HEIDENHAIN als Protomeren bezeichnen.

Ihre Gesamtheit, soweit sie für die Erhaltung des Artcharakters der Zelle notwendig ist, bezeichnen wir mit NÄGELI als Idioplasma (1884). Da dasselbe, wie die Genetik zeigt, äußerst stabil ist, so müssen es auch seine einzelnen Teile, die Protomeren, sein, wobei wir über die Größenordnung dieser Teilkörper, ob Moleküle oder Molekülkomplexe, keinerlei präzise Vorstellungen uns zur Zeit machen können. Hier ist der Hypothese ein weiter Spielraum gelassen.

So nennt A. MEYER (1920) diese Teilkörperchen „Vitüle". Sie sollen nach seiner Ansicht amikroskopisch klein, dabei aber außerordentlich kompliziert gebaut sein, so daß sie nicht aus Molekülen oder Atomen der chemischen Substanzen aufgebaut sein können, da von diesen viel zu wenig in ein Vitül hineingehen. A. MEYER betrachtet daher das Vitül als etwas prinzipiell von den chemischen Atomen und Molekülen verschiedenes, es soll ein System von Mionen sein, die ähnlich wie die Elektronen das Atom, das Vitül bilden sollen. GOLDSCHMIDT schreibt diesen Teilkörpern Ferment- oder Enzymcharakter zu, wobei er u. a. darauf hinweist, daß die Enzyme bei ihrer Funktion sich nicht abnutzen, sondern qualitativ und quantitativ konstant sich erhalten, genau so, wie wir das für die Gene auch annehmen müssen.

G. HERTWIG spricht (Allg. Biol. 1923) von biochemischen Verbindungen, um damit anzudeuten, daß es sich bei den Teilkörperchen um Corpuskeln anderer Größenordnung handeln kann, als sie den Chemikern gewöhnlich zur Untersuchung vorliegen. Ihr Hauptcharakteristicum soll sein, daß diese Corpuskeln in chemischem Sinne weitgehend stabil sind und nur ihre physikalisch-chemische Erscheinungsform in hohem Maße ändern können. Die Kontinuität des Lebensprozesses beruht, wie G. HERTWIG ausführt, darauf, daß das Idioplasma, die Gesamtheit der für die Artbeständigkeit des Systems notwendigen Teilkörper der Zelle, das biochemische Vererbungssubstrat, wie wir es auch nennen können, wächst und sich durch Teilung vermehrt; daß es ferner unter den wechselvollen Erscheinungsformen, mit Bildung verschiedener sichtbarer Strukturen, wie z. B. Ruhekern, Teilungskern usw. in einem von äußeren Faktoren zeitlich beeinflußten inneren Rhythmus stets wieder zur Ausgangsform zurückkehrt. „Denn es ist für den Lebensprozeß als solchen charakteristisch, daß in gewisser Unabhängigkeit von der Umwelt in rhythmischem Wechsel stets sich wiederholende Erscheinungsformen reproduziert werden." Das ist aber nur möglich, wenn das zugrunde liegende biochemische Vererbungssubstrat, das Idioplasma, in seiner ihm eigentümlichen Konstitution in den Zellen der verschiedenen Generationen unverändert bleibt. Aus dieser Unveränderlichkeit des Gesamtidioplasma und seinen Aufbau aus einzelnen Teilkörperchen zieht nun G. HERTWIG folgende Schlüsse über den Mechanismus des Wachstums und der Vermehrung des Idioplasma:

1. „Seine einzelnen, qualitativ voneinander verschiedenen Gene stehen in einer gewissen Abhängigkeit voneinander und bilden für den Teilungsprozeß

eine Einheit; sie sind also integrierte Teile eines höheren Ganzen, des Gesamt-
idioplasmas.

2. Entweder müssen alle, unter sich sehr verschiedenen Gene (Teilkörper)
gleich rasch wachsen, oder aber die Teilung der gesamten Gene erfolgt erst dann,
wenn alle Gene, auch die langsamst wachsenden, ihre maximale Größe, d. h.
ihre doppelte Quantität erreicht haben." Erst dann ist gleichsam das Gesamtidioplasma teilungsbereit.

3. „Ein Wachstum über die doppelte Quantität ist bei keinem Gen ohne Teilung in zwei gleiche Tochtergene möglich."

Diese von G. Hertwig auf Grund von morphologischen Beobachtungen (namentlich der Vorgänge bei der Mitose) und den Ergebnissen der Genetik formulierten Gesetzmäßigkeiten haben in neuester Zeit durch eine Untersuchung von W. Jacobj (1925) „über das rhythmische Wachstum der Zellen durch Verdoppelung ihres Volumens" eine sehr wertvolle Bestätigung und Erweiterung erfahren. Ausgehend von der Protomerentheorie Heidenhains und durch Heidenhain veranlaßt, hat Jacobj quantitative Messungen an Kernen verschiedener Organe (Leber, Pankreas usw.) bei embryonalen, neugeborenen und erwachsenen Wirbeltieren vorgenommen und ist dabei auf sehr interessante Verhältnisse gestoßen. Seine Befunde seien kurz mit Jacobjs eigenen Worten geschildert:

„Bei der variationsstatistischen Untersuchung der Kerngrößen verschiedener Organzellen verschiedener Tierarten erhielten wir in den einfachsten Fällen eine gewöhnliche Variation mit einem einzigen Häufigkeitsmaximum (Kurvengipfel), von dem die Werte nach beiden Seiten ziemlich gleichmäßig abfallen.

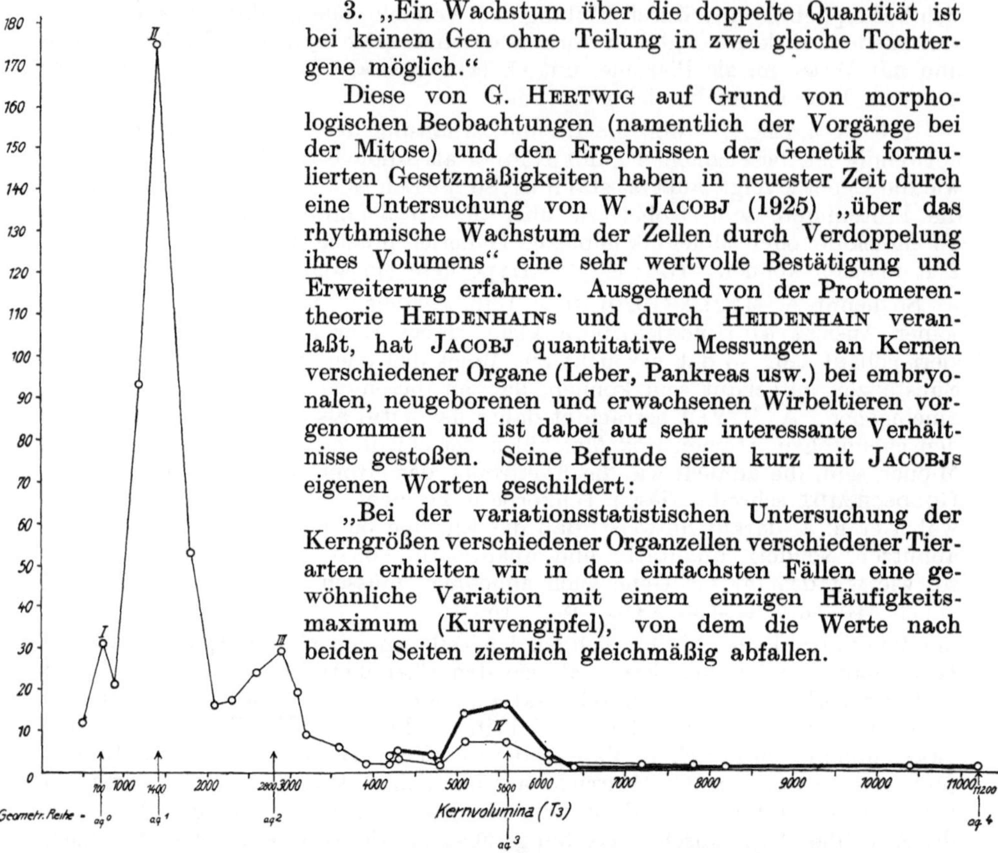

Abb. 1. Variation der Kernvolumina bei den Leberzellen einer erwachsenen Maus unter Zusammenfassung der ein- und mehrkernigen Zellformen (starke Linie, entspricht einer Sonderauszählung der ungewöhnlich großen Zellformen). (Nach W. Jacobj, 1925.)

Bei allen untersuchten Organen, welche Zellen mit Kernen von erheblich
unterschiedener Größe oder mehrkernige Zellen enthalten, bekamen wir
dagegen mehrere Häufigkeitsmaxima (mehrgipflige Kurven). Besonders ausgesprochen war dieser Befund bei den Leberzellen der erwachsenen Maus (Abbildung 1) und Ratte, bei welcher wir vier verschiedene Kernklassen K_1, K_2,
K_4, K_8 unterscheiden konnten, deren Volumina sich also zueinander verhalten
wie 1 : 2 : 4 : 8. Es wachsen also die steigenden Kernvolumina nach dem Gesetz der Verdoppelung.

Von den vier Zellklassen der reifen Mäuseleber ist die mit dem Kern K_2
die häufigste Form, welche wir als Regelzelle bezeichnen, während demgegenüber
Zellen mit den Kernen K_1 und K_4 minder häufig, solche mit K_8 selten vorkommen. Dagegen war in der Leber der neugeborenen Maus (Abb. 2) K_1 die

häufigste Kernform, K_2 nur in der Minderzahl, K_4 und K_8 gar nicht vorhanden, in der embryonalen Mäuseleber fand sich ausschließlich die Kernklasse K_1 (Abb. 3). Mit fortschreitender Ontogenie entstehen also bei der Maus aus den Kernen der Klasse K_1 zunächst solche der Klasse K_2. Dann wiederum durch Volumenverdoppelung Kerne der Klassen K_4 und K_8.

„Ziehen wir zum Vergleich auch die Phylogenese heran, so ist im Gegensatz zu den vier bzw. drei Zell- und Kernklassen, welche die reife Mäuse- bzw. Rattenleber besitzt, die ziemlich primitive Leber des Amphibiums (Proteus), durch das Fehlen mehrkerniger Zellformen und den Besitz nur einer Zell- und Kernklasse charakterisiert. Auch die Leber einer Echidna, welche der niedersten Säugetierordnung der Monotremen angehört, zeigt ebenfalls nur eine eingipflige Variation (Abb. 4), wobei bemerkenswerterweise die Zellkerne der Größenklasse K_1 der höher organisierten Säugeleber angehören, so daß also die ausgewachsene Echidna-Leber in ihrer Kernvariation dem embryonalen Organ der höheren Säuger entspricht."

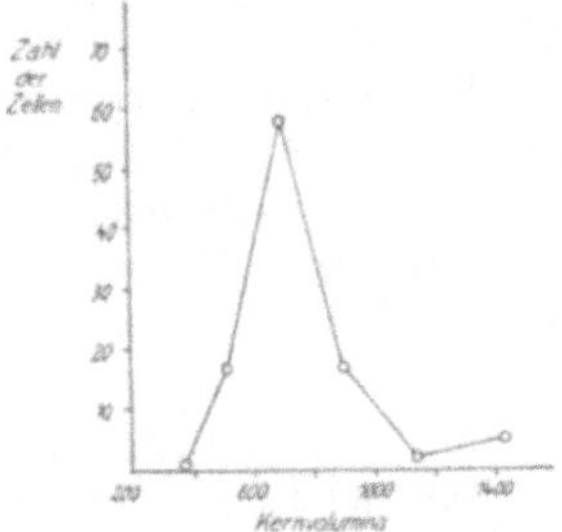

Abb. 2. Variation der Kernvolumina bei den Leberzellen einer neugeborenen Maus. (Nach W. JACOBJ 1925.)

Weitere Untersuchungen von JACOBJ am Pankreas von Ratte und Maus haben zu demselben Ergebnis geführt, daß die Kernvolumina der beobachteten zwei Häufigkeitsmaxima im ungefähren Verhältnis von 1 : 2 standen; ebenso zeigten die Kerne der interstitiellen Hodenzellen des Schweines und die Belegzellen des Katzenfundus ein entsprechendes Verhältnis.

Auch bei den germinativen Zellen, den Kernen der Spermiogonien, Spermiocyten und Spermiden des Meerschweinchens konnte JACOBJ (1926) durch Messungen feststellen, daß ihre Volumina sich wie 1 : 2 : 4 verhalten.

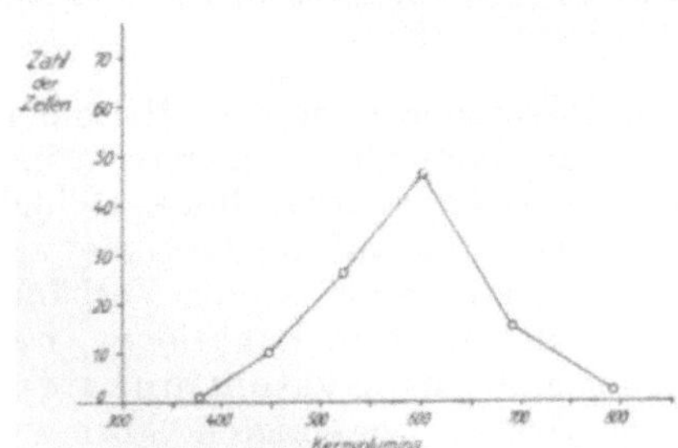

Abb. 3. Variation der Kernvolumina bei den Leberzellen eines Mäuseembryos. (Nach W. JACOBJ 1925.)

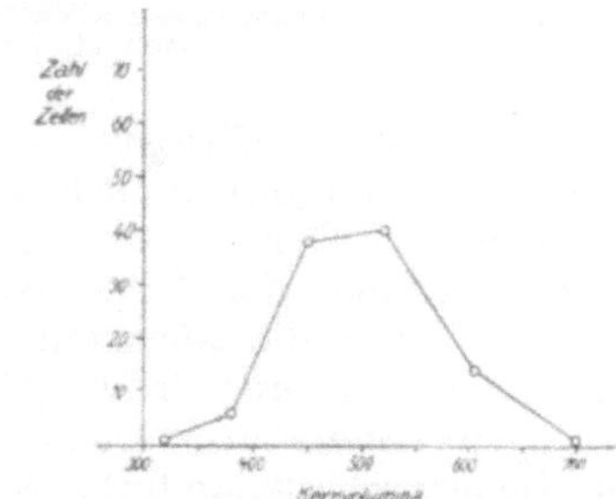

Abb. 4. Variation der Zellkernvolumina bei den Leberzellen einer Echidna. (Nach W. JACOBJ 1925.)

Wie ferner die „unmittelbare Anschauung" ihm zeigt, verändert sich bei diesen verschiedenen Generationen von Keimzellen ebenso wie bei den Leberzellen entsprechend den Kernvolumen auch das Plasmavolumen „offenbar in gleicher Weise", wie es nach der Kernplasmarelationsregel von R. HERTWIG zu erwarten ist.

So liefert das soeben referierte Beobachtungsmaterial einen zahlenmäßigen Beweis dafür, daß dem System der Zellen die Fähigkeit des rhythmischen Wachstums in konstanten Proportionen nach der Formel

$$\frac{MK}{MP} : \frac{2\,MK}{2\,MP} : \frac{4\,MK}{4\,MP} : \frac{8\,MK}{8\,MP}$$

zukommt, wobei MK die Kern- und MP die Plasmamasse bedeutet (Abb. 5).

„Die tatsächliche Beobachtung eines solchen gesetzmäßig geregelten Wachstums führt aber wie von selbst zu der schon früher von M. HEIDENHAIN auf Grund seiner Teilkörpertheorie abgeleiteten Annahme, daß allen Strukturen gewisse letzte Lebenseinheiten, die Protomeren, zugrunde liegen, deren charakteristisches Merkmal die Fortpflanzung durch Spaltung ist."

Durch die Untersuchung von JACOBJ, dessen Ergebnisse von CLARA (1928) und VOSS (1928) bestätigt wurden, erhält die Protomerentheorie auf induktivem Wege einen neuen zahlenmäßigen Beleg.

Die Existenz von Teilkörpern niederer Ordnung als die Zelle kann damit entgegen der Meinung von M. HARTMANN und LUNDEGÅRDH als erwiesen gelten, und der Biologe hat zu prüfen, inwieweit sich diese Erkenntnis für die Theorie der lebenden Masse verwerten läßt. Die weitgehendsten Folgerungen für eine allgemeine Strukturtheorie hat M. HEIDENHAIN gezogen, die im folgenden kurz referiert werden sollen.

M. HEIDENHAIN führt dazu folgendes aus: „Betrachtet man die Zelle analytisch, so ist sie nichts als eine Versammlung von kleinsten teilbaren Lebenseinheiten oder Protomeren, betrachtet man sie synthetisch, so ist sie ein

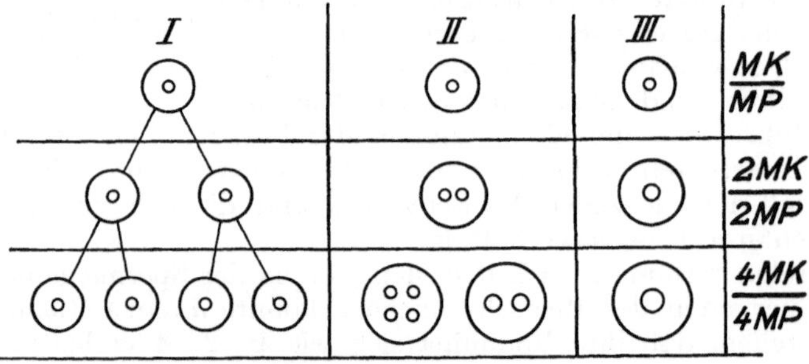

Abb. 5. Schema zum synthetischen Wachstum der Zellen durch Verdoppelung des Plasmavolumens. (Nach M. HEIDENHAIN aus JACOBJ 1926.)

zusammengesetztes Histosystem, welches eine Stufenordnung von Histomeren (kleineren Teilkörpern) in sich schließt. Es ist nicht möglich, theoretisch nicht denkbar und, praktisch genommen, nicht ausführbar, die entwicklungsgeschichtlichen Funktionen der Zelle analytisch zu zerlegen und auf die Protomeren zu beziehen. Denn die kleinsten Formwerte treten stufenweise zu Verbänden oder Systemen oberer Ordnung zusammen, an denen neue Funktionen, neue Leistungen erkennbar werden, welche demgemäß als Systemfunktionen oder Gemeinschaftshandlung der in einem System vereinigten Formwerte niederer Ordnungen zu bezeichnen sind. Zu diesen Systemfunktionen gehören neben anderen in erster Linie alle Vorgänge der Fortpflanzung oder Teilung, welche die Histosysteme S. str. charakterisieren." Auf der Grundlage dieser Fortpflanzungserscheinungen der Teilkörper und ihrer Synthese zu Formenwerten immer höherer Ordnung wird der „Stufenbau" des Gesamtorganismus erschlossen.

„Alle lebendige Form ist zurückführbar auf die eigenartige Synthese bestimmter kleinerer Teilchen zu den mannigfachen Formwerten höherer Ordnung. Die das Leben tragenden Apparate stammen immer wieder in irgendeiner Weise voneinander ab"; so faßt HUECK die HEIDENHAINsche Lehre zusammen. „Dabei vollzieht sich der Zusammentritt von Formwerten niederer Mannigfaltigkeit zu den Graden einer höheren Mannigfaltigkeit in verschiedener Weise. Zunächst haben wir die intracellularen Teilkörper. Die unsichtbaren Protomeren treten je nach ihrer Anlage durch fortwährende Teilung zu den Histomeren Chromiol, Centriol usw. Histomere höherer Ordnung sind dann die Chromosomen, die Chondriosomen, der GOLGI-Apparat usw., aus denen sich dann die Histiosysteme Kern und Zelleib und schließlich wieder das System Zelle aufbaut. Sodann gibt es vielzellige oder supracelluläre Teilkörper, Muskelfasern, Geschmacksknospen, Drüsenläppchen, Darmzotten, Extremitätenanlagen usw. Denn vom befruchteten Ei wächst der Körper des vielzelligen Organismus unter Aufrechterhaltung seiner Totalität durch „Teilung und Synthese". Hierbei entsteht eine immer größere Mannigfaltigkeit der Formen, die je nach den Umständen auf direkter wirklicher oder nur innerer Teilung der Teilkörper, auf Polymerisierung (Mehrlingsbildung) oder Diachorese (Übergang einer lebendigen Totalität in eine Mannigfaltigkeit höherer Ordnung) beruht und zu einer Überschichtung (Enkapsis) von Struktursystemen führt, die sämtlich untereinander in Verhältnissen der morphologischen und physiologischen Korrelation stehen."

„Das Wort Organisation bedeutet mithin", wie HEIDENHAIN ausführt, „die Synthese von Teilen oder Formen niederer Ordnung zu lebendigen Systemen oberer Ordnung, bei welchen Struktur im Inneren und Gestalt im Äußeren sich wechselseitig entsprechen. Mithin ist nach dieser Ansicht der gesamte Vorgang der Entwicklung angefangen vom befruchteten Ei bis zum vollendeten Geschöpfe nichts anderes als eine Kette von Vorgängen der Synthese der lebendigen Teile, fortschreitend vom Einfachen zum Zusammengesetzten, von Zuständen niederer zu Zuständen höherer Mannigfaltigkeit."

Während nun diese Synthese von Formelementen höherer Ordnung als der Zellen sich bei der Bildung der vielzelligen Organismen in jeder Ontogenese gleichsam unter unseren Augen vollzieht, gilt dies bemerkenswerterweise nicht für das Teilkörpersystem der Zelle. Niemals ist eine Synthese von Histomeren niederer Ordnung zu einer neuen Zelle beobachtet worden. Da aber jede Zelle aus Teilkörpersystem niederer Ordnung aufgebaut ist, so läßt sich mit einer gewissen Berechtigung die Hypothese aufstellen, daß in der Phylogenie der einzelnen Artzellen doch eine solche Synthese von ursprünglich unabhängig voneinander und selbständig lebenden kleineren Teilkörpern zu dem neuen und höheren Formelement der Zelle stattgefunden hat. Dieser zuerst von ALTMANN (1894) geäußerte Gedanke, daß die Zelle eine Kolonie von Bioblasten oder Protomeren sei, die sich zu einer Art Symbiose vereinigt haben, ist nach dem Urteil von PETERSEN (1922) „durchaus nicht phantastisch", wie oft behauptet worden ist, „sondern steht mit beiden Beinen in der wirklichen Natur, kennen wir doch niedere Tiere genug, in deren Zellen andere Organismen, z. B. Algen leben; ja komplizierte Organismengebäude, die Flechten, sind aus zwei Pflanzenarten, einem Pilz und einer Alge, aufgebaut und biologisch ganz einheitliche und außerordentlich leistungsfähige Gewächse". Immerhin sind alle Versuche bisher gescheitert, einzelne isolierte Teilkörpersysteme der Zelle außerhalb des Zellorganismus am Leben zu erhalten, das gilt vom Kern, vom Plasma und wohl auch von den Plastosomen, obwohl von WALLIN (1927) berichtet worden ist, daß ihm eine Züchtung derselben außerhalb der Zelle gelungen sei. In einer Polemik gegen WALLINs Lehre, daß die Plastosomen in der Zelle symbiotisierende Bakterien seien, warnt P. BUCHNER (1928) vor einer allzu „uferlosen" Erweiterung des Symbioseprinzipes.

Der Biologe, dem die Aufgabe zufällt, die lebende Masse unter den zur Zeit gegebenen Verhältnissen zu untersuchen, kommt daher immer wieder zu dem Ergebnis, daß die Zelle unter den verschiedenen Teilkörpersystemen insofern eine ganz besondere Stelle einnimmt, als sie allein die Bezeichnung lebend wirklich verdient. Aber wenn ich im Gegensatz zu HEIDENHAIN die anderen Teilkörpersysteme nicht als lebend bezeichne, so möchte ich andererseits betonen,

daß auch für die Formanalyse der Zelle und nicht nur für diejenige der vielzelligen Organismen die Protomerentheorie sich als fruchtbar erweist. Denn
wir gewinnen durch die Annahme der Protomerentheorie das Programm,
das wir unserer Betrachtung im folgenden zugrunde legen werden und das wir
hier kurz entwickeln wollen.

Mit Recht haben die Cytologen schon lange die Meinung verfochten, daß
die einzelnen Bestandteile der Zelle nicht alle von gleicher Bedeutung für den
Lebensprozeß seien. So hat man lebloses Inhaltsmaterial, das Paraplasma,
von der lebenden Substanz catexochen der Zelle, dem Protoplasma zu
unterscheiden sich bemüht, und es entstand die Frage, was in der Zelle ist als
lebend, was als tot zu bezeichnen, eine Fragestellung, die bei dem Systemcharakter des Zellorganismus stets etwas Mißliches hatte und von vielen Physiologen daher überhaupt verworfen wurde. Die Annahme der Protomerentheorie
gestattet jetzt, diese Frage genauer zu präzisieren. Wir fragen nunmehr: Was
in Zelle ist Teilkörpermaterial, was nicht? Durch diese Formulierung
ist zunächst dem unfruchtbaren Streit, was wir in der Zelle oder im vielzelligen
Organismus als lebend oder als tot bezeichnen sollen, die Spitze abgebrochen;
da ich ja die Protomeren nicht als lebend bezeichne (vgl. S. 22), so brauche
ich z. B. den Bindegewebsfibrillen nicht, wie Heidenhain es tut, „alle Qualitäten des Lebendigseins" zuzuerkennen, und kann mich trotzdem der Meinung
von Heidenhain anschließen, daß sie ein Histomer sind und Teilkörpermaterial
enthalten.

Weiterhin ergibt sich von selbst, daß diesem Teilkörpermaterial unter den
Bestandteilen des lebenden Organismus eine höhere Wertigkeit zukommt,
weil dasselbe für ihn besonders charakteristisch ist. Trotzdem aber brauchen
wir die Bedeutung der anderen Bestandteile zur Ermöglichung des Lebendigseins keineswegs gering einzuschätzen. So sind z. B. das Wasser oder die Zell-
salze, ohne natürlich selber Teilkörpermaterial zu sein, doch für das Leben der
Zelle unentbehrlich, indem sie die Protomeren bzw. die Systeme von solchen
erst in den jeweiligen für das Leben nötigen physiko-chemischen Zustand ver-
setzen.

In jedem lebenden Organismus sind also als Bestandteile seiner lebenden
Masse vorhanden: 1. Das Protoplasma, das Teilkörpermaterial, repräsentiert
durch die Protomeren, 2. das Paraplasma, das ergastische Material, bestehend
aus Ionen, Atomen, Molekülen und Molekülkomplexen. Aus diesem in seinen
Elementarbestandteilen ultramikroskopischen Gesamtmaterial entstehen und
bestehen durch Zusammenlagerung die Formbestandteile, die der mikroskopische Anatom zu untersuchen hat; sei es, daß nur paraplasmatisches Material sich zu rein ergastischen Gebilden (A. Meyer 1920) vereinigt, sei es,
daß die Protomeren zu mikroskopisch sichtbaren Histomeren sich zusammenschließen, sei es schließlich, was bisher nicht besonders betont worden ist, wohl
aber meistens der Fall ist, daß ergastisches und Protomerenmaterial sich zu
einem Mischgebilde vereinigen. Die Bedeutung der Protomerentheorie liegt
nach dem Urteil von A. von Tschermak (1924) darin, daß sie den metamikroskopischen Weg, der zu mikroskopischen Differenzierungen führt, bezeichnet.
„Sie hat gegenüber allen Theorien einer allgemeinen Mikrostruktur den un-
bestreitbaren Vorzug, ohne weiteres auf alle Plasmen, auch auf mobile bzw.
homogene, anwendbar zu sein und die stufenweise Ausbildung von Strukturen
als Kombinationsstufen von Protomeren, sowie die Wandelbarkeit von Strukturen, ihren Aufbau, Abbau und Wiederaufbau verständlich zu machen", bzw.
die Gesetzmäßigkeiten, die diesen Vorgängen zugrunde liegen, aufzuzeigen."
„Wird aber die aufsteigende Stufenfolge der Protomeren zu immer höheren
Teilkörpersystemen, so wie sie Heidenhain aufgedeckt hat, als Gesetz der

Organisation der lebenden Masse anerkannt, so ist", nach dem Urteil von Hueck (1926), „die Protomerentheorie zugleich auch ein Beitrag zu der Forderung, die morphologische Forschung als eigenartige Methode der Wissenschaft anzuerkennen und ihr nicht mit der Behauptung, sie sei nur eine „Methode der Physiologie", ihre Eigengesetzlichkeit zu nehmen."

Mit diesem Urteil von Hueck über den Wert der morphologischen Erforschung der lebenden Masse will ich den historischen Überblick schließen, der mit möglichst großer Objektivität bis in die neueste Zeit durchgeführt dazu dienen sollte, einen Einblick in die Probleme der morphologisch-anatomischen Erforschung der lebenden Masse zu geben und auf Grund derselben ein Arbeitsprogramm zu formulieren und zu begründen. Ehe ich nun aber an die Durchführung dieses Programmes selber gehe, sollen die Methoden, die den Morphologen zur Erforschung der lebenden Masse zur Verfügung stehen, eine kritische Darstellung finden.

Literatur.

II. Historische Übersicht über die Bedeutung der mikroskopischen Anatomie zur Erforschung der lebenden Masse.

Altmann, Richard: Die Elementarorganismen und ihre Beziehungen zu den Zellen. 2. Aufl. Leipzig: Veit u. Co. 1894. — **Arnold, Julius:** Über feinere Struktur der Zellen unter normalen und pathologischen Bedingungen. Virchows Arch. 77 (1879). — Über Plasmastrukturen und ihre funktionelle Bedeutung. Jena 1914. — **Auerbach, L.:** Zur Kenntnis der tierischen Zellen. 1. Mitteil. Über zweierlei chromatophile Kernsubstanzen. Sitzgsber. Akad. Wiss. Berlin **1890**, 735—744.

Beale, Lionel S.: Die Struktur der einfachen Gewebe des menschlichen Körpers. Übersetzt von Carus. 1862. — **Bělař, K.:** Der Formwechsel der Protistenkerne. Erg. Zool. **6**, 235—654 (1924). — **van Beneden, E. u. A. Neyt:** Nouvelles recherches sur la fécondation et la division mitotique chez l'ascaride megalocephale. Bull. Acad. roy. d. Belg. 3. Sér. **14**, 215—295 (1887). Taf. 1—6. — **Bergh, R. S.:** Vorlesungen über die Zelle und die einfachen Gewebe des tierischen Körpers. Wiesbaden: C. W. Kreidels Verlag 1894. — **Bergmann u. Leukart:** Vgl. Physiol. 1852. — **Bernard, Claude** (1878): Leçons sur les phénomènes de la vie communs aux animaux et aux vegetaux. 1885. 2. Aufl. — **Berthold, G.:** Studien über Protoplasmaarchitektur. Leipzig 1886, 332. 7 Taf. — **Bichat:** Anatomie générale. 4. Paris 1801. — **Böhm, A. u. M. v. Davidoff:** Lehrbuch der Histologie des Menschen. Wiesbaden 1895, 1—404. — **Boveri, Th.:** Zellstudien. I.—IV. Jena: G. Fischer 1887—1901. — **Braus, H.:** Lehrbuch der Anatomie des Menschen. 1 u. 2. Berlin: Julius Springer 1921 bis 1924. — **Brown, Robert:** On the organs and mode of fecundation in Orchideae and Asclepiadeae. Trans. Linnean Soc. **16** (1833). — **Brücke:** Die Elementarorganismen. Wien. Sitzgsber. 1861. — **Brüel, L.:** Zelle und Zellteilung. Zool. Handwörterbuch d. Naturwiss. **10**, 807—910, 173 Abb. (1915). — **Buchner, P.:** Praktikum der Zellenlehre. Erster Teil: Allgemeine Zellen- und Befruchtungslehre. 366 S., 160 Abb. Berlin 1915. — Die Grenzen des Symbioseprinzipes. Naturwiss. 16. 1928. — **Bütschli:** Einige Bemerkungen über gewisse Organisationsverhältnisse der sog. Cilioflagellaten und der Noctiluca. Morphol. Jahrb. 10 (1885). — Über den Bau der Bakterien und verwandter Organismen. Leipzig 1890. — Über die Struktur des Protoplasmas. Verh. d. naturhist.-med. Ver. zu Heidelberg. N. F. 4, H. 3 (1889); H. 4 (1890). — Untersuchungen über mikroskopische Schäume und das Protoplasma. 1892. — Untersuchungen über Strukturen. Leipzig 1898.

Carnoy, J. B.: La biologie cellulaire. 271 S., 141 Abb. Lierre 1884. — **Clara, M.:** Contributo all' accrescimento ritmico delle cellule per raddoppiamento de volume. Monit. zool. ital. 38 (1928). — **Cohn, F.:** Nachträge zur Naturgeschichte des Protococcus pluvialis. Nova Acta 22 (1850). — **Corti, Bonaventura:** Osservazioni microsc. sulla Tremella e sulla circulazioni del fluido in una pianta acquaiola. 1774. — **Cowdry, Chambers, Conklin** and **Others:** General cytologie. Chicago 1924.

Delage, Yves: La structure du protoplasma et les theories sur l'hérédité et les grands problèmes de la biologie generale. Paris 1895. — **Dujardin, F.:** Histoire naturelle des Zoophytes Infusoires. Paris 1841. — **Dumortier:** Recherches sur la structure intime des animaux et des végétaux. Bruxelles 1832.

Ehrenberg: Die Infusionstierchen als vollkommene Organismen. Leipzig 1838. — **Ernst, P.:** Die Pathologie der Zelle. Handb. d. Allg. Pathol. 3, 1 (1915).

Fauré-Fremiet, E.: La cinétique du dévelopement. Les presses universitaires. Paris 1925. — **Fischer, A.:** Fixierung, Färbung und Bau des Protoplasmas. 362 S., 1 Taf., 21 Abb.

Jena 1899. — **Flemming, W.**: Beiträge zur Kenntnis der Zelle und ihrer Lebenserscheinungen. I. Arch. mikrosk. Anat. **16**, 302—436, Taf. 15—18 (1879). — II. Ibid. **18**, 151 bis 259, Taf. 7—9. III. Ibid. **20**, 1—86, Taf. 1—4 (1880). — Morphologie der Zelle. Erg. Anat. **1893, 1897, 1898.** — Zellsubstanz, Kern und Zellteilung. 424 S., 8 Taf., 10 Abb. Leipzig 1882. — Neue Beiträge zur Kenntnis der Zelle. I. Arch. mikr. Anat. **29**, 389—463, Taf. 23—26 (1887). — Neue Beiträge zur Kenntnis der Zelle. II. Arch. mikrosk. Anat. **37**, 685—751, Taf. 38—40 (1891a). — **Fol, H.**: Lehrbuch der vergleichenden mikroskopischen Anatomie. Leipzig: W. Engelmann 1896. — **Frey, H.**: Handbuch der Histologie und Histochemie des Menschen. Leipzig 1874. 4. Aufl. S. 1—709. — **Frommann**: Zur Lehre von der Struktur der Zellen. Jena. Z. f. Med. u. Naturwiss. **9** (1875). — Zelle. Realencyklopädie der gesamten Heilkunde. 2. Aufl. 1890. — **Frommann, C.**: Beobachtungen über Struktur und Bewegungserscheinungen des Protoplasmas der Pflanzenzellen. Slg physiol. Abh. von W. Preyer. II. Reihe, S. 385—488, Taf. 1—2. Jena 1880. — Untersuchungen über die Struktur, Lebenserscheinungen und Reaktionen tierischer und pflanzlicher Zellen. Jena. Z. Naturwiss. 17. N. F. **10**, 1—346 (1884).

Goldschmidt, R.: Einführung in die Vererbungswissenschaft. 4. Aufl. 1923. 5. Aufl. Berlin: Julius Springer 1927. — **Grew, Nehemia**: The anatomie of plants, with an idea of a philosophical history of plants. London 1682. **Gurwitsch, A.**: Vorlesungen über allgemeine Histologie. Jena: G. Fischer 1913. — Morphologie und Biologie der Zelle. 437 S., 239 Abb. Jena 1904. — Kritisches Referat über: M. Heidenhain, Plasma und Zelle. Arch. f. Zellforsch. **1**, 515—523 (1908). — Das Problem der Zellteilung, physiologisch betrachtet. Berlin: Julius Springer 1926.

Haeckel, E.: Generelle Morphologie. 1866. — **Hanstein, J.**: Das Protoplasma als Träger der pflanzlichen und tierischen Lebensverrichtungen. Heidelberg 1880. — **Harper, R. A.**: The structure of protoplasm. Amer. J. Bot. **6** (1919). — **Hartmann, Max**: Allgemeine Biologie. Jena: G. Fischer 1925—1927, S. 1—756. — **Heidenhain, M.**: Über Kern und Protoplasma. Festschr. A. v. Köllikers zur Feier seines 50jährigen Doktor-Jubiläums. Leipzig 1892, S. 109—166, Taf. 9—11. — Plasma und Zelle. Jena: G. Fischer 1907, S. 1—1110. — Beiträge zur Teilkörpertheorie: I. Anat. Anz. **40** (1911). II. Arch. mikrosk. Anat. **83** (1913). III. Arch. mikrosk. Anat. **85** (1914). IV. Anat. H. **56** (1919). V. Arch. Entw.mechan. **49** (1921). VI. Arch. mikrosk. Anat. **97** (1923). VII. Vortr. u. Aufsätze über Entwicklungsmechanik. **1923**, H. 32. VIII. Klin. Wschr. 4. Berlin: Julius Springer 1925. (Über die Grundlagen einer synthetischen Theorie des tierischen Körpers.) — Formen und Kräfte in der lebendigen Natur. Vortr. und Aufsätze über Entwicklungsmechanik. **1923**, H. 32, 1—136. Berlin: Julius Springer 1923. — **Heilbrunn, L. V.**: Protoplasmatic Viscosity Changes During Mitosis. J. of exper. Zool. **34** (1921). — **Heitzmann, C.**: Untersuchungen über Protoplasma. Sitzgsber. d. Math.-naturwiss. Klasse. **67** (1873). — Microscopical morphologie etc. New York 1883. — **Henle, J.**: Allgemeine Anatomie. 1841. — **Henneguy, F.**: Leçons sur la cellule. 1896. — **Hertwig, G.**: Die funktionelle Bedeutung der Zellstrukturen mit besonderer Berücksichtigung des Kernes und seiner Rolle im Leben der Zelle. Handb. d. norm. u. pathol. Physiol. **1**, 580—608. Berlin: Julius Springer 1927. — **Hertwig, Oskar**: 1. Die Zelle und die Gewebe. Jena: G. Fischer 1892. 2. Allgemeine Biologie 6. u. 7. Aufl., bearb. von O. und G. Hertwig. Jena 1923, S. 1—822. 3. Lehrbuch der Entwicklungsgeschichte des Menschen. 10. Aufl. Jena: G. Fischer 1915. 4. Handbuch der vergl. u. exper. Entwicklungsgeschichte der Wirbeltiere in Verbindung mit zahlreichen anderen Forschern. Jena 1901—1906. — 5. Über die Aufgaben anatomisch-biologischer Institute in Unterricht und Forschung. Univ.-Festrede. Berlin 1904. Universitätsbuchdruckerei. 6. Beiträge zur Kenntnis der Bildung, Befruchtung und Teilung des tierischen Eies. Morphol. Jb. **1, 3, 4,** 1875, 1877, 1878. — Das Problem der Befruchtung und der Isotropie des Eies, eine Theorie der Vererbung. Jena. Z. Naturwiss. **18**, 276—318 (1884). — Die Geschichte der Zellentheorie. Dtsch. Rundschau. — Das Werden der Organismen. 3. Aufl. Jena 1920, S. 1—680. — Dokumente zur Geschichte der Zeugungslehre. Eine historische Studie. Arch. mikrosk. Anat. **90** (1917). — **Hertwig, O. u. R.**: Untersuchungen zur Morphologie und Physiologie der Zelle. Jena 1884—1887. — **Hertwig, R.**: Lehrbuch der Zoologie. 7. Aufl. Jena: Gustav Fischer 1920. — Über neue Probleme der Zellenlehre. Arch. f. Zellforsch. **1**, 1—32 (1908). — **Höber, R.**: Physikalische Chemie der Zelle und Gewebe. Leipzig 1922. — **Hofmeister**: Die Lehre von der Pflanzenzelle. Leipzig 1867. — **Hofmeister, W.**: Die Entstehung des Embryo der Phanerogamen. Leipzig 1849. — **Hooke, Rob.**: Micrographia: or some physiological descriptions of minute bodies made by magnifinc glasses with observations and inquiries thereupon. London 1667. — **Hueck, W.**: Die Synthesiologie von Martin Heidenhain als Versuch einer allgemeinen Theorie der Organisation. Naturwiss. **14**, 149—157 (1926). — **Huxley**: On the cell theory. Monthly J. 1853. — **Huxley, T. H.**: The Physical Basis of Life. Collected Essays. 1868.

Jacobj, W.: Die Veränderungen der Kerngröße in der Spermatogenese und der Vorgang der „inneren Teilung bei den Spermatocyten". I. Anat. Anz. **61**, Erg.-H., 222—233

(1926). — **Jacobj, Walther:** Die Kerngrößen der männlichen Geschlechtszellen beim.Säuße tier in bezug auf Wachstum und Reduktion. Beitrag XI zur synthetischen Morphologie aus dem anatomischen Institut zu Tübingen. Z. Anat. 81, H. 5/6, 563—600 (1926). — Über das rhythmische Wachstum der Zellen durch Verdoppelung ihres Volumens. Arch. Entw.mechan. 106, 124—192 (1925).

Klein, E.: Observations on the structure of cells and nuclei. Quart. J. microsc. Sci. 18, 315 (1878). — **Kölliker:** Die Lehre von der tierischen Zelle. Schleidens u. Nägelis Z. f. wiss. Bot. 1895, H. 2. — Entwicklungsgeschichte der Cephalopoden. Zürich 1844. — **Kölliker, A.:** Handbuch der Gewebelehre des Menschen. 1. Aufl. 1852. 6. Aufl. 1889. 1—3, 1—1020. — **Krause, Rud., Paul Ehrlich** usw.: Encyklopädie der mikroskopischen Technik. Berlin und Wien: Urban u. Schwarzenberg 1903. — **Krause, R. u. L. Szymonowicz:** Histologische und mikroskopische Anatomie. 5. Aufl. Leipzig 1924, S. 1—579. — **Kühne, W.:** Untersuchungen über das Protoplasma und die Contractilität. Leipzig 1864. — **Kupffer, C.:** Über Differenzierung des Protoplasmas in den Zellen tierischer Gewebe. Schr. d. naturwiss. Vereins für Schleswig-Holstein. 1, H. 3 (1875).

Lidforß, B.: Protoplasma. Kultur der Gegenwart III, Abt. IV. 1. Allg. Biol. S. 218 bis 264, 11 Abb. Leipzig und Berlin 1915. — **Liesegang, Raph. Ed.:** Kolloidchemie. 2., völlig umgearb. u. stark vermehrte Aufl. (Wiss. Forschungsber. Naturwiss. Reihe. Herausgegeben von Raphael Ed. Liesegang. 6.) Dresden und Leipzig: Theodor Steinkopf 1926. XII, 176 S. — **Levi, Giuseppe:** Trattato di istologia. Torino Unione Tipografico-Editr. Torinese 1927. 990 S., 640 Abb. — **Leydig, Fr.:** Lehrbuch der Histologie der Menschen und der Tiere. Frankfurt a. M. 1857, S. 1—551. — **Leydig:** Untersuchungen zur Anatomie und Histologie der Tiere. Bonn 1883. — Zelle und Gewebe. Bonn 1885. — **Loeb, J.:** The organism as a whole. New York 1916. — **Lundegardh, H.:** Zelle und Cytoplasma. Handbuch der Pflanzen-Anatomie. 1, Lieferung 1, S. 1—192, 94 Abb. Berlin 1921/22.

Malpighi, Marc. (1675): Anatome plantarum (abgekürzte Übersetzung von M. Möbius in Oswalds Klassikern Nr. 120). — **Maurer, Fr.:** Grundzüge der vergleichenden Gewebelehre. Leipzig 1915, S. 1—486. — **Meyen, Franz Ferd. Jul.:** Anatomisch-physiologische Untersuchungen über den Inhalt der Pflanzenzellen. 92 S. Berlin 1828. — Phytotomie. Berlin 1830. — Neues System der Pflanzenphysiologie. 3 Bde. Berlin 1837, 1838, 1839. — **Meyer, A.:** Morphologische und physiologische Analyse der Zelle der Pflanzen und Tiere. I. Teil, 629 S., 205 Abb. Jena 1920. — **Mohl, Hugo von:** Über die Poren des Pflanzenzellgewebes. Tübingen 1828. — Über die Vermehrung der Pflanzenzellen durch Teilung. Tübingen 1835. — Erläuterung und Verteidigung meiner Ansicht von der Struktur der Pflanzensubstanz. Tübingen 1836. — Grundzüge der Anatomie und Physiologie der vegetabilen Zelle. Braunschweig 1851. — Die vegetabilische Zelle. Wagners Handwörterbuch der Physiologie. 4 (1853). — Vermischte Schriften botanischen Inhalts. Tübingen 1845. — Über den Bau der porösen Gefäße der Dicotyledonen. Abh. d. math.-phys. Klasse d. Münch. Akad. 1 (1830). — **Morgan, Th. H.:** Die stoffliche Grundlage der Vererbung. Dtsch. Ausgabe von Nachtheim, Berlin 1921. — The Theorie of the gene 1926. — **Müller, Erik:** Drüsenstudien. Arch. Anat. u. Physiol. (Anat. Abt.) 1896.

Nägeli, C.: Mechanisch-physiologische Theorie der Abstammungslehre. Leipzig 1884. — **Nägeli:** Zellen, Zellbildung und Zellwachstum bei den Pflanzen. Schleiden und Nägelis Z. f. wiss. Bot. 3 u. 4. — **Nageotte, J.:** L'organisation de la matière dans ses rapports avec la vie. Paris 1922. — **Neumeister:** Lehrbuch der physiologischen Chemie. 1893—1895. — **Nußbaum:** Über die Teilbarkeit der lebenden Materie. Arch. mikr. Anat. **26.**

Peter, Karl: Das Zentrum für die Flimmer- und Geißelbewegung. Anat. Anz. 15 (1899). — **Petersen, H.:** Histologie und mikroskopische Anatomie. München: J. F. Bergmann 1922. — **Pfeffer, W.:** Pflanzen-Physiologie. 1881. 2. Aufl. 1 (1897). 2. Aufl. 2 (1904). — **Prenant, Bouin, Maillard:** Traité d'histologie. I. Cytologie generale et speciale. Paris 1904. — **Purkinje:** Bericht über die Versammlung deutscher Naturforscher und Ärzte in Prag 1837. Prag 1838. — Über die Analogien in den Strukturelementen des pflanzlichen und tierischen Organismus. Übersicht über die Arbeiten und Veränderungen d. Schles. Ges. f. vaterländische Kultur im Jahre 1839. Dresden 1840, S. 81f.

Rabl, C.: Über Zellteilung. Morphol. Jb. 10, 214—330, Taf. 7—13, 5 Abb. (1885). — **Rauber:** Neue Grundlegungen zur Kenntnis der Zelle. Morphol. Jb. 8 (1882). — **Reichert:** Das Entwicklungsleben im Wirbeltierreich. Berlin 1840. — Über die neueren Reformen in der Zellenlehre. Arch. Anat. u. Physiol. von Reichert und Du Bois-Reymond 1863. — **Reinke, Fr.:** Zellstudien. Arch. mikrosk. Anat. 43 (1894); 44 (1895). — **Remak, Robert:** Untersuchungen über die Entwicklung der Wirbeltiere. 1855. — Über extracelluläre Entstehung tierischer Zellen und über die Vermehrung derselben durch Teilung. Müllers Arch. 1852. — **Retzius, Gustav:** Biologische Untersuchungen. 1—16 (1891—1911). — **Rhumbler:** Allgemeine Zellmechanik. Erg. Anat. 8 (1898, 1899). — **Rhumbler, L.:** Physikalische Analyse von Lebenserscheinungen der Zelle. Arch. Entwicklungsmechan. 7 (1898). — Das Protoplasma als physikalisches System. Erg. Physiol.

14, 474—617, 59 Abb. (1914). — **Rohde, Emil:** Untersuchungen über den Bau der Zelle. Z. f. wiss. Zool. 78 (1904). — Zelle und Gewebe in neuem Licht. Vortr. u. Aufs. über Entwicklungsmechanik H. 20. — **Roux, W.:** Über die Bedeutung der Kernteilungsfiguren. Eine hypothetische Erörterung. Leipzig 1883, S. 19.

Sachs, J.: Geschichte der Botanik. München 1875. — **Schaffer, J.:** Vorlesungen über Histologie und Histogenese. Leipzig 1920, S. 1—528. — **Schenck:** Physiologische Charakteristik der Zelle. Würzburg: A. Stubers Verlag (C. Kabitzsch) 1899. — **Schiefferdecker, P. u. A. Kossel:** Gewebelehre mit besonderer Berücksichtigung des menschlichen Körpers. Braunschweig 1891, S. 1—414. — **Schlater, G.:** Der gegenwärtige Stand der Zellenlehre. Biol. Zbl. 19, 657—681, 689—700, 721—738, 753—770 (1899). — **Schleiden:** Beiträge zur Phytogenesis. Müllers Arch. 1838. — **Schleicher, W.:** Die Knorpelzellteilung. Arch. mikrosk. Anat. 16, 248—300, Taf. 12—14 (1878). — **Schmitz:** Untersuchungen über die Struktur des Protoplasma und der Zellkerne der Pflanzenzellen. Sitzgsber. d. Niederrhein. Ges. f. Natur- u. Heilk. Bonn 1880. — **Schneider, A.:** Untersuchungen über Plathelminten. 14. Ber. Oberhess. Ges. Natur- u. Heilk. 1873, 69—140, Taf. 3—7. — **Schneider, K. C.:** Lehrbuch der vergleichenden Histologie der Tiere. Jena: Gustav Fischer 1902. — **Schultze, Max:** Über die Muskelkörperchen und das, was man eine Zelle zu nennen habe. Müllers Arch. 1861. — Das Protoplasma der Rhizopoden und der Pflanzenzellen. Leipzig 1863. — **Schwann:** Mikroskopische Untersuchungen über die Übereinstimmung in der Struktur und dem Wachstum der Tiere und Pflanzen. Berlin 1839. — **Sharp, L. W.:** An Introduction to Cytology. New York: Mc. Graw-Hill 1921. — **Spek, J.:** Über den heutigen Stand der Probleme der Plasmastrukturen. Naturwiss. 13, 893—900 (1925). — **Spencer, Herbert:** Prinzipien der Biologie. 1 u. 2 (1876 u. 1877). — **Stöhr u. v. Möllendorff:** Lehrbuch der Histologie und mikroskopischen Anatomie. Jena: G. Fischer 1924. 20. Aufl. — **Strasburger:** Zellbildung und Zellteilung. 2. Aufl. Jena 1876. — Studien über das Protoplasma. Jena. Z. 10 (1876).— **Stricker, S.:** Handbuch der Lehre von den Geweben des Menschen und der Tiere. 1 u. 2, 1—1248. Leipzig 1871. — **Studnička, F. K.:** Über verschiedene Arten von tierischen Zellen. Z. Zellforschg 4, 682—701 (1927).

Tischler, G.: Allgemeine Pflanzenkaryologie. Handb. d. Pflanzenanatomie. 2, 1—899. Bornträger 1921—22. — **Treviranus, L. C.:** Vom inwendigen Bau der Gewächse. 1806. — **Tschermak, A. v.:** Allgemeine Physiologie. 1 u. 2, 1—796. Berlin: Julius Springer 1924.

Valentin: Gewebe des menschlichen und tierischen Körpers. Handwörterbuch d. Phys. von R. Wagner. 1 (1842). — **Verworn, Max:** Allgemeine Physiologie. Jena: Gustav Fischer. — **Virchow, Rudolf:** Die Cellularpathologie. Berlin: Aug. Hirschwald 1858. — **Voß, H.:** Z. Zellforschg u. mikr. Anat. 7. 1928. S. 187—200. Die Kerngrößenverhältnisse in der Leber der weißen Maus.

Waldeyer, W.: Die neueren Ansichten über den Bau und das Wesen der Zelle. Leipzig: G. Thieme 1895. — **Wallin, J. E.:** Symbionticism and the origin of species. London 1927. — **Weber, F.:** Die Plasmaviscosität pflanzlicher Zellen. Sammelreferat. Z. allg. Physiol. 18 (1918). — **Weber, Friedl:** Neue Wege der Protoplasmaforschung. Scientia 40, Nr 12, 357—366 (1926). — **Weidenreich, F.:** 1. Die Verwendung von organisiertem „Totem" im Aufbau des lebendigen Organismus und ihre theoretische und tatsächliche Basis. Naturwiss. 1923, 485—491. 2. Über Differenzierung und Entdifferenzierung. Arch. mikrosk. Anat. 97 (1923). — **Whitmann, C. O.:** The inadaequacy of the cell theory of development. Journ. Morph. a. Physiol. 8 (1893). — **Wiesner, J.:** Die Elementarstruktur und das Wachstum der lebenden Substanz. Wien: Alfred Hölder 1892. — **Wilson, E. B.:** The Physical Basis of Life. Sci. 57, 1471 (1923). — The cell in development and inheritance. 1. Aufl. New York 1896. 3. Aufl. 1925. — **Wolff, C. Fr.:** Theoria generationis. 1759. In deutscher Ausgabe. Theorie der Generation. 1764. Ostwalds Klassiker d. exakten Naturwiss. 1896, Nr 84. — Von der eigentümlichen und wesentlichen Kraft der vegetabilischen sowohl als auch der animalischen Substanz. Petersburg 1789.

III. Die mikroskopisch-anatomischen Untersuchungsmethoden.

Wie schon in der Einleitung hervorgehoben wurde, ist die Aufgabe des mikroskopischen Anatomen in der Strukturforschung der lebenden Masse insofern eine beschränkte, als nur Strukturelemente bestimmter Größenordnung der Analyse durch das Mikroskop zugänglich sind. Definieren wir Struktur ganz allgemein im Anschluß an A. v. TSCHERMAK (1924) als ein Nebeneinanderbestehen zeitweilig oder dauernd voneinander abgegrenzter, sich nicht vermischender Phasen oder Phasenkomplexe von sprunghafter, nicht erst allmählich fortschreitender Verschiedenheit, so werden, wie die Tabelle 1 [nach TSCHERMAK-PETERSEN (1922)] zeigt, nur bestimmte Teilchen in dem

Tabelle 1.

Zerteilungs- oder Dispersitäts- grad	Dimensional- bezeichnung des Systems	Charakter- bezeichnung der Teilchen	Charakter- bezeichnung des Systems	Durchschnittliche Größe der Teilchen- Durchmesser	Optische Größenklasse
I. fein	Dispersid oder Lösung	1. Ionen 2. Moleküle	1. Iondisperses 2. Molekular- Disperses System	unter 5 $\mu\mu$ ($= 5 \cdot 10^{-6}$ mm)	Amikronen (auf keine Weise sichtbar zu machen)
II. mittel	Kolloide oder Disperside	Molekular- verbindungen (meist Micellen)	Kolloidales System	6 $\mu\mu$—140 $\mu\mu$	Ultra- oder Submikronen evtl. im Ultramikroskop sichtbar)
III. grob	Disperside Emulsion Schaum Auf- schwemmung	Partikel Tröpfchen Bläschen Granula	Grobdisperses System	über 100 $\mu\mu$	Mikronen (im Mikroskop sichtbar) Supermikronen (mit freiem Auge sichtbar)

dispersen System der lebenden Masse, nämlich solche von einer Größenordnung über 140 $\mu\mu$ bis etwa 1 mm Durchmesser, sog. Mikronen, das Untersuchungs-objekt des mikroskopischen Forschers bilden. Teilchen, Phasen oder Phasen-komplexe größerer Ordnung, sog. Supermikronen, z. B. ganze Organe viel-zelliger Organismen als Bestandteile der lebenden Masse, sind in ihrer Totalität nicht Gegenstand der mikroskopischen Forschung, ebensowenig die Teilchen ultramikroskopischer Größenordnung, wie die Molekülkomplexe, die Moleküle und Ionen, alles Bestandteile jeder lebenden Masse. Da nun außerdem ganze lebende Individuen von ultramikroskopischer Größe als Erreger von Krank-heiten (Pockenvirus usw.) mit mehr oder minder großer Sicherheit nachgewiesen sind, so ergibt sich ohne weiteres aus der nicht aus biologischen, sondern nur aus praktischen Gründen gebotenen Beschränkung ihrer Untersuchungsobjekte, daß die mikroskopische Anatomie nur ein Weg unter vielen ist, um die lebende Masse und ihre Struktur zu erforschen. Daraus folgert wieder die Notwendigkeit, die Resultate der mikroskopischen Anatomie mit denen der makroskopischen Anatomie einerseits, der Ultramikroskopie und Kolloid-chemie andererseits zu verknüpfen und in möglichst innige Beziehungen zu-einander zu bringen.

A. Das Mikroskop und die optischen Untersuchungsmethoden.

Hier ist aber zunächst zu prüfen, wieweit denn die Strukturen mikrosko-pischer Größenordnung nun auch wirklich durch die mikroskopische Analyse erfaßt werden. Daß der Mikroskopiker vor allem abhängig von der Leistungs-fähigkeit seines Forschungsinstrumentes ist, zeigt die Geschichte der histo-logischen Wissenschaft zur Genüge; sind doch, wie FLEMMING (1882) mit Recht sagt, „ihre wesentlichen Entdeckungen und theoretischen Fortschritte meistens nicht die Vorläufer, sondern erst die Nachfolger von Verbesserungen der Instrumente und der Arbeitstechnik gewesen". So verdankt die Histologie den Aufschwung, den sie in ihrer klassischen Periode von 1870—1900 genommen hat, nicht zum mindesten den optischen Physikern und vor allem Abbe, der erst das moderne Mikroskop geschaffen und die theoretische Begründung der mikroskopischen Abbildung im Hellfeld gegeben hat [Abbe (1904—1906)]. So wichtig natürlich für den Histologen die Kenntnis seines Arbeitsinstrumentes ist, so muß doch hier auf eine genauere Schilderung des Mikroskopes und der Theorie der mikroskopischen Abbildung verzichtet und auf die eingehenden Darstellungen von Abbe (1904), Siedentopf (1911), Scheffer (1911), Hager-Mez (1920) verwiesen werden. Man wird aus deren Studium ersehen, daß die Zeiten, wo eine jede Verbesserung des Mikroskopes ein weiteres Hinausschieben der wahrnehmbaren Teilchengröße und damit einen Zuwachs an histologischer Strukturerkenntnis mit sich brachte, vorüber sind, weil die theoretisch gegebene Grenze der Auflösbarkeit mikroskopischer Strukturen praktisch erreicht ist. Um so mehr regen sich in neuerer Zeit Versuche, alle Möglichkeiten der Strukturerforschung, die im Instrument gegeben sind, auch wirklich auszuschöpfen und nicht nur, wie früher meistens üblich, im Hellfeld bei gewöhnlichem Licht zu untersuchen, sondern statt dessen auch polarisiertes, oder ultraviolettes und Röntgenlicht zu benutzen, ferner im auffallenden Licht und im Dunkelfeld histologische Beobachtungen anzustellen. Wenngleich die Resultate, über die in diesem Handbuch berichtet wird, nahezu alle durch die früher fast ausschließlich geübte Beobachtung im Hellfelde und gewöhnlichem Licht gewonnen worden sind, so sei doch mit einigen Worten auf die neuen, im Interesse des zukünftigen Fortschritts der Histologie sehr zu begrüßenden optischen Untersuchungsmethoden hingewiesen.

Die Untersuchung im Hell- und Dunkelfeld, im durch- und auffallenden Licht. Anwendung von ultraviolettem, Röntgen- und polarisiertem Licht.

Das Auflösungsvermögen der Mikroskope hat seine physiologisch optisch bedingte Grenze einerseits am Unterscheidungsvermögen des menschlichen Auges für Lichtintensitäten, andererseits an der Abhängigkeit der Lichtempfindung von der Wellenlänge. Es wird gemessen durch den Abstand zweier Punkte, die gerade noch getrennt abgebildet werden, nach der Formel $D = \dfrac{\lambda}{a}$ für gerade,

bzw. $= \dfrac{\lambda}{2\,a}$ für äußerst schiefe, durchfallende Beleuchtung, wobei λ die Wellenlänge des bilderzeugenden Lichtes, a die ausgenutzte, sog. numerische Apertur des Objektives bedeutet. Bei Trockensystemen ist die numerische Apertur unter 1, steigt bei Immersionssystemen bis 1,5 und wird nach der Formel berechnet $a = n \cdot \sin \dfrac{\alpha}{2}$, wenn n der Brechungsindex des Mediums zwischen Frontlinse und Deckglas, α der Öffnungswinkel des Objektives, d. i. die Winkelöffnung desjenigen Lichtbündels, das noch gerade vom Objektiv aufgenommen wird, bedeutet. Da nun unser Auge nur Wellenlängen von 700—400 $\mu\mu$ wahrnimmt, so ergibt sich für das hellste Licht des Sonnenspektrum $\lambda = 0,558\ \mu$, ein Auflösungsvermögen mit den besten Apochromaten von $D = \dfrac{0,56}{2,8} = 0,2\ \mu$ bei Verwendung von violettem, eben noch vom Auge wahrgenommenen Licht der Wellenlänge 400 $\mu\mu$ läßt sich die Auflösungsgrenze auf $D = \dfrac{0,4}{2,8} = 140\ \mu\mu$ herabdrücken. Schon vor Erreichung dieser mikroskopischen Auflösungsgrenze von etwa 140 $\mu\mu$ ergibt sich aber insofern eine praktisch wichtige Beschränkung, als die Objektähnlichkeit des Bildes bei Strukturgrößen unter 1 μ mit abnehmender Größe immer mehr abnimmt, so daß also die **Strukturbewertungsgrenze** [A. von Tschermak (1924)] schon bei 0,5—1 μ erreicht ist. Bei Gegenständen unterhalb 1 μ, wie z. B. den Centriolen, ist also ein Schluß aus dem Bild auf die wirkliche Form und Gestalt nur mit Vorsicht zu ziehen, und ihre weitere Auflösbarkeit in möglicherweise noch kleinere Komponenten als 0,2 μ ist durch das Mikroskop unmöglich. Die Frage einer Meta- oder Ultrastruktur, die sich aus Teilchen unterhalb der Größe von 0,2 μ zusammensetzt, kann durch die mikroskopische Anatomie mit Hilfe ihres Arbeitsinstrumentes nicht gelöst werden, denn unterhalb dieser kritischen Grenze kann man weder die Form der Teilchen unterscheiden, noch ihre Größe messen; die Ultramikronen erscheinen stets als kleine Kügelchen.

Man hat nun versucht, das Auflösungsvermögen der Mikroskope weiter zu steigern, einmal, indem man an die Stelle des Cedernöles stärker lichtbrechende Flüssigkeiten, wie das Monobromnaphthalin mit n = 1,66 verwandte, andererseits indem man kurzwelligeres Licht benutzte. So ist eine beschränkte Erweiterung der Auflösungsgrenze bei Verwendung einer Lichtquelle mit starker ultravioletter Strahlung (λ zwischen 400 und 275 $\mu\mu$) möglich [Literatur: A. Köhler (1904, 1927), Kaiserling (1926)]. Das menschliche Auge muß dann durch eine für Ultraviolett empfindliche photographische Platte ersetzt werden, die Glasoptik des gewöhnlichen Mikroskopes durch eine solche aus Quarz; als Immersionsmittel wird Glycerin benutzt, wodurch sich die numerische Apertur auf 1,25 berechnet. So stellt sich im günstigsten Falle bei dem Köhler-Zeissschen U-V-mikrophotographischen Apparat das Auflösungsvermögen auf $\frac{0,275}{2 \times 1,25} = 0,11\ \mu$. Da die Apparatur sehr kostspielig und schwierig zu handhaben ist, ist die Ultraviolettphotographie bisher nur wenig von den Histologen angewandt worden (Marcus, H. 1920, 1921, 1922), ein weiterer Nachteil ist ferner, daß die Konstruktion von Objektiven und Okularen für größere ultraviolette Spektralbezirke bisher nicht möglich war, und die zur Verwendung kommenden „monochromatischen" Objektive und Okulare nur für die Wellenlänge von 275 $\mu\mu$ korrigiert sind. Damit ist aber die Ultraviolettmikroskopie vorläufig beschränkt auf die Feststellung des „Brechungs"bildes, während die Mikroskopie mit gewöhnlichem Licht neben diesem auch noch das Absorptionsbild zur Strukturanalyse ausnutzt, also nicht nur das verschiedene Lichtbrechungsvermögen, sondern auch die verschiedene Absorption für Licht von verschiedener Wellenlänge verwertet, um dadurch die Anwesenheit von Strukturen oder Teilchen mit verschiedenen optischen Eigenschaften festzustellen.

Es ist von historischem Interesse, zu beobachten, wie diese beiden Differenzierungsmöglichkeiten für mikroskopische Strukturen zu verschiedenen Zeitepochen verschieden ausgewertet worden sind. Da bei der anfangs ausschließlich geübten Untersuchung im Hellfeld die Bedingungen für das Absorptionsbild optimal sind, im allgemeinen aber nur wenige Strukturteilchen der lebenden Masse, durch ein elektives Absorptionsvermögen ausgezeichnet, in natürlichen Farben erscheinen, so suchte man einzelne Strukturen künstlich different zu färben. Da das nur ausnahmsweise vital, dagegen nach Abtötung relativ leicht gelang, so erklärt sich wohl zum Teil hieraus, daß vor nicht allzu langer Zeit die Histologie vorwiegend auf die Untersuchung abgetöteter und künstlich gefärbter Strukturen im Hellfeld eingestellt war, wobei man durch künstliche Aufhellungsmittel als Einschlußmedien die Lichtbrechungsunterschiede ganz zum Verschwinden brachte und damit auf das Brechungsbild mehr oder minder bewußt ganz verzichtete.

Erst neuerdings wird wieder dem Brechungsbild, das man vorwiegend am lebenden Objekt studiert, mehr Aufmerksamkeit zugewandt. Man untersucht es vorteilhaft nicht bei maximaler Durchleuchtung; ja an Stelle der Hellfelduntersuchung mit stark abgeblendetem Licht wird mit Erfolg auch das Dunkelfeld benutzt [Lewis, Spek (1924), Strangeways (1926)]. Denn „im Dunkelfeld genügen schon außerordentlich geringe Lichtbrechungsunterschiede der beiden Phasen, durch das an der Phasengrenze abgebeugte Licht selbst in solchen Fällen noch ein deutliches Strukturbild zu erzeugen, in denen das Bild im durchfallenden Licht sehr problematisch erscheint".

„In anderen Fällen ist das Strukturbild im durchfallenden Licht ebenso deutlich wie im Dunkelfeld. Im durchfallenden Licht ist aber die Verwechslung von Waben, Alveolen oder dgl. mit gewissen Granula eine nicht zu unterschätzende Fehlerquelle. Im Dunkelfeld ist die Leuchtintensität von Alveolen und Granula jeglicher Art so außerordentlich verschieden, daß eine Unterscheidung spielend leicht gelingt" [Spek (1924)].

Die Tatsache, daß „gelegentliche Versuche früherer Autoren, die Dunkelfeldbetrachtung bei Strukturuntersuchungen heranzuziehen", fehlgeschlagen sind, führt Spek (1924) auf die zu große Schichtdicke der Untersuchungsobjekte zurück. „Dicke Zellen oder Tropfen mit heterogener Struktur geben, da sich darin zu viele abbeugende Flächen überlagern, viel zu diffuses Licht, welches dann alles andere überstrahlt." Aber bei genügend dünnen Objekten bezeichnet Spek die Dunkelfeldbetrachtung für Strukturuntersuchungen heute schon als „ganz unentbehrlich". Denn schon bei schwachen, etwa 200fachen Vergrößerungen „kann eine sehr feine und im durchfallenden Licht sehr undeutliche Plasmastruktur durch die Summe der vielen auch noch so schlecht lichtbrechenden bzw. das Licht abbeugenden Grenzflächen zum mindesten einen (unter Umständen sogar sehr intensiven) diffusen mattgrauen Lichtschimmer erzeugen. Wird das abgebeugte Licht vom Granula mikroskopischer Größenordnung erzeugt, so sind diese dann, auch wenn es sich um sehr feine Granulationen handelt, bei starker Vergrößerung (Immersionsobjektive) und möglichst starker Beleuchtung (Stellarum-Lampe von Leitz oder Liliput-Bogenlampe) als solche ohne weiteres erkennbar. Sie erscheinen als außerordentlich stark, und zwar mit goldgelbem Rande leuchtende Körner oder als weißglühende Punkte mit einem schwachen Stich ins Bläuliche. Submikronen der Plasmakolloide würden zwar auch zu sehen sein, fehlen jedoch meistens. Fehlen bei starker Vergrößerung trotz diffusen Leuchtens bei schwacher Vergrößerung die Granula, oder ist zwischen den Granula ein ziemlich diffus erscheinendes Licht bei starken Vergrößerungen erkennbar, so ist schon so gut wie sicher, daß das Plasma irgendeine mikroskopische Struktur haben muß, denn das Leuchten könnte sonst nur noch von Amikronen herrühren. Betrachten wir nun dies mattgrau leuchtende Plasma bei starker Vergrößerung nicht bei maximaler Beleuchtung, sondern mit einer schwächeren Lichtquelle (Gaslampe mit Schusterkugel oder Stellalampe), so erkennen wir darin meist ohne besondere Mühe eine Unzahl feinster Bläschen. Sind sie nicht zu klein, so erkennt man, daß ihr Inhalt völlig schwarz (nicht leuchtend) ist, während die Oberfläche mattgrau bis kupfern leuchtet. Das bei schwacher Vergrößerung diffus aussehende Leuchten des strukturierten Plasmas ist eben in Wirklichkeit nicht diffus, sondern setzt sich zusammen aus dem matten Leuchten der vielen Oberflächen der Bläschen" [Spek (1924)].

Wenngleich bei der Beobachtung im Dunkelfeld die wirksame Apertur des Objektivs eingeschränkt und im Maximum 0,85 beträgt, dadurch also das

Auflösungsvermögen im Vergleich zur Hellfelduntersuchung herabgesetzt ist, wozu noch kommt, daß „die hellen Beugungsräume, welche im Dunkelfeld an die Stelle der linearen Phasenkonturen treten, für das beobachtende Auge vorschnell verfließen" [A. von Tschermak (1924)], so gewinnt gerade in neuester Zeit das Studium von Teilchen mikroskopischer Größenordnung im Dunkelfeld immer mehr an Bedeutung. So gelingt z. B. der Nachweis der Syphilisspirochäten im Dunkelfeld am schnellsten und sichersten; für Untersuchungen über Bewegung kleiner mikroskopischer Teilchen ist die Dunkelfelduntersuchung ferner besonders geeignet.

Noch mehr aber wird die Untersuchung im Dunkelfeld für den Biologen dadurch unentbehrlich, daß sie ja nicht nur das Studium von Teilchen mikroskopischer Größenordnung gestattet, sondern darüber hinaus auch den Nachweis von ultramikroskopischen Teilchen bis herab zur Merklichkeitsgrenze von 4—6 $\mu\mu$ bei Suspensoidteilchen, bis 30 $\mu\mu$ bei Emulsoidteilchen ermöglicht. Allerdings wird von diesen Ultrateilchen kein Brechungsbild entworfen, vielmehr erfolgt die „Signalisierung" derselben nur durch „Beugungsscheibchen, welche nicht Bilder, sondern nur Lichtsignale darstellen" [Heimstädt (1915)]. Die Beugungsscheibchen sind nicht objektähnlich, auch die Größe gestattet nicht ohne weiteres einen Rückschluß auf ihre wahre Größe, auch vermag die ultramikroskopische Beobachtung keine sicheren Aufschlüsse über die gegenseitige Anordnung dieser Ultrateilchen zu geben. Deshalb hat die Ultramikroskopie für die Histologie, die sich ja vorwiegend mit den Teilchen mikroskopischer Größenordnung zu beschäftigen hat, nur eine mehr indirekte Bedeutung, während sie für die Kolloidchemie neben der Ultrafiltration die Hauptuntersuchungsmethode darstellt. [Literatur über Ultramikroskopie: Siedentopf (1911), Kaiserling (1926) u. a.]

Ebenso gehören zu den kolloidchemischen Untersuchungsmethoden die Röntgen- und die polarisationsoptische Methode, mit deren Hilfe es neuerdings gelungen ist, auch für Bestandteile der lebenden Masse, wie z. B. Cellulosemembranen, pflanzliche und tierische Fasern, Skeletsubstanzen eine charakteristische Anordnung von Ultrateilchen oder Micellen, eine typische Ultrastruktur nachzuweisen und damit die Micellartheorie von Nägeli weitgehend zu bestätigen. Näher kann jedoch, da außer dem Rahmen des Handbuches der mikroskopischen Anatomie fallend, auf diese, auch für den Histologen wichtigen Ultrastrukturforderungen nicht eingegangen werden, ich verweise auf die grundlegenden Arbeiten von Wiener und Ambronn (1916—1919), P. Scherrer (1920) und Herzog und Jancke (1920), sowie auf die neuen, zusammenfassenden Referate von Steinbrück (1925 u. 1927), sowie von Frey (1927), ferner W. J. Schmidt (1924), Heringa (1926).

Dagegen ist die Untersuchung im polarisierten Licht direkt für den Histologen von wesentlicher Bedeutung, zum besseren Nachweis und zur evtl. Identifizierung von Teilchen mikroskopischer Größenordnung. Zu der Prüfung ihres optischen Verhaltens gehört außer der Feststellung des Lichtbrechungs- und Lichtabsorptionsvermögens natürlich auch die Untersuchung im polarisierten Licht, die allerdings von den Histologen auffällig wenig geübt worden ist. Nachdem G. Valentin im Jahre 1861 zum erstenmal das Verhalten von Teilen der Organismen zwischen gekreuzten Nicols in seinem Werke „Die Untersuchungen der Pflanzen- und der Tiergewebe in polarisiertem Licht" zusammenfassend dargestellt hat, finden wir erst in den neuesten Lehrbüchern der Histologie von Schaffer (1920) und Petersen (1922) eine etwas eingehendere Berücksichtigung der polarisationsoptischen Methode. Vor allem aber ist es das Verdienst von W. J. Schmidt (1924), eine zum großen Teil auf eigene Forschungen gegründete Monographie über „Die Bausteine des Tierkörpers im polarisierten

Lichte" gegeben zu haben. In seiner Zusammenfassung bezeichnet SCHMIDT (1924) das polarisierte Licht als ein sehr geeignetes Mittel zur Erforschung des Aufbaues verwickelt zusammengesetzter histologischer Gebilde. „Bestehen sie aus isotropen und anisotropen Teilen, so verschwinden die ersten bei gekreuzten Nicols, die doppelbrechenden aber treten wie durch eine elektive Färbung hervor (man denke etwa an die Kolbenzellen in der Oberhaut der Neunaugen). Handelt es sich aber nur oder vorwiegend um anisotrope Teile, insbesondere um kompliziert angeordnete Fasern der gleichen Art, bei denen also ein färberisches Hervorheben der einzelnen gegeneinander nicht möglich wäre, dann bieten diese an sich gleichartigen Bestandteile je nach dem Azimut und der Lage der optischen Achse Unterschiede im polarisierten Licht dar. Darauf beruht die Bedeutung der polarisationsmikroskopischen Untersuchung für die Analyse des Faserverlaufes von Cuticularbildungen, im Knochen, Zahnbein, in bindegewebigen und muskulösen Organen". „Sehr häufig lassen sich aus den Erscheinungen zwischen gekreuzten Nicols Strukturen erschließen, die sonst nur mit stärkeren Vergrößerungen gleich überzeugend wahrnehmbar sind (z. B. Lamellierung der HAVERSschen Systeme) oder aber überhaupt unter der Auflösungsgrenze des Mikroskopes liegen (z. B. Calcitkryställchen der Foraminiferenschalen)."

„So hat bereits in verschiedenen histologischen Streitfragen die polarisationsmikroskopische Untersuchung zur Deutung des in gewöhnlichem Licht Wahrgenommenen entscheidend beigetragen. Erklärung der punktierten und streifigen Lamellen der HAVERSschen Systeme, Deutung des Glanzstreifens der Herzmuskulatur und der Schrägstreifung der Muskeln." „Prüfung zwischen gekreuzten Nicols ist ferner der bequemste Weg, Ausbildung und Rückbildung doppelbrechender Teile, etwa das Auftreten krystallisierter Produkte (z. B. von Guanin) in Zellen, das erste Auftreten von Kalkskeleten zu verfolgen, weiter eine empfindliche Reaktion für die Entwicklung und Degeneration des Nervenmarks, die Umwandlung der quergestreiften Muskelfasern zu elektrischen Organen und die fortschreitende Erhärtung des Schmelzes." So bildet die Untersuchung der Bausteine des Tierkörpers im polarisierten Licht als ein biophysikalisches Verfahren, das über rein morphologische Feststellung hinausgeht und sowohl am lebenden wie toten Material zur Anwendung kommen kann, ein noch zu locker geschürztes Band zwischen Morphologie und Physiologie."

B. Das lebende Untersuchungsobjekt und die Methoden seiner mikroskopischen Untersuchung. Allgemeines.

Nach der Besprechung der optischen Untersuchungsmethoden wenden wir uns nunmehr der lebenden Masse selber zu, die mit diesen Methoden untersucht werden soll, und die nur in einer beschränkten Anzahl von Objekten einer optischen Untersuchung ohne weiteres zugänglich ist. Denn die zumeist geübte Untersuchung im durchfallenden Licht erfordert durchsichtige und genügend dünne Objekte, wie sie in der Natur nur relativ selten gegeben sind. Erst neuerdings hat man den Versuch gemacht, die mikroskopischen Untersuchungsmethoden mehr dem lebenden Objekt anzupassen [VONWILLER (1925)]. Die Mikroskopie im auffallenden Licht stellt es sich zur Aufgabe, das Untersuchungsobjekt möglichst nicht zu verändern, und, wenn dies doch geschieht, nur mit unschädlichen Mitteln eine Verbesserung der Beobachtungsmöglichkeiten zu erzielen. Das Studium von Organen, ja einzelnen Zellen und Zellbestandteilen in situ und vivo ist das erstrebte, allerdings wohl nur in beschränktem Maße erreichbare Ziel. Die Methodik ist jedoch noch zu neu, als daß schon heute wesentlich neue Resultate hätten erzielt werden können (vgl. S. 40).

Demgegenüber ist die klassische, das durchfallende Licht benutzende Histologie den anderen, von vornherein nicht unbedenklichen Weg gegangen, die Objekte dem Untersuchungsmittel anzupassen. Der Name „mikroskopische Anatomie" kennzeichnet am besten diesen Weg der histologischen und cytologischen Forschung. Die an sich undurchsichtigen Objekte wurden zunächst nach den Methoden der makroskopischen Anatomie, später mit verfeinerten, speziell histologischen Methoden solange zerkleinert, bis sie eben genügend dünn und durchsichtig waren, um mit durchfallendem Licht studiert zu werden. Daß bei dieser anatomischen Zergliederung der lebenden Masse die inneren Milieubedingungen weitgehend verändert, die Lagebeziehung der Teile völlig zerstört werden, ist ein großer Nachteil dieser Methode, dem man indirekt wieder durch Anfertigung von Schnittserien und ihre plastische Rekonstruktion (BOON, K. PETER) abzuhelfen trachtete. Vor allem aber glaubte man durch das vorgehende „Fixieren" die Gefahren und Nachteile der später folgenden Zergliederung genügend beseitigt zu haben. So ist die Mehrzahl der histologischen und cytologischen Untersuchungsergebnisse an fixiertem, in Schnitte zerlegtem, später noch gefärbtem Material gewonnen worden.

Wenn dem so arbeitenden Histologen der Vorwurf gemacht wird, daß er seine Resultate auf rein deskriptivem Weg gewonnen und nicht genügend Gebrauch von dem Experiment gemacht hat, so kann dem nicht zugestimmt werden. Denn gewaltsameren, tiefgreifenderen experimentellen Eingriffen kann man die lebende Masse kaum aussetzen, als es die Prozeduren sind, denen ein histologisches Präparat bis zu seiner Fertigstellung und seinem Einschluß in Balsam unterworfen wird. Nur der physiologische Chemiker übertrifft darin noch den mit fixierten und gefärbten Präparaten arbeitenden Histologen. Aber wohl ist der Vorwurf nicht unberechtigt, daß dieses Experimentieren oft ohne die nötige Kritik und schon deshalb nicht zielbewußt erfolgt ist, weil der Histologe sich allmählich so an seine gebräuchlichen Fixierungs- und Färbemethoden gewöhnte, daß er sich kaum oder gar nicht mehr bewußt war, daß er an der lebenden Masse experimentierte und dieselbe durch seine experimentellen Eingriffe wesentlich veränderte. „So kümmerte man sich", wie v. TELLYESNICZKY (1926) mit gewissem Recht bemerkt, „mehrere Jahrzehnte kaum oder überhaupt nicht um den Wert der Untersuchungsmethoden, wodurch die Cytologie größtenteils des Rechtes verlustig ging, für eine exakte Naturwissenschaft gehalten zu werden." Zwar fehlte es niemals an warnenden Stimmen, die sich gegen eine Überschätzung und kritiklose Auswertung der am fixierten und gefärbten histologischen Präparat gewonnenen Ergebnisse wandten [vor allem A. FISCHER (1899)], aber erst seit Anfang dieses Jahrhunderts ist ein grundlegender Wandel eingetreten. Vor allem und in erster Linie studiert man einmal mit verbesserten Untersuchungsmethoden das lebende Objekt selber, und zweitens sucht man die Fehlergrößen der Fixation und Färbung aufzudecken, zu präzisieren, sie zu vermeiden oder ihnen wenigstens in der Auswertung der Resultate gebührend Rechnung zu tragen. Ich bespreche zunächst die Methoden, die die lebende Zelle im möglichst adäquaten Milieu untersuchen (Gewebezüchtung, Explantation), dann diejenigen, die die Reaktionen der lebenden Zelle im künstlich veränderten Milieu und gegen mechanische Eingriffe studieren (vitale Färbungen, Mikrochirurgie der Zelle). In einem weiteren Kapitel kommen dann diejenigen histologischen und cytologischen Methoden zur kritischen Darstellung, die durch weitergehende experimentelle Eingriffe die Zelle abtöten, ein Momentbild zu fixieren versuchen und dasselbe dann auf färberischem oder mikrochemischem Wege weiter auszudeuten trachten.

1. Die Untersuchungsmethoden zum Studium der lebenden Zelle.

Um die lebende Zelle zu studieren, werden je nach Lage des Falles bald die einen, bald die anderen früher besprochenen optischen Untersuchungsmethoden

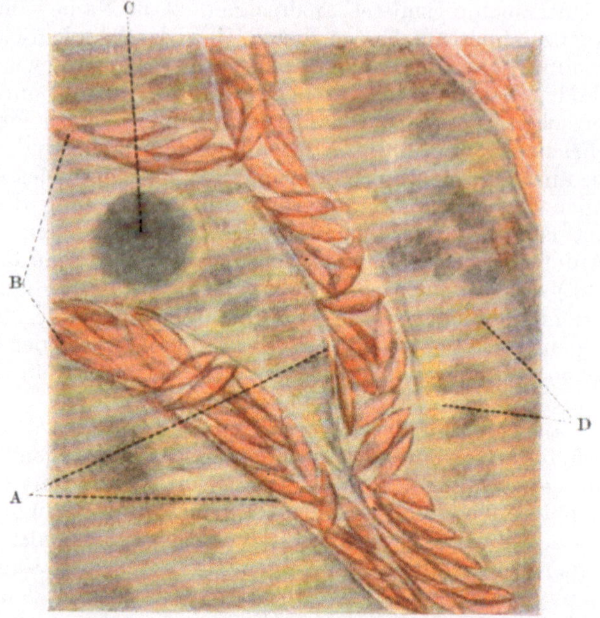

Abb. 6. Bauchhaut des lebenden Laubfrosches bei senkrechter Beleuchtung und starker Vergrößerung. Hämatocystoskopie. [Nach P. Vonwiller (1925, S. 506).] A Capillarwand; B Erythrocyten in den Capillaren, die roten Blutzellen mehr oder weniger von der Kante sichtbar; C Drüsenhals; D metallähnliche Reflexe der oberflächlichen Guaninzellen.

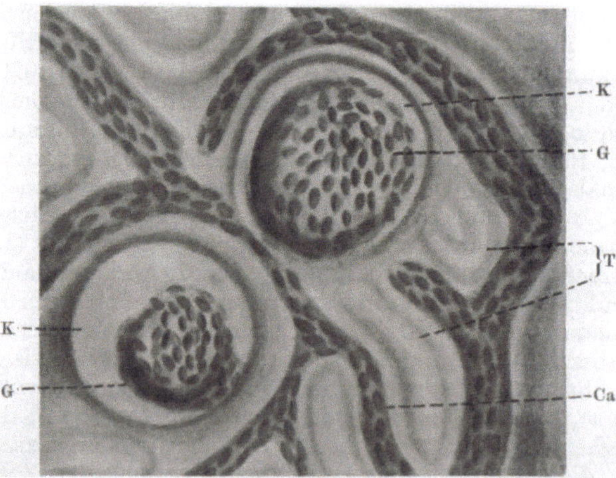

Abb. 7. Niere von Rana esculenta, in vivo et in situ betrachtet.   Ok. Periplanat. 10. Obj. Leitz. 4. Mignonlampe, schräg.   G Glomeruli; K Kapsel; T Tubuli contorti; Ca Blutcapillaren mit Blutkörperchen.   [Nach P. Vonwiller (1927, S. 497).]

benutzt. Da es sich ja um das Studium von Lebensvorgängen handelt, die sich zum Teil in Formveränderungen äußern, so sollte die kinematographische Mikroaufnahme hier eine wichtige Rolle spielen, ist aber bisher noch nicht genügend zur Anwendung gebracht worden [z. B. BRESSLAU (1922), GRÄPER (1911, 1926)].

Ganz neu und noch nicht erprobt ist die optische Methode der Untersuchung der Zelle im auffallenden Licht. Sie hat den Vorteil, daß die Zellen in ihrem normalen Gewebsverbande studiert werden können. VONWILLER (1926) hat mit dieser Methode lebende Blutzellen in den Gefäßen der Bauchhaut des Frosches [Hämatocytoskopie (Abb. 6)], die Glomeruli der Niere beim lebenden Tier sichtbar gemacht (Abb. 7), und die Zellen der Rückenhaut des Frosches, namentlich die Pigmentzellen, studiert, ferner die lebenden Zellkerne der pflanzlichen

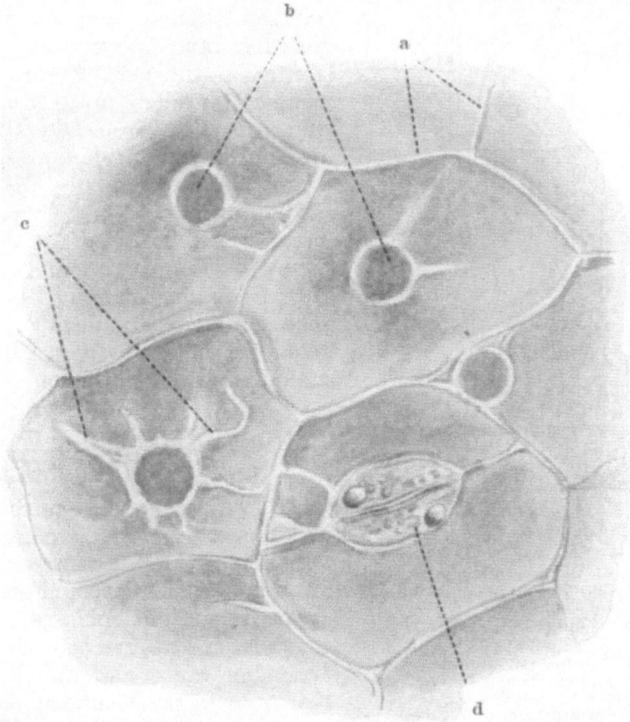

Abb. 8. Karyoskopie an der Epidermis eines Blattes eines jungen, etwa 2 cm hohen Exemplars von Cotyledon arizonica bei: Ok. Periplanat. 10 ×. Leitz Ölimmersion $^1/_{12}$, ohne Deckglas. Opak-illuminator (altes Modell). Glasplatte, Mignonlampe. a Zellgrenzen der Epidermis; b Zellkerne der Epidermiszellen. Lichtreflexe an der Kernoberfläche; c helleuchtende Protoplasmabalken; d Schließzelle einer Spaltöffnung mit granulärem Inhalt. [Nach P. VONWILLER (1925, S. 516).]

Epidermis [Karyoskopie (Abb. 8)], und die Chlorophyllkörner, sowie andere kleinste Plasmakörner [Plasmoskopie (Abb. 9 u. 10)] untersucht, deren Zahl, Form und Lageveränderungen sich gut beobachten lassen.

Vorwiegend angewandt sind die Mikroskopiermethoden, bei denen das durchfallende Licht benutzt und das lebende Objekt im Hellfeld und neuerdings im Dunkelfeld untersucht wird. Aber nur zu häufig sind die lebenden, namentlich die vielzelligen Organismen für eine solche Untersuchung nicht durchsichtig genug und man ist genötigt, an künstlich isolierten kleinen Gewebsteilen und Zellen seine Beobachtungen anzustellen, wobei man sich namentlich in früheren Zeiten nicht genügend bewußt war, daß solche „überlebenden" (supravitalen) Teile Strukturen zeigen werden, die nicht mehr als normal bezeichnet werden können, vielmehr Abwehrreaktionen, bzw. Absterbeerscheinungen darstellen.

Solche mußten aber um so rascher und zahlreicher in den isolierten außerhalb der normalen Milieubedingungen befindlichen Zellen auftreten, je unphysiologischer die neuen Umweltsbedingungen waren. Solange man, wie es die älteren Autoren taten, als Untersuchungsmedium Jodserum oder mehr oder minder isotonische Kochsalzlösungen, deren Giftwirkung man nicht kannte, benutzte, man ferner nicht auf die physiologische Temperatur (heizbarer Objekttisch) und die Zufuhr von Sauerstoff achtete, war daher der Einwand berechtigt, daß die angeblich vitalen Strukturen zum wesentlichen Teil Kunstprodukte seien. Erst durch Einführung der äquilibrierten Salzlösungen, wie dem Gemisch von Ringer, Loke usw., deren Konzentration für jede Tierart genau ausprobiert werden muß, durch Einführung des heizbaren Objekttisches und des Durchströmungskompressoriums, vor allem aber durch die Methoden der Explantation und der Gewebekultur in vitro, wie sie zuerst Carrel (1911) und Burrows (1911) ausgebildet haben, ist die vitale Untersuchung isolierter Zellen des vielzelligen Organismus für den Cytologen zu einer der wesentlichsten, aufschlußreichsten Methoden geworden.

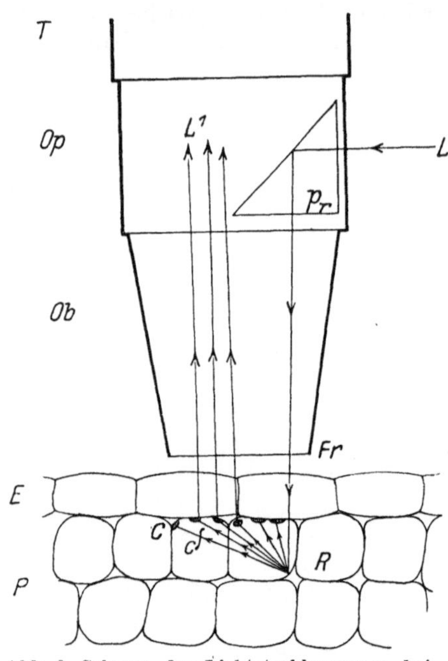

Abb. 9. Schema des Lichtstrahlenganges bei indirekter Beleuchtung im senkrecht auffallenden Licht.
[Aus P. Vonwiller (1927, S. 502).]
L Licht von der Lichtquelle; Pr Prisma des Opakilluminators; Fr Frontlinie des Objektives; R Reflektor (Zellwand einer Parenchymzelle); C Chloroplasten, L' durch Objektiv und Tubus zum Okular weitergeleitetes Licht; E Epidermis, P Parenchym, Ob Objektiv, Op Opakilluminator, T Tubus.

2. Die Methoden der Explantation und der Gewebekultur.

Allerdings warnt auch jetzt noch A. Fischer (1927), „trotz der zahlreichen Vorteile, die die Explantationsmethode für den morphologischen Forscher bietet", davor, allzu leicht Schlüsse aus derartigen Präparaten zu ziehen, da man stets bedenken muß, daß das Verhalten der Kulturen in Salzlösungen nach Carrels Definition mehr als ein Überleben zu bezeichnen ist. Denn es hat sich herausgestellt, daß die explantierten Zellen zu ihrem Wachstum zweierlei brauchen, einmal nahrungs- und wachstumsfördernde Stoffe, wie sie namentlich im Extrakt von embryonalen Geweben enthalten sind, zweitens einen Stützapparat. „Für die Zellen ist es von vitaler Bedeutung, irgendwelche solide Stützen zu finden, an denen sie entlang kriechen können, sonst werden sie kugelig und gehen allmählich zugrunde" [A. Fischer (1927, S. 16)]. Als eine solche allerdings unvollkommene Stütze kann das Deckglas dienen, ferner Spinnweben, Glaswolle, Baumwollfäden, am besten ist aber hierzu das Fibringerinnsel geeignet, wie es sich im Blutplasma, dem idealsten Kulturmedium, bildet, wobei es „für die mikroskopische Untersuchung besonders günstig ist, daß dieses Netzwerk unsichtbar ist" (A. Fischer).

Wegen aller weiterer Einzelheiten über das Züchtungsmedium, sowie über die Untersuchungsmethoden der Gewebekultur in vitro, die ja in erster Linie den Zellphysiologen interessieren, verweise ich auf die zusammenfassenden Darstellungen von: Oppel (1914), Rh. Erdmann (1922, 1927), A. Fischer (1927).

Für den Zellmorphologen sind die wichtigsten Errungenschaften, die er der Gewebekultur verdankt, folgende:

1. Die **Erweiterung** des Kreises seiner **lebenden** Untersuchungsobjekte, indem die Zellkultur in vitro die Möglichkeit gibt, auch solche Zellen des vielzelligen Organismus im lebenden Zustand zu untersuchen, bei denen das früher nicht möglich war.

2. Der vertiefte Einblick in die **Morphogenese** des vielzelligen Organismus durch die Möglichkeit, einzelne Zellen entweder mechanisch oder durch die „physiologische Elektivmethode" isoliert zu züchten und so Reinkulturen der verschiedenen, den vielzelligen Organismus bildenden Zellrassen zu gewinnen.

3. Den Ablauf des Lebensprozesses morphologisch auch an den Zellen des vielzelligen Organismus verfolgen zu können (z. B. Mitose, Bewegung, Nahrungsaufnahme) und denselben planmäßig experimentell zu beeinflussen. Hierzu sind die explantierten Zellen sogar besonders geeignet, weil sie sich oft an der Oberfläche des Deckgläschens in einer dünnen, meist einschichtigen Lage ausbreiten und deshalb sowohl lebend, wie auch fixiert mit den stärksten Vergrößerungen untersucht werden können, namentlich wenn

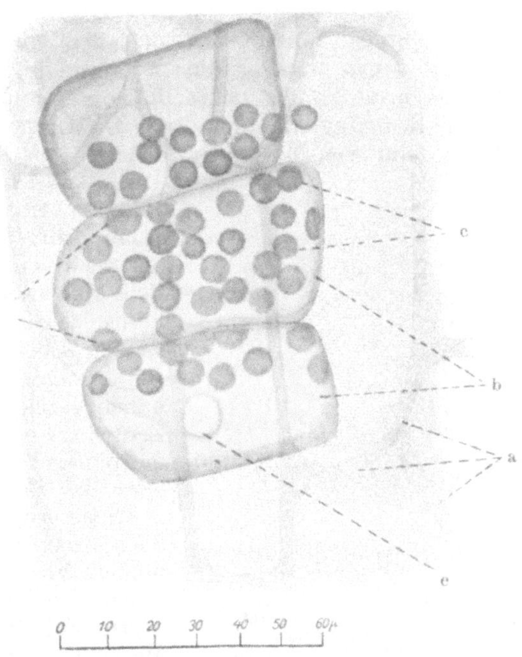

Abb. 10. Beobachtung am lebenden Blatt von Aspidistra bei indirekter Beleuchtung. Zeichenokular 4. Ölimmersion 12 von Leitz. Spaltopakilluminator mit Winkelblende, Mignonlampe, Zeichentisch.
a Epidermiszellgrenzen (etwas schematisiert), b Parenchymzellen, durch die intakte Epidermis hindurch gesehen; c Chlorophyllkörner in Flächenansicht; d Chlorophyllkörner in Kantenansicht; e Zellkern einer Epidermiszelle. [Nach P. VONWILLER (1927, S. 502).]

man, wie LEWIS (1915) es getan hat, die protektiven Salzlösungen benutzt, oder das Nährmedium kurz vor der Untersuchung abspült, um bei der späteren Fixierung und Färbung störende Niederschläge, die sich aus dem Kulturmedium bilden, zu vermeiden. Von wichtigen Arbeiten, welche die Morphologie explantierter Zellen betreffen, nenne ich vor allem HARRISON (1911, 1912), G. LEVI (1915, 1925), LEWIS, W. H. u. M. R. (1924), A. FISCHER (1927).

3. Experimentelle Methoden zum Studium der lebenden Zelle (Zentrifugieren, künstliche Milieuveränderungen, Mikrochirurgie).

Beruht die Bedeutung der Explantation und Zellkulturmethode für den Cytologen hauptsächlich darauf, daß sie ihm ein unter wirklich optimalen Bedingungen lebendes Untersuchungsmaterial liefert, an dem er den normalen Ablauf des Lebensprozesses an einwandfrei vitalen Strukturen beobachten kann, so sind die nunmehr kurz zu besprechenden experimentellen Methoden, obgleich in erster Linie von und für die Zellphysiologen erfunden, auch für den Zellmorphologen von Wichtigkeit. Denn sie gestatten ihm, unter physikalisch genau definierten Bedingungen einmal die mehr oder minder große Konstanz der Zellstrukturen und die Größe ihrer reversiblen Veränderlichkeit unter dem Einfluß des experimentellen Eingriffes festzustellen, weiterhin Aufklärung über die physikalisch-chemische Beschaffenheit der Strukturen zu erhalten und auf diese Weise Rückschlüsse auf die Bedeutung der Strukturen für das Leben der Zelle zu ziehen. Daß bei der Anwendung und ebenso bei der Auswertung dieser experimentellen Methoden Morphologie und Physiologie immer mehr Hand in Hand gehen müssen, führt zwangsmäßig zu der von O. HERTWIG und E. B. WILSON u. a. geforderten Zellbiologie.

Die Zentrifugiermethode, von O. HERTWIG (1899), LILLIE (1909), von LYON (1907), dann von MORGAN (1910) an tierischen Eizellen angewandt, später von HEILBRUNN (1926), NEMĚC (1915), WEBER (1921, 1926) an verschiedenartigem tierischen und pflanzlichen Zellmaterial benutzt, dient zur Bestimmung des relativen spezifischen Gewichtes bestimmter Zellstrukturen, so der Dotterplättchen, des Zellkerns, der Kernnucleolen, der Plastiden und der ganzen Zellen, ferner zu Viscositätsbestimmungen des Plasmas. Versuche von GURWITSCH (1904) haben gezeigt, wie weitgehend bei gewaltsamer Zentrifugierung tierischer Eier die Zerstörung der morphologischen Plasmastrukturen sein kann, ohne daß dabei die Zelle abstirbt.

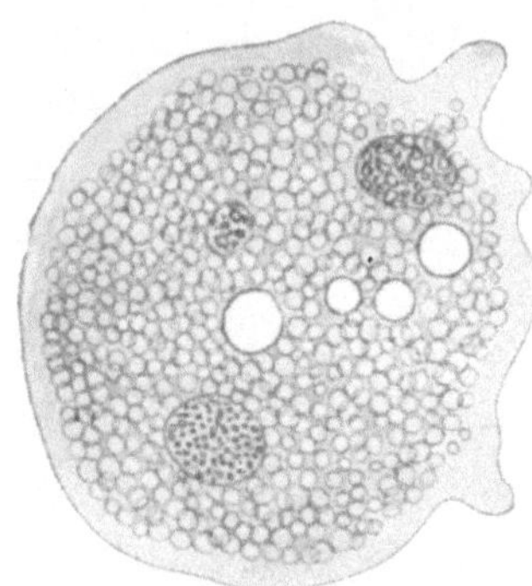

Abb. 11. Experimentell vergröberte Struktur von Amoeba terricola (aus 1,0 ccm MgCl₂ in 20 ccm dest. Wasser nach 24 Stunden). Dunkelfeldbild. Was stark leuchtet, ist dunkel gezeichnet. [Nach SPEK (1924, S. 301).]

Noch bedeutungsvoller sind Aufschlüsse, welche die mikrochirurgische Methode dem Cytologen gibt, namentlich seit die zunächst ebenfalls an tierischen Eizellen und Protisten in ziemlich roher Weise (Schütteln, Durchschneiden) durchgeführte Methode durch die Konstruktion besonderer Mikrodissektionsapparate von CHAMBERS (1915 bis 1923) und PÉTERFI (1924) so vervollkommnet worden ist, daß die Methoden der Anatomen und Chirurgen auf den Zellorganismus erfolgreich angewandt werden können. So kann man jetzt beliebige Bestandteile und Organe aus der Zelle entfernen, einzelne Zellteile mechanisch abtöten, Fremdkörper in die Zellen hineintransplantieren, so z. B. Farbstoffpartikelchen [SCHMIDTMANN (1925)] oder Farbstofflösungen (mit der Mikropipette) in die lebende Zelle injizieren und auf diese Weise die pH im Zell- und Kerninneren bestimmen. Wichtig ist auch der Mikromanipulator [PÉTERFI (1924)] geworden, um mit seiner Hilfe einzelne Zellen aus einer Gewebekultur zu isolieren und aus dieser dann eine neue Zellkultur in reiner Linie zu erhalten, wobei A. FISCHER zu dem bemerkenswerten Ergebnis gelangt ist, daß im Gegensatz zu Einzellern einzelne Gewebszellen trotz bester äußerer Lebens- und Vermehrungsbedingungen sich niemals teilen, es sei denn, daß sie in gutem Kontakt mit einigen anderen Zellen stehen [A. FISCHER (1927)].

Allerdings ist bei allen diesen mikrochirurgischen Eingriffen in den Organismus der Zelle stets zu beachten, daß die mechanischen Insulte trotz der vervollkommneten Instrumente sehr erheblich sind und die Reaktionen der Zelle (ph) bzw. die Zellstrukturen hierdurch verändert werden. Physiologischer ist daher, um einen Kern in artfremdes Plasma zu transplantieren, die Methode der Bastardierung, die über die Beziehungen zwischen Plasma und Kern auch für den Morphologen wichtige Aufschlüsse gebracht hat [BALTZER (1910), KUPELWIESER (1909), G. HERTWIG (1918), GODLEWSKI (1906)]. Auch die Bestrahlung von Ei- und Samenzellen mit Radium-, Röntgen- und ultraviolette

Strahlen hat als „Entkernungs"methode vor den mechanischen Eingriffen viele Vorteile. Wird auch durch die Bestrahlung der Kern nicht entfernt, so wird er doch, da er viel radiosensibiler als das Plasma ist, verhältnismäßig rasch abgetötet und damit außer Funktion gesetzt [G. Hertwig (1911, 1928).

An dritter Stelle nenne ich die experimentellen Untersuchungen, die das äußere Kulturmedium der Zellen in seiner physikalisch-chemischen Beschaffenheit planmäßig variieren. Ihre Resultate sind für den Zellmorphologen äußerst beachtenswert, zeigen sie doch, wie weitergehend unter dem Einfluß äußerer Faktoren die Zellen sowohl ihrer äußeren Form nach, wie in ihrer Intimstruktur reversibel veränderungsfähig sind. An Einzellern haben namentlich Spek (1924) und Giersberg (1922) experimentiert und die Abb. 11, 12, 13 zeigen einige Ergebnisse ihrer salzphysiologischen Untersuchungen. Man sieht, wie

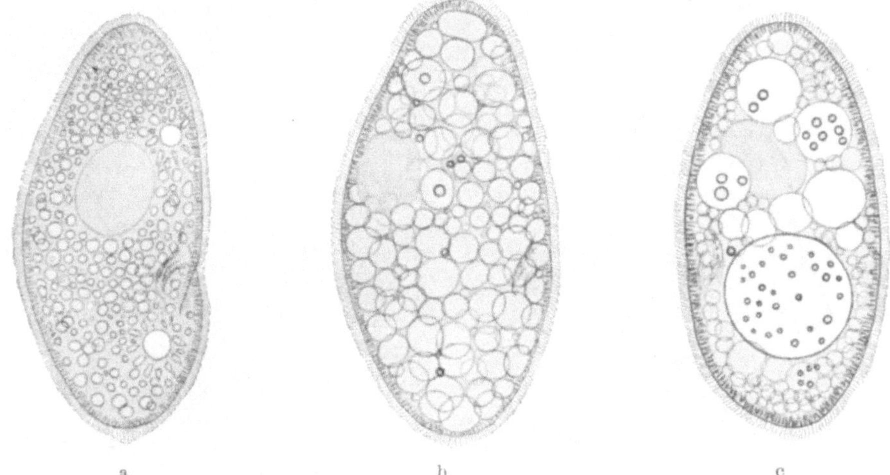

Abb. 12 a—c. Fortschreitende Strukturvergröberung an Paramäzien aus einer Rübenkultur.
[Nach Spek (1924, S. 308).]

durch entquellende Mittel parallel mit einer Zunahme der Plasmaviscosität die Struktur vergröbert wird, zahlreiche, ständig sich vergrößernde Granula auftreten und schließlich eine typische Schaumstruktur entsteht, während umgekehrt quellende Mittel das Cytoplasma durchsichtig und homogen machen, wobei es gleichzeitig verflüssigt wird. Von entsprechenden Versuchen an den Zellen des vielzelligen Organismus in der Gewebskultur nenne ich als Beispiel das Verhalten der Fibroblasten, das durch Zusatz von oberflächenspannungsherabsetzenden Substanzen grundlegend verändert wird. Unter der Einwirkung solcher Stoffe nehmen die Fibroblastenkulturen das morphologische Aussehen von Makrophagen an und erwerben die Eigenschaft der Phagocytose, die ihnen im gewöhnlichen Kulturmedium nicht zukommt [A. Fischer (1927)].

Derartige Untersuchungen haben nicht wenig dazu beigetragen, daß dem Cytologen die Zellformen und Zellstrukturen in einem wesentlich neuen Licht erscheinen; daß er in ihnen nicht etwas Starres und in seiner Starrheit für den Ablauf des Lebensprozesses absolut Notwendiges erblickt, vielmehr in ihnen mehr den Ausdruck von Reaktionen der lebenden Masse auf die wechselnden Umweltsbedingungen sieht. Sie führen dem Cytomorphologen so eindrücklich wie nur möglich vor Augen, wie wichtig für die Beurteilung von Strukturbefunden das Studium der lebenden Zelle ist.

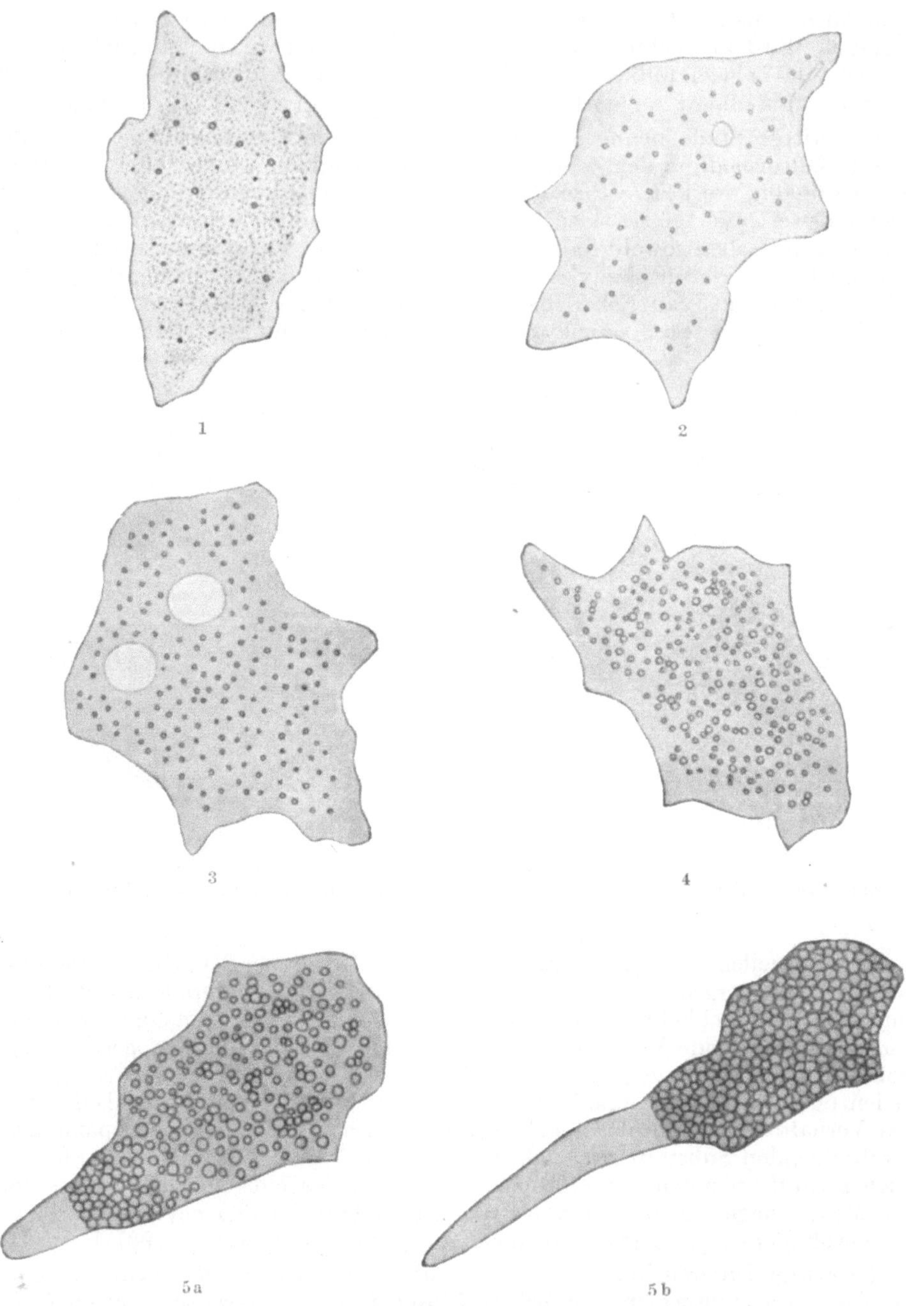

Abb. 13a. *Amoeba radiosa*. Verschiedene Quellungs- und Entquellungszustände derselben Amöben. 1 Auftreten zweierlei Granulationen im Plasma, Wasserrreichtum über den normalen Quellungszustand hinaus, Entmischung; 2 Wasserreichtum, maximale Dünnflüssigkeit des Plasmas, wenig Entoplasmagranula; 3 Plasma dünnflüssig, im Vergleich zu Abnahme 4 der Entoplasmagranula; 4 normale Amöbe, ziemlich granulös, doch dünnflüssig, Ausgangstier; 5 normale Amöbe, etwas dunkler und granulöser: a Beginn der Pseudopodienbildung und der Barriereerscheinung, b maximale Ausbreitung des Pseudopods.
(Nur eine optische Schnittebene gezeichnet, Nahrungsvakuolen weggelassen.)

4. Vitale Färbung.

Schließlich bedürfen die Versuche mit Farbstoffen an lebenden Organismen, deren Ergebnisse unter dem Namen der vitalen Färbung zusammengefaßt werden, einer etwas eingehenderen Besprechung. Denn zur Erhebung der Befunde ist ja der Morphologe mit seinen Methoden in erster Linie berufen, mögen die Ziele der vitalen Färbung, soweit sie Fragen der Stoffaufnahme und des Stofftransportes betreffen, auch mehr physiologischer Art sein. Denn

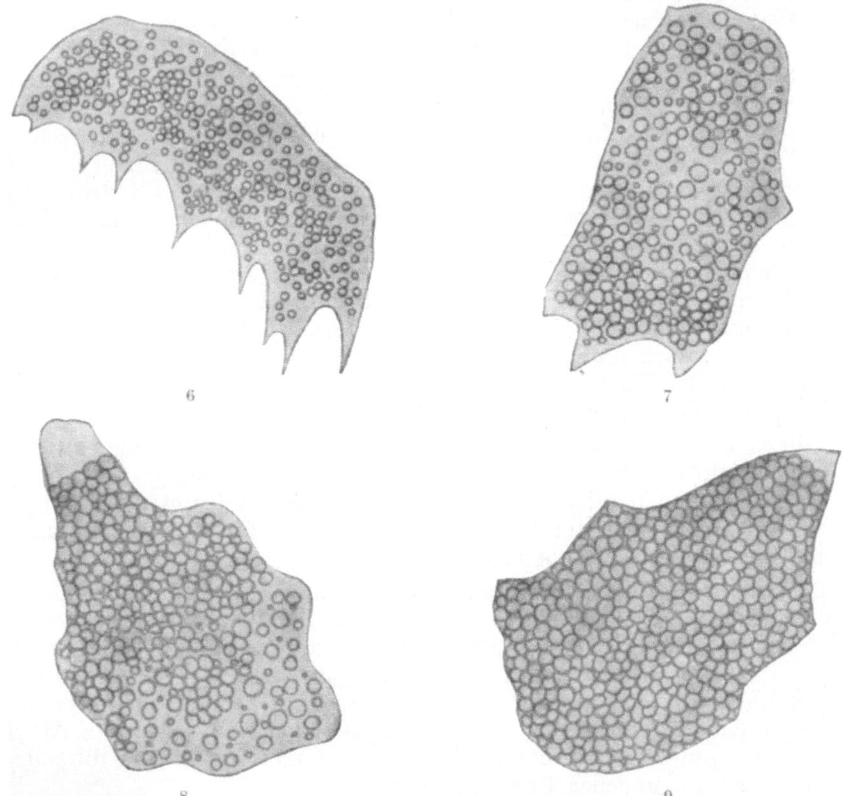

Abb. 13 b. *Amoeba radiosa.* Nach Behandlung mit Zucker oder Natriumacetat. 6 Zunahme der Endoplasmagranula, Dunklerwerden des Plasmas, spitze, starre Pseudopodien; 7 und 8 Verminderung des Wassergehaltes, Zuckerkultur, Zunahme der Eiweißgranula, zähes dunkles Plasma; 9 extreme Erfüllung mit Eiweißgranula, Plasma äußerst wasserarm, sehr zäh und dunkel, Schaumstruktur durch Abplatten der Entoplasmagranula. Tiere sehr wenig bewegungsfähig. Vergr. 1000. [Nach GIERSBERG (1922).]

dasjenige, was alle diese chemisch und kolloidchemisch so differenten, in ihren physikalisch-chemischen Eigenschaften oft nicht genau bekannten und deshalb für ein biologisches Experiment gar nicht besonders geeigneten Stoffe auszeichnet, ist eben ihr Charakter als Farbstoff, der es zum Unterschied von ungefärbten Substanzen ermöglichen soll, ihr Schicksal im Organismus im mikroskopischen Bild zu verfolgen.

Zunächst und vor allem sind es physiologische Probleme, denen die Vitalfärbung dienstbar gemacht wird, um mittels derselben den Mechanismus der physiologischen Stoffaufnahme, der Stoffspeicherung und Stoffabgabe in dem Gesamtorganismus bzw. seinen einzelnen Zellen zu klären. Man hat Beziehungen gefunden zwischen der Teilchengröße der Farbstoffe und ihrer Permeierfähigkeit [Ruhland (1913) u. a.], zwischen der ph im Zellinneren [Bethe (1916), Rohde (1917)] und der elektrischen Ladung der Zellen [Keller (1918)] einerseits und dem sauren bzw. basischen Charakter des Farbstoffes andererseits. Man hat gefunden, daß die Haut- und Darmepithelien jugendlicher Tiere permeabeler sind als diejenigen erwachsener Tiere [v. Möllendorff (1925)]. Man kann mittels der vitalen Färbung den funktionellen Aufbau sezernierender Organe [z. B. der Vorniere bei *Froschlarven*; v. Möllendorff (1919)] und den Funktionsbeginn der Organe beim Embryo [z. B. Urniere der *Froschlarven*; v. Möllendorff (1919)] analysieren. Hier beginnen die vitalen Färbungsversuche auch für den speziellen Zellmorphologen interessant zu werden, denn man kann mittels bestimmter Farbstoffe im vielzelligen Organismus mehr oder minder elektiv bestimmte Zellen, Zellgruppen, Organe kenntlich machen, dadurch, daß sie den Farbstoff aufnehmen und speichern und kann auf diesem Wege eine gewisse funktionelle Übereinstimmung zwischen ihnen feststellen. So beruht die Aufstellung des Begriffes reticulo-endothelialer Apparat auf dem charakteristischen Speicherungsvermögen gewisser Zellen für saure halbkolloidale Farbstoffe. Gleichzeitig werden die Zellen und Zellformen durch ihre elektive vitale Färbung verdeutlicht; so ist es namentlich bei wirbellosen Tieren Fischel (1908), dann vor allem durch systematisch ausgedehnte Versuche Keller (1920, 1925) und seinem Schüler J. Gicklhorn (1925, 1927) gelungen, bestimmte Organe elektiv zu färben und dadurch zu verdeutlichen. So ist „das rudimentäre Cölomsäckchen der *Cladoceren* überhaupt erst durch Vitalfärbung gefunden worden" [Gicklhorn (1925)].

An dieser Stelle ist auch des Methylenblaus zur Nervenfärbung Erwähnung zu tun, obgleich es sich hier eigentlich nicht um eine vitale, sondern um eine supravitale Färbung handelt, wenn die Nervenzellen mitsamt den Fortsätzen und feinsten Ausläufern durch das Methylenblau gefärbt und dadurch verdeutlicht werden [P. Ehrlich (1887)].

Größeren theoretischen Schwierigkeiten sehen wir uns in dem Augenblick gegenübergestellt, wo wir das Schicksal der Farbstoffe im Inneren der lebenden Zelle verfolgen und die vitale Färbung Fragen der Zellmorphologie dienstbar zu machen suchen. Erst neuerdings ist hier, dank vor allem der Arbeiten von Schulemann (1913) und von Möllendorff (1913—1918), im Prinzip wenigstens eine gewisse Klärung erfolgt, nachdem noch 1907 nach dem Urteil von M. Heidenhain „der ganze hierher bezügliche Tatsachenkreis ein schwer durchdringbares Konvolut heterogener Erscheinungen war".

Wir gehen dabei von folgender Überlegung aus: Damit ein in wässeriger Lösung ins Zellinnere gelangter Farbstoff sichtbar wird, muß er dort angereichert werden. Diese Anreicherung kann auf zwei prinzipiell verschiedene Weisen geschehen: 1. Die Zelle kann den Farbstoff, genau so wie andere zellfremde Stoffe, speichern. Diese Speicherung wird meistens in Granulaform geschehen, genau so wie ja auch Nahrungsstoffe (Fett, Glykogen, Eiweiß) in dieser Form gespeichert werden. 2. Die Farbstoffe werden an bereits präformierte Zellbestandteile chemisch-physikalisch gebunden.

Die Untersuchung der verschiedenen vitalen Farbstoffe hat nun gezeigt, daß die sauren Farbstoffe vor allem gespeichert, die basischen Farbstoffe dagegen an bestimmte Zellstrukturen gebunden werden, ihr Schicksal in der Zelle also sich erheblich verschieden gestaltet und eine getrennte Darstellung erfordert.

Von den sauren Farbstoffen sind die halbkolloidalen für erfolgreiche vitale Färbungen am geeignetsten; denn die hochdispersen werden zu rasch wieder ausgeschieden, die hochmolekularen gelangen überhaupt nicht ins

Zellinnere. Die chemische Strukturformel hat dagegen keinen erkennbaren unmittelbaren Einfluß auf den Ausfall der vitalen Färbung [W. SCHULEMANN (1913, 1918)]. Es färben sich vor allem Zellen, die sekretorisch (Nierenzellen) oder resorptiv (Darmepithelien) tätig sind oder auch sonst durch ein erhebliches Speichervermögen ausgezeichnet sind, wie die Zellen des reticulo-endothelialen Apparates. In diesen Zellen beobachtet man zunächst kleinere, blaß gefärbte Tröpfchen, deren Zahl, Größe und Farbdichte allmählich zunimmt. In den größeren Farbstofftröpfchen beobachtet man häufig ein Inhomogenwerden, indem der Farbstoff in fester Körnchenform ausflockt. Nach der wohlbegründeten Ansicht von v. MÖLLENDORFF, SCHULEMANN und EVANS sind diese Farbstoffvakuolen und Farbstoffgranula nicht angefärbte präformierte Zellgranula, sondern neugebildete Einschlüsse, die genau so wie etwa Glykogentröpfchen extraplasmatisch durch die Lebenstätigkeit der Zelle neu gebildet werden. „Es handelt sich bei den mit sauren Farbstoffen in den Zellen zur Darstellung gebrachten Granula nicht um eine Substratanfärbung, sondern um eine Deponierung des Farbstoffes in feinste Hohlräume des Cytoplasmas oder im Milieu des Dispersionsmittels der Zelle“ und „wir verstehen es daher, daß diese Art der Farbstoffspeicherung von nur wirklich lebendem Material vollbracht werden kann“ (v. MÖLLENDORFF).

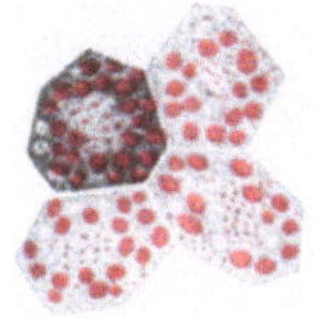

Abb. 14. Lebend gefärbte Granula aus der Epidermis einer Froschlarve. 400 ×. Die schwarzen Pünktchen sind Pigmentkörner. [Nach FISCHEL aus PETERSEN (1922, S. 29).]

Grundsätzlich von dieser typischen körnigen Speicherung der sauren Farbstoffe sind die vereinzelten Fälle zu trennen, wo der saure Farbstoff in sicher lebenden Zellen auch präformierte Einschlüsse diffus anfärbt. Man wird in ihnen wohl tote Inhaltskörper zu erblicken haben, zumal man oft die Beobachtung machen kann, daß nekrotische Zellpartien und ganze tote Zellen sich diffus und besonders intensiv mit sauren Farbstoffen anfärben lassen. Ja diese diffuse intensive Färbbarkeit kann direkt als ein Erkennungszeichen dafür benutzt werden, daß eine Zellstruktur, wie z. B. der Kern, bereits abgestorben, bzw. stark geschädigt ist, denn wirklich lebende Zellstrukturen nud Zellorgane bleiben in der Regel bei vitaler Färbung durch saure Farbstoffe ungefärbt, wenn wir von den ganz neuerdings berichteten Ausnahmefällen absehen, wo angeblich völlig intakte pflanzliche Zellkerne durch Eosin deutlich gefärbt sein sollen [GICKLHORN (1927)].

Anders dagegen verhalten sich die basischen Farbstoffe, die im Gegensatz zu den sauren alle Zellen mehr oder minder stark vital färben. Dabei erscheint der Farbstoff entweder mehr diffus in den Zellstrukturen verteilt, wobei die Stärke der Diffusfärbung der Lipoidlöslichkeit des Farbstoffes direkt, der Reduzierbarkeit zu Leukoverbindungen umgekehrt proportional geht, oder aber in Form gefärbter Granula (Abb. 14).

Kommen also, oberflächlich betrachtet, wiederum wie bei den sauren auch bei den basischen Farbstoffen die Phänomene der diffusen und der granulären Färbung vor, so ist der Mechanismus namentlich der Granulafärbung doch ein wesentlich anderer. Denn, wie A. FISCHEL (1901, 1909), NIRENSTEIN (1913, 1919), vor allem aber E. HERZFELD (1916) und v. MÖLLENDORFF (1918, 1920) gezeigt haben, handelt es sich bei den basisch gefärbten Granula nicht um eine Neubildung, sondern stets um eine Anfärbung bereits in der Zelle vorhandener körniger Gebilde. Da „nur solche basischen Farbstoffe eine Granulafärbung geben, die im Reagensglas mit sauren Kolloiden leicht ausflocken“ (E. HERZFELD, v. MÖLLENDORFF), so ist es wahrscheinlich, daß „die Verankerung der basischen Farbstoffe an geformte Inhaltteile der lebenden Zelle von dem

Gehalt der letzteren an kolloiden Säuren abhängig ist" [v. MÖLLENDORFF (1918)]. Dabei flocken entgegengesetzt geladene Kolloide am Neutralpunkt aus, während der Überschuß einer der Komponenten das Flockungsprodukt löst und es „läßt sich auf diese Phänomene auch die häufig zu beobachtende Farbtonverschiedenheit in den gefärbten Granulis bei manchen Farbstoffen zurückführen". So gibt Neutralrot oft gelbrote, in anderen Fällen mehr blaurote Granula, gelbrot ist die Farbe im geflockten, blaurot im gelösten Zustand (v. MÖLLENDORFF), was wohl zu berücksichtigen ist, wenn man Neutralrot als Indikator für die ph gebrauchen will.

Daß diese Deutung der Granulagenese richtig ist, dafür sind in erster Linie Versuche von E. HERZFELD und v. MÖLLENDORFF anzuführen, bei denen saure und basische Farbstoffe hintereinander und in wechselnder Reihenfolge zur vitalen Färbung benutzt wurden. Bei vorheriger Anwendung eines sauren Farbstoffes konnten die durch Speicherung neugebildeten sauren Farbstoffgranula

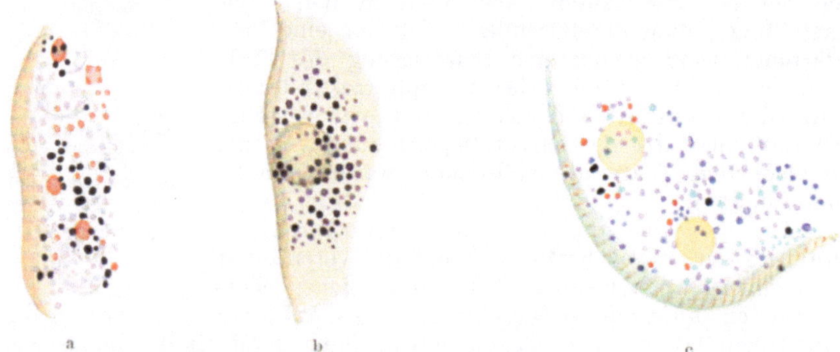

Abb. 15a—c. Nierenkanälchen der weißen Maus im frischen Zupfpräparat nach Zusatz von Kochsalzlösung nach vorheriger subcutaner Injektion von Vitalfarbstoffen: a Neutralrot, dann Wasserblau. Proximaler Anteil des 2. Abschnittes. Dunkelviolette Niederschlagsgranula neben rein roten. b Trypanblau vital, dann Neutralrot vital. Distaler Anteil eines 2. Abschnittes. Rötlichbraune Mischgranula. c Lithionkarmin, dann Nilblausulfat. Proximaler Hauptstückabschnitt. Rote, violette und blaue Granula. [Nach E. HERZFELD (1917).]

mit dem nachfolgenden basischen Farbstoff vital doppelt gefärbt werden, wobei der granulargespeicherte saure Farbstoff intracellulär genau so mit dem basischen reagierte, d. h. zum Teil als Neutralprodukte ausflockte, bzw. im Überschuß des einen Farbstoffes sich wieder löste und sich so ein Mischgranulum bildete (Abb. 15b). Erst wenn diese sauren Granula abgesättigt waren, entstanden auch weinrot gefärbte basische Granula.

Anders dagegen gestaltete sich das Resultat, wenn zuerst mit dem basischen Farbstoff gefärbt wurde. Dann wurde derselbe an die im Plasma vorhandenen Zellgranula verankert, und da der basische Farbstoff somit schon gebunden war, so kam es niemals, wenn nun der saure Farbstoff nachfolgte, zur Bildung von Mischgranula, vielmehr wurde der saure Farbstoff in neugebildeten Farbstoffvakuolen gespeichert. Das Endresultat war also: rein rote basische und rein violette, saure Granula (Abb. 15a).

Die soeben kurz referierten Experimente liefern nun auch gleichzeitig einen wichtigen Beitrag zu der Frage nach der Natur der mit basischen Farbstoffen vital darstellbaren Granula. Während die ersten Entdecker, O. SCHULTZE (1887) und dann FISCHEL (1901) die Meinung vertraten, daß es vor allem wirklich lebende granuläre Zellorgane seien, die durch die Vitalfärbung kenntlich gemacht würden, zeigen die Versuche von MÖLLENDORFF und von E. HERZFELD am Beispiel der sauren Farbgranula, daß zum mindesten hier sicher tote

Körncheneinschlüsse mit den basischen Farbstoffen gefärbt werden. Da man nun weiterhin beobachtet hat, daß Dotterkörnchen und phagocytierte Nahrungsmassen ebenfalls leicht vital mit basischen Farbstoffen gefärbt werden, so geht jetzt die allgemeine Ansicht dahin, daß das meiste, was granulär in den Zellen mit basischen Farben darstellbar ist, paraplasmatisch tote Gebilde der verschiedensten Art sind, die „dem Vorhandensein kolloider Säuren ihre Färbbarkeit verdanken, während andere Eigenschaften, wie Eiweißnatur, Lipoidgehalt mehr nebensächlich sind [v. MÖLLENDORFF (1926)]. Diese Anschauung erscheint auch noch dadurch gestützt, daß wir sicher protoplasmatische Zellorgane, wie den Kern, mit basischen Farbstoffen höchstens ganz schwach und

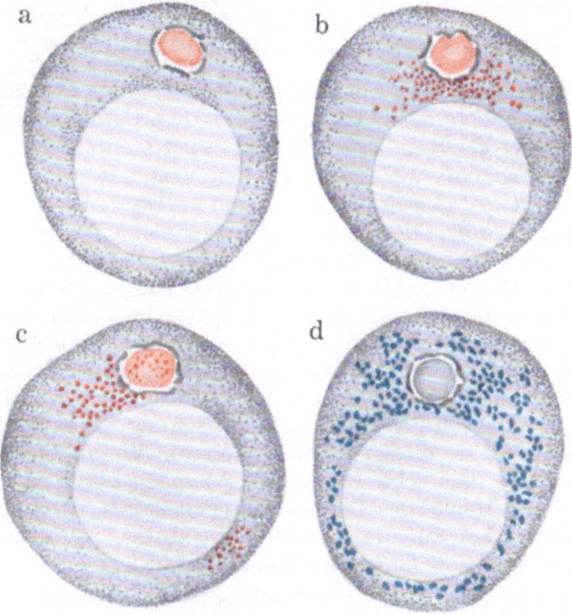

Abb. 16. Cavia cobaya: a—d ausgewachsene Spermiocyten. a—c Neutralrotfärbung; d Janusgrünfärbung. Vergr. 800fach. [Nach HIRSCHLER-MONNÉ (1928).]

diffus färben können, schon aus dem Grunde, weil dieselben eben durch ihre Lebenstätigkeit den Farbstoff rasch in die ungiftige Leukoform überführen.

Nur eine bemerkenswerte Ausnahme wird von L. MICHAELIS (1900), LAGUESSE, COWDRY (1914), W. u. H. LEWIS (1915) berichtet, nämlich die für die Plastosomen als charakteristisch bezeichnete Vitalfärbung mit Janusgrün B, Janusschwarz, evtl. noch mit Dahlia und Gentianaviolett [La VALETTE (1886)]. Hierzu ist zu bemerken, daß die Anfärbung der Plastosomen bisher nicht an der Zelle im lebenden Organismus gelungen ist, sondern nur an explantiertem Zellmaterial; daß ferner die Anfärbung stets längere Zeit erfordert, während die typische basische Granulafärbung stets sehr rasch eintritt. Außerdem ist grade das Janusgrün ein relativ giftiger Farbstoff. So scheint mir die Hypothese v. MÖLLENDORFFs (1926) diskutierbar, daß es nicht ganz lebenskräftige Zellen sind, in denen die Plastosomen im supravitalen Zustand angefärbt werden, wobei es möglich ist, daß die dichte Struktur und der hohe Lipoidgehalt der Plastosomen ihre Färbbarkeit begünstigt. Übrigens wird auch berichtet, daß bereits gefärbte Plastosomen sich wieder entfärben können, wahrscheinlich durch Überführen des Farbstoffes in die Leukoform. Ich werde auf die Frage der Vitalfärbung der Plastosomen später noch einmal zu sprechen kommen.

Ganz kurz seien hier noch die Angaben von Parat und Painlevé (1925) erwähnt, die durch Neutralrot Gebilde vital dargestellt haben, die sie mit dem Golgi-Apparat identifizieren. Ich werde auf diese Untersuchungen bei der Besprechung des Golgi-Apparates noch näher eingehen. Hier sei nur auf Abb. 16 verwiesen, die zeigt, daß in den Spermiocyten des Meerschweinchens durch Janusgrün einerseits, Neutralrot andererseits verschiedenartige Strukturgebilde vital gefärbt werden.

C. Die Methoden der histologischen Fixation und konservierenden Nachbehandlung.

Noch eingreifender insofern, als sie stets den Tod des Organismus zur Folge haben, sind die Untersuchungsmethoden, die in der Histologie unter dem Namen der Fixierung eine große Rolle spielen. Ihr experimenteller Charakter ist zum Schaden der Cytologie oft übersehen worden und mit gutem Grund beginnt daher v. Tellyesniczky (1901) sein Übersichtsreferat „Die Fixation im Lichte neuerer Forschungen" folgendermaßen: „Die Histologie ist, wenn sie den mikroskopischen Bau der Organe auf Grund „fixierter" Präparate beschreibt, keine rein beschreibende Wissenschaft mehr; die Fixierungen, welche die Histologie notgedrungenerweise anzuwenden gezwungen ist, bedeuten eigentlich ebensoviele experimentelle Eingriffe, welche sich nolens volens zwischen die lebendigen Verhältnisse und die Beschreibung des fixierten Präparates einschalten". Dieser Satz charakterisiert treffend die Stellung der Fixierungsmethoden zu den anderen Methoden der cytologisch-histologischen Forschung, die vorher besprochen worden sind, und läßt sie diesen in ihrem inneren Wesen viel näher verwandt erscheinen, als es oberflächliche Betrachtung zunächst scheinen lassen könnte. Da die überwiegende Menge des Beobachtungsmaterials, über die der Histologe heutzutage verfügt, sich auf fixierte Objekte stützt, so bedarf die Methode der histologischen Fixation einer eingehenden Kritik.

Die Ausbildung und Vervollkommnung der histologischen Fixierungstechnik datiert erst seit den 70er Jahren des vorigen Jahrhunderts. Wohl wurden schon viel früher namentlich zu makroskopisch-anatomischen Untersuchungen ganze Tiere oder einzelne Organe in Alkohol und anderen eiweißfällenden Flüssigkeiten (Chromsäure) konserviert und gehärtet, diese so fixierten Objekte auch für mikroskopische Studien benutzt; eine rationelle histologische Fixierungstechnik hat jedoch erst Flemming begründet und ihr dem anfänglichen Widerspruch zum Trotz zu allgemeiner Anerkennung verholfen. Ja, zeitweise hat die Untersuchung des fixierten, abgetöteten Objektes die von Flemming stets als Kontrolle geübte Lebendbeobachtung fast völlig verdrängt und dadurch nicht immer einen günstigen Einfluß auf die Forschungsrichtung der Histologie ausgeübt.

Die Aufgabe der Fixierung, zunächst allerdings von den Histologen mehr unbewußt als klar und planmäßig erstrebt, ist es, ein erstarrtes Momentbild des strukturellen Zustandes der lebenden Masse zu liefern [Lundegardh (1912)], indem durch Hitze oder chemische Einwirkungen die Strukturen der lebenden Zelle verfestigt, dauerhaft gemacht, kurz also fixiert werden. Eine solche Fixierung begünstigt in vieler Beziehung die mikroskopische Untersuchung im durchfallenden Licht. Vor allem erleichtert sie, ja ermöglicht meist überhaupt erst durch die gleichzeitige Härtung des weichen Zellmaterials die Anfertigung dünner Schnitte. Durch die Gerinnung verstärkt sie ferner Lichtbrechungsunterschiede, oder ruft solche erst hervor, wodurch viele differente, vorher maskierte Strukturbestandteile überhaupt erst sichtbar gemacht werden. Schließlich begünstigt die Fixierung das Haften von Farblösungen und ermöglicht damit die Ausbildung der histologischen Färbetechnik am abgetöteten Untersuchungsmaterial.

Diesen Vorzügen gegenüber sind die Nachteile der Fixierungsmethode folgende: „Es ist an und für sich schon", wie PETERSEN (1922) mit Recht betont, „etwas sehr Mißliches, wenn wir, um die lebende Zelle zu untersuchen, dieselbe erst abtöten müssen", damit also einen für den Ablauf des Lebensprozesses offenbar ausschlaggebenden Bedingungskomplex grundlegend verändern. Doch ist dieser Einwand namentlich gegenüber dem morphologischen Forscher kein so prinzipieller, daß er zu einer Ablehnung der Fixierungsmethode von vornherein führen müßte. Vielmehr berechtigt wäre dieser Einwurf gegen den physiologischen Chemiker, der ja auch stets den lebenden Organismus abtötet, ja mit viel gröberen Methoden die Struktur der lebenden Masse völlig zerstört und die Substanztrümmer, die mit den in der lebenden Zelle tatsächlich vorhandenen chemischen Verbindungen oft nur eine entfernte Ähnlichkeit haben, zur Untersuchung verwendet. Trotzdem verzichtet der physiologische Chemiker nicht auf diese Art der Analyse, die sich auch tatsächlich in vieler Hinsicht als äußerst fruchtbringend erweist. Gegenüber den von den physiologischen Chemikern geübten Methoden muß aber die histologische Fixierung immerhin als schonend bezeichnet werden, denn es ist sicher, daß namentlich gröbere Formverhältnisse durch die Fixierung ziemlich naturgetreu erhalten werden. Fraglich ist dies allerdings bei den feineren Strukturen, die das Untersuchungsobjekt des Cytologen bilden. Denn einmal können durch den Gerinnungsprozeß neue Strukturen erzeugt werden, die vorher in der lebenden Zelle nicht vorhanden waren, ferner können dort bestehende Strukturen gelöst oder durch Schrumpfung oder Quellung verändert werden. Es werden also durch die Fixierung in dem morphologischen Aufbau der lebenden Masse Kunstprodukte erzeugt, und es fragt sich, ob wir genügend sichere Kriterien besitzen, um diese von den natürlichen Strukturen zu unterscheiden. Gegenüber diesen Gefahren der künstlich veränderten Strukturen sind die Nachteile viel leichter vermeidbar, die durch den Anblick des fixierten Momentbildes hervorgerufen werden, und die bei mangelnder Kritik zur falschen Vorstellung einer dauerhaften Struktur führen, wo eine solche im lebenden Zustand gar nicht vorhanden ist. Aber gerade dieser Irrtum hat in der Cytologie eine zeitweise schwerwiegende und verhängnisvolle Rolle gespielt, wie schon früher geschildert wurde. Zu seiner Vermeidung ist überall dort, wo Lebensvorgänge mit Hilfe fixierter Präparate studiert werden sollen, die Untersuchung von Serienmaterial unentbehrlich. Dasselbe liefert der vielzellige Organismus in manchen Fällen dem Untersucher selber, wo z. B. im Hoden und Eierstock mancher Tiere die einzelnen Folgezustände des gesetzmäßig ablaufenden Wachstums- und Differenzierungsprozesses der Keimzellen zueinander bestimmt lokalisiert sind [z. B. Spermiogenese der *Maus*, REGAUD (1901), GUTHERZ (1906, 1920, 1922)]. Andernfalls muß das Untersuchungsmaterial planmäßig in verschiedenen aufeinanderfolgenden, möglichst genau definierten Zeitpunkten der Funktion fixiert werden.

Aus diesen mehr allgemein gehaltenen Bemerkungen ist schon ersichtlich, daß die histologischen Fixierungsmethoden nicht ohne Bedenken und nur mit äußerster Kritik angewandt werden dürfen. „Trotzdem aber die Erkenntnis, daß die histologischen Fixierungsmethoden das Gewebe nicht intakt lassen, so alt wie ihre Anwendung ist, sind", wie BERG (1900) mit Recht bemerkt, „fortgesetzt Strukturen als im natürlichen Zustand präformiert beschrieben worden, die ihre Entstehung all den Injurien verdanken, welche die Objekte ausschalten müssen, bis sie den mikroskopischen Beobachtungen zugänglich gemacht werden können". Es ist also eine dringende Aufgabe, die Art und die Größe der Fehlerquellen dieser Untersuchungsmethoden möglichst genau kennen zu lernen, denn nur so wird uns das fixierte Präparat bei sachgemäßer Kritik richtige Aufschlüsse über den morphologischen Aufbau der lebenden Masse vermitteln.

Schon bei der Frage, wieweit die Fixierung wirklich ein Momentbild des lebenden Zustandes dauerfähig machen kann, stoßen wir auf einen Punkt, der sonderbarerweise bisher nicht gebührend berücksichtigt worden ist. Wohl hauptsächlich deshalb, weil man dem lebenden Zustand des zu fixierenden Objektes nicht entsprechend Rechnung trug.

Denn mögen wir auch noch zu rasch wirkende Fixierungsmittel auf das lebende Objekt einwirken lassen, stets werden vitale Abwehrreaktionen gegen die Fixierungsmittel eintreten, ehe die Abtötung erfolgt. Wir fixieren also niemals ein beliebiges, evtl. vorher von uns zu einem bestimmten Zweck ausgesuchtes Stadium des normalen Lebensprozesses, sondern stets dasjenige, in dem sich die lebende Masse in Abwehr gegen das Fixierungsmittel befindet. Das gilt sowohl für ganze Organismen, man denke z. B. an die fast unüberwindlichen Schwierigkeiten, gewisse *Meerestiere* in natürlicher Form zu konservieren, wie für einzelne lebensfrisch zu fixierende Organe, wie z. B. den Magen und Darm, dessen Form durch die krampfartige Kontraktion der glatten Muskulatur aufs stärkste verändert wird; das gilt gleichermaßen für einzelne, isolierte Zellen, wie z. B. die weißen Blutkörperchen, die stets in ihrer Abwehrstellung, der Kugelform fixiert werden, und die roten Blutkörperchen, die je nach der Art der Fixierung, z. B. beim Menschen als bikonkave oder konvexkonkave Scheiben erscheinen oder mehr Glockenform annehmen. Trotzdem hat man sich in Histologenkreisen lange Zeit darüber gestritten, ob nun die Scheiben- oder die Glockenform die „normale" Gestalt der menschlichen Erythrocyten sei. Diese ganze Diskussion kann meiner Meinung nach nur als völlig verfehlt betrachtet werden. Erblicken wir in der fixierten Zellform nur das Reaktionsbild gegen die jeweils geübte Fixierung, so erscheint der Streit über die „natürliche" Form der roten Blutkörperchen im fixierten Präparat ganz irrelevant, und ist auf jeden Fall nur durch die Beobachtung der lebenden im natürlichen Milieu, d. h. im strömenden Blut befindlichen Erythrocyten lösbar (z. B. durch die Mikroskopie im auffallenden Licht, vgl. S. 41).

Was aber an den isolierten Zellen sich so leicht nachweisen läßt, das muß auch für die Strukturen innerhalb der Zelle gültig sein; auch sie müssen vitale Reaktionen gegen das eindringende Fixierungsmittel zeigen, ehe sie erstarren, nur sind diese Reaktionen viel schwerer zu beobachten.

So hat man besonders ungünstige Erfahrungen bei der Fixation lebensfrischer quergestreifter Muskelfasern gemacht, weil bei der Einwirkung des Fixierungsmittels die kontraktionsfähigen Fasern sich kontrahieren und die Fibrillen zerreißen, und Heidenhain hat deshalb vorgeschlagen, die Muskelfasern nicht ganz lebensfrisch, sondern erst später in einem minder reaktionsfähigen Stadium zu konservieren. Frank (1927) hat den eingespannten Froschsartorius gefroren und den gefrorenen Muskel fixiert. Das histologische Bild des fixierten Gefrierzustandes soll in allen Einzelheiten der lebenden Muskelfaser entsprechen.

Um die Abwehrreaktionen der lebenden Masse auf ein Minimum herabzusetzen, hat man bei der makroskopischen Konservierung ganzer Tiere dieselben vorher narkotisiert; v. Wasielewski (1899) hat dies Verfahren auch für die Fixierung zu histologischen Zwecken vorgeschlagen, um die energische

Kontraktion der lebenden Zellen auf die Einwirkung des Fixationsmittels zu verhindern, und bei pflanzlichen Objekten auch über einige günstige Erfolge berichtet. Allgemeinere Anwendung haben die Narkotica in der histologischen Fixierungstechnik nicht gefunden, wohl von dem Gesichtspunkt aus, daß man ja günstigen Falles das „Abwehrreaktionsbild" mit dem „Narkose"bild vertauscht. Aber es muß doch mehr als bisher erwogen werden, ob nicht das letztere unter Umständen mehr dem natürlichen unbeeinflußten Strukturbild ähnelt.

Von diesem Gesichtspunkte aus findet denn auch die den Histologen schon lange bekannte Erscheinung, daß die Randpartien lebensfrisch konservierter Organe häufig schlecht fixiert sind, ihre befriedigende Deutung. Denn die oberflächlich gelegenen Zellen, zu denen das Fixierungsmittel rasch gelangt, zeigen eben noch die vitalen Abwehrreaktionen, die zu starken Form- und Strukturveränderungen führen, während die mehr in der Tiefe gelegenen Zellen schon in ihrer Vitalität geschädigt sind, ehe sie fixiert werden und deshalb ihre Form und Strukturen — die allerdings auch nicht mehr ganz denen entsprechen, die als ganz normal bezeichnet werden dürfen — besser bewahren. Der große Wert, den man eine Zeitlang auf ein rasches momentanes Abtöten der Zellen legte, erscheint also gerade vom Standpunkt der möglichst lebensgetreuen Strukturfixierung etwas problematisch.

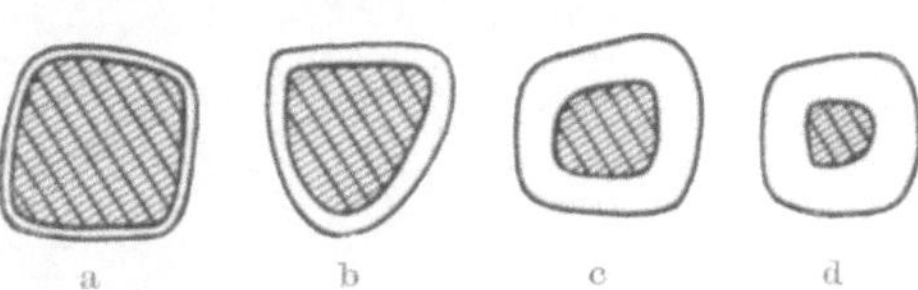

Abb. 17 a—d. Die Tiefenwirkung vier einfacher Fixierer nach 4 Stunden, an Leberstücken. a 1 %ₒ Osmiumsäure, $^1/_2$ — 1 mm; b konzentriertes Sublimat, $1^1/_2$ bis 2 mm; c 2 %ₒ Salpetersäure, 3 — 4 mm; d konzentriertes Formalin, 4 — 5 mm. [VON TELLYESNICZKY (1926).]

Trotz dieser Einschränkung muß der Histologe aber bei der Auswahl seiner Fixierungsflüssigkeiten nachdrücklich Wert darauf legen, daß dieselben rasch eindringen; denn selbst bei den rasch permeierenden und deshalb als gut bezeichneten Fixierungsmitteln vergehen oft Stunden, bei den langsam permeierenden Flüssigkeiten sogar Tage, bis selbst kleine Organstücke völlig „durchfixiert" sind. Die in der Mitte des Stückes gelegenen Zellen werden also ganz allmählich und auf jeden Fall aus ganz anderen Gründen und deshalb auch unter ganz anderen Erscheinungen absterben, als die in der Peripherie gelegenen Elemente. Eine ausführliche Tabelle über die Diffusionsgeschwindigkeit der Fixierer bei 20⁰ für verschieden dichte Organe findet sich in der Encyklopädie der mikroskopischen Technik (3. Auflage. 1926, 764—765). Die Abb. 17a—d zeigen die Tiefenwirkung von vier einfachen Fixierungsflüssigkeiten nach 4 Stunden, festgestellt an Leberstücken. Dazu kommt noch, daß die in den häufig benutzten Fixierungsgemischen enthaltenen einzelnen Bestandteile verschieden rasch permeieren, und daß z. B. das Wasser, wie A. FISCHER (1899) meint, rascher in die absterbende Zelle eindringen könnte, als die eigentlichen Fixierungsmittel, und dort Strukturen lösen könnte, die erst sekundär wieder in veränderter Form durch die später kommenden eiweißfällenden Reagenzien niedergeschlagen würden. „So klein man auch das zu fixierende Objekt zurechtschneidet, immer wird das Wasser schneller in sein Inneres vordringen als der fixierende Stoff selbst, der zunächst an der Peripherie festgehalten wird. Es muß also jeder Fixierung der inneren Schichten eine Wasserwirkung vorausgehen, die sich bis zur völligen Lösung etwa vorhandener geformter Strukturen steigern kann oder auf verschiedenen Lösungsstadien (Vakuolisierung) durch das nachfolgende Fixans unterbrochen und fixiert wird. Hierauf ist sicher ein gut Teil der wabigen Bilder, die im fixierten Objekt beschrieben worden sind, zurückzuführen. Ihr Wert für die Erforschung der lebenden Strukturen ist nicht höher als der der schönen Wabenbilder, die wir in Holundermark erblicken, das durch Alkohol gefällte homogene Massen aus Albumose enthielt" (Abb. 18). Die verschiedene Tiefenwirkung der einzelnen, verschieden rasch permeierenden Bestandteile bei Anwendung zusammengesetzter Fixierer illustrieren die Abb. 19a—d.   Der

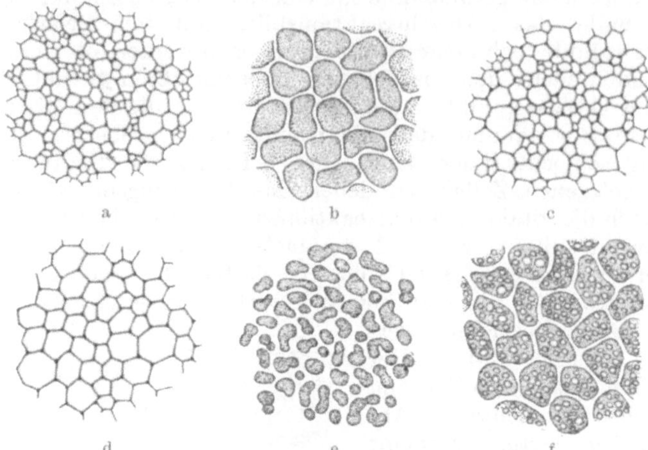

Abb. 18a—f. Künstliche Schaumstruktur (Lösungsbilder) aus alkohol- und wasserlöslich gebliebener Fällung von 10 % Deuteroalbumose, die in Holundermark injiziert war. a u. b Flemmingsche Lösung hatte auf ganze mit der Albuminose injizierte Prismen des Markes, die vorher in Alkohol gelegen hatten und aus diesem unmittelbar in die Fixierungsflüssigkeit gebracht worden waren, 20 Stunden eingewirkt.   Statt der glasigen, ganz homogenen Masse der durch Alkohol gefällten Albumose erfüllte weites und gleichmäßiges (a) bzw. ein ungleiches maschiges Wabenwerk die Zellen. c—f Ebensolche Wabenbildung mit 0,1 % Sublimat in 25 % Alkohol.   Die Albumose war granulär mit 96 % Alkohol gefällt (c), schon nach 1—2 Minuten nach Zusatz der alkoholischen Sublimatlösung quellen die Albumosekörner (d), werden schnell feinvakuolig (e), um endlich zu dem Maschenwerk (f) sich zusammenzuschließen, das dann unverändert bleibt. Die Körner in Abb. c—e sind homogen zu denken, in c sehr glänzend, im gequollenen Zustand matter.   Vergr. 600fach.
[Nach Alfred Fischer (1899).]

schattierte Teil ist die von dem Fixierungsmittel noch unberührte Mitte des Organstückes. Die unmittelbar darauffolgende Zone ist die Zone der immer vorauseilenden Essigsäure. Von derselben nach auswärts kommen die übrigen Bestandteile der Fixierungsflüssigkeit zur Geltung.

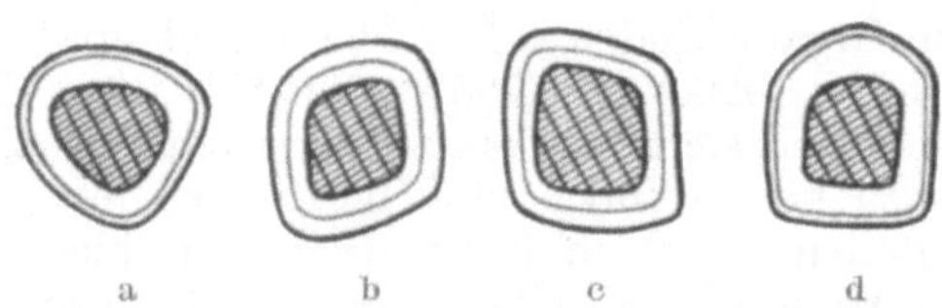

Abb. 19a—d. Die Tiefenwirkung vier zusammengesetzter Fixierer nach 4 Stunden an Leberstücken. a 1 % Osmiumsäure + 5 % Essigsäure; b konzentriertes Sublimat + 1 % Essigsäure; c Kaliumbichromat-Essigsäure; d Chromosomiumessigsäure (Flemming).   Der schattierte innere Teil ist der völlig unfixierte Teil des Organes. Die unmittelbar darauffolgende Zone ist die Zone der immer vorauseilenden Essigsäure.
[Von Tellyesniczky (1926).]

Neben der raschen Diffusionsfähigkeit ist die zweite mindestens ebenso wichtige Bedingung, die der Histologe an ein gutes Fixierungsmittel stellen muß, daß es die in lebendem Zustand bestehenden Strukturen möglichst unverändert in eine unlösliche Form überführt, so daß sie später z. B. mit wässerigen oder alkoholischen Farblösungen weiterbehandelt werden können. Dieser Idealforderung genügt keine Fixierungsmethode; denn die lebende Masse besteht aus einer großen Anzahl auch chemisch verschiedener Substanzen, die sich außerdem noch in den verschiedensten physikalisch-chemischen Verteilungszuständen in den Zellen befinden, so daß es von vornherein ganz sicher ist, daß sie gegen die Fixierungsmittel ganz verschieden reagieren werden. Schon die Tabelle nach Mann-v. Tellyesniczky (1926) zeigt, daß die makroskopisch sichtbaren Veränderungen der Eiweißkörper durch die Fixierer recht verschieden ausfallen; noch mehr gilt das für die Lipoide und Fette, und für Kohlehydratverbindungen, wie z. B. Glykogenkörner, von denen z. B. die Fette durch Alkohol gelöst werden, das Glykogen gerade im Alkohol unlöslich ist, aber durch alle wässerigen Fixierungsmittel nur unvollkommen erhalten wird. Bekannt ist ferner, daß die Essigsäure, die sonst bei der Fixierung eine günstige Wirkung ausübt, die Plastosomen fast immer völlig auflöst.

Tabelle der makroskopisch sichtbaren Veränderungen der Eiweißkörper durch Zusammenmengen der Fixierer in Eprouvetten nach MANN- v. TELLYESNICZKY (1926).

Fixierer	Amphopepton		Deuteroalbumose		Prot.-albumin		Serumalbumin		Globulin		Hämoglobin		Nucleoalbumin		Nuclein		Nucleinsäure		Protamin		Gelatin	
	S	A	S	A	S	A	S	A	S	A	S	A	S	A	S	A	S	A	S	A	S	A
3 % Salpetersäure	⊙	⊙	⊙	⊙	♂	♂	♂	♂	♂	♂	+	+	×	×	+	+	+	+	⊙	⊙	⊙	⊙
1 % Chromsäure	⊙	⊙	+	+	+	+	+	+	+	+	+	+	+	+	+	+	+	+	+	+	+	+
10 % Essigsäure	⊙	⊙	⊙	⊙	♂	♂	♂	♂	♂	♂	♂	♂	+	+	+	+	+	+	⊙	⊙	⊙	⊙
Konz. Pikrinsäure	×	×	×	×	×	×	×?	×?	×?	×?	×?	×?	×?	×?	×	×	×	×	−	−	×	×
2 % Tannin	×?	×?	×?	×?	×?	×?	+	+	+	+	+	+	+	+	+	+	?	?	+	+	+	+
1 % Osmiumsäure	+	+	+	⊙	+	⊙	+	⊙	+	⊙	+	+	⊙	⊙	⊙	⊙	⊙	⊙	−	−	⊙	⊙
2,5 % Kaliumbichromat	⊙	⊙	+	⊙	+	⊙	+	⊙	+	⊙	+	+	+	⊙	⊙	⊙	⊙	⊙	+	+	?	?
2,5 % Sublimat	+	+	+	+	+	+	+	+	+	+	+	+	+	+	+	+	+	+	+	+	+	+
1 % Platinchlorid	+	+	+	+	+	+	+	+	+	+	+	+	+	+	+	+	+	+	+	+	+	+
100 % Alkohol	×	×	×	×	×	×	+	+	+	+	+	+	+	+	+	+	×	×	×	×	+	+
10 % Formaldehyd	⊙	⊙	+	⊙	+	⊙	+	⊙	+	+	+	+	?	?	?	?	⊙	⊙	⊙	⊙	⊙	⊙
100 % Aceton	×	×	×	×	+	+	+	+	+	+	+	+	+	+	+	+	×	×	×	×	+	+

Zeichenerklärung: S = sauer. A = alkalisch. + = in Wasser unlösl. Füllung. ⊙ = keine Fällung. × = in Wasser lösl. Füllung. ×? = in Wasser sehr leicht lösliche Füllung. ♂ = Fällung im Überschusse des Fixierers löslich.

Noch schwerwiegender ist aber der namentlich von A. FISCHER (1899) und HARDY (1899) gemachte Einwand, daß durch die Fixierungsmittel aus in der Zelle vorhandenen Lösungen Stoffe in fester Form niedergeschlagen oder ausgefällt werden, dadurch also künstliche Strukturen geschaffen werden, die im lebenden Zustand nicht existieren.

Zum Beweis der Berechtigung dieses Einwandes untersuchte A. FISCHER (1899) den Einfluß der gebräuchlichen Fixationsflüssigkeiten auf Lösungen von Eiweißkörpern. Tatsächlich trat eine Ausfällung der Proteide in mikroskopisch sehr wechselnder Form auf. HARDY fixierte Tropfen von Gelatine und Hühnereiweiß, die in Seidenfadenösen gehalten waren, behandelte sie weiterhin ebenso wie ein histologisches Präparat, bettete sie in Paraffin ein und untersuchte sie auf Schnitte. Einige Abbildungen mögen die Resultate von A. FISCHER und HARDY illustrieren (Abb. 20—26).

Wir sehen, wie die in der Albumoselösung neu entstandenen Granulaniederschläge von ganz verschiedener Größenordnung sind, je nach dem benutzten Fixierungsmittel und dem ph des Eiweißes (Abb. 20 u. 21).

Aber auch die Konzentration der Eiweißlösung spielt für die Größe der neu sich bildenden Granula eine wichtige Rolle (Abb. 22).

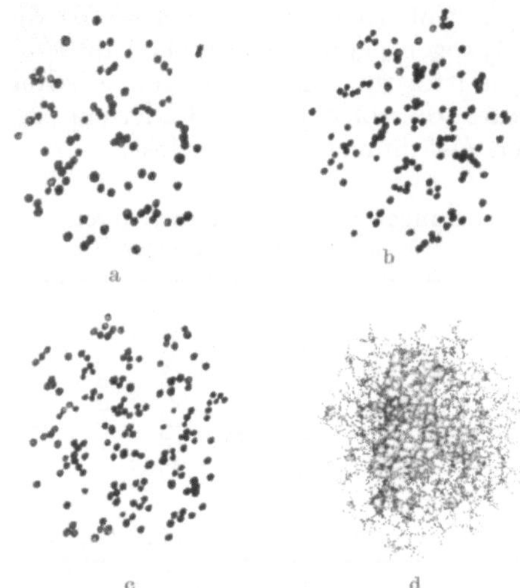

Abb. 20. Fällung einer deutlich alkalischen Albumoselösung, 5 %, in 0,2 % KOH mit a Platinchlorid, b FLEMMINGscher Lösung, c 0,5 % Chromsäure, d ALTMANNschem Gemisch. Vergr. 600fach. [Nach A. FISCHER (1899).]

Andere Eiweißkörper geben wieder anders geformte Niederschläge (Abb. 23 u. 24): Die Hefenucleinsäure noch typische Granula, das Hämoglobin schon Niederschläge, die sich mehr den Gerinnseln nähern. Typische Gerinnselbilder erhielt A. FISCHER bei Fixierung von Albuminen, Globulinen, Nucleoalbuminen und Nuclein. Abb. 25 illustriert die Form dieser Gerinnsel.

Sehr lehrreich sind auch Fixierungsbilder von HARDY (1899) an Hühnereiweiß (Abb. 26). Dieses konzentrierte Sol erstarrt unter der Sublimatwirkung und gewinnt dabei eine vor der Fixierung nicht vorhandene im Bereich der mikroskopischen Größenordnung sichtbare Struktur in Form eines feinen Netzwerkes, die ganz derjenigen gleicht, die der Histologe durch die gleiche Behandlung z. B. in der Pankreaszelle des Frosches zu sehen bekommt. Ist diese nun dort in lebendem Zustand bereits präformiert oder auch nur künstlich aus einem Sol durch Ausfällung entstanden?

Man hat gegen diese Ergebnisse von A. FISCHER und HARDY zunächst eingewandt, daß die Eiweißkörper sich in der lebenden, zu fixierenden Zelle ganz

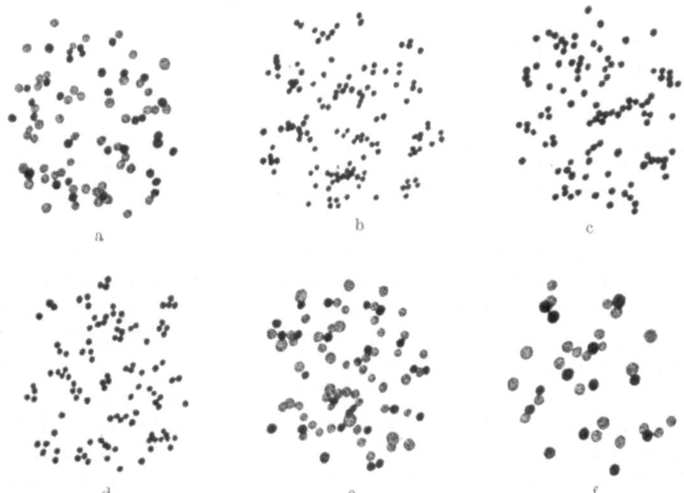

Abb. 21. Granula aus schwach saurer, 10 % Albumoselösung gefällt, mit a 1 % Platinchlorid b 0,5 Chromsäure, c Flemming, d 2,5 Kaliumbichromat, e Müllerscher Flüssigkeit. Zum Vergleich in f eine 3 % schwach saure Albumose mit 1 % Osmiumsäure, die viel größere Granula fällt. Vergr. 600fach. [Nach A. FISCHER (1899).]

anders verhalten können als im Reagensglasversuch, erstens weil sie ja dort stets in Mischung und Verbindung mit anderen Stoffen vorkommen und zweitens ihre Zustandsform meist nicht die eines Sols, sondern oft die einer Gallerte ist.

„Denn das Protoplasma ist nicht eine einfache Lösung von Eiweißkörpern in Wasser, ein Hydrosol. Es gleicht vielmehr einem sehr stark gequollenen Körper, einer Gallerte, wenigstens befinden sich in allen Protoplasmen große Teile dauernd oder zeitweise in einem derartigen physikalischen Zustand" [Petersen (1922)].

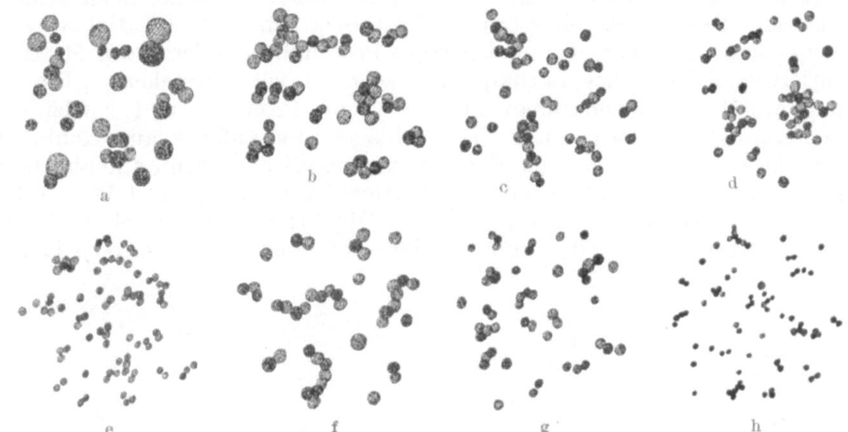

Abb. 22. a—e Verschiedene Größe der Granula, die von dem unverdünnten Altmannschen Gemisch (Osmiumsäure-Kaliumbichromat) aus verschieden starken Lösungen von Deuteroalbumose (schwach sauer reagierend) gefällt werden: a 10%, b 3%, c 1%, d 0,5%, e 0,1% Albumose; f—h dieselbe 10% Albumose wie in a, aber mit verdünntem Altmannschem Gemisch gefällt. f $^1/_{10}$, g $^1/_{50}$, h $^1/_{100}$. Vergr. 600fach. [Nach A. Fischer (1899).]

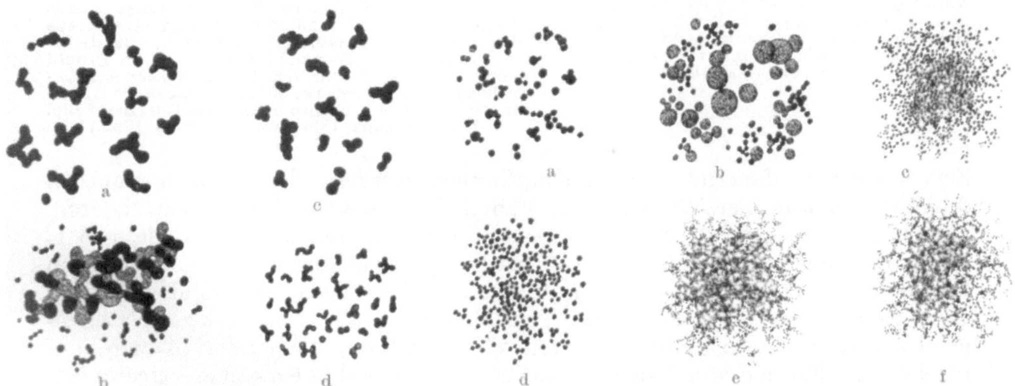

Abb. 23. Hefenucleinsäure, gefällt, a und b mit Chromsäure, c Flemming, d 1% Platinchlorid. Der Unterschied von a und b beruht darauf, daß b aus einer viel dünneren (cc 1%) Nucleinsäurelösung stammt. Die Abb. a, c, d gehören einer 3% Nucleinsäure, schwach ammoniakalisch, an. Vergr. 1500fach. [Nach A. Fischer (1899).]

Abb. 24. Verschiedene Fällungsformen einer etwa 2% Hämoglobinlösung, mit a 96% Alkohol, b 25% Kaliumbichromat, c Müller, d 50% Salpetersäure, e Flemming, f 1% Platinchlorid. Vergr. 1500fach.

Von diesen in der Zelle in gallertigem oder gar festem Zustand befindlichen Bestandteilen gibt auch A. Fischer zu, daß sie in ihrer Form viel leichter zu fixieren seien: „Niederschläge von Eiweißkörpern, wie z. B. die Neutralisationsfüllungen des Globulins, Albumins oder Caseins verändern durch die Einwirkung von Fixierungsmitteln ihr ursprüngliches Strukturbild nicht mehr, freilich nur, wenn die sie umgebende Flüssigkeit fällbare Stoffe nicht mehr gelöst enthält. Wenn wirklich die in der lebenden Zelle sichtbaren Strukturen bereits die Beständigkeit jener Niederschläge hätten, und die Zellflüssigkeit (Zellsaft, Kernsaft) frei von fällbaren Stoffen wäre, dann müßten die Fixierungsmittel ganz naturgetreu konservieren; die Deutlichkeit des Gefüges könnte sich wohl steigern, aber es dürften keine neuen Strukturen dazu kommen".

Aber auch dieses Urteil von A. Fischer (1899) erscheint noch reichlich optimistisch. Berg (1903) benutzte als Testobjekt für seine Fixationsversuche einen chemischen Körper, das nucleinsaure Protomin, aus dem nach Miescher die entfetteten Köpfe der Lachsspermatozoen zu 96% bestehen. „Die Verbindung erhält man, wenn man Lösungen von Protamin und Nucleinsäure zusammenbringt, in Form eines Niederschlages, der anfangs aus Hohlkugeln besteht, die bald zu Schaumkomplexen zusammenfließen, dann allmählich ihre Vakuolen verlieren und zu homogenen gallertigen Tropfen werden" [Berg (1903)].

Bringt man „zu diesen frisch auf den Objektträger hergestellten Niederschlägen Fixationsflüssigkeit, so können die Gebilde nach kürzerer oder längerer

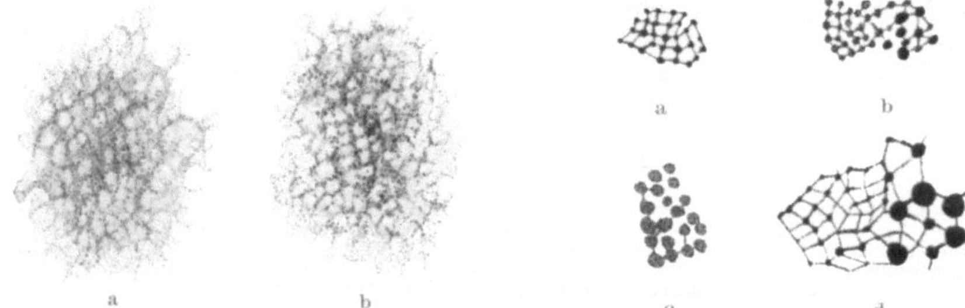

Abb. 25 a, b. Gerinnsel aus Serumalbumin, 2%. a saure Lösung, gefällt mit Altmanns Gemisch, b neutrale Lösung, gefällt mit 1% Platinchlorid. Vergr. 600fach. [Nach A. Fischer (1899).]

Abb. 26 a—c. Hühnereiweiß mit Sublimat gefällt (fixiert) und mit Eisenhämatoxylin gefärbt. a Dünne Lösung. (13% Eiweiß); b 30% Eiweiß. (Die dickeren Körner sind Karminkörnchen, die im Eiweiß verrieben wurden und sich in den Netzknoten abgelagert haben.) c starke 60% Eiweißlösung; d Pankreas vom Frosch, ebenso behandelt, Teil einer Zelle. (Nach Hardy 1899, aus Petersen 1922.)

Zeit starr und dauernd wasserunempfindlich werden; dies wird namentlich durch Osmiumsäure erzielt, was deren Fähigkeit, kleine Objekte ideal zu fixieren, vollkommen entspricht. Bei den meisten Flüssigkeiten aber sind diese Wirkungsäußerungen begleitet oder gar überdeckt von anderen mehr augenfälligen Erscheinungen: die vorhandenen Vakuolen vergrößern sich und vergehen ganz oder teilweise; neue sekundäre Vakuolen treten auf, die sich wie die stehengebliebenen primären vergrößern, teilweise vergehen, ineinander platzen, unregelmäßige Formen annehmen. Dann können die Vakuolenwände schrumpfen, erstarren, und aus dem Schaum wird ein Schwamm- oder Netzwerk. Diese Veränderungen bedeuten eine Umordnung der Struktur, und sind dem gleichzusetzen, was man bei der Behandlung der Gewebe Kunstprodukt nennt. Es kann also das Volumenverhältnis von Hohlräumen und umschließender Substanz in komplizierter Weise sich stark ändern, es kann aber auch durch sekundäre Vorgänge mehr oder weniger wieder hergestellt werden."

„Übertragen wir die so am Modell gewonnene Anschauung auf die Wirkung der Fixation auf das Gewebe, so ist zu erwarten, daß neben der idealen Konservierung ohne nachweisbare Änderung der Struktur auch Zerstörung und Umänderung derselben eintritt. Die Wabenvakuolen des Protoplasmas werden sich vergrößern oder schwinden, es werden sich sekundär neue Hohlräume bilden, die Wabenwände platzen und schrumpfen zu gröberen Strängen, zu einem Schwammwerk zusammen, kurz, es wird auch hier eine Verschiebung des Volumenverhältnisses von Hohlräumen und umgebender Substanz eintreten und die Bilder entstehen, wie das Protoplasma sie im fertigen Schnitt so oft zeigt" [BERG (1907)].

Nach BERG erwächst also dem Histologen die Aufgabe, zu untersuchen, wie groß bei den verschiedenen Fixierungsmethoden und der ihnen folgenden Nachbehandlung bis zur Paraffineinbettung „die inneren Verschiebungen sind", wieviel von der (festeren) Wandsubstanz aufgelöst wird und schwindet, wieviel an Stoffen aus der Fixationslösung in das behandelte Material aufgenommen wird zu chemischer Bindung oder Imprägnation.

Einen gewissen Einblick in diese Verhältnisse geben Messungen

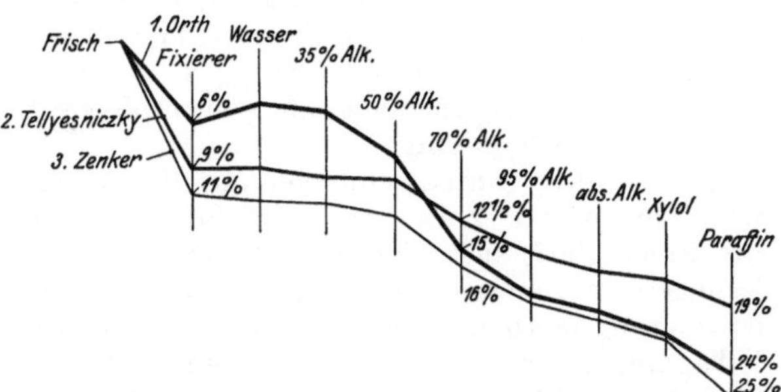

Abb. 27. 1. Orth. 1 Teil Formalin + 10 Teile MÜLLERsche Flüssigkeit. Längeveränderungen von 21 Stück, durchschnittlich 19,7 mm langer Schweineembryonen bis zur Paraffineinbettung. 2. TELLYESNICZKY. 100 Teile Wasser, 3 Teile Kali. bichr., 5 Teile Essigsäure. Längeveränderungen von 24 Stück durchschnittlich 18,3 mm langer Schweineembryonen. 3. ZENKER. 100 Teile MÜLLERsche Flüssigkeit, 5% Sublimat, 5% Essigsäure. Längeveränderungen von 28 Stück durchschnittlich 16,1 mm langer Schweineembryonen. [Zusammengestellt aus der Arbeit von PATTEN und PHILPOTT (1921), von v. TELLYESNICZKY (1926).]

der Volumenveränderungen unter dem Einfluß der Fixation und der folgenden Nachbehandlung, wie sie zuerst KAISERLING (1893), GERMER (1893) und HAMBURGER an isolierten Eizellen und Blutzellen vorgenommen haben. Die starken Schrumpfungen, die das fixierte Objekt namentlich durch die Paraffineinbettung erfährt, haben zuerst HOFFMANN und KOPSCH (1901) an Hühnerkeimscheiben durch Messungen festgestellt. In einer ausführlichen Untersuchung haben PATTEN und PHILPOTT (1921) den Einfluß verschiedener Fixierungsflüssigkeiten, sowie der Nachbehandlung bis zur Paraffineinbettung an Schweineembryonen verfolgt, indem sie die Kopf-Schwanzlänge vor dem Fixieren, sowie auf den verschiedenen Stadien des Konservierungsprozesses maßen. Ihre Hauptergebnisse hat TELLYESNICZKY in zwei Kurventafeln wiedergegeben, in der Abb. 27 sind die Wirkungen jener drei Fixiermittel zusammengefaßt, die im Verhältnis zu

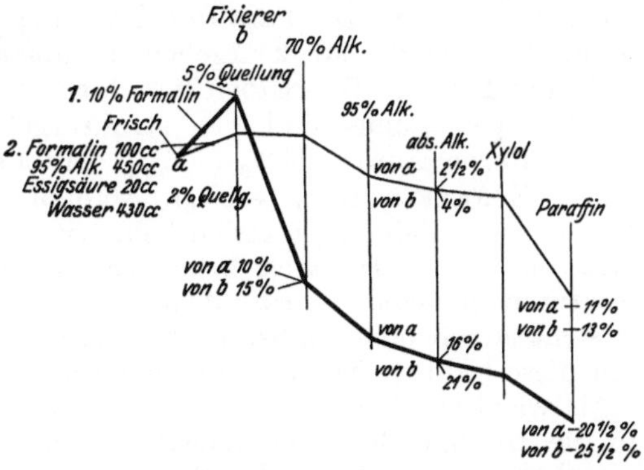

Abb. 28. 1. Längeveränderungen von 22 Stück durchschnittlich 17,7 mm langer Schweineembryonen bis zur Paraffineinbettung. 2. Längeveränderungen von 26 Stück durchschnittlich 19,8 mm langer Schweineembryonen. [Zusammengestellt aus der Arbeit von PATTEN und PHILPOTT (1921) von v. TELLYESNICZKY (1926).]

der Dimension des frischen Embryos eine Schrumpfung bewirken. In der Abb. 28 sind die Ergebnisse jener zwei Fixierer und der Nachbehandlung dargestellt, welche eine quellende Wirkung entfalten. Ich selbst habe kürzlich in einer noch nicht veröffentlichten Arbeit den Einfluß der Fixierung und Nachbehandlung auf die Kernvolumina am Salamanderknorpel untersucht. Zuerst wurden an ein und demselben Knorpelstück die Kerne im lebenden Zustand, dann nach der Fixierung und auf den verschiedenen Stadien der Nachbehandlung einschließlich Paraffineinbettung gezeichnet und ihre Volumina berechnet. Es ergab sich dann, wenn das Volumen im lebenden Zustand = 100 gesetzt wird, für das Alkoholfixierexperiment nach der Fixierung: $V_1 = 90^0/_0$, am Ende der Nachbehandlung nach Einschluß in Kanadabalsam: $V_2 = 70^0/_0$. Bei Sublimatfixierung waren die entsprechenden Volumina: $V_1 = 70^0/_0$, $V_2 = 50^0/_0$; nach Fixierung in $10^0/_0$ Formol: $V_1 = 65^0/_0$, $V_2 = 40^0/_0$. Auch aus diesen Beobachtungen ergibt sich wieder der große schrumpfende Einfluß der auf die Fixierung folgenden Nachbehandlung.

Während diese Untersuchungen nur die Volumenveränderungen von Zellkernen, von ganzen Zellen oder die Schrumpfung ganzer Organe feststellen, suchte Berg (1907) sich Klarheit darüber zu verschaffen über die feineren Veränderungen im Inneren, welche die lebende Substanz durch die histologischen Konservierungsmethoden erfährt. Durch sehr mühevolle genaue Messungen und Wägungen bestimmt er an Leber- und Milzstückchen 1. das Feuchtgewicht, d. h. das Gewicht des Stückes, durchtränkt von der dem jeweiligen Behandlungsstadium entsprechenden Flüssigkeit, 2. das Tauchgewicht, d. h. das Gewicht, untergetaucht unter die entsprechende Flüssigkeit, 3. das Trockengewicht. Aus diesen Daten ließen sich dann Veränderungen des Volumens des gesamten Stückes und seiner nichtflüssigen Teile (strukturgebende Substanz von Berg genannt) berechnen, ferner Änderungen der Porosität und des spezifischen Gewichtes der strukturgebenden Substanz feststellen.

Einige Daten von Berg seien aufgeführt: Veränderungen der Porosität und des Volumens der strukturgebenden Substanz verlaufen oft in entgegengesetztem Sinne. Infolge Fixation nimmt bei Leber durch Formol, Alkohol, Müller, Pikrinsäure, Sublimat, bei Milz durch Kaliumbichromat, Müller die Porosität zu, das Volumen der strukturgebenden Substanz ab. Durch Auswaschen und Härtung wird die Porosität meist größer, das Volumen der Substanz meist kleiner. Die Paraffinbehandlung vermindert die Porosität oft stark, verändert wenig die strukturgebende Substanz.

Bei der Leber z. B. ergaben sich durch die Fixation folgende Veränderungen des Gesamtvolumens und der strukturgebenden Substanz (in Klammern):

$$\text{Chromsäure } -29^0/_0 \ (-5^0/_0), \text{ Müller } +14^0/_0 \ (-16^0/_0),$$
$$\text{Zenker } -19^0/_0 \ (-5^0/_0); \text{ Alkohol Formol: } -2^0/_0 \ (-20^0/_0).$$

Aus diesen Zahlen ist ersichtlich, wie Veränderungen des Gesamtvolumens nichts darüber auszusagen brauchen, ob ein Fixationsmittel auf die festen Strukturen quellend, schrumpfend oder indifferent wirkt. Die Veränderungen der strukturgebenden Substanzen interessieren aber den Cytologen besonders, denn diese sieht er ja im mikroskopischen Bild.

Als wichtiges Ergebnis der Arbeit von Berg ist außerdem hervorzuheben, daß die Isotonie der Fixierungsflüssigkeiten für das Fixierungsergebnis nicht wesentlich ist, eine Tatsache, die neuerdings noch Hirsch und Jacobs (1926) bestätigt haben; ferner, daß durch die sog. Nachbehandlung, das Auswaschen, Härten und Paraffinieren die Objekte „Insulten ausgesetzt werden, welche denen bei der Fixation gleichkommen", ein Resultat, das mit denjenigen von Patten, Philpott und den meinigen vollkommen übereinstimmt.

Wir haben so die Fehlerquellen aufgezählt, die der Fixierungsmethode in der Histologie anhaften, und es könnte fast so scheinen, als ob diese Untersuchungsmethode überhaupt ganz ungeeignet sei und kein Vertrauen beanspruchen könne. Trotzdem sind die Mehrzahl aller mikroskopisch-anatomischen Untersuchungen mit Hilfe der Fixationsmethode ausgeführt worden und auch jetzt gilt die Fixierung als ein unentbehrliches Untersuchungsmittel in der mikroskopischen Anatomie, und zwar mit vollem Recht. Denn, wie Petersen

(1922) in seinem Lehrbuch hervorhebt, gilt die Anfertigung des fixierten mikroskopischen Präparates ja nicht nur der feinsten Struktur der lebenden Substanz. Das Präparat soll uns vielmehr (in den meisten Fällen) Aufschluß geben über viel gröbere Strukturverhältnisse, über die Lagebeziehungen der einzelnen Zellen zueinander, über den Aufbau der Gewebe und der Organe. Für diese Ziele der mikroskopischen Anatomie ist aber die Fixierung und die Zerlegung der fixierten einzelnen Organe, bzw. ganzer Organismen in feine Schnitte unentbehrlich, in vieler Beziehung sogar die einzige zum Ziele führende Methode. Ihre Fehlerquellen, namentlich das Schrumpfen der Organe und Zellen sind gegenüber den Vorteilen, den die Erhaltung der Lagebeziehungen der Zellen und Gewebsbestandteile untereinander bietet, ganz geringe. Schwerwiegend werden erst die Bedenken gegen das Fixationsbild, wenn es sich um feinere

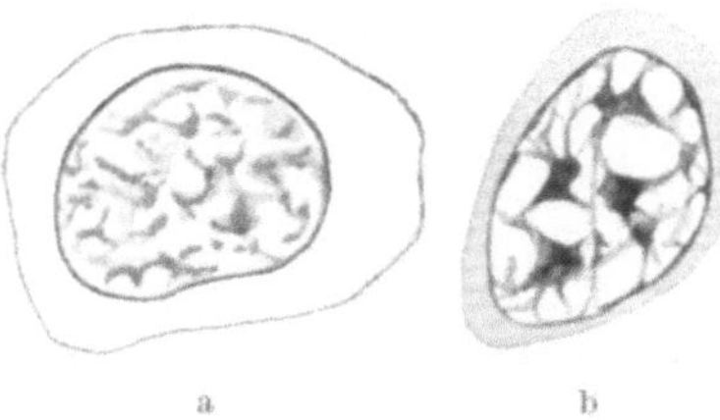

Abb. 29 a u. b. Kerne aus demselben Knorpelstück einer Salamanderlarve; a lebensfrisch; b nach Fixierung mit Chromosmiumessigsäure und Fixierung mit Triazid. Vergr. 1000fach. [Nach PETERSEN (1922).]

Strukturen geringer Größenordnung, etwa von der Zelle abwärts, handelt. Je kleiner die Strukturbestandteile werden, die fixiert werden sollen, um so unsicherer das Resultat, bis schließlich bei der ultramikroskopischen Größenordnung der Teilchen es keinem Zweifel unterliegt, daß ihre Form und Anordnung durch den Eingriff der Fixierung in einem so hohen Grade geändert wird, „daß die ultramikroskopische Struktur der einzelnen Zellteile, ihr Aufbau als kolloidales System bei der Fixierung immer zerstört wird und etwas anderes gröberes an seine Stelle tritt" [PETERSEN (1922)].

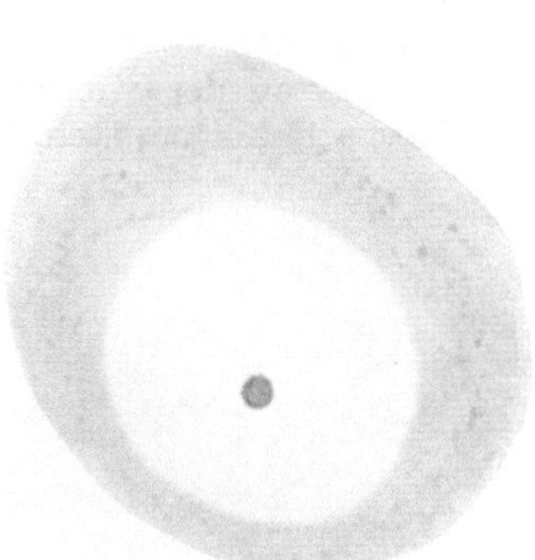

Abb. 30. Lebende große Spermiogonie des Salamanderhodens in seiner eigenen Flüssigkeit untersucht, gezeichnet bei günstigem Tageslicht. Leitz, hom. Immersion. $^1/_{12}$. Komp. Ok. 4. [Nach v. TELLYESNICZKY (1926).]

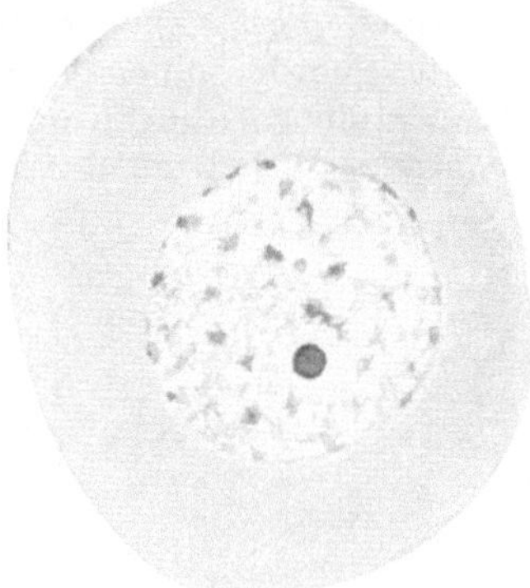

Abb. 31. Wirkung der 1 %igen Essigsäure auf dieselbe isolierte Zelle, welche in Abb. 30 dargestellt ist.

Welche Möglichkeiten hat nun der Cytologe, um trotzdem aus dem Fixationsbild Rückschlüsse auf die Beschaffenheit der lebenden Strukturen zu ziehen?

Mehrere Wege sind gangbar. Einmal kann man die Wirkung verschiedenartiger Fixierungsmittel miteinander vergleichen und wird so eine Reihe von sicheren Kunstprodukten der Fixation ermitteln können. So sind v. TELLYESNICZKY (1898) an tierischem und v. WASIELEWSKI (1899) an pflanzlichem Material verfahren. Aufschlußreicher und unentbehrlich ist natürlich der stete Vergleich des fixierten mit dem lebenden Objekt, wie es namentlich von FLEMMING auch stets geübt worden ist. Am besten verfahren wir dabei so, daß wir die lebende Zelle direkt unter dem Mikroskop fixieren und die evtl. Änderungen der Struktur unmittelbar in ihrem zeitlichen Ablauf verfolgen. Die Möglichkeit hierzu ist namentlich in neuerer Zeit durch die Methode der Gewebe- und Zellkultur gegeben, die Beobachtungen an isolierten Zellen sehr erleichtern. Von neueren Arbeiten nenne ich die Untersuchungen von Lundegårdh (1912),

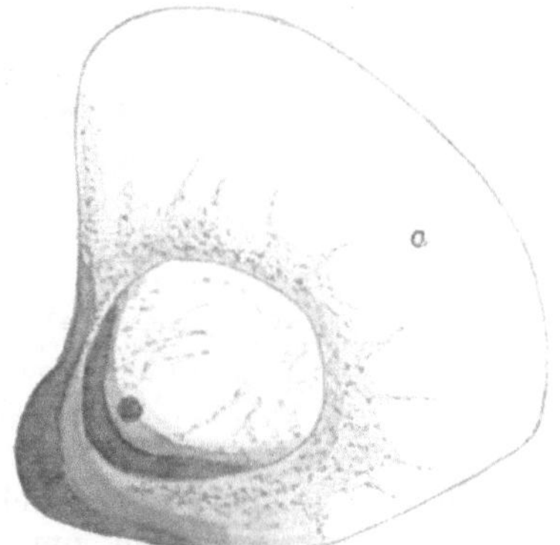

Abb. 32. Eine große Spermiogonie des Salamanders nach Fixieren mit absolutem Alkohol aus der Peripherie des Schnittes. (Nach v. Tellyesniczky.)

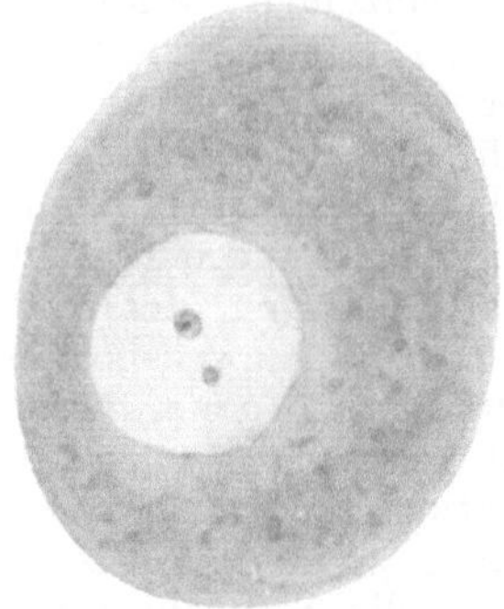

Abb. 33. Eine große Salamander-Spermiogonie aus der Peripherie des Schnittes nach Wirkung von 4 % Essigsäure. (Nach v. Tellyesniczky.)

Gross (1917), Petersen (1922, Abb. 29) und vor allem die kürzlich erschienene Arbeit von Strangeways und Canti (1927), die die Wirkung der Fixierungsflüssigkeiten auf die lebende Zelle und ihre verschiedenen Bestandteile, wie Kern, Mitochondrien Fetttröpfchen im Dunkelfeld verfolgten ferner die sorgfältige, durch gute Photographien belegte Untersuchung von Bělař (1927).

Bělař studierte die Chromosomen in den Spermiocyten der Heuschrecke *Stenobothrus* zunächst intra vitam an Zupfpräparaten der Hodenschläuche;

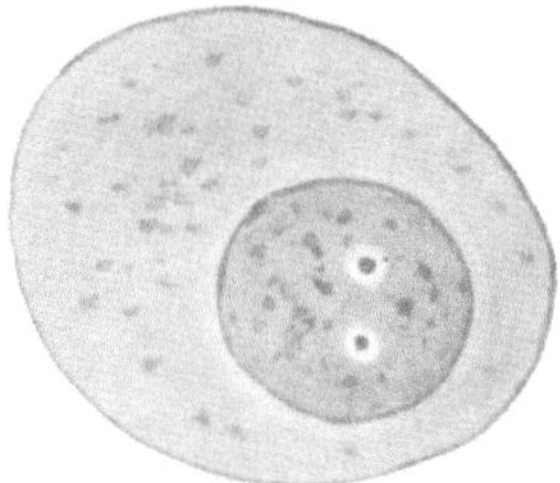

Abb. 34. Eine große Spermiogonie des Salamanders nach Wirkung von Kaliumbichromat-Osmiumsäure. [Nach v. Tellyesniczky (1926).]

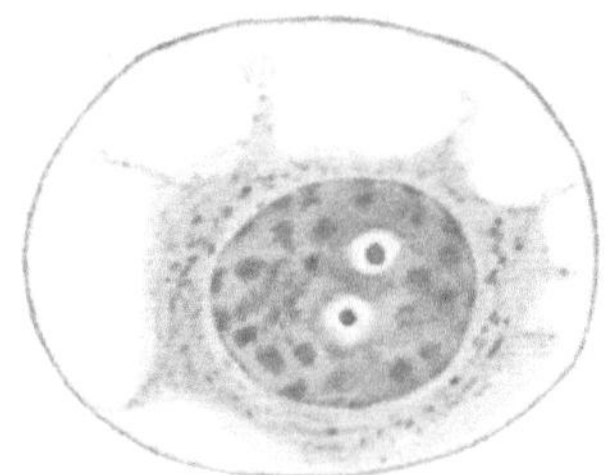

Abb. 35. Eine große Spermiogonie des Salamanders nach Wirkung von konzentriertem Sublimat. [Nach v. Tellyesniczky (1926).]

die lebenden Zellen wurden photographiert, dann in Osmiumdampf 2 Minuten lang vorfixiert, mit starker Flemmingscher Flüssigkeit 5—12 Stunden lang nachbehandelt und abermals photographiert. Es zeigte sich, daß die Chromosomen durch die Fixierung nur wenig geschrumpft, sonst aber im ganzen und großen unverändert geblieben waren. Ebenso zeigte ein Vergleich der von Bělař erhaltenen Chromosomenbilder mit denjenigen, die von den gewöhnlichen Schnittpräparaten her bekannt sind, daß die zwischen dem späten Pachytaenstadium und der Interkinese gelegenen Chromosomenstadien in guten Schnittpräparaten gegenüber dem lebenden Objekt fast ganz unverändert sind.

Sehr lehrreich sind auch die Abbildungen, die v. TELLYESNICZKY in der Encyklopädie der mikroskopischen Technik (1927) gibt und die ich teilweise hier reproduziere (Abb. 30—39). Sie geben eine gute Vorstellung von der oft erheblichen Veränderung des Strukturbildes unter dem Einfluß der verschiedenen, zur Zeit am häufigsten angewandten Fixierungsflüssigkeiten.

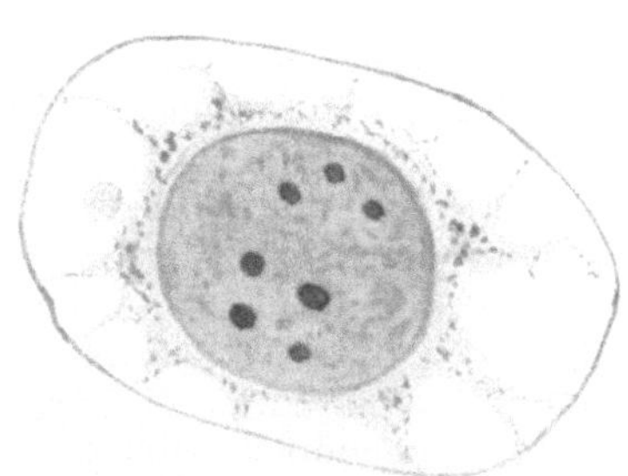

Abb. 36. Eine große Spermiogonie des Salamanders nach Wirkung der konzentrierten Pikrinsäure. [Nach v. TELLYESNICZKY (1926).]

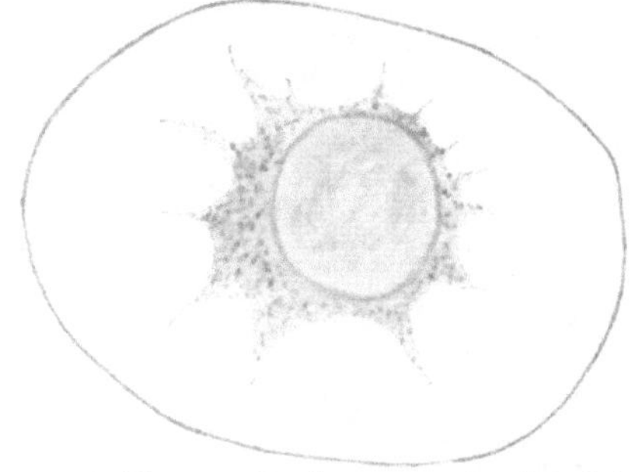

Abb. 37. Eine große Spermiogonie des Salamanders nach Wirkung von 10% Formalin. [Nach v. TELLYESNICZKY (1926).]

Während man diese bisher meist am Objekt rein empirisch auf ihre günstigste Zusammensetzung hat ausprobieren müssen, scheint durch eine 1925 erschienene Untersuchung von YAMAHA ein Zusammenhang zwischen der ph des Fixierungsmittels und der Fixierungsweise nachgewiesen. So geben nach YAMAHA alle Fixierungsmittel mit einem ph $<$ 1, wozu die Flüssigkeiten von GILSON, PÉRENYI, vom RATH und KLEINENBERG gehören, deutliche Bilder der Kernmembran, der Hülle der Chromosomen, der achromatischen Fasern und streifige Protoplasmastrukturen. Flüssigkeiten von einer ph $>$ 3, wie 5% Formol (ph = 3,3),

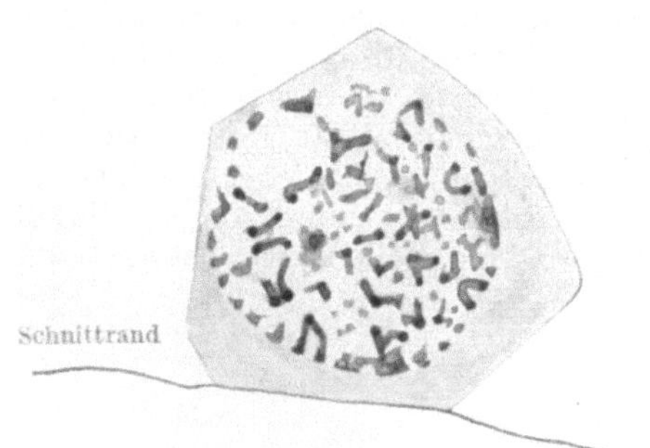

Abb. 38. Salamander-Spermiocyte. Kaliumbichromatessigsäure. Periphere Wirkung. [Nach v. TELLYESNICZKY (1926).]

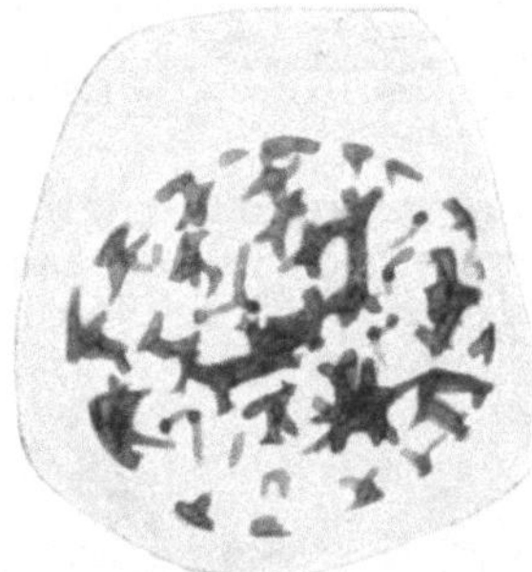

Abb. 39. Salamander-Spermiocyte. Kaliumbichromatessigsäure. Tiefenwirkung. [Nach v. TELLYESNICZKY (1926).]

ZENKER ohne Essigsäure (3,5), REGAUD (3,2), homogenisieren dagegen die Zellstrukturen; zwischen diesen Extremen, was sowohl die Art der Fixierung (Verdeutlichung bzw. Homogenisierung), wie den ph-Gehalt angeht, bewegen sich die Fixierungsflüssigkeiten von FLEMMING, BOUIN (ph = 1,3), CARNOY (1,1), ZENKER mit Essigsäure (2,2), BENDA, CHAMPY (1,4).

Die Aufgabe des Cytologen ist es, zu entscheiden, ob das durch die Fixierung veränderte Strukturbild nur auf einer Verdeutlichung und Sichtbarmachung schwer oder gar nicht im lebenden Zustand sichtbarer Strukturen oder aber auf einer wirklichen Neubildung vorher nicht vorhandener Strukturen beruht.

So zeigen z. B. die Kerne der Speicheldrüsen einer Chironomuslarve im lebenden Zustand untersucht geradezu nichts [KORSCHELT, FLEMMING (1882)], sie sind glasklar, während nach der Fixierung eine komplizierte Strukturform „von spezifischer oder organologischer Natur", wie HEIDENHAIN sich ausdrückt, erscheint (Abb. 40).

Hier wird niemand annehmen, daß diese bei verschiedener Fixierung konstant erscheinenden Strukturbilder Kunstprodukte, zufällige Gerinnungsbilder seien. Ebensowenig wird man „aus der Unsichtbarkeit eines Kernes" in der lebenden Zelle schließen, daß er in diesem Zustand nicht vorhanden sei, wie FLEMMING (1882) mit Recht bemerkt, gegenüber älteren Angaben, daß die Erythrocyten des *Frosches* im Leben kernlos seien und ihr Kern sich erst beim Absterben bilden solle. Vielmehr können wir dem Satz FLEMMINGs zustimmen, der sich folgendermaßen äußert: „Wo man in der lebenden Zelle keinen Kern sieht, wo aber Reagenzien und Färbung alsbald einen solchen im Zellkörper zeigen, der die gleichen Charaktere hat, wie andere Zellkerne, die man auch schon lebend erkennen kann, da ist es der vernunftgemäße Analogieschluß, daß die ersteren Zellen ebenfalls im Leben Kerne besitzen, die nur zu blaß sind, um gesehen zu werden".

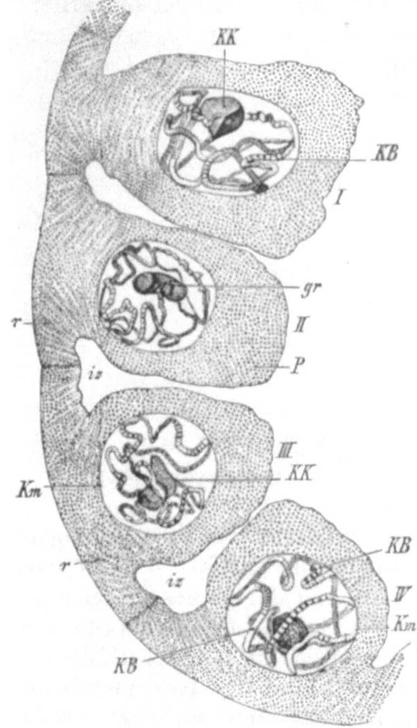

Abb. 40. Vier Zellen aus der Speicheldrüse einer Chironomuslarve. FLEMMINGsche Flüssigkeit. Hämatoxylin. KB Kernfaden, KK Kernkörperchen; gr Stelle, an welcher die beiden Enden des Kernfadens nahe beieinander am Nucleolus sich festhaften. [Nach FOL aus HEIDENHAIN (1907).]

„Was würde wohl aus unserer heutigen Histologie werden, wenn man sich überall das Recht nehmen wollte, die vitale Existenz von geformten Dingen abzuleugnen, welche man im lebenden Zustand der Gewebe nicht sehen kann. Dann hätte die Krystallinse keine celluläre Zusammensetzung, das Hornhautbindegewebe keine Zellen, Faserbündel und

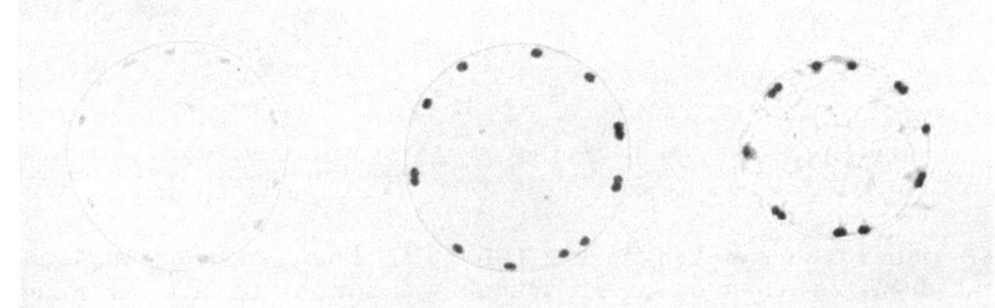

Abb. 41. Vanessa antiopa. Spermatocytenkerne kurz vor der ersten Reifungsteilung. a lebend, b mit Osmiumdampf, c mit Chromosmiumessigsäure fixiert (und gefärbt). Vergr. 1950fach. [Original von BĚLAŘ aus M. HARTMANN (1927).]

Nerven, Knochen und Knorpelsubstanz keinen Fibrillenbau. An diesen Strukturen kann heute niemand zweifeln, obschon sie niemals ein menschliches Auge am wirklich lebenden Gewebe gesehen hat."

Schwierig oder gar unmöglich wird aber die Entscheidung, ob eine nach Fixierung erscheinende Struktur vital präformiert oder Kunstprodukt ist, bei den kleindimensionellen, in ihrer äußeren Form wenig charakteristischen Gebilden, wie Fasern, Stäbchen, Körnern, feinen Netz- und Schaumstrukturen. In Abb. 41 sind 3 Spermatocytenkerne im lebenden (a) und fixierten (b u. c) Zustand abgebildet. Während das mit Osmiumsäure fixierte Kernbild ebenso wie das lebende optisch homogen, leer aussieht, ist in c nach Chromosmium-essigsäurefixierung ein Kerngerüst aufgetreten, von dem es nicht ohne weiteres möglich ist, zu sagen, ist es ein Kunstprodukt, durch Gerinnung einer Eiweiß-lösung entstanden, oder ist es als „Linin"gerüst bereits strukturell präformiert

gewesen. Hier zu einem richtigen Urteil zu kommen, erfordert eine scharfe, eingehende Kritik und es wird sich der persönliche Faktor des individuellen Untersuchers nicht immer ausschalten lassen. Denn es ist, wie C. E. Mc Clung (1918) treffend sagt, die Eigenart der feinsten cytologischen Arbeits-weise, „daß sie, wie kaum eine andere Arbeit, so stark rechnet mit unbegrenzter Geduld und Vorsicht, Sorgfalt der Handgriffe, Genauig-keit der Beobachtung, Unter-scheidung von Wertstufen, Urteils-vermögen über Zusammenhänge, Anwendung von gesundem Men-schenverstand in Verbindung mit der nötigen, gut abgeglichenen aufbauenden Phantasie".

Als Beispiel einer solchen Ana-lyse gebe ich die Abb. 42 wieder, an der v. TELLYESNICZKY die Wir-kung der FLEMMINGschen Lösung auf den Salamanderhoden demon-striert. „Wir sehen in diesem Bilde, daß der Kern der rechts-

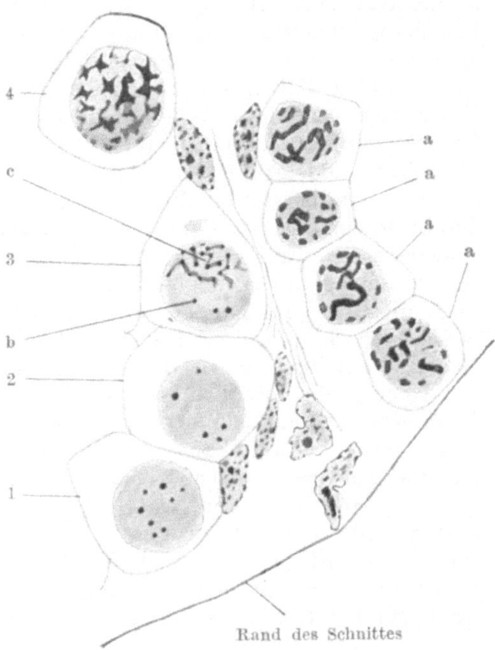

Abb. 42. Wirkung der FLEMMINGschen Flüssigkeit auf den Salamanderhoden.
[Nach v. TELLYESNICZKY (1926).]

seitig befindlichen vier Spermiogonien (a) in allen Schichten des Schnittes von gleicher Struktur ist. Um so größer ist der Unterschied in der Struktur der Kerne der an der linken Seite der Zeichnung befindlichen großen Spermio-cyten (1, 2, 3, 4) In den Kernen der ganz peripher gelegenen ersten zwei Spermio-cyten (1, 2) können wir nichts anderes entdecken als einige zerstreute Nucleolen. Der auf dieselbe folgende dritte Kern zeigt zur Hälfte die gleiche homogene Struktur, die zentrale Hälfte dagegen einen dünnen Kernfaden. Der vierte Kern weicht von den übrigen wiederum ab und besitzt einen sternartigen Bau. Wir wissen nun von diesen Kernen der großen Spermiocyten ganz sicher, daß sie alle von vollständig gleicher Struktur sind; welches von den Bildern, das homogene der Kerne 1 und 2, das sternartige von 4 oder das fädige der zentralen Kernhälfte von 3 entspricht nun dem lebenden Zustand?" Das eingehende Studium der lebenden und verschiedenartig konservierten Spermiocyten führt zu dem Ergebnis, daß nur die zentrale Hälfte von Kern 3 lebensgetreu fixiert ist, die anderen Kernbilder dagegen Fixierungskunstprodukte darstellen. „Die FLEMMINGsche Lösung hat in der Reihenfolge ihres langsamen Eindringens die ersten zwei Kerne der Spermiocyten homogenisiert, in der einen Hälfte des dritten Kernes einen Teil des Kernfadens konserviert, in dem vierten Kern ein sternartiges Kunstprodukt hervorgerufen" [v. TELLYESNICZKY (1926)].

Aber selbst fraglos sichere Kunstprodukte der Fixierung können uns über die Beschaffenheit der lebenden Masse wichtige Aufschlüsse geben. So betont PETERSEN (1922), daß „die durch die Fixierung entstandenen Gerinnsel, Körnchen und Fäden in mancher Beziehung keine reinen Kunstprodukte sind, weil ja dort, wo sie entstanden sind, ausflockbare Körper vorhanden waren, deren chemische Natur unter Umständen an den Reaktionen dieser Gerinnsel nachgewiesen werden kann. Man kann daher sagen, für den Biologen, der die Zellarchitektur studiert, haben solche Gebilde den Wert von Kunstprodukten, für die chemische Erforschung der Zellsubstanzen und deren Lokalisation sind sie jedoch keine" [PETERSEN (1922)].

In vielen Fällen schließlich kann der Cytologe auch auf die Naturtreue des Fixierungsbildes verzichten und dasselbe nur als „Äquivalentbild" (NISSL) benutzen, indem er einerseits stets die gleiche Fixierungsmethode anwendet und diesen konstanten Faktor nun den zu fixierenden, möglicherweise variablen Zellen gegenüberstellt. Wählt er z. B. Zellen von bekanntem, verschiedenem Funktionszustand zu seinem Fixierungsexperiment aus, und erhält nun verschiedenartige Fixierungsäquivalentbilder, so kann er aus dem Vergleich derselben den Schluß ziehen, daß der Zustand der verschiedenartig fixierten Zellen auch im Leben im Moment der Fixierung ein verschiedenartiger war. Daraus lassen sich dann weiter über die Beziehung zwischen Funktion und Struktur Schlüsse ableiten, so wie das z. B. NISSL für die nach ihm benannte Granula der Nervenzelle mit Erfolg getan hat. Trotz allem aber bleibt die Fixierung besonders für den Zellmorphologen eine nur mit großer Vorsicht und eindringlicher Kritik anwendbare Untersuchungsmethode. Sie wäre überhaupt nicht zu so allgemeiner Anwendung und Verbreitung gelangt, wenn nicht mit ihr der große Vorteil verknüpft wäre, daß die fixierten Strukturen sich verhältnismäßig leicht und oft different anfärben lassen und nunmehr an Stelle des Brechungsbildes das viel leichter zu studierende Farbbild tritt. Was dieses uns über die Beschaffenheit der lebenden Masse aussagen kann, wird im folgenden Kapitel untersucht werden.

D. Die Theorie der Färbung fixierter Präparate.

Seitdem HARTIG (1854) und unabhängig von ihm GERLACH (1858) die für die mikroskopische Anatomie äußerst wichtige Entdeckung machten, daß die Kerne verschiedener Zellarten durch Carminlösungen sich intensiv rot färben lassen, spielt die Färbung fixierter Präparate mittels basischer und saurer Farbstoffe in der histologischen Methodik eine besonders wichtige Rolle. Sie ist ein unentbehrliches Hilfsmittel des Histologen geworden, um das Fixationsbild weiter optisch zu differenzieren und an Stelle von Brechungsbildern Farbenbilder zu gewinnen; denn indem die mit dem Farbstoff imprägnierten Strukturen bestimmte Teile des durchfallenden Lichtes absorbieren, andere hindurchlassen und dadurch selber nun farbig erscheinen, werden „Strukturen verdeutlicht, welche oft, infolge der geringen Differenzen im Lichtbrechungsvermögen der Zellbestandteile, ohne Färbung nicht oder nur schwer gesehen werden können. Für diese Verdeutlichung sind die Färbemethoden von allergrößter Bedeutung" [A. MEYER (1921)].

Solange der Histologe in der Verdeutlichung und besseren Sichtbarmachung von Strukturen die alleinige Aufgabe der Färbung erblickt, braucht er nicht zu fragen, wie es kommt, daß eine bestimmte Farbe die eine Struktur mehr, die andere weniger oder gar nicht färbt. Diese Frage nach den Ursachen der Farbstoffverteilung und der Verankerung der Farben an bestimmte Strukturen wird erst für uns wichtig in dem Augenblick, wo wir „über die rein morphologische Aufgabe hinausgehend versuchen, Aufschlüsse zu gewinnen über den physikalischen, physikalisch-chemischen, kolloidchemischen, sowie analytisch-chemischen Aufbau der Strukturen (Metastruktur)" [EISENBERG (1926)].

Es ist begreiflich, daß der Wunsch nach einer weitergehenden Ausdeutung des Färbungseffektes schon bald nach der ersten rein empirischen Anwendung der Färbung auf das histologische Präparat sich regte, aber natürlich zu zahlreichen Fehlschlüssen führen mußte, solange nicht die chemisch-physikalische Begründung des Färbeprozesses und ihre Anwendung auf das histologische Präparat auf ganz anderen Fundamenten beruhte und beruht, als es auch heutzutage noch der Fall ist. Denn „wir müssen zugestehen, daß wir von einer endgültigen und erschöpfenden Aufklärung der Färbungsvorgänge noch ziemlich weit entfernt sind. Daß dem so ist, liegt einerseits an der komplexen Natur des Färbeprozesses, die keineswegs einheitlich ist, sondern verschiedenartige, zum Teil untereinander kombinierte Vorgänge umfaßt, andererseits aber daran, daß dabei zwei Faktoren aufeinanderwirken, von denen der eine, die Farblösung, als leidlich bekannt gelten darf, der andere dagegen, das zu färbende Substrat in physikalischer, physikalisch-chemischer, kolloidchemischer und deskriptiv-chemischer Hinsicht noch vieles Unbekannte oder mangelhaft Erforschtes bietet. Wenn man bedenkt, daß die industrielle Färbetechnik, die es prinzipiell nur mit drei verschiedenen Substraten — Seide, Wolle und Baumwolle — zu tun hat, und die auf gleichmäßig „egalisierte" Färbungen ausgeht (nicht auf möglichst differenzierte, wie die histologische), die Frage nach der Natur der Färbeprozesse ebenfalls der Lösung nicht hat näher bringen können, wird man die Mängel der histologischen Färbungstheorie nachsichtiger beurteilen" [EISENBERG (1926)].

Bei dieser Sachlage kann es nicht unsere Aufgabe sein, eine erschöpfende Darstellung aller Tatsachen oder vermeintlichen Gründe zu geben, die für die physikalische oder die chemische Theorie der histologischen Färbung sprechen. Hierfür sei auf die Spezialwerke verwiesen. Wohl aber müssen wir uns insoweit einen Überblick über den gegenwärtigen Stand des Problems verschaffen, daß wir zu dem jeweiligen Färbungsbild kritisch Stellung nehmen können, und auf Grund dieser Kritik zu einer begründeten Beurteilung der färberisch dargestellten Strukturen und weitergehend ihrer Bedeutung für den Lebensprozeß zu gelangen vermögen. Hierfür ist es aber von ausschlaggebender Bedeutung, wie wir uns zu der physikalischen und der chemischen Theorie der Färbung stellen.

Denn ist die Färbung, wie GIERKE, A. FISCHER, H. LUNDEGÅRDH, V. MÖLLENDORFF u. a. annehmen, vorwiegend ein physikalischer Vorgang, der auf Adsorption beruht, so kann das Resultat der histologischen Färbung auch nur über den physikalischen Zustand der gefärbten Struktur, wie z. B. ihre Dichte, ihre Porengröße usw. etwas aussagen. Beruht dagegen die Färbung auf chemischen Reaktionen zwischen Farbstoff und Gewebssubstanz, wie P. EHRLICH, HEIDENHAIN und viele andere Forscher annehmen, so gewinnt die Färbung den Wert mehr oder minder spezifischer mikrochemischer Reaktionen, aus deren Ausfall sich Schlüsse über die chemische Zusammensetzung der gefärbten Strukturen ziehen lassen. Da diese aus der chemischen Theorie sich ergebenden Folgerungen viel weitgehender waren und erheblich mehr biologische Aufklärung versprachen, so waren die Histologen nur allzu geneigt, der chemischen Theorie den Vorzug zu geben, „denn man glaubt gern, was man wünscht", wie LUNDEGÅRDH (1912) bei Besprechung der histologischen Färbetheorien mit Recht bemerkt. Sie erhielt eine scheinbar gute Stütze durch die sich immer mehr einbürgernde Anwendung von Farbgemischen, und die an den histologischen Präparaten zu beobachtende Farbelektion aus Gemischen wurde mit Vorliebe als unwiderlegliches Zeugnis für die chemische Natur der Färbung verwandt. So hielt man sich für berechtigt, auf Grund gleicher färberischer Reaktionen verschiedener Strukturbestandteile eine chemische Übereinstimmung im Aufbau ihrer Substanz anzunehmen, wofür die Lehre von dem Chromidialapparat ein warnendes Beispiel ist. Sollte doch nach der Ansicht zahlreicher Zellforscher alles, was sich im Plasma mit den sog. Kernfarbstoffen färben ließ, aus dem Kern abstammen. Umgekehrt schloß man aus verschiedenem Ausfall der Färbung bei Anwendung von Farbgemischen auf verschiedene chemische Beschaffenheit der verschieden gefärbten Strukturen. So erregte es eine Zeitlang großes Aufsehen, als Auerbach die sog. Chromatophilie der Sexualkerne entdeckte, und auch Strasburger u. a. die Beobachtung Auerbachs bestätigten, daß aus homogenen Gemischen basischer Farben der generative männliche Kern im Pollenschlauch den blauen, der weibliche Kern im Embryosack dagegen den roten Farbstoff aufnahm, daß also, wie A. Fischer spöttisch bemerkt, „das weibliche Geschlecht das Rot der Liebe, das männliche aber das Blau der Treue bevorzugt". Auerbach suchte die Erklärung in der verschiedenen chemischen Beschaffenheit der beiden Sexualkerne und Zacharias meinte, daß die Verteilung des Nucleins eine verschiedene sei und der Eikern ärmer an Nuclein sei. Strasburger stellte die Hypothese auf, daß die Chromatophilie der Sexualkerne auf ihrer ungleichen Ernährung beruhe, gute Ernährung führe zur Erythrophilie, schlechte zur Cyanophilie, was aber zur Vorstellung von Zacharias, der sich auch Rosen und Schottländer

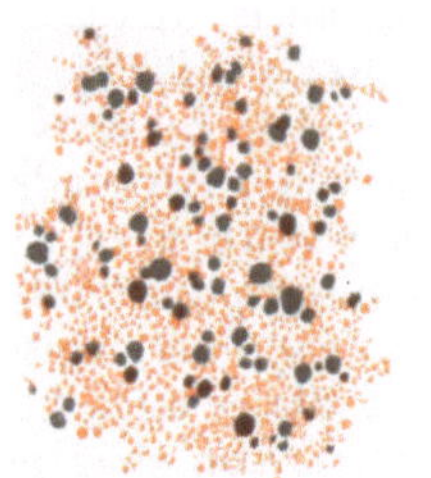

Abb. 43. Hämoglobin 3⁰/₀ und 0,3⁰/₀ig gesondert mit 96⁰/₀igem Alkohol gefällt und die aus verschieden großen Granulis bestehenden Niederschläge auf dem Deckglas gemischt und angetrocknet. Eisenhämatoxylin mittlerer Differenzierung, nachgefärbt mit Tropäolin, größere Granula schwarz, kleinere desselben Stoffes tropäolinfarbig. Vergr. 600. (Aus A. Fischer 1899.)

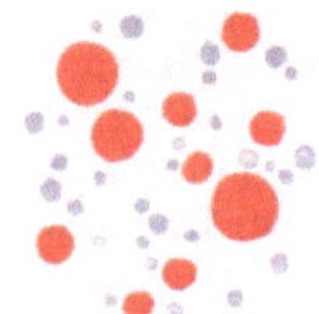

Abb. 44. Flemmings Safranin-Säurealkohol-Gentiana.

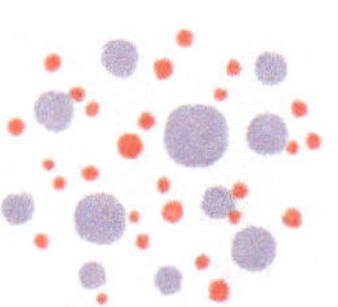

Abb. 45. Inversion des vorigen Gentiana-Säure-alkohol-Safranin.

Abb. 44 u. 45. Chromatophilie. Versuche mit einem Gemisch aus Granulis verschiedener Größen von Albumosechromat. Vergr. 600. (Nach A. Fischer 1899.)

anschloß, daß der männliche Kern besonders reich an Nuclein und deshalb cyanophil sei, schlecht paßte.

All diesen auf Grundlage der chemischen Färbungstheorie üppig wuchernden Hypothesen entzog A. Fischer durch den Nachweis den Boden, daß die verschiedene Färbung der männlichen und weiblichen Kerne auf keinen chemischen, sondern allein auf physikalischen Unterschieden der Strukturdichte beruht.

A. Fischer bediente sich zu seinen Versuchen, die der physikalischen Färbetheorie wirklich gesicherte Grundlagen gaben, einer besonderen Methodik, indem er Färbungen an künstlichen Granulagemischen chemisch einheitlicher Substanzen vornahm, die er erhielt, indem er Fixierungsmittel verschiedener Art auf Eiweißlösungen einwirken ließ. Die Hauptergebnisse seiner grundlegenden Arbeit seien an einigen Abbildungen kurz erläutert. Abb. **43** lehrt deutlich, daß es von der Größe der Granula, nicht von ihrer chemischen Beschaffenheit abhängt, ob sie bei Doppelfärbung schwarz oder gelb gefärbt sind. Abb. 44, 45 veranschaulichen, daß allein die Reihenfolge, wie die Farben zur Anwendung gelangen, darüber entscheidet, ob die großen Granula rot, die kleinen chemisch mit dem großen identischen Granula blau gefärbt sind oder ob wir das inverse Färbungsbild erhalten, große blaue und kleine rote Granula.

Ein weiteres Beispiel solcher inverser Färbungen, abhängig von der Reihenfolge und der Konzentration der Farbstoffe, zeigen die Abb. 46, 47, 48, die aber zugleich die von FISCHER sog. Spiegelfärbung verdeutlichen, d. h. das Zentrum, der Spiegel der großen Granula, ist anders gefärbt als die Schale. Aus diesen Färbungseffekten konnte FISCHER den sicheren Schluß ziehen, daß sich aus dem Ausfall der Färbung keinerlei Schlüsse auf die chemische Beschaffenheit seiner Granula ziehen lassen, die chemische Theorie also hier versagt. FISCHER vermochte aber zugleich auch zu zeigen, daß die Berücksichtigung physikalischer Momente weitgehend das Färbungsresultat zu klären vermag. Bei den in Abb. 44, 45 abgebildeten Beispielen halten die großen, wie FISCHER meint,

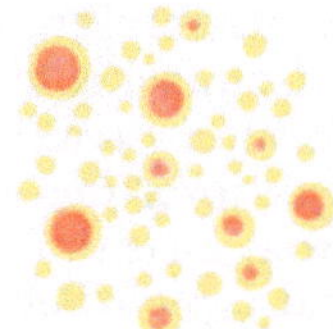

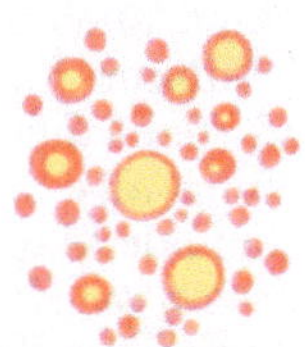

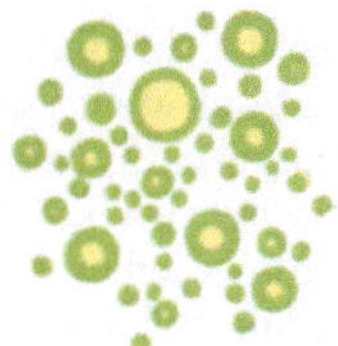

Abb. 46. ALTMANNS Granulafärbung; die großen Granula bis zur Spiegelfärbung differenziert. (Vergr. 600.)

Abb. 47. Inversion der ALTMANNschen Granulafärbung durch simultane Doppelfärbung mit einem Gemisch von 5 ccm 0,1 %igem Säurefuchsin, 10 ccm 0,2 Pikrinsäure. Spiegel rot. Schale und kleine Granula pikrinophil. (Vergr. 600.)

Abb. 48. Färbung mit einem Gemisch von Pikrinsäure und Lichtgrün. (Vergr. 600.)

Abb. 46—48. Chromatophilie. Versuche mit einem Gemisch von Granulis verschiedener Größe von Albumosechromat. (Nach A. FISCHER 1899.)

deshalb auch vergleichsweise substanzreicheren und kompakteren Granula den einmal in sie eingedrungenen Farbstoff fester, als die kleinen, sich rascher ent- und umfärbenden Granula. Bei den in Abb. 46—48 dargestellten Beispielen spielt ferner nach A. FISCHER das physikalische Moment der verschiedenen Diffusionsgeschwindigkeit der einzelnen Farbstoffe und die Konzentration, mit welcher sie in dem Farbgemisch vorhanden sind, eine wichtige Rolle. Er untersuchte die Diffusionsgeschwindigkeit zahlreicher Farbstoffe in Gelatine und stellte fest, daß die Pikrinsäure sehr rasch, erheblich langsamer das Säurefuchsin, noch langsamer das Lichtgrün und das Indulin diffundiert. Dementsprechend werden aus Gemischen dieser Farbstoffe, wobei auch noch, wie FISCHER klar erkannte, die relative Konzentration derselben wichtig ist, die großen Granula mit der Farbe des rascher diffundierenden Farbstoffes, die kleinen Granula mehr oder minder rein in der Farbe des langsamer diffundierenden Farbstoffes gefärbt, der dabei den zuerst eingedrungenen Farbstoff allmählich überdeckt bzw. verdrängt.

v. MÖLLENDORFF und seine Schüler haben diese schon im Jahre 1899 von A. FISCHER erzielten Ergebnisse bestätigt und weitgehend ausgebaut, indem sie ihre Farbstudien direkt an geeigneten histologischen Präparaten, wie dem quergestreiften Muskel oder dem Nackenband anstellten. v. MÖLLENDORFF und sein Schüler KREBS kamen zu dem Ergebnis, daß „die Verteilung der sauren sowohl wie der basischen Farbstoffe in hohem Grade von ihrem Lösungszustand abhängig ist"; denn „Farbstoffe mit gleicher Dispersität färben in gleicher Weise", mögen sie chemisch auch noch so verschieden konstituiert sein, während umgekehrt Farbstoffe von verschiedenem Lösungszustand auch stets verschieden wirken.

Die Verteilung eines Farbstoffes auf die verschiedenen Strukturen des mikroskopischen Präparates ist erstens abhängig von dem Dispersitätsgrad des Farbstoffes, der seine Diffusionsgeschwindigkeit bestimmt. So färben alle Farbstoffe progressiv um so rascher, und zwar alle Strukturen mehr oder minder diffus und gleichmäßig, je größer ihr Dispersitätsgrad und je diffusibler sie deshalb sind. Elektionen bestimmter Strukturen kommen dagegen um so prägnanter zum Vorschein, je kolloidaler die Farbstofflösung ist und je langsamer infolgedessen der Farbstoff in die Strukturen hineindiffundiert. Denn nunmehr kann das zweite physikalische Moment, das für die Verteilung der Farbstoffe von Wichtigkeit ist, viel mehr sich bemerkbar machen, die „verschiedene Dichte" der einzelnen Strukturen. Denn im Gegensatz zu Fischers Annahme ist es nach der Meinung v. Möllendorffs nicht die absolute Menge von Struktur oder die Strukturengröße, sondern vielmehr die Dichte, bzw. nach der Ansicht von Pappenheim die Porengröße, die die Verteilung des Farbstoffes reguliert. Ein leicht diffusibler Farbstoff dringt auch in die dichten Strukturen rasch und ungehindert ein, ein hochmolekularer Farbstoff dagegen zunächst nur in die locker gefügten, erst später und viel langsamer in die dichten Strukturen. Umgekehrt ist bei regressiver Färbung aus den dichten Strukturen der leicht diffusible Farbstoff leicht, der kolloidale dagegen nur schwer auszuwaschen.

Einige Beispiele sollen uns diese von v. Möllendorff und seinen Schülern formulierten Regeln veranschaulichen. Der Vergleich der Abb. 49 u. 52 zeigt, daß basische grundsätzlich in genau gleicher Weise wirken wie saure Farbstoffe, vorausgesetzt, daß ihre Diffusibilität die gleiche ist. Das Baslerblau und das Isaminblau sind beide hochkolloidal und diffundieren infolgedessen nur äußerst langsam. Deshalb ist auch die progressive Färbung gut zu übersehen, weil sie entsprechend langsam verläuft. „Färbt man 10 Minuten mit Isaminblau in angesäuerter Lösung, so bekommt man das Bild (Abb. 51), Z ist schwach gefärbt, die Fibrille fast gar nicht. Nach 20 Minuten ist Z deutlicher und breiter geworden. An wenigen Stellen tritt m schon hervor. Die Fibrillen sind stärker gefärbt als in Abb. 51, treten aber noch sehr zurück. Nach 2 Stunden ist jetzt auch J stark gefärbt, m breiter geworden, indem Q h mitgefärbt ist. Auf diesem Stadium bleibt die Färbung stehen, selbst nach Tagen ist das Bild nur wenig verändert (Abb. 52). Eine vollkommene Färbung des Fibrillengliedes Q kommt nicht zustande. Bei Farbstoffen mit größerer Dispersität geht der Vorgang dagegen weiter. Beim Nilblausulfat z. B. läuft die Färbung viel schneller als beim Isaminblau ab. Schon nach 30 Sekunden erhält man ein ähnliches Bild wie Abb. 51. Nach 2 Stunden ist dann über Stadien, die Abb. 52 entsprechen, das Präparat (Abb. 53) entstanden. Im ganzen haben wir eine sehr starke Färbung; z ist allein noch hervorgehoben. Die Fibrillen sind gleichmäßig durchgefärbt. Bei längerer Färbung kann eine völlige Übertingierung zustande kommen, bei der keine Differenzen in der Färbung mehr wahrzunehmen sind, wie es z. B. bei den hochdiffusiblen Farbstoffen Eosin sauer und bei Methylenblau basisch schon nach kurzer Färbedauer der Fall ist.

Bei der regressiven Färbung verläuft die Entfärbung der verschiedenen Strukturen in derselben Reihenfolge wie die progressive Färbung. Wie Abb. 54 und ihr Vergleich mit Abb. 53 zeigt, ist z, das am schnellsten angefärbt war, durch das Wasser zuerst ausgewaschen worden. Extrahiert man durch Alkohol weiter, so entfärbt sich zunächst J, dann m und Q h, man erhält denselben Effekt, den Heidenhain beim Eisenhämatoxylin, das durch Eisenalaun differenziert wird, ausführlich beschrieben hat.

Auf Grund dieser Färbungsversuche am quergestreiften Muskel kommt
KREBS zu folgendem Ergebnis: „Die Farbstoffe stellen uns beim Muskel Reagenzien auf die Dichteverhältnisse seiner Strukturen dar. Über die chemische
Beschaffenheit des Muskels läßt sich aus der Färbbarkeit nichts aussagen;
daher kann aus der Tatsache, daß die z-Scheibe sich färberisch wie Bindegewebe
verhält, nur gefolgert werden, daß z etwa die gleiche Dichte wie kollagene Bindegewebsfibrillen besitzt,nicht wie HÄGGQVIST annahm, daß z kollagener Natur sei.“

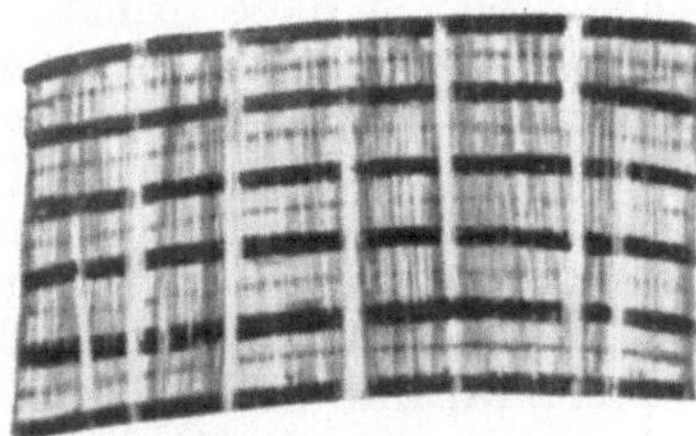

Abb. 49. Färbung mit Baslerblau B. B. in alkalischer Lösung (norm. 0,1 NaOH.) Vergr. 900.

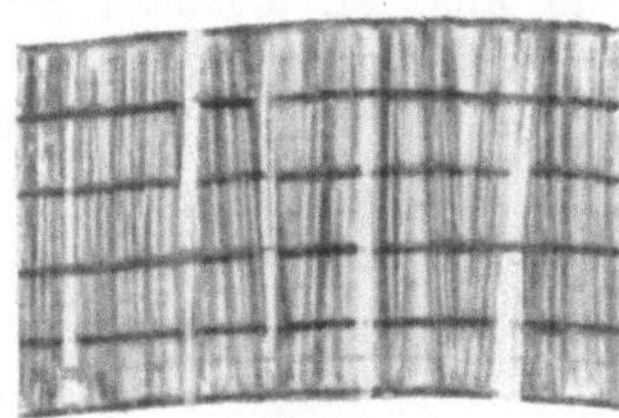

Abb. 52. 2 Stunden progressive Färbung,
sonst wie Abb. 51.

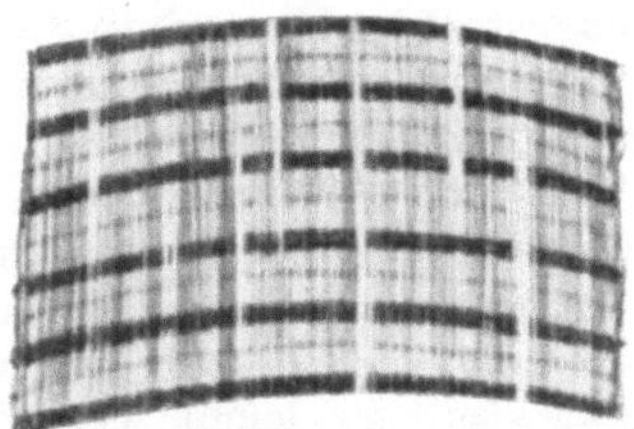

Abb. 50. Färbung mit Baslerblau B. B. in saurer
Lösung (0,1 norm. HCl). Vergr. 900.

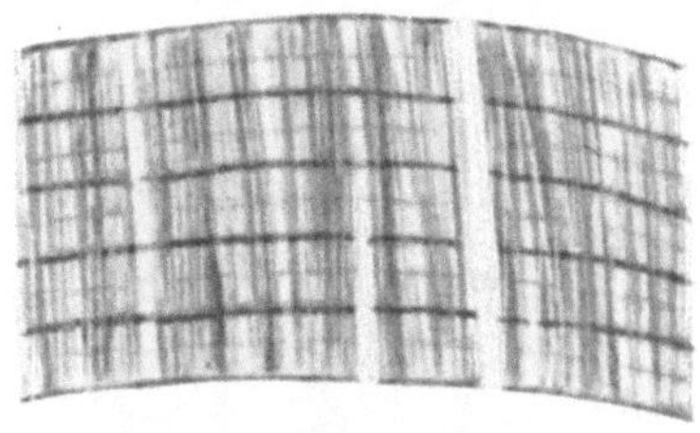

Abb. 53. Färbung mit Nilblausulfat in neutraler
Lösung. 2 Stunden progressiv. Vergr. 900.

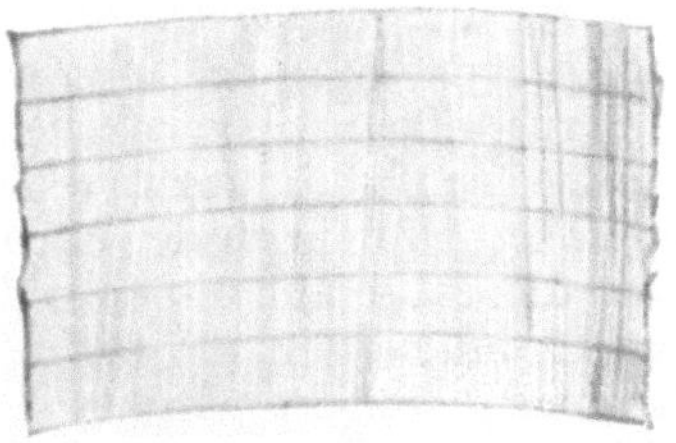

Abb. 51. Färbung mit Isaminblau 6 B. in saurer
Lösung (norm. 0,1 HCl). 10 Min. progressiv.
Vergr. 900.

Abb. 54. Färbung wie Abb. 53. Nach der Färbung
Abspülen im fließenden Wasser. 10 Minuten.
Vergr. 900.

Abb. 49—54. Färbung des Skeletmuskels der weißen Maus mit Anilinfarbstoffen. Fixierung des
Materials: Sublimat konz. 100,0, Formol 10,0. Einbettung Zelloidin-Paraffin nach JORDAN. Schnittdicke 5 μ. Nach der Färbung der mit Eiweißglycerin aufgeklebten Schnitte wurden dieselben mit
Fließpapier möglichst wasserfrei gemacht und schließlich an der Luft vollständig getrocknet. Dann
Xylol, Kanadabalsam. (Nach v. MÖLLENDORFF-KREBS 1923.)

Eine weitere Stütze, daß physikalische und nicht chemische Faktoren für
die Färbbarkeit der histologischen Strukturen maßgebend sind, liefern die
Mehrfachfärbungen aus sauren Gemischen, auf die schon FISCHER und dann
PAPPENHEIM hingewiesen hat, und die von v. MÖLLENDORFF noch eingehender
am histologischen Präparat, wie namentlich dem Nackenband und dem quergestreiften Muskel, studiert worden sind. Wie schon A. FISCHER klar erkannt
hat, spielt bei der Verteilung der verschiedenen Farbstoffe der Unterschied
in ihrer Diffusionsgeschwindigkeit die ausschlaggebende Rolle. Die Ergebnisse

von Möllendorffs sind kurz folgende: „Wendet man 2 verschieden diffusible
Farbstoffe nacheinander an, dann muß zweckmäßigerweise der diffusionsfähigere
Farbstoff zuerst dargeboten werden. Im Falle der Pikrofuchsinfärbung (van
Gieson) durchtränkt dann die Pikrinsäure alle Strukturen und wird am meisten
in den dichten Strukturen angereichert, wo dieser gut diffundierende Farbstoff
die günstigsten Haftbedingungen vorfindet. Bringt man die Schnitte nun in
ein Säurefuchsinbad, so diffundiert einmal Pikrinsäure aus dem Schnitt heraus,
und zwar aus den lockeren Strukturen am schnellsten; in diese dringt aber
gleichzeitig das Säurefuchsin zuerst ein. Es kommt alles darauf an, diese Aus-
tauschdiffusion im richtigen Augenblick zu unterbrechen, um eine differente
Färbung der verschieden dichten Strukturen zu bekommen. Färbt man das Präparat zuerst in Säurefuchsin und dann in Pikrinsäure, so kann man bis zu einem
einem gewissen Grade die Färbung um-
kehren. Bietet man schließlich
dem Präparat beide Farbstoffe
zu gleicher Zeit in Mischung an,
so zeigt sich in den (ganz empirisch gewonnenen) Vorschriften, daß der diffusionsfähigere
Farbstoff im Überschuß gegeben
zu werden pflegt; denn er dringt
zwar leichter ein, wird aber in
den meisten Strukturen mit
weiteren Poren von dem nach-
dringenden, schwerer diffundierenden, aber besser haftenden
Farbstoff so leicht verdrängt,
daß bei gleicher Menge beider
Komponenten schon nach kurzer
Zeit der kolloidalere Anteil zu
stark überwiegen würde. Eine
differente Färbung mit sauren
Farbstoffgemischen läßt sich also

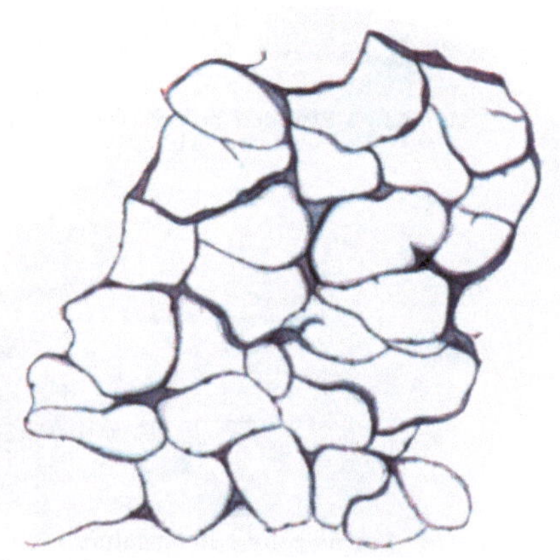

Abb. 55. Toluidinblau $^1/_{20000}$ mol, abgetrocknet, Balsam.
Nackenbandquerschnitt. Violette Niederschlagsfärbung
an der Oberfläche der elastischen Fasern. Ganz helle
blaue Durchtränkung der elastischen Fasern.
(Nach v. Möllendorff 1924).

nur erzielen, wenn man das richtige Mischungsverhältnis und die günstigste Färbedauer ausprobiert hat. Ein Säurezusatz verstärkt die Differenz in der Färbung,
weil, wie auch schon Fischer richtig erkannt hat, die Säure auf die kolloidalen
sauren Farbstoffe dispersitätsvermindernd einwirkt und damit der Diffusions-
unterschied der beiden Farbstoffe im Gemisch noch gesteigert wird.“

Zusammenfassend können wir also mit v. Möllendorff sagen, „daß durch
diese Beobachtungen das Märchen von einer besonderen Affinität einzelner
Farbstoffe (etwa dem Säurefuchsin) zum Kollagen restlos zerstört ist. Das
Säurefuchsin ist nur in Verbindung mit einem diffusibleren Farbstoff, wie
Pikrinsäure, und auch dann nur bei ganz bestimmter Anwendung für kollagene
Fibrillen „spezifisch““. Wendet man es mit einem noch kolloidaleren Farb-
stoff zusammen an, wie etwa dem Isaminblau oder Methylblau, dann färben
sich die früher pikrophilen Strukturen rot und die kollagenen Fibrillen blau.

Nun hat v. Möllendorff aber weiterhin zeigen können, daß neben dieser
sog. Durchtränkungsfärbung, die sowohl durch saure wie durch basische Farbstoffe erzielt werden kann, die basischen Farbstoffe außerdem ein andersartiges
Färbungsphänomen zeigen, indem sie an den Oberflächen bestimmter Strukturen
ausflocken und dortselbst eine sog. Niederschlagsfärbung erzeugen. „Diese
ist am reinsten in den Mastzellen und den Schleimgranulis zu beobachten,
dann folgen in den Präparaten Knorpel, Zellkerne, bei denen aber stets eine

Kombination mit der Durchtränkungsfärbung vorliegt. Sehr schön ist diese Kombination in ihrem Wesen an den elastischen Fasern (Abb. 55) des Nackenbandes und an den Nucleolen (Abb. 57—60) zu beobachten. In wechselndem Maße treten Niederschlagsfärbungen in den Cytoplasmen auf, am stärksten in den obenerwähnten Mast- und Schleimzellen, in geringerem Grade in den Nervenzellen (an den NISSLschen Schollen), weiterhin deutlich im Cytoplasma der meisten Epithelzellen, während sie im Muskelcytoplasma z. B. regelmäßig zu fehlen scheinen" [W. u. M. v. MÖLLENDORFF (1924)].

„Diese Niederschlagsfärbung ist morphologisch an gröberen Strukturen von der Durchtränkungsfärbung durch ihre Lage an der Oberfläche, durch ihr körnigscholliges Aussehen und an der Prägnanz der gefärbten Strukturen erkennbar, bei metachromasierenden Farbstoffen zudem durch den abweichenden Farbenton zu unterscheiden. Es konnte ferner durch Reagensglasversuche festgestellt werden, daß nur solche basischen Farbstoffe Niederschlagsfärbung an geeigneten Strukturen geben, die sich im Reagensglas mit sauren Kolloiden ausflocken lassen."

Als solche saure Kolloide wurden verwandt: Phosphormolybdänsäure, Trypanblau und Nucleinsäure. Eine weitgehende Parallele zwischen der

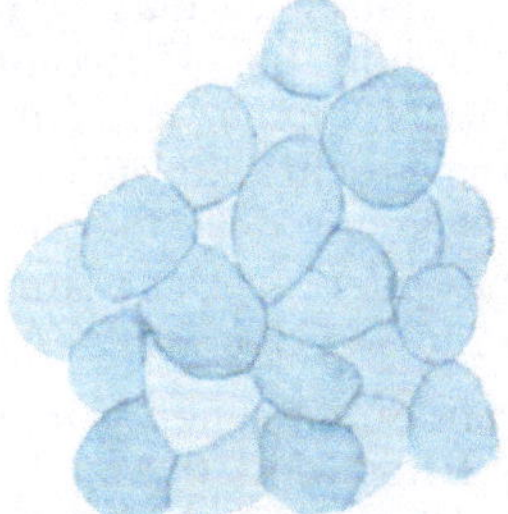

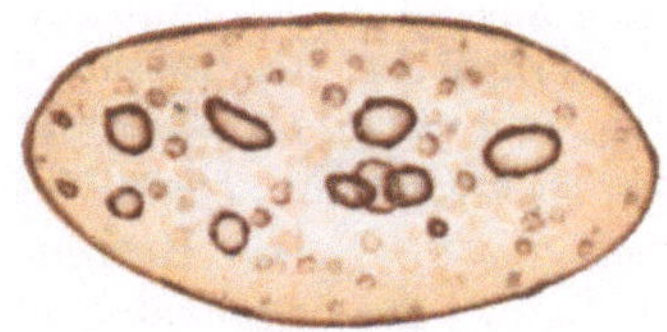

Abb. 56. Nackenband des Rindes. Toluidinblau $^1/_{200}$mol, abgespült in Wasser von 80°, dann abgetrocknet und in Canadabalsam überführt. Die gesamte Niederschlagsführung ist in Durchtränkungsfärbung übergeführt. (Nach v. MÖLLENDORFF 1924.)

Abb. 57. Kern aus dem Darmepithel von Salamandra maculosa in Sublimat-Eisessig fixiert. Färbung mit Bismarckbraun nach Alkoholdifferenzierung. Fast reine Niederschlagsfärbung.

Reagensglasausflockung und der Güte der im mikroskopischen Präparat, z. B. an den Kernen erzielten Färbung (wobei die Alkohollöslichkeit des Niederschlages berücksichtigt wurde, die im Reagensglas und mikroskopischen Präparat ebenfalls übereinstimmte), ließ den Schluß zu, daß auch bei der Färbung im mikroskopischen Präparat die Niederschlagsbildung das wesentliche Phänomen sei, zumal bei metachromatischen Farbstoffen die Farbe der im Reagensglas erzeugten Niederschläge mit derjenigen der an der Strukturoberfläche erzeugten „Niederschlags"färbung übereinstimmte, sich dagegen von derjenigen des im Wasser gelösten Farbstoffes und der mit ihm erzielten Durchtränkungsfärbung deutlich unterschied.

Einige Abbildungen werden das soeben Gesagte veranschaulichen. In Abb. 55 erkennt man sehr deutlich den Unterschied zwischen der hellblauen Durchtränkungsfärbung der elastischen Fasern und der violetten Niederschlagsfärbung an der Oberfläche der elastischen Fasern. Das zur Färbung benutzte Toluidinblau ist in Wasser mit blauer Farbe löslich, während der durch Ausflockung erzielbare Niederschlag rot gefärbt ist. Derselbe ist in Alkohol und warmen Wasser leicht löslich, dementsprechend erhalten wir das Bild der Abb. 56, wenn wir das sonst gleich wie Abb. 55 mit Toluidinblau gefärbte Nackenbandpräparat nicht mit kaltem, sondern mit heißem Wasser abspülen. Hierdurch wird die gesamte Niederschlagsfärbung gelöst und durch den gelösten Farbstoff die hellblaue Durchtränkungsfärbung verstärkt.

Sehr interessant sind die Kernbilder, die v. Möllendorff mittels basischer Farbstoffe erhielt. Bei ihnen sind Niederschlags- und Durchtränkungsfärbung in wechselndem Ausmaß je nach der physikalischen Natur des Farbstoffes miteinander kombiniert. Da die Präparate meist in Alkohol differenziert wurden, so lassen sie nicht ohne weiteres einen Schluß auf die Größe der ursprünglich primären Niederschlagsfärbung zu; dieselbe ist vielmehr durch die Alkohollöslichkeit des Niederschlages, der bei verschiedenen Farbstoffen verschieden groß ist, modifiziert; der Alkohol verändert das Färbungsbild außerdem durch die mehr oder minder ausgiebige Entfernung der Durchtränkungsfärbung, wobei sich der Einfluß der Teilchengröße stark geltend macht. Die „schärfsten" Kernfärbungen erhielt v. Möllendorff mit Bismarckbraun, Basler Blau und Neublau R. „Bei Bismarckbraun (Abb. 57) tritt im Alkoholpräparat die Durchtränkungsfärbung schon aus dem Grunde ganz zurück, weil dieser Farbstoff sehr leicht diffundiert, sich also auch in den dichteren Strukturen nicht zu halten vermag. Andererseits ist seine Neigung auszuflocken sehr groß; schon bei Überschichtung über Gelatine im Diffusionsversuch fällt der Farbstoff nach einigen Tagen in Brocken aus. Die tiefbraune Niederschlagsfärbung beschränkt sich durchaus auf das Kerngerüst, an dessen Oberfläche ebenso wie an der Oberfläche der Nucleoluskugel sich dunkelbraune Bröckchen vorfinden. Das Innere des Nucleolus ist ungefärbt. Dieselbe Beschreibung gilt für das Neublau" (Abb. 58).

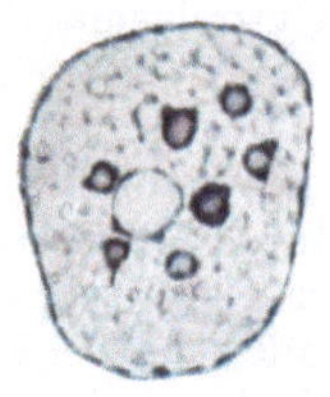

Abb. 58. Kern wie Abb. 57 fixiert. Färbung mit Neublau. R. Alkoholdifferenzierung. Niederschlagsfärbung rötlich. Durchtränkungsfärbung blau. (Nach v. Möllendorff 1924.)

„Das Extrem nach der anderen Seite sehen wir in zwei so verschiedenen Farbstoffen wie Rhodamin 0 und Viktoriablau. Bei Viktoriablau (Abb. 59) ist der Nucleolus lichtblau durchtränkt und nur von einer zarten Schicht von Flöckchen umgeben; das Chromatin erscheint zart. Die Niederschlagsfärbung ist also hier gering, die Intensität der Färbung sehr wesentlich durch die Durchtränkung mit Farbstoff bedingt.

Rhodamin 0 zeigt eine starke, leuchtend rote Durchtränkungsfärbung und eine schwache lichtblaue Niederschlagsfärbung, gehört also zu den metachromatischen Farbstoffen. Entsprechend der leichten Diffusionsfähigkeit des Farbstoffes ist in dem Präparat (Abb. 60) die Durchtränkungsfärbung nur in den Nucleolen und in pyknotischen Kernen erhalten geblieben, die demnach leuchtend rot hervortreten. Die Nucleolen sind von einer hellblauen bröckligen Kugelschale umgeben. Hellblau erscheint auch das Chromatin, die Kernmembran besitzt ebenfalls einen bläulichen Ton."

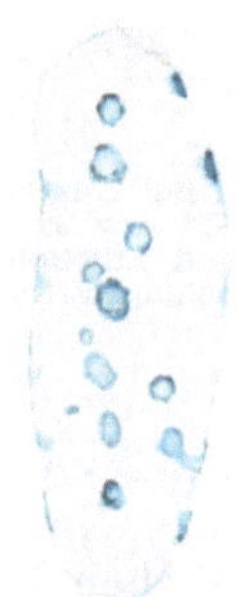

Abb. 59. Kern wie Abb. 57 fixiert. Färbung mit Viktoriablau 4. R. nach Alkoholdifferenzierung. Deutliche Durchtränkungs-, wenig Niederschlagsfärbung. (Nach v. Möllendorff 1924.)

Zwischen diesen beiden Extremen gruppieren sich nun die anderen basischen Farbstoffe, die teilweise ebenfalls metachromatisch sind.

Um das Wesen der Niederschlagsfärbung weiter aufzuklären, ging v. Möllendorff von der Erfahrung aus, daß entgegengesetzt geladene kolloidale Farbstoffe sich gegenseitig ausflocken. Es wurde daher im Reagensglasversuch geprüft, wie sich die verschiedenen basischen Farbstoffe gegenüber den sauren kolloidalen Farbstoffen Diaminblau und Trypanblau, ferner gegenüber der kolloidalen Phosphormolybdänsäure und der Hefenucleinsäure verhalten. Es zeigte sich, daß die basischen Farbstoffe mehr oder minder leicht sich durch diese sauren Kolloide ausflocken lassen, also verschieden flockungsbereit sind. Diese so erhaltenen Niederschläge, ferner noch durch NaOH-Zusatz erzielte

Ausfällung von basischen Farbstoffen wurden nun auf ihre Farbe und auf ihre Alkohollöslichkeit untersucht und mit den Niederschlägen verglichen, die im mikroskopischen Präparat erzielt worden waren. Die in der nachstehenden Tabelle aufgezeichneten Ergebnisse von v. MÖLLENDORFF (1924, 45) mit der Nucleinsäure, die sinngemäß auch für Diaminblau BB zutreffen, ahmen das Geschehen im Präparat völlig nach; denn Farbe und Alkohollöslichkeit des Nucleinsäureniederschlags stimmen überein mit der im mikroskopischen Präparat erzielten Niederschlagsfärbung; dagegen hat die durch NaOH zu erzielende Ausflockung bei den meisten Farbstoffen gerade umgekehrte Eigenschaften, als sie die Niederschlagsfärbung im Präparat aufweist. Wie diese Ausflockung zu deuten ist,

darüber wissen wir allerdings weder bei dem durch NaOH erzeugten Niederschlag, noch bei der Nucleinsäurefällung etwas Einwandfreies, wenn auch STEUDEL annimmt, daß das chemische Präparat Nucleinsäure mit den Farbbasen 4 säurige Salze bildet, wobei aber diese Reaktion nicht quantitativ abläuft.

„Soviel ist aber sicher, daß der beim Färben mit den basischen Farbstoffen im mikroskopischen Präparat entstehende Niederschlag sich nicht so verhält wie die durch Alkali in Freiheit gesetzte Farbbase, sondern wie das Fällungsprodukt des betreffenden basischen Farbstoffes mit sauren Kolloiden. Wir können deshalb also vorläufig annehmen, daß wir diese Erscheinungen im Präparat, die die „spezifische Hervorhebung der Zellkerne, Mastzellengranula, der Knorpelgrundsubstanz, des Schleims usw.

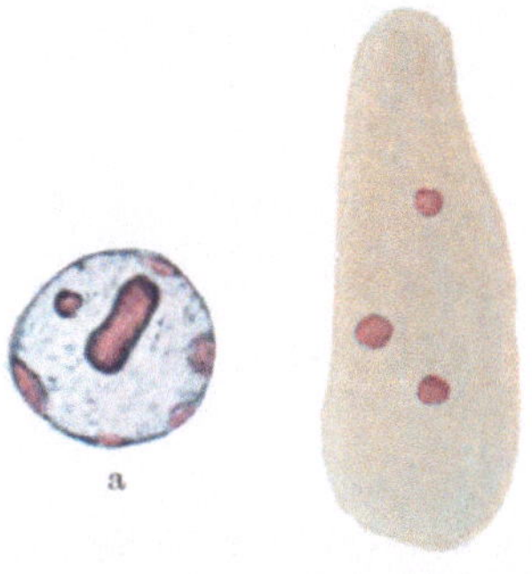

Abb. 60 a u. b. Kerne wie in Abb. 57 fixiert. Färbung mit Rhodamin O. Alkohol. Differenzierung. Niederschlagsfärbung hellblau, Durchtränkungsfärbung rot.
[Nach v. MÖLLENDORFF (1924).]

mit vielen basischen Farbstoffen bedingen, mit dem Vorhandensein kolloider anodischer Substanzen an diesen Orten in Beziehung bringen können. „Die Tatsache, daß solche Substanzen außer in den Kernen in den verschiedensten Strukturen vorkommen, verhindert aber", wie v. MÖLLENDORFF mit Recht bemerkt, „irgendwelche weitergehende Schlüsse über die chemische Natur der im Gewebe an dieser Reaktion beteiligten Substanzen zu ziehen".

Die Anwendung der Begriffe Durchtränkungs- und Niederschlagsfärbung erwies sich nun äußerst fruchtbar, um die Wirkungsweise der in der Mikrotechnik viel angewandten sog. Beizenfarbstoffe eingehender zu analysieren.

Farbstoff	Farbe des Niederschlages mit			Alkohollöslichkeit des Niederschlages aus		
	Nucleinsäure	NaOH	im Präparat	Nucleinsäure	NaOH	im Präparat
Rhodamin O . .	blau	0	blau	vollst.	0	sehr stark
Viktoriablau B .	blau	rot	blau	vollst.	zieml. stark	sehr stark
Methylviolett . .	violett	violett	violett	stark	stark	stark
Malachitgrün . .	grün	graubraun	grün	stark	fast 0	sehr stark
Methylengrün . .	grün	farblos	grün	stark	?	zieml. stark
Nilblausulfat . .	blau	rot	blau	wenig	sehr stark	mäßig
Methylenblau . .	blau	rötlich	blau	wenig	sehr stark	mäßig
Toluidinblau . .	rot	rot	rot	wenig	sehr stark	mäßig
Neublau R . . .	violett	?	violett	wenig	?	wenig
Pyronin	braun	gelbrot	gelbbraun	wenig	sehr wenig	wenig
Basler Blau R .	blau	blau	blau	sehr wenig	sehr wenig	sehr wenig
Thionin	rot	rot	rot	sehr wenig	sehr stark	sehr wenig
Bismarckbraun .	braun	braun	braun	sehr wenig	mittel	sehr wenig

v. MÖLLENDORFF und TOMITA konnten zeigen, daß durch die Beize die Diffusionsgeschwindigkeit und die Flockungsbereitschaft der „Beizenfarbstoffe" verändert wird und damit parallel gehend ihr färberisches Verhalten sich ändert, so daß „bei den Lacklösungen die gleichen Verteilungsgesetze im Prinzip walten wie bei basischen Farbstoffen". So „beruhen die Unterschiede im Färbetypus verschiedener (Eisenalaun-, Borax-, Aluminiumsulfat-, Chromalaun-) Hämatoxylin-Lacklösungen auf der verschiedenen Flockbarkeit und Diffusionsfähigkeit dieser Lösungen". Am überzeugendsten ist aber der Einfluß der Beize auf das physikalisch-chemische Verhalten des Gallaminblaus und auf dessen hiermit parallel gehendem Färbevermögen von v. MÖLLENDORFF und TOMITA

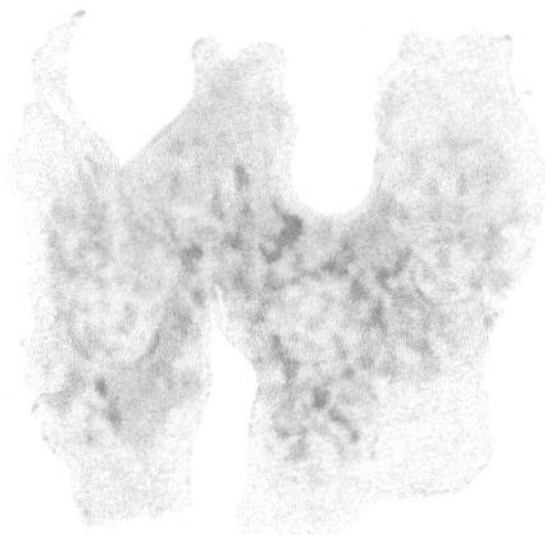

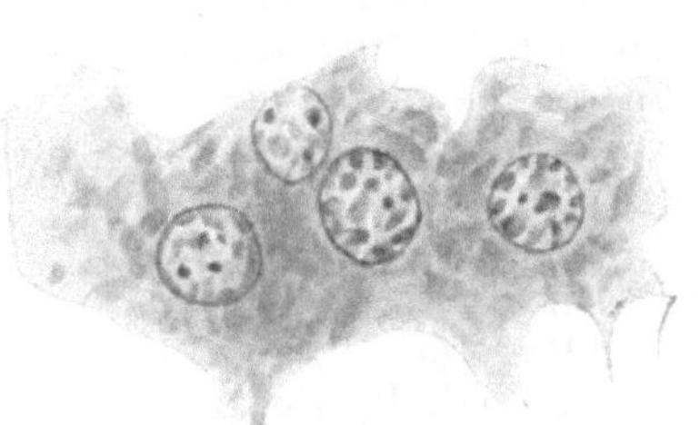

Abb. 61 a. 1,5 Stunden gefärbt in wässeriger Gallaminblaulösung; reine Durchtränkungsfärbung von Cytoplasma und Kernen.

Abb. 61 b. Gallaminblau in 0,5 %/₀iger Chromalaunlösung. 24 Stunden gefärbt. Beginn einer Niederschlagsfärbung der Kerne.

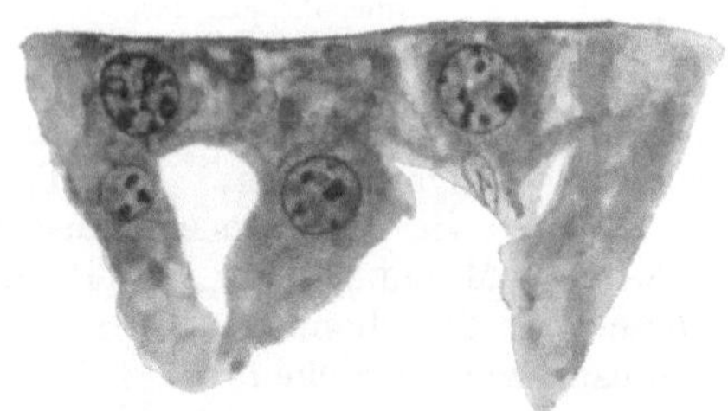

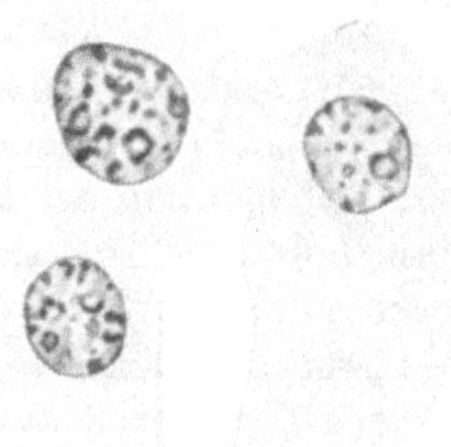

Abb. 61 c. Gallaminblau in 2,5 %/₀ iger Chromalaunlösung, 24 Stunden gefärbt. Durchtränkungs- und Niederschlagsfärbung des Cytoplasmas, Niederschlagsfärbung der Kerne sehr stark.

Abb. 61 d. Gallaminblau in 5,0 %/₀igerChromalaunlösung, 24 Stunden gefärbt. Reine Niederschlagsfärbung des Kernes. Cytoplasma ungefärbt. (Nach v. MÖLLENDORF und TOMITA 1925.)

Abb. 61 a—d. Gallaminblau in Wasser und in verschiedenen Konzentrationen von Chromalaun. (Leber der Maus.)

dargelegt worden. Das Gallaminblau färbt in wässeriger Lösung wie ein halbkolloidaler saurer Farbstoff, man erhält eine mäßig intensive reine Durchtränkungsfärbung des Cytoplasma und der Kerne (Abb. 61a).

Wie schon BECHER angibt, verändert ein Zusatz einer Beize, dem Chromalaun, das Färbungsbild grundlegend, denn man erhält an Stelle der diffusen Zellfärbung eine ideale Kernfärbung (Abb. 61d). „Optisch ist aus der reinen Diffusionsfärbung der wässerigen Lösung eine reine Niederschlagsfärbung der Chromalaunlösung geworden. Hierbei sind physikochemisch zwei Phänomene zu erklären: einmal der Fortfall der Durchtränkungsfärbung und zweitens das Auftreten der Niederschlagsfärbung. Beides gelang v. MÖLLENDORFF und TOMITA (1925) durch das Studium im Reagensglasversuch. Denn es zeigte sich einmal, daß die Diffusionsgeschwindigkeit der Gallaminblau-Chromalaunlösung erheblich größer ist, als die der wässerigen Gallaminblaulösung, wie folgende Tabelle zeigt, und wir wissen ja bereits (S. 72), daß eine Steigerung der Dispersität

Diffusion von je 10 ccm Gallaminblau-Chromalaun und Gallaminblau-Wasser in 5 ccm 10%iger Gelatine.

Zeit nach Versuchsbeginn	Chromalaun	Wasser
30 Minuten	1,5 mm	1,0 mm
2 Stunden	3,5 ,,	2,0 ,,
6 ,,	6,0 ,,	3,5 ,,
24 ,,	12,0 ,,	6,0 ,,
48 ,,	17,0 ,,	8,5 ,,
72 ,,	22,0 ,,	11,0 ,,
96 ,,	28,0 ,,	12,5 ,,
120 ,,	30,0 ,,	12,5 ,,

die Intensität der Durchtränkungsfärbung stark vermindert. Zweitens prüften v. MÖLLENDORFF und TOMITA die Flockungsbereitschaft des Gallaminblau in wässeriger Lösung und nach Zusatz von Borax und Chromalaun als Beizen.

Flockung von je 2 ccm Gallaminblau-Wasser, Gallaminblau-Borax, Gallaminblau-Chromalaun in Tropfen.

Flockungsmittel		Borax	Chromalaun	Wasser
Trypanblau	Beginn	—	3 (?)	—
	Maximum	—	?	—
	negativ bis zu	20	—	20
	Bemerkungen	—	Niederschlag sehr fein	—
Phosphormolybdänsäure .	Beginn	—	2—3	—
	Maximum	—	20—30	—
	negativ bis zu	20	—	20
Nucleinsäure	Beginn	—	1—2	—
	Maximum	—	15—20	—
	negativ bis zu	10	—	10

„Aus der Tabelle ergibt sich, daß eine Ausflockung nur mit der Chromalaunlösung gelungen ist. Diese stellt also eine sehr flockungsbereite Lösung dar. Bedenkt man, daß im mikroskopischen Präparat weder die wässerige noch die Boraxlösung eine Kernfärbung, d. h. Niederschlagsfärbung geben, daß dagegen die Chromalaunlösung eine äußerst prägnante Kernfärbung liefert, so ist", wie v. MÖLLENDORFF mit Recht bemerkt, „der Zusammenhang zwischen Flockbarkeit und Kernfärbevermögen (Niederschlagsfärbung) so klar demonstriert, wie man es nur wünschen kann."

Alle bisher referierten Untersuchungsergebnisse haben klar gezeigt, wie wichtig für den Erfolg der Färbung die physikalischen Eigenschaften der Materie sind. Das gilt sowohl für den Farbstoff wie für die zu färbenden histologischen Strukturen. Auf Seiten der letzteren sind wichtig die Strukturdichte, bzw. die Porengröße (PAPPENHEIM). Für den Farbstoff sind als wichtige physikalisch-chemische Konstanten festgestellt die Diffusionsgeschwindigkeit und die Größe der Flockungstendenz. „Ein chemisch bestimmt strukturierter Farbkörper gibt nur dann eine bestimmte Färbung, wenn er in die geeignete Lösungsform gebracht ist; andererseits kann man die verschiedensten chemisch abweichend strukturierten Substanzen zur gleichen Verteilung im Schnitte bringen, wenn man ihnen die gleichen physiko-chemischen Bedingungen gibt" [v. Möllendorff (1925)].

Ferner haben sich als für den Erfolg der Färbung wichtig erwiesen mehrere chemisch-physikalische Konstanten; einmal der saure bzw. basische Charakter der Farblösung, andererseits der saure bzw. basische Charakter der Zellkolloide oder sagen wir besser, der stärkere oder schwächere elektrische Ladungszustand der mehr oder minder dispersen Teilchen. Ob nun zwischen diesen verschieden geladenen Teilchen des Farbstoffes einerseits, der histologischen Struktur andererseits Reaktionen eintreten, hängt von dem ganzen Milieu ab, in dem diese Stoffe aufeinander treffen. Vor allem spielt hier, wie Bethe und Pischinger gezeigt haben, die Wasserstoffionenkonzentration (ph) eine ausschlaggebende Rolle.

Es wurde schon auf S. 74 darauf hingewiesen, daß die Wasserstoffionenkonzentration den Färbungseffekt beeinflußt, indem die Tinktion für saure Farbstoffe durch Säurezusatz und umgekehrt für basische Farbstoffe durch Alkalien vermehrt wird. Nach der Annahme von A. Fischer und v. Möllendorff beruht diese Steigerung der Färbekraft auf einer Verringerung der Dispersität der Farbstoffe durch die veränderte Wasserstoffionenkonzentration der Farblösung.

Pischinger konnte nun in einem „freien Diffusionsversuch" (Hydrodiffusion) zeigen, daß „die Änderung der Wasserstoffionenkonzentration in einer Methylenblaulösung zwischen ph 2,5—7,8 keine Änderung der Diffusionsgeschwindigkeit im Gefolge hat" und somit entgegen der Annahme von v. Möllendorff die Dispersität des Farbstoffes nicht durch die Wasserstoffionenkonzentration beeinflußt wird. Die entgegengesetzten Ergebnisse im Gelatinediffusionsversuch, wo tatsächlich eine veränderte ph die Diffusionsgeschwindigkeit wesentlich beeinflußt und die v. Möllendorff nach den bis dahin vorliegenden Erfahrungen der Kolloidchemiker auf eine Änderung der Teilchengröße der Farbstoffe bezog, sind für eine solche Dispersitätsänderung nicht maßgebend. „Solche Gelatinediffusionsversuche bei wechselnder C_H vermögen keinen Aufschluß über die Dispersität des Farbstoffes zu geben, wohl aber über das Ladungsverhältnis zwischen diesem und der Gelatine." Die von der jeweiligen ph abhängige elektrische Ladung der Gelatine soll nach Pischinger die verschiedenen Diffusionsgeschwindigkeiten, gleichzeitig aber und vor allem die eindringenden und verankerten Farbstoffmengen bestimmen. Im Gegensatz zu v. Möllendorff, der eine Veränderung des Farbstoffes bezüglich seiner Dispersität annahm, macht Pischinger für den von der C_H abhängigen Färbeeffekt Veränderungen des zu färbenden Substrates unter dem Einfluß der Wasserstoffionenkonzentration verantwortlich. Er kommt so zu der allgemeinen histologischen Färbungstheorie, daß der Färbeeffekt vor allem bedingt ist durch die elektrischen Ladungsverhältnisse der Gewebsbestandteile einerseits, der Farbstoffteilchen andererseits, wobei gleichnamig geladene Gewebs- und Farbstoffteilchen sich abstoßen, ungleichnamig geladene sich anziehen, und zwar um so stärker, je differenter ihre Ladungen sind.

Während aber v. Möllendorff diesen Kräften nur eine Rolle bei dem Zustandekommen der Niederschlagsfärbung zuweist, bei der ja saure Gewebskolloide mit basischen Farbstoffteilchen reagieren sollen, glauben Pischinger und vor ihm schon Bethe diesen elektrischen Adsorptionskräften bei allen Färbungsvorgängen eine ausschlaggebende Bedeutung zumessen zu sollen. Einen Hauptbeweis für die Richtigkeit ihrer Anschauung erblicken Bethe und Pischinger in der an verschiedenen Eiweißkolloiden und Gewebsbestandteilen festgestellten Tatsache, daß diese bei einer jeweils charakteristischen H-Konzentration ihr Färbevermögen fast völlig einbüßen (RHODE, PISCHINGER).

Während die positive elektrische Ladung basischer und die negative Ladung saurer Farbstoffe als so gesichert und konstant angesehen werden kann, daß praktisch bei den meisten Versuchsbedingungen eine Umladung von Farbstoffteilchen nicht stattfindet, wenn sie auch tatsächlich nicht ausgeschlossen ist (A. BETHE), so hat die Kolloidchemie andererseits gezeigt, daß zahlreiche Kolloide bei einer bestimmten, für jedes Kolloid charakteristischen H'-Konzentration ihre elektrische Ladung verlieren, „isoelektrisch" werden. Verändert man von diesem „Umladepunkt aus die H'-Konzentration in der einen oder anderen Richtung, so nimmt das entladene Kolloid entsprechend dem Milieu entweder eine positive oder eine negative elektrische Ladung an. Insofern, als die Umlade- oder isoelektrischen Punkte für die einzelnen Kolloide in einem jeweils charakteristischen, aber verschiedenen Bereich der H'-Konzentration liegen, kann man ein Kolloid als ein mehr positives oder negatives, bzw. basisches oder saures bezeichnen.

PISCHINGER untersuchte nun mittels der Kataphorese die Umladepunkte von Hühnereiweiß und alkoholfixierten Thymuskernen. „Die Teilchen von Hühnereiweiß strebten in einem Gemisch von ph = 7,0 — 4,2 zum positiven Pol, während bei ph = 3,3 die Richtung bereits zur negativen Elektrode umgeschlagen hatte. In einem Bereich von $C_h = 10^{-3,3} - 10^{-4,2}$ wäre also der isoelektrische Punkt des verwendeten Hühnereiweißes unter den gegebenen Bedingungen zu suchen." „Die Kerne der alkoholfixierten Thymus wanderten bei ph = 7,0, resp. 4,2 und, wenn auch schon langsamer, bei 3,3 zur Anode, bei 2,7 und 2,2 dagegen schon zur Kathode. Der Umschlagspunkt ist also zwischen $10^{-3,3}$ und $10^{-2,2}$ zu suchen."

PISCHINGER bestimmte weiterhin auf colorimetrischem Wege, wieviel Farbstoff eine bestimmte Menge Hühnereiweiß und Thymus aus einer gleichmäßig konzentrierten Farblösung, aber bei verschiedener ph derselben absorbieren. Als Farbstoffe benutzte er das basische Toluidinblau und das saure Cyanol, die beide hochgradig dispers sind und bereits annähernd reinen Elektrolytcharakter zeigen, und die außerdem keine andersartigen Nebengruppen (basisch oder sauer) besitzen.

Die Ergebnisse waren kurz folgende: „In den Adsorptionsversuchen zeigt jedes der untersuchten Eiweißkolloide und Gewebe (außer Hühnereiweiß und Thymus wurden noch Gelatine und Knorpel untersucht), bei einer ihm eigentümlichen H'-Konzentration der Farblösung einen raschen Verlust des Farbbindungsvermögens und zwar ist diese Abnahme für Cyanol nach der alkalischen, für Toluidinblau in umgekehrtem Sinne nach der sauren Seite gerichtet". „Der Reaktionsbereich, in dem sich diese rasche Abnahme vollzieht, stimmt, soweit untersucht werden konnte, mit dem Umschlagsbereiche in der kataphoretischen Wanderungsrichtung der in Frage kommenden Substanzen überein, kann also mit der Lage ihres isoelektrischen Punktes in Zusammenhang gebracht werden."

ph	mg Toluidinblau	
	pro g Farblösung	pro g Adsorbens
2,7	0,499 (0,496)	0,222 (0,138)
3,3	0,499 (0,497)	0,325 (0,199)
4,2	0,487 (0,478)	6,03 (4,50)
6,05	0,48 (0,434)	9,89 (17,71)
7	0,467 (0,408)	16,22 (23,59)
7,6	0,466 (0,397)	17,19 (26,22)
7,75	0,457 (0,407)	21,19 (19,57)

Wie die vorstehende Tabelle zeigt, bei der die Farbkonzentration in der Farblösung und im Adsorbens angegeben sind, wobei die mit Klammern versehenen Zahlen sich auf Gelatine, die anderen auf Hühnereiweiß beziehen, waren die Farbkonzentrationen in den Substraten nach dem Versuch im sauren Bereich (ph 2,7 und 3,3) um mehr als 50% geringer als in den Außenlösungen. Es müssen also Kräfte vorhanden sein, welche den Farbstoff hindern, mit dem Quellungswasser in die Gelatine einzudringen. In diesem Sinne kann man gleichsam von einer negativen Adsorption der betreffenden Farbstoffteilchen sprechen.

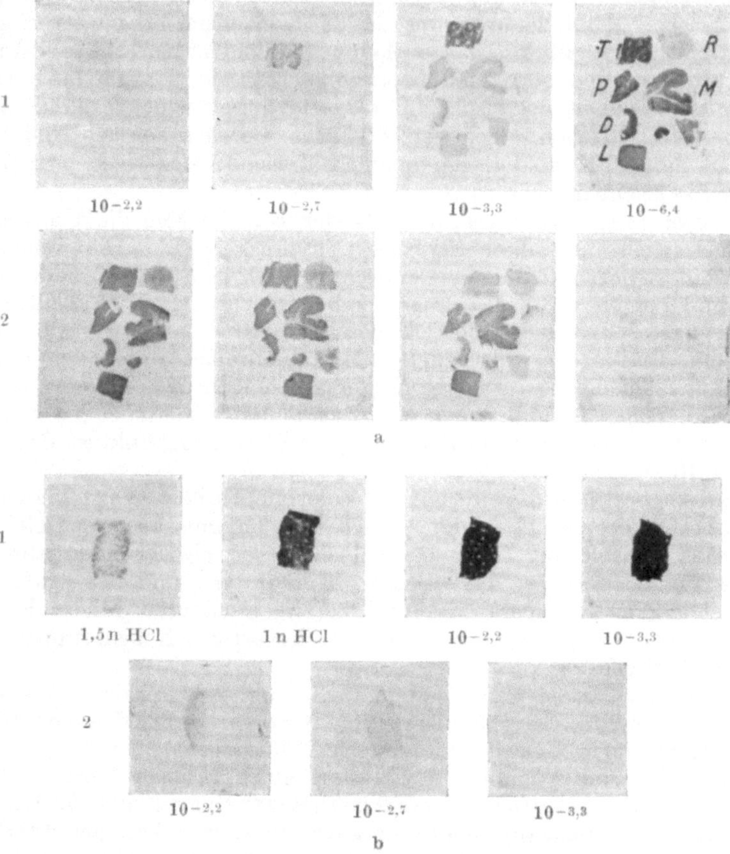

Abb. 62 a u. b.   Makroskopische Intensitätsunterschiede bei Färbung von Organschnitten (a) und Rippenknorpel Kalb (b) mit Toluidinblau (1) und Cyanol (2) bei verschiedenen H-Ionenkonzentrationen (Alkoholfixierung). Zu a: T Thymuskalb, R Rückenmark Kaninchen, P Pankreas Meerschwein, M Magenfundus Mensch, D Duodenum Meerschwein, L Leber Meerschwein. Zu b: 2. Reihe: Die schwache Färbung der Schnitte rührt von der Färbung der Zellkerne und des Plasmas mit Cyanol her. (Nach Pischinger 1926.)

Andererseits wird bei maximaler Adsorption 100- bzw. 200mal soviel Farbstoff in der Volumeneinheit aufgenommen als bei minimaler." Der Umschlag von negativer zu positiver Adsorption entspricht annähernd dem durch Kataphoreseversuch festgestellten isoelektrischen Punkt.

„In den histologischen Versuchen konnten die seinerzeit von Bethe beschriebenen Tatsachen, daß bei einer fortschreitenden Änderung der C_h die Gewebe sich immer schwächer färben und in verschiedenen Bereichen aufhören, sich zu färben, bestätigt, ergänzt und in analoger Weise auch bei der

Färbung mit Cyanol beobachtet werden. Färbt man eine Serie von Schnittpräparaten bei verschiedener C_h mit Toluidinblau, eine andere mit Cyanol, so kann man schon makroskopisch eine Abnahme in der Färbungsintensität der einzelnen Organe erkennen, der für den basischen Farbstoff (Toluidinblau) nach der sauren, für den sauren (Cyanol) nach der alkalischen Seite gerichtet ist, wie Abb. 62 deutlich zeigt. Die Intensitätsabnahme der verschiedenen Schnitte erfolgt aber nicht gleichzeitig; man sieht z. B. in den Toluidinblaupräparaten, daß der Schnitt durch das Rückenmark schon bei ph = 3,3 makroskopisch nicht mehr zu sehen ist, während sich Thymus auch bei ph = $10^{-2,7}$ noch schwach färbt und Knorpel erst bei mehr als 1 n HCl-Gehalt der Farblösung deutlich abblaßt. Mikroskopisch bildet sich noch ein viel mannigfaltigeres Bild, indem die einzelnen Gewebselemente bei ganz verschiedener C_H sich nicht mehr färben lassen. Da im Prinzip diese Erscheinungen die gleichen wie im Adsorptionsversuch darstellen, erscheint es möglich, mit der Färbung bei variierter ph die isoelektrischen Punkte von Gewebsbestandteilen für den Zustand, in dem sie im fixierten Präparat vorliegen, annähernd zu bestimmen. Die gewonnenen Werte können im Sinne NISSLS als Äquivalentbilder genommen werden. So zeigt nachfolgende Tabelle die Lage der raschen Färbungsabnahme verschiedener Gewebsbestandteile und die vermutliche Lage ihrer Umladungspunkte."

	ph Bereich der Abnahme	ph des Umladepunktes
Kernchromatine:		
Knorpelzellen	2,2—3,3	2,7
Lymphzellen	2,2—3,3	2,7
Thymuszellen.	2,7—3,3	3,0
Glatte Muskelzellen	2,7—4,2	3,3
Leberzellen	2,7—4,2	3,3
Substanzen plasmatischer Herkunft:		
Leber	3,3—6,0	4
Glatte Muskel	3,3—6,0	4,2
Magen:		
Hauptzellen (granulierte Substanz)	3,3—4,2	4,0
Belegzellen	4,2—6,4	6,0
Sekrete:		
Schleim der Brunerdrüsen	2,2	2,2 (?)
Schleim der Becherzellen, Duodenum . . .	2,6—4,2	3,3
Pankreasgranula	bei 7 noch schwach mit Cyanol gefärbt	7 (?)
Nervöse Elemente:		
Nißl-Granula	2,2—3,3	2,7
Neurofibrillen	4,2—6,4	5,6
Knorpel:		
Territoriale Substanz	2—1 n HCl	1,5 n
Interterritoriale Substanz	1,5—$^1/_2$ n HCl	1 n

Knorpel und Thymus: Kalb, Magen: Mensch, Rückenmark: Kaninchen. Die übrigen Organe: Meerschweinchen. Die Zahlen sind schätzungsweise erhoben und verstehen sich auf die bei der Färbung eingehaltenen Verhältnisse (nach PISCHINGER, 1926, S. 185).

„Es ergibt sich die interessante Tatsache, daß selbst die isoelektrischen Punkte der Chromatine bei gleich behandelten und fixierten Präparaten nicht in den gleichen C_H-Bereich fallen, und ferner die Möglichkeit, bestimmte, durch ihre extremen Ladungsverhältnisse charakterisierte Gewebsbestandteile von den übrigen ohne weitere Differenzierung im Schnitt färberisch hervorzuheben; so kann man mit einer Toluidinblaulösung, deren ph sich zwischen dem Färbungsabfall der Fibrillen (ph = 4,2) und dem der Nisslschollen (ph = 2,2—3) bewegt, ein reines Kern-Nisslbild erreichen (Abb. 63)."

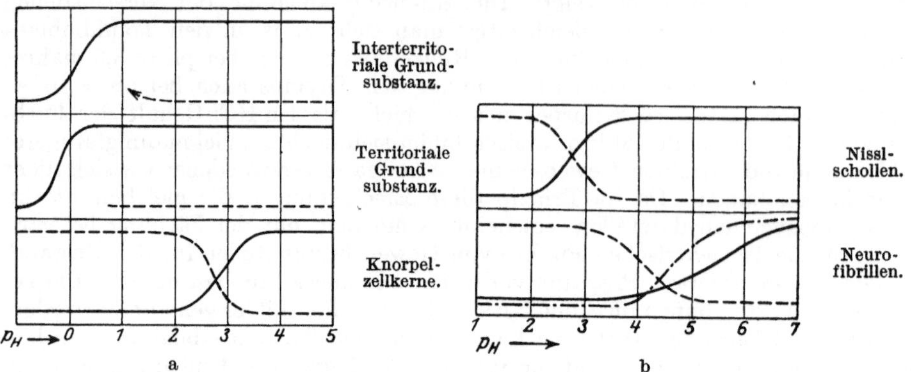

Abb. 63 a u. b. Schematische Kurven über die Färbung einiger Bestandteile; a des Knorpels; b des Rückenmarks bei variierter C_h.

— — — Cyanol; — Toluidinblau mit $\frac{m}{100}$ Puffer; — · — · — Toluidinblau mit $\frac{m}{10}$ Puffer.
(Nach Pischinger 1926.)

Warum „man mit substantiven sauren Farbstoffen nicht eine den basischen entsprechende scharfe Kernfärbung erzielen kann", sucht Pischinger auf Grund seiner theoretischen Vorstellungen folgendermaßen zu erklären. Er bedient sich dazu der Abb. 64 und sagt: „Ich habe hierin getrachtet, schematisch den Grad und den Sinn der Ladung von Kern (Chromatin) und „Plasma" der glatten Muskelfasern anschaulich zu machen. Auf der Abscisse sind die ph von 2—6 aufgetragen. Die Ordinate zeigt in ihrem oberen Teil den Grad des anodischen Wanderungssinnes (der negativen Ladung), in ihrem unteren Teil des kathodischen Wanderungssinnes (d. i. der positiven Ladung) der genannten Strukturen. Wo die Kurven die Abscissen schneiden, wären die betreffenden isoelektrischen Punkte gelegen. Aus der Abb. 64 geht hervor, daß der Kern solange stärker geladen als das Plasma ist, als beide negativ geladen sind. Treten sie jedoch positiv geladen auf, dann kehren sich die Verhältnisse um; es erscheint nunmehr das Plasma stärker geladen als der Kern".

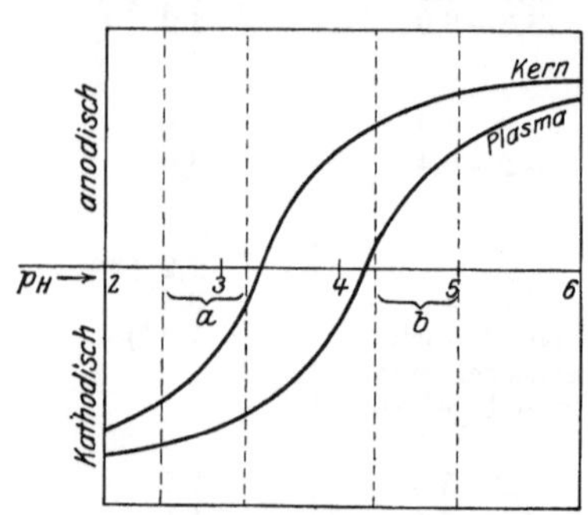

Abb. 64. Ladungsschema von Kern und Plasma (von glatten Muskelfasern) bei variierter H-Ionenkonzentration.
(Nach Pischinger 1927.)

„Für die Färbung ergibt sich folgender Schluß:

Im Bereich a) muß der positive, im Bereich b) der negative Farbstoff versagen, weil sie den Geweben gleich geladen sind. Im Bereiche b) erzielte man mit dem entgegengesetzt geladenen (positiven) Farbstoffe eine Färbung in der Weise, daß die Kerne entsprechend ihrer stärkeren Ladung mehr Farbstoff aufnehmen als das Plasma. Im Bereich a) hingegen muß ein saurer Farbstoff die Kerne schwächer tingieren als das Plasma, da nunmehr dieses stärker geladen als jene erscheint. In der Tat kann man diese Umkehr der Färbungsverhältnisse im Präparat verfolgen. Der Kern bleibt bei der Tinktion mit dem sauren Farbstoffe innerhalb eines gewissen Bereiches im Plasma ausgespart."

Was nun die Beziehungen der von PISCHINGER an fixierten Präparaten erzielten Resultate zu dem unfixierten oder lebenden Gewebe angeht, so ist PISCHINGER der Meinung, „daß durch die Fixierung durch indifferente Flüssigkeiten (Alkohol oder Formol) keine so großen Änderungen in der Lage des isoelektrischen Punktes hervorgerufen werden, als daß man nicht wenigstens das zur Geltung bringen könnte, was NISSL mit dem Begriff des Äquivalentbildes zum Ausdruck brachte. Denn es ist unwahrscheinlich, daß die relative Lage der Umladungspunkte verschiedener Gewebe zueinander durch die angewandte Technik wesentlich verschoben werde."

Das Endresultat seiner Untersuchungen faßt PISCHINGER folgendermaßen zusammen: „Der Einfluß der Strukturdichte kommt erst dann zur Geltung, wenn die Möglichkeit einer Farbaufnahme durch ein günstiges Ladungsverhältnis zwischen Farbstoff und Substrat gegeben ist". Die einzelnen Gewebsbestandteile sind relativ zueinander und zu den Farbstoffen mehr negativ oder positiv geladen und erweisen sich infolgedessen als acidophil oder basophil. In Übereinstimmung mit KELLER nimmt PISCHINGER „elektrische Kräfte als die Ursache der Färbung an".

Während für PISCHINGER auf Grund seiner „spezifisch elektrostatischen Auffassung des Wesens der histologischen Färbung" „es angebracht erscheint, die Bezeichnung saure und basische Gewebe, welche eigentlich mehr einen chemischen Charakter tragen, durch negativ und positiv elektrisch geladen zu ersetzen", betonen die Anhänger der chemischen Theorie der histologischen Färbung grade die Fähigkeit der Eiweißkörper, entweder als Basen oder als Säuren zu reagieren, um daraus die Hypothese abzuleiten, daß der Färbevorgang eine echte chemische Reaktion darstellt, bei der eine Salzbildung zwischen Gewebe und Farbstoff sich vollzieht.

Von EHRLICH stammt die Unterscheidung histologischer Substrate in basophile, acidophile und neutrophile, die ersteren bevorzugen basische Farbstoffe, die zweiten saure Farbstoffe, während die neutrophilen sog. neutrale Farbstoffe, d. h. farbsaure Salze von Farbbasen binden. „Die chemischen Gewebsaffinitäten sollen nach dieser Vorstellung imstande sein, das Farbsalz zu sprengen und die freigemachte Farbbase- bzw. Farbsäure an sich zu ketten, etwa nach den Formeln: Salzsaure Farbbase + Gewebe = gewebssaure Farbbase + NaCl und farbsaures Na + Gewebe = farbsaure Gewebsbase + NaCl. Die verstärkende Wirkung basischer Zusätze auf basische, diejenige saurer auf saure Färbungen wird durch erleichterte Spaltung der Farbsalze erklärt" [EISENBERG (1926)].

Die Wirkungsweise der sog. Beizenfarbstoffe wird von den Anhängern der chemischen Theorie „in Anlehnung an die EHRLICHsche immunochemische Symbolik" (EISENBERG) dahin gedeutet, daß die Beize als Amboceptor mittels einer Affinität an das Gewebe, mittels einer anderen an den Farbstoff sich verankert und auf diese Weise eine gefärbte Tripelverbindung entsteht.

Durch die Anwendung der heterogenen Farbstoffgemische, die basische und saure Farbstoffe enthalten, wie z. B. das BIONDIgemisch: Methylgrün-Säurefuchsin-Orange soll es also gelingen, basophile und acido- (oxy-)phile Gewebsbestandteile voneinander zu trennen. Die Tatsache, daß neben absolut basophilen (wie z. B. den Mastzellgranula) und absolut oxyphilen (eosinophilen Granula der Leukocyten) Gewebsbestandteilen die Mehrzahl der histologischen Strukturelemente zwar aus dem heterogenen Gemisch nur eine Art Farbstoff aufnimmt, bei alleiniger Anwendung des konträren Farbstoffes aber auch mit diesem sich färbt, wird durch die Annahme zu erklären versucht, daß die meisten

Eiweißkörper Ampholyte sind, neben einem ausgesprochen basischen auch noch sauren Charakter besitzen und umgekehrt.

Während durch die heterogenen Farbgemische der allgemeine chemische Charakter der Gewebselemente, ob baso- oder acidophil, festgestellt wird, soll weiterhin nach der chemischen Theorie durch die Anwendung der homogenen Farbstoffgemische, die also entweder nur basische oder saure Farben enthalten, weitere Aufklärung über die chemischen Affinitäten der Gewebsbestandteile gewonnen werden. Wenn also nach der Färbung von UNNA-PAPPENHEIM gewisse Bestandteile des Kerns sich grün, andere sich rot färben, oder bei der VAN GIESONfärbung das elastische Gewebe gelb, das kollagene rot erscheint, so soll das auf der verschiedenen chemischen Affinität der durch das Farbgemisch different dargestellten Strukturen beruhen. Aus dem differenten Ausfall der Färbung werden also direkt Schlüsse auf die differente chemische Beschaffenheit der gefärbten Strukturen gezogen.

Aber es wird selbst von den Anhängern der chemischen Färbetheorie zugegeben, daß die farbanalytische Bestimmung der Eiweißkörper doch nur in beschränktem Maße möglich ist, selbst ein so begeisterter Vertreter wie UNNA schreibt: „Soweit sind wir heute noch nicht, daß wir aus der chemischen Natur des Chromophors der verwandten Farbe, etwa der Azogruppe oder Nitrogruppe, bereits einen sicheren Schluß auf die chemische Natur des gefärbten Gewebsteils machen könnten, wenn diese Art der Schlußfolgerung auch als schließlicher Erfolg einer fernen Zukunft uns immer vorschweben mag."

So ist denn, wie UNNA zugibt, „nur eine Färbungsdiagnose in der tierischen Gewebschemie" zu allgemeinerer Anerkennung gekommen, die „Methylgrünfärbung der Nucleine", und auch hier ist nicht einmal Einigkeit darüber erzielt, ob es sich bei der Methylgrünfärbung des Kerns, dieser „Chromatin"-färbung „par excellence", um eine besondere chemische Affinität zwischen Nucleinsäure und Farbbase handelt, oder ob, wie UNNA meint, die „oxypolare" Affinität von größerer Bedeutung ist, indem das „absolut reduktionsfeindliche Methylgrün" zur Färbung der sauerstoffreichen sauren Kerneiweiße besonders geeignet ist und daher außer dem Nuclein auch noch Mastzellgranula und Knorpelgrundsubstanz färbt.

Ferner macht UNNA (1917, S. 6) darauf aufmerksam, daß die Tatsache, daß die meisten Strukturbestandteile sowohl mit basischen wie mit sauren Farbstoffen, wenn auch verschieden gut, sich färben lassen, nicht nur im Sinne von EHRLICH und HEIDENHAIN sich durch die Annahme deuten läßt, daß ein einheitlicher Eiweißkörper mit ampholyten Eigenschaften hier vorliegt, sondern daß vielmehr die Vorstellung ebensogut, wenn nicht, wie UNNA meint und durch seine „Chromolyse" (siehe später) zu beweisen versucht, besser sich begründen läßt, daß, „wenn irgendein Strukturelement sich mit konträren Farben färbt, es eben kein chemisch einheitliches Gebilde, vielmehr ein Gemisch von sauren und basischen Eiweißen ist".

Überblicken wir das dargelegte Tatsachenmaterial, so ist eine befriedigende einheitliche Deutung zur Zeit wenigstens nicht möglich, ja teilweise klaffen auch noch ungeklärte Widersprüche zwischen den Angaben der einzelnen Forscher, die sich in der Auswertung ihrer vermeintlichen Befunde oft zu sehr von einseitigen theoretischen Vorstellungen leiten lassen. Grade aber diese scheinen mir von Übel zu sein, zumal es als höchstwahrscheinlich bezeichnet werden muß, daß „es eine einheitliche Färbungstheorie gar nicht geben kann, da die Färbung eine Reihe verschiedener Vorgänge umfaßt je nach der Art des vorliegenden Substrates und der benutzten Farbstoffe" (EISENBERG).

Gerade in neuester Zeit mehren sich auch wieder die Angaben aus der technischen Färberei, daß verschiedene teils physikalische, teils chemische, teils kolloid-chemische Vorgänge bei der Färbung eine Rolle spielen. So berichtet, um nur ein Beispiel zu nennen, soeben K. H. MEYER über Färbeversuche an Acetatseide, „die als aliphatische Ester den Lipoiden nahesteht", und findet, daß es sich bei seinen sauren Farben um eine „Lösung" der Farbe in der Acetatseide handelt, die sich dabei wie „eine zähe Flüssigkeit, wie ein Glasfluß" verhält, während eine Oberflächenadsorption dabei keine Rolle spielt. Wohl aber zeigen basische Farbstoffe, wie PANETH gezeigt hat, ausgesprochen die Neigung, sich an der Oberfläche der Acetatseide zu fixieren, wobei sich an der Grenzfläche Acetatseide-Wasser eine einfache Schicht von Farbstoffmolekülen, mit dem organischen Rest in der Seide, mit dem hydrophilen ins Wasser ragend, anlagert, ein Vorgang, der analog der Niederschlagsfärbung ist, die v. MÖLLENDORFF mit den gleichen basischen Farbstoffen an histologischen Strukturoberflächen beobachtete. Daß übrigens auch saure Farbstoffe, wenn sie hochkolloidal sind, an der Faseroberfläche sich niederschlagen, zeigen Versuche von HALLER, der mit sauren Polyazostoffen, wie Kongorot, Benzopurpurin Baumwollfasern nur an der Oberfläche gefärbt erhielt, und sie als regelrechte Adsorption deutet. Wieder anders sind die Färbevorgänge bei der Wolle und Seide, tierischen Eiweißkörpern, bei denen neben der Lösung der Farbstoffe, wie er bei der Acetatseide allein zur Beobachtung gelangte, außerdem noch eine richtige chemische Reaktion, eine Salzbildung zwischen saurem Farbstoff und Gewebe von K. H. MEYER und seinem Mitarbeiter nachgewiesen wurde. Mit Recht bemerkt K. H. MEYER, daß die Wolle und Seide als tierische Eiweißkörper, die Acetatseide aber als den Lipoiden nahestehend wohl besonders geeignet für weitere Modellversuche sind, um auch für den Histologen klärend zu wirken, besser jedenfalls als die in der Biologie so oft zu Modellversuchen benutzte Tierkohle, die nach ihrem Adsorptionsvermögen unter allen organischen Körpern eine Ausnahmestelle einnimmt und keinem im Organismus vorhandenen Gebilde irgendwie auch nur im entferntesten ähnlich ist." Auf diesem Wege wird es vielleicht möglich sein, die komplizierten Färbevorgänge auf ihre einzelnen Komponenten zurückzuführen.

Vorläufig jedenfalls müssen wir noch auf eine zu weitgehende chemisch-physikalische Ausdeutung der histologischen Färberesultate verzichten. Aber dieser Verzicht überhebt uns nicht einer Stellungnahme zu der prinzipiellen Frage, worin denn nun eigentlich die Bedeutung der histologischen Färbung für den Morphologen und Cytologen liegt, und welche Kritik an den färberischen Befunden notwendig ist.

Unzweifelhaft hat die histologische Färbung ihre Hauptaufgabe in der Verdeutlichung von Strukturen durch den Ersatz des Lichtbrechungsbildes durch das viel besser wahrnehmbare Farbenbild. Hierbei ist aber, was bisher vor den Untersuchungen VON MÖLLENDORFFS jedenfalls nicht genügend oder gar nicht betont worden ist, wohl zu beachten, daß durch die Bildung von Niederschlägen an der Oberfläche eine Vergröberung der real vorhandenen Struktur verursacht werden kann, wobei es um so schwieriger wird, zu entscheiden, ob ein gefärbtes Etwas in toto einer präformierten Struktur entspricht, oder ob hier eine Vergröberung durch Oberflächenniederschläge vorliegt, je kleiner eine von einer Niederschlagsfärbung betroffene Struktur ist [v. MÖLLENDORFF (1924, 37)].

Über das Ausmaß der hierdurch bedingten histologischen Fehlerquelle sind sich v. MÖLLENDORFF und PISCHINGER allerdings nicht einig. PISCHINGER schätzt dieselbe gering ein. Er meint, daß die sog. Niederschlagsfärbung durch die Adsorption des Farbstoffes an Zellkolloide zustande kommt, und daß die adsorbierten Farbstoffteilchen stets von ultramikroskopischer Größenordnung seien. Der Farbstoff ist an die bereits durch die Fixierung gefällten

Gewebsbestandteile gebunden, es liegen aber „keine Farbflocken mikroskopischer Größenordnung, sondern gefärbte Flocken vor". „Um von einem konkreten Fall zu sprechen, wären demnach jene Flocken, welche an der Oberfläche eines Kernkörperchens gelegen sind, als gefärbte negative Eiweißkörper anzusprechen". Ihre Deutung durch v. Möllendorff (Abb. 57—60) ist dagegen eine andere. Auch er nimmt ein an der Kernkörperchenoberfläche befindliches saures Kolloid an, das den basischen Farbstoff zum Ausflocken veranlaßt, nur daß diese Flocken, großenteils aus Farbstoffteilchen bestehend, zu mikroskopischer Größenordnung heranwachsen und nun als neuentstandene Niederschläge ein Kunstprodukt darstellen, welches, der vorhandenen Struktur aufgelagert, dieselbe vergröbert.

Aber wenn wir auch Pischinger zugeben müssen, daß vorläufig vom kolloidchemischen Standpunkt nicht ohne weiteres einzusehen ist, warum soviel Farbstoffteilchen an den Strukturoberflächen niedergeschlagen werden, daß sie mikroskopisch sichtbar werden — eine Bindung könnte nach Pischinger doch nur soweit vor sich gehen, als freie Valenzen an der betreffenden Stelle vorhanden sind — so gibt die Erfahrung der Histologen zumindest bezüglich der Beizenfarbstoffe doch der Anschauung v. Möllendorff recht. Bei diesen kann nicht geleugnet werden, daß z. B. bei einer Eisenhämatoxylinfärbung eines Centriols es von dem Grade der späteren Differenzierung in hohem Maße abhängt, wie groß das Centriol durch mehr oder minder weit getriebene Auflösung des an seiner Oberfläche entstandenen Farb-Niederschlages erscheint. Es ist das Verdienst v. Möllendorffs, auch für die „flockungsbereiten" basischen Farbstoffe eine solche Niederschlagsfärbung und dadurch bedingte mögliche Strukturvergröberung nachgewiesen zu haben. Während aber v. Möllendorff eine ähnliche Niederschlagsfärbung durch saure Farbstoffe leugnet, glaube ich, daß auch durch geeignete hochkolloidale saure Farbstoffe eine Niederschlagsbildung von Farbstoffpartikelchen an basischen Gewebskolloiden sich erzielen läßt. Genau so wie Haller durch saure hochkolloidale Farbstoffe Niederschlagsbildung an der Oberfläche von Baumwollfasern erzielte und damit das Gegenstück für die Niederschlagsfärbung durch basische Farbstoffe an Acetatseidenfasern im Modellversuch geliefert hat, so kann man durch hochmolekulare saure Farbstoffe (Pyrrholblau, Nachtblau) namentlich im sauren Milieu die Grenzflächen der Zellen und Kerne intensiv anfärben, wahrscheinlich auch durch Niederschlagsbildung an diesen Grenzflächen.

Auf jeden Fall muß der kritische Cytologe mehr als bisher sich bewußt sein, daß nicht nur bei der Beizenfärbung, sondern auch bei allen flockungsbereiten basischen, vielleicht sogar auch bei den kolloidalen sauren Farbstoffen durch die Färbung das reale Strukturbild durch Niederschläge an der Strukturoberfläche vergröbert und feinere Einzelheiten verdeckt werden können. Es muß entschieden davor gewarnt werden, die Ergebnisse der histologischen Färbung ohne die nötige Kritik bis ins einzelne und bis in die kleinsten Details strukturell auszuwerten.

Noch mehr gilt natürlich diese Warnung gegenüber allen Bestrebungen, aus dem Ausfall der histologischen Färbungen Schlüsse auf die Beschaffenheit der gefärbten Strukturen, sei es in physikalischer, sei es in chemischer Hinsicht, zu ziehen. In dieser Beziehung ist von seiten der Histologen durch voreilige, unbegründete Schlüsse sehr viel gesündigt worden.

Im Gegensatz zu der Meinung von Heidenhain und namentlich Unna, dem extremen Verfechter der chemischen Theorie der Färbung, unterliegt es nach den Forschungen von A. Fischer, Pappenheim und namentlich v. Möllendorff keinem Zweifel, daß bei den Färbungen mit homogenen, namentlich sauren Farbgemischen die Dichte, bzw. Porengröße der Strukturen für die

Verteilung der Farbstoffe im Präparat von großer Bedeutung ist. Der kolloidalere, langsam diffundierte Farbstoff färbt zunächst die lockeren, der gleichzeitig oder vorher angebotenen diffusiblere Farbstoff die dichteren Strukturen an.

Daß für das Haften des Farbstoffes an den Strukturen andere Faktoren, vor allem elektrokolloidale, von Bedeutung sind, wird für die basischen Farbstoffe auch VON MÖLLENDORFF zugegeben, für die sauren, allerdings, wie mir scheint, nicht mit zureichenden Gründen bestritten. Denn PISCHINGER hat für die Theorie von BETHE und MICHAELIS den Nachweis erbracht, daß für das Haften des Farbstoffes an den Strukturen, und die Menge, die von den Strukturen aufgenommen wird, das Verhältnis der elektrischen Ladung der Struktur einerseits, zu der des Farbstoffes andererseits verantwortlich zu machen ist. Wenn wir daher auch, im Gegensatz zu v. MÖLLENDORFF, die in der Histologie eingebürgerten Namen oxyphile und basophile Gewebsbestandteile insofern beibehalten können, als wir durch den jeweiligen Ausfall der Färbung (namentlich bei Anwendung heterogener Farbgemische) einen Anhalt darüber bekommen, ob und wie stark ein fixiertes Strukturelement + oder — elektrisch geladen ist, so erfahren wir über die chemische Zusammensetzung dadurch so gut wie gar nichts. Denn ob ein durch die Färbung als saure bzw. — geladen erwiesene Struktur nun Nucleinsäureverbindungen oder andere saure Eiweiß- bzw. Lipoideiweißverbindungen enthält, bleibt unentschieden. Bei dem gegenwärtigen Stand der Forschung sind auf jeden Fall Schlüsse auf den chemischen Charakter eines Strukturbestandteiles, die sich auf eine besonders chemische Affinität zu bestimmten Farbstoffen gründen, nur in seltenen Fällen begründet.

E. Mikrochemische Untersuchungsmethoden einschließlich Nuclealreaktion und Chromolyse.

Während so „die Bedeutung der histologischen Färbemethoden für die Chemie der Zelle außerordentlich gering ist" (PRATJE), hat die Anwendung der eigentlichen mikrochemischen Untersuchungsmethoden schon manchen wertvollen Aufschluß über die chemische Zusammensetzung bestimmter Strukturelemente der lebenden Masse erbracht. Es handelt sich bei dieser Forschungsmethode darum, die Methodik der Makrochemie auf die viel kleineren Verhältnisse der Zelle in zweckmäßiger Weise zu übertragen, „denn die mikrochemischen Methoden müssen selbstverständlich außerordentlich fein und genau sein, da ja innerhalb der Zellen und Gewebe nur sehr geringe Mengen der betreffenden Stoffe zur Verfügung stehen, die durch charakteristische, unter dem Mikroskop kontrollierbare Reaktionen, durch Fällungen oder Lösungen nachgewiesen werden sollen" [PRATJE (1920)]. Auf eine prinzipielle Schwierigkeit sei gleich hingewiesen, das ist die Frage der Lokalisation. Denn entsteht z. B. durch die Behandlung des Zellmaterials ein gefärbter, für einen chemischen Stoff charakteristischer Niederschlag, so kann dieser, namentlich wenn er wasserlöslich ist, von dem Ort seiner Entstehung wegdiffundieren und bei späterer Untersuchung an ein ganz fremdes Strukturelement gebunden erscheinen. Der Schluß, daß in diesen gefärbten Strukturteilchen der Farbstoff entstanden und deshalb in ihm die durch die chemische Reaktion nachgewiesene chemische Verbindung enthalten sei, wäre durchaus irrig.

Wegen aller Einzelergebnisse der histochemischen Untersuchungsmethodik muß auf die Darstellungen von PRATJE (1920), MACALLUM (1908), STÜBEL (1920), NOLL (1924), auf die Histochemie von MOLISCH, auf die physiologische Histologie von MANN (1902), sowie auf die technischen Angaben in der Encyklopädie der mikroskopischen Technik, sowie im Taschenbuch von Romeis (1924) hingewiesen werden. Hier sei nur folgendes gesagt:

Auf mikrochemischem Wege durch Erzeugung charakteristischer, oft farbiger Niederschläge ist der Nachweis einer großen Reihe von Elektrolyten in den Zellen und Geweben einwandfrei gelungen und auch ihre Lokalisation und Verteilung aufgeklärt worden, so der für das Knochenbildungsproblem wichtige Nachweis von Ca und K, ferner von Fe in freier und maskierter Form, von Cu, von Phosphor, Chlor und Jod. Die Abb. 65—67 sollen die Anwendung und die Brauchbarkeit neuerer, mikrochemischer Elektrolytreaktionen auf das Verkalkungsproblem bei der Osteogenese illustrieren.

Abb. 65. Menschlicher Embryo. Ende des 7. Monats. Schädeldecke. Calciumnachweis nach v. Kossa. Nur die zentralen, „verkalkten" Partien der Knochenbälkchenanlagen haben eine stark positive Reaktion. Alle übrigen Gewebsteile geben eine negative Reaktion. (Nach W. Schulze 1925.)

Weiter haben sich die mikrochemischen Methoden für die Bestimmung chemisch einfach gebauter Zellbestandteile, die als Paraplasma bezeichnet werden, als recht brauchbar erwiesen, ich nenne vor allem den auf diesem Wege erbrachten Nachweis von Glykogen und Stärke, von Fettstoffen und von einfachen Eiweißkörpern (Millons Reagens, Ninhydrinreaktion usw.).

In methodologischer Hinsicht ist vor allem der Nachweis der Fettstoffe interessant. Einmal besitzen wir im Sudan und Scharlach Farbstoffe, die durch ihre besondere Löslichkeit im Fett dieses intensiv und elektiv gefärbt hervortreten lassen. Ein weiterer Farbstoff, das blaue Nilblausulfat, färbt Neutralfette durch die in wässeriger Lösung abdissoziierte rote Farbbase rot, Fettsäuren dunkelblau, ein Gemisch aus beiden lila (Eisenberg). Die Meinung, daß diese Farbnuance charakteristisch für bestimmte chemische Fettverbindungen sei, hat sich allerdings nicht bestätigt (ESCHER, BÖHMINGHAUS). Der zweite Weg zum Nachweis von Fett benutzt die Löslichkeit in starkem Alkohol, Äther, Benzol, Xylol, Chloroform, so daß in dem mit den gebräuchlichen histologischen Methoden hergestellten Paraffinschnitt das Fett völlig gelöst ist und die Stellen, wo es gelegen war, als Lücken erscheinen. Durch besondere Fixierungsmethoden kann diese Löslichkeit des Fettes herabgesetzt, bzw. ganz aufgehoben werden, so ist osmiertes Fett relativ schwer in Xylol, Äther, fast gar nicht in Alkohol, Chloroform löslich, gleichzeitig zeigen alle ungesättigten Fettverbindungen eine charakteristische, durch Reduktion des OsO_4 bedingte Schwarzfärbung, während andere Fettverbindungen zunächst nur gebräunt und erst

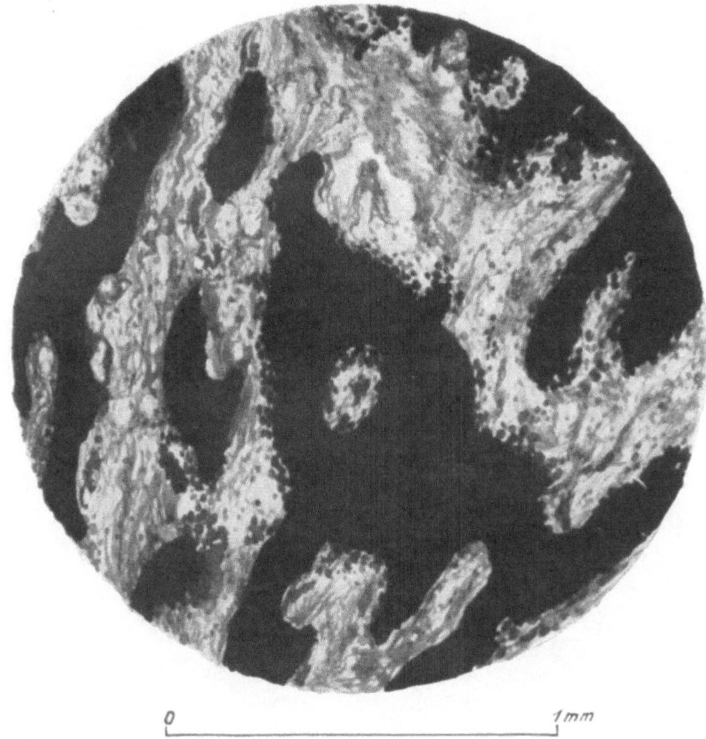

Abb. 66. Rinderembryo. N-S-Länge 9,5 cm. Schädeldach. Phosphatnachweis nach ROEHL. Stark positive Reaktion der Knochenbälkchenanlagen peripher bis zu den Osteoblastenreihen. Positive Reaktion der Osteoblasten, schwächer positive Reaktion der kollagenen Bindegewebsfasern. (Nach W. SCHULZE 1925.)

in $70^0/_0$ Alkohol sekundär geschwärzt werden. Durch rauchende Salpetersäure und Salzsäure, sowie Schwefelsäure wird das Fett mikroskopisch nicht verändert, bei Zusatz von Kali-Ammon bilden sich ferner aus dem Fett charakteristische Seifenkrystalle [A. MEYER (1920, S. 276, 277)].

Schwieriger und unsicherer ist der mikrochemische Nachweis der sog. Lipoide, ihre Unterscheidung gegeneinander und gegenüber gewöhnlichen Fetten. Man vgl. den Artikel Lipoide in der Encyklopädie der mikroskopischen Technik. (3. Aufl. 1926).

Die Befunde von ASCHOFF (1910), KAWAMURA (1912) u. a. hat GROEBBELS (1927) in folgender Tabelle zusammengestellt (S. 92).

Am wenigsten geklärt ist die Mikrochemie der Eiweißverbindungen, was um so weniger wundernehmen darf, weil auch die Makrochemie dieser kompliziert gebauten Stoffe noch ungenügend erforscht ist. Besonders verdient haben sich auf diesem Forschungsgebiet die Botaniker SCHWARZ (1887), HEINE (1895),

	Sudan III u. Scharlach R.	Nilblau-sulfat	Neutral-rot	Doppel-brechung
Neutralfette (Glycerinester) .	rot	rot	—	—
Lipoide (Phosphatide) . . .	gelbrot	blau	+	+
Cholesterinester	gelbrot	rotviolett	—	+
Seifen und Fettsäuren . . .	gelbrot	blau	+	—

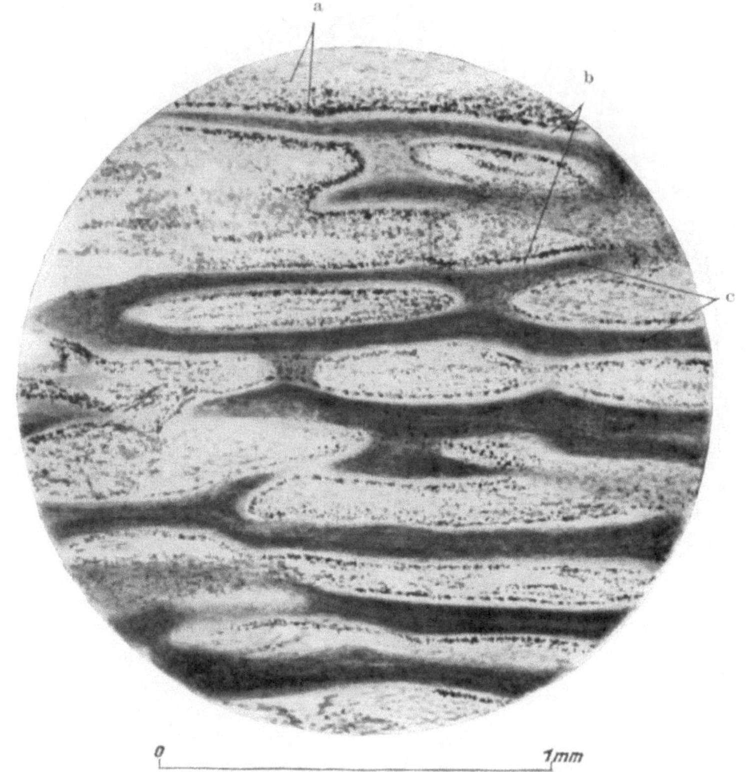

Abb. 67. Menschlicher Embryo. Ende des 7. Monats. Schädeldach. Kaliumnachweis nach MACALLUM. a Osteoblastenreihen mit stark positiver Reaktion. b Osteoide Säume mit negativer Reaktion. c Zentrale „verkalkte" Balkenteile mit positiver Reaktion. (Nach W. SCHULZE 1925.)

ZACHARIAS (1896), später dann A. MEYER (1920) und neuerdings GROSS (1917) gemacht. Gute Zusammenstellungen der Ergebnisse finden sich bei ZIMMER-MANN (1896), bei A. MEYER (1920), TISCHLER (1922), PRATJE (1920), PRENANT (1910, 1921), MANN (1902), PARAT (1927). Das Prinzip ist folgendes: Auf die lebende oder durch Alkohol fixierte Zelle läßt man bei verschiedener Tem-peratur eiweißlösende oder -fällende Mittel einwirken und beobachtet, welche Strukturbestandteile gelöst, welche erhalten bleiben. Als Reagenzien werden benutzt verschieden stark konzentrierte Salzlösungen, Säuren, Alkalien, ver-dauende Fermente wie Pepsin-Salzsäure, Tyrosin. Die kritischen Bedenken sind folgende: „Die mikrochemischen Reaktionen finden, wenn man sie mit lebendfrischen Zellen anstellt, immer ein Beisein von zahlreichen im Zellsaft gelösten Stoffen statt, z. B. Salzen, Gewebstoffen, Säuren, welche die Reaktionen beeinflussen können (A. MEYER). 2. Die aus Eiweißstoffen bestehenden Strukturen sind nicht aus einer Eiweißspecies gebildet, sondern es sind Gemische von mehreren Eiweißkörpern bzw. Verbindungen mit Lipoiden. 3. Vor allem aber werden durch die genannten Reagenzien die mikroskopischen Strukturen, deren chemische Zusammensetzung wir prüfen wollen, in ihrer Form außerordentlich verändert, ohne daß diese Formveränderung etwa nur auf Lösung oder Fällung der Eiweißbestandteile zu beruhen braucht. Vor allem spielt hier die Quellung durch osmotische Einwirkungen eine schwer zu analysierende Rolle. 4. Diese Veränderung des physikalischen Zustandes der Strukturbestandteile, wodurch deren Lichtbrechungsverhältnisse sich völlig ändern können, macht eine Entscheidung über eine vollständige oder teilweise Lösung durch die Reagenzien häufig unmöglich; so sagt SCHWARZ hinsichtlich der 20% Kochsalzeinwirkung auf die Kerne: „daß bei dem Mangel einer Struktur in der gequollenen Masse man sich fragen kann, ob das Chromatin, die achromatische Gerüstsubstanz und die Grundsubstanz alle nur gequollen oder ob die eine oder die andere derselben sich auch gelöst hat".

Um diesem Übelstand wenigstens teilweise abzuhelfen und nicht mehr allein auf die Lichtbrechungsdifferenzen angewiesen zu sein, haben schon SCHWARZ und vor allem ZACHARIAS ihren lösenden und verdauenden Lösungen Farbstoffe zugesetzt. In planmäßigen Versuchen hat UNNA (1921) chemische Lösung bzw. Fällung einerseits, histologische Färbung andererseits in der von ihm „Chromolyse" benannten Untersuchungsmethodik zu vereinigen versucht. „Das Wesentliche und Neue der Chromolyse ist die planmäßige und konsequente Verbindung von Lösung und Färbung." „Die Chromolyse erweist das positive Lösungsergebnis durch das negative Färbungsresultat." „Wir schließen auf das Vorhandensein eines bestimmten Eiweißes nur aus dem Fällungs- und Lösungsergebnis, die wir mit Sicherheit aber nur an gefärbten Präparaten feststellen können. Wir schließen nicht mehr aus einer bestimmten histologischen Färbung auf ein chemisches Individuum, sondern umgekehrt aus der Lösung oder Nichtlösung des irgendwie färbbaren Gebildes auf seine chemische Natur."

Es sei hier kurz ein typischer Chromolyseversuch von UNNA (1926) teilweise mit seinen eigenen Worten geschildert. „In bezug auf die Technik der Chromolyse ist das erste Erfordernis, bei der Färbung und Lösung von jeder vorhergehenden Fixation des Gewebes abzusehen", da die entstehenden Metalleiweißverbindungen ganz andere Lösungseigenschaften haben als die natürlichen Eiweiße. Für die Chromolyse ist daher nur durch Ausstrich und Hitze fixiertes Zellmaterial brauchbar, ferner Gefrierschnitte von lebendem Material, allenfalls noch Celloidinschnitte von alkoholfixierten Organen. Als Beispiel diene uns das großzellige Epithel eines spitzen Kondyloms. Zunächst wird ein Gefrierschnitt in Methylgrün-Pyronin-Carbol gefärbt. Die Kernwände und Kerngerüste sind blaugrün, Kernkörperchen und Cytoplasma mit Pyronin rot gefärbt. Ein zweiter Schnitt wird 12 Stunden bei Körperwärme in destilliertes Wasser gelegt und dann ebenfalls mit Methylgrün-Pyronin gefärbt. Bei ihm sind wieder Kerngerüste blaugrün, Kernkörperchen rot gefärbt, dagegen das Cytoplasma ungefärbt geblieben. UNNA schließt aus diesem Ergebnis, daß im destillierten Wasser ein saures Eiweiß, die nach seinen Angaben auch im destillierten Wasser nachweisbare Cytose gelöst worden ist. Ein dritter Schnitt wird 12 Stunden in 2% Kochsalzlösung gekocht, bei Färbung mit Methylgrün-Pyronin färbt sich nunmehr nur noch das Kerngerüst blaugrün, dagegen findet das Pyronin nichts mehr zu färben. Außer der Cytose ist nunmehr auch das Globulin, ein im Kernkörperchen befindliches Eiweiß ausgezogen. Ein vierter mit 5% Salzsäure in der Kälte vorbehandelter Schnitt bleibt mit demselben

Farbgemisch schließlich ganz ungefärbt, nunmehr sind alle sauren Eiweiße, auch das mit Methylgrün färbbare Nuclein gelöst. Wird dieser selbe Schnitt, der ungefärbt den Eindruck macht, als ob er noch ganz unabgebaut sei, mit Hämatein-Alaun gefärbt, so färbt sich sowohl das Kerngerüst wie das Kernkörperchen noch ebenso, als wenn der Schnitt nicht mit Salzsäure vorbehandelt wäre. Diese mit Hämatein-Alaun färbbare sog. Mittelschicht von Eiweiß-Mesoplastin (nach Gutstein von sauren Lipoiden) wird erst durch 15% HCl-Behandlung gelöst. Nunmehr bleibt noch eine Grundschicht basischer Eiweiße in Zelleib und Zellkern übrig, der sich mit sauren Farben, z. B. Bordeau, noch intensiv färben läßt. Zu ihrer weiteren Erforschung wendet nun Unna noch homogene Gemische saurer Farben an, mit denen sich die verschiedenen basischen Eiweiße noch verschieden stark (elektiv) anfärben lassen.

Gegen die Beweiskraft der Chromolyseversuche und namentlich die weitgehenden Schlußfolgerungen von Unna lassen sich aber sehr schwerwiegende Einwände erheben, die namentlich von v. Möllendorff sehr energisch betont worden sind. Unna berücksichtigt viel zu wenig die Veränderungen vom lebenden in den toten Zustand seines Untersuchungsmaterials. Denn das Gefrierenlassen, die Behandlung der Schnitte mit konzentrierten Farb- und Salzlösungen, ferner mit Säuren setzt eingreifende, nicht nur chemische, sondern vor allem auch physikalische Veränderungen, die schon bei der Kritik der mikrochemischen Untersuchungsmethode im allgemeinen hervorgehoben wurden und natürlich ebenso bei der Chromolyse eintreten. Diese physikalischen Veränderungen in der Strukturdichte, von der doch, wie v. Möllendorff gezeigt hat, die Verteilung der Farbstoffe und damit das ganze Färbungsresultat weitgehend abhängig ist, werden von Unna überhaupt nicht diskutiert. Als extremer Anhänger der chemischen Theorie der histologischen Färbung schließt er aus differenter Färbung aus homogenen sauren oder basischen Farbgemischen ohne weiteres auf chemische Eiweißdifferenzen; aus dem Ausbleiben einer Färbung nach der Vorbehandlung mit Salz- und Säurelösungen auf eine Lösung färbbarer Eiweißkörper, ohne dabei die Möglichkeit zu diskutieren, ob nicht durch die Chromolyse der physikalische Zustand der betreffenden Struktur so verändert worden ist, daß aus diesem Grunde die Farbe schlechter an ihr haftet. Wir müssen daher, glaube ich, zur Zeit den Standpunkt v. Möllendorffs durchaus teilen, daß die Schlußfolgerungen Unnas bezüglich der mikrochemischen Zusammensetzung der Zellstrukturen, soweit sie sich auf die Ergebnisse der Chromolyse gründen, „solange mit großer Skepsis zu betrachten sind, bis dieselben auch den wichtigen physikalischen Faktoren der Farbstoffverteilung Rechnung tragen". Es ist zu wünschen, daß eine kritische Nachprüfung unter diesen Gesichtspunkten bald erfolgt, vorläufig hat die Chromolyse bei den eigentlichen Histologen noch keine Mitarbeiter gefunden, dagegen haben sich neuerdings einige Bakteriologen und Pathologen, so J. Schumacher und Gutstein, der chromolytischen Methodik bedient, namentlich zur Untersuchung der Bakterien und der Hefezelle. Zu einer völligen Ablehnnng der Chromolyse ist ganz neuerdings Wermel (1927) bei seinen Untersuchungen über die Kernsubstanzen gekommen.

In mancher Hinsicht ähnelt die Nuclealfärbung zum mikrochemischen Nachweis der Thymonucleinsäure, die Feulgen und Rossenbeck angegeben haben, der Chromolyse von Unna. Denn auch bei ihr sollen im histologischen Präparat chemische Veränderung erzielt und diese dann durch eine charakteristische und spezifische Färbung sichtbar gemacht werden.

Bei Nuclealfärbung wird das allerdings vorher regelrecht fixierte Gewebe in $^{1}/_{12}$-Salzsäure bei 60° 4 Minuten lang hydrolysiert, dadurch sollen die Purinkörper der Zellkerne gespalten und reduzierende Aldehydgruppen frei werden.

Nunmehr wird der Schnitt in fuchsinschweflige Säure gebracht, mit ihr verbinden sich die durch die Hydrolyse freigewordenen Aldehyde zu einem intensiv rotvioletten Farbstoffe, der die Kerne elektiv färbt.

Die Einwände, die gegen diese Nuclealreaktion vorgebracht worden sind, sind folgende:

1. Sie ist keine spezifische Nucleinsäurereaktion, vielmehr nur eine allgemeine Aldehydreaktion (PRATJE).

2. Durch die Hydrolyse wird der physikalische Zustand der Kernstrukturen verändert. BERG hat die Berechtigung dieses Einwandes, durch genaue Vergleiche und Messungen nicht hydrolysierter und hydrolysierter vorher nach verschiedenen Methoden fixierter Kerne geprüft. Seine Resultate sind folgende: „Die Kerne von frisch fixiertem Sublimatmaterial verändern sich durch die Hydrolyse durch Quellung im Sinne einer allgemeinen Vergrößerung, dann aber auch in ihren feineren Strukturen. Größere Chromatinbrocken können aufgelockert, mehr oder weniger aufgebläht werden, ja bis auf Reste verschwinden. Von kleineren Chromatinpartikeln kann die Mehrzahl gelöst werden, der Rest verquellen. So können vor der Hydrolyse vorhandene basophile Strukturen vermindert werden und dafür kann nach der Hydrolyse an Stellen im Kern, wo vorher keine Basophilie nachweisbar war, Nuclealfärbung auftreten, also im kleinsten Maßstab ein der sekundären Färbung vergleichbarer Effekt hervorgebracht werden. Die Nucleolen können manchmal sehr stark vergrößert sein. Auch die Quellung mikroskopisch nicht strukturierter Bestandteile des Kerns kann partiell sein (Vakuolenbildung). Kerne von Sublimatmaterial, welches lange Jahre in Alkohol gelegen oder in Paraffin eingebettet war, ebenso frisch fixiertes ZENKERmaterial zeigte sich dagegen gegen die strukturändernde Wirkung der Hydrolyse als unempfindlich.“

3. Die Aldehyde, die durch Hydrolyse abgespalten sind, bzw. der mit fuchsinschwefliger Säure entstehende Farbstoff diffundieren von dem Ort ihrer Entstehung fort und bewirken eine von BERG als sekundär bezeichnete Färbung benachbarter Strukturbestandteile, welche selber keine Nucleinsäure enthalten haben. Dieser von v. MÖLLENDORFF auch der Nuclealfärbung gemachte Einwurf ist indes in diesem Falle wohl (abgesehen von den oben von BERG erhobenen Befunden) nicht stichhaltig, da zum mindesten die Aldehyde, wie FEULGEN selber gezeigt hat, nicht diffusibel sind und durch 24stündiges Wässern der hydrolysierten Schnitte nicht aus den Kernstrukturen entfernt werden können. Dagegen ist dieser Vorwurf der sekundären Färbung sicher bei mehreren anderen Methoden berechtigt, wo auch auf mikrochemischem Wege Farbstoffe in den Geweben erzeugt werden.

Ist es schon bei der sog. Ninhydrinreaktion zum mikrochemischen Nachweis niederer Eiweißkörper bzw. Eiweißabbauprodukte, bei welchen durch Reaktion zwischen diesen und dem Ninhydrin ein blauer, im histologischen Sinne saurer Farbstoff entsteht, nicht ganz leicht, zwischen der eigentlichen Reaktion in situ und einer sekundären Färbung der benachbarten Strukturelemente zu unterscheiden (BERG), so verlieren die Angaben von UNNA über die färberische Darstellung sog. Sauerstoff- und Reduktionsorte, weil sie diesen Faktor überhaupt nicht in Erwägung ziehen, viel von ihrem Wert.

UNNA behandelt Gefrierschnitte mit einer ungefärbten Rongalit-Methylenblaumischung. Nach einiger Zeit bläuen sich dann bestimmte Strukturen des Schnittes, nach der Meinung von UNNA, weil diese Strukturen Sauerstoff leicht abgeben und die Methylenblauleukoverbindung oxydieren. Umgekehrt nennt UNNA diejenigen Gewebsbestandteile, die sich nach einer Behandlung mit Kaliumpermanganat braun färben, Reduktionsorte. Die Rongaliteiweißmethode hat eine scharfe Kritik von seiten SCHNEIDERs und OELZEs erfahren, gegen die

Kaliumpermanganatmethode Unnas zur Darstellung der Reduktionsorte wendet sich v. Möllendorff. „Wenn wir auch zugeben, daß die Braunfärbung des Substrates einer Reduktionswirkung zu verdanken ist, so vermögen wir nicht einzusehen, warum diese Reduktionswirkung von bestimmten Teilen des Gewebes stärker ausgegangen sein soll als von anderen."

Denn, wie v. Möllendorff gezeigt hat, entsteht unter der allgemeinen Einwirkung des Gewebes aus dem hochdiffusiblen und deshalb gar nicht färbenden Kaliumpermanganat ein brauner, wenig diffusibler, hochkolloidaler Farbstoff, der sich nunmehr nach den allgemein von v. Möllendorff für die Durchtränkungsfärbung gültigen Regeln im Gewebe verteilt, dessen Strukturdichten für den Ausfall der Färbung maßgebend ist. Es ist daher nach der Meinung von v. Möllendorff bisher kein Beweis erbracht, daß die braungefärbten Strukturen auch der Sitz der Reduktionswirkung sind, er lehnt mit Recht die umgekehrte Schlußfolgerung Unnas ab, „daß saure Farben ganz allgemein eine „Affinität" zu Reduktionsarten haben, nur weil das Manganbild mit dem durch Färbung mittels sauren Farben erzielten prinzipiell weitgehend übereinstimmt".

Mit Recht warnt v. Möllendorff „vor der vielverbreiteten Bereitwilligkeit, Färbungsorte für Tätigkeitszentren zu halten" und diese Warnung richtet sich auch gegen den Versuch, bestimmte Fermente namentlich oxydierender Art, die durch färberische Reaktion darstellbar sind, in bestimmte Strukturen hineinzulokalisieren, nur weil diese die Farbreaktion geben. So haben z. B. Winkler und Gräff eine auf einer Indolphenolblausynthese durch Oxydationsfermente beruhende sog. Nadireaktion angegeben, durch die in weißen Blutkörperchen und anderen Zellen blaugefärbte Granula sich darstellen lassen. Aber Gräff hält es keineswegs für ausgemacht, daß die Oxydase-Granula grade auch die Träger des oxydierenden Fermentes seien. Ein weiteres Oxydationsferment soll nach Bloch (1917) durch die sog. Dopareaktion nachweisbar sein. Sie findet sich in Bd. 3, S. 50 u. 55 besprochen und kritisiert.

Ich schließe die Ausführungen mit einem Hinweis auf den interessanten Streit, der sich kürzlich über den allgemeinen Wert der biochemischen Arbeitsmethode zur Analyse der Zelle erhoben hat.

Sehr skeptisch haben sich zwei physiologische Chemiker darüber geäußert. In seiner Schrift „Die Grenzen der biochemischen Methodik in der Biologie 1923" kommt Brunswik zu dem Ergebnis: „So wertvoll und unentbehrlich die mikrochemische Methode für die verschiedensten Zweige der Naturwissenschaften ist, so wenig kann sie infolge zu geringer Empfindlichkeit und zu wenig subtiler Lokalisation als biologische oder Zellmikrochemie bei der Lösung der Stoffwechselprobleme und weiterhin der Formwechselfragen entscheidend mitwirken. Versuche in dieser Richtung müssen aus theoretisch errechenbaren Gründen zu völligem Mißerfolg führen. Denn die mikrochemischen Reaktionen besitzen eine Erfassungsgrenze von durchschnittlich $0,01{-}10\ \gamma$, für die Zellmikrochemie würden Reaktionen mit einer Erfassungsgrenze von $0,02{-}0,000001\ \gamma$ die problemlösenden sein". Ebenso pessimistisch spricht sich A. Mayrhofer über die „Anwendungsmöglichkeiten qualitativer mikrochemischer Reaktionen bei der Untersuchung tierischer Organe" (1925) aus. Als Beispiel weist er auf eine der empfindlichsten mikrochemischen Reaktionen, den Nachweis des Eisens als Berlinerblau hin. „In der Literatur wird als Empfindlichkeitsgrenze $0,002\ \gamma$ Fe angegeben. Angenommen den einfachsten Fall, eine würfelförmige Zelle von $30\ \mu$ Kantenlänge habe aufgerundet einen Kubikinhalt von $30\,000\ \mu^3$. Das spezifische Gewicht der Zelle samt Inhalt als 1 angenommen, würde ein Gewicht von $0,03\ \gamma$ ergeben. Diese müßte also, um das Eisen noch nachweisen zu können, mindestens $0,002\ \gamma$ Fe, also rund $10^0/_0$

enthalten, tatsächlich beträgt der Eisengehalt aber nur 0,005—0,01%. Gegen diese Art der Berechnung wendet sich mit Recht GICKLHORN (1927). „Solche Berechnungen sind vom Standpunkt des Chemikers aus gewiß instruktiv, für den Biologen sind sie aber gegenstandslos, da für ihn ganz andere Verhältnisse in Betracht kommen. Denn 1. sind inhomogene Reaktionsräume für mikrochemischen Nachweis in biologischen Substraten eben gegeben und die Annahme homogener Zellverbände auch als günstigste Vereinfachung ist illusorisch. 2. Trifft die wichtigste Voraussetzung solcher Berechnungen, nämlich der diffusen Verteilung einer bestimmten Substanz, nicht zu. 3. Können die für homogene Medien in der Literatur normierten Empfindlichkeiten und Erfassungsgrenzen keinen Maßstab für die Reaktionen in strukturiertem Substrat darstellen, sondern sind erst zu bestimmen."

Tatsächlich wird denn auch das Fe durch die Berlinerblau-Reaktion nur in bestimmten Stellen, wo es gespeichert vorliegt, nachgewiesen. So werden nach der Meinung von GICKLHORN bei gebührender Mitbeachtung der physikalischen Seite auch heute für unüberwindlich gehaltene Schwierigkeiten in der Mikrochemie wegfallen oder sich bei weitem nicht in dem Maße geltend machen, als es derzeit der Fall ist. So hält GICKLHORN im Gegensatz zu BRUNSWIK und MAYRHOFER die mikrochemische Methodik, trotz unvermeidlicher Schwächen und Versager in einzelnen Fällen, doch für geeignet, an der Lösung der „physikalisch-chemischen" Analyse der Zelle und Gewebe mitzuarbeiten.

F. Methoden zur Bestimmung von Volumina und Oberflächen mikroskopischer Strukturteile.

Waren die zuletzt besprochenen Methoden der Qualitätsuntersuchung gewidmet, so kommt der quantitativen Bestimmung von Struktureinheiten durch genaue Messungen ihrer Volumina und Oberflächen in der mikroskopischen Anatomie sowohl der Organe wie der Zellen keine geringere Bedeutung zu, namentlich wenn es sich darum handelt, die biologische Wertigkeit in ihrer Funktion unbekannter Strukturen zu ermitteln. Da genaue Messungen immer sehr zeitraubend, oftmals auch bei Strukturteilen von sehr unregelmäßiger Form oder von sehr geringen Dimensionen technisch sehr schwierig auszuführen sind, so mag die Tatsache, daß genaue und ausgedehnte Quantitätsbestimmungen in der mikroskopischen Anatomie bisher so wenig ausgeführt worden sind, erklärlich erscheinen. Es ist aber meiner Meinung nach ein dringendes Erfordernis für die Zukunft, daß das Interesse der mikroskopischen Anatomen sich dieser Forschungsmethodik mehr als bisher zuwendet, und häufiger von Messungen Gebrauch gemacht wird.

Es ist hierbei einmal festzustellen das absolute Volumen (bzw. die Oberfläche) einer Struktureinheit und deren relatives Verhältnis zu den Volumina anderer, namentlich genetisch oder funktionell nahestehender Einheiten, wie etwa: HASSALscher Körperchen-Thymus-Gesamtkörper, oder Hodenzwischensubstanz — generativer Hodenanteil-Gesamthoden oder Chromosomen-Kern-Zelle. Zweitens aber ist es erforderlich, die Schwankungen der absoluten und der relativen Volumina bzw. Oberflächen solcher Systemanteile zueinander während einer möglichst eindeutig bestimmten Funktionsphase zu registrieren, also z. B. bei der Thymus während der wechselnden Altersperioden, oder beim fortschreitenden Hungerzustand, beim Hoden während und nach der Brunstperiode.

In den relativ wenigen Fällen, wo solche quantitativen Bestimmungen ausgeführt worden sind, haben sie bereits reiche Früchte getragen. Ich nenne nur die Arbeiten von HAMMAR (1914) über die Thymus, von HAMMAR und

HELLMANN (1920) über Pankreas und LANGERHANSsche Inseln, ferner von HELL-MANN über das lymphatische Gewebe im Darmkanal (1922), von STIEVE (1919) über den Hoden und die Zwischenzellen, von v. MÖLLENDORFF über das Größenverhältnis von Glomerulus und Hauptstück der Niere, von BOVERI (1907) u. v. a. über den Zusammenhang zwischen Zell- und Kerngröße und Chromosomenzahl.

Genauere technische Angaben über die Bestimmungen von Volumina und Oberflächen findet man: für die Thymus bei HAMMAR (1914), für das lymphatische Darmgewebe bei HELLMANN (1922), für den Hoden bei STIEVE (1919) und ROMEIS (1921). Für den Cytologen sind von Wichtigkeit für Kernmessungen: Die Arbeiten von BOVERI (1905), TISCHLER (1910), GODLEWSKI (1918), G. HERTWIG (1911), P. HERTWIG (1916), RH. ERDMANN (1909, 1911), JACOBJ (1925), für Kern- und Nucleolenmessungen bezüglich Inhalt und Oberfläche: O. HARTMANN (1918, 1919). Messungen an Chromosomen haben vorgenommen: MEVES (1911), RH. ERDMANN (1909), KATSUKI (1914), KUWADA (1919), FARMER und DIGBY (1914), ROSENBERG (1918), SEILER (1922), HEILBORN (1924). Quantitative Untersuchungen an Mitochondrien verdanken wir vor allem COWDRY (1926), am GOLGI-Apparat: COVELL (1927).

Zu Messungen cytologischer Bestandteile bedient man sich entweder der Mikrometer (Literatur und technische Angaben bei KAISERLING); oder aber die betreffenden Strukturen werden erst gezeichnet bzw. photographiert (SEILER, HEILBORN) und ihre Dimension dann entweder direkt oder erst nach abermaliger Vergrößerung der Zeichnungen bzw. Photogramme ausgemessen.

Literatur.

III. A. Die mikroskopisch-anatomischen Untersuchungsmethoden.

Abbe, E.: Gesammelte Abhandlungen. 3. Jena 1904—1906. — **Ambronn:** Über die akzidentelle Doppelbrechung im Celloidin und in der Cellulose. Sitzgsber. d. Ges. d. Wiss. Göttingen, Math.-phys. Klasse. 1919. — **Ambronn, H.:** Das Zusammenwirken der Stäbchen und Eigendoppelbrechungen. Kolloid-Z. 18 (1916); 20 (1917) 44 (1928). — **Ambronn, Hermann** und **Albert Frey:** Das Polarisationsmikroskop. Seine Anwendung in der Kolloidforschung und in der Färberei (Kolloidforsch. in Einzeldarstellungen. Herausgeg. von Richard Zsigmondy. 5). Leipzig: Akad. Verlagsges. m. b. H. 1926. 10, 195 S., 1 Taf. u. 48 Abb.

Bechhold, H. u. **Villa, L.:** Die Sichtbarmachung subvisibler Gebilde. Z. Hyg. 105 (1926) und Zbl. Bakter., Abt. 1, Orig. 97 (1926). — **Braus, H.:** Mikrokinoprojektion von in vitro gezüchteten Organanlagen. Wien. med. Wschr. 1911, 61.

Damianivich, H. und **Ign. Pirosky:** Verwendung der Mikrophotographie mit Ultraviolettlicht, um Veränderungen durch die Reagenzien in der Histologie aufzudecken. An. Inst. Modelo Clin. méd. 10, Nr. 1, 147—161 (1927).

Ettisch, G. u. **A. Szegvari:** Der Feinbau der kollagenen Bindegewebsfibrille. Protoplasma 1, 214—238 (1927).

Frey, A.: Der submikroskopische Feinbau der Zellmembranen. Naturwiss. 1927, 760 bis 765 und Jb. wiss. Bot. 65, 195—223 (1926).

Gaidukov, N.: Dunkelfeldbeleuchtung und Ultramikroskopie in der Biologie und Medizin. 33, 5 Taf. 13 Abb. Jena 1910.

Hager, H. u. **C. Mez:** Das Mikroskop und seine Anwendung. 12. Aufl. Berlin 1920. — **Heimstädt:** Die Apparate und Arbeitsmethoden der Ultramikroskopie und Dunkelfeldbeleuchtung. Handb. d. mikrosk. Technik. H. 5. Stuttgart 1915. — **Heringa, G. C.** u. **H. A. Lohr:** Über die histologische Struktur von Faserstoffen. Verslay d. afdeel natuurk. kominkr. akad. v. wetensch. Amsterdam. 35, 304—306 (1926).

Kaiserling: Mikrophotographie. Enzyklopädie der mikrosk. Technik. 2, 1450—1488 (1926). — Mikroskop. Enzyklopädie der mikrosk. Technik. 2, 1488—1512. Berlin-Wien 1926. — Ultramikroskop und Dunkelfeldkondensor. Enzyklopädie der mikrosk. Technik. 3. Aufl. 3, 2207—2215 (1927). — **Köhler, A.:** Z. Mikrosk. 21 (1904). — Mikrophotographie. Handb. d. biol. Arbeitsmeth. II Teil 2. H. 6, S. 1631—1978, Lief. 245. Berlin-Wien 1927. — Das Mikroskop und seine Anwendung. Handb. d. biol. Arbeitsmeth. II Teil 1. Berlin-Wien. — Die Anwendung des Polarisationsmikroskopes für biologische Untersuchungen.

Handb. d. biol. Arbeitsmeth. II Teil 2. Berlin-Wien. — **Krause, R.:** Enzyklopädie der mikrosk. Technik. 3. Aufl. Berlin-Wien 1926—1927.

Marcus, H.: Gliederung der Muskelfibrille in Rinde und Mark im ultravioletten Licht. Anat. Anz. **52** (1920). Arch. Zellforschg **15** (1921). — Über die Struktur des menschlichen Spermiums. Arch. Zellforschg **15** (1921). — Ultramikroskopische Photogramme. Verhandl. d. anat. Ges. Erlangen 1922.

Petersen, H.: Histologie und mikroskopische Anatomie. Abschn. 1—2. München: J. F. Bergmann 1922, spez. S. 1—18. — **Policard, A.:** Emploi de la fluoroscopie dans l'étude des tissus. Bull. Histol. appl. **2**, 167—180 (1925).

Schaffer, J.: Lehrbuch der Histologie und Histogenese. Leipzig 1922. — **Scheffer, W.:** Wirkungsweise und Gebrauch des Mikroskopes. Leipzig: Teubner 1911. — **Schmidt, W. J.:** Anleitung zu polarisationsmikroskopischen Untersuchungen für Biologen. Bonn 1924. — Über den Feinbau tierischer Fibrillen. Naturwiss. **1924**, 296—303. — Die Bausteine des Tierkörpers in polarisiertem Licht. Bonn: Friedr. Cohen 1924, S. 1—528. — Die Bedeutung des polarisierten Lichtes für histologische Untersuchungen. Arch. exper. Zellforschg **2**, 205 bis 219 (1926). — Der submikroskopische Bau des Chromatins. 1. Mitteil. Über die Doppelbrechung des Spermienkopfes. Festschrift für R. Hesse. Zool. Jb., Abt. f. Zool. u. Physiol. **45**, 178—216. Jena: G. Fischer 1928. — **Siedentopf:** Über das Auflösungsvermögen des Mikroskopes bei Hellfeld- und Dunkelfeldbeleuchtung. Z. Mikrosk. **32** (1911). — **Spek, Josef:** Neuere Beiträge zum Problem der Plasmastrukturen. Z. Zell.lehre. **1**, 278—326. Berlin: Julius Springer 1924. — **Steinbrück, C.:** Über den heutigen Stand der Micellartheorie auf botanischem Gebiete. Biol. Zbl. **45**, 1—19 (1925).

Valentin, G.: Die Untersuchung der Pflanzen- und Tiergewebe in polarisiertem Licht. Leipzig 1861. — **Vonwiller, P.:** Neue Wege der Gewebelehre. I. Zbl. Path. **33** (1923) und Neue Wege der Gewebelehre. II. Histologische Untersuchungen mittels der Mikroskopie in auffallendem Lichte. Z. Anat. **76**, 497—533 (1925). — Über indirekte Beleuchtung in der Mikroskopie im senkrecht auffallenden Licht. Protoplasma **1**, H. 2, 177—188 (1926).

III. B. 1 u. 2. Das lebende Untersuchungsobjekt und die Methoden seiner mikroskopischen Untersuchung.

Andrews, F. M.: Über die Wirkung der Zentrifugalkraft auf Pflanzen. Pringsheims Jb. f. wiss. Bot. **38**, 1—40, Taf. 1, 5 Abb. (1902). — Die Wirkung der Zentrifugalkraft auf Pflanzen. Pringsheims Jb. f. wiss. Bot. **56**, 221—253, Taf. 1, 2 Abb. (1915). — **Armstrong, Philip B.:** Determinations of the pH of developing fundulus eggs. Proc. Soc. exper. Biol. a. Med. **25**, Nr 2, 146—147 (1927).

Baltzer, F.: Über die Beziehung zwischen dem Chromatin und der Entwicklung und Vererbungsrichtung bei Echinodermenbastarden. Arch. Zellforschg **5** (1910). — **Bayliss:** Reversible gelation in living protoplasm. Proc. roy. Soc. Lond. **91** (1920). — **Bisceglie, Vincenzo:** Die Faktoren der organischen Entwicklung. I. Mitt.: Wirkung der Vitamine auf die Entwicklung der Gewebeexplantate in „vitro". Z. wiss. Biol., Abt. D: Wilh. Roux' Arch. Entw.mechan. **108**, H. 4, 708—720 (1926). — **Bisceglie, V.** und **A. Juhász-Schäffer:** Die Gewebezüchtung in vitro. Berlin: Julius Springer 1928. VIII, 355 S. u. 71 Abb. — **Börger, H.:** Über die Kultur von isolierten Zellen und Gewebsfragmenten. Arch. exper. Zellforschg **2** (1926). — **Born, G.:** Die Plattenmodelliermethode. Arch. mikrosk. Anat. **22** (1883) und Z. Mikrosk. **5** (1888). — **Braus, H.:** Methoden der Explantation. Abderhaldens Handb. d. biol. Arbeitsmethoden 1919. — **Bresslau:** Mikrokinematographische Demonstration. Die Ausscheidung entgiftender Schutzstoffe bei Ciliaten. Zbl. Bakter. I. **89** (1922). — **Burrows, M. T.:** 1. The cultivation of tissues of the chicken embryo. outside the body. J. amer. med. Assoc. **55** (1910). 2. The tissue culture as physiological method. Publ. of Can. Ned. Coll. Dep. of Anat. **4** (1913). 3. Relation of oxygen to the growth of tissue cells. Amer. J. Physiol. **68** (1924). 4. Energy production and transformation in protoplasm as seen through a study of the mechanismus of migration and growth of body cells. Amer. J. Anat. **37**, 289 (1926).

Carrel, Alexis: 1. Die Kultur der Gewebe außerhalb des Organismus. Berl. klin. Wschr. **48** (1911); **49** (1912). 2. Neue Methoden zum Studium des Weiterlebens von Geweben in vitro. Abderh. Handb. d. biol. Arbeitsmethoden 1912. 3. Les cultures pures de cellules en physiol. C. r. Soc. Biol. **89** (1923). 4. Tissue culture and cell physiology. Physiologic. Rev. **4** (1924). — The chemical nature of substances required for cell multiplication. J. of exper. Med. **44** (1927). — Les milieux nutritifs et leur mode d'emploi dans la culture des tissues. C. r. Soc. Biol. **96**, Nr 9, 603—606 (1927). — Au sujet de la technique de la culture des tissues. C. r. Soc. Biol. **96**, Nr 9, 601—603 (1927). — **Chambers, R.:** Microdissection studies on the germ cells. Science (N. S.) **1915**, 41. — Microdissection studies. I. The visible structure of cell protoplasm. and death changes. Amer. J. Physiol. **43** (1917). — Dissection and injection studies of amoeba. Proc. Soc. exper. Biol. a. Med. **18** (1920). — New apparatus and methods for the dissection and injection of living cells. Anat. Rec. **24** (1923). — The physical structure of protoplasma as determined by microdissection and injection. Gener. Cytol. ed by Cowdry. Chicago 1924, 235—310. — The action of Electrolytes on the physical State of the Protoplasm. Amer. Naturalist. **60**, 121—123 (1926). — Etudes de microdissection. Les structures mitochondre et nucléaire des cellules males de la sauterelle. La Cellule. **35** (1925). — **Chambers, R.** u. **G. Rényi:** The structure of the cells in tissues as revaled by Microdissection. Amer. J. Anat. **35**) 1925). — **Chambers, Robert** and **Herbert Pollack:** The hydrogenion concentration of the nucleus and cytoplasm of the egg cell. Proc. Soc. exper. Biol. a. Med. **24**, Nr 1, 42—43 (1926). — **Chlopin, N.** u. **A. L.:** Studien über Gewebekulturen in artfremdem Blutplasma. Arch. exper. Zellforschg **1** (1925).

Erdmann, Rh.: 1. Einige grundlegende Ergebnisse der Gewebszüchtung aus den Jahren 1914—1920. Erg. Anat. **23**, 419 (1920). 2. Praktikum der Gewebepflege oder Explantation besonders der Gewebezüchtung. Berlin: Julius Springer 1922. 3. Gewebezüchtung. Handb. d. norm. u. pathol. Physiol. XIV, 956—1002. Berlin: Julius Springer 1927.

Fischer, A.: 1. Beitrag zur Biologie der Gewebezellen. Arch. Entw.mechan. **104** (1925). 2. Umwandlung von Fibroblasten in Makrophagen in vitro. Arch. exper. Zellforschg **3**, 345 (1927). 3. Gewebezüchtung. Handb. d. Biol. d. Gewebezellen in vitro. 2. Aufl. München 1927, 1—508. — Technik der Gewebezüchtung in: Handb. biol. Arbeitsmeth. 5. Abt., **1927 I**, H. 4 (Lief. 228), 637—674, 18 Abb.

Giersberg, H.: Arch. Entw.mechan. **51** (1922). — **Godlewski, E.,** jun.: Untersuchungen über die Bastardierung der Echiniden- und Crinoidenfamilie. Arch. Entw.mechan. **20** (1906). — **Goldschmidt, R.:** Versuche zur Spermatogenese in vitro. Arch. Zellforschg **14** (1917). — **Gräper, L.:** Beobachtungen über Wachstumsvorgänge an Reihenaufnahmen lebender Hühnerembryonen nebst Bemerkungen zur vitalen Färbung. Arch. Entw.mechan. **33** (1911). — Die frühe Entwicklung des Hühnchens nach Kinoaufnahmen des lebenden Embryo. Anat. Anz. **1926**, Erg.-H. 61. — **Groß, R.:** Beobachtungen und Versuche an lebenden Zellkernen. Arch. Zellforschg **14** (1917). — **Gurwitsch, A.:** Morphologie und Biologie der Zelle. Jena 1904.

Harrison, R. G.: The outgrowth of the nerve fiber as a mode of protoplasmic movement. J. of exper. Zool. **9** (1911). — The cultivation of tissues in extraneous media as a method of morphogenetic study. Anat. Rec. **6** (1912). — **Heilbrunn, L. V.:** The absolut viscosity of protoplasm. J. of exper. Zool. **44**, 255—278 (1926). — The viscosity of protoplasm. Quart. Rev. Biol. **2**, Nr 2, 230—248 (1927). — The physical structure of the protoplasm of sea-urchin eggs. Amer. Naturalist **60**, Nr 667, 143—156 (1926). — The centrifuge method of determining protoplasmic viscosity. J. of exper. Zool. **43** (1926); **44** (1927). — Eine neue Methode zur Bestimmung der Viscosität lebender Protoplasten. Jb. Bot. **61** (1922). — **Heilbrunn, L. V.:** The colloid chemistry of protoplasm. v. A preliminary study of the surface precipitation reaction of living cells. Arch. exper. Zellforschg **4**, H. 2, 246—263 (1927). **Hertwig, G.:** Radiumbestrahlung unbefruchteter Froscheier und ihre Entwicklung nach Befruchtung mit normalen Samen. Arch. mikrosk. Anat. **77** (1911). — **Hertwig, O.:** Über einige durch Zentrifugalkraft in der Entwicklung des Froscheies hervorgerufene Veränderungen. Arch. mikrosk. Anat. **53** (1899); **63** (1904). — Methoden und Versuche zur Erforschung der vita propria abgetrennter Gewebs- und Organstücke von Wirbeltieren. Arch. mikrosk. Anat. **79** (1912). — **van Herwerden:** Reversible Gelbildung in Epithelzellen der Froschlarve. Arch. exper. Zellforschg **1** (1925).

Kite, G. L.: Studies of the Physical Properties of Protoplasm. Amer. J. Physiol. **32** (1913). — **Krontowski, A.:** Explantation und deren Ergebnisse für die normale und pathologische Physiologie. Erg. Physiol. **26**, 370—500 (1928). — **Kupelwieser, H.:** Entwicklungserregung bei Seeigeleiern durch Molluskensperma. Arch. Entw.mechan. **27** (1909).

Lamprecht, W.: Über die Züchtung pflanzlicher Gewebe. Arch. exper. Zellforschg **1**, 412—423. — **Leontjew, Hans:** Zur Biophysik der niederen Organismen. IV. Mitt. Die Bestimmung des spezifischen Gewichts der Plasmodien und Sporen bei den Myxomyceten. Z. vergl. Physiol. **7**, H. 2, 195—200 (1928). — **Levi, G.:** 1. La costituzione del protoplasma studiata su cellule vivente coltivate in vitro. Arch. di Fisiol. **14** (1915). 2. Quelques résultats acquis en histologie par la méthode de la culture des tissus. Bull. Histol. appl. **1**, 1 (1924). 3. Conservazione e perdita dell' indipendenza delle cellule dei tessuti. Arch. exper. Zellforschg **1** (1925). — **Lewis, M. R.:** Mitochondria and other cytoplasmic structures in tissue cultures. Amer. J. Anat. **17** (1915). — **Lewis, W. H.:** Observations on cells in tissue cultures with dark-field illumination. Anat. Rec. **26** (1923). — **Lewis, W. H.** u. **M. R.:** Behaviour of cells in tissue culture. Cowdry: General Cytologie 383—448, (1924—1925). — **Lillie, Fr.:** Polarity and bilaterality of the annelid egg. Experiments with centrifugal force. Biol. Bull. **16** (1909). — **Loeb, J.:** Über physiologische Ionenwirkungen. Handb. d. Biochem. **2**, 1 (1910). — **Lyon, E. P.:** Results of centrifugalizing eggs. Arch. Entw.mechan. **23** (1907).

Mac Dowgall, D. T. and **Wladimir Moravek:** The activities of a constructed colloidal cell. 10 Abb. Protoplasma (Lpz.) **2**, H. 2, 161—188 (1927). — **Morgan, Th.:** Cytological studies of centrifuged eggs. J. of exper. Zool. **9** (1910).

Needham, Joseph and **Dorothy Moyle Needham:** The hydrogen-ion concentration and oxydation-reduction potential of the cell interior before and after fertilisation and cleavage: A micro-injection study on marine eggs. Proc. roy. Soc. Lond. Ser. B. **99,** Nr B 695, 173 bis 199 (1926). — Further micro-injection studies on the oxydation-reduction potential of the cell-interior. Proc. roy. Soc. Lond. Ber. B. **99,** Nr B 698, 383—397(1926). — **Nemec, B.:** Einiges über zentrifugierte Pflanzenzellen. Bull. internat. Acad. d. sci. Boheme. **20,** 10, 10 Abb. (1915).

Oppel, A.: Gewebekultur und Gewebepflege im Explantat. Braunschweig: Vieweg 1914.

Peter, Karl: Die Methoden der Rekonstruktion. Jena 1906. — **Péterfi, T.:** Die mikrurgische Methode. Handb. d. biol. Arbeitsmeth. V 1924, 479. — Das mikrurgische Verfahren. Handb. mikrobiol. Technik. Berlin 1924, 2471—2488. — Die Mikrurgie der Gewebskulturen. Arch. exper. Zellforschg 4, H. 2, 165—174 (1927). — Ein Beitrag zur Methode der pH-Bestimmung in Zellen und Geweben. Z. Mikrosk. **45,** H. 1, 56—59 (1928). — **Péterfi, T. u. O. Kapel:** Mikrurgische Untersuchungen an Geschwulstzellen. Z. Krebsforschg **26** (1928).

Reiß, P.: Le ph intérieur cellulaire. Les presses universitaires de France **1926,** 1—135. — **Reznikoff, Paul:** Micrurgical studies in cell physiologie 8. II. The action of the chlorides of lead, copper, iron and aluminium on the protoplasm of Amoeba proteus. J. gen. Physiol. **10,** Nr 1, 9—21 (1926). — **Rumjantzew, A.:** Cytologische Studien an Gewebekulturen in vitro. II. Die Veränderungen desNucleolus in Gewebekulturen und die Erscheinung der Amitose. Arch. exper. Zellforschg **5,** H. 1/2, 25—34 (1927). III. Über einige gleichartige morphologische Erscheinungen bei Speicherung von Tusche, Farbe und Osmiumsäure in den Gewebezellen. Z. Zellforschg 6, 726—731 (1928).

Saguchi, S.: Cytologische Studien. Tokyo 1927, 1—80. — **Scarth, G. W.:** The structural organization of plant protoplasma in the light of micrurgy. Protoplasma 2, 189—205 (1927). — **Schade, H.** und **L. Weiler:** Beiträge zur Kenntnis des Protoplasmaverhältnisses menschlicher Zellen bei physiko-chemischer Beeinflussung. Protoplasma (Lpz.) **3,** H. 1, 43—67 (1927). — **Schmidtmann, M.:** Über intracelluläre Wasserstoffionenkonzentration. I. Mitt. Zur Methodik. Z. exper. Med. **57,** H. 1/2, 123—126 (1927). — Untersuchungen über intracelluläre Wasserstoffionenkonzentration. II. Mitt. — **Schmidtmann, M. u. K. Matthes:** Untersuchungen über die Reaktion und Permeabilität von Zellen des entzündeten und Geschwulstgewebes. Z. exper. Med. **57,** H. 1/2, 127—144 (1927). — **Seifritz:** 1. Observations on the structure of protoplasm. by aid of microdissection. Biol. Bull. **34** (1918). 2. An elastic value of protoplasm, with further observations on the viscosity of protoplasm. Brit. J. exper. Biol. **2** (1924). — **Seifritz, W.:** Observations on some physical properties of protoplasm by aid microdissection. Ann. of Bot. **35,** 269—296, 1 Abb. (1921). — Protoplasmic papillae of Echinorachnius oocyten. Protoplasma 1, 1—14 (1927). — **Small, James:** The hydrion concentration of plant tissues. I. The method. Protoplasma 1, H. 3, 324—333 (1926). — **Spek, J.:** Neue Beiträge zum Problem der Plasmastrukturen. Z. Zell.lehre 1, 278—326 (1924). — **Strangeways, T.:** 1. Observations on the changes seen in living cells during growht and division. Proc. roy. Soc. Lond. Serie B. **94** (1922). 2. The living tissue cell. Brit. med. J. **1926,** 3340, 596. — **Strangeways, T. S. P.** and **R. G. Canti:** Dark-ground illumination of tissue cells cultivated in vitro. Brit. med. J. **1926.**

Taylor, Charles Vincent: Improved Micromanipulation Apparatus in: Univ. California Publ. Zool. **26,** 443—454, 34 Taf., 2 Abb. (1925). — **Tschahotin, S.:** La methode de la radio-piqure microscopique; moyen d'analyse en cytologie experimentale. C. r. Acad. Sci. **171,** 1237—1240. Paris 1920.

Vellinger, Edmond: Recherches potentiometrique sur le pH interieur et sur le potentiel d'oxydation-reduction de l'ouef d'oursin. Arch. Physique biol. **6,** Nr 2, 141—152 (1928). — **Vles, Fred:** Cours de physique biologique. Tome I. Introduction a la chimie-physique biologique. Fascicule I. L'osmose et les proprietés qui sont liées a la concentration moleculaire des solutions. Paris: Vigot frères 1927, VII, 197 S. u. 75 Abb. Frcs. 30. — **Vles, F. et M. Gex:** Sur l'etat des proteiques protoplasmiques dans l'ouef d'oursin vivant. C. r. Soc. Biol. **98,** Nr 11, 853—856 (1928). — **Vonwiller, P.:** Neue Wege der Gewebelehre des Menschen und der Tiere. Zbl. Path. **33** (1923). Neue Wege der Gewebelehre. II. Histologische Untersuchungen mittels der Mikroskopie im auffallenden Licht. Z. Anat. **76,** 497 bis 533 (1925). III. Experimentelle Histologie. Ebenda 84, 476—510 (1927). — Histologische Methoden und Ergebnisse der Mikroskopie im auffallenden Licht. Handb. d. biol. Arbeitsmethoden von Abderhalden. **1926 II,** Abt. V.

Weber, Fr.: 1. Experimentelle Physiologie der Pflanzenzelle. Arch. exper. Zellforschg **2,** 67 (1926). 2. Zentrifugalversuche mit ätherisierten Spirogyren. Biochem. Z. **126** (1921). — Methoden der Viscositätsbestimmungen des lebenden Protoplasma. Abderhaldens Handb. d. biol. Arbeitsmeth. **1924 II,** 655, Abt. 11. — **Wilson, E. B.:** Newes Aspects of the alveolar structure of Protoplasm. Amer. Naturalist **60,** 105—120 (1926).

III. B. 3. Vitale Färbung.

Anikin, A. W.: Zur Streitfrage der Farbstoffspeicherung und Ausscheidung in der Niere. Z. Zellforschg **6**, H. 4, 541—557 (1927). **Benda, C.:** Die Mitochondriafärbung und andere Methoden zur Untersuchung der Zellsubstanzen. Verh. anat. Ges. 15. Vers. Bonn 1901. — **Bethe, A.:** Gewebspermeabilität und H-Ionenkonzentration. Wien. med. Wschr. **1916**. — **Brooks, Matilda Moldenhauer:** Studies on the permeability of living cells. IX. Does methylene blue itself penetrate? Univ. California Publ. Zool. **31**, Nr 6, 79—92 (1927). **Chlopin, N.:** Beiträge zur Morphologie und zum Mechanismus der vitalen Granulafärbung. Ber. d. biol. Instit. d. Univers. zu Perm **3** (1924). — **Chlopin, N. G. u. A. L.:** Studien über Gewebskulturen im artfremden Blutplasma. IV. Ein Beitrag zur Vitalfärbung explantierter Zellelemente. Arch. exper. Zellforschg **1**, 193—250. — **Cowdry, E. V.:** The vital staining of mitochondria. Internat. Mschr. f. Anat. u. Physiol. **31**, 267 (1914).

Ehrlich, P.: Über die Methylenblaureaktion der lebenden Nervensubstanz. Biol. Zbl. **6** (1887). — **Evans, H. and K. Scott:** On the differential reaction to vital dyes of the two great groups of connective tissue cells. Carnegie Publ. Washington 1920. — **Evans and Schulemann:** Über die Natur und Genese der durch saure Farbstoffe entstehenden Vitalfärbungsgranula. Fol. haemat. (Lpz.) **19** (1915). **Fischel, A.:** Untersuchungen über vitale Färbung. Anat. H. **16** (1901).

Gicklhorn, J.: Über vitale Kern- und Plasmafärbung an Pflanzenzellen. Protoplasma (Lpz.) **2**, 1—16 (1927). — **Gicklhorn, J. u. R. Keller:** Organspezifische Differenzierung des Tierkörpers durch elektive Vitalfärbungen. Ein Beitrag zum Spezifitätsproblem in der Biologie. Biol. generalis (Wien) **2**, Nr 4/5, 537—564 (1926). — Elektive Vitalfärbung als histophysiologische Methode bei Wirbellosen. Arch. exper. Zellforschg **1**, 506—546 (1925). — **Glasunow, M.:** Beobachtungen an den mit Trypanblau vitalgefärbten Meerschweinchen. I. Morphologie der Trypanblauablagerungen in einigen Epithelzellen. Z. Zellforschg **6**, 773—790 (1928). — **Goldmann, E.:** Die innere und äußere Sekretion des gesunden Organismus im Lichte der vitalen „Färbung“. Tübingen 1909. — Die innere und äußere Sekretion des gesunden und kranken Organismus im Lichte der „vitalen Färbung“. Tübingen 1912. **Herzfeld, E.:** Über die Natur der am lebenden Tier erhaltenen granulären Färbungen bei Verwendung basischer und saurer Farbstoffe. Anat. H. **54**, 447—523 (1917). — **Höber, R.:** Beobachtungen zur physikalischen Chemie der Vitalfärbung. Biochem. Z. **67** (1914). — Die physikalische Chemie der Zelle und Gewebe. 5. Aufl. Leipzig 1922. — **Huppert, M.:** Beobachtungen am Magen-Darmkanal des Frosches bei Verfütterung oder Injektion von Farbstoffen. Z. Zellforschg **3**, 602—614 (1926). **Keller, R.:** Elektroanalytische Untersuchungen. Arch. mikrosk. Anat. Abt. 1, **95**, 117—133, 3 Abb. (1921). — Die Elektrizität in der Zelle. Wien und Leipzig 1918. — Elektrohistologische Untersuchungen an Pflanzen und Tieren. Prag 1920. — Elektromikroskopie. Naturwiss. Wschr. **1921**, 20. — **Kite:** Studies on the physical properties of the protoplasm. Amer. J. Physiol. **1913**, 32. — **Krebs, Hans Adolf** und **David Nachmansohn:** Vitalfärbung und Absorption. Biochem. Z. **186**, H. 5/6, 478—484 (1927).

Loele, Walter: Beziehungen zwischen Oxydasen, Vitalfärbung, Postmortalfärbung und Morphologie der Zelle. Virchows Arch. **265**, H. 3, 827—844 (1927).

v. Möllendorff, W.: Über Vitalfärbung der Granula in den Schleimzellen des Säugerdarms. Verh. Anat. Ges. Jena 1913. — Die Speicherung saurer Farben im Tierkörper, ein physikalischer Vorgang. Kolloid-Z. **18**, 81—90 (1916). — Zur Morphologie der vitalen Granulafärbung. Arch. mikrosk. Anat. **90**, 463—502 (1918). — Die Bedeutung von sauren Kolloiden und Lipoiden für die vitale Farbstoffbildung in den Zellen. Arch. mikrosk. Anat. **90**, 503—542 (1918). — Vitale Färbungen an tierischen Zellen. Erg. Physiol. **18**, 141—306 (1918). — Über Funktionsbeginn und Funktionsbestimmung in den Harnorganen von Kaulquappen. Sitzgsber. Heidelberg. Akad. Wiss., Math.-naturwiss. Kl., Abt. B. **1919**, 1—24. — Beiträge zur Kenntnis der Stoffwanderungen bei wachsenden Organismen. Z. Zellforschg. **2**, 129—202 (1925). — Färbung, vitale. Enzyklopädie d. mikrosk. Technik. 3. Aufl. **1**, 697—721 (1926). **Nirenstein, E.:** Über Vitalfärbung. Vers. d. Ges. dtsch. Naturf. u. Ärzte, Wien 1913. — Über das Wesen der Vitalfärbung. Pflügers Arch. **179** (1920). **Parat et Painleve:** Mise en évidence du vacuome et du chondriome par les colorations vitales. Bull. Histol. appl. **1925**. — **Pfeffer, W.:** Über Aufnahme von Anilinfarben in lebende Zellen. Unters. a. d. Bot. Instit. Tübingen **2**, 179—332, 2 Taf. (1886). **Rohde, K.:** Untersuchungen über den Einfluß der freien H-Ionen im Innern lebender Zellen auf den Vorgang der Vitalfärbung. Pflügers Arch. **1917**. — **Ruhland, W.:** Studien über die Aufnahme von Kolloiden durch die pflanzliche Plasmahaut. Jb. Bot. **51**, 376 bis 431 (1912). — Beiträge zur Kenntnis der Permeabilität der Plasmahaut. Jb. Bot. **46** (1908); **51** (1911). — Zur Kritik der Lipoid- und Ultrafiltertheorie. Biochem. Z. **54** (1913). —

Rumjantzew, A.: Cytologische Studien an Gewebekulturen in vitro. III. Über einige gleichartige morphologische Erscheinungen bei Speicherung von Tusche, Farbe und Osmiumsäure in den Gewebszellen. Z. Zellforschg **6**, H. 5, 726—731 (1928). — **Rumjantzew, Aloxis** und **Boris Kedrowsky:** Untersuchungen über Vitalfärbung einiger Protisten. Protoplasma (Lpz.) **1**, H. 2, 189—203 (1926).

Schulemann: Beiträge zur Vitalfärbung. Arch. mikrosk. Anat. **79** (1912). — Vitalfärbung. Berlin: W. Junk 1927. Aus: Tabulae biologicae 4, 511—518. — **Schulemann, W.:** Die vitale Färbung mit saueren Farbstoffen und ihre Bedeutung für Anatomie, Physiologie, Pathologie und Pharmakologie. Biochem. Z. **80** (1917). — **Schulemann u. H. Evans:** Über Natur und Genese der durch saure Farbstoffe entstehenden Vitalgranula. Fol. haemat. (Lpz.). **19** (1915). — **Schultze, Oskar:** Die vitale Methylenblaureaktion der Zellgranula. Anat. Anz. 1887, 684.

Tschaschin: Über vitale Färbung der Chondriosomen in Bindegewebszellen mit Pyrrolblau. Fol. haemat. (Lpz.) **14** (1912).

III. C. Die Methoden der histologischen Fixation und konservierenden Nachbehandlung.

Bělař, K.: Über die Naturtreue des fixierten Präparates. Z. indukt. Abstammungslehre. Suppl. **1**, 402—407 (1928). — **Berg, W.:** Beiträge zur Theorie der Fixation mit besonderer Berücksichtigung des Zellkerns und seiner Eiweißkörper. Arch. mikrosk. Anat. **62**, 367—430, 3 Abb. (1903). — Weitere Beiträge zur Theorie der histologischen Fixation (Versuche an nucleinsaurem Protamin). Arch. mikrosk. Anat. **65**, 298—357 (1905). — Die Fehlergröße bei den histologischen Methoden. Berlin: August Hirschwald 1907, 1—48.

Eckstein, E.: Zur Wirkung einiger Fixierungsmittel auf Zellen und Gewebe. Zbl. Path. **36**, 8—11 (1925) und Verh. d. Path. Ges. Würzburg **1925**, 206—207.

Fischer, A.: Zur Kritik der Fixierungsmethoden. Anat. Anz. **9** (1894); **10** (1895). — **Fischer, Alfred:** Fixierung, Färbung und Bau des Protoplasmas. Kritische Untersuchungen über Technik und Theorie in der neueren Zellforschung. Jena 1899. — **Flemming, W.:** Über Unsichtbarkeit lebendiger Kernstrukturen. Anat. Anz. **1892**. — Zellsubstanz, Kern- und Zellteilung. Leipzig 1882. — Beobachtungen über die Beschaffenheit des Zellkerns. Arch. mikrosk. Anat. **13** (1877).

Gutherz, S.: Das Heterochromosomenproblem bei den Vertebraten. Arch. mikrosk. Anat. **94** (1920); **96** (1922).

Hardy, W. B.: Structure of protoplasma. J. gen. Physiol. **24** (1899). — **Herwerden, M. A. van:** Umkehrbare Gelbildung und histologische Fixierung. Protoplasma (Lpz.) **1**, H. 3, 366—371 (1926). — **Hirsch, Gottwalt Christian u. Werner Jacobs:** Experimentelle Untersuchungen über das Wesen der Fixierung. I. Über den Einfluß „isotonischer" (äquimolekularer) Fixierungsflüssigkeiten auf die Fixierung in: Z. Zellforschg **3**, 198—228, 9 Abb. (1926).

Kaiserling u. **Germer:** Über den Einfluß der gebräuchlichen Konservierungs- und Fixierungsmethoden auf die Größenverhältnisse tierischer Zellen. Virchows Arch. **133** (1893). — **Kopsch:** Untersuchungen über Gastrulation und Embryobildung. Leipzig 1901. — **Kultschitzky:** Zur Kenntnis der modernen Fixierungs- und Konservierungsmittel. Z. Mikrosk. **4** (1887).

Lee, A. B.: The microtomist's Vade-Mecum. 7. Aufl. London 1913. — **Lee, A. B. u. P. Mayer:** Grundzüge der mikroskopischen Technik. 3. Aufl. Berlin 1907, 1—522. — **Lundegårdh, H.:** Fixierung, Färbung und Nomenklatur der Kernstrukturen. Arch. mikrosk. Anatomie (1912).

Mascré, Marcel: Action de quelques fixateurs sue le noyau de la cellule vegetale. C. r. Acad. Sci. **185**, Nr 25, 1505—1507 (1927).

Petersen, H.: Histologie und mikroskopische Anatomie. Teil 1 u. 2. Spez. S. 48—61. München: J. F. Bergmann 1922.

Ranvier, L.: Traité technique d'histologie. Paris 1875, 1—1105. — **Regaud, Cl.:** Etudes sur la structure des tubes séminifères et sur la spermatogénèse. chez les Mammifères. Arch. d'Anat. microsc. **10** (1910). — **Roques, Henri:** Sur un nouveau procede de fixation et de coloration, des mucilages chez les vegetaux. C. r. Soc. Biol. **97**, Nr 19, 85—86 (1927).

Schaede, Reinhold: Vergleichende Untersuchungen über Cytoplasma, Kern und Kernteilung im lebenden und im fixierten Zustand. Protoplasma (Lpz.) **3**, H. 2, 145—190 (1927).— **Stölzner, H.:** Der Einfluß der Fixierung auf das Volumen der Organe. Z. Mikrosk. **23** (1906). — **Strangeways, T. S. P. and R. G. Canti:** The living cell in vitro as shown by dark-ground illumination and the changes induced in such cells by fixing reagents. Anat. J. of microsc. Sci. **71**, 1—14 (1927).

v. Tellyesniczky, K.: Ruhekern und Mitose. Untersuchungen über die Beschaffenheit des Ruhekerns und über den Ursprung und das Schicksal des Kernfadens mit besonderer Berücksichtigung der Wirkung der Fixierungsflüssigkeiten. Arch. mikrosk. Anat.

66, 367—433 (1905). — 1. Fixation im Lichte neuerer Forschung. Erg. Anat. **11**, 1—35 (1901). 2. Über die Fixierungs-(Härtungs)-Flüssigkeiten. Arch. mikrosk. Anat. **52**, 202 bis 247 (1898). — Fixation in Enzyklop. d. mikrosk. Technik. 3. Aufl. **2**, 750—785. Wien-Berlin 1926. — **v. Tellyesniczky, K. P.**: Zur Kritik der Kernstrukturen. Arch. mikrosk. Anat. **60**, 681—706 (1902).

v. Wasielewski, W.: Über Fixierungsflüssigkeiten in der botanischen Mikrotechnik (Diss. Bonn). Z. Mikrosk. **16**, 303—351, 1 Taf. (1899). — **Werner, Cl. F.**: Über Wert und Beweiskraft von Kunstprodukten bei der Fixation. Z. Mikrosk. **44**, H. 4, 435—442 (1927). — **Wetzel, G.**: Physikalische Beschaffenheit fixierter Gewebe und ihre Veränderung durch die Einwirkung des Alkohols. Arch. mikrosk. Anat. **94** (1920).

Yamaha, G.: Über den Ph-Wert der Fixierungsmittel. Botanical Mag. Tokyo 1925.

III. D. Die Theorie der Färbung fixierter Präparate.

Altmann: Die Elementarorganismen. 2. Aufl. Leipzig 1884. — Einige Bemerkungen über histologische Technik. Arch. f. Anat. 1881. — **Auerbach, L.**: Über einen sexuellen Gegensatz in der Chromatophilie der Keimsubstanzen. Sitzgsber. Berlin, Akad. d. Wiss. 1891, 713—750.

Becher, S.: Untersuchungen über Echtfärbung der Zellkerne. Berlin 1922. — **Bethe, A.**: Gewebspermeabilität und H-Ionenkonzentration. Wien. med. Wschr. **66**, 499 (1916). — Ladung und Umladung organischer Farbstoffe. Kolloid-Z. **27**, 11—17 (1920). — **Bogomolow, J.**: Über die Anwendung von Farbstoffen zur Erkennung und Unterscheidung verschiedener Eiweißarten. Petersburg. med. Wschr. 1894, Nr 34.

Eisenberg: Allgemeine Methode der histologischen Färbungen. Enzykl. d. mikrosk. Technik. 3. Aufl. **1**, 686—697 (1926).

Fischer, A.: Fixierung, Färbung und Bau des Protoplasmas. Jena 1899.

Gerlach, J.: Mikroskopische Studien aus dem Gebiete der menschlichen Morphologie. Erlangen 1858, 1—72. — **Georgievics**: Farbstoffe. Enzyklop. d. mikrosk. Technik. 3. Aufl. **1** (1926). — Über das Wesen des Färbeprozesses. Sitzgsber. Akad. Wiss. Wien, Math.-naturwiss. Kl. **103** (1894). — **Gierke, H.**: Färberei zu mikroskopischen Zwecken. Z. Mikrosk. **2**, 13 u. **164** (1886). — **Gutherz, S.**: Chromatin und Chromosomen. Enzyklop. d. mikrosk. Technik. 3. Aufl. **1**, 332—343 (1926). — **Gutstein, M.**: Zur Theorie der Hämatoxylinfärbung. Ein Beitrag zum färberischen Nachweis der Zellipoide. Virchows Arch. **261**, 846—857 (1926).

Haller: Das Verhalten von Baumwolle und Wolle zur substantiven Färbung. Kolloid-Z. **29**, 95—100 (1921). — Kolloidchemie und Färberei. Kolloid-Z. **31**, 295—299 (1922) — **Heidenhain, M.**: Über chemische Umsetzungen zwischen Eiweißkörpern und Anilinfarben. Pflügers Arch. **90** (1902). — Färbungen. Enzyklop. d. mikrosk. Technik von Krause. (1910).

Knecht, Rawson und **Löwenthal**: Handb. d. Färberei der Spinnfasern. Berlin 1895.

Lilienfeld: Über die Wahlverwandtschaft der Zellelemente zu gewissen Farbstoffen. Arch. f. Physiol. 1893. — **Lundegårdh, H.**: Fixierung, Färbung und Nomenklatur der Kernstrukturen. Ein Beitrag zur Theorie der cytologischen Methodik. Arch. mikrosk. Anat. I **80**, 223—273 (1912).

Mayer, P.: Beruht die Färbung der Zellkerne auf chemischem Vorgange oder nicht? Anat. Anz. **13** (1897). — **Meves, F.**: Zur Struktur der Kerne in den Spinndrüsen der Raupen. Arch. mikrosk. Anat. **48** (1897). — **Meyer, Kurt H.**: Zur Physik und Chemie der Färbevorgänge. Naturwiss. **15**, H. 6, 129—134 (1927). — **Michaelis, L.**: Einführung in die Farbchemie. Berlin 1902. — Der heutige Stand der allgemeinen Theorie der histologischen Färbung. Arch. mikrosk. Anat. **94**, 580—603 (1920). — **v. Möllendorff**: Zur kritischen Auswertung gefärbter Strukturen in fixierten Präparaten. Dermat. Wschr. **1923**, Nr 49/50. — **v. Möllendorff, W.**: Die Dispersität der Farbstoffe, ihre Beziehungen zur Ausscheidung und Speicherung in der Niere. Anat. H. **53**, 81—323 (1915). — **v. Möllendorff, W. u. M. Doerle**: Untersuchungen zur Theorie der Färbung fixierter Präparate. Arch. mikrosk. Anat. u. Entw.mechan. **100**, 61—82 (1923). — **v. Möllendorff, W. u. H. A. Krebs**: Über die Färbbarkeit des Skeletmuskels. Arch. mikrosk. Anat. **97**, 554—580 (1923). — **v. Möllendorff, W. u. M.**: Durchtränkungs- und Niederschlagsfärbung als Haupterscheinungen bei der histologischen Färbung. Erg. Anat. **25**, 1—66 (1924). — **v. Möllendorff u. T. Tomita**: Durchtränkungs- und Niederschlagsfärbung bei der Wirkung der Beizenfarbstoffe. Z. Zellforschg **3**, 1—37 (1925).

Pappenheim, A.: Farbchemie. Berlin 1901. — **Pelet-Jolivet, A.**: Die Theorie des Färbeprozesses. Dresden 1910. — **Pischinger, A.**: Die Lage des isoelektrischen Punktes histologischer Elemente als Ursache ihrer verschiedenen Färbbarkeit. Z. Zellforschg **3**, 169 bis 197 (1926). — **Pischinger, Alfred**: Diffusibilität und Dispersität von Farbstoffen und ihre Beziehung zur Färbung bei verschiedenen H-Ionen-Konzentrationen. 7 Textabb. Z. Zell.-lehre **5**, H. 3, 347—385 (1927).

Rawitz, B.: Leitfaden für histologische Untersuchungen. 2. Aufl. 1895. — Bemerkungen über Mikrotomschneiden und über das Färben mikroskopischer Präparate. Anat. Anz. **13** (1897). — **Romeis:** Taschenbuch der mikroskopischen Technik. München-Berlin 2. Aufl. **1924.** — **Rosen, F.:** Über tinktorielle Unterscheidung verschiedener Kernbestandteile und der Sexualkerne. Cohns Beitr. Biol. Pflanz. **5,** 443—459, Taf. 16 (1892). **Witt, O.:** Zur Theorie des Färbeprozesses. Färber-Ztg. **1890/91,** H. 1.

III. E. Mikrochemische Untersuchungsmethoden einschließlich Nuclealreaktion und Chromolyse (vgl. auch Lit. III. D.).

Aschoff, L.: Beitr. path. Anat. **47** (1910).

Berg, W.: Über spezifische, in den Leberzellen nach Eiweißfütterung auftretende Gebilde. Anat. Anz. **42,** (1912). — Zum histologischen Nachweis der Eiweißspeicherung in der Leber. Pflügers Arch. **214,** 243—249 (1926). — Über die Wirkung der Nuclealfärbung, besonders der partiellen Hydrolyse mit Normalsalzsäure, auf histologische Objekte in: Z. mikrosk.-anat. Forschg **7,** 421—460, 32 Abb. (1926). — **Bresslau, E. u. L. Scremin:** Die Kerne der Trypanosomen und ihr Verhalten zur Nuclealreaktion. Arch. Protistenkde **48,** 509—515 (1924). — **Broussy, Jean:** Recherches sur la coloration histologique des graisses par la chlorophylle. Arch. Soc. Sci. Med. et Biol. Montpellier et Languedoc Mediterraneen **9,** H. 3, 177—179 (1928). — **Brunswik, B.:** Die Grenzen der mikrochemischen Methodik in der Biologie. Naturwiss. **11** (1923).

Ciaccio, C.: Contributo alla distribuzione ed alle fisio-pathologia cellulare dei lipoidi. Arch. exper. Zellforschg **5** (1910). — **Cordier, R.:** L'argentaffinite en Histologie. Bull. Histol. appl. **4,** Nr 4, 161—169 (1927).

Escher, H.: Grundlagen einer exakten Histochemie der Fettstoffe. Korresp.bl. Schweiz. Ärzte. **1919,** Nr 43.

Fauré-Fremiet, Mayer, Schaeffer: Sur la microchémie des corps gras. Arch. d'Anat. microsc. **12,** 19—102 (1910). — **Feulgen, R. u. Rossenbeck:** Mikroskopisch-chemischer Nachweis einer Nucleinsäure vom Typus der Thymonucleinsäure und die darauf beruhende elektive Färbung von Zellkernen in mikroskopischen Präparaten. Z. physiol. Chem. **135** (1924). Ferner: Pflügers Arch. **203** (1924); **206** (1924).

Gicklhorn, Jos.: Mikrochemie und Mikrophysik, ihre biologische Auswertung in Gegenwart und Zukunft (Sammelreferat). Protoplasma (Lpz.) **2,** 89—125 (1927). — **Giroud, M.:** Le chondriome; recherches sur sa constitution chimique et physique. Arch. d'Anat. microsc. **21,** 145—252 (1925). — **Groebbels, F.:** Die sekretorische Tätigkeit des Verdauungsapparates und die Funktion der Sekrete. Histophysiologie der Verdauungsdrüsen. Handbuch der normalen und pathologischen Physiologie **3,** 547—681. Berlin: Julius Springer 1927. — **Groß, R.:** Beobachtungen und Versuche an lebenden Zellkernen. Arch. exper. Zellforschg **14** (1917). — **Gutstein, M.:** Über den Kern und den allgemeinen Bau der Bakterien. Zbl. Bakter. **95** (1925). — Zur Theorie der Hämatoxylinfärbungen. (Ein Beitrag zum färberischen Nachweis der Zellipoide.) Virchows Arch. **261** (1926).

Heine: Die Mikrochemie der Mitose, zugleich eine Kritik mikrochemischer Methoden. Z. physiol. Chem. **21** (1895).

Jolly, J.: L'histophysiol. et les tendences modernes de l'histologie. Paris méd. **16,** 445—456 (1926).

Katsunuma, S.: Intracelluläre Oxydation und Indophenolblausynthese. Jena: G. Fischer 1924. Ferner Virchows Arch. **207** (1912). — **Kaufmann, C. u. E. Lehmann:** Kritische Untersuchungen über die Spezifitätsbreite histochemischer Fettdifferenzierungsmethoden. Zbl. Path. **37** (1926). — **Keller, R.:** Die Elektrizität in der Zelle. 2. Aufl. Mährisch-Ostrau: Kittls Nachf. 1925. — **Kossel:** Über die basischen Stoffe des Zellkerns. Sitzgsber. Berl. Akad. **1896,** 18 u. 19.

Ludford, R. J.: Studies in the microchemistry of the cell. I. The chromatin-content of normal and malignant cells, as demonstrated by Feulgens „nuclealreaction". Proc. roy. Soc. Ser. B. **102,** Nr B 719, 397—406 (1928).

Macallum, A. B.: On the demonstration of the presence of iron in chromatin by microchemical methods. Proc. roy. Soc. Lond., Ser. B. **50,** 277—286 (1892). — Die Methoden und Ergebnisse der Mikrochemie in der biologischen Forschung. Erg. Physiol. **7,** 552 bis 652 (1908a). — **Mann, G.:** Physiological Histology. Clarendon Press. Oxford. **1902.** — **Mayrhofer, A.:** Die Anwendungsmöglichkeiten qualitativer mikrochemischer Reaktionen bei der Untersuchung tierischer Organe. Mikrochemie **3** (1925). — **Meyer, A.:** Morphologische und physiologische Analyse der Zelle. Jena 1920. — **Miescher:** Gesammelte Arbeiten. Leipzig 1897. — **Miescher, F.:** Chemische Zusammensetzung der Eiterzelle. Hoppe-Seylers med.-chemische Untersuchungen **1871,** 441—460. — Die Spermatozoen einiger Wirbeltiere. Verh. Naturf.-Ges. Basel **6,** 138—208, 1 Taf. (1874). — **Millot, J.** et **A. Giberton:** Sur l'utilisation, en histologie des pièces conservées dans le formol, pour la mise en évidence des graisses. C. r. Soc. Biol. **97**, Nr 36, 1674—1675 (1927). — **v. Möllendorff, W.**: Bemerkungen zur Beurteilung gefärbter Kernstrukturen in fixierten Präparaten. Münch. med. Wschr. **1923**, 933—955. — Zur kritischen Auswertung gefärbter Strukturen in fixierten Präparaten mit Erwiderung von P. G. Unna. Dermat. Wschr. **1923**, Nr 49/50. — **Molisch**: Mikrochemie der Pflanzen. Jena 1913, 1—395.

Noll, A.: Histophysiologie. Jber. ges. Physiol. **1924**.

Parat, Maurice: A review of recent developments in histochemistry. Biol. Rev. Cambridge philos. Soc. **2**, Nr 4, 285—297 (1927). — **Pratje, A.**: Die Chemie des Zellkerns. Biol. Zentralbl. **40**, 88—112 (1920). — Zur Chemie des Noctilucakernes. Z. Anat. **62**, 171—272 (1921). — **Prenant, A.**: 1. Méthodes et résultats de la microchemie. J. Anat. et Physiol. **46**, 343—404 (1910). 2. l'Histochemie. Rev. gén. des sciences **32**, 581—606 (1921).

Reichenow, Eduard: Ergebnisse mit der Nuclealfärbung bei Protozoen. Arch. Protistenk. **61**, H. 1, 144—166 (1928). — **Romieu, M.**: Sur la détection histochimique des substances protéiques. Bull. Histol. appl. **2**, 185—191 (1925). — **Roskin, Gr.** u. **L. Levinson**: Die Oxydasen und Peroxydasen bei Protozoa. Arch. Protistenkde **56**, H. 2, 145—166 (1926).

Schulze, W.: Die Anwendung neuerer mikrochemischer Elektrolytreaktionen auf das Verkalkungsproblem bei der Osteogenese. Arch. Entw.mechan. **106**, 62—74 (1925). — **Schumacher, Josef**: Zur Chemie der Zellfärbung. VIII. Mitt.: Über den Nachweis der Lipoide in Zelle und Gewebe. (Zugleich ein Beitrag zum Problem der Vitalfärbung und dem chemischen Aufbau der Leukocyten.) Chem. Zelle **12**, H. 5, 433—472 (1926). — **Schwarz, Fr.**: Die morphologische und chemische Zusammensetzung des Protoplasma. Cohns Beiträge **5** (1887).

Unna: Über Versuche, Farben auf dem Gewebe zu erzeugen und die chemische Theorie der Färbung. Arch. mikrosk. Anat. **30** (1887). — **Unna, P. G.**: Die Reduktionsorte und Sauerstofforte des tierischen Gewebes. Arch. mikrosk. Anat. **78** (1911). — 1. Chromolyse, Sauerstofforte und Reduktionsorte. Handb. d. biol. Arbeitsmeth. V **2** (1921). 2. Chromolyse. Enzyklop. d. mikrosk. Technik. 3. Aufl. **1926**, 355—361, ferner Dermat. Wschr. **1923**, Nr 49/50.

Voorhoeve, H. C.: Über die Nuclealreaktion von Feulgen und Rossenbeck. Nederl. Tijdschr. Geneesk. **70**, 2. Hälfte, Nr 18, 2054—2056 (1926). — **Voß, Hermann**: Beobachtungen über das Vorkommen der Plasmafärbung. 5 Textabb. Z. mikrosk.-anat. Forschg **10**, 583—601, 1928. — Kernfärbung im Stück mit der Nuclealreaktion in: Z. Mikrosk. **43**, 115—116 (1926).

Wermel, Eugen: Untersuchungen über die Kernsubstanzen und die Methoden ihrer Darstellung. 1. Mitt.:Über die Nuclearreaktion und die chromolytische Analyse. Z. Zellforschg **5**, H. 3, 400—414 (1927).

Zacharias, E.: Über Chromatophilie. Ber. dtsch. bot. Ges. **17** (1893). — Über Eiweiß, Nuclein, Plastim. Bot. Zeitg. **1883**. — Über den Zellkern. Bot. Zeitg. **1882**. — Über einige mikrochemische Untersuchungsmethoden. Ber. dtsch. bot. Ges. **14** (1896). — Über Nachweis und Vorkommen von Nuclein. Ber. dtsch. bot. Ges. **16** (1898).

III. F. Methoden zur Bestimmung von Volumina und Oberflächen
mikroskopischer Strukturteile.

Blakeslee, A. F.: Variation in datura stramonium caused by differences in the number of chromosomes. Sci. papers, sec. int. congr. of eugenics. 1. Baltimore 1923. — **Boveri, Th.**: Zellstudien. **5**. Jena 1905. — **Braun, H.**: Die spezifischen Chromosomenzahlen der einheimischen Arten der Gattung Cyclops. Arch. Zellforschg **3** (1909).

Covell, W. T.: A. quantitative study of the Golgi apparatus in spinal ganglion cells. Anat. Rec. **35**, 149—159 (1927). — **Cowdry, E. V.**: Surface film theory of the function of mitochondria. Amer. Naturalist **60**, 157—165 (1926). — **Cowdry, E. V.** and **W. T. Covell**: Quantitative cytological studies on the renal tubules. I. Nucleo cytoplasmatic ratio. Anat. Rec. **34**, 61—73 (1926). II. Mitochondria-cytoplasmic ratio. Anat. Rec. **36**, 349—356 (1927).

Du Nony, P. Lecomte and **E. V. Cowdry**: Cytological measurements to test of Nouys thermodynamic hypothesis of cell size. Anat. Rec. **34**, Nr 5, 313—329 (1927).

Erdmann, Rh.: Quantitative Analyse der Zellbestandteile. Erg. Anat. **20** (1911). Ferner: Arch. Zellforschg **2** (1909).

Farmer, J. B. and **L. Digby**: On dimensions of chromosomes considered in relation to phylogeny. Phil. Trans. Roy. Soc. **205**. London 1914.

Godlewski, E.: Der Eireifeprozeß im Lichte der Untersuchungen der Kernplasmarelation bei Echinodermenkeimen. Arch. Entw.mechan. **44** (1918).

Hammar, F. A.: Methode, die Menge der Rinde und des Markes der Thymus, sowie die Größe und Anzahl der Hassalschen Körperchen zahlenmäßig festzustellen. Z. angew. Anat. **1** (1914). — **Hammar und Hellmann**: Z. angew. Anat. **5** (1920). — **Hartmann, O.**: Über das Verhalten der Zell-, Kern- und Nucleolengröße bei Cladoceren. Arch. Zellforschg **15** (1919). — Über den Einfluß auf Größe und Beschaffenheit von Zelle und

Kern im Zusammenhang mit der Beeinflussung von Funktion, Wachstum und Differenzierung der Zellen und Organe. Arch. Entw.mechan. 44 (1918). — **Heilborn, O.:** Chromosomes Numbers and Dimensions in the Genus Carex. Hereditas (Lund) 5 (1924). — **Hellmann, T. Z.:** Studien über das lymphoide Gewebe. Z. Konstit.lehre 8, 191—219 (1922). — **Hertwig, G.:** Radiumbestrahlung unbefruchteter Froscheier usw. Arch. mikrosk. Anat. 77 (1911). — **Hertwig, P.:** Durch Radiumbestrahlung verursachte Entwicklung von halbkernigen Triton- und Fischembryonen. Arch. mikrosk. Anat. 87 (1916).

Jacobj, W.: Über das rhythmische Wachstum der Zellen durch Verdoppelung ihres Volumens. Arch. Entw.mechan. 106, 124—192 (1925).

Kaiserling: Mikrometer und Mikrometrie. Enzykl. d. mikrosk. Technik. 3. Aufl. 2, 1435—1442 (1926). — **Katsuki, K.:** Materialien zur Kenntnis der quantitativen Wandlungen des Chromatins in den Geschlechtszellen von Ascaris. Arch. Zellforschg 13, 92—118 (1914). — **Kuwada, Y.:** Die Chromosomenzahl von Zea Mays L. J. Coll. Sci. Imp. Univ. Tokyo 1919, 39.

Meves, F.: Chromosomenlänge bei Salamandra. Arch. mikrosk. Anat. 77 (1911).

Romeis, B.: Taschenbuch der mikroskopischen Technik. 11. Aufl. Berlin-München 1925, 1—568. — Experimentelle Untersuchungen über die Wirkungen innersekretorischer Organe. Z. exper. Med. 6, 101—288 (1918). — Untersuchungen über die Verjüngungshypothese Steinachs. Münch. med. Wschr. 1921, 600—604. — **Rosenberg, O.:** Arch. f. Bot. 15 (1920).

Seiler, J.: Geschlechtschromosomen. Untersuchungen an Psychiden. Arch. Zellforschg 16 (1922). — Geschlechtschromosomenuntersuchungen an Psychiden. Z. indukt. Abstammungslehre 18 (1917); 27 (1921) und Arch. exper. Zellforschg 16 (1922). — **Seiler, J.** und **C. B. Haniel:** Das verschiedene Verhalten der Chromosomen in Eireifung und Samenreifung von Lymantria monacha L. Z. indukt. Abstammungslehre 27 (1921). — **Stieve, H.:** Das Verhältnis der Zwischenzellen zum generativen Anteil im Hoden der Dohle. Arch. Entw.mechan. 45 (1919).

Tischler, G.: Untersuchungen über die Entwicklung des Bananenpollens. Arch. Zellforschg 5 (1910).

IV. Definition des Begriffes „Zelle".
Die mikroskopischen Strukturelemente des Kerns und des Cystoplasmas.

Nachdem in dem vorstehenden Kapitel die Methoden der mikroskopisch-anatomischen Forschung dargelegt wurden, sind nunmehr ihre Ergebnisse zu schildern. Ich knüpfe an das auf den Seiten 19—29 Gesagte an, wo ich die Gründe ausführlich dargelegt habe, die mich veranlassen, als Bestandteile der lebenden Masse neben den Ionen, Molekülen und Molekülkomplexen, dem paraplasmatischen Material, ein besonderes Protomeren- oder Teilkörpermaterial anzunehmen, das für die lebende Masse spezifisch ist. Das Charakteristikum dieser Protomeren ist ihre Konstanz in chemischem Sinne, ihre Wachstums- und Teilungsfähigkeit. Da aber diese Eigenschaften nach RHUMBLER keine spezifisch „organismischen" sind, so lehne ich es ab, die Protomeren als lebend zu bezeichnen, solange nicht der Beweis ihres autonomen Verhaltens erbracht ist. Vielmehr sind die einzigen lebenden Teilkörper, die zur Zeit existieren, die Zellen, ein System eines protomeralen und paraplasmatischen Materials von einer spezifischen, zum wesentlichen Teil mikroskopisch faßbaren Organisation. Unsere erste Frage lautet, welche morphologischen Kriterien müssen erfüllt sein, um einem Gebilde den Namen Zelle zu geben?

Wir erinnern uns an die klassische Definition „ein Klümpchen Protoplasma mit einem Kern" und erkennen aus dieser absichtlich recht unbestimmt und allgemein gehaltenen Begriffsbestimmung, daß offenbar die äußere Form und die Größe nicht zur Identifizierung benutzt werden kann. Denn wenn auch unter den Zellformen die Kugel und das Prisma häufig anzutreffen sind, so sind neben diesen 2 Haupttypen doch so ziemlich alle denkbaren Formmöglichkeiten realisiert, sei es im freilebenden Zustand, sei es als Bestandteil des vielzelligen Organismus.

Dieselbe Mannigfaltigkeit wie bei der Zellform treffen wir auch bei der Zellgröße an, schwankt doch die Größenordnung von Gebilden, die wir Zellen nennen, von einer mittleren Größe von 10—30 μ Durchmesser bis einerseits zu makroskopischer, andererseits zu fast ultramikroskopischer Größe. Wenn wir trotzdem uns berechtigt glauben, allen diesen morphologisch so vielgestaltigen Gebilden den gleichen Namen „Zelle" zu geben, so ist es die Feststellung ihres morphologisch-dualistischen Aufbaues aus 2 distinkten Bestandteilen, dem Zelleib und dem Kern, von Strasburger (1882) als Cytoplasma und Nucleo-, besser Karyoplasma bezeichnet.

Die Schwierigkeit, die sich für die Definition der Zelle daraus ergibt, daß Gebilde sich finden, die, abweichend von der Definition nicht einen, sondern eine Vielzahl von Kernen besitzen (Abb. 68, 69), die weitere, daß die Elemente des vielzelligen Organismus oft miteinander durch direkte Verbindungen in mehr oder minder kontinuierlichem Zusammenhang stehen, und daher die Abgrenzung derselben gegeneinander eine künstliche ist, werden in einem besonderen Abschnitt über die Organisation der lebenden Masse namentlich im vielzelligen

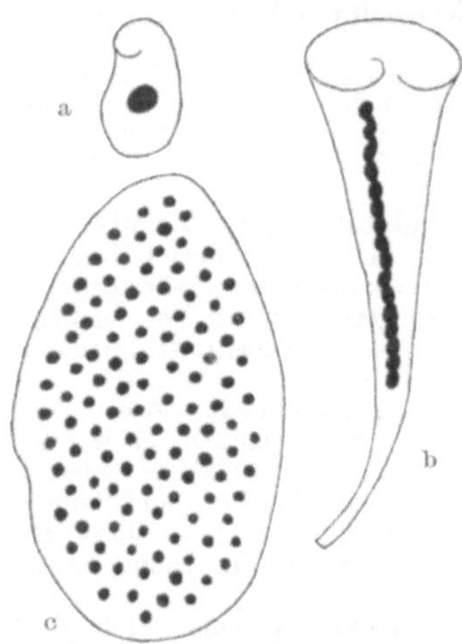

Abb. 68. a Colpidium colpoda. b Stentor coeruleus. c Opalina ranarum. Alle 3 Infusorien etwa 120mal vergrößert. (Nach P. Krüger: Naturwiss. 1926.)

Organismus besprochen. Hier wird auch die Frage zu erörtern sein, ob die Kerne mancher Protisten den gewöhnlichen einfachen Zellkernen ohne weiteres gleichzusetzen sind oder als vielwertig, polyenergid betrachtet werden müssen, woraus sich dann die weitere Frage nach der Zellnatur dieser Protisten ergibt. Schließlich wird in diesem Zusammenhang auch zu erwähnen sein, daß die Zellnatur der Bakterien nicht einwandfrei festgestellt ist.

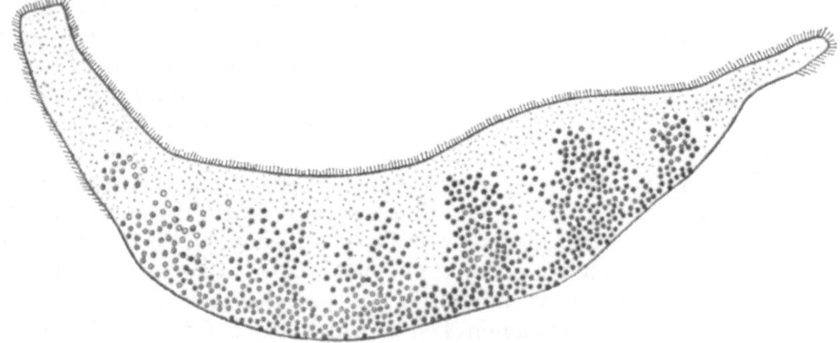

Abb. 69. Tracheolacera, ein Infusor mit zerstreutem Kern nach Gruber. (Aus M. Heidenhain. 1911.)

Von den beiden für die Zelle charakteristischen Bestandteilen ist das Karyoplasma leichter und sicherer zu identifizieren, und zwar vor allem auf Grund seiner Morphokinese beim Zellvermehrungsprozeß mit den charakteristischen Chromosomenstrukturen, dann wenn auch weniger sicher im Zustand des sog. Ruhekerns, in welchem man als Strukturbestandteile unterscheidet: die Kernmembran, welche die Gerüstsubstanzen, die Kernkörperchen und die homogene Grundsubstanz (Kernsaft) einschließt.

Schwieriger gestaltet sich die Diagnose: Cytoplasma, wenn wir uns dabei vornehmlich auf morphologische Kriterien verlassen. Denn die Hypothesen einer für das gesamte Cytoplasma spezifischen Struktur mikroskopischer Größenordnung haben sich als unhaltbar erwiesen (S. 13). Während die Grundsubstanz bald optisch homogen, strukturlos, bald wabig, fädig, körnig ist, sind in den letzten 25 Jahren mehrere angeblich charakteristische Dauerstrukturen vor allem in tierischen Zellen beschrieben worden, so die Zentren, das Chondriom, das GOLGI-Material, die in dem Zelleib gelegen sind und Teile desselben bilden.

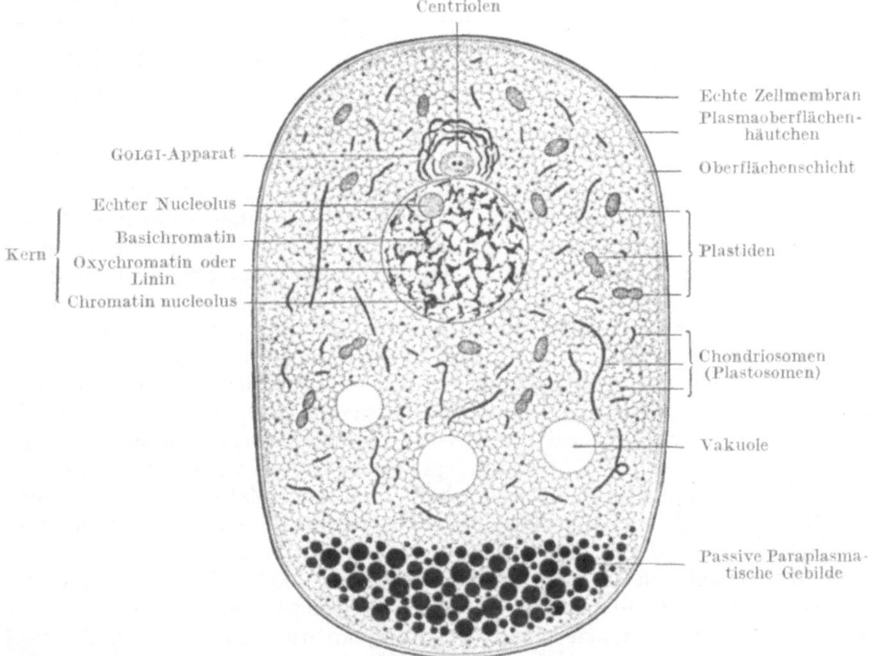

Abb. 70. Schema einer Zelle. Die cytoplasmatische Grundsubstanz besteht aus einem körnigen Maschenwerk, in welchem verschiedenartige, geformte Bestandteile enthalten sind. (Nach E. B. WILSON: The Cell. 1925.)

Sollten diese Strukturgebilde sich ausnahmslos in allen Zellen nachweisen lassen, so würde die Diagnose „Zelle“ eine präzisere werden, und müßte etwa folgendermaßen lauten: Die Zelle besteht aus Kern und Zelleib, in welchem sich stets neben einem morphologisch nicht konstant strukturierten Anteil die Zentren, das Chondriom, der GOLGI-Apparat als konstante Dauerstrukturen (cytoplasmatisch Zellorgane) nachweisen lassen. Ich verweise auf das Schema, welches E. B. WILSON (1925) von dem Bau der Zelle entworfen hat (Abb. 70).

Allerdings ergeben sich zur Zeit bei der Homologisierung dieser cytoplasmatischen Strukturen in tierischen und pflanzlichen Zellen noch erhebliche Schwierigkeiten und eine Einigkeit ist keineswegs erreicht, wie die Tabelle zeigt, die BOWEN (1927) zur Veranschaulichung dieser verschiedenen Homologisierungsversuche entworfen hat (vgl. auch Abschnitt VI).

Dangeard Pflanzen	Guilliermond		Bowen	
	Pflanzen	Tiere	Pflanzen	Tiere
Plastidom . . .	Chon-driom { aktives (plastidom)	} Chondriom	Plastidom	?
Cytom . . . . . (Spherom.) .	inaktives		Pseudo-chondriom	Chondriom (?)
Vacuom	Vacuom	Golgi-Apparat	Vacuom	?
—	—	—	Osmiophile Plättchen	Golgi-Apparat (?)
Fett-ablagerungen	Fett(Lipoid-)granulationen	Fett(L'poid-)granulationen	Fetttropfen	Fetttropfen

Aber sollte sich auch eine völlige Homologisierung der geformten cytoplasmatischen Bestandteile der tierischen Zellen einerseits, der pflanzlichen Zellen andererseits nicht durchführen lassen, so wären doch die hierdurch gegebenen Unterschiede nur gering im Vergleich zu der überraschenden Übereinstimmung im morphologischen Aufbauprinzip aller zur Zeit existierender Zellen. Hierdurch ist meines Erachtens am besten die überragende Bedeutung der zelligen Organisation für die Erhaltung und den Bestand der lebenden Masse unter den zur Zeit gegebenen Milieubedingungen gezeigt. Denn nur unter diesem Gesichtspunkt, dem der zweckmäßigsten Organisationsform, betrachtet, gewinnen wir einigermaßen ein Verständnis für die überraschende und durchaus nicht selbstverständlichen Tatsache, daß das Aufbauprinzip aller der verschiedenen, artspezifischen lebenden Teilkörpersysteme eben das zellige ist. Denn, wie schon S. 16 dargelegt wurde, dürfen wir bei aller morphologischen Übereinstimmung nicht übersehen, daß jeder Zelle, soweit sie nicht zu demselben Individuum (im vielzelligen Organismus) gehört, ein von allen anderen Zellen verschiedener, für sie aber art- (individual) spezifischer Charakter zukommt, durch welchen sie sich von allen übrigen „Art"zellen unterscheidet. Diese artspezifischen Unterschiede sind primär begründet in der von Artzelle zu Artzelle verschiedenen Qualität und Quantität des Protomeren-, teilweise auch des paraplasmatischen (artspezifische Reservestoffe) Materials; erst sekundär führt dieser Besitz an artspezifischem Protomerenmaterial zur Ausbildung artspezifischer Zellstrukturen, so beeinflußt z. B. die Quantität der Kernprotomeren (Gene) die Zahl und die Länge der Chromosomen.

Zur Erhaltung dieser Artspezifität ist also einmal der bei der Fortpflanzung durch genau durchgeführte Teilung und Verteilung gewährleistete konstante Besitz an einem Minimum von Protomerenmaterial, zweitens aber die konstante Anordnung desselben zur Artzelle notwendig. Daß hier vor allem der morphologische Dualismus Kern-Zelleib stets in allen Phasen des Zellebens beibehalten wird, kann als Beweis dafür angesehen werden, daß ein Dualismus auch für das diese Zellstrukturen bildende Protomerenmaterial anzunehmen ist, daß es also ein für den Kern und ein für das Cytoplasma charakteristisches Protomerenmaterial gibt.

Zu diesem Schluß sind auch die Vererbungsforscher gekommen, die die mendelnden Gene in den Kern lokalisieren und für ihre Gesamtheit den Namen Genom gebrauchen, während für das Teilkörpermaterial des Cytoplasmas von Wettstein (1926) den Namen Plasmon vorgeschlagen hat.

Gemäß unserem auf S. 28 entworfenen allgemeinen Programm fragen wir bei der nun folgenden Analyse der morphologischen, d. h. mikroskopisch-anatomisch erfaßbaren, Zellgebilde erstens nach ihrer Zusammensetzung aus protoplasmatischem Teilkörpermaterial oder paraplasmatischer Substanz, zweitens nach ihrer Beständigkeit oder Vergänglichkeit und drittens nach ihrer Bedeutung für die Leistungen des Zellorganismus.

In dem ersten Hauptteil werden wir uns vor allem der bewährten anatomischen Methode bedienen, indem wir die einzelnen Bestandteile, in welche wir die Zelle zergliedert haben, zur Grundlage unserer Betrachtung machen, und nach deren biologischer Bedeutung fragen. In dem zweiten Hauptteil dagegen soll die Zelle als Ganzes in ihren Lebensäußerungen verfolgt werden. Es wird der Form- und Stoffwechsel sowie das Wachstum der Zelle mit besonderer Berücksichtigung der mikroskopisch faßbaren Vorgänge besprochen und auf diesem physiologischen Wege die funktionelle Bedeutung der einzelnen Strukturgebilde und ihr Anteil an den genannten Lebensvorgängen festgestellt werden.

Literatur.

IV. Definition des Begriffes „Zelle". Die mikroskopischen Strukturelemente des Kerns und des Cytoplasmas.

Bowen, R. H.: Golgi Apparatus and Vacuome. Anat. Rec. **35**, 309—335 (1927). — Studies on the structure of plant protoplasm. I. The osmiophilic platelets. Z. Zellforschg **6**, 689—725 (1928).

Dangeard, P. A.: La structurs de la cellule végetale et son métabolisme. C. r. Acad. Sci. **170** (1920) und **173** (1921).

Guilliermond, A.: 1. Nouvelles rechercesh sur les con. Stituants morphologiques du cytoplasme de la cellule végétale. Arch. d'Anat. microsc. **20** (1924).

Hertwig, G.: Die funktionelle Bedeutung der Zellstrukturen mit besonderer Berücksichtigung des Kerns und seiner Rolle im Leben der Zelle. Bethes Handbuch der normalen und pathologischen Physiologie 1, 580—608 (1927). — **Hertwig, O.:** Allgemeine Biologie. 6. u. 7. Aufl. Jena 1923. Bearbeitet von O. und G. HERTWIG.

Lundegårdh, H.: Zelle und Cytoplasma. Handb. d. Pflanzenanatomie. 1. Bornträger 1922.

Schwann, Th.: Mikroskopische Untersuchungen über die Übereinstimmung in der Struktur und dem Wachstum der Tiere und Pflanzen. Berlin 1839. — **Strasburger, E.:** 1. Über den Teilungsvorgang der Zellkerne. Arch. mikrosk. Anat. **21** (1882). 2. Über den Bau und das Wachstum der Zellhäute. Jena 1882. 3. Über Cytoplasmastrukturen, Kern- und Zellteilung. Jb. Bot. **30** (1887).

Wettstein, Fr. v.: Über plasmatische Vererbung. Math.-physik. Kl. Akad. Wiss. Göttingen **1926.** — **Wilson:** The cell in Development and Heredity. Macmillan. 3. Aufl. **1925**, besonders S. 1—111, 670—740, 916—976.

V. Der Zellkern.

A. Definition des Begriffes „Zellkern".
Der Nachweis und die Identifizierung von „Kernen".
Die Frage der kernlosen Organismen.

Schon von LEUWENHOOK im 17., von FONTANA im 18. Jahrhundert als gesondertes Gebilde in der Pflanzenzelle gesehen, von MEYEN (1827) bei der Alge Spirogyra als „durchsichtiges und ungefärbtes Organ" beschrieben, ist der Zellkern doch erst 1833 von ROBERT BROWN in seiner Bedeutung als charakteristischer Zellbestandteil richtig erkannt und gewürdigt worden. Von ihm stammt der heute noch gebräuchliche Name Nucleus her. Diese Entdeckung von BROWN gab, wie schon früher (S. 6) erwähnt, SCHLEIDEN (1838) die

Anregung zu seiner Theorie der Phytogenesis, und auf ihr fußend und den Nachweis von Kernen zur Identifizierung fraglicher Gebilde als Zellen benutzend gelang dann im Jahre 1839 Theodor Schwann die Übertragung der Zelltheorie vom pflanzlichen auf den tierischen Organismus. Während aber Schleiden und Schwann, die ja die Lehre von der Urzeugung der Zelle aus dem ungeformten Cytoblastem vertraten, an eine Neuentstehung des Kerns aus dem Cytoplasma bzw. aus dem Cytoblastem glaubten, prägte R. Virchow (1858) den Satz: Omnis nucleus e nucleo. In „kontinuierlicher Entwicklung" soll sich nach seiner Meinung jeder Kern unter Erhaltung seiner Bläschenform durch direkte Teilung fortpflanzen. So war denn zwar der Kern, wie Frommann (1875) sagt, ein „in seiner Form etwas von dem übrigen Zellinhalte gänzlich verschiedenes Gebilde", sollte aber „wahrscheinlich aus derselben Substanz bestehen, welche sich im Plasma als kleinste Körner auch findet". Ähnlich äußert sich 1877 Stricker: „Der Kern ist nichts als Protoplasma in einer eigentümlichen Anordnung, wahrscheinlich auch in einem eigentümlichen chemischen Zustand."

Erst die morphologische Forschung der 80er und 90er Jahre des vorigen Jahrhunderts deckte den charakteristischen Formwechsel auf, den der Kern bei seiner Fortpflanzung durchmacht. Ja wir können direkt mit Flemming von einer „Metamorphose" des Kerns bei seiner Teilung sprechen, und der Satz Omnis nucleus e nucleo, treffend für die nunmehr als Ausnahme erkannte direkte Kernteilung, gilt für die typische [Mayzel (1875)], indirekte [Flemming (1878)], Kernteilung, Karyokinese [Schleicher (1878)], Karyomitose oder kurz Mitose [Flemming (1882)], Kernsegmentierung (O. Hertwig), nur cum grano salis. „Denn der Kern besteht nicht in der Form fort und teilt sich nicht direkt, geht aber auch nicht unter" [Flemming (1882)]. Die Form des Kerns geht bei jedem Teilungsakt verloren; insofern hatten die älteren Cytologen gar nicht so unrecht, wenn sie von einer Auflösung und einem Schwund des Kerns sprachen und denselben nach beendeter Zellteilung von neuem als Bläschen entstehen ließen. Was vom Kern erhalten wird, ist nicht die Form, sind nicht gewisse Strukturen, wie z. B. die Kernmembran, die Nucleolen, erhalten wird derjenige Teil seiner Substanz, der sich bei der Mitose in den Chromosomen vorfindet, und der durch sein morphologisches Verhalten bei der Längsspaltung der Chromosomen beweist, daß er Teilkörpersubstanz enthält. Mit Recht schreibt daher O. Hertwig in seiner allgemeinen Biologie: „Wir definieren den Kern jetzt nicht mehr im Sinne von Schleiden und Schwann als ein kleines Bläschen in der Zelle, sondern als eine vom Protoplasma unterschiedene Masse eigentümlicher Kernsubstanzen, welche in sehr verschiedenartigen Formzuständen sowohl im ruhenden, als auch im aktiven Zustand bei der Teilung auftreten".

Von diesen Formzuständen ist aber, wie später noch näher gezeigt wird, der Zustand der Kernteilkörpersubstanz während der Mitose der charakteristischere, und so lautet die von Bělař (1926) gegebene moderne sowohl für den Protisten- wie für den Heteroplastidenkern gültige Definition folgendermaßen: Kern ist jedes vom Cytoplasma abgegrenzte Gebilde, in dem bei seiner Teilung Chromosomen auftreten, bzw. welches sich durch Umwandlung von Chromosomen gebildet hat.

Über die Bedeutung und die Eigenschaften dieser im Kern lokalisierten Teilkörpersubstanz hat die Entdeckung des Befruchtungsprozesses und der mit ihm im Zusammenhang stehenden Prozesse der Keimzellbildung weitere Aufklärung erbracht. Die Beobachtung, daß bei der Bildung des Befruchtungsproduktes die Samenzelle häufig nur mit ihrem Kern beteiligt ist, führte O. Hertwig (1884) und Strasburger (1884) zu der Theorie, daß die Übertragung der väterlichen Erbanlagen nur durch den Spermakern, nicht durch das Spermaprotoplasma erfolgt, der Kern somit Träger des Idioplasma von NÄGELI ist. Da nun die moderne Erbforschung mit aller Deutlichkeit gezeigt hat, daß dieses Idioplasma, solange es vermehrungsfähig ist, durch äußere Einflüsse gar nicht, oder doch höchstens sehr wenig beeinflußbar ist, vielmehr als weitgehend konstant im Verlauf vieler Generationen betrachtet werden muß, so ergibt sich, daß die Kernsubstanz, soweit sie Teilkörpersubstanz, Genom, ist, ein nicht nur von Zellteilung zu Zellteilung, sondern auch von Individuum zu Individuum sich konstant erhaltendes Material, eine Art Dauersubstanz, sein muß.

Schließlich hat auch die chemische Untersuchung gezeigt, daß der Zellkern gegenüber dem Cytoplasma „besonders geartete lebende Substanz repräsentiert" [A. VON TSCHERMAK (1924)]. Denn die Mikroanalyse hat ergeben, daß der Kern im Gegensatz zum Zelleib sehr arm an Salzen ist, und daß sich freie K', Cl', Phosphat- und Carbonationen in ihm überhaupt nicht nachweisen lassen (nach A. VON TSCHERMAK, Allg. Phys.).

Ferner haben zuerst MIESCHER (1871), dann KOSSEL durch makrochemische Analyse isolierter Kerne von Spermien, von ganzen Thymuszellen, Leukocyten und kernhaltigen (VOGEL) Erythrocyten, deren protoplasmatische Anteile durch Behandeln mit Pepsinsalzsäure oder Hämolyse vorher nach Möglichkeit entfernt waren, den außerordentlichen Reichtum derselben an Nucleoproteiden nachgewiesen; so sollen die Köpfe der Lachsspermatozoen 96% nucleinsaures Protamin enthalten. Der Aufbau der Nucleoproteine, so wie ihn die physiologischen Chemiker durch das hydrolytische Verfahren erschlossen haben, ist im Anschluß an E. WILSON (1925) in folgendem Schema nach SHERMAN (1918), das sich auf die Forschungen von KOSSEL, WELLS und JONES (1914) gründet, wiedergegeben.

Nucleoprotein

Protein   Nuclein

Protein-   Nucleinsäure

Phosphorsäure   Nucleoside

Carbohydrate   Nucleinbasen
1. Pentosen (Pflanzen)   1. Purinbasen,
2. Hexosen (Tiere)   Adenin u. Guanin
                                      2. Pyrimidinbasen,
                                      Cytosin, Thymin, Uracil.

Mit Recht aber warnt A. MEYER (1920) davor: „aus den Resultaten dieser Untersuchungen zu schließen, daß die Zellkerne allgemein Nucleinsäure enthalten". „Beweise haben wir dafür nicht, denn es ist ja erst in den Zellkernen weniger Zellarten die Nucleinsäure makrochemisch nachgewiesen worden." Neuerdings sind z. B. bei dem Coccid Eimeria gadi, von dem eine eingehende moderne makrochemische Analyse vorliegt, überhaupt keine Nucleoproteide gefunden worden, und in den, wenn auch nicht gerade zahlreichen tierischen Organen, in denen man makrochemisch Nucleinstoffe nachgewiesen hat, fehlt überall der exakte Nachweis, daß diese auch in den Kernen lokalisiert sind. Bei Weizenkeimlingen hat OSBORN (1899) makrochemisch keine Thymonucleinsäure, wie sie für tierische Zellkerne charakteristisch ist, gefunden, dagegen das Vorhandensein der sog. Triticonucleinsäure festgestellt, die mit der aus der Hefe isolierten Hefenucleinsäure identisch ist. Man schloß daraus, einmal, daß diese Hefenucleinsäure in den pflanzlichen Zellkernen enthalten ist, und zweitens, daß sie dort die Stelle der tierischen Thymonucleinsäure vertritt.

Wie schlecht fundiert diese Schlüsse waren, zeigten die Untersuchungen von Feulgen (1924), der mikrochemisch mittels der von ihm entdeckten Nuclealreaktion nicht nur in zahlreichen tierischen Kernen die Thymusnucleinsäure, sondern auch in den Kernen einer Reihe höherer Pflanzen (Weizen, Küchenzwiebel) die Thymonucleinsäure oder zum mindesten eine „nahe Verwandte" von ihr nachwies.

Die mikrochemische Untersuchung nach der Methode von Feulgen (1924) hat nun aber weiter ergeben, daß z. B. manche Eizellkerne [Koch (1925)] nicht die Nuclealreaktion geben, der Thymonucleinsäuregehalt in ihnen also zum mindesten äußerst gering ist, ein Schluß zu dem auf Grund der färberischen Reaktionen mit Methylgrün schon Jörgensen (1913) gekommen war. Dafür enthält aber das Plasma gerade der tierischen Eier oft erhebliche Mengen von Nucleinsäure, wie z. B. die Analyse von Masing (1910) bei den Seeigeleiern ergeben hat.

Diese Angaben sollten, glaube ich, genügen, um den so häufig gemachten Schluß als irrtümlich zu erweisen, daß die Nucleinsäuren charakteristische und notwendige Bausteine des im Kern lokalisierten Protomerenmaterials seien. Vielmehr ist, wie A. Meyer (1920) hervorhebt, die Wahrscheinlichkeit sehr groß, daß die Nucleinsäure „ergastische", allerdings im Kern häufiger als im Zelleib lokalisierte „Substanzen" sind. Für diese Vermutung werden wir später noch weitere Argumente erhalten.

Dann bliebe also, wenn wir nicht A. Meyer (1920) folgen wollen, der überhaupt jeden Aufbau des lebenden Protomerenmaterials aus Eiweißkörpern und sonst chemisch feststellbaren Substanzen leugnet, nur übrig, anzunehmen, daß die basischen Komponenten der Nucleoproteide, die Protamine und Histone, dauernde Bestandteile der Kernteilkörpersubstanz seien. Diese Annahme paßt nun auch gut zu der Feststellung der physiologischen Chemiker, daß die Nucleinsäuren, die bei den verschiedenen Tierarten beobachtet worden sind, unter sich sehr ähnlich, wenn nicht sogar gleichartig sind, während die Proteinkomponenten eine große Mannigfaltigkeit und für die einzelnen Tierarten charakteristische Beschaffenheit aufweisen (vgl. Wilson, The Cell. 1925, S. 644 u. 652).

Auf jeden Fall geht aus unseren Ausführungen hervor, daß auf Grund mikrochemischer Indizien, etwa der Nuclealreaktion oder der Färbung mit basischen Farbstoffen (Methylgrün) der sichere Nachweis von „Kernsubstanz" nicht geführt werden kann, daß vielmehr nur morphologische Kriterien entsprechend der gegebenen Kerndefinition die endgültige Diagnose ermöglichen. Diese Erkenntnis ist von großer Bedeutung für die Frage, ob es kernlose Organismen gibt.

Diese ist heutzutage nur noch strittig für die Bakterien [Tischler (1921)] und die ultramikroskopischen Lebewesen, für letztere also mit unseren Methoden überhaupt nicht lösbar. Aber auch für die Bakterien lauten die Angaben sehr verschieden, wie ich dem Artikel von Gotschlich im Handbuch der pathogenen Mikroorganismen (1927) entnehme. „Während Fischer, Migula und Massart die Ansicht von der Kernlosigkeit der Bakterien vertreten, indem sie sich auf das Fehlen einer Differenzierung des Bakterienleibes in Kern und Plasma stützen, vertritt Ruzicka den zuerst von Zettnow ausgesprochenen Gedanken, daß der ganze Bakterienleib, wie er sich bei der Färbung mit basischen Anilinfarbstoffen darstellt, als Analogon des Kernes höherer Zellen, kurz als „nackter Kern" aufzufassen sei." Erst in jüngster Zeit hat sich J. Schumacher von dem falschen Dogma freigemacht, daß die angeblichen Kerne der Bakterien Nucleoproteide und Nucleinsäuren enthalten müßten, eine Annahme, die ja auch für die tierischen Zellkerne nicht ausnahmslos zutrifft. „Erkennt man die Möglichkeit an, daß es nucleinsäurehaltige Protoplasmen und nucleinsäurefreie

Kerne geben kann", so ist damit nach der Meinung von SCHUMACHER ein wesentlicher Schritt zur Erkennung der Bakterienkerne getan. SCHUMACHER gibt nun an, daß er z. B. bei der Hefe und Bakterien wie Oidium lactis nucleinsäurefreie Kerne morphologisch nachgewiesen hat, daß in dem Hefekern nicht die Nucleinsäure, vielmehr eine saure Substanz aus der Lipoidreihe, die SCHUMACHER als Karyoninsäure bezeichnet, mit basischen Eiweißkomponenten die Karyoproteide bildet. Es wird die nächste Aufgabe sein müssen, nachzuweisen, daß diese von SCHUMACHER (1926) als Kern bezeichneten Gebilde diesen Namen auch wirklich verdienen auf Grund ihres morphologischen Verhaltens bei der Fortpflanzung (und der geschlechtlichen Vermehrung).

Wer allerdings auf Grund phylogenetischer Spekulationen der Anschauung huldigt, daß bei den Bakterien als Ausdruck ihrer niedersten Stellung in der phylogenetischen Reihe die Kernsubstanz in der Mehrzahl der Fälle noch unvollständig vom Zelleib differenziert sei, eine Annahme, die sich schon bei WEIGERT und MITROPHANOW findet und die ZETTNOW weiter ausgebaut hat, und noch „primitive" Züge bei ihrer Vermehrung aufweisen werde, der verzichtet damit überhaupt auf den Nachweis von Kernen bei den Bakterien. Chemisch auf jeden Fall ist derselbe nicht zu erbringen. Aber es sei darauf hingewiesen, daß die Erwartung, primitive Charaktere der Zellorganisation auffinden zu können, schon einmal, nämlich bei den Protisten, fehlgeschlagen ist. Denn BĚLAŘ (1926) formuliert das Resultat seiner großen zusammenfassenden Darstellung über den Formwechsel der Protistenkerne folgendermaßen:

„Bei vielen Protistenkernen begegnen wir in allen Formwechselphasen denselben Organisationsmerkmalen, die uns am Kern der Vielzelligen als wesentlich erscheinen. Bei vielen können wir eine völlige Übereinstimmung mit dem Heteroplastidenkern konstatieren. Dies berechtigt zu der Vermutung, daß die künftige Forschung diese Übereinstimmung auch dort, wo sie bis jetzt noch nicht nachgewiesen werden konnte, vorfinden werde. Aber auch die Fälle, wo uns die Abweichung von den wesentlichen Charaktereigenschaften der Heteroplastidenmitose als beträchtlich erscheint, können vorläufig nicht als primitiv bezeichnet werden. Vielmehr erscheint es in Anbetracht der verhältnismäßig monotonen Ausbildung des Chromosomenformwechsels als wahrscheinlich, daß der bizarre, atypische Charakter vieler Protistenmitosen außer durch unbekannte Faktoren vielleicht in hohem Maße von dem relativ höchst mannigfaltigen Ausbildungsgrad der „achromatischen" Strukturen mitbedingt ist."

„Die einzelnen Formwechseltypen der Protistenkerne und der Formwechsel der Heteroplastidenkerne müssen uns vorderhand als verschiedene Variationen ein und desselben Themas erscheinen, und darin liegt die Bedeutung der ersteren für die Cytologie."

Wir können das bis hierher Gesagte dahin zusammenfassen, daß im Kern ein vom Cytoplasma verschiedenartiges, namentlich durch sein morphologisches Verhalten charakterisiertes Teilkörpermaterial lokalisiert ist, das, wie die Genetik gezeigt hat, aus einer großen Anzahl diskreter, voneinander weitgehend unabhängiger und sehr beständiger Erbeinheiten oder Gene besteht. Gemäß unserem auf S. 28 entwickelten Arbeitsprogramm ist nunmehr die Frage zu erörtern, in welchen Formbestandteilen des Kerns ist dieses Teilkörpermaterial lokalisiert, ist deren morphologisches Bild konstant oder wechselnd; ferner besteht der Kern nur aus diesem Teilkörpermaterial oder sind in ihm noch anders geartete, geformte oder ungeformte, meta- und paraplasmatische Materialien vorhanden, deren Bedeutung dann festzustellen ist.

Die Untersuchung dieser Fragen muß naturgemäß sich ganz von morphogenetischen Gesichtspunkten leiten lassen und muß in erster Linie die Morphokinese der Kernsubstanzen verfolgen, wie denn auch A. v. Tschermak (1924) in seiner allgemeinen Physiologie nachdrücklich betont, „daß jede morphologische Charakteristik des Kerns in erster Linie den Umstand berücksichtigen muß, daß die Formbestandteile des Zellkerns einem sehr charakteristischen, periodischen Wechsel ihrer Erscheinungsform unterworfen sind und im Zustand der Ruhe (Interkinese) und der Teilung weitgehende Unterschiede aufweisen".

Abweichend von der sonst üblichen Beschreibung des Kerns, die mit seiner Ruheform beginnt, halte ich es aber für zweckmäßiger, bei der uns am meisten interessierenden Frage, wo im Kern die Teilkörpersubstanz, das Genom, lokalisiert ist, von dem Teilungsstadium des Kerns auszugehen. Denn hier besteht einmal kein Zweifel, daß das Genom in den Chromosomen lokalisiert ist, sehen wir doch direkt den Teilungsakt, und zweitens werden wir erwarten können, daß hier in der Transportform das Kernidioplasma in möglichst reiner Form ohne viele paraplasmatische Beimengungen zur Untersuchung gelangen wird, wie es vielleicht sonst nur im Kern der reifen Samenfäden der Fall ist. Da der Vorgang der indirekten Kernteilung mit allen seinen gleichzeitig auch im Zellplasma sich abspielenden Begleiterscheinungen erst später ausführlich diskutiert werden soll, so beschränke ich mich hier auf eine Beschreibung der Kernsubstanz im Zustand der Mitose, also in Form der Chromosomen.

B. Die Kernsubstanz im Zustand der Mitose.

Die Chromosomen [Waldeyer (1888)] oder die Kernsegmente (O. Hertwig) sind morphologisch durch folgende Merkmale sicher und einwandfrei charakterisiert: 1. Durch ihr Verhalten bei der Mitose, namentlich durch ihre Lage in der Äquatorialplatte, ihre Längsspaltung und die gleichmäßige Verteilung der Spalthälften als Tochterchromosome auf die beiden neu entstehenden Tochterkerne. 2. Die Form und die Zahl der Chromosomen ist artspezifisch. 3. Im fixierten Mitosezustand zeigen sie eine besondere Affinität zu dem Methylgrün. Das gilt auch von den Protistenchromosomen, von denen Bělař (1926) sagt: „Mir ist noch kein Fall vor Augen gekommen, in dem sich die Chromosomen einer Teilungsfigur nicht grün gefärbt hätten, sobald überhaupt etwas von Methylgrün im Präparat verblieben wäre."

1. Die typische Längsspaltung der Chromosomen.
Angebliche Befunde von Querteilung.

Was nun den ersten Punkt angeht, so wird der Vorgang der Mitose in allen seinen Einzelheiten später von Wassermann geschildert und dabei auch das Verhalten der Chromosomen besprochen werden. Dort wird auch die noch strittige Frage diskutiert werden, in welcher Phase der Mitose die Längsspaltung der Chromosomen erfolgt. Uns interessiert hier vor allem, daß eine solche Längsspaltung, die zwei gleiche Spalthälften liefert, mit großer Regelmäßigkeit bei allen tierischen und pflanzlichen Mitosen festgestellt worden ist, nachdem Flemming bei Salamandra diese fundamentale Entdeckung (1879) gemacht hatte. Wir folgern aus dieser Beobachtung mit Roux (1883), daß die Längsteilung eine „polare Differenzierung" der Chromosomen, eine stoffliche Verschiedenheit in der Längsrichtung äußerst wahrscheinlich macht; denn nur so erhält die Längsteilung, final betrachtet, einen Sinn"; nämlich die Lieferung zweier quantitativ und qualitativ ganz gleicher Spalthälften.

Auch bei den Protistenmitosen ist häufig eine typische Längsteilung der Chromosomen beobachtet worden; aber wir begegnen auch nicht so selten Fällen, wo schleifenförmige oder kugelige Gebilde, die wir nach ihrem übrigen Verhalten Chromosome nennen würden, der Quere nach geteilt und dann auf die

Tochterkerne verteilt werden. Da die Längsteilung eines der wichtigsten Charakteristica der Heteroplastidenchromosomen ist, so würde, die Richtigkeit der Beobachtungen vorausgesetzt, eine Homologisierung der sich querteilenden Gebilde mit echten Chromosomen nicht möglich sein. Man hat zur Erklärung dieser, zu dem Sinn der Chromosomenteilung in so krassem Widerspruch stehenden Querteilung die Hypothese aufgestellt, daß hier die Chromosomen eben keine polare Differenzierung besäßen, vielmehr einem primitiven Typus mit völlig homogener Teilkörpersubstanz angehörten, bei denen deshalb eine Querteilung zum Zwecke der genauen Massenhalbierung völlig genüge. Ehe wir aber eine so weitgehende, schwer beweisbare Hilfshypothese machen, wird es gut sein, weitere genauere Beobachtungen abzuwarten. So weist Bělař (1926) darauf hin, „daß eine ganze Reihe von Fällen, für die früher Querteilung der Chromosomen beschrieben worden ist, auf das typische Längsteilungsschema zurückgeführt worden sind" und er sagt kritisch zusammenfassend: „Kann man somit nicht für alle Gebilde, die uns bei oberflächlicher Betrachtung der Protozoenmitosen als Chromosomen erscheinen, ihre völlige Homologie mit den Chromosomen der Heteroplastiden beweisen, so sind doch die Fälle, in denen dies möglich ist, so zahlreich und so verbreitet, daß der Rest den Eindruck richtiger Ausnahmen macht. Und diese Ausnahmen scheinen ebenfalls auf dem besten Wege zu einer Einordnung in die überwiegend größere Kategorie des typischen Chromosomenformwechsels zu sein."

2. Die artspezifische Konstanz der Chromosomen in Zahl und Form.

Als zweites für die Chromosomendiagnose wichtiges Merkmal hatten wir die artspezifische Konstanz der Chromosomen in Zahl und Form hervorgehoben.

Die Frage, ob die Zahl der Chromosomen in den einzelnen Mitosen des vielzelligen Organismus eine konstante ist, die weitere Frage, ob die Zahl der Chromosomen für jede Spezies eine typische ist, kann heutzutage als weitgehend geklärt betrachtet werden. Als erster beobachtete wohl Strasburger (1882), daß in Kernen der Pollenmutterzellen von Fritillaria und Lilium stets 12, bei einer anderen Art stets 8, bei einer vierten 24 Chromosomen auftraten. Auf zahlreiche Beobachtungen an tierischen Mitosen, vor allem bei Salamandra, sich stützend, zeigte dann C. Rabl (1885), daß in den somatischen Zellen eines jeden Individuums die Zahl der Chromosomen bei der Mitose eine konstante ist und Boveri (1888) stellte dann den Satz auf: „daß die Zahl der aus einem ruhenden Kern hervorgehenden chromatischen Elemente direkt und ausschließlich davon abhängig ist, aus wieviel Elementen dieser Kern sich aufgebaut hat". „Die im allgemeinen herrschende Konstanz der Elementarzahl erklärt sich einfach so, daß im regulären Verlauf von den beiden aus einer Teilung entstehenden Tochterzellen die eine genau die gleiche Zahl von Elementen enthält, wie die andere, nämlich die Zahl, die auch in der Mutterzelle bestanden hat." Dieses „Grundgesetz der Zahlenkonstanz" (Boveri) hat sich auch bei experimentell abgeänderter Chromosomenzahl bestätigt, und zwar nicht nur bei tierischen Mitosen (Boveri), sondern auch bei den von Kühn (1915, 1921) experimentell verursachten abnormen Kernteilungen eines Protisten, der *Amöbe Wahlkampfia*, bei der die abgeänderte Chromosomenzahl nicht aufreguliert wird, vielmehr „in jedem Kern die Zahl der Segmente, die er in der Prophase hervorbringt, abhängt von der Segmentzahl, die in ihn eingegangen ist" (Kühn).

Daß die Zahl der Chromosomen bei jedem geschlechtlich gezeugten Organismus infolge der Vereinigung von Ei und Samenkern „diploid" ist, daß entsprechend dieser bei der Befruchtung erfolgenden Verdoppelung der Chromosomenzahl durch eine besondere Kernteilung, die heterotypische Reduktionsteilung, in den Ei- und Samenzellen die Zahl der Chromosomen auf die Hälfte, die haploide Zahl reduziert wird, indem abweichend von der typischen Mitose hier nicht Chromosomenspalthälften, sondern ganze Chromosomen halb und halb verteilt werden, alle diese wichtigen cytologischen Prozesse werden später in einem besonderen Kapitel ausführlich besprochen werden. Dort werden auch Tabellen über Chromosomenzahlen gegeben werden, aus denen sich ergibt, daß jede Art eine für sie typische und charakteristische Chromosomenzahl besitzt. Bei den Protisten ist die Zahlenkonstanz allerdings erst in wenigen Fällen nachgewiesen, aber diese Fälle verteilen sich so ziemlich auf alle Protistengruppen [Bělař (1926, S. 457)].

Auf jeden Fall halten sich die zoologischen und botanischen Systematiker heute berechtigt, auf Grund eines Unterschiedes in der Chromosomenzahl zwei Individuen zu verschiedenen Rassen zu rechnen, selbst wenn sie sonst morphologisch keine Unterschiede aufweisen (z. B. *Ascaris megalocephala univalens* mit zwei und *bivalens* mit vier Chromosomen [O. Hertwig (1890)]. Meist allerdings, und das ist natürlich für die Beurteilung der Chromosomen als Erbträger wichtig, gehen mit Verschiedenheiten in der Chromosomenzahl auch sonstige feinere oder gröbere anatomische Unterschiede Hand in Hand. Am besten studiert sind wohl die sog. Gigas-Formen, wo mit einer Verdoppelung der für die betreffende Art typischen Chromosomenzahl eine Verdoppelung der Kern- und Zellvolumina und eine ausgesprochene Neigung zu Riesenwuchs Hand in Hand geht [*Oenothera gigas*, Geerts (1907), Gates (1911, 1913); *Primula*, Keeble (1912); *Artemia salina*, Artom (1912) u. a.].

Die Entstehung dieser Gigas-Formen ist von Fall zu Fall verschieden; meistens ist wohl das Ausbleiben der Reduktionsteilung bei der Keimzellbildung und die Bildung diploider statt haploider Keimzellen die Ursache gewesen; in anderen Fällen ist aber auch an eine Störung des Verteilungsmechanismus der Chromosomen bei der gewöhnlichen Mitose (Monasterbildung) zu denken. Man vergleiche das ausführliche Referat von Wettstein über Heteroploidie (1927).

Solche Störungen des Verteilungsmechanismus erklären wohl auch die mitunter beobachteten Abweichungen von den typischen Chromosomenzahlen in den somatischen Gewebszellkernen. So sind z. B. von Frolowa (1926) tetraploide und oktoploide Kerne als typischer Befund in den Tracheen und den Rectaldrüsen mehrerer Drosophilaarten beobachtet worden. Geringere Abweichungen von der Normalzahl sind in vielen somatischen Mitosen beschrieben worden. Schon della Valle (1909, 1911) hat eine große Reihe derartiger von verschiedenen Forschern beobachtete Fälle zusammengestellt, und sie sind nach neueren Angaben von Winkler (1916), Stomps (1916), Winge (1917), Hance (1918) für Pflanzen, von Hance und Krallinger (1927) für Tiere offenbar viel häufiger, als man früher annahm, wo sie, zum Teil mit Recht, auf unrichtige Zählungen zurückgeführt wurden. Außer den Unregelmäßigkeiten bei der Chromosomenverteilung können, wie Tischler (1922) zusammenfassend bemerkt, solche „unrichtige Chromosomenzahlen" durch eine unvollkommene Trennung der Chromosomen oder ein Verkleben zweier benachbarter verursacht sein, zweitens aber durch einen zeitweisen queren Zerfall einzelner Chromosomen, wozu dieselben namentlich in der Meta- und Anaphase neigen sollen. [Vicia faba: Lundegårdh (1912), Hyacinthus: Carothers (1921).]

Ist schon die genaue Feststellung der Zahl der Chromosomen oft mit großen technischen Schwierigkeiten verknüpft, so daß z. B. beim Menschen die Zahl der Chromosomen noch immer strittig ist [die Angaben schwanken zwischen 24 und 48 Chromosomen (diploid), Grosser, Winivater (1926), Schachow (1926)], so gilt dies in noch viel höherem Maße für die Größe und Form der

Chromosomen. Zwar hatten schon FLEMMING und STRASBURGER beobachtet, daß bei den von ihnen studierten tierischen und pflanzlichen Objekten die Länge der einzelnen Chromosomen in der Äquatorialplatte nicht gleich sei, aber erst MONTGOMERY (1901) erkannte bei seinen Studien an den Keimzellen der Insekten, daß diese Differenzen nicht zufällig und variabel, sondern konstant und artspezifisch sind. Bei den Insekten, wo die Verhältnisse besonders klar liegen, aber auch sonst bei zahlreichen anderen Tier- und Pflanzenarten ist dann namentlich von MONTGOMERY (1906), SUTTON (1902), MC CLUNG (1914), WENRICH (1916), WILSON (1906), MORRIL, STEVENS (1908), METZ (1916), BRIDGES, für

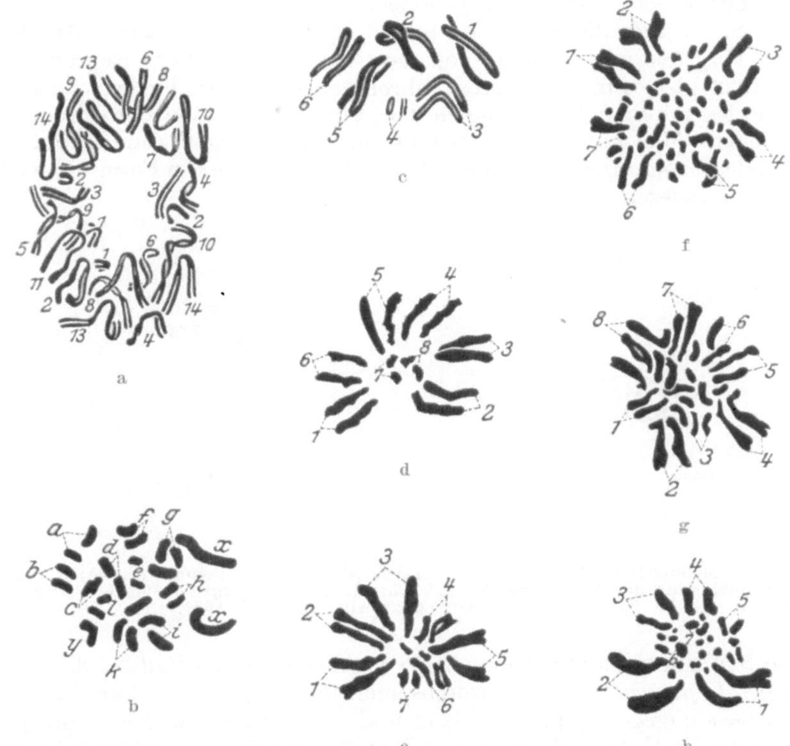

Abb. 71. Chromosomenpaare in diploiden tierischen (a—c) und pflanzlichen (d—h) Mitosen. (Nach E. B. WILSON. 1925.) In a sind 2×14 nach der Größe numerierte Chromosome vorhanden, jedoch ist keine paarweise Lagerung homologer Chromosome vorhanden. Diese ist jedoch in allen anderen Figuren deutlich ausgesprochen, am vollkommensten in c, a Prophase, Peritonealzelle, Amblystoma tigrinum (PARMENTER), b Spermiogonie von Tenodera superstitiosa (OGUMA), c Oogonie der Fliege Scattophaga pallida (STEVENS), d Wurzelspitze von Galtonia (STRASBURGER), e dasselbe Objekt (H. A. CL. MÜLLER), f, g, h Wurzelspitzen von Albuca, Bulbina, Eucomis (H. A. CL. MÜLLER).

Insekten, H. A. CL. MÜLLER (1912), TISCHLER (1917), HEILBORN (1924) bei Pflanzen festgestellt worden, daß in den diploiden Kernteilungen die Chromosomen sich durch typische Größe- und Formunterschiede unterscheiden lassen, und zwar je zwei sich gleichen und von allen übrigen verschieden sind. Häufig, aber durchaus nicht immer, liegen diese in Form und Größe korrespondierenden Chromosomen auch noch paarweise bei der Mitose nebeneinander, wie namentlich bei den Dipteren (Abb. 71). Die Annahme liegt nahe, daß von diesen „homologen" Chromosomen eins väterlicher, das andere mütterlicher Herkunft ist.

Die genaue Beobachtung dieser Verhältnisse hat dann zu der wichtigen Entdeckung der Heterochromosomen oder Geschlechtschromosomen geführt, indem zuerst Henking (1891), dann Mc Clung, Wilson, Morgan, Seiler u. v. a. fanden, daß entweder bei allen männlichen (Orthopteren, Nematoden) oder weiblichen [*Schmetterlinge* (Seiler)] Individuen einer Species entweder ein Chromosom, das Hetero- oder X-Chromosom keinen Partner hat, also unpaar ist (sog. XO-Typus), oder aber einen durch Größe und Form mehr oder minder unterschiedenen Partner (das Y-Chromosom) aufweist (sog. XY-Typus). Wie Abb. 72 zeigt, ist neuerdings auch bei der getrennt geschlechtlichen Lichtnelke ein XY-Chromosomenpaar festgestellt worden.

Durch Vervollkommnung der Meßmethoden, die namentlich bei langen, schleifenförmigen Chromosomen mit großen Schwierigkeiten verknüpft sind [Katsuki (1914) bei *Ascaris megalocephala*, Kuwada (1919) bei *Zea Mays*; (man vgl. S. 98 und die dort angeführte Literatur)] und durch Anwendung stärkster Vergrößerungen und genauer photographischer Reproduktionen [Seiler (1922)] ist es in den letzten Jahren gelungen, verschiedene Rassen derselben Spezies miteinander bezüglich der Form und Größe der Chromosomen zu vergleichen. Man hat in einer Anzahl von Fällen zeigen können, daß korrespondierende Chromosomen der verglichenen Rassen typische Form und Größendifferenzen aufwiesen.

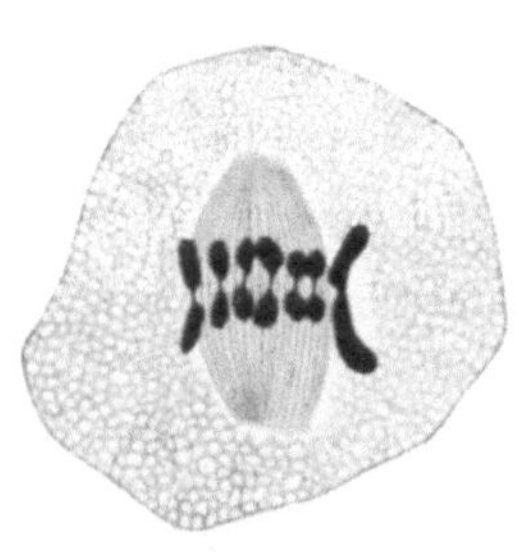
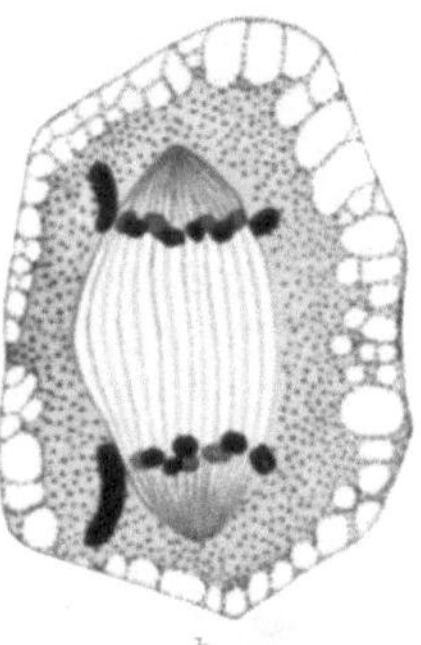

Abb. 72 a u. b. Melandrium album. Erste Reifungsteilung der Pollenmutterzelle; a frühe und b späte Anaphase mit der Verteilung der XY-Chromosomen. Vergr. 3300fach. (Original von K. Bělař aus Hartmann: Allg. Biologie. 1927.)

Schon Strasburger (1900) beschrieb einen sehr klaren Fall bei der Gattung Iris, wo bei *J. pseudacorus* die Chromosomen in der Diakinese kurz, aber breit, bei *J. squalens* dagegen doppelt so lang und halb so breit waren. Von neueren Arbeiten sind die Untersuchungen von Haniel und Seiler (1921) bei verschiedenen Rassen von *Lymantria dispar*, von Delaunay (1915) an *Muscaris*, von Kuwada bei *Zea Mays*, von Heilborn (1924) an *Carex*, von M. Nawaschin (1926) bei *Crepis* zu nennen. Ein sehr schönes Beispiel, das zeigt, wie Chromosomenform und Gesamthabitus miteinander verknüpft sind, hat ferner Tischler (1918) beschrieben. „Bei *Phragmites communis* ist bei der Rasse *Pseudodonax* gegenüber der „*Var. typica*" durchweg eine nicht unbeträchtliche Chromosomenvergrößerung zu konstatieren, sowohl bei allotypen wie bei somatischen Mitosen. Dabei war keine wesentliche Vergrößerung der Ruhekerne oder der Zellen eingetreten, trotzdem zeigte *Pseudodonax* ausgesprochenen Riesenwuchs."

Durch die schon vielfach festgestellte Parallele zwischen Variationen der Chromosomenzahl und -form und der Außenmerkmale der verglichenen Individuen ist ein wertvolles Argument für die Richtigkeit der Lehre erbracht, daß das Idioplasma in den Kernen, und zwar in den Chromosomen lokalisiert ist.

Vor allem verspricht aber das genaue Studium der Chromosomenverhältnisse bei verschieden nahestehenden Arten ein und derselben Familie auch für das Problem der phylogenetischen Artumwandlung von großer Bedeutung zu werden. Für eine ganze Reihe von Pflanzengattungen [*Salix:* HERIBERT-NILSSON (1918), *Oenothera*: LUTZ (1916), STOMPS (1919), HANCE (1918), *Rosa:* BLACKBURN u. HARRISON (1921), *Zea Mays:* KUWADA (1919), *Crepis:* ROSENBERG (1920), NAWASCHIN (1926), *Triticum:* SAKAMURA (1918), *Carex:* HEILBORN (1924), *Chrysanthemum:* TAHARA (1921), *Rosa:* TÄCKHOLM (1922)] und Tiergattungen [*Cyklops:* BRAUN (1909), *Drosophila:* METZ (1915 u. 1916), FROLOWA (1926)] liegen bereits Angaben vor, daß systematisch verwandte Spezies auch gleiche oder sehr ähnliche Chromosomenzahlen haben, während systematisch einander fernerstehende Spezies auch größere Unterschiede in ihrem Chromosomenbestand aufweisen. Hierbei ist es wichtig, nicht nur die Chromosomenzahlen, sondern auch die Chromosomendimensionen bei den verschiedenen Arten miteinander zu vergleichen.

So hat z. B. HEILBORN (1924) bei *Carex* gefunden, daß im allgemeinen die Größe der Chromosomen mit steigender Zahl abnimmt; daß ferner, um ein anderes interessantes Ergebnis zu nennen: *Carex pilulifera haploid* 3 lange (A), 4 mittlere (B) und 2 kurze (C) Chromosomen, *Carex panicea* 3 A, 2 B und 11 C-Chromosomen besitzt. Bei beiden Spezies besteht das Längenverhältnis A = B + C. Hieraus folgert HEILBORN, daß diese beiden Carexarten homologe Chromosomen in ihren Kernen führen, und daß die B- und C-Chromosomen durch Querspaltung aus den A-Chromosomen entstanden sind.

Um aber zu vergleichbaren Resultaten zu kommen, ist es absolut notwendig, nur Chromosomen unter gleichen äußeren Umständen miteinander zu vergleichen, also in den gleichen Phasen der Mitose und in analogen Gewebszellen, also z. B. nur Spermiogonienmitose mit ihresgleichen. Denn es ist allgemein bekannt, daß die Chromosomen in den verschiedenen Phasen der Mitose sehr verschieden lang sind, ferner daß die Mitosen der einzelnen Gewebsarten bei ein und demselben Individuum typische, immer wiederkehrende Unterschiede aufweisen. „Die Differenzen", schreibt HANSEMANN (1893, 1909), „die bei der Kernteilung auftreten, sind überaus charakteristisch für alle solche Zellarten, die genealogisch miteinander verwandt sind, also z. B. für Epidermiszellen, Bindegewebszellen, Lymphocyten, Darmepithelien. Bei Zellen, die aber genealogisch sich einander nahestehen, wie z. B. diejenigen der Epidermis, der Haarfollikel und der Talgdrüsen, sind wenigstens beim Menschen die Differenzen so gering, daß sie nicht mit Sicherheit hervortreten." Die Spezifität der Mitosen geht so weit, daß wir heute nach der Meinung von ELLERMANN z. B. bestimmte Blutzellen durch die verschiedenen charakteristischen Winkel der Mitosenspindel unterscheiden können.

HANSEMANN (1893) und ganz neuerdings B. FISCHER (1926), der wohl die Meinung vieler Pathologen wiedergibt, schließen aus diesen Beobachtungen, daß die Kerne und die Chromosomen der verschiedenen Gewebe desselben Individuums qualitativ voneinander verschieden wären, und erblicken die Ursache hierfür in einer qualitativ erbungleichen Kernteilung. Diese Schlußfolgerungen sind aber völlig unzulässig, wie gleich gezeigt werden soll.

Genauere Messungen an Chromosomen der befruchteten Eizelle und ihrer Deszendenten stellte RH. ERDMANN (1908) beim *Seeigel* an. Sie fand, daß das Volumen der Chromosomen der Pluteuszellen nur noch $^1/_4$ desjenigen des zweigeteilten Eies ist. Eine gleiche Volumenabnahme der Chromosomen, die scheinbar Hand in Hand geht mit dem Kleinerwerden der Zellen bei der Furchung beobachtete CONKLIN (1902) bei *Crepidula*. Derselbe Forscher stellte aber auch fest, daß die Chromosomen, welche den Spermidenkern bilden, erheblich kleiner sind als die väterlichen Chromosomen im befruchteten Ei, die aus demselben Spermidenkern nach seiner Umwandlung zum Spermakern und nach seinem

Eindringen in das Ei sich wieder bilden. Da der Kern sich zwischendurch nicht geteilt hat, so kann für die Größenunterschiede natürlich nicht eine erbungleiche Teilung verantwortlich gemacht werden, und das gleiche gilt für den wohl noch übersichtlicheren analogen Fall der kleinen Chromosomen der zweiten Reifeteilung bei *Ascaris* und der sehr erheblich größeren, langen, schleifenförmigen mütterlichen Eikernchromosomen, die sich aus dem Ovidenkern nach seiner Wanderung in die Mitte der Eizelle kurze Zeit darauf bilden (Abb. 73).

Abb. 73. Befruchtetes Ei von Ascaris megalocephala bivalens mit den 2 Richtungskörperchen. (Nach O. Hertwig: Allg. Biol. 1923.)

Die morphologischen Unterschiede, die sich zwischen den Chromosomen gleicher Abstammung im vielzelligen Osganismus in den verschiedenen Geweben feststellen lassen, können also nicht als ein Argument für erbungleiche Chromosomenteilung verwertet werden, liefern ferner ebensowenig einen Beweis dafür, daß die Qualität des Idioplasmas sich geändert hätte. Sie sind vielmehr nur der Ausdruck von Zustandsänderungen der Chromosomen, die natürlich abhängig sind von dem Zustand des umgebenden Protoplasma. Im gleichen Plasmamilieu sind in dem Beispiel von *Ascaris* Eikern- und Spermakernchromosome unter sich gleich beschaffen, kurz vorher hatten die Eikernchromosomen in dem peripheren Eiplasma, und ebenso vorher die Spermakernchromosome in dem Spermiocytenplasma ein wesentlich anderes morphologisches Bild dargeboten. Daß das umgebende Cytoplasma die Form und das sonstige Verhalten der Chromosome beeinflußt, zeigen ferner die Beobachtungen bei Bastardierung, wo im artfremden Eiplasma die väterlichen Chromosomen in manchen Fällen charakteristische Veränderungen im Teilungsvermögen zeigen, wie z. B. bei den von Baltzer (1910) und Tennent untersuchten Seeigelkreuzungen.

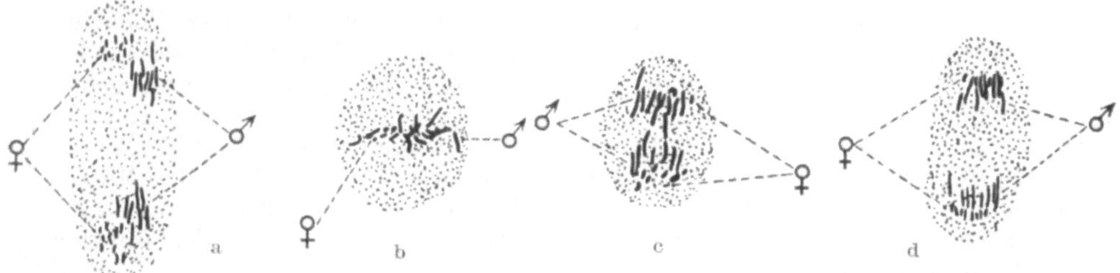

Abb. 74 a—d. Kernteilungen des Knochenfischbastarden Menidia notata ♀. × Fundutus heteroclitus ♂. Die Menidiachromosomen sind kurz, die Funduluschromosomen lang. (Nach W. J. Moenkhaus. 1904.) a Anaphase der ersten Furchungsteilung, b Metaphase der zweiten Furchungsteilung, c frühe Anaphase der vierten Furchungsteilung, d Anaphase einer späteren Furchungsteilung.

Immerhin ist es sehr bemerkenswert, daß im allgemeinen doch die charakteristische Form der väterlichen Chromosome im artfremden Eiplasma weitgehend aufrechterhalten wird, wie z. B. die Abb. 74 zeigt [Moenkhaus (1904), Morris (1914)].

Die von Hansemann, B. Fischer, dann Erdmann, Conklin beschriebenen morphologischen Unterschiede beziehen sich überhaupt mehr auf Größendifferenzen; das Chromosomenvolumen wird durch das Plasmamilieu unzweifelhaft zwar verändert, sei es durch Wasseraufnahme oder durch Beimischung anderer paraplasmatischer, ergastischer Substanzen, aber die individuelle Form und die Größenunterschiede zwischen den einzelnen Chromosomen bleiben meistens erhalten; diese sind vor allem unserer Meinung nach bestimmt von der individuell verschiedenen Quantität und Qualität des Idioplasmas, dessen (physikalischer) Zustand allerdings abhängig vom Milieu ist. Wir werden dafür gleich noch weitere Belege kennen lernen bei der Besprechung der Beobachtungen, die man an lebenden Chromosomen angestellt hat.

Ein sehr interessantes Beispiel, daß die Chromosomenlängen abhängig von dem Milieu sind, hat kürzlich HANCE (1927) veröffentlicht. Er fand, daß bei den Eiern von *Ascaris megalocephala bivalens* im Anfang des Furchungsprozesses immer zwei Chromosome deutlich kleiner sind als ihre homologen Partner. Erst im weiteren Verlauf des Furchungsprozesses verschwinden diese Größenunterschiede. HANCE nimmt an, daß die 2 kleineren Chromosome väterlicher Herkunft sind, und erblickt die Ursache für das Kleinersein der väterlichen Chromosomen trotz gleichen Idioplasmagehaltes in dem Einfluß des Spermiccytenplasmas, dessen Einwirken auf die väterlichen Chromosomen sich sogar als Nachwirkung noch bei den ersten Furchungsteilungen bemerkbar macht, wenn die väterlichen Chromosomen sich in demselben Milieu befinden wie die mütterlichen.

C. Der Intimbau des Chromosoms.

Nachdem das allgemeine Verhalten der Chromosomen, ferner ihre artspezifische Zahlen- und Formkonstanz geschildert worden ist, wenden wir uns nunmehr der Frage nach dem feineren, intimen Bau des einzelnen Chromosoms zu. Sie hat dadurch eine besondere Bedeutung gewonnen, weil die Genetiker ja

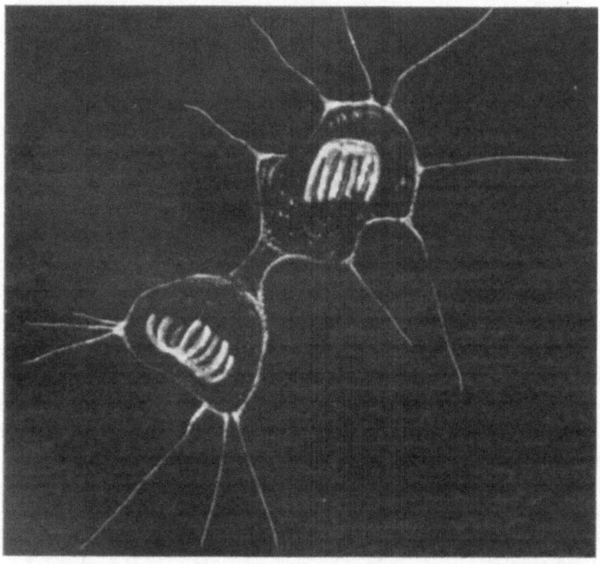

Abb. 75. Lebende Bindegewebszelle von Triton in Teilung. (Nach M. HEIDENHAIN. 1911.)

die Gene in die Chromosomen hineinlokalisieren und auf Grund der experimentellen Ergebnisse annehmen, daß diese Gene in den Chromosomen reihenartig hintereinander angeordnet sind (MORGANs Theorie der linearen Anordnung der Gene im Chromosom).

Es gilt, hierzu auf Grund der morphologischen Befunde Stellung zu nehmen; rechtfertigen diese die Annahme einer spezifischen Intimstruktur der Chromosomen, bestehen ferner die Chromosomen ausschließlich aus der Teilkörpersubstanz, dem Kern-Idioplasma, oder sind außerdem noch in ihnen metaplasmatische bzw. paraplasmatische (ergastische) Baustoffe anzunehmen ?

Die Chromosomen sind allerdings nur bei günstigen Untersuchungsobjekten schon im lebenden Zustand sichtbar (Abb. 75 u. 76), also sicher keine durch die Fixierung bedingte Kunstprodukte, ein Verdacht, der allerdings schon durch die konstante Zahl und Form, in der die Chromosomen bei der Mitose im fixierten Präparat auftreten, widerlegt wird, und die unmöglich durch die Annahme künstlicher Gerinnselfiguren erklärt werden könnte. Bei vitaler Beobachtung sind die Chromosomen, falls sie sichtbar sind, von ihrer Umgebung durch ein etwas stärkeres Lichtbrechungsvermögen ausgezeichnet; sie sind ferner im polarisierten Licht, wie schon Retzius feststellte, isotrop. Versuche von Gaidukov, die lebenden Chromosomen bei *Tradescantia* ultramikroskopisch zu beobachten, scheiterten, weil die starke Beleuchtung das Objekt zu sehr schädigte. An günstigen Objekten, wie den Gewebemitosen der Amphibienlarven, an denen Schleicher schon 1878 die lebenden Chromosomen sah, lassen sich die Formveränderungen der Chromosomen während der Mitose

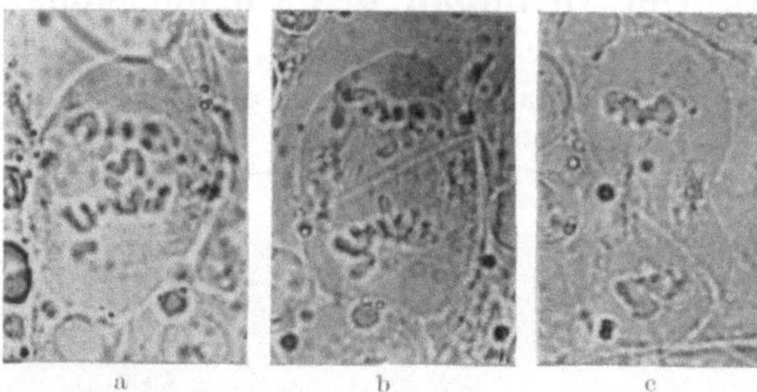

Abb. 76a–c. Drei aufeinanderfolgende Teilungsstadien ein und derselben Spermatocyte von Stenobothrus lineatus, im Leben photographiert. Vergr. etwa 680fach. a frühe, b späte Anaphase (5 Minuten später aufgenommen als a), c frühe Telophase (15 Minuten später aufgenommen als a). (Nach K. Bělař: Naturwiss. 1927.)

gut beobachten. So beschreibt Heidenhain (1907, S. 167) einen Fall von Vitalbeobachtung, wo die Chromosomen einer Dyasterfigur bei *Triton* sich rasch und stark verkürzten und scheinbar an den Winkeln miteinander verschmolzen. „Da die Mitose nunmehr stille stand, führte ich dies auf Sauerstoffmangel zurück und gab deswegen frisches Wasser hinzu; unmittelbar darauf trat eine Wiederverlängerung der Chromosomen ein und die scheinbare Verschmelzung löste sich, so daß die einzelnen Teile wieder distinkt hervortraten. Die Lebhaftigkeit der Kontraktionsbewegung der Chromosomen darf nicht unterschätzt werden; denn die Mitose läuft bei Gewebszellen in den späteren Stadien sehr rasch ab. Mehrfach beobachtete ich, daß zwischen dem Beginn der Metakinese und der vollendeten Durchtrennung der Tochterzellen nur 3—4 Minuten lagen." Heidenhain glaubt aus dieser Beobachtung den Schluß ziehen zu dürfen, daß die Substanz der Chromosomen „nicht nur überhaupt formveränderlich ist, sondern ihrer Organisation nach in eine Reihe zu setzen ist mit denjenigen Substanzen, welche für spezielle Bewegungsfunktionen angepaßt sind".

Nachdem schon Foot und Strobell (1912) in Zerzupfungspräparaten von mitosereichem Gewebe einzelne Chromosomen unversehrt isoliert hatten, haben neuerdings Chambers und Sands (1923) lebende Chromosomen mit den modernen Methoden der Mikrochirurgie untersucht. Im Untersuchungsobjekt waren sowohl pflanzliche *(Tradescantia)* wie tierische *(Heuschrecken)* Chromosomen, die sie mit der Nadel isolierten und zerschnitten. Sie stellten so fest, daß die Chromosomen sich beträchtlich in die Länge ziehen lassen (Abb. 77, 78), ohne zu zerreißen. „The metaphase chromosome is a gelatinous and extensible body", das ist das Ergebnis dieser Untersuchungen, während weitere Angaben über eine angeblich bei diesen Experimenten beobachtete feinere Chromosomenstruktur mit großer Skepsis zu beurteilen sind. Denn hier handelt es sich sicher um Absterbeerscheinungen der durch den chirurgischen Eingriff schwer geschädigten Chromosomen, die, wie CHAMBERS selber feststellen konnte, gegen Änderungen des normalen Milieu recht empfindlich sind. Aus der Zelle

Abb. 77. Metaphasen-Chromosom mittels zwei Mikronadeln auseinandergezogen. (Nach R. CHAMBERS: General Cytology 1924.)

isolierte Heuschreckenchromosome schwellen in Lymph- und Ringerlösung sehr rasch und lösen sich auf (Abb. 79), während allerdings die Tradescantia-chromosomen länger ihre Form bewahren.

Die meisten und aufschlußreichsten Untersuchungen an den Chromosomen gründen sich aber auf fixierte und gefärbte Präparate. Man hat dabei die

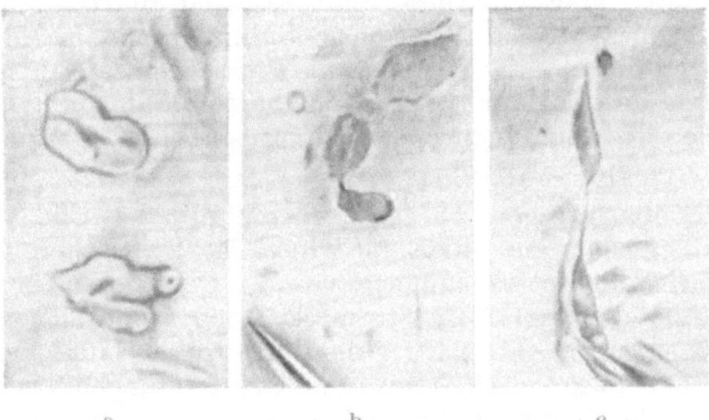

Abb. 78 a—c. Tradescantia-Chromosomen mittels Mikronadeln isoliert und auseinandergezogen (c). (Lebend-Photographie nach CHAMBERS und SANDS. 1923.)

Beobachtung gemacht, daß die Chromosomen in den verschiedenen Phasen der Mitose sich verschieden gut naturgetreu fixieren lassen, und kann die dem Fortschreiten des Teilungsaktes parallelgehende Steigerung der Fixierungsstabilität wohl als ein Anzeichen dafür betrachten, daß im Verlauf der Karyokinese eine zunehmende Verfestigung der Chromosomensubstanz eintritt. Durch die Fixierung werden die Chromosomen auch in den Fällen sichtbar, wo sie im lebenden Zustand unsichtbar waren, und diese Brechungsdifferenzen zwischen Chromosomen und umgebenden Cytoplasmen treten nach der Meinung von SPEK (1920) dadurch hervor, daß dickere Kolloide wie die Chromosomen und flüssigere, wie der Kernsaft oder das Cytoplasma bei der Gerinnung graduell verschiedene Zustandsänderungen erfahren.

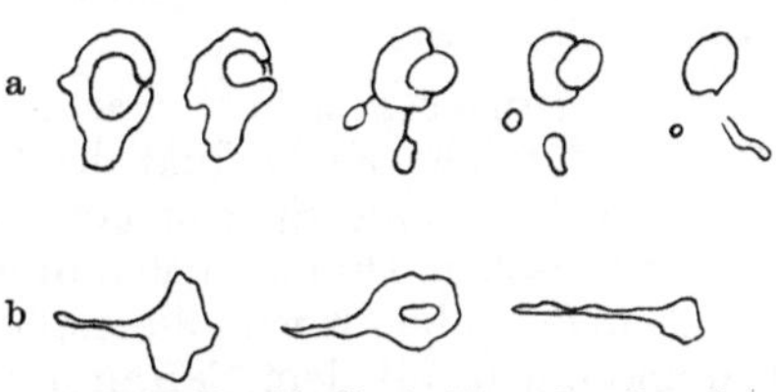

Abb. 79. Zwei isolierte Heuschreckenchromosomen a und b in RINGERS Flüssigkeit zerfallend. (Nach R. CHAMBERS.)

Für die verhältnismäßig dichte Struktur der Chromosomen spricht ferner nach DELLA VALLE ihre Opazität gegen ultraviolettes Licht; eine optische Anisotropie der Chromosomen konnte bisher auch im fixierten Zustand nicht nachgewiesen werden [SPEK (1920)].

Als charakteristische neue Eigenschaft erhalten die Chromosomen durch die Fixierung eine besondere Affinität zu namentlich basischen Farbstoffen, der sie ja auch ihren Namen: Chromosomen = färbbare Körper [Waldeyer (1888)] verdanken. Die vereinzelten Angaben, daß sich die Chromosomen vital [etwa mit Janusgrün: Kite und Chambers (1912)] färben, lassen alle den Einwand berechtigt erscheinen, daß es sich bei diesen Beobachtungen um absterbende und gerade deshalb sich tingierende Chromosomen handelt.

Mit Recht bemerkt Spek (1920), daß sich die charakteristische starke Färbbarkeit der Chromosomen sowohl mit basischen wie mit sauren Farbstoffen schon aus ihrer Gelnatur erklärt, für die wir, wie soeben berichtet, schon mit anderen Untersuchungsmethoden genügend Beweise erhalten haben. Zu erklären bleibt, warum die Chromosomen aus einem Gemisch saurer und basischer Farben stets die basische Komponente speichern, also ausgesprochen basophil sind. So gilt ja als besonders charakteristisch für die Chromosomen bei der Mitose, daß sie sich mit der Biondifärbung rein grün färben (vgl. S. 86). „Tritt der Kern in die indirekte Kernteilung ein, so wird im Kern die Intensität der Blaufärbung immer beträchtlicher und die sich bildenden Chromosomen nehmen eine deutliche Grünfärbung an. Diese Blau- resp. Grünfärbung des Chromatins tritt am schönsten hervor nach Fixation in Sublimat und in Alkohol, sie wird stark beeinträchtigt durch die Verwendung von chromsauren Salzen, so daß in Zencker fixiertes Material nur recht mangelhafte Blaufärbung des Chromatins zeigt. Das gleiche gilt, wenn auch nicht so ausgesprochen, von der Pikrinsäure" (R. Krause: Enzyklopädie. 1926, S. 459).

Aus diesen Beobachtungen über die Basophilie der Chromosomen kann man wohl schließen, daß sie einen niedrigen isoelektrischen Punkt besitzen (S. 86), wenngleich die Untersuchungen von Mc Clendon über das Verhalten der Chromosomen im elektrischen Stromfeld noch keine sicheren Ergebnisse in dieser Hinsicht ergeben haben. Ob allerdings dieser saure Kolloidcharakter der Chromosomen gerade durch Nucleinsäureverbindungen bedingt ist, kann nach dem Ausfall der histologischen Färbungen nicht mit Sicherheit bejaht werden, wie z. B. Heidenhain (1907) im Anschluß an die typische Grünfärbung nach Anwendung des Biondigemisches meint. Denn bei der Biondifärbung färbt sich außer den Chromosomen z. B. auch noch der Schleim und die Körner der Mastzellen intensiv blau, beides Substanzen, die keine Nucleinsäure enthalten. Immerhin scheint die weitverbreitete Meinung, daß die Chromosomen reich an Nucleinsäure seien, tatsächlich zu Recht zu bestehen, denn mit der Nuclealfärbung nach Feulgen (1924) reagieren die Chromosomen stark positiv durch eine intensive Violettfärbung, was ihren Reichtum an Thymonucleinsäure wohl beweist.

Viel weniger gesichert erscheinen mir alle weiteren Schlüsse, die sich auf das histologische Farbenbild der Chromosomen stützen. Zunächst reproduziere ich in Abb. 80 eine Spermiogonienmitose von *Gryllus domesticus*, die nach der Flemmingschen Dreifachbehandlung gefärbt ist. Hier sind sämtliche Chromosomen in derselben Kernteilungsphase, trotzdem haben sich die kleineren dickeren Chromosomen mit dem Safranin rot gefärbt, dagegen ist das eine lange, fadenförmige Hetero-Chromosom mit dem Gentianaviolett tingiert. Man hat auf Grund dieser färberischen Differenz die Chromosomennatur des langen fadenförmigen Gebildes abgestritten und in ihm Nuclearsubstanz erblicken wollen. Aber das morphologische Verhalten bei der Teilung, vor allem seine Längsspaltung, zeigt, daß es sich doch um ein echtes Chromosom handelt. Wir müssen ganz Gutherz (1926) zustimmen, daß dieses Färbungsergebnis nichts mit einer chemischen Differenz des langen Chromosoms im Unterschied von den übrigen zu tun hat; „das Ergebnis läßt sich am einfachsten so erklären, daß das im Gegensatz zu den gedrungen gebauten Chromosomen lang fadenförmig ausgezogene Chromosom bei der der Safraninbehandlung folgenden Extraktion des Schnittes mit Salzsäurealkohol stärker das Safranin abgibt und daher bei der sich anschließenden Gentianaviolettbehandlung mit diesem tingiert werden kann".

Sind in diesem Beispiel die Verhältnisse, die das Färbungsresultat bestimmen, noch verhältnismäßig eindeutige, so gilt nicht das gleiche von anderen, häufig an den Chromosomen erhobenen Färbebefunden. Ihnen wird von zahlreichen Cytologen eine große Bedeutung zugeschrieben, sollen sie doch angeblich beweisen, daß die Substanz des Chromosoms aus mindestens zweierlei verschiedenen Bestandteilen zusammengesetzt ist. WASSERMANN (1926) faßt das Ergebnis dieser Beobachtungen, die nach seiner Meinung zu einer gemeinsamen Anschauung über den Bau des Chromosoms geführt haben, folgendermaßen zusammen: „Auf den verschiedensten Stadien seiner Entwicklung zeigt das Chromosom stets eine innere Differenzierung dergestalt, daß man eine Rindenschicht und eine Markzone an ihm unterscheiden kann. Mit Ausnahme der allerjüngsten Chromatinfäden zeigt sonst der optische Querschnitt bei unseren nach den gebräuchlichen Methoden behandelten Objekten einen gefärbten Ring, der einen helleren Innenraum umschließt. Es gleicht der Chromosomenquerschnitt einer Röhre mit einem der Markzone entsprechenden Inhalt. Dieselbe Unterscheidung kann auch bei der Seitenansicht der Chromosomen getroffen werden, wenn die Einstellung ihres optischen Längsschnittes gelingt; dann haben wir ein von zwei mehr oder weniger dicken dunklen Linien ein-

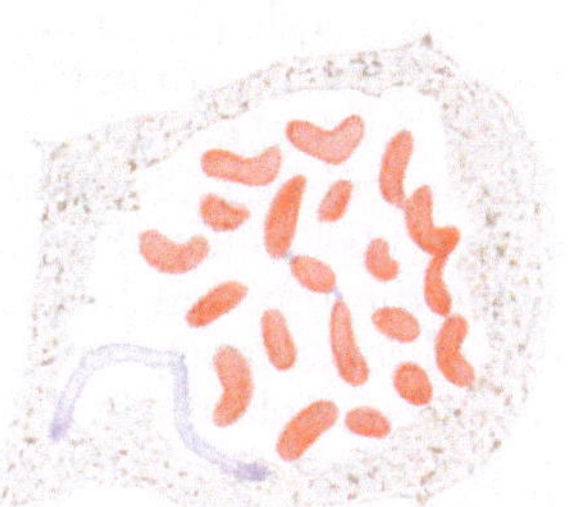

Abb. 80. Spermiogonien-Äquatorialplatte von Gryllus domesticus. Heterochromosom blaßviolett, die 20 Euchromosomen rot. Fixation: FLEMMINGS starkes Gemisch. Färbung: FLEMMINGS Dreifachbehandlung. Vergr. 2800fach. (Nach S. GUTHERZ aus: Enzykl. d. mikroskop. Technik. 1926.)

gefaßtes Band mit helleren Innenstreifen vor uns. Allerdings ist das Chromosom, während es sich bildet, ebenso wie während seiner Telophaseveränderungen kein regelmäßig geformtes Gebilde, sondern es sind da Anschwellungen mit dazwischen liegenden dünneren Stellen vorhanden und es kommen auch spiralige Drehungen der Fäden häufig vor. Auch ist die Rinde bei jungen Prophasechromosomen offenbar keine geschlossene Schicht, sondern mannigfaltig gefenstert. Das hat zu den Beschreibungen von Spiralen und Doppelspiralen im Chromosom Veranlassung gegeben. Späterhin kommt es in manchen Fällen vor, daß die färbbare Rindenschicht kürzere Manschetten bildet, zwischen denen die achromatische Markschicht des Chromosoms frei zutage liegt."

Zusammenfassend kommt WASSERMANN zu folgendem Schluß: „Man kann sagen, daß das Basichromatin an der Oberfläche des Chromosoms angesammelt ist und seine Hülle oder Rindenschicht bildet, eine achromatische Substanz aber das Innere des Chromosoms erfüllt."

Wenn wir nun aber hören, daß alle die Befunde, die angeblich den Dualismus der Chromosomensubstanz beweisen sollen, von BONNEVIE (1908, 1911), von SCHUSTOW (1913), von TAMURA (1923) durch Färbungen mit basischen bzw. Hämatoxylinbeizenfarbstoffen gewonnen worden sind, so erscheint mir nach den farbanalytischen Untersuchungen von v. MÖLLENDORFF (vgl. S. 75) die Schlußfolgerung WASSERMANNs durchaus nicht gesichert. Da die Chromosomen sicher saure Kolloide enthalten, so wird sich nach den Untersuchungen von v. MÖLLENDORFF an ihrer Oberfläche mit basischen Farbstoffen ein Niederschlag bilden, und so wäre denn das angebliche Basichromatin nichts weiter als ein der Oberfläche des Chromosoms aufgelagertes, durch den Färbeprozeß bedingtes Ausflockungs-Kunstprodukt. Die schwächere Innenfärbung des Chromosoms würde dann nach der Nomenklatur und der Deutung von v. Möllendorff eine Durchtränkungsfärbung sein.

Nun kann man aber auch mit zwei verschiedenen dispersen sauren Farbstoffen eine Doppelfärbung des Chromosoms erzielen, wie ich feststellen konnte. Färbt man z. B. mit einem Gemisch von Eosin und dem hochkolloiden Pyrrolblau bei geeigneter ph, so werden nach kurzer Färbedauer die Chromosomen an ihrer Oberfläche blau, im Zentrum dagegen rot gefärbt. Erst nach längerer Färbedauer diffundiert das schwer diffusible Pyrrolblau allmählich auch in die zentralen Partien des Chromosoms unter Verdrängung des Eosins. Dieser Befund läßt sich rein physikalisch aus der großen Strukturdichte des Chromosoms ableiten, die durch diesen Befund abermals bestätigt wird.

Nun vergleiche man das Farbenbild, das v. Möllendorff mit basischen Farbstoffen an anderen dichten Strukturen, wie den elastischen Fasern, erhalten hat (Abb. 55, S. 74). Die Ähnlichkeit der Befunde an den elastischen Fasern und den Chromosomen ist eine so frappante, daß man den Farbversuch an den elastischen Fasern gleichsam als Modellversuch im großen für die Versuche, die mit den kleindimensionellen und deshalb schwieriger zu analysierenden Chromosomen arbeiten, betrachten kann. Sowohl bei dem Chromosom wie bei der elastischen Faser erzielt man mit basischen und Beizenfarbstoffen an der Oberfläche eine intensive Niederschlagsfärbung, im Inneren eine schwächere Durchtränkungsfärbung. Die Gleichheit der Färberesultate bei Chromosom und elastischer Faser erklärt sich allein aus der Gleichheit der physikalischen Verhältnisse, der ähnlichen Strukturdichte. Aber ebenso wie aus der Doppelfärbung der elastischen Faser niemand auf einen Dualismus der natürlich einheitlichen elastischen Substanz schließen wird, so scheint mir der färberische Befund an den Chromosomen einen Dualismus der Chromosomensubstanz, wie Wassermann meint, keineswegs zu beweisen.

Dieser Beweis wird meiner Meinung nach auch nicht durch Chromosomenfärbungen mit basischen und sauren Farbstoffen erbracht. Tamura (1923) färbte tierische und pflanzliche Chromosomen mit Hämatoxylin-Eosin doppelt, indem er „stark verdünntes Hämatoxylin nur einige Sekunden einwirken ließ und dann mittels Salzsäurealkohol genügend differenzierte", worauf er mit Eosin nachfärbte. Sein Resultat, daß die Oberfläche des Chromosoms blau, der Inhalt rot gefärbt war, scheint mir im Anschluß an v. Möllendorff so am besten deutbar zu sein, daß an der Oberfläche eine blaue Niederschlagsfärbung erzielt worden ist, daß aber bei der geringen Färbungsdauer das Hämatoxylin keine Zeit gefunden hat, die dichte Chromosomensubstanz zu durchdringen, die sich dann mit dem nachfolgenden Eosin rot färbt. Die weiteren Angaben von Tamura, daß bei der Biondifärbung das Chromosom außen grün, innen aber mit Säurefuchsin rot gefärbt sein soll, sprechen auch nicht eindeutig für eine basophile Hüllsubstanz und einen oxyphilen Chromosomeninhalt, wie Tamura meint. Denn auch von dieser Doppelfärbung sagt Tamura, daß sie nur erhalten wird, wenn man nicht überfärbt, weil sonst auch die innere Substanz sich mit Methylgrün grün färbt. Weiterhin aber bemerkt Wassermann (1926), daß er sich beim Studium mit Biondilösung gefärbter Chromosomenpräparate nicht davon „überzeugen konnte, daß die Innenzone des Chromosomenquerschnittes regelmäßig mit Säurefuchsin gefärbt war, dagegen mußten wir erkennen, wie leicht hier, durch Überstrahlung von der rot gefärbten Umgebung her, durch Überfärbung u. a., Täuschungen möglich sind".

Wir besprechen nunmehr eine andere Anschauung über den Intimbau des Chromosoms, die gleichfalls einen Dualismus der Chromosomensubstanz, einen chromatischen und achromatischen Teil, jedoch eine andersartige Anordnung dieser beiden Bestandteile im Chromosom annimmt. Namentlich in den Prophasestadien kann man im fixierten Präparat häufig beobachten, daß die Chromosomen das Aussehen einer Perlschnur darbieten, [HEIDENHAIN (1907) vergleicht sie mit dem in Schnüren abgelegten Krötenlaich], wobei die mit den

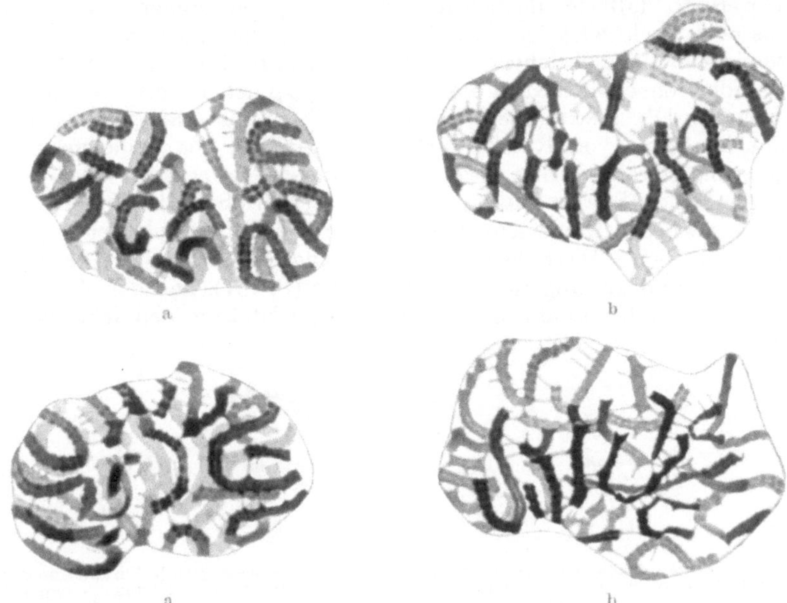

Abb. 81 a u. b. Zwei aufeinanderfolgende Stadien der Entwicklung der Tochterkerne vom Epithel der Kiemenblättchen von Salamandra. Sublimata Gentiana. Vergr. 2300. In beiden Abbildungen sind die PFITZNERschen Körner zum Zwecke der Reproduktion im Buchdruck etwas zu regelmäßig und etwas zu scharf begrenzt gezeichnet worden; im übrigen sind die Bilder vollkommen genau. Die Polfeldanordnung tritt deutlich hervor. (Nach M. HEIDENHAIN: Plasma und Zelle 1907/11.)

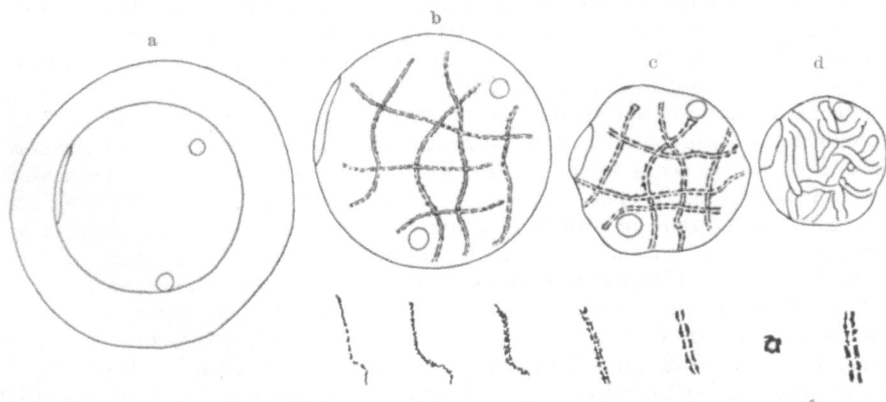

Abb. 82. a Lebende Spermiocyte einer Heuschrecke; b, c, d Folgestadien des durch Nadelstich beschädigten Kernes; in demselben werden Fäden sichtbar, welche sich allmählich verdicken; e die einzelnen Stadien dieses Verdickungsprozesses; f ein verdickter Kernfaden im optischen Querschnitt und in der Seitenansicht. (Nach CHAMBERS: General Cytology 1924.)

Perlen der Schnur vergleichbaren Körnchen sich intensiv basichromatisch färben, während der (sie zusammenhaltende) Verbindungsfaden ungefärbt bleibt. An diese perlschnurartige Struktur des Chromosoms knüpfen sich nun sehr weitgehende Theorien über die Funktion und Bedeutung der achromatischen und chromatischen Bestandteile. Der achromatische aus „Linin“ (1894) bestehende Faden soll nach der Meinung HEIDENHAINS contractil sein und durch seine Zusammenziehung die Verkürzung des Chromosoms bei der Meta- und Anaphase bedingen, wodurch die einzelnen färbbaren Körner einander so genähert werden, daß sie als distinkte Teilchen sich immer schwerer nachweisen lassen. Noch wichtiger ist die Rolle der chromatischen, zuerst von PFITZNER eingehend beschriebenen und früher auch nach ihm benannten Körner oder Chromomeren (FOL 1881). Sie sollen sich bei jeder Chromosomenteilung genau querteilen [PFITZNER (1882), später VAN BENEDEN (1883 u. 1884) u. v. a.] und damit im Sinne von ROUX (1883) ihren Aufbau aus Teilkörpersubstanz oder Idioplasma beweisen. Ihre Form wird als kugelig (PFITZNER, VAN BENEDEN) oder scheibenartig (STRASBURGER, CARNOY) beschrieben; in anderen Fällen sollen es chromatische Ringe sein, die den achromatischen Zylinder in gewissen Abständen umgeben. Diese letztere Vorstellung bildet dann einen gewissen Übergang zu der vorhin angeführten Hypothese (S. 127), daß der chromatische Anteil einen mehr oder minder kontinuierlichen Mantel um den achromatischen Inhalt bildet.

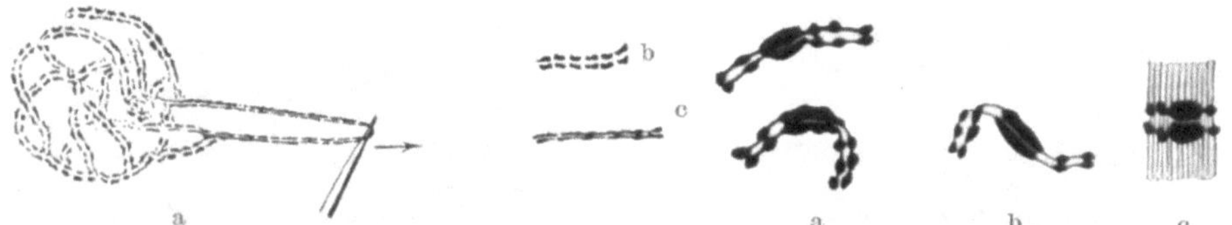

Abb. 83. a Ein Kernfaden aus dem angestochenen Heuschreckenspermiocytenkern mit der Nadel in die Länge gezogen; b u. c ein Stück des Kernfadens im ungestreckten und gestreckten Zustand. (Nach R. CHAMBERS 1924.)

Abb. 84 a—c. Das X-Chromosom der Spermiocyte von Notonecta indica im Prophasestadium. (Nach BROWNE aus WILSON: The Cell 1925.)

Die Realität dieser „Perlstrukturen“ ist heutzutage noch sehr umstritten. Lassen wir zunächst die Gegner zu Wort kommen. Von ihnen wird die Ansicht vertreten, so von GRÉGOIRE (1906), STOMPS (1910), TISCHLER (1908), daß die Chromomeren und Chromiolen Fixierungsartefakte seien. LUNDEGARDH macht darauf aufmerksam, daß bis heute noch niemand die Chromiolen im lebenden Zustand gesehen hat, HEIDENHAIN, obwohl ein Anhänger der Chromiolenlehre, schreibt selber, „daß die Frage der Existenz der kleinsten chromatischen Individuen schließlich auf die Technik ihrer Darstellung herausläuft“ und daß die PFITZNERschen Körner, die in der Abb. 81 reproduziert sind, „nur Verklumpungsfiguren der überaus feinen Chromatinkugeln, also der eigentlichen Chromiolen, sein sollen“. Nach VAN WISSELINGH (1899, 1921) spielt die Art und Weise der Fixierung bei der Darstellung der Chromiolen eine ausschlaggebende Rolle, Chromsäurefixierung in bestimmter Konzentration läßt sie besonders deutlich in Erscheinung treten. So kommt TISCHLER zu dem Schluß (1922, S. 312), daß „die Grundlage der ganzen Strukturbeschreibung der Chromiolen eine Kritik schwerlich aushält, seitdem wir durch A. FISCHER (1899) und BERG (1903, 1905) wissen, wie ähnliche ‚Granula‘, ‚Gerinnsel‘ oder Hohlkugeln durch unsere Fixierungsmittel aus den Kolloiden herausgefällt werden“ (vgl. auch das S. 60 Gesagte).

Demgegenüber wird nun einmal auf die Beobachtung von CHAMBERS hingewiesen, der bei seinen mikrochirurgischen Beobachtungen an Chromosomen einen Aufbau derselben aus einem hyalinen Zylinder mit Körnchen, die ihm aufgelagert sind, beschreibt (Abb. 82 u. 83). Die durch Anstechen der Kerne in Erscheinung tretenden Chromosomen in den Versuchen von CHAMBERS geben aber meiner Meinung nicht die geringste Garantie, daß es sich hier um normale, nicht aufs schwerste geschädigte Chromosomen handelt; sie sind daher nicht beweiskräftig, um die vitale Existenz von Chromiolen daraus abzuleiten.

Einwandfrei allerdings wäre der Nachweis der Chromiolen geglückt, wenn der Nachweis ihrer Zahlenkonstanz in einem bestimmten Chromosom erbracht werden könnte. Dahingehende Beobachtungen sind nun wiederholt beschrieben worden. Als erster gab EISEN (1899) für *Batrochoseps* an, daß die Chromiolen „the only constant parts" der Chromosomen seien, jedes der 12 Chromosomen sollte aus 6 durch Einschnürungen voneinander abgesetzten Chromomeren bestehen, und jedes Chromomer sechs winzige Körnchen (Chromiolen) enthalten.

Eine Nachuntersuchung von JANSSENS und DUMEZ hat diese Angaben jedoch nicht bestätigen können. Erst aus neuerer Zeit liegen namentlich von amerikanischer Seite Beobachtungen vor, die tatsächlich eine gewisse Zahlen- und Formkonstanz der Chromomeren und ihre konstant reihenförmige Anordnung in den einzelnen Chromosomen wahrscheinlich machen. Namentlich

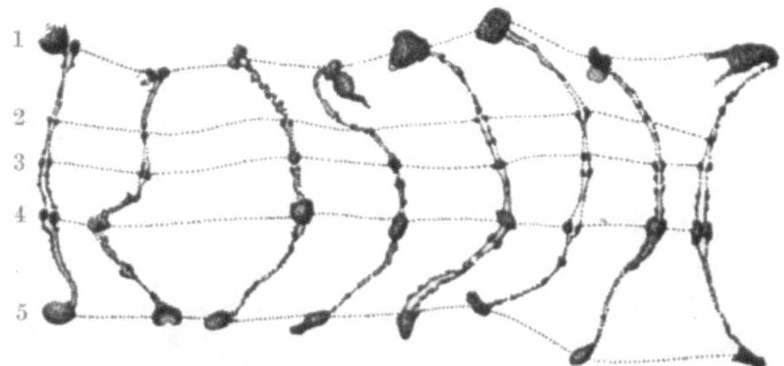

Abb. 85. Beispiele eines und desselben Chromosoms aus acht Spermiocytenkernen der Heuschrecke Phrynotettix. Die Chromosomen sind gleichartig orientiert nebeneinander gezeichnet, um die konstante reihenförmige Anordnung und Lagerung der fünf Hauptchromomeren (1—5) zu zeigen. (Nach WENRICH 1916 aus E. B. WILSON: The Cell 1925.)

die sog. X-Chromosomen sind geeignete Studienobjekte [(Abb. 84), WILSON (1912), BROWNE (1916)].

Bei Orthopteren machten PINNEY, CAROTHERS und vor allem WENRICH auch an den Autosomen Beobachtungen, die von vielen Cytologen (E. B. WILSON, MORGAN) als beweisend für die reale Existenz der Chromomeren und ihre Individualität und Persistenz der Zahl und Größe nach betrachtet werden (Abb. 85). Neuerdings berichtet v. GELEI (1922) auch über den Plattwurm *Dendrocoelum*, daß seine Chromosomen ebenfalls aus regelmäßig in Reihen angeordneten Chromiolen aufgebaut sind. Eine weitere Abbildung (86) über Chromiolenbildung gibt BĚLAŘ (1927) für Paludina.

Aber auch diesen sehr bestimmt lautenden Angaben gegenüber verharrt im Gegensatz zu WILSON (1926) TISCHLER (1922) skeptisch, der darauf hinweist, daß bei pflanzlichen Objekten der Nachweis der Zahlenkonstanz „der Körnchen" noch fehlt. Bei einem zoologischen Objekt, dem *Grottenolm (Proteus anguineus)* stellte STIEVE (1921 u. 1922) fest, daß „die Größe der Chromiolen sehr beträchtlichen Schwankungen unterworfen ist" und daß sie „Veränderungen hinsichtlich der Zahl und gegenseitigen Lage erfahren", und auch WASSERMANN bezeichnet (1926) die Perlstruktur „zum mindesten als sehr fragwürdig".

Aber selbst wenn wir die reale und vitale Existenz der Chromiolen zugeben, so ist damit auch noch nicht bewiesen, daß sie aus einer anderen Substanz bestehen als die sie verbindende Zwischensubstanz. Denn wir brauchen nur die naheliegende Annahme zu machen, daß die Chromosomensubstanz an der den Chromiolen entsprechenden Stelle eine größere Dichtigkeit als in den dazwischen liegenden Abschnitten besitzt, so ist das intensivere Farbspeicherungsvermögen der „Chromiolen" hinlänglich erklärt ohne die Annahme einer chemisch spezifischen, färbbaren, basophilen Chromiolensubstanz und einer von ihr verschiedenen, entweder achromatischen oder oxyphilen Verbindungssubstanz.

Daß die Chromosomen auch in der Meta- und Anaphase nicht gleichmäßig dicht gebaut sind, dafür lassen sich eine ganze Anzahl von Beobachtungen anführen. So zeigen z. B. nach den Angaben von Sakamura (1915, 1916, 1928) bei einer größeren Anzahl von pflanzlichen Objekten bestimmte Chromosomen, selbst bei Lebendbeobachtung, charakteristische, ziemlich konstant zu beobachtende Einschnürungen, die zu einer Gliederung derselben in mehrere Abschnitte führten (Abb. 87).

Diese Lockerung des Zusammenhanges kann dann zu einer zeitweiligen Trennung eines Chromosomes in 2 oder mehr Bruchstücken der Quere nach führen, wodurch die Zahl der Chromosomen (scheinbar) vergrößert wird (Abb. 88). So gibt Lundegårdh an, daß *Vicia Faba* anstatt ihrer Normalzahl von 12 nicht

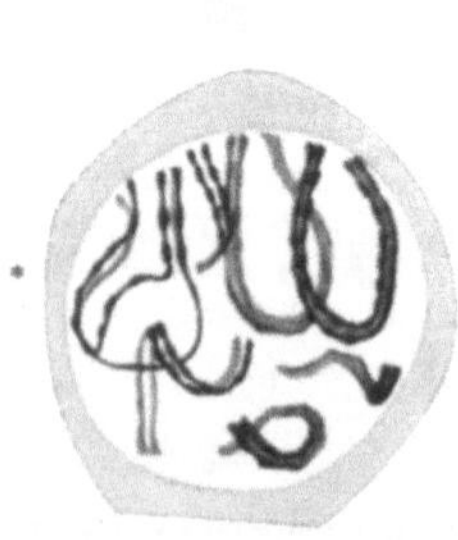

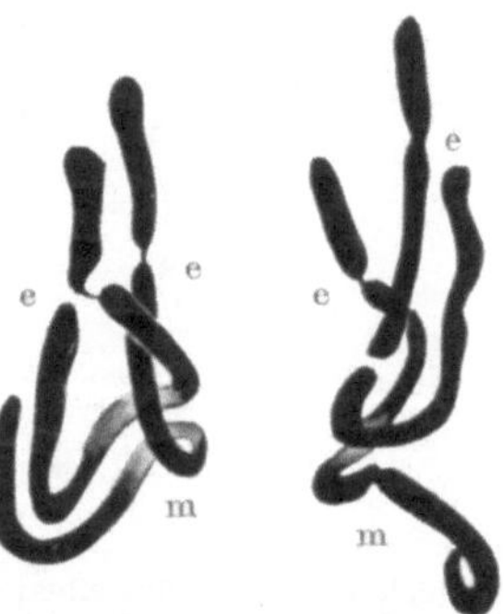

Abb. 86. Spermiocyte im Bukettstadium von Paludina vivipara. Bei * ein Chromosomenpaar sichtbar, dessen Hälften (= Konjugationspartner) an der Umbiegungsstelle durch ein dazwischen gelagertes Chromosomenpaar an der völligen Vereinigung verhindert sind. Vergr. 3300 fach. Orig. von Bĕlař aus Hartmann: Allg. Biol. 1927.)

Abb. 87. Vicia Faba. Homöotype Teilung der Pollenmutterzellen. „M"-Chromosomen in der Metaphase, die m- und e-Einschnürungen zeigend. (Nach Sakamura aus Tischler: Allg. Pflanzenkaryologie. 1922.)

selten infolge dieser Quersegmentierung auch 13—15 Chromosomen zu haben scheint. Bei *Oenothera Lamarkiana scintillans* zählte Hance anstatt 15 bis zu 21 Chromosomen. Aber genaue Chromosomenmessungen zeigten, daß „the sum of the lengths of the chromosomes is the same, wether the number be 15, 16, 17, 18, 19, 20 or 21" (weitere Angaben bei Tischler 1922, S. 525).

Weitere Fälle von Einschnürung resp. zeitweiser Abschnürung kleiner Teilstücke sind unter dem Namen von Satelliten-(Trabanten)chromosomen von Nawaschin (1912, 1914, 1915) zuerst beschrieben und von Tschernogarow (1914), M. Nawaschin (1915), Stomps (1919) weiter studiert worden (Abb. 89).

Auch von zoologischer Seite ist, namentlich wieder für die Geschlechtschromosomen, aber auch für die gewöhnlichen Chromosomen, eine Zusammensetzung derselben Chromosomen aus einer konstanten Anzahl von Einzelteilchen beschrieben worden, so daß die Chromosomen dann als Sammelchromosomen bezeichnet werden können. Am bekanntesten ist wohl der Zerfall der langen schleifenförmigen Chromosomen in den somatischen Zellen bei *Ascaris megalocephala* in zahlreiche kleine Einzelchromosomen. Ein zeitweiliger Zerfall einzelner Chromosome in mehrere Teilstücke wird für die *Biene* von Nachtsheim, für mehrere *Schmetterlingsarten* von Seiler und Haniel (1921 u. 1922) beschrieben und diesem Vorgang, wenn er sich bei den Reduktionsteilungen abspielt, eine große theoretische Bedeutung zur Erklärung gewisser Vererbungsvorgänge von SEILER (1921) zugeschrieben.

Schließlich sei erwähnt, daß durch experimentelle Eingriffe ein Zerfall der Chromosomen in kleinereTeilstücke herbeigeführt worden ist, so durch Temperaturerhöhung von LUNDEGÅRDH (1914a), durch Narkotisierung von SAKAMURA (1915, 1916, 1920) an pflanzlichen Objekten, durch Radium- und Röntgenbestrahlung von KÖRNICKE (1905) bei Pflanzenkernen und von PERTHES (1904), P. HERTWIG (1911) beim Ascarisei. Durch alle diese experimentellen Eingriffe, und wir können auch getrost die Behandlung mit Fixierungsmitteln hier noch mit anführen, handelt es sich um teils reversible, teils aber irreversible, zum Tode führende Beeinflussungen der Chromosomenform. Die Frage, ob es sich bei dem Zerfall in einzelne Teilstücke um ein völliges Neuauftreten von Strukturen handelt, oder ob diese Teilstücke bereits etwa durch verschiedene Dichtigkeit der Chromosomensubstanz präformiert und nur gleichsam verdeutlicht

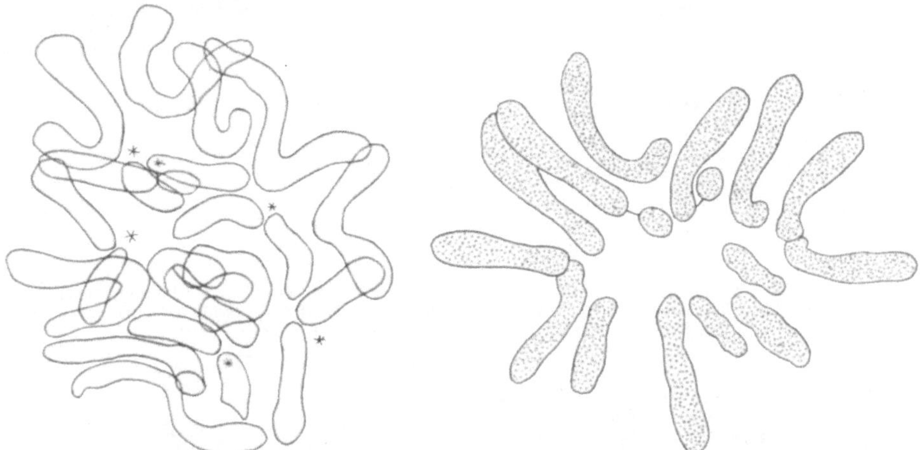

Abb. 88. Polansicht einer Äquatorialplatte mit 16 Chromosomen. Bei den mit * bezeichneten Stellen ist ein Zerfall in die Chromomeren eingetreten.
Nach LUNDEGÅRDH aus TISCHLER 1922.)

Abb. 89. Najas marina. Kernplatte in polarer Ansicht aus der Wurzel einer ♀ Pflanze. Die Trabanten-Chromosomen sind mit ihren „zugehörigen" größeren Chromosomen durch feine Fäden verbunden.
(Nach TSCHERNOGAROW 1914 aus TISCHLER 1922.)

werden, muß hier wie auch in einem Teil der vorher zitierten Fälle, wo der Zerfall scheinbar spontan, jedenfalls ohne experimentelle Eingriffe erfolgt, offen bleiben, solange nicht die Zahlenkonstanz der Teilstücke erwiesen ist.

Überblicken wir die referierten Ansichten über den Intimbau der Chromosomen, so scheint mir trotz aller darauf verwendeten Mühe nur so viel wirklich einwandfrei festgestellt, daß jedes Chromosom aus einem dichten, gelartigen Material besteht, das mehr oder minder gleichmäßig mit Thymonucleinsäure durchtränkt ist. Ob wir darüber hinaus berechtigt sind, einen basichromatischen, nucleinsäurehaltigen von einem achromatischen oder oxychromatischen Anteil zu unterscheiden, ob die Chromosomen einen perlschnurartigen oder spiraligen Bau aufweisen, alle diese Fragen sind, wie wir auf Grund der umstrittenen morphologischen Befunde zugeben müssen, zur Zeit noch offen, und werden meiner Meinung nach auch nicht klar beantwortet durch die mikroskopische Analyse, die sich mit der pro- und regressiven Metamorphose, der Umbildung der Chromosomen in den Ruhekern und ihrem Wiedererscheinen aus demselben beschäftigen. Da diese Vorgänge eingehend in dem Artikel von WASSERMANN über die Mitose behandelt werden, so sei hier nur kurz, um Wiederholungen möglichst zu vermeiden, an Hand von einigen Abbildungen das mir für unser Problem wesentlich Erscheinende besprochen und wegen aller weiteren Einzelheiten auf Wassermann verwiesen.

D. Die pro- und regressive Metamorphose der Chromosomen.

Die Vorgänge bei der Telophase, der Umwandlung der Chromosomen zum bläschenförmigen Kern werden von den Autoren meist unter Hinweis, daß

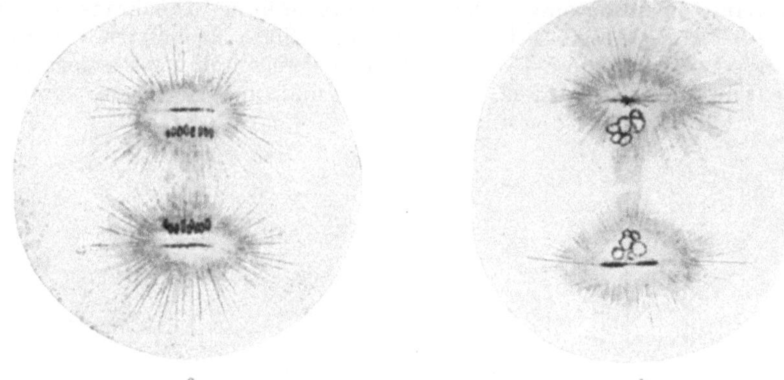

Abb. 90 a, b. Eier von Echinus microtuberculatus vor der Zweiteilung. Etwa 1000fach vergrößert. a Die Chromosomen beginnen sich in Kernbläschen umzuwandeln; b die Kernbläschen haben sich vergrößert. (Nach Boveri aus O. Hertwig, Allg. Biol.)

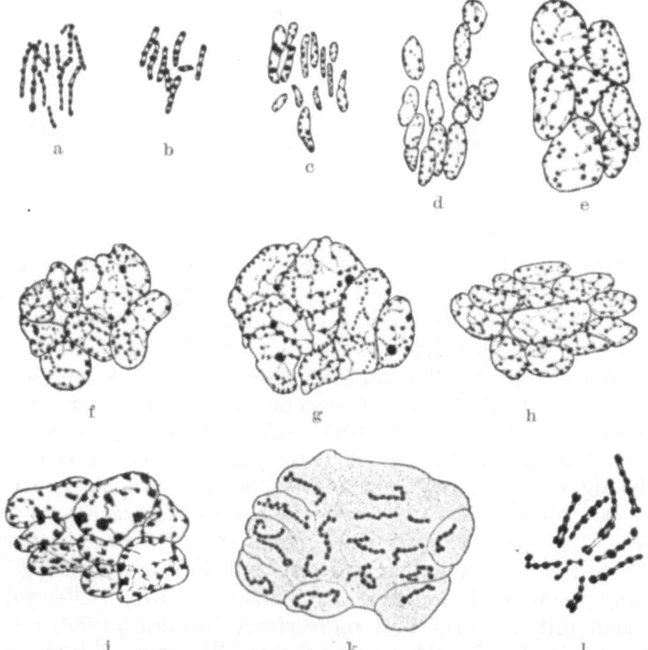

Abb. 91 a—l. Chromosomen und Karyomeren bei der Furchung des Funduluseies. a—d Umbildung der Anaphase-Chromosomen in Karyomeren; e, f Telophase; g Ruhekern; h, i frühe Prophase; k Chromosomenbildung. l Metaphase-Chromosomen. (Nach Richards 1917 aus Wilson 1925.)

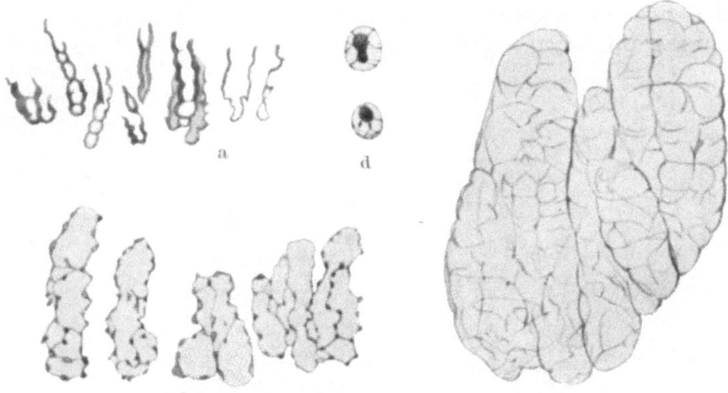

Abb. 92 a—d. Karyomeren aus Furchungszellen. a—c Verschiedene Stadien bei Nereis limbata. (Annelid.) (Nach BONNEVIE.) d Bei Sycandra (Schwamm) (nach JÖRGENSEN). (Aus BRÜEL: Zelle. Handwörterbuch d. Naturw. X. 1915.)

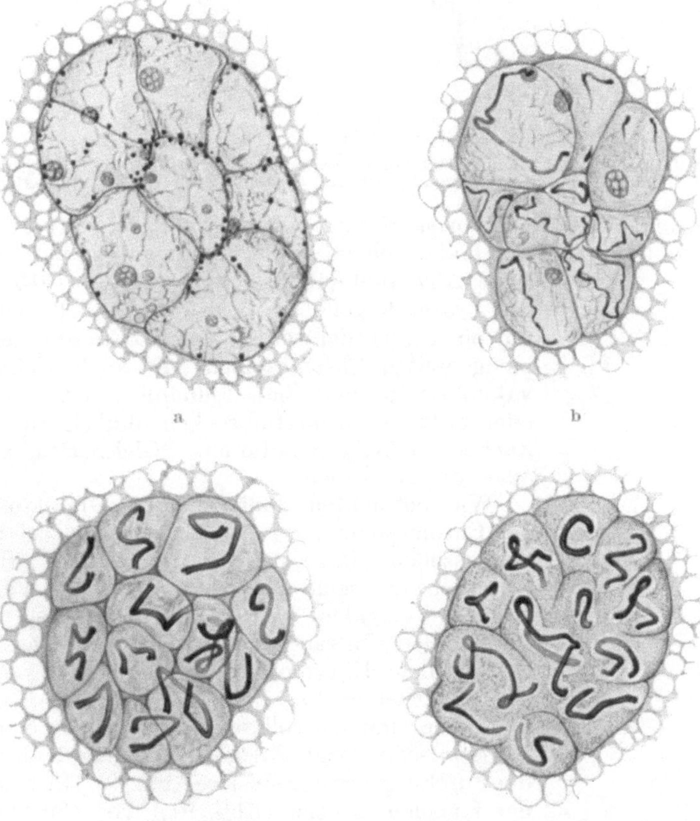

Abb. 93 a—d. Furchungskern von Cyklops viridis. a Ruhekern (normales Tier). b Frühe Prophase. c Schleifenreigen. Polansicht. d Mittlere Prophase (Polansicht). b—d (Wärmetiere, 8—10° über Normal). (Nach G. HEBERER 1927.)

es sich um den umgekehrt verlaufenden Prozeß wie bei der Entstehung der Chromosomen in der Prophase handelt, folgendermaßen beschrieben:

„Die Fäden rücken enger zusammen, krümmen sich stärker und werden durch Aufnahme von Kernsaft dicker. Sie erhalten eine rauhe und zackige

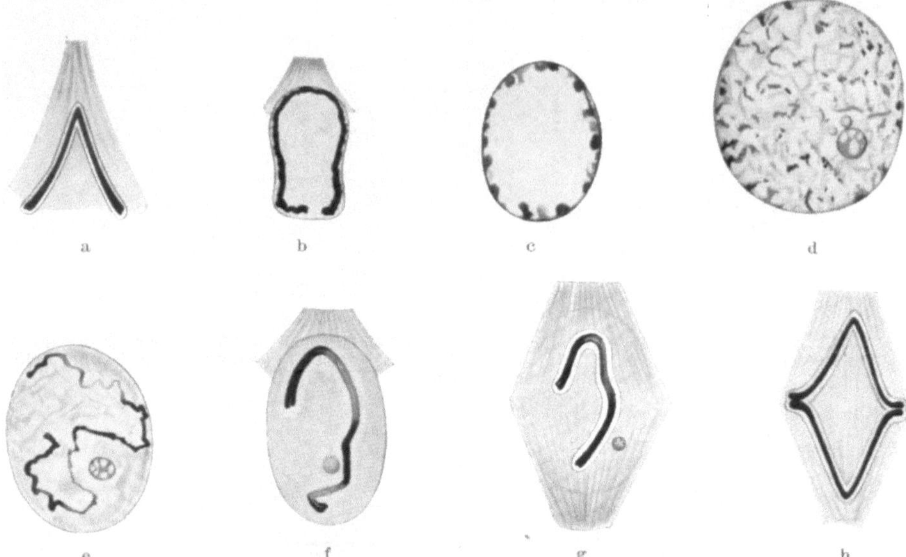

Abb. 94 a—h. Metabolie eines Idiomers (Karyomers) während einer Mitose. a—c Progressive Phase; d stationäre Phase; e—h regressive Phase. (Schema nach G. Heberer 1927.)

Oberfläche, indem sie kleine Fortsätze nach außen hervorstrecken (vgl. Abb. 96). Um die ganze Gruppe herum bildet sich eine zarte Kernmembran aus" [O. Hertwig: Allg. Biol. (1923)]. Gurwitsch (1913) schildert den Prozeß folgendermaßen: „Es handelt sich zumeist um ein Undeutlichwerden der Kontinuität der zusammengeballten Chromosomen, die auch vielfach stark vakuolisieren und sich allmählich bis auf kleinere oder größere Chromatinbrocken ähnlich wie ein Stück Zucker in Wasser auflösen. Gleichzeitig erscheinen auch die Nucleolen."

Wir betrachten zunächst den Umbildungsprozeß der Chromosomen, wie er sich häufig bei den Furchungszellen tierischer Eier, selten bei pflanzlichen Objekten, beobachten läßt, und wo die Verhältnisse dadurch besonders klar liegen, daß jedes Chromosom für sich den Umwandlungsprozeß in ein bläschenförmiges Gebilde, Karyomer oder Idiomer (Haecker) genannt, durchmacht, ehe diese einzelne Karyomeren mehr oder minder vollkommen zu einem einheitlichen Kern verschmelzen. Solche Karyomerenbildung ist bei der Furchung der Seeigeleier (Abb. 90), [Boveri (1907)], der Knochenfischeier (Abb. 91), von Conklin (1902) und besonders schön von Richards (1917), der Milbe [Reuter (1909)] u. a. beschrieben worden (Abb. 92). Ein sehr günstiges Objekt sind ferner die Cyklopseier, wo zuerst Haecker (1895), dann Rückert (1895) die Karyomerenbildung entdeckten, und wo durch Ätherbehandlung oder auch durch den viel schonenderen

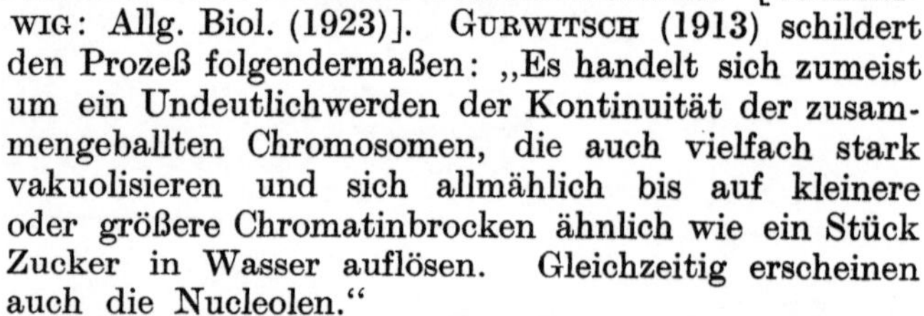

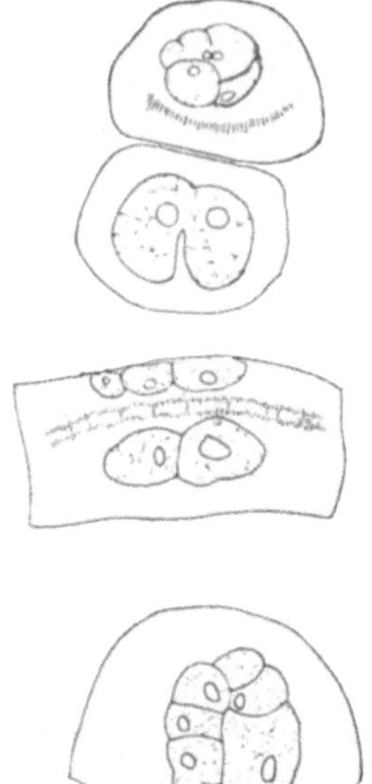

Abb. 95. Chara fragilis. Kerne mit Karyomerenbildung. (Nach Němec 1910 aus Tischler 1922.)

Eingriff der Züchtung bei 12—15⁰ anstatt bei der normalen Temperatur von 4⁰ (HEBERER) die Karyomeren sich dauernd völlig getrennt bis zur nächsten Mitose erhalten. Die Abb. 93 und die mehr schematisch gehaltene Abb. 94 geben die Metabolie eines Idiomers während der Mitose wieder. Hier kann man sehen, wie das Chromosom durch Flüssigkeitsaufnahme aufquillt, bis ein richtiges Bläschen entsteht, das entweder eine stärker färbbare Rinde oder aber auch im Innern ein sich stärker färbendes Netzwerk aufweist, zu dem dann noch im Innern ein rundliches, stärker lichtbrechendes kugeliges Gebilde, der Nucleolus tritt. Die regressive Phase ist dadurch charakterisiert, daß im Innern wieder ein Faden deutlich wird, der sich verkürzt und wenigstens bei Cyklops mit einer Membran umgibt. Dann lösen sich die alten Idiomerengrenzen auf, die Grundsubstanz der Idiomeren, soweit nicht zur Bildung des Chromosoms benutzt, bekommt Spindelfaserstruktur.

Während im Tierreich die Karyomerenbildung verhältnismäßig häufig, namentlich bei der Eifurchung auftritt, wird sie von den Botanikern nur ausnahmsweise bei normalen Mitosen beschrieben, wie z. B. bei Chara von NEMĚC [1910 (Abb. 95)]. Dagegen begegnet man ihr häufiger bei abnormen, experimentell (Temperatur, Narkose) beeinflußten Kernteilungen. Aber gerade daß die beiden Bildungsformen des bläschenförmigen Kerns, diejenige mit und diejenige ohne Karyomerenbildung, sich so leicht experimentell ineinander überführen lassen, zeigt, daß es sich hier nur um Modifikationen eines und desselben im Prinzip gleichen Bildungsvorganges handelt, und es liegt nahe, die Entstehung aus Karyomeren auf sämtliche Ruhekerne zu übertragen, wenn es auch wohl zu weit geht, allen Kernen eine versteckte Zusammensetzung aus einzelnen, voneinander wirklich getrennten Chromosomenbläschen zuzuschreiben, wie es VEJDOWSKY (1912) tut und wie ganz neuerdings von MC. KATER (1928) durch allerdings nicht sehr überzeugende Abbildungen von gewöhnlichen Gewebskernen bei der *Ratte* zu beweisen versucht wurde. Aber gerade dann, wenn die Chromosomen in der Telophase, bevor sie aufquellen, schon dicht gedrängt liegen, werden sie bei ihrer Alveolisierung (Abb. 96 u. 97) sich bald berühren, mit zackigen Fortsätzen aneinanderstoßen und sich gegenseitig deformieren, so daß die Grenzen der einzelnen Chromosomen immer undeutlicher werden, wenngleich sich auch nach Bildung eines

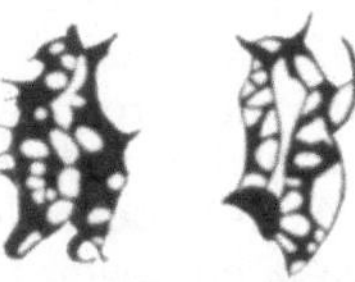
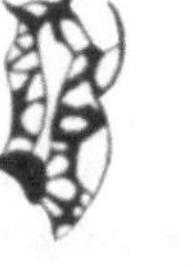

Abb. 96. Vicia Faba. Einzelchromosomen in Alveolisierung; in b u. c dabei fast „Spiralbänder" entstehend. Vergr. 1650. (Nach SHARP aus TISCHLER 1922.)

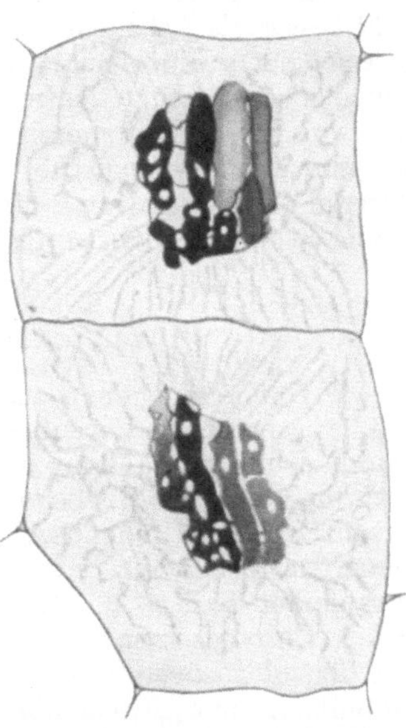

Abb. 97. Vicia Faba. Telophase. Die Alveolisierung der Chromosomen beginnt, die Grenzen der Einzelchromosomen noch ziemlich deutlich erkennbar. Vergr. 1650. (Nach SHARP aus TISCHLER 1922.)

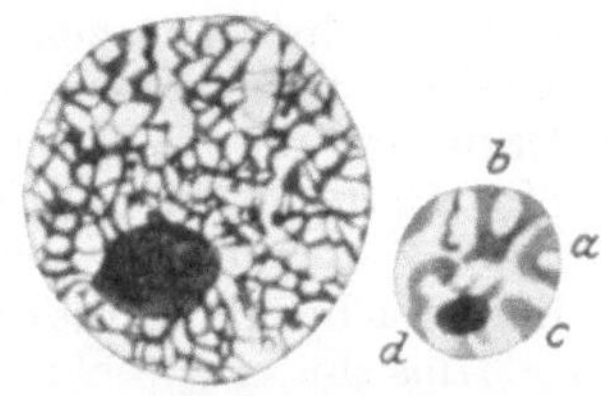

Abb. 98. Späte Telophase; die Chromosomen sind stark alveolisiert und lassen bereits wieder das Reticulum des ruhenden Kernes sichtbar werden; die einzelnen Chromosomen (a, b, c, d) sind aber noch unterscheidbar, wie der Vergleich mit dem rechts gezeichneten Schema deutlich macht. (Vicia Faba nach SHARP aus E. KÜSTER 1915.)

einheitlichen Kerns die einzelnen Chromosomengrenzen häufig doch noch nachweisen lassen (Abb. 98).

Das Hauptcharakteristicum der Chromosomenumwandlung während der Telophase ist jedenfalls ihre Flüssigkeitsaufnahme aus dem Zelleib; je nach dem Grade der dadurch bewirkten Quellung und Alveolisierung der Chromosomensubstanz bleibt im Innern des neuentstandenen Kernbläschens ein dichteres oder lockeres Faden- oder Netzwerk übrig, oder aber erscheint der Kern schließlich optisch ganz homogen bis auf die Nucleolen, die sich als rasch vergrößernde, meist kugelige Gebilde zwischen dem Kerngerüst, falls dasselbe sichtbar bleibt, durch ihr starkes Lichtbrechungsvermögen bemerkbar machen.

So kann man schließlich am ausgebildeten bläschenförmigen Kern, dem Kern der stationären Phase [Heberer (1927)] meist, weil die Kernsubstanz nicht wie bei der Mitose sich in Bewegung befindet, als Ruhekern, neuerdings wohl besser als Arbeitskern [Petersen (1922)] bezeichnet, folgende Strukturen unterscheiden: ein oftmals nicht sichtbares Kerngerüst, eine optisch homogene Grundsubstanz, ein oder mehrere Nucleolen, eine Kernmembran. Wir fragen uns, wo ist das Protomerenmaterial im Ruhekern lokalisiert, hat dasselbe eine bestimmte morphologische Erscheinungsform. Gibt es im Kern ergastisches Material? Welches sind die Beziehungen der einzelnen Kernstrukturen zueinander und des Kerns als Ganzem zu dem umgebenden Zelleib?

E. Der Ruhekern.

Die Entstehung des Ruhekerns aus den Chromosomen, namentlich die auf S. 136 besprochene Variante, daß die einzelnen Chromosomen zunächst isolierte Bläschen bilden, die dann zu einem einheitlichen Kern verschmelzen, läßt schon erwarten, daß die Größe des Kerns in einem bestimmten Verhältnis zu der Anzahl der ihn bildenden Chromosomen steht. Boveri (1905), dann u. a. Tischler (1908), G. Hertwig haben die Größe haploider, diploider und tetraploider Kerne, d. h. Kerne mit einem einfachen, doppelten und vierfachen Chromosomensatz, durch genaue Messungen bestimmt. Das Ergebnis war für sämtliche untersuchten pflanzlichen Objekte, sowie für die Kerne von Amphibien- und Fischembryonen, daß die Volumina derselben proportional der Zahl des Chromosomen sind, die in ihnen enthalten sind. Auffälligerweise erhielt Boveri, und ebenso Baltzer (1911), Herbst (1912), Godlewski (1918) bei Seeigellarven andere Resultate; nach ihren Messungen ist hier nicht das Volumen, sondern die Oberfläche der Kerne proportional der in ihnen enthaltenen Chromosomenzahl. Boveri sucht dies zunächst überraschende Ergebnis dadurch physiologisch verständlich zu machen, daß er jedem Chromosom die Tendenz zuschreibt, einen gewissen Teil der Kernoberfläche sich zu sichern, um an dem Stoffaustausch mit dem Plasma direkt teilnehmen zu können. Über Fehlerquellen, die bei Kernmessungen möglich sind, vergleiche man die Arbeit von P. Hertwig (1916), die darauf hinweist, daß man bei ellipsoiden Kernen stets alle 3 aufeinander senkrechten Durchmesser bestimmen muß.

Eine Nachprüfung dieser Ergebnisse bei einem größeren Material wäre in vieler Hinsicht erwünscht, um die durch P. Hertwigs Befunde nahegelegte Frage zu entscheiden, ob nicht nur die Größe, sondern auch die Form der Kerne durch den Chromosomengehalt beeinflußt wird.

Weiter scheinen proportionale Beziehungen zu bestehen zwischen der Größe bzw. dem Volumen der Chromosomen und der Größe des Kerns, den sie gebildet haben, bzw. aus dem sie wieder entstehen. Am einfachsten sind die Verhältnisse bei dem Furchungsprozeß zu verfolgen, wo wir schon auf S. 121 die Befunde von Rh. Erdmann erwähnten, daß die Chromosomen des sich zweiteilenden Furchungskernes erheblich größer sind als die Chromosomen der sich teilenden Blastulazellen, und sich nun leicht feststellen läßt, daß ähnliche Größenunterschiede auch zwischen den erheblich größeren Kernen des zweigeteilten Eies und den viel kleineren Blastulakernen bestehen. Wieweit die Größenabnahme des Chromosomenvolumens mit dem des Kerns während der Furchung parallel geht, ist bisher nicht genauer untersucht worden. Wahrscheinlich sind aber beide Volumina weitgehend bedingt durch die Beschaffenheit des umgebenden Zellplasmas, wie wir es bereits für das Chromosomenvolumen auf S. 122 angenommen hatten.

Damit kommen wir auf ein drittes, sehr wichtiges Moment, das die Kerngröße bestimmt, das ist die quantitative und qualitative Beschaffenheit des umgebenden Cytoplasmas. Schon 1893 machte O. Hertwig darauf aufmerksam, daß „die Größe, welche ein Kern erreicht, in der Regel in einer gewissen Proportion zu der Größe des ihn umhüllenden Protoplasmakörpers steht. Je größer dieser ist, um so größer ist der Kern. So finden sich in den großen Ganglienzellen der Spinalknoten auffallend große Kerne. Ganz riesige Dimensionen aber erreichen sie in unreifen Eizellen, und zwar in einem ihrer Größe entsprechenden Maßstabe". R. Hertwig verwertete dann experimentelle Beobachtungen an Protozoen, die lange Zeit hungerten und nicht nur

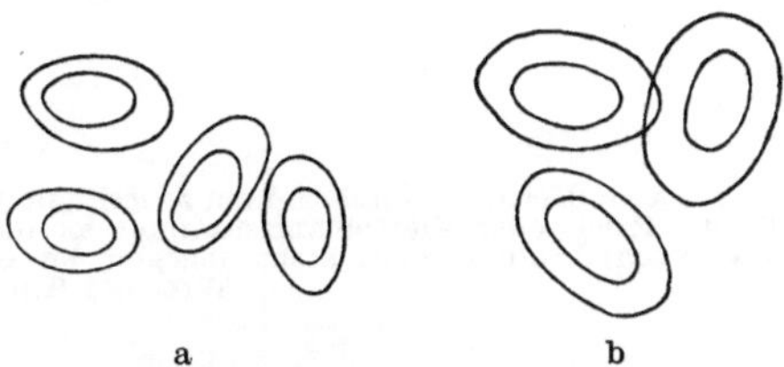

a   b

Abb. 99. Rote Blutkörperchen a einer normalen, b einer diploidkernigen Tritonlarve bei gleicher Vergrößerung. (Nach O. Hertwig.)

ihre Cytoplasmamasse, sondern proportional auch ihre Kernmasse reduzierten, um das Bestehen einer für alle Zellarten gesetzmäßigen Relation von Kernmasse zu Plasmamasse, die von ihm als Kernplasmarelation benannt wird, zu folgern.

Als besonders schlagendes Beispiel, wie sehr die Kerngröße von dem umgebenden Plasma abhängig ist, führt Godlewski (1918) die verschiedene Größe der Kerne der reifen Eizellen und der zweiten Richtungskörper an. Trotzdem beide die gleiche Chromosomenzahl bei der zweiten Reifeteilung erhalten haben, ist z. B. beim *Seestern* der ganze zweite Richtungskörper, also Kern und Plasma, kleiner als der Kern des reifen Eies. Während in diesem Beispiel die Kerngröße deutlich von der Plasmabeschaffenheit abhängig ist, zeigen die zahlreichen Beispiele der meist im Experiment gewonnenen haploidkernigen Organismen, die im Vergleich zu den diploidkernigen nicht nur halb so große Kerne, sondern auch nur halb so große Zellen besitzen, daß mit einer Verkleinerung der Kernvolumen eine proportionale Herabsetzung des Zellvolumens parallel geht (Abb. 99) [u. a. Boveri (1905), Gerassimoff (1902), Winkler, G. Hertwig (1911)]. Die *genaue* Erfassung dieses je nach den einzelnen Gewebearten offenbar wechselnden und ebenfalls experimentell beeinflußbaren Gleichgewichtszustandes zwischen Kern und Cytoplasma stößt nun aber auf erhebliche Schwierigkeiten. Ist schon die exakte Feststellung des Kernvolumens, sobald es sich nicht um kugelige, sondern um elipsoide oder gar unregelmäßig gestaltete Kerne handelt, nicht leicht, so ist die Messung des Cytoplasmavolumens bei der Vielgestaltigkeit und oft undeutlichen Begrenzung des Zelleibes noch viel schwieriger.

Vor allem aber erhebt sich gleich die Frage, was sollen wir alles von dem Zelleib und ebenso auch von dem Kern abrechnen, um zu exakten, vergleichbaren Resultaten zu kommen. Denn wie Bělař (1926) mit Recht betont, „der

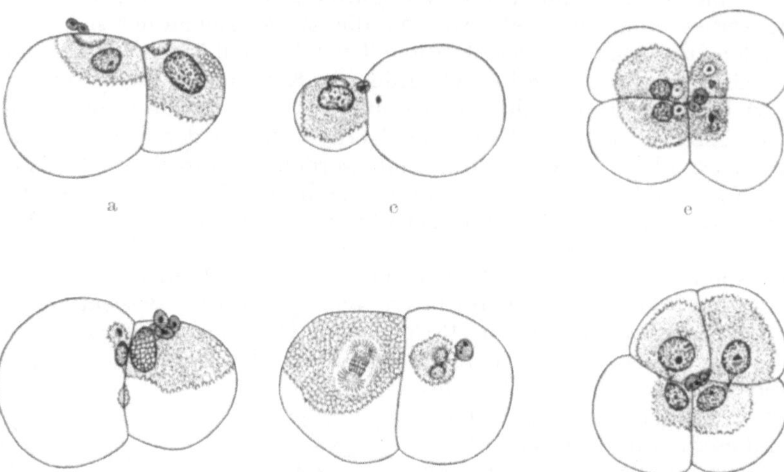

Abb. 100 a - f. Kernplasmarelation im zentrifugierten und sich furchenden Ei von Crepidula. In jeder Zelle des Zwei- oder Vierteilungsstadiums ist die Kerngröße proportional der Menge des aktiven (punktierten) Protoplasmas, nicht dagegen der Größe der ganzen Zelle. (Nach Conklin 1912 aus Wilson: The Cell 1925.)

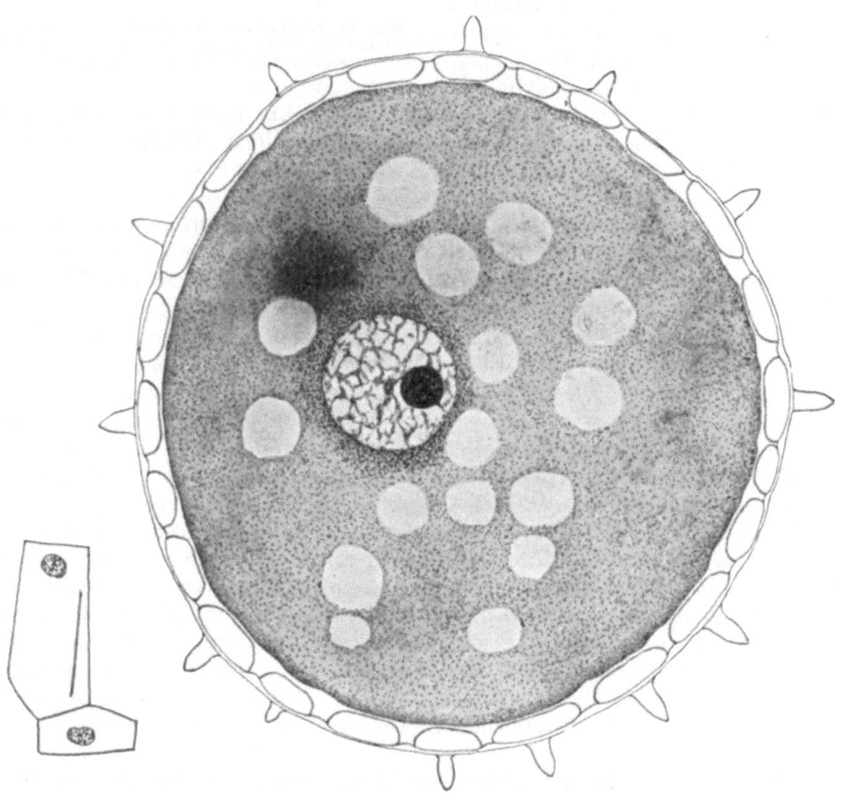

Abb. 101. Malva crispa. Ein Pollenkorn mit seinem großen Kern, daneben links zwei Zellen aus der Antherenwand derselben Pflanze bei gleicher Vergrößerung. (Nach Nemec aus Tischler 1922.)

eigentliche Sinn der $\frac{K}{P}$ ist die Erfassung der Volumenbeziehungen des lebenden Protoplasma". Bei der Messung des gesamten Zelleibes haben wir aber nur ein „Bruttovolumen" festgestellt, denn wir haben alle paraplasmatischen und ergastischen Stoffe mitgerechnet. Dasselbe gilt auch von der üblichen Kernmessung, bei dem z. B. stets der Nucleolus mitgerechnet ist. Dazu kommt schließlich, wie Bělař ausführt, noch das Quellungswasser, welches erst recht nicht aus der „Brutto"-Kernplasmarelation eliminiert werden kann" [vgl. Koehler (1915)]. „So haben wir in der Kernplasmarelation, wie sie heute uns zugänglich ist, keineswegs die exakte Zahlenrelation vor uns, als die sie anfänglich schien, sondern eine ganz rohe Schätzung" [Bělař (1926, S. 442)].

Versuche, an Stelle dieser rohen Schätzung exaktere Angaben zu setzen, liegen erst wenige vor. So bestimmte z. B. A. Meyer (1917) die Kernplasmarelation bei den Palisadenzellen der Blätter von *Tropaeolum majus*, indem er von den Kernvolumina das Volumen der Nucleolarsubstanz abzog, von dem Zellvolumen die Gesamtmenge der Chloroplasten abrechnete. Aber selbst diese von A. Meyer mit seiner verbesserten Methodik erhaltenen Zahlenwerte sind, wie Tischler (S. 102) ausführt, „noch ziemlich weit von wirklich genau vergleichbaren entfernt, da sie nicht berücksichtigen, ob und welche Strukturveränderungen innerhalb des Karyooder Cytoplasmas bei den miteinander verglichenen Blätterzellen stattgefunden haben. Schon eine Zu- oder Abnahme des Wassergehaltes müßte aber bei gleichem Volumen irrige Vergleichszahlen ergeben".

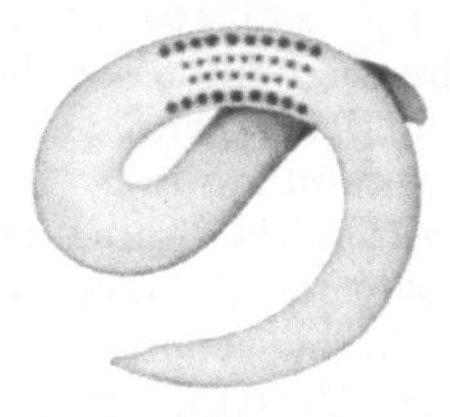

Abb. 102. Ascarisembryo (a) und Darmzelle eines erwachsenen Tieres (b) bei gleicher Vergrößerung. Die Zellen der Epidermis und des Darmes des Embryo sind nur teilweise gezeichnet. (Nach A. Gurwitsch 1913.)

Daß aber tatsächlich nicht das gesamte Zellvolumen, sondern nur das Volumen des lebenden, bzw. aktiven (Conklin) Protoplasmas das wichtige und die Kerngröße regulierende Moment ist, haben namentlich Beobachtungen und Zentrifugierversuche von Conklin (1902) am sich furchenden *Crepidulaei* gezeigt (Abb. 100). Im zwei- und viergeteilten Ei, bei dem die Zellen durch das Zentrifugieren einen sehr ungleichen Dottervorrat erhalten haben, sind die Kerngrößen proportional der Masse des aktiven Protoplasmas und nicht der hauptsächlich durch den verschiedenen Dottergehalt bedingten „Brutto"zellmasse.

Bei dieser Sachlage sind die meisten Angaben, die von einer Veränderung der Kernplasmarelation, sei es im normalen Entwicklungsgeschehen, sei es nach experimentellen Eingriffen, berichten, zur Zeit mit großer Vorsicht zu bewerten und noch mehr natürlich die Schlußfolgerungen, die namentlich R. Hertwig und seine Schule aus diesen angeblichen Veränderungen der Kernplasmarelation für die Biologie der Zelle gezogen haben [R. Hertwig (1908)], so sehr wir auch davon überzeugt sind, daß das Verhältnis von Kern zu Plasma ein für das Zelleben überaus bedeutsamer Faktor ist. Als einwandfreies Beispiel, wo die Kernplasmarelation sich s i c h e r ändert, nenne ich daher vor allem den Furchungsprozeß, bei dem für den *Seeigel* genauere quantitative Messungen von Godlewski vorliegen, der das Kernvolumen des unreifen Eies auf 41,5, des reifen Eies auf 1,1, die Summe der Kernvolumina der Blastula dagegen auf 35,3 bestimmte. Da während der Furchung das Plasmavolumen konstant geblieben ist, und nur eine Synthese von Kernsubstanz aus dem Vorrat von im Ei gespeicherten „kernbildenden" Stoffen (Godlewski) erfolgt, so muß die Kernplasmarelation sich sehr zugunsten des Kerns verschieben. Sehr eindrucksvolle Bilder von dem Bestehen einer Kernplasmarelation, die zugleich auch die erheblichen Schwankungen von Kern- und Zellgröße im Laufe der Ontogenie illustrieren, geben die Abb. 101 u. 102.

Ferner ist bekannt und Minot (1908) hat nochmals ausdrücklich darauf hingewiesen, daß rasch wachsende und sich vermehrende Zellen relativ reich an Kernsubstanz sind, während bei nicht mehr wachsenden und namentlich bei hochdifferenzierten Zellen der cytoplasmatische Anteil stärker überwiegt. Minot hat auf diese Beobachtungen seine Alterstheorie aufgebaut, indem er in dieser Verschiebung der Kernplasmarelation die Ursache des Alterns der Zelle, des Verlustes ihrer Vermehrungsfähigkeit erblickt, und dementsprechend die Furchung des Eies als einen Verjüngungsprozeß der hochdifferenzierten, gealterten Eizelle deutet. Aber es seien doch gegenüber diesen weitgehenden Schlußfolgerungen, zu denen Minot gelangt, nochmals die Schwierigkeiten betont, die einer exakten Erfassung der Kernplasmarelation grade bei den hochspezialisierten tierischen Zellen entgegenstehen; wie sollen wir z. B. die metaplasmatischen Anteile der Muskel- und Nervenzelle bewerten, dürfen wir sie ohne weiteres dem „aktiven" Protoplasma zurechnen?

Ähnliche Bedenken erschweren auch die Beurteilung der angeblichen Verschiebungen der Kernplasmarelation, die nach experimentellen Eingriffen beschrieben worden sind. So reduziert nach den übereinstimmenden Angaben von Rh. Erdmann (1911), Chambers (1908), Koehler (1915) und O. Hartmann (1918, 1919) die Wärme die Zell- und Kerngröße, letztere jedoch stärker, so daß das Gleichgewicht zwischen Kern und Plasma zugunsten des letzteren verschoben wird. Diese Umregulierung der Kernplasmarelation durch die Temperaturerhöhung erfolgt nach O. Hartmann nicht nur bei wachsenden Zellen, sondern auch bei ausdifferenzierten, ruhenden Gewebszellen, nur daß bei ihnen die Zellgröße relativ wenig abnimmt, dagegen die Kerne stets eine wesentliche Volumenverkleinerung erfahren, wodurch auch hier die für die Wärme typische Kernplasmarelation hergestellt wird.

Die Form des Kerns, sein Aggregatzustand, sein spezifisches Gewicht und seine Oberflächenbeschaffenheit.

Bei den wechselseitigen Beziehungen zwischen Kern und Cytoplasma spielt außer den Volumina sicher auch die Oberfläche der Kerne eine Rolle, denn je größer diese ist, um so leichter und rascher werden sich Stoffwechselprozesse zwischen Kern und Cytoplasma abspielen können. Entsprechend dieser Erwartung sind eine größere Anzahl von Kernformen beschrieben worden, deren unregelmäßige Gestalt mit ihrer großen Oberflächenentfaltung für einen regen Stoffaustausch mit dem Cytoplasma spricht (Abb. 103). Das Bestehen eines solchen wird zur Gewißheit, wenn wir sehen, wie bei manchen Eizellen die Oberflächenvergrößerung des Kerns einseitig nach der Eintrittstelle von Nährmaterial in das Ei gerichtet ist (Abb. 104). Aber solche Bilder, die einen deutlichen Hinweis auf eine rege Funktion des Kerns geben, sind doch selten; im Vergleich zu dem vielgestaltigen Zelleib ist die Gestalt des Kernes recht einförmig, meist kugelig oder ellipsoid, und nur selten und dann meist in ausdifferenzierten, wenig teilungsfähigen Zellen treffen wir auf ganz abenteuerliche Kernformen, wie sie z. B. in Abb. 105 abgebildet sind.

Die umstrittene Frage, ob die Gestalt des Kerns aktiv von ihm selber oder passiv von dem umgebenden Zelleib bestimmt wird, muß dahin beantwortet werden, daß beide Faktoren eine Rolle spielen. Daß der Kern durch eigene Aktivität seine Gestalt ändern kann, das zeigen u. a. die Beobachtungen von amöboiden, teilweise recht energischen Bewegungserscheinungen an den Kernen der Speicheldrüsen mancher Insekten, einiger pflanzlicher Algenschwärmer, sowie der tierischen Leukocyten (Abb. 106). „Hier entstehen unter den Augen des Beobachters die absonderlichsten Kernformen mit den mannigfaltigsten Ausziehungen und Aufteilungen der Kernmasse, wobei indessen zwischendurch

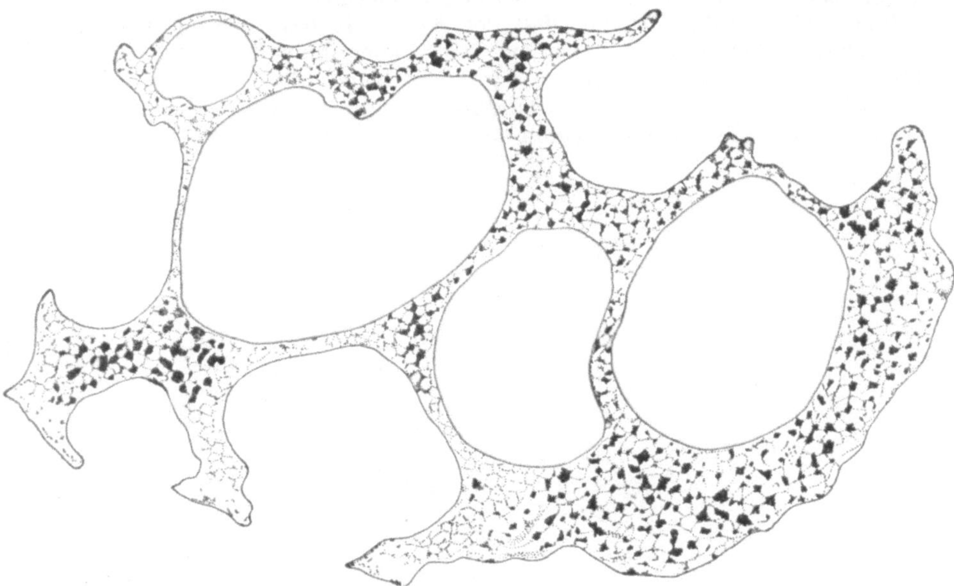

Abb. 103. Kern einer Nährzelle im Ovarium von Bombus. (Nach Buchner 1915.)

immer wieder einmal der kugelige Zustand erreicht werden kann: kurz, es entstehen wechselweise die bedeutendsten Oberflächenvergrößerungen und Oberflächenverminderungen" [Heidenhain (1907, S. 136)].

Aus den Bildern ergibt sich, daß die Veränderungen der Kernform durchaus nicht mit denen des Zelleibes konform gehen und daher sicher nicht rein passiv durch Pressung von seiten des Cytoplasmas bedingt sein können. Daß aber natürlich auch die Beschaffenheit und Gestalt des Zelleibes die Kernform, und zwar oft in hohem Maße beeinflußt, dafür kennen wir unzählige Beispiele, und ich brauche z. B. nur an die Kerne der Epithelien zu erinnern, bei denen bei kubischen Zellen die Kerne rundlich, bei prismatischen Zellen dagegen ellipsoid sind, und mit ihrer Längsachse in der Richtung der längsten Zellachse stehen, während bei platten Epithelien die Kerne ebenfalls abgeplattet sind und bei höheren Pflanzen berichtet Tischler (1922, S. 5) über die gleichen Beobachtungen (Abb. 107).

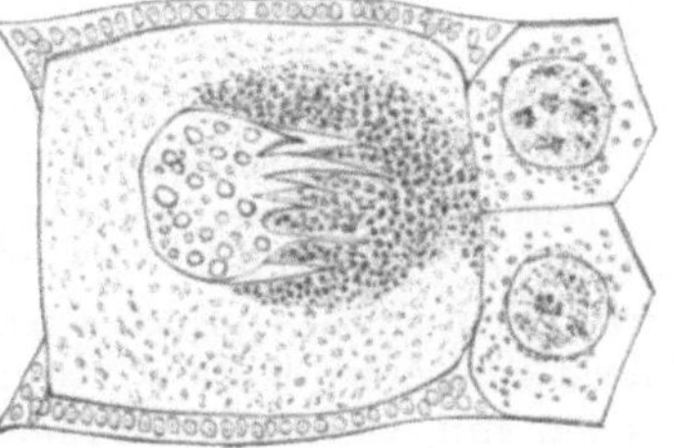

Abb. 104. Ein Eifollikel von Dytiscus marginalis mit angrenzendem Nährfach. (Nach Korschelt aus O. Hertwig: Allg. Biol. 1923.)

Passiv bedingt sind ferner die unregelmäßigen Formen, die der Kern durch den Druck von paraplasmatischen Zelleinschlüssen annimmt, so werden die Kerne von *Zea Mays* nach den Angaben von Zimmermann zu „merkwürdig fädig verzweigten Gebilden, welche die Lücken zwischen den eng nebeneinander liegenden Stärkekörnern ausfüllen" (Abb. 108), W. Eilers (1925) beschreibt den Ruhekern im Fettkörper der *Coleopteren* als „oft langgestreckt und häufig durch Fettvakuolen eingebuchtet"; schließlich sei noch auf die Kerne der Phagocyten hingewiesen, die durch den Druck der phagocytierten Inhaltsmassen, wie z. B. Erythrocyten, ebenfalls stark deformiert sein können.

Andere eigenartige Kernformen, die bei manchen pflanzlichen Objekten beschrieben worden sind, so z. B. bei den Epidermiszellen der Hyazinthe (Abbildung 109), beruhen darauf, daß der Kern mit besonderen Fortsätzen an der Zellwand befestigt ist. Werden diese Fäden künstlich zerrissen [Miehe 1899)], so runden sich die Kerne sofort zur Kugel ab.

Noch auffallender sind die Zwangsformen, die die Kerne bei vielen tierischen und pflanzlichen Samenfäden darbieten. Hier wird durch ein besonderes

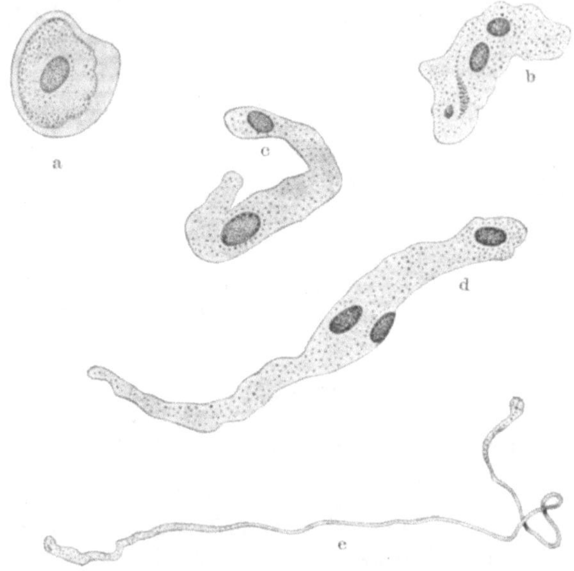

Abb. 105 a—e. Galanthus nivalis. Kerne aus den Schleimsaftzellen. a annähernd kugelig, b—d amöboid stark verlängert, e typischer Fadenkern. Vergr. etwa 300. (Nach Molisch aus Tischler 1922.)

fibrilläres Skelet die eigenartige Kernform fixiert, wie namentlich Koltzoff (1908) durch Plasmolyseversuche gezeigt hat. Weitere Einzelheiten werden später in dem Kapitel über die Statik der Zelle besprochen werden.

Aufschlüsse über den Aggregatzustand und das spezifische Gewicht, sowie über die Oberflächenbeschaffenheit des Ruhekerns haben experimentelle Eingriffe erbracht. Durch Zentrifugierversuche ist gezeigt worden, daß der Kern meist schwerer als das Cytoplasma ist [Mottier (1899), Neměc (1910)], nur bei Zellen mit viel Deutoplasma, wie dem Frosch- und Seesternei, ist der Kern spezifisch leichter als der Zelleib [Spek (1920)]. Kerne, die durch die Zentrifugalkraft durch das Plasma verschoben werden und dabei auf harte Gegenstände stoßen (Nahrungseinschlüsse, Krystalle), werden mehr oder weniger deformiert; diese Deformationen gleichen sich verschieden rasch aus [Bělař: für Protistenkerne (1926)].

Mittels operativer Eingriffe ist der Aggregatzustand und die Oberflächenbeschaffenheit (Membran) der Kerne untersucht worden. Da sich der Kern im Plasma nicht auflöst, vielmehr sich als gesonderte Phase erhält, so sind 3 Möglichkeiten zu prüfen: Entweder ist der Kern in allen Teilen ein festes Gel, oder aber Kernsubstanz und Cytoplasma sind zwei miteinander nicht mischbare wässerige Lösungen (Sole). Die dritte Möglichkeit ist die, „daß die Kerne

von einer mit dem Plasma entweder unmischbaren, flüssigen (lipoiden) oder gelartigen Membran umgeben sind, dann können Kernsaft und Cytoplasma auch
miteinander mischbar sein". „Erweisen sie sich also als mischbar, so wird die
Existenz von Membranen zum notwendigen Postulat" [SPEK (1920)].

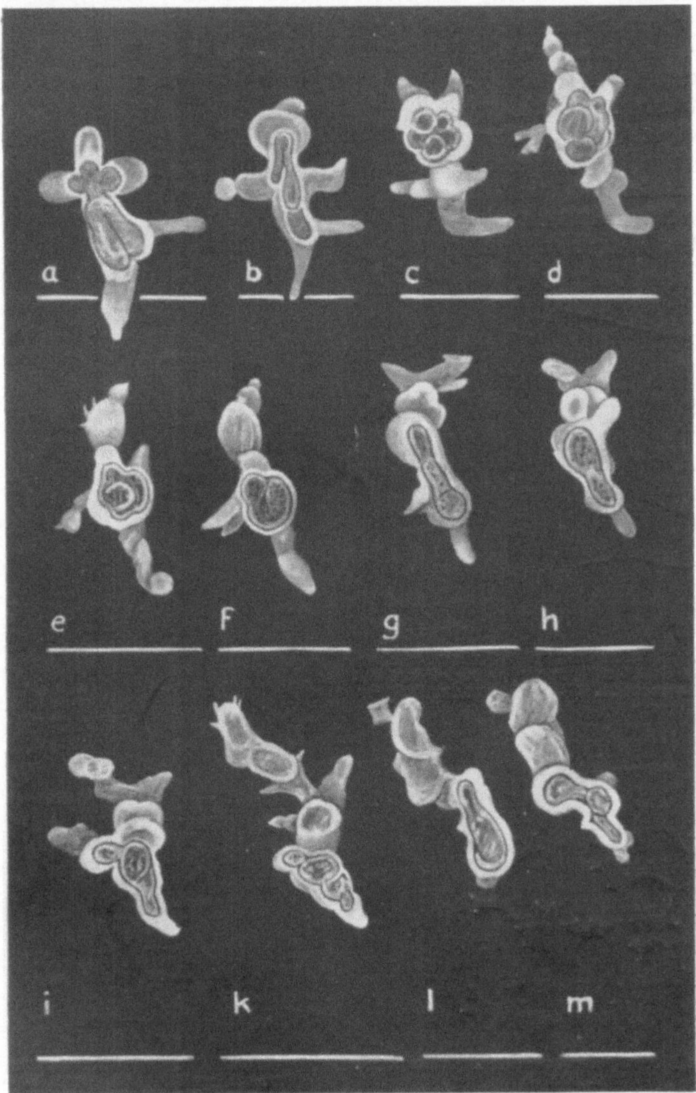

Abb. 106a—m. Lebender Leukocyt, beobachtet während seiner Wanderung im Bindegewebe des
Schwanzes einer Tritonlarve. Zu beachten ist die enorme Formveränderlichkeit des Kernes.
(Nach M. HEIDENHAIN 1907/11.)

Die Untersuchungsergebnisse zeigen, daß sowohl Aggregatzustand wie
Oberflächenbeschaffenheit bei den verschiedenen Kernen nicht gleichartig sind.
Oftmals ist der Kerninhalt zum großen Teil flüssig, so beschreibt GROSS (1917) in
den Limnaea-Keimbläschen deutliche BROWNsche Molekularbewegung kleinerer
Inhaltskörner, ALBRECHT (1903) gibt an, daß die aus den Zellen des Seeigel-

keimes ausgepreßten Kerne zu zwei oder zu dritt miteinander verschmelzen können, so wie mehrere Flüssigkeitstropfen zu einem größeren zusammenfließen. Nach der Beschreibung von Chambers, die er von seinen Kernoperationen gibt, kann bei vorsichtigem Verfahren die Nadel in den Kern eingeführt werden, ohne daß Gerinnung des Kerninhaltes auftritt, und „the needle tip can be moved inside the nucleus from one side to the other, without meeting any appreciable obstacle". Wichtiger und beweisender scheint mir für die flüssige Beschaffenheit des Kerninhaltes die weitere Angabe von Chambers zu sein, daß sich der Kerninhalt mit

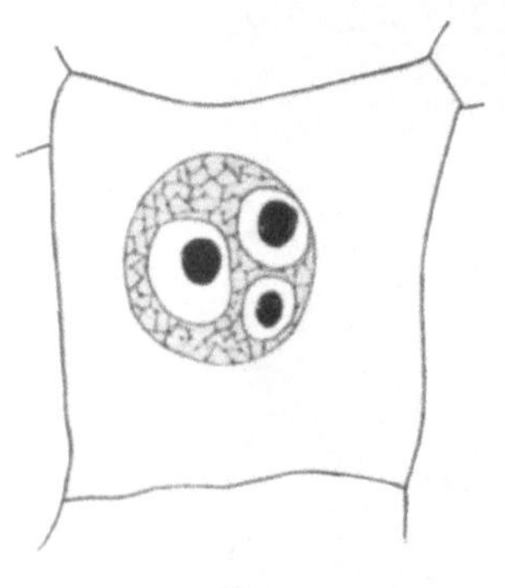

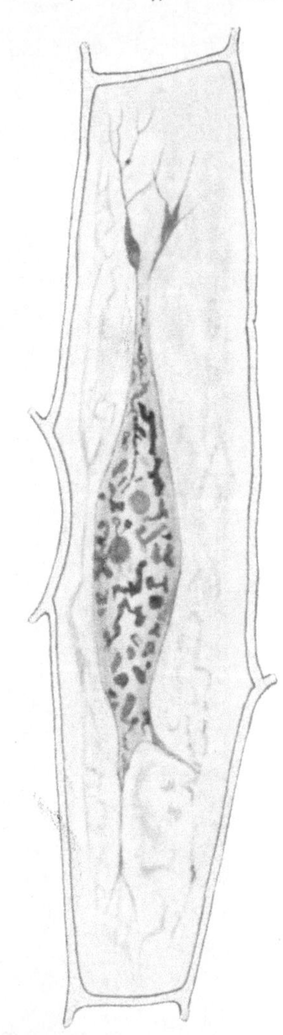

Abb. 107 a, b. Ephedra major. a Ruhender Kern aus dem Urmeristem der Wurzel; b desgleichen aus dem Xylemparenchym. (Nach Tischler 1922.)

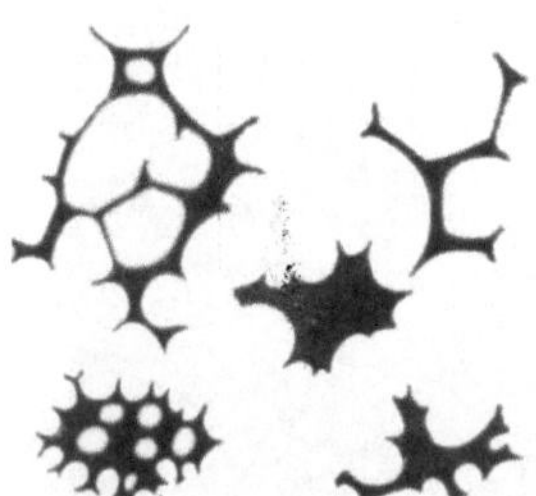

Abb. 108. Zea Mays. Kern aus dem Endosperm. (Vergr. 1000.) (Nach Zimmermann aus Tischler 1922.)

Abb. 109. Hyacinthus orientalis. Epidermiszelle. Der Kern ist durch Fortsätze am Plasmoderma aufgehängt. (Nach Miehe aus Tischler 1922.)

der Mikropipette aufsaugen und in eine andere Zelle injizieren läßt, ferner daß der Kerninhalt nach Anstechen der Membran sich oft restlos mit dem Plasma vermischt und auf dasselbe eine verflüssigende, abtötende Wirkung ausübt (Abb. 110). In anderen Fällen ist das Resultat des operativen Eingriffes allerdings eine sofortige Gerinnung des Kerninhaltes zu einem festen Gel, das mit der Operationsnadel in Stücke geschnitten werden kann. Chambers bringt diese leichte Gerinnungsfähigkeit des Kerninhalts mit dem Gehalt an Nucleinsäuren in Zusammenhang.

Während hier erst der operative Eingriff eine Verfestigung des flüssigen Kerninhaltes veranlaßt, scheint bei anderen Kernen von vorneherein der Inhalt mehr gelartig zu sein. So erfolgt morphologisch die Verschmelzung von Ei- und Samenkern bei der Befruchtung mehr in der Art von zwei „zusammengekneteten Wachsklümpchen" (BĚLAŘ), und häufig läßt sich keine BROWNsche Molekularbewegung an kleinen Inhaltskörnern beobachten.

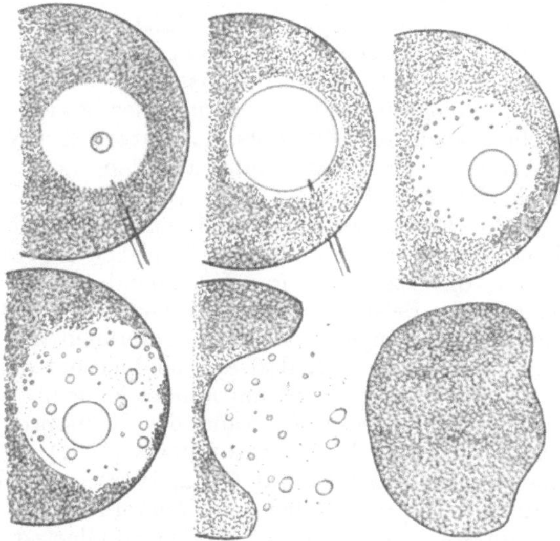

Abb. 110. Wirkung des Kernstiches auf das Seesternei. (Nach CHAMBERS 1924.)

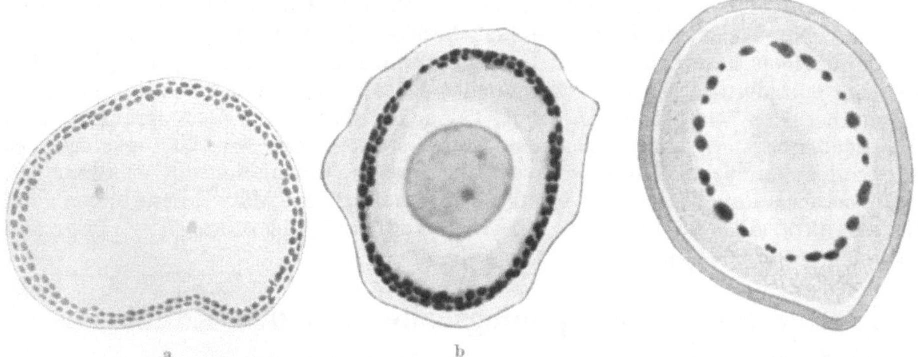

Abb. 111 a, b. Kernmembran von Amoeba cristallina. a Mit Osmiumsäuredampf, b mit Flemming fixiert. Bei b der ganze Kerninhalt geschrumpft und die Kernmembran abgehoben. Vergr. 1950. (Nach BĚLAŘ aus HARTMANN 1927.)

Abb. 112. Sehr starke Kernmembran von Entamoeba blattae. Vergr. 1950. (Nach BĚLAŘ aus HARTMANN 1927.)

Die Tatsache, daß der Kern trotz seines oftmals flüssigen Aggregatzustandes und der teilweisen Mischbarkeit seines Inhaltes mit dem Cytoplasma in der Ruheform seine formale Integrität gegenüber dem Zelleib bewahrt und sie nur während der Karyokinese teilweise aufgibt, spricht ebenso wie das Ergebnis vitaler Färbung dafür, daß der Grenzfläche Kern-Cytoplasma besondere Eigenschaften zukommen, die es, wie BĚLAŘ sagt, „berechtigt erscheinen lassen, auch in den Fällen, wo diese Grenzfläche morphologisch nicht sichtbar ist, von einer Kernmembran allerdings stets cum grano salis zu sprechen".

10*

Dagegen schließe ich mich der vorsichtigen Meinung von Bělař an, daß man die Kernmembran in den Fällen, wo sie nicht deutlich als optisch oder gar mechanisch isolierbare Struktur erscheint, „nicht als morphologisches Strukturelement bezeichnen darf, so wenig wie die sog. Tonoblasten der Zellsaftvakuolen oder die Oberfläche nackter Zellen, so daß also eine Aufnahme der Kernmembran unter die ständig morphologisch erfaßbaren Strukturelemente des Ruhekerns unterbleiben muß".

Häufig ist allerdings eine morphologisch darstellbare Kernmembran vorhanden. Namentlich die vitalen Beobachtungen von Lundegårdh (1912) für botanische, von Bruel (1915) und Gross (1917), von Kite (1913) und Chambers (1918) an zoologischen Objekten sind hier beweisend. Durch Druck auf das Keimbläschen bewirkte Chambers ein Platzen der Kernmembran und beobachtete den Austritt von Kernsubstanz aus dem Loch in der Membran. Gross (1917) stach das Keimbläschen von *Anodonta* mit einer Nadel an, dasselbe platzt, „fällt dabei zusammen und ein feines Häutchen, das sich meist faltet und im Cytoplasma und Wasser unlöslich ist, bleibt zurück".

Gegenüber diesen, die Existenz einer Kernmembran in morphologischem Sinne in den genannten Beispielen sicherstellenden vitalen Beobachtungen sind natürlich die Beschreibungen von Kernmembranen an fixierten Kernen viel mehr dem Einwand ausgesetzt, daß es sich hier entweder um ganz neu entstandene, also artifizielle oder doch zum mindesten sehr vergröberte Niederschlagsmembranen handelt. Diesen Einwand des Kunstproduktes überhaupt nicht gelten zu lassen, wie es z. B. M. Heidenhain (1907) tut, geht doch wohl nicht an, andererseits gehen Stauffacher (1912, 1914) und v. Derschau (1917) entschieden viel zu weit, die die Bilder von Membranen an fixierten Kernen durchweg als Fixierungsprodukte deuten. In vielen Fällen ist auch an fixierten Präparaten der Nachweis einer morphologisch gut abgrenzbaren Kernmembran zu führen, besonders schöne Beispiele liefern nach Bělař manche Protozoenkerne (Abb. 111), wo sie mitunter eine beträchtliche Dicke aufweisen und offenbar eine feste gelartige Beschaffenheit besitzen (Abb. 112).

Im übrigen kann ich dieser Kernmembranfrage nicht die prinzipielle Bedeutung zuerkennen, die ihr von mancher Seite zugeschrieben wurde und wird. Gegenüber der wohl feststehenden Tatsache, daß eine Kernmembran oder Oberflächenhaut in physikalischem Sinne stets vorhanden ist, erscheint es mir von sekundärem Interesse, wie oft dieselbe morphologisch erfaßbar ist. Ich verweise daher wegen weiterer Einzelheiten auf die Erörterungen von Heidenhain (Plasma und Zelle: S. 132—136) und Tischler (Allg. Pflanzenkaryologie: S. 96—100).

F. Der feinere morphologische Bau des Ruhekerns.

Mit der Frage nach dem feineren Bau des Ruhekerns kommen wir auf ein zur Zeit sehr umstrittenes Problem der Cytologie zu sprechen. Mit Recht bemerkt Henneguy in seinem Werk: Leçons sur la cellule (1896), daß „l'histoire du noyau présente exactement les mêmes phases que celle du protoplasma"; er gibt dann eine ausführliche historische Schilderung der Kernforschung bis zum Jahre 1896, auf die ich hier verweise. Nur ganz kurz seien hier die Hauptgesichtspunkte der Forschung hervorgehoben. Ist anfänglich der Kern ein membranbegrenztes, mit Flüssigkeit erfülltes, morphologisch nicht weiter strukturiertes Bläschen, so werden mit vervollkommneten Untersuchungsmethoden später feinere morphologische Strukturen in ihm entdeckt, und diese dann ganz im Sinne der Vorstellung, daß jede lebende Masse, also auch der Kern, ebensogut wie das Protoplasma, eine spezifisch vitale, mikroskopisch sichtbare

Struktur besitzen muß, zu einer Netz-, Faden-, Waben- oder Granulatheorie des Kerns verallgemeinert. Daneben macht sich gleichzeitig auch das Bestreben geltend, den Strukturen auch eine bestimmte chemische Beschaffenheit zuzuschreiben. Begünstigend wirkt in dieser Richtung besonders die im Gegensatz zum Cytoplasma leicht auszuführende histologische Färbung der einzelnen Strukturteilchen, die sich außerdem noch mit Farbstoffgemischen oft verschieden färben lassen. So werden im Kern eine Reihe morphologisch und chemisch differenter Substanzen unterschieden, das Chromatin mit seinen beiden Unterkomponenten, dem Basi- und Oxychromatin, das Achromatin, das Linin, das Lantanin, das Ödematin, die Nucleolarsubstanz. Der Höhepunkt dieser Forschungsperiode ist mit dem Werk von M. HEIDENHAIN (1907) erreicht, der in seinem Plasma und Zelle „die Vitalität der als Kerngerüst beschriebenen Bildungen aufs neue zu beweisen, für keine dringende Aufgabe mehr hält, da betreffs dieser fast einhellige Übereinstimmung herrscht". Vereinzelte Gegner, wie v. TELLYESNICZKY (1905) werden gar nicht mehr erwähnt.

Aber bald ändert sich das Bild. Von botanischer Seite äußert sich namentlich LUNDEGARDH (1913) sehr skeptisch über die vitale Realität der Kernstrukturen und GURWITSCH (1913) schreibt gleichzeitig: „Den Fixierungsstrukturen der sog. Ruhekerne fehlt jede Überzeugungskraft, teils, weil an denselben nicht die bestechende, so regelmäßige und so individuelle Zeichnung wie in den Kernteilungsphasen wahrgenommen werden kann, aber in der Hauptsache, weil das unregelmäßige, scheckige Bild der fixierten Ruhekerne verschiedenen Fixierungsartefakten eines nicht ganz homogenen Gemenges von Eiweißkörpern täuschend ähnlich sieht". Für DELLA VALLE (1912) ist der ruhende Kern strukturlos, etwa sichtbare Gestaltungen sind lediglich „durch vorübergehende Verminderung der Dispersität eines Emulsoids" bedingt und erscheinen und vergehen wie „die Wolken am Himmel".

Die allgemeine Übereinstimmung, auf die sich HEIDENHAIN (1907) berufen konnte, besteht also, wie WASSERMANN (1926) mit Recht betont, schon 1913 nicht mehr und auch ganz neuerdings erklären W. H. und M. R. LEWIS (1924) über die Kernstruktur: „No linin thread or chromatin granules are to bee seen. These are fixation, coagulation or precipitations products, and do not represent living structures".

Wäre dieses Urteil von LEWIS berechtigt, so würden natürlich die zahlreichen Beschreibungen von Kernstrukturen im Ruhekern erheblich an Wert einbüßen. Wertlos wären sie allerdings auch in dem Fall nicht, wenn sie sämtlich Kunstprodukte der Fixation und Färbung wären. Denn ihre Verschiedenheit in den einzelnen Kernen bei gleicher Fixierung und Färbung würde unter allen Umständen eine Verschiedenheit der Kernsubstanz in chemischer oder chemisch-physikalischer Hinsicht anzeigen. Man vergleiche das auf S. 68 Gesagte über Äquivalentbilder. Ich glaube jedoch, daß das Urteil von LEWIS überhaupt nicht haltbar ist. Die Gründe dafür werden im folgenden dargelegt werden.

a) Das optische Bild des lebenden Kernes und seine experimentelle Beeinflussung. Argumente, die für die Realität und gegen die artifizielle Erzeugung der gerüstartigen Kernstrukturen sprechen.

Wir beginnen mit den mikroskopischen Beobachtungen, die an lebenden Kernen gemacht worden sind, und die außerordentlich widerspruchsvoll lauten. Während FLEMMING (1881) und HEIDENHAIN (1907) und mit ihnen die Mehrzahl der älteren Forscher angeben, daß sie in den meisten untersuchten lebenden Kernen Strukturen beobachtet haben, hält v. TELLYESNICZKY (1902, 1905) fast alle lebenden Kerne für optisch leer und ganz neuerdings (1924, S. 410) erklären W. H. u. M. R. Lewis ganz kategorisch: „The living nucleus is optically structurless and homogenous with both bright- and darkfield illumination. It has a slightly different refraction index from that of the cytoplasm and is slightly more opaque". Ebenso lautet das Urteil von Chambers (1924, S. 265): „With improved methods it has been definitely shown, that the interkinetic nucleus in every living metazoan cell so far studied is fluid and possesses no visible structure except for one or several nucleoli and a delicate investing membrane [Chambers germ cells and ova (1914, 1915, 1917, 1918), Chambers and Schmitt pancreas, kidney, epithelium, muscle, nerve]". Die Untersuchung lebender Kerne im Dunkelfeld gibt ihm das gleiche Ergebnis. Während Gaidukow (1910), der sich als erster der Ultramikroskopie zur Untersuchung der lebenden Kerne bediente, berichtet, daß die Kernsubstanz von Tradescantia aus einzelnen Ultramikronen zusammengesetzt sei, welche im Leben in ständiger Bewegung seien, zweifelt Della Valle (1912, 1913) diesen Befund Gaidukovs an, er hält den lebenden Kern ultramikroskopisch für optisch leer und Chambers schließt sich ihm durchaus an: „The method of darkfield illumination reveals no internal structure in the interkinetic nucleus".

Leider bemühen sich die genannten Forscher gar nicht um die Klärung des Widerspruches, in dem ihre Beobachtungen zu denen der älteren Forscher stehen; wie denn überhaupt sich in der mit den neuen Methoden arbeitenden Cytologie eine weitgehende Nichtberücksichtigung der älteren Literatur bemerkbar macht. Hiergegen wendet sich sehr scharf Champy (1928), der schreibt: „La cytologie nouvelle ne peut être basée exclusivement sur l'ignorance de l'ancienne" und ich stimme dieser Kritik durchaus zu. Es geht entschieden nicht an, die bestimmt lautenden positiven Befunde so erfahrener Cytologen wie Flemming und Heidenhain entweder ganz zu ignorieren oder aber mit dem kurzen Hinweis auf vervollkommnete Methodik (Chambers) zu erledigen, ohne zu sagen, worin diese besteht. Sollte man doch eher das Gegenteil erwarten, daß mit vervollkommneteren optischen Hilfsmitteln noch mehr an Strukturen gesehen würde, als es Flemming seinerzeit möglich war. Wenn nun aber nach den soeben zitierten Angaben das Gegenteil der Fall ist, so muß die angewandte Methodik der „vitalen" Untersuchung eine verschiedene gewesen sein. Die Berücksichtigung dieser Umstände gibt uns nun tatsächlich eine befriedigende Antwort, die die widerspruchsvollen Angaben über „vitale" im „lebenden" Kern sichtbare Strukturen aufklärt. Denn gerade beim Kern spielen die physiologischen Bedingungen, unter denen die Beobachtung erfolgt, eine für das Resultat ausschlaggebende Rolle.

Denn immer wieder geben die Untersucher der „lebenden Kerne" von Flemming angefangen an, daß bei veränderten Lebensbedingungen vorher unsichtbare Strukturen in den Kernen auftreten. So genügte, wie z. B. Gross (1917) angibt, ein leichter Druck auf das Deckglas und dadurch bewirkte Stockung in der Blutzirkulation, daß „in der Schwanzflosse von *Triton* sehr beträchtliche Umwandlungen der Epithelkerne sehr bald sich vollziehen". „Zunächst treten alle Kerne an der betreffenden Stelle deutlich und scharf hervor, und im Innern erscheinen fast augenblicklich größere und kleinere Klumpen oder Brocken, die in der Lichtbrechung von den Netzknoten nicht zu unterscheiden sind."

Wenn hier schon bei kurzem Sauerstoffmangel im vorher optisch leeren Kern Strukturen sichtbar werden, so wird dies noch viel mehr zu erwarten sein bei solchen Kernen, deren zugehörige Zellen aus dem normalen Verband isoliert und dazu noch, wie es bei den älteren Untersuchungen die Regel war, in giftig wirkende „physiologische" Kochsalzlösungen oder Jodserum verbracht worden waren. Ebensowenig Vertrauen verdienen die Angaben von Lunde-

GÁRDH (1912) über vitale Kernstrukturen, die er an Schnitten durch lebende Wurzelspitzen erhob, weil, wie BĚLAŘ (1926) in einer Kritik mit Recht betont, „die von LUNDEGÅRDH beobachtete sofortige Sistierung des Zellteilungsvorganges eine ganz gewaltige Störung und Schädigung des Lebensprozesses beweist". R. GROSS ist sich zwar in seinen 1917 erschienenen „Beobachtungen und Versuchen an lebenden Zellkernen" der methodologischen Fehler seiner Vorgänger bewußt gewesen, hat sie aber in seiner Untersuchung ebenfalls nicht vermieden. Denn auch er spricht z. B. Kerne als lebend an, die er aus den Zellen isolierte und in Ringerlösung verbracht hat, deren Isotonie geschweige denn ph nicht einmal festgestellt worden ist.

Sicher handelt es sich bei den Strukturen, die in den lebenden Kernen bei ungünstigem Milieu auftreten, nicht immer gleich um Absterbeerscheinungen, wie die amerikanischen Forscher annehmen, sie sind vielmehr oft nur der Ausdruck für reversible Zustandsänderungen der Kernkolloide, deren Abgrenzung gegen irreversible Veränderungen allerdings schwierig sein kann. Ich werde gleich auf diesen Punkt noch zurückkommen. Aber wenn CHAMBERS und W. H. LEWIS, die sich der vervollkommneten vitalen Untersuchungsmethoden bedienten, und die Kerne in Zellkulturen beobachteten, mit solcher Bestimmtheit angeben, daß sie diese sicherlich unter optimalen Lebensbedingungen befindlichen Kerne stets optisch leer gefunden haben, so scheint mir für die überwiegende Mehrzahl der lebenden Kerne der Satz gültig zu sein, daß in ihnen keine Strukturen sichtbar sind. Wenn ich im Gegensatz zu WASSERMANN (1926) hier der Meinung der amerikanischen Forscher beipflichte, so möchte ich andererseits doch scharf die ganz ungerechtfertigten Schlüsse von LEWIS zurückweisen, daß nun alle Strukturen, die in den Ruhekernen beschrieben worden sind, nichts als artifizielle Kunstprodukte der Gerinnung und Ausfällung seien. Denn gegen die Homogenität des Ruhekerns und für Inhomogenitäten in morphologischem Sinne, d. h. Strukturen, die infolge zu geringen Brechungsunterschieden im lebenden Zustand nicht sichtbar sind, sprechen folgende Argumente:

1. Die Möglichkeit, diese Strukturen auf verschiedene Art und Weise in annähernd gleicher spezifischer Form zur Darstellung zu bringen.

2. Die Spezifizität für die einzelnen Kernarten nach Form, Zahl, Anordnung, kurz gesagt, der organologische Charakter (M. HEIDENHAIN) der Kernstrukturen.

Nachdem durch einen so erfahrenen Kolloidforscher wie SPEK (1920) für das Sichtbarwerden der Chromosomen durch die Fixierung die Möglichkeit zugegeben wird, daß dichtere Kolloide, wie die Chromosomen, und wässerige wie der Kernsaft bei der Gerinnung graduell verschiedene Zustandsänderungen erfahren, liegt, wie WASSERMANN (1926) ausführt, kein Grund vor, diesen Gedankengang nicht auch auf die umstrittenen Strukturen des Ruhekerns anzuwenden. Auch hier braucht ein typischer Entmischungsvorgang nicht etwa verschiedene Phasen aus einem homogenen Gemisch gegeneinander abzugrenzen und damit neue vital nicht präformierte Strukturen zu schaffen, vielmehr besteht ebensogut die Möglichkeit, daß bereits vital vorhandene, aber unsichtbare Strukturen sichtbar gemacht werden.

Je verschiedenartiger aber die Eingriffe sind, durch die wir unter sich ähnliche Strukturen am gleichen Objekt sichtbar machen können, um so wahrscheinlicher wird die Präformation dieser Strukturen. v. TELLYESNICZKY, der die artifizielle Neuentstehung der Kernstrukturen nachweisen will, bemüht sich deshalb auch, die strukturverdeutlichende Wirkung der Fixierungsmittel auf Eiweißausfällungen zurückzuführen und schreibt, „daß wenn es sich auch nur in einem Falle erwiese, daß Kernstrukturen auf nicht eiweißfällende Reagenzien entstehen, die Frage nach den Kernstrukturen noch eine andere Erklärung (als die rein artifizielle) erheischen würde".

Nun wissen wir heute, daß nicht nur eiweißfällende Fixierungsmittel die Kernstrukturen sichtbar werden lassen, sondern ebenso ganz andersgeartete chemisch-physikalische Eingriffe, nämlich alle die größeren oder geringeren Schädigungen, die mit der „vitalen" oder supravitalen Zelluntersuchung verknüpft sind, ferner auch die mikrochirurgischen Operationen an der Zelle und dem Zellkern. Es ist äußerst bemerkenswert, daß die hierbei sichtbar werdenden Kernstrukturen häufig eine auffällige Übereinstimmung mit denen fixierter und gefärbter Kerne aufweisen. Einige Beispiele seien hier aus der neueren Literatur angeführt, nachdem schon Flemming hierauf aufmerksam gemacht hat, allerdings von der Vorstellung sich leiten lassend, daß seine „vitalen" Strukturen an ganz normalen Kernen schon sichtbar seien.

Gross (1917) findet in der Schwanzflosse lebender Tritonlarven, „daß nur sehr wenig Epithelkerne deutlich genug sichtbar sind, um ein genaues Studium zuzulassen". Was an diesen Kernen, die sofort deutlich sichtbar sind und dadurch nach meiner Meinung zeigen, daß sie nicht unter optimalen Lebensbedingungen sich zur Zeit der Untersuchung befinden, zunächst auffällt, ist „ihre gefaltete und eingebuchtete Oberfläche". „Im Innern dieser Kerne sieht man stets einige mehr oder weniger unregelmäßig gestaltete größere und kleinere Brocken, die Netzknoten Flemmings, zwischen manchen von ihnen bei stärkerer Vergrößerung auch schwache lichtbrechende Verbindungen; es wären dies nach Flemming die stärkeren Teile eines Kernnetzes. Auch einige von Flemming für optische Durchschnitte des Kerngerüstes erklärte Gebilde treten deutlich hervor, befinden sich aber in Brownscher Bewegung, was für ihre Charakterisierung als freie Körner genügt. In manchen Kernen sind im Leben auch die Nucleolen, relativ kleine runde Gebilde sichtbar. In manchen Epithelkernen der Schwanz-Epidermis, dagegen nicht der Kiemenplättchen, findet sich außer den eben geschilderten Strukturteilen noch eine feine regelmäßige Körnelung, diese kleinen Körner befinden sich im Leben in Brownscher Bewegung".

„Halten wir nun diesen Kernbildern die nach verschieden konservierten und gefärbten Präparaten hergestellten Bilder gegenüber, so finden wir im großen und ganzen ziemliche Übereinstimmung. Die Kernoberfläche ist unregelmäßig, doch nicht so stark gebuchtet und gefaltet als im Leben, es zeigt sich also hier, wie schon Flemming angegeben hat, die Tendenz der Konservierungsflüssigkeiten, die Kerne abzurunden. Im Innern finden wir die wenigen Körner und unregelmäßig gestaltete, mehr oder weniger große Brocken (Netzknoten) wieder, die zum Teil miteinander in Verbindung stehen. Die Netzknoten, Nucleolen und Körner liegen in allen konservierten Kernen in einer regelmäßigen Körnelung eingebettet, die aber in den einen feiner, in anderen gröber beschaffen ist. Feiner sind die Körnchen in allen konservierten Kiemenepithelkernen, womit wohl ihre Unsichtbarkeit im Leben zusammenhängt". Gross hält durch diese Beobachtungen den Beweis erbracht, daß nicht nur die Netzknoten und größere Körner, sondern auch die feinsten Körnchen, die er mit den Oxychromiolen Heidenhains identifiziert, vital präformiert sind.

Wenn auch entgegen der Meinung von Gross die Möglichkeit, ja Wahrscheinlichkeit zuzugeben ist, daß die von ihm im „lebenden" Zustand beobachteten Kernstrukturen erst durch die geringfügigen, sicher reversiblen Schädigungen des Kernes, wahrscheinlich den Sauerstoffmangel hervorgerufen worden sind, so ändert dies meiner Meinung nichts an der Schlußfolgerung von Gross. Denn wenn so verschiedene Eingriffe, wie z. B. Sauerstoffmangel und eiweißfällende Fixierungsmittel dieselben Strukturen erzielen, so ist es schwer vorstellbar, daß diese nicht vital bereits präformiert seien, um so mehr, als wir wissen, daß auch sonst der Sauerstoffmangel ebenso wie die Fixierungsmittel vital sicher vorhandene, aber unsichtbare Strukturen verdeutlicht. Denn nach den Angaben von Petersen (1922) sind „die Kern- und Teilungsfiguren der Bindegewebszellen im Tritonschwanz im lebenden Zustand immer sichtbar, bei den Epithelzellen ist das nur bei Sauerstoffmangel der Fall".

Als zweites Beispiel nenne ich eine Beobachtung von Petersen (1922) an Knorpelkernen, die Abb. 29a u. b zeigen, daß die „lebensfrisch" in Ringer beobachtete Kernstruktur weitgehend mit der durch Chromosmiumessigsäurefixierung erzielten übereinstimmt.

Von botanischen Autoren erklärt de Litadière (1921): „Mes observations démontrent donc, que le noyau vivant possède une organisation identique à celle qu'offrent les noyaux fixés aux liquide de Benda", und genau so lautet das Urteil von Lundegårdh, der die Struktur fixierter Kerne mit denen „lebender" verglich, die aber, wie Bělǎř (1926) mit Recht betont, sicher durch die Vorbehandlung, — die angeblich lebenden Kerne wurden an dünnen Schnitten durch Wurzelspitzen beobachtet, — geschädigt worden waren. Aber was die Hauptsache ist, die durch die „vitale" Untersuchungstechnik einerseits und durch die Fixierung mit Flemmingscher Lösung andererseits erzielten Strukturen waren im wesentlichen identisch. „Vergleicht man das Aussehen des fixierten Kernes mit dem entsprechendem Stadium im Leben, bekommt man sogleich den Eindruck, daß der fixierte Kern dünnere Fäden, kleinere Körner und überhaupt eine in den Einzelheiten unregelmäßigere Struktur als der lebende Kern enthält. Aus der fortwährend im großen ganzen gleichmäßigen Verteilung der Strukturen kann man jedoch entnehmen, daß das Fixierungsmittel schnell und gleichförmig gewirkt hat. Ich habe in einigen Fällen den Vorgang unter dem Mikroskop verfolgen können, und größere Unordnungen schienen wirklich dabei nicht einzutreten" [Lundegårdh (1913) S. 214]. „Wenn auch das Gerüst, wie es im Flemmingpräparate hervortritt, im einzelnen kaum die lebende Struktur getreu wiedergibt, so waren wir nicht imstande zu sagen, in welchem Grade Deformationen und Niederschläge wirklich darin vorkommen. Die gefärbten Kerne in diesen Präparaten ähneln den lebenden auch darin, daß keine scharfe Sonderung zwischen Gerüst und Karyosomen zu beobachten ist" (S. 217).

Sehr bemerkenswert sind in diesem Zusammenhang auch die Mikrodissektionsergebnisse von Chambers (1924), der in lebenden, optisch leeren Spermiocytenkernen von *Heuschrecken* durch Anstich mit einer Nadel dieselben Strukturen sichtbar machen konnte, die uns vom fixierten und gefärbten Präparat bekannt sind: „The different ways in which the prophase nuclei react to mechanical injury enable one to distinguish three stages in the development of the growing spermatocyte: 1. Nuclei of the first stage respond to the injury by revealing delicate granular filament which shorten and thicken into homogeneous-appearing rodlets. 2. In the second stage, injury causes the appearance at once of early prophase chromosomes, which precociously resolve themselves into typical metaphase chromosomes (Abb. 82). 3. In the third stage, prophase chromosomes are already visible in the uninjured nucleus and injury simply results in accentuating their visibility and in accelerating their transformation into compact, metaphase chromosomes".

Aus diesen Ergebnissen folgert Chambers: „The fact, that well-differentiated structures are spontaneously beginning to be visible in nuclei of the third stage, and the fact that these structures stand out with greater clearness on injury, suggest the possibility that the granular chromatin filaments are already present as such in the earlier stages and are not formed de novo as an effect of injury. Their invisibility may be accounted for by the identity of their refractive index with that of the nuclear substance in which they lie".

Indem ich noch auf die Übereinstimmung der Strukturen hinweise, die durch Mikrodissektion und durch Fixierung sichtbar gemacht werden, schließe ich mich ganz diesem soeben angeführten Urteil von Chambers an. Um so befremdlicher ist dann aber der gleich auf diese Darlegung folgende Satz von Chambers: „Evidence has already been presented regarding the abscence of structure in the interkinetic nucleus. The only structure which can be produced by injury in such nucleus is a network coagulum". Es ist wirklich nicht einzusehen, warum dieses Netzwerk, das übrigens nicht in allen Arten von angestochenen Ruhekernen erscheint, ohne weiteres als Kunstprodukt bezeichnet und nicht wenigstens die Möglichkeit erwogen wird, daß es auch bereits präformiert und durch den Anstich nur sichtbar gemacht wird.

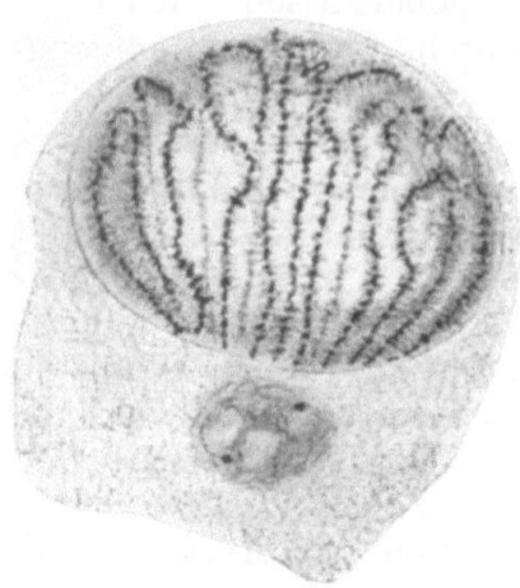

Abb. 113. Oocyte von Proteus anguineus. Polargerichteter Knäuel. Sublimat-Eisessig. Safranin-Lichtgrün. Kern 25:30 μ, Zelle 36:38 μ. Das Basichromatin bildet nurmehr die zentralsten Teile des Fadens, die seitlichen Ausläufer vollkommen oxychromatisch, Sphäre erscheint vakuolisiert; in ihr 2 intensiv färbbare Körner (Centriolen). Zeiß. Apochrom. hom. Immersion. Ap. 1,30. Komp.-Okular 8. (Nach H. Stieve 1921.)

Ganz unmöglich wird aber die Deutung der Kernstrukturen als reine artifizielle Gerinnungsprodukte in all den Fällen, in welchen sie einen spezifischen oder wie M. Heidenhain (1907) sagt „organologischen" Charakter besitzen. Von Flemming und Heidenhain ist dieses Argument zugunsten der Vitalität der Kernstrukturen schon immer und mit Recht hervorgehoben worden. Ihr klassisches Beispiel sind die Speicheldrüsenkerne der Chironomuslarven, die, wie Balbiani und Korschelt beobachteten, im frischen lebenden Zustand untersucht, so gut wie keine Struktur erkennen lassen, während sie im kunstgerecht hergestellten histologischen Präparat eine spezifische Strukturform, einen in Windungen zusammengelegten Chromatinfaden, aufweisen [M. Heidenhain (1907) S. 115]. Als weitere Beispiele spezifischer Kernstrukturen nenne ich die Keimbläschen der Amphibien und Selachier, in deren vital optisch leeren Kernen durch

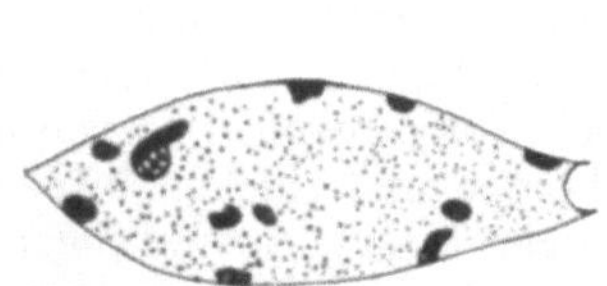

Abb. 114. Zostera marina. Kern aus der Samenschale mit 12 Chromozentren. (Nach Rosenberg aus Tischler 1922.)

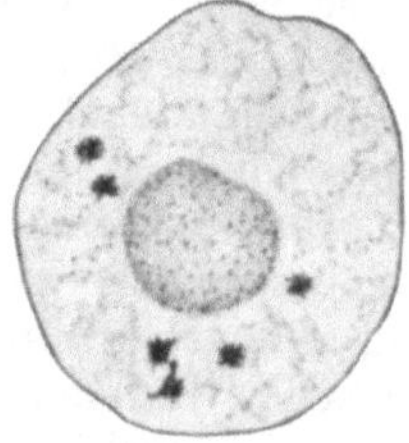

Abb. 115. Crepis virens. Pollenmutterzelle mit sechs Chromozentren. (Nach Rosenberg aus Tischler 1922.)

die Fixierung und Färbung die Chromosomen in typischer Anzahl verdeutlicht werden, natürlich nicht künstlich de novo erzeugt werden, ferner die spezifischen Kernstrukturen der männlichen und weiblichen Geschlechtszellen (Abb. 113), die unter dem Namen der Synapsisstudien bekannt sind. Wenn gegen diese Beispiele v. Tellyesniczky (1905) den Einwand erhebt, daß es sich hier nicht um typische Ruhekerne handelt, sondern um Kerne, die den Prophasestadien nahe stehen, so gilt dieser Einwand nicht gegenüber den von botanischer Seite beschriebenen Kernen mit Chromozentren [Baccarini (1908)]. Bei einer Reihe typischer pflanzlicher Ruhekerne der Gattungen Capsella und

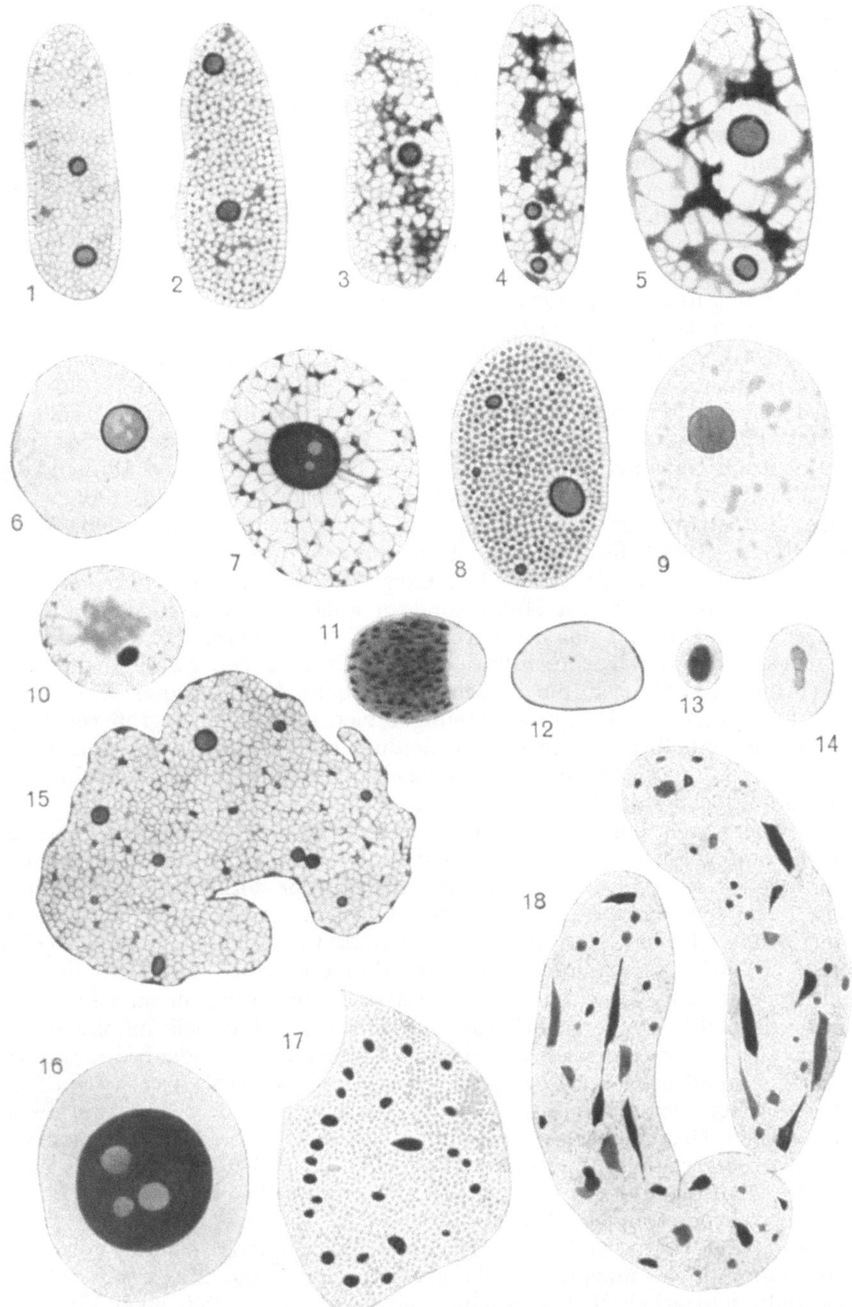

Abb. 116. Verschiedene Kerntypen. 1—4 Agapanthus floridus. Junges Filamentgewebe aus Knospe. FLEMMING, Eisen-Hämatoxylin. Verschiedene Ausbildung des Kernes von feinwabigem Zustand (1) über Gerüst- und Netzknoten (2, 3) bis zum grobem Gerüst (4). 5 Agapanthus floridus. Tapetenzelle aus Knospe. 6 Monotropa hypotypis. Eikern. FLEMMING. Eisen-Hämatox. 7 Allium Cepa. Meristem aus Wurzelspitze. FLEMMING, Eisen-Hämatox. 8 Allium bulbiferum. Junges Fruchtknotengewebe aus Knospe. Alveolarkern. 9 Lepus cuniculus. Spinalganglienzelle. Osmiumsäure. 10 Ascaris megalocephala. Junge Oocyten. FLEMMING, Eisen-Hämatox. 11—13 Mikronuclei von Infusorien. FLEMMING, Eisen-Hämatox. 11. Paramaecium caudatum. 12 Isotricha prostoma. 13 Paramaecium aurelia. 14 Lepus cuniculus. Gliazelle. Osmiumsäure. 15 Triton taeniatus. Epidermiszelle einer Larve. FLEMMING, Eisen-Hämatox. 16 Amoeba terricola. Binnenkörperchen. Osmiumsäure. Eisen-Hämatox. 17 Diplodinium caudatum. Makronucleus. Massiger Granulakern. S. A., Eisen-Hämatox. 18. Chara foedita, ältere Nodialzelle. FLEMMING, Eisen-Hämatox. Alle Figuren bis auf 18 (1000fach) 1950fach. Original von BĚLAŘ. Aus HARTMANN, Allg. Biol. 1927.

Cucurbita beschrieb zuerst Rosenberg (1904), später dann u. a. Lundegårdh (1913) Kerne mit Gerüstwerk und einer konstanten Zahl von Chromatinkugeln oder Chromozentren (von Lundegårdh als Karyosomen bezeichnet), die genau mit der Chromosomenzahl übereinstimmte (Abb. 114 u. 115).

Weiterhin machten Flemming und namentlich Heidenhain darauf aufmerksam, daß auch in vielen tierischen fixierten Kernen eine typische Polfeldanordnung der Chromatinbalken nachweisbar ist, die unmöglich als Fixierungswirkung angesprochen werden kann, vielmehr durch ihren spezifischen Charakter zeigt, daß es sich um vital präformierte Bildungen handeln muß, die nur durch die Fixierung verdeutlicht worden sind.

Gegenüber den Beispielen spezifischer organologischer Kernstrukturen, an deren vitaler Realität nicht zu zweifeln ist, bieten allerdings, wie Gurwitsch zuzugeben ist, zahlreiche fixierte Kerne ein unregelmäßig scheckiges Bild dar, das unter Umständen den verschiedenen Fixierungsartefakten eines nicht ganz homogenen Gemenges von eiweißartigen Körpern täuschend ähnlich sehen kann [Gurwitsch (13)]. Es ist auch gar nicht daran zu zweifeln, daß manche derartige Kernstrukturen tatsächlich nur Kunstprodukte darstellen, so beschreibt Bělař (1926) die artifizielle Erzeugung von Strukturen im Kern von Amoeba sphaerogranularis: „Der Außenkern der lebenden Amöbe erscheint völlig homogen nicht nur im Hell-, sondern auch im Dunkelfeld. Läßt man verdünnte Essigsäure in das Präparat hinein diffundieren, so bemerkt man ein Deutlichwerden der Kernmembran, der die Bildung von ganz feinen, gleichmäßig verteilten Gerinnseln im Außenkern alsbald folgt. Dieser Zustand ist aber nicht definitiv; die Gerinnsel vereinigen sich sehr bald zu größeren Aggregaten, so daß schließlich ein grobes Reticulum mit strukturlosen Hohlräumen entsteht. Wir können also hier die artifizielle Entstehung des Reticulums aus den Gerinnselflocken direkt verfolgen."

Wenn aber auch eine Abgrenzung dessen, was artifiziell neu erzeugte, was vital präformierte Kernstruktur ist, in vielen Fällen schwierig, ja oft sogar unmöglich sein kann, so halte ich entgegen der vorher zitierten Meinung von Lewis an der auch heute noch von der Mehrzahl der Cytologen (von neueren Arbeiten nenne ich nur: Scarth (1927, Wassermann (1926), Koltzoff (1928), Martens (1928)] vertretenen Lehre fest, daß die große Mehrzahl der Zellkerne nicht eine morphologisch homogene Masse von flüssigem oder gelartigem Charakter darstellt, sondern daß die Kernsubstanz räumlich inhomogen ist, indem sie aus einem Gerüstwerk und einer homogenen Grundsubstanz besteht. „The resting nucleus is not devoid of structure" [Scarth (1927)]. Durch die verschiedenartige Verteilung dieser beiden Bestandteile, des Gerüstwerkes und der homogenen Grundsubstanz, bekommen die Kerne bald mehr einen netzförmigen, alveolären oder granulären Bau (Abb. 116), wobei ein Typus in den anderen bei demselben Kern übergehen kann, wofür das beste Beispiel die die Kernteilung vorbereitenden Phasen sind.

Inwieweit das Gerüstwerk und die Grundsubstanz sich so innig vermischen können, daß eine in morphologischem Sinne homogene Masse entsteht, sei dahingestellt, schwerlich dürfte dieselbe aber die Eigenschaften einer Flüssigkeit haben. Die uns am besten bekannten optisch homogenen massiven [Wilson (1924)] Kerne vieler tierischer Spermien bestehen wohl vorwiegend aus Gerüstsubstanz, sie gehen (nach dem Eindringen in das Ei) durch Flüssigkeitsaufnahme und Produktion von Kernsubstanz rasch in den gewöhnlichen Kerntypus über. Von pflanzlichen Kernen, die sowohl lebend wie fixiert als homogen beschrieben worden sind, sagt Tischler (1922, S. 58), daß „es Ausnahmen sind, die jedesmal eine Spezialerklärung verlangen". „So hören wir es namentlich von den Kernen der ♂-Sexualzellen, und fortschreitende Technik räumt schon jetzt mit manchen alten Angaben auf, man vergleiche z. B. die älteren Beschreibungen verschiedener Forscher mit den neueren von NAWASCHIN (1909) für die Nuclei von Blütenpflanzen".

Ich bin auf die Frage nach der Realität der Strukturen im Ruhekern deshalb so ausführlich eingegangen, weil für den Fall, daß wir uns für ihre rein artifizielle Natur entschieden hätten, jede weitere Diskussion an dieser Stelle überflüssig wäre. Nicht dem Morphologen, sondern dem Kolloidchemiker mit seinen Methoden würde die Erforschung der Kernsubstanzen zufallen. Nachdem aber die Entscheidung zugunsten der Realität der Kernstrukturen gefallen ist, ist es natürlich die Aufgabe des Morphologen, diese Strukturen näher zu charakterisieren und den Versuch zu ihrer Identifizierung zu machen. Die reiche Nomenklatur der Kernbestandteile, die sich in der cytologischen Literatur findet, zeigt, daß es an Versuchen hierzu nicht gefehlt hat; wie weit das Ergebnis ein befriedigendes ist, wird nunmehr zu zeigen sein.

b) Versuche der Klassifikation der Kernbestandteile von morphostatischen, mikrochemischen und morphokinetischen (genetischen) Gesichtspunkten. Die verschiedene Definition des Begriffes Chromatin.

Vergegenwärtigen wir uns den Gang der Forschung seit der Entdeckung, daß die Kerne eine morphologische Struktur besitzen, eine Erkenntnis, der vor allem FLEMMING seit 1882 zu allgemeiner Anerkennung verholfen hat. Rein morphologische Gesichtspunkte, die Berücksichtigung der Form und der Lichtbrechung führten zu einer Einteilung des von einer Membran umgrenzten Kerninhaltes in einen struktierten und einen dazwischen gelegenen optisch leeren, homogenen Anteil. Den letzteren bezeichnete R. HERTWIG als den Kernsaft (1876). FLEMMING (1880) wählte den Namen Zwischensubstanz oder Grundsubstanz, später (1882) spricht er von Karenchylema oder Karenchym. LUNDEGÅRDH (1912) nennt diese homogene Grundmasse Karyolymphe.

Der strukturierte, durch Lichtbrechungsunterschiede, die durch die Fixierung vergrößert werden, von der Grundsubstanz ausgezeichnete Anteil wurde von FLEMMING als Kerngerüst bezeichnet. Er ging dabei von der Annahme aus, daß diese strukturierten Kernanteile stets fädigen Charakter hätten (Karyomitom von FLEMMING) und diese Fäden meist zu einem Netzwerk zusammengefügt seien. Verdickungen dieses Netzwerkes bezeichnete FLEMMING als Netzknoten und unterschied von diesen als besondere, vom Kerngerüst verschiedene Kernbestandteile die durch ihr stärkeres Lichtbrechungsvermögen schon viel früher von SCHLEIDEN entdeckten Nucleolen [SCHWANN (1835)] oder Kernkörperchen, die er folgendermaßen charakterisiert: „Substanzportionen im Kern von besonderer Beschaffenheit gegenüber dem Kerngerüst und dem Kernsaft, fast immer von stärkerem Lichtbrechungsvermögen als beide, mit glatter Fläche in ihrem Umfang abgesetzt, stets von abgerundeter Oberflächenform, meist in den Gerüstbalken suspendiert, in manchen Fällen außerhalb desselben gelagert".

Die Berechtigung, in der Nucleolarsubstanz einen dritten besonderen Kernbestandteil anzunehmen, wurde mehrfach bestritten. KLEIN (1878) z. B. wollte gar keine Grenze zwischen Nucleolen, Netzknoten und verdichteten Portionen des Kerngerüstes anerkennen. RETZIUS schrieb: „die Nucleolen hängen stets durch Fortsätze direkt mit dem Balkengerüst zusammen, und sind eigentlich nur als Ansammlungen der Substanz derselben zu betrachten".

Noch zweifelhafter mußte die Identifizierungsmöglichkeit dieser Nucleolarsubstanz am gefärbten Präparat werden, wenn man entgegen der Meinung von Flemming die Möglichkeit zugab, daß die dem Kerngerüst zugerechneten Formbestandteile nicht immer fädig sind, oder wie Bütschli meinte, als Wandbestandteile mit Kernsaft erfüllte Hohlräume einschließen, sondern selber körnige Beschaffenheit annehmen (Altmann).

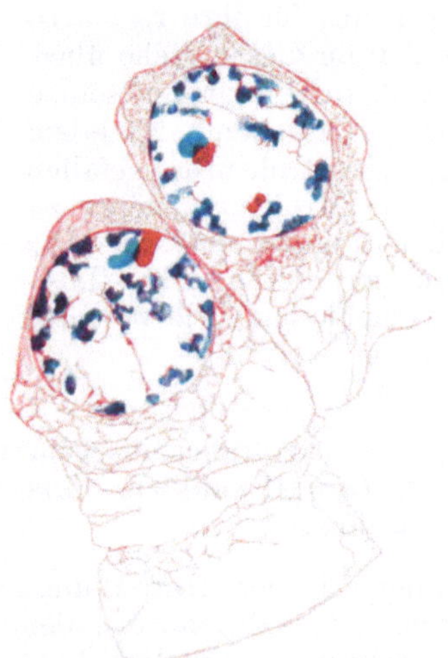

Da also die Analyse der Kernbestandteile auf diesem Wege nicht weiter führte, so suchte man mittels gefärbter Präparate weiter zu kommen. Durch Färbung mit basischen Farbstoffen, die man zunächst als sogenannte „Kernfarbstoffe" ausschließlich verwandte, stellte man fest, daß nicht alle Teile des Kernes sich färben. Flemming (1882) unterschied deshalb einen chromatischen und einen achromatischen Kernanteil; färbbar erwies sich ein großer Teil des Gerüstwerkes, vor allem die Netzknoten, ferner eine Anzahl von Nucleolen; ungefärbt blieben das sogenannte achromatische Kerngerüst, viele Nucleolen und der Kernsaft. Als Grundlage der Färbbarkeit nahm nun Flemming eine Substanz an, der er den Namen „Chromatin" gab. Da über die Definition des Begriffes „Chromatin" heutzutage sehr verschiedene Meinungen bestehen (vgl. Verhandl. Anat. Kongreß 1924, ferner S. 127), so gebe ich die Originaldefinition mit Flemmings (1882) eigenen Worten wieder: „Als Chromatin bezeichne ich ganz empirisch die Substanz im Zellkern, die bei Kerntinktionen die Farbe aufnimmt. Es ist hierbei

Abb. 117. Spermiocyten der Locustide Tachycines asynamorus. Heterochromosom blaugrün, echte Nucleolarsubstanz rot. Carnoyfixierung. Biondifärbung. Vergr. 1400fach. (Nach Gutherz: Enzyklopädie 1926.)

selbstverständlich auch die tingierbare Substanz einbegriffen, welche die Nucleolen enthalten. Hierbei stelle ich keineswegs auf, daß das Chromatin identisch sein soll mit dem Gerüst des Kernes und den Nucleolen. Ich erkenne an, daß möglicherweise die ganze Substanz des Netzwerkes „Chromatin" sein kann. Es ist aber ganz ebenso möglich, daß dies nur als größter Massenanteil in dem Netzwerk und den Nucleolen enthalten ist, und daß ein Rest, ein Substrat darin übrig bleibt, das eben nicht Chromatin ist. Solange dies denkbar, und auch nach den Verhältnissen der Karyokinese annehmbar ist, bleibt mir Chromatin mehr ein chemischer als ein morphologischer Begriff."

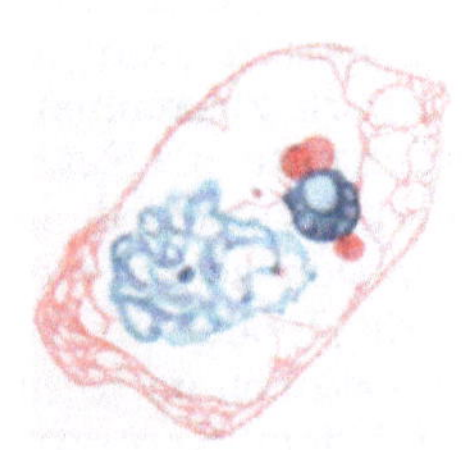

Da manchmal auch der Kernsaft sich schwach färbt, so läßt Flemming, entsprechend der gegebenen Chromatindefinition „die Frage offen, ob eine strenge Lokalisation des Chromatins, i. d. der nucleinhaltigen Substanz, in den geformten Teilen des Kernes allgemein besteht oder nicht".

Eine erste Umänderung erfuhr die Chromatindefinition von Flemming, die allein auf die Färbbarkeit mit basischen Farbstoffen begründet war, durch M. Heiden-

Abb. 118. Oocyte von Gryllus domesticus im Synapsisstadium. Voluminöser Chromatinnucleolus, umgeben von einem Kranz kleiner echter Nucleolen. Carnoyfixierung. Biondifärbung. Vergr. 2000fach. (Nach Gutherz: Enzyklopädie 1926.)

hain (1907). „Werden nämlich nicht basische, sondern umgekehrt saure Farbkörper, sogenannte Protoplasmafarbstoffe auf den Kern angewandt, so färbt sich in vielen Fällen eine ungemein dichte, die Kernvakuole durch und durch erfüllende, fein gegliederte Strukturmasse mit sehr großer Intensität, während die gröberen mit basischen Farbstoffen sich färbenden Netzwerke in starkem Maße zurücktreten. Es sind daher zweierlei typisch verschiedene Chromatine im Kern vorhanden" [M. HEIDENHAIN (1907) S. 119]. HEIDENHAIN bezeichnet sie als Basichromatin und Oxychromatin, nur das erstere entspricht dem FLEMMINGschen Chromatin.

Am besten gelang HEIDENHAIN der Nachweis der beiden Chromatine durch simultane Färbung mit einer basischen und einer sauren Farbe. Am meisten wurde das BIONDIsche Farbengemisch angewandt, mittels derer die in Abb. 117 bis 120 abgebildeten Präparate erhalten sind. HEIDENHAIN stellte auf diese Weise fest, daß „in den Kernen verschiedener Gewebsarten die beiden Chromatine in verschiedenen Mischungsverhältnissen vorhanden sind". So enthielten bei Triton helveticus von dem acidophilen Oxychromatin viel bzw. sehr viel: die Kerne der Becken- und Bauchdrüsen, eine mittlere Menge: die Kerne des Kloakenepithels und

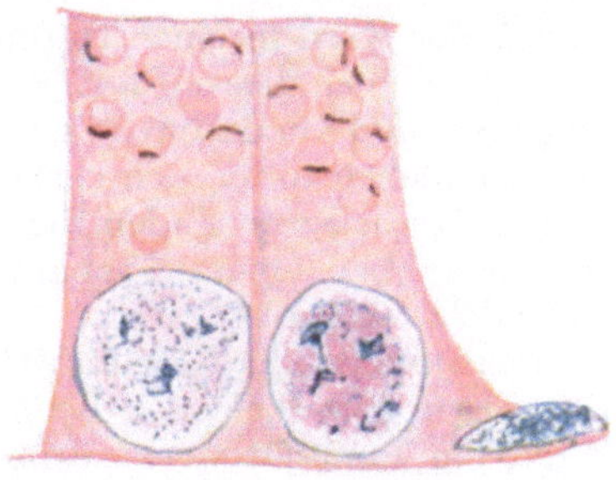

Abb. 119. Zellen der Beckendrüse von Triton helveticus. Biondifärbung. Die Kerne zeigen die doppelte Farbenreaktion des Chromatins.
(Nach M. HEIDENHAIN: Plasma u. Zelle.)

der sympathischen Ganglien, wenig oder sehr wenig: die Kerne der quergestreiften und glatten Muskulatur und des Bindegewebes, nichts: die Kerne oder Köpfe der Spermien.

Bei absterbenden Kernen, die die Erscheinung der Chromatolyse zeigen, kommt es ferner nach HEIDENHAIN zu einer vollkommenen lokalen Scheidung der beiden Chromatine, „das Chromatin der Autoren (Basichromatin) entwich nach der Peripherie des Kernes" (Abb. 120), das „Kernsafteiweiß" (Oxychromatin) sammelte sich im Zentrum des Kernes an.

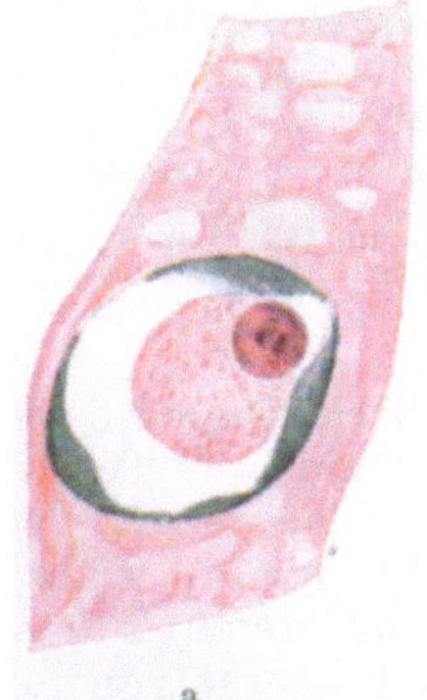
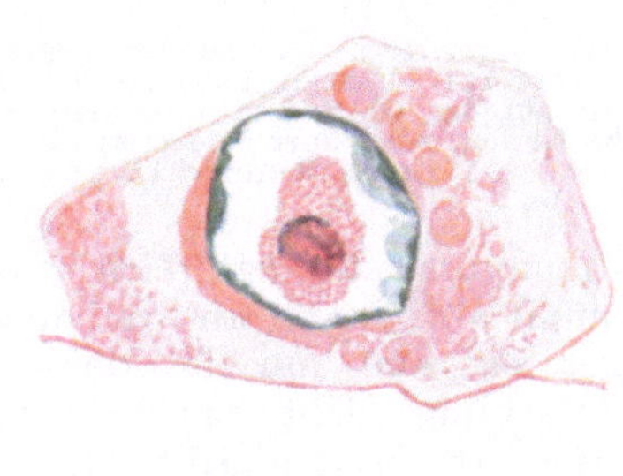

Abb. 120a u. b. Chromatolyse des Kernes und Degeneration der Zellen der Beckendrüse bei Triton helveticus. a Beginn des Prozesses. Kern chromatolytisch. b Beginnender Zerfall des Cytoplasmas. Biondifärbung. (Nach M. HEIDENHAIN: Plasma und Zelle 1907.)

Was nun die Lokalisation dieser beiden Chromatine angeht, so könnte es nach dem bisher Gesagten so scheinen, als wenn der Kernsaft oxychromatisch sei. HEIDENHAIN war vielleicht anfangs selber dieser Meinung, änderte sie aber bald auf Grund späterer Befunde und der Erwägung: „daß es höchst unwahrscheinlich sei, daß von allen Zellbestandteilen allein der Kern mit dem Ballast einer konzentrierten, gerinnbaren Eiweißlösung beladen sein sollte". Dieses Argument scheint mir wenig stichhaltig, wichtiger die Ergebnisse, die HEIDENHAIN mit der Biondi- und namentlich der Vanadiumhämatoxylinfärbung erhielt (Abb. 121 u. 122). Bei dieser zeigt sich „am Kern bei richtiger

Anwendung das Oxychromatin dunkelsepiabraun, das Basichromatin licht-
grau, die Nucleolen orangerot, während das Plasma sich heller braun tingiert".
Mit dieser progressiven Färbung erhält man vielfach eine vollkommen distinkte
und zugleich differente Darstellung der beiden Sorten von Chromatinkügelchen,
so daß der Kern in einen Granulahaufen zerlegt wurde (Abb. 122). „Die Linin-
masse war bei diesem mit Vanadiumhämatoxylin gefärbtem Präparat meist
ungefärbt und nur dadurch kenntlich, daß hier und dort einige vereinzelte Granula
durch Fädchen unter sich verbunden waren." Dagegen ist dasselbe, wenigstens
in seinen dickeren Fäden bei einer Eisenhämotoxylinfärbung (Abb. 121), zu
erkennen, bei einem Präparat, welches von demselben Paraffinblock wie
Abb. 122 stammt.

HEIDENHAIN hält es auf Grund von Untersuchungen von PFITZNER und
BALBIANI, sowie eigener Beobachtungen für sicher, daß die Basichromiolen
in diesem Lininnetzwerk suspendiert sind, und namentlich die dicken Balken
des Netzwerkes, die mit Eisenhämatoxylin homogen schwarz gefärbt sind,

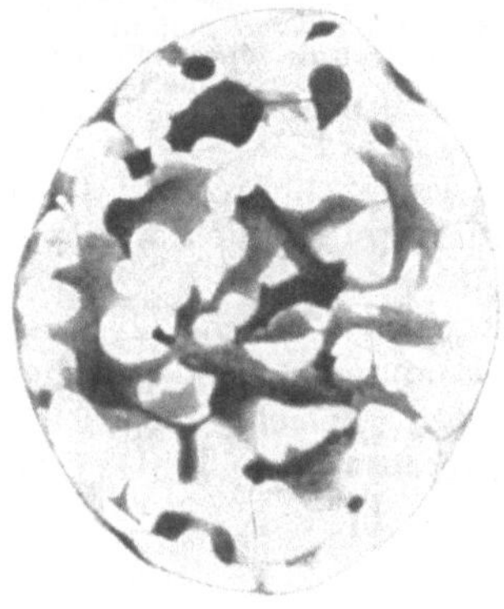 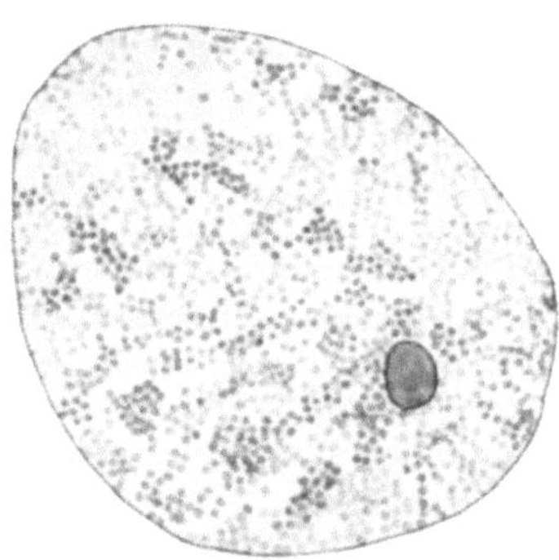

Abb. 121.   Abb. 122.

Abb. 121 u. 122. Zwei Kerne aus den Keimlagern vom Darmepithel des Salamanders. Sublimat.
Vergr. 2300. Abb. 121. Usuelle Färbung mit Eisenhämatoxylin. Schnittdicke 6 μ. Der sehr
große Kern ist auf der Ober- und Unterseite angeschnitten. Abb. 122. Vanadiumhämatoxylin.
Chromiolen des Kernes, gezeichnet bei feststehender Einstellungsebene. (Schicht von 1—2 μ Dicke.)
(Aus HEIDENHAIN: Plasma und Zelle 1907—1911.)

durch Verklumpung der zahlreich eingelagerten Basichromiolen entstanden
sind. Er nimmt aber weiter an, daß auch die Oxychromiolen in Teile des Linin-
netzes eingelagert sind, nur daß dasselbe so fein ist, daß es auch mit Eisenhämotoxylinfärbung nicht zur Darstellung gebracht wird. Während diese
Annahme für die in den Abb. 121 und 122 abgebildeten Präparate nur
Hypothese ist, beschreibt HEIDENHAIN ein weiteres Präparat von Leukocyten
aus dem Knochenmark der Kaninchen, wo bei Biondifärbung die Oxychromiolen
auch in den gröberen Gerüstbälkchen auftreten, ja mit den Basichromiolen
in buntem Durcheinander getroffen werden, obwohl auch hier die Chromosomen der Mitose rein basophil sind. „Wir haben demnach im Kern außer der
Membran und den Nucleolen eine etwas schwerer färbbare gerüstartige Grundmasse (Plastin, auch Linin der Autoren) und in diese eingelagert zweierlei
Chromatingranula oder Chromiolen (Eisen), basophile und oxyphile, welche
sich derart verteilen, daß die ersteren meist in die gröberen, die letzteren in die
feineren Teile der Gerüststruktur zu liegen kommen" (1907, S. 150).

Diese von HEIDENHAIN gegebene Beschreibung der Struktur des Ruhekerns
findet sich in der Mehrzahl der heutigen Lehrbücher der tierischen Histologie.
Besonders fällt an ihr im Vergleich mit FLEMMINGs Schilderung auf, daß HEIDEN-
HAIN einmal 2 Sorten von Chromatin unterscheidet, zweitens aber, daß während

Flemming als Chromatin alles bezeichnet, was im Kern basophil ist, Heidenhain diese Bezeichnung nur auf die färbbaren Teile des Kerngerüstes und der Chromosomen anwendet. Trotzdem die Nucleolen doch auch zumeist (nach Heidenhain sogar stets) oxyphil sind, sollen sie nach Heidenhain kein Oxychromatin enthalten. Für Heidenhain, der sich hier A. Fischer anschließt, ist im Gegensatz zu Flemming (S. 158) der Begriff Chromatin „in erster Linie morphologischer Natur". „Die Chromatine sind für uns nicht gestaltlos, vielmehr stellen wir sie uns immer in bestimmten Formen vor. In chemischer Beziehung mögen sie Stoffe sein, welche in verschiedenen Fällen, je nach Art der Vorbehandlung des Gewebes, von verschiedener Beschaffenheit sind. Trotzdem suchen wir bei allen möglichen Objekten möglichst übereinstimmende und möglichst reine Farbenreaktionen zu gewinnen, und gehen sogar auf färberische Trennung verschiedener Chromatine aus, weil diese morphologisch im Kern sich in verschiedener Weise lokalisieren. Die Möglichkeit einer solchen Trennung beruht allerdings auf chemischen Eigenschaften der Masse, aber auf solchen allgemeiner Natur, auf einer überwiegenden Säure- und Basenkapazität". Das Verhältnis der beiden Chromatine zueinander denkt sich Heidenhain so, daß das Oxychromatin eine phosphorärmere Modifikation des Basichromatins sei, und daß die eine Form in die andere durch Anlagerung oder Abspaltung von phosphorreichen Verbindungen leicht übergehen kann. Heidenhain bezeichnet daher die differente Färbung der beiden Chromatine mittels der Biondilösung als „den Anfang einer mikrochemischen Analyse der Kernstruktur durch Farbenreaktionen".

Mit anderen mikrochemischen Methoden (namentlich Lösungs- und Fällungsversuchen, angewandt auf die Kernstrukturen) haben namentlich Carnoy (1884), Fr. Schwarz (1887), E. Zacharias (1881, 1909), A. Meyer (1920) versucht, zu einer Klassifikation der Kernbestandteile zu kommen, vor allem festzustellen, in welchen morphologischen Strukturbestandteilen des Kernes die von den Chemikern beschriebenen Nucleoproteide enthalten sind. Indem ich zunächst auf die kritische Besprechung der mikrochemischen Methoden verweise (S. 89), gebe ich eine Tabelle wieder, die die wichtigsten der von Zacharias erhaltenen Reaktionen enthält, und von Pratje zusammengestellt ist, der dazu bemerkt, daß Zacharias „in einzelnen Fällen, je nach dem verwandten Objekt oder der Vorbehandlung etwas abweichende Resultate erhielt" (S. 162).

Weitere Angaben finden sich bei Schwarz (1887), ferner bei A. Zimmermann (1895,1896), A. Meyer (1920). Auch Tischler (1922) gibt in seiner Pflanzenkaryologie eine kurze Übersicht (S. 38). Während die genannten Untersucher sich für ihre Reaktionen zumeist fixierter Kerne bedienten, untersuchte Gross (1917) das Verhalten lebender Kerne gegenüber destilliertem Wasser, konzentrierter Salzsäure, $5^0/_0$ Ammoniak, $10^0/_0$ Natriumcarbonat und $5^0/_0$ Kochsalzlösung. Zunächst wurde der frische, dann der beeinflußte Kern beobachtet, derselbe dann in den üblichen Fixierungsmitteln konserviert und darauf wiederum untersucht und mit frisch konservierten Kernen verglichen. Seine Hauptresultate sind, soweit sie uns hier interessieren, folgende: „Chromatische Netzknoten, Chromatinkörner und Oxychromiolen verhalten sich den gewöhnlichen Lösungsmitteln für Nucleoproteide gegenüber verschieden. Die ersteren werden von den benutzten leicht, die Oxychromiolen, außer von Salzsäure, gar nicht angegriffen. Die Chromatinkörner, in der Mitte stehend, zeigen unter sich häufig starke Verschiedenheiten im selben Kern und ebenso zwischen den verschiedenen untersuchtem Kernarten". Im Gegensatz zu den älteren Erfahrungen an konserviertem Material lösen sich „die echten Nucleolen bei längerer Einwirkung von konzentrierter Salzsäure, starker Kochsalz- und Sodalösung, sowie Ammoniak auf den lebensfrischen Kern ganz oder zum größten Teil auf.

	Chromatin	Nucleolen	Grundmasse des Kerns	Protoplasma
1. Künstl. Magensaft, Pepsinsalzsäure	quillt nicht, stark lichtbrechend	quillt, teilweise gelöst	quillt	quillt, aber ungelöst
2. HCl 01,—0,3%	quillt nicht, stark lichtbrechend	quillt,	quillt,	quillt
3. HCl 4 : 3	gelöst	nicht gelöst	nicht gelöst	quillt nicht
4. NaCl 10%	quillt	quillt nicht	quillt nicht	quillt nicht
5. Na_2SO_4 10%	quillt	quillt nicht	quillt nicht	quillt nicht
6. Na_2CO_3 je nach Konzentration	quillt oder gelöst	später als Chromatin gelöst	gelöst	quillt oder oder gelöst
7. KOH $^1/_2$%	gelöst	später als Chromatin gequollen und gelöst	quillt	gelöst
8. Destill. Wasser	quillt ohne Lösung	quillt nicht	—	—
9. H_2O 100,0 Na_2SO_4 10,0 CH_3COOH 1,0 Fuchsin S 0,1	quillt ohne Färbung	quillt nicht, Rotfärbung	—	—
10. Methylenblau + Fuchsin S (nach 0,3% HCl)	blau	rot	rot	rot
11. Methylgrün-Essigsäure	grün ohne Quellung	färbt nicht	färbt nicht	—
12. Essigcarmin (Schneider)	rot ohne Quellung	quillt ohne Färbung	keine Färbung	verschwommene Färbung
13. Ammoniakalische Carminlösung	quillt	quillt nicht, rot	—	—

Abgesehen von der hierbei nirgends vorhandenen Übereinstimmung im einzelnen unterscheidet sie aber generell die viel größere Diffusionsfähigkeit ihrer gelösten Substanz im Kernsaft nach wie vor von den Chromatinkörpern" (S. 350).

Pratje urteilt, „daß durch diese Ergebnisse von Gross (1917) die Resultate von Zacharias und Carnoy wieder höchst problematisch geworden sind". „Es scheint wieder unmöglich geworden zu sein, verdünnte Alkalien, Salzlösungen und Salzsäure als lösungsanalytische mikrochemische Reagenzien anzuwenden." Pratje fordert deshalb „eine neue Nachprüfung der Lösungsversuche an konservierten Zellkernen". Hierbei müßten auch die Methoden der Chromolyse nach kritischer Sichtung (vergleiche meine früheren Ausführungen S. 93) verwertet werden, ebenso die Nuclealreaktion (vgl. S. 94).

Bei dem gegenwärtigen Stand unserer Kenntnisse haben die von Schwarz, Zacharias u. a. versuchten Klassifikationen der Kernsubstanzen nach chemischen Gesichtspunkten nur historisches Interesse. Ich gebe einen Versuch von Schwarz wieder, der besonders dadurch ausgezeichnet ist, daß die Einteilung der Kernsubstanzen zugleich nach chemischen und morphologischen Kriterien angestrebt wird.

Schwarz unterscheidet folgende Stoffe im Kern: „Erstens das von der Kernfigur abstammende Chromatin, durch seine große Tinktionsfähigkeit in der Zelle leicht nachweisbar. Es kommt im ruhenden Pflanzenkern, in größeren und kleineren Kugeln und Körnchen vor, die der farblosen Gerüstsubstanz der Kernfäden eingelagert sind. Es ist identisch mit den Nucleomikrosomen Strasburgers."

„Zweitens das Pyrenin und Amphipyrenin, die beiden Stoffe, welche die Kernkörperchen und die Kernmembran bilden. Diese beiden Stoffe stimmen in fast allen Reaktionen überein, sie unterscheiden sich jedoch durch ihre Tingierbarkeit, indem das Pyrenin der Kernkörperchen Farbstoffe fast immer leicht aufnimmt und festhält, während das Amphipyrenin fast gar nicht tingiert wird. Beide Stoffe zeigen dem Chromatin häufig entgegengesetzte Reaktionen (Nucleohyaloplasma von STRASBURGER)."

„Drittens das Linin und Paralinin, die Stoffe der Kernfäden und der dazwischen befindlichen Grundsubstanz (Zwischensubstanz von FLEMMING, Kernsaft R. HERTWIG). Ich muß es als möglich bezeichnen, daß weitere mikrochemische Untersuchungen die Identität von Gerüst- und Grundsubstanz nachweisen können. Weitere Untersuchungen werden erst zu zeigen haben, ob die Trennung der morphologisch unterschiedenen Strukturelemente auch chemisch gerechtfertigt ist, oder ob der Name Paralinin zu streichen ist." Denn nach der Meinung von SCHWARZ gewinnen die einzelnen morphologischen Strukturelemente ihre Bedeutung erst dadurch, daß sie chemisch differente Stoffe sind.

Ein ganz anders gearteter und, wie mir scheinen will, am meisten den biologischen Verhältnissen angepaßter Weg wird schließlich neuerdings zur Klassifikation und Nomenklatur der Kernbestandteile eingeschlagen, in dem die Morphogenese der Kernbestandteile in den Vordergrund gestellt wird. So kommt BOVERI zu einer neuartigen Formulierung und Definition des Chromatinbegriffes, wenn er schreibt (1904): „Unter chromatischer Substanz verstehe ich also hier die Substanz, die uns in den Chromosomen vorliegt und das, was im ruhendem Kern aus ihr wird, oder was aus dem ruhenden Kern sich wieder zu den neuen Chromosomen zusammenzieht. Ob sich diese Substanz der Chromosomen selbst wieder als irgendwie zusammengesetzt erweist, dies bleibt hier gänzlich unberücksichtigt. Es mag also sehr wohl sein, daß hier unter „chromatischer Substanz" auch Teile mit inbegriffen werden, die im ruhenden Kern gerade als achromatische, als Linin, Plastin oder anderswie bezeichnet werden; ja es wäre für unsere Betrachtung ganz gleichgültig, wenn das, was durch den ruhenden Kern hindurch die Kontinuität der Chromosomen vermittelt, überhaupt gar nicht ihr färbbarer Bestandteil wäre".

Dieser auf rein morphogenetische Kriterien gestützten Definition BOVERIs, der Chromatin und Substanz der Chromosomen gleichsetzt, hat sich vollinhaltlich nur BĚLAŘ (1926) angeschlossen, der die Kerne der Metazoen und Cormophyten, „so sehr sie auch nach Form, Größe und Detailstruktur variieren", auf folgendes Bauschema zurückführt: „Zwei Strukturelemente sind fast stets vorhanden, Chromatin und Nucleolarsubstanz, dazu kommt noch sehr oft die Kerngrundsubstanz (Karyolymphe)". BĚLAŘ gibt dann folgende Definitionen dieser drei von ihm unterschiedenen Kernbestandteile: „Bei der Unmöglichkeit, das Chromatin mikrochemisch exakt zu charakterisieren, müssen wir uns begnügen, mit diesem Namen alle diejenigen Strukturen des Ruhekerns zu belegen, die sich mit basischen Teerfarbstoffen intensiv färben, soweit die morphogenetische Analyse der Kernteilung nicht zeigt, daß sie am Aufbau der Chromosomen unbeteiligt bleiben. Eben diese morphogenetische Analyse zwingt uns aber andererseits, in vielen Fällen Strukturen, die sich färberisch entgegengesetzt oder neutral verhalten, ebenfalls als Chromatin zu bezeichnen, sobald nämlich der Nachweis erbracht ist, daß sie genetisch mit den Chromosomen zusammenhängen. Die Ausdrucksweise „chromatinarmer" und „chromatinreicher" Kern ist somit als Unfug zu bezeichnen".

„Leichter als beim Chromatin fällt die Konstruktion eines lebenswahren Bildes für die Nucleolarsubstanz, wenn wir von den Fällen allzu großer Zersplitterung absehen. In diesen letzteren kann man nur die Affinität zu sauren Teerfarben als Kriterium benützen. Bei größeren Nucleolen sind Kugelgestalt und das ungewöhnlich starke Lichtbrechungsvermögen als oft ausreichende

Kennzeichen anzusehen. Stets ist jedoch eine morphogenetische Probe aufs Exempel angezeigt, ob sich nämlich die als Nucleolen angesprochenen Gebilde nicht an dem Aufbau der Chromosomen sichtbar beteiligen. Die Affinität zu sauren Anilinfarben ist demgegenüber als ein zwar brauchbares, aber keineswegs untrügliches Hilfskriterium anzusehen."

„Neben diesen beiden Substanzen ist sehr oft noch eine Grundsubstanz, in der sie eingebettet liegen, nachweisbar, die jedoch ungemein schwer zu charakterisieren ist; am besten wohl kann sie definiert werden als derjenige Bestandteil des Kernraumes, der weder Chromatin- noch Nucleolarsubstanz ist. Nur selten ist sie schon im Ruhekern optisch von diesen trennbar; stets tritt sie jedoch in der Prophase der Kernteilung zutage."

Von dieser Einteilung der Kernbestandteile ausgehend bespricht dann BĚLAŘ den Formwechsel der Protistenkerne und kommt dabei zu einer sehr klaren und übersichtlichen Darstellung der hier vorliegenden, oft sehr komplizierten Verhältnisse. Insofern erweist sich diese morphogenetische Klassifikation also als sehr brauchbar. Bedenken möchte ich nur äußern gegen die Beibehaltung und Umdeutung des Begriffes „Chromatin". So erwünscht, ja notwendig es ist, für die Substanz der Chromosomen einen kurzen Ausdruck zu prägen, so verfehlt scheint es mir, hierfür den ursprünglich von FLEMMING (1882) rein färberisch definierten Begriff „Chromatin" anzuwenden und denselben, der ursprünglich doch mehr chemisch gedacht war (vgl. S. 158), nun ins Morphologische umzudeuten. Da nun aber niemand mehr weiß, welche Definition des Chromatins, die FLEMMINGsche oder BOVERI-BĚLAŘsche gemeint ist, und der morphologisch und chemisch ausgeartete Zwitterbegriff „Chromatin" [FICK (1925)] nicht mehr zur gegenseitigen Verständigung dient, was z. B. besonders deutlich in einer Diskussion auf der Wiener Anatomen-Tagung 1925 hervortrat (vgl. Bericht S. 124—125), so wäre es wohl am besten, diesen Namen ganz zu vermeiden. TISCHLER hat in seiner Pflanzenkaryologie den von LUNDE-GÅRDH geprägten Begriff „Karyotin" übernommen, der von LUNDEGÅRDH für die Summe der Gerüstsubstanzen im Kern gebraucht, nunmehr auch für die Substanz der Chromosomen im Sinne BOVERIs und BĚLAŘs benutzt wird. Daneben gebraucht aber TISCHLER „aus praktischen Gründen" im Verfolg seiner Darstellung die alten Worte Chromatin und Linin weiter, wenn er den Grad der färberischen Differenzierung zum Ausdruck bringen will. PETERSEN (1922) hat vorgeschlagen, nicht von Chromatin, sondern von einem chromatischen Apparat zu sprechen, um damit zum Ausdruck zu bringen, daß „in den Chromosomen keine chemische Substanz, sondern ein Organ der Zelle vorliegt".

Für PETERSEN ist also „Chromatin" ein biologischer Begriff, wie es schon O. HERTWIG in seiner Allgemeinen Biologie früher ausdrücklich betont hat. Hier werden wir anzuknüpfen haben, wenn wir nunmehr die Beziehungen zwischen Chromosomen und Ruhekern erörtern.

G. Die Beziehungen zwischen Chromosomen und Ruhekern. Das Kerngerüst und die Chromosomenindividualitätstheorie.

Wie schon früher (S. 112) dargelegt wurde, sind Chromosomen und Ruhekern für uns nur zwei Erscheinungsformen des Teilkörpermaterial des Kernes, wobei zu untersuchen ist, was wirklich Teilkörpersubstanz, was Beimengung von ergastischen und paraplasmatischen Stoffen ist. Erhalten bleiben muß in beiden Zustandsformen die Summe der Teilkörperchen (Gene) mindestens in einfacher (bei haploiden Kernen) oder doppelter Garnitur (bei diploiden

Kernen). Nun besitzt aber das Teilkörpermaterial im Chromosomenzustand eine bestimmte Organisation, indem es auf eine für jede Species charakteristische Anzahl von Chromosomen verteilt ist (S. 117), ferner diese Chromosomen häufig schon morphologisch durch ihre Größe verschieden sind S. 119). Daß aber die einzelnen Chromosomen nicht nur quantitativ, sondern auch qualitativ von einander verschieden sind, konnte zwar nicht durch direkte mikroskopische Beobachtung festgestellt werden, wohl aber im Experiment durch die verschiedenen physiologischen Wirkungen, die von den einzelnen Chromosomen ausgehen, erschlossen werden. Vor allem sind hier die Dispermieversuche von Boveri (1902) zu nennen, weiter die Erfahrungen der Genetiker namentlich an Drosophila über den Einfluß des Fehlens bestimmter Chromosomen auf die Lebensfähigkeit der mit diesen Chromosomendefekten behafteten *Fliegen*. Die einzelnen qualitativ von einander unterschiedenen Gene, die das Teilkörpermaterial bilden, sind also einmal auf die einzelnen Chromosome gesetzmäßig verteilt, außerdem aber auch, wenigstens nach der wohlbegründeten Annahme der Morganschule, in dem einzelnen Chromosom gesetzmäßig zu einander gelagert (nach Morgan in linearer Anordnung).

Diese komplizierte Organisation des Kernteilkörpermaterials, die ebensogut zum Erbgut jeder Art gehört, wie die einzelnen Gene, hat Petersen bestimmt, von einem chromatischen Apparat zu sprechen. Sie tritt nun periodisch in vollkommener Identität in Erscheinung, nämlich jedesmal, wenn der Kern die Mitoseform annimmt. Die Frage ist, ob die Gene ihre typische Anordnung im Ruhekern jedesmal aufgeben und bei der Mitose wieder gewinnen, oder aber ob die Kontinuität der Genorganisationsform, der chromatische Apparat auch im Ruhekern erhalten bleibt.

Wir können nun zwar nicht für die einzelnen Gene im Chromosom, wohl aber für die einzelnen Chromosomen zeigen, daß ihr Teilkörpermaterial sich nicht untereinander vermischt, daß vielmehr die zu einem bestimmten Chromosom zugehörige Substanz in einem bestimmten Kernbezirk lokalisiert sich unvermischt erhält und dort bei der Prophase der Mitose in derselben Form wieder erscheint, den sie vor ihrem Unsichtbarwerden bei der Telophase besessen hat. Beobachtungen dieser Art haben zu der Theorie der Chromosomenindividualität geführt, als deren Hauptbegründer wir Rabl (1885), van Beneden (1887) und Boveri (1887) bezeichnen müssen.

Wenn auch chronologisch nicht die ersten, so doch die am eindeutigsten, die Individualitätstheorien der Chromosmen stützenden Beobachtungen gründen sich auf die Erscheinung der sogenannten Idiomerie, die zuerst von Haecker und Rückert bei den Furchungsmitosen von Cyklops beschrieben wurde. Auf Seite 134 ist bereits das zur Zeit bekannte Tatsachenmaterial verzeichnet worden, namentlich die Abb. 90 und 92 zeigen deutlich, wie die aus je einem Chromosom gebildeten Bläschen oder Karyomeren in der ganzen stationären Phase (Heberer (1926)] des Ruhekerns, deutlich durch eine Membran gegeneinander abgrenzt, sich erhalten und wie dann in der Verbreitung zur neuen Kernteilung in jedem dieser Karyomere oder Idiomere wieder je ein Chromosom sichtbar wird. „Somit ist in der Persistenz der Idiomeren der Beweis für die Individualität der Chromosomen gegeben" [Heberer (1926)].

Von den Fällen, wo eine Auflösung der Idiomerengrenzflächen nicht stattfindet, gibt es nun alle möglichen Übergänge, wo zeitweise die Grenzen undeutlich werden bzw. nicht mehr sichtbar sind (bezeichnenderweise bei Cyklopseiern, die sich anstatt in warmem in kälterem Wasser entwickeln), wo also ein Austausch von Stoffen von einem Karyomer zum andern ungehemmter erfolgen kann. Daß auch bei völlig getrennt bleibenden Idiomeren ein Stoffaustausch und physiologische Beziehungen enger Art bestehen, ergibt sich übrigens aus den Beobachtungen an *Cyklops*, wo nicht in jedem Idiomer ein besonderer Nucleolus, sondern für die Summe der Idiomeren 2 große Nucleolen sich bilden. „Die Möglichkeit einer Diffusion von Stoffen von einem Idiomer zum anderen setzt aber", wie Heberer mit Recht betont, „nicht deren Selbständigkeit herab, da doch auch zwischen Gesamtkern und Cytoplasma ein ununterbrochener Stoffaustausch stattfindet." Die Individualität der Chromosomen würde erst in Frage gestellt, wenn zwischen ihnen ein Austausch von Genen stattfände. Die Beobachtungen von Rabl (1885) und namentlich Boveri, dann neuerdings von Bělař (1926) zeigen, daß auch, wenn keine sichtbaren Karyomere gebildet werden, jedem Chromosom sein bestimmter Kernbezirk zukommt.

Die Umbildung der Chromosomen in der Telophase, ihre Vakuolisation durch Flüssigkeitsaufnahme (Abb. 92), ihr Verschmelzen zum Ruhekern, wobei die einzelnen Chromosomengrenzen sich oft noch eine Zeitlang unterscheiden lassen (Abb. 98), bis dann jede Andeutung von diesen verschwindet, ist bereits kurz auf S. 134 geschildert worden. Beim Vergleich der Chromosomenstellung bei der Telophase mit der bei der Prophase an den Epidermiszellen von *Salamandra* fiel es jedoch C. Rabl (1885) auf, daß die Chromosomen,

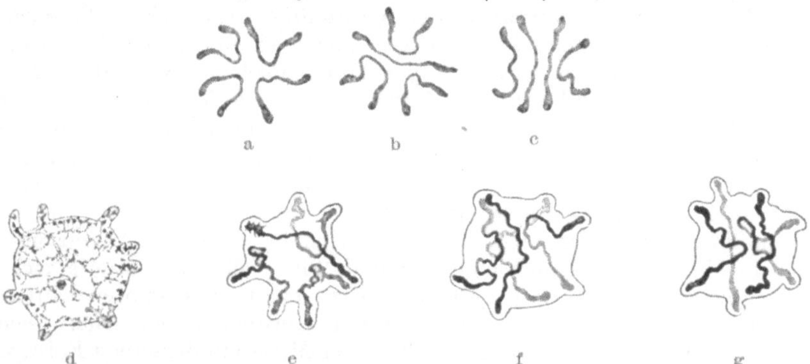

Abb. 123a—g. Ascaris megalocephala bivalens. a—c Muttersternfiguren der ersten Furchungsteilung; d Kern einer ersten Furchungsblastomere mit dem durch die Chromosomenenden bedingten Aussackungen; e—g desgleichen in Vorbereitung zur Teilung. (Nach Boveri 1904.)

die aus dem ruhenden Kern hervorgehen, annähernd in der gleichen charakteristischen Stellung auftreten, welche die Tochterchromosomen beim Übergang in das Kerngerüst zu einander einnahmen. Rabl hält es für undenkbar, daß im ruhenden Kern keine Spur dieser polaren Anordnung mehr vorhanden sein sollte, und nimmt an, daß ein Rest der Chromatinfäden sich erhalte mit wesentlich derselben Verlaufsrichtung wie im Knäuel.

Ganz ähnliche, aber wegen der günstigen Verhältnisse noch präzisere Erfahrungen machte Boveri dann 1888 an den Blastomerenkernen der *Pferdespulwürmer*, die ich mit Boveris (1904) eigenen Worten hier wiedergebe: „Ascaris megalocephala enthält in seinen Teilungsfiguren 4 Chromosomen, die in der Äquatorialplatte so angeordnet sind, wie es Abb. 123a—c bei polarer Ansicht zeigen. Die verdickten Enden der Schleifen nehmen die Peripherie der Platte ein, die mittleren Abschnitte liegen mehr zentral. Im übrigen kommen, wie die Figuren lehren, gewisse Variationen in der Gruppierung vor. Durch Längsspaltung der vier Schleifen überträgt sich die Anordnung der Äquatorialplatte auf die beiden Tochterplatten mit größter Genauigkeit. Die für unsere Frage wichtige Eigentümlichkeit des *Pferdespulwurms* liegt nun darin, daß die Kernvakuole, die sich um die Tochterchromosomen bildet, nicht gleichmäßig gerundet ist, sondern daß jedes Schleifenende typischerweise einen fingerförmigen Fortsatz der Kernhöhle bedingt. Diese acht Aussackungen erhalten sich dauernd am ruhenden Kern (Abb. 123 d), dessen chromatisches Gerüst auch hier keine Spur der früheren Schleifengruppierung erkennen läßt. Zieht sich das Gerüst wieder zu den Schleifen zusammen, so zeigen dieselben sofort bei ihrem Erscheinen annähernd die gleiche Stellung, die der Kernbildung vorausgegangen war, wie sich z. B. die Gruppierung der Abb. 123 e leicht auf die der Abb. 123 b zurückführen läßt. Was Ascaris auf Grund der besprochenen Eigentümlichkeit gegenüber *Salamander* mehr feststellen läßt, das ist die Tatsache, daß aus jeder Aussackung der Kernvakuole, die durch die Schleifenenden verursacht war, wieder ein Schleifenende hervorgeht."

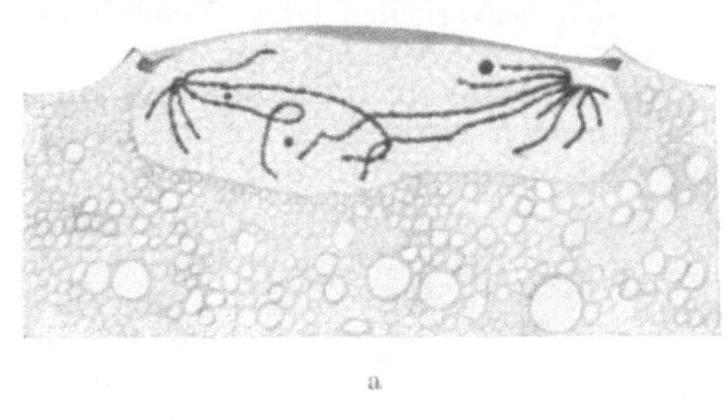

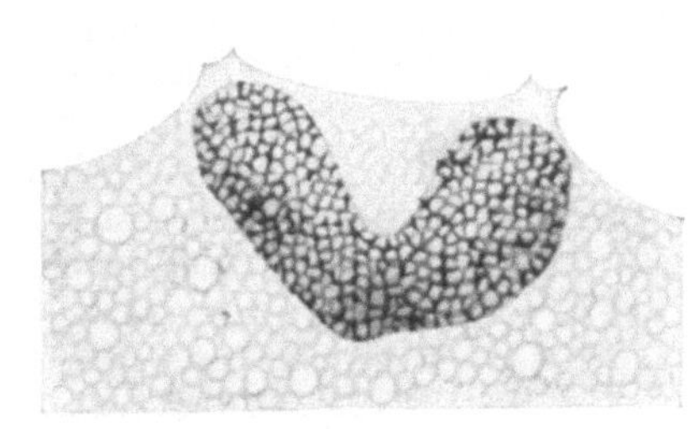

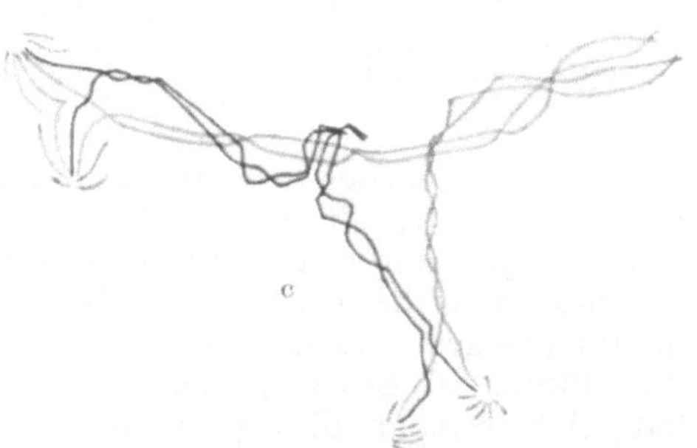

„Hier ist es also völlig sicher, daß die Chromosomenenden nicht beliebige Unterbrechungsstellen eines vorher einheitlichen Fadens sein können, jedes neue Ende ist mit einem Ende der in den Kern eingegangenen Schleifen identisch. Fraglich bleibt nur noch, ob auch die mittleren Bezirke identifiziert werden können, ob immer zwei vorher zusammengehörende Enden jetzt wieder zu einem Element verbunden werden. Diese Frage läßt sich auf Grund folgender Tatsache mit außerordentlicher Wahrscheinlichkeit bejahend beantworten. Gehen wir von einer Äquatorialplatte der ersten Furchungsspindel aus, wie sie z. B. in der Abb. 123 b gezeichnet ist, so wird diese spezifische Gruppierung der vier Schleifen auf die beiden Tochterplatten übertragen, den beiden Tochterkernen liegt also identische Schleifengruppierung zugrunde. Da nun die Schleifenenden in den Kernfortsätzen sozusagen festgelegt sind (Abb. 123 d), so muß, wenn immer zwei ursprünglich zusammengehörende Enden wieder in einem Chromosom zusammenkommen, in dem einen dieser beiden Schwesterkerne bei

Abb. 124 a—c. Aggregata EBERTHI. Kernteilungsstadien aus der Sporogonie. a Telophase. b Interphase nach unvollständiger Trennung der Tochterchromosomen. Die beiden Ruhekerne bleiben durch eine Brücke miteinander verbunden. c Anaphase der nächstfolgenden Kernteilung, nur die Chromosomen sind dargestellt. Sie erscheinen an derselben Stelle und in demselben Zustand, in welchem sie sich bei der vorhergehenden Telophase vor der Rekonstruktion der Ruhekerne befunden haben. (Nach BÉLAŘ 1926.)

der Vorbereitung zur nächsten Teilung genau die gleiche gegenseitige Schleifenanordnung auftreten, wie in dem anderen. In den wenigen Fällen, welche in den beiden Kernen eine Analyse gestatteten, habe ich dies in der Tat so gefunden. In Abb. 123 f u. g sind zwei solche Schwesterkerne gezeichnet; sowie man die Bilder etwas genauer betrachtet, bemerkt man, daß jeder Kern die gleiche, — und zwar sehr seltene — Konfiguration besitzt, die der in Abb. 123 c gezeichneten Äquatorialplatte entspricht. Dieses Faktum ist nicht anders zu erklären, als daß beide Kerne diese identische Gruppierung aus der Äquatorialplatte des

Eies überkommen und also während des Gerüststadiums, für unsere Hilfsmittel nicht erkennbar, bewahrt haben" (BOVERI [1904] S. 7 u. 8).

Ähnliche Beobachtung wie BOVERI an Ascaris hat SUTTON (1894/1902) bei
Heuschrecken-Spermiogonien gemacht, auch hier kann es kaum bezweifelt werden,
daß jeder aus einem Chromosom entstandene Kernbezirk wieder ein Chromosom
aus sich hervorgehen läßt. Neuerdings hat auch BĚLAŘ (1926) bei Aggregata
EBERTHI Beobachtungen gemacht, die dafür beweisend sind, daß „die beiden
langen Chromosomen von Aggregata in der Prophase einer Teilung aus demselben
Kernbereich hervorgehen, in dem sie sich in der Telophase der vorausgegangenen
Teilung „aufgelöst" haben" [1926, S. 459—461, (Abb. 124)].

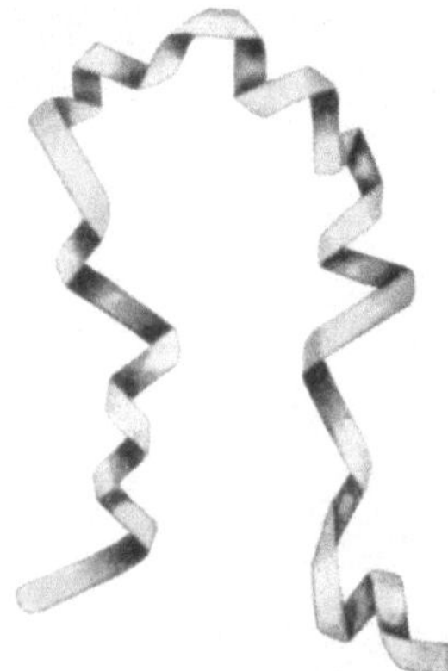

Abb. 125. Schema eines Chromosoms im frühen Spirem.
Drehungen und Gegendre-
hungen von gleicher Zahl.
(Nach M. HEIDENHAIN 1907.)

Schließlich sei noch auf ein Argument von HEIDEN-
HAIN (1907) hingewiesen, das ebenfalls dafür spricht,
daß die Kontinuität des Chromosomenfadens im
Ruhekern nicht verloren geht. Die Drehungen und
Gegendrehungen, die Chromosomen im frühen Spirem-
stadium sogleich nach ihrem Deutlichwerden bei
Salamander aufweisen (Abb. 125), sind nicht deutbar,
wenn wir annehmen, daß die Chromosomen im Ruhekern sich völlig aufgelöst haben und sich durch Entmischung oder Krystallisation neu aus der flüssigen
Kernmasse bilden. Wohl aber werden sie ohne weiteres
verständlich, wenn wir annehmen, daß der Chromo-
somenfaden auch im Ruhekern persistiert, denn „bei
dem Kernwachstum" müssen ja die Chromosomen,
„die durch viele sekundäre Brücken unter sich und
mit der Kernwand zusammenhängen, massenhaften
und unregelmäßigen Zugwirkungen ausgesetzt sein,
welche zu einer vielwinkeligen Knickung des Chromosoms führen."

Diese morphologischen Beobachtungen über die Chromosomenanordnung,
ferner die wiederholt festgestellte Tatsache, daß in jedem Kern die Zahl der
Chromosomen, die er in der Prophase hervorbringt, abhängt von der Zahl der
Chromosomen, die in ihn in der Telophase eingegangen sind (vgl. S. 117), sind
die Hauptstützen für die Theorie der Chromosomenindividualität [RABL (1885),
VAN BENEDEN, BOVERI], die BOVERI schon 1887 folgendermaßen formuliert
hat: „Ich betrachte die sog. chromatischen Elemente als Individuen, ich möchte
sagen elementarste Organismen, die in der Zelle ihre selbständige Existenz
führen. Die Form derselben, wie wir sie in der Mitose finden als Faden oder
Stäbchen ist ihre typische Gestalt, ihr Ruheform, die je nach den Zellarten,
ja je nach den verschiedenen Generationen derselben Zellart wechselt" (vgl.
S. 121). „Im sog. ruhenden Kern sind diese Gebilde im Zustand ihrer Tätigkeit.
Bei der Kernrekonstruktion werden sie aktiv, sie senden feine Fortsätze, gleichsam Pseudopodien aus, die sich auf Kosten des Elementes vergrößern und verästeln, bis das ganze Gebilde in dieses Gerüstwerk aufgelöst ist und sich sogleich
so mit dem in der nämlichen Weise umgewandelten übrigen verfilzt hat, daß wir
in dem dadurch entstandenen Kernreticulum die einzelnen konstituierenden
Elemente nicht mehr auseinander halten können."

Die Berechtigung der Chromosomen-Individualitätserhaltungslehre, welche
der Morganschule die Grundlagen für das großartige Lehrgebäude des „höheren
Mendelismus" gegeben hat, wird heutzutage nicht nur von dem Genetikern,
sondern auch von der Mehrzahl der Cytologen, unter denen ich nur HEIDEN-
HAIN (1907), PETERSEN (1922) und E. B. WILSON (1925) nenne, anerkannt.
Doch hat es auch an Widerspruch nicht gefehlt und namentlich FICK hält diesen

auch jetzt noch aufrecht (1925). Ein Hauptargument von FICK ist, daß die Substanz der Chromosomen während der Kernmetamorphose tiefgreifende chemische Umwandlungen durchmacht, also nicht so, wie sie in der Mitosephase vorliegt, erhalten bleibt. V. HAECKER hat diesem Argument Rechnung zu tragen versucht, indem er an Stelle der Chromatin- seine Achromatinerhaltungshypothese setzte (1907—1911). Auch BOVERI (1904) gibt die Möglichkeit zu, daß das hypothetische Chromosomenindividuum die färbbare Substanz zeitweise völlig verlieren könnte, behält aber leider den Namen Chromatin auch bei für die Substanz der Chromosomen, die sich nicht mehr färbt. Dem hält dann FICK mit einer gewissen Berechtigung entgegen: daß ihm „ein Chromosom ohne Chromatin" „eine Perlenkette ohne Perlen scheine". Mir scheint diese ganze Diskussion, verursacht durch den unklaren Begriff Chromatin, an dem Kern des Problems vorbeizugehen, und ich schließe mich der jüngst von WILSON geäußerten Meinung durchaus an, der schreibt: That the continued presence of chromatin, i. e. basichromatin is essential to the genetic continuity of the chromosoma has become an antiquated notion"; „for the theory of the genetic continuity of chromosomes need for the present go no further than to maintain that the old chromosome passes on to new a portion of its own substance which somehow carries with it the essential features of its own organisation."

Ich möchte dies noch schärfer folgendermaßen ausdrücken: „Die Individualitätstheorie der Chromosomen besagt, daß das Kernteilkörpermaterial im Zustand sowohl der Chromosomen wie des Ruhekerns nicht nur als ungeformtes Material, sondern als morphologisch organisiertes Gebilde erhalten bleibt." FICKS Manövrierhypothese wird zur Not noch der ersten Anforderung gerecht, der Erhaltung des Genmaterials, gibt aber keine plausible Erklärung für die Erhaltung der komplizierten morphologischen Struktur, die wir diesem Genmaterial zuschreiben müssen. Denn es hieße diesen Genen schon beinahe übermenschliche Fähigkeiten zuschreiben, wenn wir annehmen wollten, daß sie im Ruhekern ihre „taktische" Ordnung aufgeben, sich regellos zerstreuen und doch nachher zur nächsten Kernteilung wieder ihre zugehörigen Chromosomen und dort wieder ihren richtigen Platz fänden; werden doch, um bei FICKS militärischem Beispiel zu bleiben, auch die Mannschaften in der Kaserne nicht regellos auf die Räume, sondern stubenweise nach Kompanien verteilt. Solange nicht irgendwelche physikalisch-chemischen Erfahrungen vorliegen, daß die Entstehung einer so komplizierten Struktur, wie sie dem Kernteilkörpermaterial zukommt, und wie es sie im Laufe von Jahrtausenden erworben hat, aus einem ungeordneten Zustand im Lauf von wenigen Minuten oder Stunden möglich ist, scheint mir in jeder Beziehung die Annahme berechtigt, daß diese komplizierte Struktur nicht zu jeder Mitose neu entsteht, sondern stets, wenn auch zeitweise in schwer oder gar nicht mikroskopisch sichtbarem Zustand, vorhanden ist.

Sehr ähnliche Anschauungen über den Bau und die Individualität der Chromosomen, wie ich sie hier vorgetragen habe, entwickelt N. K. KOLTZOFF in einer nach Niederschrift dieses Kapitels erschienen Arbeit (1928), aus der ich folgenden Absatz zitiere: „Das Chromatin ist kein grundlegender struktureller Teil des Chromosoms, es ist nichts anderes als ein Gemisch verschiedener Bruchstücke der Chromosommoleküle vermischt mit einer großen Menge von Nucleinsäure." — „Nach BOVERI, zusammen mit den Genetikern der Morganschule halte ich für richtig, daß die Chromosomen, genauer ihre Skeletfäden, die durch einzelne Moleküle oder durch Bündel von Molekülen dargestellt sind, bei jeder Kernruhe nicht in einzelne Teile zerfallen können, um sich dann wieder in derselben Ordnung zu versammeln, wie es die Manövrierhypothese FICKS verlangt. Das Chromosommolekül, welches aus Hunderten von Aminosäuren und polypeptiden

Radikalen besteht, ist sehr groß und läßt Zentillionen der kombinierten Isomeren zu; die Wahrscheinlichkeit dessen, daß die vollständig zerfallenen Bruchstücke von neuem in ehemaliger Ordnung zusammentreffen würden, überschreitet nicht die Wahrscheinlichkeit dessen, daß der in einzelne Buchstaben zerstreute Drucksatz einer Druckseite von selbst zufällig in ehemaliger Ordnung sich anordnen würde. Somit erscheint es mir sicher, daß im Laufe des ganzen Kernzyklus die Bündel der Chromosomenmoleküle, die dünnen Achromatinfäden unverändert bleiben (1928, S. 367—368)."

Hierzu ist allerdings zu bemerken, daß wir eine so komplizierte Struktur des Genmaterials nur in den Fällen anzunehmen gezwungen sind, wo entweder die Beobachtung von typisch ungleichartigen Chromosomen (vgl. S. 119), oder das Experiment, wie bei Boveris (1907) Dispermieversuchen an Seeigeln, oder schließlich die Erbanalyse wie bei Drosophila die qualitative Ungleichheit der Chromosomen aufgedeckt haben. Es kann also durchaus sein, daß bei anderen, vor allem niederen Organismen die Chromosomen nicht qualitativ voneinander verschieden, sondern unter sich gleich und dementsprechend der aus ihnen gebildete Ruhekern in seinen einzelnen Bezirken ebenfalls viel gleichartiger zusammengesetzt ist. Daß es tatsächlich solche Kerne gibt, das zeigen wohl die Durchschnürungsversuche an Protozoen, so bei Stentor, bei den aus einem Kernbruchstück sich ein ganzer Kern regeneriert, während ja dasselbe Experiment etwa an einem Seeigel-, Cyklops- oder Drosophilakern durchgeführt, denselben Effekt haben müßte, als wenn während der Mitose ein oder mehr Chromosomen eliminiert werden (Abb. 126). Man hat aus dem angeführten Experiment bei Stentor deshalb den Schluß gezogen, daß sein Kern polyenergid sei, in ihm

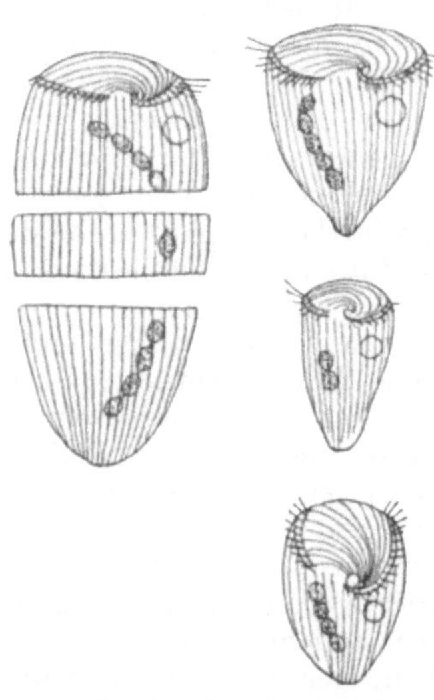

Abb. 126. Stentor, in drei kernhaltige Stücke zerschnitten (links). Die daraus hervorgegangenen drei regenerierten Stentoren (rechts). (Nach Gruber und Balbiani aus O. Hertwig: Allg. Biologie.)

das Genmaterial gleichmäßig verteilt und in vielfacher Auflage vertreten sei, während es ja für die Kerne der Mehrzahl aller Organismen charakteristisch ist, daß das Genmaterial in haploiden Kernen nur in einfacher, in diploiden Kernen nur in doppelter Garnitur enthalten ist. „Nach allem was wir wissen, ist der chromatische Apparat der Zelle kein harmonisch-äquipotentielles System, er ist vielleicht der einzige Apparat, von dem das überall mit Bestimmtheit verneint werden kann. Ein durch die Mendelspaltung verlorenes Merkmal kommt auf keinen Fall wieder" (ebensowenig wie ein durch Störungen des Verteilungsmechanismus verloren gegangenes Chromosom bei den Dispermieversuchen Boveris). „Das System des chromatischen Apparates kann sich eben nicht in seinen Teilen vertreten, noch auch Verlorenes ersetzen." (Petersen 1922, S. 118.)

Bei dem Versuch, eine genaue Lokalisation des Teilkörpermaterials im Ruhekern vorzunehmen, stoßen wir allerdings sofort auf große Schwierigkeiten. Am klarsten liegen die Verhältnisse bei den Geschlechtszellen während der Wachstumsperiode, wo die Chromosomen meist dauernd sichtbar bleiben, so daß diese Kerne auch das beste Beispiel von der Persistenz der Chromosomen und der Erhaltung ihrer Individualität zwischen zwei Kernteilungen abgeben. Fragen wir uns allerdings, worauf sich die Identifizierung dieser mikroskopisch

mehr oder minder deutlich darstellbaren Gebilde als Chromosomen gründet, so
ist es außer ihrer Genese, die wir ja am fixierten Präparat nur indirekt verfolgen
können, allein die charakteristische Zahl dieser Gebilde, nicht etwa eine charakteristische Form oder Färbbarkeit. Im Gegenteil, beide wechseln bei ihnen außerordentlich stark; die Abb. 127 zeigen die außerordentlichen Form- und Größenunterschiede der Ovocytenchromosomen in verschiedenen Phasen des Eiwachstums, und ebenso schwankt die Färbbarkeit, die am Anfang und Ende basophil,

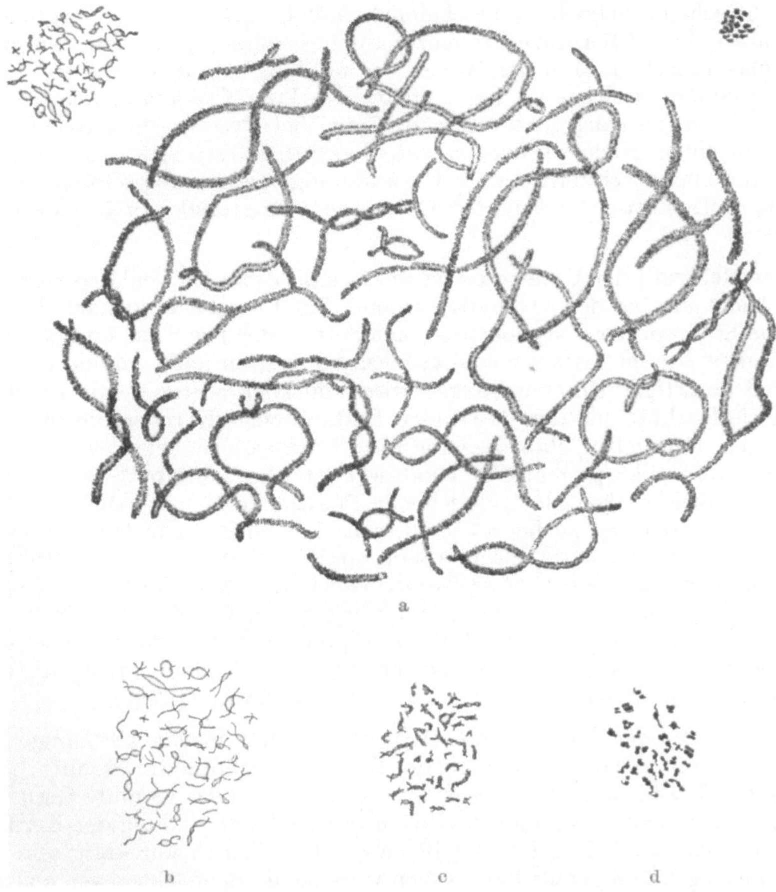

Abb. 127a—d. Die Chromosomen des Keimbläschens des Haifisches Pristiurus auf verschiedenen Entwicklungsstadien. a Eidurchmesser 3 mm bei gleicher Vergrößerung. Maximale Größe und geringste
Färbbarkeit der Chromosomen. b Eidurchmesser 13 mm; c u. d noch ältere Ovocytenstadien;
d sehr kleine, stark basophile Chromosomen. (Nach RÜCKERT 1899.)

dazwischen aber ausgesprochen oxyphil ist, wie man am besten mit dem Biondigemisch nachweist. Ganz entsprechend fällt auch die Nuclealfärbung in der
oxyphilen Periode völlig negativ aus und die Resistenz gegen Pepsinsalzsäure ist
sehr herabgesetzt. Aus diesen Befunden läßt sich nun der wichtige Schluß ziehen,
daß die Nucleinsäure, die ja in einem Stadium des Chromosoms in ihm völlig
fehlt, unmöglich Teilkörpermaterial sein kann. Ich schließe mich vielmehr
ganz der Meinung von A. MEYER (1920), die schon auf S. 113 erwähnt wurde
und die nun durch diese Befunde wesentlich gestützt wird, an, daß die Nuclein-

säure ergastisches Material ist, wahrscheinlich dazu bestimmt, dem Teilkörpermaterial die für die Transportform geeignete Beschaffenheit (bei der Mitose oder im Kopf des Samenfadens) zu geben, etwa, wie HAASE-BESSELL (1928) meint, „als Schutzkolloid" für das Genmaterial funktioniert. Weiterhin aber zeigt der Vergleich der so ungleichen Größen, welche die Chromosomen im Oocytenkern je nach dem Wachstumsstadium desselben besitzen — wobei aber nicht Kern- und Chromosomengröße parallel sich verändern —, daß auch das nucleinfreie, oxyphile Chromosomenmaterial noch nicht reines Teilkörpermaterial darstellt. Es scheint vielmehr wahrscheinlich, daß die ganz gewaltig vergrößerten Chromosomen (Abb. 127 a) ihre Größenzunahme der Produktion bzw. Aufnahme von paraplasmatischem Material, wobei wir wohl nicht nur an Wasser denken dürfen, verdanken, welches sie dann später bei ihrer Größenreduktion wieder abgeben; diesen Vorgang kann man übrigens bei Proteus- und Salamanderovocyten morphologisch verfolgen, wo STIEVE (1921) das „Abschmelzen von Chromosomenausläufern" und Umwandlung dieses überschüssigen, von mir als paraplasmatisch gedeuteten Chromosomenmaterials zu Nucleolen beschreibt.

Bei der Mehrzahl der Ruhekerne ist die Lokalisation des Teilkörpermaterials nicht so leicht als bei den Ovocytenkernen. Die Entscheidung kann hier nur das genaue Studium der Morphogenese, namentlich der Prophase und Telophase geben, Stadien, die im Artikel von WASSERMANN ausführlich geschildert werden. Auf Grund derartiger Untersuchungen wird von allen Autoren, die überhaupt an die vitale Realität und den dauernden Bestand eines Kerngerüstes im Ruhekern glauben, angegeben, daß dasselbe die Chromosomen liefert, also in demselben das Kernteilkörpermaterial lokalisiert ist. So schreibt SCARTH (1927), der mit der mikrurgischen Methode lebende Pflanzenkerne untersuchte; „There seems to be no reason, as far as plant cells are concerned, for denying the existence of a persistent framework which might account for the genetic continuity of the chromosomes." „Das Gerüst selbst wird Material für die Chromosomen" [LUNDEGÅRDH (1912)], sei es daß nur ein Teil von ihm dazu verbraucht wird, ein anderer achromatischer Teil zur Bildung von Spindelfasern verwandt wird, wie STRASBURGER 1875 u. a. meinen, sei es, daß „das Gerüst als Ganzes zum Chromosomenaufbau benutzt wird" [WASSERMANN (1926)].

WASSERMANN, der diese zweite Ansicht vertritt, macht allerdings selber auf einige damit nicht harmonierende Beobachtungen aufmerksam: „Wenn es richtig ist, daß bei der Entstehung der Chromosomen das gesamte Gerüstwerk des Kerns verbraucht wird, dann darf natürlich nach der Bildung der Kernfäden außer dem Nucleolus kein geformter Bestandteil im Kern mehr übrig sein. Dies ist auch die Regel, und gerade darin sehen wir eine die Beobachtungen, aus denen wir den Ablauf der Strukturveränderungen erschließen, ergänzende, wesentliche Tatsache." „Die Kerne der wachsenden Eizellen zeigen aber häufig neben den Chromosomen oder Tetraden, zu denen sie dann meist schon geworden sind, ein ausgesprochenes, wenn auch gewöhnlich blaß erscheinendes Gerüstwerk. [Piscicolaei nach JÖRGENSEN (1913), Seesternei nach BUCHNER (1905), Trematodenei nach WASSERMANN.] In all diesen Fällen ist aber die Tatsache ausschlaggebend, daß bei der Entstehung der Reifeteilungschromosomen im Oocytenkern ganz das gleiche gilt wie für alle Prophasenkerne; das Gerüstwerk wird aufgebraucht, wenn sich die Chromosomen bilden, erst später in der eigentlichen Wachstumsperiode gelangt neben den Reifeteilungschromosomen wieder ein achromatisches Gerüst zur Ausbildung."
Betrachtet man allerdings die Abb. 128, die alle Phasen der Kernmetamorphose bei Actinophrys wiedergibt, so sieht man, daß hier die Chromosomen

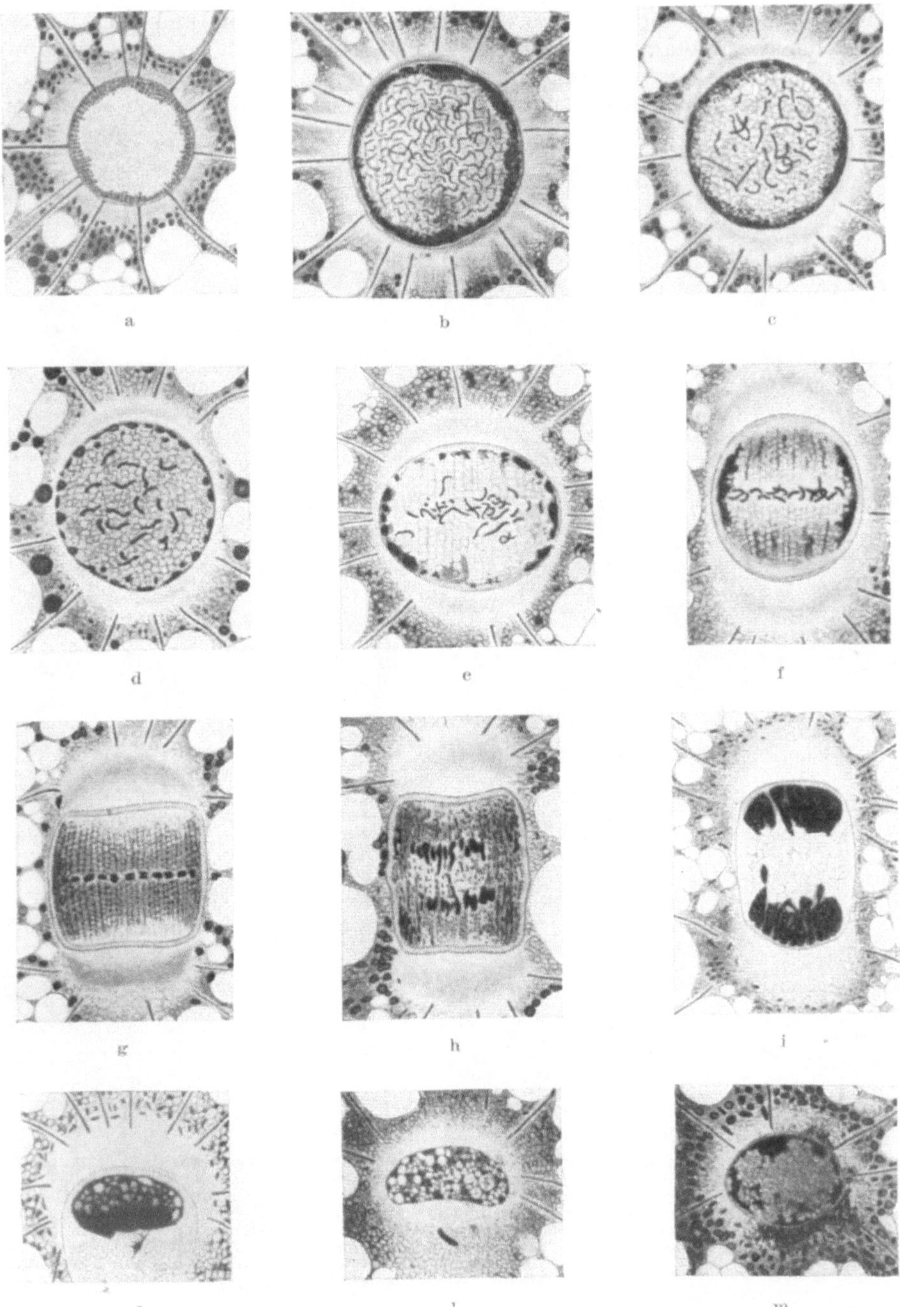

Abb. 128 a—m. Actinophrys sol. Kernteilung. Nur der Kern und die umgebende Plasmapartie ist gezeichnet. a Ruhekern. b frühe, c u. d späte Prophase. Auftreten der Polkappen. (Centrosphären.)
Zusammenfließen der Nucleolarkörnchen. e Übergang zur Metaphase, f Metaphase. Verschwinden
der Nucleolarsubstanz. g Beginnende Anaphase. Höhepunkt der „Dispersion" der Nucleolarsubstanz.
h Mittlere Anaphase, i frühe, k mittlere Telophase, innige Vereinigung von Chromatin und Nucleolarsubstanz, l Beginn der Rekonstruktion, „Schwund der alten Kernmembran", Entwicklung von
Chromatin und Nucleolarsubstanz, m nahezu vollendete Rekonstruktion. Schwund der Centrosphären. (FLEMMING, HERMANN oder BOUIN-DUBOSCQ.) 5 μ Paraffinschnitte. Eisenhämatoxylin.
Vergr. etwa 1500fach.) (Nach BÉLAŘ 1926.)

sich bilden, ohne daß die alveoläre Grundstruktur schwindet; und auch in der Abb. 129 der Kernmetamorphose von Euglypha sehen wir im Telophasestadium (129 k) ebenfalls einen alveolarstrukturierten Kern, während das Chromosomennetzwerk an dem einen Kernpol noch angehäuft ist. Nun läßt sich allerdings

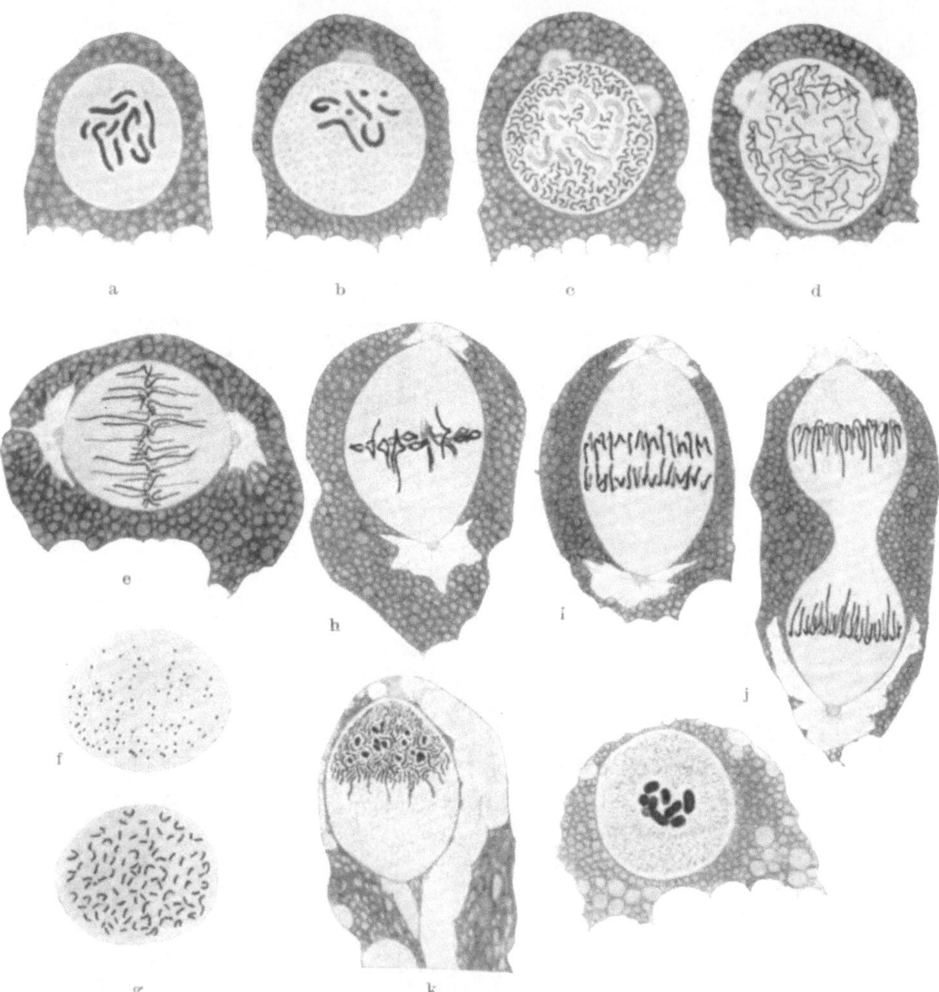

Abb. 129 a—l. Euglypha spec. Kernteilung. Es ist nur die im Schalenfundus gelegene Cytoplasmapartie dargestellt. a Ruhekern; b frühe Prophase, Auftreten der Centrosphäre; c späte Prophase, Wanderung der Centrosphären, beginnende Auflösung der Nucleolen; d Übergang zur Metaphase; e Metaphase; f desgleichen in Polansicht bei Einstellung auf eine Ebene zwischen Äquatorialebene und Spindelpol; g desgleichen bei Einstellung auf die Äquatorialebene; h Beginn der Anaphase; i mittlere, j späte Anaphase (Streckung der Chromosomen); k frühe, l späte Telophase. Auftreten der Nucleolen. Verteilung des Chromatins im Karyoplasma. (Totalpräparate, Sublimatalkohol. Hämalaun. Vergr. 1300fach. (Nach Bělař 1926.)

gegen diese feine Wabenstruktur der Einwand erheben, daß sie künstlich durch die Fixierung erzeugt ist; und ich glaube, daß diese Annahme die größte Wahrscheinlichkeit hier wie auch in den von Wassermann genannten Ovocytenkernen für sich hat. Ich verweise hier auf den früher (S. 66) besprochenen Ovocytenkern von Vanessa, wo z. B. Hartmann das neben den kugeligen Chromosomen nach Flemmingfixierung sichtbar gewordene Kerngerüst ebenfalls als artifiziell deutet. Wassermann (1926) zieht allerdings diese am nächsten liegende Annahme nicht ausdrücklich in Erwägung, wenn er schreibt, „es könnte die innerhalb des großen Eikerns zwischen den Chromosomen gelegene Struktur eine neue nur in diesem Fall mögliche Entmischung aus dem flüssigen Keimbläscheninhalt sein. Aber auch der Gedanke ist nicht von vornherein abzuweisen, daß die Chromosomen, die ja während der Diakinese eine starke Kondensation erfahren, ihre achromatischen Bestandteile dabei an den Kern wieder abgeben müssen, worauf dann die Wiederherstellung des Liningerüstes beruhen würde".

Nach meiner Meinung kommt übrigens dieser ganzen Frage, so verdienstvoll es von Wassermann ist, sie zur Diskussion gestellt zu haben, nicht die prinzipielle Bedeutung zu, die Wassermann ihr beimißt. Denn wenn ich auch der Meinung bin, daß das Kernteilkörpermaterial in dem Kerngerüst enthalten ist, so kann es besonders nach den auf S. 171 erwähnten Erfahrungen an den Ovocytenchromosomen nicht zweifelhaft sein, daß das im Vergleich zu den Chromosomen gewaltig vergrößerte Kerngerüst nicht nur aus Protomerenmaterial besteht. Es enthält vielmehr ebenso wie die Lampenbürstenchromosomen der Ovocyten (Abb. 130) — beides Zustandsformen des Protomerenmaterials, die mit einer

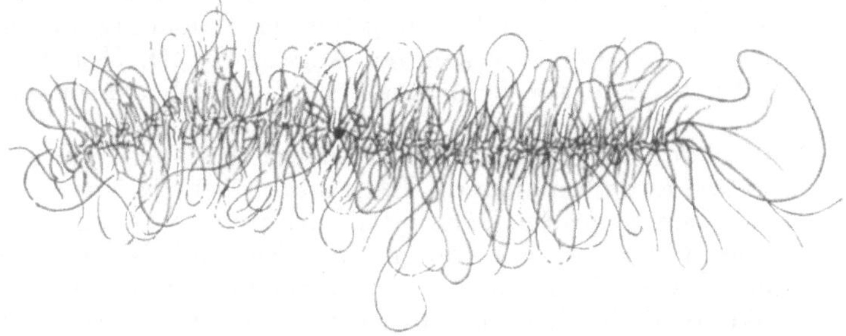

Abb. 130. Stück eines Ovocytenchromosoms von Pristiurus nach Rückert (1892).

besonderen Stoffwechselaktivität desselben Hand in Hand gehen — ergastisches, paraplasmatisches Material beigemischt.

Mit Sicherheit dürfen wir das nach dem S. 172 Gesagten annehmen für die basichromatischen Anteile des Gerüstes, in denen die ergastische Nucleinsäure enthalten ist, wahrscheinlich aber enthält auch der oxychromatische Anteil des Gerüstes solches paraplasmatisches Material, das dann bei der Bildung der Chromosomen nicht verbraucht wird, sich der Kerngrundsubstanz beimischt und dann bei der Fixierung ausfällt.

Alle diese zum Teil noch strittigen Fragen stehen an Bedeutung weit zurück hinter dem positiven, wie mir scheint, genügend gesicherten Nachweis, daß das Protomerenmaterial des Kerns, das während der Mitose in den Chromosomen gelegen ist, in dem G e r ü s t w e r k des Ruhekerns enthalten ist. Mit diesem wichtigen Ergebnis unserer Untersuchung gewinnen wir zugleich auch feste Anhaltspunkte für die Beurteilung der anderen Strukturen, die sonst noch im Ruhekern unterschieden werden.

H. Die Nucleolen.

Unter den Formbestandteilen des Ruhekerns wurden schon mehrfach die Nucleolen genannt, deren Besprechung wir uns nunmehr zuwenden. Entdeckt wurden sie von Schleiden bei pflanzlichen Zellkernen; ihre häufige Anwesenheit auch in den Kernen tierischer Zellen wurde bald darauf von Schwann (1839) festgestellt, der ihnen den Namen Kernkörperchen gab. Nach der Meinung ihrer Entdecker

sollten die Nucleolen eine wichtige Rolle bei der Kern- und Zellbildung spielen:
„Aus dem homogenen Cytoblastem wird zuerst ein Kernkörperchen gebildet,
um dieses schlägt sich eine Schicht feinkörniger Substanz nieder, und indem
zwischen die vorhandenen Moleküle dieser Schicht immer neue Moleküle abgelagert werden, grenzt sich in einer bestimmten Entfernung von dem Kernkörperchen diese Schicht nach außen ab, und es entsteht ein mehr oder weniger
scharf begrenzter Zellkern. Wenn der Kern eine gewisse Entwicklungsstufe
erreicht hat, so bildet sich um ihn die Zelle“ [SCHWANN (1839)]. Als diese Theorie
der freien Zell- und Kernbildung dann widerlegt wurde, büßte der Nucleolus
zwar seine dominante Rolle als Bildungszentrum des Kerns und der Zelle ein,
blieb aber noch lange das einzige bekannte geformte Element des Kerns. Wichtig
sind in der Periode von 1850—1875 nur die Arbeiten von LA VALETTE (1866),
der feststellte, daß der „Keimfleck“ des tierischen Eies dem Nucleolus der übrigen
Zellen homolog ist, ferner die Untersuchungen von AUERBACH (1876) über die
Zahl und die Form der Nucleolen. In das Jahr 1876 fällt dann der Versuch
von R. HERTWIG, zu einer einheitlichen Auffassung der verschiedenen Kernformen und Kernbestandteile zu kommen; er unterscheidet den Kernsaft und
die Kernsubstanz und lokalisiert die letztere in die Nucleolen. Die Nucleolen waren
damit für ihn die Hauptträger der Kernfunktion, eine Meinung, in der er durch
die allerdings bald als irrtümlich erkannten Angabe von O. HERTWIG bestärkt
wurde, daß der Nucleolus des Keimbläschens den weiblichen Pronucleus liefern
sollte.

Erst die Entdeckung der gerüstartigen Strukturen des Ruhekerns und nament-
lich der Karyokinese förderten auch die Kenntnisse über die Nucleolen, die nun
nicht mehr die einzigen geformten Bestandteile des Ruhekerns waren. FLEMMING
(1882) trennte scharf zwischen den echten Nucleolen und den sog. Netzknoten,
Verdichtungsknoten des Kerngerüstes, und verfolgte deren Schicksal bei der
Karyokinese. Während die Netzknoten als Teile des Kerngerüstes direkt die
Chromosomen bilden helfen, verschwinden die echten Nucleolen während der
Mitose, um erst später bei der Rekonstruktion der Tochterkerne wieder in Erscheinung zu treten. Über die Frage, ob die Substanz der Nucleolen sich bei
der Karyokinese völlig auflöst, ob sie ferner mit zum Aufbau der Chromosomen
verwendet wird, drückte FLEMMING sich sehr zurückhaltend aus; „das eben
besprochene Verhalten der Nucleolen bei der Kernteilung zeigt, daß ihre Substanz
oder doch deren Hauptmasse, bei derselben Lebenserscheinung mitzuspielen
hat, wie das Chromatin der Gerüste. Daraus läßt sich aber weder schließen,
daß beide Substanzen lediglich zwecks Mitwirkung bei der Kernteilung da wären,
noch läßt sich andererseits schließen, daß Nucleolen und Chromatin der Gerüste,
überhaupt beide ganz die gleiche Funktion im Kern haben müßten.“
Von der überwiegenden Mehrzahl der Forscher nach FLEMMING wird nun
die Lehre vertreten, daß die Substanz der Nucleolen sich nicht an der Bildung
der Chromosomen beteiligt, andererseits finden sich bis in die neuere Zeit immer
wieder Angaben, daß Nucleolen, namentlich bei Eizellen, direkt aus ihrer Substanz die Chromosomen hervorgehen lassen. Zur Lösung dieses Widerspruches
ist der Versuch gemacht worden, zwei verschiedene Arten von Nucleolen zu unterscheiden, einmal die echten Nucleolen oder Plasmosomen (OGATA) und zweitens
die Karyosomen (OGATA) oder Chromatinnucleolen [MONTGOMERY (1899)]. Die
Möglichkeit und Berechtigung einer solchen Klassifikation schien um so mehr
gegeben, als auch in bezug auf Färbbarkeit und mikrochemisches Verhalten zwei
verschiedene Arten von Nucleolen sich unterscheiden ließen, solche die oxyphil
und gegen Verdauung mit Pepsinsalzsäure wenig resistent waren, und andere,
die als basophil und resistent gegen Pepsinsalzsäure sich ähnlich dem Chromatin
der Chromosomen verhielten.

Mitunter, so bei den Eiern vieler Mollusken, Anneliden und Arthropoden sind diese färberisch verschiedenen Nucleolarsubstanzen nebeneinander in einem einzigen Kernkörperchen vereinigt, der dann als Amphinucleolus bezeichnet wird (Abb. 131).

Aber diese von vielen Forschern, so z. B. MONTGOMERY und WILSON (1926) angenommene Hypothese, daß es zwei aus verschiedener Substanz aufgebaute Sorten von Nucleolen gibt, muß nach den Untersuchungen von JÖRGENSEN (1913) doch als höchst unsicher bezeichnet werden. JÖRGENSEN stellt in seinen morphologischen Untersuchungen über das Eiwachstum fest, daß dieselben Nucleolen in verschiedenen Phasen des Eibildung- und Eiwachstumsprozesses ihre färberischen und mikrochemischen Reaktionen ändern, zeitweise also oxyphil

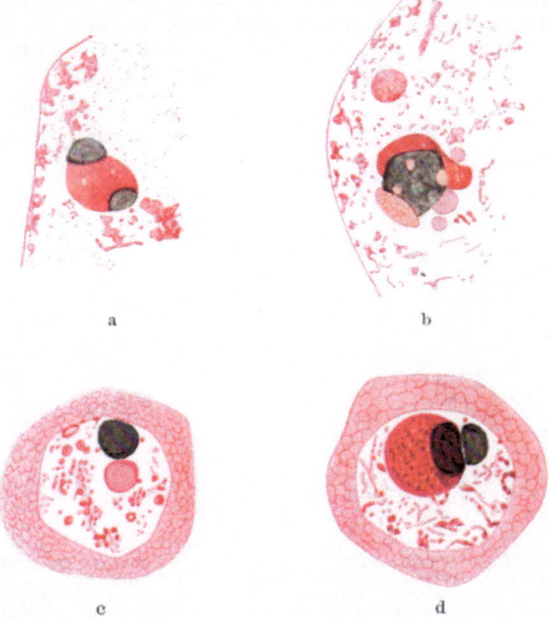

Abb. 131 a—d. Verschiedene Beispiele zusammengesetzter Nucleolen. a u. b Epeira diademata, c Unio batavus, d Limax maximus. Substanz des Hauptnucleolus blau, der paranucleären Elemente rot. Bei a u. b nur ein Teil des Eikerns gezeichnet. (Nach OBST aus O. HERTWIG: Allg. Biologie.)

und leicht, zeitweise wiederum basophil und schwer verdaulich sind. Oxyphilie und Basophilie sind also wahrscheinlich nur der Ausdruck für verschiedene Zustandsformen ein und derselben, vielleicht chemisch etwas modifizierten Nucleolarsubstanz, sie lassen sich nicht mehr als Argument für das Vorhandensein zweier genetisch verschiedener Nucleolenarten verwerten.

Da nun auch die meisten Angaben über morphologisch nachweisbare direkte Beteiligung der Nucleolen an der Chromosomenbildung sich als irrtümlich erwiesen haben, so schlägt BĚLAŘ (1926) ganz neuerdings eine radikale Lösung der Definitionsschwierigkeiten vor, indem er nur diejenigen geformten Bestandteile des Ruhekerns als Nucleolen bezeichnet, die sich nicht am Aufbau der Chromosomen beteiligen. „Kugelgestalt, das ungewöhnlich starke Lichtbrechungsvermögen, sind oft als ausreichende Kennzeichen anzusehen, stets ist aber eine morphogenetische Probe aufs Exempel angezeigt, ob sich nämlich die als Nucleolen angesprochenen Gebilde nicht an dem Aufbau der Chromosomen sichtbar beteiligen. Die Affinität zu sauren Anilinfarben ist demgegenüber als ein zwar brauchbares, aber keineswegs untrügliches Hilfsmittel anzusehen" (1926, S. 242).

Wie aus unseren Ausführungen hervorgeht, ist der Begriff der Nucleolen bei den einzelnen Autoren ein recht schwankender. Da kann es nicht wundernehmen, daß die Vorstellungen über die Bedeutung dieser Gebilde noch verschiedenartiger sind. Schließen wir uns der Definition von Bělař an, so entfällt allerdings damit die Möglichkeit, die Nucleolarsubstanz als Teilkörpermaterial der Chromosomen anzusprechen. Auch die Hypothese von Zimmermann (1893), daß die Nucleolen zwar ein von der Chromosomensubstanz verschiedenes, aber doch ebenfalls Teilkörpermaterial des Kerns seien, hat wenig Wahrscheinlichkeit für sich, und der von Zimmermann aufgestellte Satz: omnis nucleolus e nucleolo ist von ihm selber als nicht allgemein gültig erkannt worden. Läßt sich doch in den Fällen, wo sich der Nucleolus bis zum Metaphasenstadium der Kernteilung nicht auflöst, oft beobachten, daß seine Substanz gar nicht zur Bildung der Tochterkerne mitbenützt wird, sondern sich im Plasma späterhin auflöst (Abb. 132), und diese Beobachtungen widerlegen gleichzeitig die Hypothese von Strasburger, daß die Nucleolarsubstanz zur Bildung der Spindelfasern benützt würde. Die Mehrzahl der Autoren erblicken deshalb in der

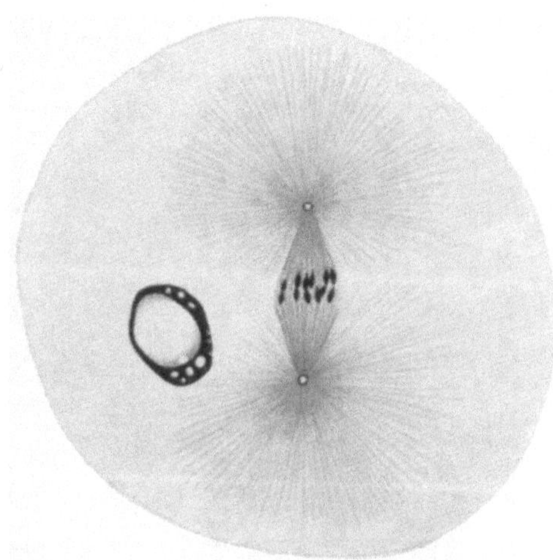

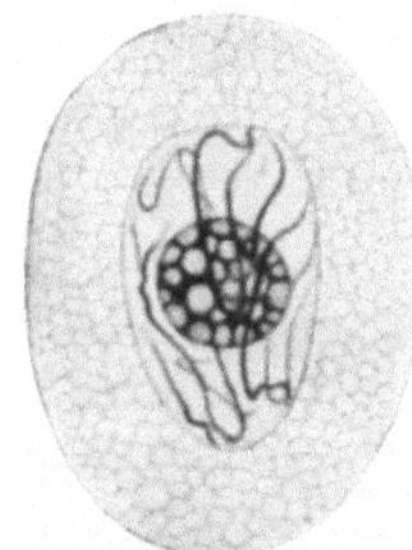

Abb. 132. Oocyte von Limax maximus mit der ersten Richtungsspindel und dem daneben liegenden ausgehöhlten Nucleolus. (Nach P. Obst aus Korschelt und Heider: Vergl. Entwicklungsgesch. Jena 1902.)

Abb. 133. Keimbläschen mit Keimfleck (Nucleolus) und Chromatinfaden im Ei von Ophryotrocha puerilis. (Nach Korschelt und Heider aus O. Hertwig, Allg. Biologie.)

Nucleolarsubstanz ergastisches Material, wobei aber die Meinungen über seine Rolle wiederum sehr auseinandergehen, Haecker (1899) hält die Nucleolen für nutzlose Excretstoffe, andere Autoren vertreten die Meinung, daß es sich um Sekretstoffe des Kernes handelt, mit denen der Kern das Zellplasma beeinflußt. A. Meyer (1920) wiederum sucht die Hypothese zu beweisen, daß die Nucleolen ein Reservematerial für das Kernwachstum darstellen, also nicht der regressiven, sondern der progressiven Metamorphose von Kernmaterial angehören.

Wie diese kurze historische Übersicht ergibt, stößt der Versuch, eine exakte allgemeingültige Definition des Begriffes Nucleolus zu geben, auf große Schwierigkeiten. Oftmals sind zwar die als Kernkörperchen bezeichneten Gebilde die morphologisch durch ihre Größe und ihr starkes Lichtbrechungsvermögen am meisten ins Auge fallenden Bestandteile des lebenden und des fixierten Ruhekerns; ist dann ihre Form noch kugelig (Abb. 133) oder bei länglichen Kernen manchmal ebenfalls oval, sind im Innern noch kleine Tröpfchen oder Vakuolen, die schon von Schrön beschrieben und nach ihm benannten Körner vorhanden, so ist die Diagnose Nucleolus leicht. Aber nicht selten treffen wir auch im Ruhekern auf ganz anders geartete (Abb. 129), mitunter sogar ganz bizarre Strukturen

(Abb. 134—135), die trotzdem nach Kenntnis ihrer Genese (Abb. 129, 134 u.
135) ebenfalls als Nucleolen bezeichnet werden müssen. Da nun außerdem
die Formbeständigkeit der Nucleolen nicht groß ist, und passiv durch die Umgebung bedingte, oder aber, wenn auch selten amöboide Bewegungen, z. B. in tierischen Eizellen von BRANDT (1875) und EIMER (1875), später von MONTGOMERI

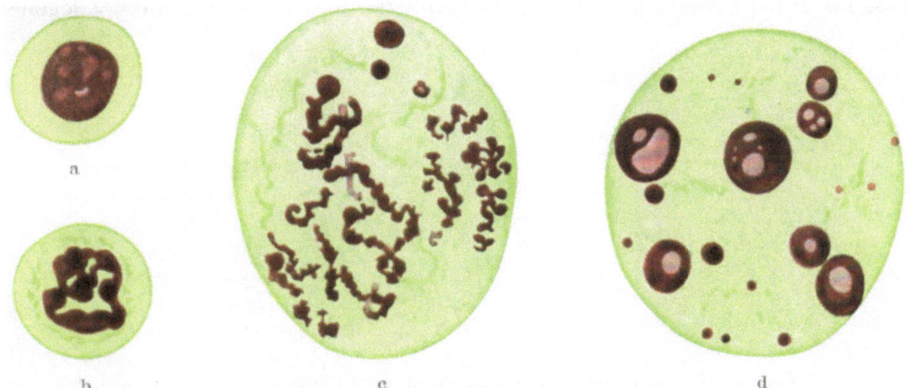

Abb. 134 a—d. Verschiedene Entwicklungsstadien des Obeliaeies (Leptomeduse). Vergr. 1080.
³/₄ verkl. Fixierung: Formol. Färbung: Safranin-Lichtgrün. (Nach JÖRGENSEN 1913.) a Beginnende Vakuolisierung des basichromatischen Nucleolus. b Umwandlung des Nucleolus in ein unregel-
mäßiges Band. Oxychromatische Chromosomen sichtbar. c Zerfall des Nucleolenbandes in zahlreiche Stränge. Daneben die oxychromatischen (grünen) Chromosomen vorhanden. d Allmähliche
Konzentration der noch immer basophilen Nucleolarsubstanz (rot) zu mehreren vakuoligen, kugeligen
Nucleolen.

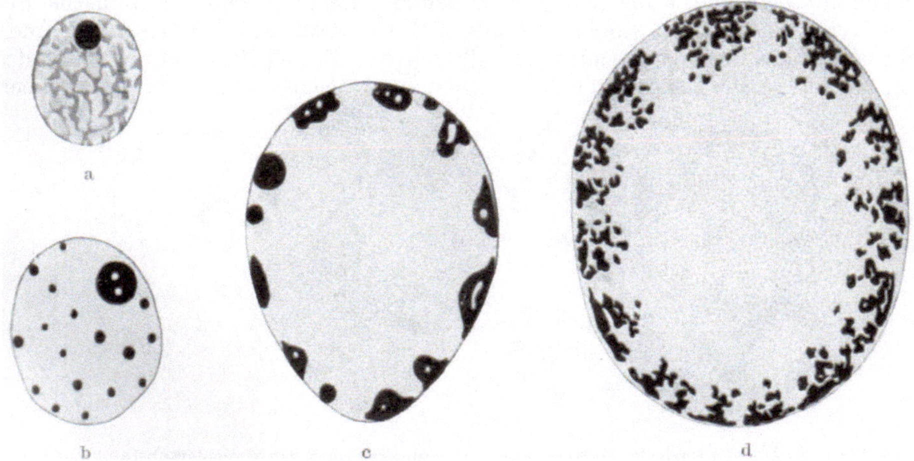

Abb. 135a—d. Oocytenkerne eines Knochenfisches (Melamphaes). Fixierung: Alkohol. Färbung:
Safranin-Lichtgrün, Vergr. 820 fach. (Nach JÖRGENSEN 1913.) a Junge Oocyte mit einem basophilen Nucleolus. b Auftreten zahlreicher Randnucleolen, c deren Vakuolisation und d Auflösung
in fädig-körnige Nucleolargebilde.

1898 und bei Chara von ZACHARIAS (1902) beschrieben worden sind, so ist die
Form der Nucleolen kein untrügliches Identifizierungsmerkmal.

Das gilt noch mehr von der Zahl derselben im Ruhekerne. Zwar ist dieselbe
für gewisse Zellrassen im vielzelligen Organismus mitunter charakteristisch. Fehlen
tun Nucleolen nur in den reifen Spermatozoenkernen und in den Infusorien-
mikronuclei (Abb. 116). In der Einzahl sind sie vorhanden als Karyosom bei
vielen Einzellern (Abb. 116), in den Keimbläschen vieler tierischer Eier, den

uninucleolären Ovocyten z. B. des *Seeigels*, vieler Säugetiere), in manchen Ganglienzellen. Die Zweizahl wird als Charakteristicum angegeben von Haecker für die gonomeren Furchungskerne von Cyklops, wobei das eine Kernkörperchen dem mütterlichen, das andere dem väterlichen Kernanteil zugehören soll. Als weiteres Beispiel einer konstanten Nucleolenzahl führe ich die Sertolizellkerne z. B. im Mäusehoden an, wo sich ein größerer und 2 an gegenübergelegenen

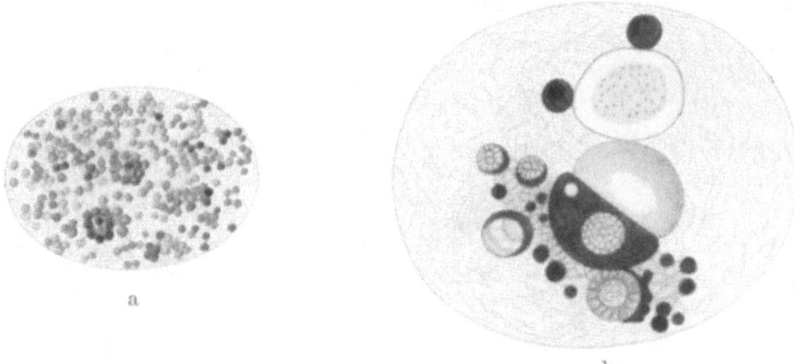

Abb. 136. a Eikern von Scolopendia mit vielen Nucleolen. b Eikern mit verschieden färbbaren, teilweise in Lösung befindlichen Nucleolen von Patella (Schnecke). (Nach Jörgensen 1913 aus Hartmann: Allg. Biologie.)

Seiten ihm angelagerte kleinere Kernkörperchen finden, von denen der größere oxy-, die zwei kleineren basophil (nucleinsäurehaltig, G. Hertwig) sind.

In anderen Fällen ist wiederun die Vielheit der Nucleolen charakteristisch für bestimmte Zellarten, wobei häufig ein Zusammenhang mit dem Funktionszustand des Kerns zu bestehen scheint, so daß z. B. die Zahl und das Gesamtvolumen der Nucleolen in den verschiedenen Phasen des Eiwachstums ein wechselndes ist, und das rasche Entstehen und Vergehen von Nucleolen wiederholt beschrieben

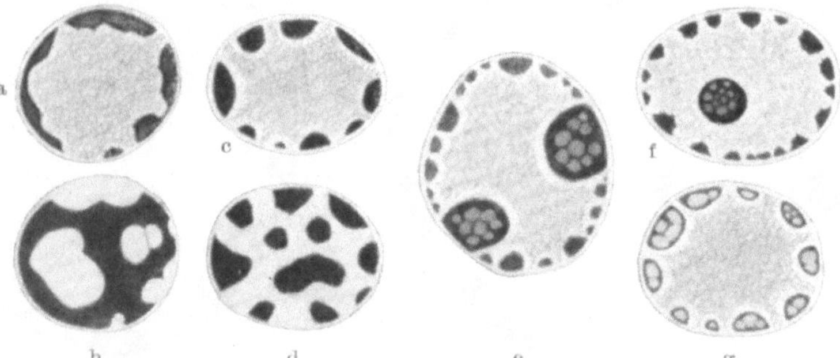

Abb. 137 a—g. Amoeba terricola. Verschiedene Erscheinungsformen der Nucleolarsubstanz (alle Kerne aus typischen, vermehrungsfähigen Individuen eines Klons). a, c, e, f, g optische Durchschnitte, b u. d Oberflächenansichten, a resp. c Totalpräparat. Zenker. Ehrlichs Hämatoxylin. Vergr. 1950fach. (Nach Bělař 1926.)

worden ist (Abb. 136). Dann wieder finden sich, ohne daß wir einen Zusammenhang mit der Funktion nachweisen könnten, die verschiedensten Erscheinungsformen der Nucleolarsubstanz, z. B. in den Kernen aus typischen, vermehrungsfähigen Individuen eines Klons von Amoeba terricola (Abb. 137), oder wir sehen bei verschiedenen Exemplaren von Dimorpha mutans den typischen Übergang vom typischen Kern mit Nucleolenrosetten (Abb. 138a) zum Karyosomkern (Abb. 138d) [Bělař (1926)], ohne auch hier die Ursache der verschiedenen Erscheinungsform der Nucleolarsubstanz zu kennen. Jörgensen (1919) betont bei seinen

Studien über das Eiwachstum ebenfalls ausdrücklich die „besonders auffällige Tatsache, daß ganz nahe verwandte Spezies ganz extreme Nucleolarverhältnisse aufweisen können." „Für die Tierstämme der Wirbellosen lassen sich keine Nucleolentypen aufstellen. Die Masse der Nucleolarsubstanz ist vielmehr unabhängig von der systematischen Stellung der Spezies."

Was nun die Lage des Nucleolus in den Kernen angeht, so liegt bei uninucleolären Kernen derselbe meist im Kerninnern, bei den typischen Karyosomkernen (Abb. 138 d) direkt zentral, bei den multinucleolären Kernen liegen die Kernkörperchen dagegen auch oft dicht unter der Kernmembran, an welcher sie, wie BRODERSEN (1927) angibt, durch Fortsätze mitunter festhaften. Über die Beziehungen zum Kerngerüst lauten die Angaben verschieden. HEIDENHAIN schreibt (1907 S.173), daß dieselben stets in das Kerngerüst eingelagert sind. „Die Nucleolen sind diskrete fortsatzlose Gebilde, welche umgeben sind von einer chromatischen Schale, die ihrerseits wiederum kontinuierlich mit den Gerüsten im Zusammenhang steht." Doch läßt sich diese Beobachtung wohl nicht verallgemeinern, vielmehr kommen nach den Angaben von FLEMMING (1881) und RETZIUS (1881) Fälle vor, wo die Kernkörperchen außerhalb des Kerngerüstes liegen. Bemerkenswert sind schließlich noch die konstanten Lagebeziehungen der Nucleolen zu ge-

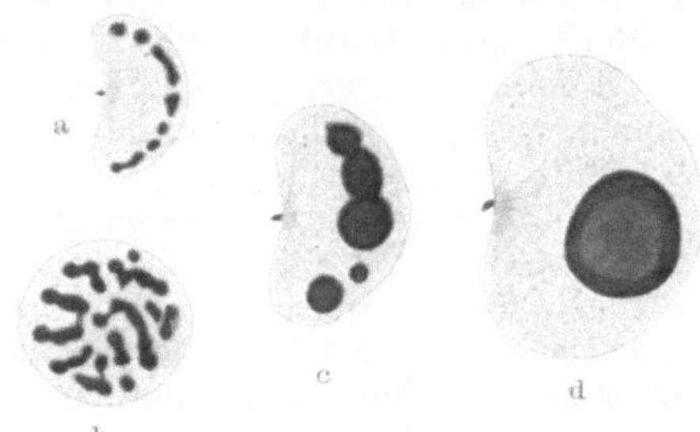

Abb. 138 a—d. Kerne verschieden großer Individuen von Dimorpha mutans. Viele kleine Nucleolen (a, b) fließen zu den größeren (c) und schließlich zu einem einzigen Binnenkörper (d) zusammen. Vergr. 1950. (Nach BÉLAŘ 1926.)

wissen Chromosomenstrukturen z. B. in den Kernen der Speicheldrüse von Chironomus (Abb. 40) und in den Spermiocytenkernen der *Maus*. In ihnen beschreibt GUTHERZ (1920, 1922) unter dem Namen Intranuclearkörper ein Strukturgebilde, welches er als Heterochromosom deutet. Mittels der Biondifärbung hat er das Schicksal dieses Intranuclearkörpers während der Spermiocytenwachstumsperiode verfolgt. Er ist zunächst rein basophil und rein grün gefärbt, „durch Zwischenreaktionen geht seine Farbe allmählich in ein rötliches Violett über und wird schließlich nach Ausscheidung echter, leuchtend rot gefärbter Nucleolarsubstanz wieder ausgesprochen basophil, wobei er die Struktur eines Doppelstäbchens annimmt".

Durch Zentrifugierversuche, bei denen es gelang, den Nucleolus aus dem Kern herauszuschleudern, haben MOTTIER (1899), ANDREWS (1903) und SCHMIDT (1914) gezeigt, daß das Kernkörperchen spezifisch schwerer ist als die übrige Kernmasse; im lebenden Zustand ist sie stärker lichtbrechend als der übrige Kerninhalt, BRODERSEN (1927) berichtet, daß die Nucleolarmasse aus verschieden stark lichtbrechenden Substanzen zusammengesetzt sei.

Bei der Fixierung schrumpft häufig der Nucleolus, wie schon von WASIELEWSKI beobachtet hat. Genauere Angaben gibt A. MEYER (1920 S. 191). „In reiner Osmiumsäure kontrahieren sich die Nucleolen (Allium) nur sehr wenig, dagegen in mittlerer FLEMMINGlösung um $8^0/_0$ (Galtonia), in Sublimat Eisessig $10^0/_0$ (Galtonia), in absolutem Alkohol um $15^0/_0$ (Galtonia) bis $30^0/_0$ (Allium) des Durchmessers." Die Ansicht von ZIMMERMANN, daß die hellen Höfe, die man an fixierten Kernen oftmals um die Nucleolen beobachtet, vitale Strukturen seien, ist sicher unrichtig, sie sind vielmehr durch die Schrumpfung des Nucleolus bei der Fixierung entstanden und ihr Ausmaß je nach dem angewandten Fixierungsmittel verschieden.

Was nun die Färbbarkeit des fixierten Nucleolus angeht, so sind eine ganze Reihe von Doppelfärbungen empfohlen worden, um die Nucleolen von dem Kerngerüst unterschiedlich zu färben. Ich nenne die häufig angewandte Jodgrün(Methylgrün)-Fuchsinmischung von ZIMMERMANN, wobei die Nucleolen rot, das Chromatin blau sich färben, das Methylgrün-Pyroningemisch von PAPPENHEIM, das nach Sublimatfixierung die Nucleolen rot, das Chromatin grün, nach FLEMMINGscher Fixierung aber gerade umgekehrt darstellt, die Färbung nach OBST, wobei das Chromatin mit Boraxcarmin rot, die Nucleolen durch Methylgrünlösung grünblau sich färben. Nach MOSSE nehmen im neutralen Methylenblau-Eosingemisch die Nucleolen die blaue Farbe des basischen Farbstoffes an. Sie färben sich intensiv mit ammoniakalischen Farblösungen im Gegensatz zum Chromatin, das sich in sauren Farblösungen färbt [SCHNEIDER (1926 S. 1773)].

Eindeutigere Resultate gibt die Anwendung der heterogenen Farbgemische, des Safranin-Lichtgrün, der Hämatoxylin-Eosinfärbung und vor allem des Biondigemisches, weil man durch dieselben wenigstens eine relative Oxy- bzw. Basophilie feststellen kann.

Durch die Anwendung dieser genannten Doppelfärbungen, wobei aber fast immer nur eins oder einige wenige an demselben Objekt ausprobiert worden sind, hat man festgestellt:

1. Die meisten Nucleolen färben sich anders als das Kerngerüst und die Chromosomen; sie sind, namentlich im Gegensatz zu den Chromosomen, oxyphil.

2. In vielen Ovocytenkernen während der Wachstumsperiode sind die Nucleolen basophil.

3. Es gibt Nucleolen, von denen ein Teil oxyphil, der andere basophil ist (Abb. 131), sog. Amphinucleolen, die sich besonders häufig bei *Lamellibranchiateneiern* finden.

4. Von diesen „Mischnucleolen" gibt es alle möglichen Übergänge, indem aus einem einzigen Mischnucleolus durch räumliche Trennung der beiden verschieden sich färbenden Anteile zwei oder auch mehrere Nucleolen entstehen, die man dann, soweit sie durch verschiedene Größe ausgezeichnet sind, als Haupt- und Nebennucleolen (FLEMMING) bezeichnet hat. Die Nebennucleolen hat MONTGOMERY (1898) denn auch Paranucleolen, WILSON (1904) akzessorische Nucleolen genannt; STIEVE (1921) bezeichnet sie als Propfnucleolen. „Alle diese Ausdrücke sind ursprünglich rein morphologische Bezeichnungen, die nur auf Grund der Tatsache geprägt wurden, daß sich einem großen Kernkörper ein oder mehrere kleinere anlagern" [STIEVE (1921)]. Wie u. a. die Abb. 131 zeigen, kann einmal der große Haupt-, das andere Mal der kleine Nebennucleolus basichromatisch bzw. oxychromatisch sein und zwar wie Abb. 131 a u. b zeigt, bei Oocyten desselben Tieres, die sich nur durch ihre Größe unterscheiden. Meiner Meinung kommt dieser Unterscheidung der Nucleolen nach ihrer Größe aber überhaupt kein wissenschaftlicher Wert zu, da ja die Größe des oder der Nucleolen großen zeitlichen Schwankungen ausgesetzt ist. Mehr Wert besitzt die Unterscheidung von basophilen und oxyphilen Kernkörperchen.

Aus diesen Farbunterschieden hat man nun aber mehr herauslesen wollen, als nach dem gegenwärtigen Stand unserer Kenntnisse über den Färbungsprozeß (vgl. S. 87) berechtigt ist; man hat die oxyphilen Kernkörperchen Plastinnucleolen, die basophilen Chromatinnucleolen (R. HERTWIG) genannt. Die letzteren sollen durch Einlagerung von Chromatin in die Plastinnucleolen gebildet werden (R. HERTWIG). Ich verweise auf die Kritik des Begriffes Chromatin (S. 157), dessen Unklarheit schon genügend Grund ist, um ihn nicht auf die Substanz der basophilen Nucleolen zu übertragen. Aber auch die eingehendere Analyse und der Vergleich der färberischen Reaktionen von Mitosechromosomen und Nucleolen zeigt in den wenigen Fällen, wo er durchgeführt worden ist, bereits deutliche Unterschiede. Schon LUBOSCH hebt die „unbefriedigenden Ergebnisse von Doppelfärbungen (1914)" an den Eikernnucleolen hervor, die sich bei Anwendung verschiedener heterogener Farbgemische bald baso-, bald oxyphil erweisen. STIEVE (1921) berichtet, daß bei Safranin-Lichtgrünfärbung die Einucleolen von Proteus auf identischen Stadien sich rot mit dem basischen Safranin färben, bei Methylgrün-Eosinfärbung dagegen oxychromatisch rot erscheinen. Bei älteren Eiern zeigt es sich, daß die Randnucleolen bei Anwendung von Methylgrün-Eosin sich „genau in derselben Weise rein grün tingieren, wie das Chromatingerüst der Soma- und Follikelzellen. Daß aber trotz dieser völligen Übereinstimmung der genannten Doppelfärbung doch noch ein Unterschied besteht zwischen der Substanz der älteren Randnucleolen und dem Chromatin der ruhenden Kerne zeigt andererseits die Dreifachfärbung nach BIONDI, bei der es niemals gelingt, die Nucleolen rein smaragdgrün darzustellen, sie zeigen vielmehr immer einen etwas bläulichen Ton. Dies ist nur ein Beweis für die äußerst verschiedene Wertigkeit der einzelnen von uns als basisch oder sauer bezeichneten Lösungen, sowie für die äußerst verwickelte Zusammensetzung der einzelnen Zellbestandteile" (STIEVE 1921 S. 174).

Sehr interessant sind auch die Versuche von JÖRGENSEN (1913) an basophilen Eikernnucleolen, bei denen er ihre Resistenz gegen Pepsinsalzsäure studierte. „Während die basichromatischen Chromosomen der Mitose und des Bukettstadiums unverdaulich sind, verhalten sich die basichromatischen, vollkommen gleichartig gefärbten Nucleolarsubstanzen verschiedener Spezies und Tierstämme gegen Pepsinsalzsäure verschieden. Die Einucleolen von *Piscicola*, *Astacus*, *Tinca* sind unverdaulich. Diejenigen von Patella und Leuciscus werden langsam, die von Salamandra sofort verdaut." „Diese Verdauungsanalysen zeigen aufs deutlichste, daß die Nucleolen verschiedener Formen trotz ihres gleichen färberischen Verhaltens beträchtliche Differenzen in ihrem chemischen Aufbau besitzen." Leider hat JÖRGENSEN zu der Doppelfärbung Safranin-Lichtgrün benutzt und nicht die BIONDIlösung. Es scheint mir wahrscheinlich, daß die bei Safranin-Lichtgrün einheitlich basichromatisch erscheinenden Nucleolen sich bei BIONDIfärbung doch zum Teil als eosino- bzw. oxyphil erwiesen und vielleicht nur die gar nicht verdaulichen das Methylgrün angenommen hätten. Es ist eine lohnende Aufgabe, gerade an den verschiedenartigen Einucleolen zu prüfen, ob etwa die Grünfärbung durch BIONDI mit der Verdauungsresistenz parallel geht und ob außerdem die Nuclealreaktion bei ihnen positiv ausfällt.

Sonderbarerweise ist die Nuclealfärbung auf Nucleolen noch nicht systematisch angewandt worden. Die mehr nebenbei gemachten Angaben lauten verschieden: VOSS (1925) gibt an, daß die Kernkörperchen der Gewebezellen sich positiv färben, die Nucleolen der Eizellen von Petromyzon dagegen ungefärbt bleiben. WERMEL (1927) kommt dagegen zur Überzeugung, „daß in all den Fällen, wo der Nucleolus wirklich gefärbt erscheint, dieses auf technische Fehler zurückzuführen ist." In einer bisher unveröffentlichten Untersuchung stellte ich fest, daß bei den Sertolizellen des Mäusehodens von den 3 Nucleolen die 2 kleinen mit BIONDI grüngefärbten Nucleolen eine stark positive Nuclealreaktion geben, während diese bei dem einen großen mittelständigen, mit BIONDI rotgefärbten Kernkörperchen völlig negativ ausfällt.

Aber selbst wenn es sich zeigen würde, was ich für wahrscheinlich halte, daß auch ein Teil der Eikernnucleolen (nämlich die schwer verdaulichen, mit BIONDI grüngefärbten) eine positive Nuclealreaktion geben, so wären wir nur berechtigt, diese als nucleinsäurehaltig zu bezeichnen. Der Name Chromatinnucleolus wäre nach wie vor abzulehnen, denn Chromosom und „Nucleinnucleolus" gleichen sich ja nur insofern, als sie beide dasselbe ergastische Material (eben die Nucleinsäure) enthalten, ohne daß zunächst dadurch erwiesen wäre, daß eine direkte stoffliche Beziehung zwischen Chromosom und Nucleolus bestände.

Die Annahme eines wechselseitigen Stoffaustausches zwischen Chromosomen und Nucleolen legen nun aber andere Beobachtungen vor allem an Eikernnucleolen doch recht nahe.

JÖRGENSEN (1913) hat festgestellt, daß im Beginn des Eiwachstums die färberische Reaktion sowohl der Chromosomen wie der Nucleolen umschlägt.

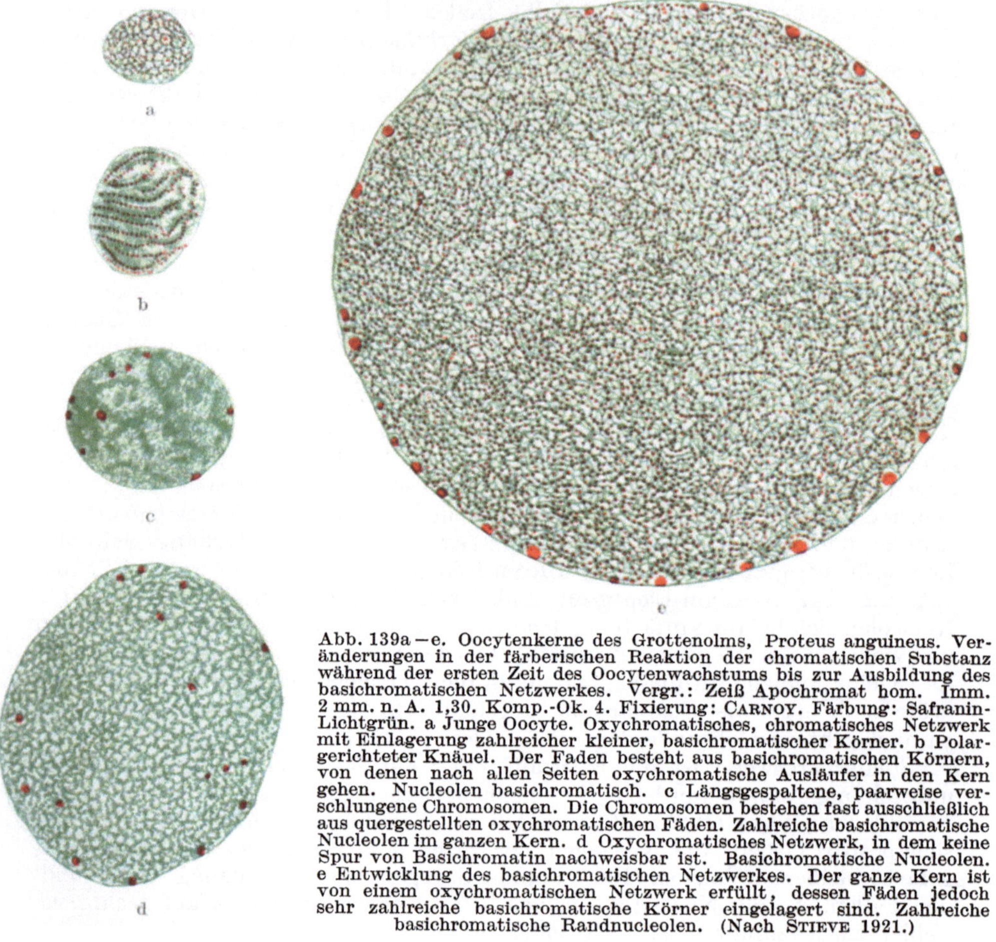

Abb. 139a—e. Oocytenkerne des Grottenolms, Proteus anguineus. Veränderungen in der färberischen Reaktion der chromatischen Substanz während der ersten Zeit des Oocytenwachstums bis zur Ausbildung des basichromatischen Netzwerkes. Vergr.: Zeiß Apochromat hom. Imm. 2 mm. n. A. 1,30. Komp.-Ok. 4. Fixierung: CARNOY. Färbung: Safranin-Lichtgrün. a Junge Oocyte. Oxychromatisches, chromatisches Netzwerk mit Einlagerung zahlreicher kleiner, basichromatischer Körner. b Polargerichteter Knäuel. Der Faden besteht aus basichromatischen Körnern, von denen nach allen Seiten oxychromatische Ausläufer in den Kern gehen. Nucleolen basichromatisch. c Längsgespaltene, paarweise verschlungene Chromosomen. Die Chromosomen bestehen fast ausschließlich aus quergestellten oxychromatischen Fäden. Zahlreiche basichromatische Nucleolen im ganzen Kern. d Oxychromatisches Netzwerk, in dem keine Spur von Basichromatin nachweisbar ist. Basichromatische Nucleolen. e Entwicklung des basichromatischen Netzwerkes. Der ganze Kern ist von einem oxychromatischen Netzwerk erfüllt, dessen Fäden jedoch sehr zahlreiche basichromatische Körner eingelagert sind. Zahlreiche basichromatische Randnucleolen. (Nach STIEVE 1921.)

Die anfangs basophilen Chromosomen werden oxychromatisch, die oxyphilen Nucleolen dagegen basichromatisch und „diese Reaktionsumkehr ist nicht nur eine färberische, sondern auch eine chemische, wie die Verdauungsversuche mit Pepsinsalzsäure zeigen". STIEVE, der diese Beobachtungen bestätigt (Abb. 139), formuliert das Resultat dahin: „Kurz zusammengefaßt können wir sagen, daß jeweils während der Eientwicklung mit dem Verschwinden irgendeiner Substanz aus den Chromosomen die Vermehrung der nämlichen Substanz in den Nucleolen einhergeht." „Dabei läßt sich die Abhängigkeit der Nucleolen von den Chromosomen besonders in der letzten Periode der Eientwicklung bei Proteus unmittelbar beobachten. Hier schmelzen Tropfen der chromosomalen Substanz ab, vereinigen sich zu mehreren miteinander und führen zur Bildung der großen Kernkörperchen. Im Anfang der Eientwicklung läßt sich das Abhängigkeitsverhältnis nur vermuten, da eben mit der Abnahme des Basichromatins in den Chromosomen die Entstehung und Vergrößerung der Nucleolen einhergeht. Der Übertritt von einer Struktur in die andere findet dabei offenbar in so feiner Form statt, daß er mit unseren optischen Hilfsmitteln nicht nachgewiesen werden kann. Eine Ausnahme scheint nur bei der Umbildung des oxychromatischen in das basichromatische Kerngerüst stattzufinden (Abb. 139), denn hier sehen wir gleichzeitig in den Chromosomen und Nucleolen, in den letzteren allerdings stärker, die Affinität für basische Farbstoffe zunehmen. Dabei handelt es sich aber nicht um die Abstoßung des Oxychromatins und Neubildung von Basichromatin in den Chromosomen, sondern lediglich um eine unmittelbar zu beobachtende Umwandlung dieser Substanz in jene. Der Kern wird eben im fraglichen Abschnitt durch Zunahme der Phosphorsäure im ganzen säurereicher." Nach STIEVE sind „die Nucleolen also reine Erzeugnisse der Kerntätigkeit, aufgebaut aus Substanzen, die vom Chromosomenchromatin abgesondert werden", wofür auch ihre Lage in der Nachbarschaft der im Zentrum des Kerns angehäuften Chromosomen sprechen soll. Auch VEJDOWSKY (1911—1912) ist der Ansicht, daß „nicht die Kernsubstanz im allgemeinen, sondern nur die Chromosomen allein sich an der Bildung der Nucleolen beteiligen", hält sie aber mit HAECKER für wertlose Abbauprodukte, HAECKER (1899) hat sie demgemäß auch als Excretstoffe des Kerns bezeichnet. STIEVE ist demgegenüber allerdings anderer Ansicht. Zwar läßt er das Argument von JÖRGENSEN (1910), daß solche Strukturvergrößerungen, wie sie in Abb. 134 und 135 abgebildet sind, nur als Strukturen einer stark funktionierenden Substanz verständlich sind, nicht gelten, betrachtet dieselben vielmehr als passive Zerfallserscheinungen; er meint aber, daß z. B. die starke Ausbildung von Randnucleolen zur Zeit der Entstehung des oxychromatischen Netzwerkes vielleicht dazu dient, den Durchtritt gelöster Substanzen aus den Nucleolen durch die Kernmembran zwecks Bildung des Dotters und evtl. der Plastosomen zu begünstigen. „Ihre ganze Rolle ist eine passive, sie dienen lediglich als Speicher und regeln dadurch die Intensität des Stoffwechsels von Kern und Plasma". Dabei bleibt aber, wie STIEVE ausdrücklich für das Proteusei angibt, die Kernmembran dauernd erhalten. „Ein Übertritt von geformten Substanzen findet in keinerlei Richtung statt." Demgegenüber beschreiben FICK (1899) und GAJEWSKA (1919) ein Auswandern von Nucleolen ins Eiplasma, SCHREINER (1917) bei Drüsenzellen und SAGUCHI (1927) bei Zellen von Gewebskulturen das sichtbare Ausströmen von Nucleolarsubstanz ins Zellplasma, das dort nach der Ansicht von SAGUCHI das Chondriom bildet (vgl. hierüber S. 197).

Während die genannten Forscher die Nucleolen als ein Sekret (STIEVE, JÖRGENSEN, SAGUCHI) oder als ein nutzloses Excret (HAECKER) des Kerns bzw. der Chromosomen deuten, das dem regressiven Kernstoffwechsel angehört, lassen umgekehrt MONTGOMERY, HEIDENHAIN u. a. die Nucleolen aus cytoplasmatischen Substanzen entstehen. MONTGOMERY stützt sich dabei auf das natürlich unzureichende Argument, daß die periphere Lage vieler Nucleolen dicht an der Kernmembran im Moment ihres Auftretens für ihren extranucleären Ursprung spreche.

HEIDENHAIN geht in seiner Argumentation davon aus, daß rasch wachsende und lebhaft funktionierende Kerne stets eine große Menge oxyphiler Nucleolarsubstanz besitzen (was ja aber wie schon gesagt, für die Nucleolen tierischer Eier, die basophil sind, gar nicht zutrifft). Diese „Parallelität der Prozesse der Assimilation und Vermehrung des Chromatins einerseits, der Abscheidung und der Massenzunahme der Nucleolarsubstanz andererseits" sucht HEIDENHAIN in Beziehung zu bringen „zu chemischen Erfahrungen". Nach seiner Meinung „ist der Zusammenhang der Dinge" folgender: Der wachsende Kern nimmt aus dem Zelleib eiweißreiche und phosphorarme Nucleoalbuminate auf, die durch Umsetzung unter Abspaltung von Eiweiß in das eiweißarme, phosphorsäurereiche Basichromatin umgewandelt werden. Das Basichromatin wird zum Aufbau der wachsenden Chromosomen verwandt, das abgespaltene Eiweiß aber als Nucleolarsubstanz gespeichert".

Nicht gestützt, z. T. sogar widerlegt wird diese Hypothese von Heidenhain aber durch die zahlreichen Beobachtungen, die Jörgensen (1913) an den Einucleolen der verschiedensten Tierarten gesammelt hat und die er folgendermaßen zusammenfassend formuliert (S. 109):

Die Masse und Struktur der Nucleolarsubstanz ist unabhängig von:

1. Der Masse der im Eikern vorhandenen oxychromatischen Chromosomen, so besitzt die Chilopode Himentria viele Chromosomen und wenig Nucleolen, die nahe verwandte Scolopendra wenig Chromosomen und sehr viel Nucleolen.

2. Dem Wachstum des Eikerns. Bei Patella gibt es Spezies mit viel und solche mit wenig Nucleolarsubstanz. Die Eikerngrößen sind einander gleich, ebenso die Ernährungseinrichtungen der Eier.

3. Der Zellgröße und dem Dotterreichtum.

4. Der Ernährung des Eies, ob nucleärer oder nutrimentärer Wachstumstypus.

5. Der systematischen Stellung des betreffenden Tieres.

Dagegen ist die Masse und Verteilung der Nucleolarsubstanz, oder, was dasselbe ist, die Zahl und Größe der Nucleolen für die Eizellen auf identischen Stadien der Ovogenese für jede Tierart eine spezifische.

Mit Recht bemerkte Jörgensen hierzu, daß „ diese große Spezifizität der Nucleolarsubstanzen, die sich bei gleich großen Eikernen nahe verwandter Formen in ganz enormen Massenschwankungen bemerkbar macht, eine exakte Vorstellung über die Funktion der Nucleolarsubstanz ganz außerordentlich erschwert, ja zur Zeit ganz unmöglich macht. Um zu einer besseren Einsicht zu gelangen, ist, wie Jörgensen mit Recht als eine Art Programm für weitere Forschung ausführt, vor allem nötig: 1. Eine möglichst eingehende mikrochemische Untersuchung der Nucleolen. „Denn es ist wohl sicher, daß die Nucleolen in den Eiern verschiedener Tiere eine ganz verschiedene chemische Zusammensetzung haben und daher überhaupt nicht miteinander vergleichbar sind." 2. Eine genauere Analyse der Wachstumsverhältnisse der Eizellen sowohl in bezug auf die speziellen Ernährungsverhältnisse des Eiplasmas sowie des Eikerns, als auch auf die Zeitdauer, die das Eiwachstum erfordert. Dieser Punkt erscheint mir besonders wichtig, „leuchtet es doch ein, daß ein Ei, wie z. B. ein Medusen- oder Sagittaei, das in wenigen Stunden heranwächst, einen ganz anderen Stoffwechsel hat und dazu einer ganz anderen Ausbildung seiner cellulären Organellen bedarf, als ein Jahr lang wachsende Fisch- oder Amphibieneier" [Jörgensen (1913) S. 111].

In diesem Programm betont also Jörgensen, wenn wir es einmal schlagwortartig formulieren, die Notwendigkeit einer von physiologischen Gesichtspunkten geleiteten morphogenetischen Nucleolenforschung, nachdem er sich selbst auf Grund seiner ausgedehnten Eiwachstumsstudien, soweit sie rein vergleichend anatomisches Material berücksichtigen, von der Ohnmacht der morphostatischen Untersuchungsmethode überzeugt hat. Es steht zu hoffen, daß das Programm von Jörgensen mit dazu hilft, die zahlreichen Schwierigkeiten, die dieser Betrachtungsweise der Nucleolen bei dem Eiwachstum gegenüberstehen, zu überwinden.

Auch sonst hat es nicht an solchen Versuchen zu einer morphokinetischen Betrachtung der Nucleolen gefehlt. An wachsenden pflanzlichen Somazellen hat z. B. O. HARTMANN den Einfluß von Kälte und Wärme auf die Ausbildung, die Form und die Quantität des Nucleolenmaterials untersucht und bei Kälte eine Vermehrung, bei Wärme eine starke Abnahme des Nucleolenvolumens festgestellt. Aber der Schluß ist natürlich nicht gesichert, daß in der Kälte deshalb mehr Nucleolensubstanz da sei, weil der Verbrauch bei dem verlangsamten Stoffwechsel geringer sei. Aus alledem kann man höchstens Indizien

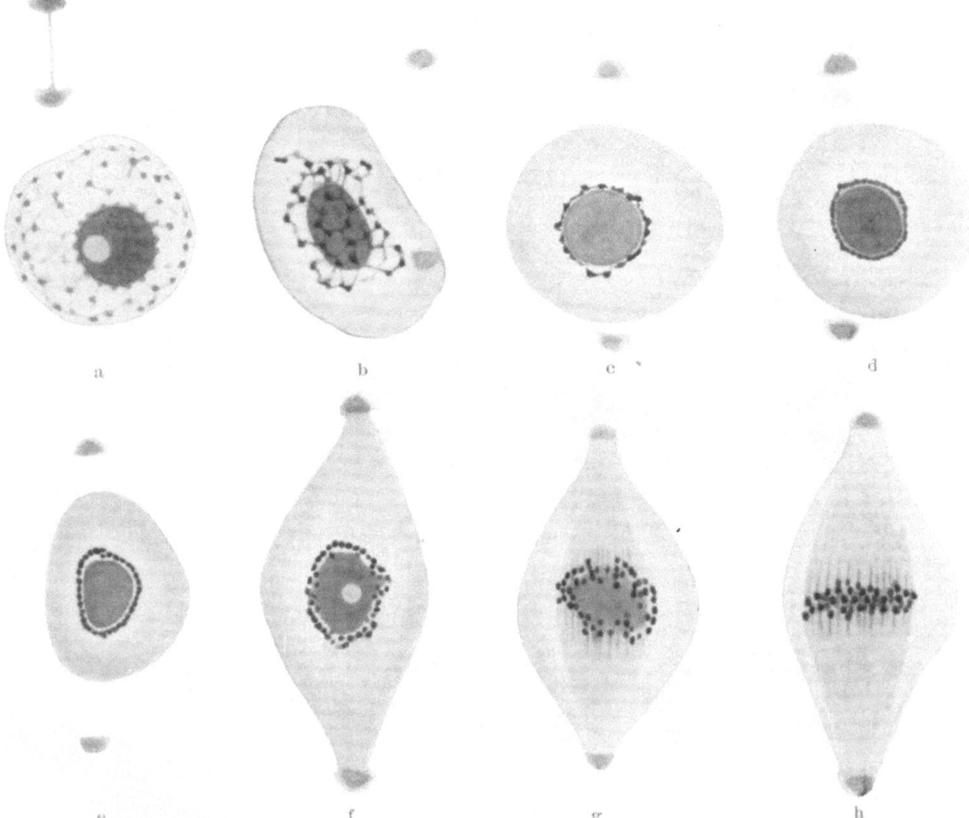

Abb. 140a—h. Acanthocystis aculeata. Kernteilungsstadien. Die Zentralkörner sind topographisch korrekt eingezeichnet, um die wichtige Seriierung der Stadien zu zeigen. a—c Prophase, Ausbildung der Chromosomen im Außenkern und ihre Anlagerung ans Karyosom. f—h Übergang zur Metaphase. Verteilung (?) der Nucleolarsubstanz zwischen die Spindelfasern. Totalpräparate. FLEMMING Safranin-Lichtgrün. Vergr. 2300fach. (Nach BĚLAŘ-STERN 1926.)

für die Reservestoffnatur der Nucleolen entnehmen, wie TISCHLER (1922) mit Recht hierzu bemerkt.

Besser gestützt wird diese Ansicht über die Bedeutung der Nucleolensubstanz durch die Beobachtungen und Experimente von A. MEYER (1918, 1920) und seines Schülers KIEHN (1917), nachdem schon ZACHARIAS (1885) und ROSEN (1896) an alternden Pflanzenzellen eine Abnahme und Lösung der Nucleolensubstanz beschrieben hatten. Vergleiche zwischen einem normal gewachsenen, einem 36 Tage und einem 2 Monate lang verdunkelten Laubblatt von Galtonia candicans zeigten nun KIEHN und A. MEYER, daß die Nucleolenvolumina durchschnittlich sich verhielten wie 1 : 0,38 : 0,18, dabei war der Verlust an

Nucleolensubstanz im Assimilationsgewebe besonders stark (bis 95%), geringer in den Epidermiszellen. Überhaupt nimmt gleichzeitig und parallel mit der Speicherung von Stärke auch der Nucleolengehalt zu (z. B. bei dem Speichergewebe der Zwiebel), umgekehrt verschwindet im wachsenden Endosperm wieder parallel mit dem Verbrauch der Stärke die Nucleolensubstanz bis auf nicht mehr nachweisbare Spuren (KIEHN).

Diese Beobachtungen machen in der Tat die Annahme wahrscheinlich, daß die Nucleolensubstanz eine Reservesubstanz ist, die im Kern gespeichert

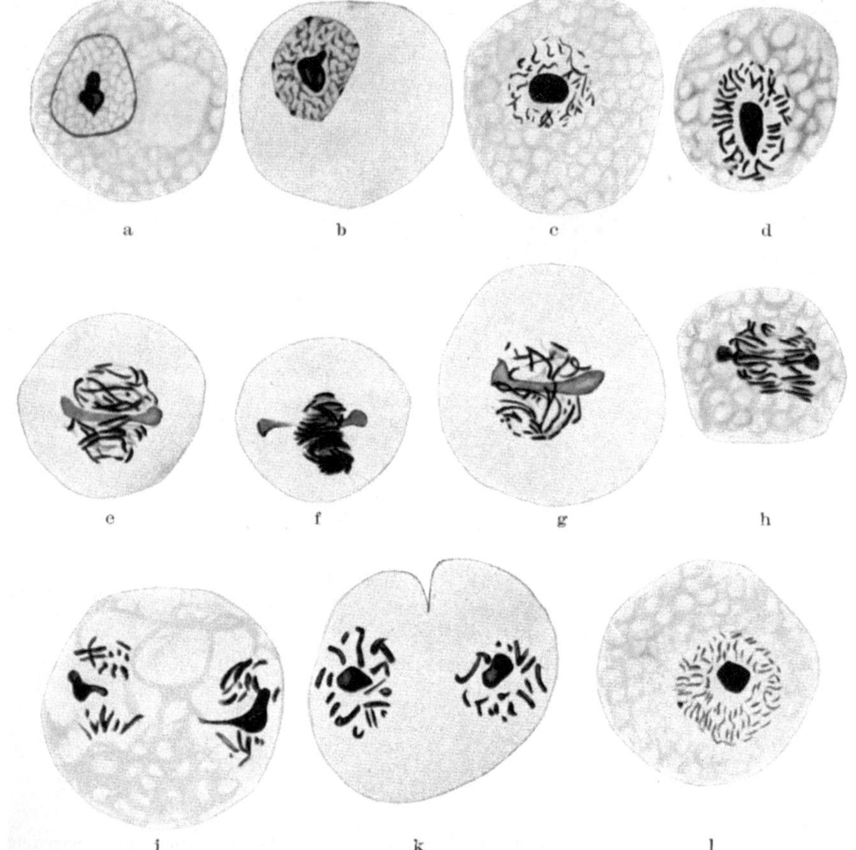

Abb. 141a—l. Euglena viridis. Kernteilung (in Teilungscysten). a Ruhekern, b—c Prophase. In d u. e Parallellagerung der Chromosomenspalthälften, f Metaphase, g, h Anaphase, i, k, l Telophase. [Auftreten des Chromosomenlängsspaltes. Sublimatalkohol. Schnittpräparate. Eisen- oder Alaunhämatoxylin. Vergr. etwa 1000fach. (Nach TSCHENZOFF 1916 aus BĚLAŘ 1926.)

wird. A. MEYER führt hierfür noch als weiteres Argument an: Das Verschwinden der Nucleolen aus dem Kerne der reifen männlichen Geschlechtszellen, die ja auch in ihrem Plasma sich möglichst von allen Reservestoffen befreit haben. Für die Gebrauchsstoffnatur der Nucleolen spricht ferner nach A. MEYER die Tatsache, daß die Spermakerne ja ohne Nucleolen leben, und daß ANDREWS in seinen Centrifugierversuchen beobachtete, daß Kerne, aus denen der Nucleolus herausgeschleudert war, nicht abstarben, sondern weiter lebten.

Besonders wichtige Aufschlüsse über die Natur der Nucleolarsubstanz gibt schließlich das Studium ihres Schicksales bei der Kernteilung. Ich verweise hier auf die eingehende Darstellung der Mitose durch WASSERMANN in diesem Handbuch und beschränke mich auf die Registrierung folgender Tatsachen: Zumeist verschwinden die Nucleolen in der Prophase und erscheinen erst wieder in der Telophase. In diesen Fällen kann der Morphologe keine Aussage über das Schicksal der Nucleolarsubstanz machen; um so mehr wuchern wieder unbewiesene Hypothesen, daß die Nucleolen zum Aufbau der Chromosomen benutzt werden oder die Spindelsubstanz „das Kinoplasma" (Abb. 140a—h) liefern. Allen diesen Hypothesen wird der Boden entzogen, durch die Fälle, wo die Nucleolen auch nach Auflösung der Kernmembran noch erhalten sind. Hier lassen sich zwei verschiedene Typen unterscheiden. In dem einen (Abb. 132),

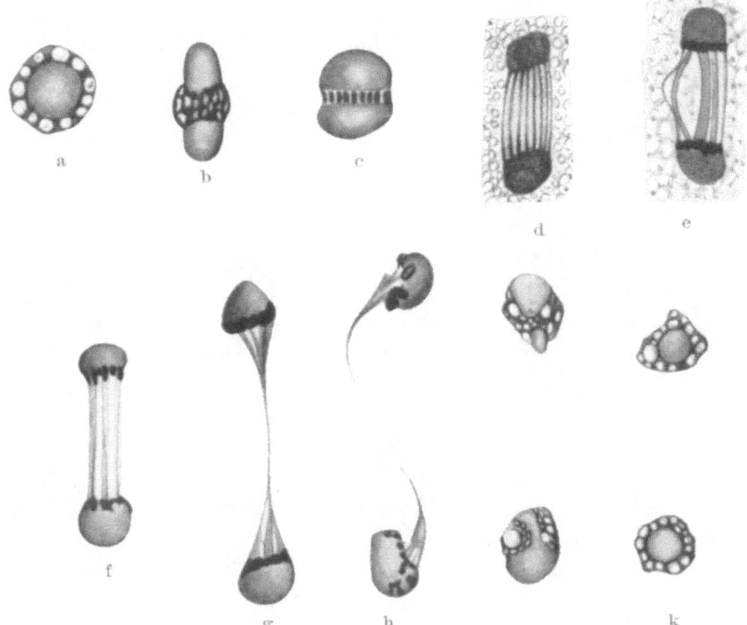

Abb. 142a—k. Vahlkampfia bistadialis. Kernteilung. (Auf d u. e ist ein Teil des Cytoplasmas dargestellt.) a Ruhekern, b Prophase, c Metaphase, d späte Anaphase, e späteres Stadium, f, g Übergang zur Telophase, h Trennung der Polkörper von den Zwischenkörpern, i—k Ende der Telophase. Klatschpräparat. Sublimatalkohol. Eisenhämatoxylin. Vergr. 2000fach. (Nach KÜHN 1921 aus BĚLAŘ 1926.)

den man namentlich bei Auflösung der Keimbläschen tierischer Eier, aber auch bei Gregarinen [BĚLAŘ (1926)] beobachtet, liegen die Nucleolen weit ab von den Chromosomen und der Spindel, werden ins Cytoplasma ausgestoßen und verfallen dort der Auflösung. Diese Beobachtungen beweisen, daß weder die Chromosomen noch die Spindelsubstanz von Nucleolensubstanz gebildet werden, daß ferner die Nucleolen kein Teilkörpermaterial enthalten.

In anderen Fällen liegt die Nucleolarsubstanz in der Mitte der Kernspindel (Abb. 141), und erfährt unter dem Einfluß der in der Spindel wirksamen Kräfte Gestaltsveränderungen. Der hier (Abb. 141) bei Euglena als Karyosom bezeichnete Nucleolus wird hantelförmig ausgezogen und zerreißt schließlich in zwei ungefähr gleiche Stücke, die dann zum Bestandteil der sich bildenden Tochterkerne werden. Ähnliche Beobachtungen kann man noch häufig bei Protistenkernen machen (vgl. Abb. 142 und die Angaben von BĚLAŘ 1926), eine andere Varietät ist in Abb. 143 wiedergegeben. Hier kommt es zu einem Zerfall der kompakten Nucleolen in kleine Körner (Abb. 143a—c), die aber stets im Verlaufe der Mitose sichtbar bleiben und in der Telophase, nachdem sie ungefähr zur gleichen Hälfte auf die Tochterkerne verteilt sind, wieder zu größeren Nucleolen verschmelzen (Abb. 143 m). Derartige Beobachtungen lassen es in der Tat, wie BĚLAŘ (1926) betont, möglich erscheinen, daß die Nucleolarsubstanz auch in den Fällen, wo sie durch noch feinere Verteilung sich den Beobachtungen entzieht, doch als solche persistiert, und dann nach der Verteilung auf die Tochterkerne durch eine Art Entmischung in der Telophase plötzlich wieder sichtbar wird; sich also nicht aus den Cyto- bzw. Karyoplasma neu bildet. Aber auch diese Fälle von Persistenz der Nucleolarsubstanz bei der Mitose zeigen wiederum, daß die Nucleolarsubstanz weder Chromosomen noch Spindelsubstanz liefert,

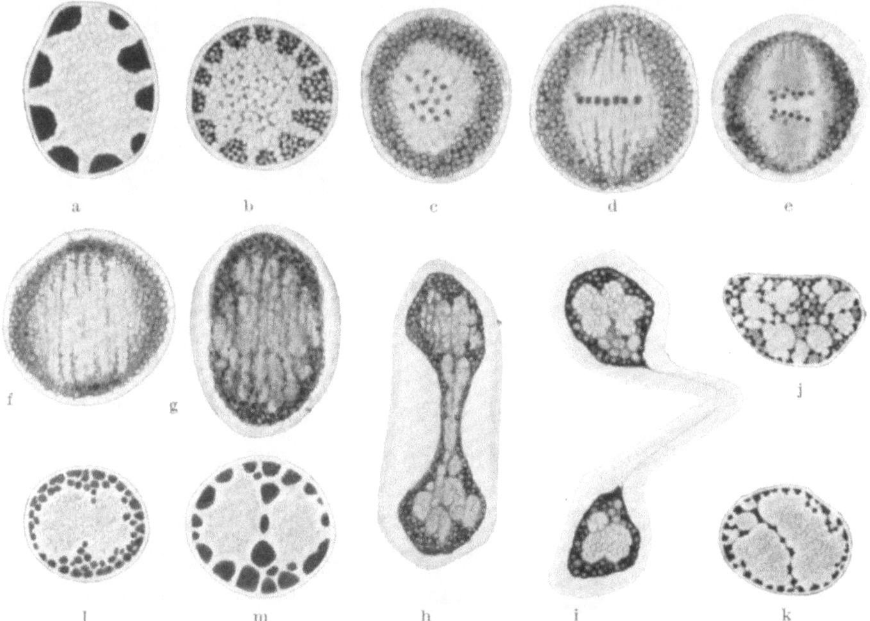

Abb. 143 a—k. Amoeba terricola. Kernteilung. a Ruhekern. b, c Prophase. „Dispersion" der Nucleolarsubstanz zu einem „chromatischen" Mantel, der die Kernteilungsfigur einhüllt. d Metaphase. e, f Anaphase. g Beginn der Telophase, Mitosencharakter verschwunden. h, i Durchteilung des Kerns. Aufquellung (?) der Kernmembran, Beginn der Entmischung der Nucleolarsubstanz. j—m Rekonstruktion der Nucleolen. Klatschpräparat, Sublimatalkohol. EHRLICHS Hämatoxylin. Vergr. 1900fach. (Nach BĚLAŘ 1926.)

daß sie ferner kein Teilkörpermaterial ist, denn das Beispiel von *Euglena* beweist ja deutlich, daß hier der Nucleolus sich **nicht aktiv** teilt, sondern daß er **passiv verteilt** wird. Andererseits machen diese Beobachtungen es wahrscheinlich, daß die Nucleolarsubstanz kein nutzloses Excret ist, sondern daß sie für die Funktion des Kernes doch irgendwie von Bedeutung ist.

Überblicken wir am Schluß das über die Nucleolen angeführte Tatsachenmaterial, so ist offen zuzugeben, daß wir über die Natur und Funktion dieses Kerngebildes infolge der widerspruchsvollen Angaben nur wenig positive Angaben machen können. Festgestellt halte ich folgendes: Unter dem Namen Nucleolen werden Substanzen sehr verschiedener chemischer Beschaffenheit zusammengefaßt; nur teilweise wird diesem Umstand Rechnung getragen durch die Unterscheidung oxyphiler und basophiler Nucleolen, von den letzteren enthält ein Teil Thymonucleinsäure. Nur darin stimmen alle nucleolenartigen Gebilde überein, daß sie kein irgendwie geartetes Kernteilkörpermaterial enthalten, sie sind vielmehr nur aus paraplasmatischem (ergastischem) Material aufgebaut. Dieses stammt z. T. von den Chromosomen her, die ihr paraplasmatisches Material (z. B. Thymonucleinsäure) an die Nucleolen abgeben (Abschmelzungsnucleolen in den Keimbläschen tierischer Eier). Doch erscheint es unwahrscheinlich, daß dies die einzige Quelle des Nucleolarmaterials ist, welches wohl auch durch Aufnahme von Substanzen aus dem Zelleib Zuwachs erhält. Über die funktionelle Bedeutung der Nucleolarsubstanz im Leben der Zelle wissen wir nichts Sicheres; namentlich ist es bisher ganz unklar, ob sie nun im Kern als Reservematerial oder als Oxydationszentrum (LOEB, UNNA) benutzt wird, oder aber durch Abgabe an das Cytoplasma dort weiter verwendet wird und somit ein Weg gezeigt wäre, auf dem der Kern Einfluß auf den Zelleib gewinnt.

UNNA (1927) glaubt allerdings das Rätsel der Nucleolen durch seine Chromolysemethode bereits gelöst zu haben, wenn er schreibt: „Es liegt ein tiefer biologischer Sinn in dem Umstande, daß auch an die zentralste Stelle der Zelle, in das Kernkörperchen, ein Sauerstoffspeicher in Form eines Globulinkügelchens hinverlegt ist, dem von seiner Nucleinhülle beständig etwas aktivierter Sauerstoff zufließt. Das Kernkörperchen, dessen besondere Funktion bisher unbekannt war, obgleich schon FLEMMING seine Sondernatur unter den Chromatinkörnern behauptete, ist in der tierischen Zelle ein nie fehlendes Reservedepot des Sauerstoffes, gleichsam ein „eiserner Bestand" desselben usw." (S. 2066—2067). Demgegenüber verweise ich auf die scharfe Kritik, welche die Chromolysemethode in der Arbeit von WERMEL (1927) erfahren hat, ferner auf meine Ausführungen auf S. 94. Ich glaube nicht, daß der soeben zitierten Anschauung von UNNA über die Nucleolen ein irgendwie begründeter wissenschaftlicher Wert zukommt; sie sind als Phantastereien, welche die wissenschaftliche Erkenntnis nicht fördern, zurückzuweisen, ebenso wie die ganz unhaltbare Hypothese, die neuerdings LEUPOLD (1924) über den geschlechtsbestimmenden Einfluß der Nucleolen geäußert hat. „Der Nucleolus der Eizelle stellt die Geschlechtsanlage dar. Man könnte den Nucleolus demnach das Geschlechtskörperchen nennen. Speichert der Nucleolus Lecithin (bzw. Phosphatid), so wird das Ei weiblich differenziert, entbehrt der Nucleolus histochemisch nachweisbaren Lecithins (Phosphatids), so ist es ein männliches Ei."

Zu diesen cytologischen Schlußfolgerungen LEUPOLDS ist nur zu bemerken, daß sie auf ebenso schwachen Füßen stehen, wie seine angeblich mit positivem Erfolg durchgeführten Experimente, durch Cholesterin-Lecithinverfütterung einen Einfluß auf die Geschlechtsbestimmung beim Kaninchen auszuüben. Bei einer kritischen Nachuntersuchung kommt MIRBT (1928) nämlich zu folgendem Ergebnis:

„Das von LEUPOLD in seinem Buch „Die Bedeutung des Cholesterin-Phosphatidstoffwechsels für die Geschlechtsbestimmung" angeführte Zahlenmaterial hält einer zahlenkritischen Prüfung nach in der Genetik üblichen variationsstatistischen Methoden nicht stand. Die Möglichkeit, durch Anreicherung des Blutes weiblicher Kaninchen mit Cholesterin und Lecithin das Geschlechtsverhältnis der Nachkommen zu beeinflussen, ist abzulehnen. LEUPOLDS Theorie der progamen Geschlechtsbestimmung beim Kaninchen entbehrt der experimentellen Grundlage."

Daß das Ergebnis der Nucleolenforschung ein derart kümmerliches ist, ist offen zuzugeben, beruht aber, worauf ich mehrfach hingewiesen habe, zum nicht geringen Teil auf der oft wenig kritischen Forschung. Es ist kein Zweifel, daß mit den z. Z. zur Verfügung stehenden, namentlich den mikrochemischen und farbanalyten exakten Untersuchungsmethoden bei planmäßiger Forschung ein besseres Resultat erzielt werden kann; vor allem ist allerdings dazu eine Vertiefung der physiologischen Gesichtspunkte notwendig (vgl. das auf S. 186 Gesagte).

J. Paraplasmatische Kerneinschlüsse.

An die Besprechung der Nucleolen schließe ich diejenige der übrigen Kerneinschlüsse an, über deren paraplasmatische Natur kein Zweifel herrscht. Es sind dies vor allem die sogenannten Eiweißkrystalle, die sich in den mannigfaltigsten Formen in den Kernen zahlreicher Pflanzenarten vorfinden, dagegen in tierischen Zellkernen nur ausnahmsweise angetroffen werden (Berg, Zeitschr. mikr. anat. Forsch. 16, 1929). Als erster beschrieb sie Radlkofer (1859), Zimmermann studierte sie genauer, er gibt auch eine Zusammenstellung über die Literatur (1896), die dann von Mohl (1913), A. Meyer (1920) und Tischler (1922) fortgeführt worden ist. Die Abb. 144 gibt eine Vorstellung von den Form- und Größenverhältnissen dieser Kerneiweißkrystalloide, ihre chemischen Eigenschaften behandelt ausführlich A. Meyer (1920). „Es sind", wie Tischler (1922, S. 55) ausführt, „unzweifelhafte Proteine, die in Pepsin-Salzsäure, in Trypsin, in verdünnten Alkalien sich leicht lösen. Unlöslich sind sie in reinem Wasser. Sie geben die bekannten Eiweißfarbreaktionen".

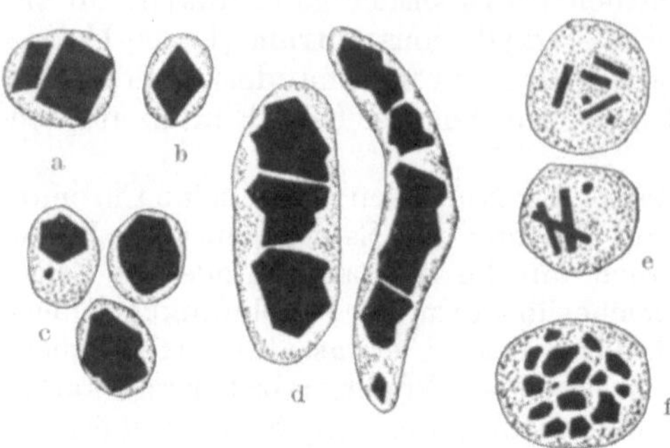

Abb. 144 a—f. Zellkerne mit Eiweißkrystalloiden. a Melampyrum arvense. Schwammparenchym. b Russelia juncea. Fruchtknotenwand. c Stylidium adnatum. Palisadenparenchym. d Alectorolophus major. Fruchtknotenwand. e Polypodium caespitosum. Blattepidermis. f Melanpyrum pratense. Fruchtknotenwand. (Nach Zimmermann aus Tischler 1922.)

Angaben über Stärke- und Chlorophylleinschlüsse in pflanzlichen Zellkernen sind ebenfalls bei Zimmermann (1896) zusammengestellt, sind aber nach dem Urteil von Tischler ganz „unglaubwürdig". Auch Fett soll als ergastisches Gebilde im Kern nicht ausgeschieden werden [A. Meyer (1920)], doch scheinen einige Angaben von Carnoy (1884) an Pilzen, und von Bally (1911) eine solche Verallgemeinerung nicht zuzulassen. Pigmentkörner hat schließlich Carnoy in Crustaceeneiern beobachtet.

Aus diesen wenigen Angaben geht aber schon zur Genüge hervor, daß der Kern im Gegensatz zum Cytoplasma arm an typischem, in morphologischer Form gespeichertem Reservematerial ist, namentlich wenn wir von den Nucleolen absehen, deren Reservestoffnatur nicht feststeht.

K. Die funktionelle Bedeutung der morphologischen Strukturen des Ruhekerns. Morphologie des Stoffaustausches zwischen Kern und Cytoplasma. Die Chromidien.

In seinen „Schlußbetrachtungen über die Struktur des Kerns" sagt Heidenhain (1907, S. 211). „Das auffallendste an der Struktur des Kerns ist, daß sie keine unmittelbare Beziehung zur Funktion erkennen läßt. Ziehen wir die Struktur des Zelleibs vergleichsweise in Rechnung, so zeigt sich bei ihm sehr oft, daß seine Struktur in einer ausgesprochenen und leicht faßlichen Beziehung zur Funktion der lebenden Masse steht (Muskelsubstanz, Nervensubstanz usw.); etwas Ähnliches ist beim Kern nicht der Fall". Für die Form des Gesamtkerns trifft dieser Ausspruch nun allerdings nicht zu. Ich verweise auf Abb. 103, 104, ferner auf den Formwechsel den z. B. Drüsenzellkerne bei der Sekretion erleiden. Um so auffallender ist es, daß die inneren Strukturbilder der Kerne auf den ersten Blick so wenig oder aber ganz unverständliche morphologische Beziehungen zur Funktion erkennen lassen. Das gilt übrigens auch von den Protistenkernen, über die sich BĚLAŘ (1926, S. 416) folgendermaßen äußert: „Bei der Rolle, die wir dem Kern nicht nur bei der Vererbung, sondern auch bei vielen Vorgängen während des sogenannten vegetativen Lebens der Zelle zuschreiben, dürfen wir wohl erwarten, an ihm morphologische Spuren dieser Beteiligung vorzufinden. Indessen wird diese Erwartung bei den Protistenkernen getäuscht, die Fälle, in denen wir Form oder Strukturveränderungen des Kerns mit bestimmten physiologischen Prozessen in Beziehung setzen können,

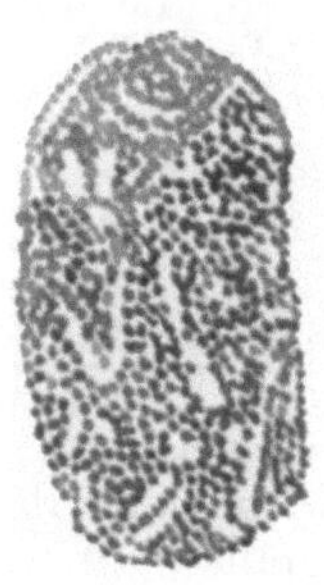
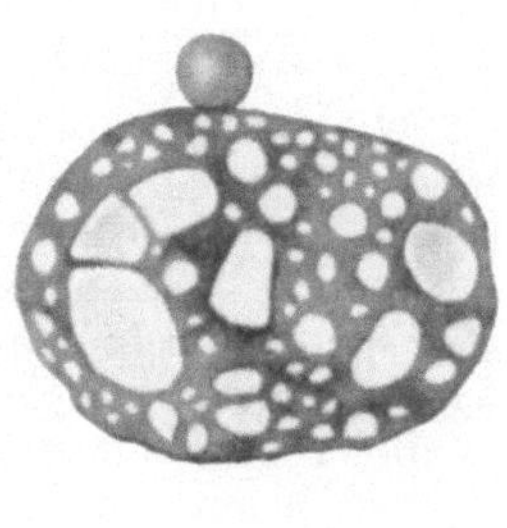

Abb. 145 a, b. Stylonychia pustulata. Makronucleusstruktur eines reichlich gefütterten (a) und eines hungernden (b) Individuums (bei b oben der Mikronucleus). Sublimat. Schnitt. Vergr. etwa 3000 fach. (Nach ENRIQUES aus BĚLAŘ 1926.)

sind selten genug. Der Atmungsprozeß, die Kohlensäureassimilation, die Nahrungsaufnahme, Speicherung und Abbau von Reservestoffen, alle diese Vorgänge manifestieren sich (bei Anwendung der uns heute zur Verfügung stehenden Mittel), am Kern in keiner Weise, die uns ihre deutliche Beziehung zu diesen

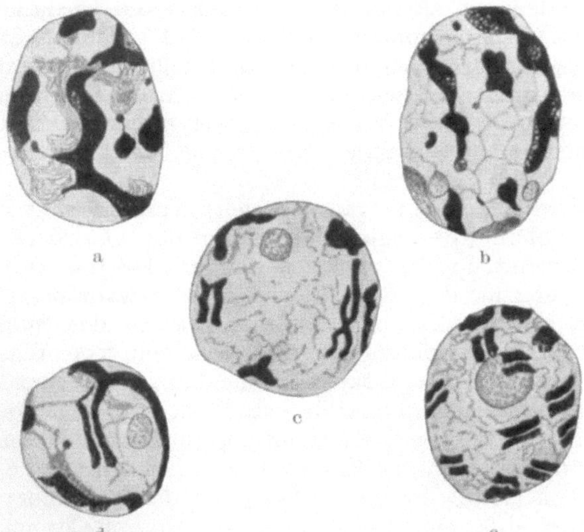

Abb. 146 a—e. Droserakerne. a—d Aus den Tentakeln; a u. b nach Fütterung mit Pepton, c u. d desgleichen mit Dotter; e aus der Wurzelspitze, welche in eine Peptonlösung taucht. (Nach ROSENBERG aus TISCHLER 1922.)

Prozessen eindeutig erkennen läßt. Eine Ausnahme macht der Hunger; bei hungernden Protozoen lassen sich nicht selten typische Kernveränderungen feststellen (Abb. 145) deren Wesen uns jedoch vorderhand völlig unverständlich ist."

Typische Strukturveränderungen bei lebhaft funktionierenden Pflanzenzellen sind von ROSENBERG (1899, 1909) u. a. bei fleischfressenden Pflanzen

(Drosera) beobachtet worden. Kurze Zeit nach dem Füttern nimmt der Chromatingehalt der Kerne zu, und es treten fädige Differenzierungen auf, die „an die Prophase der Kernteilung erinnern" [Tischler (1922) Abb. 146]. Ein weiteres Beispiel von mit der Funktion wechselnden Kernstrukturen liefern die Kerne der Wurzelzellen höherer Pflanzen, die mit gewissen Bodenpilzen in der sogenannten Mykorrhiza-Symbiose leben. Ich verweise auf die Angaben von Tischler (1922, S. 113). Aber die funktionelle Bedeutung aller dieser pflanzlichen Kernstrukturen ist unklar, ebenso auch die ganz sonderbaren, von dem gewohnten ganz abweichenden Strukturen in den Speicheldrüsenkernen von Chironomus [Balbiani, Korschelt, Alverdes (vgl. Abb. 40, S. 66)]. In einer soeben erschienenen Arbeit stellt Mc. Kater (1927) fest, daß die Kerne des Magenepithels von Winter*fröschen* erheblich weniger basichromatisch sind als diejenigen von Sommer*fröschen*.

Aber wenn auch „in der Morphologie des Kerns die spezielle Beziehung auf besondere Leistungen oft wegfällt" (M. Heidenhain) oder zum mindesten uns unverständlich bleibt, so liefern andererseits diejenigen Strukturen, die in entwicklungsphysiologischer Hinsicht die Hauptrolle spielen, und in denen das Teilkörpermaterial des Kerns, das Kernidiopalsma lokalisiert ist, doch in ihrer typischen Ausprägung im Ruhe- oder besser Arbeitskern einen unzweideutigen Beweis für ihre Funktion. Im Gegensatz zu den gedrungenen Chromosomen, der typischen Transportform, finden wir das Teilkörpermaterial in den gewöhnlichen Körperzellkernen, den Arbeitskernen als ausgebreitetes Netzwerk, also in einer ganz typischen, durch Oberflächenvergrößerung charakterisierten Funktionsform wieder. In dieser funktionellen Deutung der Kerngerüststruktur werden wir einmal bestärkt durch die wiederholt, namentlich aber von K. Peter (1924) erhobenen Befunde, daß in lebhaft funktionierenden Zellen (und Kernen) die Kerne sich nicht mitotisch teilen, weil offenbar das funktionell beanspruchte Kerngerüst sich nicht in die Chromosomen umzubilden vermag, zweitens durch die Fälle, wo ein solches typisches Kerngerüst fehlt, wie in den Kernen der heranwachsenden Keimzellen, der Spermiocyten und der Ovocyten.

Denn diesen Kernen ist eine ganz spezielle Aufgabe zugewiesen, in ihnen soll das Genmaterial für die exakte Verteilung der väterlichen und mütterlichen Gene vorbereitet und so geordnet werden, daß die Verteilung nachher durch den Mechanismus der Reduktionsteilung gewährleistet ist. Die den Keimzellenkernen eigentümlichen, unter dem Namen der Synapsis, Chromosomenkonjuktion, Tetradenbildung an anderer Stelle von Wassermann ausführlich beschriebenen Kernstrukturen lassen dann auch ganz eindeutige Beziehungen zu dieser speziellen Funktion erkennen. Die Ovocytenkerne werden nun aber noch nach einer anderen Richtung funktionell beansprucht; unter ihrer Mitwirkung muß sich ja das Eiwachstum vollziehen (Teil 8); und so wird denn, wie Buchner (1915) bei einem Vergleich der Spermiocyten- und Ovocytenkerne ausführt, „das eigentliche Eiwachstum durch Chromosomengeschehnisse ermöglicht, die im Hoden fehlen. Die Teilungsvorbereitung, die im Pachytänstadium bereits erreicht ist, muß geopfert werden und einer erneuten, dieser gerade entgegenarbeitenden funktionellen Entfaltung (des Genmaterials) weichen, wobei es von besonderem Interesse ist, daß ausnahmsweise auch in den Spermiocytenkernen die gleichen Veränderungen der Kernstruktur zur Beobachtung kommen, wenn in denselben wie bei den Myriapoden ein zur Ausbildung eiähnlicher Spermiocyten führendes, gesteigertes Wachstum erfolgt [Buchner (1915, S. 107)].

So erfolgt denn in den Kernen der rasch wachsenden Eizellen ein gewaltiges Wachstum und eine Auflockerung der Chromosomen (Abb. 127), wobei die als

„Lampenbürstenchromosomen" bezeichneten Strukturen überaus charakteristisch sind (Abb. 130), und durch ihre maximale Oberflächenvergrößerung hinter den im gewöhnlichen Kerngerüst gegebenen Strukturen bezüglich funktioneller Oberflächenentfaltung nicht zurückstehen. Diese Lampenbürstenchromosomen sind nun ausgesprochen oxyphil und enthalten nach der Nuclealreaktion zu urteilen keine Nucleinsäure, während ganz im Gegensatz zu ihnen die Chromosomenstrukturen, die in den Spermiocyten- und Ovocytenkernen die Tetradenbildung und Reduktionsteilung vorbereiten, ausgesprochen basophil und reich an Thymonucleinsäure sind. Ich habe ja schon auf S. 172 diese Beobachtung dazu benutzt, um die Nucleinsäure als ergastisches Material zu bezeichnen. Jetzt können wir aber über ihre mutmaßliche funktionelle Bedeutung doch noch einiges weitere aussagen. Denn es besteht allem Anschein nach eine Parallele zwischen dem Nucleinsäuregehalt des Kernes und der Art und Weise seiner funktionellen Beanspruchung.

Nucleinsäurereich ist das Genmaterial des Kernes 1. in seiner Transportform während der Mitose; 2. im Ruhekern der Keimzellen bei den taktischen Manövern, die zur Reduktionsteilung führen; 3. im reifen Spermatozoenkern, wenn es nur noch darauf ankommt, daß dieser Kern, der ja einer völlig ausdifferenzierten, nicht mehr wachsenden Zelle angehört, durch den Motor seines Schwanzes, auf den er selber keinerlei Einfluß mehr hat, der Eizellen zugeführt werden soll.

Das andere Extrem, völlig nucleinfreies, oxyphiles Genmaterial, finden wir in den soeben besprochenen rasch wachsenden Ovocytenkernen, die selber in rasch wachsenden Zellen gelegen sind, ferner aber in den Furchungskernen bis zum Blastulastadium, die ja die alleinige Aufgabe haben, das Genmaterial zu vermehren, in dieser Entwicklungsperiode aber noch nicht das Eiplasma ihrerseits beeinflussen [G. HERTWIG (1922)]. RETZIUS stellte bei der Furchung des Seeigeleies durch die Biondifärbung in den Ruhekernen keine Spur einer Grünfärbung, dafür aber eine ausgesprochene Rotfärbung des Kerngerüstes fest, und ebenso verhalten sich die ersten Blastomerenkerne bei Ascaris. Eine Untersuchung mit der Nuclealreaktion steht allerdings noch aus.

Nach diesen Befunden scheint es mir also, als wenn rasch wachsendes oder sonst lebhaft in stofflicher Hinsicht funktionierendes Genmaterial nucleinsäurearm, dagegen in Stoffwechselruhe befindliches Genmaterial reich an Nucleinsäure ist. Sollten sich derartige Beobachtungen bei speziell unter diesen Gesichtspunkten angestellten Untersuchungen noch vermehren lassen, so würde daraus zu folgern sein, daß die Nucleinsäure als ergastische Substanz die Stoffwechselintensität des Genoms, des Kernprotomerenmaterials reguliert.

Damit kommen wir nun auf die oft diskutierte und in verschiedener Weise beantwortete Frage, welche stofflichen Beziehungen bestehen zwischen Kern und Cytoplasma und in welchem Umfange sind diese Stoffwechselvorgänge zwischen diesen beiden Zellkomponenten morphologisch erfaßbar? Daß der Kern zu seiner Funktion und zu seinem Wachstum allein auf den Zelleib als Stofflieferant angewiesen ist, steht außer Frage, ebenso ist sicher, daß diese Stoffe nur in feinverteiltem Zustand von dem Kern aufgenommen werden, denn niemals ist die Aufnahme gröberer, optisch wahrnehmbarer Partikel in dem Kern beschrieben worden. Desto verschiedener lauten die Angaben über die Stoffabgabe von seiten des Kerns. Daß eine solche erfolgt, läßt sich am leichtesten bei der Mitose beobachten, wenn die Kernmembran aufgelöst wird. Während STRASBURGER annahm, daß der Kernsaft, bzw. die aufgelösten Nucleolen das Material für die Spindelfasern liefert, scheint mir die Meinung von WASSERMANN (1926) besser begründet, daß die Kernspindelfasern aus dem „Mixoplasma" (WASSERMANN), dem Mischprodukt von Cytoplasma und

Kernsaft entstehen. Soweit die Nucleolen nicht vor der Kernmembranauflösung verschwunden sind, gelangen sie nunmehr in das Cytoplasma (Abb. 132), wo sie aber fast immer noch nachträglich gelöst werden (vgl. S. 189). Niemals ist aber beobachtet worden, daß bei der Kernteilung Kernmaterial in das Cytoplasma gelangt, dort selbständig persistiert und durch Teilung sich fortpflanzt. Alles Kernprotomerenmaterial wird vielmehr den Tochterkernen zugeführt, und wo dieser Verteilungsmechanismus eben gestört ist, so daß einige Chromosomen den richtigen Anschluß nicht erreichen, wie bei einigen von Baltzer studierten Mitosen bei Seeigelbastarden, da bilden diese versprengten Chromosomen einen eigenen kleinen Kern, der dann früher oder später zugrunde geht.

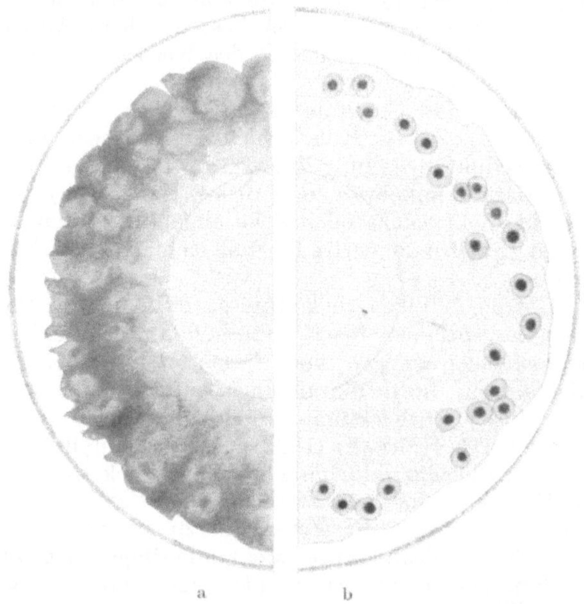

Abb. 147 a, b. Vielkernige Arcelle. Links: Chromidialtier mit Pepsin angedaut, die Kerne kaum sichtbar. Rechts: Dasselbe mit Pepsin und Trypsin behandelt. Die Kerne sind deutlich sichtbar. Vergr. etwa 300fach. (Nach Jollos aus Hartmann: Allg. Biologie.)

Nicht geklärt in ihrer Bedeutung sind die Fälle der sogenannten Chromatindiminution bei Nematoden (Boveri), wo Teile der Chromosomen bei der Mitose nicht zur Bildung der Tochterkerne verwandt werden, vielmehr im Cytoplasma sich auflösen, ferner die Beobachtungen von Kahle und Seiler, wo ebenfalls beträchtliche Teile der Chromosomen in das Cytoplasma eliminiert und dort resorbiert werden. Für die Beobachtungen von Seiler scheint mir die Deutung, daß es sich um ergastisches Chromosomenmaterial handelt (vgl. S. 172), die größte Wahrscheinlichkeit für sich zu haben; so viel ist jedenfalls sicher, daß das eliminierte Chromosomenmaterial weder bei Lymantria, noch auch bei den Nematodenfurchungszellen sich durch Teilung fortpflanzt; es verschwindet vielmehr stets durch völlige Auflösung spurlos im Cytoplasma.

Diese Tatsache besonders hervorzuheben, scheint mir aus dem Grunde wichtig, weil R. Hertwig, R. Goldschmidt und andere ihrer Schüler die Lehre vertreten haben, daß Kernprotomerenmaterial aus dem Kern ins Cytoplasma auswandert, dort als „generatives Chromidium" sich vermehrt und die Fähigkeit hat, neue Kerne zu bilden. Heute kann diese Lehre wohl als widerlegt gelten. Wohl kommt es bei den Radiolarien und Foraminiferen, an denen

R. Hertwig seine Beobachtungen machte, zu einem Zerfall eines großen Kernes in viele kleine „Chromidien", die sich dann in kleine Kerne umwandeln, aber die Deutung dieses Vorganges ist eine andere, als R. Hertwig sie gab. Wie Hartmann (1926) ausführt, handelt es sich hier um „die Aufteilung eines polyenergiden Kernes". Durch wiederholte Teilungen des Kern-Protomerenmaterials bei erhalten gebliebener Kernmembran entstehen bei den Heliozoen und Radiolarien, schließlich scheinbar einheitliche, tatsächlich aber vielwertige, aus zahlreichen Einzelkernen gebildete Riesenkerne, die dann unter Umständen plötzlich in ihre Einzelkerne zerfallen [vgl. Hartmann (1926) S. 310—322]. Somit scheiden die Radiolarien als Beispiele generativer Chromidienbildung wohl aus. Alle übrigen zur Stütze der Theorie angeführten Beobachtungen entbehren, wie Hartmann ausführt, aber jeder tatsächlichen Unterlage. So handelt es sich bei den Chromidien der Thecamöben vermutlich um Reservesubstanzen in der Zelle, die bei den vielkernigen Arcellen so dicht im Zellplasma eingelagert sein können, daß sie die darin befindlichen Kerne unter Umständen völlig maskieren (Abb. 147a). Man kann jedoch nach Jollos die betreffenden Substanzen, die das dichte Chromidialnetz bilden, durch Verdauung mit Trypsin und Pepsin zur Auflösung bringen und dann treten die typische Arcellakerne hervor (Abb. 147 b). Von generativen Chromidien, aus denen wieder Kerne entstehen sollen, kann demnach keine Rede sein. Es sind vielmehr dieselben typischen, sich mitotisch teilenden Kerne vor und nach dem Überhandnehmen des Chromidialnetzes vorhanden. Hinzugefügt sei dieser Kritik von Hartmann noch, daß die Entstehung dieser „Chromidialsubstanz" aus dem Kern durchaus nicht erwiesen ist.

Somit darf wohl die Lehre, daß durch in das Cytoplasma ausgewandertes Kernprotomerenmaterial (generative Chromidien) wieder ein Kern neu gebildet werden könne, als widerlegt gelten. Ganz indiskutabel sind natürlich die gelegentlich immer wieder in der Literatur sich findenden Angaben, daß bei höheren Tieren (z. B. der Insektenmetamorphose nach Kremer (1925) ein richtiger Kern de novo entstehen könnte, wobei von den betreffenden Autoren nicht einmal der Versuch gemacht wird, für das Kernmaterial eine gewisse genetische Kontinuität nachzuweisen, so wie es bei der Lehre von den generativen Chromidien doch der Fall ist.

Ernsthafter auf ihre Richtigkeit sind dagegen alle Angaben zu prüfen, in denen eine Abgabe geformter, mikroskopisch nachweisbarer Substanzen aus dem Kern behauptet wird, und die namentlich von R. Goldschmidt zu der Lehre von den trophischen Chromidien verallgemeinert worden sind. Natürlich genügt zu der Annahme, daß eine im Cytoplasma gelegene Substanz aus dem Kern stammt, keineswegs, daß sie etwa basophil ist. Daß alles, was sich mit Kernfarbstoffen färbte, von R. Goldschmidt und seinen Anhängern als Chromatin oder Chromidium bezeichnet wurde, hat mit Recht viel dazu beigetragen, die ganze Lehre von dem aus dem Kern stammenden vegetativen Chromidialapparat zu diskreditieren; stellte es sich doch u. a. heraus, daß das von Goldschmidt beschriebene Chromidialnetz in den Muskelzellen von Ascaris nichts weiter als paraplasmatische Cytoplasmaeinschlüsse waren [v. Kemnitz (1912)], die mit dem Kern nicht das geringste zu tun hatten.

Um für irgendeine Substanz die Abstammung aus dem Kern zu behaupten, muß natürlich der exakte Nachweis geführt werden, daß sie aus dem Kern ausgeschieden worden ist, also bei dem Ruhekern durch die Kernmembran hindurch getreten ist. Mit einem solchen einwandfreien Nachweis ist es aber selbst für größere geformte Substanzen schlecht bestellt, und sicher läßt sich sagen, daß eine Abgabe größerer geformter Bestandteile aus dem Kern, wenn überhaupt, so doch nicht häufig ist, und nur auf besondere Fälle (Drüsenkerne, Eizellkerne) beschränkt ist. Eine große Anzahl angeblich positiver Beobachtungen haben sich als artifizielle Kunstprodukte erwiesen, so die Fälle, wo der Nucleolus durch das Messer aus dem Kern herausgerissen wurde und dadurch ein Loch in der Kernmembran entstand; ein häufiger Irrtum, für den schon PLATNER die richtige Deutung gab (vgl. Abb. 148). Bei anderen Angaben handelt es sich, wie die Nachprüfung ergab, um falsche Deutung. So beschrieben GALEOTTI und VIGIER den Austritt von Drüsengranula aus dem Kern der Hautgiftdrüsen der Amphibien. HEIDENHAIN bemerkte hierzu, daß „er diese Hautgiftdrüsen so genau kennt, daß er auch die bloße Möglichkeit des Überganges corpusculärer Elemente aus dem Kern in das Plasma abstreite". Ja selbst die Angaben von MONTGOMERY für die Hautdrüse von Piscicola, „bei welcher die Ausstoßung massenhafter Nucleolen aus dem Kern eine so großartige Erscheinung ist, daß der

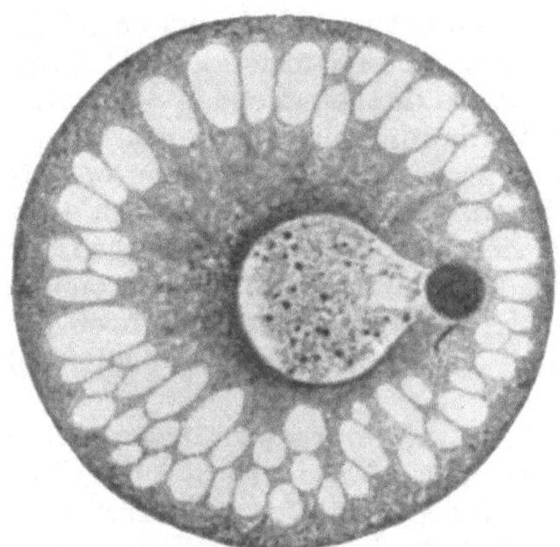

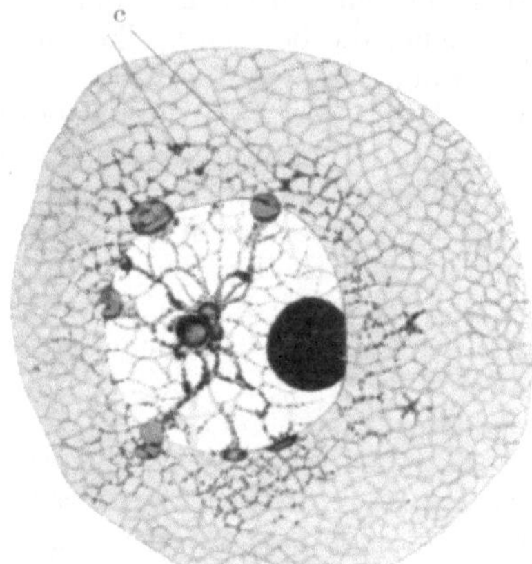

Abb. 148. Rattenovocyte. Kern mit angeblich auswanderndem Nucleolus. (Nach KREMER 1924.)

Abb. 149. Angebliche „Chromatinemission" bei der Eibildung einer Meduse. c Aus dem Kern ausgetretenes „Chromatin". Vergr. 2250 fach. (Nach SCHAXEL 1910.)

Autor", wie HEIDENHAIN (1907) meinte, „sich unmöglich getäuscht haben kann", sind durch JÖRGENSEN (1913) einwandfrei widerlegt worden. DUESBERG hat eine weitere Anzahl solcher Beobachtungen als irrtümlich erwiesen; zu einem völlig ablehnenden Urteil kommt TISCHLER (1922), der die Angabe über Chromatinemission (Abb. 149) von SCHAXEL an tierischen Eikernen, von DERSCHAU (1904, 1907, 1908), HARTMANN (1918), STAUFFACHER (1910) für pflanzliche Kerne kritisch wertet, und als Endresultat kategorisch erklärt, „so dürfen wir denn für die gesunde Zelle mit Sicherheit den Satz aussprechen, daß eine Ausgabe „ungelöster Chromatinkörperchen" aus dem Ruhekern nicht existiert" (TISCHLER 1922, S. 139).

Ganz soweit wie TISCHLER möchte ich allerdings nun nicht gehen; ich halte in einigen wenigen Fällen die Annahme, daß auch geformte Substanzen aus dem Ruhekern ins Cytoplasma abgegeben werden, für wahrscheinlich, wenn auch nicht für absolut bewiesen (z. B. die Angaben von JÖRGENSEN an den Oogonienkernen von Proteus (1910), ferner die Untersuchungen von K. E. SCHEINER an den Schleimzellen der Haut von Myxine, von MAZIARSKI (1910) an den Spinndrüsenzellen der Lepidopteren (Abb. 150), von KRÜGER (1926) bei den Zementdrüsenzellen der Cirripedien, während mir die positiven Befunde einer in neuester Zeit erschienenen Untersuchung von KOCH noch etwas zweifelhaft vorkommen und jedenfalls einer Nachprüfung bedürfen. So viel aber scheint mir immerhin sicher, daß die Abgabe geformter Bestandteile aus dem Ruhekern

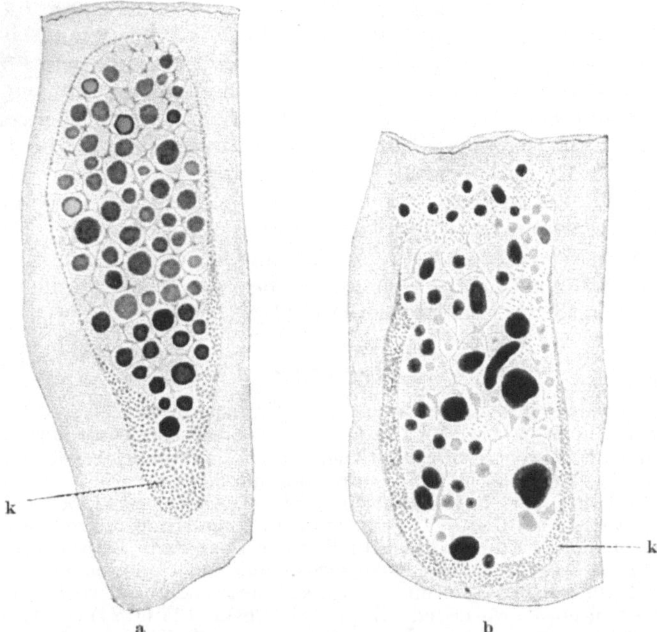

Abb. 150 a, b. Drüsenzellen aus der Spinndrüse eines Lepidopteren. (Nach MAZIARSKI.) a Der Kernraum ist von nucleolenartigen Körpern fast völlig ausgefüllt und das Chromatin auf einen dünnen Überzug reduziert. b Kernmembran aufgebrochen, der Kerninhalt (k) ergießt sich in den Zelleib.

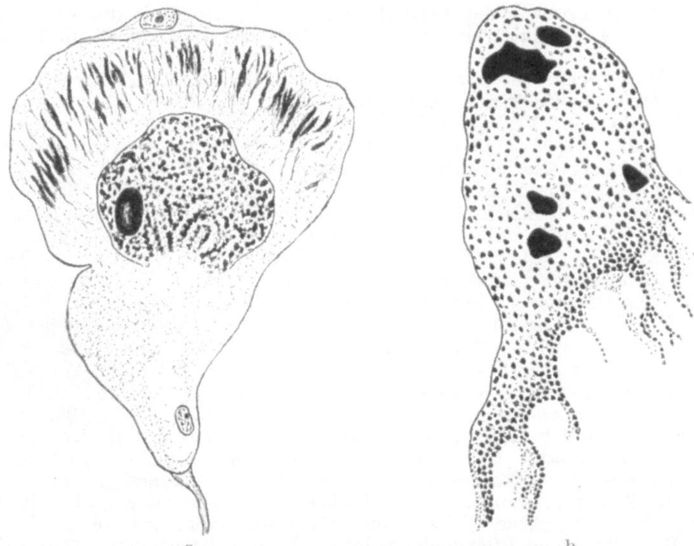

Abb. 151 a, b. Zementdrüsenzelle eines Cirripeds (Scalpellum). a Sekretionspause, ein Nucleolus; auf der dem Ausführungsgang entgegengesetzten Seite des Kernes Basalfilamente. b Kern einer in vollster Tätigkeit befindlichen Zellen; nur noch wenige Nucleolen, Kernmembran nach der Seite des Ausführungsganges aufgelöst. (Nach KRÜGER 1926.)

nur in seltenen Ausnahmen stattfindet und diesem Vorgang keine allgemeinere Bedeutung zukommt.

Da wir nun aber u. a. durch Experimente sicher wissen, daß der Kern das Cytoplasma beeinflußt, so bleibt, wenn wir nicht eine rein dynamische Wirkung des Kerns auf das Cytoplasma annehmen wollen (Rhumbler) nur übrig, an eine Sekretion gelösten Substanzen aus dem Kern zu denken. Morphologisch ist diese Abgabe amikroskopischer Teilchen natürlich direkt nicht nachzuweisen. Dagegen stellt Tischler einige Beobachtungen zusammen, wo im Cytoplasma gelagerte Formbestandteile, wie die Chloroplasten vom Kern chemotaktisch angelockt werden, was indirekt für eine Abgabe „gelöster Anlockungsmittel" von seiten des Kernes an das Cytoplasma spricht [vgl. Tischler (1922) S. 140 bis 141], ferner vergleiche man die Ausführungen, die ich im Handbuch der normalen und pathologischen Physiologie über die Beeinflussung des Cytoplasmas durch den Kern gemacht habe (1927).

Literatur.

A. Definition des Begriffes „Zellkern". Der Nachweis und die Identifizierung von „Kernen". Die Frage der kernlosen Organismen.

Bělař, K.: Der Formwechsel der Protistenkerne. Eine vergleichende morphologische Studie. Erg. Zool. 6, 236—654 (1926). — **Bresslau** und **Scremin:** Die Kerne der Trypanosomen und ihr Verhalten zur Nuclealreaktion. Arch. Protistenkde 48, 509—515 (1924). — **Brown, R.:** Observations on the organs and mode of fecondation in Orchideae. Trans. of the Linnean Soc. London 1833. — **Bütschli:** Bau der Bakterien. Leipzig 1890 u. 1896.

Feulgen, R. und **Rossenbeck:** Mikroskopisch-chemischer Nachweis einer Nucleinsäure vom Typus der Thymonucleinsäure und die darauf beruhende elektive Färbung von Zellkernen in mikroskopischen Präparaten. Z. physiol. Chem. 135 (1924). — **Frommann:** Zur Lehre von der Struktur der Zellen. Jena. Z. Naturwiss. 9 (1875).

Gotschlich, E.: Allgemeine Morphologie und Biologie der pathologischen Mikroorganismen. Handb. d. pathog. Mikroorgan. von Kolle-Wassermann. 2. Aufl. 1, 30—292. Jena: G. Fischer 1912. 3. Aufl. 1927. — **Gutstein, M.:** Über den Kern und den allgemeinen Bau der Bakterien. Zbl. Bakter. I 95, 357—388 (1925).

Hertwig, O.: Das Problem der Befruchtung und der Isotropie des Eies, eine Theorie der Vererbung. Jena. Z. Naturwiss. 1884. — Allgemeine Biologie. 6. u. 7. Aufl. Jena: G. Fischer 1923.

Koch, A.: Morphologie des Eiwachstums der Chilopoden. Z. Zellforschg 2 (1925). — **Kossel:** Zur Chemie des Zellkerns. Z. physiol. Chem. 41, 49, 60, 78.

Masing, E.: Über das Verhalten der Nucleinsäure bei der Furchung des Seeigeleies. Z. physiol. Chem. 67, 161—173 (1910 b). — **Meyer, A.:** Die in den Zellen vorkommenden Eiweißkörper sind stets ergastische Stoffe. Ber. dtsch. bot. Ges. 33, 373—379 (1915). — Morphologische und physiologische Analyse der Zelle der Pflanzen und Tiere. 1920, 629, 205 Abb. Jena. — **Miescher, F.:** Chemische Zusammensetzung der Eiterzelle. Hoppe-Seylers med.-chem. Untersuch. 1871, 441—460. — Die Spermatozoen einiger Wirbeltiere. Verh. Naturforsch.-Ges. 6, 138—208, Taf. 1. Basel 1874. — **Mitrophanow, P.:** Etude sur l'organisation des Bacteries. J. internat. d'Anat. et de Physiol. 10, H. 11, 1—57, Taf. 18—19 (1893).

Pratje, A.: Die Chemie des Zellkerns. Biol. Zbl. 40, 88—112 (1920).

Ruzicka, Vl.: Zur Frage von der inneren Struktur der Mikroorganismen. Zbl. Bakter. I 3, 305—307, 1 Taf. (1898). — Die Frage der kernlosen Organismen und der Notwendigkeit des Kernes zum Bestehen des Zellenlebens. Biol. Zbl. 27, 491—496, 497—505 (1907). — Kausal-analytische Untersuchungen über die Herkunft des Chromatins. I. Versuche über die Herkunft des Bakterienchromatins. Arch. Entw.mechan. 42, 517—563, Taf. 34 (1917).

Schumacher, Josef: Über den Nachweis des Bakterienkerns und seine chemische Zusammensetzung. Zbl. Bakter. I Orig. 97, H. 2/3, 80—104 (1926). — **Strasburger, E.:** Neue Untersuchungen über den Befruchtungsvorgang bei den Phanerogamen als Grundlage einer Theorie der Zeugung. Jena 1884. — **Stricker, S.:** Beobachtungen über die Entstehung des Zellkerns. Sitzgsber. Akad. Wiss. Wien, Math.-naturwiss. Kl. 76 (1877).

Tischler, G.: Allgemeine Pflanzenkaryologie. Berlin: Bornträger 1921—1922.

Wilson, E. B.: The cell in development and Heredity. 3. Aufl. New York 1925.

Zacharias, E.: Die chemische Beschaffenheit von Protoplasma-Zellkern. Progr. rei. botan. 3, 67—258 (1909). — **Zettnow, E.:** Über den Bau der Bakterien. Zbl. Bakter. 10, 689—694, 1 Taf. (1891). — Zbl. Bakter. I 46 (1908).

B. Die Kernsubstanz im Zustand der Mitose.

Artom, C.: Le basi citologiche di una nuova sistematica del genere Artemia. Arch. Zellforschg 9 (1912).

Baltzer, F.: Über die Beziehung zwischen dem Chromatin und der Entwicklung und Vererbungsrichtung bei Echinodermenbastarden. Arch. Zellforschg 5, 497—621, 25 bis 29 Taf., 19 Abb. (1910). — **Bĕlař, K.:** Der Formwechsel der Protistenkerne. Erg. Zool. 6, 236—654 (1926). — **Blackburn** and **Harrison:** The status of the Britisch rose forms. as determined by their cytol. behavior. Ann. Bot. 35 (1921). — **Boveri, Th.:** Zellenstudien. III. Über das Verhalten der chromatischen Kernsubstanz bei der Bildung der Richtungskörper und bei der Befruchtung. Jena. Z. Naturwiss. 24, 314—401, Taf. 11—13 (1890). — Zur Physiologie der Kern- und Zellteilung. Sitzgsber. physik.-med. Ges. Würzburg, N. F. 29, 133—151, 5 Abb. (1896). — Zellenstudien. H. 1: Die Bildung der Richtungskörper. 1887; H. 2: Die Befruchtung und Teilung des Eies von Asc. meg. 1888; H. 3: Über das Verhalten der chromatischen Kernsubstanz usw. 1890; H. 4: Über die Natur der Centrosomen. 1901. — Die Ergebnisse über die Konstitution der chromatischen Substanz des Zellkerns. Jena 1904, 130, 75 Abb. — Über Geschlechtschromosomen bei Nematoden. Arch. exper. Zellforschg 4 (1910). — **Braun, H.:** Die spezifischen Chromosomenzahlen der einheimischen Arten der Gattung Cyclops. Arch. exper. Zellforschg 3, 449—482, Taf. 24 bis 25, 2 Abb. (1909). — **Buchner, P.:** Das akzessorische Chromosom in Spermatogenese und Ovogenese der Orthopteren usw. Arch. Zellforschg 3 (1909).

Carnoy, J. B.: La vesicule germinative et les globules polaires chez l'ascaris megalocephala. Cellule 2 (1886); 3 (1887). — **Carothers, E. E.:** The segregation and recombination of homolog. Chromosomes as found in two Genera of Acridae. J. Morph. a. Physiol. 28 (1917). — **Carruthers, D.:** The somatic mitoses in Hyacinthus orientalis var. albulus. Arch. Zellforschg 15, 370—376, 29 Taf. (1921). — **Conklin, E. G.:** The embryologie of Crepidula. J. Morphol. a. Physiol. 13 (1897). Ferner: J. Acad. Nat. Sci. 12. Philadelphia 1902. — Cell size and nuclear size. J. exper. Zool. 12 (1912).

Della Valle: L'Organizzazione della cromatina studiata mediante il numero dei cromosomi. Arch. exper. Zool. 4, 1—177 (1909); 5, 119—200 (1911). — **Delaunay, L. N.:** Phylogenetische Chromosomenverkürzung. Z. Zellforschg 4, H. 3, 338—364 (1926). — **Delaunay, L.:** Etude comparée caryologique de quelque espèces du genre Muscari Mill. N. Pr. Mem. Soc. Natur. 25, 33—64, 1 Taf., 2 Abb. Kiew 1915. (Russisch mit französischem Resumé.)

Erdmann, Rh.: Experimentelle Untersuchung der Massenverhältnisse von Plasma, Kern und Chromosomen in dem sich entwickelnden Seeigelei. Arch. Zellforschg 2, 76—136, 6 Kurven (1908). — Quantitative Analyse der Zellbestandteile bei normalem, experimentell verändertem und pathologischem Wachstum. Erg. Anat. 20, 471—566, 12 Abb. (1912).

Fischer, B.: Metaplasie und Gewebsmißbildung. Handb. d. norm. u. pathol. Physiol. Berlin: Julius Springer 1927. 14 II, speziell S. 1273—1275. Gewebsspez. Kerne und Mitosen. **Frolowa, S.:** Normale und polyploide Chromosomengarnituren bei einigen Drosophilaarten. Arch. Zellforschg u. mikrosk. Anat. 3, 682—694 (1926).

Gaiser, L. O.: A list of chromosome numbers in angiosperms. C. r. Acad. Sci. 184, Nr 3, 164—166 (1927). — **Gates, R. R.:** Pollen formation in Oenothera gigas. Ann. of Bot. 25, 909—940, Taf. 67—70 (1911). — Tetraploid mutants and chromosome mechanismus. Biol. Zbl. 33, 92—99, 113—150, 7 Abb. (1913). — **Geerts, J. M.:** Über die Zahl der Chromosomen von Oenothera Lamarckiana. Ber. dtsch. bot. Ges. 25, 191—195, 6 Taf. (1907). — **Grégoire, V.:** Les fondements cytologique des theories courantes sur l'heredite mendelienne. Les chromosomes: Individualite, Reduktion, Structure. Ann. Soc. roy. zool. et Malacologique de Belg. 42, 267—320. Bruxelles 1907. — **Grosser, O.:** Über die Chromosomenzahl des Menschen. Anat. Anz. 54, Erg.-H. (1921). — **Guignard:** Recherches sur la structure et la division du noyau cellulaire chez les végétaux. Ann. Sci. natur. Bot. 6. Sér. 17 (1884). — **Gutherz, S.:** Über den gegenwärtigen Stand der Heterochromosomenforschung. Sitzgsber. Ges. naturforsch. Freunde Berlin 1911. — Zur Kenntnis der Heterochromosomen. Arch. mikrosk. Anat. 69 (1907). — Das Heterochromosomenproblem bei den Vertebraten. Arch. mikrosk. Anat. 96 (1922).

Haecker, V.: Die Chromosomen als angenommene Vererbungsträger. Erg. Zool. 1. Jena 1907. — **Hance, R. T.:** A comparison of mitosis in chick tissue cultures and in sectioned embryos. — Parental chromosome dimensions in Ascaris. A study of the effect of cellular environment on chromosome sice. J. Morph. a. Physiol. 44, 117—125 (1927). — Variations in the number of somatic chromosomes in Oenothera scintillans de Vries. Genetics 3, 225—275, 7 Taf., 5 Abb. (1918). — **Hansemann:** Studien über die Spezifität, den Altruismus und die Anaplasie der Zellen. 1893. — **Harvey, E. B.:** A review of the chromosome numbers in the Metazoa, pt. I. J. Morph. a. Physiol. 28, 1—63 (1916). — Desgleichen, pt. II. J. Morph. a. Physiol. 34, 1—68 (1920). — **Heilborn, O.:** Chromosome numbers and dimensions, species formation and phylogeny in the Genus Carex. Hereditas (Lund) 5, 129 bis 216 (1924). — **Henking, H.:** Untersuchungen über die ersten Entwicklungsvorgänge in den Eiern der Insekten. Z. Zool. 51 (1891). — **Hertwig, O.:** Vergleich der Ei- und Samenbildung bei Nematoden. Arch. mikrosk. Anat. 36 (1890). — **Heuser, E.** Beobachtungen

202 Literatur: Ishikawa — Seifritz.

über Zellkernteilung. Bot. Zbl. 17, 27—32, 57—59, 85—95, 117—128, 154—157, Taf. 1 bis 2 (1884).

Ishikawa, M.: A list of the number of chromosomes. Botanical Mag. 30, 404—448, 32 Abb. Tokyo 1916.

Jorgensen, C. A.: The experimental formation of heteroploid plants in the Genus So-lanum. J. Genet 19, Nr 2, 133—211 (1928).

Katsuki, K.: Materialien zur Kenntnis der quantitativen Wandlungen der Chromatins in den Geschlechtszellen von Ascaris. Arch. Zellforschg 13 (1914). — **Keeble, F.:** Gigantism in Primula sinensis. J. Genet. 2, 163—188, 11 Taf. (1912). — **Krallinger:** Über die Chromosomenzahl beim Rinde, sowie einige allgemeine Bemerkungen über die Chromosomenforschung in den Säugetierklassen. Verh. anat. Ges., Erg.-H. Anat. Anz. 63, 209 bis 214 (1927). — **Kuwada, Y.:** Über die Chromosomenzahl von Zea Mays L. Botanical Mag. 29, 83—89, 1 Taf. (1915). — Die Chromosomenzahl von Zea Mays L. J. Coll. of science Imp. Univ. Tokyo. 39, Nr 10, 148, 2 Taf., 4 Abb. (1919). — **Kühn, A.:** Analyse der Chromatinverhältnisse und der Teilungsmechanik des Amöbenkerns mit Hilfe mehrpoliger Teilungen. Zool. Anz. 45, 564—576, 17 Abb. (1915) und Arch. Entw.mechan. 46 (1921).

Lundegårdh, H.: Über Kernteilung in der Wurzelspitze von Allium Cepa und Vicia faba. Jb. Bot. 48 (1910). — Chromosomen, Nucleolen und die Veränderungen im Protoplasma bei der Karyokinese. Cohns Beitr. z. Biol. der Pflanzen 11, 373—542, Taf. 11—14 (1912). — Die Kernteilung bei höheren Organismen nach Untersuchungen an lebendem Material. Pringsheims Jb. wiss. Bot. 51, 236—282, Taf. 2, 8 Abb. (1912d).

Metz, Ch. W.: Chromosome studies on the Diptera. III. Additional types of chromosome groups in the Drosophilidae. Amer. Natural. 50, 587—599, 2 Taf. (1916). — Chromosome studies on the Diptera. II. The paired association of chromosomes in the Diptera, and its significance. J. of exper. Zool. 21, 213—280, Taf. 1—8 (1916a). — **Meves, Fr.:** Zellteilung. Erg. Anat. 6, 285—390, 1 Abb. (1897). — Zellteilung. Erg. Anat. 8, 430—542, 2 Abb. (1899). — **Moenkhaus:** The development of Hybrids between Fundulus and Menidia. Amer. J. Anat. 3 (1904) und Proc. Ind. Acad. Sci. 1910. — **Mol, Willem Eduard de:** Heteroploidy and somatic variation in the Dutch flowering bulbs. Amer. Natural. 60, Nr 669, 334—339 (1926). — **Montgomery, T. H.:** A study of the chromosomes of the germ cells of Metazoa. Trans. amer. Phil. Soc. 20, 154—236, Taf. 4—8 (1901). — The spermatogenesis in Pentastoma up to the formation of the spermatid. Zool. Jb. 12 (1898). — A study of the chromosomes of the germ-cells of Metazoa. Trans. amer. Phil. Soc. 1901. — Chromosomes in the spermatogenesis of the Hemiptera Heteroptera. Trans. amer. Phil. Soc. N. S. 21 (1906). — **Morgan, T. H.:** Heredity and sex. New York. Columbia University Press. 1913. — **Morris, M.:** The behavior of the chromatin in Hybrids between Fundulus and Ctenolabrus. J. of exper. Zool. 16 (1914). — **Mc Clung, E. E.:** The accessory chromosome — sex determinant? Biol. Bull. 3 (1902). — A comparation study of the chromosomes in Orthopteran spermatogenesis. J. Morph. a. Physiol. 25 (1914). — **Müller, H. A. Cl.:** Kernstudien an Pflanzen. I. u. II. Arch. Zellforschg 8 (1912).

Nachtsheim, H.: Cytologische Studien über die Geschlechtsbestimmung bei der Honigbiene (Apis mellifica L.). Arch. Zellforschg 11, 169—241, Taf. 7—10, 6 Abb., 1 Tab. (1913). — **Nawaschin, M.:** Haploide, diploide und triploide Kerne von Crepis virens Vill. Mem. Soc. Nat. 25. Kiew 1915. (Russisch.) — Variabilität des Zellkerns bei Crepis-Arten in bezug auf die Artbildung. Z. Zellforschg 4, H. 2, 171—215 (1926). — **Nemec, B.:** Das Problem der Befruchtungsvorgänge und andere cytologische Fragen. Berlin 1910, 532, 119 Abb., 5 Taf. — Über die Bedeutung der Chromosomenzahl. V. M. Bull. internat. Acad. S. Boheme. Sep. 1906, 4. — **Newman, H. H.:** Further studies of the process of heredity in Fundulus hybrids. J. of exper. Zool. 8 (1910).

Rabl, C.: Über Zellteilung. Morphol. Jb. 10, 214—330 (1885). — vom **Rath, O.:** Über die Konstanz der Chromosomenzahl bei Tieren. Biol. Zbb. 14, 449—471, 19 Abb. (1894). — **Rhumbler, L.:** Das Protoplasma als physikalisches System. Erg. Physiol. 14, 474—617, 59 Abb. (1914). — **Rosenberg, O.:** Chromosomenzellen und Chromosomendimensionen in der Gattung Crepis. Ark. Bot. (schwed.) 15 (1918) und Sv. bot. Tidskr. 14 (1920). — **Roux, W.:** Über die Bedeutung der Kernteilungsfiguren. Eine hypothetische Erörterung. Leipzig 1883, 19.

Sakamura, T.: Experimentelle Studien über die Zell- und Kernteilung mit besonderer Rücksicht auf Form, Größe und Zahl der Chromosomen. J. Coll. of Sci. Imp. Univ. Tokyo 39, Art. 11, 221, 7 Taf., 24 Abb. (1920). — **Schachow, S. D.:** Über die Chromosomenzahl in den somatischen Zellen des Menschen. Anat. Anz. 62, Nr 7/8, 122—127 (1926). — **Schneider, A.:** Untersuchungen über Plathelminten. 14. Ber. Oberhess. Ges. Natur- u. Heilkde 1873, 69—140, Taf. 3—7. — **Seifritz, W.:** Observations on some physical properties of protoplasm by aid of microdissection. Ann. of Bot. 35, 269—296, 1 Abb. (1921). — **Seiler, J.:** Geschlechtschromosomenuntersuchungen an Psychiden. Z. indukt. Abstammungslehre 8, 81—92, 1 Taf. (1917). — Geschlechtschromosomen an Psychiden. III. Chromosomenkoppelungen bei Solenobia pineti Z. Eine cytologische Basis für die Faktorenaustausch-Hypothese. Arch. Zellforschg 16, 171—216, Taf. 12, 7 Abb., 12 Tab.

(1922). — **Seiler, J.** und **C. B. Haniel:** Das verschiedene Verhalten der Chromosomen in Eireifung und Samenreifung von Lymantria monacha L. Z. indukt. Abstammgslehre 27, 81—103, 2 Taf., 6 Abb., 1 Tab. (1921). — **Sierp, H.:** Über die Beziehungen zwischen Individuengröße, Organgröße und Zellengröße, mit besonderer Berücksichtigung des erblichen Zwergwuchses. Pringsheims Jb. wiss. Bot. 53, 55—124, 3 Abb. (1914). — **Stevens, N. M.:** Studies in spermatogenesis. I. and II. Carnegie-Inst. Washington 1905 and 1906. — A study of the chromosomes of certain Diptera. J. of exper. Zool. 5 (1908). — Further studies on the chromosomes of the Coleoptera. Ebenda 6 (1909). — An unpaired heterochromosome in the Aphids. Ebenda 6 (1909). — **Stomps, Th. J.:** Die Entstehung von Oenothera gigas de Vries. Ber. dtsch. bot. Ges. 30, 406—416 (1912). — Über den Zusammenhang zwischen Statur und Chromosomenzahl bei den Oenotheren. Biol. Zbl. 36, 129—160 (1916). — Gigas-Mutation mit und ohne Verdoppelung der Chromosomenzahl. Z. indukt. Abstammgslehre 21, 65—90, 1—3 Taf., 4 Abb. (1919). — **Strasburger, E.:** Über den Teilungsvorgang der Zellkerne. Arch. mikrosk. Anat. 21 (1882). — Neue Untersuchungen über den Befruchtungsvorgang bei den Phanerogamen als Grundlage für eine Theorie der Zeugung. Jena 1884. — Über periodische Reduktion der Chromosomenzahl im Entwicklungsgang der Organismen. Biol. Zbl. 14, Nr 23u. 24 (1894). — Über Reduktionsteilung, Spindelbildung, Centrosoma und Cilienbildner im Pflanzenreich. Jena 1900. — **Sutton, W. S.:** On the morphologie of the chromosomes in Brachystola magna. Biol. Bull. of the Marine Biol. Labor. Woods Hole, Mass. 4, 24—39, 11 Abb (1902a). — The chromosomes in heredity. Biol. Bull. of the Marine Biol. Labor. Woods Hole, Mass. 4, 231—248 (1902b).

Täckholm, G.: Cytologische Studien über die Gattung Rosa. Acta Hort. Berg. 7 (1922). — **Tahara, M.:** Cytologische Studien an einigen Kompositen. J. Coll. Sci. Imp. Univ. Tokyo 43 (1921). — Über die Zahl der Chromosomen von Crepis Japonica Benth. Botanical Mag. 24, 23—27, Taf. 2, Tokyo 1910a. — **Tahara, M.** and **M. Ischikawa:** The number of chromosomes of Crepis Lanceolata var. platyphyllum. Botanical Mag. 25, 119—121, 6 Abb. Tokyo 1911. (Japanisch.) — **Tennent, D. H.:** The chromosomes in crosse-fertilized Echinoid. eggs. Biol. Bull. Woods Hole 15 (1908). — **Tischler, G.:** Untersuchungen über die Entwicklung des Bananen-Pollens I. Arch. Zellforschg 5, 622—670, Taf. 30—31 (1910). — Chromosomenzahl, -Form und Individualität im Pflanzenreich. Progr. rei. bot. 5, 164 bis 284 (1915b). — Untersuchungen über den Riesenwuchs von Phragmites communis var. Pseudodonax. Ber. dtsch. bot. Ges. 36, 549—553, 17 Taf. (1918). — Über die sog. „Erbsubstanzen" und ihre Lokalisation in der Pflanzenzelle. Biol. Zbl. 40, 15—28 (1920). — Pflanzenkaryologie. Handb. d. Pflanzenanatomie. 2. Bornträger 1922. — Über die Verwendung der Chromosomenzahl für phylogenetische Probleme bei Angiospermen. Biol. Zbl. 48, 321—345 (1928). — Chromosomenzahlen: Tabulae Biologicae 1927.

Waldeyer, W.: Über Karyokinese und ihre Beziehung zu den Befruchtungsvorgängen. Arch. mikrosk. Anat. 32, 1—122, 14 Abb. (1888). — **Wassermann, F.:** Zur Analyse der mitotischen Kern- und Zellteilung in: Z. Anat. (Festschr. Mollier) 80, 344—432 (1926). — **Wenrich, D. H.:** The spermatogenesis of Phrynitettix magnus with special reference to synapsis and the individuality of the chromosomes. Bull. Univ. Comp. Zool. Harvard Coll. 60, 55—136, 10 Taf. (1916). — **Wettstein, Fritz v.:** Die Erscheinung der Heteroploidie, besonders im Pflanzenreich in: Erg. Biol. 2, 311—356, 12 Abb. (1927). — **Wilson, E. B.:** An atlas of the fertilization and Karyokinesis of the Ovum. New York 1895. — The cell in development and heredity. 3. Aufl. New York 1925. Kap. XI: Morph. Problems of the chromosomes 828—913. — Studies chromosomes I—VII. J. of exper. Zool. 2, 3; 2,4 (1905); 3 (1906); 6 (1909); 9 (1910). — The sex chromosomes. Arch. mikrosk. Anat.77 (1911). — **Winge, O.:** The chromosomes. Their number and general importance. C. R. Trav. Lab. Carlsberg 13, 131—275 (1917). — **Winkler, H.:** Über die experimentelle Erzeugung von Pflanzen mit abweichenden Chromosomenzahlen. Z. Bot. 8, 417—531 (1916). — **Winivater, H. de** et **K. Oguma:** Nouvelles recherches sur la spermatogénèse humaine. Arch. Biol. 36 (1926).

C. Der Intimbau des Chromosoms.

Bonnevie, K.: Chromosomenstudien. I. Arch. Zellforschg 1 (1908); II. 5 (1910); III. 6 (1911). — **Browne, E. N.:** A comparative Study of the Chromosomes of six species of Notonecta. J. Morphol. a. Physiol. 27 (1916).

Carnoy, J. B.: La biologie cellulaire. 1884 Lierre. 271 S. — **Chambers, R.:** Some physical properties of the cell nucleus. Science (N. Y.). N. Ser. 40, 824—827 (1914). — **Chambers, R.:** Physical structure of Protoplasm. as determined by mikro-dissection and injection. Cowdry, General Cytologie. New York 1923, 237—309. — **Chambers, R.** and **H. C. Sands:** A dissection of the chromosomes in the pollen mother cells of Tradescantia virginea. J. gen. Physiol. 5, 815—819 (1923).

Darlington, C. D.: Chromosome studies in the scilleae. J. Genet. 16 (1926). — **Delaunay, L.:** Etude comparée caryol. de quelques espèces du genre Muscari Mill. N. Pr. Mém. Soc. Natur. 25. Kiew 1915.

Earl, R. O.: The nature of chromosomes. I. Effects of reagents on root tip sections of Vicia faba. Bot. Gaz. **84**, Nr 1, 58—74 (1927). — **Eisen, G.:** The chromoplasts and the chromioles. Biol. Zbl. **19**, 130—136, 5 Abb. (1899). — The spermatogenesis of Batrachoceps. J. Morph. a. Physiol. **17** (1900). — **Eisentraut, M.:** Die spermatogonialen Teilungen bei Acrideern mit besonderer Berücksichtigung der Überkreuzfiguren. Z. Zool. **127** (1926). — **Feulgen** und **Rossenbeck:** Mikroskopisch-chemischer Nachweis einer Nucleinsäure usw. Z. Physiol. Chem. **135** (1924). — **Foot** und **Strobell, E. C.:** A study of Chromosomes and Chromatin Nucleoli in Euchistus. Arch. Zellforschg **9** (1912).

Gaidukov, N.: Dunkelfeldbeleuchtung und Ultramikroskopie in der Biologie und Medizin. Jena 1910. Ferner: Ber. dtsch. bot. Ges. **24** (1906). — **Gelei, J. v.:** Weitere Studien über die Oogenese des Dendrocoelum lacteum. II. Die Längskonjugation der Chromosomen. Arch. exper. Zellforschg **16**, 88—169, Taf. 6—11, 7 Abb. (1921). — **Grégoire, V.:** La structure de l'élement chromosomique au repos et en division dans les cellules végetales. Cellule **23**, 311—357 (1926). — **Gutherz, S.:** Chromatin und Chromosomen. In: Encyklop. d. mikrosk. Technik. 3. Aufl. **1**, 332—343 (1926).

Heidenhain, M.: Plasma und Zelle. Jena 1907. — **Hertwig, P.:** Durch Radiumbestrahlung hervorgerufene Veränderungen in den Kernteilungsfiguren von Ascaris megalocephala. Arch. mikrosk. Anat. **77** (1911).

Janssens, Fr. A. et **R. Dumez:** L'element nucleinien pendant les cinese de maturation des spermatocytes chez Batrachoseps attenuatus et Pletodon cinereus. Cellule **20**, 421 bis 460, 5 Taf. (1903).

Kagawa, Fuyuwo: Observation on the size and shape of chromosomes based upon their actual measurement. Proc. imp. Acad. Tokyo **2**, Nr 3, 136—138 (1926). — **Katsuki, K.:** Materialien zur Kenntnis der quantitativen Wandlungen des Chromatins in den Geschlechtszellen von Ascaris. Arch. Zellforschg **13**, 92—118, Taf. 1—3 (1914). — **Kaufmann, B. P.:** Chromosome structure and its relation to the chromosome cycle. I. Somatic mitoses in Tradescantia pilosa. Amer. J. Bot. **13** (1926). — **Kite, G. L.** and **R. Chambers, jr.:** Vital staining of chromosomes and the function and structure of the nucleus. Science, N. Ser. **36**, 639—641 (1912). — **Körnicke, M.:** Über die Wirkung von Röntgen- und Radiumstrahlen auf pflanzliche Gewebe und Zellen. Ber. dtsch. bot. Ges. **23**, 404—415, Taf. 18 (1905). — **Kuwada, Yoshinari** and **Tetsu Sakamura:** A contribution to the colloidchemical and morphological study of chromosomes. Protoplasma (Lpz.) **1**, H. 2, 239—254 (1926).

Lee, A. B.: The Chromosomes of Paris quadrifolia and the Mechanism of their Division. Quart. J. microsc. Sci. **69**, 1—27 (1925). — **Lundegardh, H.:** Fixierung, Färbung und Nomenklatur der Kernstrukturen. Arch. mikrosk. Anat. **80**, 223—273 (1912). — Die Kernteilung bei höheren Organismen nach Untersuchungen an lebendem Material. Pringsheims Jb. f. wiss. Bot. **51**, 236—282, Taf. 2, 8 Abb. (1912).

Martens, P.: Observation vitale de la caryocinese. C. r. Acad. Sci. **184**, Nr 12, 758 bis 760 (1927). — **Morgan, T. H.:** Recent results relating to chromosomes and genetics. Quart. Rev. Biol. **1**, 186—211 (1926).

Nawaschin, M.: Variabilität des Zellkerns bei Crepis-Arten in bezug auf die Artbildung. Z. Zellforschg **4** (1926). — **Nawaschin, S.:** Über den Dimorphismus der Kerne in den somatischen Zellen bei Galtonia candicans. Bull. Acad. Impér. Petersburg **22** (1912). — **Nachtsheim, H.:** Cytologische Studien über die Geschlechtsbestimmung bei der Honigbiene (Apis mel.). Arch. exper. Zellforschg **11** (1913).

Perthes: Versuch über den Einfluß der Röntgen- und Radiumstrahlen auf die Zellteilung. Dtsch. med. Wschr. **36** (1904). — **Pfitzner, W.:** Über den feineren Bau der bei der Zellteilung auftretenden fadenförmigen Differenzierungen des Zellkerns. Morph. Jb. **7**, 289—311, 2 Abb. (1881).

Sakamura, Tetsu: Über die Einschnürung der Chromosomen bei Vicia faba L. (V. M.). Botanical Mag. **29**, 287—300, Taf. 13, 12 Abb. Japanisch S. 365—382. Tokyo 1915. — Über die Beeinflussung der Zell- und Kernteilung durch die Chloralisierung mit besonderer Rücksicht auf das Verhalten der Chromosomen. Botanical Mag. **30**, 375—399, Taf. 4, 4 Abb. Tokyo 1916. — Experimentelle Studien über die Zell- und Kernteilung mit besonderer Rücksicht auf Form, Größe und Zahl der Chromosomen. J. Coll. of Sc. Imp. Univ. Tokyo. **39**, Art. 11, 221, 7 Taf., 24 Abb. (1920). — Chromosomenforschung an frischem Material. Protoplasma (Lpz.) **1**, H. 4, 537—565 (1927). — Fixierung von Chromosomen mit siedendem Wasser. Botanical Mag. **41**, Nr 483, 59—64 (1927). — **Schleicher, W.:** Die Knorpelzellteilung. Arch. mikrosk. Anat. **16**, 248—300 (1878). — **Schustow, L.:** Über Kernteilungen in der Wurzelspitze von Allium cepa. Arch. exper. Zellforschg **11** (1913). — **Seiler** und **Haniel:** Das verschiedene Verhalten der Chromosomen in Ei- und Samenreifung von Lymantrie monacha. Z. indukt. Abstammgslehre **27** (1921). — **Spek, J.:** Über physikalisch-chemische Erklärungen der Veränderungen der Kernsubstanz. Arch. Entw.mechan. **46**, 537—546 (1920). — **Stieve, H.:** Die Entwicklung der Keimzellen des Grottenolms (Proteus). I. Spermatogenese. Arch. mikrosk. Anat. **93** (1920). II. Ovogenese.

Arch. mikrosk. Anat. **95** (1920). — **Stomps, Th. J.:** Kernteilung und Synapsis bei Spinacia oleracea. Biol. Zbl. **31** (1910).

Tamura, O.: Morphologische Studien über Chromosomen und Zellkerne. Arch. exper. Zellforschg **17** (1923). — **Tischler:** Allgemeine Pflanzenkaryologie. Berlin: Bornträger 1922. — **Tschernoyarow, M.:** Über die Chromosomenzahl und besondere Beschaffenheit der Chromosomen im Zellkern von Najas major. Ber. dtsch. bot. Ges. **32** (1914).

Vejdowsky, F.: Structure and Development of the living matter. Böhm. Akad. d. Wiss. Prag 1926—27, 1—360.

Wenrich, D. H.: The spermatogenesis of Phrynitettix magnus with special reference to synapsis and the individuality of the chromosomes. Bull. Univ. Comp. Zool. Harvard Coll. **60,** 55—136, 10 Taf. (1916). — **van Wisselingh, C.:** Zehnter Beitrag zur Kenntnis der Karyokinese. Beihefte Bot. Zbl. I **38,** 273—354 (1921).

D. Die pro- und regressive Metamorphose der Chromosomen.

Boveri, Th.: Zellenstudien. **6.** Jena 1907. — **Brüel:** Zelle und Zellteilung. Handwörterbuch d. Naturwiss. Jena.

Gurwitsch, A.: Vorlesungen über allgemeine Histologie. Jena 1913.

Haecker, V.: Die Eibildung bei Cyclops und Canthocamptus. Zool. Jb., Abt. f. Anat. u. Ontog. **5** (1892). — Über die Selbständigkeit der väterlichen und der mütterlichen Kernbestandteile. Ebenda **46** (1895). — Über die Autonomie der väterlichen und mütterlichen Kernsubstanz vom Ei bis zu den Fortpflanzungszellen. Anat. Anz. **20** (1902). — **Heberer, Gerhard:** Die Idiomerie in den Furchungsmitosen von Cyclops viridis Jurine in: Z. mikrosk.-anat. Forschg **10,** 169—206, Taf. 3, 4 21 Abb. (1927). — **Hertwig, O.:** Allgemeine Biologie. 6. und 7. Auflage.

Mc Kater, J. A.: Chromosomal vesicles and the structure of the resting nucleus in Phaseolus. Biol. bull. of the marine biol. laborat. **51,** Nr 3, 209—224 (1926). — Nuclear structure and chromosomal individuality. Somatic and germ nuclei of the rat. Z. Zellforschg **6,** 587—610 (1928). — **Küster, E.:** Zelle und Zellteilung. Handwörterbuch d. Naturwissenschaft. Jena 1915.

Nemĕc, B.: Das Problem der Befruchtungsvorgänge und andere cytologische Fragen. Berlin 1910.

Reuter, E.: Merokinesis. Ein neuer Kernteilungsmodus. Acta Soc. Scient. Fennicae **37** (1909). — **Richards, A.:** The History of the chromosomal Vesicles in Fundulus. Biol. Bull. **32** (1917). — **Rückert, J.:** Über das Selbständigbleiben der väterlichen und mütterlichen Kernsubstanz während der ersten Entwicklung des befruchteten Cyclops-Eies. Arch. mikrosk. Anat. **45,** 339—369, Taf. 21—22 (1895).

Vejdowsky, F.: Zum Problem der Vererbungsträger. Böhm. Ges. d. Wiss. Prag 1911/12.

Ea. Die Größe des Ruhekerns, die Kernplasmarelation.

Bĕlar̆, K.: Der Formwechsel der Protistenkerne. — **Boveri, Th.:** Zellstudien. **5.** Jena 1905.

Chambers, R.: Einfluß der Eigröße und Temperatur auf die Größe des Frosches und dessen Zellen. Arch. mikrosk. Anat. **72** (1908). — **Conklin, E. G.:** Cell size and nuclear size. J. of exper. Zool. **12** (1912).

Erdmann, Rh.: Quantitative Analyse der Zellbestandteile bei normalem und experimentell verändertem Wachstum. Erg. Anat. **20** (1911).

Gerassimoff: Die Abhängigkeit der Größe der Zelle von der Menge ihrer Kernmasse. Z. f. allg. Physiol. **1** (1902). — **Godlewski, E. jun.:** Der Eireifeprozeß im Lichte der Untersuchungen der Kernplasmarelation bei Echinodermenkeimen. Arch. Entw.mechan. **44** (1918). — **Gurwitsch, A.:** Vorlesungen über allgemeine Histologie. Jena: G. Fischer 1913.

Hartmann, O.: Über das Verhalten der Zell-, Kern- und Nucleolengröße bei Cladozeren. Arch. Zellforschg **15** (1919) und Arch. Entw.mechan. **44** (1918). — **Herbst, C.:** Vererbungsstudien. 7. und 10. Arch. Entw.mechan. **34** (1912); **39** (1914). — **Hertwig, G.:** Radiumbestrahlung unbefruchteter Froscheier und ihre Entwicklung nach Befruchtung mit radiumbestrahltem Samen. Arch. mikrosk. Anat. **77** (1911). — **Hertwig, P.:** Durch Radiumbestrahlung verursachte Entwicklung von halbkernigen Triton- und Fischembryonen. Arch. mikrosk. Anat. **87** (1916). — **Hertwig, R.:** Über neue Probleme der Zellenlehre. Arch. Zellforschg **1,** 1—32 (1908). — Über Korrelation von Zell- und Kerngröße und ihre Bedeutung für die geschlechtliche Differenzierung und die Teilung der Zelle. Biol. Zbl. **23,** 49—62, 108—119 (1903a). — Über das Wechselverhältnis von Kern und Protoplasma. München 1903b.

Koehler, O.: Über die Ursachen der Variabilität bei Gattungsbastarden von Echiniden. Z. indukt. Abstammgslehre **15** (1.,15/16).

Meyer, A.: Das ergastische Organeiweiß und die vitᵢilogenen Substanzen der Palisadenzellen von Tropaeolum majus. Ber. bot. Ges. **35** (1917). — **Minot, Ch. S.:** The problem of Age, Growth and Death. New York und London 1908, 1—280. — **Müntzing, A.:** Chromosome number, nuclear volume and pollen size in Galeopsis. Hereditas (Lund) **10**, 241 bis 260 (1928).

Tischler, G.: Allgemeine Pflanzenkaryologie. Berlin: Bornträger 1921/22.

Winkler, H.: Über die experimentelle Erzeugung von Pflanzen mit abweichenden Chromosomenzahlen. Z. Bot. **8**, 417—531 (1916).

Eb. Die Form des Ruhekerns, sein Aggregatzustand, sein spezifisches Gewicht und seine Oberflächenbeschaffenheit.

Albrecht, E.: Die physikalische Organisation der Zelle. Frankf. Z. Path. **1** (1907).

Bělař, K.: Der Formwechsel der Protistenkerne. Erg. Zool. **6**. Jena 1926. — **Brüel, L.:** Zelle und Zellteilung. Handwörterb. d. Naturwiss. **10**. Jena: G. Fischer 1915.

Chambers, R.: The physical structure of protoplasma in Cowdry General Cytologie. Chicago 1924.

von Derschau, M.: Der Austritt ungelöster Substanzen aus dem Zellkern. Arch. Zellforschg **14** (1915).

Eilers, W.: Somatische Kernteilungen bei Coleopteren. Z. Zellforschg **2** (1925).

Groß, R.: Beobachtungen und Versuche an lebenden Zellkernen. Arch. Zellforschg **14** (1917).

Heidenhain, M.: Plasma und Zelle. Jena 1907—1911. — **Hertwig, O.:** Allgemeine Biologie. 6. u. 7. Aufl. Jena 1923.

Koltzoff, N. K.: Untersuchungen über das Kopfskelet des tierischen Spermiums. Arch. Zellforschg **2** (1908).

Linsbauer, Karl: Über eigenartige Zellkerne in Chara-Rhizoiden. Österr. bot. Z. **76**, H. 4, 249—262 (1927). — **Lundegardh, H.:** Die Kernteilung bei höheren Organismen nach Untersuchungen an lebendem Material. Jb. Bot. **51** (1912).

Miehe: Histologische und experimentelle Untersuchungen über die Anlage der Spaltöffnungen einiger Monokotylen. Bot. Zbl. **78** (1899). — **Mottier, D. M.:** The effect of centrifugal force upon the cell. Ann. of Bot. **13** (1899).

Nemec, B.: Einiges über zentrifugierte Pflanzenzellen. Bull. internat. Acad. d. Sc. Bohème **20** (1915).

Spek, J.: Über chemisch-physikalische Erklärungen der Veränderung der Kernsubstanz. Arch. Entw.mechan. **46** (1920). — **Stauffacher, H.:** Zellstudien. Bemerkungen zu den Methoden der modernen Zellforschung. Z. Zool. **109**, 393—484 (1914).

Tischler, G.: Allgemeine Pflanzenkaryologie. Bornträger 1922.

Zimmermann, A.: Die Morphologie und Physiologie des pflanzlichen Zellkerns. Jena 1896, 1—188.

Fa) Der feinere morphologische Bau des Ruhekerns. Das optische Bild des lebenden Kerns und seine experimentelle Beeinflussung.

Baccarini, J.: Sulle cinesi vegetative del „Cynomorium coccineum L.". Nuovo giorn. bot. ital. N. Ser. **15** (1908). — **Bělař, K.:** Der Formwechsel der Protistenkerne. Erg. Zool. **6** (1926).

Chambers, R.: Some physical properties of the cell nucleus. Science N. Ser. **40** (1914). — The physical structure of protoplasm as determined by microdissection and injection. Cowdrys General Cytology. Univ. Chicago Press. **1924**, 235—310.

Flemming, W.: Beiträge zur Kenntnis der Zelle und ihrer Lebenserscheinungen. I. Arch. mikrosk. Anat. **16**, 302—436, Taf. 15—18 (1879). — II. Ibid. **18**, 151—259, Taf. 7—9 (1880). — III. Ibid. **20**, 1—86, Taf. 1—4 (1880). — Zellsubstanz, Kern und Zellteilung. Leipzig 1882, 424, 8 Taf., 10 Abb. — Neue Beiträge zur Kenntnis der Zelle. I. Arch. mikrosk. Anat. **29**, 389—463, Taf. 23—26 (1887). — Neue Beiträge zur Kenntnis der Zelle. II. Arch. mikrosk. Anat. **37**, 685—751, Taf. 38—40 (1891 a). — Zellsubstanz, Kern und Zellteilung. Leipzig: F. C. W. Vogel 1901. — **Fischer, Alfred:** Fixierung, Färbung und Bau des Protoplasmas. Kritische Untersuchungen über Technik und Theorie in der neueren Zellforschung. Jena 1899. — **Frommann:** Zur Lehre von der Struktur der Zellen. Jena. Z. Naturwiss. **9** (1875). — Zelle. Realencyklopädie der gesamten Heilkunde. 2. Aufl. 1890.

Gaidukov, N.: Dunkelfeldbeleuchtung und Ultramikroskopie in der Biologie und Medizin. **1910**, 33, 5 Taf., 13 Abb. Jena. — **Groß, R.:** Beobachtungen und Versuche an lebenden Zellkernen. Arch. Zellforschg **14**, 279—354 (1917). — **Gurwitsch, A.:** Vorlesungen über allgemeine Histologie. Jena 1913. — Das Problem der Zellteilung physiologisch betrachtet. Berlin: Julius Springer 1926.

Haecker: Das Keimbläschen, seine Elemente und Lageveränderungen. Arch. mikrosk. Anat. **41** u. **42** (1893). — **Heberer, Gerhard:** Die Idiomerie in den Furchungsmitosen von Cyclops viridis Jurine in: Z. mikrosk.-anat. Forschg **10**, 169—206, 21 Abb., Taf. 3, 4 (1927). — **Heidenhain, Martin:** Plasma und Zelle. Jena 1907/11. — Über Kern und Protoplasma. Festschrift für Kölliker 1892.

Kite, G. L. and R. Chambers jr.: Vital staining of chromosomes and the function and structure of the nucleus. Science N. Ser. **36**, 639—641 (1912). — **Koltzoff, N. K.:** Physikalisch-chemische Grundlagen der Morphologie. Biol. Zbl. **48**, 345—369 (1928).

Lewis, W. H.: Observations on cells in tissue cultures with dark-field illunination. Anat. Rec. **26**, 15—29 (1923). — **Lewis, W. H. u. M. R.:** Behavior of cells in tissue cultures. Cowdry. General Cytology. Chicago **1924**, 385—423. — **Litadière, R. de:** Recherches sur l'élement chromosomique dans la caryocinèse somatiques des Filicines. Cellule **31** (1921). — **Lundegardh, H.:** Die Kernteilung bei höheren Organismen nach Untersuchungen am lebenden Material. Jb. Bot. **51**, 236—282 (1912). — Das Karyotin im Ruhekern und sein Verhalten bei der Bildung und Auflösung der Chromosomen. Arch. exper. Zellforschg **9**, 205—330 (1913). — Fixierung, Färbung und Nomenklatur der Kernstrukturen. Arch. mikrosk. Anat. **80**, 223—273 (1912).

Martens, P.: La structure vitale du noyau et l'action des fixateurs. C. r. Acad. Sci. **184**, Nr 10, 615—617 (1927). — **Meyer, Arthur:** Morphologische und physiologische Analyse der Zelle der Pflanzen und Tiere. Jena 1920.

Nägeli, C.: Mechanisch-physiologische Theorie der Abstammungslehre. Leipzig 1884. — **Nawaschin, S.:** Über das selbständige Bewegungsvermögen der Spermakerne bei einigen Angiospermen. Österr. bot. Z. **59** (1909).

Petersen, H.: Histologie und mikroskopische Anatomie. Bergmann 1922.

Rosenberg, O.: Über die Individualität der Chromosomen im Pflanzenreich. Flora (Jena) **93**, 251—259 (1904).

Scarth, G. W.: The structural organisation of plant protoplasma in the light of mikrurgy. Protoplasma (Lpz.) **1927** II, 189—205. — **Spek, J.:** Über chemisch-physikalische Erklärungen der Veränderungen der Kernsubstanz. Arch. Entw.mechan. **46** (1920). — **Stieve, H.:** Die Entwicklung der Keimzellen des Grottenolms (Proteus anguineus). I. Die Spermatogenese. Arch. mikrosk. Anat. **93** (1920). II. Die Wachstumsperiode der Ovocyten. Arch. mikrosk. Anat. **95** (1921).

v. Tellyesniczky, K. P.: Zur Kritik der Kernstrukturen. Arch. mikrosk. Anat. **60**, 681—706 (1902). — Ruhekern und Mitose. Arch. mikrosk. Anatomie. **66**, 367—433 (1905). — **Tischler, G.:** Allgemeine Pflanzenkaryologie. Bornträger 1921/22.

Valle, A., della: La morphologia della chromatina del punto di vista fisico. Arch. ital. zool. **6** (1912). — Die Morphologie des Zellkerns und die Physik der Kolloide. Z. Chem. u. Ind. d. Koll. **12** (1913) — **Wassermann, F.:** Zur Analyse der mitotischen Kern- und Zellteilung in: Z. Anat. (Festschr. Melier). **80**, 344—432 (1926). — **Wettstein, Fritz v.:** Die Erscheinung der Heteroploidie, besonders im Pflanzenreich in: Erg. Biol. **2**, 311—356, 12 Abb. (1927). — **Wilson, Edmund B.:** The cell in development and inheritance 2. edition, New York 1904. 3. Aufl. **1925**.

F b) Klassifikation der Kernbestandteile. Definition des Begriffes „Chromatin".

Bĕlař, K.: Der Formwechsel der Protistenkerne. Erg. Zool. **6** (1926). — **van Beneden, Ed. und A. Neyt:** Nouvelles recherches sur la fécondation et la division mitosique chez l'ascaride mégal. Bull. Acad. Méd. belg. **14** (3. Sér.) (1887). — **Boveri, Th.:** Ergebnisse über die Konstitution der chromatischen Substanz des Zellkerns. Jena 1904. — Zellstudien. 2. Die Befruchtung und Teilung des Eies von Ascaris megal. Jena 1888. Zellstudien. 3: Über das Verhalten der chromatischen Substanz des Zellkerns. Jena 1890. — **Brown, Robert:** On the organs and mode of fecundation in Orchideae and Asclepiadeae, Transactions of the Linnean Society. **16** (1833).

Carnoy, I. B.: La biologie cellulaire. Lierre 1884. — **Czapek, F.:** Biochemie der Pflanzen. 2. Aufl. 1 828, 9 Abb. Jena 1913.

v. Derschau, M.: Zum Chromatindualismus der Pflanzenzelle. Arch. Zellforschg **72**, 220—249, Taf. 17 (1914).

Eilers, W.: Somatische Kernteilungen bei Coleopteren. Z. Zellforschg **2** (1925).

Fick, R.: Einiges über Vererbungsfragen. Abh. preuß. Akad. Wiss., Physik.-math. Kl.. Berlin **1924**, 1—34. — **Fischer, A.:** Fixierung, Färbung und Bau des Protoplasmas. Jena 1899. — **Flemming, W.:** Zellsubstanz, Kern- und Zellteilung. Leipzig 1882. — Referate über die Zellen. Erg. Anat. (Merkel u. Bonnet) **3**—7 (1893/97). — Beobachtungen über die Beschaffenheit des Zellkerns. Arch. mikrosk. Anat. **13** (1876). — Neue Beiträge zur Kenntnis der Zelle. Arch. mikrosk. Anat. **29** (1881); **37** (1891).

Groß, R.: Beobachtungen und Versuche an lebenden Zellkernen. Arch. Zellforschg **14** (1917).

Heidenhain, M.: Plasma und Zelle. I. Abt. Allgemeine Anatomie der lebendigen Masse. 1. Liefg. Jena 1907. — **Heine, L.:** Mikrochemie der Mitose. Z. physiol. Chem. **21** (1896). — **Hertwig, O.:** Die Zelle und die Gewebe. 1 (1893); 2 (1898). Jena: G. Fischer. — Allgemeine Biologie. 6. u. 7. Aufl. Jena 1923. — Dokumente zur Geschichte der Zeugungslehre. Arch.

mikrosk. Anat. 90 (1917). — **Hertwig, R.:** Beiträge zu einer einheitlichen Auffassung der verschiedenen Kernformen. Morphol. Jb. 2 (1876).

Katsuki, K.: Materialien zur Kenntnis der quantitativen Wandlungen des Chromatins in den Geschlechtszellen von Ascaris. Arch. Zellforschg 13, 92—118, Taf. 1—3 (1914). — **Klein, E.:** Observations on the structure of cells and nuclei. Quart. J. microsc. Sci. 18, 315 (1878). — **Kossel:** Zur Chemie des Zellkerns. Z. physiol. Chem. 41, 49, 60, 78. — **Kossel, A.:** Über die chemische Beschaffenheit des Zellkerns. Nobelvortrag. Münch. med. Wschr. 58, 65—69.

Lenoir, Maurice: Methode de Differentiation des chromatines nucleaire par l'hematoxyline et la safranine après fixation au liquide de Bouin-Diboscq-Brasil. Rev. gén. Bot. 38, Nr 451, 354—357 (1926). — **Lilienfeld, L.:** Die morphologische und chemische Zusammensetzung des Protoplasmas. Breslau 1887.

Macallum, A. B.: Mikrochemie in der biologischen Forschung. Asher u. Spiro: Erg. Physiol. 7 (1908). — **Malfatti, H.:** Zur Chemie des Zellkerns. Ber. naturw. med. Verngg zu Innsbruck. 20 (1891/92). — Beiträge zur Kenntnis der Nucleine. Z. physiol. Chem. 16 (1892). **Meyer, A.:** Morphologische und physiologische Anatomie der Zellen. Jena 1920.

Obst, P.: Untersuchungen über das Verhalten der Nucleolen bei der Eibildung einiger Mollusken und Arachnoiden. Z. wissensch. Zool. 66 (1899).

Petersen, H.: Histologie und mikroskopische Anatomie. Abschnitt 1 u. 2. Bergmann 1922. — **Pratje, A.:** Die Chemie des Zellkerns. Biol. Zbl. 40, 88—112 (1920).

Rabl, C.: Über Zellteilung. Morph. Jb. 10 (1885). — **Retzius, G.:** Über das Verhalten des Chromatins in verschiedenen physiologischen Zuständen. Biologische Untersuchungen, N. F. 16. Jena 1911. — **Rosen, F.:** Beiträge zur Kenntnis der Pflanzenzellen. 1. Über tinktionelle Unterscheidung verschiedener Kernbestandteile und der Sexualkerne. In Cohns Beitr. z. Biol. d. Pflanzen. 5 (1892).

Schleiden: Beiträge zur Phytogenesis. Müllers Arch. 1838. — **Schmidt, W. J.:** Der submikroskopische Bau des Chromatins. I. Mitt.: Über die Doppelbrechung des Spermienkopfes. Zool. Jb. Abt. allg. Zool. u. Physiol. d. Tiere 45, 177—216. — **Schottländer, P.:** Beiträge zur Kenntnis des Zellkerns und der Sexualzellen bei Kryptogamen. Cohns Beitr. Biol. Pflanz. 6 (1892). — **Schwann:** Mikroskopische Untersuchungen über die Übereinstimmung in der Struktur und dem Wachstum der Tiere und Pflanzen. Berlin 1839. — **Schwarz, Fr.:** Die morphologische und chemische Zusammensetzung des Protoplasmas. Cohns Beitr. Biol. Pflanz. 5 (1887). — **Stauffacher, H.:** Beiträge zur Kenntnis der Kernstrukturen. Z. Zool. 95, 1—120, Taf. 1—2, 3 Abb. (1910). — **Strasburger:** Zellbildung und Zellteilung. 2. Aufl. Jena 1876. — Studien über das Protoplasma. Jena. Z. Naturwiss. 10 (1876). — **Strasburger, Ed.:** Über Zellbildung und Zellteilung. Jena 1875. 2. Aufl. 1876. — Über Befruchtung und Zellteilung. Jena 1878.

Verne, J.: La detection histochimique des nucleines; Bull. histol. appl. 4, Nr 3, 110—122 (1927). — **Voss, H.:** Kernfärbung im Stück mit der Nuclealreaktion. Z. Mikrosk. 43, 115 bis 116 (1926). — **Voorhoeve, H. C.:** Über die Nuclealreaktion von Feulgen und Rossenbeck. Nederl. Tijdschr. Geneesk. 70, 2. Hälfte, Nr 18, 2054—2056 (1926).

Wassermann, Fr.: Zur Analyse der mitotischen Kern- und Zellteilung. Z. Anat. 80, 344—432 (1926). — **Wermel, Eugen:** Untersuchungen über die Kernsubstanzen und die Methoden ihrer Darstellung. 1. Mitt. Über die Nuclealreaktion und die chromolytische Analyse. Z. Biol.: Abt. B. Z. Zellforschg 5, H. 3, 400/414 (1927).

Zacharias, E.: Über die chemische Beschaffenheit des Zellkernes. Bot. Ztg 39 (1881). — Über den Zellkern. Bot. Ztg 40 (1882). — Über den Nucleolus. Bot. Ztg 1885. — Über die chromatischen Bestandteile des Zellkerns. Ber. dtsch. bot. Ges. 20 (1902). — Die chemische Beschaffenheit von Protoplasma und Zellkern. Progr. bot. 3 (1909). — **Zimmermann, A.:** Über die chemische Zusammensetzung des Zellkerns. Z. Mikrosk. 12 (1895). — Die Morphologie und Physiologie des pflanzlichen Zellkerns. Jena 1896. — **Zimmermann, K. W.:** Beiträge zur Kenntnis einiger Drüsen und Epithelien. Arch. mikrosk. Anat. 52 (1898).

G. Chromosomen und Ruhekern: Die Chromosomenindividualitätstheorie.

Bělař, K.: Der Formwechsel der Protistenkerne. Erg. Zool. 6 (1926). — **v. Beneden, Ed. und A. Neyt:** Nouvelles recherches sur la fécondation et la division mitosique chez l'ascaride mégalocephale. Bull. Acad. Méd. belg. 3. s. 14 (1887). — **Boveri, Th.:** Zellstudien 1 u. 2. Jena 1887/88. — Ergebnisse über die Konstitution der chromatischen Substanz des Zellkernes. Jena 1904. — Zellstudien 6. Die Entwicklung dispermer Seeigeleier. Jena 1907. — Die Blastomerenkerne von Ascaris megalocephala und die Theorie der Chromosomenindividualität. Arch. Zellforschg 3 (1909). — **Buchner, P.:** Praktikum der Zellenlehre. Berlin: Bornträger 1915. — Vergleichende Eistudien. Arch. mikrosk. Anat. 91 (1918).

Fick, R.: Einiges über Vererbungsfragen. Abh. preuß. Akad. Wiss., Physik.-math. Kl. 1924 1/34. Berlin. — Betrachtungen über die Chromosomen, ihre Individualität, Reduktion und Vererbung. Arch. Anat. u. Physiol. Anat. Abt. Suppl. 179/228. 1905. — Vererbungsfragen, Reduktions- und Chromosomenhypothesen, Bastardregeln. Erg. Anat. 16, 1/140 (1907). — Bemerkungen zu Boveris Aufsatz über die Blastomerenkerne von Ascaris und die Theorie der Chromosomen. Arch. Zellforschg 3, 521—523 (1909).

Gregoire, V.: Les fondaments cytologique des theories courantes sur l'héredité mendelienne. Les chromosomes: Individualité, Reduktion, Structure. Ann. Soc. roy. zool. Belg. 42, 267—320 (1907) Bruxelles.

Haase-Bessell, G.: Karyologische Untersuchungen an Anthurium. Planta (Berlin) 6 (1928). — **Haecker, V.:** Das Keimbläschen, seine Elemente und Lageveränderungen. Arch. mikrosk. Anat. 41 u. 42 (1893). — Die Chromosomen als angenommene Vererbungsträger. Ergeb. Zool. Jena 1907. — **Haecker, Val.:** Die Autonomie der väterlichen und mütterlichen Kernsubstanz vom Ei bis zu den Fortpflanzungszellen. Anat. Anz. 20 (1902). — **Hartmann, M.:** Allgemeine Biologie. G. Fischer 1927. — **Heberer, G.:** Die Idiomerie in den Furchungsmitosen von Cyclops viridis. Z. f. mikrosk. Anat. Forschg 10, 163—206 (1927). — **Heidenhain, Martin:** Über Kern und Protoplasma. Festschr. Kölliker 1892. — Plasma und Zelle. Jena 1907. — **Hertwig, O.:** Dokumente zur Geschichte der Zeugungslehre. Eine historische Studie. Arch. mikrosk. Anat. 90, 1—168 (1917).

Jörgensen, M.: Die Ei- und Nährzellen von Piscicola. Arch. Zellforschg 10 (1913).

Koltzoff, N. K.: Physikalisch-chemische Grundlagen der Morphologie. Biol. Zbl. 48, 345—369 (1928).

Lundegårdh: Das Caryotin im Ruhekern und sein Verhalten bei der Bildung und Auflösung der Chromosomen. Arch. Zellforschg 9 205—230 (1913).

Meyer, A.: Morphologische und physiologische Analyse der Zellen der Pflanzen und Tiere. Jena: G. Fischer 1920. — **Morgan, Th. H.:** Die stofflichen Grundlagen der Vererbung. Berlin: Bornträger 1921. — The theory of the gene. New Haven. Yale Univ. 1926.

Petersen, H.: Histologie und mikroskopische Anatomie. Teil 1 u. 2. Bergmann 1922.

Rabl, C.: Über Zellteilung. Morph. Jb. 10 (1885). — Eduard von Beneden und der gegenwärtige Stand der wichtigsten von ihm behandelten Probleme. Arch. mikrosk. Anat. 88 (1915). — **Rückert, I.:** Über das Selbständigbleiben der väterlichen und mütterlichen Kernsubstanz während der ersten Entwicklung des befruchteten Cyklopseies. Arch. mikrosk. Anat. 45 (1895). — Zur Entwicklungsgeschichte des Ovarialeies bei Selachiern. Anat. Anz. 7 (1892).

Scarth, G. W.: The structural organisation of plant protoplasm in the light of mikrurgy Protoplasma 2 189—205 (1927). — **Stieve, H.:** Die Entwicklung der Keimzellen des Grottenolms (Proteus anguineus. II. Die Wachstumsperiode der Ovocyte. Arch. mikrosk. Anat. 95 (1921). — **Strasburger, E.:** Über Zellbildung und Zellteilung. Jena 1875. — **Sutton, W. S.:** On the morphology of the chromosome group in Brachystola. Biol. Bull 4 (1902). — The Chromosomes in Heredity. Biol. Bull. 4 (1903).

Tischler: Allgemeine Pflanzenkaryologie. Berlin: Bornträger 1922.

Wassermann, F.: Die Oogenese des Zoogonus Mirus. Arch. mikrosk. Anat. 83 (1913). — Zur Analyse der mitotischen Kern- und Zellteilung. Z. Anat. 80, 344—432 (1926). — **Wilson, E. B.:** The cell in development and heredity. 3. Aufl. New York 1925.

H. Die Nucleolen.

Auerbach, L.: Zelle und Zellkern. Beitr. Biol. Pflanz. v. F. Cohn. 2 (1876).

Bělař, K.: Der Formwechsel der Protistenkerne. Erg. Zool. 6 (1926). — **Brandt, A.:** Über aktive Formveränderungen der Kernkörperchen. Arch. mikrosk. Anat. 10 (1877). — **Brodersen, J.:** Differenzierungen der Nucleolarmasse in Zellkernen der Maus. Z. Zellforschg 7, 98—108 (1928).

Chambers, Robert and **Herbert Pollack:** The hydrogen ion concentration of the nucleus and cytoplasm of the egg cell. Proc. Soc. exper. Biol. a. Med. 24, Nr 1, 42—43 (1926).

Dogiel, A.: Zur Frage über den Bau der Kernkörperchen und Nebenkernkörperchen (nucleoli und paranucleoli). Arch. russ. anat. histol. embryol. 3, 369—407, T. 8 (1925).

Earl, R. O.: The nature of chromosomes. I. Effects of reagents on root tip sections of Vicia faba. Bot. Gaz. 84, Nr 1, 58—74 (1927). — **Eimer, Th.:** Über amöboide Bewegungen des Kernkörperchens. Arch. mikrosk. Anat. 11 (1875).

Fels, Erich: Der Lipoidgehalt des Nucleolus der menschlichen Eizelle und seine Beziehungen zur Geschlechtsbestimmung. Zbl. Gynäk. 50 (1926).

Gardiner, Mary, S.: Oogenesis in Limulus polyphemus, with especial reference to the behaviour of the nucleolus. J. Morph. a. Physiol. 44, Nr 2, 217—264 (1927). — **Gutherz, S.:** Das Heterochromosomenproblem bei den Vertebraten. Arch. mikrosk. Anat. 69 (1906); 79 (1912); 94 (1920); 96 (1922).

Haecker, V.: Das Keimbläschen. Arch. mikrosk. Anat. 42 (1893). — Praxis und Theorie der Zellen- und Befruchtungslehre. 1899, 1—260, Jena. — **Hartmann, O.:** Über das Verhalten der Zell-, Kern- und Nucleolengröße und ihrer gegenseitigen Beziehungen bei Cladoceren während des Wachstums, des Generationszyklus und unter dem Einfluß äußerer Faktoren. Arch. Zellforschg **15** (1919). — **Hertwig, R.**: Beiträge zu einer einheitlichen Auffassung der verschiedenen Kernformen. Morph. Jb. **2** (1876). — **Herwerden, M. A. van:** Umkehrbare Gelbildung und histologische Fixierung. Protoplasma (Lpz.) 1, H. 3, 366—371 (1926).

Jörgensen, M.: Zellenstudien I—III. Arch. Zellforschg 10, 1—202 (1913).

Kiehn, C.: Die Nucleolen von Galtonia candicans Decsne. Inaug.-Diss Marburg 69, 3, Abb. (1917). — **Klein, J.:** Über Krystalloide in den Zellkernen von Pinguicula und Utricularia. Bot. Zbl. **4**, 1401—1404 (1880). — Die Zellkernkrystalloide von Pinguicula und Utricularia. Pringsheims Jb. wiss. Bot. **12**, 60—73, Taf. 2 (1882). — **Klieneberger, E.:** Über die Größe und Beschaffenheit der Zellkerne mit besonderer Berücksichtigung der Systematik (Inaug.-Diss. Frankfurt). Beihefte Bot. Zbl. **35 I**, 219—278, Taf. 1, Abb. 3 (1917). — **Krüger, Paul:** Die Rolle des Kerns im Zellgeschehen. Naturwiss. Wschr **14**, Nr 47, 1021—1029 (1926). — **Kuwada, Yoshinari** and **Tetsu Sakamura:** A contribution to the colloidchemical and morphological study of chromosomes. Protoplasma (Lpz.) 1, H. 2, 239—254 (1926)

Leupold, E.: Die Bedeutung des Cholesterin-Phosphatidstoffwechsels für die Geschlechtsbestimmung. Jena 1924. — **Ludford, R. J.:** The morphology and physiology of the nucleolus. J. roy. microsc. Soc. **1922**. — **Lundegårdh, H.:** Fixierung, Färbung und Nomenklatur der Kernstrukturen. Arch. mikrosk. Anat. **1912**.

Martens, P.: Observation vitale de la caryocinese. C. r. Acad. Sci. **184**, Nr 12, 758—760 (1927). — **Meyer, A.:** Die biologische Bedeutung der Nucleolen. Ber. dtsch. bot Ges. **35**, 333—338 (1917); Zool. Anz. **49**, 309—314 (1918). — Morphologische und physiologische Analyse der Zelle. Jena 1920. — **Mirbt, C. A.:** Hat beim Kaninchen eine Fütterung mit Cholesterin und Lecithin einen Einfluß auf das Geschlechtsverhältnis der Nachkommen? Z. indukt. Abstammgslehre **48** (1928). — **Mjassojedoff, S. W.:** Das Kernkörperchen und seine Beziehung zu den Chromatinelementen des Kernes. Z. mikrosk.-anat. Forschg **9**, 404—467, 40 Abb., T. 5 (1926). — **Montgomery:** Comparative cytological studies, with especial reference to the morphology of the nucleolus. J. Morph. a. Physiol. **15** (1899). — **Mottier, D. M.:** The effect of the centrifugal force upon the cell. Ann. of Bot. **13** (1899).

Needham, Joseph and **Dorothy Moyle Needham:** Further micro-injection studies on the oxidation-reduction potential of the cell-interior. Proc. roy. soc. Ser. B **99**, Nr B 698, 383 bis 397 (1926).

Obst, P., Untersuchungen über das Verhalten der Nucleolen bei der Eibildung einiger Mollusken und Arachnoiden. Z. wiss. Zool. **66** (1899). — **Ogata, M.:** Die Veränderungen der Pankreaszellen bei der Sekretion. Arch. f. Physiol. **1883**.

Rückert, J.: Über das Selbständigbleiben der väterlichen und mütterlichen Kernsubstanz während der ersten Entwicklung des befruchteten Cyclops-Eies. Arch. mikrosk. Anat. **45**, 339—369, Taf. 21—22 (1895).

Saguchi: Cytologische Studien. **1927,** H. 1, 1—80. Tokyo. — **Sakamura, Tetsu:** Chromosomenforschung an frischem Material. Protoplasma (Lpz.) 1, H. 4, 537—565 (1927). — **Sayles, Leonard P.:** The nucleolus in Lumbriculus inconstans. Anat. Rec. **34**, 145 (1926). — **Schmidt, E. W.:** Das Verhalten von Spirogyrazellen nach Einwirkung hoher Zentrifugalkräfte. Ber. dtsch. bot. Ges. **32** (1914). — **Schneider:** Nucleolen. Enzyklopädie der mikroskopischen Technik. 2, 3. Aufl. (1927). Urban u. Schwarzenberg. — **Schreiner, K. E.:** Zur Kenntnis der Zellgranula. Arch. mikrosk. Anat. **89** (1917); **92**, (1919). — **Stauffacher, H.:** Zellstudien. Bemerkungen zu den Methoden der modernen Zellforschung. Z. Zool. **109**, 393—484 (1914). — **Stieve, H.:** Die Entwicklung der Keimzellen des Grottenolm. II. Arch. mikrosk. Anat. **95** (1921).

Unna, P. G.: Sauerstofforte und Reduktionsorte. Encykl. d. mikr. Techn. 3. Aufl. **3**, 2059—2067 (1927).

la Valette St. George: Über den Keimfleck und die Deutung der Eiteile. Arch. mikrosk. Anat. **2** (1866). — **Vejdowsky, F.:** Zum Problem der Vererbungsträger. Prag 1911/1912.

v. Wasielewski, Th.: Über Fixierungsflüssigkeiten in der botanischen Mikrotechnik. Z. Mikrosk. **16** (1899). — **Wassermann, Fr.:** Zur Analyse der mitotischen Kernteilung. Z. Anat. **80** (1926). — **Weber, Friedl:** Neue Wege der Protoplasmaforschung. Scientia (Milano) **40**, Nr 12, 357—366 (1926). — **Wermel, E.:** Untersuchungen über die Kernsubstanzen und die Methoden ihrer Darstellung. Z. Zellforschg **5** (1927).

Zacharias, E.: Über den Nucleolus. Bot. Ztg **43**, 257—265, 273—283, 289—296 (1885). — **Zimmermann, A.:** Beitrag zur Morphologie und Physiologie der Pflanzenzellen. Tübingen 1890/93, 1 u. 2. — Über das Verhalten der Nucleolen während der Karyokinese. Beitr. Morph. u. Phys. d. Pflanzenzelle 2, 1—35, Taf. 1—2 (1893 c). — Die Morphologie und Physiologie des pflanzlichen Zellkernes. Eine kritische Literaturstudie 188, 84, Abb. Jena 1896.

J. u. K. Die funktionelle Bedeutung der Strukturen des Ruhekerns.
Der Stoffaustausch zwischen Kern und Cytoplasma. Die Chromidien.

Alverdes, Fr.: Die Kerne in den Speicheldrüsen der Chironomuslarve. Arch. Zellforschg **9** (1913).
Balbiani, E. G.: Sur la structure du noyau des cellules salivaires chez les larves de Chironomus. Zool. Anz. **1881**. — **Baltzer, Fr.:** Über die Beziehung zwischen dem Chromatin und der Entwicklung und Vererbungsrichtung bei Echinodermenbastarden. Arch. Zellforschg **5** (1910). — **Bĕlař, Fr.:** Der Formwechsel der Protistenkerne. Erg. Zool. **6** (1926). **Bonnevie, Chr.:** Die Chromatindiminution bei Nematoden. Jena. Z. Naturwiss. **36** (1901). — **Boveri, Th.:** Die Entwicklung von Ascaris megal. mit besonderer Berücksichtigung auf die Kernverhältnisse. Festschr. f. C. v. Kupffer. Jena 1899. — **Buchner, P.:** Praktikum der Zellenlehre. Berlin: Bornträger 1915.
Derschau, M. v.: Zum Chromatindualismus der Pflanzenzelle. Arch. Zellforschg **12** (1914). — **Dobell, C. C.:** Chromidia and the binuclearity Hypothesis. Quart. J. microsc. Sci. **53** (1909). — **Duesberg, J.:** Plastosomen, „Apparato reticolare interno" und Chromidialapparat. Erg. Anat. **20** (1912).
Galeotti, G.: Über die Granulationen in den Zellen. Internat. Mschr. Anat. Physiol. **12** (1895). — **Goldschmidt, R.:** Das Skelet der Muskelzelle von Ascaris nebst Bemerkungen über den Chromidialapparat der Metazoenzelle. Arch. Zellforschg **4** (1909). — Die Chromidialapparate lebhaft funktionierender Gewebszellen. Zool. Jb. **21** (1904). — **Greschik, E.:** Das Mitteldarmepithel der Tenthredinidenlarven; die Beteiligung des Kerns an der blasenförmigen Sekretion. Anat. Anz. **48** (1915).
Haase-Bessell, G.: Karyolytische Untersuchungen an Anthurium. Planta (Berl.) **6** (1928). — **Haecker, V.:** Das Keimbläschen, seine Elemente und Lageveränderungen. II. Arch. mikrosk. Anat. **42** (1893). — Praxis und Theorie der Zellen- und Befruchtungslehre. Jena 1899. — **Hammarsten, O. D.** und **F. Runnström:** Cyto-physiologische Beobachtungen an den Hinterleibsdrüsen und den Wanderzellen von Priapulus caudatus (Lam.). Bergens Museum Aarboek 1917/18. — **Hartmann, M.:** Allgem. Biol. Jena 1927. — Polyenergide Kerne. Studien über multiple Kernteilungen und generative Chromidien bei Protozoen. Biol. Zbl. **29** (1909). — Die Konstitution der Protistenkerne und ihre Bedeutung für die Zellenlehre. Jena 1911. — **Hertwig, G.:** Die funktionelle Bedeutung der Zellstrukturen mit besonderer Berücksichtigung des Kernes und seiner Rolle im Leben der Zelle. Handb. d. norm. u. pathol. Physiol. **1**, 580—608 (1927). Berlin: Julius Springer. — **Hertwig, R.:** Über Kernteilung, Richtungskörperbildung und Befruchtung bei Actinisphaerium Eichhorni. Abh. bayer. Akad. Wiss. 1898. — Die Protozoen und die Zelltheorie. Arch. Protistenkde **1** (1902). — Über den Chromidialapparat und den Dualismus der Kernsubstanzen. Sitzgsber. Ges. Morph. u. Physiol. Münch. 1907. — Über neue Probleme der Zellenlehre, Arch. exper. Zellforschg **1** (1908). — **Hoffmann, R. W.:** Über die Ernährung der Embryonen von Nassa mutabilis Lam. Ein Beitrag zur Morphologie und Physiologie des Nucleus und Nucleolus. Z. wiss. Zool. **77** (1902).
Jörgensen, M.: Zellstudien. I. Morphologische Beiträge zum Problem des Eiwachstums. Arch. Zellforschg. **10** (1913). — Zellenstudien. II. Die Ei- und Nährzellen von Piscicola. Arch. Zellforschg **10** (1913). — Zellenstudien. III. Beitrag zur Lehre vom Chromidualapparat nach Untersuchungen an Drüsenzellen von Piscicola. Arch. Zellforschg. **10** (1913).
Kahle, W.: Die Pädogonese der Cecidomyiden. Zoologica **55** (1908). — **Mc Kater, J. A.:** Morphological aspects of protoplasmic and deutoplasmic synthesis in oogenesis of cambarus. Z. Zellforschg **8**, 192. — Nuclear structure in active and hibernating frogs. Z. Zellforschg **5** (1927). — **Kemnitz, G. v.:** Die Morphologie des Stoffwechsels bei Ascaris lumbricoides. Ein Beitrag zur physiologisch-chemischen Morphologie der Zelle. Arch. Zellforschg **7** (1912). — **Kinney, E.:** A cytological study of secretory phenomena in the silk gland of Hyphantria cunea. Biol. Bull. **51** (1926). — **Korschelt, E.:** Beiträge zur Morphologie und Physiologie des Zellkerns. Zool. Jb. Abt. Anat. **4** (1889). — **Kremer, I.:** Studien zur Oogenese der Säugetiere nach Untersuchungen bei der Ratte und Maus. Arch. mikrosk. Anat. **102**, 337—358 (1924). — Die Metamorphose und ihre Bedeutung für die Zellforschung. Z. mikrosk.-anat. Forschg **4**, 290—339 (1925). — **Krüger, Paul:** Die Rolle des Kerns im Zellgeschehen. Naturwiss. **14**, Nr 47, 1021—1029 (1926). — Studien an Cirripedien. III. Die Zementdrüsen von Scalpellum. Über die Beteiligung des Zellkerns an der Sekretion. Arch. mikrosk. Anat. **87**, 839—872 (1923).
Lubosch, W.: Über die Nucleolarsubstanz des reifenden Tritoneies nebst Betrachtungen über das Wesen der Eireifung. Jena. Z. Naturwiss. **37** (1903). — **Ludford, R. J.:** Contribution to the study of the oogenesis of Patella. J. roy. microsc. Soc. **1921**. — The behavior of the nucleolus during oogenesis with special reference to the mollusc Patella. J. roy. microsc. Soc. **1921**. — The morphology and physiology of the nucleolus. J. roy. microsc. Soc. **1922**.

Maziarski, St.: Recherches cytologiques sur les phenomenes secretoires dans les glandes filieres des larves des Lepidopteres. Arch. Zellforschg **6** (1911). — **Maziarski, S.:** Sur les changements morphologiques de la structure nucleaire dans les cellule glandulaires. Contribution a l'etude du noyau cellulaire. Arch. Zellforschg **4** (1910). — **Montgomery, T. H.:** Comparative catological studies with especial regard to the morphology of the nucleolus. J. Morph. a. Physiol. **15** (1899). **Moroff, Th.:** Die bei den Cephalopoden vorkommenden Aggregata-Arten als Grundlage einer kritischen Studie über die Physiologie des Zellkerns. Arch. Protistenkde **11** (1908).

Nakahara, W.: On the physiology of the nucleoli as seen in the silk gland cells of certain insects. Morphol. a. Physiol. **29** (1917). — **Noel, R.** et **A. Paillot:** Sur la participation du noyau à la secretion dans les cellules des tubes sericigenes chez le bombyx du Murier. C. r. Soc. Biol. **97,** Nr 25, 764—766 (1927).

Obst, P.: Untersuchungen über das Verhalten der Nucleolen bei der Eibildung einiger Mollusken und Arachnoiden. Z. Zool. **26** (1899). — **Ogata, M.:** Die Veränderungen der Pankreaszellen bei der Sekretion. Arch. Anat. u. Physiol. Phys. Abt. **1883.**

Peter, K.: Zellteilung und Zelltätigkeit. Z. Anat. **72** (1924); **75** (1925).

Saguchi, S.: Cytologische Studien. Heft 1. Tokyo. **1927,** 1—80. — **Schaudinn, F.:** Beiträge zur Kenntnis der Bakterien und verwandter Organismen. Arch. Protistenkde **1** (1902). — **Schaxel, J.:** Plasmastrukturen, Chondriosomen und Chromidien. Anat. Anz. **39** (1911). — Das Zusammenwirken der Zellbestandteile bei der Eireifung, Furchung und ersten Organbildung der Echinodermen. Arch. mikrosk. Anat. **76** (1910/11). — **Schreiner, K. E.:** Zur Kenntnis der Zellgranula. Untersuchungen über den feineren Bau der Haut von Myxine glutinosa. I. Teil, 2. Hälfte. Arch. mikrosk. Anat. **89** I, 2. Hälfte (1917); **92** (1919). — **Seiler, J.:** Das Verhalten der Geschlechtschromosomen bei Lepidopteren. Arch. Zellforschg **13** (1914). — Geschlechtschromosomen. Untersuchungen an Psychiden. I. II. III. Arch. Zellforschg **15** u. **16** (1921 u. 1922). — **Stauffacher, H.:** Beiträge zur Kenntnis der Kernstrukturen. Z. Zool. **95** (1910).

Tischler, G.: Allgemeine Pflanzenkaryologie. Berlin: Bornträger 1921/22.

Vejdowsky, F.: Zum Problem der Vererbungsträger. Prag 1911/12. — Struktur and development of the living matter. Prag 1926/27.

Wassermann, Fr.: Zur Analyse der mitotischen Kern- und Zellteilung. Z. Anat. **80,** 344—432 (1926).

VI. Das Cytoplasma.

A. Die Definition des Cytoplasmas und die Hypothesen über seinen morphologischen Bau.

Wir wenden uns nunmehr der Besprechung des Cytoplasmas zu, dessen morphologische Definition zunächst mehr negativ lautet: „Derjenige Teil der Zelle, der nicht Kern ist." Fügen wir noch hinzu, daß der Zelleib das Licht etwas stärker bricht als Wasser, so ist damit alles gesagt, was bei den Cytologen auf einmütige Zustimmung rechnen kann. Natürlich hat man sich mit dieser wenig befriedigenden und nichtssagenden morphologischen Definition nicht zufrieden gegeben, aber alle Versuche, positive morphologische Kriterien für eine sichere Identifizierung des Cytoplasmas zu gewinnen, haben bisher zu nicht allgemein angenommenen Hypothesen geführt, von denen ich drei Gruppen unterscheide und nacheinander bespreche.

1. Namentlich die älteren Cytologen huldigten der Anschauung, daß das Cytoplasma eine mikroskopisch sichtbare, charakteristische Dauerstruktur besitzt und durch dieselbe identifizierbar ist.

2. Im schroffen Gegensatz zu dieser Vorstellung und das Extrem nach der anderen Seite darstellend, steht die Lehre, daß dem Cytoplasma keinerlei Dauerstruktur zukommt. Alle Strukturen, die sämtlich vergänglicher Natur sind, bilden sich aus einer optisch homogenen Grundmasse, dem Hyaloplasma.

3. Die dritte Gruppe von Hypothesen nimmt einen mittleren, teilweise vermittelnden Standpunkt ein. Nach dieser von der Mehrzahl der Cytologen heute verteidigten Anschauung kommen neben einer optisch homogenen

Grundmasse im Zelleib mehrere Strukturbestandteile vor, die in keiner Zelle fehlen und somit zur morphologischen Charakteristik des Cytoplasma verwandt werden können.

Die erste Gruppe von Struktur-Hypothesen basierte auf Argumenten mehr allgemeiner Art, daß eben die lebende Masse sich von der leblosen irgendwie prinzipiell unterscheiden müsse, und daß dieses unbekannte Etwas eine Struktur mikroskopischer Größenordnung sei, die lebensnotwendig und für jede lebende Masse also charakteristisch sei. Aber schon, daß unter den Cytologen keinerlei Einigkeit über das Wesen dieser mikroskopischen Cytoplasmastruktur zu erzielen war, die einen einen wabigen (BÜTSCHLI), die andern einen fädigen (FLEMMING, RETZIUS), noch andere einen granulären (ALTMANN) Bau des Zellleibes annahmen, sprach nicht zugunsten dieser Theorie (vgl. S. 13). Widerlegt ist sie durch die Ergebnisse zahlreicher Experimente, daß die mikroskopisch sichtbaren Cytoplasmastrukturen weitgehend zerstört bzw. abgeändert werden können, ohne daß hierdurch das Leben erlischt.

Ich verweise auf die S. 45 mitgeteilten Versuche von SPEK (1924) und GIERSBERG (1922) mit verschiedenen Salzlösungen und die Abb. 12 und 13, die deutlich die Strukturvergrößerungen und Strukturabänderungen unter dem Einfluß der verschiedenen Elektrolyten zeigen; ich erinnere an die Zentrifugierversuche, bei denen eine weitgehende Umschichtung aller im Cytoplasma enthaltenen morphologischen Bestandteile erzielt wurde [GURWITSCH (1913)] und führe schließlich noch die interessante Beobachtung GRUBERs an, der sah, wie ein von einem größeren Infusor (Clymakostomum vireus) als Beute verschlucktes Rädertierchen ,,wie toll im Parenchym des Infusors herumfuhr, alles durcheinander rührend und die Rindenzone bald hervordrängend, bald mittels seines Strudelorgans einziehend. Trotzdem schwamm das Infusor ruhig und gleichmäßig im Wasser umher, unbekümmert um den unruhigen Gast in seinem Innern, der erst am folgenden Tag abgestorben und verdaut war‘‘.

Drittens gibt es zahlreiche Zellen, deren Cytoplasma entweder ganz oder, und das ist viel häufiger der Fall, teilweise optisch völlig homogen ist. Diese als Beweismittel gegen eine allgemein gültige mikroskopisch sichtbare Elementar-Struktur des Protoplasma natürlich stichhaltigsten Befunde müssen wir etwas ausführlicher besprechen, zumal sie auch gleichzeitig als Stütze für die unter Nr. 2 erwähnten Strukturhypothesen verwertet werden.

Unter dem Namen Hyaloplasma beschrieb HANSTEIN im Jahre 1880 die glasklare Grundsubstanz des Zelleibes, in welcher in wechselnder Menge Körnchen, sog. Mikrosomen, ferner gröbere Einschlüsse eingelagert seien. Der Einwand, daß nur die Körnchen und die andern mikroskopisch sichtbaren Strukturelemente protoplasmatisch und das Hyaloplasma tote Substanz sei, wie ihn z. B. ALTMANN gemacht hat, wird in dem Augenblick hinfällig, in welchem der Nachweis erbracht wird, daß es Cytoplasma gibt, das ausschließlich aus Hyaloplasma besteht. Dies gilt z. B. für die roten Blutkörperchen der Wirbeltiere, deren Cytoplasma entsprechend den älteren Angaben von WEIDENREICH auch nach den neueren Untersuchungen von SPEK ,,bei stärksten Vergrößerungen im Hellfeld völlig homogen, im Dunkelfeld grauschwarz aussieht‘‘. Nach dieser Beobachtung sind wir nicht mehr berechtigt, in den viel zahlreicheren Fällen, in denen nur Teile des Zelleibes optisch homogen sind, wie z. B. bei allen sogenannten strömenden oder mobilen Plasmen oder bei den Pseudopodien der Protozoen, diesen Gebilden deshalb die Bezeichnung als lebende Masse abzusprechen, um so weniger, als umgekehrt gerade für eine große Anzahl der Körnchen und anderen Einschlüssen der Nachweis ihrer paraplasmatischen leblosen Natur geführt worden ist (A. MEYER 1920).

Natürlich bleibt nun wieder für die Anhänger einer Mikrostruktur als letzter Einwand, daß der negative Befund nicht beweisend ist, und nur die Lichtbrechungsunterschiede zwischen den einzelnen Phasen des Hyaloplasma so ungünstig seien, daß wir die tatsächlich doch vorhandenen Strukturen nicht wahrnehmen können. Aber diese Möglichkeiten lassen sich, wie Spek mit Recht bemerkt, (1924, S. 899) doch beträchtlich einengen durch experimentelle Eingriffe, denen wir das Hyaloplasma unterziehen mit der Absicht, etwa vorhandene Inhomogenitäten zu vergrößern, bzw. schwache Brechungsdifferenzen zu steigern. Spek experimentierte mit den erwähnten Erythrocyten des *Frosches* und beschreibt seine Resultate folgendermaßen: „Beim Ausfließen des Plasmas verschieben sich die Lichtbrechungsverhältnisse sicher ganz beträchtlich. Auch jetzt werden aber keine Bläschen sichtbar. Weiterhin rufen manche Salze, besonders KCl, oft schon in Spuren, eine Trübung des Hyaloplasmas hervor, durch welche die Brechungsdifferenzen auch wieder verändert werden. Bei den roten Blutzellen des Frosches äußert sich diese Wirkung des KCl sehr deutlich, indem alle Kernstrukturen scharf hervortreten; das Plasma wird jedoch nicht merklich getrübt. — Im stärker fällenden LiCl geht die Vergröberung der Kolloidteilchen schon über die diffuse Trübung hinaus. Es konnte in solchen isotonischen Lösungen von LiCl nach einigen Tagen wiederholt ein massenhaftes Auftreten von Submikronen oder noch gröberen Körnchen im Plasma beobachtet werden, welche in Brownscher Molekularbewegung hin und her tanzten, als ob durchaus keine anderen gröberen Strukturelemente und noch viel weniger ein festes „Stroma" dazwischen gewesen wäre. Im durchfallenden Licht sahen die Zellen unverändert rötlich aus." In ähnlicher Weise lassen sich auch die Beobachtungen von A. Meyer (1920, S. 463) verwerten, daß bei einer Fixierung durch Osmiumsäure oder Goldchlorid im lebenden Zustand ursprünglich optisch homogenes Plasma unverändert bleibt und auch durch nachfolgende Färbungen keinerlei Strukturen in ihm sichtbar werden.

Das Ergebnis dieser und anderer ähnlicher Untersuchungen faßt Wilson (1925, S. 74) folgendermaßen zusammen: „Such facts point to the conclusion, that we are probably justified in regarding the continous substance i. e. the hyaloplasma as the most constant and active element and that, which forms the fundamental basis of the system, transforming itself into granula, drops, fibrills or netzwork in different phases of activity." „Probably the only element of protoplasm, that will be admitted by all cytologists to be omnipresent is the „homogeneous" hyaloplasma."

In völliger Übereinstimmung hierzu steht das Urteil O. Hertwigs (Allg. Biol. 1923, S. 30): „Wenn man aus den Befunden, die man bald an diesen oder jenen pflanzlichen und tierischen Objekten mit den verschiedensten Methoden gewonnen und zur Netz-, Waben-, Faden- und Granulatheorie einseitig verwertet hat, zu einer richtigeren Vorstellung des Protoplasmas gelangen will, dann muß man von allen Besonderheiten der Einzelfälle absehen. Dann aber wird man finden, daß allen Strukturbildern, die im Zellkörper beschrieben worden sind, eine Substanz gemeinsam ist, das Hyaloplasma. — Diese in jeder Zelle wiederkehrende und das gleiche Aussehen darbietende Substanz hat die Eigenschaften eines Kolloids und ist optisch homogen. Was in der Literatur von Protoplasmastrukturen beschrieben worden ist, wird entweder dadurch hervorgerufen, daß in der optisch homogenen Substanz sich durch Reaktionswirkung Niederschläge gebildet haben, oder dadurch, daß sich Flüssigkeit in kleinsten oder größeren Hohlräumen, in Waben und Vakuolen angesammelt hat, oder dadurch, daß tote oder lebende Gebilde der verschiedensten Art im Lebensprozeß entstanden sind." Schließlich seien noch folgende Ausführungen M. Heidenhains (1907, S. 83) über den gleichen Gegenstand angeführt: „Die Untersuchungen der letzten 15 Jahre haben ergeben, daß die mikroskopische Struktur in der Richtung des Kleinen ohne erkennbare Grenze in das Unsichtbare übergeht, während sie auf der anderen Seite ebenso unmerklich den Anschluß an das mit bloßem Auge Erkennbare erreicht. — Auch die Plasmatheorie muß in letzter Linie auf dem Boden der Physik und Chemie, also auf dem Boden der Molekulartheorie im weitesten Sinne gestellt werden. Hätte man sich dies immer vor Augen gehalten, so würde man nicht daran Anstoß genommen haben, daß die lebendige Masse an vielen Stellen optisch unauflösbar, homogen ist und es hätte sich wie von selbst ergeben, daß die unterschiedlichen Strukturen aus der Metastruktur des scheinbar homogenen Plasmas emporwachsen."

Aus diesen soeben angeführten Urteilen dreier hervorragenden Cytologen, zu denen noch eine größere Anzahl ähnlich lautender hinzugefügt werden könnte, ergibt sich, daß die alte Lehre einer mikroskopisch sichtbaren Elementarstruktur des Protoplasma heute überlebt ist, daß vielmehr das Protoplasma in optisch heterogenem wie in optisch homogenem Zustand auftreten kann. Es ist selbstverständlich, daß zur Erforschung des optisch homogenen Zustandes die bisher üblichen Methoden der Untersuchung nicht zum Ziele führen und durch neuartige, namentlich kolloidchemische ergänzt werden müssen. Es ist sehr zu begrüßen, daß diese Aufgabe bereits von SPEK u. a. trotz der großen Schwierigkeiten, die zu überwinden sind, mit gutem Erfolg in Angriff genommen ist; aber es erscheint mir einseitig, von der Kolloidchemie und ihren Untersuchungsmethoden nun allein eine Klärung der vitalen Leistungen des Cytoplasmas bzw. der ganzen Zelle zu erwarten. Die Meinung von SPEK, daß „das Aktionsfeld für die Molekularkräfte, welche den vitalen Leistungen der Zelle zugrunde liegen, in der Ultrastruktur des Protoplasmas zu suchen sei, und daher „das Schwergewicht der Strukturforschung von den mikroskopischen Strukturelementen, welche das Interesse der älteren Autoren so sehr fesselten, sich durchaus nach der Ultrastruktur verschoben hat", wäre nur dann gerechtfertigt, wenn wir diese Ultrastruktur als **die** Struktur des Protoplasma ansehen, während doch gerade der Fortschritt darin besteht, daß wir erkannt haben, daß es nicht e i n e allein mögliche Struktur gibt, vielmehr dieselbe durchaus wandelbar ist. Wenn wir also daran festhalten, daß das optisch homogene Hyaloplasma nur e i n e Erscheinungsform des Cytoplasma und nicht einmal die häufigste ist, dann ist nicht einzusehen, warum die Analyse der optisch sichtbaren Strukturen gegenüber dem Studium der Ultrastruktur weniger bedeutungsvoll sein sollte. Als neue Aufgabe ergibt sich jetzt aber für den Cytologen, die Art und Weise und die Bedingungen des Übergangs von einer Struktur in die andere zu erforschen und auf diese genetische Weise auch in die Beschaffenheit und die Bedeutung der mikroskopisch sichtbaren Strukturelemente tiefere Einblicke zu gewinnen.

Mikroskopisch sichtbare Strukturen in optisch homogenem Hyaloplasma können sich aber auf zweierlei prinzipiell verschiedene Weise bilden.

Erstens: die leblosen Bestandteile desselben werden andersartig verteilt und schließen sich zu größeren Verbänden von optischer Größenordnung zusammen, oder aber es werden solche von außen neu aufgenommenen und in mikroskopisch erkennbarer Form abgelagert. Ich denke dabei an Salze und Eiweißverbindungen, die in Krystallform ausgeschieden werden, vor allem aber an das Wasser, das in Form von Bläschen und Tröpfchen sichtbar werden kann (z. B. in der Abb. 12) und so dem ganzen Zelleib eine Struktur von mikroskopischer Größenordnung verleiht. Alle diese aus leblosen Einschlüssen des Cytoplasmas entstandenen Gebilde sind paraplasmatischer Natur.

Zweitens aber können die Teilkörper des Cytoplasma selber sich zu größeren Verbänden zusammenfinden und so optisch wahrnehmbar werden. Während der Übergang von dem amikroskopischen in den mikroskopischen Größenzustand bisher noch nicht verfolgt ist und hierzu ein Zusammenwirken der neuen kolloid-chemischen mit den älteren mikroskopischen Beobachtungsmethoden notwendig ist, kann die Weiterentwicklung der gerade sichtbar gewordenen Teilkörper-verbände zu solchen erheblich größerer Größenordnung, sei es durch Zusammen-schluß oder selbständiges Wachstum, bereits als durch Beobachtung sichergestellt bezeichnet werden. „Man kann aus der Beobachtung der Plastosomen in der Tat schließen, daß die Flemmingsche Fila von 1882, die Bioblasten Altmanns und die Chondriosomen eine und dieselbe Substanz sind, die in der Form von Körnern, bald in der von Fäden auftritt‟ [Duesberg (1911)], so daß „die Histologen zu einer höchst wünschenswerten Vereinigung der verschiedenen Beobachtungen über die Struktur des Protoplasmas geführt worden sind‟ [Duesberg (1911)].

Diese soeben kurz ausgeführten Gedankengänge haben ihren Ursprung in der Mizellartheorie von Nägeli, sie finden sich weiter ausgebaut namentlich bei Heidenhain (1907). Dieser Autor nennt das Hyaloplasma das „Hypo-blem‟, da es die Unterlage oder das Substrat neuzubildender Strukturen dar-stellt. Durch „Epanorthose‟ werden aus ihm die (mikroskopisch sichtbaren) Strukturen aufgerichtet. „Sie ist eine Form der Organisation, bei welcher die Assimilation ungeformter Nahrungsstoffe nicht unbedingt notwendig ist. Die Epanorthose wirtschaftet vielmehr vorzugsweise mit dem gegebenen augen-blicklich vorhandenen Bestande kleinster bewegbarer Teilchen. Der Epan-orthose entgegengesetzt wirkt die „Katachonie‟, „die Einschmelzung und der Abbau der Strukturen und die Auflösung in die elementaren Bauteile oder in kleinere Komplexe von solchen‟. „Hier stellt sich die Frage: bis zu welchem Grade werden die der Einschmelzung verfallenen Strukturteile zertrümmert? Nun darf ich wohl der Übereinstimmung aller sicher sein, wenn ich zunächst feststelle, daß das Produkt der Einschmelzung immer eine Plasmamasse ist, daß also die Zertrümmerung nicht bis auf diejenigen Bestandteile der Struktur hinabgeht, welche sich als Eiweißkörper kennzeichnen. Wäre dies letztere der Fall, so müßten beim Aufbau anderweitiger Strukturen diese Eiweißkörper wiederum weiter assimiliert und in lebendige Substanz‟ (ich würde vorziehen, Teilkörpersubstanz zu sagen) „verwandelt werden.‟ Für Heidenhain sind daher: „Katachonie und Epanorthose die beiden Grundformen im Strukturwechsel der lebenden Substanz.‟

Trotz der erwähnten Befunde von Spek (1924), trotz ihrer theoretischen Begründung von Heidenhain wird aber die Hypothese, daß es im Zelleib keinerlei beständige Strukturelemente von optischer Größenordnung gäbe, zur Zeit von der Mehrzahl der Cytologen nicht geteilt. Sie suchen vielmehr zu be-weisen, daß neben dem Hyaloplasma mit seinen wechselnden Strukturen in allen Zellen Strukturgebilde optischer Größenordnung vorhanden sind, die nicht de novo aus dem strukturlosen Hyaloplasma entstehen, sondern stets durch Teilung aus ihresgleichen hervorgehen, d. h. also Teilkörpermaterial enthalten. Als solche permanente, stets durch Teilung sich fortpflanzende Zellstrukturen werden bezeichnet: die Centriolen, die Plastosomen, die Elemente des Golgi-apparates, die Chromatophoren.

Der zunächst prinzipiell wichtige Einwand, daß es Zellen gibt, die keine Centriolen, keine Plastosomen, keinen Golgiapparat besitzen, wird von den Anhängern dieser dritten Hypothese über die Struktur des Cytoplasma entweder auf mangelhafte Technik und Beobachtung zurückgeführt, bzw. bei den roten Blutkörperchen, an denen Spek seine soeben erwähnten Beobachtungen anstellte, so erklärt, daß diese spezialisierten Zellen dies für die Arterhaltung wichtige cytoplasmatische Teilkörpermaterial nicht mehr bedürfen, und dasselbe genau so wie ja auch ihren Kern bei den Säugererythrocyten verloren haben. Mehr

oder minder offen bleibt die Frage, ob das Hyaloplasma auch noch Teilkörpermaterial amikroskopischer Größenordnung enthält. Zumeist wird es so wie die
Plastosomen, der Golgiapparat usw. als lebend bezeichnet, so von Duesberg(1911)
und neuerdings noch ausdrücklich von Gatenby (1919) in seiner Klassifikation
der Zellbestandteile. Aber ich habe schon auf S. 21—28 auseinandergesetzt,
warum die Bezeichnung lebend, auf einzelne Teile des lebenden Systems der Zelle
angewandt, so vieldeutig und unbestimmt ist, und die Gründe aufgeführt, die
mich zu der Fragestellung veranlaßt haben, die wir nunmehr auch auf das
Cytoplasma anwenden wollen: Was in der Zelle, was speziell im Cytoplasma
ist Teilkörpermaterial?

Entgegen der Lehre, daß das gesamte idioplasmatische Teilkörpermaterial der
Artzelle in dem Zellkern lokalisiert sei, herrscht jetzt wohl Einigkeit darüber,
daß auch in dem Cytoplasma Protomeren enthalten sind. Daran kann um so
weniger gezweifelt werden, als die Anschauung sich als irrtümlich herausgestellt
hat, daß „generative Chromidien" aus dem Zellkern auswandern und sich im
Zelleib eine Zeitlang weiter vermehren (vgl. S. 197). Da das Cytoplasma also kein
Protomerenmaterial von seiten des Kernes geliefert bekommt, sich aber trotzdem durch Wachstum und Teilung fortpflanzt, so muß es eigene, ihm eigentümliche Teilkörper enthalten. So schreibt denn auch O. Hertwig (1909), mit
Strasburger der Begründer der Kernidioplasmatheorie: „Da die befruchtete
Eizelle auch aus Protoplasma besteht, und da dasselbe bei ihren Teilungen
auf die beiden Tochterzellen, auf die Enkelzellen und alle weiteren Generationen
verteilt wird, so ist es von vornherein ganz selbstverständlich, daß auch die
Eigenschaften des Protoplasmas mit seiner Substanz übertragen werden. Das
gleiche gilt natürlich auch von den verschiedenen, in das Protoplasma eingelagerten Teilkörpern, von den Leukoplasten, Amyloplasten, vom Centrosom usw.,
auch von den Mitochondrien, soweit sie zu den selbständig wachsenden und teilbaren Zellorganen gehören." Dazu kommt noch, daß die neuesten Erbforschungen
positive Argumente dafür geliefert haben, daß nicht nur der Kern, sondern
auch das Cytoplasma Erbmaterial enthält, welches von Wettstein zum Unterschied von dem Kernidioplasma, dem Genom, den Namen Plasmon erhalten hat.
(Über die Frage, wieweit sich die Kernidioplasmatheorie, wenn auch in etwas
modifizierter Form, aufrechthalten läßt, verweise ich auf meine Ausführungen
in Bethes Handbuch der normalen und pathologischen Physiologie Bd. 1 (1927).

Auf die Frage über die Lokalisation dieses Plasmons im Cytoplasma gibt aber
weder die Erbforschung noch die experimentelle Cytologie bisher nähere Auskunft, ganz im Gegensatz zu dem Genom. Für den Kern haben die Entker-
nungsexperimente an Zellen gezeigt, daß in ihm besonders geartetes und von dem
Cytoplasma nicht regenerierbares Protomerenmaterial enthalten ist. Experimentelle Cytologie und Genetik haben übereinstimmend erwiesen, daß dieses Teilkörpermaterial aus einer großen Anzahl unter sich verschiedenartiger Gene
besteht, die zueinander eine typische, artcharakteristische und vererbbare Anordnung aufweisen. Diese Feststellungen waren für mich mit ein Grund, mich
zugunsten der Individualitätstheorie der Chromosomen zu entscheiden, im
Ruhekern die nicht immer sichtbaren Gerüststrukturen als stets vorhanden
anzunehmen und in dieselben das Genom zu lokalisieren, woraus dann weiter
folgerte, daß die Kerngrundsubstanz (der Kernsaft) keine Kernprotomeren
enthält. Für den Kern gilt also nicht die Theorie von Heidenhain, daß die
lebende Masse bis zu den kleinsten Einheiten, den Protomeren durch Katachonie
abgebaut wird, und wenn eine Übertragung unserer am Kern gemachten Erfahrungen auf das Cytoplasma ohne weiteres erlaubt wäre, so würden sie eher
zugunsten der unter Gruppe 3 besprochenen Strukturtheorie des Cytoplasma
sprechen, und bei Homologisierung von Kerngrundsubstanz und Hyaloplasma

für das Fehlen von Protomeren in letzterem sich verwerten lassen. Aber dieser Schluß ist doch zur Zeit nicht zulässig, solange wir so wenig von den Eigenschaften des Plasmons wissen.

Bisher ist durch die Erbforschung nichts über die etwaige Existenz verschieden gearteter cytoplasmatischer Erbteilchen bekannt geworden. Ebensowenig ist auf experimentellem Wege die Entfernung der Plastosomen oder des Golgiapparates möglich gewesen, um festzustellen, ob diese Gebilde etwa aus dem Hyaloplasma ersetzt werden könnten, bzw. welchen Einfluß ihr Fehlen auf das Leben der Zelle ausübten. Für die Centriolen lauten die Angaben noch sehr verschieden, wie wir gleich hören werden. So sind wir bei der Lokalisation des cytoplasmatischen Teilkörpermaterials, des Plasmons, zur Zeit vorwiegend auf die morphologischen Befunde und namentlich das Studium der Morphogenese der Strukturen angewiesen, die nunmehr besprochen werden sollen.

B. Die Centriolen.

Zuerst wurden die später als Centriolen benannten Strukturgebilde von O. Hertwig im Jahre 1875 anläßlich seiner Entdeckung des Befruchtungsprozesses beim *Seeigelei* beschrieben und abgebildet. „Die Spitze der Spindel", so heißt es in der Arbeit von O. Hertwig (1875) „nimmt gerade die Mitte der körnchenfreien Stelle ein und tritt als ein besonders deutlich erkennbares, dunkel geronnenes Korn hervor." An demselben Objekte fand dieselben Körner bald darauf Fol (1875), er benannte sie „Corpuscules centrals de l'aster". 1876 beschrieb sie van Beneden in Dizyemideneiern unter dem Namen Corpuscule polaire, aber ihre genaue Beobachtung war durch die Kleinheit und Ungunst des Objektes erschwert. Hingegen bot das Ei von Ascaris *megalocephala* besonders günstige Beobachtungsverhältnisse, und so gelang denn auch an diesem Objekt gleichzeitig im Jahre 1887 Boveri und van Beneden und Neyt die wichtige Entdeckung, daß die Zentren der ersten Furchungsspindel nach der Zellteilung im Cytoplasma der Furchungszellen erhalten bleiben, sich in die Länge strecken, in der Mitte sich durchschnüren und so zwei Tochterzentren entstehen, zwischen denen sich die Spindel für die zweite Furchungsteilung bildet. Boveri gab jetzt dem Zentralkörperchen den sich rasch einbürgernden Namen Centrosom, der es einhüllenden homogenen Protoplasmakugel den Namen Archoplasma. Van Beneden verallgemeinert seine Entdeckung und gab ihr eine größere wissenschaftliche Tragweite durch die Verbindung mit einer Theorie, die er folgendermaßen formulierte: „Nous sommes donc autorisé à penser que la sphère d'attraction avec son corpuscule central constitue un organe permanent, non seulement pour les premieres blastomères, mais pour toute cellule, qu'elle constitue un organe de la cellule au même titre que le noyau lui-même; que tout corpuscule central dérive d'un corpuscule antérieur; que toute sphère procède d'une sphère antérieure, et que la division de la sphère procède celle du noyau cellulaire." „Il est clair que la cause immédiate de la division cellulaire ne réside pas dans le noyau, mais bien en dehors du noyau, et spécialement dans le corpuscule central des sphères."

Ausgehend von dieser Hypothese, daß die Centriolen permanente Zellorgane seien, entwickelte C. Rabl (1890) in Verbindung mit seiner Hypothese, daß jeder Zelle eine Polarität zukommt, die Vorstellung, daß auch in der sich nicht teilenden Zelle alle Zellorgane auf das Centriol konzentriert seien, und Solger (1889/1891) lieferte für diese Annahme von Rabl bald darauf eine teilweise Bestätigung, als er bei den Chromatophoren von Fischen eine radiär angeordnete Reihenstellung der Pigmentkörnchen tatsächlich beobachtete.

Durch verbesserte Färbetechnik gelang bald darauf FLEMMING (1891), dann vor allem K. W. ZIMMERMANN (1898) und HEIDENHAIN (1893, 1894, 1897) in zahlreichen ruhenden Gewebszellen der Nachweis von Centriolen, die entweder einzeln oder zu zweien, dann als „Diplosom" bezeichnet, in Leukocyten, den verschiedensten tierischen Eiern und den Keimblättern von Vogelembryonen aufgefunden wurden. Allerdings fehlte hier die für die sich teilenden Zellen so charakteristische Sphärenbildung um das Centriol, und es entstanden in der Mitte der neunziger Jahre des vorigen Jahrhunderts nomenklatorische Schwierigkeiten, zumal in den Centrosomen der Furchungszellen z. B. beim *Seeigel* nicht immer kleine Zentralkörner, Centriolen nachgewiesen werden konnten. An ihrer Stelle fand man vielmehr ein vakuoliges „Centroplasma", dessen Homologisierung mit den als Centriolen oder Centrosomen bezeichneten körnerartigen Gebilden der ruhenden Zelle verschieden beantwortet wurde. Den meisten Anklang hat jedoch der Vorschlag von HEIDENHAIN (1907), dem sich bald darauf auch O. HERTWIG anschloß, gefunden, die kleinsten färbbaren Zentralkörner als Centriolen zu bezeichnen und den Namen Centrosom für die Gebilde zu reservieren, die aus Centriol und den Plasmadifferenzierungen bestehen, welche in der Nachbarschaft der Centriolen und durch sie veranlaßt im Cytoplasma sich zeitweilig ausbilden.

Einen weiteren Fortschritt verdankt die Lehre von den Centriolen und ihrer Bedeutung den Untersuchungen von K. ZIMMERMANN über den „Zentralgeißelapparat" sezernierender Epithelien, und vor allem den Studien über die Spermiohistogenese von MEVES, von LENHOSSECK, von KORFF, BENDA u. a. Es wurde nämlich der Nachweis erbracht, daß die Centriolen für die Entstehung und Bildung der Geißeln und Schwanzfäden der Spermatozoen eine wichtige Rolle spielen. Im Jahre 1898 stellten dann gleichzeitig v. LENHOSSEK und HENNEGUY die Hypothesen auf, daß die Basalkörner aller Flimmercilien identisch mit den Centriolen seien, oder direkt von ihnen abstammten. Diese Lehre ist in ihrer allgemeinen Gültigkeit bis in die neueste Zeit viel umstritten worden, ebenso wie über die Homologisierung der Blepharoblasten der Einzeller mit den Centriolen die Meinungen noch stark auseinandergehen.

Von größerer prinzipieller Wichtigkeit für unsere Deutung der Centriolen sind aber die Schwierigkeiten, die der Lehre von der Teilkörpernatur der Centriolen und ihrer Bedeutung als permanentes Teilungsorgan der Zelle erwachsen einmal aus dem Fehlen der Centriolen bei den höheren Pflanzen, bei denen die Mitosen ohne Centriol ablaufen, zweitens aus den Untersuchungen über die künstliche Parthenogenese. Eine Reihe von Forschern nimmt auf Grund dieser Untersuchungen an, daß Zentren de novo aus dem Cytoplasma sich bilden können.

Diese kurze historische Übersicht über die Lehre von den „Centriolen" mag genügen. Unsere Aufgabe ist es nunmehr, das Tatsachenmaterial selber vorzuführen und nach dessen kritischer Sichtung zu den strittigen Problemen Stellung zu nehmen.

Die Größe der Centriolen liegt an der unteren Grenze der Dimensionen, welche wir mit unseren Mikroskopen sehen können. Es besteht kein nachweisbarer Zusammenhang oder Abhängigkeitsverhältnis zwischen Zellvolumen und Centriolengröße, welche nach den Angaben von HEIDENHAIN (1907) zwischen Werten von höchstens $0,8\,\mu$ bis herab zu $0,2\,\mu$ sich bewegt, wobei letzteren aber kein objektiver Wert mehr zukommt, wie HEIDENHAIN mit Recht bemerkt, vielmehr könnten „Centriolen, die wir auf 0,2 messen oder schätzen", in Wahrheit noch kleiner sein, sie würden „dennoch durch den Apochromaten in der Größe von $0,2\,\mu$ abgebildet werden, nur daß sie dann in entsprechend hellerem Ton gefärbt erscheinen würden." [HEIDENHAIN (1907, S. 257).] (Man vergleiche auch die Ausführungen auf S. 35.)

Die Form der Centriolen ist wenig chrakteristisch, meist ist sie kugelig; nur
selten sind stäbchenförmige Centriolen beschrieben worden und dann zumeist
in den männlichen Geschlechtszellen verschiedener Tiere, so von MEVES bei
Lepidopteren, ferner bei Myxine (Abb. 152) von A. u. K. E. SCHREINER. So

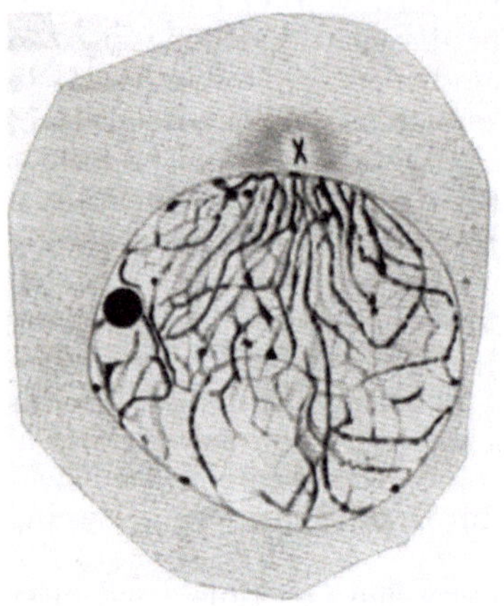

Abb. 152. Spermiocyte von Myxine
mit stäbchenförmigen Centiolen.
(Nach A. u. K. E. SCHREINER aus
HEIDENHAIN, Plasma und Zellen.)

ist es denn kein Wunder, daß bei der Lebendbeobachtung in den meisten Zellen kein Centriol
nachweisbar ist, und eine Identifizierung eines
bestimmten Körnchens als Centriol zumeist nur
in den Fällen mit einiger Wahrscheinlichkeit
gelingt, wo dasselbe Mittelpunkt einer Plasma-
strahlung ist; denn die Angaben über starke
Lichtbrechung der Centriolen beziehen sich nicht
auf lebende, sondern auf fixierte Präparate.
Nur an besonders geeigneten Objekten ist es
daher gelungen, in der überlebenden sich nicht
teilenden Zelle Centriolen zu erkennen, so in
dem Salpenepithel [BALLOWITZ (1898, 1900)] und
in Magenepithelzellen von *Frosch* und *Katze*
[HEIDERICH (1910)].

Zumeist verdanken wir daher unsere Kenntnisse über die Centriolen fixierten und gefärbten
Präparaten, die eine mehr oder minder spezifische
Darstellung der Centriolen ermöglichen.   Am
ältesten ist die von FLEMMING (1891) ein-
geführte Dreifarbenmethode, weitere Methoden verdanken wir BENDA (1900);
LANDAU (1924) gibt ein einfaches Verfahren zur Darstellung der Centriolen mit
Tinte an, RIO-HORTEGA (1922) empfiehlt eine modifizierte Tanninsilbermethode
(vgl. KRAUSE, Encyklopädie der mikroskopischen Technik 1926, Bd. 1, S. 304).

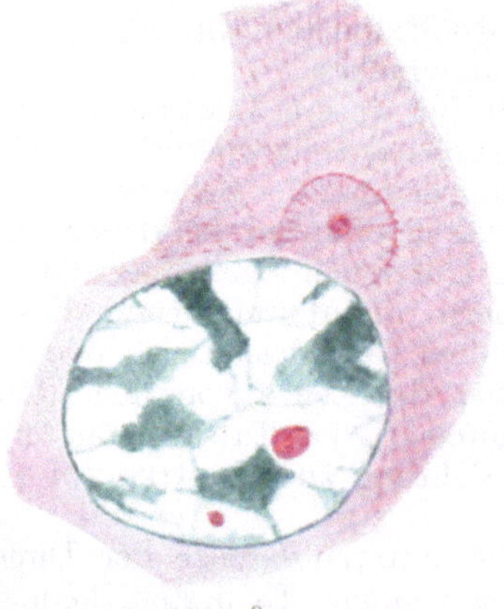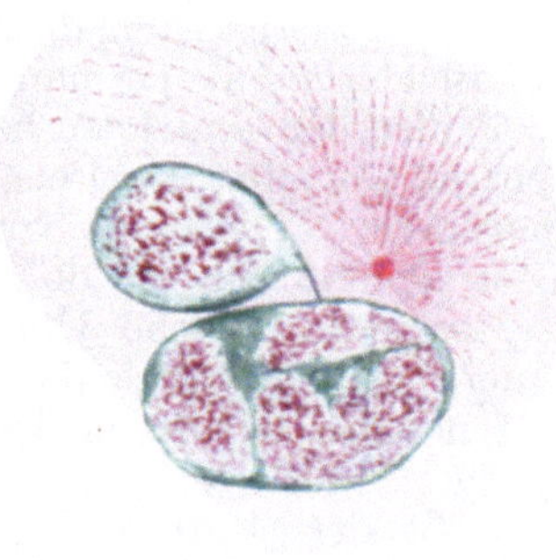

Abb. 153 a, b. Zwei Wanderzellen von Salamandra. a Einkerniger Leukocyt mit Sphäre, welche durch
eine dunkle Konturlinie begrenzt ist. b Leukocyt mit mehrteiligem Kern. Sphäre begrenzt von
einer einfachen Schicht gröberer Mikrosomen. BIONDIfärbung. (Nach M. HEIDENHAIN 1907.)

Am meisten angewandt wird die von HEIDENHAIN angegebene Eisenhämato-
xylinmethode, namentlich mit Vorfärbung durch Bordeaux, die aber ebenso
wie alle vorgenannten Färbungen nicht als spezifisch betrachtet werden kann,
und als „regressive" Färbung noch den Nachteil hat, daß sie leicht zu Irrtümern
namentlich über die wahre Größe der Centriolen Veranlassung geben kann. Denn

es handelt sich bei der Eisenhämatoxylinfärbung ja um eine Niederschlagfärbung (vgl. S. 77), die an der Oberfläche des Centriols gelegen dasselbe vergrößert, ja unter Umständen mehrere dicht benachbarte Centriolen als ein einheitliches

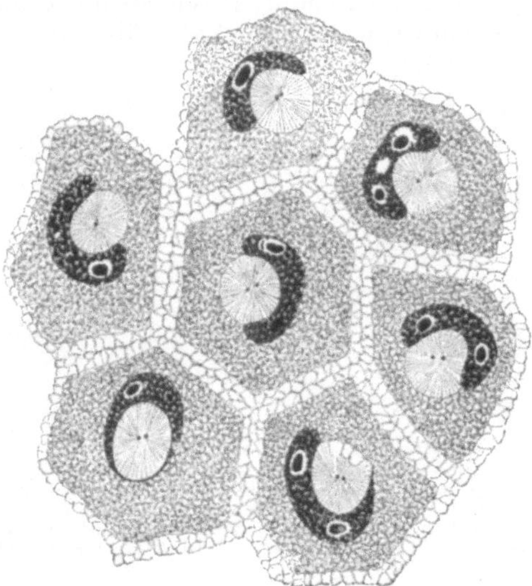

Abb. 154. Zentren und Sphären des Salpenepithels. Sublimat-Essigsäure. Eisenhämatoxylin. (Nach BALLOWITZ 1898.)

Gebilde erscheinen läßt, bis dessen weitere Differenzierung die Zusammensetzung des „Mikrozentrums" aus mehreren isolierten Centriolen enthüllt.

Als spezifisch für die Centriolen wird von HEIDENHAIN nach Sublimatfixierung die Färbung nach BIONDI-EHRLICH betrachtet (Abb. 153), namentlich in der Modifikation der anfänglichen Überfärbung und nachfolgenden

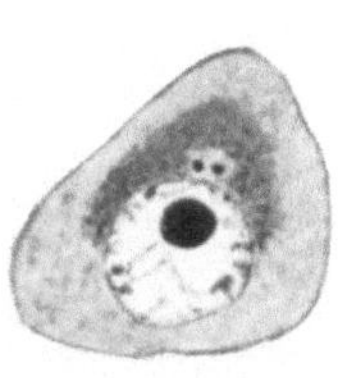

Abb. 155. Diplosom in einer Hodenzwischenzelle des Menschen. Um das Diplosom eine besondere Anordnung des Protoplasmas (Archoplasma). Vergr. 1300fach. (Aus PETERSEN 1922.)

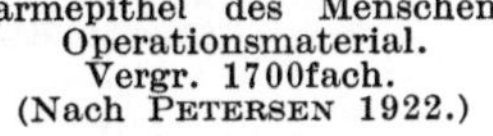

Abb. 156. Diplosom in einer Wanderzelle aus dem Dünndarmepithel des Menschen. Operationsmaterial. Vergr. 1700fach. (Nach PETERSEN 1922.)

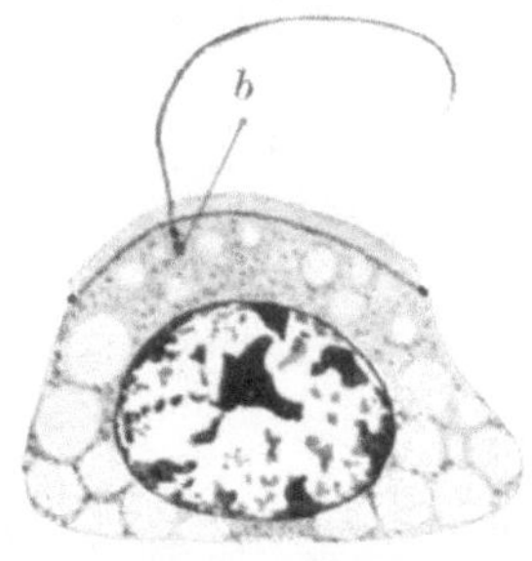

Abb. 157. Geißelzelle aus der Niere von Salamandra mit Zentralgeißel. b Basalkörnchen. (Nach MEVES aus HEIDENHAIN: Plasma und Zelle.)

verlängerten Einwirkung von absolutem Alkohol. „Unter diesen Umständen treten die Centriolen im Zellplasma neben dem grünlich gefärbten Kern ganz allein in schwärzlich grauem Ton hervor, während sämtliche Zellenmikrosomen einschließlich aller degenerativen Körnchen sich nur rosa tingieren. Auf diese Weise war es möglich, in den großen Phagocyten der Proteusleber trotz der gleichzeitigen Gegenwart einer Unzahl aus der Funktion der intracellulären

Verdauung sich herleitender granulärer Gebilde dennoch die Centren genau herauszufärben und ihre Lage zu bestimmen. Da es sich um eine Simultanfärbung
aus einem Farbgemisch handelt, wobei die Extraktion unmerklich langsam
im Lauf von 24 Stunden zustande kommt, so schließen wir aus den beobachteten
Erscheinungen auf eine materielle Differenz gegenüber der Masse des Zelleibes"
[Heidenhain (1907, S. 261)].

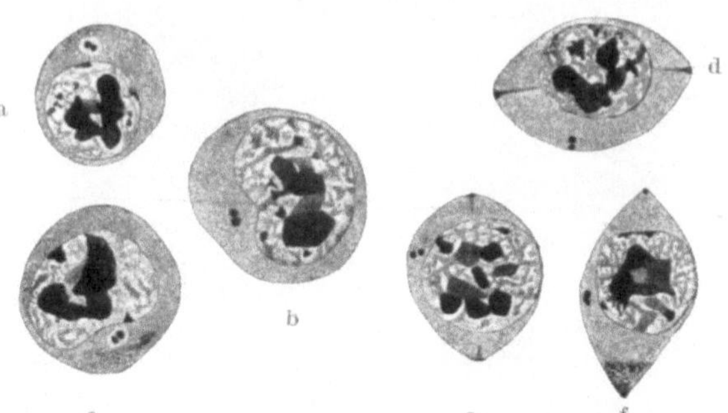

Abb. 158a—f. Entwicklungsstadien roter Blutkörperchen beim Entenembryo. a—c Zellen aus den
Blutinseln von kugeliger Form; d—f erstes Auftreten des Dehlerschen Reifens, durch dessen verhältnismäßig schnelles Wachstum die Zellen zur bikonvexen Linsenform umgestaltet werden. Bei
a—c Stellung des Zentrums ähnlich wie beim weißen Blutkörperchen nächst der Zellmitte, in den
späteren Stadien (d—f) jedoch wechselt. (Aus M. Heidenhain 1897.)

Nach unseren jetzigen Kenntnissen über die Natur des histologischen Färbeprozesses (vgl. S. 88) kann dieser Schluß von Heidenhain aber nicht mehr
als gesichert bezeichnet werden. Wir müssen also nach anderen Identifizierungsmöglichkeiten für die Centriolen uns umsehen. Auch die Lage der Centriolen in der Zelle bietet eine solche im allgemeinen nicht dar. Zumeist
liegen ja die Centriolen im Cytoplasma oft in der Nachbarschaft des

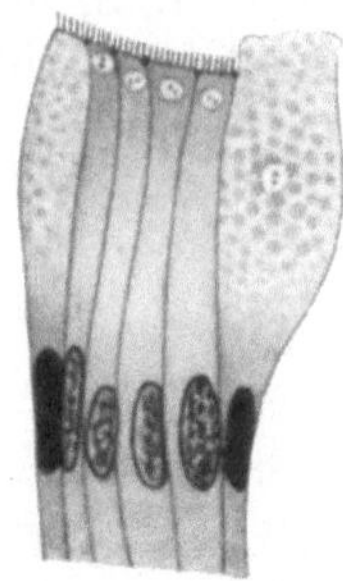

Abb.159. Darmepithel aus dem Kolon
des Menschen.
(Nach K. W. Zimmermann 1898.)

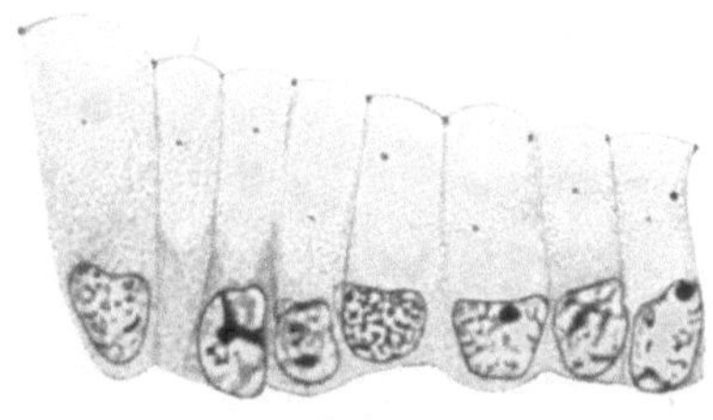

Abb. 160. Oberflächenepithel vom menschlichen Magen.
Die Zentren sind verklumpt und erscheinen daher als
einheitliche solide Körperchen; sie liegen in dem verschleimten Zellteil in wechselnder Höhe, jedoch fast
immer entsprechend der mittleren Längsachse der Zelle.
(Aus M. Heidenhain: Plasma und Zelle.)

Kerns (Abb. 154—156), oft aber auch dicht unter der freien Oberfläche
des Zelleibes, so bei vielen Zylinder- und Geißelzellen (Abb. 157); eine
wechselnde Stellung nehmen die Centriolen bei den verschiedenen Entwicklungsstadien roter Blutkörperchen beim Entenembryo ein (Heidenhain)
(Abb. 158); bei den Becherzellen des Darmes (Abb. 159), dem Oberflächenepithel des Magens (Abb. 160) und den Epithelien der Schleimdrüsen sind
die Centren innerhalb der verschleimten Zellteile gelegen (Abb. 160). In
anderen Zellarten variiert aber die Lage der Centriolen im Zelleib erheblich.

Ziemlich häufig bei den Protisten, selten bei den Vielzellern, dann meist in den Geschlechtszellen (Abb. 161) sind die Centriolen nicht im Cytoplasma, sondern innerhalb der Kernmembran im Kern selber gelegen (Nucleocentrosom). Bei den Protisten soll das Centriol bei manchen Formen auch im Karyosom oder dem Nucleolus gelegen sein, man hat dann von einem Nucleolencentrosom gesprochen [vgl. Bělař (1926, S. 483)]. Aber der exakte Nachweis der „Centriolen" ist, wie Bělař ausführt, bei den Protisten nicht überall einwandfrei geglückt. Bělař gebraucht daher auch den Namen Centrosom, weil in vielen Fällen die Entscheidung zwischen Centriol und Centrosom nicht möglich ist, er verzichtet auf den Nachweis kleinster (durch Eisenhämatoxylin darstellbare) Körnchen, der Centriolen und kommt dadurch zu einer weiteren Fassung des Centrosombegriffes, daß er die zu ihrer Charakterisierung ausreichender Kriterien auf die Feststellung des Teilungsvermögens und der Spindelbildungspotenz beschränkt (S. 482 und 490).

An diese intranukleäre Lage der Centriolen ist von den Protistenforschern eine Reihe von Hypothesen geknüpft worden. Sie wurde als die ursprüngliche,

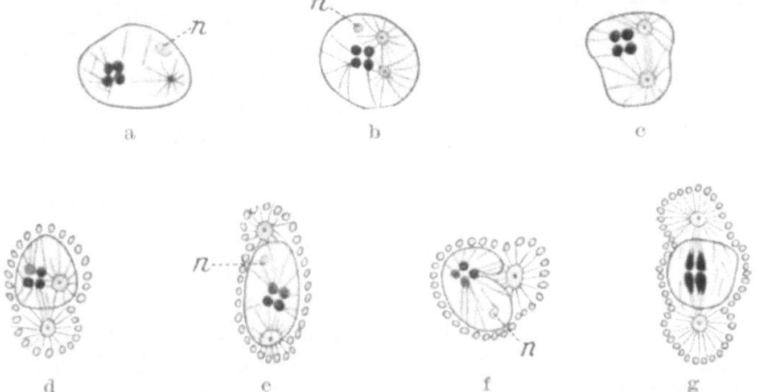

Abb. 161 a—g. Spermiocytenkerne von Ascaris megalocephala univalens vor und während der ersten Reifeteilung. n Nucleolus. Fixierung: Heißes Sublimat, Hämatoxylinfärbung. Vergr. 1060fach. (Nach A. Brauer 1893.)

die Lage im Cytoplasma als die phylogenetische jüngere angesprochen, und das Centriol, auch wenn es dauernd im Cytoplasma gelegen ist, als Teil des Kerns betrachtet; Centriol und achromatische Kernbestandteile bilden nach dieser Auffassung die lokomotorische, die chromatischen Kernbestandteile die idiogenerative Kernkomponente, und namentlich Max Hartmann hat den Versuch gemacht, die „mannigfaltige Konstitution der Protistenkerne aus der wechselnden Anordnung und Ausbildung dieser beiden Komponenten" abzuleiten. Eine nähere Darstellung dieser Hypothese muß aber an dieser Stelle unterbleiben. Ich verweise auf die Ausführungen von Hartmann (1927) und Bělař (1926).

Aber so mannigfaltig die Lage der Centriolen in den sich nicht teilenden Zellen ist, so charakteristisch und fest definiert ist sie in allen Zellen im Zustand der Mitose. Liegen dann doch die Centriolen stets an den Spindelpolen und sind häufig noch von einer Polstrahlung umgeben. Diese charakteristische Lage der Centriolen ist am einfachsten durch die Annahme zu erklären, daß die Centriolen von sich aus die Spindelpole bestimmen. Die Richtigkeit der Annahme wird durch die Dispermieversuche von Boveri (1907) am Seeigelei bewiesen, wo die Zahl der Spindelpole abhängig ist von der Zahl der eingeführten Spermacentriole. Damit lernen wir aber eine charakteristische Funktion der Centriolen kennen, „in einem nicht fibrillär strukturierten Cytoplasmabereich eine faserige Anordnung der Elementarteilchen epigenetisch hervorzurufen" [(Bělař (1926, 591)].

Die strukturelle Beeinflußbarkeit des Cytoplasmas ist allerdings weitgehend verschieden und abhängig von seinem physikalisch-chemischen Zustand, dementsprechend fallen die unter dem Einfluß der Centriolen entstehenden Cytoplasmastrukturen auch verschieden aus und haben verschiedene Namen bekommen, wie Spindelfasern, Centrosom, Archosphäre, Polstrahlung, Idiozom, centroplasmatische Zonen (Jörgensen), Centrodesmose.

Daß die Deutung dieser vielgestaltigen Cytoplasmagebilde als Reaktionsprodukte der Centriolentätigkeit auf jeweils physikalisch-chemisch verschiedenartig beschaffenes Cytoplasma richtig ist, dafür führe ich folgende Argumente an:

Wir wissen — und genauere Angaben werden später in dem Kapitel über die Zellteilung von Wassermann gemacht werden — daß das Cytoplasma während der Mitose in allen Zellen eine eigentümliche, vom Ruhestadium differente physikalisch-chemische Beschaffenheit aufweist; dementsprechend sind auch die unter dem Einfluß der Centriolen gebildeten Cytoplasmastrukturen sehr übereinstimmend, stets findet sich die charakteristische Spindelbildung, meist auch die Polstrahlung. Wir wissen ferner, daß dem unreifen Ei, der Ovocyte oder dem Praeovum eine andere physikalisch - chemische Beschaffenheit des Cytoplasma zukommt, als der reifen Eizelle. Dementsprechend beobachten wir z. B. beim *Seestern*, wo die Samenfäden sowohl in die Ovocyte wie in die reifen Eier einzudringen vermögen, daß im Plasma des reifen Eies sofort die Strahlenbildung um das Spermacentriol einsetzt, im unreifen Ei dagegen das Spermacentriol zunächst untätig bleibt und erst nach vollendeter Polzellbildung und beendeter Eireife die Strahlen- und Spindelbildung auftritt.

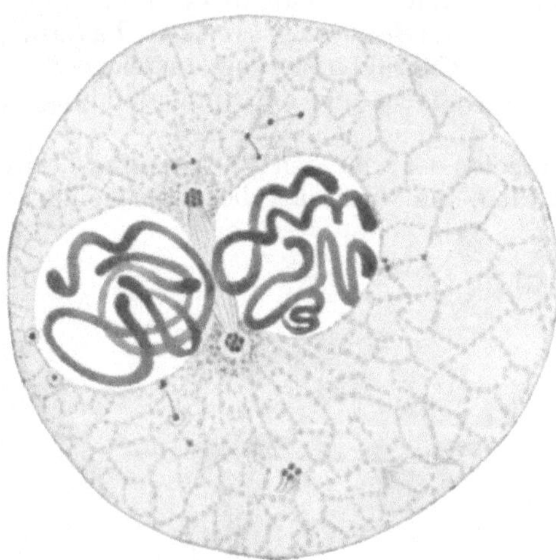

Abb. 162. Ei von Ascaris megalocephala bivalens. Fixierung: Pikrinessigsäure. Färbung: Eisenhämatoxylin. Vergrößerung: Zeiß Obj. 1,45 mm. Komp. Okular 12. (Nach Vejdovsky 1926/27.)

Ein weiteres Argument entnehme ich der neuesten Untersuchung von Vejdowsky (1926) über die Befruchtung des Ascariseies. Nach seinen Angaben soll sich das Spermacentriol während der Zeit der Reifeteilung des Eikerns bereits vielfach teilen, so daß im ganzen Eiplasma einzelne oder durch Centrodesmosen paarweise vereinigte Centriolen verstreut liegen. Erst im Augenblick, wo der reife Eikern auf den Spermakern zuwandert, also die Eireife vollendet ist, bekommt eine Centrodesmose, und zwar charakteristischerweise diejenige, welche zwischen die beiden Kerne zu liegen kommt, die Fähigkeit zur Spindelbildung, offenbar deshalb, weil in der Nachbarschaft der Kerne die Protoplasmabeschaffenheit am frühesten sich ändert (Abb. 162).

Schließlich führe ich in diesem Zusammenhang noch die eigenartigen Cytoplasmastrukturen an, die während des Eiwachstums und bei der ersten Furchungsteilung in unmittelbarer Nachbarschaft der Centriolen häufig beobachtet worden sind, und in dieser Ausbildung sich bei gewöhnlichen Gewebszellen nicht finden. Ich verweise auf das Schema, das Jörgensen von der Centroplasmaentwicklung der ersten Richtungsspindel des Piscicolaeies gibt (Abb. 163), ferner auf Abb. 164 und bemerke ferner, daß auch Lams (1910) bei Arion, ferner Vejdowsky und Mrazek bei Rynchelmis ein sehr ähnliches periplasmatisches

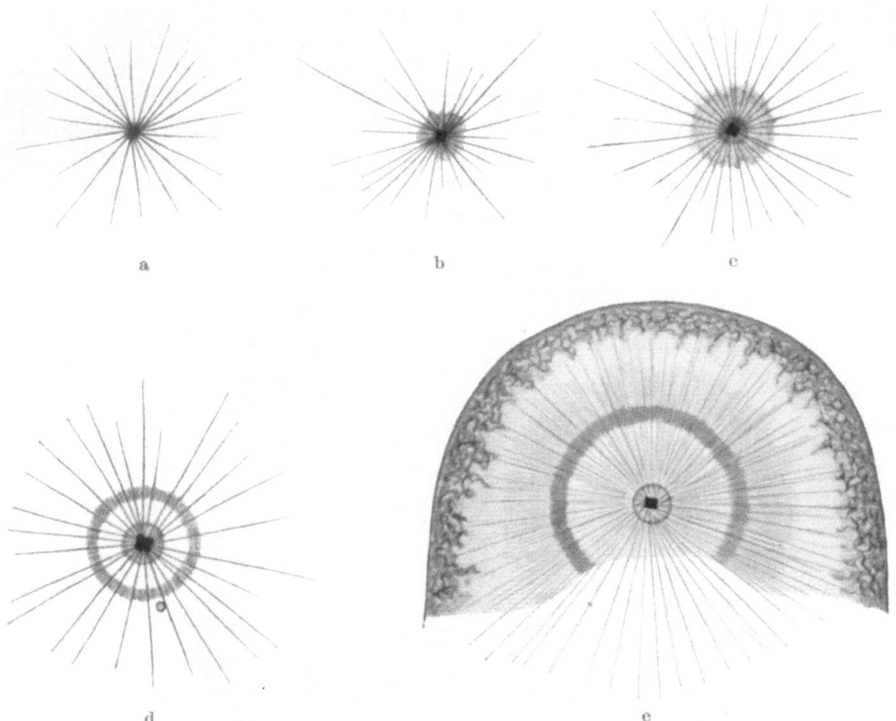

Abb. 163 a—e. Schema der Centroplasmenentwicklung der ersten Richtungsspindel des Piscicolaeies. (Nach JÖRGENSEN 1913.)

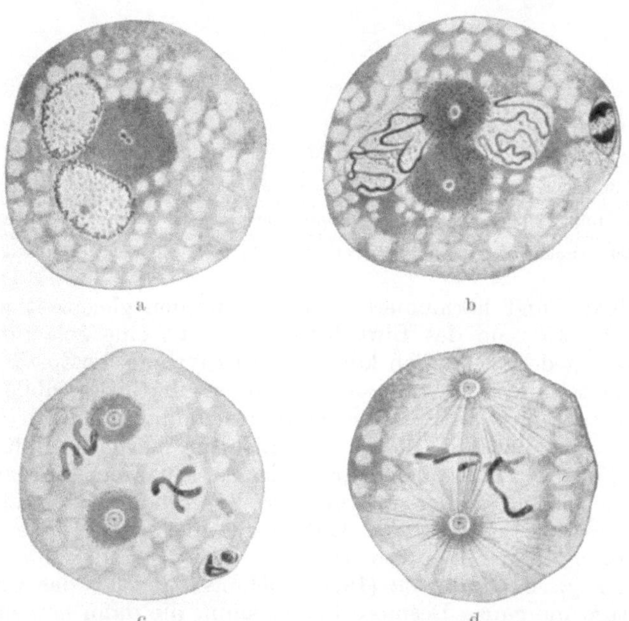

Abb. 164 a—d. Erste Furchungsteilung von Ascaris megalocephala. a Teilung der Centriolen, daneben der Ei- und Samenkern. b Die beiden Tochtercentriolen und Centrosomen wandern auseinander. c Auflösung der Kernmembranen. d Erste Furchungsspindel. (Nach BOVERI 1887.)

geschichtetes System um die Centriolen der Richtungsspindeln beschrieben haben. Jörgensen faßt alle diese komplizierten centroplasmatischen Zonen einschließlich der Centrosomen „als vorübergehende Plasmaprodukte" auf, die „auf intermittierende Substanzströmungen nach dem Centriol" zurückgeführt werden, so daß im Endzustand „centroplasmatische Verdichtungszonen" mit „centroplasmatischen Erschöpfungszonen" abwechseln (Abb. 165). Ich schließe mich dieser Deutung von Jörgensen im Prinzig durchaus an. Es ist

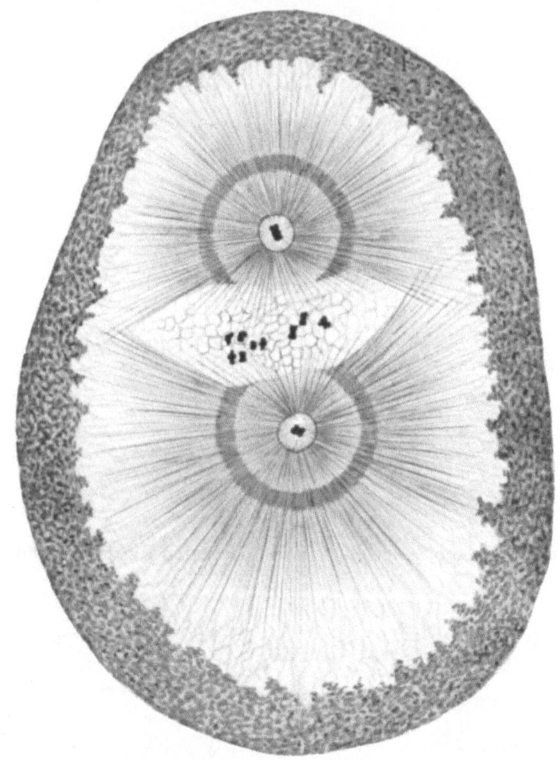

Abb. 165. Ausbildung der ersten Richtungsspindel im Piscicolaei. Das ganze Eiplasma in Sphärenplasmen geordnet. Um das Centriol die erste centroplasmatische Verdichtungszone (= das Centrosom) sichtbar.   Darauf folgt eine Erschöpfungs-, dann eine zweite Verdichtungszone.   Die beiden Sphärenapparate werden von dem peripheren Plasma durch eine zweite Erschöpfungszone getrennt. Sublimat-Eisenhämatoxylin. Vergr. 1500fach. ³/₄ verkl. (Nach Jörgensen 1913).

leicht vorstellbar, und harmoniert sehr gut mit den gleichzeitigen Befunden am Kernapparat während des Eiwachstums, die als eine gehemmte und verzögerte Prophase gedeutet werden können, daß rhythmische Zustände des Cytoplasma, die die Mitose und damit die Centrosom- und Spindelbildung fördern, mit solchen hemmender Natur alternieren, bis dann schließlich als Abschluß eine abortive Zellteilung, die Bildung des Richtungskörpers resultiert.

Während die als Centrosomen, Archoplasma, Sphären, Idiosome beschriebenen morphologischen Gebilde mit größter Wahrscheinlichkeit als unter dem Einfluß des Centriols entstandene Differenzierungsprodukte des Cytoplasma aufgefaßt werden können, ist die Deutung der Centrodesmosen umstritten. Einige Forscher [z. B. Buchner (1915)] nehmen an, daß das Centriol durch Längenwachstum die ganze Desmose bilden kann, die dann namentlich bei der Spermienausbildung zu Stab-, Ring- oder Kegelbildung führt und den Achsenfaden des Spermienschwanzes hervorbringt (Abb. 166). Aber ich glaube mit Bělař

(1926), daß wir „nicht mit Bestimmtheit angeben können, ob wir in den Centrodesmosen tatsächlich nur Centriolensubstanz vor uns haben oder nicht vielmehr
unter dem Einfluß der Centriolen gelatinisierte Protoplasmastränge", die dann
zur Bildung der Achsenfäden des Spermienschwanzes benutzt werden. Eine
Entscheidung zwischen diesen beiden Alternativen ist zur Zeit wohl nicht möglich. Wie dem aber auch sei, mit der Bildung von Geißelfäden, bzw. des
Achsenfadens ist eine weitere wichtige Funktion der Centriolen festgestellt, und
es fragt sich, ob etwa alle Geißeln und Flimmern von Centriolen gebildet werden,
wie es die Hypothese von HENNEGUY und von LENHOSSEK (1898) annimmt.
Ich verweise wegen aller Einzelheiten auf das Kapitel über die Bildung der
cytoplasmatischen Differenzierungsprodukte — nach einer soeben erschienenen

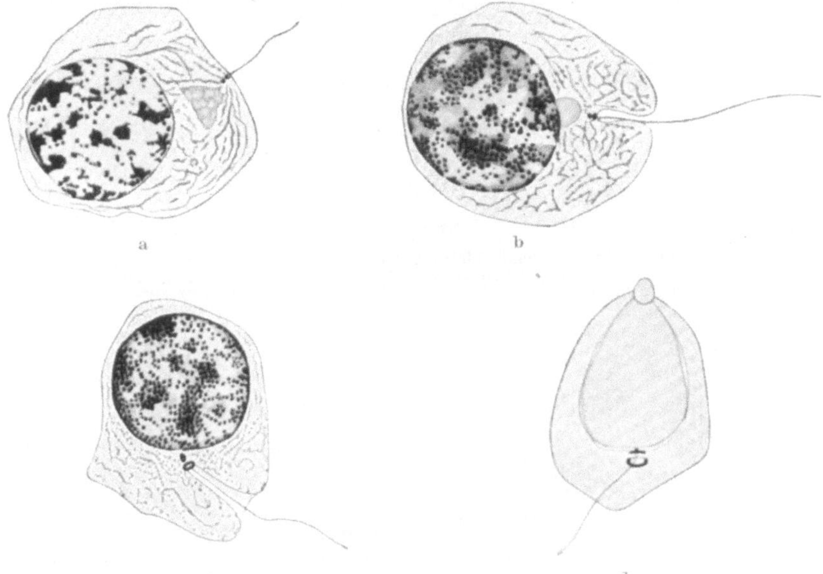

Abb. 166 a—d. Histogenese der Samenfäden von Salamandra maculosa. Fixierung: HERMANN.
Färbung: Eisenhämatoxylin. Zeiß Apochromat 2 mm (Apert. 1,40). Okular 12. Tubuslänge 160.
Nach MEVES (1897.)

Arbeit von WOLBACH (1928) sollen die Centriolen sogar die Myofibrillen des
quergestreiften Muskels produzieren — und möchte nur soviel sagen, daß mir der
genetische Zusammenhang von Centriolen, Basalkörpern und Geißel- und Flimmer-
fibrillen durch die neueren Forschungen äußerst wahrscheinlich vorkommt. Für
die Protisten hat namentlich SCHAUDINN (1905) hierfür Belege erbracht, die
Geißelgenese der merkwürdigen Kragenzellen der Spongien ist durch die Untersuchung von ROBERTSON und MINCHIN (1910) dahin beantwortet worden, daß
die Geißeln von Basalkörperchen entspringen, die bei der Mitose als Centriole
fungieren. Schließlich ist die so lange umstrittene Genese der Flimmerhaare
der tierischen Flimmerzellen wohl durch die Untersuchung von RENYI (1924)
ebenfalls zugunsten der HENNEGUY-LENHOSSEKschen Hypothese geklärt,
RENYI beschreibt die Entwicklung des Flimmerapparates der menschlichen
Trachea folgendermaßen: „Es lassen sich 4 Phasen unterscheiden: 1. Das von
Anfang an oberflächlich und in der Mitte der freien Zellfläche gelagerte Diplosom
verschiebt sich in eine Ecke der Zelle (Abb. 167, 168).
    2. Es erfolgen Teilungen des Diplosoms (Abb. 169) und die entstehenden
Körnchen ordnen sich an der Zelloberfläche zuerst unregelmäßig, dann in eine

15*

einzige flächenhaft angeordnete Serie als präbasale Körperchen an. Bei diesem
Vorgang scheint weder dem Kern noch dem Protoplasma eine Rolle zuzukommen.
Die Veränderungen spielen sich lediglich am Cytozentrum ab. Die Anordnung

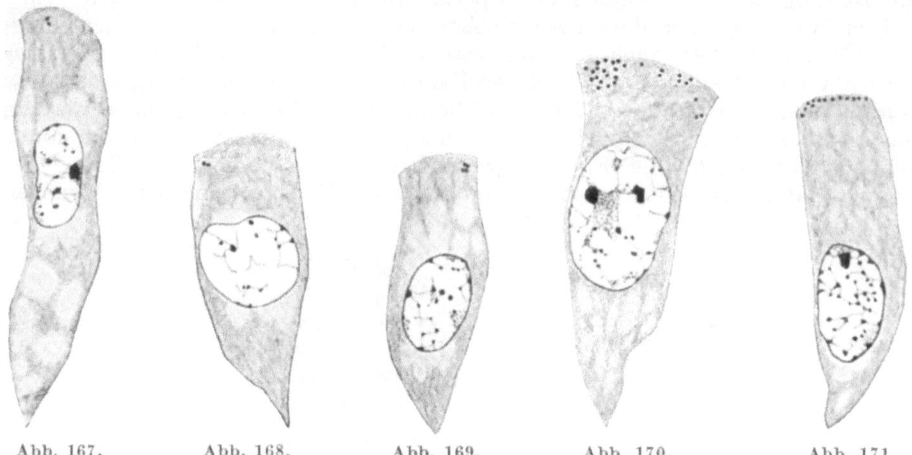

Abb. 167. Abb. 168. Abb. 169. Abb. 170. Abb. 171.

Abb. 167—171. Epithelien der Trachealschleimhaut eines menschlichen Fetus (ganze Länge 213 mm).
Fixierung: Susagemisch. Färbung: Heidenhains Hämatoxylin. Vergr.: Zeiß Apochr. Imm. 1,5 mm.
Komp. Okul. 12. Tubuslänge 160 mm. (Nach Rényi 1924.)

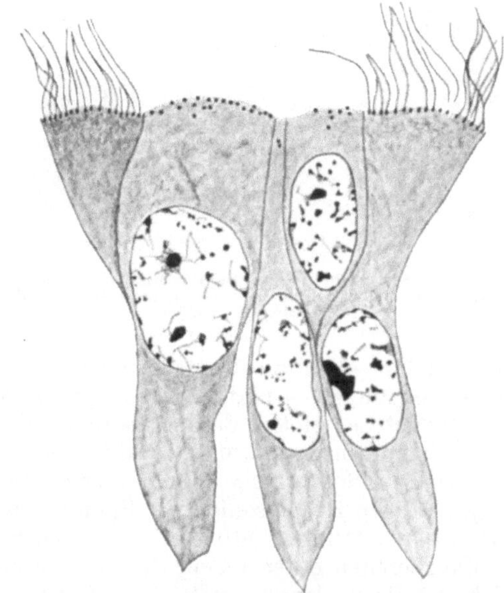

Abb. 172. In der Mitte eine spindelförmige, indifferente Zelle, ihr Diplosom steht senkrecht zur
Oberfläche. In den Zellen zu beiden Seiten ordnen sich die präbasalen Körperchen flächenhaft.
In den beiden äußeren Zellen sind die Flimmerhaare entwickelt, die Basalkörperchen oval.
(Nach Rényi 1924.)

der präbasalen Körperchen erfolgt vor dem Erscheinen der Flimmerhaare
(Abb. 170, 171).

3. Aus den präbasalen Körperchen wachsen die Cilien als protoplasmatische
Fortsätze hervor in derselben Weise wie die Geißeln aus den Centriolen der

Spermiden. Die präbasalen Körperchen werden hierdurch zu Basalkörperchen, wobei sie ovale Gestalt annehmen (Abb. 172).

4. Die Entwicklung der Wimperwurzeln bildet die vierte Phase im Entwicklungsvorgang des Flimmerepithels. Leider war es mir an meinem Material nicht möglich, diesen Vorgang bis zum Ende genau zu beobachten" [RENYI (1924, S. 356)].

Diese Beschreibung der Entstehung der Basalkörner aus Centriolen hat uns nun mit einer weiteren für die Identifizierung wichtigen Eigenschaft der Centriolen bekannt gemacht, ihrer Fortpflanzungsfähigkeit durch Teilung. Sie wurde durch VAN BENEDEN und BOVERI bei dem Furchungsprozeß tierischer Eier entdeckt, allerdings zunächst nicht nur den Centriolen, sondern auch dem in ihrer Umgebung ausdifferenzierten Cytoplasma, dem Centrosom zugeschrieben. Aus diesen Beobachtungen leiteten dann VAN BENEDEN und BOVERI die Hypothese ab, daß die Teilung des Centriols das primum movens der mitotischen Kern- und Zellteilung sei, und bezeichneten infolgedessen das Centriol auch als das Teilungsorgan der Zelle. So einfach liegen indessen die Verhältnisse nicht. Eine eingehende Analyse an Zellen verschiedenster Art hat vielmehr gezeigt,

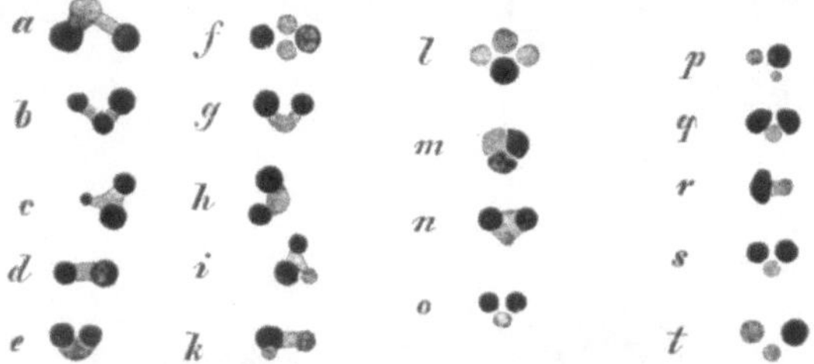

Abb. 173 a—t. Verschiedene gewöhnliche und ungewöhnliche Formen von Mikrocentren der Leukocyten vom Kaninchen; hierunter die gewöhnlichen: bei d zu 2 Centriolen, bei o, s, t zu 3 Centriolen, bei f und l zu 4 Centriolen. (Nach M. HEIDENHAIN: Plasma u. Zelle 1907.)

daß die Teilung der Centriole unabhängig von der Zellteilung verläuft, daß eine Teilung der Centriole durchaus nicht immer von einer Kern- und Zellteilung gefolgt ist. Das beste Beispiel liefert das Centriol der Spermiden, wo mehrere Generationen von Centriolen erzeugt und teilweise zur Bildung des Achsenfadens des Schwanzes benutzt werden, bis dann ein Enkelcentriol dasjenige Centriol des reifen Samenfadens liefert, das später als Zentrum der Furchungsspindel Verwendung findet. Ein weiteres Beispiel hat die bereits besprochene Abb. 162 geliefert, wo das ganze Eiplasma von Abkömmlingen des Spermacentriols erfüllt ist. Häufig, besonders bei langsam ablaufenden Kern- und Zellteilungen, wie sie bei den Reifeteilungen beobachtet werden, vermehren sich die an dem Spindelpol gelegenen Centriolen, so daß, wie Abb. 165 zeigt, ein aus 4 Einzelcentriolen zusammengesetztes „Mikrozentrum" entsteht; wird die Differenzierung bei Eisenhämatoxylinfärbung nicht genügend weit getrieben, so kann ein solches tatsächlich aus mehreren Einzelcentriolen bestehendes Gebilde als ein scheinbar einheitliches Riesencentriol imponieren. Solche Mikrocentrenbildung durch mehrfache Centriolenteilung wird gar nicht so selten beobachtet, in Abb. 173 sind verschiedene Formen von Mikrocentren bei Leukocyten abgebildet. Nach der Beschreibung von HEIDENHAIN sind bei diesen Zellen „sehr gewöhnlich drei unter sich ungleich große Centriolen vorhanden. Das kleinste der Körperchen liegt nun ganz besonders häufig in unmittelbarer Nachbarschaft des größeren der beiden anderen Centriolen (Abb. 173c u. i.), und da im übrigen die Stellung dieses Körperchens sowie seine Einschaltung in die Centrodesmose durchaus gesetzmäßiger Natur ist, so kann geschlossen werden, daß das kleine Körperchen aus dem größeren durch einen Akt der inäqualen Teilung oder Knospung hervorgegangen ist. Man wird beim weißen Blutkörperchen die Sache so ansehen können, daß das größte Centriol das älteste, das kleinste das jüngste ist, und dem entsprechen dann häufig die Färbungsintensitäten" [HEIDENHAIN (1907, S. 362)]. Eine große Anzahl von Centriolen hat ferner HEIDENHAIN in den mehrkernigen Riesenzellen aus der Lymphdrüse eines Kaninchens festgestellt (Abb. 174).

Da nun bei den angeführten Beispielen, und ihre Zahl ließe sich leicht vermehren, nichts dafür spricht, daß die Teilung der Centriolen durch äußere Einwirkungen veranlaßt und somit passiver Natur ist, vielmehr die Teilung durchaus

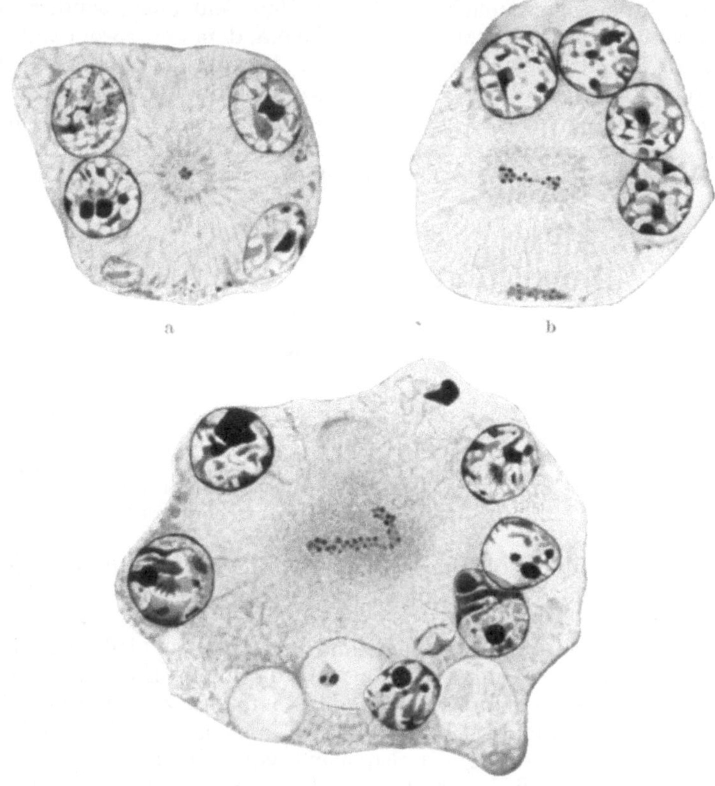

Abb. 174a—c. Mehrkernige Riesenzellen aus der Lymphdrüse eines Kaninchens mit vielen Centriolen.
(Nach M. HEIDENHAIN: Plasma und Zelle 1907.)

den Eindruck eines aktiven Vorganges macht, so ist damit der Nachweis erbracht, daß das Centriol Teilkörpermaterial enthält. Unsere Definition der Centriolen lautet nunmehr: Centriolen nennen wir kleine, vorwiegend im Zellleib, mitunter auch im Kern gelegene, nicht spezifisch färbbare, aber durch aktives Teilungsvermögen ausgezeichnete, Protomerenmaterial enthaltende Gebilde zumeist von Körnerform, die bei Zellen im Zustand der Mitose an den Spindelpolen gelegen, durch ihre Einwirkung auf das Cytoplasma charakteristische Strukturen, wie Spindeln, Centrosomen, Sphären, Centrodesmosen, Achsenfaden von Geißeln und Flimmerhaaren erzeugen.

Erhebliche Zweifel bestehen indessen zur Zeit noch, ob wir die Centriolen als permanente, allen Zellen zukommende Zellorganelle bezeichnen dürfen.

Zunächst ist ihr Fehlen für die höheren Pflanzen wohl allgemein anerkannt [TISCHLER (1922)], wo an den Spindelpolen der Nachweis distinkter Körnchen stets mißlungen ist. Aber auch für tierische Zellen wird von einer Reihe von Forschern angenommen, daß die Centriolen Zellorgane sind, die sich abnutzen, und dann zugrunde gehen können. Es wird dabei meist auf das Centriol der reifen Eier hingewiesen, das durch das Spermacentriol ersetzt wird; es wird ferner angenommen, daß hochdifferenzierte Zellen, wie etwa die nicht mehr teilungsfähigen ausdifferenzierten Nervenzellen oft kein Centriol besitzen. Indessen ist hier doch Vorsicht geboten. Daß der Nachweis der Centriolen in vielen Zellen nicht gelingt, spricht noch nicht für ihr wirkliches Fehlen, da dieselbe, wenn sie nicht im Cytoplasma strukturerzeugend tätig sind, sich leicht dem Nachweis entziehen. Daß der Nachweis der inaktiven Centriolen mit verbesserten Methoden unter Anwendung stärkster Vergrößerungen auch jetzt noch möglich ist, zeigt das Beispiel des vielstudierten, befruchteten Ascariseies, wo entgegen aller bisherigen Erfahrungen und Erwartungen VEJDOWSKY (1926) zahlreiche im Eiplasma verstreute Centriolen nachgewiesen hat (Abb. 162).

Derartige Befunde sollten, wie auch VEJDOWSKY (1926/27) betont, uns den Angaben gegenüber recht skeptisch machen, die eine Erzeugung von Centriolen de novo aus dem Eiplasma evtl. unter Mitwirkung des Eikerns bei Versuchen über künstliche Parthenogenese beweisen wollen.

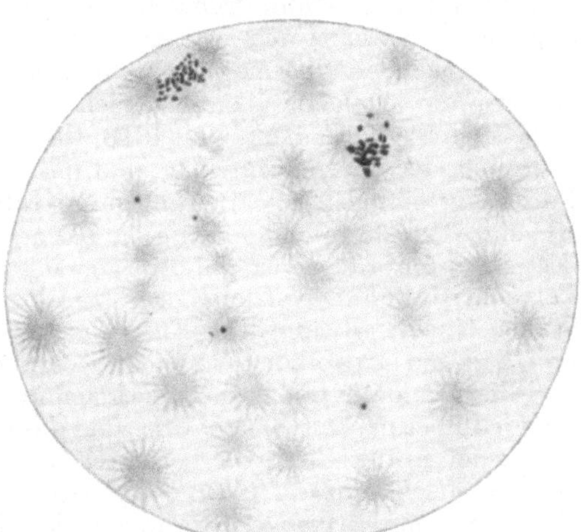

Abb. 175. Neugebildete Centren in einem mit CO_2 behandelten Seesterne. (Nach BUCHNER 1915.)

MORGAN (1896, 1900), WILSON (1901, 1904), CONKLIN (1904), PETRUNKEWITSCH (1904), YATSU (1904/1905), MC. CLENDON (1908), BUCHNER (1911), THARALDSEN (1926) haben übereinstimmend nachgewiesen, daß in künstlich, mit verschiedenen Methoden zur Entwicklung angeregten Eiern Strahlungen, Cytaster, oft in erheblicher Anzahl auftreten, und daß einige von diesen Zentralkörnchen in ihrem Zentrum besitzen, die sich z. B. bei der Spindelbildung genau so verhalten wie typische Centriolen (Abb. 175). Dem an sich sehr berechtigten Einwand, daß es sich um keine Neuentstehung, sondern nur um ein Sichtbarwerden von Centriolen handelt, die in diesem Fall Abkömmlinge des durch die entwicklungserregenden Mittel aktivierten Eicentriols sein müßten, hat man dadurch zu widerlegen versucht, daß man auch in kleinen, selbst in kernlosen Eifragmenten das simultane Erscheinen mehrerer Centriole beobachtete [THARALDSEN (1926)]. So hält WILSON (1926) in seiner letzten Auflage der „Cell" die Entstehung von Centriolen de novo aus dem Cytoplasma für erwiesen, und THARALDSEN (1926) faßt seine Untersuchungsergebnisse ebenfalls dahin zusammen, daß: „it would therefore appear that central bodies which at times persist from one cell generation to another may at times degenerate and be formed anew out of the formative substances of the protoplasm" (S. 203). Andere Forscher, so MEVES und neuerdings M. HARTMANN (1927), ferner VEJDOWSKY (1926) verhalten sich demgegenüber aber immer noch skeptisch. HARTMANN verweist u. a. auf das Verhalten der Eicentriolen bei der natürlichen Parthenogenese, wo das Eicentriol tatsächlich nach den Reifeteilungen erhalten bleibt. So trennt sich nach den Untersuchungen von Müller-Calé (1913) bei den Ostracodeneiern nach der Reifeteilung von dem stark zurückgebildeten inneren Pol der Reifungsspindel ein sekundäres Centriol mit seinem Centrosom ab, rückt in die Eimitte und teilt sich dort. Zwischen die geteilten Centren rückt dann später der Eikern und es bildet sich die erste Furchungsspindel, deren Centriole also nicht de novo entstanden, sondern Abkömmlinge des Eicentriols sind.

Eine andere Schwierigkeit darf indes auch nicht verschwiegen werden, die der Lehre von der Permanenz der Centriolen und ihrem Charakter als permanentem Zellorganell erwächst, das ist die anscheinend fehlende Artspezifität der Centriolen. Die cytologischen Untersuchungen von Kupelwieser an art- und sogar stammfremd bastardierten Eiern haben ergeben, daß sich das Spermacentriol ganz im Gegensatz zu dem vermehrungsunfähigen und bald zugrunde gehenden Spermakern in dem stammfremden Eiplasma genau so verhält wie ein arteigenes Centriol, sich teilt, die Spindelpole bildet usw. Weitere Experimente von G. Hertwig (1913, 1918) haben gezeigt, daß dieses unspezifische Verhalten der Spermacentriolen und ihrer Descendenten nicht nur für die ersten Furchungsteilungen gilt. Besamt man Kröteneier einmal mit eigenen, das andere Mal mit Froschsamenfäden, deren Kerne beide Male durch intensive Radiumbestrahlung vermehrungsunfähig gemacht sind, so entwickeln sich aus beiden Versuchen wohldifferenzierte, sich völlig gleichende Krötenzwerglarven, obwohl in dem einen Fall sämtliche Embryonalzellen arteigene Kröten- in dem zweiten Fall dagegen artfremde Froschcentriolen besitzen. Allerdings steht in diesem Fall die genaue cytologische Untersuchung der Centriolenbildung aus dem artfremden Spermacentriol noch aus, und das gleiche gilt auch von dem einzigen Fall, der bisher in der Literatur berichtet worden ist, wo G. u. P. Hertwig (1914) bei einer Fischkreuzung (*Crenilabrus pavo* ♀ × *Smaris alcedo* ♂) trotz monospermer Besamung merkwürdige Störungen der Eifurchung beobachteten, die evtl. auf einer mangelhaften Funktion der artfremden Spermacentriolen im artfremden Eiplasma beruhen könnten. [G. u. P. Hertwig (1914, S. 77)]. Doch kommen wir hiermit schon auf die Beteiligung des Centriols bei der Kern- und Plasmateilung, die später in einem besonderen Kapitel von Wassermann behandelt wird.

C. Die Plastosomen oder Mitochondrien.

Im Mittelstück des Mäusespermiums konnte Benda (1898) mittels einer besonderen Fixierungs- und Färbemethode Körner elektiv gefärbt darstellen, die er wegen ihrer Tendenz, Ketten zu bilden, Mitochondrien oder Fadenkörner nannte. Es gelang ihm bald darauf, mit seiner Methode auch in vielen anderen Zellkategorien ähnliche Körner festzustellen. Benda kam daher 1899 zu dem Schluß, daß alle protoplasmareichen Zellen die Mitochondrien wenigstens spurweise enthalten, und stellt die Hypothese auf, daß die Mitochondrien ein spezifisches, differenziertes Zellorgan seien, das vielleicht mit der Contractilität des Plasma in Beziehung stünde, und durch Ei und Samenfaden als plasmatisches Erbgut dem Zeugungsprodukt übermittelt würde. Bald darauf wurden im Zellplasma anders geformte Gebilde, homogene Fäden und Stäbchen festgestellt, die aber sonst gegenüber Fixierungs- und Färbemitteln sich genau so wie die Mitochondrien verhielten; sie bekamen von Meves den Namen Chondriokonten. Von der Hypothese ausgehend, daß Mitochondrien und Chondriokonten verschiedene Erscheinungsformen ein und derselben Substanz seien, schlug Meves für beide Formen den Namen Chondriosomen vor und nannte die Gesamtheit der Chondriosomen in einer Zelle das Chondriom. Später hat dann Meves (1908) auf Grund von hypothetischen Erwägungen über die

funktionelle Bedeutung der Chondriosomen als „primitive, indifferente Anlage-
substanz, die im Laufe der Entwicklung die verschiedensten Differenzierungen
in den Zellen epigenetisch ausbildet, wobei sie die elterlichen Eigenschaften
in die Erscheinung treten läßt", die Namen Plastosomen, Plastochondrien
und Plastokonten gebraucht.

Die ursprüngliche Meinung von BENDA und MEVES, daß es sich bei den
Mitochondrien um neuentdeckte Zellbestandteile handle, konnte, wie MEVES
zuerst nachwies (1907—1908) nicht aufrechterhalten werden. MEVES zeigte
vielmehr, daß die Chondriokonten mit den Fila FLEMMINGs von 1882, die Mitochondrien mit den Granulis von ALTMANN z. T. identisch sind, daß also die
Befunde von BENDA und MEVES schon früher gesehene und beschriebene Bildungen betreffen, von denen ich nenne: Archoplasmaschleifen (HERMANN),
Cytomikrosomen (HEIDENHAIN), Mikrosomen (VAN BENEDEN), Nebenkern
(BÜTSCHLI), (man vgl. auch E. V. COWDRY 1921). Aber der Vorwurf von
RETZIUS (1914), daß nur neue Namen für alte Dinge von BENDA und MEVES eingeführt seien, ist trotzdem nicht berechtigt. Denn es ist sicher, daß ALTMANN
unter dem Namen Granula Dinge heterogenster Art zusammengefaßt hat,
daß FLEMMING wenigstens zwei verschiedene Arten von Fäden im Protoplasma beschrieben und irrtümlicherweise miteinander identifiziert hat, nämlich erstens die „Fila", welche er 1876—1882 an lebenden Zellen im Stadium
der Interkinese entdeckte und zweitens die fadenartigen Gebilde, die sich während
der Mitosen im Plasma ausbilden. Demgegenüber ist es das Verdienst von
BENDA und MEVES, einen Teil dieser Körner und Fäden unter dem gemeinsamen Namen Chondriosomen bzw. „Chondriom" zusammengefaßt zu haben
auf Grund ihrer gemeinsamen, angeblich spezifischen Reaktionen bei der Fixierung und Färbung, wie sie zuerst von BENDA beschrieben worden sind. Zu
ihnen haben sich dann später noch einige weitere Reaktionen gesellt (vitale
Färbung usw.).

Da nach dem Gesagten eine Identifizierung der fraglichen Gebilde auf Grund
ihrer Form, ebenso auch auf Grund der bisher ihnen zugeschriebenen Funktionen nicht möglich ist, so haben Namen, die auf die besondere Form in einem
Spezialfall gegründet sind, wie Chondriomiten (BENDA), Chondriorhäbden,
Chondriosphären (BENDA und VAN DER STRICHT (1904)], Chondriokonten [MEVES
(1907)] ebenso Namen, die eine spezielle Funktion bezeichnen sollen, wie Eclec-
tosomen [RÉGAUD (1909)], Chondrioplastes [CHAMPY (1913)], Myochondria
[JORDAN und FERGUSON (1916)] nur einen zweifelhaften Wert und erweisen sich
wie COWDRY (1921) mit Recht betont, direkt als schädlich, weil sie allzu leicht
den Eindruck erwecken, als seien alle diese so verschieden benannten Gebilde auch
innerlich etwas recht Verschiedenes, während sie in Wahrheit und auch nach
der Meinung ihrer Benenner im Grunde doch nur verschiedene Erscheinungsformen ein und desselben Materials darstellen.

Wie verschieden und unter Umständen rasch wechselnd das morphologische
Bild des Chondrioms ist, zeigt am besten die Lebendbeobachtung. Günstige
Objekte zu einer solchen sind vor allem die männlichen Geschlechtszellen.
Schon im Jahre 1884 entdeckte VON BRUNN bei den Mäusespermiden die nach
ihm benannten stark lichtbrechenden Körner, die, wie BENDA später nachwies,
nichts anderes als Mitochondrien sind. Auch die künstlich kultivierten Gewebszellen eignen sich sehr zu einem Studium der lebenden Mitochondrien.

In ihnen sind die Plastosomen nach den Angaben von W. H. und M. R.
LEWIS im lebenden Zustand meist leicht zu beobachten; sie haben die Form
von Körnern, Stäbchen, zumeist aber von leicht geschlängelten Fäden. Ihre
Anzahl ist selbst bei der gleichen Zellart sehr verschieden, ist in gesunden Zellen

einer jungen Zellkultur größer als in solchen aus alten Kulturen, wo schließlich nur noch wenige Plastosomen übrig bleiben. Durch Zusatz von Säuren, namentlich Carbolsäure zum Kulturmedium kann ihre Zahl rasch vermindert werden, ohne daß die Zellen notwendigerweise dabei absterben. Überhaupt erweisen sich die Plastosomen in ihrer Zahl und noch mehr in ihrer Form äußerst abhängig von äußeren Einflüssen, die auf die Zelle einwirken. Jede Veränderung der Kulturbedingungen macht sich sofort und zuerst an den Mitochondrien bemerkbar; bald bilden dieselben reich verästelte Netzwerke, bald zerfallen

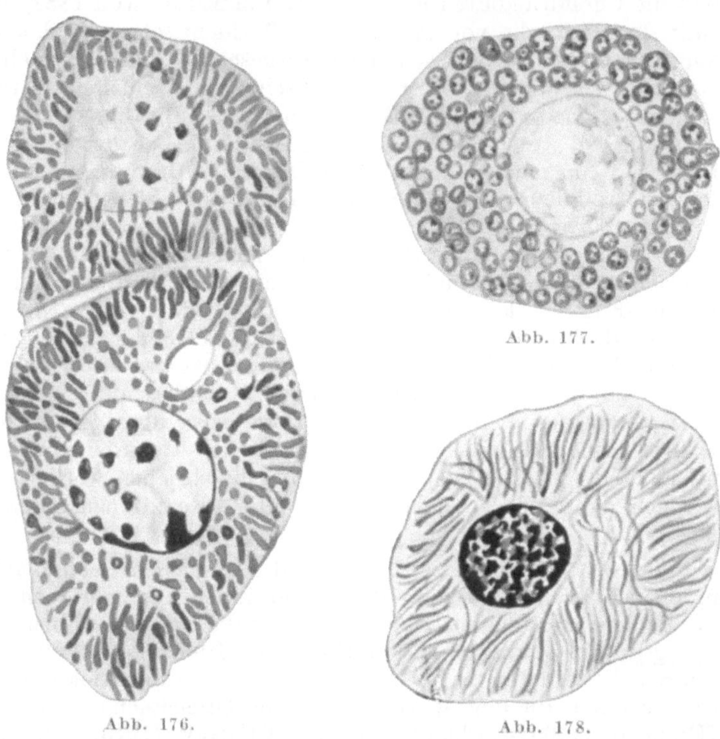

Abb. 177.

Abb. 176.

Abb. 178.

Abb. 176—178. Axolotlleber. Formolfixierung. Gefriermikrotomschnitte. Eisenhämatoxylinfärbung. Zeiß Apochr. Obj. 2 mm. Ap. 1,40. Komp. Okul. 18. (Nach Anitschkow 1923.) (Bei Reproduktion ²/₃ verkleinert.) Abb. 176: Zellen der normalen Axolotlleber. Verschiedene Chondriosomenformen. Abb. 177. Wirkung einer hypotonischen NaCl-Lösung. Umwandlung der Chondriosomen in kugelige Tropfen, Ausscheidung zahlreicher „intrachondriosomaler" Körperchen. Abb. 178: Wirkung einer hypertonischen NaCl-Lösung. Sämtliche Chondriosomen haben die Form langer, dünner Fäden angenommen. (Arch. mikr. Anatom. 97. 1923.)

die Fäden in einzelne Stäbchen und Körnchen. Charakteristisch für den Zustand des Cytoplasma bei der Mitose ist, daß die fadenförmigen Plastosomen sich oft zu kurzen, dicken Stäbchen verkürzen. In alten, zur Degeneration neigenden Zellkulturen beobachtet man meist einen körnigen Zerfall der Mitochondrien, während in kräftig wachsenden Kulturen und bei Zusatz von etwas Aceton die Zahl der Plastosomen ansteigt.

In einem stark sauren Medium (ph = 4,4) schwellen die Plastosomen zu kleinen Bläschen an und die Zellen sterben damit ab; werden die Zellen jedoch bevor diese Bläschen voll ausgebildet sind, rasch aus dem sauren Milieu entfernt, so können die bereits im Aufquellen befindlichen Mitochondrien wieder ihre normale Form zurückgewinnen, und die Zelle bleibt am Leben. Im stark alkalischen Medium verkürzen sich die Plastosomen sofort zu dicken Stäbchen und Granula. Im hypertonischen Kulturmedium nehmen die Plastosomen von Leberzellen des *Axolotl* nach kurzer Zeit die Form von langen, äußerst dünnen Fäden an (Abb. 178), während bei Leberzellen, die in einer hypotonischen Kochsalzlösung während 5—15 Minuten verweilt hatten, die rasch fortschreitende Umwandlung der ursprünglich zumeist fädigen Plastosomen (Abb. 176) in tropfenartige Gebilde beobachtet wurde (Abb. 177). [ANITSCHKOW (1923)].

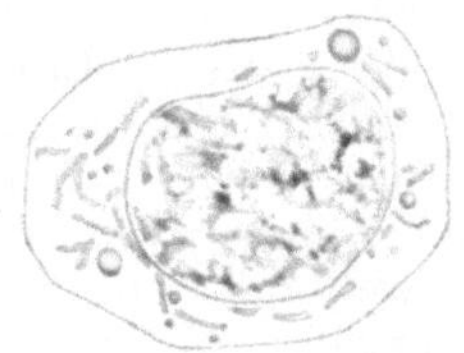

Abb. 179. Lebende Knorpelzelle einer Salamanderlarve. Die runden Plasmaeinschlüsse sind Fetttröpfchen, die Stäbchen Plastosomen. Vergr. 1300fach. (Nach PETERSEN 1922.)

In der lebenden Zelle (Abb. 179) befinden sich die Plastosomen in dauernder drehender und kreisender Bewegung. Säurezusatz zum Kulturmedium bringt diese Bewegung zum Stillstand, wahrscheinlich dadurch, wie LEWIS meint, daß die Konsistenz des Cytoplasma sich vermehrt. Im strömenden Plasma der Pflanzenzellen passen sich die Plastosomen in ihrer Form den Strömungsverhältnissen und Widerständen, auf die sie stoßen, leicht an, was nach COWDRY für ihre halbflüssige Konsistenz spricht. Günstige pflanzliche Beobachtungsobjekte sind dieBlütenepidermis vonTulipa[GUILLIERMOND(Abb.180)], ferner die Wurzelspitzen von Cucurbita (LUNDEGARDH). Während in pflanzlichen Embryonalzellen die Plastosomen meist Kugelform haben, sind sie in ausdifferenzierten Zellen vorwiegend fadenförmig, können lebhafte Bewegungen und Wanderungen vornehmen [GUILLIERMOND (1917)], BORESCH (1914)], wobei sie teils passiv vom strömenden Cytoplasma fortbewegt werden, teils sich aber auch aktiv fortzubewegen scheinen [LUNDEGARDH (1921) S. 304].

Wie aus den angeführten Lebendbeobachtungen hervorgeht, sind die Plastosomen, namentlich was ihre Form angeht, äußerst empfindlich gegenüber äußeren

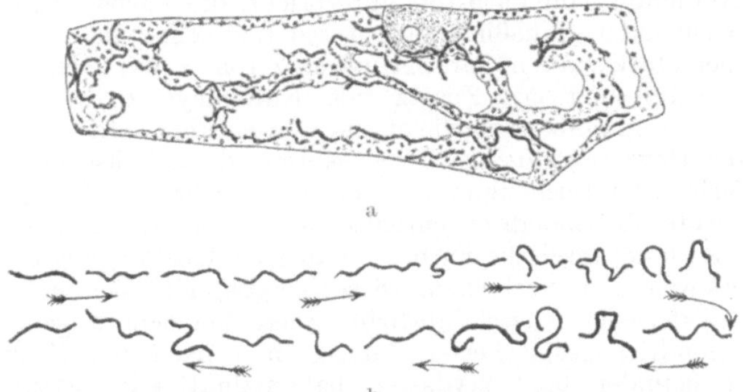

Abb. 180. a Plastosomen in den Blumenblattzellen von Tulipa. b Gibt die Bewegungen eines Chondriosoms wieder. (Nach GUILLIERMOND aus LUNDEGÅRDH 1922.)

Beeinflussungen aller Art, und es wird oft unmöglich sein, reversible oder irreversible Veränderungen der Plastosomen als Folge äußerer Eingriffe auseinanderzuhalten, wenn z. B. Pflanzenzellen an dünnen Schnitten durch die lebende Zwiebelwurzel studiert werden, wie z. B. von VEJDOWSKY (1926/27). Auch die Befunde über vitalgefärbte Plastosomen dürfen aus diesem Grunde nicht bis in alle feinsten Einzelheiten strukturell ausgewertet werden, so bemerkenswert und zur Identifizierung wichtig das Verhalten der Plastosomen gegenüber der vitalen Färbung ist (man vergleiche das auf S. 51 Gesagte).

So bemerkt VON MÖLLENDORFF (1927), daß „im lebenden Organismus eine Anfärbung der Mitochondrien bisher nicht geglückt ist, sondern außer in Gewebskulturen nur im supravitalen Verfahren; daß es ferner relativ lange (20 bis 30 Minuten) dauert, bis eine Anfärbung der Plastosomen eintritt". A. Fischer (1927) betont nachdrücklich, daß man Lebendbeobachtungen mit Vitalfarbstoffen an Plastosomen nicht über 15 Minuten (nach Eintritt der Färbung) ausdehnen und spätere Ergebnisse nur mit allergrößter Vorsicht verwerten sollte. „Denn die Farbstoffe verursachen eine Reizung der ganzen Zelle, so daß auch die Mitrochondrien bei längerer Einwirkung mehr oder minder verändert werden."

Von älteren Literaturangaben, daß sich Gebilde, die wir jetzt als Mitochondrien bezeichnen würden, mit Dahlia und Gentianaviolett supravital färben, seien erwähnt: LA VALETTE ST. GEORGE (1886/87) und HENNEGUY; neuerdings haben W. H. und M. R. LEWIS (1924) noch festgestellt, daß in ihren Gewebskulturen die Mitochondrien nicht durch Neutralrot und Brilliantkresylblau gefärbt werden, während das Methylenblau ihnen eine schwache, bald wieder schwindende blaue Färbung verleiht. Dagegen sind das Janusschwarz und das von L. MICHAELIS zuerst empfohlene Janusgrün (B. HÖCHST) diejenigen Farbstoffe, die nach den übereinstimmenden Angaben von MICHAELIS, COWDRY (1924), LEWIS (1924), A. FISCHER (1927), die Mitochondrien in der lebenden Zelle spezifisch und elektiv färben, so daß diese Methode die beste und einwandfreieste sein soll, um Mitochondrien überhaupt darzustellen und von andern Zellbestandteilen zu identifizieren. Es ist dabei bemerkenswert, daß z. B. das Janusgrün C, in dem $2(C_2H_5)$ Gruppen durch (CH_3)-Gruppen substituiert sind, das aber sonst denselben chemischen Bau besitzt, für die vitale Färbung der Mitochondrien unbrauchbar ist.

Da das Janusgrün verhältnismäßig recht giftig ist, so sind meist nur schwache Lösungen (1: 10 000 bis 50 000) benutzt worden. In diesen färben sich die Mitochondrien nach einiger Zeit zuerst dunkel blaugrün, dann geht, wenn man die weitere Aufnahme von Farbstoff unterbricht, die Farbe allmählich in rosa über und verschwindet schließlich ganz durch Reduktion zur Leukobase (COWDRY). In einer stark sauren Janusgrünlösung (ph = 4,4) oder in einer alkalischen Janusgrünlösung mit Zusatz von Kaliumcyanid (ph = 8,6) bleiben die Mitochondrien scheinbar ungefärbt, sie werden aber sofort dunkelblaugrün, wenn man die Gewebszellen aus diesen sauren oder alkalischen Farblösungen in ein ungefärbtes Kulturmedium von normaler ph bringt. Überträgt man die blaugrün gefärbte Mitochondrien enthaltenden Zellen wieder in ein alkalisches Medium, so schwindet rasch die Farbe, um aber bei Übertragung in ein normales Medium sofort wieder zu erscheinen. Dieser Vorgang läßt sich mehrmals an derselben Zelle wiederholen, ehe sie abstirbt. Diese Versuche zeigen, daß an dem in den Mitochondrien gespeicherten Janusgrün je nach dem Zustand, in dem die Zelle sich befindet, bald oxydative, bald reduktive Prozesse (Überführung in die Leukoverbindung) sich abspielen [LEWIS (1924)]. Bemerkenswert sind die Angaben von CHAMBERS (1914), daß die mit Janusgrün gefärbten Mitochondrien bei weiterem Verbleiben in der Farblösung ständig an Masse zunehmen, bis schließlich die Zelle abstirbt. In diesem Augenblick verlieren die Mitochondrien ihre Farbe, die von dem abgestorbenen Kern nunmehr gespeichert wird. „The mitochondria can hold the stain only, when they are within a healthy, intact cell" [CHAMBERS (1925)]. Deshalb entfärben sich auch die Mitochondrien sofort, wenn die Zelle zertrümmert wird und ihr Inhalt ausfließt.

Die mikrochirurgischen Methoden haben bezüglich der Mitochondrien ergeben, daß eine Verletzung der Zelle durch Anstich die Mitochondrien deutlich sichtbar werden läßt. Wird die Zelle zerstört, so lösen sich Cytoplasma und Kern rascher auf als die Mitochondrien, die sich im Kulturmedium verteilen und BROWNsche Bewegung zeigen [CHAMBERS (1925)].

Bei der großen Labilität der Plastosomen gegenüber allen Milieuveränderungen kann es nicht wundernehmen, daß ihre naturgetreue Fixierung sehr schwierig ist. Völlige Lebensfrische des Materials und schnelle Abtötung durch die Fixierungsmittel sind daher nach Benda (1926) absolute Grundbedingung. Guilliermond (1918) hat Vergleiche zwischen lebendem und fixiertem Material angestellt, aus denen hervorgeht, daß nur die Methoden von Altmann, Benda und Régaud die Plastosomen einigermaßen naturgetreu in der Form erhalten. Die übrigen Fixierungsmittel ordnen sich in zwei Gruppen, Pikrinsäure, Sublimat, Flemming fixieren unter starker Schrumpfung, Alkohol, Zenker, Carnoy sind ganz unbrauchbar. Als Fixierungsartefakte treten häufig Vakuolisierung der Plastosomen auf, oft auch körniger Zerfall. Anitschkow (1923) gibt an, daß in Gefrierschnitten nach Formolfixierung die Chondriosomen viel dicker werden als an Präparaten, die in Champy oder Müller-Formol fixiert und in Celloidin eingebettet worden waren. Bang und Sjövall (1916) beobachteten eine tropfige Umwandlung der Mitochondrien bei Fixierung in schwachprozentigem Formol. Als Ursache nehmen sie die Hypotonie der wässerigen Formollösung an, denn durch Zufügen von NaCl soll die hypotonische Wirkung des Formols in eine hypertonische verwandelt und die Tropfenumwandlung der Plastosomen verhindert werden. Keinen Einfluß der Konzentration des Fixierungsmittels auf die Plastosomen konnten indessen Hirsch und Jacobs (1925) bei Anwendung des Champy-Gemisches feststellen. Zirkle (1928) kommt in einer soeben erschienenen Arbeit zu dem Ergebnis, daß die Form der Mitochondrien bei Fixierung mit verschiedenen Bichromatsalzen sowohl von dem Kation wie von der ph abhängt.

Charakteristisch ist, daß alle die zahlreichen, für die Darstellung der Plastosomen empfohlenen Fixationsmittel entweder Osmiumsäure oder Formol enthalten [Duesberg (1912)], daß ferner Kaliumbichromat günstig einwirkt, während Essigsäure die Mitochondrien zur Quellung bringt und meist sogar ganz auflöst. Immerhin gibt es hier Ausnahmen. Meves konnte bei Paludina die Mitochondrien der Samenzellen mit Lenhossekscher Flüssigkeit konservieren, Regaud hat durch genaue Untersuchungen festgestellt, daß die Löslichkeit der Mitochondrien in verdünnter Essigsäure in den verschiedenen Zellarten des Hodens bemerkenswerte Unterschiede aufweist, und Nicholson (1916) fand dasselbe für Mitochondrien, die verschiedenen Typen von Ganglienzellen angehören. In Äther-Aceton und Alkohol (von $80^0/_0$ ab) sind die nicht mit Formol, Kaliumbichromat oder Osmiumsäure vorbehandelten Mitochondrien löslich.

Neuerdings hat Watanabe (1925) auf die Wichtigkeit der vorsichtigen Durchtränkung mit Paraffin hingewiesen; um künstliche Veränderungen der Mitochondrien bei der Einbettung zu vermeiden, gibt er genaue Vorschriften zur Durchtränkung mittels Cedernholzöl-Paraffin.

Zur Färbung der Mitochondrien im Schnittpräparat geben die Altmannschen Säurefuchsinfärbung, evtl. mit den Modifikationen nach Metzner und Kull, und die Eisenalizarin-Krystallviolettmethode von Benda die besten Resultate, diesen beiden Färbungen ist gemeinsam, daß die Farbe bei hoher Temperatur auf den Schnitt einwirkt, und daß dann so lange differenziert wird, bis nur noch diejenigen Strukturbestandteile gefärbt sind, an denen die Farbe am festesten haftet. Bei gelungener Differenzierung sind bei der Altmannschen Färbung die Zelleiber und Kerne blaßgelb, die Mitochondrien und Sekretgranula leuchtend rot gefärbt. Das Resultat der Bendaschen Färbung ist in den Abb. 181, 182 dargestellt. „In gelungenen Präparaten sind die Kerne dunkelbraunrot, die Cytoplasmafäden (der Spindel) und das Archiplasma

(Idiozom) hellbraunrot; die Zentralkörperchen haben eine dunkle, rötlich-violette Farbe. Manche Sekretgranulen sind blauviolett. Die Mitochondrien und ihre Derivate sind von intensiv violetter Farbe und so scharf abgegrenzt, daß sie oft wie Bakterien erscheinen" [BENDA (1926)].

Doch bemerkt GATENBY (1919), daß die Eisenalizarin-Krystallviolett-färbung nicht ganz spezifisch für Mitochondrien ist, denn der Golgi-Apparat färbt sich mitunter schwach violett, und stark violett manche Dotterkörner, namentlich diejenigen von Insekteneiern. Bekannt ist ferner, daß der „Neben-kern", der aus Mitochondrienmaterial gebildet ist, oft nur teilweise oder aber auch gar nicht nach BENDA sich färben läßt.

Abb. 181. a Spermiocyt. b Spermiden und Spermien der Maus. BENDAS Mitochondrienfärbung. (Nach BENDA 1926.)

Noch viel weniger elektiv färbend, wenn auch häufig zur färberischen Dar-stellung der Mitochondrien benutzt, ist die HEIDENHAINsche Eisenhämatoxylin-methode. „Bei richtig getroffener Differenzierung kann man neben dem die Farbe am festesten haltenden Kernchromatin sehr schöne Bilder der Mito-chondrien und ihrer Derivate erhalten, aber durch ihre Vielseitigkeit gibt diese Färbung die weitesten Möglichkeiten für Trugschlüsse", so urteilt BENDA (1926). Die Abb. 183, 184, 185 geben eine Vorstellung von den Formen- und Größen-verhältnissen der mit den üblichen histologischen Methoden dargestellten Mitochondrien, deren kleinster Durchmesser 0,2 μ betragen kann.

Auf die chemische Zusammensetzung der Mitochondrien lassen folgende Reaktionen gewisse Schlüsse zu. Die Mitochondrien sind fast immer in Alkohol, Äther, Chloroform, Xylol, ferner in verdünnter Essigsäure löslich, werden aber durch vorhergehende Chromierung unlöslich gemacht. Sie sind einfach licht-brechend, färben sich nicht mit Sudan III und Scharlach R. und schwärzen sich nur ausnahmsweise mit Osmiumsäure. Diese Reaktionen sprechen für einen Phosphatid-(Phosphorlipoid-)gehalt der Mitochondrien [REGAUD (1908), FAURÉ-FREMIET (1910), MEYER und SCHAEFFER (1908—1910)]. Daneben scheint aber auch ein Albumin als Eiweißkomponente an dem Aufbau der Mito-chondrien beteiligt zu sein, da Formol und Kaliumbichromat, bekannt als starke Fäller des Albumins, die Mitochondrien besonders gut fixieren und bei einfacher Formolbehandlung trotz nachfolgender Anwendung fettlösender Medien die Mitochondrien oft noch färberisch darstellbar bleiben. MILLONS Reagens gibt im Schnittpräparat allerdings bezüglich der Mitochondrien ein negatives Resultat (BARG, NOEL). LÖWSCHIN berichtet, daß er durch Mischung von Lecithin und Albumin künstliche Mitochondrien erhielt, welche nach Einbettung in Glycerin-Gelatine dieselbe Fixierungs- und Färbungsreaktionen zeigten als natürliche Mitochondrien.

COWDRY (1924) und GATENBY (1919) nehmen an, daß der prozentuale Anteil der Phosphatide und Proteine in den Mitochondrien verschiedener Zellarten ein wechselnder sei, und daß darauf die unterschiedliche Lösbarkeit der Mitochondrien in fettlösenden Agenzien und in schwacher Essigsäure zurückzuführen sei.

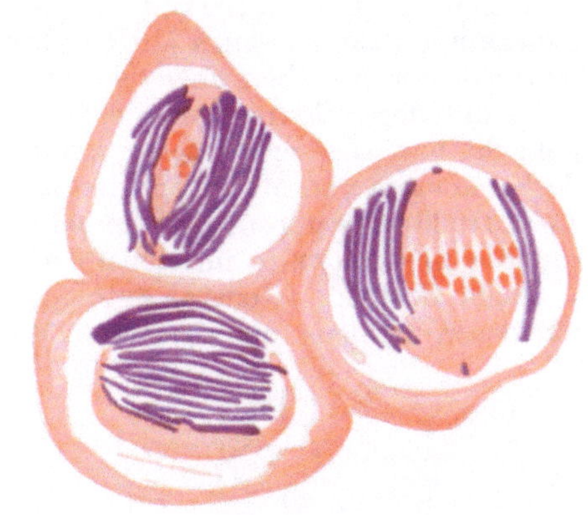

Abb. 182. Reifungsteilungen der Spermiocyten von BLAPS. Chromatin dunkelrot, Chondriom dunkelviolett. Centriol blaßviolett. BENDAS Mitochondrienfärbung. (Nach BENDA 1926.)

Nachdem wir die Methoden zur Darstellung und Identifizierung der Mitochondrien kennen gelernt haben, erörtere ich nunmehr die Frage, ob sie ausnahmslos in allen Zellen vorkommen. Es sei gleich bemerkt, daß die bisherigen

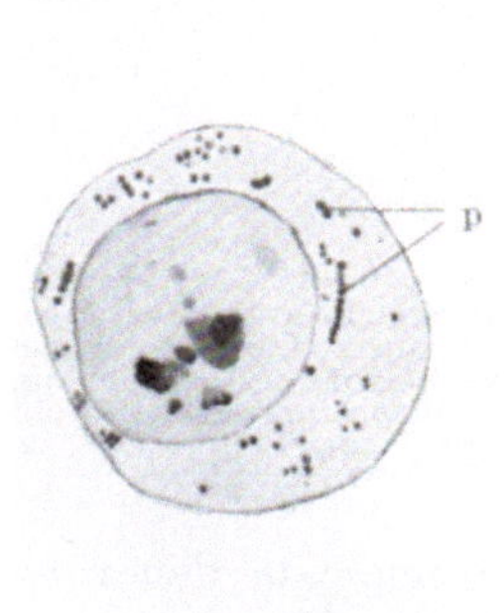

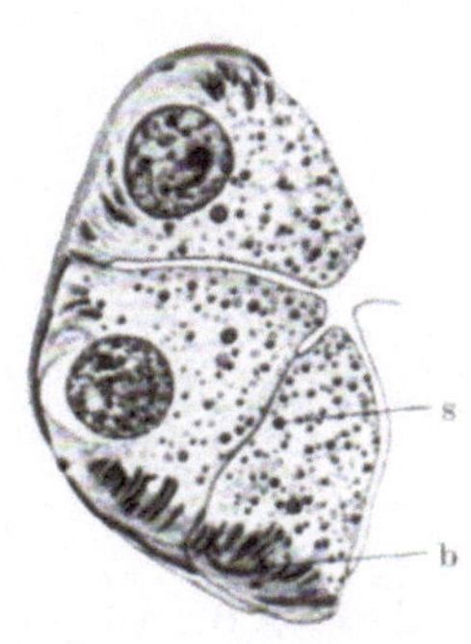

Abb. 183. Plastosomen (p) in einer Urgeschlechtszelle aus dem Hoden eines neugeborenen Hundes, teils einzeln, teils in Fäden aneinandergereiht. Fixiert nach MEVES. Bendafärbung. Vergr. 1800 fach. (Nach PETERSEN: Histologie 1922.)

Abb. 184. Zellen aus der Glandula submaxillaris eines Menschen. Fixation: FLEMMING. Bendafärbung. 1200fach vergrößert. s Sekretgranula. b Basalfilamente. (Nach PETERSEN: Histologie 1922.)

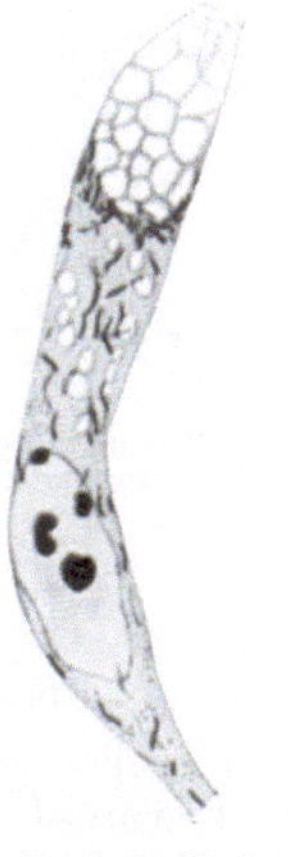

Abb. 185. Becherzelle im Darm von Triton taeniatus. Fixierung nach CHAMPY. Färbung nach KULL. Ansammlung der Chondriosomen unter dem Becher. Zeiß. Apochr. hom. Immersion 1,5 mm. Okular 4. Reprod. $^{3}/_{4}$ verkl. (Nach NASSONOV 1923.)

Beobachtungen nicht ausreichen, um eine abschließende Antwort zu geben, zumal sich die Angaben der Autoren mitunter bei ein und demselben Objekt widersprechen. So fanden bei Spirogyra z. B. RUDOLPH (1912) und GUILLIERMOND (1916) keine „Chondrisomen", während A. MEYER (1920) über einen positiven Befund berichtet. Wenn wir aber einmal von den Bakterien absehen, deren Zellnatur ja überhaupt noch zweifelhaft ist, so sind Mitochondrien beobachtet worden bei Algen [BERTHOLD, (1886) S. 60], ZIMMERMANN (1893), RUDOLPH (1912), MOREAU (1915), A. MEYER (1920), GUILLIERMOND (1921), bei Pilzen [A. MEYER (1904), GUILLIERMOND (1911, 1913, 1915) u. a.], bei Moosen [SCHERER (1913), SAPEHIN (1913), BORESCH (1914), A. MEYER (1920)]. Schwankend sind die Angaben über das Vorkommen der Mitochondrien bei den Protozoen, um deren Erforschung sich vor allem FAURÉ-FREMIET (1916) verdient gemacht hat. Dieser Forscher hat bei allen von ihm studierten Protisten das Vorhandensein von Mitochondrien festgestellt (1916). Doch wird von M. HARTMANN (1926) angegeben, daß sie bei manchen Arten überhaupt ganz fehlen, bei anderen nur zeitweise im Zelleib auftreten sollen.

Auch COWDRY (General cytology 1924, S. 318) gibt die Möglichkeit ihres zeitweisen Fehlens und späteren Wiederauftretens zu und verweist auf die

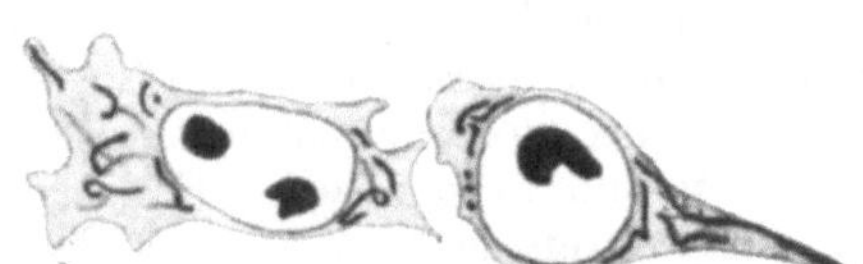

Abb. 186. Fadenförmige Plastosomen aus den Mesenchymzellen eines Hühnerembryos. Vergr. 2200 fach.   (Nach MEVES 1908.)

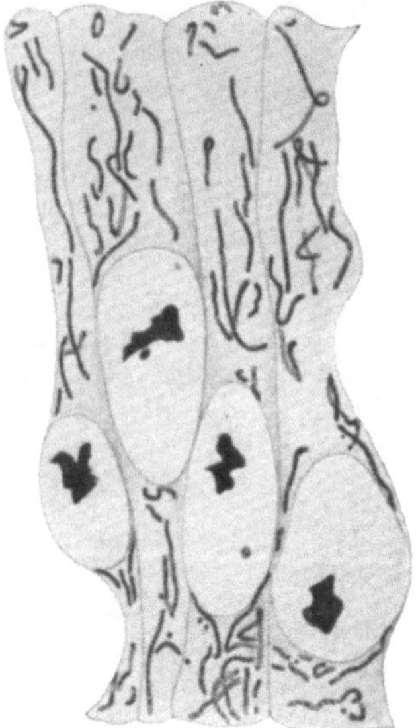

Abb. 187. Chondriokonten im Darmepithel eines Hühnerembryos. (Nach MEVES 1908.)

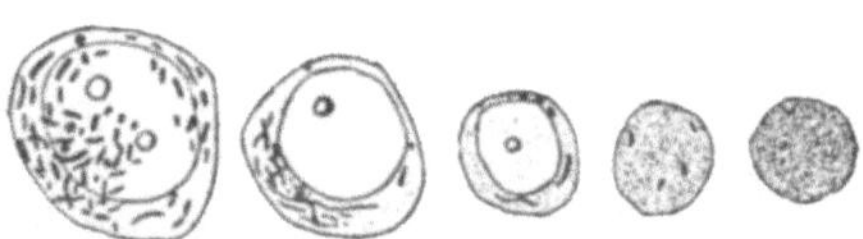

Abb. 188. Entwicklungsreiche rote Blutkörperchen aus dem Knochenmark eines Kaninchens. Supravitale Janusgrünfärbung.   Parallel mit dem Schwinden der Mitochondrien geht eine Zunahme des Hämoglobins. (Nach N. H. COWDRY 1917.)

Angaben von THEILER (1910), daß z. B. Anaplasma marginale in den roten Blutkörperchen ein Entwicklungsstadium durchläuft, wo dies Protozoon fast nur aus Kernmaterial besteht, und der Zelleib, auf ein Minimum reduziert, keine Mitochondrien enthält.

Eine ausführliche Zusammenstellung aller Untersuchungen, die über das Vorkommen von Mitochondrien in den Zellen der Metazoen berichtet, findet sich bei DUESBERG (1912), seitdem sind namentlich von amerikanischer Seite zahlreiche weitere Beiträge geliefert worden, eine gute Literatursammlung findet man bei COWDRY (1924).

Das Gesamtergebnis dieser Arbeiten läßt sich dahin zusammenfassen, daß bei den höheren Tieren die Mitochondrien am zahlreichsten in den embryonalen Zellen enthalten sind, wo ihre Darstellung verhältnismäßig leicht gelingt. MEVES hat zuerst auf diese Tatsache aufmerksam gemacht und in den Abb. 186 und 187 sind einige seiner Befunde wiedergegeben, die dann von DUESBERG u. v. a. bestätigt und erweitert wurden.

Über das Vorkommen der Mitochondrien in den ausdifferenzierten Gewebszellen der Metazoen bemerkt Duesberg (1912) in seinem Referat folgendes: „Die Zahl der Plastosomen ist außerordentlich verschieden in den verschiedenen Geweben. Unter den Epithelzellen sind sie besonders reichlich in den Drüsenund in den Darmzellen, selten dagegen (vielleicht ganz fehlend) in den Epithelzellen, denen nur eine einfache Schutzrolle zugeteilt ist. Bei den Bindegewebszellen ist ihre Zahl sehr reduziert in den gewöhnlichen fixen Zellen und in den Knochenzellen, gering in den beweglichen Zellen, sehr beträchtlich dagegen in den Knorpelzellen, den Osteoblasten, den jungen Fettzellen. In den quergestreiften Muskelfasern sind sie gleichfalls sehr reichlich", wo sie nach der Meinung von Holmgren (1907—1908), Régaud (1909) und Duesberg (1910) durch die Q- und J-Körner repräsentiert werden. Als unsicher bezeichnet dagegen Duesberg das Vorkommen von Mitochondrien in den ausdifferenzierten Erythrocyten, den glatten Muskelzellen und den Zellen des Zentralnervensystems. Während Meves (1911) für die Blutkörperchen der Amphibien das Vorhandensein von Mitochondrien angibt, ist der Nachweis in den reifen Säugetiererythrocyten nicht geglückt [Meves (1911) und neuerdings Cowdry (1924) vgl. Abb. 188]; für die roten Blutkörperchen der Vögel gibt Duesberg nach eigenen Beobachtungen an, daß die Mitochondrien von einem bestimmten Entwicklungsstadium des Huhnes „nicht mehr sichtbar" sind, nach der Meinung von Duesberg, weil sie „durch das niedergeschlagene Hämoglobin verdeckt werden".

Von den Beobachtungen über Mitochondrien in ausdifferenzierten Zellen des Zentralnervensystems hält Duesberg nur die positiven Angaben von Nageotte und Mavas für Gliazellen, ferner für Zellen der Pars ciliaris des Retinaepithels für beweiskräftig, während er den Befunden von Mitochondrien in den Nervenzellen und Nervenfasern von Fürst (1902), Nageotte (1909) und Mavas (1910) keine Beweiskraft beimißt, „weil sie mit Methoden zur Ansicht gebracht sind, die sich keineswegs zur Konservierung und Färbung der Plastosomen eignen". Vielmehr haben ihm eigene Untersuchungen der Nervenzellen die Angaben von Benda (1899) und Legendre (1909) bestätigt, „daß beim Erwachsenen die Zahl der mit den typischen Methoden darstellbaren Mitochondrien sehr gering, ja oft gleich Null ist". „Es ist eine unbestrittene Tatsache, daß die Zahl der in den Nervenzellen enthaltenen Plastosomen sich im Laufe der Entwicklung vermindert; so erklärt sich ganz natürlich, daß man davon beim Erwachsenen keine oder fast keine mehr findet" [Duesberg (1912), S. 809].

Seitdem ist allerdings namentlich von Cowdry (1912/1914) in den Spinalganglienzellen der Nachweis von Mitochondrien mit den spezifischen Methoden geführt worden. Thurlow (1917) hat mit einer besonderen Methode in den Ganglienzellen des Zentralnervensystems die Zahl der Mitochondrien pro Plasmavolumeneinheit festzustellen sich bemüht.

Was nun die Zellen der höheren Pflanzen angeht, so ist das Vorkommen von Plastosomen von Meves, Levitzki, Duesberg, Cowdry (1917) und vor allem von Guilliermond (1921) bei so vielen Objekten mit Sicherheit festgestellt worden, daß wir an der weiten Verbreitung derselben nicht zweifeln dürfen. Allerdings ist der Kritik von Lundegårdh (1922) und A. Meyer (1920) gegenüber zuzugeben, daß nicht selten Gebilde als Plastosomen bezeichnet worden sind, welche diesen Namen nicht verdienen und 'n Wahrheit paraplasmatische Einschlüsse sind. Auch Chloroplasten sind sicher öfters mit Plastosomen verwechselt worden (vgl. später 293). Eine Abnahme der Zahl der Plastosomen, die ebenso wie bei den tierischen Organismen in embryonalen Zellen am größten ist, ist von Guilliermond und Cowdry parallel der Chloroplastenvermehrung beschrieben worden; sie soll unter Umständen zu einem völligen Schwund der Plastosomen in den ausgebildeten Assimilationsgeweben führen, aber ein solches Fehlen der Plastosomen würde etwa auf eine Stufe zu stellen sein mit dem Fehlen der Plastosomen in ausdifferenzierten, hochspezialisierten tierischen Zellen, über das soeben berichtet wurde.

Anders dagegen ist über das zeitweilige Fehlen von Plastosomen in den embryonalen Zellen junger Keime von Pisum sativum zu urteilen, über die Wassermann (1920) in einer sehr sorgfältigen Untersuchung berichtet. Die Wurzelspitze des Erbsenembryos ist, bevor sie in das Ruhestadium eintritt,

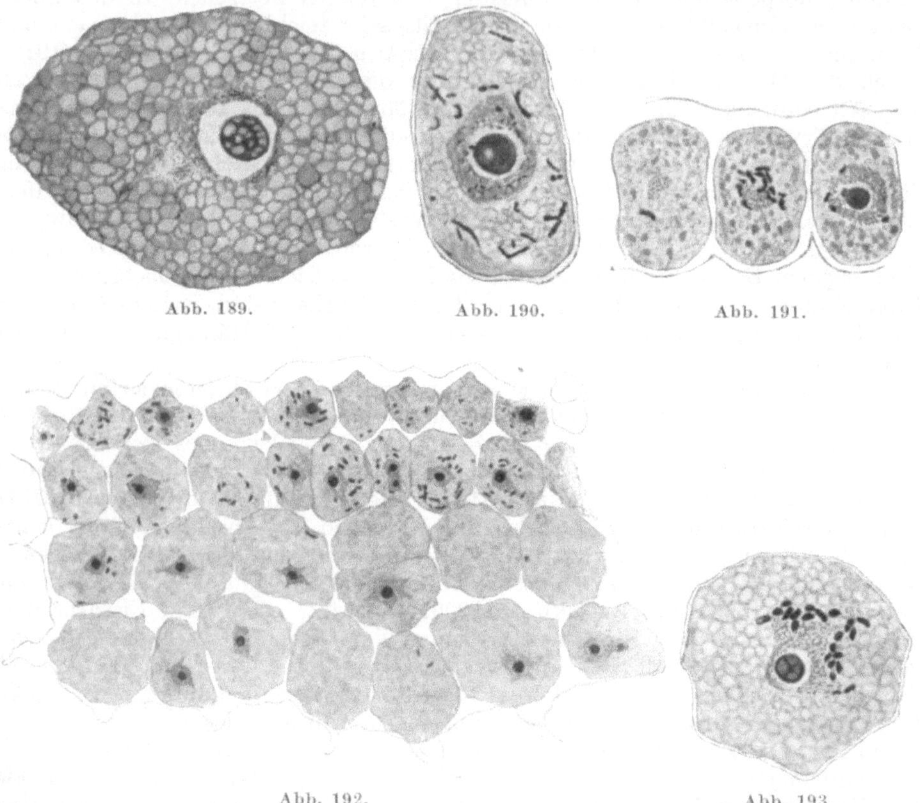

Abb. 189.   Abb. 190.   Abb. 191.

Abb. 192.   Abb. 193.

Abb. 189—193. Zellen der keimenden Erbsenwurzel. Abb. 189 nach Alkoholfixierung. Abb. 190 bis 193 nach Flemmingfixierung mit wenig Essigsäure. Zeiß. Hom. Immersion 2 mm. Komp. Okul. 12. (Nach Wassermann 1920.)

bereits geweblich differenziert. Die Plastosomen in den Wurzelzellen einer grünen Erbse sind leicht und in größerer Zahl darstellbar, wie auch schon Duesberg und Hoven angegeben haben. Nachdem nun die Erbse die Ruheperiode durchgemacht hat und aus der Trockenstarre durch etwa 12 stündige Quellung in Wasser zu keimen beginnt, konnte Wassermann in den Wurzelzellen dieser jungen Erbsenkeime durchaus keine Plastosomen nachweisen (Abb. 189), weder mit der Bendaschen noch mit der Altmannschen Färbung. Erst bei weiterer Keimung traten die Plastosomen allmählich in Erscheinung, so daß nach 24 Stunden ein Zustand erreicht war, wie in Abb. 190.

Das allmähliche Erscheinen der Plastosomen im Verlauf der Keimung konnte Wassermann dadurch nachweisen, daß er verschieden alte Erbsenkeimlinge untersuchte. Da sich ganz junge, soeben quellende Keime nicht genügend gut fixieren lassen, so stellte er seine ersten Untersuchungen an 12—24 Stunden lang quellenden Keimlingen an. Hier waren manche Dermatogenzellen ganz frei von Plastosomen, andere enthielten bereits eine mehr oder minder große Anzahl (Abb. 191). In einem etwas älteren Stadium sah das Bild dagegen anders aus. Nicht nur in sämtlichen am oberflächlichsten gelegenen Dermatogenzellen, sondern auch in der darauf folgenden äußersten Periblemschicht war ein ansehnlicher Plastosomenbestand vorhanden (Abb. 192). Die nächste Zellreihe war dagegen noch nahezu, die vierte und die folgende Zellreihe mit wenigen Ausnahmen frei von Plastosomen. WASSERMANN deutet seine Befunde dahin, daß durch den Eintrocknungsprozeß während der Keimruhe die Plastosomen zugrunde gehen und nachher beim Auskeimen, wie Abb. 193 zeigt,

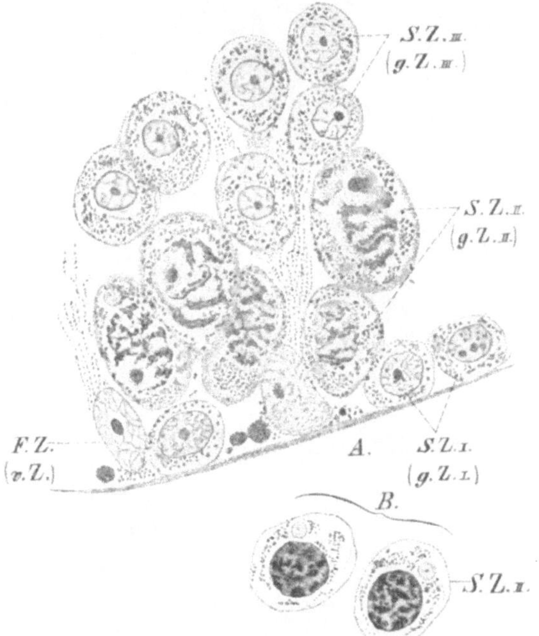

Abb. 194. Mitochondrien in den Hodenzellen der Maus. F.Z. Sertolizelle. S.Z.ɪ. Spermiogonie. S.Z.ɪɪ. Spermiocyte. S.Z.ɪɪɪ. Spermide. Vergr. 1400fach. (Nach BENDA aus HEIDENHAIN, Plasma und Zelle.)

zunächst in der Nachbarschaft des Kerns, von wo sie sich später durch den ganzen Zelleib verteilen, neu gebildet werden. Ich werde auf diese Befunde von WASSERMANN noch einmal zu sprechen kommen, wenn ich die Frage der Entstehung der Plastosomen diskutiere.

Wenn wir von diesem Befund von WASSERMANN absehen, so können wir es mit DUESBERG (1912) und MEVES als allgemeine Regel bezeichnen, daß bei allen vielzelligen Organismen die Plastosomen sich reichlich in den embryonalen, undifferenzierten Zellen vorfinden, daß ihre Zahl dagegen, mitunter sogar beträchtlich, mit fortschreitender Differenzierung der Gewebszellen abnimmt. Um so auffallender ist die Ausnahmestellung der männlichen und weiblichen Geschlechtszellen. Diese besitzen nicht nur im undifferenzierten Zustand als Oogonien oder Spermiogonien (Abb. 194), sondern auch in dem ausdifferenzierten, hochspezialisierten Endstadium der reifen Eizelle oder des reifen Spermatozoons eine große Anzahl von Plastosomen (Abb. 207, 208). Daraus erklärt sich, daß die Entdeckung der Mitochondrien, wie schon erwähnt, zuerst bei den

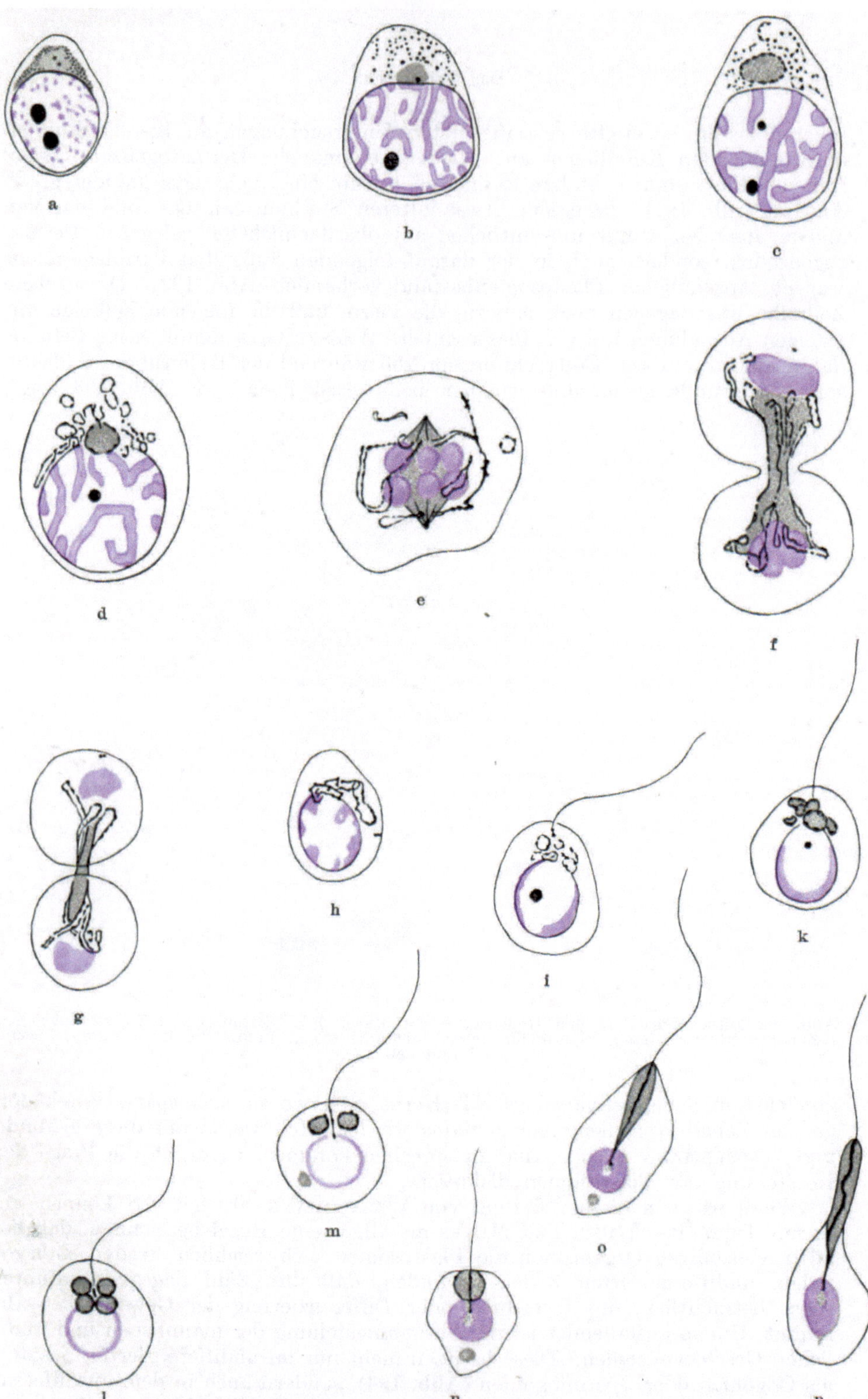

Abb. 195a—p. Spermiogenese von Paludina vivipara. Fixierung: Sublimat-Eisessig. Färbung: Bordeaux-Eisenhämatoxylin. Zeiß Apochrom. 2 mm (Apertur 1,3). Okul. 18. (Nach MEVES: Arch. mikrosk. Anat. 56. 1900.)

Samenzellen erfolgte, daß ferner die Spermio- und Oogenese ein Lieblings-
objekt der Mitochondrienforscher gewesen und bis jetzt noch geblieben ist.
Eine Zusammenstellung der einschlägigen Literatur gibt Duesberg (1912).
Außer den grundlegenden Untersuchungen von Benda, Meves, Duesberg
sind vor allem noch die Arbeiten von Wilson zu nennen.

Da' das Studium der Keimzellbildung uns über die Morphokinese des
Chondrioms die beste Aufklärung gibt, so wollen wir an Hand einiger Abbildungen das Schicksal der Mitochondrien bei der Spermio- und Oogenese in
bezug auf ihren Formwechsel und ihre Verteilung bei der Zellteilung verfolgen.

Bei den höheren Vertebraten behalten die Plastosomen ihre körnige Beschaffenheit während der Vermehrungs- und Wachstumsperiode der männlichen
Geschlechtszellen dauernd (Abb. 194); bei den Reifeteilungen werden sie passiv

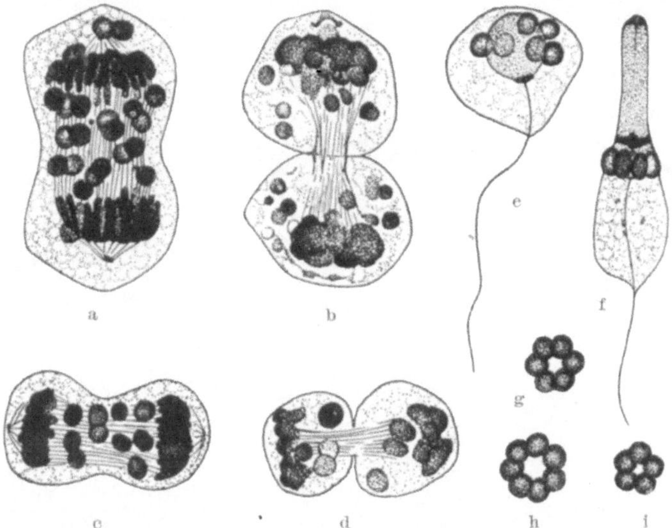

Abb. 196 a—i. Spermiogenese des Skorpions Opisthacanthus. a, b Erste Reifeteilung mit 24 einzelnen
„Chondriospheren“. c, d Zweite Reifeteilung mit 12 Chondrospheren. e Spermide mit einem aus
6 kugelförmigen Mitochondrien bestehenden Nebenkern. f, g Spermiden in der Umbildung zu Spermien mit typischem Nebenkern. h, i Variationen des Nebenkerns mit 7 bzw. 5 Mitochondrienkugeln.
(Nach E. B. Wilson 1925.)

zu 4 ungefähr gleichen Teilen auf die 4 entstehenden Spermiden verteilt. Bei
den Evertebraten zeigen dagegen die anfänglich ebenfalls körnigen Plastosomen
im Verlauf der Samenentwicklung beträchtliche Modifikationen ihrer Form;
die Körner reihen sich aneinander, verschmelzen und bilden größere Kugeln
(Abb. 196), Stäbchen, Fäden (Abb. 195) oder Ringe (Abb. 197).

Nach der Schilderung von Meves (1900), die ich z. T. wörtlich wiedergebe,
enthält „die Zellsubstanz der Spermatogonien bei Paludina vivipara außer
dem Kern und einem Idiozom, welches zwei Zentralkörper einschließt, in der
Umgebung des letzteren ziemlich zahlreiche, sehr kleine Körner, Mitochondrien,
welche durch Eisenhämatoxylin nur schwach färbbar sind (Abb. 195 a) „und
erst im Anfang der Wachstumsperiode größer und intensiver färbbar werden“.

„Im Verlauf der Prophase der ersten Reifungsteilung beginnen sich die
Mitochondrien zu Fäden (Chondriomiten) aneinander zu reihen (Abb. 195 c).
Diese Fäden schließen sich weiterhin zu Ringen zusammen, welche in der Umgebung des Idiozoms gelegen sind (Abb. 195 d). Die Ringe sind anfangs zahlreich
und klein, nehmen aber dann an Zahl ab und werden größer. Sie erscheinen

nunmehr meistens stark in die Länge gezogen, so daß sie den Eindruck von Doppelfäden machen."

Auf späteren Stadien nach Auflösung der Kernmembran und Anordnung der Chromosomen zur Äquatorialplatte „liegen die Doppelfäden in unregelmäßiger Anordnung um die Teilungsfigur herum in der Peripherie der Zelle (Abb. 195 e, f)". „Die Zahl der Doppelfäden beträgt ungefähr 8, mitunter aber auch weniger." Nachdem die Tochterchromosomen auseinandergerückt sind, geben die Doppelfäden ihre periphere Anordnung in der Zelle auf und

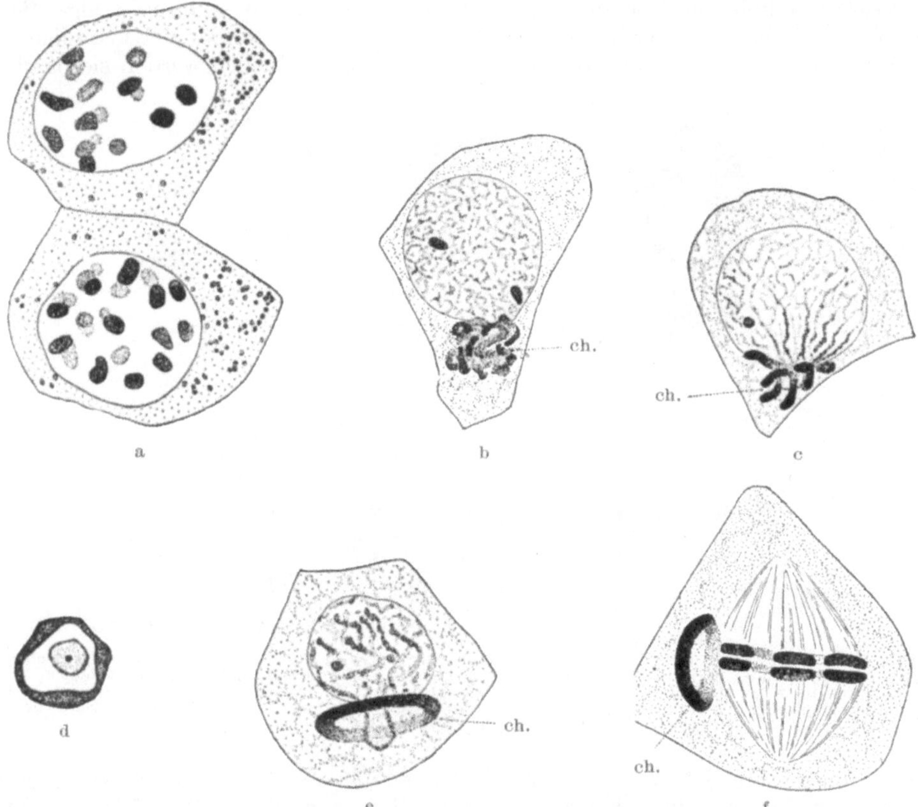

Abb. 197 a—f. Spermiogenese des Skorpions Centrurus. a Spermiogonien mit zahlreichen Mitochondrienkörnern; b, c frühe Spermiocyten mit langen, fadenförmigen Mitochondrien, welche sich an dem einen Kernpol zusammengeballt haben; d, e die Mitochondrien haben einen Ring um das Idiosom gebildet; f Metaphase.

verteilen sich so, daß sie eine ungefähr parallele Lage zur Spindelachse einnehmen und an der Oberfläche der Spindel gelegen sind. „Bei dieser Umlagerung kommt nicht etwa die Mitte jedes Doppelfadens in den Äquator der Zelle zu liegen. Nichtsdestoweniger findet man, wenn die Durchschneidung der Zelleiber vor sich geht (Abb. 195 f), daß beide Tochterzellen gleiche oder annähernd gleiche Anteile der Fäden bekommen." „Nach Abschluß der ersten Reifeteilung setzt sofort die zweite ein, ohne daß ein eigentliches Ruhestadium des Kernes durchlaufen würde. Auch die Doppelfäden lösen sich nicht etwa in ihre Konstituenten auf, sondern bleiben an einer Seite zusammengehäuft. Jedoch treten sie während der zweiten Reifeteilung (Abb. 195 g) nicht etwa in der halben, sondern wieder in der gleichen oder annährend der gleichen Zahl auf, wie bei der ersten; auch im übrigen ist ihr Verhalten bei der zweiten Reifeteilung das gleiche wie bei der ersten (Abb. 195 f und Abb. 195 g).“

Während bei Paludina aber nach der Beschreibung von MEVES trotz der unmittelbar aufeinander folgenden zwei Reifeteilungen eine zahlenmäßige Reduktion des Mitochondrienmaterials nicht bewirkt wird, so hat an anderen Objekten eine solche nachgewiesen werden können (zuerst 1908 von DUESBERG).

Die Genauigkeit, mit der die zur Reduktion führende Verteilung des Chondrioms auf die vier Spermiden erfolgt, ist von Art zu Art recht verschieden, besonders groß ist sie bei den von WILSON studierten *Skorpionen, Opisthacanthus* und *Centrurus*.

Bei *Opisthacanthus* vereinigen sich die anfangs zahlreichen kleinen Mitochondrien zu genau 24 größeren Kugeln (Chondriospheren), „which certainly

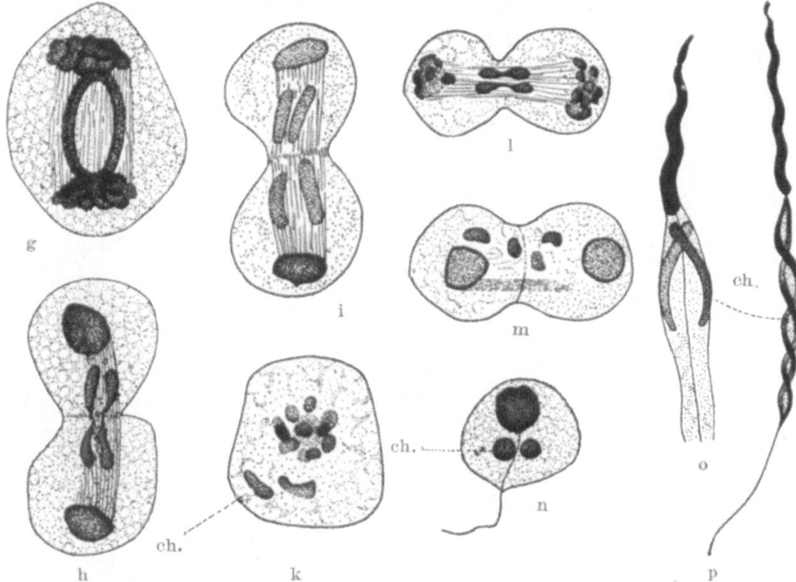

Abb. 197 g—p. g Anaphase; h, i Telophase der ersten Reifeteilung. Teilung des Mitochondrienringes. k Interkinese zwischen den Reifeteilungen; l, m zweite Reifeteilung; n Spermide mit zwei Mitochondrienkugeln (Nebenkern); o, p Umwandlung der Spermiden in Spermien. Streckung und Umschlingung der Mitochondrienkörper zur Bildung der Schwanzspirale. ch Chondriom. (Nach E. B. WILSON 1925.)

do not divide but are merely segregated passively into two nearly equal groups“ [WILSON (1925), S. 163]. In 75% der Fälle war die Verteilung eine ganz regelmäßige, jede Präspermide erhielt je 12 und jede Spermide 6 Chondriospheren (Abb. 196 e—g), in den andern 25% der Fälle traten in der Verteilung der Chondriospheren leichte Unregelmäßigkeiten auf, so daß Spermiden mit 7 und 5 Chondriospheren entstanden (Abb. 196 h, i).

Am auffallendsten ist die Präzision, mit der das Mitochondrienmaterial auf die Spermiden durch die Reifeteilungen verteilt wird, bei dem *Skorpion Centrurus* (Abb. 197). Das in den Spermiogonien aus einzelnen kleinen Körnern bestehende Chondriom bildet in den Spermiocyten einen das Idiozom umlagernden Ring, der bei der ersten Reifeteilung genau in zwei gleichgroße Halbringe zerteilt wird (Abb. 197 g). Die beiden Halbringe brechen in der Mitte durch, und es entstehen so zwei parallel gelagerte Stäbe, die bei der zweiten Reifeteilung in der Mitte zerschnürt werden (Abb. 197 i—l). Aus dem Originalring der Spermiocyte sind so 8 gleiche Stäbchen entstanden, von denen jede Spermide 2 erhält. „a process comparable in precision with the division of a heterotypic chromosome ring, though very different in detail" [Wilson (1925), S. 165].

Während der Spermiohistogenese beteiligen sich die Mitochondrien meist in ziemlich typischer Weise am Aufbau des definitiven Spermatozoons, wenigstens gilt dies für die fadenförmigen typischen Samenzellformen. Bei ihnen

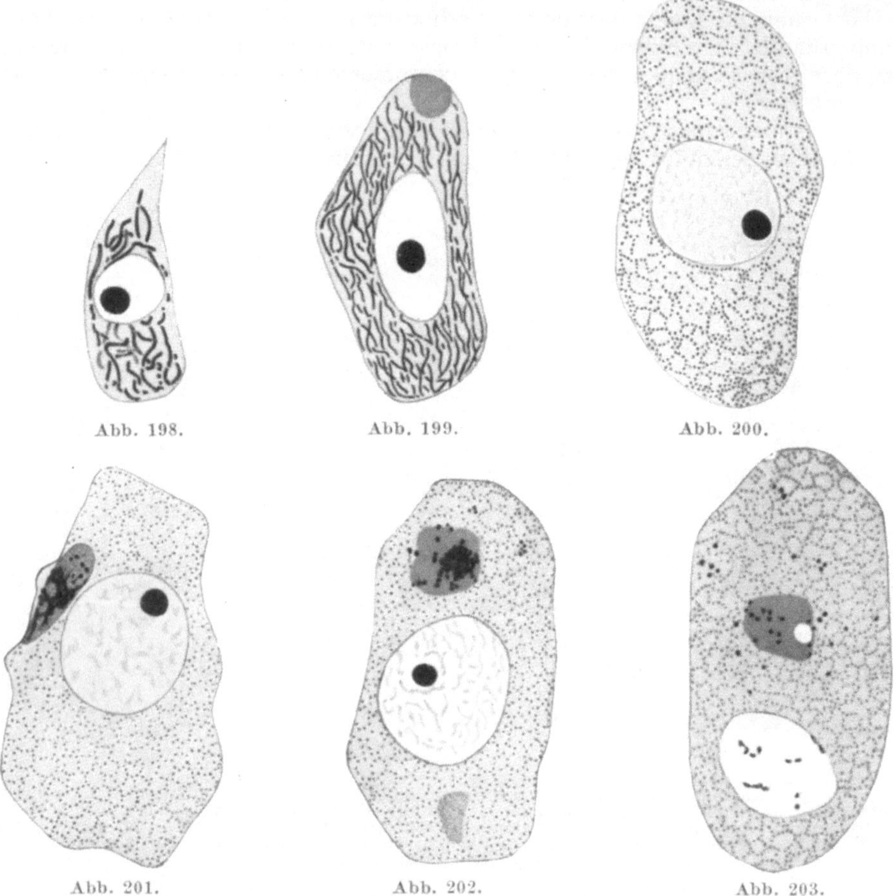

Abb. 198. Abb. 199. Abb. 200.

Abb. 201. Abb. 202. Abb. 203.

Abb. 198—206. Ovogenese und Befruchtung bei Filaria papillosa. Fixierung: Modifiziertes Flemmingsches Gemisch. Färbung: Eisenhämatoxylin. Zeiß Apochrom. 1,5 mm. Komp. Okul. 12. (Nach Fr. Meves: Arch. mikrosk. Anat. 87, 1916.)
Abb. 198—199. Verschiedene Entwicklungsstadien von Ovocyten. Zerfall der stäbchenförmigen Mitochondrien in einzelne Körner. Abb. 201. Das Spermium ist eben eingedrungen, liegt dicht unter der Eioberfläche. Abb. 202 u. 203. Auswandern der väterlichen, dunkler gefärbten Mitochondrien aus dem Spermienkörper.

nehmen die Plastosomen, die sich namentlich bei den Evertebraten zu einem homogenen Körper, dem „Nebenkern" von la Valette St. George verdichtet haben, das Mittelstück (Abb. 195, 196) ein und bilden, soweit sich dieses erstreckt, eine Scheide um den Achsenfaden (Abb. 197 p). „Auch die Form dieser Scheide ist außerordentlich wechselnd, von der plastochondrialen Scheide gewisser Evertebraten und der Fische, bis zum Spiralfaden (Abb. 181), dessen vollkommenster Typus der der Spermien der Muriden und Cheiropteren ist" [Duesberg (1912)].

In den schwanzlosen Spermien der Nematoden, Dekapoden usw. ist die Anordnung der Mitochondrien oft keine so typische (Abb. 265 k), doch gibt VEJDOWSKY (1926/27) für die Spermien von *Astacus* an, daß „without the Chondrioma no lenticular, bell shaped or similar forms of spermatozoon would devellop", denn das Chondriom bildet hier ein als „polar cup" oder Schwanzkapsel bezeichnetes hoch differenziertes Organ.

Während die Beteiligung der Mitochondrien an der Ausbildung für die reifen Spermien spezifischer Organellen durch die Beobachtung sichergestellt ist, und diese auch dadurch erleichtert wird, daß das gesamte Plastosomenmaterial oft zu einem einheitlichen Gebilde sich vereinigt, sind die Meinungen über die Rolle der Mitochondrien bei der Oohistogenese sehr geteilt. Namentlich die Frage, ob die Plastosomen direkt in Dotterelement sich umwandeln können, oder sich in anderer Weise an der Produktion des Dotters beteiligen, ist noch

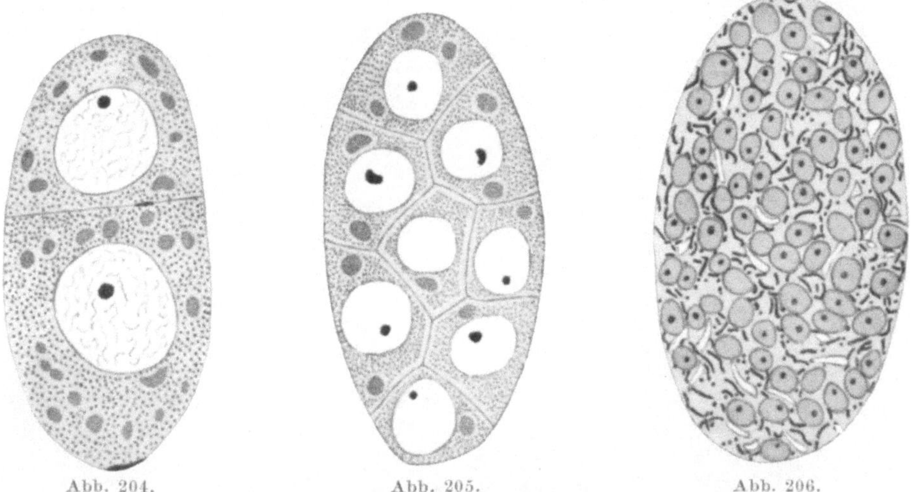

Abb. 204. Zweizellenstadium. Das Cytoplasma enthält außer den Mitochondrien graugefärbte Ballen von homogenem Aussehen. Abb. 205. Furchungsstadium, acht Zellen auf dem Schnitt getroffen. Abb. 206. Stark vorgerücktes Furchungsstadium, etwa 70 Zellen auf dem Schnitt getroffen. Das Cytoplasma enthält dicke Mitochondrien, welche in einer homogen aussehenden Grundsubstanz eingebettet sind.

sehr strittig. Ich verweise auf meine Ausführungen in dem Teil VII über den Zellstoffwechsel und auf das Kapitel von WASSERMANN, in welchem die Bildung der Differenzierungsprodukte der Zelle besprochen wird. Uns interessiert an dieser Stelle mehr, daß sowohl in den Ovogonien wie den Ovocyten Mitochondrien regelmäßig nachgewiesen worden sind. Während die Plastosomen in den Ovogonien und im Anfang des Ovocytenwachstums oft die Form von Stäbchen oder Fäden besitzen (Abb. 198), beginnt auf späteren Wachstumsstadien (Abb. 199, 200) der Zerfall der Fäden in kleine Körner, so daß am Ende der Wachstumsperiode nur noch Mitochondrienkörner vorhanden sind. Dabei hat sich ungefähr proportional der Größenzunahme des Zelleibes auch die Quantität des Mitochondrienmaterials vermehrt, das ziemlich gleichmäßig im ganzen Zelleib verteilt ist (Abb. 199 u. 200). Durch die Abschnürung der Richtungskörper bei der Reifeteilung erfährt es nur eine geringfügige Verminderung.

Das Studium des Befruchtungsprozesses zeigt mit wenigen, aber für das Nereisei durch LILLIE (1912) ganz sicher gestellten Ausnahmen, wo das die Mitochondrien enthaltende Spermamittelstück nicht in das Ei eindringt, daß väterliche Plastosomen in das Ei hineingelangen (MEVES, HELD, VAN DER STRICHT,

Abb. 207.

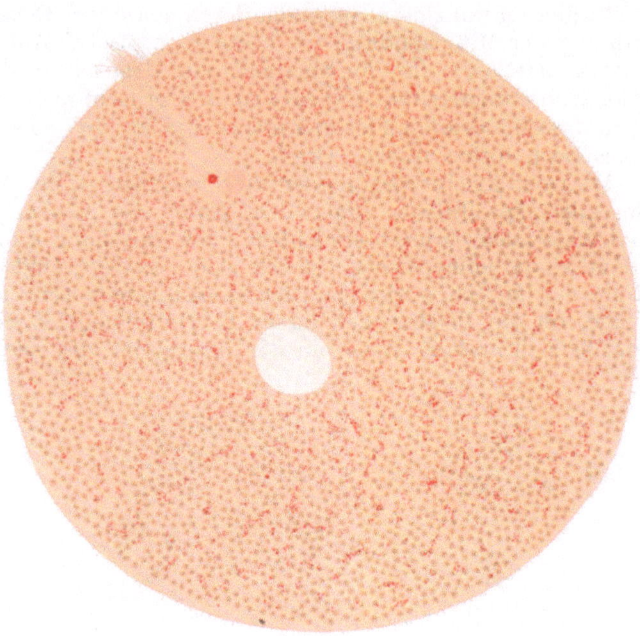

Abb. 208.

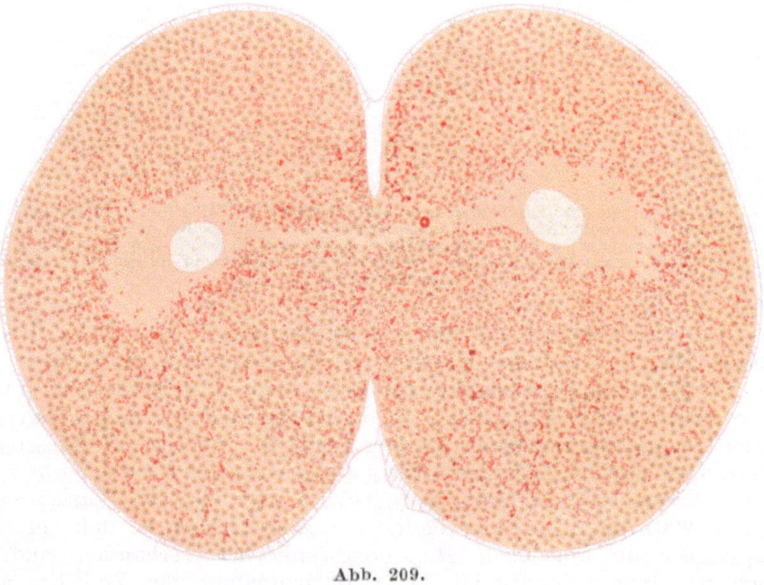

Abb. 209.

Abb. 207—209. Samenfaden und Eier von Parechinus miliaris. Fixation: ALTMANNsches Gemisch. Färbung: Säurefuchsin-Pikrinsäure nach ALTMANN. (Nach MEVES 1912 und 1914.) Abb. 207. Samenfaden von Parechinus. a u. b Seitenansicht. c Flächenansicht vom Kopf- oder Schwanzende gesehen. Abb. 208. Ei sechs Minuten nach der Befruchtung. Abb. 209. Ei eine Stunde nach der Befruchtung in Zweiteilung. Das Spermamittelstück mit den väterlichen Plastosomen gelangt unverändert in die eine Blastomere.

LAMS). Aber ihr Schicksal ist dort ein verschiedenes. In der Mehrzahl der bisher untersuchten Fälle, so namentlich bei den Nematoden, kommt es zu einer

Durchmischung des väterlichen mit dem mütterlichen Plastosomenmaterial, indem die väterlichen Mitochondrien sich mehr oder minder gleichmäßig in der ganzen Eizelle verteilen (Abb. 202, 203). HELD hat bei *Ascaris* die väterlichen und mütterlichen Plastosomen, offenbar infolge ihrer verschiedenen Größe und Dicke different färben können und so gezeigt, daß dieselben entgegen der Hypothese von MEVES nicht miteinander verschmelzen, sondern sich getrennt erhalten. Anders dagegen verhalten sich die väterlichen Plastosomen im Säuger- und Seeigelei. VAN DER STRICHT zeigte bei der *Fledermaus* und LAMS (1910) am *Meerschweinchen* (1909), daß bei der Furchung der die Plastochondrien enthaltenden Spiralfaden des Spermamittelstückes nur der einen der beiden

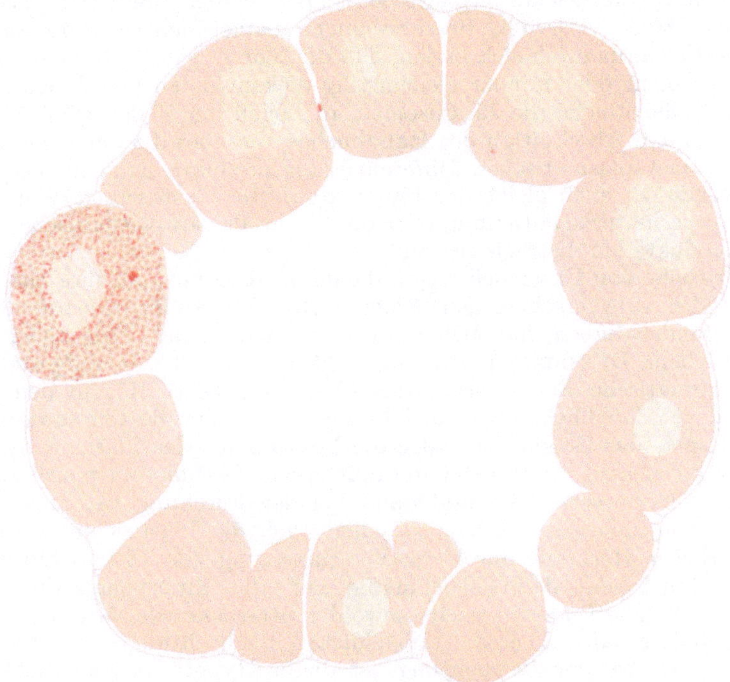

Abb. 210. Gefurchtes Ei von Parechinus miliaris. Schnitt durch ein 32-Zellstadium. Fixierung und Färbung wie 207. Mittelstück (in Kantenansicht) in einer Zelle der animalen Hälfte. (Nach MEVES 1914. Arch. mikr. Anatom. 85.)

ersten Blastomeren zugeteilt wird. MEVES verfolgte das Mittelstück des Echinidenspermiums durch die ersten Zellgenerationen des befruchteten Eies (Abb. 207 bis 210), und stellte fest, daß es auf dem 32. Zellstadium unverändert in eine einzige Zelle, die der animalen Hälfte angehört, hineingelangt war. Die für das Säugetierei allenfalls plausible, aber durch keinerlei tatsächliche Befunde gestützte Hypothese, daß die mit väterlichen Plastosomen versehene Blastomere den Embryo, die andere Blastomere dagegen das Trophoblastmaterial liefern soll, entbehrt bei ihrer auf die Verhältnisse beim *Seeigel* von MEVES versuchten Übertragung jeglicher Überzeugungskraft. Denn es gibt keinen Anhaltspunkt dafür, daß nur die eine, das väterliche Plastosomenmaterial enthaltende, Blastomere des 32. Zellstadiums den definitiven *Seeigel*, alle anderen Zellen dagegen nur die bei der Seeigelmetamorphose zugrunde gehenden larvalen Organe produzieren sollten.

Von einer gleichmäßigen Verteilung des väterlichen Plastosomen auf die einzelnen Blastomeren kann also in vielen Fällen keine Rede sein, wie denn überhaupt durch die Furchung an der Gesamtverteilung der mütterlichen und väterlichen Plastosomen, wie sie im Augenblick der beginnenden Eiteilung besteht, nichts mehr geändert wird. Bei der Zerlegung des Eies in seine Blastomeren wird vielmehr das Mitochondrienmaterial ganz passiv mitverteilt und ändert zunächst auch nicht seine morphologische Beschaffenheit. Erst am Ende der Furchung bei der *Fledermaus* [Levi (1914)], während der Gastrulation bei *Amphibien* oder auf noch späteren Stadien, *Kaninchen* [Duesberg (1910)], *Meerschweinchen* [Rubaschkin (1910)] erscheinen in den Embryonalzellen an Stelle der Körner dünne oder dickere Fäden, eine Form, die für die meisten Embryonalzellen als typisch bezeichnet werden kann (vgl. Abb. 206, ferner Abb. 186). Nach den Beschreibungen namentlich von Meves (1918) sollen diese Fäden dadurch sich bilden, daß die Körner sich in Reihen anordnen und dann zu mehr oder minder gleichmäßig dicken Fäden verschmelzen.

Da die Rolle, welche die Plastosomen im Leben der Zellen spielen, später, namentlich in den Abschnitten des Handbuches, die über die Sekretion und die Bildung der metaplasmatischen Differenzierungsprodukte handeln, besprochen wird, so wende ich mich gleich der Frage zu, ob die Plastosomen idioplasmatisches Teilkörpermaterial enthalten, oder ob sie nur als paraplasmatische, ergastische Zellprodukte zu betrachten sind.

In einer Reihe von Untersuchungen, die ihren Abschluß und ihre Zusammenfassung in der 1918 erschienenen Arbeit: „Die Plastosomentheorie der Vererbung" gefunden haben, hat Meves, und ihm haben sich viele andere Cytologen, vor allem Duesberg (1912) angeschlossen, die Lehre aufgestellt, daß das cytoplasmatische Erbmaterial, das Plasmon (vgl. S. 217) in den Plastosomen, und ausschließlich in ihnen, lokalisiert sei. Wie die Chromosomen das Kernidioplasma, das Genom, so sollen die Plastosomen das Plasmon enthalten; wie bei der Befruchtung väterliche und mütterliche Chromosomen sich zu einem gemeinsamen Kern vereinigen und dann bei der Furchung gleichmäßig allen Furchungszellen zugeteilt werden, so sollen auch die Plastosomen väterlicher und mütterlicher Herkunft durch die Verschmelzung von Ei und Samenfaden zusammengeführt und dann gleichmäßig auf alle Embryonalzellen verteilt werden, so daß jede Embryonalzelle sowohl mütterliche wie väterliche Plastosomen zugeteilt erhält. Aber die tatsächlichen Beobachtungen des Verhaltens der Plastosomen bei der Befruchtung, ist dieser Hypothese von Meves nicht günstig gewesen, wie wir ja soeben gesehen haben; und Wilson (1925, S. 712) hebt auch ausdrücklich hervor: „There is no satisfactory evidence that the chondriosomes play any part in fertilization. Not the slightest proof has been produced of a fusion between the paternal and maternal chondriosomes. It is not even certain, that those brought into the egg by the sperm do not degenerate as maintened by Vejdowsky (1911) and Retzius (1911)." Vor allem aber sind es eben die Beobachtungen am *Seeigel* gewesen, die ein starkes Argument gegen die Mitwirkung der väterlichen Plastosomen bei der Übertragung der väterlichen Erbcharaktere liefern. Durch welche unwahrscheinliche Hilfshypothesen Meves die Mitwirkung der väterlichen Mitochondrien bei der Vererbung für den Seeigelbastard nach der Metamorphose zu retten sucht, habe ich auf S. 251 besprochen. Wichtiger ist, daß Meves selber den Folgerungen, die ich 1912 bei einem Vergleich der Ergebnisse von Kreuzungsexperimenten und der cytologischen Untersuchung bei Echinodermen gezogen habe, beistimmt und wörtlich zugibt: „daß von allen Bestandteilen des Spermiums nur der Kern auf die Gestaltung des Pluteus Einfluß besitzt; denn nur die Kerne, nicht aber die Plastosomen sind in allen Zellen des Pluteus männlich und weiblich zugleich. Treten aber, wie es bei der Kreuzung einiger Echinidenarten der Fall ist, Plutei auf, welche in bezug auf die Skeletstruktur gemischten Vererbungstypus zeigen, so können die hier zum Vorschein kommenden Merkmale nur durch den Kern übertragen sein" [Meves (1918), S. 118].

Während ich 1912 auf Grund dieser Befunde beim *Seeigel* die Ansicht vertrat, daß das gesamte Teilkörpermaterial der Zelle im Kern lokalisiert sei, möchte ich heute allerdings diesen Schluß, wenn auch immer noch manches zu seinen Gunsten spricht, nicht mehr ziehen. Ich habe ja schon auf S. 217 die Argumente dafür angeführt, daß auch im Zelleib Teilkörpermaterial, das Plasmon, enthalten ist und habe unlängst im Handbuch der Physiologie (1927, Bd. 1) versucht, die alte Kernidioplasmatheorie mit dieser Lehre vom Plasmon in Übereinstimmung zu bringen durch die Annahme, daß bei der Bastardierung der Kern seine Artspezifität dem cytoplasmatischen Teilkörpermaterial zu induzieren vermag. Nach dieser Hypothese wäre es also nur notwendig, um die Resultate artfremder Bastardierung bei *Seeigeln* zu erklären, daß überhaupt cytoplasmatisches Erbgut übertragen wird, nicht aber, daß bei der Befruchtung väterliche und mütterliche Plasmone sich vereinigen, und es steht der Annahme nichts im Wege, daß die Plastosomen solches cytoplasmatisches Erbgut enthalten.

Aber was sind denn nun die positiven Anhaltspunkte dafür, daß die Plastosomen überhaupt Teilkörpermaterial enthalten? Die häufig beobachtete Volumenzunahme des Chondrioms ist kein stichhaltiges Argument (denn auch die von mir als ergastisches Kernmaterial betrachteten Nucleolen wachsen); die mehr oder minder gleichmäßig bei der Zellteilung erfolgende Verteilung des Plastosomenmaterials auf die Tochterzellen ist es ebensowenig. Denn in der Mehrzahl der Fälle ist es ganz klar, daß die einzelnen Plastosomen sich bei der Zellteilung selber ganz passiv verhalten, und wirklich nur bei der Plasmadurchschnürung verteilt werden. Bei den nicht eben häufigen Beispielen, wo fadenförmige oder ringförmige Plastosome (vgl. Abb. 197) der Quere nach zerteilt werden, spricht ebenfalls nichts für einen aktiven Teilungsvorgang der Plastosomen, so daß auch Wilson (1925) zu dem Ergebnis kommt: „On the whole the present evidence points to the conclusion, that the division of the plastosomes is a passiv and mechanical result of cell constriction."

Die bemerkenswerte Präzision, mit der diese Verteilung der Plastosomen z. B. in den auf S. 247 angeführten Beispielen auf die Spermiocyten erfolgt, spricht wohl dafür, daß die Plastosomen ein für die betreffenden Zellen wichtiges und wertvolles Material enthalten, bildet aber ebenfalls kein beweiskräftiges Argument für ihre Teilkörpernatur. Denn ich erinnere nur daran, daß z. B. auch die Nucleolen mitunter bei der Kernteilung ziemlich genau halbiert auf die Tochterkerne verteilt werden, und daß diese Beobachtungen für uns kein Anlaß waren, die Nucleolen für Teilkörpermaterial zu erklären (S. 190).

Allen angeblichen Beobachtungen von einer direkten, aktiven Teilung der Plastosomen kann aber, namentlich so weit sie nur auf fixierte Präparate gestützt sind, keine absolute Beweiskraft zugesprochen werden. Denn wenn mehrfach biskuitförmig eingeschnürte Plastosomen, die neben fadenförmigen und kugeligen in derselben Zelle vorkommen, als Teilungsformen der fadenförmigen gedeutet werden, so läßt sich ebenso gut die Meinung vertreten, daß zwei kugelförmige Plastosomen durch ihre Aneinanderlagerung die biskuitförmigen gebildet haben. Allerdings gibt Fauré-Fremiet an, daß er die Teilung von Plastosomen am lebenden Objekte (Protozoen) hat verfolgen können, aber es ist durchaus Wilson (1925) zuzustimmen, wenn er sagt: „On the whole, nevertheless, the direct evidence of division on the part of mitochondria still remains very deficient" (S. 712).

Eine Reihe von Forschern, so namentlich A. Meyer (1920), ferner M. Hartmann (1927), vertreten deshalb auch die Ansicht, daß das Chondriom überhaupt kein Teilkörpermaterial enthalte, sondern ganz aus ergastischem Material
bestände. Zugunsten dieser Hypothese führen sie die Tatsache an, daß jugend-
liche, rasch wachsende und sich noch differenzierende Zellen reich an Plastosomen sind, die nachher bei dem Differenzierungsprozeß verbraucht werden,
daß ferner der Hunger zu einem Aufbrauch und Schwund der Plastosomen auch
in ursprünglich plastosomenreichen Zellen führen soll. A. Meyer weist auf
Beobachtungen von Altmann an Leberzellen von Hungerfröschen hin, ferner
auf die Erfahrungen von Russo (1908, 1910), der bei Kaninchen, welche länger
als 10 Tage gefastet hatten, eine Abnahme der Mitochondrien in den Eizellen

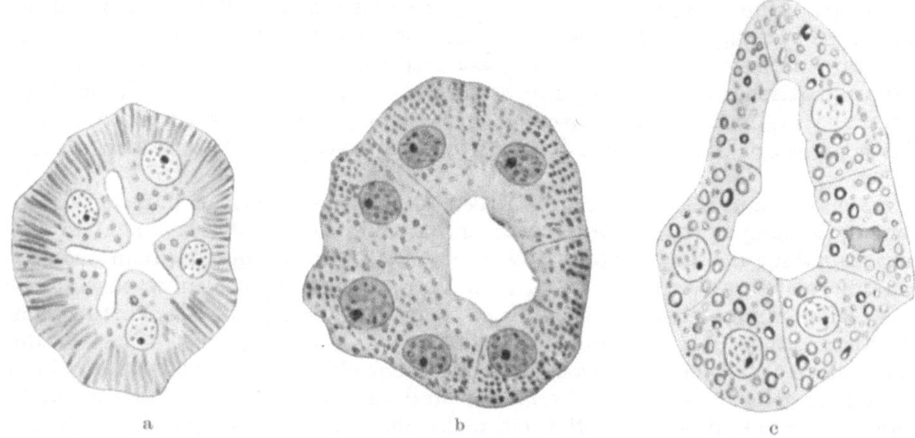

Abb. 211 a—c. Nierenepithelien aus den Tubuli contorti des Kaninchens. Fixierung: Champy, Cel-
loidineinbettung. Färbung: Kull. a Normales Tier. Stäbchenförmige Plastosomen. b Hungertier.
Zerfall der Stäbchen in Körner. c Hungertier. Die Plastosomen sind in tropfenartige Gebilde umgewandelt, von denen einzelne die Erscheinung der „lipoiden" Entartung zeigen. In der Zelle rechts
ein abgestorbener pyknotischer Kern. (Nach Okuneff 1923.)

beschreibt. Aber nach den Untersuchungen von Okuneff (1923) über Zellveränderungen im Hungerzustand scheinen doch die Verhältnisse komplizierter zu liegen. Er hat zwar auch beobachtet, daß z. B. in Leberzellen und
noch ausgesprochener in Nierenzellen hungernder Kaninchen die Plastosomen
allmählich morphologische Veränderungen zeigen (Abb. 211 a—c), die über
einen Zerfall der stäbchenförmigen Plastosomen zu einer starken Schwellung
und tropfigen Veränderungen derselben führen. Okuneff deutet diese Veränderungen der Plastosomen aber als destruktive Zerfallserscheinungen im
Absterben begriffener Zellen und weist darauf hin, daß in manchen von den
Nierenzellen mit tropfigen Plastosomen auch die Kerne bereits im Absterben
begriffen sind (Abb. 211c rechts). Solange aber die lebende Zelle noch völlig
intakt ist, soll die Atrophie, d. h. die Massenabnahme des Zelleibes nicht auf
Kosten der Plastosomen erfolgen, vielmehr wird „durch den Hungerzustand
die Zahl der Chondrosome augenscheinlich nicht vermindert, und sie nehmen
scheinbar in ihrem Umfange nicht ab, so daß die Atrophie der Zellen im Hungerzustand nicht auf Kosten dieser „Organoide" der Zellen geschieht" [Okuneff
(1923) S. 201].

Auch die auf S. 242 besprochenen Befunde von Wassermann (1920) geben
uns keine entscheidenden Argumente weder für die ergastische noch gegen die
Protomerennatur der Plastosomen. Denn es scheint mir entgegen der Meinung

von WASSERMANN doch noch nicht die Entstehung von Plastosomen de novo bewiesen zu sein. Es ist immerhin denkbar, daß in diesem besonders gelegenen Fall, bei dem der Zellinhalt einen großen Teil seines Wassergehaltes verliert, der Zerfall der ursprünglich fadenförmigen Plastosomen nicht bei Körnern optischer Größenordnung Halt macht, sondern noch weiter fortschreitet, und daß später die ultramikroskopischen Plastosomenteilchen sich wieder zu größeren Verbänden zusammenschließen.

Der Versuch von J. E. WALLIN (1922, 1923), die Bakteriennatur der Mitochondrien zu erweisen, wobei er als Argumente einmal die Ähnlichkeit der histologischen Farbenreaktionen, dann den angeblich positiven Erfolg der Kultur der Mitochondrien außerhalb der Zelle benutzte, haben namentlich von COWDRY (1922, 1923) und neuerdings von P. BUCHNER (1928) eine wie mir scheint, berechtigte ablehnende Kritik erfahren.

So müßte denn die wichtige Frage nach der Natur und der Bedeutung der Plastosomen noch ganz in suspenso bleiben, wenn wir nicht doch über einige Befunde verfügten, die mir nun doch dafür zu sprechen scheinen, daß die Plastosomen Teilkörpermaterial enthalten. Sollte es richtig sein, daß aus den Plastosomen die Trophoplasten der höheren Pflanzen entstehen, die ihrerseits sicher die Fähigkeit der Fortpflanzung durch aktive Teilung besitzen, sollte es sich ferner bestätigen, daß die Plastosomen sich zu metaplasmatischen Zellgebilden umwandeln, die wie die Myofibrillen wahrscheinlich sich durch Teilung vermehren, so wäre damit meines Erachtens bewiesen, daß auch die Plastosomen Teilkörpermaterial enthalten. Allerdings ist die Frage, ob die Plastosomen sich in Trophoplasten umwandeln, ob sie ferner derartige teilungsfähige metaplasmatische Strukturen bilden können, noch sehr umstritten, und ich verweise auf meine (Abschnitt VI E) und WASSERMANNs diesbezüglichen Ausführungen.

D. Der Golgiapparat.

1. Historische Übersicht. Problemstellung.

Mittels einer Modifikation der Silbernitratmethode von CAJAL stellte GOLGI im Jahre 1898 in den PURKINJEschen Ganglienzellen und den motorischen Vorderhornzellen der Eule (*Strix flammea*), bald darauf auch in den Spinalganglienzellen junger Katzen gerüst- oder netzartige Strukturen dar, denen er den Namen: ,,Apparato reticulare interno'' gab. Die Entdeckung von GOLGI wurde bald darauf von seinen Schülern bestätigt und erweitert. VERATTI (1898) beschrieb einen Golgiapparat in den Ganglienzellen des Halssympathicus des *Hundes*, PENSA (1899) einen solchen in den Markzellen der Nebenniere. Im Jahre 1902 gelang es KOPSCH, eine neue Methode der Darstellung aufzufinden, bei welcher der Golgiapparat, der seitdem auch häufig als GOLGI-KOPSCHscher Apparat bezeichnet wird, durch längere Einwirkung von Osmiumsäure eine intensive schwarze Farbe annahm.

In den folgenden Jahren wurde der Golgiapparat mittels der Osmierung nach KOPSCH oder mit modifizierten und namentlich von CAJAL (1915) verbesserten Versilberungsmethoden nicht nur in den Nervenzellen von zahlreichen Evertebraten nachgewiesen, sondern auch in vielen anderen Gewebszellen, vor allem den Epithelien, den Bindegewebszellen, den Geschlechtszellen von Vertebraten und Evertebraten aufgefunden [VON BERGEN (1904), NEGRI (1900), PENSA (1901), SJÖVALL (1906), WEIGL (1912), CAJAL (1915), HIRSCHLER (1913), BOWEN (1922)] u. a. bzw. Gebilde, die schon früher gesehen und beschrieben worden waren, als Golgiapparat identifiziert, wie z. B. das

Trophospongium von Holmgren (1900), die Platnerschen (1885) Fäden und Pseudochromosomen [Heidenhain (1900)] der Geschlechtszellen, die Centrophormien [Ballowitz (1900)].

Schon Sjövall hatte 1906 die Hypothese ausgesprochen, daß der Golgiapparat ein allen Zellen zukommendes Strukturgebilde sei; jetzt auf Grund der neuen Entdeckungen konnte schon mit einem gewissen Recht die Lehre von der Ubiquität des Golgiapparates in den tierischen Zellen vertreten werden,

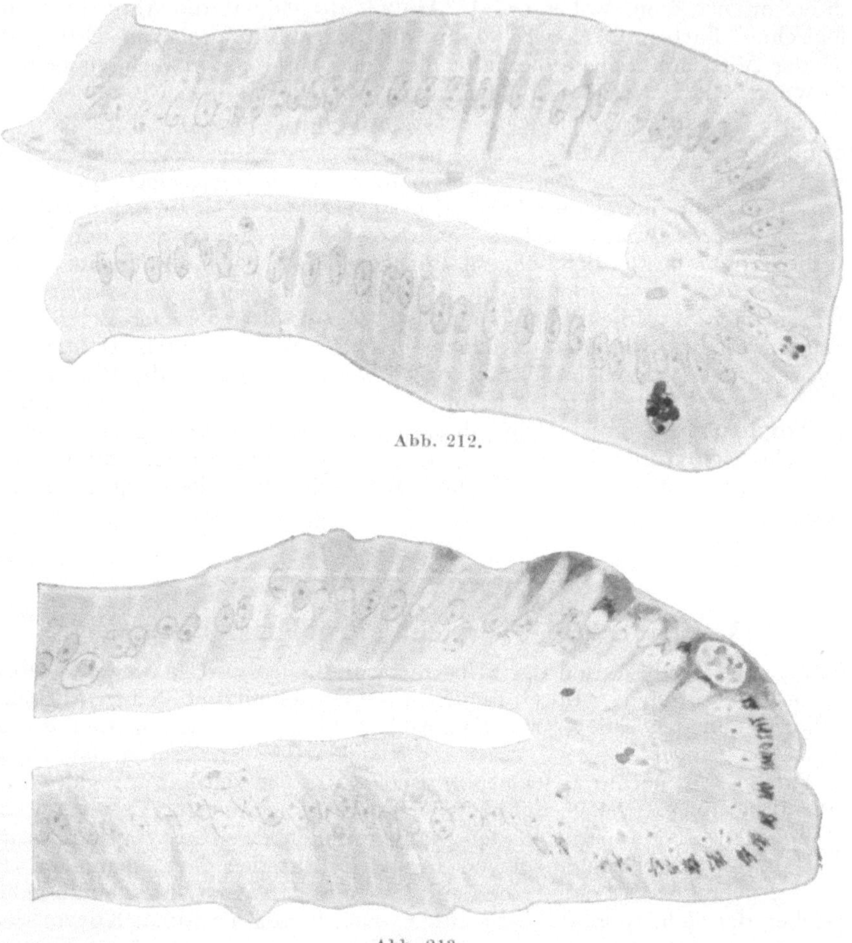

Abb. 212.

Abb. 213.

zumal Perroncito (1909) auch das Schicksal des Golgiapparates bei der Zellteilung verfolgte und eine Verteilung seiner Elemente auf die Tochterzellen unter dem Namen „Dictyokinese" beschrieb.

Während aber bei den meisten Wirbeltierzellen der Golgiapparat die von den Ganglienzellen her bekannte Netzform besaß, fand man bei den Evertebraten statt des Golginetzes oder Binnengerüstes, des Endopegma, wie Kopsch (1925) neuerdings den Golgiapparat nennt, häufig an dessen Stelle diskrete Körperchen oder Brocken oft von Scheibenform in verschiedener Anzahl [Pegmatosomen (Kopsch 1925), Golgi bodies (Bowen)].

Durch diese wichtigen Entdeckungen wurde die ursprüngliche Auffassung, daß die Gerüststruktur ein Hauptcharakteristicum des Golgiapparates sei, erschüttert; an ihre Stelle trat nunmehr die Lehre, daß der Golgiapparat ein Zellbestandteil ist, der alle möglichen Formen annehmen kann, entweder die „komplexe" [HIRSCHLER (1916)] Netzform, oder die diffuse mit einzelnen diskreten „Golgi bodies". Wenn der Name „Golgiapparat" für diese diffuse Form auch nicht mehr recht passend ist, so halte ich es indessen mit BOWEN (1926) und JACOBS (1927) für zweckmäßig, den Namen Golgiapparat für die Gesamtheit des Golgi-„Materials" [COWDRY (1924)] beizubehalten, gleichgültig, ob dasselbe in der netzförmigen, besser gerüstartigen, oder in der diffusen Form vorliegt.

Durch die Entdeckung der diffusen Form des Golgiapparates hatte nun aber die ursprünglich von GOLGI als Hauptcharakteristicum für seinen Apparat

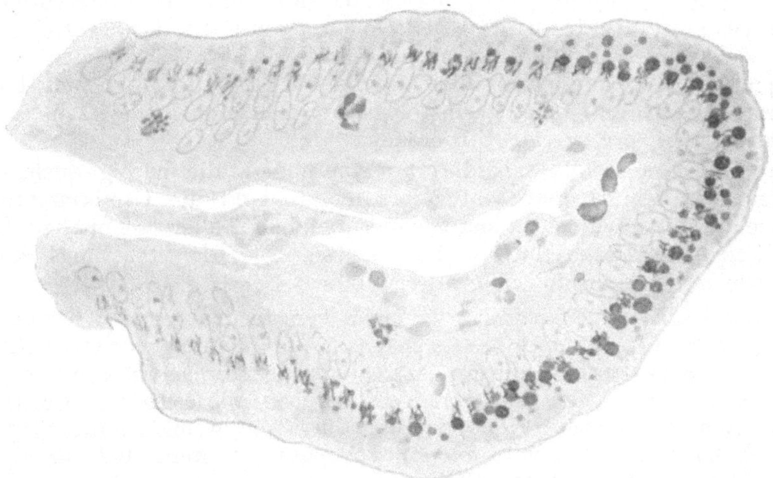

Abb. 214.

Abb. 212—214. Froschdarm. „Erhöhung der Osmiophilie" des Golgiapparates. Abb. 212. Hungertier. Abb. 213 u. 214 nach Fütterung mit Sahne. Abb. 213. Der Fettablagerungsvorgang hat sich nur des Faltengipfels bemächtigt. Die Fetteinschlüsse sind nicht mit Osmium geschwärzt und werden nur bei Färbung mit Sudan sichtbar. Abb. 213. Der Fettablagerungsvorgang hat sich der ganzen Faltenoberfläche bemächtigt, jedoch sind nur die größten Fetteinschlüsse mit Osmium geschwärzt. Der Golgiapparat ist nur in den Zellen geschwärzt, die sich im Zustand der Fettablagerung befinden. Die Behandlung der abgebildeten drei Därme ist identisch. 2% OsO₄ bis 24 Stunden bei 37°. Vergr. Leitz. Objekt. 3. Ok. Zeiß Orthoskop. X. 18. (Nach P. WEINER 1928.)

betrachtete Netzform viel von ihrem diagnostischen Wert eingebüßt, und es mußten die Identifizierungsmerkmale, auf die wir die Diagnose „Golgiapparat" gründen, exakt festgestellt werden. Dies ist bisher trotz vielfacher Bemühungen nicht mit der unbedingt notwendigen Präzision gelungen; namentlich bei pflanzlichen Zellen werden von den verschiedenen Forschern ganz verschiedene Gebilde mit dem Golgiapparat homologisiert. So leidet die ganze moderne Lehre von dem Golgiapparat, wie sie im Augenblick vorliegt, unter einer beträchtlichen Unklarheit und höchst unerwünschten Unsicherheit, aus der sich noch keine allgemeiner anerkannte Lehrmeinung herauskristallisiert hat trotz mehrfacher, zusammenfassender Referate über den Golgiapparat von BOWEN (1926), COWDRY (1924), JACOBS (1927), WILSON (1925).

Prüfen wir hier zunächst einmal kurz die Identifizierungsmöglichkeiten des Golgiapparates. Liegt derselbe in wohlausgeprägter Netzform vor, so ist eine Wahrscheinlichkeitsdiagnose auf Grund der charakteristischen Gestalt möglich; aber ihr kommt keine absolute Beweiskraft zu, wie ja der bis jetzt noch nicht einwandfrei entschiedene Streit beweist, ob die von Holmgren (1900) beschriebenen Saftkanälchen oder das „Trophospongium" der Nervenzellen mit dem Golgiapparat identisch sind [Kopsch (1900, 1926), Penfield (1921)]. Ganz und gar läßt die Form uns im Stich bei der Diagnose des Golgiapparates in seiner ganz uncharakteristischen „diffusen" Form. Verhältnismäßig einfach ist sie dann nur in den Fällen, wo wir den Übergang von der komplexen in die diffuse Form beobachten können, sei es, daß das Golginetz, das Endopegma, in seine einzelnen Pegmatosomen zerfällt, wie häufig bei der Zellteilung, sei es, daß die diffus verteilten „Golgi bodies" sich zu einem typischen Netzwerk wieder vereinigen, wie es z. B. häufig bei den Gewebszellen mit ihrer fortschreitenden ontogenetischen Reifung und Differenzierung der Fall ist. Überall aber, wo die Morphokinese unbekannt ist, bzw. die diffuse Form dauernd beibehalten wird, ist die Identifizierung der „Golgi bodies" als solche auf andere Kriterien als die Form angewiesen. Mitunter geben gewisse, häufig, aber nicht immer vorhandene topographische Beziehungen des Golgiapparates zu den Centriolen oder zu dem Zellkern einen allerdings nicht sehr hoch einzuschätzenden Anhaltspunkt; zumeist sind wir aber vor allem auf das Verhalten des fraglichen Materials gegenüber der Fixation und der histologischen Färbung angewiesen, um dasselbe als Golgiapparat zu identifizieren.

Diagnostisch wertvoller als die Silbermethoden, die häufig auch andere Strukturen als den Golgiapparat imprägnieren, sind die Osmiummethoden; aber auch diese können selbst bei genauer Befolgung aller technischen Einzelvorschriften nicht als absolut spezifisch gelten. Die Identifizierungsschwierigkeiten ergeben sich aus folgenden drei Momenten:

1. Namentlich in neuerer Zeit wird von verschiedenen guten Kennern des Golgiapparates (Bowen, Hirschler, Kopsch) die Meinung vertreten, daß der Golgiapparat aus zwei gegen die Osmierung verschieden reagierenden Substanzen besteht, einer osmiophilen und einer osmiophoben, die sich auch sonst durch ihr Verhalten gegen saure Konservierungsflüssigkeiten und durch ihre topographische Lage zueinander [osmiophiles Apparatexternum und osmiophobes Apparatinternum [Hirschler (1927)] unterscheiden.

2. Der Golgiapparat reagiert nicht nur in verschiedenen Zellarten, sondern auch bei ein und derselben Zellart unter Umständen verschieden; wahrscheinlich ist sein chemisch-physikalischer Zustand ein wechselnder, so daß zeitweise eine Schwärzung mit Osmium nicht oder nur unvollkommen zu erzielen ist (Abb. 212—214).

3. Ähnlich wie der Golgiapparat schwärzen sich mittels Osmierung mitunter auch die Mitochondrien, die sich mit Silbersalzen ebenfalls oft imprägnieren lassen. Die meisten Forscher nehmen deshalb auch an, daß die Substanzen des Golgiapparates und der Mitochondrien chemisch nahe verwandt sind, aber nur wenige schließen daraus weiter auf einen genetischen Zusammenhang dieser beiden Strukturgebilde [Karpowa (1925)]. Denn es lassen sich doch verhältnismäßig häufig die Mitochondrien und der Golgiapparat in derselben Zellart different zur Darstellung bringen (Abb. 215—218, vgl. ferner Abb. 265).

Immerhin sind Verwechselungen nicht ausgeschlossen und sicher auch häufig vorgekommen. „Allein auf Grund der gebräuchlichen Imprägnationsmethoden ist eine genaue Beantwortung der Frage: Was ist der Golgiapparat? nicht möglich" [Jacobs (1927)].

Um so mehr wäre es zu begrüßen gewesen, wenn in der vitalen Färbung eine sichere Unterscheidungsmöglichkeit der Mitochondrien und des Golgiapparates gefunden wäre, wie namentlich Parat und Painlevé (1924, 1925), Dangeard (1919) und Guilliermond (1918, 1927) annehmen. Diese Forscher

stützen sich auf den angeblich spezifischen und differenten Ausfall der Vitalfärbung mit Janusgrün einerseits, mit Neutralrot andererseits. Ersteres soll
spezifisch die Mitochondrien, das Chondriom, färben, durch das Neutralrot soll
spezifisch das sog. Vacuom dargestellt werden, welches mit dem Golgiapparat
identisch sein soll. Hiergegen ist jedoch einmal zu bemerken, daß, allerdings
nur ausnahmsweise, durch das Janusgrün auch Strukturen vital gefärbt werden,
die nach anderen Identifizierungsindizien mit guten Gründen als Golgiapparat
angesprochen werden [KARPOWA (1925)]. Vor allem aber ist es, wie mir
scheint, nicht zulässig, alles, was sich in den Zellen mit Neutralrot vital färbt,
als Golgiapparat zu bezeichnen, da sich zweifellos viele andere Strukturgebilde,
namentlich auch solche paraplasmatischer Natur, mit dem Neutralrot färben
lassen. HIRSCHLER, der neuerdings (1927 und 1928) mit dem Neutralrot

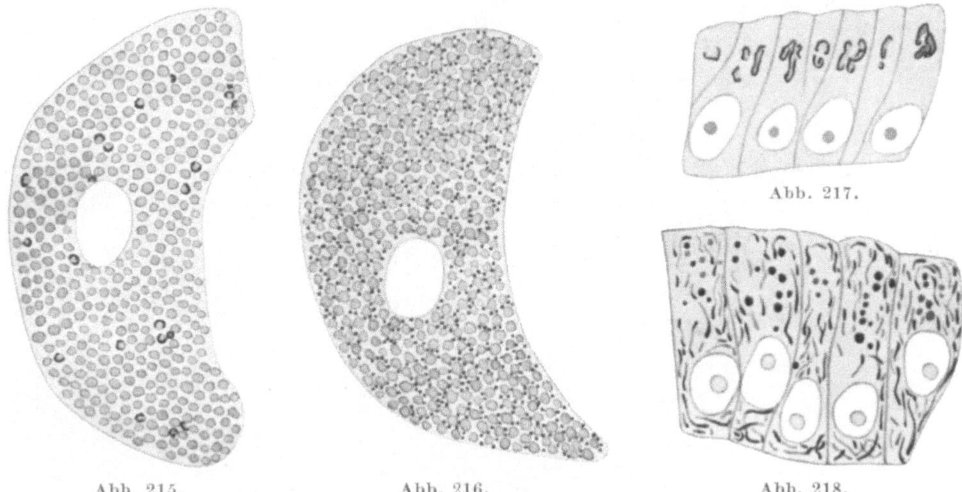

Abb. 217.

Abb. 215. Abb. 216. Abb. 218.

Abb. 215—218. Embryonale Zellen von Limnaeus stagnalis (Mollusk.). Abb. 215 u. 216. Blastomeren des Zweizellenstadiums. Schnittbild. Abb. 217 u. 218. Späteres Larvenstadium. Schalen-
drüsenepithel. Abb. 215 u. 217. Vorfixierung in Sublimat-Osmiumsäure, dann längere Osmierung
nach KOPSCH. Abb. 216 u. 218. Fixierung: Champygemisch. Färbung mit Anilin-Fuchsin-Pikrinsäure.
(Nach HIRSCHLER 1918.)

ausgedehnte vergleichende Färbungsversuche an Samenzellen angestellt hat,
spricht sich daher auch mit äußerster Vorsicht und Zurückhaltung über die
Homologisierung der mit Neutralrot vital angefärbten Strukturen aus (vgl.
Abb. 219, ferner Abb. 16, Seite 51).

Die Deutungsschwierigkeiten der vitalen Färbungsergebnisse werden nun auch
noch dadurch erhöht, daß die Meinungen darüber weit auseinandergehen, ob
der Golgiapparat als solcher, d. h. sein Material selber vital gefärbt wird, oder
ob der Golgiapparat den in die Zelle diffus eingedrungenen Farbstoff an seiner
Oberfläche kondensiert und in seiner Nachbarschaft abscheidet, eine Hypothese,
die besonders NASSONOV (1926) für die sauren Vitalfarbstoffe, wie Trypanblau,
vertritt, oder ob schließlich durch die basischen Farbstoffe, wie das Neutralrot, nicht der Golgiapparat selber, sondern nur die von ihm gebildeten Sekrete
gefärbt werden [NASSONOV (1926)].

Damit kommen wir nun zu den Befunden über die Funktion des Golgiapparates in den Zellen, die aber bis jetzt ebenfalls noch in den meisten Fällen
schwierig zu deuten sind und voller Widersprüche sind. In einigen Spezial-
fällen scheint allerdings die Beteiligung des Golgiapparates bei der Ausbildung

bestimmter Strukturen erwiesen zu sein, so erfolgt die Bildung des Akrosoms
der Samenfäden sicher unter aktiver Mitwirkung des Golgiapparates, und es
ist nach den übereinstimmenden, an verschiedenen Objekten von Gatenby
(1919—1921) und Bowen (1920—1926) erhobenen Befunden nunmehr wohl
erlaubt, eine fragliche Struktur allein auf Grund ihrer funktionellen Beteiligung
bei der Akrosombildung als Golgiapparat zu identifizieren. Ob aber die
angebliche funktionelle Bedeutung des Golgiapparates als Trophospongium, als
Zelldrüse (Nassonov), als Excretionsapparat für eine Identifizierung unbekannter
Strukturgebilde als Golgiapparat geeignet und brauchbar ist, erscheint in

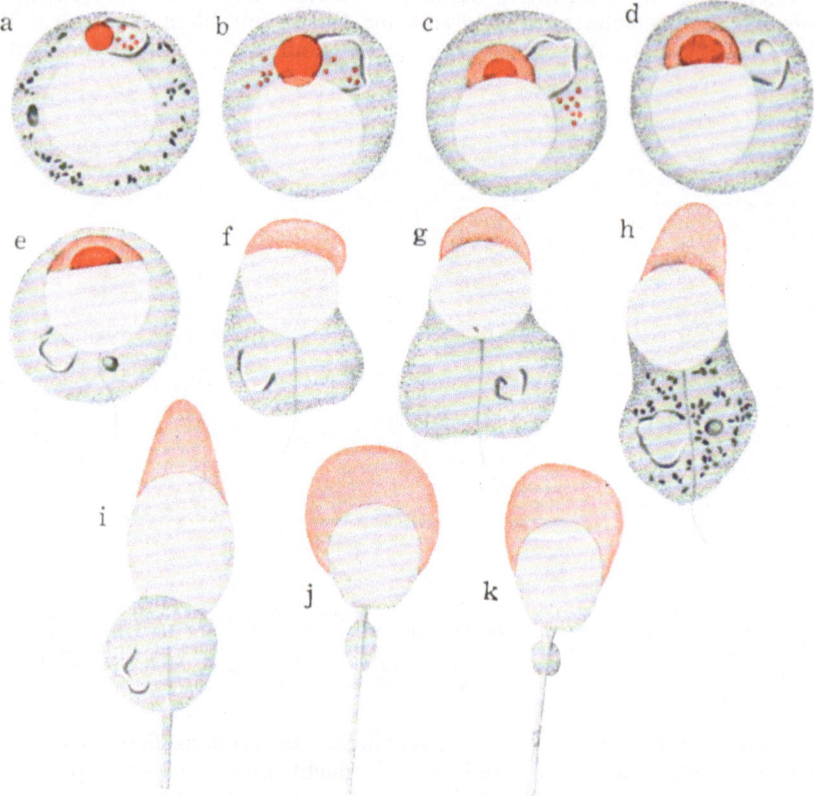

Abb. 219 a—k. Cavia cobaya. a—i Spermatiden steigenden Alters. j, k Spermatozoen.
a—k Neutralrotfärbung. Vergr. 800. (Nach Hirschler-Monné 1928.)

hohem Maße zweifelhaft; und doch stützen sich die Identifizierungsversuche
der pflanzlichen Vakuolen und der contractilen Vakuolen der Protozoen
mit dem Golgiapparat der tierischen Zellen, wenn auch nicht ausschließlich,
so doch zu einem wesentlichen Teil auf die angeblich homologe Funktion aller
dieser Strukturgebilde. So schreibt schon 1910 Bensley, daß das Netz oder
der „Cananicular apparatus" der tierischen Zelle „is the physiologic and
morphologic equivalent of the vacuolar system of the plant cell (S. 193)" und
Parat (1921—1927), Guilliermond (1920—1927) haben diesen Homologisierungsversuch weiter zu der Lehre von dem „Vacuom" ausgebaut, welchen
Namen sie dem tierischen Golgiapparat, dem pflanzlichen Vakuolensystem
und den contractilen Protistenvakuolen in gleicher Weise geben.

Wie aus dieser kurzen historischen Übersicht über die Lehre von dem Golgi-apparat hervorgeht, verfügen wir bisher nicht über ein eindeutiges Identifi-zierungsmerkmal für den Golgiapparat. Die Diagnose, ob ein unbekanntes Strukturgebilde als Golgiapparat bezeichnet werden darf, gründet sich viel-mehr auf eine Anzahl verschiedener Merkmale, die einzeln nicht absolut charakteristisch und eindeutig sind. Es ist deshalb dem Forscher ein gewisser, an sich natürlich nicht erwünschter Spielraum gelassen, wie hoch er die einzelnen auf verschiedenem Wege erhaltenen Befunde gegeneinander abschätzen und zu einem Gesamtbilde verwerten will. Daraus erklären sich die vielen Wider-sprüche, die sich in der Literatur über das, was wir Golgiapparat nennen dürfen, finden, und die namentlich bei pflanzlichen Zellen von einer Lösung noch weit entfernt sind (vgl. den nächsten Abschnitt).

Unsere Aufgabe ist es nunmehr, die für den Golgiapparat als charakteristisch bezeichneten Befunde im einzelnen aufzuführen und auf ihre Wertigkeit gegen-einander abzuschätzen.

2. Ergebnisse der Lebenduntersuchung, der Vitalfärbung, der Fixierungs- und Imprägnationsmethoden.

Im Gegensatz zu allen bisher besprochenen Zellstrukturen, namentlich auch den Mitochondrien, ist der Golgiapparat im lebenden Zustand fast nie-mals sichtbar. Eine Ausnahme machen nur die männlichen Geschlechtszellen. Schon PLATNER (1886) beschrieb unter dem Namen Nebenkern den Golgiapparat an lebenden Pulmonatenspermiden, dann beobachtete KARPOWA (1925) bei *Helix*, SOKOLOW (1924) bei *Skorpionsspermatocyten*, TERNI (1912) bei *Geotriton* ebenfalls den Golgiapparat im lebenden Zustand. Nach CHAMPY und MORITA (1928) wird im Keimepithel des Kaninchen der Golgiapparat im Leben dadurch sichtbar, daß die sonst dicht und gleichmäßig die Zellen erfüllenden Lipoidkörner die Stellen, wo der Golgiapparat liegt, frei lassen. Hiervon abgesehen finden wir aber in der ganzen, gerade in neuester Zeit gewaltig angewachsenen Literatur über Strukturbefunde an lebenden Zellen keine Angaben über den Golgiapparat [z. B. in der zusammenfassenden Darstellung von A. FISCHER (1928) über die Ergebnisse der Gewebe- und Zellkultur), was um so mehr wundernehmen muß, als der Golgiapparat in seiner typischen Netz- oder Gerüstform, wie wir sie aus den fixierten und imprägnierten Präparaten kennen, doch ein ganz charakte-ristisches und gar nicht so kleines Zellgebilde darstellt. Erst ganz neuerdings hat man dieser doch recht auffälligen Tatsache mehr Beachtung geschenkt und nach einer Erklärung gesucht. Die Deutungsversuche bewegen sich in zwei ganz verschiedenen Richtungen. LUDFORD (1927) kommt auf Grund von Be-obachtungen an Gewebskulturen zu dem Ergebnis, daß die komplexe Netzform des Golgiapparates durch die spezielle Kulturmethode der Zellen im hängenden Tropfen, bei der die Zellen sich an der Deckglasoberfläche flach ausbreiten, zerstört wird. „As some cells spreads out on the surface of the coverglas, the Golgi apparat is stretched until it fragments, and its individual particles become dispersed in the cytoplasm eventually to such an extent, that the individual particles are below the limit of microscopical resolution."

In striktem Gegensatz zu LUDFORD suchen KARPOWA und vor allem PARAT und seine Schüler die Unsichtbarkeit des netzförmigen Golgiapparates in der lebenden Zelle dadurch zu erklären, daß sie kurzerhand die Netzform, wie wir sie vom fixierten Präparat her kennen, als ein Fixierungsartefakt erklären. In einer soeben erschienenen Arbeit suchen COVELL und SCOTT für diese Annahme von KARPOWA und PARAT einen experimentellen Nachweis zu erbringen, indem sie in lebenden Ganglienzellen von *Meerschweinchen* und *Mäusen* zunächst mit Neutralrot diffus verteilte Granula darstellten und unter dem Einfluß der nachfolgenden Fixierung eine Umlagerung und reihenförmige Zusammenlagerung dieser rotgefärbten Granula beobachteten, die zu einer gewissen Ähnlichkeit mit dem Golginetzwerk führte (Abb. 226). Sehr beweisend scheinen mir die Versuche und die Abbildungen von COVELL und SCOTT noch nicht und es ist natürlich auch gleich zu fragen, warum denn nicht stets bei der Fixierung eine Zusammenlagerung der „Golgi bodies" zu Strängen erfolgt. Wäre die Hypothese von PARAT richtig, so müßte im fixierten Präparat stets die Netzform und niemals die diffuse Form vorhanden sein.

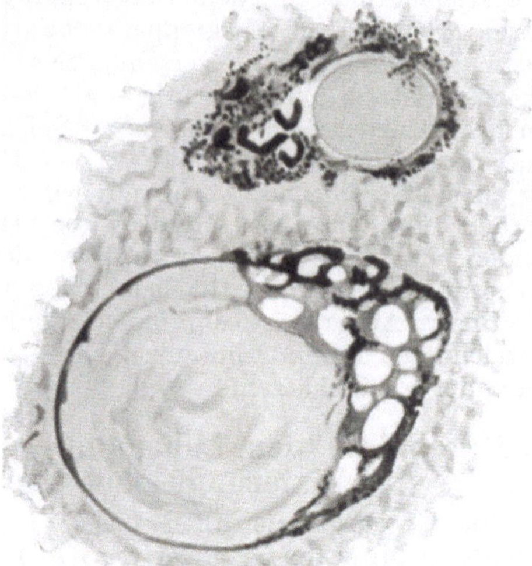

Abb. 220.   Abb. 221.

Abb. 220 u. 221. Künstlich mit Osmiumsäure sich schwärzender Niederschlag aus homogenen kolloidalen Gemischen. Abb. 220. Wässeriges Gemisch von Eiweiß 9 %, Gelatine 1 %, Eigelb 75 %. Abb. 221. Wässeriges Gemisch von Eiweiß 7,25 %, Gelatine 1 %, Pepton 0,5 %, Lecithin 0,2 %. Fixierung MANN, dann 4—5 Tage OsO₄. (Nach WALKER und ALLEN 1928.)

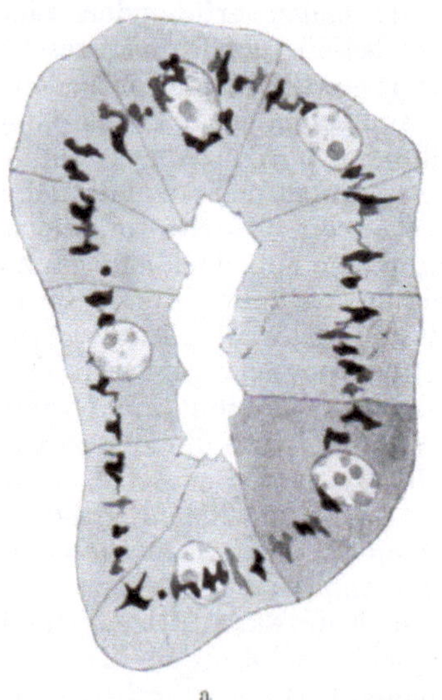

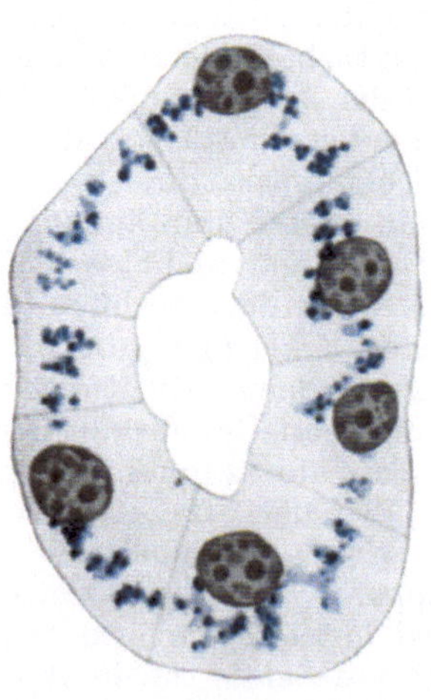

a   b

Abb. 222 a, b. Querschnitte durch gewundene Harnkanälchen der weißen Maus. a Osmiummethode nach KOLATSCHEV. Äquatorialer Typus des Golgiapparates. b Gespeicherte Trypanblaugranula nach einmaliger Injektion von 1 ccm 1 % Trypanblaulösung. 10 % Formolfixierung. Paraffineinbettung. (Nach NASSONOV 1926.)

Aber es ist schon etwas sehr Mißliches, wie offen ausgesprochen werden muß, daß durch die Unsichtbarkeit des Golgiapparates im lebenden Zustand die Realität der Strukturbefunde im fixierten Präparat in Zweifel gezogen

werden kann und damit, wie Jacobs sagt, „ein sehr wunder Punkt in der ganzen
Frage nach dem Wesen des Golgiapparates gegeben ist".

In diesem Zusammenhang sei denn auch gleich über Versuche der künstlichen Nachahmung des Golgiapparates von Walker und Allen (1928) berichtet. Diese Forscher behandelten Gemische von Kolloiden, denen sie Lecithin
und Cephalin zugefügt hatten, mit den für den Golgiapparat üblichen Fixierungsmitteln. Sie erzielten auf diesem Wege netzähnliche Strukturgebilde, die sich wie
der Golgiapparat durch Osmiumbehandlung schwärzen ließen und sich in Essigsäure, falls diese dem Fixierungsmittel zugesetzt war, auflösten (Abb. 220 u. 221).
Walker und Allen sind auf Grund dieser Experimente geneigt, alle von den
Histologen als Golgiapparat beschriebenen Strukturgebilde als reine Fixierungsartefakte aufzufassen, worin ich ihnen aber nicht zu folgen vermag, namentlich

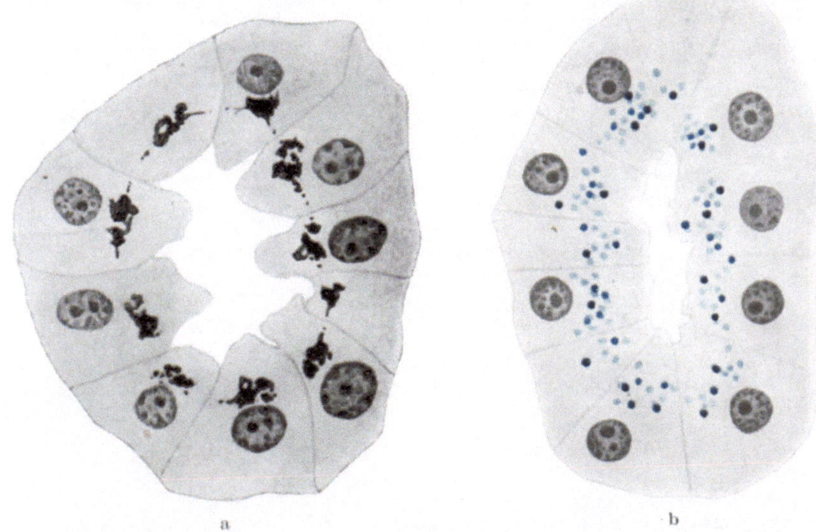

Abb. 223 a, b: Querschnitt durch gewundene Harnkanälchen der Katzenniere. a Golgisilbermethode.
Der Golgiapparat ligt zwischen Kern und Lumen. b Supranucleäre Lage der Trypanblaugranula.
1%ige Trypanblauinjektion. 5mal tägl. 5 ccm. 10%ige Formolfixation. Gefriermikrotomschnitte.
(Nach Nassonov 1926.)

im Hinblick auf die häufig doch ziemlich charakteristische Form und die oft
ganz typische topographische Lage des Golgiapparates in den verschiedenen
Gewebszellen. Auch daß in den wenigen Fällen, wo der Golgiapparat im lebenden Zustand sichtbar ist, das Bild seiner lebenden Elemente gut mit dem fixierten
Imprägnationsbild übereinstimmt, wie Sokolow (1926) ausdrücklich betont,
spricht nicht zugunsten der Annahme von Walker und Allen.

Ich wende mich nunmehr den Versuchen zu, mit Hilfe der Vitalfärbung
den Golgiapparat selber färberisch darzustellen und durch möglichst spezifische
Vitalfärbung von anderen Zellbestandteilen zu unterscheiden bzw. seine physiologische Bedeutung aufzuklären. Ich erinnere zunächst an die allgemeinen
Ausführungen über „vitale Färbung" auf S. 47; dort wurde von mir die namentlich von v. Möllendorff (1914—1926) begründete Theorie besprochen, daß
bei der Vitalfärbung zwei prinzipiell verschiedene Prozesse zu unterscheiden
sind, je nachdem ob saure oder basische Vitalfarbstoffe zur Anwendung kommen.
Die sauren Farbstoffe werden in Form von Vakuolen ausgeschieden, die durch
die Zelltätigkeit also neu im Cytoplasma entstehen. Durch die basischen

Farbstoffe dagegen werden nur bereits präexistierende (sauer reagierende) Zelleinschlüsse angefärbt. NASSONOV (1926), der sich dieser Deutung von MÖLLEN
DORFF vollinhaltlich anschließt, untersuchte mit Hilfe saurer Vitalfarbstoffe
verschiedenartige Drüsenzellen. Er fand, daß die gespeicherten sauren Farbstoffgranula in ganz auffallender Weise konstante Lagebeziehungen zu dem
mit den üblichen Imprägnationsmethoden dargestellten Golgiapparat aufwiesen, indem sie in seiner unmittelbaren Nachbarschaft zuerst auftraten (Abbildung 222 u. 223). So konnte NASSONOW auf Grund von „KRAFTS Abbildungen

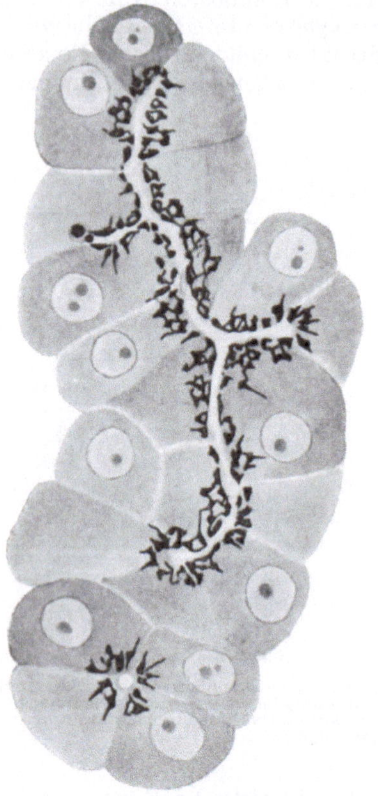

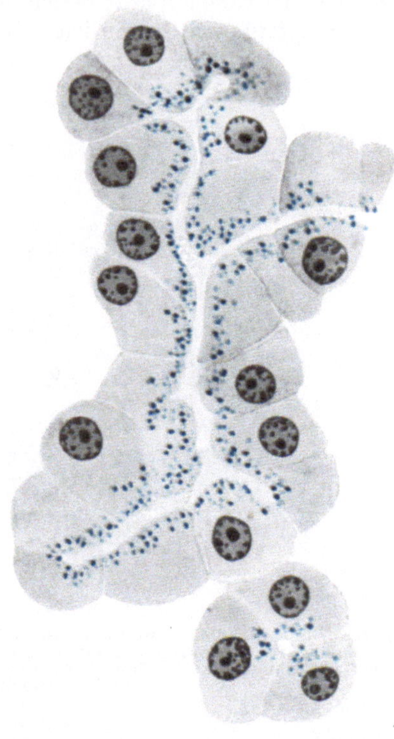

Abb. 224. Golgiapparat in den Leberzellen von
Lacerta vivipara. Osmiummethode nach
KOLATSCHEV. (Nach NASSANOV 1926.)

Abb. 225. Speicherung der Trypanblaugranula
in den Leberzellen von Lacerta vivipara. Interperitoneale Injektion von 1 ccm einer 1%
Trypanblaulösung im Laufe von zwei Tagen.
(Nach NASSONOV 1926.)

der Farbspeicherung" voraussagen, wie der bis dahin noch bei diesem Objekt
unbekannte Golgiapparat aussehen" und wie er in der Zelle gelagert sein würde
(Abb. 224 u. 225). Nach NASSONOVs Meinung „werden die Farbgranula vom
Golgiapparat ausgeschieden, infolgedessen bestimmt die Lage dieses Organes
in der Zelle den Ort des ersten Auftretens der Farbkörner. Die Verschiedenheit im Speicherungstypus in den Nierenhauptstückzellen von *Katze* (Abb. 223)
und *Maus* (Abb. 222) oder in den Leberzellen der *Eidechse* (Abb. 225) und der
Maus (hier liegen die Farbstoffgranula ebenso wie der Golgiapparat um den
Kern herum gelagert), der auf den ersten Blick unbegreiflich erscheint, kann
ohne weiteres erklärt werden, wenn wir die Richtigkeit der Apparatentheorie
der Sekretion anerkennen" (S. 497). „Die Trypanblaugranula werden in den

Leber- und Nierenzellen auf dieselbe Weise ausgeschieden wie die normal
auftretenden Zellensekrete vom Apparat exkretiert werden."

Auf Grund dieser Färbungsversuche mit sauren Farbstoffen und der Deutung
ihres Mechanismus legt sich nun NASSONOV die Frage vor, „wie steht es mit
den basischen Farben, etwa dem Neutralrot, die ja nur präexistierende Einschlüsse färben". „Müssen die Neutralrotgranula ihrer Lage nach mit dem
Golgiapparat zusammenfallen? Wir können a priori voraussagen, daß in einigen
Fällen diese Übereinstimmung eintreten müßte, in anderen nicht. Nehmen
wir an, daß wir es mit einer ununterbrochen sezernierenden Zelle zu tun haben,
deren Granula aus der Zelle exkretiert werden, ohne daß sie sich von den Appa-
ratbalken loslösen, d. h. stellen wir uns eine Zelle vor, die keine Phasis der
„freien Granula" besitzt. Unter diesen Umständen wird das Neutralrot nur
die „gebundenen Granula", deren Lage mit der des Golgiapparates zusammen-
fällt, färben. Wenn aber die Granulaproduktion der Zelle die Granulaexcretion
überwiegt, und die Körner sich von dem Apparat loslösen, und die Zelle ausfüllen (Stadium der „freien Granula"), so wird die basische Farbe dieselben
tingieren und territorial dem Golgiapparat nicht entsprechen."

Für beide Fälle führt NASSONOV Beispiele aus der Literatur an. „ZAWARZIN
(1909) beschreibt in den Epithelzellen der DESCEMETschen Membran in vivo
mit Methylenblau und Neutralrot gefärbte Granula, die an den Balken des
Golgiapparates liegen und die Konturen des letzteren genau wiedergeben."
„In der Arbeit von CHLOPIN (1925) finden wir Beispiele sowohl des ersten als
auch des zweiten Falles. CHLOPIN hat die Speicherung von Neutralrot in den
in vitro kultivierten Gewebszellen untersucht, wobei in einigen Fällen (Bindegewebszellen) die Übereinstimmung in der Lage der Farbgranula mit dem
Apparat nicht beobachtet werden konnte, in anderen Fällen jedoch (Leberzellen des *Axolotls*) eine solche zweifelsohne bestand." Auf Grund seiner Überlegungen besteht daher für NASSONOV „kein Zweifel", daß auch bei den Vital-
färbungsversuchen von PARAT und PAINLEVÉ mit Neutralrot „nicht die Elemente des Golgiapparates selber, sondern die jungen Granula oder Vakuolen
— das Produkt dieses Organoids — gefärbt worden sind". Hiermit stellt sich
also NASSONOV auf die Seite der Gegner der Lehre von PARAT und PAINLEVÉ,
daß das Neutralrot den Golgiapparat selber spezifisch färbe. Während u. a.
GUILLIERMOND (1927) sich den Anschauungen von PARAT vollinhaltlich anschließt, bestreiten AVEL, JACOBS (1927) und vor allem BOWEN (1926, 1927)
energisch ihre Richtigkeit, und auch mir scheinen die Argumente, auf die PARAT
und seine Schule sich stützt, in vieler Beziehung anfechtbar zu sein.

PARAT und PAINLEVÉ haben durch systematische Vitalfärbungsversuche
an verschiedenen tierischen Zellen gezeigt, daß sich durch Janusgrün einerseits, durch Neutralrot andererseits in jeder Zelle zwei getrennte Strukturgebilde vital gefärbt darstellen lassen. Sie nehmen mit der Mehrzahl der Forscher (vgl. S. 236) an, daß alles das, was sich mit Janusgrün vital färben läßt,
ein biologisch einheitliches Strukturgebilde, das Chondriom ist, meinen aber
weiterhin, daß auch das Neutralrot ein spezifisches Zellorganoid färbt, dem sie,
fußend auf den Beobachtungen von DANGEARD und GUILLIERMOND, daß in pflanzlichen Zellen die Vakuolen sich mit Neutralrot färben, auch bei den tierischen
Zellen den Namen „Vacuom" geben.

Hier stoßen wir auf den ersten schwachen Punkt der Argumentation von
PARAT. Denn lassen sich schon gegen die Lehre, daß das Janusgrün nur das
Chondriom spezifisch färbt, Bedenken erheben (vgl. S. 51), so wissen wir durch
die sorgfältigen Vitalfärbungsversuche von FISCHEL (1901) und namentlich
MÖLLENDORFF (1914) doch ganz sicher, daß das Neutralrot nicht etwa wie das
Janusgrün eine Ausnahmestellung einnimmt, sondern sich im allgemeinen wie

jeder andere basische Farbstoff von gleicher Dispersität verhält, nur daß er sehr wenig giftig und daher zu einer sehr allgemeinen Anwendung brauchbar ist.

Das bedeutet aber nach der Theorie von v. MÖLLENDORFF (vgl. S. 49), daß durch das Neutralrot nicht etwa nur ein spezifisches Zellorganoid, sondern alle möglichen Arten vital präformierter Zelleinschlüsse gefärbt werden, so der tote Inhalt von Nahrungsvakuolen oder saure Farbstoffgranula. Von einer Beschränkung der Neutralrotfärbung auf ein spezifisches Zellorganoid, wie sie PARAT annimmt, ist also sicher keine Rede; namentlich wenn der Farbstoff längere Zeit einwirkt, werden sich die heterogensten Zelleinschlüsse rot färben. Auf diesen wichtigen Punkt haben PARAT und PAINLEVÉ bei ihren Versuchen überhaupt nicht geachtet, erst ganz neuerdings hat HIRSCHLER (1928) in seinen Studien über die Plasmakomponenten an vitalgefärbten männlichen Geschlechtszellen festgestellt, daß tatsächlich eine bestimmte Reihenfolge sich nachweisen läßt, in der verschiedene Zellbestandteile das Neutralrot

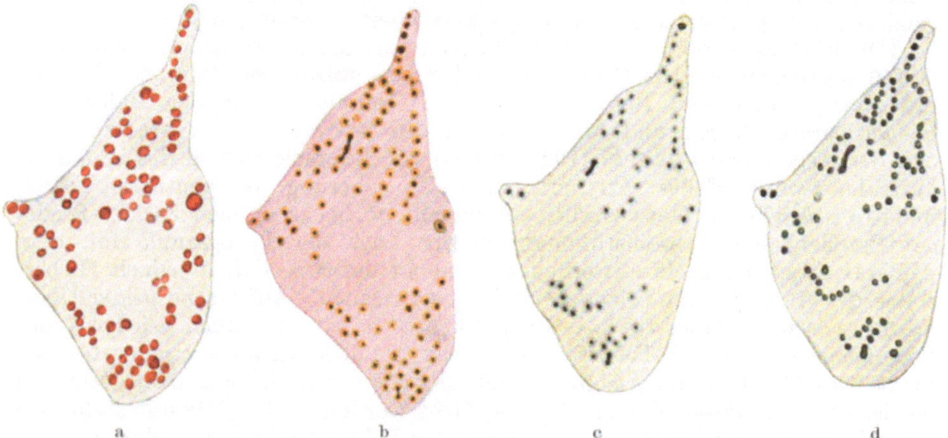

a   b   c   d

Abb. 226. a Isolierte Rückenmarksnervenzelle einer mit Neutralrot vital gefärbten Maus noch lebend. b—d Dieselbe Zelle nach verschieden langer Behandlung mit 2% Osmiumsäure, b nach 10 Min., c nach 17 Stunden, d nach 75 Stunden. Vergr. 1000fach. (Nach COVELL und SCOTT 1928.)

aufnehmen. So ist: „in den Spermiden von 4 untersuchten Säugerarten das Akrosom derjenige Zellbestandteil, der zuerst Neutralrot aufnimmt (erstes vitales Färbungsstadium); hierauf färben sich in den jungen und mittelalten Spermiden kleine Granula, die nach außen oder nach innen vom Schalengebilde gelegen sind (zweites vitales Färbungsstadium). Danach tritt eine Färbung der Schalengebilde und in den Spermiden der *Ratte* und *Maus* auch eine Färbung der Kontaktmembranen ein (drittes Färbungsstadium, welches wir nicht mehr den vitalen zurechnen), mit welcher gewöhnlich eine diffuse Plasmafärbung einhergeht. Die vitale Affinität des Akrosoms zu Neutralrot vermindert sich im Lauf der Spermidenentwicklung" [HIRSCHLER (1928, S. 227)]. Von all diesen nicht unwesentlichen Detailbefunden einer Vitalfärbung mit Neutralrot ist bei PARAT und PAINLEVÉ keine Rede, für sie ist eben alles, was sich mit Neutralrot vital färben läßt, ein einheitliches Zellorgan, das Vacuom bzw. der Golgiapparat. Dies ist ja nun sicher falsch, möglich aber und daher noch näher zu prüfen ist die modifizierte Hypothese, ob nicht neben oder vielleicht auch zeitlich vor anderen verschiedenen Zellstrukturen spezifische Zellorgane mit dem Neutralrot gefärbt werden, so die pflanzlichen Vakuolen und der Golgiapparat in den tierischen Zellen.

Für die Vakuolen der Pflanzenzellen muß diese Frage nach den Untersuchungen von Dangeard und Guilliermond mit Ja beantwortet werden. Denn hier sind die Vakuolen in der lebenden Zelle sichtbar und die Rotfärbung ihres Inhalts läßt sich direkt unter dem Mikroskop beobachten (vgl. den späteren Abschnitt über das Vacuom). Da der tierische Golgiapparat intravital fast immer unsichtbar ist (vgl. S. 262), so muß der Nachweis seiner evtl. vitalen Färbbarkeit durch Neutralrot andere Wege gehen.

W. P. Covell und G. H. Scott (1928) haben isolierte Nervenzellen mit Neutralrot vital gefärbt und dann diese Zellen nachträglich mit Osmiumsäure oder mit Silbersalzen nach geeigneter Fixierung behandelt. Sie stellten fest, daß die anfänglich mit Neutralrot gefärbten Granula sich nach kurzer Zeit mit Osmiumsäure schwärzten (Abb. 226), bzw. mit Silber sich imprägnierten. Fast gleichzeitig beobachtet A. Rumjantzew (1928) an Zellen von Gewebekulturen, daß „die morphologische Ähnlichkeit in der Ablagerung von Osmium, Tusche und Neutralrot sehr groß ist", was nach seiner Meinung „auf eine Gleichartigkeit der beim Durchdringen dieser Substanzen in die Zelle wirkenden Ursachen hinweist". „Mit anderen Worten muß Osmium sich ebenso an der Oberfläche ausflocken, wie das in bezug auf jede beliebige Farbe oder Tusche geschieht." Nach der Meinung von Covell und Scott sprechen jedoch ihre Befunde für die Richtigkeit der Lehre von Parat, daß eben Neutralrotgranula und Golgiapparat identisch sind. Hierzu ist aber zu bemerken, daß bei der typischen Darstellung des Golgiapparates nach Kopsch die Schwärzung durch Osmium nicht nach wenigen Minuten wie bei Covell und Scott, vielmehr erst nach einigen Tagen erfolgt, und daß das Bild des dann zutage tretenden Golgiapparates ein strangförmiges ist, das mit den isolierten Vakuolen keine Ähnlichkeit hat. Die schon erwähnte (S. 262) Deutung von Cowell und Scott, daß durch die langdauernde Osmierung ein allmähliches Zusammenkleben der ursprünglich einzelnen Vakuolen zu Strängen erfolgt, scheint mir durch die tatsächlichen Befunde nicht wahrscheinlich gemacht.

Die soeben angeführten Befunde von Covell und Scott waren jedoch Parat unbekannt, als er seine Hypothesen von der Identität der Neutralrotgranula mit dem Golgiapparat aufstellte. Er gründete sie ausschließlich auf die topographische Übereinstimmung in der Lage der Neutralrotgranula bei Vitalfärbung und der mittels Osmierung oder Silberimprägnation dargestellten Golgielemente. Nun soll eine solche durchaus nicht ganz abgeleugnet werden. Bei pflanzlichen Zellen hat kürzlich Guilliermond eine beträchtliche Übereinstimmung in Lage und Form von vakuolenartigen Gebilden festgestellt, die einmal durch vitale Neutralrotfärbung, das andere Mal durch Osmierung oder Versilberung dargestellt waren (Abb. 267, S. 298). Für tierische Zellen verweise ich auf das auf S. 263 bereits Gesagte.

Aber genaue Vergleiche zeigen doch, daß die Lagerung der Vitalrotgranula und der durch Imprägnation dargestellten Strukturen oft doch keine genau identische ist. Avel (1925) findet sogar häufig, daß die imprägnierten Strukturen in ihrer Lage völlig unabhängig von dem Neutralrotvacuom sind, Jacobs (1927) sagt in seinem zusammenfassenden Referat: „Offenbar sind es in der Mehrzahl der Fälle nicht die Vakuolen selbst, die imprägniert sind, sondern die zwischen ihnen liegenden Zellteile". Champy und Morita (1928) kommen in ihrer soeben erschienenen Untersuchung an Zellkulturen von Hoden- und Eierstocksgewebe zu dem Ergebnis, daß ihre Befunde „ne sont pas favorables à l'identification de l'appareil de Golgi avec le vacuome colorable au rouge neutre" (S. 320). Ich führe noch folgende drei Beispiele an, wo die Neutralrotfärbung und die Osmierung ganz verschiedene Resultate geben:

1. „Nach der Untersuchung von KARPOWA färben sich die PLATNERschen Fäden oder Dictyosomen, die sich durch Osmierung schwärzen lassen und deshalb dem Golgiapparat homologisiert werden, nicht mit Neutralrot, wohl aber schwach mit Janusgrün. Dagegen sind durch Neutralrot Vakuolen darstellbar, die aber von den PLATNERschen Fäden ganz unabhängig sind.

2. HIRSCHLER (1913) hat festgestellt, daß der Glanzkörper der Ascarisspermatozoen sich vital mit Neutralrot intensiv färbt, der durch Osmierung

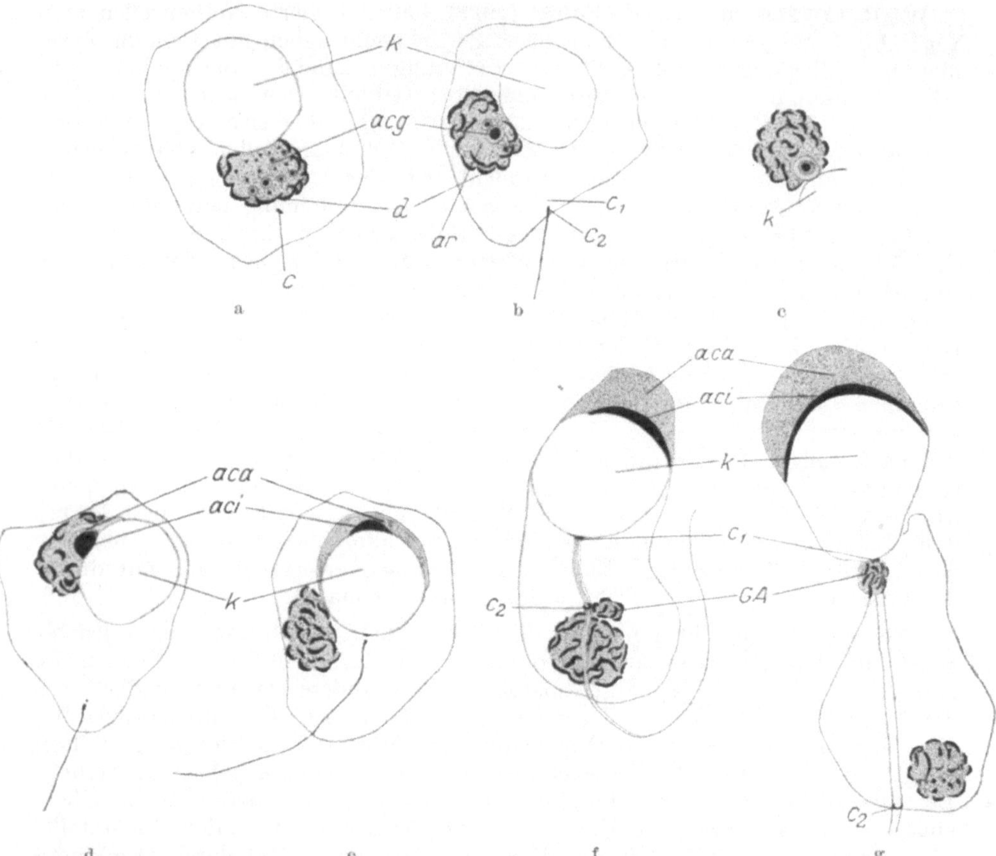

Abb. 227 a—g. Cavia, Akrosombildung in den Spermiden. aca Äußere Schicht des Akrosoms; acg granuläre Vorläufer des Akrosoms; aci innere Schicht des Akrosoms; ar Archoplasma = Idiosom (BOWEN); c, c_1, c_2 Centrosom (erstes, zweites); d Dictyosom; GA im Spermium bleibender Teil des Golgiapparates. (Vereinfacht nach GATENBY und WOODGER 1921 aus JACOBS 1927.)

dargestellte Golgiapparat (Abb. 265) hat keine Beziehungen (S. 292) zu dem Glanzkörper.

3. Bei den Spermiden mehrerer von HIRSCHLER (1928) untersuchten Säuger- und Wirbeltierarten färben sich mit Neutralrot intensiv das Akrosom und andere kleine Granula, nicht aber die Schalengebilde (Abb. 219), die durch Osmierung geschwärzt werden und deshalb als Golgiapparat von GATENBY (1921), BOWEN (1926) u. a. angesprochen werden (Abb. 227).

Angesichts derartiger, sich rasch häufender Befunde, die nicht mehr durch die Annahme von Fixierungsartefakten erklärt werden können, gibt jetzt PARAT (1926) selber zu, daß die durch Osmierung dargestellten Strukturen nicht immer den Neutralrotgranula, dem Vacuom entsprechen, hält aber trotzdem an der Gleichsetzung von Vacuom und Golgiapparat fest; er bezeichnet die nicht durch Neutralrot, wohl aber durch Osmierung darstellbaren Gebilde als Lepidosomen oder Dictiosomes faux und will sie als eine spezielle Mitochondrienart angesehen wissen. Mit Recht bemerkt hierzu JACOBS (1927), daß dieser Versuch von PARAT, den Golgiapparat durch die Vitalfärbung mit Neutralrot eindeutig zu fassen, als verfehlt anzusehen ist. Ich schließe mich diesem Urteil an und fasse das Ergebnis der Vitalfärbungsversuche mit Neutralrot folgendermaßen zusammen: Durch das Neutralrot werden in der lebenden Zelle präformierte Gebilde heterogenster Art vital gefärbt, die allerdings nicht selten in unmittelbarer Nachbarschaft des durch die Imprägnationsmethoden dargestellten Golgiapparates liegen. Aus diesen häufigen topographischen Beziehungen zwischen Neutralrotvakuolen und Golgiapparat läßt sich unter Vorbehalt und mit großer Vorsicht der Schluß ziehen, daß die Vakuolen durch den Golgiapparat gebildet werden; selber aber wird der Golgiapparat durch das Neutralrot im lebenden Zustand nicht gefärbt. Zu demselben Schluß kommt auch R. H. BOWEN (1928), der kategorisch erklärt: „The conclusion seems to be unavoidable, that neutral red never stains Golgi material proper."

Um so wichtiger sind also für das Studium und die Darstellung des Golgiapparates die Fixierungs- und Imprägnationsmethoden, deren Schilderung und Kritik wir uns nunmehr zuwenden. Wegen genauer technischer Vorschriften verweise ich auf die Angaben von KOPSCH (1926, 1927) und BOWEN (1928). Mehr noch als anderswo ist eine peinliche Befolgung der technischen Rezepte notwendig, wenn man zu exakten und vor allem zu vergleichbaren Resultaten kommen will.

Nach der Wirkung teilt KOPSCH (1926) die Konservierungsflüssigkeiten in drei Gruppen ein: „Der Golgiapparat wird 1. nicht konserviert durch Essigsäure und saure Konservierungsflüssigkeiten, selbst wenn sie Chromsäure oder Chromsalze nebst Osmiumsäure enthalten (z. B. FLEMMINGs und CARNOYs Flüssigkeiten, Pikrinsublimat (Abb. 228), saures Formalin). 2. Zum Teil konserviert durch Trichloressigsäure und Trichlormilchsäure; Färbung durch Resorcinfuchsin [HOLMGRENs Trophospongienmethode (Abb. 229). 3. Ganz konserviert und zugleich imprägniert durch 2% Osmiumsäure nach KOPSCH [primäre Osmierung (Abb. 230)]; ganz konserviert durch FLEMMINGs Flüssigkeit ohne oder mit wenig Essigsäure, ALTMANNs Gemisch, CHAMPYs und BENSLEYs Flüssigkeiten, Sublimat-Osmiumsäure, Kaliumbichromat-Formalin nach KOPSCH, neutrales Formalin und wird in so konserviertem Material imprägniert durch sekundäre Osmierung nach den Modifikationen von SJÖVALL, WEIGL, KOLATSCHEV (Abb. 231), HIRSCHLER. In diese Gruppe gehören wohl auch das Uran-Formolgemisch von CAJAL und das Arsen-Formolgemisch von GOLGI mit folgender Silberimprägnation."

Diese Einteilung trifft im allgemeinen zu für das Binnengerüst der somatischen Zellen der Wirbeltiere. Bei Wirbellosen, Wirbeltierembryonen und Geschlechtszellen der Wirbeltiere verwischen sich die Grenzen der drei Gruppen. So läßt sich, um einige von HIRSCHLER (1927) zusammengestellte Beispiele anzuführen, „der Golgiapparat der Mollusken- und Arthropodenzellen nach Mitochondrienfixierungen leicht mittels Eisenhämatoxylin, Anilin-Säurefuchsin und Krystallviolett färberisch darstellen, während dem Golgiapparat der Wirbeltierzellen diese Reaktionsweise der Regel nach abgeht, und er nach dieser Behandlung nur ausnahmsweise bei manchen Zellarten (Zentralkapseln der Geschlechtszellen, Centrophormien der DESCEMETschen Membran) mittels Eisenhämatoxylin zur Darstellung zu bringen ist". „So läßt sich in den Spermiocyten der Wirbeltiere der Golgiapparat während der Zellruhe mittels gewöhnlicher Methoden

(Flemming - Fixierung - Eisenhämatoxylinfärbung) nachweisen, während der Mitose dagegen nur mittels der speziellen Apparatmethoden.“

Aber auch diese sind keineswegs spezifisch, am wenigsten die von Kopsch unter 2. genannte Trophospongienmethode. Kopsch (1902, 1926) allerdings, ferner u. a. Cajal, Holmgren für Nervenzellen, Cowdry (1923) für Drüsenzellen vertreten den Standpunkt, daß Trophospongium und der durch die

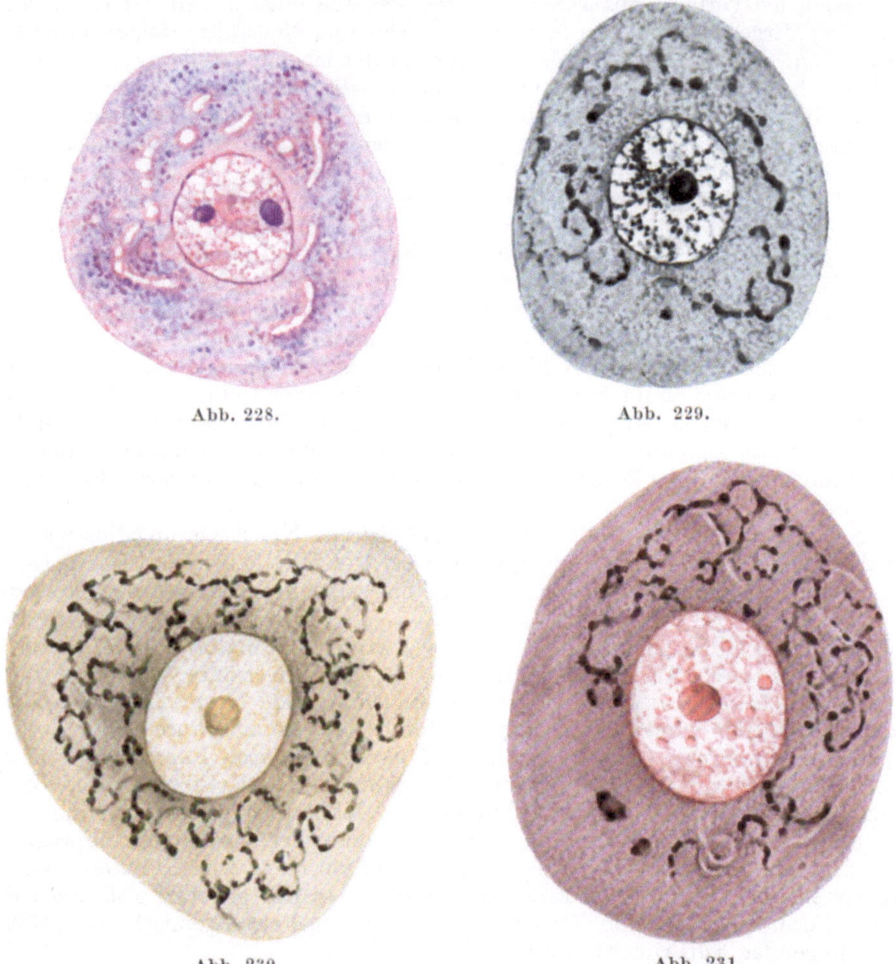

Abb. 228. Abb. 229.

Abb. 230. Abb. 231.

Abb. 228—231. Spinalganglienzellen desselben Kaninchens, die mit verschiedenen Methoden zur Darstellung des Golgiapparates behandelt worden sind. Vergr. 1500. (Nach Kopsch: Enzyklop. d. mikr. Technik 1926.) Abb. 228. Holmgrens Saftkanälchen. Pikrinsublimat. Toluidinblau. Erythrosin. Abb. 229. Holmgrens Trophospongium. 5% Trichlormilchsäure. Resorcinfuchsin. Abb. 230. Kopschs Osmiummethode. Abb. 231. Kopschs-Kolatschevs Methode, nachgefärbt mit 1% Lösung von Säurefuchsin.

Imprägnationsmethoden dargestellte Golgiapparat identische Bildungen seien. „Das Trophospongium, die „Saftkanälchen“ Holmgrens entstehen bei Verwendung gewisser saurer Konservierungsflüssigkeiten, welche die Substanz des Golgiapparates ganz oder zum Teil lösen oder vielleicht fällen, jedoch nicht in unlöslicher Form.“ „Es ist wahrscheinlich, daß die intracellulären Kanälchen in gewissem Sinne Kunstprodukte sind, insofern, als vorerst nicht genauer bestimmte niedere Eiweißkörper (vielleicht dieselben, welche bei anderer Behandlung das Binnennetz liefern) durch die Behandlung in nicht unlöslicher Form ausgefällt und beim Aufkleben und Färben der Schnitte wieder gelöst werden. An ihrer Stelle wird alsdann eine Lücke sein" (Abb. 228). „Deshalb ist der von Corti (1924) für den gesamten Golgiapparat eingeführte Name „Lacunoma" unrichtig, denn er erweckt die Vorstellung, als habe an dieser Stelle in der lebenden Zelle nur Wasser oder irgendeine dünne Salzlösung gelegen" [Kopsch (1926)].

Andere Forscher dagegen, wie Bethe (1900) und neuerdings Penfield (1921) haben sich von der identischen Lagerung der Saftkanälchen mit dem

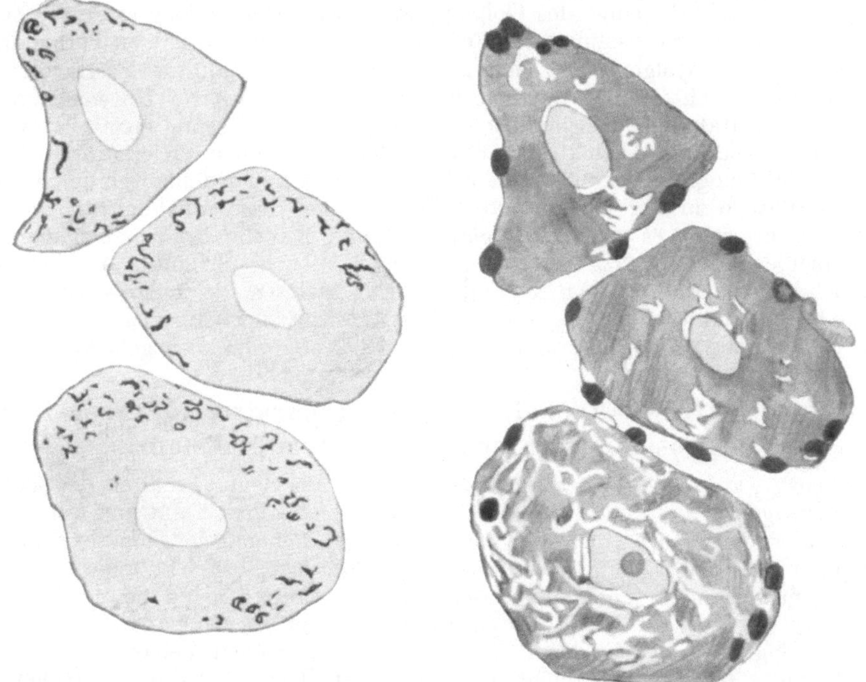

Abb. 232. a Drei Spinalganglienzellen der Katze, 17 Tage nach Durchschneidung der hinteren Wurzel. Deutlicher Zerfall des Golgiapparates in einzelne peripher gelagerte Stücke. Cajals Silbermethode. b Dieselben Zellen bei gleicher Vergrößerung nach Auflösung des Silberniederschlages und Färbung mit Eisenhämatoxylin. Die Lage der Holmgrenschen Kanälchen ist durch den operativen Eingriff im Gegensatz zum Golgiapparat nicht verändert. (Nach Penfield 1921.)

Golgiapparat in den Nervenzellen nicht überzeugen können. Penfield hat bei der *Katze* die hinteren Wurzeln durchschnitten und dann in den betreffenden Spinalganglienzellen als Folge des Eingriffs eine periphere Verlagerung des mit Cajals Silbermethode dargestellten Golgiapparates festgestellt. Er konnte dann in denselben Zellen, nach Bleichung des Silberniederschlages und Färbung mit Eisenhämatoxylin zentral gelegene helle Kanälchen darstellen, die er als das Trophospongium deutet (Abb. 232). Diese Befunde sprechen nach der Meinung von Bielschowsky (1928, vgl. Bd. 5, 1, S. 85) „entschieden zugunsten der Annahme, daß die fraglichen Strukturen morphologisch nicht zusammengehören". Ich glaube, es wird gut sein, noch weitere, namentlich experimentelle Untersuchungen vor einem endgültigen Entscheid abzuwarten.

Wenden wir uns nunmehr der Kritik der Imprägnationsmethoden zur Darstellung des Golgiapparates zu, so bemerkt Jacobs (1927) mit vollem Recht, daß es wohl kaum einen Strukturbestandteil der Zelle gibt, der nicht gelegentlich mit Silber imprägniert werden könnte". Daher kommt nach Jacobs der Silbermethode nur „ein beschränkter Erkenntniswert" zu, zumal auch bei genauer Durchführung der speziellen technischen Vorschriften von Golgi, Cajal u. a. die Mitochondrien sehr oft neben dem Golgiapparat versilbert werden.

Spezifischer und diagnostisch am wertvollsten ist daher die Imprägnation des Golgiapparates mittels Osmiumsäure [Kopsch (1902)]. Allerdings schwärzt sich bei dieser Behandlung auch das Fett, aber diese Schwärzung erfolgt sehr rasch, während der Golgiapparat sich nur sehr langsam, nach mehreren Tagen, färbt; auch läßt sich durch Behandlung mit Terpentin die Schwärzung des Fettes sehr rasch, diejenige des Golgiapparats dagegen sehr langsam entfernen. Daher ist eine Verwechselung von Fett und Golgiapparat leicht zu vermeiden, zumal auch der Golgiapparat sich nicht durch die bekannten Fettfarbstoffe färben läßt. Nicht immer möglich ist dagegen eine scharfe Unterscheidung von Golgiapparat und Mitochondrien, die durch die Osmierung ebenfalls, wenn auch oft in anderem Ausmaße, geschwärzt werden können. Hier führen dann zumeist die topographischen und morphologischen Verschiedenheiten der beiden Zellbestandteile zu der Differentialdiagnose, wobei diese erheblich an Sicherheit gewinnt, wenn es gelingt, Golgiapparat und Mitochondrien nebeneinander in derselben Zelle nachzuweisen (vgl. Abb. 215—218, S. 259). Als wertvoll hat sich hier die Methode von Nassonov (1924) erwiesen, der mittels Osmierung mit darauffolgender Färbung mit Fuchsin-Krystallviolett-Aurantia den Golgiapparat schwarz, die Plastosomen violett, Sekrettropfen rot gefärbt erhielt.

3. Chemische Beschaffenheit des Golgiapparates. Unterscheidung von osmiophiler und osmiophober Substanz.

Ebenso wie bei den Mitochondrien hat man aus dem Verhalten des Golgiapparates gegen die Konservierungsflüssigkeiten, die Farbstoffe und vor allem die Osmierung versucht, gewisse Schlüsse über die chemische Konstitution des Golgimaterials zu ziehen. Wie Kopsch (1926) dazu bemerkt, sind indessen Verallgemeinerungen schon aus diesem Grunde vorsichtig zu bewerten, weil, wie schon erwähnt (S. 258), „der chemische Aufbau des Golgiapparates Unterschiede zeigt bei verschiedenen Tierarten, verschiedenen Zellarten desselben Organismus, bei Embryonen und erwachsenen Tieren". Ein vorstechendes Merkmal ist jedenfalls die Ähnlichkeit der chemischen Reaktionsweise des Golgiapparates und der Mitochondrien, die von der Mehrzahl der Forscher auf eine ähnliche chemische Beschaffenheit der beiden Zellkomponenten bezogen wird. So schreibt Gatenby (1920): „The constitution of the Golgi Apparatus is probably much like that of the mitochondria, i. e. proteid in some way linked with lipin materials". Allerdings spricht nach Kopsch (1926) gegen die zuerst von v. Bergen, Sjövall (1905), dann von Weigl (1912) und Cajal (1915) angenommene Lipoidkomponente das Verhalten des Golgiapparates gegen Chrom- oder Kupfer-Hämatoxylinlack. „Mit diesen kann man wohl die Plastosomen in blauer Farbe darstellen, das Binnengerüst wird höchstens braun" (Kopsch). Auch auf die Lipoidreaktionen von Smith-Dietrich und Ciaccio spricht der Golgiapparat nur ausnahmsweise [z. B. bei den Spermiden von Helix nach Karpowa (1925)] positiv an. Kopsch nahm daher früher Albumosen oder Peptone an, die ebenfalls Osmiumsäure reduzieren, gibt aber jetzt die Möglichkeit zu, daß die Substanz des Golgiapparates „lipoide Stoffe frei oder gebunden enthalten kann". Bei der Unsicherheit der mikrochemischen Reaktionen stimme ich Kopsch (1926) zu, der erklärt: „Welcher Art die beiden den Golgiapparat bildenden Substanzen sind, ist zur Zeit nicht bekannt". Wichtiger ist auch, daß, wie aus dem Zitat hervorgeht, KOPSCH in Übereinstimmung mit der Mehrzahl der Forscher (BOWEN, HIRSCHLER u. v. a.) einen Dualismus des Golgimaterials annimmt. KOPSCH folgert diesen aus dem Verhalten des Golgiapparates gegen Osmiumsäure und bei der Trophospongienmethode. „Durch Trichloressigsäure oder Trichlormilchsäure wird eine Substanz konserviert, die sich mit Resorcinfuchsin stärker färbt als das andere Cytoplasma, die jedoch nicht die Eigenschaft hat, Osmiumsäure zu reduzieren, wie ich auf Grund zahlreicher Versuche sagen kann." „Das Binnengerüst ist aus zwei verschiedenen Substanzen aufgebaut, einer osmiophilen (O-Substanz) und einer das Trophospongium bildenden (T-Substanz), die in den verschiedenen Zellarten in verschiedenem Verhältnis neben- oder miteinander vorhanden sind, wodurch das verschiedene Verhalten des Gerüstwerkes verschiedener Zellarten, verschiedener Tierarten, der Embryonen und Erwachsenen gegen Imprägnation, Konservierungen, Färbungen erklärt werden könnte."

Statt O- und T-Substanz unterscheiden die meisten Forscher eine osmiophile (chromophile HIRSCHLER, HYMAN) und eine osmiophobe (chromophobe) Substanz, von denen die erstere bei der Osmierung sich tiefschwarz, die andere nur schwach braun, wenn auch dunkler als das umgebende Cytoplasma schwärzt und die namentlich bei Wirbellosen [HIRSCHLER, SOKOLOW (1925), HYMAN (1923)] deutlich nebeneinander als Bestandteile des Golgiapparates zu unterscheiden sind.

Besteht also bezüglich der chemischen Konstitution des Golgiapparates eine gewisse einheitliche Anschauung, so gehen bezüglich seiner physikalischen Beschaffenheit die Meinungen noch sehr auseinander. Da der Golgiapparat in der lebenden Zelle zumeist unsichtbar ist, so ist durch mikrochirurgische Experimente die Frage, ob er eine flüssige oder feste Konsistenz hat, nicht lösbar. Für eine gewisse Dichte des Golgiapparates spricht nach GATENBY (1919) sein Verhalten bei der Fixierung und Imprägnation. Beim Zentrifugieren ändert er seine Lage in der Zelle nicht, woraus COWDRY (1922) folgert, daß er ungefähr dasselbe spezifische Gewicht wie das umgebende Cytoplasma besitzt.

4. Morphologie des Golgiapparates.

Ich komme nunmehr auf die Morphologie des Golgiapparates zu sprechen, so wie sie durch die Fixierungs- und Imprägnationsmethoden dargestellt wird. Wieweit diese den lebenden Zustand exakt wiedergeben, ist noch strittig, ich verweise auf die Ausführungen auf S. 261 und S. 267 und bemerke hier noch, daß bei den Spermiocyten von Obesium, wo ein direkter Vergleich möglich war, das fixierte Bild mit dem lebenden ganz übereinstimmte. „Infolge seines nicht unbedeutenden Lichtbrechungsvermögens tritt hier der Golgiapparat klar hervor und hat ganz dieselbe Form, die auch auf fixierten Präparaten zu beobachten ist [SOKOLOW (1925)].

Ganz allgemein wird jetzt zwischen einer komplexen und einer diffusen Form des Golgiapparates unterschieden, von denen die erstere sich namentlich bei den Gewebszellen erwachsener Wirbeltiere findet, während der diffuse Golgiapparat für die Wirbellosen, ferner für die Embryonen und die Geschlechtszellen der Wirbeltiere charakteristisch ist.

Eine mehr in die Details gehende schematische Übersicht der verschiedenen Gestaltungen des Golgiapparates im Tierreich gibt HIRSCHLER (1927), einer der besten Kenner auf diesem Gebiet der Cytologie, in dem Schema Abb. 233. Er legt diesem Versuch, „den Formenreichtum des Golgiapparates auf einen gemeinsamen Bauplan zurückzuführen", die Annahme zugrunde, daß den

chemischen Unterschieden, die zu einer Unterscheidung von osmiophiler und
osmiophober Golgisubstanz geführt haben (vgl. S. 273), auch topographische,
morphologischeVerschiedenheiten entsprechen. Hirschler schlägt daher an Stelle
der Bezeichnung osmiophile Substanz den Terminus Apparathülle oder Apparatexternum und an Stelle der Bezeichnung osmiophobe Substanz den Terminus
Apparatinhalt oder Apparatinternum vor. Er führt aus seinen eigenen Arbeiten
und aus der neueren Literatur eine größere Reihe von Befunden an, die zugunsten
dieser Annahme von dem chemischen und morphologischen Dualismus des
Golgiapparates sprechen und seine weitere Auffassung stützen, daß die Apparatelemente „geschlossene oder offenstehende Vakuolen oder Vesiceln seien,

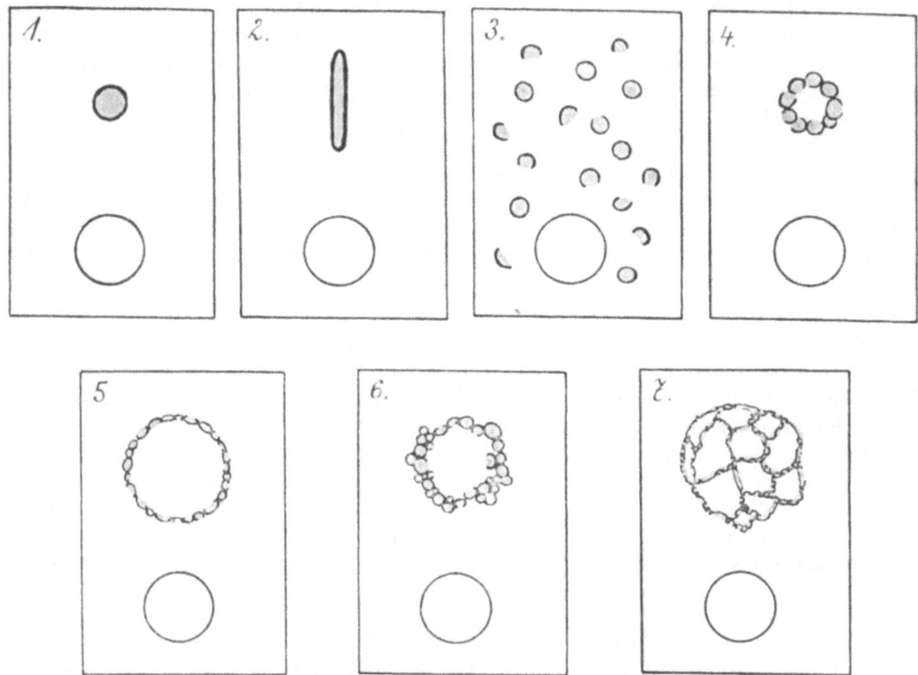

Abb. 233. Schema der verschiedenen Typen des Golgiapparates. (Nach Hirschler 1927.)

Gebilde, die aus einer Eigenwand und Eigeninhalt bestehen, wobei die Substanzen, die je eines dieser beiden Bestandteile aufbauen, sich untereinander
in ihrer Reaktionsweise unterscheiden und zwar vor allem in dem Sinne, daß
die lamellöse bzw. membranöse Vesicelwand sich mit Osmium schwärzt, während
der Vesicelinhalt bei gleicher Behandlung ungeschwärzt bleibt oder nur eine
graue Tönung annimmt. Stehen die Vesiceln offen, so bezeichne ich sie als
Schalen und weise auf ihre Ähnlichkeit mit den Halbmondkörperchen Heidenhains hin“.
    „An Hand von drei Kriterien, seinem inneren dualistischen Bau (Apparat-
externum und -Internum), seiner äußeren Vesicelform und schließlich danach,
ob er als ein räumlich kontinuierliches (komplexes) oder diskontinuierliches
(diffuses) Gebilde in der Zelle auftritt“, unterscheidet Hirschler zwei Haupttypen, den univesiculären (Abb. 233 1, 2) und den polyvesiculären (Abb. 233/3—7).
„Den ersten Haupttypus mit kugeligem Vesiculum würde z. B. der Golgiapparat einer Spongilla Choanocyte (Hirschler), einer Hemipterenspermatide
(Bowen), einer Campanella (Nassonov: pulsierende Vakuole) zeigen, während

z. B. Trypanoplasma einen länglichen Golgiapparat (Schema 233/2) besitzt."
„Die Schematen 3—7 auf Abb. 233 geben alle den zweiten, also den polyvesiculären Haupttypus wieder, der uns im Tierreich in Form von zwei verschiedenen Untertypen, nämlich eines diskontinuierlichen diffusen Typus (3) oder eines kontinuierlichen komplexen Typus (4—7) entgegentritt."

„Der erste, also der diskontinuierliche diffuse Typus ist uns im Golgiapparat, z. B. einer somatischen Insektenzelle, einer ausgewachsenen Wirbeltierovocyte, einer Gregarine oder einer Amöbe gegeben" (man vergleiche auch Abb. 215), „während der zweite, also der kontinuierliche oder komplexe Typus in mehreren Untertypen im Tierreich erscheint: im cavulären, hohlkugelförmigen Untertypus (Schema 233/4, dessen vesiculäre und schalenförmige Elemente in eine Schicht zu liegen kommen, die die Wand einer Hohlkugel ausmacht,

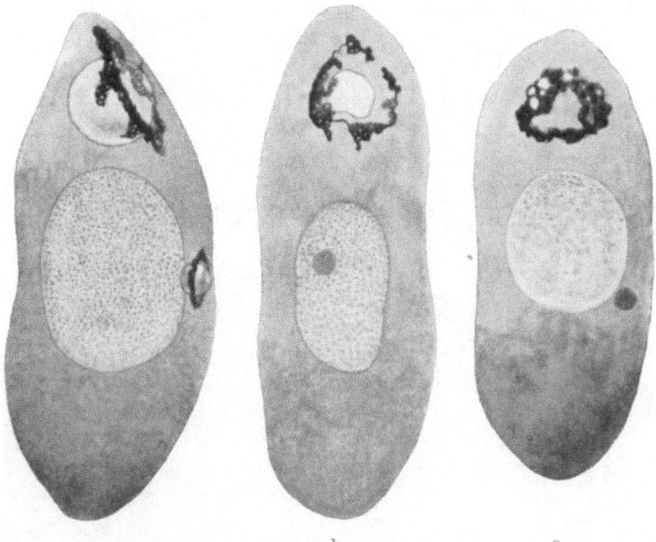

Abb. 234 a—c. Excretionsapparat bei Dogielella sphaerii. Osmiummethode. a Anfang der Teilung des Infusors. Der Makronucleus ist etwas in die Länge gezogen, die Plasmaeinschnürung ist angedeutet. In dieser Gegend hat sich schon ein kleiner Excretionsapparat gebildet. Der alte (obere) Apparat im Stadium der Diastole. Seitenansicht. b Anfang der Ausleerung der Vakuole. Ihre Konturen sind verschmälert und haben sich von der Oberfläche des Apparates losgelöst. c Systole der Vakuole. In der Masse des Apparates treten Vakuolen auf. (Nach NASSONOV 1925.)

im annulären, ringförmigen Untertypus (Schema 233/5 u. 6) und im retikulären Untertypus (Schema 233/7)". „Der cavuläre Untertypus liegt im Golgiapparat vor, der in den Geschlechtszellen mitsamt dem Centriol dasjenige Gebilde aufbaut, welches in der Literatur unter dem Namen Idiosom bekannt ist" (Abb. 227, S. 268). Am annulären Untertypus könnten zwei Varianten unterschieden werden, nämlich einer, der auf Schema 5 wiedergegeben ist und sich dadurch auszeichnet, daß die Golgielemente streng in einer Reihe zu liegen kommen und zusammen einen Faden oder Strang ausmachen, der zu einem Ring geschlossen ist, wie z. B. der Golgiapparat (Ringkörper) von Lophomonas, und ein zweiter Variant (Schema 6), dessen Elemente auch einen Ring ausmachen, aber nicht die regelmäßige Anordnung aufweisen, weswegen die Dicke dieses Ringes eine verschiedene ist; für diese Variante würden als Beispiele der Golgiapparat einer Dogielella (NASSONOV, Abb. 234), einer Nesselkapsel von Hydra oder einer Kiemenepithelzelle der Axolotllarve (NASSONOV) anzuführen sein." „Und schließlich den dritten Untertypus, nämlich den retikulären (Schema 7), denken wir uns so zusammengesetzt, daß seine Golgielemente,

18*

die als Vesiceln oder Schalen auftreten und von kugeliger oder gestreckter
Gestalt (Kanälchen, Rinnen) sein können, in einer Reihe aneinander gelegen
sind, wodurch Stränge oder Fäden entstehen, die in der Zelle mit anderen ähnlich

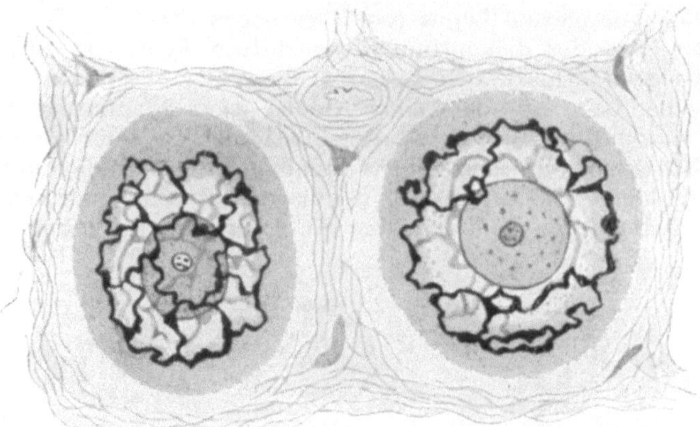

Abb. 235. Golgiapparat in Spinalganglienzellen einer neugeborenen Katze. (Nach GOLGI aus
M. HEIDENHAIN: Plasma und Zelle 1911.)

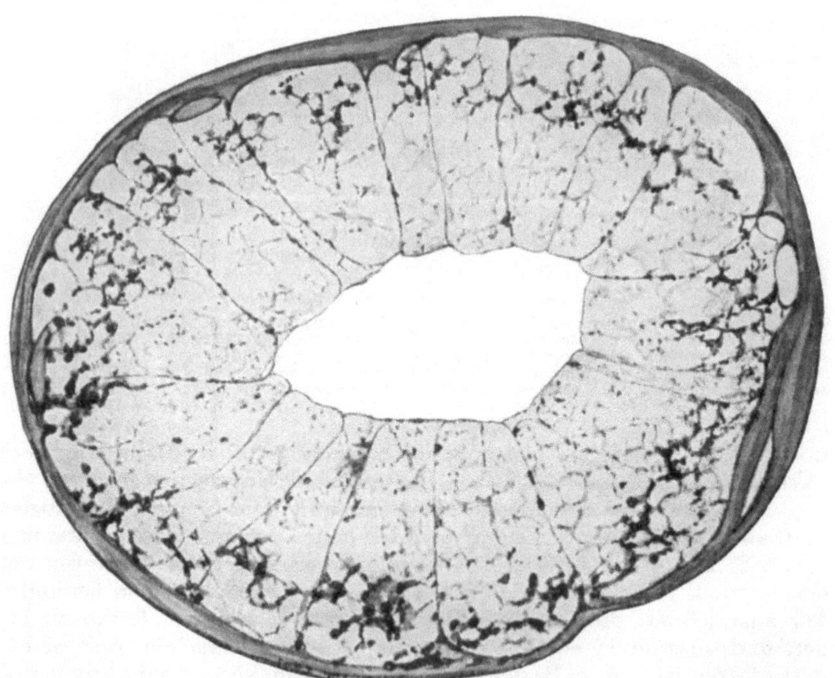

Abb. 236. Tracheadrüse (Paries membranaceus tracheae). Querschnitt einer Schleim-Endkammer
mit geladenen Zellen. Golgiappaat. 22jähr. Mann. Kons.: Chrom-Osmium-Bichromat, geschwärzt
durch 1 °/₀ OsO₄ 6 Tage. Schnittdicke 3 μ. Vergr. 1500 : 1. (Nach KOPSCH 1926.)

gebauten mit ihren Enden zusammenhängen und auf diese Weise zusammen
ein dreidimensionales Netz oder Gerüst (KOPSCH) ergeben," Diesen Untertypus
haben wir z. B. bei den meisten somatischen Zellen der Wirbeltiere, vor allem

in ihren kubischen und zylindrischen Epithelzellen und ihren Nervenzellen realisiert. Ich verweise auf die Abb. 235 und füge noch die Abb. 236—243 von verschiedenen menschlichen Gewebszellen nach der kürzlich erschienenen Untersuchung von KOPSCH (1926) hinzu, weil ich glaube, daß sie für dies Handbuch,

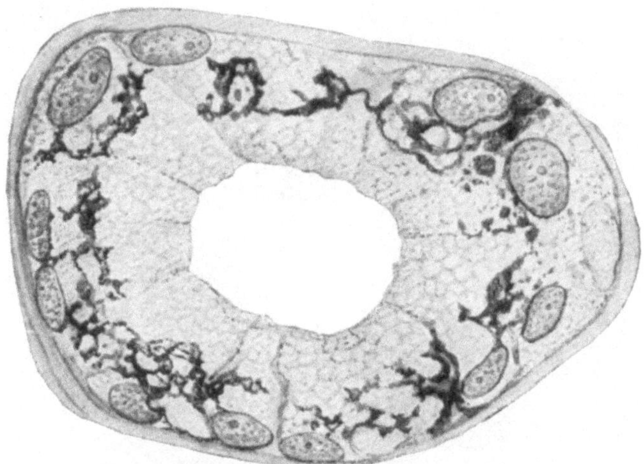

Abb. 237. Wie Abb. 236. Die Schleimzellen jedoch halb entleert. Osmierung: 5 Tage. Schnittdicke 5 μ. (Nach KOPSCH 1926.)

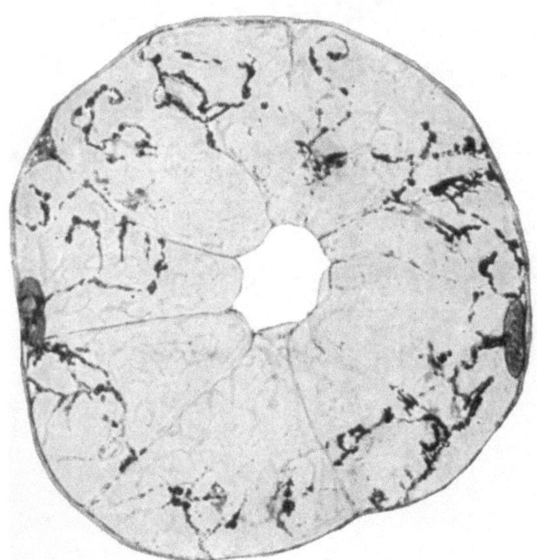

Abb. 238. BRUNNERsche Drüse. 44jähr. Mann. Querschnitt einer Endkammer mit geladenen Zellen. Golgipaparat. Kons.: Chrom-Osmium-Bichromat. 1% OsO₄ 3 Tage. Schnittdicke 5 μ. Vergr. 1500 : 1. (Nach KOPSCH 1926.)

das in seinen speziellen Teilen ja vorwiegend die mikroskopische Anatomie des Menschen behandelt, von besonderem Interesse sind.

Gegenüber diesen soeben ausführlich wiedergegebenen Anschauungen von HIRSCHLER über die Morphologie des Golgiapparates möchte ich folgende Punkte hervorheben, die kritisiert werden können.

1. Die Unterscheidung von Apparatexternum und Apparatinternum ist bisher keineswegs überall durchführbar. So äußert BOWEN Bedenken, ob neben der osmiophilen auch stets eine osmiophobe Substanz vorhanden sei; noch weniger ist auf Grund der vorhandenen Abbildungen des Golgiapparates die

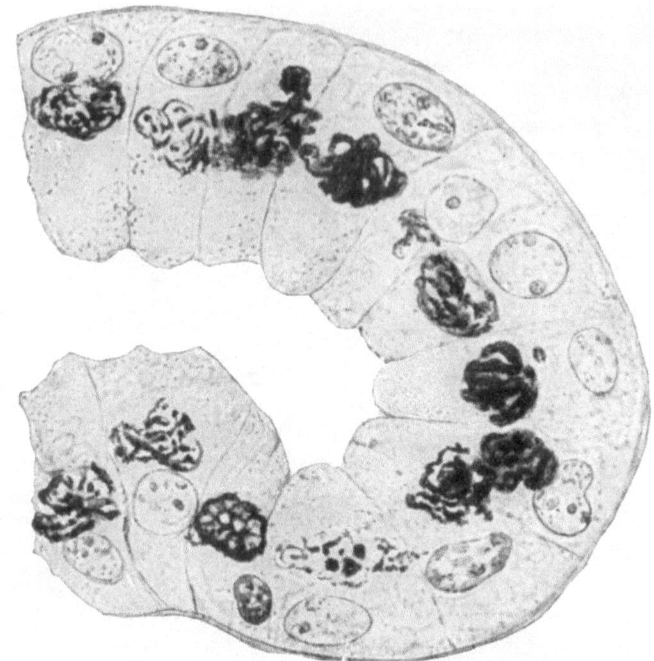

Abb. 239. BRUNNERsche Drüse. Längsschnitt einer Endkammer mit etwa halb entleerten Zellen. Sonst wie Abb. 238. (Nach KOPSCH 1926.)

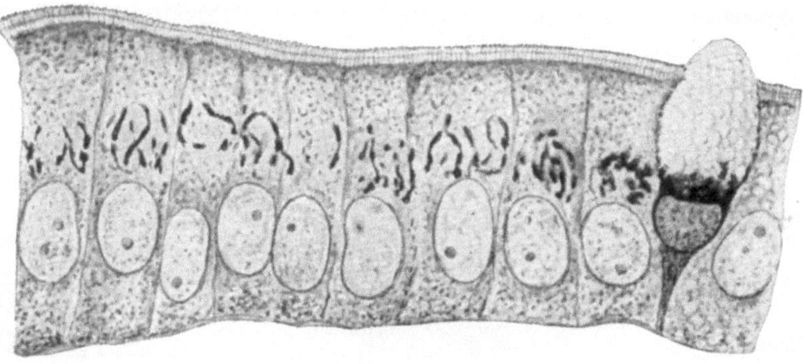

Abb. 240. Darmepithelzellen aus dem Duodenum. Golgiapparat. 44jähr. Mann. Kons.: Chrom-Osmium-Bichromat. 1% OsO₄ 9 Tage. Schnittfläche 5 μ. Vergr. 1500 : 1. (Nach KOPSCH 1926.)

Annahme von HIRSCHLER gesichert, daß die osmiophobe Substanz, falls überhaupt vorhanden, stets nach innen von der osmiophilen gelegen ist.

2. Zweifelhaft erscheint mir, ob das Apparatinternum = osmiophobe Substanz stets in seiner Totalität als obligatorischer Teilbestandteil des Golgiapparates aufgefaßt werden darf, ob es vielmehr nicht zum Teil oder sogar ganz das Produkt des eigentlichen Golgiapparates, des Apparatexternum darstellt.

Mit dieser zweiten Möglichkeit ist durchaus ernsthaft zu rechnen. So bezeichnet AVEL (1925) die osmiophile Substanz als „l'appareil de Golgi classique, den er von einem cytoplasma special, que l'osmium n'imprègue pas", begleitet sein läßt.

Besonders deutlich ausgeprägt ist die Scheidung in zwei verschiedene, aber dicht zusammengelagerte Substanzen in den heranwachsenden Samenzellen. Hier waren sie als Zentralkapseln schon früher, ehe ihre Beziehungen zum Golgiapparat entdeckt waren, und ihre beiden Anteile unter zwei verschiedenen Namen, als Idiosom und als Pseudochromosomen (für den osmiophilen Anteil) beschrieben worden (Abb. 244 u. 245). Aber erst BOWEN hat exakt nachgewiesen, daß entgegen der früher herrschenden Meinung, daß Idiosom und Pseudochromosomen nur vorübergehend sich zur Bildung der Akroblasten zusammenlagern, die beiden Bestandteile „are never separated from each other" (vgl. Abb. 227) und spricht von einem Golgiapparat-Idiosomkomplex. Er wendet sich dann gegen den Vorschlag von VOINOW (1925), den Terminus Idiosom ganz fallen zu lassen. Entgegen der

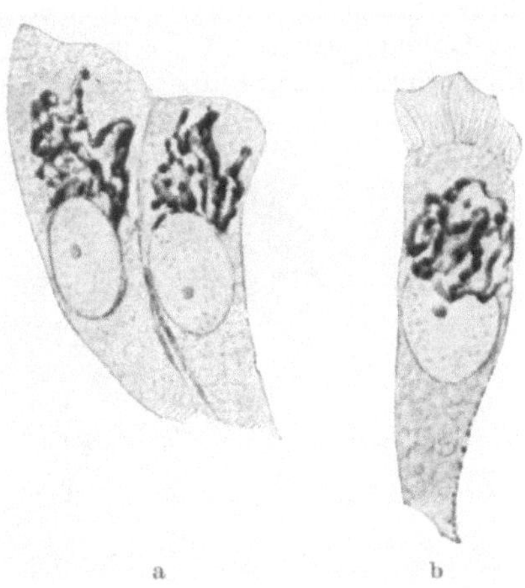

Abb. 241. a Epithelzellen aus der Wand der trichterförmigen Mündung des Hauptausführungsganges einer Tracheadrüse. b Mit Flimmerhaaren. 22jähr.Mann.Kons.: Chrom-Osmium-Bichromat. 1 %₀ OsO₄ 6 Tage. Schnittdicke 3 μ. Vergr. 1500 : 1. (Nach KOPSCH 1926.)

Meinung von VOINOW: that the whole complex is rather to be viewed as a single thing-the term idiosome being without any real significance, vertritt BOWEN ebenso wie HIRSCHLER die Meinung, daß wirklich zwei substantiell verschiedene Bestandteile den Akroblasten bilden. Über ihre genetische Beziehung äußert er sich folgendermaßen: „On one hand it is possible, that the Golgi Apparatus is constantly differentiated into two components" — das ist die Annahme HIRSCHLERs — „on the other hand it is possible, that the idiosomic material is a specialized differentiation product of the Golgi substance peculiar to the conditions in germ cells".

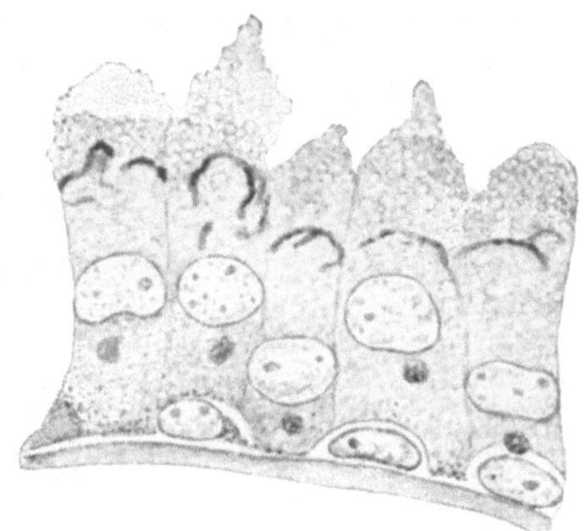

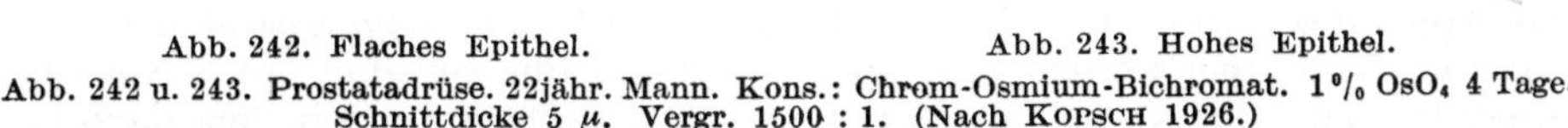

Abb. 242. Flaches Epithel.   Abb. 243. Hohes Epithel.

Abb. 242 u. 243. Prostatadrüse. 22jähr. Mann. Kons.: Chrom-Osmium-Bichromat. 1 %₀ OsO₄ 4 Tage. Schnittdicke 5 μ. Vergr. 1500 : 1. (Nach KOPSCH 1926.)

Zugunsten dieser zweiten Annahme läßt sich anführen, daß das Akrosom, das nach BOWEN als Differenzierungs- bzw. Sekretionsprodukt des Golgiapparates betrachtet werden muß, im idiosomalen Anteil in Erscheinung tritt (vgl. Abb. 264, S. 289). Ebenfalls in diese Richtung weisen die Befunde von KOLATSCHEWS (1916) über den Golgiapparat in den Ganglienzellen von Planorbis und

Limnaea. Während die osmiophile Substanz durch Osmiumsäure tief schwarz gefärbt wird, erscheint die osmiophobe Substanz nur in schwach grauem Ton, gibt aber außerdem die Glykogenreaktion, was dafür spricht, daß die osmiophobe Substanz, soweit sie wenigstens aus Glykogen besteht, ein Produkt des Golgiapparates ist. Vor allem aber sind es natürlich die schon auf S. 263 besprochenen Ergebnisse der vitalen Färbung, die das Apparatinternum oder

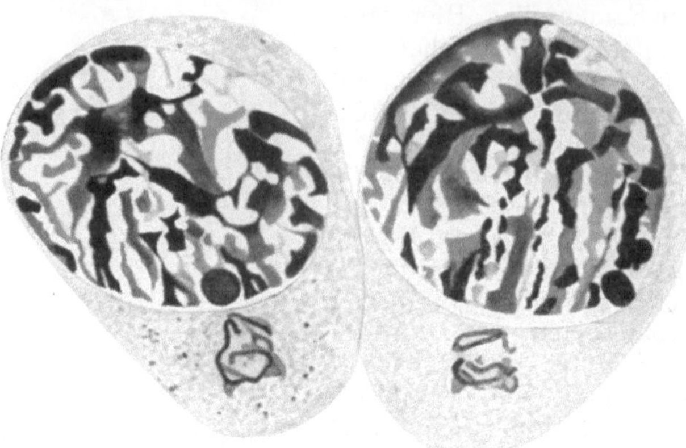

Abb. 244. Zentralkapseln (Golgiapparat) der Samenzellen von Proteus, bestehend aus einzelnen schleifenartigen Pseudochromosomen, welche durch sekundäre Brücken stellenweise unter sich zusammenhängen. Vergr. 2300 (auf ⁴/₅ verkl.) (Nach M. Heidenhain 1900.)

die osmiophobe Substanz als das Produkt des eigentlichen Golgiapparates erscheinen lassen, identifiziert doch Hirschler (1928, S. 776) die jungen Granula und Vakuolen, die bei Vitalfärbung in Erscheinung treten, „größtenteils" mit seinem Apparatinternum, und für Nassonov besteht „kein Zweifel", daß durch das Neutralrot nur die Produkte des Golgiorganoids, nicht dagegen die Elemente des Golgiapparates selber gefärbt werden.

Die verschiedenen referierten Anschauungen zusammenfassend möchte ich es zur Zeit als noch unentschieden bezeichnen, ob nur die osmiophile Substanz,

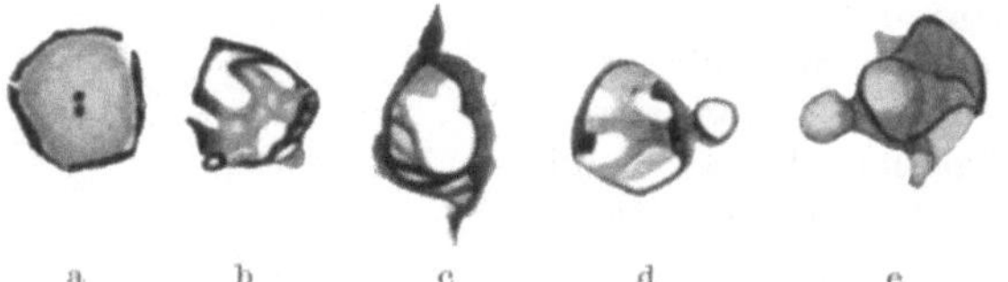

Abb. 245 a—e. Zentralkapseln aus den Samenzellen von Proteus. a Im optischen Durchschnitt mit der Sphäre und den Centriolen. b Von oben her angeschnitten. c Beiderseits angeschnitten mit zwei spitzen Ausziehungen. d Von oben her angeschnitten mit einer knospenartigen Excrescenz. e Gesamtzeichnung einer Kapsel mit Knospen und Einfaltung der Wand (ohne Berücksichtigung der Fenster). (Nach M. Heidenhain 1900.)

das Apparatexternum nach Hirschler als eigentlichen Golgiapparat und Zellorganoid bezeichnet werden soll, und die osmiophobe Substanz (das Apparatinternum) nur eine von ihm gespeicherte bzw. sezernierte Substanz darstellt, die dann bei vollkommener Inaktivität bzw. Erschöpfung des Golgiapparates auch ganz fehlen kann, oder aber ob das Internum selber als integrierender Bestandteil zum Golgiapparat hinzuzurechnen ist und erst in ihm die Bildung von Abscheidungsprodukten stattfindet.

Wie aber die Entscheidung in dieser Frage auch ausfallen mag, so viel scheint doch schon sicheres Forschungsergebnis zu sein, daß der Golgiapparat bei der

Speicherung bzw. Produktion von Zellsekreten aktiv beteiligt ist. Zugunsten dieser Annahme lassen sich auch noch die wiederholt von verschiedenen Forschern gemachten Beobachtungen verwerten, die KOPSCH für die von ihm studierten Epithel- und Drüsenzellen des Menschen folgendermaßen zusammenfaßt: „Unterschiede in der Masse des Binnengerüstes sind vorhanden a) bei verschiedenen Zellarten und b) bei verschiedenen Tätigkeitsstufen derselben Zellarten", „insofern als aktive Zellen ein größeres, passive Zellen ein kleineres Binnengerüst besitzen". Eine sehr schöne Illustration hierfür hat Z. HIRSCHLEROWA uns geliefert. Sie untersuchte die Schilddrüse von mehreren Amphibienarten vor und während der Metamorphose und fand, daß zusammen mit einer Volum-

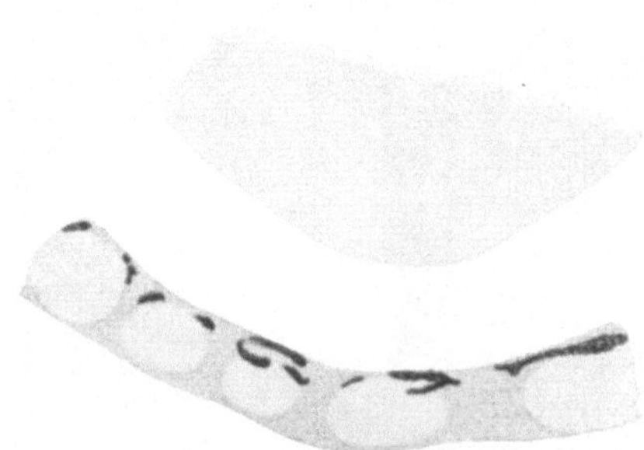

Abb. 246. Golgiapparat der Schilddrüsenzellen einer jungen Esculentalarve. Vergr. 1850. (Aus Z. HIRSCHLEROWA 1927.)

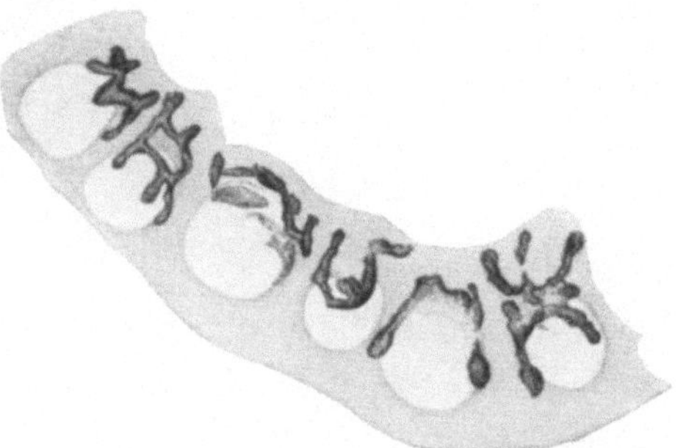

Abb. 247. Golgiapparat der Schilddrüsenzellen einer metamorphosierenden Esculentalarve. Vergr. 1850. (Nach Z. HIRSCHLEROWA 1927.)

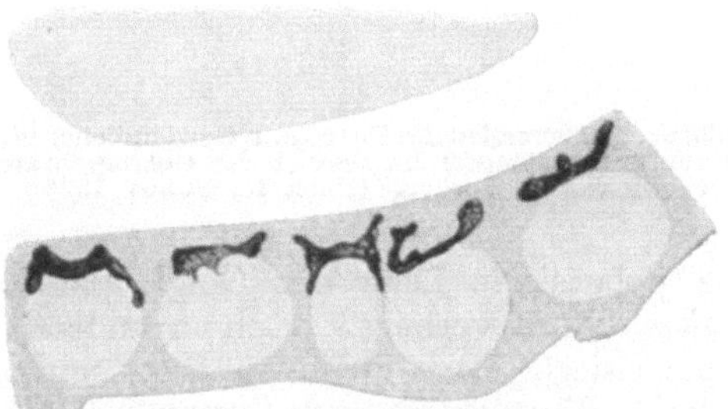

Abb. 248. Golgiapparat der Schilddrüsenzellen von Rana esculenta nach der Metamorphose. Vergr. 1850. (Nach Z. HIRSCHLEROWA 1927.)

zunahme des Gesamtorgans und seiner einzelnen Zellen der Golgiapparat zur Zeit der Metamorphose „bedeutend an Größe gewinnt und eine Verzweigung aufweist, wie sie ihm nie zuvor und auch hernach nicht zukommt" (Abb. 246 bis 248). Auch HIRSCHLEROWA schließt aus dieser Beobachtung, daß der Golgiapparat „an der Bereitung des Drüsensekretes der Schilddrüse beteiligt ist".

5. Topographische Lage des Golgiapparates in der Zelle. Lagebeziehungen zum Kern und Centriol.

Schließlich läßt auch die Lage des Golgiapparates in der Zelle gewisse Schlüsse auf seine physiologische Bedeutung zu. In seinem Referat faßt JACOBS (1927) das Ergebnis seiner Betrachtung über Golgiapparat und Zellpolarität dahin zusammen, daß „die Lage des Golgiapparates in Beziehung steht zur Richtung des Sekretstromes in solchen Drüsenzellen, in denen die Richtung dieses Stromes sich stets gleich bleibt, und in denen dieser Strom morphologisch und

physiologisch eindeutig faßbar ist, wie z. B. in den Speicheldrüsen oder Darmepithelzellen. Hier liegt der Golgiapparat stets supranucleär, d. h. zwischen Kern
und sezernierender Oberfläche (vgl. Abb. 249, 250 u. Abb. 240, S. 278), besonders

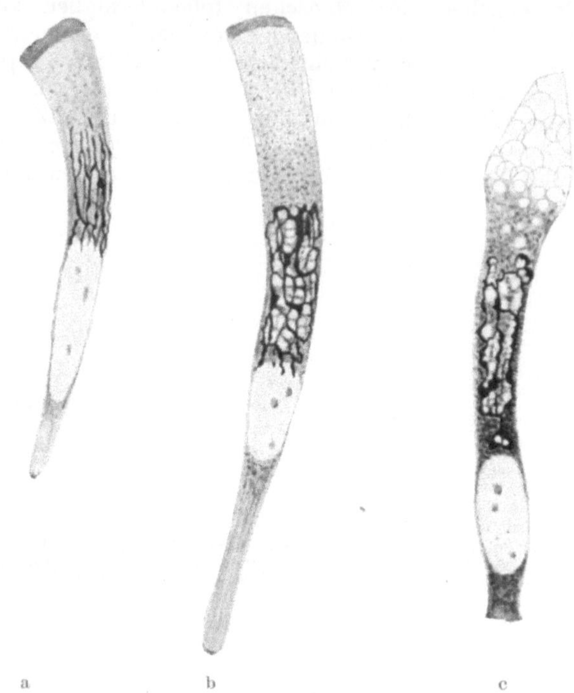

Abb. 249 a—c. Triton taeniatus. Becherzellen des Darmes. a Gewöhnliche, nicht sezernierende Epithelzelle. b Erstes Auftreten von Schleimtropfen im Bereich des Golgiapparates. c Zellen mit maximal
entwickeltem Becher. (Nach Nassonov 1923.)

ausgeprägt ist diese polarisierte Lage des Golgiapparates, wenn er in der
komplexen, netzförmigen Form vorliegt. Auch in anderen Epithelzellen kann
man meistens eine polarisierte Lage zwischen Kern und freier Zelloberfläche
feststellen (vgl. Abb. 251). Dagegen ist nach Ludford (1925) in epithelialen Geschwulstzellen die Polarität des Golgi-
apparates nicht so ausgesprochen,
was als ein Zeichen der Entdifferenzierung betrachtet wird. Denn setzt
man zu Epithelzellkulturen oder Ge-
schwulstzellkulturen Bindegewebszellen hinzu, so beginnen diese
wieder sich zu differenzieren, bilden
Drüsenacini usw. und der vorher
nicht polar gelagerte Golgiapparat
nimmt wieder seine supranucleäre
Lage ein.

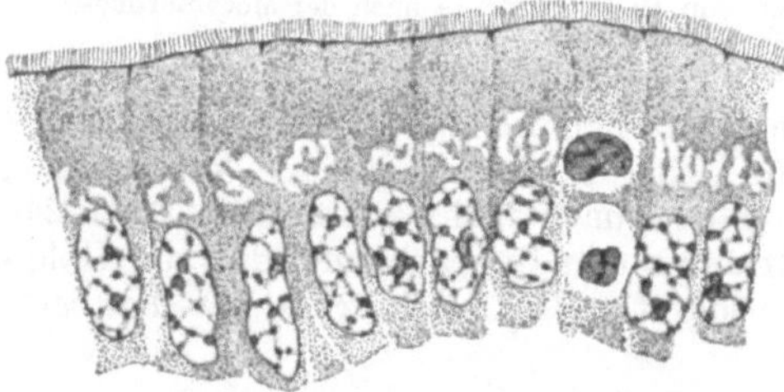

Abb. 250. Darmepithelien des Menschen mit Darstellung der intracellulären Kanälchen nach Holmgren. (Aus M. Heidenhain: Plasma und Zelle.)

Über Lageveränderungen des Golgiapparates in den Epithelien der Schilddrüse berichtet Cowdry (1922). Er fand bei der Untersuchung der Schilddrüse
eines erwachsenen Meerschweinchens, daß zwar bei der Mehrzahl der Epithelzellen der Golgiapparat dicht über dem Kern gelegen ist, in anderen Zellen
dagegen dicht an das Follikellumen gerückt ist und noch in anderen Zellen

infranucleär liegt (Abb. 252a, b). Cowdry glaubt, daß diese Wanderungen des Golgiapparates der Ausdruck für Veränderungen der Zellpolarität sind, und schließt, überzeugt von der Richtigkeit der Annahme, daß der Golgiapparat das Schilddrüsensekret bereitet, weiter, daß in den Zellen mit infranucleär gelagertem Golgiapparat der Sekretstrom nicht nach dem Follikellumen, sondern

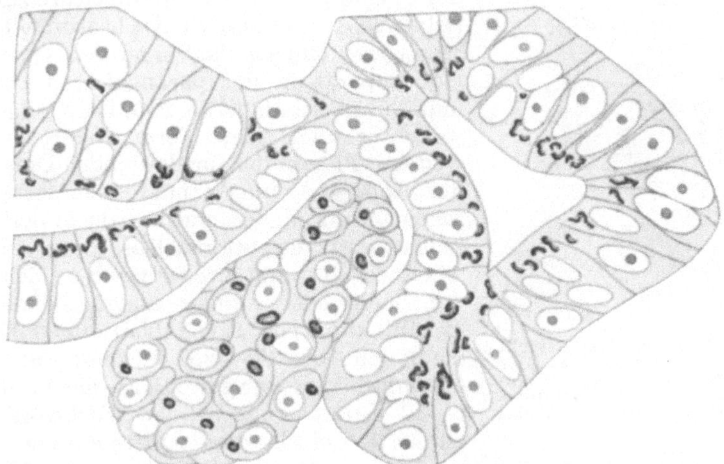

Abb. 251. Larve von Limnaea stagnalis. Epithel der Radulatasche und der Mundhöhle, Ganglion pedale. Vorfixierung: Sublimat-Osmiumsäure, nachfolgende Osmierung nach Kopsch. (Nach Hirschler 1918.)

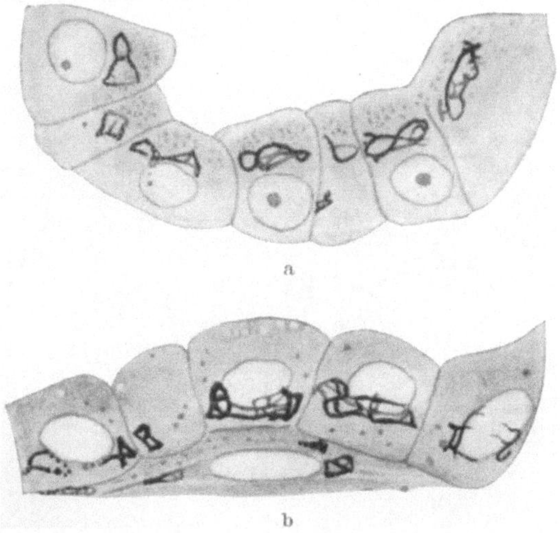

Abb. 252a u. b. Verschiedene Lage des Golgiapparates in den Schilddrüsenzellen eines erwachsenen Meerschweinchens. a Gewöhnliche Lage zwischen Kern und Follikellumen. b Lage zwischen Kern und Bindegewebe. Cajals Uraniumnitrat-Silbermethode. (Nach Cowdry 1922.)

nach außen nach dem Bindegewebe zu sich ergießt. Doch haben bisher die Angaben von Cowdry über eine Inversion der Lage des Golgiapparates an anderem Schilddrüsenmaterial nicht bestätigt werden können, so fand Hirschlerowa bei ihren schon auf S. 281 erwähnten Untersuchungen an metamorphosierenden Amphibien ausnahmslos den Golgiapparat supranucleär gelagert (Abb. 246—248).

Dagegen berichtet JASSWOIN über typische, mit den verschiedenen Stadien der Diurese von ihm in Zusammenhang gebrachte Wanderungen des Golgi-

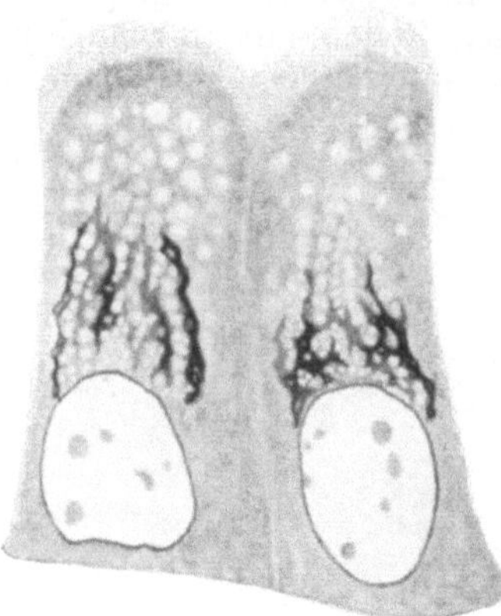

apparates in den Zellen der Tubuli contorti der Amphibienniere. Er fand, daß bei Triton in den Hauptstückzellen der Niere bei Anurie der Golgiapparat in der supranucleären Zone liegt (Abb. 253); wird durch Kochsalzinjektion eine gesteigerte Diurese hervorgerufen, so wird der Golgiapparat in der paranucleären (Abb. 254) und infranucleären (Abb. 255) Lage aufgefunden, wobei er auch seine Form ändert. „In den weiteren Phasen der fortdauernden Diurese setzt der Apparat seine Wanderungen fort und erscheint bald in der einen, bald in der anderen Zellzone. In die supranucleäre Zone gelangt er, wie es scheint, erst wieder während der Periode der mehr oder minder andauernden Anurie. Bei Injektion von Trypanblau erhielt JASSWOIN die in den Abb. 256—257 wiedergegebenen Speicherungsbilder. Die erste Phase der Vitalfärbung 6—12 Stunden nach der Farbstoffinjektion „äußerte sich in dem Auftreten von kleinen,

Abb. 253. Triton. Die Hauptstück-zellen aus Nieren bei Anurie. Der Golgiapparat liegt in der supranu-cleären Zone. CHAMPY-KOLATSCHEV-methode. (Nach JASSWOIN 1925.)

blaß gefärbten Gebilden in der inneren supranucleären Zellzone (Abb. 256). Nach Verlauf von 12—18 Stunden lokalisierten sich die an Zahl und Umfang vergrößerten Farbstofftropfen in der paranucleären (Abb. 257), noch später dann in der infranucleären (Abb. 258) Zellzone. Starke Dosen von Trypanblau riefen

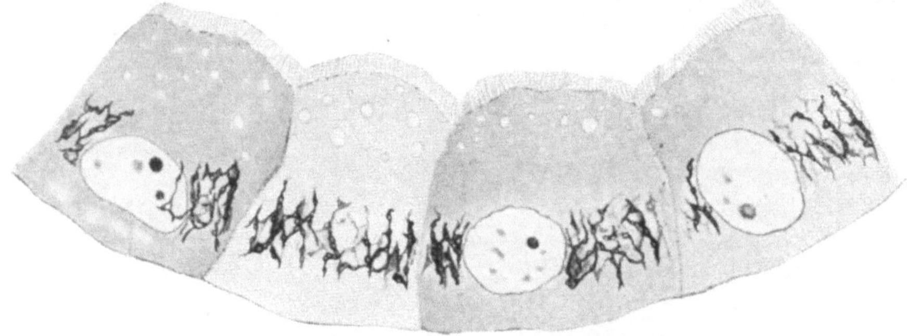

Abb. 254. Triton. Äquatoriale Lage des Golgiapparates. In der Balkensubstanz sind Tropfen von verschiedener Größe zu sehen. (Nach JASSWOIN 1925.)

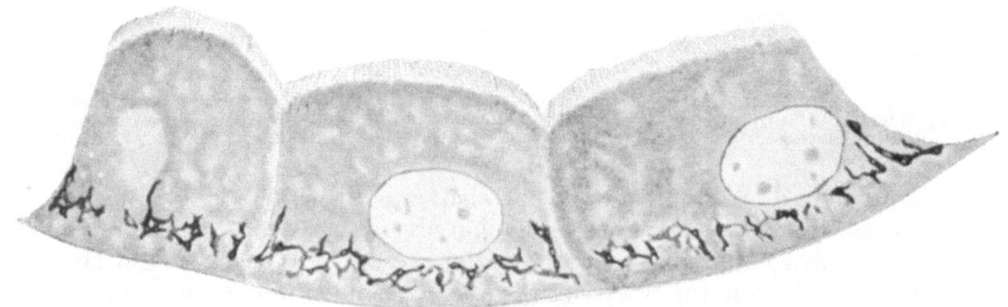

Abb. 255. Triton. Der Golgiapparat liegt in der infranucleären Zone. In den Apparatfalten sind die in Entstehung begriffenen Einschlüsse zu sehen. (Nach JASSWOIN 1925.)

in den Hauptstückzellen keine tropfige, sondern eine diffuse Färbung hervor. Diese auf eine schwere Schädigung der Zelle durch den Farbstoff hindeutende Erscheinung war mit einer Zerstörung des Golgiapparates verbunden". Aus diesen kurz referierten Beobachtungen zieht JASSWOIN folgende Schlüsse: „Der Golgiapparat ist eine konstante, intracelluläre Vorrichtung, vermittels deren die Hauptstückzellen der Amphibienniere ihre Fähigkeit verwirklichen, verschiedene dieselbe passierende Substanzen, u. a. auch vital eingeführte saure Farbstoffe abzusondern und aufzuspeichern. Die Migration des Golgiapparates und die Veränderung der Lokalisation der unter Teilnahme dieses Apparates entstehenden Einschlüsse muß als morphologisches Kernzeichen der zweifachen Funktion der Hauptstückzellen betrachtet werden, deren Aufgabe sowohl in der Ausscheidung wie in der Rückresorption von Harnbestandteilen besteht." Diese Folgerungen JASSWOINs

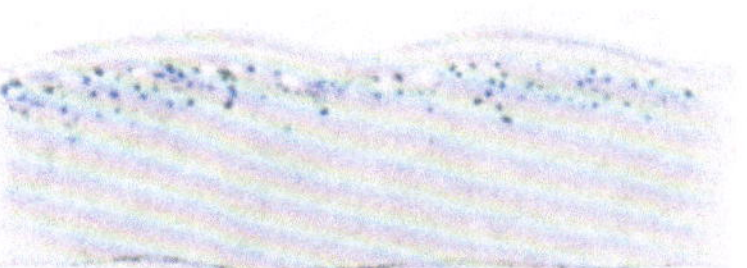

Abb. 256. Triton. Nierenepithel. Das Auftreten der ersten farbigen Einschlüsse in der supranucleären Zone. Vitale Trypanblaufärbung. (Nach JASSWOIN 1925.)

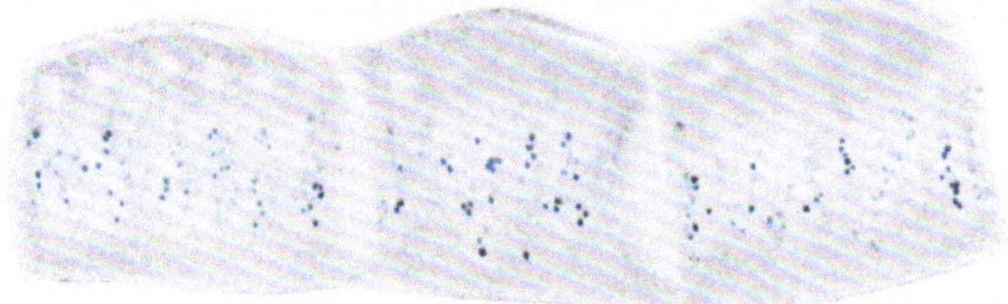

Abb. 257. Triton. Vitale Trypanblaufärbung. Die farbigen Einschlüsse lokalisieren sich der Lage des Golgiapparates entsprechend (Abb. 254) in der paranucleären Zone. (Nach JASSWOIN 1925.)

lehnt allerdings JACOBS (1926), wie mir scheint, mit gutem Grunde als zu weitgehend vorläufig ab. Er fordert, daß erst weitere Forschungen die Voraussetzungen JASSWOINs sicherstellen, daß die Lage des Golgiapparates die physiologische Polarität der sezernierenden Zellen eindeutig anzeigt. Fraglich

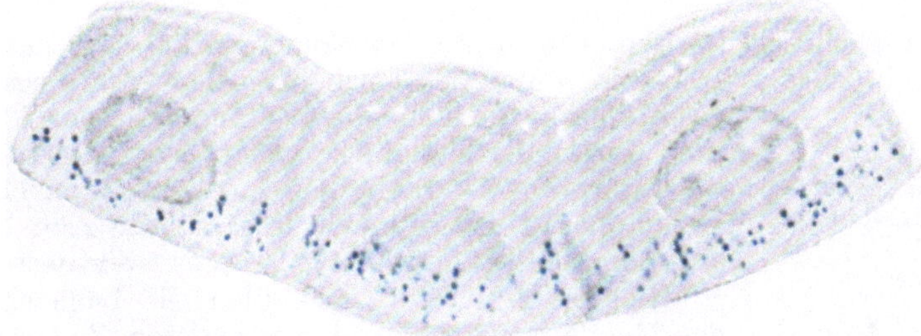

Abb. 258. Triton. Vitale Trypanblaufärbung. Die farbigen Einschlüsse lokalisieren sich, der Lage des Golgiapparates (Abb. 255) entsprechend, in der infranucleären Zone. (Nach JASSWOIN 1925.)

bleibt, wie JACOBS ferner hervorhebt, bei all diesen soeben angeführten Beobachtungen, „ob die Lagebezeichnungen des Golgiapparates mit Bezug auf den Zellkern (supra- bzw. infranucleär) überhaupt sinngemäß sind", ob nicht vielmehr das wesentliche Moment in der jeweiligen Lage des Golgiapparates zur aktiven (sezernierenden oder resorbierenden) Zelloberfläche zu suchen ist.

In einer soeben erschienenen Arbeit beschreibt Litwer eine Inversion des Golgiapparates in den Dotterentodermzellen der weißen Maus. Diese Zellen

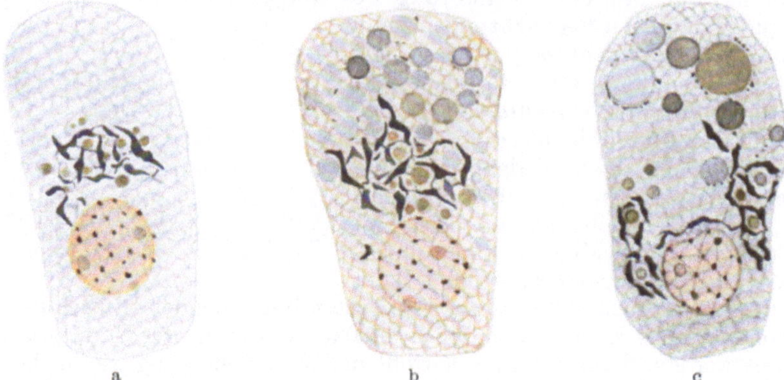

Abb. 259a—c. Zottenzellen aus dem Dotterentoderm der weißen Maus. (Sekretionsphase.) Fixiert: Champy, nachfolgende Osmierung. Vergr. Komp. Okular 12. Apochr. Imm. ¹/₁₂ Leitz. (Nach G. Litwer 1928.)

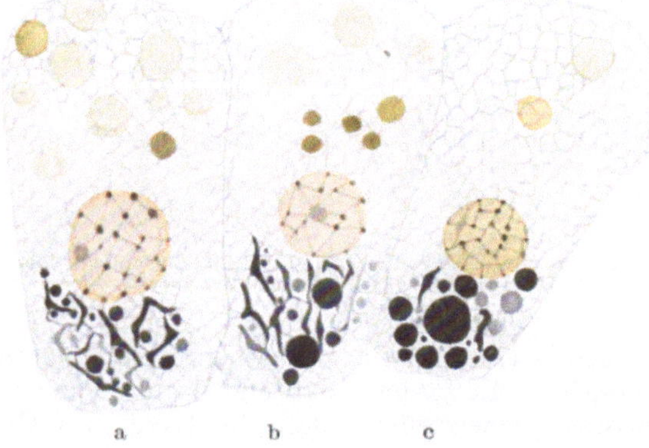

Abb. 260a—c. Zottenzellen aus dem Dotterentoderm der weißen Maus (Resorptionsphase). Fixierung, Osmierung und Vergrößerung wie Abb. 259. (Nach G. Litwer 1928.)

sollen anfänglich sekretorisch tätig sein, der Golgiapparat liegt dann supranucleär (Abb. 259 a—c), in seinen Maschen erscheinen die ersten Sekretgranula (Abb. 259 a). Nachdem diese herangewachsen (Abb. 259 b) und durch Verflüssigung entleert worden sind, beginnt die resorptive Tätigkeit der Dotterentodermzellen. Der Golgiapparat liegt nunmehr infranucleär (Abb. 260 a—c), auf seinen Balken erscheinen Tropfen resorbierten Fettes.

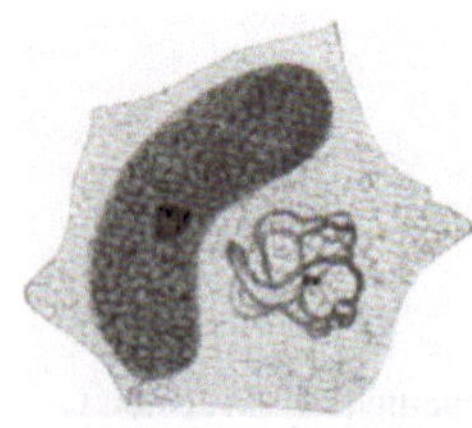

Abb. 261. Centrophormien (Golgiapparat) und Centrolen in den Zellen der Membrana Descemeti. (Nach Ballowitz 1900.)

Hier ist nun auch noch über die Lagebeziehungen des Golgiapparates zu einem anderen Zellorgan, dem Centriol, zu berichten. Bowen (1926) behandelt in seinem Referat diesen Gegenstand ausführlich mit Literaturangaben und kommt zu folgendem Ergebnis: „If now we may summarize these rather confusing details, the following conception seems for the present justified. Between central apparatus and Golgi Apparatus there is a frequent recurring topographical relationship. This is typically developped in some epithelial (Abb. 261), connective tissue, blood and germcells (Abb. 244) and very probably in embryonic tissues generally. But it is often lacking in the earliest oocytes, in growing spermatocytes and oocytes, and always in spermatids and in the earlier stages of development. It is similarly lacking in nerve cells and striated muscle and occasionally in many other kinds of cells. Hence it may be concluded, that the relation between Golgi apparatus and central apparatus is primarily topographical effected perhaps by the same factors as those, with organize cellular polarity in general and is not of the nature of an anatomical relation as suggested by BARINETTI (1912) and BALLOWITZ (1900). Nor is this relation of any special use as a mean of critical identification of the Golgi material; for those cases which present real difficulties are exactly those in which the central bodies have no distinguishable relations with the Golgi apparatus. Further more the material which in the germ cells has often been confused with the sphere, actually has no relations with the central apparatus, but is probably a part of the Golgi complex to be carefully distinguished from the „archoplasm" as the idiosome (idiozom.) (vgl. Abb. 227 u. S. 279)".

6. Ist der Golgiapparat ein Protomerenmaterial enthaltendes permanentes Zellorgan?

Nachdem die Morphologie und Topographie des Golgiapparates ausführlich diskutiert und dabei auch schon manches über seine wahrscheinliche physiologische Bedeutung gesagt worden ist, wende ich mich genau so wie es bei den Centriolen und den Plastosomen geschehen ist, der Frage zu, ob der Golgiapparat idioplasmatisches Teilkörpermaterial in dem von mir definierten Sinne (S. 28) enthält oder ob er als ergastisches Zellgebilde anzusprechen ist. Für die Beantwortung dieser Frage sind folgende vier Momente von Wichtigkeit: 1. ob der Golgiapparat als permanentes Zellorgan in allen Zellen enthalten ist, 2. ob er bei der Zellteilung gleichmäßig verteilt wird, 3. ob er aktives Teilungsvermögen besitzt, 4. ob er bei der Befruchtung den Anforderungen entspricht, die wir an das plasmatische Erbgut (vgl. S. 217) stellen müssen.

Zu Punkt 1 ist zu bemerken, daß wir zur Zeit nicht wissen, in welcher Form, ja ob überhaupt ein Golgiapparat in den Pflanzenzellen vorkommt. Ich werde auf dies Problem im nächsten Abschnitt noch zurückkommen, für unsere vorliegende Fragestellung müssen die pflanzlichen Zellen jedenfalls ausscheiden. Für die tierischen Zellen können wir, nachdem die Darstellungsmethoden in den letzten Jahren vervollkommnet worden sind, feststellen, daß der Golgiapparat in ihnen nur selten vermißt wird. Daß baldigem Tode geweihte Zellen, wie kernlose Erythrocyten und verhornte Epithelien keinen Golgiapparat besitzen, ist nicht weiter auffallend, sehr bemerkenswert, namentlich in bezug auf die Rolle als Idioplasma, ist aber der Mangel eines Golgiapparates in reifen Samenfäden. Wohl berichten hier WEIGL für *Cavia*, HIRSCHLER für *Ascaris* (Abb. 265k), GATENBY und WOODGER für das *Meerschweinchen* (Abb. 227) und die *Ratte* über positive Befunde eines bei den typischen Flagellospermien im Mittelstücke gelegenen Golgiapparates, aber andererseits geht nach SOKOLOW bei den Pseudoskorpionen der Golgiapparat am Ende der Spermiogenese zugrunde; im reifen Sperma haben BOWEN und GATENBY bei einer größeren Reihe von untersuchten Arten keinen Golgiapparat gefunden, und es besteht wohl kein Zweifel, daß er hier tatsächlich auch fehlt. Wenn daher auch bisher das Verhalten des Golgiapparates bei der Befruchtung noch nicht studiert worden ist, so ist seine Nichtbeteiligung als Überträger väterlichen Erbgutes bezüglich der Arten, wo er im Samenfaden fehlt, sichergestellt. Da aber andererseits ein Golgiapparat anscheinend in allen reifen Eizellen vorhanden ist, so ist wenigstens von dieser Seite seine Kontinuität durch die Zellgenerationen nicht in Frage gestellt, und die Annahme seiner Entstehung „de novo" keine Notwendigkeit.

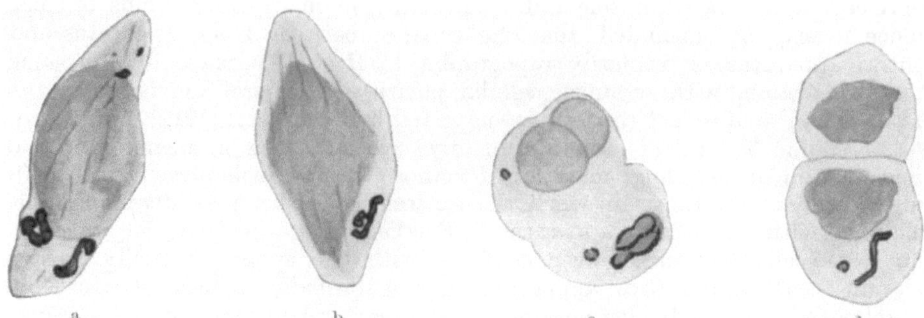

Abb. 262. a u. b Teilung der Spermiocyten; c u. d Bildung der Präspermiden bei Tegenaria domestica. Darstellung des Golgiapparates mit der Chrom-Osmiummethode nach HIRSCHLER. Inäquale Verteilung (a u. c) oder völlig ausbleibende Teilung (b u. d) des Golgipaparates. (Nach SOKOLSKA 1924.)

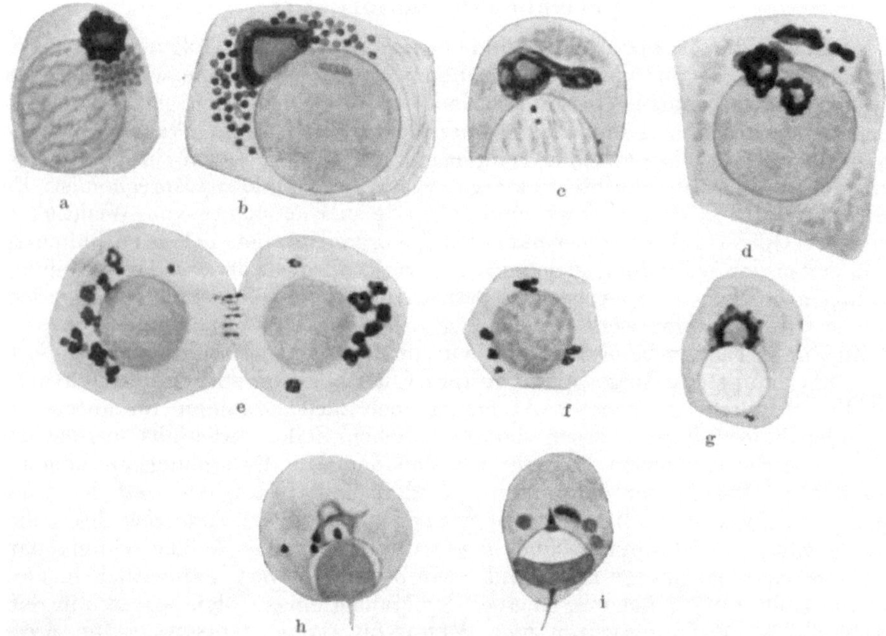

Abb. 263a—i. Spermiogenese des Pseudoskorpions Obisium muscorum. a Junge Spermiocyte. Einheitlicher Golgiapparat. Chondrosomenansammlung daneben. CHAMPY-KOLATSCHEV-KULL. b Ältere Spermiocyte. Schalenförmiger Golgiapparat, Zerstreuung der Chondriosomen. CHAMPY-KOLATSCHEV-KULL. c u. d Spermiocyten. Zerfall des Golgiapparates. KOLATSCHEV. e Präspermiden nach der ersten Reifeteilung. KOLATSCHEV. f Spermide mit diffusem Golgiapparat. g Spermide mit schalenförmigem Golgiapparat. KOLATSCHEV. h Akrosombildung. KOLATSCHEV. i Akrosom gebildet. Champy-Eisenhämatoxylin. Vergr. 2800fach. (Nach SOKOLOW 1926.)

Über das Verhalten des Golgiapparates bei der Zellteilung wird in einem besonderen Abschnitt von WASSERMANN berichtet werden. Hier sei nur kurz gesagt, daß der komplexe, gerüstartige Golgiapparat bei der Mitose häufig in einzelne Teilstücke, die Dictyosomen (Perroncito) zerfällt, und diese, begünstigt durch die erwähnten Lagebeziehungen zum Centriol, unter seinem Einfluß oft verhältnismäßig gleichmäßig auf die Tochterzellen verteilt werden (Dictyokinese [Perroncito (1909), Deineka (1912)]. Aber eine Regel läßt sich hier keineswegs feststellen, ich verweise auf die Abb. 265d, die eine völlig regellose

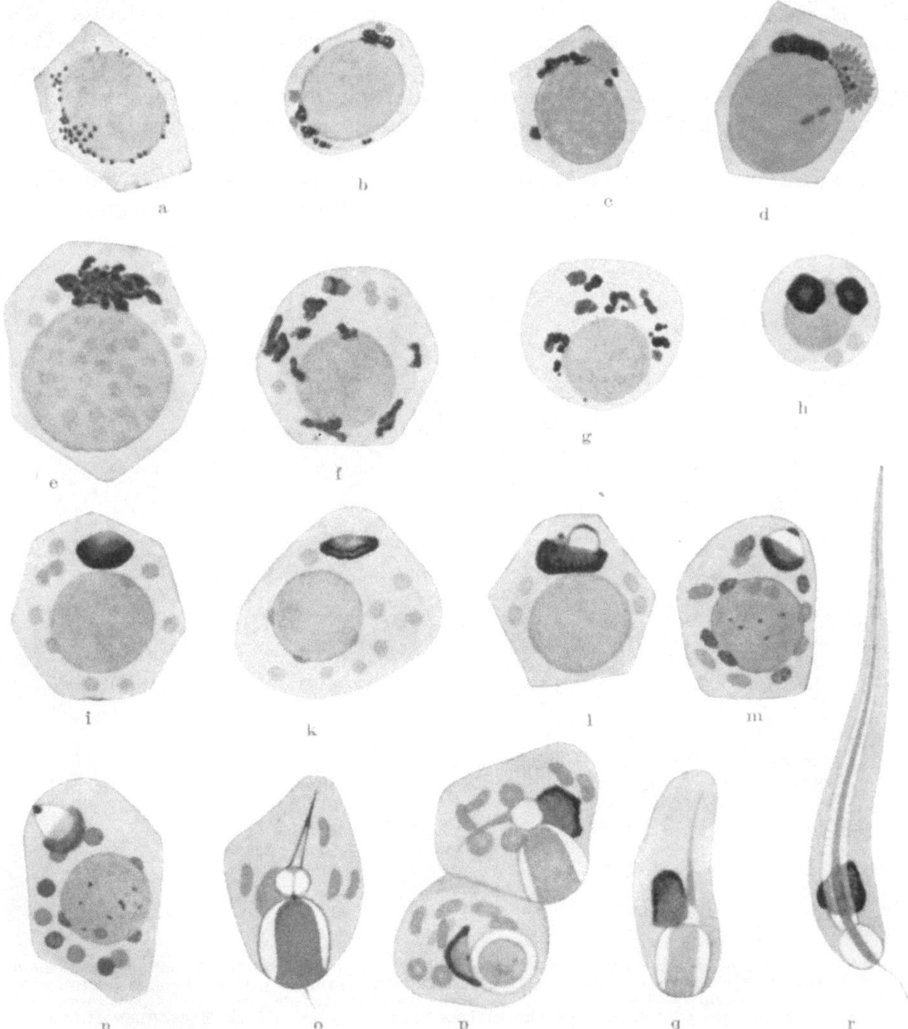

Abb. 264 a—r. Spermiogenese des Pseudoscorpions Chelanops cyrneus. a, m, n, o Champyfixierung-Kullfärbung, alle übrigen Osmiummethode nach Kolatchev. a, b Spermiogonien, a mit Chondriosomen, b mit Golgiapparat. c—e Spermiocyten während der Wachstumsperiode. c Anfang der Konzentration des Golgiapparates. e Golgiapparat einheitlich geworden. f Präspermide mit diffusem Golgiapparat nach der ersten Reifeteilung. g Junge Spermide nach zweiter Reifeteilung mit diffusem Golgiapparat. h Beginnende Konzentration des Golgiapparates (Akroblast). i, k Golgiapparat einheitlich geworden, funktioniert als Akroblast. l, m, n Ausbildung des Akrosombläschens, Anlage der Akrosomspitze. o Weitere Entwicklung des kegelförmigen Akrosoms, Differenzierung des Spermienkopfes. p, q Golgiapparat nach der Akrosombildung, löst sich vom Akrosom ab. r Spermiumlängsschnitt. Golgiapparat als „Golgirestkörper" am basalen Teil des Spermiumkopfes gelegen. Vergr. 2000fach. (Nach Sokolow 1926.)

Verteilung der Golgielemente ohne jegliche Beziehung zum Centriol zeigt, und auf Abb. 262a—d kann man die völlig ungleichmäßige Verteilung des Golgiapparates bei der Spermiocytenteilung der Hausspinne (*Tegenaria domestica*) sehen, wo die eine Zelle überhaupt leer ausgeht, während die andere das ganze Golgimaterial zugeteilt bekommt [Sokolska (1924)].

Auch über das Wachstum und das evtl. aktive Teilungsvermögen des Golgiapparates wird Wassermann noch ausführlich berichten. Daß hier eine klare Antwort besonders schwierig, nach meiner Meinung zur Zeit überhaupt nicht möglich ist, davon kann man sich am besten überzeugen, wenn man das Verhalten des Golgiapparates bei der Spermio- und Oogenese verfolgt. Ich gebe daher hier die Abb. 263—265 wieder, zumal an ihnen auch noch das Bild, das wir von dem Golgiapparat bisher gewonnen haben, in mancher Hinsicht vervollständigt werden kann.

Zunächst verweise ich auf das äußerst wechselvolle Aussehen des Golgiapparates im Verlauf der Spermiogenese. Bald sind seine Elemente diffus

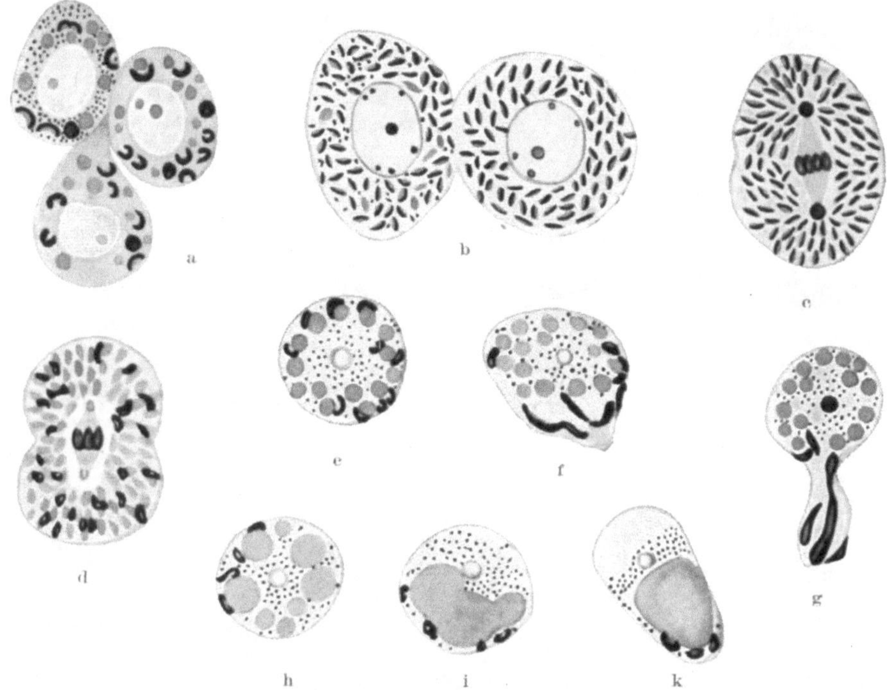

Abb. 265 a—k. Spermiogenese von Ascaris lumbricoides. b u. c Bendasche Mitochondrienmethode, sonst Sjövallsche Golgiapparatmethode. Vergr. Zeiß. Hom. Imm. $^1/_{12}$, Okul. 4. a, b Spermiocyten aus der Wachstumsperiode. c, d Präspermiden in der zweiten Reifeteilung. e—i Spermiden. Bei g Abschnürung des Plasmalappens. k Fertiges Spermatozoon. (Nach Hirschler 1913.)

verteilt, dann sammeln sie sich wieder zu einem einheitlichen Apparat, zerfallen wieder, um sich dann später abermals zu vereinigen.

So besitzen die jungen Spermiocyten von Pseudoscorpions *Obisium muscorum* (Abb. 263 a, b) einen einheitlichen Golgiapparat, ältere Spermiocyten (Abb. 263 c, d) zeigen verschiedene Stadien seines Zerfalles, bis bei der ersten Reifeteilung eine größere Anzahl „Dictyosomen" gebildet sind, die in der Nähe der Spindelpole gelegen auf die beiden Präspermiden annähernd gleichmäßig verteilt werden (Abb. 263 e). Auch in den jungen Spermiden ist der Golgiapparat noch diffus (Abb. 263 f), vereinigt sich aber bald zu einem schalenförmigen Gebilde (Abb. 263 g) mit deutlich unterscheidbarem osmiophilen Apparatexternum und osmiophobem Apparatinternum.

Ein sehr ähnliches Bild von den morphologischen Wandlungen des Golgiapparates ergibt das Studium der Spermiogenese von *Chelanops cyrneus*. In den Spermiogonien (Abb. 264b) besteht der Golgiapparat aus einigen osmiophilen Körnern. Mit Beginn der Wachstumsperiode der Spermiocyten (Abb. 264c) konzentrieren sich die einzelnen Teile des vorher diffusen Apparates, und verschmelzen weiterhin zu einem einheitlichen Gebilde (Abb. 264e). Während der Reifeteilungen ist er wieder in den diffusen Zustand übergegangen (Abb. 264f) und konzentriert sich dann abermals in den jungen Spermiden (Abb. 264i, k) zum Akroblast.

Angesichts dieser wechselvollen Bilder eine Massenzunahme bzw. ein aktives Teilungsvermögen des Golgiapparates mit Sicherheit erschließen zu wollen, ist unmöglich. Viel eher erwecken jedenfalls diese Bilder den Eindruck eines regellosen Zerfalls in unregelmäßige Bruchstücke, wobei nur das charakteristisch

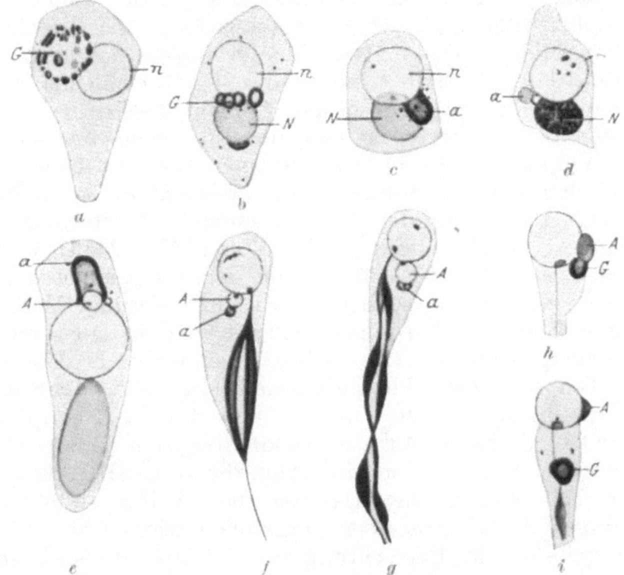

Abb. 266 a—i. Spermiogenese bei Hemipteren nach BOWEN. a Akroblast; A Akrosom, G Golgiapparat n Kern; N Nebenkern (Chondriom). a, b, c, i Brochymena; d Euchistus, e—h Murgantia. (Aus E. B. WILSON 1925.)

ist, daß vor bzw. während der Zellteilung „Dictyosomen" gebildet sind. Wie auch häufig sonst zu beobachten ist, liegen auch bei Obisium die einzelnen Dictyosomen in der Nachbarschaft der Centriolen, bzw. Spindelpole und werden annähernd gleichmäßig auf die Tochterzellen verteilt; vergleichen wir aber mit diesen Bildern von Obisium die Reifeteilungen der Spermiocyten von Ascaris (Abb. 265), so vermissen wir hier jede Beziehung der Golgikörper zu den Centriolen. Auch sonst ist das Verhalten des Golgiapparates bei der Ascarisspermiogenese ein anderes, als wir es soeben bei den Pseudoskorpionen kennen gelernt haben. Bei Ascaris finden wir den Golgiapparat stets nur in der diffusen Form, sein Bild ist deshalb auf den verschiedenen Stadien der Spermiogenese ein recht einförmiges.

Ich mache ferner, worauf schon früher hingewiesen wurde (S. 258), darauf aufmerksam, daß Golgiapparat und Plastosomen morphologisch leicht auseinandergehalten werden können, falls sie in derselben Zellart zur Darstellung gebracht werden. Man vergleiche Abb. 264a mit Abb. 264b, ferner die

19*

Abb. 265 e—k, wo beide Zellbestandteile gleichzeitig dargestellt sind. Meist haben sie keinerlei topographische und funktionelle Beziehung zueinander. So bilden die Plastosomen bei Askaris nach Hirschler die Glanzkörperkugeln (Abb. 265 b, c) und lösen sich erst später von ihrer Oberfläche wieder ab, während der Golgiapparat hieran völlig unbeteiligt ist. Dagegen bildet der Golgiapparat, wie die Abb. 266 von der Spermiogenese verschiedener Hemipterenarten und namentlich die Abb. 263 h, i, S. 288 und Abb. 264 k—n, S. 289 von den Pseudoskorpionen ganz einwandfrei zeigen, als sog. Akroblast das Akrosom.

Sokolow beschreibt die Bildung des Akrosoms bei Chelanops folgendermaßen: „In den jungen Spermiden tritt der rekonstruierte Golgiapparat als ein dickwandiges Schalengebilde auf, wobei die Schalenmündung stets vom Kern abgewandt ist (Abb. 264 k).

Bei Seitenansicht (Abb. 263 g) zeigt die Schale eine Zusammensetzung aus zweierlei Substanzen, von denen die osmiophile an der äußeren und an der inneren Schalenoberfläche konzentriert ist, die osmiophobe aber die dazwischen liegende Schicht bildet. Die ersten Veränderungen des Apparates werden damit eingeleitet, daß innerhalb seiner Wand sich verschieden große Bläschen bilden, die sich allmählich zu einem großen runden Bläschen vereinigen, welches aus der Schalenmündung hervorragt und die erste Anlage des Akrosoms bildet. Diesen ganzen Vorgang deute ich mir als einen sekretorischen Prozeß. Kurz nach dem Entstehen des Akrosombläschens erscheint an seiner Membran eine kleine Verdickung (Abb. 263 h); der Sekretionsprozeß schreitet immer weiter fort, das Bläschen nimmt eine kegelförmige Gestalt an (Abb. 263h), wobei die kleine Verdickung sich zuspitzt" (Abb. 263 i). Von dem so gebildeten Akrosom, das sich später weiter streckt und schließlich eine fadenförmige Gestalt bekommt, wobei das basale Ende des Akrosoms trichterförmig erweitert bleibt, löst sich der Rest des Golgiapparates los (Abb. 264 p); „er bleibt als „Golgi-remnant" in dem hinteren Teil der Spermide liegen und unterliegt wahrscheinlich einer Degeneration" (Abb. 264 q), ein Vorgang, der für die Hemipterenspermiden typisch ist (Bowen). Auch bei Askaris, wo allerdings ein Teil des Golgiapparates in das reife Spermium übernommen wird (Abb. 265 k), hat Hirschler festgestellt, daß ein großer Teil des Golgimaterials bei der „Pollappen"bildung in diesen zu liegen kommt und mit demselben abgestoßen wird (Abb. 265 g).

Hiermit schließe ich die Betrachtung des Golgiapparates ab und fasse nunmehr das Resultat, so wie es mir sich darstellt, kurz zusammen: Mehr noch wie bei den Plastosomen ist es fraglich, ob der Golgiapparat Teilkörpermaterial enthält. Zugunsten dieser Hypothese spricht eigentlich nur sein Vorkommen in fast allen tierischen Zellen; dagegen ist von einer regelmäßigen Verteilung des Golgiapparates bei der Zellteilung keine Rede, sein aktives Teilungsvermögen ist nirgends sichergestellt; bei der Befruchtung ist sein Anteil oft nur ein einseitiger, insofern als der Vater durch den Samenfaden kein Golgimaterial liefert. Wenn überhaupt die Beteiligung von Protomerenmaterial am Aufbau des Golgiapparates anzunehmen ist, so scheint es mir sehr wahrscheinlich, daß dieses nur einen Teil des Golgiapparates ausmacht, und daß ihm ergastisches Material in wechselnder Menge beigemischt ist. Die Möglichkeit ist jedenfalls in Betracht zu ziehen, daß der morphologische und chemische Dualismus des Golgiapparates, der durch die Termini osmiophile und osmiophobe Substanz, bzw. Apparatexternum und Apparatinternum vielleicht nicht ganz eindeutig bezeichnet wird, den Ausdruck für die Zusammensetzung des Golgiapparates aus Protomeren- und ergastischem Material darstellt. Der wechselnde Gehalt an osmiophober Substanz, die manchmal ganz fehlt, manchmal sehr reichlich vorhanden ist, spricht jedenfalls zugunsten der Annahme, daß sie ergastisches und nicht Protomerenmaterial darstellt. Hiermit würde auch gut der

Ausfall der Vitalfärbungsversuche mit Neutralrot übereinstimmen, bei denen nur die osmiophobe Komponente sich färbt, wie es eben nach v. Möllendorff für tote Inhaltsstoffe der Zelle charakteristisch ist, während die eigentlich lebende Masse des Golgiapparates, die osmiophile Substanz, sich nicht durch Neutralrot vital darstellen läßt. Entgegen der Hypothese von Parat ist die vitale Neutralrotfärbung kein brauchbares Identifizierungsmittel, sondern nur ein unspezifisches Hilfsmittel bei der Diagnose „Golgiapparat", das notwendigerweise durch andere spezifischere Darstellungsmethoden, vor allem die Osmierung, ergänzt werden muß. Was nun die physiologische Bedeutung des Golgiapparates angeht, so scheinen mir eine Reihe guter Argumente dafür beigebracht, daß er sich an der Speicherung von ergastischem Zellmaterial bzw. an der Sekretion beteiligt. Hiervon wird noch später in dem Kapitel, welches über den Stoffwechsel der Zelle handelt, die Rede sein. Über die Versuche, in Pflanzenzellen einen „Golgiapparat" aufzufinden, vergleiche man den folgenden Abschnitt.

E. Die pflanzlichen Plastiden, die Lehre vom „Vacuom" und die osmiophilen Plättchen von R. Bowen.

Ausgehend von dem zuerst von Schwann (1838) ausgesprochenen Grundgedanken, daß pflanzliche und tierische Zellen im Grundprinzip identisch organisierte Gebilde seien, hatte ich bisher die tierische Zelle meiner Beschreibung der in Zellen organisierten lebenden Masse zugrunde gelegt, sowie es der Plan dieses Handbuches erfordert. Stets jedoch wurden daneben auch die Befunde an Pflanzenzellen zum Vergleich herangezogen, und tatsächlich auch eine, wenn wir von dem Fehlen der Centriolen bei höheren Pflanzen absehen, überraschende Übereinstimmung in der feineren und feinsten Organisation der tierischen und pflanzlichen Zellorgane gefunden. Zum erstenmal bin ich von diesem bis dahin so bewährten vergleichenden Verfahren bei der Beschreibung des Golgiapparates abgewichen, und es erhebt sich jetzt die Frage, ob es denn bei den Pflanzenzellen kein Homologon des tierischen Golgiapparates gibt. Hierüber ist gerade in der letzten Zeit viel geschrieben worden und damit zugleich die Frage erneut zur Diskussion gestellt worden, wieweit überhaupt eine Homologisierung aller tierischen und pflanzlichen, Teilkörpermaterial enthaltender Strukturen miteinander möglich ist.

Drei für die pflanzliche Zelle charakteristische Strukturgebilde sind es vor allem, die hier unsere Aufmerksamkeit auf sich ziehen, die Plastiden, das Vakuolensystem (Vacuom) und die kürzlich von Bowen entdeckten osmophilen Plättchen [„Osmiophilic platelets", Bowen (1927 u. 1928)]. Wenn auch eine eingehende Beschreibung dieser Gebilde den Rahmen dieses Handbuches überschreiten würde, so glaube ich doch eine kurze Besprechung derselben nicht unterlassen zu dürfen, einmal wegen der Versuche, dieselben mit schon von uns besprochenen tierischen Zellstrukturen zu homologisieren, zweitens, weil ihre Teilkörpernatur behauptet, für die Plastiden sogar sichergestellt ist.

1. Die Plastiden.

In Linsbauers Handbuch der Pflanzenanatomie schreibt P. N. Schürhoff (1924) in seiner Monographie über die Plastiden, auf die wegen aller morphologischer Einzelheiten verwiesen sei, folgendes: „Unter der Bezeichnung Plastiden oder Chromatophoren [Schmitz (1882)] faßt man die unter dem Namen Chloro-, Chromo-, Leuko-, Amyloplasten usw. beschriebenen Formelemente pflanzlicher Zellen zusammen. Es handelt sich hier um plasmatische Organe, die bei allen Pflanzengruppen mit Ausnahme der Pilze vorkommen.

Sie bestehen aus dichtem Protoplasma und stellen in embryonalen Geweben kleine, scharf umschriebene, farblose im Plasma zerstreute Körperchen dar. Sie sind durch den Besitz von Pigmenten oder wenigstens die Fähigkeit, gewisse Farbstoffe zu bilden, gekennzeichnet". — „Alle Plastiden sind durch Zwischenglieder miteinander verbunden und können sich ineinander umwandeln; selbst Chromoplasten, die wohl am meisten spezialisiert erscheinen, können unter Umständen wieder zu Chloroplasten werden."

Bei dieser progressiven und regressiven Differenzierung spielen außerhalb der Plastiden gelegene Faktoren oft die entscheidende Rolle, so die Belichtung, oder beim vielzelligen pflanzlichen Organismus die Lage der betreffenden, die Plastiden beherbergenden Zellen zum ganzen Organismus. Die Form und Funktion der Plastiden ist in der gleichen Pflanze abhängig von der Gewebeart [Schürhoff (1924)]. Ja auch der Zellkern nimmt entscheidenden Einfluß, so auf die Chlorophyllbildung, welche bei bestimmten Gendefekten im Kern unterbleibt [Baur (1922), Correns (1913)], ferner auf die Form und Größe der Plastiden. Besonders eindeutig sind hier die Befunde von Marchal (1909) an polyploiden Moosen, von Winkler (1916) an der tetraploiden Gigastomate, wo durch Verdoppelung der Chromosomengarnitur nicht nur die Größe der Zellen, sondern auch diejenige der Plastiden anwuchs.

Trotz dieser mangelhaften Autonomie der Plastiden wird heute, wie Schürhoff (1924) schreibt, die Theorie von der Individualität der Plastiden noch „von der überwiegenden Mehrzahl der Forscher geteilt". Wie schon Schimper (1883) und A. Meyer (1883) beobachteten, bildet sich ein Plastid niemals de novo, sondern entsteht stets durch Teilung aus seinesgleichen, und wir haben auch heute, wo sich das Beobachtungsmaterial stark gehäuft hat, allen Grund, an der Teilkörpernatur der Plastiden festzuhalten. Denn wenn auch die Verteilung der Plastiden bei der Zellteilung, obgleich oftmals mit überraschender Präzision, nicht immer so exakt wie bei den Chromosomen erfolgt, so sind die Befunde über das aktive Teilungsvermögen der Plastiden ganz eindeutig und beweisen, daß die Plastiden Teilkörpermaterial enthalten.

Auch Idioplasmacharakter dürfen wir ihnen zusprechen, wenngleich der Vererbungsmodus des in den Plastiden lokalisierten Erbgutes „ein anderer ist, als der durch die „mendelnden" Chromosomen bedingte. Da durch die Pollenkörner oftmals keine väterlichen Plastiden übertragen werden, so schaltet damit der Vater als Lieferant von Plastidenidioplasma aus, und die Übertragung der Plastiden erfolgt allein durch die mütterliche Eizelle. Bei dem Studium der erblichen Chlorose hat nun Baur (1922) festgestellt, daß sie nur durch die Mutter (durch die Eizelle), nicht aber vom Vater auf die Nachkommenschaft übertragen wird. Dieser (sog. rein mütterlicher) Vererbungsmodus wird sofort, wie Baur ausführt, durch die Annahme einer erblichen Veränderung der Plastiden, die ihr Ergrünen verhindert, erklärt.

Trotzdem ist es natürlich verfehlt, in den Plastiden nur Teilkörpermaterial zu suchen; es ist vielmehr ganz sicher, daß die zeitweise in ihnen auftretenden Farbstoffe, wie das Chlorophyll, und die Stärkekörner und Eiweißkrystalle ergastische bzw. paraplasmatische Einschlüsse sind.

Wenn ich auf S. 28 betonte, daß die Fragestellung, ob eine Zellstruktur aus Protomerenmaterial oder aus paraplasmatischen (ergastischen) Stoffen besteht, zu einseitig ist, und die Möglichkeit ebenso vorhanden ist, daß ein Gemisch beider Materialien vorliegt, so ist in den Plastiden dieser letzte Fall unzweifelhaft realisiert. Die Plastiden bestehen aus Protomerenmaterial, dem je nach den wechselnden äußeren Bedingungen quantitativ und qualitativ verschiedenes ergastisches Material beigemischt ist. Hierdurch wird die Erscheinungsform der Plastiden so verändert, daß ihre verschiedenen Namen

(Chloroplasten, Amyloplasten usw.) gerechtfertigt erscheinen; trotzdem zweifelt kein Botaniker an der Individualität der Plastiden.

Diese Feststellung halte ich für prinzipiell wichtig, namentlich im Hinblick auf die vielumstrittene Individualität der Chromosomen. Hier scheint mir zur Klärung der Sachlage ein Vergleich zwischen Chromosomen und Plastiden sehr förderlich zu sein. Er ist tatsächlich weitgehend durchführbar. Genau so wie bei den Plastiden ist die Form und Größe der Chromosomen weitgehend milieubedingt (S. 122); ebenfalls sind physikalische und chemische Unterschiede der Chromosomen, je nach dem Zeitpunkt, in welchem sie zur Untersuchung gelangen, durch ihre wechselnde Färbbarkeit nachgewiesen. Sollten die Gründe für diese wechselnde Erscheinungsform der Chromosomen nicht auch wie bei den Plastiden in der Beimischung wechselnder paraplasmatischer Stoffe (z. B. der Nucleinsäure bei den Chromosomen der Mitose) beruhen? Müssen wir nicht trotzdem, ebenso wie bei den Plastiden, von einer Individualität der Chromosomen sprechen, die eben auf der konstanten Anwesenheit des idioplasmatischen Protomerenmaterials beruht? Ich bin jedenfalls geneigt, diese Fragen durchaus zu bejahen.

Indem wir das Protomerenmaterial der Plastiden als den Produzenten verschiedener wichtiger ergastischer Stoffe, allerdings unter Mitwirkung anderer Zellbestandteile wie des Kerns, bezeichneten, ist schon über die Funktion der Plastiden das wichtigste gesagt. Ihre Bedeutung für die Pflanzenzelle beruht vornehmlich, wenn nicht ausschließlich, auf der Produktion von Stärke und von Farbstoffen, unter denen das Chlorophyll der wichtigste ist, weil er das Leben der grünen Pflanzen überhaupt erst auf die Dauer ermöglicht.

Sicher ist es, daß es in den tierischen Zellen nichts gibt, was einem ausgebildeten, ausdifferenzierten pflanzlichen Plastid vergleichbar ist. Aber das ist von vornherein auch nicht zu erwarten, da die spezielle Erscheinungsform des Chloroplasten, des Amyloplasten usw. vorwiegend durch die ergastischen Stoffe bedingt ist, die unter der Mitwirkung der anderen, spezifisch pflanzlichen Zellgebilde (Kern usw.) in den Plastiden als spezifische und spezialisierte pflanzliche Produkte entstehen. Anders dagegen steht es mit den undifferenzierten Plastiden in den embryonalen Zellen der höheren Pflanzen, den „Archiplasten", wie SCHÜRHOFF sie zu nennen vorschlägt. Es ist unzweifelhaft, daß diese eine große Ähnlichkeit mit den Chondriosomen (Plastosomen) der tierischen Zellen aufweisen. Zwar wird zur Unterscheidung der Plastiden von den Chondriosomen angegeben, daß die Plastiden nicht wie die Chondriosomen in Essigsäure und $2^0/_0$ Kalilauge verquellen, daß die Archiplasten mit Jodkalium sich gelb, die Chondriosomen dagegen sich nicht färben [DANGEARD (1920)], aber in seinem Referat kommt schließlich SCHÜRHOFF (S. 26) doch zu dem Endergebnis, „daß, wie aus allen Angaben zu ersehen ist, sich in den jüngsten Stadien zwischen Chondriosomen und Plastiden morphologisch keine Unterschiede finden." Nichts würde also der Homologisierung der Archiplasten und Chondriosomen im Wege stehen, wenn nicht der Umstand, daß in differenzierten pflanzlichen Zellen neben den differenzierten Plastiden auch echte Chondriosomen gleichzeitig nachgewiesen wären. Da es bei der Annahme einer gemeinsamen Abstammung der Plastiden und Chondriosomen, wie RUDOLPH (1912) schreibt, unerklärlich bleibt, wieso es kommt, daß in der entwickelten Pflanzenzelle normale teilungsfähige Chloroplasten mit typischen Chondriosomen, aus denen nun gewiß keine Chloroplasten mehr hervorgehen, zusammen vorkommen, so betrachtet RUDOLPH, und die Mehrzahl der Botaniker ist derselben Meinung [SAPEHIN (1913), MOTTIER (1918), NOACK (1921)], die Plastiden, auch in Form der Archiplasten, und die Chondriosomen als selbständige, voneinander genetische unabhängige Gebilde. Gewissermaßen einen vermittelnden

Standpunkt nimmt Guilliermond (1920) ein, der die Plastiden (das Plastidom) als aktiven, die indifferenten Chondriosomen als inaktiven Teil des Chondrioms bezeichnet und weiter annimmt, daß phylogenetisch die aktiven Plastiden durch Umwandlung aus den inaktiven Chondriosomen hervorgegangen sind.

Wenn wir allerdings die Ergebnisse der tierischen Histogenese berücksichtigen, wo wir doch oft dafür Beispiele finden, daß in derselben sich differenzierenden Zelle indifferente und bereits in der Umwandlung zu metaplasmatischen Gebilden begriffene Plastosomen nebeneinander sich nachweisen lassen, so will mir das oben angeführte Argument von Rudolph, das für einen dualistischen Ursprung von Chondriosomen und Plastiden sprechen soll, doch nicht beweisend erscheinen, und die ursprüngliche Hypothese von Meves, Lewitzki, Pensa, daß die Plastiden als metaplasmatische Teilkörpergebilde durch direkte Umbildung und Weiterdifferenzierung von Chondriosomen entstehen, bleibt doch immer noch ernsthaft diskutierbar.

Das ist auch die Meinung von Wilson (1926), der schreibt: „In recent years strong evidence has been brought forward, to show that plastids are of the same nature as chondriosomes and are actually derived from them in the course of early development." Von neuesten Arbeiten, die sich zugunsten der Umwandlung von Chondriosomen in Plastiden aussprechen, nenne ich die soeben erschienenen Untersuchungen von Senjaninova (1927) und Prosina (1928). Eine sichere Entscheidung wird allerdings erst die experimentelle (vielleicht die mikrochirurgische) Forschung herbeiführen können. Sollte sie zugunsten der Hypothese ausfallen, daß die Plastiden direkt aus Chondriosomen entstehen können, so wäre damit zugleich auch die noch strittige Protomerennatur der Chondriosomen (Plastosomen) erwiesen (vgl. S. 255).

2. Die Vakuolen. (Die Lehre vom Vacuom.)

Während bei den pflanzlichen Plastiden Einmütigkeit darüber herrscht, daß sie durch Teilung sich fortpflanzende, mit weitgehender Autonomie begabte Organe der Pflanzenzellen sind, ist die Bedeutung der unter dem Namen „Vakuolen" in den Pflanzenzellen beschriebenen Strukturgebilde noch keineswegs geklärt. Schon darüber, wie im pflanzlichen Cytoplasma die Vakuolen definiert werden sollen, sind die Meinungen der Botaniker geteilt; so sagt Küster (1914): „Alle Zellsaftansammlungen im Cytoplasma heißen Vakuolen". A. Meyer nennt „jede mit einem ergastischen Gebilde erfüllte Höhlung des Cytoplasmas eine Vakuole, die Zellsaft enthaltende speziell Zellsaftvakuole", und unterscheidet damit also den Behälter, die eigentliche Vakuole, von dem Inhalt. Während aber nach A. Meyer die Zellsaftvakuolen genau so wie jeder andere ergastische Einschluß an jeder beliebigen Stelle des Zelleibes sich neu bilden können, nehmen de Vries (1885) und Went (1888) an, daß die Flüssigkeitstropfen nur in bereits präformierten Behältern, eben den Vakuolen, ausgeschieden werden. Diese sollen das Vermögen haben, sich durch Teilung zu vermehren; sowohl de Vries wie Went berichten über derartige Befunde. Namentlich de Vries verglich ferner die pflanzlichen Vakuolen mit den pulsierenden contractilen Vakuolen der Protozoen, beide sollen eine semipermeable, unter Umständen contractile Membran besitzen, de Vries taufte deshalb die pflanzlichen Vakuolen auch „Tonoplasten", und erblickt in ihnen Dauerorgane der Pflanzenzelle mit gewisser Individualität und Autonomie. Nun legen die contractilen Vakuolen der Infusorien allerdings den Gedanken nahe, daß sie spezifische Dauerorgane ihrer Träger sind. Denn wenn auch die pulsierende Vakuole oft nach der Entleerung scheinbar spurlos verschwunden ist, so erscheint sie doch stets wieder an der gleichen Stelle aufs neue, manchmal ist die Vakuolenhaut auch so derb und stark lichtbrechend, daß sie auch bei völliger Entleerung des Vakuoleninhaltes deutlich sichtbar bleibt und bei Euglena z. B. hat KLEBS (1883) die Fortpflanzung der contractilen Vakuole durch Zweiteilung beschrieben; doch berichten andererseits MAUPAS (1883) und KLEMENSIEWICZ (1903) über spontane Neubildung von contractilen Vakuolen. Nach LUNDEGÅRDH (1924) gibt es „primitivere und mehr entwickelte Typen" von contractilen Vakuolen.

Als zweifelhaft muß es aber bezeichnet werden, ob der Vergleich und die Homologisierung der pflanzlichen Vakuolen mit den contractilen Vakuolen der Protozoen überhaupt berechtigt ist, ob nicht vielmehr die Vakuolen der Pflanzenzellen nicht mit denjenigen Gebilden der Protozoen auf eine Stufe gestellt werden sollen, die bei ihnen als Nahrungs- bzw. Lösungsvakuolen neben den contractilen Vakuolen vorkommen. Daß die Nahrungsvakuolen keine permanenten Zellorgane sind, ist kaum bestritten, wenn wir vielleicht von der Hypothese absehen, daß die Wand der Nahrungsvakuolen durch Abschnürung der Zelloberflächenmembran sich bildet. Durch Injektion von salzhaltigen Flüssigkeiten in Amöben und Seeigeleier konnten jedenfalls KITE und CHAMBERS an beliebigen Stellen des Zelleibs künstlich Vakuolen neu erzeugen.

Vor allem aber sprechen gegen DE VRIES Tonoplastentheorie Versuche von PFEFFER (1890). „Er brachte Plasmodien 6—20 Stunden in eine gesättigte Asparaginlösung, in welcher Asparaginkrystalle lagen. Diese Krystalle wurden in das Cytoplasma der Plasmodien aufgenommen, und als dann die Asparaginlösung durch Wasser ersetzt wurde, bildeten sich da, wo die Asparaginkrystalle lagen, unter Lösung derselben Flüssigkeitstropfen." Hierdurch scheint die Neubildung von Vakuolen an jeder beliebigen Stelle des pflanzlichen Cytoplasmas in hohem Grade wahrscheinlich gemacht zu sein, wenngleich, wie A. MEYER (1920) vorsichtig bemerkt, die Möglichkeit nicht ganz auszuschließen ist, daß „die Krystalle in schon vorhandene kleine Zellsaftvakuolen hineingeraten sind, die sich bei der Lösung des Krystalles nur vergrößert hätten".

Erneut zur Diskussion gestellt wurde die ganze Frage der Vakuolen, als vor allem DANGEARD (1919, 1920) und dann GUILLIERMOND (1920, 1926, 1927) mit neuen Untersuchungsmethoden, vor allem der Vitalfärbung die Vakuolen studierten. DANGEARD findet, daß die Vakuolen sich vital intensiv und angeblich spezifisch mit Neutralrot färben, und bezeichnet die Gesamtheit der mit Neutralrot vital gefärbten Gebilde als das „Vacuom", das er als besonderes Zellorgan mit dem „Plastidom" in eine Reihe stellt. GUILLIERMOND geht weiter, er vergleicht das „Vacuom" mit dem Golgiapparat der tierischen Zellen und kommt dabei ganz neuerdings zu einer völligen Homologisierung des pflanzlichen Vacuoms mit dem tierischen Golgiapparat, die er, sich dabei weitgehend auf die Untersuchungen von PARAT über den Golgiapparat stützend, als identische Strukturgebilde bezeichnet. Da GUILLIERMOND (1927) zugleich auch eine gute und ausführliche Zusammenstellung und Besprechung der betreffenden Literatur gibt, so möchte ich auf diese verweisen und sogleich die Ergebnisse der Forschungen und der theoretischen Erwägungen von GUILLIERMOND zum Teil mit seinen eigenen Worten hier wiedergeben, um daran dann die Kritik anzuschließen.

Indem GUILLIERMOND (1927) im Anschluß an DANGEARD alles, was sich in der lebenden Pflanzenzelle mit Neutralrot färbt — eine Ausnahme bilden nur gewisse gleichfalls rot sich färbenden Fetttropfen (Ricinusöl enthaltend) — als Vacuom bezeichnet (S. 76) stellt er fest (S. 83), daß dasselbe in allen pflanzlichen Zellen vorkommt, „même dans les Cyanophycées et les Bactéries ou l'on a longtemps nié la présence des vacuoles". Wenngleich nun bei der Zellteilung das Vacuom, anscheinend allerdings rein passiv auf die Tochterzellen verteilt wird, so gibt es doch andererseits Beispiele für eine Neubildung des Vacuoms im Cytoplasma. Als solche nennt GUILLIERMOND die sprossende Hefe, ferner das Mycel von Penicillium glaucum. „Une étude minutieuse à l'aide de coloration vitales nous a montré, que très souvent un rameau se forme aux dépens d'un filament pourvu déjà de grosses vacuoles. Or ce rameau peut apparaitre

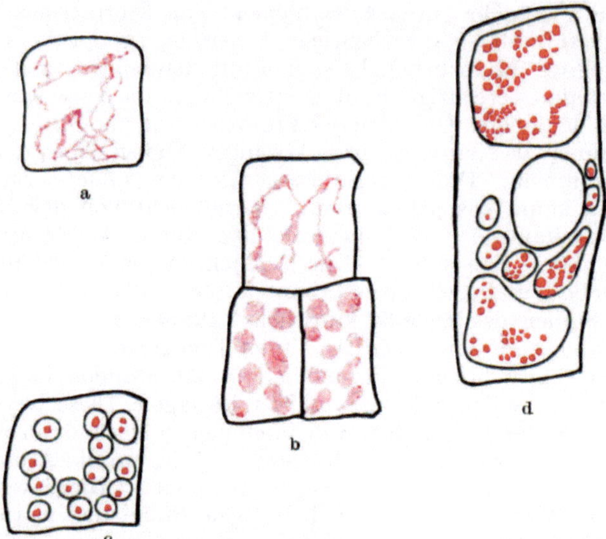

Abb. 267 a—d. Verschiedene Entwicklungsstadien des „Vacuoms" nach vitaler Neutralrotfärbung in den Meristemzellen der Erbsenwurzel. Vergr. 1500fach auf ³/₄ verkleinert. (Nach GUILLIERMOND 1927.)

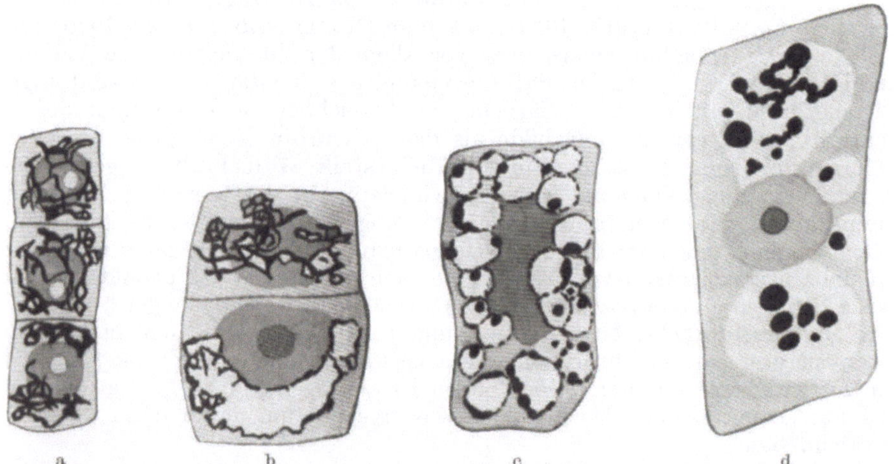

Abb. 268 a—d. Verschiedene Entwicklungsstadien des „Vacuoms" in den Meristemzellen der Erbsenwurzel, dargestellt nach der Methode DA FANO. Vergr. 2000fach auf ³/₄ verkleinert. (Nach GUILLIERMOND 1927.)

loin de ces vacuoles et ne possède au début aucune vacuole. Ce n'est qu'après avoir subi un certain développement qu'il montre de petites vacuoles qui grossissent peu à peu et se fusionnent à la base du rameau, tandis que de nouvelles petites vacuoles apparaissent au sommet. Il ne parait exister aucune relation entre les petites vacuoles du rameau et la grosse vacuole du filament, dont il dérive“ (S. 83). „Les vacuoles sont donc susceptibles de se former de novo dans le cytoplasme.“

Die Untersuchung des mit Neutralrot vital gefärbten Vacuoms bei embryonalen, durch Wasseraufnahme rasch sich vergrößernden Zellen ergab,

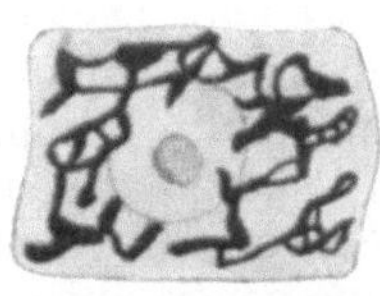 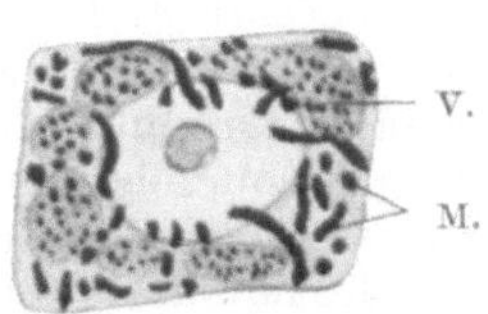 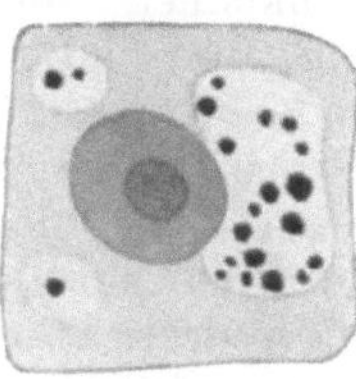

Abb. 269a—c. Entwicklungsstadien des Vacuoms in Meristemzellen der Erbsenwurzeln, dargestellt nach der Methode von KOLATCHEV. Vergr. 1500. a, b in Originalgröße; c auf ³/₄ verkl. reproduziert. V Vacuom, M Mitochondrien. (Nach GUILLIERMOND 1927.)

daß seine Form in typischer Weise wechselt. In den Abb. 267a—d ist eine solche Entwicklungsreihe des Vacuoms für das Meristemgewebe der Erbsenwurzel wiedergegeben. Am Beginn der Keimung ist das Vacuom netzförmig (Abb. 267a), dann schwillt es durch Wasseraufnahme an und zerfällt in runde Tropfen, die sich gleichmäßig mit Neutralrot färben (Abb. 267b). Bei weiterer Zellvergrößerung durch Wasseraufnahme färben sich die Vakuolen nicht mehr gleichmäßig; während der größte Teil des Vakuoleninhalts ungefärbt bleibt, treten in jeder Vakuole ein oder mehrere intensiv rot gefärbte Körnchen auf (Abb. 267c); schließlich verschmelzen die zahlreichen kleinen Vakuolen zu einigen wenigen großen, die in ihrem Innern zahlreiche rote Körnchen bergen, welche BROWNsche Molekularbewegung zeigen (Abb. 267d).

GUILLIERMOND brachte nun an demselben Material, der Erbsenwurzel, die für die Darstellung des Golgiapparates geübten Fixierungs- und Imprägnationsmethoden zur Anwendung. Die Abb. 268a—d sind mittels der Silberimprägnationsmethode nach DA FANO, die Abb. 269a—c mittels der Osmierung nach KOLATSCHEV, Abb. 270 schließlich nach der Methode von BENSLEY, bei welcher der Golgiapparat ungefärbt auf dunklem Untergrunde erscheint, gewonnen.

Die Übereinstimmung der mit diesen verschiedenen Fixierungs- und Imprägnationsmethoden, sowie mit der Vitalfärbung gewonnenen Strukturbilder — es korrespondieren Abb. 267a, 268a, 269a; Abb. 267c, 268c, 269b; Abb. 267d, 268d, 269c — ist so groß, daß wir mit GUILLIERMOND annehmen dürfen, daß tatsächlich mittels der verschiedenen Methoden dieselben Strukturgebilde zur Darstellung gelangt sind. Zu Abb. 269b ist allerdings noch zu bemerken, daß

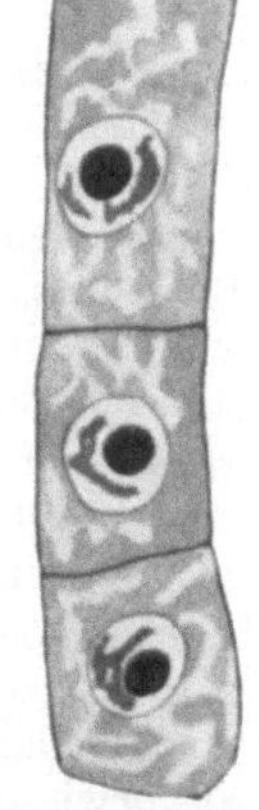

Abb. 270. Meristemzellen der Erbsenwurzel nach der Methode von BENSLEY. Vergr. 1500fach auf ³/₄ verkleinert. (Nach GUILLIERMOND 1927.)

außer den in den Vakuolen gelegenen Körnchen noch fadenartige Gebilde imprägniert sind, die nach GUILLIERMOND als Chondriosomen anzusprechen sind.

Schließlich gebe ich noch einige Abb. 271a—c von Schnitten durch die Kotyledonen der keimenden Erbse wieder, die nach DA FANO behandelt worden sind. GUILLIERMOND deutet sie so, daß in Abb. 271a die Aleuronkörner, die hier eine Tendenz zeigen, sich in die Länge zu strecken und ein Netzwerk zu bilden,

imprägniert worden sind. Bei der weiteren Keimung quellen die Aleuronkörner und verwandeln sich in die Vakuolen, wie sie in Abb. 271b und 271c
zu sehen sind und welche genau den Vakuolen der Wurzelzellen gleichen (man
vergleiche Abb. 271 und 268).

Auf Grund der in ihren Hauptergebnissen referierten Untersuchungen
an Erbsenkeimen, die noch durch solche an Pilzen, Algen und an Elodea-
blättern ergänzt sind, kommt GUILLIERMOND bezüglich der Natur des „Vacuoms"
zu folgenden Ergebnissen: Das Vacuom der Pflanzenzelle ist kein Dauerorgan.
„Il est constitué par des colloides (produits du métabolisme) qui paraissent
sécrétés par la cellule sous forme non miscible avec le colloides cytoplasmiques et qui, par suite de leur fort pouvoir d'absorption de l'eau, se transforme-
raient par hydratisation en vacuoles liquides. Selon les conditions d'hydratation
plus au moins forte de la cellule, le vacuome peut offrir une consistance solide,
semifluide ou liquide. A l'état solide, le vacuome apparait sous forme de corpuscule sphériques (grains d'aleurone). A l'état semifluide il peut revètir des
formes filamenteuses ou réticulaires. A l'état liquide il correspond aux vacuoles,
selon la définition classique, c'est-à-dire inclusions d'eau contenant diverses
substances à l'état de solution très diluée. Il semble que ces trois formes du

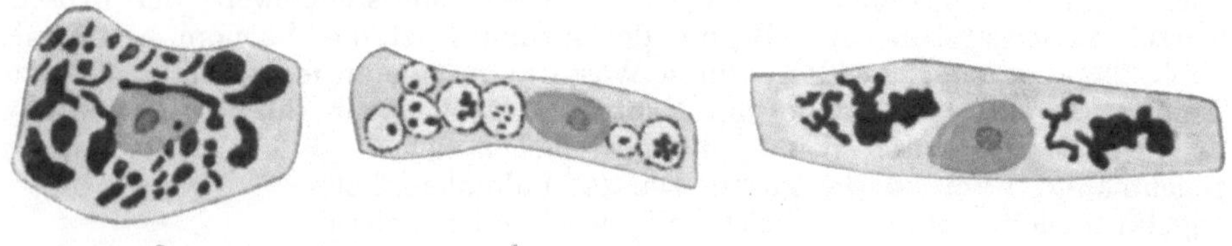

Abb. 271a—c. Zellen aus dem keimenden Kotyledo der Erbse. a Im Anfang, b und c in späteren
Stadien der Keimung. Methode DA FANO. Vergr. 1500, auf ³/₄ verkl. (Nach GUILLIERMOND 1927.)

vacuome soient dans une certaine mesure réversibles. A tous les stades, sauf
à l'état solide, le vacuome a la propriété de fixer les colorants vitaux et en parti-
culier le rouge neutre."

„Le vacuome est formé de substances très variées, selon les cas et ne parait
pas renfermer fréquemments de substancs lipoides. Il joue un rôle important
non seulement dans les phénomènes osmotiques de la cellule, mais comme réser-
voir d'un grand nombre de produits importants du métabolisme cellulaire."

Hierzu möchte ich folgendes bemerken: Der Ansicht, daß alle, von GUILLIER-
MOND in der soeben besprochenen Arbeit beschriebenen Strukturgebilde ergastischer (paraplasmatischer) Natur sind, stimme ich zu. Ich betrachte es weiterhin als erwiesen, daß die echten Vakuolen ergastische Gebilde darstellen, weil
sie ja durch direkte Umwandlung und Wasseraufnahme aus solchen (z. B.
Aleuronkörnern) entstehen. Für verfehlt halte ich aber das Verfahren von
GUILLIERMOND, alle diese von ihm beschriebenen ergastischen Gebilde als Vacuom, bzw. Vakuolen zu bezeichnen; Gebilde, die, wie er selber angibt, weder
chemisch, noch morphologisch untereinander übereinstimmen, die sogar, was
das Hauptcharakteristicum des Vacuoms sein soll, die vitale Färbbarkeit mit
Neutralrot zum Teil nicht einmal besitzen. Die Bezeichnungen Vakuole, Vacuom
sind durchaus morphologisch, sie verlieren in dem Augenblick jeden Sinn,
wenn damit Gebilde bezeichnet werden, die morphologisch keine Vakuolen sind,
und sind daher als irreführend abzulehnen. Bleiben wir ruhig bei der Bezeichnung Paraplasma bzw. ergastische Gebilde für alle in der Zelle morphologisch
nachweisbaren Stoffwechselprodukte, die nur dann, wenn sie morphologisch in
Vakuolenform erscheinen, mit diesem speziellen Namen bezeichnet werden mögen.

Mit dieser Kritik der „Vacuom"theorie ist eigentlich auch schon die weitere Hypothese von GUILLIERMOND widerlegt, daß das „Vacuom" der pflanzlichen Zelle, wie GUILLIERMOND es definiert, dem Golgiapparat der tierischen Zelle homolog sein soll. Denn sicher repräsentiert der Golgiapparat nicht die Summe der ergastischen Einschlüsse, die sich in der tierischen Zelle mit Neutralrot färben — ich nenne z. B. die Dotterkörner, die sich vital mit Neutralrot färben und doch kein Golgiapparat sind. In dieser Verallgemeinerung ist also die Gleichsetzung: pflanzliches Vacuom nach der Definition von GUILLIERMOND == tierischer Golgiapparat schon gar nicht haltbar, Aber auch im einzelnen ist der Homologisierungsversuch von GUILLERMOND sehr anfechtbar. GUILLIERMOND gründet ihn auf die angebliche Gleichheit der Form, die sein Vacuom mit dem Golgiapparat besitzen soll, bei Anwendung gleicher Darstellungsmethoden (Vitalfärbung, Imprägnation).

Ich habe schon auf S. 269 die Lehre von PARAT, daß die Neutralrotgranula in tierischen Zellen identisch mit dem Golgiapparat seien, zurückgewiesen. Damit entfällt schon ein Hauptargument von GUILLIERMONDs Homologisierungsversuch. Hinzukommen aber noch folgende Unterschiede zwischen Vacuom und Golgiapparat: 1. Bei Pflanzen färbt sich das Vacuom in seiner retikulären Form leicht mit Neutralrot (Abb. 267a), bei tierischen Zellen ist die Neutralrotfärbung des retikulären Golgiapparates bisher stets mißlungen (S. 267). 2. Die typische Vakuolenform, wie sie das pflanzliche Vacuom doch meist besitzt (Abb. 268d u. 271d), findet sich nicht beim tierischen Golgiapparat, mag er durch Silberimprägnation oder durch Osmierung dargestellt sein. Die Silbermethode ist übrigens so wenig spezifisch, daß mit ihr schließlich alle Strukturen einmal imprägniert werden können. Die für die Darstellung des Golgiapparates beste Methode, die Osmierung, imprägniert ja auch nicht ausschließlich den Golgiapparat (S. 258); die Imprägnationsbilder des Vacuoms von GUILLIERMOND (Abb. 269) ähneln sehr wenig den typischen Bildern, wie wir sie vom tierischen Golgiapparat her gewöhnt sind. Dafür hat aber jüngst R. BOWEN, was allerdings GUILLIERMOND bei der Veröffentlichung seiner Untersuchung noch unbekannt war, in verschiedenen Pflanzenzellen mittels der Osmiummethode Strukturgebilde, von ihm als „osmiophilic platelets" benannt, imprägniert, die mit dem Vacuom keinerlei Beziehungen haben, dafür aber dem Golgiapparat tierischer Zellen erheblich ähnlicher sehen als die Vacuomgebilde von GUILLIERMOND.

Ich glaube, das Gesagte genügt, um den Homologisierungsversuch von GUILLIERMOND zwischen pflanzlichem Vacuom und Golgiapparat als gescheitert zu betrachten. Wohl kommen in den tierischen Zellen ebenfalls mit Neutralrot vital färbbare paraplasmatische Einschlüsse vor, ihnen aber sämtlich den Namen tierisches Vacuom zu geben, ist aus denselben Gründen, die ich bei den Pflanzenzellen angeführt habe, abzulehnen. Der falsch gewählte und falsch angewandte Name Vacuom würde ja nur zu völlig zwecklosen Homologisierungsversuchen zwischen tierischem und pflanzlichem Vacuom führen und eine Übereinstimmung zwischen Strukturgebilden vortäuschen, die zwischen pflanzlichen und tierischen ergastischen Stoffwechselprodukten tatsächlich weder chemisch noch morphologisch besteht. Der Name „Vacuom" als ein rein morphologischer Begriff erscheint mir überflüssig; sobald weitergehende Vorstellungen mit ihm verknüpft werden (GUILLIERMOND, PARAT), ist er irreführend; er hat deshalb am besten ganz aus der Literatur zu verschwinden.

3. Die osmiophilen Plättchen (BOWEN).

Unter dem Namen „osmiophilic platelets" hat BOWEN 1927/28 bis dahin noch nicht bekannte Strukturgebilde in Pflanzenzellen beschrieben, die er ausschließlich durch die Osmiumsäureimprägnation, besonders nach den Methoden von Kolatschev und Nassonov, weniger sicher nach denen von Hirschler und Weigl, in den somatischen und generativen Zellen von Bryophyten, Pteridophyten und Spermatophyten zur Darstellung bringen konnte. Bowen (1928) gibt eine genaue Beschreibung ihrer Darstellungsmethode, denn nur bei sorgfältiger Befolgung aller technischen Vorschriften kann man mit positiven Erfolgen rechnen.

Die Ergebnisse Bowens sind folgende: Was zunächst die Darstellungsmethoden angeht, so sind sie keineswegs für die osmiophilen Plättchen spezifisch; neben ihnen werden fast immer auch noch andere Zellstrukturen (wie Chondriosomen, Vakuolen) durch die Osmiumsäure imprägniert. „It will be observed

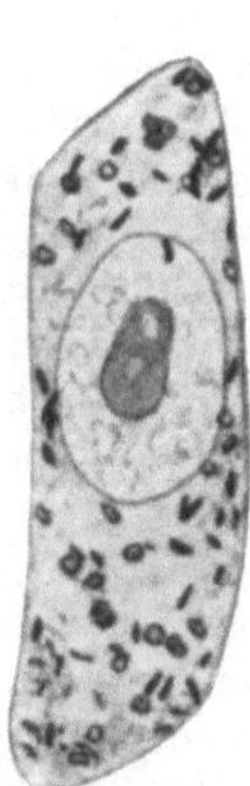

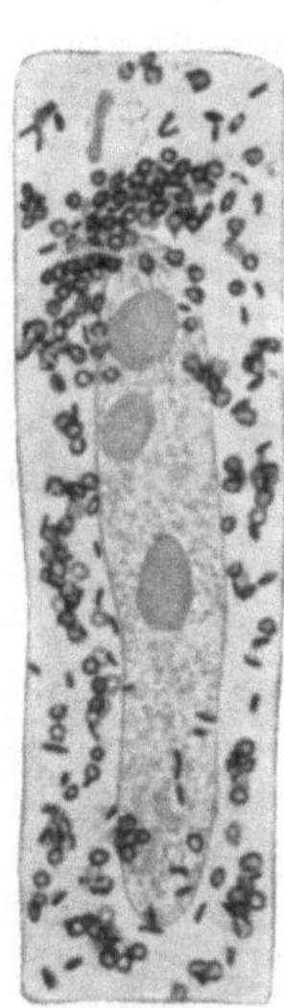

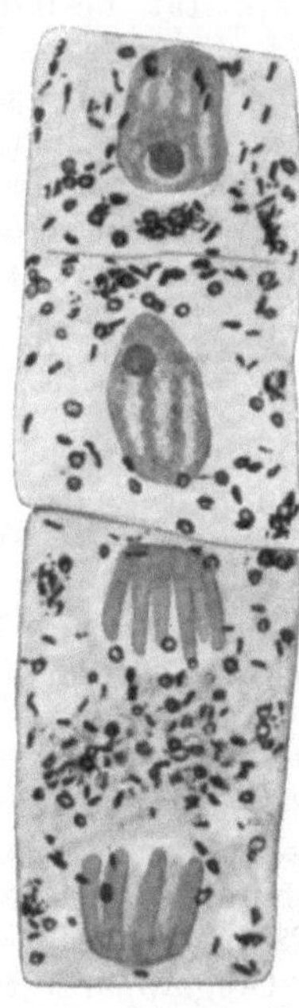

Abb. 272. Dermatogene Zelle. Querschnitt einer Wurzelspitze von Vicia Faba. Fixierung nach Kolatchev und nachfolgende Osmierung. Vergr. 1250 fach. (Nach R. H. Bowen 1928.)

Abb. 273. Pleromzelle. Sonst wie Abb. 272. (Nach R. H. Bowen 1928.)

Abb. 274. Pleromzellen in Teilung. Sonst wie Abb. 272. (Nach R. H. Bowen 1928.)

that about everything in the cell can be demonstrated by osmic acid except chromosomes in dividing cells and probably centrioles, when they occur." „But it is important to note, that the osmiophilic platelets of all the kinds of cellular materials are more easely blackened, usually alone or at times in various combinations with other cellular constituents."

Die osmiophilen Plättchen (Abb. 272—275) liegen fast immer unregelmäßig im ganzen Cytoplasma verteilt, ohne topographische Beziehungen zum Kern oder den Vakuolen, ihre Morphologie beschreibt Bowen folgendermaßen: „The osmiophilic platelets are characterized by a wing or disc-shape, the periphery blackening very intensely and rather selectively with osmic acid. — The optical appearance seem to demonstrate that an osmiophilic platelet is not a spherical vesicle or vacuolar structure of any kind, but a flattened body which, when seen on edge, could alone give the appearance of a rod. — There is still some question, as to the exact structure of these osmiophilic bodies,

but the most probable interpretation seems to be that they are platelets or discs
of an essentially osmiophilic material, the rim of which consists of an intensely osmiophobic substance".

„In number, the osmiophilic bodies vary enormously, more of them being
present in large cells than in small ones. In size, the platelets are always com-
paratively small, as a rule much smaller in proportion to the size of the cell
than the similarly shaped Golgi bodies of animals. Within a single cell they
vary somewhat in size, suggesting that the fragmentation of large platelets
may lead to the production of several small ones. There is also sometimes a
relation between cell-size and the size of individual platelets."

Während der Zellteilung teilen sich die Plättchen
nicht, haben keinerlei Beziehungen zur Spindel und
werden 'anscheinend zufällig auf die Tochterzellen
verteilt (Abb. 274). Das Problem ihrer Vermehrung,
ob durch kontinuierliche Teilung oder Neubildung, ist
durch Beobachtung nicht gelöst, doch möchte BOWEN
als wahrscheinlicher annehmen, daß keine Neubildung
der Plättchen stattfindet. „Not infrequently one finds
groups of several small platelets which suggest an
origin from a single, original large one. It seems
probable that the substance of the platelets is specific
in the same sence that the Golgi material and chondriosomes of animal cells may be said to be specific.
This substance (or substances) is distributed in the form
of characteristic platelets. This platelets increase in
size by processes of independent growth and having
attained certain dimensions, are fragmented into
several smaller platelets, each of which gradually

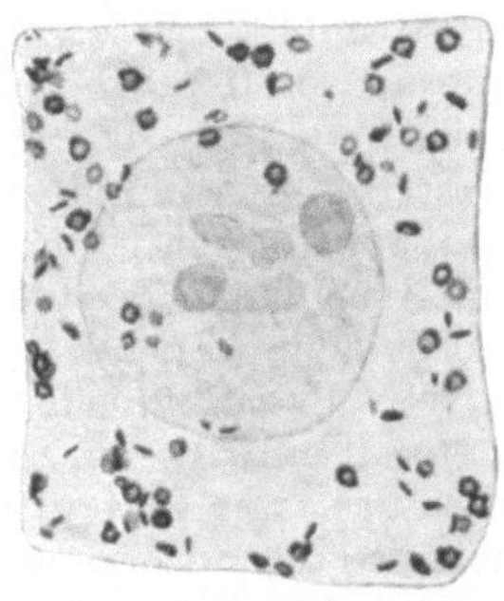

Abb. 275. Periblemzelle.
Wurzelspitze von Equisetum
arvense. Fixierung nach
KOLATCHEV und nach-
folgende Osmierung.
Vergr. 1250fach.
(Nach R. H. BOWEN 1928.)

attains the size of the original and thus the multiplication of the platelets
is assured."

Was nun die Funktion angeht, so hat BOWEN bisher keinerlei Anhaltspunkte
für eine solche aus den morphologischen Befunden ableiten können. „The
osmiophilic platelets have not been seen to undergo changes of any kind which
might conceivably be interpreted as visible evidences of some physiological
function."

Angesichts dieser soeben referierten Befunde von BOWEN ist es verfrüht,
heute schon in eine eingehende Diskussion darüber einzutreten, in welche Kategorie von Strukturgebilden die osmiophilen Plättchen einzureihen sind, ob
sie spezifisches Teilkörpermaterial enthalten oder nur paraplasmatisches Material
darstellen. Dazu reichen die interessanten Befunde von BOWEN noch nicht
aus, und es bleibt vor allem auch ihre Bestätigung durch andere Autoren abzuwarten. BOWEN selber spricht sich übrigens sehr vorsichtig aus, wenn er
auch geneigt ist, die osmiophilen Plättchen der Pflanzenzellen dem tierischen
Golgiapparat auf Grund der gleichen Darstellungsmethode und der ähnlichen
morphologischen Eigenschaften (vgl. vor allem die Befunde von osmiophiler
und osmiophober Substanz sowohl bei den osmiophilen Plättchen wie bei dem
Golgiapparat) zu homologisieren.

Ein wichtiger positiver Anhaltspunkt für die Berechtigung dieser Homologisierung wäre gewonnen, wenn der Nachweis geführt würde, daß bei der
Spermienbildung der Moose das Akrosommaterial, das bei den tierischen Spermien vom Golgiapparat produziert wird (vgl. S. 292), von den osmiophilen
Plättchen geliefert wird. Eine Untersuchung hierüber, die zu positiven Ergebnissen geführt haben soll, ist von BOWEN angekündigt.

F. Die Mikrosomen und das Hyaloplasma.

Gemäß unserem auf S. 28 aufgestellten Arbeitsprogramm und auf Grund von Erwägungen zunächst mehr allgemeiner Natur, daß das Cytoplasma Erbmaterial (Plasmon) enthalten müsse (S. 217), ist bisher bei denjenigen Strukturgebilden des Cytoplasmas, von denen behauptet worden ist, daß sie Teilkörpermaterial enthalten, die Berechtigung dieser Anschauung geprüft worden. So bin ich bezüglich der Plastiden, der Plastosomen und der Centriolen zu dem Ergebnis gekommen, daß in ihnen spezifisches Protomerenmaterial enthalten ist, bei dem Golgiapparat und den osmiophilen Plättchen (Bowen) wurde die Frage noch offen gelassen, bei dem sog. Vacuom (Parat, Guilliermond) mußte sie verneint werden. Das Vacuom ist ausschließlich ergastischer (paraplasmatischer) Natur. Aber auch bei den anderen, soeben genannten Zellgebilden, die wir als Dauerorgane und Träger des Idioplasmas betrachten, ist stets eine, von Fall zu Fall qualitativ und quantitativ wechselnde Beimischung von ergastischen Stoffen anzunehmen. Dies war mit ein Hauptergebnis unserer Untersuchung. Es taucht nunmehr die Frage auf, ob wir mit unserer bisherigen morphologischen Analyse schon alles Protomerenmaterial im Zelleib erfaßt haben. Es ist zunächst klar, daß der positive Nachweis, daß etwas Teilkörpermaterial enthält, um so schwieriger ist, je kleiner ein solches Gebilde ist. Denn alles das, was in positivem Sinn für die protomerale Natur spricht, namentlich also das autonome Wachstum und die Fortpflanzung durch aktive Teilung, ferner aber die morphologische Identifizierbarkeit erfordern ja eine gewisse Mindestgröße und irgendein charakteristisches morphologisches Verhalten. Da nun andererseits die protomeralen Eigenschaften an Strukturgebilde ultramikroskopischer Größenordnung geknüpft sein können, wie wir es von den ultravisiblen Virusarten, ferner aber auch von den Genen im Kern wissen, so ist die Möglichkeit natürlich zuzugeben, daß auch in dem optisch homogenen Hyaloplasma oder in den gerade an der optischen Untersuchungsgrenze stehenden Mikrosomen Teilkörpermaterial enthalten ist. Nur möchte ich an dieser Stelle davor warnen, allzu rasch mit einer solchen Annahme bei der Hand zu sein. Wenn z. B. von Held (1916) in den Samenfäden durch Versilberungsmethoden Mikrosomen dargestellt werden, und von diesen nun angenommen wird, daß sie Überträger väterlicher Erbqualitäten sein könnten, so läßt sich diese Hypothese zwar nicht widerlegen, aber zu ihren Gunsten spricht doch kein einziges stichhaltiges Argument. Ist es doch noch nicht einmal sichergestellt, daß die angeblichen Mikrosomen nicht einfach Artefakte und nichts weiter als Silberniederschläge sind. Ich glaube, mit unseren heutigen Untersuchungshilfsmitteln und -Methoden ist die Frage, ob außer in den besprochenen mikroskopisch sichtbaren Zellstrukturen noch anderswo im Zelleib Protomerenmaterial enthalten ist, weder mit ja noch mit nein zu beantworten.

Da die sog. metaplasmatischen Differenzierungsprodukte später von Wassermann besprochen werden, so wende ich mich gleich der Besprechung derjenigen, im Zelleib optisch wahrnehmbaren Strukturgebilde zu, von denen feststeht, daß sie kein Protomerenmaterial enthalten und keine Dauerorgane der Zelle sind, vielmehr nur vorübergehend in der Zelle erscheinende ergastische (paraplasmatische) Produkte darstellen.

G. Paraplasmatische, ergastische Strukturgebilde im Cytoplasma.

Im Gegensatz zum Zellkern, dessen Gehalt an optisch wahrnehmbaren paraplasmatischen Einschlüssen ein verhältnismäßig geringer ist (vgl. S. 192), ist der Zelleib fast immer reichlich mit paraplasmatischen toten Inhaltstoffen erfüllt. Die morphologische Diagnostizierbarkeit dieses Paraplasmas ist an folgende Bedingungen geknüpft:

1. Zuerst und vor allem müssen die paraplasmatischen Einschlüsse eine genügende Teilchengröße, dazu noch ein anderes Lichtbrechungsvermögen, bzw. andere chemisch-physikalische Eigenschaften als ihre Umgebung besitzen, damit sie überhaupt mit Hilfe des Mikroskopes erfaßbar sind. Alles, was von den paraplasmatischen Stoffen in molekular disperser Form in der Zelle vorhanden is⁴, entgeht, soweit es nicht etwa an andere größere Strukturgebilde gebunden ist (z. B. Chlorophyll an die Chloroplasten, Nucleinsäure an die Chromosomen), der morphologischen Analyse durch das Mikroskop.

2. Um einen Strukturteil als paraplasmatisch zu diagnostizieren, muß entweder die Möglichkeit seiner völligen Neubildung oder seines restlosen Verschwindens in der Zelle erwiesen sein.

3. Als weitere Kennzeichen ergastischer Gebilde gibt A. MEYER an: „Als ergastisch dürfen wir ein Gebilde auch ansprechen, wenn wir nachweisen können, daß es nur aus chemischen Substanzen besteht. Hier wird es aber leicht unsicher bleiben, ob wir die Analyse völlig durchführen können". Nur dann ist „der Beweis für die ergastische Natur eines Gebildes erbracht, wenn wir entweder gezeigt haben, daß es krystallisiert ist — denn Krystalle sind stets nur aus Molekülen chemischer Substanzen aufgebaut — oder wenn es in einem oder mehreren nacheinander angewandten Reagenzien völlig löslich ist, welche erfahrungsgemäß Organsubstanz nicht zu lösen vermögen (Osmiumsäure, Alkohol, Äther usw.)".

Sämtlichen auf Grund der genannten Kriterien als „ergastisch diagnostizierten Strukturbestandteilen der Zelle, soweit sie von mikroskopischer Größenordnung sind", gibt A. MEYER den Namen „Ante"; er ordnet sie nach ihrer physiologischen Bedeutung in 1. Gebrauchsgebilde, 2. Abfallgebilde, 3. Stützgebilde, und unterscheidet auf Grund ihrer chemischen Zusammensetzung folgende Gruppen: Die Zellsaftante, die Fettante, die Kohlenhydratante, die Eiweißante, die anorganische Salzante.

Es ist auf dem mir zur Verfügung stehenden Raume unmöglich, eine auch nur annähernd erschöpfende Aufzählung sämtlicher in den verschiedenen Zellarten bisher beobachteten ergastischen Strukturen zu geben. Ich möchte dafür auf die ausführliche Darstellung von A. MEYER (1920, S. 34—403), der neben den pflanzlichen auch die tierischen Zellen eingehend berücksichtigt, verweisen und hier nur einige, mir prinzipiell wichtig erscheinende Beispiele anführen. Wegen der zum Nachweis der ergastischen Ante besonders geeigneten mikrochemischen Untersuchungsmethoden verweise ich auf S. 89, wo ich dieselben in ihrer allgemeinen Bedeutung besprochen habe, ferner auf den Beitrag von TSCHOPP in diesem Bande.

1. Die Zellsaftante.

Der wichtigste, in keiner Zelle fehlende ergastische Stoff ist das Wasser. Es ist in der mannigfaltigsten Form in den Zellen enthalten, als Suspensions-, als Imbibitions-, als Konstitutionswasser; nur ein oft verhältnismäßig kleiner Teil ist jedoch, in Form von Tröpfchen verschiedener Dimensionen verteilt, der mikroskopischen Analyse direkt zugänglich und namentlich bei Pflanzenzellen unter dem Namen Zellsaftvakuolen und Zellsafträume schon lange bekannt. Durch ultramikroskopische und experimentelle Studien hat SPEK (1924) neuerdings unsere Kenntnisse über die Wasserbläschen in tierischen Zellen erweitert und festgestellt, daß sie „das Bauelement einer sehr verbreiteten

Plasmastruktur, der sog. Wabenstruktur von Bütschli" (vgl. S. 13) bilden. Spek faßt die Ergebnisse seiner salzphysiologischen Untersuchungen an Protozoen folgendermaßen zusammen (vgl. auch S. 213): „Den von Bütschli beobachteten Wabenstrukturen liegt bei den Protozoenzellen zum größten Teil etwas Reales zugrunde. Dies erweist sich jedoch in den meisten Fällen schon bei direkter Beobachtung mit unseren Dunkelfeldmethoden als eine Emulsion, deren Tröpfchen (Bläschen), das sind also die vermeintlichen Waben, in Brownscher Molekularbewegung durcheinander tanzen können. Zum gleichen Resultat führen Beobachtungen an ausgeflossenem Plasma und zahlreiche Versuche mit meist salzphysiologischen Methoden, in denen eine kontinuierliche Strukturvergröberung erzielt werden konnte bis zu Größenordnungen hinauf, die schon bei mittlerer Vergrößerung ohne weiteres erkennbar sind (vgl. Abb. 12, S. 45).

Es entstand dabei meist eine typische Emulsion heller, kugelrunder Blasen im hyaloplasmatischen Dispersionsmittel. Die Wasserbläschen des Plasmas sind von dickeren Hüllen umgeben (Abb. 276), deren Löslichkeitsverhältnisse und Färbbarkeit nicht für eine Lipoidnatur sprechen, denn diese Hüllen färben sich nicht mit Vitalfarbstoffen wie Neutralrot, Methylenblau, Nilblausulfat und sind nicht löslich in Wasser + Fettsäuren und Wasser + Äther. Doch machen die unter Umständen ziemlich derben, vielleicht schon gelatinösen Hüllen (offenbar an den Grenzflächen verdicktes kolloides Dispersionsmittel) ein Zusammenplatzen der Bläschen nicht unmöglich, vielmehr haben die Bläschen hierzu mehr Neigung als zur gegenseitigen Abplattung. Vielleicht spielen sich in diesen Hüllen mit ihrer großen Oberflächenentfaltung ähnliche Vorgänge ab wie in den Zellmembranen."

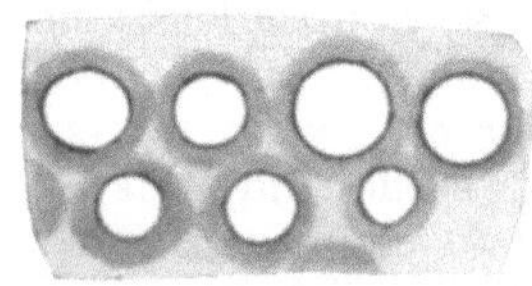

Abb. 276. Hypothetisches Schema einer Gitterstruktur durch Gelhöfe, welche die Plasmablasen umgeben. (Nach Spek 1924.)

Da diese Bläschen niemals aus chemisch reinem Wasser bestehen, vielmehr stets anorganische Salze oder organische Stoffe in gelöstem Zustand enthalten, so bezeichnen wir ihren Inhalt wohl besser als Zellsaft und die morphologischen Gebilde selber mit A. Meyer als Zellsaftante.

Die chemische Zusammensetzung der Zellsaftante ist, wie A. Meyer hervorhebt, „höchstwahrscheinlich eine andere wie die der Summe der ergastischen wasserlöslichen Stoffe des Cytoplasmas". Mit Hilfe des Mikroskopes ist ein Nachweis dieser Stoffe in der lebenden Zelle nur dann möglich, wenn sie dem Zellsaft eine charakteristische Farbe verleihen, in der konservierten Zelle nur dann, wenn sie in unlöslicher Form ausgefällt werden. Bei Zellen, deren Inhalt zum größten Teil aus Zellsaft besteht, wie namentlich vielen Pflanzenzellen, ist unter Umständen auch auf makrochemischem Wege eine Analyse des Zellsaftes durchführbar. „Es geht natürlich nicht an, die Preßsäfte der Pflanzenteile ohne weiteres als Zellsäfte zu betrachten, da nicht nur aus dem Protoplasten, sondern auch unter Umständen aus Sekretzellen und Drüsen ergastische Stoffe in solche Preßsäfte hineingeraten. Würde man aber reine Parenchymgewebe mit sehr großen Zentralzellsaftanten auswählen, so würden Stoffe, die so reichlich vorhanden wären, daß ihr Volumen das des Cytoplasmas der Gewebe überträfe, sicher als Zellsaftbestandteil anzusprechen sein" (A. Meyer). „Wenngleich es an Untersuchungen noch fehlt, die mit besonderer Rücksicht auf die Frage: „welche Stoffe finden sich in den Zellsäften" angestellt worden sind", so gibt doch A. Meyer (1920, S. 391) eine Zusammenstellung von solchen Stoffen, deren Vorkommen in den Zellsaftanten mit einiger Sicherheit angenommen werden kann, ich nenne daraus außer einigen anorganischen Salzen und organischen Säuren (z. B. Oxalsäure), Kohlenhydrate, Schleim, Glykoside, Anthozyane, Gerbstoffe, Alkaloide, Eiweiß, Enzyme.

Über die Form der Zellsaftanten sagt A. MEYER, „daß sie von allen ergastischen Gebilden die mannigfaltigsten Gestalten haben und ihre Form am raschesten wechseln können." „Kleine Zellsaftante, welche von einer genügenden Menge leichtflüssigen Cytoplasmas umhüllt sind, werden kugelförmig. Geraten aber Zellsaftante in dünnflüssige Cytoplasmaströmungen, die von Cytoplasmapartien größerer Zähflüssigkeit umgeben sind, so können sie gedehnt und gebogen werden und fadenförmige Gestalt annehmen."

Die physiologische Bedeutung der Zellsaftante ist eine außerordentlich mannigfaltige. Je nach ihrem chemischen Inhalt und seiner Bedeutung für den Stoffwechsel der Zelle kann man sie als Sekretante, Abfallante usw. bezeichnen. Häufig spielt sie auch eine mechanische Rolle, so namentlich bei den meisten Pflanzenzellen und den tierischen Chordazellen, wo die mit Zellsaft erfüllten Hohlräume für den Zellturgor ausschlaggebend sind.

Eine gewisse Schwierigkeit der Nomenklatur sei noch erwähnt, die sich aus dem wechselnden Gehalt des Zellsaftes an gelösten Substanzen ergibt. Nimmt das Wasser in einer Vakuole so ab, daß der Inhalt mehr gallertige oder gelartige Konsistenz bekommt, so benennen wir dies ergastische Gebilde besser nicht mehr nach dem Wasser als Zellsaftante, sondern nach seinem nunmehrigen Hauptbestandteil und sprechen etwa von Glykogen- oder Eiweißtropfen. Doch gibt es natürlich hier Übergänge, wo die Nomenklatur zweifelhaft bleibt. Hüten muß man sich auch, an dem fixierten Präparat jeden vakuolenartigen Hohlraum als Zellsaftante diagnostizieren zu wollen. Derselbe kann ebensogut durch Lösung eines mehr oder minder festen Strukturgebildes in dem Konservierungsmittel oder sogar durch einen Entmischungsprozeß völlig neu entstanden sein. SPEK (1924) hat gezeigt, wie hier in zweifelhaften Fällen durch ultramikroskopische Untersuchung der lebenden Zelle die Entscheidung gebracht werden kann.

2. Anorganische Salze in Krystallform.

In der Regel viel einfacher gestaltet sich der Nachweis von ergastischen Gebilden, die aus anorganischen Salzen bestehen. Als Skeletsubstanzen spielen namentlich die wasserunlöslichen Kalk- und Siliciumsalze, im Inneren der Zelle oder an ihrer Oberfläche abgeschieden, eine wichtige mechanische Rolle. Weitverbreitet, oft durch rasche Lösung bzw. Auskrystallisieren den Zellturgor beeinflussend, oder auch als Abfallante sind bei den Pflanzen ferner anorganische Salze in Krystallform, namentlich die Calciumkrystalle. In tierischen Zellen finden sich anorganische Salzkrystalle seltener, z. B. in den MALPIGHIschen Gefäßen der Insekten.

3. Kohlenhydratante.

Die Kohlenhydrate sind, soweit sie nicht diffus im Zellinneren gelöst sind entweder in Krystall- oder in Tropfenform als Gebrauchsstoffe in der Zelle gespeichert. Schon lange bekannt sind die mit Jod sich meist blau, selten rot färbenden Stärkekörner in Pflanzenzellen, welche stets innerhalb der Trophoplasten (vgl. S. 295) gebildet werden. Ihr Bau ist namentlich von A. MEYER (1895) studiert worden, welcher sie als geschichtete Sphärokrystalle bezeichnet und diese Deutung auch gegen den Widerspruch von A. FISCHER (1898) und CZAPEK (1913) aufrecht erhält [A. MEYER (1920, S. 255)]. „Wie bei allen Sphäriten wird auch bei den Stärkekörnern die Schichtung erkennbar gemacht: 1. durch verschiedene dichte Stellung der Trichite; 2. durch die verschiedene

Länge der Trichite; 3. durch deren verschiedene Dicke, 4. und verschieden reiche Verzweigung. Die so durch verschiedenartige Ausbildung der Kryställchen in wechselnden Lagen hervortretenden Schichten der Stärkekörner sind dann verschieden stark lichtbrechend, verschieden kräftig radial gestrichelt, verschieden porös, auch gegen Reagenzien verschieden widerstandsfähig. Selbstverständlich sind die am schwächsten lichtbrechenden Schichten auch die porösesten und lockersten. Nach Makro- und Mikrochemie zu urteilen, bestehen die Kryställchen der gewöhnlichen Stärkekörner aus β-Amylose; Kryställchen aus α-Amylose sind seltener. Die sich mit Jod rein rotbraun färbenden Stärkekörner bestehen anscheinend hauptsächlich aus Amyloerythrin, doch enthalten sie sicher auch α-Amylose."

Als Ursachen der Schichtung kommen vor allem äußere Faktoren der mannigfaltigsten Art in Frage, verschieden starke Zufuhr von Krystallisationsmaterial, Einfluß von Temperaturschwankungen. „Ob daneben bei vollkommenem Fehlen äußerer, Schichtung bedingender Ursachen durch „innere Rhythmen" Schichten entstehen können", läßt A. Meyer dahingestellt. Daß die Zelle als Ganzes, nicht der einzelne Trophoplast die Schichtenbildung hauptsächlich beherrscht, geht nach A. Meyer daraus hervor, daß sich die in einer Zelle liegenden Stärkekörner durch annähernd gleichartige gröbere Schichtung auszeichnen.

Das andere, bei Pflanzen nur in Pilzen und Eubakterien gefundene, dagegen bei Tieren äußerst verbreitete ergastische Kohlenhydrat ist das Glykogen, das entweder im Cytoplasma oder Zellsaft gelöst ist, oder im zähflüssig, gallertigen oder festen Zustand „Ante" im Zelleib bildet. Die sicherste Methode für den Glykogennachweis ist die Jodreaktion in Verbindung mit der Speichelreaktion. Wegen seiner großen Wasserlöslichkeit ist es nur in alkoholischen Gemischen fixierbar und dann nach der Methode von Best zu färben. „Da aber das Bestsche Carmin auch manches andere färbt, so muß dieselbe durch die Jodreaktion im Zweifelsfall geprüft werden" [B. Romeis (1924)].

Bei Berücksichtigung des Umstandes, daß durch die alkoholischen Fixierungsmittel das Glykogen oft in seiner Lage und Form verändert wird, ist es wahrscheinlich, daß größere kugelförmige Glykogentropfen, wie sie in der fixierten Zelle beobachtet werden, bereits Fixierungskunstprodukte sind, und daß „die Glykogenante im lebenden Cytoplasma in Form kleiner, selten größerer Körner von meist unregelmäßigen Umrissen, wie sie im Cytoplasma wachsende Klümpchen einer pastenartigen Tröpfchengallerte annehmen müßten, liegen" [A. Meyer (1920)].

An dieser Stelle ist schließlich noch der Cellulose wenigstens kurz Erwähnung zu tun, wenngleich diese Kohlenhydratverbindungen ja nicht innerhalb der Zellen, sondern als besondere Membranen als Ausscheidungen des Zelleibes sich vorfinden. Die Cellulosemembranen sind neuerdings mit den verschiedensten Methoden, der Imbibitionsmethode von Ambronn, der Röntgenmethode, der polarisationsoptischen Methode, erfolgreich studiert worden. Dabei wurde die Micellartheorie von Nägeli über den submikroskopischen Aufbau der pflanzlichen Zellmembranen aus anisodiametrischen doppelbrechenden, krystallinen Micellen weitgehend bestätigt. Da die spezielle Darlegung dieser Befunde nicht mehr ins Gebiet der mikroskopischen Anatomie, sondern in das der ultramikroskopischen Strukturlehre gehört, so verweise ich auf die Abhandlung von Frey (1927) über den submikroskopischen Feinbau der Zellmembranen, woselbst auch die Literatur angeführt ist.

4. Fettante.

Weit verbreitet als ergastische Ante sind ferner die Fettstoffe (Neutralfette, Fettsäuren, Seifen), die Cholesterinester der Fettsäuren (im polarisierten

Licht doppeltbrechend) und die fettähnlichen Stoffe (Lecithine, Lipoide). Ihre quantitative Analyse mit dem Mikroskop ist schon aus dem Grunde unmöglich, weil das Fett oft in feinst disperser Form dem histologischen Nachweis entzogen ist. Nach A. MEYER (1920) ist der Beweis, daß ein flüssiges, stärker lichtbrechendes wasserunlösliches Ant oder ein festes wasserunlösliches Ant wesentlich aus Fett besteht, erbracht, wenn 1. aus dem Gewebe, welches solches Ant enthält, durch Extraktion mit Fettextraktionsmitteln Fette dargestellt und aus diesen Glycerin dargestellt werden kann; 2. wenn die Ante mit Ammonkali Krystalle geben; 3. wenn sie in Schwefelsäure und rauchender Salpetersäure klar bleiben; 4. wenn sie sich in 95% Alkohol nicht, in Chloroform und Petroleumäther leicht lösen; 5. sich mit Osmiumsäure schwärzen.

Die Versuche, mikrochemisch in den Fetttropfen die einzelnen Fettarten diagnostizieren zu wollen, sind als gescheitert anzusehen. Denn einmal enthalten die Fettante stets Gemische von verschiedenen Fetten, so daß höchstens eine Aussage über die Hauptkomponente eines Fetttropfens möglich ist, außerdem sind aber die Fettfarbstoffe (Sudan, Nilblausulfat) nicht genügend spezifisch (KAUFMANN, ESCHER). Auch ändert die meist angewandte Formolfixierung unter Umständen das Färbungsresultat [ROMEIS (1928)]. Ich verweise auf das auf S. 90 Gesagte, ferner auf ROMEIS (1928), A. MEYER (1920), ASCHOFF (1911), KAUFMANN und LEHMANN (1926), FISCHLER (1904), ESCHER (1919).

5. Eiweißante.

Zum Schluß will ich noch die Frage besprechen, wie weit das Eiweiß ergastische Ante, d. h. also tote Formgebilde mikroskopischer Größenordnung, in der Zelle bildet und wie diese von dem lebenden Protoplasma unterscheidbar sind. Diese Frage ist deshalb von prinzipieller Bedeutung, als ja seit PFLÜGER (1875) und VERWORN (1903) von vielen Forschern die Eiweißverbindungen, die Hauptbestandteile des Zellinhaltes, als Träger des Lebens katexochen betrachtet werden, bzw. den Protomeren Eiweißcharakter zugeschrieben wird; so bezeichnet O. HERTWIG „die elementaren Lebenseinheiten als Komplexe von Eiweißmolekülen" (vgl. meine Ausführungen auf S. 23). Diese weitverbreitete Anschauung wird allerdings von A. MEYER (1920) bekämpft. „Es läßt sich in der Tat zeigen, daß für die zur Gewohnheit gewordene Anschauung, die Eiweißkörper dienten für den Aufbau der vererbbaren Struktur der Zelle, irgendwelche Beweise nicht vorliegen, und daß es sogar viel wahrscheinlicher ist, daß die Eiweißkörper keine Bausteine der lebenden Substanz sind, sondern ausschließlich ergastische Stoffe" [A. MEYER (1920, S. 441)].

So bezeichnet A. MEYER alles Eiweiß, das sich in gelöster, fein verteilter Form im Zellinhalt findet, als ergastischen Organstoff, welcher mit den „Vitülen", den nicht eiweißhaltigen Protomeren, zusammen das Hyaloplasma bildet. Ich möchte auf die Streitfrage, ob die Protomeren eiweißhaltig sind oder nicht, hier nicht eingehen, zumal sie ja auch nicht mit mikroskopischanatomischen Methoden entschieden werden kann; wichtig ist für uns an dieser Stelle, daß A. MEYER neben diesem diffus gelösten Organeiweiß mikroskopisch nachweisbare tote ergastische Eiweißante unterscheidet. Allerdings ergeben sich bei der speziellen Durchführung, welche eiweißhaltigen Strukturgebilde als ergastische Ante zu bezeichnen sind, zwischen A. MEYER und mir Differenzen, indem A. MEYER die Plastosomen zu den ergastischen Eiweißanten hinzurechnet, während ich es für wahrscheinlich halte, daß die Plastosomen, vielleicht neben ergastischem Eiweiß und Lipoiden, Protomerenmaterial enthalten (vgl. S. 255). Wir müssen also die Kriterien prüfen, welche mit Sicherheit zur Diagnose „ergastische Eiweißante" führen.

Nicht strittig ist diese Diagnose, wo das Eiweiß in Krystallform in den Zellen, selten im Kern (vgl. S. 192), häufiger im Cytoplasma enthalten ist. Eine ausführliche Tabelle über das Vorkommen von Eiweißkrystallen in Pflanzenzellen gibt A. Meyer (1920, S. 52): „Sie sind anscheinend stets frei von Nucleinsäure und scheinen zumeist den Albuminen und Globulinen zuzugehören; so bestehen die Krystalle der Aleuronkörner der Mehrheit nach aus Globulinen. Es scheint, als ob sich in der Pflanze vorzüglich aus solchen Eiweißstoffen Krystalle innerhalb der Zellen bilden, welche auch am leichtesten künstliche Krystalle liefern".

Auch in den verschiedensten tierischen Zellen, wenn auch nicht so häufig als bei den Pflanzen, sind Eiweißkrystalle beschrieben worden, z. B. von Biedermann (1898) im Darmepithel der Mehlkäferlarve (*Tenebrio molitor*), von Ebner in den Eiern des *Rehes*; bekannt sind beim Menschen die Eiweißkrystalle in den Zwischenzellen des Hodens (Abb. 277), deren Bedeutung noch nicht geklärt ist.

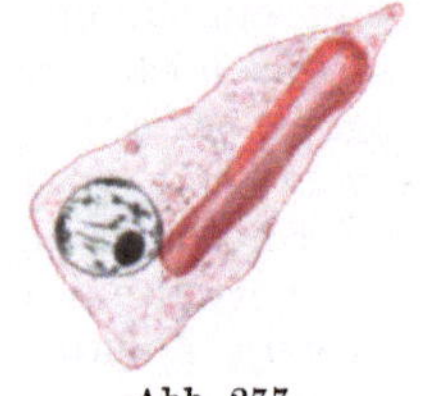

Abb. 277.
Hodenzwischenzelle
vom Menschen mit
Eiweißkrystall.
Vergr. 900 fach.
(Nach Petersen 1922.)

Für die nichtkrystallisierte, zähflüssige Eiweißante in Tropfenform läßt sich dagegen der Beweis, daß sie zu den toten ergastischen Gebilden und nicht zu den lebenden Organen des Protoplasmas zu stellen ist, nicht so einfach erbringen. Da ist nachzuweisen, daß die fraglichen Strukturgebilde tatsächlich aus Eiweiß bestehen, daß sie nicht etwa bei der Fixierung entstandene Kunstprodukte, sondern vital bereits präformiert sind, und vor allem eben, daß sie nicht der lebenden Masse der Zelle angehören, sondern tote Einschlüsse sind. Wie ein solcher Nachweis mit Sicherheit erbracht werden kann, möchte ich am Beispiel der in Tropfen- bzw. Schollenform gespeicherten Eiweißante der Leberzellen (Amphibien, Säuger) zeigen, die von Berg (1912—1926) genau studiert worden sind. Seine Ergebnisse faßt Berg (1928) neuerdings folgendermaßen in übersichtlicher Weise zusammen:

„Berg stellte (1912) fest, daß in den Leberzellen gut genährter *Feuersalamander* Tropfen und Schollen vorhanden sind, welche beim Hungern schwinden und bei Hungertieren mit „leeren" Leberzellen nur nach Fütterung mit Eiweiß, nicht nach solcher mit Kohlenhydraten oder Fett wieder auftreten. Über die Natur dieser Tropfen konnte nun mit histologischen und histochemischen Methoden folgendes festgestellt werden [Berg (1926)]:

1. „Die Tropfen finden sich in beliebig fixierten, dann gewässerten, entwässerten und in Paraffin eingebetteten Präparaten, sind also nach der Vorbehandlung weder in Wasser, noch in Alkohol, noch im Intermedium löslich. Sie geben, entsprechend vorbehandelt, weder Fett- noch Glykogenfärbung, bestehen danach mit ziemlicher Sicherheit aus Eiweiß."

2. „Die Tropfen werden beim Anstellen der Millonschen Reaktion am ungefärbten Schnitt rötlich-mahagonibraun, enthalten also die für das Eiweiß charakteristische Tyrosingruppe."

3. „Sie werden durch Pepsinsalzsäure gelöst und sind nach Verdauung des Glykogens durch Speichel noch vorhanden."

4. „Hochaufgebaute Eiweißkörper, wie sie nach allgemeiner Anschauung in unendlicher Komplikation in den Protoplasmastrukturen enthalten sind, fallen bei den Veränderungen, welche die histologische Fixation zu begleiten pflegen, als Gerinnsel oder gekörnte Häute aus, welche beide an der Grenze der mikroskopischen Sichtbarkeit liegende Granulierung aufweisen. Weniger hohe Aufbauprodukte der Eiweißkörper liefern, unter gleichen Umständen ausgefällt, Körnchen von teilweise ansehnlicher mikroskopischer Größe, welche nicht sofort starr werden, sondern zu Tropfen zerfließen können. Es scheint

erlaubt zu sein, das Vorkommen entsprechender Reaktionen innerhalb der lebenden Substanz anzunehmen und aus dem differenten Aussehen der groben unregelmäßigen Tropfen und des fein strukturierten Protoplasmas einen Schluß auf die qualitative Differenz zu ziehen."

5. „Daß die Tropfen nicht etwa durch Autolyse vor oder während der Fixation entstanden sind, ließ sich dadurch zeigen, daß die gegen solche Wirkungen höchst empfindlichen Plastosomen neben ihnen nachzuweisen waren."

6. „Dafür, daß die Tropfen nicht in den Verband der Protoplasmaorganisation aufgenommen seien, sondern gespeichert in den Zellen liegen, sprach das Vergehen und Wiederauftreten beim Hunger- und Fütterungsversuch."

7. „Der Beweis dafür, daß sie nicht „lebendes" Material darstellen, ließ sich durch supravitale Färbung isolierter Leberzellen mit Neutralrot führen

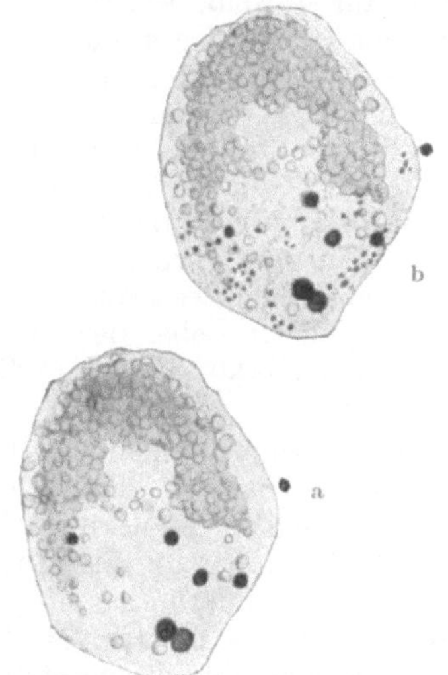

Abb. 278 a, b. Supravital gefärbte Leberparenchymzellen von gut genährten Salamandern. Obj. 3 mm 0,95 n. A. Komp. Okul. 6. Zeiß. a In den ersten Minuten nach Eintreten der Färbung gezeichnet. b [25 Minuten später. (Nach BERG 1922.)

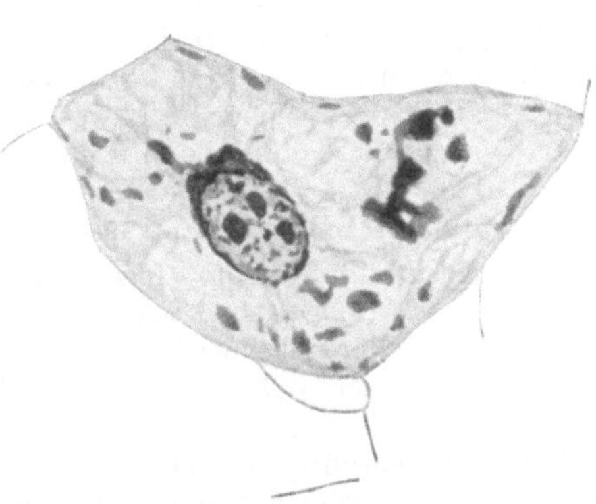

Abb. 279. Leberparenchymzelle aus einem Paraffinschnitt. Gut genährter Salamander. Methylgrün-Pyroninfärbung. Obj. 2 mm 1,30 n. A. Komp. Okul. 6. Zeiß. (Nach BERG 1922.)

(Abb. 278). Hierbei färbten sich die Tropfen deutlichst innerhalb der intakt bleibenden, sonst ungefärbten Zellen genau wie sonstige „passive Zellinhalte". (Sie wären also nach der Meinung von PARAT, PAINLEVE und GUILLIERMOND dem Vacuom zuzurechnen; vgl. S. 265 und S. 297.) „Hierdurch war nachgewiesen, daß die Tropfen nicht in den Verband des Protoplasmas aufgenommen, aber auch, daß sie intravital präformiert waren."

8. „Auch eine summarische chemische Charakterisierung der Tropfen ließ sich durchführen. Unterwirft man Gefrierschnitte von passend fixiertem Material der makrochemisch so vielfach verwendeten Ninhydrinreaktion zum Nachweis niederer Eiweißkörper, so färben sich die homogenen und ein Teil der vakuolisierten Tropfen violett. Hierdurch ist der Nachweis geliefert, daß diese Tropfen aus niederen Aufbauzuständen des Eiweißes bestehen oder einen starken Gehalt an solchen aufweisen. An den Tropfen gelingt die Nuclealfärbung von FEULGEN nicht mit Sicherheit."

9. „Zur bequemen histologischen Darstellung der Tropfen hat sich als besonders demonstrativ die Methylgrün-Pyroninfärbung nach PAPPENHEIM erwiesen, durch welche die Tropfen leuchtend rot gefärbt werden (Abb. 279).

Ein Vergleich der lebenden (Abb. 278) mit der fixierten Zelle (Abb. 279) ergibt zwar Veränderungen in der Form und Lagerung der Tropfen. Sie beruhen auf den Prozeduren der histologischen Konservierungstechnik. Daß durch andringende Fixierungsflüssigkeit flüssige oder halbflüssige Tropfen in die Länge gezogen, aufgeteilt, um eine Strecke versetzt, gegen eine Wand, wie die Kernmembran, gedrückt werden können, hat Berg zum Teil direkt unter dem Mikroskop schon früher beobachtet und die Versetzung von Tropfen und dgl. innerhalb einer Zelle ist z. B. bei Glykogenstrukturen nach Alkoholfixation nichts Seltenes und von Schaffer (1918) auch für andere Strukturen beschrieben worden. „Die Tropfen (resp. Schollen) des in den Leberzellen gespeicherten Eiweißes sind vital präformiert und werden durch die Prozeduren der histologischen Technik nur in ihrer Form und Lage verändert" [Berg (1922)].

Im Anschluß an Unna hat Groebbels (1927) für Eiweiß, welches in die Organisation des Zellprotoplasmas nicht aufgenommen ist, den Terminus Granoplasma geprägt. Berg (1928) lehnt ihn ab, weil „es sich bei den gespeicherten morphologischen Eiweißeinschlüssen offenbar um flüssige oder zähflüssige Tropfen, nicht um Körnchen handelt, und schlägt an seiner Stelle die Bezeichnung Stalagmoid vor. Es scheint den Autoren unbekannt geblieben zu sein, daß A. Meyer (1920) bereits früher für ergastische mikroskopische Strukturgebilde den Namen „Ante" geprägt hat. Wir bleiben daher in dem vorliegenden speziellen Fall des gespeicherten Eiweißes bei der Bezeichnung Eiweißante. Es sei noch bemerkt, daß außer den Amphibien auch noch in der Leber der Fische, Reptilien und Säugetiere, darunter auch des Menschen [Berg (1912 u. 1926)] Eiweißante mit Sicherheit nachgewiesen worden sind.

Zu den Eiweißanten sind ferner noch die unter dem Sammelnamen „Dotter" in den meisten tierischen Eizellen beschriebenen morphologischen Einschlüsse zu rechnen. Allerdings wird neuerdings angenommen, daß die Dotterplättchen und Dotterkörner neben dem Eiweiß eine lipoide Komponente (Lecithine) enthalten, wie denn „Dotter" überhaupt keine chemische, sondern eine morphologische Bezeichnung ist, zumal nunmehr feststeht, daß der Dotter verschiedener Species nicht nur eine sehr verschiedene chemische Zusammensetzung, sondern auch artspezifische Unterschiede aufweist, wie G. Hertwig (1922) durch Auswertung artfremder Bastardierungsexperimente nachwies. Schon von Radlkofer (1859) wurde die Krystallnatur vieler Dotterplättchen sichergestellt, so sind die Dotterplättchen des Karpfeneies doppelbrechende, rechteckige oder nahezu quadratische platte Täfelchen, die anscheinend dem rhombischen System angehören. Bei den Dotterelementen der Elasmobranchier [Rückert-Groth (1899)] kam dagegen Groth bei krystallographischer Prüfung zu dem Ergebnis: „Das Fehlen jeder Spur von Doppelbrechung in Verbindung mit der eigentümlichen Gestalt beweist, daß diese Körper keine Krystalloide sind". Also nicht bei allen Species treten die Dotterplättchen als Krystalle auf.

Ebenfalls als Eiweißante dürfen wir die sog. Nisslschen Granula oder die Tigroidsubstanz bezeichnen, die für viele Nervenzellen ein typisches paraplasmatisches Gebilde ist. Sie ist mit Farbanalysen und mikrochemischen Methoden viel studiert worden [u. a. Held (1897), Mühlmann (1914), Unna und Gans (1914)], ohne daß über ihre chemische Beschaffenheit und funktionelle Bedeutung bisher Klarheit gewonnen ist [Bielschowsky, dieses Handbuch Bd. 4/1 (1928)].

Pischinger hat gefunden, daß der isoelektrische Punkt der Nißlsubstanz weit nach der negativen (sauren) Seite hin gelegen ist (ph = 2,7). Redenz (1925) hat die Nißlschollen mit der Nuclealreaktion nach Feulgen (vgl. S. 94) untersucht und glaubt festgestellt zu haben, daß sie nucleinsäurehaltig sind.

Diese Angaben werden aber von WERMEL (1927) bestritten, dem die Nucleal-reaktion ein durchaus negatives Ergebnis gab. Auch ich habe mich nicht von dem positiven Ausfall der Nuclealreaktion an den Nißlgranula überzeugen können. Im Biondifarbgemisch färben sich die Nißlschollen nicht grün, sondern rot, mit Methylgrün-Pyronin nach PAPPENHEIM ebenfalls rot.

Hiermit möchte ich die Besprechung der ergastischen Ante des Cytoplasmas abschließen. Bei der großen Mannigfaltigkeit dieser Strukturgebilde in chemischer und morphologischer Hinsicht konnten nur die häufigsten Formen hier charakterisiert werden und auch diese nur, soweit ihre chemische Beschaffenheit genügend feststeht. Bei systematischer Anwendung der schon zur Verfügung stehenden, bzw. noch zu vervollkommnenden mikrochemischen und optischen (ultramikroskopischen) Untersuchungsmethoden liegt hier noch ein weites und aussichtsreiches Gebiet für den Cytologen vor.

Literatur.

VI. Das Cytoplasma.

A. Allgemeine Strukturtheorien.

Altmann, R.: Die Elementarorganismen und ihre Beziehungen zu den Zellen. Leipzig 1890/94.

Bütschli, O.: Untersuchungen über mikroskopische Schäume und das Protoplasma. Leipzig 1892, 1894. — Untersuchungen über Strukturen. Leipzig 1898. — Meine Ansichten über die Struktur des Plasmas. Arch. Entw.mechan. **11** (1907).

Duesberg, J.: Plastosomen, Apparato reticularo interno und Chromidialapparat. Erg. Anat. **20** (1912.

Fischer, A.: Fixierung, Färbung und Bau der Protoplasmas. Jena 1899. — **Flemming, W.:** Zellsubstanz, Kern- und Zellteilung. Leipzig 1882.

Gatenby, B.: The identification of intracellular Structures. J. Royal Micr. Society **1919**, 93—118. — **Giersberg, H.:** Untersuchungen zum Plasmabau der Amöben im Hinblick auf die Wabentheorie. Arch. Entw.mech. **51** (1922). —**Gurwitsch, A.:** Morphologie und Biologie der Zelle. Jena 1904. — Vorlesungen über allgemeine Histologie. Jena 1913.

Hanstein, J.: Das Protoplasma als Träger der pflanzlichen und tierischen Lebensverrichtungen. Heidelberg 1880. — **Heidenhain, M.:** Plasma und Zelle. Jena 1907/11. — **Hertwig, G.:** Die funktionelle Bedeutung der Zellstrukturen mit besonderer Berücksichtigung des Kernes und seiner Rolle im Leben der Zelle. Handb. d. norm. u. pathol. Physiologie. **1,** 586—608 (1927) Berlin: Julius Springer. — **Hertwig, O.:** Der Kampf um Kernfragen der Entwicklung und Vererbungslehre. Jena 1909. — Allgem. Biologie. 6. u. 7. Aufl. bearb. von O. und G. Hertwig. Jena 1923.

Meves, Fr.: Die Plastosomentheorie der Vererbung. Arch. mikrosk. Anat. **92,** 41—136 (1918). — **Meyer, A.:** Morphologische und physiologische Analyse der Zellen. Jena 1920.

Retzius, G.: Biologische Untersuchungen. — Was sind die Plastosomen? Arch. mikrosk. Anat. **84** (1914). — **Rhumbler, L.:** Das Protoplasma als physikalisches System. Erg. Physiol. **14** (1914).

Spek, J.: Über den heutigen Stand der Probleme der Plasmastrukturen. Die Naturwissenschaften. **13,** 893—900 (1925). — Neue Beiträge zum Problem der Cytoplasmastrukturen. Z. Zellforschg **1,** 278—326 (1924).

Vejdowsky: Structure and development of the living mather. Royal. Boh. Soc. of sci. Prag 1926/27, 1—360.

v. Wettstein, Fr.: Über plasmatische Vererbung, sowie Plasma- und Genwirkung. Götting. Ges. Wiss., Math.-physik. Kl. **1926,** H. 3, 250—281 (1927). — **Wilson, E. B.:** The cell in Development and heredity. N. Y. Macm. Comp., 3. Aufl. **1925.** — **Winkler, H.:** Über die Rolle von Kern und Protoplasma bei der Vererbung. Z. indukt. Abstammgslehre **33,** 238—253 (1924).

B. Centriolen.

Ballowitz, Emil: Über Sichtbarkeit und Aussehen der ungefärbten Centrosomen in ruhenden Gewebszellen. Z. Mikrosk. **14** (1900). — Zur Kenntnis der Zellsphäre. Arch. Anat. u. Physiol. Anat. Abt. **1898.** — Enzyklopädie der mikroskopischen Technik. 3. Aufl. 1. Artikel, Centriolen 302—305. — **Belar, K.:** Der Formwechsel der Protistenkerne. Erg. Zool. **6** (1926). — **van Beneden, Eduard:** Recherches sur les Dicyemides etc. Bull. Acad.

Méd. belg. 1876, (2. s.) Taf. 42. — **van Beneden, Ed.** et **Neyt:** Nouvelles recherches sur la fecondation et la division mitosique chez l'Ascaride megalocephale. Comm. prelim. Bruxelles. 1887. — **Benda:** Über neue Darstellungsmethoden der Zentralkörperchen und die Verwandtschaft der Basalkörper der Cilien mit Zentralkörperchen. Verh. physik. Ges. Berlin 1900/01, **Buchner, P.:** Die Reifung des Seesterneies bei experimenteller Parthenogenese. Arch. Zellforschg 6 (1915). — **Bouin, P.:** Recherches sur la figure achromatique de la cytodieres et sur le centrosome. Arch. Zool. expér. 1904. — **Boveri, Th.:** Zellenstudien. 1887, 1888, 1890, 1901, H. 1/4. — Über das Verhalten der Centrosomen bei der Befruchtung des Seeigeleies etc. Verh. physik.-med. Ges. Würzburg, N.F. 29 (1895), — **Brauer, Aug.:** Zur Kenntnis der Spermatogenese von Ascaris megalocephale. Arch. mikrosk. Anat. 42. — **Broman, Ivar:** Über gesetzmäßige Bewegungs- und Wachstumserscheinungen (Taxis und Tropismenformen) der Spermatiden, ihrer Zentralkörper, Idiozomen und Kerne. Arch. mikrosk. Anat. 59 (1901).

Chambers, R.: The formation of the aster in artificial parthenogenesis. J. gen. Physiol. 4 (1921). — **Mc Clendon, J. F.:** The segmentation of the egg of Asterias forbesii deprived of chromatin. Arch Entw.mechan. 26 (1908). — **Conklin, Edwin Grant:** Experiments on the origin of the cleavage centrosomes. Biol. Bull. 7 (1904). — Centrosome and sphere in the maturation, fertilization and cleavage of Crepidula. Anat. Anz. 19 (1901).

v. Erlanger, R.: Beiträge zur Kenntnis der Struktur des Protoplasmas, der karyokinetischen Spindel und des Centrosomes. Arch. mikrosk. Anat. 49 (1897).

Flemming: Beiträge zur Kenntnis der Zelle und ihrer Lebenserscheinungen. III. Teil. Arch. mikrosk. Anat 20 (1882). — Attraktionssphären in Gewebszellen und Wanderzellen. Anat. Anz. 1891. — **Fol, H.:** Recherches sur la fécondation. Mém. de la Société de physique et d'histoire nat. de Genève. 26 (1879). — **Fuchs:** Über Beobachtungen an Sekret- und Flimmerzellen. Anat. H. 25 (1904). — **Fürst, Eduard:** Über Centrosomen bei Ascaris megalocephala. Arch. mikrosk. Anat. 52 (1898).

Gurwitsch, A.: Zur Entwicklung der Flimmerzellen. Anat. Anz. 17 (1900). — Idiozom und Zentralkörper im Ovarialei der Säugetiere. Arch. mikrosk. Anat. 56 (1900). — Studien über Flimmerzellen. Teil I. Arch. mikrosk. Anat. 57 (1900).

Haecker, V.: Über den heutigen Stand der Centrosomafrage. Verh. dtsch. zool. Ges. 1894. — **Hartmann, M.:** Allgemeine Biologie. 1927. Jena: G. Fischer. — **Heidenhain, M.:** Über die Zentralkörpergruppen in den Lymphocyten der Säugetiere. Verh. anat. Ges. 1893. — Neue Untersuchungen über die Zentralkörper und ihre Beziehungen zum Kern und Zellprotoplasma. Arch. mikrosk. Anat. 43 (1894). — Über die Mikrocentren mehrkerniger Riesenzellen, sowie die Zentralkörperfrage im allgemeinen. Morph. Arb. 7 (1897). — Plasma und Zelle. Jena 1907, besonders: Abschn. III die Centren. 215—326. — **Heiderich, Fr.:** Sichtbare Centrosomen in überlebenden Zellen. Anat. Anz. 36, 614—618 (1910). — **Henneguy:** Nouvelles recherches sur la division cellulaire indirecte. J. l'Anat. et Physiol. 1891, T. 27. — Sur les rapports des cils vibratiles avec les centosomes. Arch. d'Anat. microsc. 1898, T. 1. — **Herlant, M.:** Le méchanisme de la parthénogénèse expérimentale. Bull. Sci. France et Belg. 1917 (7. s.) T. 50. — **Hertwig, G.:** Parthogenenesis bei Wirbeltieren, hervorgerufen durch artfremden radiumbestrahlten Samen. Arch. mikrosk. Anat. 81 (1913). Kreuzungsversuche an Amphibien. Wahre und falsche Bastarde. Arch. mikrosk. Anat. 91 (1918). — **Hertwig, G. u. P.:** Kreuzungsversuche an Knochenfischen. Arch. mikrosk. Anat. 84 (1914). — **Hertwig, O.:** Beiträge zur Kenntnis der Bildung, Befruchtung und Teilung des tierischen Eies. Morph. Jb. 1 (1875). — Dokumente zur Geschichte der Zeugungslehre. Arch. mikrosk. Anat. 90, II. 1—168 (1917). — **Hertwig, R.:** Über Centrosoma und Zentralspindel. Sitzgsber. Ges. Morph. u. Physiol. München, 1895.

Jörgensen, M.: Zellenstudien II. Die Ei- und Nährzellen von Piscicola. Arch. Zellforschg 10 (1913).

Kolatschev: Über den Bau des Flimmerapparates. Arch. mikrosk. Anat. 76 (1911). — **v. Korff, K.:** Weitere Beobachtungen über das Vorkommen V-förmiger Zentralkörper. Anat. Anz. 19 (1901). — Zur Histogenese der Spermien von Helix pomatia. Arch. mikrosk. Anat. 54 (1899). — **v. Kostanecki, K.** und **M. Siedlecki:** Über das Verhältnis der Centrosomen zum Protoplasma. Arch. mikrosk. Anat. 48 (1896). — **v. Kostanecki, K.:** Über die Gestalt der Centrosomen im befruchteten Seeigelei. Anat. H. 7 (1896). — Cytologische Studien an künstlich parthenogenetisch sich entwickelnden Eiern von Mactra. Arch. mikrosk. Anat. 64 (1904). — **Krause, R.:** Enzyklopädie der mikroskopischen Technik. Centriolen. 3. Aufl. 1, 302—305 (1926).

Lams, H.: Recherches sur l'oeuf d'Arion empericorum. Mémoires in 4° publiés par la Classe des Sciences de l'Academie Royale de Belgique. 1910, T. II. — **v. Lenhossek, M.:** Centrosom und Sphäre in den Spinalganglienzellen des Frosches. Arch. mikrosk. Anat. 46 (1895). — Über die Zentralkörper in den Zwischenzellen des Hodens. Bibliogr. anat. 1899. — Das Mikrozentrum der glatten Muskelzellen. Anat. Anz. 16 (1899). — Über Flimmerzellen. Verh. anat. Ges. auf der Vers. zu Kiel 1898. — **Lewes, Margaret:** Centrosome and sphere in certain of the nerve cells of an invertebrate. Anat. Anz. 12 (1896).

Mead, A. D.: The origin and behaviour of the centrosomes in the annelid egg. J. Morph. a. Physiol. 14 (1898). — **Mc Clure, C. F. W.:** On the presence of centrosomes and attraction spheres in the ganglion cells of Helix pomatia etc. Princ. Coll. Bull. 5 (1896). — **Meves, Fr.:** Über eine Metamorphose der Attraktionssphäre in den Spermatogonien von Salamandra. Arch. mikrosk. Anat. 44 (1894). — Über Struktur und Histogenese der Samenfäden von Salamandra maculosa. Arch. mikrosk. Anat. 50 (1897). — Über das Verhalten der Zentralkörper bei der Histogenese der Samenfäden von Ratte und Mensch. Verh. anat. Ges. 1898. — Über Struktur und Histogenese der Samenfäden des Meerschweinchens. Arch. mikrosk. Anat. 54 (1899). — **Meves:** Struktur und Histogenese der Spermien. Ergebnisse 11 (1901/02). — Über die sog. wurmförmigen Samenfäden von Paludina und ihre Entwicklung. Verh. anat. Ges. 1901. — Über die Frage, ob die Centrosomen Boveris als allgemeine und dauernde Zellorgane aufzufassen sind. Verh. anat. Ges. 1902. — Zur Entstehung der Achsenfäden menschlicher Spermatozoen. Anat. Anz. 14 (1897). — Über Zentralkörper in männlichen Geschlechtszellen von Schmetterlingen. Anat. Anz. 14 (1897). — Über das Verhalten der Zentralkörper bei der Histogenese der Samenfäden von Mensch und Ratte. Mitt. f. d. Verein Schlesw. Holsteiner Ärzte 1898. — **Morgan:** The production of artificial astrosphaeres. Roux' Arch. 3 (1896). — **Müller Cale, K.:** Über die Entwicklung von Cypris incongruens. Zool. Jb. Abt. Anat. 36 (1913).

Painter, T. S.: An experimental study in cleavage. J. exper. Zool. 18 (1915). — **Peter, Karl:** Das Zentrum für die Flimmer- und Geißelbewegung. Anat. Anz. 15 (1899). — **Petrunkewitsch, A.:** Künstliche Parthenogenesis. Zool. Jb. Suppl. 7 (1904).

Rabl: Über Zellteilung. Anat. Anz. 4 (1889) und Morph. Jb. 10 (1885). — **Renyi, G.:** Untersuchungen über Flimmerzellen. Z. Anat. 73, 338—357 (1924). — **Robertson, M.** u. **E. A. Minchin:** The division of the collar-cells of Clathrina coriacea; a contribution to the theory of the centrosome and blepharoplast. Quart. J. microsc. Sci. N. S. 55 (1910).

Schaffer, Jos.: Über einen neuen Befund von Centrosomen in Ganglienzellen und Nervenzellen. Wien. Sitzgsber. — **Schaudinn, F.:** Neuere Forschungen über die Befruchtung bei Protozoen. Verh. Dtsch. Zool. Ges. 1905.— **Solger:** Zur Struktur der Pigmentzelle. Zool. Anz. 1889. — **van der Stricht, Omer:** Demonstration der Centriolen in den Osteoblasten und Odontoblasten des Unterkiefers vom Embryo der Fledermaus. Verh. anat. Ges. zu Rostock 1906. — **Studnička:** Über Flimmer- und Cuticularzellen mit besonderer Berücksichtigung der Centrosomenfrage. Prag. Sitzgsber. 1899.

Tharaldsen, E. C.: The orgin and nature of cleavage centers in echinoderm eggs. An experimental and cytologigal study of astral phenomena in starfish eggs. J. exper. Zool. 44, 159—218 (1926). — **Tischler:** Allgemeine Pflanzenkaryologie. Bornträger 1922.

Vejdowsky, F.: Structure and development of the living matter. Prag 1926/27. Royal Bohem. Soc. of Sciences.

Watanabe, H.: Studium über Flimmerbewegungen, gleichzeitig eine neue Paraffineinbettungsmethode. Z. Anat. 75, 733—759 (1925). — **Wheeler, William Morton:** The behavior of the centrosomes in the fertilized egg of Myzostoma glabrum. J. Morph. a. Physiol. 10 (1895). — **Wilson, Edm. B.:** Archoplasme, centrosome and chromatin in the sea-urchin egg. J. Morph. a. Physiol. 11 (1895). — **Wilson, E. B.:** A cytological study of artifical parthenogenesis in the sea urchin egg. Arch. Entw.mechan. 12 (1901). — Cytasters and centrosome in artificial parthenogenesis. Zool. Anz. 28 (1904). — The cell in development and heredity. 3. Aufl. Macmillan. Co. New York 1925. — **Wolbach, S. Burt.:** Centrioles and the histogenesis of the myofibril in tumors of striated-muscle origin. Anat. Rec. 37, Nr. 3, 255—273 (1928).

Yatsu, N.: Aster formation in enucleated egg fragments of Cerebratulus. Science. Nr. 20 (1904). — The formation of the centrosome in enucleate egg fragments. J. exper. Zool. 2 (1905).

Zimmermann, K. W.: Beiträge zur Kenntnis einiger Drüsen und Epithelien. Arch. mikrosk. Anat. 52 (1898).

C. Plastosomen.

Bang, J. and **E. Sjövall:** Studien über Chondriosomen unter normalen und pathologischen Bedingungen. Beitr. path. Anat. 62, 1—70 (1916). — **Benda, C.:** (a) Die Mitochondriafärbung und andere Methoden zur Untersuchung der Zellsubstanzen. Verh. anat. Ges. 15. Verslg Bonn 1901. (b) Die Mitochondrien. Erg. Anat. 12 (1903); ferner: Enzykl. mikrosk. Technik 3. Aufl. 2 (1926). (c) Die Bedeutung der Zelleibstruktur für die Pathologie. Verh. dtsch. path. Ges. 5—42 (1914). — **Bensley, R. R.:** On the so-called Altmann granules in normal and pathological tissues. Trans. path. Soc. Chicago 8, 78—83 (1910). — **Berg, W.:** (a) Über spezifische, in den Leberzellen nach Eiweißfütterung auftretende Gebilde. Anat. Anz. 42, 251—262 (1912). (b) Über funktionelle Leberzellstrukturen. I. Arch. mikrosk. Anat. 94, 518—567 (1920). (c) Über funktionelle Leberzellstrukturen. II. Arch. mikrosk. Anat. 96, 54—76 (1922). — **Bounoure, Louis:** Le chondriome des gonocytes primaires chez Rana temporaria et la recherche des elements genitaux aux jeunes stades du developpement. C. r. Acad. Sci. **185**, Nr 23, 1304—1305 (1927).

Chambers: Études de microdissection. Les structures mitochondriales et nucléaires dans les cellules germinales mâles de la Sauterelle. Cellule **1927**. — **Combes, Raoul:** La vie de la cellule vegetale. Paris: Armand Colin **1927**, 216 S. u. 16 Abb. — **Comes, S.:** Apparato reticolare o condrioma? Condriocinesi? Anat. Anz. **43** (1913). — **Corti, A.:** (a) Studi sulla minuta struttura della mucosa intestinale di Vertebrati. Arch. ital. Anat. **2**, 1—189 (1913). (b) Per la tecnica e per la conoscenza del condrioma. Arch. ital. Anat. **162**, 279 bis 307 (1917). — **Cowdry, E. V.:** (a) The relation of mitochondria and other cytoplasmic constituens in spinal cells of the pigeon. Internat. Mschr. Anat. u. Physiol. **29**, 473—501 (1913). (b) Surface film theory of the function of mitochondria. Amer. Naturalist. **60**, 151 (1926). (c) Mitochondria and other cytoplasmic constituents of the spinal ganglion cells of the pigeon. Anat. Rec. **6**, 33—38 (1912). (d) The comparative distribution of mitochondria in spinal ganglion cells of vertebrates. Amer. J. Anat. **17**, 1—29 (1914a). (e) The vital staining of mitochondria with janus green and diethylsafranin in human blood cells. Internat. Mschr. Anat. u. Physiol. **31**, 267—286 (1914b). (f) The development of the cytoplasmic constituents of the nerve cells of the chik. I. Mitochondria and neurofibrils. Amer. J. Anat. **15**, 389—429 (1914d). (g) The general functional significance of mitochondria. Amer. J. Anat. **19**, 423—446 (1916). (h) The mitochondrial constituents of protoplasm. Contrib. to Embryol. (Carnegie Inst.) Washington **4**, 27—43 (1918). (i) Conservatism in cytological nomenclature. Anat. Rec. **22**, 239—250 (1921). — **Cowdry, E. V.** and **Peter K. Olitsky:** Differences between mitochondria and bacteria. J. of exper. Med. **36**, 521—533 (1922). — **Cowdry, N. H.:** A comparison of mitochondria in plant and animal cells. Biol. Bull. **33**, 196—228 (1917). — **Cramer, W.** and **R. J. Ludford:** On cellular activity and cellular structure as studied in the thyroid gland. J. of Physiol. **61**, Nr 3, 398—408 (1926).

Dangeard, P. A.: (a) Sur la nature du chondriome et son role dans la cellule. C. r. Acad. Sci. **166**, 439—446 (1918). (b) Sur la distinction du chondriome des auteurs en vacuome, plastidome et spherome. C. r. Acad. Sci. **169**, 1005—1010. — **Dubreuil:** Le chondriome et le dispositif de l'activite secretoire aux differents stades du developpement des elements de la lignée connective. Arch. d'Anat. microsc. **15**, 58—151. — **Duesberg, J.:** (a) Les chondriosomes des cellules embryonnaires du poulet et leur rôle dans la genése des myofibrilles, avec quelques observations sur le développement des fibres musculaires striées. Arch. Zellforschg **4** (1910). (b) Plastosomen „Apparato reticolare interno" und Chromidialapparat. Erg. Anat. **20**, 567—916 (1912). (c) Über die Verteilung der Plastosomen und der „organ formic substances" CONKLINs bei den Ascidien. Anat. Anz. **44** Suppl., 3—13 (1913). (d) Chondriosomes in cells of fish embryos. Amer. J. Anat. **21**, 465—493 (1917). (e) On the present status of the chondriosome problem. Biol. Bull. **36**, 71—81 (1919).

Emberger, Louis: (a) Evolution du chondriome chez les cryptogames vasculaires. C. r. Acad. Sci. **170**, 282—284 (1920a). (b) Evolutions des plastides dans le règne vegetale. Rev. Sci. Paris **40**, 46—51 (1922). (c) Recherches sur l'origine des plastids chez les Pterido. phytes. Contribution a l'etude de la cellule vegetale. Arch. de Morph. **1**, 1—190 (1922b)- (d) Nouvelles recherches sur le chondriome de la cellule vegetale. Rev. gén. Bot. **39**, Nr 462, 341—363 und Nr 463, 420—448 (1927). — **Ernst, P.:** Die Bedeutung der Zelleibstruktur für die Pathologie. Verh. dtsch. path. Ges. **1914**, 43—103.

Fauré-Fremiet, E.: (a) Etudes cytologique sur quelques Infusoires des marais salant du Croisie. Arch. d'Anat. microsc. **13**, 402—480 (1912a). (b) Sur la constitution des mitochondries des gonocytes de l'Ascaris megalocephala. C. r. Soc. Biol. **72**, 346—347 (1912b). (c) Le cycle germinatif chez l'Ascaris megalocephala. Arch. d'Anat. microsc. **15**, 435 bis 757 (1913). (d) Le cycle germinatif chez l'Ascaris megalocephala. Arch. d'Anat. microsc. **15** (1914).

Gatenby, J. B.: The Identification of intracellular Elements. J. roy. Microsc. Sci. **1919**. — **Giroud, M.:** Structure des chondriosomes. C. r. Acad. Sci. **186**, Nr 12, 794—795 (1928). — **Guilliermond, A.:** (a) Mitochondries et plastes vegetaux. C. r. Soc. Biol. **73**, 7—10 (1912). (b) Les progrès de la cytologie des Champignons. Progrès Rei. Bot. **1913**, 390—542. (c) Etat actuel de la question de l'evolution et du role physiologique des mitochondries. Rev. gén. Bot. **26**, 129—149, 182—210 (1914a). (d) Bemerkungen über die Mitochondrien der vegetativen Zellen und ihre Verwandlung in Plastiden. Ber. dtsch. bot. Ges. **32**, 282—301 (1914b). (e) Sur la nature et le role des mitochondries des cellules vegetales. C. r. Soc. Biol. **80**, 916—924 (1917a). (f) La cytologie, ses methodes et leur valeur. Rev. gén. Sci. pures et appliquées **1917**b, 166—174, 208—216. (g) Sur la nature et la signification du chondriome. C. r. Acad. Sci. **166**, 862—864 (1918d). (h) Sur l'evolution du chondriome dans la cellule vegetale. C. r. Acad. Sci. **170**, 194—197 (1920). (i) Sur les elements figures du cytoplasme chez les vegetaux: chondriome, appareil vacuolaire et granulations lipoides. Arch. de Biol. **31**, 1—82 (1921g). (k) Les constituants morphologiques du cytoplasm, d'après les recherches récentes de cytologie vegetale. Bull. Soc. France et Belg. **54**, 466—512 (1921).

(1) Observations vitales sur l'instabilité de formes des mitochondries et sur leur permanance. Bull. biol. France et Belg. **61**, H. 1, 1—24 (1927). — **Hauschild, M. W.:** Zellstruktur und Sekretion in den Orbitaldrüsen der Nager; ein Beitrag zur Lehre von den geformten Protoplasmagebilden. Anat. H. **50**, 531—629 (1914). — **Hertwig, G.:** (a) Das Schicksal des mit Radium bestrahlten Spermachromatins im Seeigelei. Arch. mikrosk. Anat. **79**, 237 u. 238 (1912). (b) Die funktionelle Bedeutung der Zellstrukturen mit besonderer Berücksichtigung des Kernes und seiner Rolle im Leben der Zelle. Handbuch der normalen und pathologischen Physiologie. **1**, 580—608. Berlin: Julius Springer 1927. — **Hertwig, O.:** Der Kampf um Kernfragen der Entwicklungs- und Vererbungslehre. Jena: G. Fischer 1909. — **Hibbard, Hope:** Cytoplasmic constituents in the developing egg of discoglossus pictus Otth. J. of Morph. a. Physiol. **45**, Nr 1, 233—257 (1928). — **Hirschler, J.:** (a) Über die Plasmastrukturen (Mitochondrien, GOLGIscher Apparat u. a.) in den Geschlechtszellen der Ascariden (Spermato- und Ovogenese). Arch. Zellforschg **9** (1913). (b) Über ein einfaches Vorgehen zur Darstellung des Golgiapparates und der Mitochondrien bei Wirbellosen. Z. Mikrosk. **44**, H. 2, 216—218 (1927). — **Holmgren, E.:** (a) Untersuchungen über die Umsetzungen der quergestreiften Muskelfasern. Arch. mikrosk. Anat. **75** (1910). (b) Von den Q- und I-Körnern der quergestreiften Muskelfasern. Anat. Anz. **44**, 225—240 (1913). — **Honda, Rikita:** The general functional significance of the mitochondria in the submaxillary gland of the adult albino rat. Anat. Rec. **34**, Nr 5, 301—312 (1927). — **Horning, E. S.:** (a) On the relation of Mitochondria to the nucleus. Austral. J. exper. Biol. a. med. Sci. **4**, Nr 2, 75—78 (1927). (b) Mitochondrial behavour during the life cycle of Nyctotherus cordiformis. (Dep. of zool. univ. Melbourne.) Austral. J. exper. Biol. a. med. Sci. **4**, Nr 2, 69—73 (1927). — **Horning, E. S.** and **Arthur H. K. Petrie:** The enzymatic function of mitochondria in the germination of cereals. Proc. roy. Soc. Serie B, **102**, Nr 716, 188—206 (1927). — **Hosselet, G.:** (a) Etude du chondriome et du vacuome des glandes salivaires des phryganides. C. r. Soc. Biol. **97**, Nr 23, 450—453 (1927). (b) Deux modes d'evolutions du chondriome dans les disques imaginaux chez Culex annulatus. C. r. Soc. Biol. **98**, Nr 13, 1108—1110 (1928). (c) Le comportement du chondriome au cours de la dédifferenciation musculaire dans la nymphe de Culex annulatus. C. r. Soc. Biol. **98**, Nr 4, 301—303 (1928). (d) Le chondriome dans la production de la striation transversale et des grains interstitiels dans les muscles du vol de Culex annulatus. C. r. Soc. Biol. **98**, Nr 4, 304—305 (1928).

Joyet-Lavergne, Ph.: (a) Sur le role du chondriome dans le metabolisme cellulaire. C. r. Soc. Biol. Paris **97**, Nr 22, 327—330 (1927). (b) Le pouvoir oxydo-reducteur du chondriome des gregarines et les procedes de recherches du chondriome. C. r. Soc. Biol. **98**, Nr 7, 501—502 (1928). (c) Sur le pouvoir oxydo-reducteur du chondriome. C. r. Acad. Sci. **186**, Nr 7, 471—473 (1928).

v. Kemnitz, G.: Die Morphologie des Stoffwechsels bei Ascaris lumbricoides. Ein Beitrag zur physiologisch-chemischen Morphologie der Zelle. Arch. Zellforschg **7** (1912). — **Kolatchev, A.:** Recherches cytologiques sur les cellules nerveuses des Mollusques. Arch. russe d'Anat. **1**, 303—423 (1916). — **Kolster, R.:** Mitochondria und Sekretion in den Tubuli contorti der Niere. Eine experimentelle Studie. Beitr. path. Anat. **51**, 209—226 (1911). — **Konopacki, M.** et **B. Konopacka:** La micromorphologie du metabolisme dans les periodes initiales du developpement de la grenouille (Rana fusca). Bull. Acad. Sci. et Lettres Serie B **1926**, 229—291. — **Konopacki, M.:** Sur le comportement des mitochondries au cours du developpement de la grenouille. Bull. Histol. appl. **4**, Nr 2, 40—51 (1927). — **Kull, H.:** Eine Modifikation der ALTMANNschen Methode zum Färben der Chondriosomen. Anat. Anz. **45**, 153—157 (1913). — **Kumagai, Kuranosuke:** Experimental studies on the oxydase reaction of nervous tissue and its significance. Jap. med. World **8**, Nr 1, 5—8 (1928). — **Kuwada, Yoshinari** and **Tadazo Sugimoto:** On the staining reactions of chromosomes. Protoplasma (Lpz.) **3**, H. 4, 531—535 (1928).

Laguesse, E.: Methode de coloration vitale des chondriosomes par le vert janus. C. r. Soc. Biol. **73**, 150—153 (1912). — **Lenoir, Maurice:** Une manipulation de travaux pratiques sur le chondriome. Rev. gén. Bot. **38**, Nr 456, 720—722 (1926). — **Levi, G.:** I condriosomi nell'oocite degli Anfibi. Monit. zool. ital. **23** (1912). — **Lewis, R. u. H.:** Mitochondria in tissu cultures. Amer. J. Anat. **1915**. — **Lewitsky, G.:** Vergleichende Untersuchung über die Chondriosomen in lebenden und fixierten Pflanzenzellen. Ber. dtsch. bot. Ges. **29** (1912). — **Löwschin, A. M.:** Myelinformen und Chondriosomen. Ber. dtsch. bot. Ges. **31**, 203—209 (1913). — **Luna, E.:** I condriosomi nelle cellule nervose. Nota preventive. Anat. Anz. **44**, 142—144 (1913).

Ma, Wen-Chao: The relation of mitochondria and other cytoplasmic constituents to the formation of secretion granules. Amer. J. Anat. **41**, Nr 1, 51—63 (1928). — **Mascre, Marcel:** Sur la fixation du chondriome de la cellule vegetale. C. r. Acad. Sci. **185**, Nr 17, 866—869 (1927). — **Maximow, A.:** (a) Über Chondriosomen in lebenden Pflanzenzellen. Anat. Anz. **43**, 241—249 (1913). (b) Sur les methodes de fixation et de coloration des chondriosomes. C. r. Soc. Biol. **79**, 462—463 (1916). — **Mayer, A., F. Rathery** and **G. Schaeffer:**

(a) Sur les variations experimentales du chondriome hépatique; parallelisme entre la composition chimique du tissu et ses aspects cytologiques. C. r. Soc. Biol. **76**, 398—402 (1914a). (b) Les granulations ou mitochondries etc. J. Physiol. et Path. gén. **16**, 607—622 (1914b). — **Mayer, A.** and **G. Schaeffer:** Une hypothese de travail sur le role physiologique des mitochondries. C. r. Soc. Biol. **76**, 1384—1386 (1913). — **Meves, F.:** (a) Zellteilung. Anat. H. **6** (1896). (b) Über die Strukturen in den Zellen des embryonalen Stützgewebes, sowie über die Entstehung der Bindegewebsfibrillen, insbesondere derjenigen der Sehnen. Arch. mikrosk. Anat. **75** (1910a). (c) Zur Einigung zwischen Faden- und Granulalehre des Protoplasmas. Beobachtungen an weißen Blutzellen. Arch. mikrosk. Anat. **75** (1910b). (d) Verfolgung des sog. Mittelstückes des Echinidenspermiums im befruchteten Ei bis zum Ende der ersten Furchungsteilung. Arch. mikrosk. Anat. **80** (2), 81—123 (1912). (e) Was sind die Plastosomen? Antwort auf die Schrift gleichen Titels von G. RETZIUS. Arch. mikrosk. Anat. **85**, 279—302 (1914b). (f) Was sind die Plastosomen? II. Bemerkungen zu dem Vortrag von C. BENDA. Arch. mikrosk. Anat. **87** (1), 287—308 (1915a). (g) Über Mitwirkung der Plastosomen bei der Befruchtung des Eies von Filaria papillosa. Arch. mikrosk. Anat. **87** (2), 12—46 (1915c). (h) Über den Befruchtungsvorgang bei der Muschel (Miesmuschel-Mytilus edulis L.). Arch. mikrosk. Anat. **87**, 47—62 (1915d). (i) Die Chloroplastenbildung bei den höheren Pflanzen und die Allinante von A. MEYER. Ber. dtsch. bot. Ges. **34**, 333—345 (1916). (k) Historisch-kritische Untersuchungen über die Plastosomen der Pflanzenzellen. Arch. mikrosk. Anat. **90** (1), 249—323 (1917b). (l) Die Plastosomentheorie der Vererbung. Arch. mikrosk. Anat. **92** (2), 41—136 (1918a). (m) Zur Kenntnis des Baues pflanzlicher Spermien. Arch. mikrosk. Anat. **92** (2), 272—311 (1918b). (n) Über Umwandlung von Plastosomen in Sekretkügelchen nach Beobachtungen an Pflanzenzellen. Arch. mikrosk. Anat. **92** (2), 445—462 (1918c). (o) Über Samenbildung und Befruchtung bei Oxyuris ambigua. Arch. mikrosk. Anat. **94**, 135—184 (1920). — **Meyer, A.:** Morphologische und physiologische Analyse der Zelle der Pflanzen und Tiere. Jena 1920. — **Mislawsky, A. N.:** Über das Chondriom der Pankreaszellen. Arch. mikrosk. Anat. **83** (1), 394—429 (1913). — **Moreau, F.:** (a) Le chondriome et la division des Mitochondries chez les Vaucheria. Bull. Soc. bot. France **61** (1914d). (b) La division des mitochondries et ses rapports avec les phenomenes de secretion. C. r. Soc. Biol. **78**, 143—144 (1915). — **Mottier, D. M.:** Chondriosomes and the primordia of chloroplasts and leucoplasts. Ann. of Bot. **32** (1918).

Nageotte, J.: L'organisation de la matiere dans ses rapports avec la vie. 560. Paris: Felix Alcau 1922. — **Nassonov, D.:** Recherches cytologiques sur les cellules végétales. Arch. russe d'Anat. **27** (1918). — **Navaschin, M.:** Über die Änderung der Zahl und der morphologischen Merkmale der Chromosomen bei interspezifischen Bastarden. Trudy prikl. Bot. i pr. (russ.) **17**, Nr 3, 121—146 und englische Zusammenfassung 147—150 [1927]. — **Nicholson, N. C.:** Morphological and microchemical variations in the mitochondria in the cells of the central nervous system. Amer. J. Anat. **19**, 329—349 (1916). — **Noel, R.:** Sur le chondriome de la cellule hepatique chez certains poissons. C. r. Soc. Biol. **98**, Nr 1, 49 bis 50 (1928). — **Nusbaum-Hilarowicz, J.:** Über das Verhalten des Chondrioms während der Eibildung bei Dysticus marginalis L. Z. Zool. **117**, 554—590 (1917).

Okuneff, N.: Studien über Zellveränderungen im Hungerzustande. (Das Chondriom.) Arch. mikrosk. Anat. **97**, 187—203 (1923). — **Orman, E.:** Recherches sur les differenciations cytoplasmiques-(ergastoplasme et chondriosomes) dans les vegetaux. I. Le sac embryonnaire des Liliacees. Cellule **28**, 363—444 (1912). — **Ozava, Yoshitada:** A propos des fixateurs du chondriome. (Note prelim.) Rev. gén. Bot. **39**, Nr 460, 218—233 (1927).

Payne, F.: The mitochondria in germ cells of the male of Gryllotalpa borealis. Sci. **43**, 178 (1916). — **Pensa, A.:** Osservazioni di morfologia e biologia cellulari nei vegetali (mitocondri, cloroplasti). Arch. Zellforschg **8**, 612—662 (1912). — **Perroncito, A.:** Contribution à l'étude de la biologie cellulaire. Mitochondries, chromidies et appareil réticulaire interne dans les cellules spermatiques. Le phénomène de la dyctiocinese. Arch. ital. Biol. **54** (1910). — **Platner, G.:** (a) Über die Spermatogenese bei den Pulmanaten. Arch. mikrosk. Anat. **25** (1885). (b) Über die Entstehung des Nebenkerns und seine Beziehung zur Kernteilung. Arch. mikrosk. Anat. **26** (1886). (c) Beiträge zur Kenntnis der Zelle und ihrer Teilungserscheinungen. Arch. mikrosk. Anat. **33** (1889). — **Policard, A.** and **G. Mangenot:** Action de la temperature sur le chondriome cellulaire; un criterium physique des formations mitochondriales. C. r. Acad. Sci. **174**, 645—647 (1922). — **Policard, A.** and **C. Regaud:** Sur la signification de la retention du chrome, et technique histologique au point de vue des lipoides et des mitochondries. C. r. Soc. Biol. **76**, 558—560 (1913). — **Prenant, A.:** Sur l'origine mitochondriale des grains de pigment. **74**, 926—929 (1913). — **Prosina, M. N.:** Verhalten der Chondriosomen bei der Pollenentwicklung von Larix Dahurica Turcz. Z. Biol., Abt. B. Z. Zellforschg **7**, H. 1, 114—134 (1928).

Regaud, C. and **A. Policard:** Sur la signification de la retention du chrome par les tissus en technique histologique au point de vue des lipoides et des mitochondries. C. r. Soc. Biol. **74**, 449—451 (1913). — **Retzius, G.:** Was sind die Plastosomen? Arch. mikrosk. Anat.

84 (1914). — **Romeis, B.:** (a) Beobachtungen über Degenerationserscheinungen von Chondriosomen. Arch. mikrosk. Anat. **80,** 129—170 (1912). (b) Beobachtungen über die Plastosomen von Ascaris megalocephala während der Embryonalentwicklung unter besonderer Berücksichtigung ihres Verhaltens in den Stamm- und Urgeschlechtszellen. Arch. mikrosk. Anat. **81** (2), 129—172 (1913). (c) Das Verhalten der Plastosomen bei der Regeneration. Anat. Anz. **45,** 1—19 (1913). — **Rudolph, K.:** (a) Das Chondriom der Pflanzenzelle. Sitzgsber. „Lotos" Prag **60,** 197—199 (1912 a). (b) Chondriosomen und Chromatophoren. Ber. dtsch. bot. Ges. **30,** 605—629 (1912 b).

Schirokogoroff, J. J.: Die Mitochondrien in den erwachsenen Nervenzellen des Zentralnervensystems. Anat. Anz. **43,** 522—524 (1913). — **Seecof, David P.:** Studies on mitochondria. II. The occurrence of mitochondria rich and mitichondria-poor cells in the thyroid gland of man and animals. Amer. J. Path. **3,** Nr 4, 365—384 (1927). — **Senjaninova, M.:** Chondriokinese bei Nephrodium molle Desv. Z. Zellforschg **6,** 491—508 (1927). — **Sokolow, J.:** (a) Untersuchungen über die Spermatogenese bei den Arachniden. Arch. f. Zellforschg **9,** 397—431 (1913). (b) Studies on spermatogenesis on the Diplopoda. I. Spermatogenesis in Polyxenes. J. russe Zool. **3,** 167—210 (1918). — **van der Stricht, O.:** Etude comparée des ovules des mammifères aux differentes périodes de l'ovogenèse, d'apres les travaux du Laboratoire d'Histologie, et d'Embryologie de l'Universite de Gand. Arch. de Biol. **33,** 229—300 (1923).

Terni, T.: Dimonstrazione di condrioconti nei vivente. Anat. Anz. **41,** 511—522 (1912). — **Thurlow, M.:** Quantitative studies on mitochondria in nerve cells. Contrib. to Embryol. (Carnegie Instit.) Washington **6,** 35—44 (1917). — **Tschaschin, S.:** Über vitale Färbung der Chondriosomen in Bindegewebszellen mit Pyrolblau. Fol. haemat. (Lpz.) **14,** 295—307 (1912). — **Turchini, J.:** Coloration vitale du chondriome des cellules secretrices du rein au cours de l'elimination du bleu de methylene. C. r. Soc. Biol. **82,** 1134—1135 (1919).

Wallin, Ivan E.: (a) On the nature of mitochondria. Amer. J. Anat. **30,** 203—229, 451—467 (1922). (b) VI. A comparative study of the fragility of bacteria and mitochondria. Anat. Rec. **25,** 154 (1923 a). (c) VII. The independent growth of mitochondria in artificial culture media. Anat. Rec. **25,** 154 (1923 b). (d) A. The demonstration of mitochondria in tissue smears. B. Demonstration of mitochondria grown in artificial culture media. Anat. Rec. **25,** 159 (1923). (e) The mitochondria problem. Amer. Naturalist **57,** 255—261 (1923). (f) Observations on mitochondrial growths in artificial culture media. Proc. Soc. exper. Biol. a. Med. **25,** Nr 5, 371—372 (1928). — **Watanabe, H.:** Studium über Flimmerbewegung, gleichzeitig eine neue Paraffineinbettungsmethode. Z. Anat. **75** (1925). — **Wilson, E. B.:** The distribution of the chondriosomes to the spermatozoa in scorpions. Proc. nat. Acad. Sc. i. U.S.A. **2,** 321—324 (1916 b).

Zirkle, C.: The effect of hydrogen-ion concentration upon the fixation image of various salts of Chromium. Protoplasma (Lpz.) **4,** 200—227 (1928).

D. Golgiapparat.

Alexeieff, R.: Sur la question des mitochondries et de l'appareil de Golgi chez les protistes. Arch. Protistenkde **60,** H. 2, 268—286 (1928). — **Alexenko, B.:** Plasmatische Bildungen bei der Spermatogenese der Paludina vivipara in: Z. Zellforschg **4,** 413—458, T. 8 (1926). — **Allen, C. E.:** The Spermatogenesis of Polytrichum juniperinum. Ann. of Bot. **31** (1917). — **Arnold, J.:** Haben die Leberzellen Membranen und Binnennetze? Anat. Anz. **32** (1908). — **Avel, M.:** (a) Vacuome et appareil de Golgi chez les vertèbres. C. r. Soc. Biol. **180** (1925). (b) Appareil Golgi et vacuome. Bull. Histol. appl. **1925.**

Ballowitz, E.: (a) Über das Epithel der Membrana elastica posterior des Auges. Arch. mikrosk. Anat. **56** (1900 a). (b) Eine Bemerkung zu dem von GOLGI und seinen Schülern beschriebenen „Apparato reticolare interno". Anat. Anz. **18** (1900 b). — **Barinetti, C.:** L'apparato reticolare interno e la centrosfero nelle cellule di alcuni testuti. Boll. Soc. med.-chir. Pavia **1912.** — **Bensley:** On the nature of the canalicular apparatus of animal cells. Biol. Bull. **1910.** — **Bensley, R. R.:** Studies on the pancreas of the Guinea pig. Amer. J. Anat. **12** (1911). — **v. Berenberg-Goßler, H.:** (a) Über gitterkapselartige Bildungen in den Urgeschlechtszellen von Vögelembryonen. Vorläufige Mitteil. Anat. Anz. **40** (1912 a). (b) Drei Präparate von Urgeschlechtszellen bei Vögelembryonen, in denen durch verschiedene Methoden die GOLGI-KOPSCHschen Binnennetze zur Anschauung gebracht sind. Verh. anat. Ges. München. Demonstrationsbericht. **1912** b. (c) Die Urgeschlechtszellen des Hühnerembryos am 3. und 4. Bebrütungstage, mit besonderer Berücksichtigung der Kern-Plasmastrukturen. Arch. mikrosk. Anat. **81** (1912 c). — **von Bergen, F.:** Zur Kenntnis gewisser Strukturbilder im Protoplasma verschiedener Zellarten. Arch. mikrosk. Anat. **64** (1904). — **Besta, C.:** Sull'apparato reticolare interno (apparato di Golgi) della cellula nervosa. Anat. Anz. **36** (1910). — **Bethe, A.:** (a) Einige Bemerkungen über die „intracellulären Kanälchen" der Spinalganglienzellen und die Frage der Ganglienzellenfunktion. Anat. Anz. **17** (1900). (b) Können intracelluläre Strukturen bestimmend für die Zellgestalt sein? Anat. Anz.

44 (1913). — **Bhattacharya, D. R.** and **F. W. R. Brambell:** The Golgi Body in the Erythrocytes of the Sauropsida. Quart. J. microsc. Sci. **69**, 357—360 (1925). — **Bialkowska, W.** und **J. Kulikowska:** Über den GOLGI-KOPSCHschen Apparat der Nervenzellen bei den Hirudineen und Lumbricus. Anat. Anz. **38** (1911). — **Björkenheim, E. A.:** Golgis Apparato reticolare interno in den Placentarepithelien. Arch. Gynäk. **100** (1913). — **Bouin, P.** et **P. Ancel:** A propos du „trophospongium" et des „Canalicules du Sue". C. r. Soc. Biol. Paris **1905**. — **Bose, S. R.:** The Golgi apparatus in higher fungi. Nature (Lond.) **120**, Nr 3031, 805—806 (1927). — **Bowen, Robert H.:** (a) Studies on insect Spermatogenesis. I Hemiptera. Biol. Bull. **39** (1920). (b) Golgi apparatus and vacuome. 2 Abb. Anat. Rec. **35**, Nr 4, 309 bis 336. (c) On the idiosome, Golgi apparatus, anal acrosome. Anat. Rec. **24** (1922). (d) On the acrosome of the animal Sperm. Anat. Rec. **28** (1924 a). (e) On a possible relation between the Golgi apparatus and secretory products. Amer. J. Anat. **33** (1924 b). (f) Studies on the Golgi apparatus in gland cells. I. Quart. J. microsc. Sci. **1925** a. (g) Studies. II. Quart. J. microsc. Sci. **1925** b. (h) Studies. III. Quart. J. microsc. Sci. **1926** a. (i) Studies. IV. Quart. J. microsc. Sci. **1926** b. (k) Notes on the form and function of the Golgi apparatus in striated muscle. Biol. Bull. **50** (1926 c). (l) The Golgi apparatus, its structure and functional significance. Anat. Rec. **32** (1926). (m) Studies on the Golgi apparatus in the gland cells. III. Lachrymal glands and glands of the male reproductive system. Quart. J. microsc. Sci. **70**, Nr 279, 395—418 (1926). (n) Studies on the Golgi apparatus in gland-cells. IV. A critique of the topography, structure, and function of the Golgi apparatus in glandular tissue. Quart. J. microsc. Sci. **70**, Nr 279, 419—449 (1926). (o) A preliminary report on the structural elements of the cytoplasm in plant cells. Bull. Mar. biol. Labor. **53**, Nr 3, 179—196 (1927). (p) Studies on the structure of plant protoplasm. I. The osmophilic platelets. Z. Zellforschg **6**, 689—725 (1928). (q) The methods for the demonstration of the Golgi apparatus. I. Intra-vitam observations. Amer. Rec. **38** (1928). II. Silver and gold methods. **39** (1928). — **Brambell, F.:** The part played by the Golgi apparatus in secretion. J. roy. microsc. Soc. **1925** b. — **Brambell, F. W. R.:** (a) The activity of the Golgi apparatus in neurones of Helix aspersa. J. de Physiol. **57** (1923). (b) The nature anal origin of yolk. Brit. J. exper. Biol. **1** (1924).

Cajal, R. J.: Algunas variaciones fisiologicas y patologicas del aparato reticular de Golgi. Trab. Labor. Invest. biol. **12** (1914); ferner **3** (1904) und **6** (1908). — **Cattaneo, D.:** Ricerche sulla struttura dell' ovario dei mamiferi. Arch. ital. Anat. **12** (1914). — **Champy, Ch.** et **J. Morita:** Recherches sur les culture de tissus. Observations sur les cultures de testicule et d'ovaire chez les Mammifères, les Oiseaux et les Batraciens. Arch. exper. Zellforschg **5**, 308—340 (1928). — **Collin, R.** et **M. Lucien:** (a) Sur les rapports du réseau interne de Golgi et des corps de NISSL. Bibliogr. Anat. **19** (1909). — **Corti:** Studi di morfologia cellulare. Lacunoma, apparato interno del Golgi, Chondrioma. Idiosoma. Ric. Morph. **4** (1924) und Arch. ital. Anat. **1926**. — **Covell, W. P.:** A quantitative study of the Golgi apparatus in spinal ganglion cells. 4 Abb. Anat. Rec. **35**, Nr 3, 149—159. — **Covell, W. P.** und **G. H. Scott:** An experimental study of the relation between granules stainable with neutral red and the Golgi apparatus in nerve cells. Anat. Rec. **38**, 377—400 (1928). — **Cowdry, E. V.:** (a) The reticular material of developing blood cells. J. exper. med. **33** (1921). (b) The reticular material as an indicator of physiologie reversal in secretory polarity in the thyreoid cells of the guinea-pig. Amer. J. Anat. **1922**. (c) Generaly cytology. Chicago **1924**. (d) La signification de l'appareil réticulaire interne de Golgi en physiologie cellulaire. Bull. Hist. appl. **1924**. — **Cramer, W.** and **R. J. Ludford:** On cellular change in intestinal fat absorption. J. of Physiol. **60** (1925).

Da Fano, C.: On Golgi's internal apparatus in different physiological conditions of the mammary gland. J. of Physiol. **56** (1922). — **Dangeard, P. A.:** Sur la distinction du chondriome des auteurs en vacuome, plastidome et sphérome. C. r. Acad. Sci. **1913**. — **Deineka, D.:** Der Netzapparat von GOLGI in einigen Epithel- und Bindegewebszellen während der Ruhe und Teilung. Anat. Anz. **41**, 289—309 (1912). (b) Developpement des cellules osseuses. Arch. russe d'Anat. **1** (1916). **Drew, A. H.:** Preliminary tests on the homologue of the Golgi apparatus in plants. J. roy. microsc. Soc. **1920**. — **Dubosq, O.** et **P. Grassé:** (a) Notes sur les protistes parasites des termites de France. C. r. Soc. Biol. **90** (1924). (b) Notes sur les protistes parasites des termites de France. C. r. Soc. Biol. **90**, 154—156 u. 345—348 (1925). (c) L'appareil parabasal des flagellés et sa Signification. C. r. Acad. Sci. **180** (1925). — **Duesberg, J.:** (a) Plastosomen, Apparato reticolare interno und Chromidialapparat. Erg. Anat. **20** (1912). (b) Trophospongien und GOLGIscher Binnenapparat. Verh. anat. Ges. **1914**, 11—80.

Erhard, H.: (a) Studien über Trophospongien. Zugleich ein Beitrag für Kenntnis der Sekretion. Festschr. f. R. HERTWIG. **1** (1910). (b) Studien über Nervenzellen. I. Allgemeine Größenverhältnisse, Kern, Plasma und Glia. Nebst einem Anhang: Das Glykogen im Nervensystem. Arch. Zellforschg **8** (1912).

Fauré-Frémiet, E.: Un appareil de Golgi dans l'oeuf de l'Ascaris megalocephale. Réponse à A. Perroncito. Bull. Soc. zool. France **1912**. (b) La structure permanente de l'appareil excréteur. C. r. Soc. Biol. **93** (1925). — **Fischer, A.:** Gewebezüchtung. 2. Aufl. München 1927. — **Flemming, W.:** Zelle. Anat. H. **6** (1896). — **Fuchs, H.:** Über Beobachtungen an Sekret- und Flimmerzellen. Anat. H. **25** (1904). — **Fürst, C. M.:** Ringe, Ringreihen, Fäden und Knäuel in den Kopf- und Spinalganglienzellen beim Lachse. Anat. H. **19** (1902). **Gatenby, J. Bronte:** (a) The cytoplasmic Inclusions of the Germ Cells. Quart. J. microsc. Sci. **62** (1917); **63** (1918). (b) Modern Cytological Technique. Quart. J. microsc. Sci. **64** (1920). (c) On the relationships between the Formation of Yolk and the Mitochondria and Golgi Apparatus during Oogenesis. J. roy. microsc. Soc. **1920**. (d) The Identification of intracellular Elements. J. roy. Microsc. Sci. **1919**. (e) The Golgi bodies of plants. Nature **121**, Nr 3053, 712 (1928). — **Gil, Y, Gil, C.:** El aparato reticular de Golgi en el tejido fibroso. (Su dissicion en los tendones y en los organos de Paccini.) In: Trab. Labor. Invest. biol. Univ. Madrid **19**, 185—193, 4 Abb. (1922). — **Giroud, M.:** Polarité cellulaire et appareil de Golgi. Bull. Histol. appl. **5**, Nr 4, 146—152 (1928). — **Goldschmidt, R.:** Der Chromidialapparat lebhaft funktionierender Gewebezellen. Histologische Untersuchungen an Nematoden. 2. zool. Jb. Abt. f. Ontog. **21** (1904). — **Golgi, C.:** (a) Intorno alla struttura delle cellule nervose. Boll. Soc. med.-chir. Pavia u. Arch. ital. Biol. **30** (1898 a). (b) Sulla struttura delle cellule nervose dei Ganglii spinali. Boll. Soc. med.-chir. Pavia **1898** b. (c) Di nuovo sulla struttura delle cellule nervose dei ganglii Spinali. Boll. Soc. med.-chir. Pavia, Arch. ital. Biol. **31**, und Cinquantenaire Soc. Biol. Paris **1900**. (d) Intorno alla struttura delle cellule nervose dela corteceia cerebrale. Verh. anat. Ges. Pavia **1900**. (e) Di un metodo per la facile e pronta dimostrazione dell'apparato reticolare interno delle cellule nervose. Boll. Soc. med.-chir. Pavia **1908**. (f) Sulla struttura delle cellule nervose della corteceia del cervello. Boll. Soc. med.-chir. Pavia **1909** a. (g) Di una minuta particularità di struttura dell'epitelio della mucosa gastrica ed intestinale di alcuni Vertebrati. Arch. Sci. med. **33** (1909 b). — **Goormaghtigh, N.:** Le chondriome et l'appareil de Golgi dans la cellule luteinique de la chienne in: Bull. Hist. appl. **3**, 271—282 (1926). — **Grabowska, Zofja:** L'appareil de Golgi dans les spermatozoides des Crustacés. C. r. Soc. Biol. Paris **97**, Nr 3, 3—5 (1927). — **Guilliermond, A.:** (a) Sur l'origine des vacuoles dans les cellules de quelques racines. C. r. Soc. Biol. **83** (1920). (b) Nouvelles recherches sur les constituants morphologiques du cytoplasme de la cellule vegetale. Arch. d'Anat. microsc. **20** (1924). (c) Recherches sur l'appareil de Golgi dans les cellules vegetales et sur ses relations avec le vacuome. Arch. d'Anat. microsc. **23**, H. 1, 1—98 (1927). (d) A propos des recherches recentes de M. BOWEN sur l'appareil de Golgi. C. r. Soc. Biol. **98**, Nr 5, 368—371 (1928). — **Guilliermond, A.** and **Mangenot:** Sur la Signification de l'appareil reticulaire de Golgi. C. r. Acad. Sci. **174** (1922). **Harvey, L. A.:** (a) On the relation of the Mitochondria and Golgi Apparatus to yolk formation in the Egg-cells of the common Earthworm. Lumbricus terrestris. Quart. J. microsc. Sci. **69**, 291—316 (1925). (b) On the form and function of the Golgi apparatus. Sci. Progreß **1925**, Nr 76. (c) The history of the cytoplasmic inclusions of the egg of Ciona intestinalis (L.) during oogenesis and fertilisation. Proc. roy. Soc. Serie B **101**, Nr B 708, 133—162 (1927). — **Heidenhain, M.:** Über die Zentralkapseln und Pseudochromosomen in den Samenzellen von Proteus, sowie über ihr Verhältnis zu den Idiosomen, Chondriomiten und Archoplasmaschleifen. Anat. Anz. **18** (1900). — **Henneguy, L. F.:** Recherches récentes sur la constitution des cellules nerveuses. Ann. psychol. **10** (1904). — **Hirschler, Jan:** (a) Studien über die interstitiellen Gebilde der quergestreiften Muskelfasern. Bull. Acad. Sci. Cracovie, Cl. So. math. et nat. **1910**. (b) Über die Plasmastrukturen in den Geschlechtszellen von Ascariden. Arch. Zellforschg **9** (1913). (c) Über die Plasmakomponenten der weiblichen Geschlechtszellen. Arch. mikrosk. Anat. **89** (1916). (d) Über den GOLGIschen Apparat embryonaler Zellen. Arch. mikrosk. Anat. **91** (1918). (e) Sur une certaine ressemblance entre le noyau cellulaire, l'appareil de Golgi et les mitochondries. C. r. Soc. Biol. **93** (1925). (f) Über ein Verfahren zur gleichzeitigen Darstellung des Golgiapparates und der Mitochondrien. Z. Mikrosk. **32**, 168—170 (1915). (g) Über die Plasmakomponenten der Spermatiden von der Wanze Palomena viridissima Poda (poln.). Bull. entomol. Pologne **6**, Nr 1/2, 30—32 (1927). (h) Über ein einfaches Vorgehen zur Darstellung des Golgiapparates und der Mitochondrien bei Wirbellosen. Z. Mikrosk. **44**, H. 2, 216 bis 218 (1927). (i) Studien über die mit Osmium schwärzenden Plasmakomponenten (Golgiapparat, Mitochondrien) einiger Protozoenarten, nebst Bemerkungen über die Morphologie der ersten von ihnen im Tierreiche. 3 Textabb., 1 Tab., 3 Tafeln. Z. Zellforschg **5**, H. 5, 704—786 (1927). (k) Relations topographiques entre l'appareil de Golgi et le vacuome au cours de la spermatogenese de chez Phalera bucephala L. et Dasychira selenitica Esp. (Lepidoptera). C. r. Soc. Biol. **98**, Nr 7, 494—495 (1928). (l) Studien über die Plasmakomponenten (Golgiapparat U.A.) an vital gefärbten männlichen Geschlechtszellen einiger Tierarten. Z. Zellforschg **7**, H. 1, 62—82 (1928). (m) L'Appareil de Golgivacuome au cours de la spermatogenese chez Macrothylacia rubi L. (lepidoptere). C. r. Soc. Biol. **98**, Nr 2, 145—146 (1928). — **Hirschler, Jan** et **Zofja Hirschlerowa:** L'appareil de Golgi et le vacuome dans une certaine categorie de cellules somatiques chez la larve de Phryganea grandis L. (Trichoptera). C. r. Soc. Biol. **98**, Nr 13, 1099—1100 (1928). —

Hirschler, J. und **L. Monné:** Studien über die Plasmakomponenten (Golgiapparate u. a.) an vitalgefärbten männlichen Geschlechtszellen einiger Säuger. Z. Zellforschg 7, 201—227 (1928). — **Hirschlerowa, Z.:** Mikroskopisch-anatomische Untersuchungen an der Amphibienschilddrüse mit besonderer Berücksichtigung ihres Golgiapparates. Z. Zellforschg 6, 234—256 (1927). — **Holmgren, E.:** (a) Weiteres über die Trophospongien verschiedener Drüsenzellen. Anat. Anz. 23 (1903). (b) Über die Trophospongien der quergestreiften Muskelfasern. Arch. mikrosk. Anat. 71 (1908). (c) Über die sog. „intracellulären Fäden" der Nervenzellen von Lophius piscatorius. Anat. Anz. 23 (1903). (d) Über die Trophospongien der Nervenzellen. Anat. Anz. 24 (1904). (e) Zur Kenntnis der Spinalganglienzellen von Lophius piscatorius. Lin. Anat. H. 12 (1899a). (f) Zur Kenntnis der Spinalganglienzellen des Kaninchens und des Frosches. Anat. Anz. 16 (1899b). (g) Weitere Mitteilungen über den Bau der Nervenzellen. Anat. Anz. 16 (1899c). (h) Noch weitere Mitteilungen über den Bau der Nervenzellen verschiedener Tiere. Anat. Anz. 17 (1900a). (i) Studien in der feineren Anatomie der Nervenzellen. Anat. H. 15 (1900b). (k) Von den Ovocyten der Katze. Anat. Anz. 18 (1900c). (l) Weitere Mitteilungen über die „Saftkanälchen" der Nervenzellen. Anat. Anz. 18 (1900d). (m) Beiträge zur Morphologie der Zelle. I. Nervenzellen. Anat. H. 18 (1902a). (n) Einige Worte über das „Trophospongium" verschiedener Zellarten. Anat. Anz. 20 (1902b). (o) Weiteres über das „Trophospongium" der Nervenzellen und der Drüsenzellen des Salamander-Pankreas. Arch. mikrosk. Anat. 60 (1902c). (p) Neue Beiträge zur Morphologie der Zelle. Erg. Anat. 11 (1902). — **Hosselet, G.:** Etude du chondriome et du vacuome des glandes salivaires des phryganides. C. r. Soc. Biol. 97, Nr 23, 450—453 (1927).

Jacobs, W.: Der GOLGIsche Binnenapparat. Ergebnisse und Probleme. Erg. Biol. 2, 357—415. Berlin: Julius Springer 1927 (mit Literaturverzeichnis). — **Jaßwoin, G.:** Zur Histophysiologie der Tubuli contorti der Amphibienniere. Z. Zellforschg 2 (1925). — **Jaworowski, M.:** „L'apparato reticolare" de M. GOLGI dans les cellules des ganglions spinaux. Bull. internat. Acad. Sci. Cracovie. 1902.

Karpowa, L.: Beobachtungen über den Apparat Golgi in den Samenzellen. Z. Zellforschg 2 (1925). — **Kiyono, K.:** Die vitale Carminspeicherung. Ein Beitrag zur Lehre von der vitalen Färbung mit besonderer Berücksichtigung der Zelldifferenzierungen im entzündeten Gewebe. 258. Jena 1914. — **Kolatschev, A.:** Recherches cytologiques sur les cellules nerveuses des Mollusques. Arch. russe d'Anat. 1 (1916). — **Kolmer, W.:** Über einige durch RAMON y CAJALs Uran-Silber-Methode darstellbare Strukturen. Anat. Anz. 48 (1916). — **Kolster, R.:** (a) Über die durch GOLGIs und CAJALs Silbermethode darstellbare Zellstrukturen. Verh. anat. Ges. Anat. Anz. 44 (1913). (b) Studien über das zentrale Nervensystem. II. Zur Kenntnis der Nervenzellen von Petromyzon fluviatilis. Acta Soc. Sci. fenn. 29 (1900). — **Kopsch:** (a) Die Darstellung des Binnennetzes Golgi in spinalen Ganglienzellen und anderen Körperzellen mittels Osmiumsäure. Sitzgsber. preuß. Akad. Wiss. Berlin 39 (1902). (b) Das Binnengerüst in den Zellen einiger Organe des Menschen. Z. mikrosk.-anat. Forschg 5, 222—284 (1926). (c) Das Binnengerüst, Endopegma. Enzykl. mikrosk. Technik. 3. Aufl. 1926. — **Kulesch, L.:** Der Netzapparat von GOLGI in den Zellen des Eierstockes. Arch. mikrosk. Anat. 84 (1914).

Legendre, R.: (a) Sur la nature du trophospongium des cellules nerveuses d'Helix. C. r. Soc. Biol. Paris 1905. (b) Contribution à la connaissance de la cellule nerveuse: la cellule nerveuse d'Helix pomatia. Arch. d'Anat. microsc. 10 (1909). (c) Recherches sur le réseau interne de Golgi. Anat. Anz. 36 (1910). — **Levi, G.:** Nuovi studii su cellule coltivate in vitro. Arch. ital. Anat. 16 (1919). — **Litwer, G.:** Über die Sekretion und Resorption in den Dotterentodermzellen bei graviden weißen Mäusen. Z. Zellforschg 8, 135—152 (1928). — **Ludford, R. J.:** (a) Contributions to the study of the oogenesis of Patella. J. roy. microsc. Soc. 1921. (b) Cell organs during secretion in the epididymis. Proc. roy. Soc. Serie B, 98 (1925a). (c) The cytology of tar tumours. Proc. roy. Soc. Serie B 1925b. (d) The behaviour of the Golgi bodies during nuclear division. Quart. J. microsc. Sci. 66 (1922). (e) The Golgi apparatus in the cells of tissues cultures. 2 Taf. Proc. roy. Soc. Serie B 101, Nr B 711, 409—420 (1927). — **Luna, E.:** Sulla fine struttura della fibre muscolare cardiaca. Arch. Zellforschg 6 (1911).

Mac Dowgall, D. T. and **Wladimir Moravek:** The activities of a constructed colloidal cell. 10 Abb. Protoplasma (Lpz.) 2, H. 2, 161—188 (1927). — **Marcora, J.:** (a) Sui rapporti tra apparato reticolare interno e corpi di NISSL. Boll. Soc. med.-chir. Pavia 1909. (b) Sulle alterazioni dell'apparato reticolare interno nelle cellule nervose. Arch. ital. Biol. 53 (1910). (c) L'istogenesi del sistema nervosa centrale. Boll. Soc. med.-chir. Pavia 1912. — **Martinotti, C.:** Contributo allo studio dell' apparato reticolare nei muscoli striati di alcuni mammiferi. Giorn. Acad. med. Torino 67 (1904). — **Merton, H.:** Über ein intracelluläres Netzwerk der Ganglienzellen von Thetys leporina. Anat. Anz. 30 (1907). — **Misch, J.:** Das Binnennetz der spinalen Ganglienzellen bei verschiedenen Wirbeltieren. Internat. Mschr. Anat. u. Physiol. 20 (1903). — **Monné, Ludwik:** Observations sur les spermatocytes des mollusques après coloration vitale (appareil de Golgi-vacuome). C. r. Soc. Biol. 97, Nr 33, 1450—1452 (1927). — **Morelle, J.:** (a) La substance de Golgi dans les cellules pancréatiques.

Soc. Biol. belge **91** (1924). (b) La substance de Golgi dans les cellules du pancréas. Ann. Soc. sci. Brux. **44** (1925). — **Moriani, G.:** Über ein Binnennetz der Krebszellen. Beitr. path. Anat. **35** (1904).

Nassonov, D.: (a) Recherches cytologiques sur les cellules végétales. Arch. russe d'Anat. **2** (1918). (b) Das GOLGISche Binnennetz und seine Beziehungen zu der Sekretion. Amphibiendrüsen. Arch. mikrosk. Anat. **97** (1923). (c) Das GOLGISche Binnennetz und seine Beziehungen zu der Sekretion. Amphibiendrüsen (Fortsetzung). Arch. mikrosk. Anat. **100** (1924 a). (d) Der Excretionsapparat der Protozoen als Homologon des GOLGISchen Apparats der Metazoazellen. Arch. mikrosk. Anat. **103** (1924 b). (e) Zur Frage über den Bau und die Bedeutung des lipoiden Excretionsapparates bei Protozoa. Z. Zellforschg **2** (1925). (f) Die physiologische Bedeutung des Golgi-Apparates im Lichte der Vitalfärbungsmethode. Z. Zellforschg **3** (1926). (g) Die Tätigkeit des Golgi-Apparates in den Epithelzellen der Epididymis. Z. Zellforschg **4** (1927). — **Nath, Vishwa:** (a) The Golgi origin of fatty yolk in the light of Parat's work. La Nature 118, Nr 2978, 767—768 (1926). (b) On the present position of the mitochondria and the Golgi apparatus. Biol. Rev. Cambridge philos. Soc. **2**, Nr 1, 52—79 (1926). (c) Oogenesis of Lithobius forficatus. Proc. Cambridge philos. Soc. **1** (1924). (d) Cell inclusions in the oogenesis of scorpions. Proc. roy. soc. Serie B **98** (1925). — **Negri, A.:** (a) Di una fina particolarità di struttura delle cellule di alcune gliandole dei Mammiferi. Boll. Soc. med.-chir. Pavia **1899**. (b) Über die feinere Struktur der Zellen mancher Drüsen. Verh. anat. Ges. Anat. Anz. **18** (1900). — — **Nemiloff, A.:** Beobachtungen über die Nervenelemente bei Ganoiden und Knochenfischen. I. Bau der Nervenzellen. Arch. mikrosk. Anat. **72** (1908). — **Nihoul, Jacques:** Recherches sur l'appareil endocellulaire de Golgi dans les premiers stades du developpement des mammiferes. Cellule **37**, Nr 3, 21—40 (1927). — **Nusbaum, J.:** Über den sog. inneren GOLGISchen Netzapparat und sein Verhältnis zu den Mitochondrien, Chromidien und anderen Zellstrukturen im Tierreich. Zusammenfassendes Referat. Arch. Zellforschg **10** (1913).

Parat, M. et **J. Painlevé:** (a) Observation vitale d'une cellule glandulaire en activité. C. roy. Acad. Sci. **179** (1924). (b) Appareil réticulaire interne de Golgi, Trophosponge de Holmgren et vacuome. C. roy. Acad. Sci. **1924**. (c) Mise en évidence du vacuome et du chondriome par les colorations vitales. Bull. Histol. appl. **1925**. (d) Ferner in C. r. Soc. Biol. **1925**. — **Parat, Marguerite:** Le vacuome (appareil de Golgi) au cours de l'ovogenese et du developpement de l'Oursin Paracentrotus lividus Lk. C. r. Soc. Biol. Paris **96**, Nr 17, 1360—1363 (1927). — **Parat, Marguerite** et **Maurice:** Vacuome et inversion des phases cytoplasmiques dans l'oeuf d'Oursin activé. C. r. Soc. Biol. Paris **96**, Nr 17, 1363—1364 (1927). — **Parat, Maurice:** A review of recent developments in histochemistry. Biol. Rev. Cambridge philos. Soc. **2**, Nr 4, 285—297 (1927). — **Parat, M.:** Sur la constitution de l'appareil de Golgi et de l'idiosome; vrais et faux dictyosomes. C. r. Acad. Sci. **182** (1926). — **Penfield, W. G.:** The Golgi apparatus and its relationship to Holmgrens trophospongium. Anat. Rec. **22** (1921). — **Pensa, A.:** (a) Sopra una fina particolarità di struttura di alcune cellule delle capsule soprarenali. Boll. Soc. med.-chir. Pavia **1899**. (b) Demonstration von Präparaten über einen Netzapparat in den Hyalinknorpelzellen. Verh. Anat. Ges. Bonn **1901**. (c) Osservazioni di morfologia e di biologia cellulare nei vegetali. Arch. Zellforschg **8** (1912). (d) La struttura della cellula cartilaginea. Arch. exper. Zellforschg **11** (1913). (e) Fatti e considerazioni a proposito de alcune formazioni endocellulari dei vegetali. Memb. Ist. lombarda sci. Lett. Cl. di Sci. **22** (1917). (f) Osservazioni di morfologia e biologia cellulare. Monit. zool. ital. **30** (1919). — **Pensa:** Les questions les plus discutées sur le cytoplasme des Végétaux. C. r. Assoc. Anat. Turin **1925**. — **Perroncito, A.:** (a) Condriosomi, cromidii ed apparato reticolare interno nelle cellule spermatiche. (Nota preventiva.) Rend. Ist. Lomb., 2. s. **41** (1909). (b) Contributiona l'etude de la biologie cellulaire. Arch. ital. Biol. **54**; Rend. Ist. lombarda Sci. Lett. **41** (1908); Atti Accad. naz. Lincei 2. s., **8** (1910). (c) Beiträge zur Biologie der Zelle (Mitochondrien, Chromidien, GOLGISches Binnennetz in den Samenzellen). Autoreferat der vorher zitierten Arbeiten im Arch. mikrosk. Anat. **77** (1911). — **Platner, G.:** Über die Spermatogenese bei den Pulmonaten. Arch. mikrosk. Anat. **25** (1885), ferner **26** (1886); **33** (1889). — **Poluszynski, G.:** Untersuchungen über den GOLGI-KOPSCHSchen Apparat in den Ganglienzellen der Crustaceen. Bull. Acad. Sci. Cracovic. (1911). — **Popoff, M.:** Zur Frage der Homologisierung des Binnennetzes der Ganglienzellen mit den Chromidien (= Mitochondrien usw.) der Geschlechtszellen. Anat. Anz. **29** (1906).

Ramon y S. Cajal: (a) Coloration par la mèthode de Golgi des terminaisons des trachées et des nerfs dans les muscles des ailes des Insectes. Z. Mikrosk. **7** (1890). (b) Une méthode simple pour la coloration élective du réticulum protoplasmique et ses résultats dans les divers centres nerveuse. Bibliogr. Anat. **14** (1903). (c) L'appareil réticulaire de GOLGI-HOLMGREN coloré par le nitrate d'argent. Trab. Labor. Invest. biol. Univ. Madrid **5** (1907). — **Rau, A. S.** and **R. J. Ludford:** Variations in the form of the Golgi bodies during the development of neurones. Quart. J. microsc. Sci. **69** (1925). — **Rau, Subba A.** and

F. W. Rogers Brambell: Staining methods for the demonstration of the Golgi apparatus in fresh vertebrate and invertebrate material in: J. roy. microsc. Soc. Lond. **4,** 438—444, T. 26, 27 (1925). — **Retzius, G.:** Weiteres zur Frage von den freien Nervenendigungen und anderen Strukturverhältnissen in den Spinalganglien. Biol. Untersuch., N. F. **9** (1900). **Riquier, J. K.:** Der innere Netzapparat in den Zellen des Corpus luteum. Arch. mikrosk. Anat. **75** (1910). — **Rumjantzew, A.:** Cytologische Studien an Gewebekulturen in vitro. III. Über einige gleichartige morphologische Erscheinungen bei Speicherung von Tusche, Farbe und Osmiumsäure in den Gewebszellen. Z. Zellforschg **6,** H. 5, 726—731 (1928).

Sanchez, D.: L'appareil réticulaire de RAMON y CAJAL-Fusari des Muscles striés. Trab. Labor. Invest. biol. Univ. Madrid **5** (1907). — **Sanchez, M.:** Recherches sur la reseau endocellulaire de Golgi. Trab. Labor. Invest. biol. Madrid **14** (1916). — **Sanchez, S. Y.:** Sur la nature et la fonction de l'appareil réticulaire de Golgi. C. r. Acad. Sci. **175** (1922). — **Schneider, K. C.:** Lehrbuch der vergleichenden Histologie der Tiere. Jena 1902. — **Sjövall, E.:** (a) Über Spinalganglienzellen und Markscheiden. Zugleich ein Versuch, die Wirkungsweise der Osmiumsäure zu analysieren. Anat. H. **20** (1906). (b) Ein Versuch, das Binnennetz von GOLGI-KOPSCH bei der Spermato- und Ovogenese zu homologisieren. Anat. Anz. **28** (1906). — **v. Smirnow, A.:** Über die Mitochondrien und den GOLGIschen Bildungen analoge Strukturen in einigen Zellen von Hyacinthus orientalis. Anat. H. **32** (1906). — **Sokolow, Ivan:** Untersuchungen über die Spermatogenese bei den Arachniden. Z. Zellforschg **3,** 615—681 (1926). — **Solger, B.:** Über die intracellulären Fäden der Ganglienzellen des elektrischen Lappens von Torpedo. Gegenbaurs Jb. **31** (1902). — **Soukhanoff, S.:** Réseau endocellulaire de Golgi dans les élements nerveuse des ganglions spinaux. Revue neur. **1901.** — **Studnička, F. K.:** (a) Über das Vorkommen von Kanälen und Alveolen im Körper der Ganglienzellen und in dem Achsencylinder einiger Nervenfasern der Wirbeltiere. Anat. Anz. **16** (1899). (b) Beiträge zur Kenntnis der Ganglienzellen. II. Über endocelluläre und pericelluläre Blutcapillaren der großen Ganglienzellen von Lophius. I. Sitzgsber. böhm. Ges. Wiss. Prag **1903.**

Tello, F.: El reticulo de Golgi en las celulas de algunos tumores y en las del granuloma experimental producido per el Kieselgur. Trab. Labor. Invest. biol. Univ. Madrid. **11** (1913). — **Terni, T.:** Condriosomi, idiozoma e formazioni periidiozomiche nella spermatogenesi degli Amfibii. (Recerche sul Geotriton fuscus.) Arch. Zellforschg **12** (1914). — **Tretjakoff, D.:** Das Cytozentrum und der Liparosma-(Golgi)Stoff. Z. Zellforschg **7,** H. 1, 1—40 (1928). — **Timofejev, S.:** Der Anteil des GOLGIschen Binnennetzes an histogenetischen Prozessen in: Arch. russ. Anat. **4,** 73—82, 165—166 (1925/26). — **Tschernjachiwsky, A.:** Zur Technik der Darstellung des Netzapparats Golgi. Z. Mikrosk. **44,** H. 1, 40—42 (1927). — **Tupa, A.:** Sur l'appareil reticulaire de Golgi dans les cellules des canaux excreteurs de la glande sous-maxillaire. Bull. Histol. appl. **3,** Nr 9, 283—285 (1926).

Veratti, E.: (a) Über die feinere Struktur der Ganglienzellen. Anat. Anz. **15** (1898). (b) Ricerche sulla fine struttura della fibra muscolare striata. Mem. Ist. lombarda Sci. Lett. **19** (1902). — **Verson, S.:** Contributo allo studio delle cellule giganti tubercolari e di altri elementi cellulari. Arch. Sci. med. **32** (1925). — **Voinov, D.:** Les éléments sexuels de Gryllotalpa vulgaris Latr. Arch. zool. expér. **63** (1925).

Walker, C. E. and **Margaret Allen:** On the nature of „Golgi bodies" in fixed material. 3 Taf. Proc. roy. Soc. Serie B. **101,** Nr B 712, 468—483 (1927). — **Weigl, R.:** (a) Zur Kenntnis des GOLGI-KOPSCHschen Apparats in den Nervenzellen. Ver. VIII. internat. Zool.-Kongreß Graz 1910. (b) Über den GOLGI-KOPSCHschen Apparat in den Ganglienzellen der Cephalopoden. Bull. Acad. Sci. Cracovie, Cl. Sc. math. et nat. **1910.** (c) Zur Kenntnis des GOLGI-KOPSCHschen Apparates in den Nervenzellen verschiedener Tiergruppen. Verh. 8. internat. Zool.-Kongr. Graz **1910** (ersch. Jena 1912). (d) Über den GOLGI-KOPSCHschen Apparat in den Epithelzellen des Darmes der Wirbeltiere und dessen Beziehung zu anderen Plasmastrukturen. Festschrift für J. NUSBAUM. **1911.** (e) Vergleichend-cytologische Untersuchungen über den GOLGI-KOPSCHschen Apparat und dessen Verhältnis zu anderen Strukturen in den somatischen und Geschlechtszellen verschiedener Tiere. Bull. Acad. Sci. Cracovie. Sc. math. et nat. **1912.** — **Wigert, V.** und **Hj. Ekberg:** Über binnenzellige Kanälchenbildungen gewisser Epithelzellen der Froschniere. Anat. Anz. **22** (1903). — **Wilson, E. B.:** (a) The cell in developement and heredity. 3 rel. ed. New York **1925** a. (b) Protoplasmic systems and genetic continuity. Amer. Naturalist **59** (1925 b).

Young, R. A.: On the excretory apparatus in Paramaecium. Science (N. Y.) **60** (1924). **Zawarzin, A.:** Beobachtungen an dem Epithel der DESCEMETschen Membran. Arch. mikrosk. Anat. **74** (1909). — **Zimmermann, K. W.:** Beiträge zur Kenntnis einiger Drüsen und Epithelien. Arch. mikrosk. Anat. **52** (1898). — **Zweibaum, J.** und **A. Elkner:** Sur l'appareil de Golgi (vacuome) dans les fibroblastes cultivés in vitro in: Bull. Hist. appl. **3,** 219—221 (1926).

E. Plastiden, Vacuom, osmiophile Plättchen.

Alvorado: Die Entstehung der Plastiden aus Chondriosomen in den Paraphysen von Mnium cuspidatum. Ber. dtsch. bot. Ges. **41** (1923).

Baur, E.: (a) Untersuchungen über die Vererbung von Chromatophorenmerkmalen. Z. indukt. Abstammgslehre 4 (1910). (b) Vererbungslehre. 4. u. 5. Aufl. Berlin: Bornträger 1922. — **Berthold, G.:** Beiträge zur Morphologie und Physiologie der Meeresalgen. Jb. Bot. 13. — **Bowen, R.:** Golgi Apparatus and Vacuome. Anat. Rec. 35 (1927). — **Bowen. Robert H.:** Studies on the structure of plant protoplasm. I. The osmiophilic platelets. Z. Zellforschg 6, H. 5, 689—725 (1928).

Correns, C.: (a) Zur Kenntnis der Rolle von Kern und Plasma bei der Vererbung. Z. indukt. Abstammgslehre. 2 (1909). (b) Vererbungsversuche mit buntblättrigen Sippen. Sitzgsber. preuß. Akad. Wiss. Berlin **1919**.

Dangeard, P. A.: (a) Sur la nature du chondriome et son rôle dans la cellule. C. r. Acad. Sci. Paris 167 (1918). (b) Sur la distinction du chondriome des auteurs en vacuome, plastidome et sphaerome. C. r. Acad. Sci. Paris 169 (1919). (c) Nouvelles recherches sur la nature du chondriome et ses rapports avec le systeme vacuolaire. Bull. Soc. bot. France **1919**. (d) La structure de la cellule vegetale dans ces raports avec la theorie du chondriome. C. r. Acad. Sci. Paris 173, 1921. (e) Sur l'evolution du systeme vacuolaires chez les Gymnospermes. C. r. Acad. Sci. 170, 474 (1920). (f) La structure de la cellule vegetale et son metabolisme. C. r. Acad. Sci. 170 (1920). — **Dufrenoy, J.:** Modifications des mitochondries et des plastides dans les cellules de feuilles des haricots affectées de mosaique. C. r. Soc. Biol. 98, Nr 5, 373—374 (1928). — **Duesberg:** Plastosomen, Aparato reticolare interno und Chromidialapparat. Erg. Anat. 20 (1912), ferner Anat. Anz. Erg.-Bd. 46 (1914).

Emberger: (a) Evolution du chondriome dans la formation du sporange chez les Fougeres C. r. Acad. Sci. **1920**. (b) Evolution du chondriome chez les Cryptogames vasculaires. C. r. Acad. Sci. **1920**.

Friedrich, G.: Die Entstehung der Chromatophoren aus Chondriosomen bei Helodea canadensis. Jb. Bot. 61 (1922).

Gatenby, J. Bronte: Golgi bodies in plant cells. La Nature 121, Nr 3036, 11—12 (1928). — **Guilliermond, A.:** (a) Nouvelles remarques sur la signification des plastes de W. Schimper par rapport aux mitochondries actuelles. C. r. Soc. Biol. 75 1913). (b) Bemerkungen über die Mitochondrien der vegetativen Zellen und ihre Verwandlung in Plastiden. Ber. dtsch. bot. Ges. 32 (1914). (c) Sur la coexistence dans la cellule vegetale de deux varietés de mitochondries. C. r. Soc. Biol. 83 (1920). (d) Recherches cytologiques sur le mode de formation de l'amidon et sur les plastes des vegetaux. Arch. d'Anat. microsc. 14 (1922). (e) Rcchcrchcs sur le chondriome chez les champignons et les algues. Rev. gén. Bot. **1915**. (f) Etat actuel de la question de l'evolution et du role physiologique dcs mitochondries. Rev. gén. Bot. **1914**, Nr 304 u. 305. (g) Sur l'evolution du chondriome pendant la formation des grains de pollen de Lilium candidum. C. r. Acad. Sci. 170 (1920). (h) Sur l'evolution du chondriome dans la cellule vegetale. C. r. Acad. Sci. 170 (1920). (i) Sur les elements figurés du cytoplasme. C. r. Acad. Sci. 170 (1920). (k) A propos de la constitution morphologique du cytoplasme. C. r. Acad. Sci. 171 (1921). (l) Recherches sur l'appareil de Golgi dans les cellules végétales et sur ses relations avec le vacuome. Arch. d'Anat. microsc. 23, H. 1, 1—98 (1927). (m) Sur l'action du rouge neutre sur la coloration vitale du vacuome. Bull. Histol. appl. 4, Nr 4, 125—133 (1927).

Hartmann, O.: Über die experimentelle Beeinflussung der Größe pflanzlicher Chromatophoren durch die Temperatur. Arch. Zellforschg 15 (1919). — **Heitz, E.:** Untersuchungen über die Teilung der Chloroplasten nebst Beobachtungen über Zellgröße und Chromatophorengröße. Straßburg 1922. — **Hirschler, Jan:** Relations topographiques entre l'appareil de Golgi et le vacuome au cours de la spermatogenese de chez Phalera bucephala L. et Dasychira selenitica Esp. (Lepidoptera). C. r. Soc. Biol. 98, Nr 7, 494—495 (1928). — **Hirschler, Jan** und **Ludwik Monne:** Studien über die Plasmakomponenten (Golgiapparat u. a.) und vitalgefärbten männlichen Geschlechtszellen einiger Säuger (Cavia, Lepus, Mus). Z. Zellforschg 7, H. 2, 201—227 (1928). — **Hofmeister, W.:** Die Lehre von der Pflanzenzelle. Leipzig 1867.

Klebs, G.: Über die Organisation einiger Flagellatengruppen. Untersuchungen aus dem bot. Inst. zu Tübingen 2 (1883). — **Klemensiewicz:** Z. allg. Physiol. 3 (1903). — **Küster, E.:** Beiträge zur Physiologie und Pathologie der Pflanzenzelle. Z. allg. Physiol. 4.

Lewitsky: (a) Über die Chondriosomen in pflanzlichen Zellen. Ber. dtsch. bot. Ges. 28 (1910). (b) Vergleichende Untersuchungen über die Chondriosomen in lebenden und fixierten Pflanzenzellen. Ber. dtsch. bot. Ges. 28 (1911). (c) Die Chondriosomen in der Gonogenese bei Equisetum palustre L. Arch. wiss. Bot. 1 (1925). — **Lundegårdh:** Zelle und Cytoplasma. Handbuch der Pflanzenanatomie. 1. Berlin: Bornträger 1922.

Mangenot, G.: Sur l'evolution du Chondriome et des plastes chez les Fucacees. C. r. Acad. Sci. 170 (1920). — **Marchal, El. et Em.:** (a) Aposporie et sexualité chez les mousses. Bull. Acad. Méd. belg. **1907**. (b) Aposporie et sexualite chez les mousses. Bull. Acad. Méd. belg. **1909**. — **Maximow, A.:** (a) Sur les methodes de fixation et de coloration des chondriosomes. C. r. Soc. Biol. 79 (1916). (b) Sur la structure des chondriosomes. C. r. Soc. Biol. 79 (1916). — **Meves, F.:** (a) Die Chloroplastenbildung bei den höheren Pflanzen und die

Allinante von A. MEYER. Ber. dtsch. bot. Ges. **34** (1916). (b) Historisch-kritische Untersuchungen über die Plastosomen der Pflanzenzellen. Arch. mikrosk. Anat. **89** (1917). (c) Die Plastosomentheorie der Vererbung. Arch. mikrosk. Anat. **92** (1918). (d) Über Umwandlung von Plastosomen in Sekretkügelchen, nach Beobachtungen an Pflanzenzellen. Arch. mikrosk. Anat. **90** (1918). — **Meyer, Arth.**: (a) Über die Struktur der Stärkekörner. Bot. Ztg **1881**. (b) Die Allinante. Ber. dtsch. bot. Ges. **34** (1916). (c) Die Allinante der Pflanzen und die Chondriosomen der Metazoen. Zool. Anz. **47** (1916). (d) Morphologische und physiologische Analyse der Zelle der Pflanzen und Tiere. I. Allgemeine Morphologie des Protoplasten. Ergastische Gebilde. Cytoplasma. Jena 1920. — **Mottier, M.**: Chondriosomen and the Primordia of chloroplasts and leucoplasts. Ann. of Bot. **32** (1918).

Nägeli, C.: Die Stärkekörner. Pflanzenphysiologische Untersuchungen von NÄGELI und CRAMER. Zürich 1858. — **Navaschin, S.**: Le principe de continuité et les nouvelles methodes appliquées a l'etude des cellules des plantes superieurs. J. Soc. Bot. russ. **1**, Nr 1—2 (1916). — **Noack, K.**: Untersuchungen über die Individualität der Plastiden bei Phanerogamen. Z. Bot. **13** (1921).

Parat, Marguerite: Le vacuome (appareil de Golgi) au cours de l'ovogenese et du developpement de l'Oursin Paracentrotus lividus Lk. C. r. Soc. Biol. Paris **96**, Nr. 17, 1360—1363 (1927). — **Parat, Marguerite** et **Maurice**: Vacuome et inversion des Phases cytoplasmiques dans l'oeuf d'Oursin activé. C. r. Soc. Biol. Paris **96**, Nr 17, 1363—1364 (1927). — **Parat, M.** et **M. B. Godin**: Remarques cytologiques sur la constitution de la cellule cartaligineuse. Chondriom, Vacuome et appareil de Golgi. C. r. Soc. Biol. **93** (Abb. 1, 1—6), 321 (1925). — **Pensa, A.**: Osservazioni di morfologia e biologia cellulare dei vegetali (mitocondri, chloroplasti). Arch. Zellforschg **8** (1912). — **Pfeffer, W.**: (a) Zur Kenntnis der Plasmahaut und der Vakuolen nebst Bemerkungen über den Aggregatzustand des Protoplasmas und über osmotische Vorgänge. Abh. math.-physik. Kl. sächs. Ges. Wiss. **16**, 185—344, Taf. 2, 1 Abb. (1890). (b) Pflanzenphysiologie. 2. Aufl. Leipzig 1897—1904. — **Prosina, M. N.**: Das Verhalten der Chondriosomen bei der Pollenentwicklung von LARIX DAH. TURCZ. Zeitschr. Zellforschg **7** (1928).

Retzius, G.: Was sind die Plastosomen? Arch. mikrosk. Anat. **84** (1914). — **Rudolph, K.**: Chondriosomen und Chromatophoren. (Beitrag zur Kritik der Chondriosomentheorien.) Ber. dtsch. bot. Ges. **30** (1912). — **Ruhland**: Der Nachweis von Chloroplasten in den generativen Zellen von Pollenschläuchen. Ber. dtsch. bot. Ges. **42** (1924).

Sapěhin, A.: (a) Untersuchungen über die Individualität der Plastide. Ber. dtsch. bot. Ges. **31** (1913). (b) Ein Beweis für die Individualität der Plastide. Ber. dtsch. bot. Ges. **13** (1913). — **Scherrer, A.**: Untersuchungen über Bau und Vermehrung der Chromatophoren und das Vorkommen von Chondriosomen bei Anthoceros. Flora (Jena) **7** (1915). — **Schimper, A. F. W.**: (a) Untersuchungen über die Entstehung der Stärkekörner. Bot. Ztg **38** (1880). (b) Über die Entwicklung der Chlorophyllkörner und Farbkörper. Bot. Ztg **41** (1883). (c) Untersuchungen über die Chlorophyllkörner und die ihnen homologen Gebilde. Jb. Bot. **16** (1885). — **Schmitz, Fr.**: Beiträge zur Kenntnis der Chromatophoren. Jb. Bot. **15** (1884). — **Schürhoff, P. N.**: Die Plastiden. **1924**. Handb. der Pflanzenanatom. Bornträger. — **Senjaninova, M.**: Origin of plastids during sporogenesis in Mosses. Z. Zellforschg **6**, 464—492 (1927). — **Senn, G.**: Weitere Untersuchungen über die Gestalts- und Lageveränderungen der Chromatophoren. I. und II. Ber. dtsch. bot. Ges. **27** (1909). — **Spek, J.**: Neue Beiträge zum Problem der Plasmastrukturen. Z. Zellforschg **1** (1924).

Tretjakoff, D.: Das Cytozentrum und der Liparosma-(Golgi)-Stoff. Z. Zellforschg **7**, 3—39 (1928).

Voinow, D.: Le vacuome et l'appareil de Golgi dans les cellules genitales males de Notonecta glauca L. Arch. Zool. expér. **67**, H. 1, 1—22 (1927). — **de Vries**: Plasmolytische Studien über die Wand der Vakuolen. Jb. Bot. **6** (1885).

Wagner, N.: Sur les chondriome et les plastides pendant la formation du pollen chez Veratrum album L. var. Lobelianum Bernh. Mem. Soc. Naturalist Kiew **25** (1915). — **Went**: Die Vermehrung der normalen Vakuolen durch Teilung. Jb. Bot. **19** (1888). — **Winkler, H.**: Über die experimentelle Erzeugung von Pflanzen mit abweichenden Chromosomenzahlen. Z. Bot. **8** (1916).

Zirkle, Conway: The growth and development of plastids in Lunularia vulgaris, Elodea canadensis, and Zea Mays. Amer. J. Bot. **14**, Nr 8, 429—445 (1927). — **Zuppinger, Adolf**: Radiobiologische Untersuchungen an Askariseiern. Strahlenther. **28**, H. 4, 639—758 (1928).

F. u. G. Hyaloplasma und paraplasmatische ergastische Strukturgebilde des Cytoplasmas.

Aschoff, L.: Zur Morphologie der lipoiden Substanzen. Beitr. path. Anat. **47** (1909). — **Berg, W.**: (a) Über funktionelle Leberzellstrukturen II. Arch. mikrosk. Anat. **96**, H. 1 (1922). (b) Über funktionelle Leberzellstrukturen I. Arch. mikrosk. Anat. **94** (1920). Festschrift für O. HERTWIG. (c) Über Anwendung der Ninhydrinreaktion auf mikroskopische Präparate zum Nachweis niederer Eiweißkörper. Pflügers Arch. **195**, H. 6 (1922). (d) Sind die Schollen des in den Leberzellen gespeicherten Eiweißes vital präformierte Gebilde? Pflügers Arch. **194**, H. 1/2 (1922). (e) Zum histologischen Nachweis der Eiweißspeicherung in der Leber. Pflügers Arch. **214**, H. **3** (1926). (f) Zur Histologie der Leberfunktionen. Sonderdruck aus Münch. med. Wschr. **1913**, Nr 2. (g) Was haben die chemischen Methoden einerseits, die mikroskopischen Methoden andererseits bei der Beantwortung der Frage nach der Eiweißspeicherung in der Leber geleistet? Z. mikrosk.-anat. Forschg **12**, H. 1/2, 1—15 (1927). — **Biedermann, W.**: Beiträge zur vergleichenden Physiologie der Verdauung. Pflügers Arch. **72** (1898). — **Boeminghaus, H.**: Über den Wert der Nilblausulfatmethode für die Darstellung der Fettsubstanzen und den Einfluß einer langen Formalinfixierung auf den Ausfall der Färbung. Beitr. path. Anat. **1920**, Nr 67.

Ciaccio, C.: (a) Beitrag zur Kenntnis der sog. Körnchenzellen des Zentralnervensystems. Beitr. path. Anat. **50** (1910). (b) Contributio alla conoscenza dei lipoidi cellulari. Anat. Anz. **35**, 17—31 (1910).

Delaney, P. Arthur: Reliable methods for the fixation and staining of NISSL substance. Anat. Rec. **36**, Nr 1, 111—119 (1927). — **Dubreuil, G.**: Transformation directe des mitochondries et des chondriocontes en graisse dans les cellules adipeuses. C. r. Soc. Biol. **70**.

v. Ebner, V.: Über Eiweißkrystalle in den Eiern des Rehes. Sitzgsber. Akad. Wiss. Wien, Math.-naturwiss. Kl. **110** III (1898). — **Eisenberg, Q.**: Über Fettfärbung. Virchows Arch. **199** (1910). — **Escher, H.**: Grundlagen einer exakten Histochemie der Fettstoffe. Korresp.bl. Schweiz. Ärzte **1919**, Nr 43.

Fischler: Über die Unterscheidung von Neutralfetten, Fettsäuren und Seifen im Gewebe. Zbl. Pathol. **15** (1904). — **Fischler, F.**: Physiologie und Pathologie der Leber. Berlin 1916. — **Frey, A.**: Der submikroskopische Feinbau der Zellmembranen. Naturwiss. **15**, 760—765 (1927).

Groebbels: Handbuch der normalen und pathologischen Physiologie. **3** (1927).

Handwerk, C.: Beiträge zur Kenntnis vom Verhalten der Fettkörper zu Osmiumsäure und zu Sudan. Z. Mikrosk. **15**. — **Held, H.**: Die Mikrosomen der Spermien von Mensch und Meerschwein. Ber. math.-physik. Kl. sächs. Ges. Wiss. Leipzig **68** (1916). — **Helly, K.**: (a) Studien über den Fettstoffwechsel der Leberzellen. Beitr. path. Anat. **51** (1911). (b) Weitere Studien über den Fettstoffwechsel der Leberzellen. Beitr. path. Anat. **60** (1914). — **Hertwig, G.**: Die Bedeutung des Kerns für das Wachstum und die Differenzierung der Zelle. Ergänzb. Anat. Anz. **55** (1922). — **Herxheimer, G.**: Über Fettfarbstoffe. Dtsch. med. Wschr. **1901**, 607.

Kaufmann, C. und **E. Lehmann**: Sind die in der histologischen Technik gebräuchlichen Fettdifferenzierungsmethoden spezifisch? Virchows Arch. **261**, 623—648 (1926). (b) Kritische Untersuchungen über die Spezifitätsbreite histochemischer Fettdifferenzierungsmethoden. Zbl. Path. **37** (1926). — **Krehl, L.**: Ein Beitrag zur Fettresorption. Arch. f. Anat. **1890**.

List, Th.: Über die Entwicklung von Proteinkrystalloiden in den Kernen der Wanderzellen bei Echiniden. Anat. Anz. **14** (1898).

Meyer, A.: Morphologische und physiologische Analyse der Zelle der Pflanzen und Tiere. Jena: G. Fischer 1920. — **Mühlmann, M.**: (a) Mikrochemische Untersuchungen an den wachsenden Nervenzellen. Arch. mikrosk. Anat. **79** (1912). (b) Über die chemischen Bestandteile der Nißlkörner. Arch. mikrosk. Anat. **85** (1914).

Pflüger, E. F.: Über die physiologische Verbrennung in den lebenden Organismen. Pflügers Arch. **10** (1875), ferner **18** (1878). — **Prenant, A.**: Methodes et resultats de la microchemie. J. l'Anat. et Physiol. **46** (1910). — **Pischinger, A.**: Die Lage des isoelektrischen Punktes histologischer Elemente als Ursache ihrer verschiedenen Färbbarkeit. Z. Zellforschg **3** (1925).

Radlkofer, L.: Über Krystalle proteinartiger Körper pflanzlichen und tierischen Ursprunges. Leipzig 1859. — **Redenz, E.**: Mikrochemischer Nachweis von Nucleinsäure in den Nißlschollen der motorischen Ganglienzellen. Verh. physik.-med. Ges. Würzburg, N. F. **49** (1925). — **Romeis, B.**: Taschenbuch der mikroskopischen Technik. 12. Aufl. **1928**. — **Rückert, J.**: Die erste Entwicklung des Eies der Plasmobranchier. Festschr. f. C. v. KUPFFER. Jena 1899.

Schimper, A. W. F.: Untersuchungen über die Proteinkrystalloide der Pflanzen. Straßburg 1879 und Z. Krystall. **5** (1881). — **Schmidt, W. J.**: (a) Die Bausteine des Tierkörpers im polarisierten Licht. Bonn: Fr. Cohen 1924. (b) Einiges über die Entwicklung der Guanophoren bei den Amphibien. Anat. H. **59** (1920).

Unna und **Gans**: Zur Chemie der Zelle. Berl. klin. Wschr. **1914**, Nr 51.

Verworn, M.: Die Biogenhypothese. Jena 1903.

Wermel, E.: Untersuchungen über die Kernsubstanzen und die Methoden ihrer Darstellung. Die Nuclealreaktion und die chromolytische Analyse. Z. Zellforschg **5** (1927).

VII. Biologische Morphologie der Zelle.

Unsere bisherige Betrachtung hat uns mit den einzelnen Formbestandteilen der Zelle auf einem durchaus analytischen Wege bekannt gemacht, so wie es ja auch den Forschungsmethoden der mikroskopischen Anatomie entspricht. Genau so wie der Chemiker eine ihm unbekannte komplizierte chemische Verbindung in ihre einzelnen Elementarbestandteile zerlegt, so zergliedert auch der mikroskopische Anatom die lebende Einheit der Zelle in ihre einzelnen Komponenten. Diese analytische Methode ist sowohl für den Chemiker, wie für den Morphologen unerläßlich, aber nicht erschöpfend. Der Chemiker betrachtet seine Aufgabe erst dann für abgeschlossen, wenn ihm auch die synthetische Darstellung seiner komplexen Verbindung aus ihren Elementen gelungen ist. Ein entsprechendes Vorgehen ist für den Morphologen nicht möglich, weil er ja nicht künstlich einen Organismus wie die Zelle aus ihren einzelnen Elementarbestandteilen synthetisch herstellen kann. Daß trotz der ihm gesetzten Grenzen auch der Morphologe durch eine synthetische Betrachtungsweise zu allgemeinen Regeln der Formbildung und so zu einem besseren Verständnis der Formen selber zu gelangen vermag, hat vor allem M. Heidenhain (1920—1927) gezeigt. Ich habe schon in der Einleitung die „Synthesiologie" M. Heidenhains in ihren Gedankengängen und ihren Ergebnissen skizziert, es wird in dem Kapitel über die Organisation der lebenden Masse Gelegenheit sein, ausführlicher die synthetische Morphologie zu Worte kommen zu lassen.

Gleichfalls in der Einleitung habe ich aber schon im Anschluß an O. Hertwig, E. B. Wilson u. a. betont, daß die moderne Cytologie ja nicht mehr ausschließlich oder vorwiegend Morphologie der Zelle sein will, sondern bei ihrer Problemstellung ganz von biologischen Gesichtspunkten sich leiten läßt. Die Formbetrachtung ist dem modernen Cytologen nicht mehr Selbstzweck, sondern nur ein Mittel zum Verständnis des Lebensprozesses der Zelle.

Ich habe dieser modernen Richtung in der Cytologie bisher dadurch Rechnung getragen, daß ich bei jedem durch die morphologische Analyse ermittelten Formbestandteil der Zelle seine biologische Wertigkeit festzustellen trachtete und entweder dem Protomeren- oder dem paraplasmatischen, ergastischen Material zuteilte. Es wurde ferner die Bedeutung des Kerns, der Plastiden, der Centriolen, des Golgiapparates usw. für einzelne Partialfunktionen der Zelle erörtert.

In den nachfolgenden Abschnitten soll nun das Problem von der funktionellen Bedeutung der Zellstrukturen von einer anderen Seite in Angriff genommen und beleuchtet werden. Es wird nunmehr von einer bestimmten Funktion, wie dem Stoffwechsel oder dem Wachstum ausgegangen und gefragt werden, welche morphologisch erfaßbaren Veränderungen sind bei dem Ablauf dieses Lebensprozesses an der ganzen Zelle bzw. ihren einzelnen Strukturgebilden festzustellen. Dabei tritt naturgemäß die morphokinetische Betrachtungsweise (S. 3) ganz in den Vordergrund.

Ein wichtiges Ergebnis dieser Betrachtungsweise sei hier schon gleich vorweggenommen, daß nämlich die Funktion das Moment ist, welches „die Struktur stabilisiert, orientiert, begünstigt und ausgestaltet" [A. v. Tschermak (1924)]. Wir werden daher, um unser Studium mit der größten Aussicht auf einen Erfolg zu betreiben, bei der Auswahl unserer Studienobjekte neben den Einzellern vor allem diejenigen Zellen des vielzelligen Organismus benutzen, die nach dem Prinzip der Arbeitsteilung für diejenige Funktion besonders spezialisiert sind, welche wir gerade untersuchen wollen.

Wir untersuchen nunmehr, natürlich immer unter morphologischen Gesichtspunkten, so wie es die Aufgabe dieses Handbuches ist, der Reihe nach:

1. Die Strukturen, welche die Form der Zelle bestimmen und erhalten.
2. Die Bewegungserscheinungen.
3. Den Stoffwechsel der Zelle.
4. Das Wachstum und die Vermehrung der Zellen.

Hieran schließt sich dann noch ein Kapitel, welches die Bildung der Differenzierungsprodukte behandelt.

A. Strukturen, welche die Form der Zelle bestimmen und erhalten (Statik der Zelle).

Wie schon auf S. 107 betont wurde, sind die Zellformen von einer ungeheuren Mannigfaltigkeit. Während manche Zellrassen äußerst formveränderlich entweder vorübergehend oder auch Zeit ihres Lebens sind, besitzen andere eine große Formstabilität. Hier ist dann die Form häufig eine so charakteristische, artspezifische Zelleigenschaft, daß sie das brauchbarste Mittel zur Artdiagnose liefert, wie bei vielen freilebenden Protisten oder auch bei den Spermien der vielzelligen Organismen. Die Zellform ist abhängig von inneren, in dem ultramikroskopischen bzw. mikroskopischen Bau der Zelle selber gelegenen und von äußeren, durch die Umwelt bedingten Faktoren. Hier interessieren uns vorwiegend die inneren Faktoren, namentlich soweit sie als formbestimmende bzw. formfixierende Strukturgebilde mikroskopisch faßbar sind.

Man hat sich lange Zeit darüber gestritten, ob der Aggregatzustand der Zelle ein fester oder ein flüssiger ist. Dieser Streit hat viel vcn seiner prinzipiellen Bedeutung verloren durch die neuen Vorstellungen, die auf kolloidchemischer Basis über den Bau der Zelle entwickelt worden sind. Auch wissen wir heutzutage, namentlich durch die experimentelle Cytologie, daß der physikalische Zustand des Cytoplasmas raschem Wechsel unterworfen ist und reversibel zwischen den eines Sols und Gels schwanken kann. Allerdings waren wir bei unserer Analyse des chromatischen Apparates (der Chromosomen) zu dem Ergebnis gekommen, daß dieser Teil der Zelle niemals, auch nicht im Zustand des Ruhekerns, die Beschaffenheit eines Sols mit freiverschieblichen Einzelteilchen aufweisen kann (S. 169). „Die Rolle der Chromosomen und mit ihnen des Kerns als Vererbungsmaschine steht und fällt mit der Kontinuität des chromatischen Apparates von Teilung zu Teilung. Besteht sie nicht und leistet der Kern dennoch, als ein mit wirklicher Flüssigkeit gefülltes Bläschen, die Vorgänge, die wir Vererbung nennen, so ist die immaterielle Maschine, d. h. der Vitalismus, schon hier unvermeidlich", so äußert sich PETERSEN (1922) und ich stimme ihm hierin ganz zu, nicht dagegen, wenn er folgendermaßen fortfährt: „Was wir vom Kern und dem chromatischen Apparat in ihm gesagt haben, gilt in derselben Weise vom Protoplasma. Ein System aus beliebig verschiebbaren Teilchen ist auch hier nicht anzunehmen." Für diesen Schluß, den PETERSEN hier zieht, fehlen uns zur Zeit wenigstens die sachlichen Gründe. Im Gegensatz zu den Kernprotomeren sprechen bisher keine Tatsachen der Vererbungslehre dafür, daß den Protomeren des Cytoplasma eine bestimmte, artspezifische feste Architektur zukommt. Dagegen besitzen wir eine Reihe von Argumenten dafür, daß das Cytoplasma, oder doch wenigstens ein großer Teil desselben tatsächlich flüssige Beschaffenheit haben kann.

Ist aber der Aggregatzustand des Zelleibes ein flüssiger, so ergibt sich daraus für die Form der Zelle folgendes, wie namentlich RHUMBLER (1914) auseinandergesetzt hat:

1. Die Zelle muß bei dem Mangel einer inneren Elastizität innerhalb einer starren Hülle die Form dieses Behälters annehmen. Die besten Beispiele hierfür liefern die Foraminiferen, deren Zelleib einen naturgetreuen Abguß der oft bizarr geformten Gehäuse bildet.

2. Die Zelle muß nach dem ersten Capillaritätsgesetz infolge der Oberflächenspannung in einem freibeweglichen Medium die Kugelform annehmen. Tatsächlich besitzen viele sog. nackte Zellen, wie die Amöben oder tierischen Leukocyten, eine Kugelform, bzw. sie kugeln sich ab, wenn sie wie die Foraminiferen aus ihren Schalen herauspräpariert werden, oder wie die Pflanzenzelle, durch Plasmolyse zum Schrumpfen gebracht, den Kontakt mit der Cellulosemembran verlieren, oder wenn sie, wie viele tierische Gewebszellen, aus dem Gewebsverbande künstlich isoliert werden.

Allerdings beweist die Kugelform einer Zelle uns keineswegs, daß ihr Zelleib durch und durch eine flüssige Beschaffenheit hat. Viele Eizellen besitzen, frei im Wasser schwimmend, eine Kugelgestalt, und gleichwohl hat man, z. B. mit Hilfe der Mikrochirurgie an ihrer Oberfläche das Vorhandensein einer festen

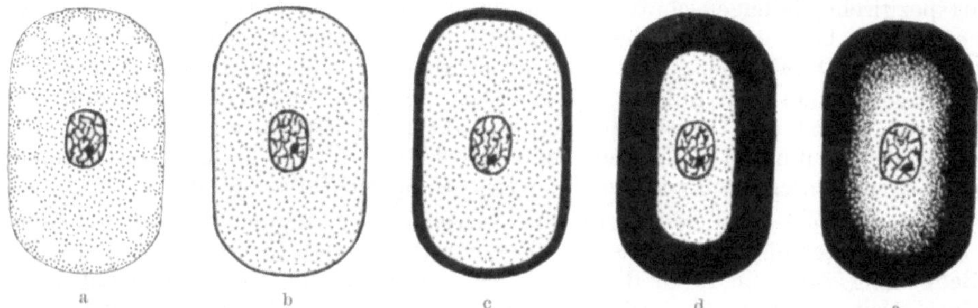

Abb. 280 a—e. Verschiedene Formen der die Zelle an allen Teilen bedeckenden Grenzschichten: a Grenzplasma, b Pellicula, c Membrana, d u. e Crusta. (Nach Studnička 1925.)

Membran feststellen können. So besitzen z. B. die Seeigeleier, auch schon vor der Befruchtung, „eine äußerst dünne und zähe Haut, die sich mit Mikronadeln leicht abpräparieren läßt" [Péterfi (1927)]. Dann treten aber an Stelle der Oberflächenspannung, deren „Wirkung bei einer gelartigen Natur der Oberflächenschicht weitgehend oder ganz ausgeschaltet ist [Spek (1926)], andere, die Zellgestalt bestimmende Faktoren, „wie z. B. die elastische Spannung dieser Oberflächenschicht, oder ein osmotischer Überdruck, wenn die Oberfläche semipermeabel ist, oder ein lokaler oder totaler Wechsel in der Beschaffenheit dieser Oberflächenschicht".

Als Beispiel, wie schon geringe Veränderungen dieser Oberflächenschicht die Zellgestalt beeinflussen können, führe ich das Seeigelei an. F. Vlès (1926) untersuchte die Gestalt von Seeigeleiern, die in einer dünnwandigen mit Meerwasser gefüllten Glascuvette dem Boden des Gefäßes auflagen, mit einem horizontal gestellten Mikroskop von der Seite und stellte die Größe ihrer Abplattung in den verschiedenen Stadien nach der Befruchtung fest. Er fand eine relativ starke Abplattung der Eier bis zu etwa 30 Minuten nach der Befruchtung, dann ein starkes Absinken der Abplattungsfähigkeit mit mehreren kleinen Schwankungen in der Periode zwischen 50 Minuten und $1^1/_2$ Stunden. Das Minimum fiel in das Stadium nach dem Auftreten der Spindel, aber noch vor Ausbildung des fertigen Dyasters. Mit diesem zeitlich zusammenfallend folgt dann wieder eine Steigerung der Abplattungstendenz, die bis zur Durchschnürung der Eizelle immer weiter fortschreitet.

Spek (1926) macht nun darauf aufmerksam, daß „der Kurvenablauf der Abplattung des befruchteten Seeigeleies recht gut übereinstimmt mit den bekannten Schwankungen der Zellpermeabilität vor und während der Zellteilung", und hält daher folgende Erklärung der Versuchsresultate von Vlès für die einfachste: „In den Stadien gesteigerter Permeabilität ist die Oberflächenschicht offenbar wasserreicher und weicher. Das Ei gibt der Schwerewirkung nach und sinkt auf der Unterlage stärker zusammen. Verdichtet sich dann die Oberfläche wieder, so wird sie erstens schwerer durchlässig, zweitens wird hierdurch die Möglichkeit gegeben, daß ihre eigene elastische Spannung oder ein kleiner osmotischer Überdruck ihr einen eigenen Spannungszustand verleiht, der von der Schwere nicht mehr in dem Grade überwunden werden kann."

Wir sehen also an diesem Beispiel, daß der Oberflächenschicht ein wichtiger Einfluß auf die Zellform zukommt, und diese, die Zellgestalt stabilisierende Funktion der Zelloberflächenschicht nimmt natürlich in dem Maße zu, je dichter, dicker und fester dieselbe ist. Wir können daher die Grenzschicht als äußeres

Abb. 281. a Deckplatte, b, c Cuticula (vergleiche die Lage derselben oberhalb der Zellen). d Knorpelkapsel, e Zellhof einer Knorpelzelle. (Nach Studnička 1925.)

statisches Organell der Zelle bezeichnen, das, sobald es die ultramikroskopische Größenordnung der „physikalischen Membran" überschreitet, Gegenstand mikroskopischer Forschung wird.

Bei der Nomenklatur der histologischen Grenzschichten der Zellen folge ich der zusammenfassenden, kritisch-historischen Darstellung, die dieser in vieler Hinsicht noch strittige Gegenstand durch Studnička (1925) kürzlich erfahren hat. Er gibt folgende tabellarische Übersicht über die histologischen Grenzschichten und erläutert sie durch die schematischen Abb. 280 und 281.

Tabellarische Übersicht der histologischen Grenzschichten
nach Studnička 1925.

	Zu der Zelle (= dem Protoplasten) gehörend	Extracellulär
Allseitig	Epiplasma Limes (Grenzplasma) Pellicula Membrana Crusta (Exoplasma s. str.) (Zellwand)	Kapsel Area Zona (Pflanzliche Zellmembran)
Einseitig	Deckplatte Basalplatte	Cuticula Cuticularkappe Basale Cuticula

Zur Erläuterung füge ich hinzu, daß Studnička zu den Pelliculae die dünnsten „histologischen" Membranen rechnet, „die sich unter dem Mikroskop am lebenden oder am fixierten Objekt als eine dunkle äußere Kontur repräsentieren". „Es sind das Schichten von manchmal ziemlich großer Festigkeit, die sich wohl auch dadurch von den einfachen, für uns unsichtbaren, „physikalischen" Membranen unterscheiden". Als Beispiele nennt Studnička die Pellicula vieler, namentlich jugendlicher Epithelzellen, die Pellicula der Infusorien und diejenige an der Oberfläche des Amöbenplasmas, deren Existenz durch den Mikromanipulator festgestellt wurde. Allerdings möchte ich bei der Ausdeutung mikrochirurgischer Experimente doch zu bedenken geben, daß durch die Tixotropie [Péterfi (1927)], d. h. die Eigenschaft des Protoplasmas, auf mechanische Einwirkungen hin seinen kolloidalen Zustand zu verändern und mit einer Sol-Gel-Umwandlung auf den Reiz zu reagieren, möglicherweise erst festere Grenzschichten künstlich durch die Operationsnadeln erzeugt werden, die in der ungereizten Zelle als solche gar nicht vorhanden sind.

Unter „Zellmembran" versteht Studnička etwas „dickere" Grenzschichten, „die am lebenden Objekt als ein heller homogener Oberflächensaum, am gefärbten Objekte dagegen als eine deutlich doppelkonturierte, dunkler als das innere Zellplasma sich färbende Membran erscheint". „Beispiele solcher Zellmembranen findet man zahlreich in den festeren Epithelgeweben, vor allem der Epidermis der Vertebraten, wo die Zellen häufig den Wert von Turgorzellen haben, weiter an den speziellen Turgorzellen einiger Stützgewebe, vor allem des blasigen Gewebes, wo die Zellmembran dem Drucke des Zellsaftes Widerstand leisten soll. Schließlich bietet das Sarkolemm der Muskelfasern ein sehr schönes Beispiel einer festen Zellmembran."

Wie aus der Tabelle hervorgeht, rechnet Studnička die Pelliculae und Membranen zu der Zelle selber, sie sind durch Umwandlung des Zellcytoplasmas entstanden zu denken. Ob dabei auch Protomerenmaterial Verwendung findet, die Zellmembranen dann als metaplasmatische Bildungen zu bezeichnen sind, oder ob an ihrer Bildung nur paraplasmatisches, ergastisches Material sich beteiligt, wird in dem Kapitel besprochen werden, das von der Bildung der Differenzierungsprodukte handelt. Ich wende mich gleich zu der Besprechung anderer Vorrichtungen, mit denen die Zelle ihre Form zu stabilisieren vermag.

Da ist zunächst die nicht auf die Oberfläche beschränkte Umwandlung des Cytoplasmas in ein mehr oder minder festes Gel zu nennen. Es ist durch die Zentrifugiermethode (vgl. S. 44) und auf mikrochirurgischem Wege festgestellt, daß das Cytoplasma häufig und oft in erheblichem Ausmaß seine Viscosität ändern kann; als Beispiele nenne ich die Eizellen bei und nach der Befruchtung [Heilbrunn (1927)], die Zellen während der Zellteilung (vgl. das Kapitel über die Zellteilung), die Amöben und Infusorien in verschiedenen Salz- und Nährlösungen (Spek, Giersberg), die reversiblen Gelbildungen, die van Herwerden (1925) am Oberflächenepithel von Froschlarven durch Einwirkung schwacher Essigsäure hervorrufen konnte.

Bei diesen Viscositätsänderungen des Cytoplasmas, die für die Formstabilität der Zelle von erheblicher Wichtigkeit sind, spielt das Wasser eine aussschlaggebende Rolle. Entweder handelt es sich um eine echte Quellung bzw. Entquellung des ganzen Zelleibes mit Wasseraufnahme bzw. Wasserabgabe an die Umwelt. Oder aber der absolute Wassergehalt der Zelle erfährt keine Veränderung, sondern es ändert sich nur die Verteilung des Wassers auf die einzelnen Zellbestandteile. Für beide Vorgänge kennen wir zahlreiche Beispiele.

So wissen wir, daß am Beginn der Ontogenie die Furchungszellen durch Wasseraufnahme aufquellen, daß die Zellen des Embryos durch ganz besonderen

Wasserreichtum ausgezeichnet sind, ein Plasma von sehr geringer Viscosität besitzen und deshalb äußerst weich, plastisch und formveränderlich sind. Mit höherem Alter des Individuums nimmt dann im allgemeinen der Wassergehalt seiner Zellen ab — es ist in diesem Zusammenhang sehr bemerkenswert, daß die bösartigen Geschwulstzellen bedeutend wasserreicher sind als normale [BIERICH (1924), DOMAGK (1925), WATERMANN (1922)] und sich auch dadurch als dem embryonalen Typus angehörig erweisen. Bei manchen Zelltypen führt die Wasserverarmung schließlich zum Tode der Zelle, wie bei den völlig starr gewordenen, verhornten Epithelien der Epidermis.

Als Beispiel für Viscositätsänderungen durch andersartige Verteilung des Zellwassers nenne ich die Zelle während der Teilung und die Protisten in den schon mehrmals erwähnten Salzversuchen.

Oft spielt sich dieser Vorgang im ultramikroskopischen Gebiet ab; er ist, wie GIERSBERG (1924) ausführt, dadurch „charakterisiert, daß (vorher frei bewegliche) Wasserteilchen an die einzelnen Moleküle angelagert werden, entweder in chemischer Bindung oder aber als Adsorptionshüllen um den Molekülkern; die einzelnen Moleküle erhalten dadurch eine vergrößerte Oberfläche, quellen sozusagen auf und bedingen dadurch, da sie ja jetzt mehr Raum einnehmen und sich dadurch mehr aneinanderlagern, eine größere innere Reibung und dadurch eine Zunahme der Zähigkeit". Bei dieser Art der Wasseraufnahme durch die Kolloide, die als „Hydratation" der einfachen Quellung gegenübergestellt wird, kann bei absoluter Erhöhung des Wassergehaltes die Viscosität einer Zelle sogar abnehmen.

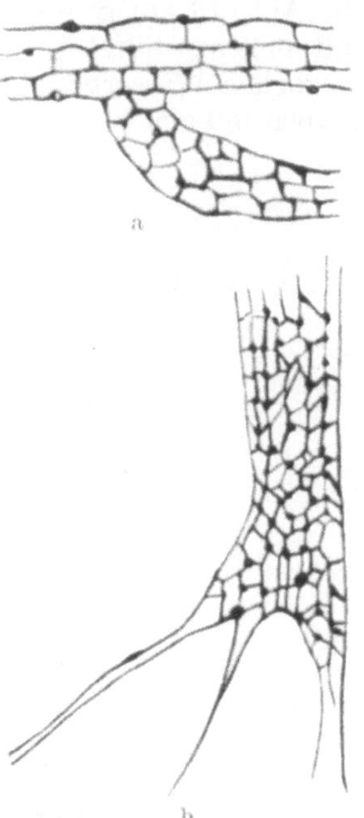

Abb. 282a, b. Schaumstrukturen des Cytoplasmas. a Protoplasmastrang aus den Haarzellen einer Malve. b Pseudopodium eines Rhizopoden. (Nach BÜTSCHLI 1892 aus PETERSEN: Histologie 1922.)

Mikroskopisch ist dieser Vorgang der „Hydratation" mit Strukturvergröberung durch Änderung der Wasserverteilung besonders gut an den Amöben

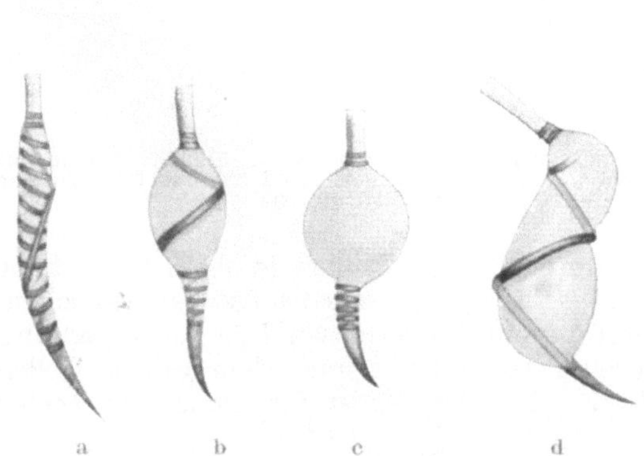

Abb. 283 a—d. Spermien von Coronella. a Normal, b—d in starker Biondilösung gequollen. Vergr. etwa 3500fach. (Nach KOLTZOFF 1908.)

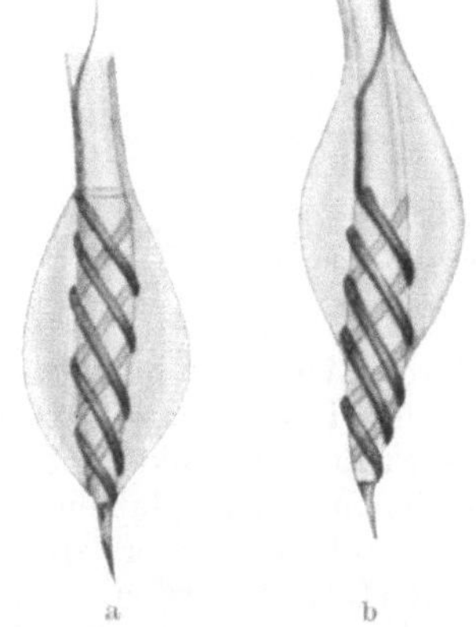

Abb. 284 a, b. Zwei Spermien von Helix nemoralis in hypotonischer Lösung. Vergr. etwa 3500fach. (Nach KOLTZOFF 1908.)

und Infusorien in den bereits mehrfach erwähnten salzphysiologischen Versuchen von Giersberg (1924) und Spek (1926) zu verfolgen. Ich verweise auf die Abb. 13 auf S. 46. In Abb. 13a ist eine normale, gut bewegliche Amöbe mit hellem, dünnflüssigen Cytoplasma und zahlreichen, aber kleinen, frei beweglichen Wasserbläschen zu sehen. In der Zuckerkultur wird das Cytoplasma trüber und gleichzeitig durch Wasserverlust zäher, dafür haben sich die Bläschen

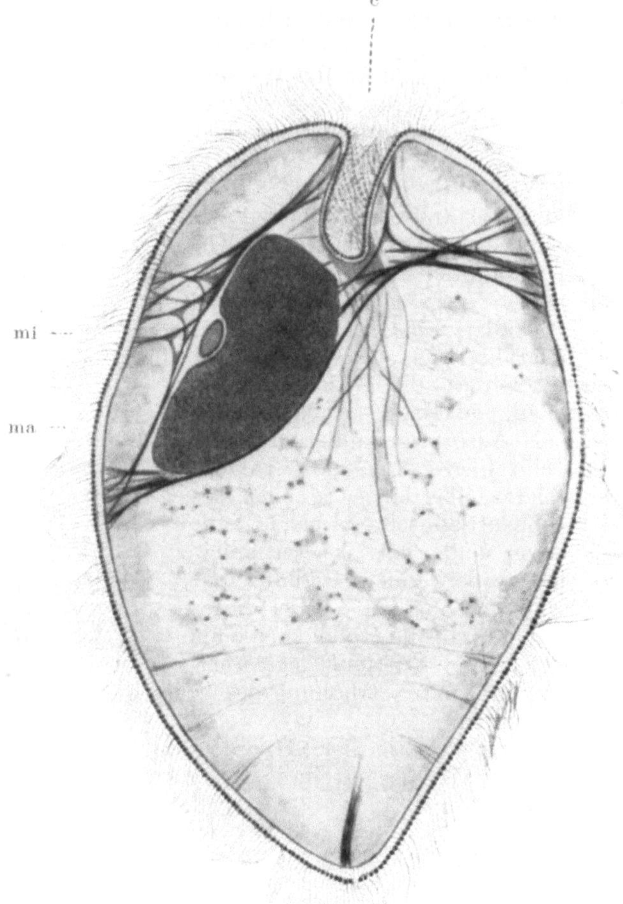

Abb. 285. Isotricha prostoma. Infusor mit kompliziertem Stützapparat am Schlund und um die Kerne. Längsschnitt. Vergr. 1000fach. c Zellmund, ma Makronucleus, mi Mikronucleus. Original von K. Bělař. (Aus Hartmann: Allg. Biologie 1927.)

durch Wasseraufnahme erheblich vergrößert. Schließlich in Abb. 13b ist das Endstadium dieses Prozesses erreicht. Das Cytoplasma ist äußerst wasserarm, sehr zäh und dunkel, die extrem vergrößerten Wasserblasen liegen dicht gedrängt nebeneinander, platten sich gegenseitig ab und verleihen dem ganzen Zelleib eine Schaum- oder Spumoidstruktur. Die Amöbe ist fast ganz unbeweglich und starr geworden.

Da nun durch den Spumoidbau der flüssige Zelleib in einfachster Weise, schon bei ganz geringer Verfestigung der Zelloberfläche strukturfest in beliebiger Anordnung gehalten werden kann, wie namentlich Rhumbler (1914) gezeigt hat, so findet er sich tatsächlich auch weit verbreitet (Abb. 282), wenngleich der Bau des Cytoplasmas aus mikroskopisch noch erkennbaren oder auch ultramikroskopischen Schaumkämmerchen keine der lebenden Masse an sich inhärente Elementarstruktur ist, wie BÜTSCHLI meinte, vielleicht nicht einmal „der gewöhnlichste Zustand des Protoplasma" [nach RHUMBLER (1914)] ist. Wir können ihn daher als eine Art von Innenskelet der Zelle bezeichnen, zu dem dann noch unter Umständen faserartige Strukturgebilde hinzukommen, bzw. auch ohne das Spumoid in der Zelle ausgebildet sein können.

In seinen „Studien über die Gestalt der Zelle" hat KOLTZOFF

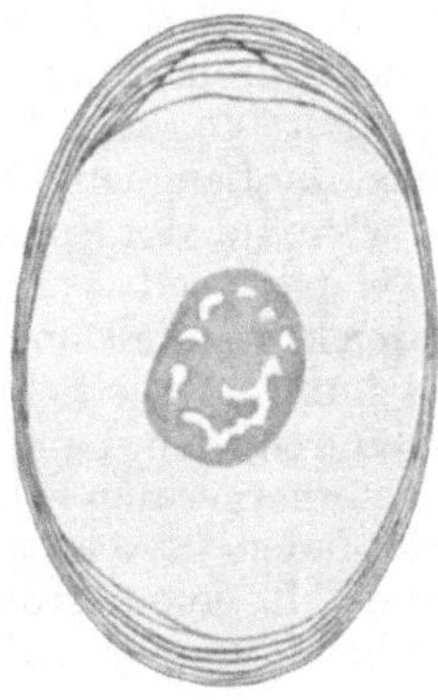

Abb. 286. Erythrocyt vom Salamander mit fibrillär strukturiertem Randreifen. (Nach MEVES 1904.)

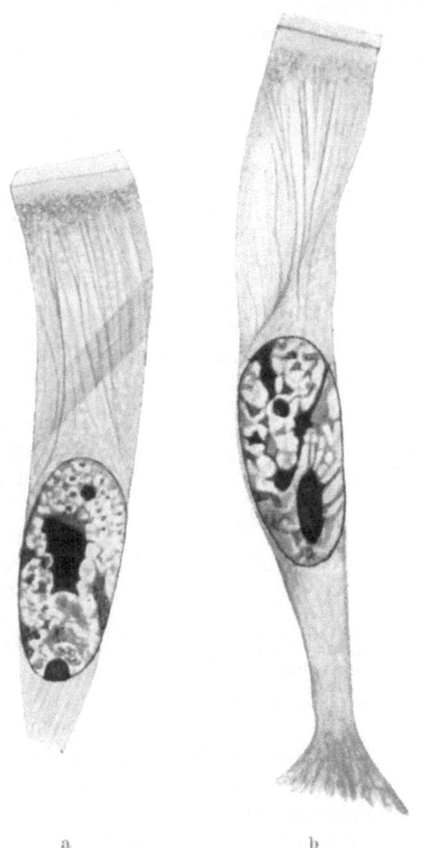

Abb. 287 a, b. Darmepithelzellen vom Frosch; a in der ventralen Ansicht, b in der Seitenansicht mit Plasmafasern und deutlichem Spreizungskegel oberhalb des Kernes. Vergr. 2300fach, auf ⁴/₅ verkleinert. (Nach M. HEIDENHAIN, Plasma und Zelle.)

(1903—1912) die Skeletfunktion von faserartigen Zellstrukturen und deren häufiges Vorkommen nachgewiesen. Im Gegensatz zu der weitverbreiteten Anschauung,

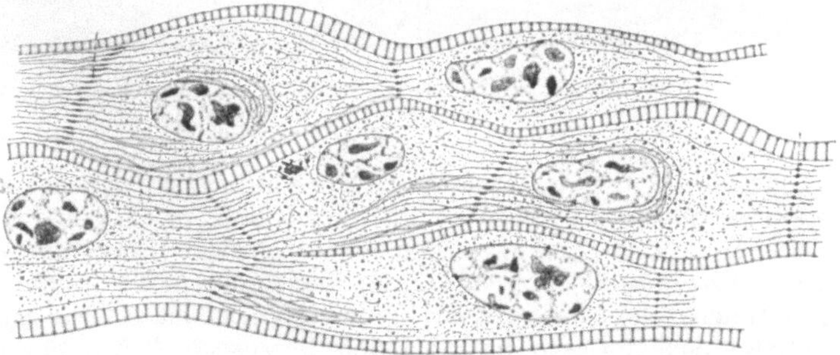

Abb. 288. Epidermis von der Menschenhand. Die Intercellularbrücken sind nach zwei Richtungen des Raumes verschiedenartig ausdifferenziert. (Nach IDE aus M. HEIDENHAIN: Plasma und Zelle.)

daß alle faserartigen Zellstrukturen contractile Elemente seien, zeigte KOLTZOFF vor allem am Bau des Spermienkopfes, daß den dort ausgebildeten Fibrillen ausschließlich eine formbestimmende Rolle als inneres Zellskelet zukommt. Indem er die Spermien entweder in hypo- oder hypertonischen Salzlösungen untersuchte, oder sie mit starken Säuren oder Alkalien macerierte oder mit Biondilösung färbte, stellte er fest, daß „der Kopf des Spermiums von einer semipermeablen Membran umhüllt wird, welche kontinuierlich auch auf den Hals und den Schwanz übergeht", und sich in hypotonischer Lösung von den spiraligen Skeletfasern, welche den Chromatinteil des Kopfes umwinden, ablöst (Abb. 283 u. 284). Das Innenskelet sämtlicher untersuchter Spermien, welche eine längliche Kopfform besitzen, ist aber durch einen „äußerst einförmigen Bau" ausgezeichnet. „Dem Skelet liegen zwei Fäden zugrunde (Abb. 283), der Längsfaden und der Spiralfaden; letzterer nimmt stets eine oberflächliche Lage ein, während der erstere an der Oberfläche verläuft (z. B. *Axolotl, Regenwurm*) oder aber innerhalb der Chromatinmasse eingelagert sein kann (Murex). Von dem bisweilen doppelten Längsfaden ist die Länge und Biegung des Kopfes abhängig, während der Spiralfaden, der gleichfalls von zwei oder selbst drei Komponenten gebildet werden kann, die Dimensionen des Durchmessers bestimmt. Die Schraubenform kann entweder durch den Längs- oder durch den Spiralfaden hervorgerufen sein. Der eine solche Schraubengestalt des Kopfes veranlassende Faden besteht aus zwei ungleich langen Fasern, die entweder, wie bei Paludina, in einem großen Abstand voneinander verlaufen oder aber einander wie bei Coronella (Abb. 283) dicht genähert sein können."

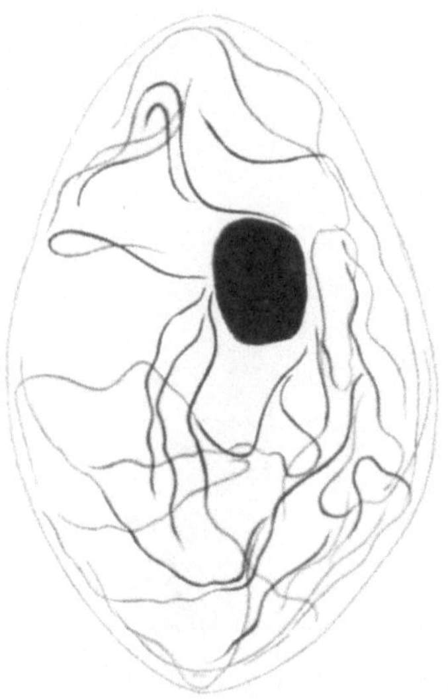

Abb. 289. Zelle aus dem Intervertebralknorpel des Axolotls. REGAUT, Eisenhämatoxylin. Vergr. 500fach. Intracellulares Skelet. (Nach TRETJAKOFF 1928.)

„Diese elastischen, die Form des Spermienkopfes bestimmenden Fasern", welche sich bei Biondifärbung im Gegensatz zum grüngefärbten Chromatin

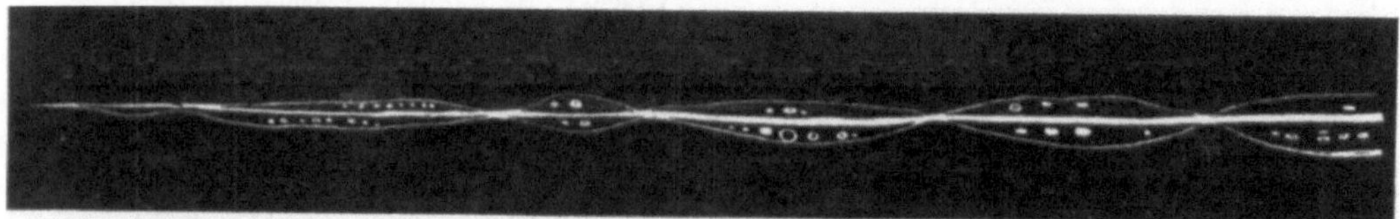

Abb. 290. Achsenfaden im Pseudopodium eines Rhizopoden, Aktinosphaerium im Dunkelfeld. (Nach DOFLEIN 1916 aus PETERSEN: Histologie.)

rot färben, bestehen, wie die Macerationsversuche zeigen, „aus einer chemisch äußerst stabilen Substanz, wahrscheinlich Kolloiden im Gelzustand".

Auch bei den durch ihre atypische, abenteuerliche Form ausgezeichneten Spermien der *Krebse* und *Spinnen* konnte KOLTZOFF das Vorhandensein eines faserartigen Innenskelets nachweisen. Weitverbreitet ist es, wie zuerst GOLDSCHMIDT (1907) nachgewiesen hat, bei den Protozoen. „Namentlich bei den Infusorien treffen wir die kompliziertesten Fibrillensysteme mit statischen Funktionen. Ein kaum entwirrbares System von sich kreuzenden Fibrillen findet sich bei den Infusorien des Wiederkäuermagens. Bei manchen Arten sind Fibrillen vorhanden, die den Kern umgreifen und Mund und After stützen" [M. HARTMANN (1927), Abb. 285].

Als weitere hierhergehörige Beispiele nenne ich die unter dem Namen des „Randreifens" von MEVES beschriebenen Skeletstrukturen der Amphibienerythrocyten (Abb. 286), ferner die Fibrillen, die in der Längsachse der Darmepithelien ausgebildet sind [Abb. 287, HEIDENHAIN (S. 1014)] und dem auf die Zellen einwirkenden Seitendruck Widerstand leisten sollen und die weitverbreiteten Fasern im mehrschichtigen Plattenepithel der Epidermis, Abb. 288, schließlich die intracellulären „Skeletfasern" in Knorpelzellen [Abb. 289, TRETJAKOFF (1928)].

In all diesen genannten Fällen kann es als sicher angenommen werden, daß die in dem Zelleib entwickelten Fibrillen, die Tonofibrillen, wie sie auch genannt werden, die Zellform stabilisieren etwa in der Art, wie es die Drähte tun, die in den PLATEAUschen Drahtmodellen den Flüssigkeitstropfen die mannigfaltigsten Formen aufzwingen. Fraglich ist es dagegen, ob, wie KOLTZOFF und GOLDSCHMIDT annehmen, auch den Neurofibrillen der Nervenzellen und Nervenfasern eine solche Skeletfunktion zukommt, oder ob diese nicht vielmehr als reizleitende Elemente funktionieren (BETHE, vgl. auch dies Handbuch, Bd. 4, S. 81). Ebenso ist die weitere Hypothese von KOLTZOFF noch umstritten, ob auch die Fibrillen, die sich in den glatten und quergestreiften Muskelfasern, dem Vorticellenstiel, den Spermienschwänzen, den Wimper- und Flimmerhaaren finden, als „feste Skeletelemente zu deuten sind, durch welche die ungeordnete Kontraktion des flüssigen Kinoplasmas in eine geordnete Bewegung verwandelt wird" (Abb. 290). Ich werde auf diese Hypothese in dem nächsten Abschnitt, der über die Morphologie der Bewegungserscheinungen handelt, noch zurückkommen.

Wir haben also eine ganze Reihe von morphologischen Strukturen kennen gelernt, welche die Form der Zelle stabilisieren und dazu dienen können, daß der Zelle trotz ihres größtenteils flüssigen Inhaltes eine mehr oder minder starre und feste Form aufgeprägt wird. Da aber das Studium der fixierten und dadurch künstlich verfestigten Zellen den Histologen namentlich in früheren Zeiten zu einer Überschätzung der Formbeständigkeit vieler Zellen geführt hat, so ist es vielleicht nicht überflüssig, darauf hinzuweisen, daß namentlich im vielzelligen tierischen Organismus die Zelle keinen oder nur einen beschränkten Gebrauch von diesen Skeletstrukturen machen, vielmehr in der Mehrzahl weich und plastisch bleiben. So kennen wir aus dem ausgewachsenen wie namentlich aus dem embryonalen vielzelligen Organismus eine große Reihe von Beispielen, wo die Zellen in ihrer Form sich weitgehend abhängig erweisen von äußeren Faktoren, die als chemische und namentlich als mechanische formbestimmend auf sie einwirken. Als Beispiele nenne ich die variabeln Formen der Übergangsepithelien, die sich ganz in Abhängigkeit von dem jeweiligen Druck und Zug entwickeln. Ich verweise ferner auf den Versuch von RHUMBLER an gefurchten Seeigeleiern hin, wo die Abb. 291 u. 292 deutlich zeigen, „daß sich die lebenden Embryonalzellen nach Maßgabe der auf sie einwirkenden Zug- und Druckkräfte plastisch in den Trajektorienverlauf einordnen". Sehr schön ist auch an dem in Abb. 293 abgebildeten Regenerationsstadium einer Armknospe von Salamandra zu sehen, wie die Gewebsspannungen die Form der Zellen und ihrer Kerne bestimmen, so daß „die Zellkerne als Indikatoren für die Zelldrucke im wachsenden Gewebe dienen können" [RHUMBLER (1914)]. Ich hatte ja schon früher (S. 143) gesagt, daß die Form der Zellkerne in hohem Grade abhängig von der Form der ganzen Zelle ist, und wir können wohl weiter schließen, daß die formbestimmenden Kräfte, die auf die Zelle von außen einwirken, nicht an ihrer Oberfläche, falls diese plastisch ist, Halt machen, sondern auch im Zellinnern strukturerzeugend, strukturfördernd und strukturerhaltend sich auswirken können.

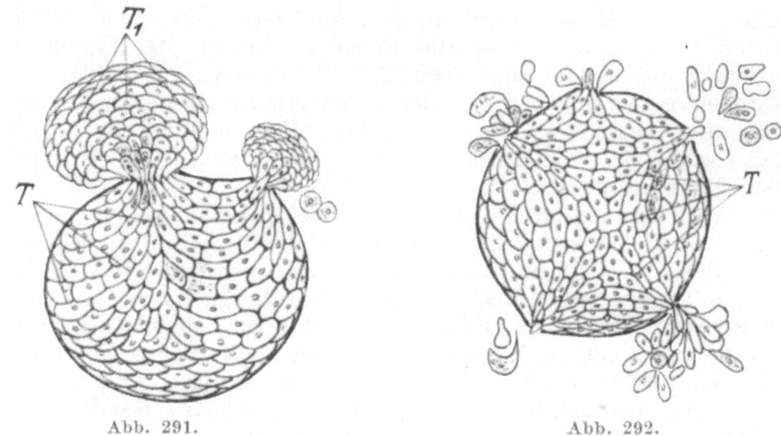

Abb. 291 u. 292. Eier von Echinus microtuberculatus, 7¹/₂ Stunden nach der Befruchtung so geschüttelt, daß die Blastomeren aus Löchern der unter dem Druck geplatzten Eihülle hervortreten. Die Blastomeren formieren sich innerhalb der Eihülle und an den Austrittsstellen zu trajektoriellen Bahnen (T, T₁). In Abb. 291 tritt die Blastomerenmasse aus zwei, in Abb. 292 aus fünf Öffnungen aus. Die Versuche zeigen, daß sich lebende Embryonalzellen nach Maßgabe der auf sie einwirkenden Zug- und Druckkräfte plastisch in den Trajektorienverlauf einordnen. (Nach Rhumbler 1914.)

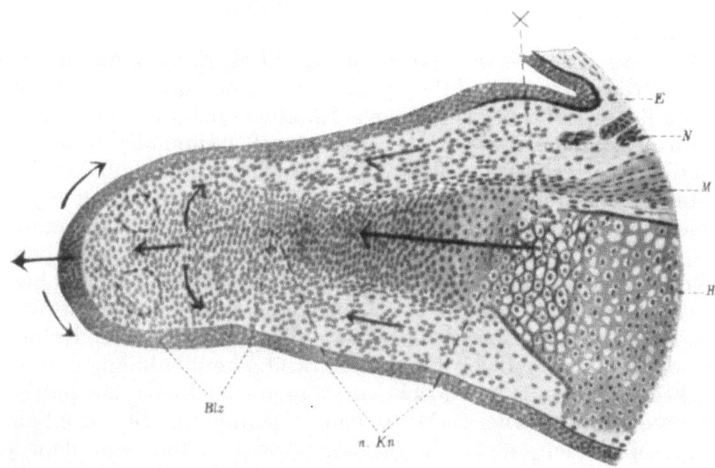

Abb. 293. 22 Tage altes Regenerationsstadium einer Larve von Salamandra maculosa nach erfolgter Amputation der vorderen Extremität im Humerus. Blz Blastemzellen. E Epidermis. H Humerus. M Muskulatur. N Nerv. n. Kn Neugebildeter Knorpel. X Letzte Spuren des Einschmelzungsprozesses. Die eingetragenen Pfeile geben die Gewebsspannungen an; die gestrichelten Kreise im Blastemgewebe geben Stellen an, die unter keinem einseitigen Druck stehen und darum abgekugelte Zellkernformen zeigen. (Nach C. Fritsch aus Rhumbler 1914.)

Einen Einblick, wie diese unter dem Namen der „funktionellen" (Roux) zusammengefaßten Zell- und Gewebsstrukturen zustande kommen, eröffnen Versuche von P. Weiss (1928) über „die experimentelle Organisierung des Gewebewachstums in vitro". Es ist für eine Gewebskultur im künstlichen Nährmedium charakteristisch, daß sie mit großer Gleichmäßigkeit in allen Richtungen des Raumes wächst, außerhalb des Organismus also die für diesen typische „räumliche Heterogenität" des Wachstums vermissen läßt. Dadurch, daß er eine Fibroblastenkultur in einem dreieckigen Rahmen eingespannt wachsen ließ (Abb. 294), in welchem die Spannungsmaxima in den Verbindungslinien der Kultur mit den Kantenmitten, die Spannungsminima in den Verbindungslinien mit den Ecken des Rahmens liegen, konnte WEISS ein ungleichförmiges Wachstum der Kultur erzwingen. In den dynamisch ausgezeichneten Richtungen ist das Wachstum ein bevorzugtes (Abb. 294):

1. Es sind die sonst gleichmäßig auswachsenden Zellstränge nach jenen Vorzugsrichtungen hin abgelenkt (Direktionseffekt).

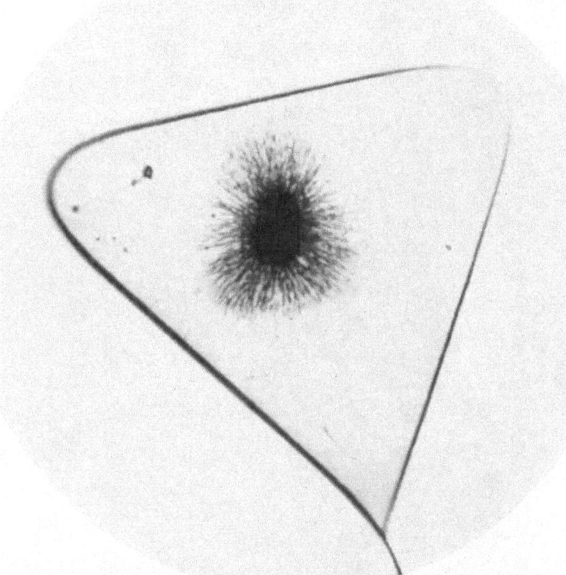

Abb. 294. Fibroblastenkultur im dreieckigen Rahmen. Nach 72 Stunden. Wachstum in drei Strahlenbüscheln auf die Dreieckskanten zu. Vergr. 10fach. (Nach P. WEISS 1928.)

2. Das Wachstum schreitet in den bevorzugten Richtungen auch rascher fort (Intensitätseffekt).

Durch weitere Experimente konnte WEISS zeigen, daß „die Spannungsverhältnisse in der Kultur sich nicht jeweils unmittelbar auf das Wachstum des Gewebes auswirken, sondern daß sie primär das Kulturmedium, gewissermaßen in statu nascendi organisieren und darin eine unsichtbare Metastruktur schaffen; „die Zellen folgen dann bloß dem vorhandenen Gefüge des Mediums". WEISS löste das im Rahmen entstandene und geronnene Plasmakoagulum, das in seiner Mitte die Fibroblasten enthielt, aus dem Rahmen und züchtete es auf einem Deckglas weiter. Der Direktionseffekt auf die auswachsenden Fibroblasten blieb derselbe, als wenn die Kultur weiter im Rahmen verblieben wäre, das Zellwachstum wurde in die bestimmten Richtungen hineingelenkt und die Form der Zellen fixiert (Abb. 295).

Zur Deutung und Erklärung des „Intensitätseffektes" geht WEISS von der „kolloidchemischen Überlegung" aus, daß die capillare Bindung des Wassers in den organisierten fibrillären Zonen des Mediums eine viel losere ist als in den

maschigen, nicht geordneten Zonen. Wasser ist also innerhalb der Fibrillenzüge reichlicher disponibel und muß aus mechanischen Gründen entlang der
Fibrillenzüge am leichtesten verschiebbar sein. Das Wachstum der Fibroblasten
wird am stärksten in jenen Richtungen vor sich gehen, in welchen Flüssigkeit
bezogen werden kann, das ist aber eben in den organisierten Hauptspannungszonen der Rahmenkultur". „Ein Flüssigkeitsentzug durch die wachsenden
Zellen, der in einer bestimmten Richtung erfolgt, hat aber seinerseits zur Folge,
daß sich die Micellen des Kulturmediums in der Strömungsrichtung parallel

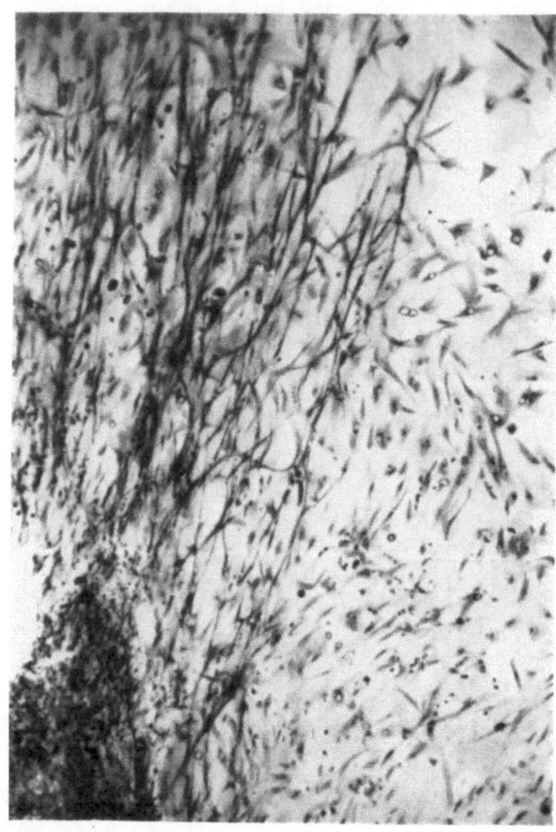

Abb. 295. Fibroblastenkultur im rechteckigen Rahmen. 48 Stunden. In der Spannungsrichtung
sind die Zellen zu Strängen aneinandergereiht, in der spannungsarmen Zone locker und plump.
(Nach P. WEISS 1928.)

lagern, zu Fibrillen sich vereinigen und zu den bereits ursprünglich durch die
Rahmenspannung erzeugten, neue Fibrillen in der gleichen Richtung durch die
Lebenstätigkeit der wachsenden Fibroblasten dazu organisiert werden.
Daß nun tatsächlich von den wachsenden Fibroblasten eine Saugwirkung ausgeht, konnte WEISS in sehr schöner Weise dadurch demonstrieren, daß das aus
dem Rahmen nach seiner Bildung herausgeschnittene dreieckige Koagulum nach
48 Stunden eine starke typische Deformation erfuhr, indem es die Form einer
„dreistrahligen Blüte" annahm, deren Zentrum die stark gewachsene Zellkultur
einnahm (Abb. 296). Unterblieb aber aus irgendeinem Grunde das Auswachsen
der Zellen, so blieb das Koagulum stets in seiner Form völlig unverändert
(Abb. 297).

Aus dieser Beobachtung, sowie aus der weiteren, daß zwei in einem gewissen Abstand voneinander in das Rahmenmedium eingesetzte Fibroblastenkulturen

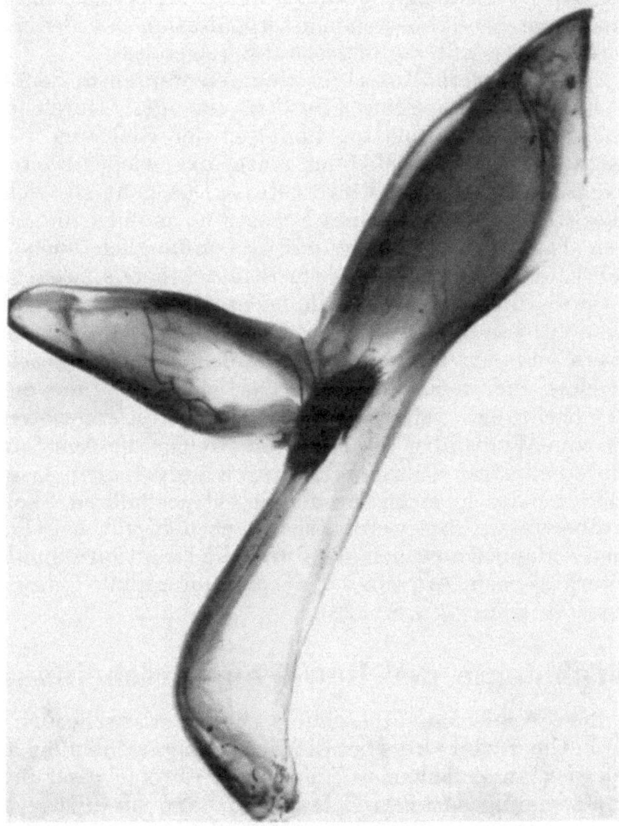

Abb. 296. Fibroblastenkultur. 48 Stunden. Koagulum aus dreieckigem Rahmen auf Deckglas. Starke Deformation bei wachsender Kultur. (Nach P. WEISS 1928.)

Abb. 297. Koagulum aus dreieckigem Rahmen auf Deckglas. Kultur nicht gewachsen, keine Deformation. Vergr. 6fach. (Nach P. WEISS 1928.)

außer in Richtung des üblichen Direktionseffektes mit besonderer Intensität aufeinander zu wachsen, weil „durch die saugende Wirkung beider Zellkulturen das Medium zwischen ihnen sich zu einer fibrillären Leitstrecke anordnet, der die Zellen nur zu folgen brauchen", erkennen wir, daß sich „die Zellkultur zweifellos durch ihre Lebenstätigkeit selbst an der Strukturierung des Mediums beteiligt und eine etwa bereits bestehende Organisation des Mediums ausbauen hilft". Kurz zusammengefaßt ergibt sich also folgendes:

„Durch die Spannungsverhältnisse im Rahmen werden in dem erstarrenden Kulturmedium metamikroskopische Fibrillen erzeugt. Durch die räumlich heterogen auswachsenden Fibroblasten findet in der Richtung dieser Fibrillen ein Flüssigkeitsentzug aus dem Medium statt, der wieder weitere Fibrillenbildung in der gleichen Richtung hervorruft. „Das geht so, sich gegenseitig bedingend, immer weiter nach Art eines Perpetuum mobile, und wir sehen uns der interessanten Tatsache gegenüber, daß ein anfänglich auch nur schwach formbildender Effekt sich selbst aus eigenem zusehends zu steigern vermag, eine Tatsache, die es uns wahrscheinlich leichter machen wird, die in vitro gewonnenen Erkenntnisse auf den Organismus zu verallgemeinern. Denn auch für die Formbildungsvorgänge im Organismus ist es bezeichnend, daß sie nach Ablauf einer einleitenden labilen Phase sich fortan aus eigenem in der eingeschlagenen Richtung weiterentwickeln (selbstdifferenzieren) können." Die Erfahrungen von Weiss über die Faktoren, welche die Ausbildung der Zellform und der intercellulären Fibrillenstrukturen hervorrufen, lassen sich aber auch auf die Bildung der intracellulären und extracellulären Skeletstrukturen der Zelle selber übertragen. Sie werden sich nach dem gleichen Prinzip bilden, indem von kleinen Anfängen aus auch hier durch die Funktion einmal entstandene Strukturen weiterhin nach Art eines „Perpetuum mobile" sich weiter ausgestalten und stabilisieren (vgl. S. 328).

B. Morphologie der Bewegungserscheinungen.

Als eine für die lebende Masse besonders charakteristische und augenfällige Lebensäußerung hat man von alters her die Bewegungserscheinungen aufgeführt. Soweit dieselben sich an Zellen oder Zellorganen abspielen, ist das Mikroskop das bevorzugte Forschungsmittel, welches auch dann oft nicht versagt, wenn es sich um Bewegungen von Teilchen ultramikroskopischer Größenordnung handelt. Denn an der Verlagerung passiv mitgeführter mikroskopischer Partikel (Chlorophyllkörner, Pigmentgranula, künstlich eingeführter Farbstoffpartikel) kann man häufig, wenn auch mit einer gewissen Vorsicht, das Vorhandensein einer Plasmaströmung erkennen. Beim mikroskopischen Studium der Bewegungserscheinungen spielt natürlich die Lebenduntersuchung die Hauptrolle. Die neuen Forschungsmöglichkeiten, die durch Anwendung der Mikrokinematographie sich ergeben, sind bisher noch kaum für die Bewegungserscheinungen der Zelle ausgenutzt worden.

Im Gegensatz zu den rein passiven, etwa durch den Druck der Umgebung auf das plastische Zellmaterial bedingten Formveränderungen oder zu den durch Änderungen des spezifischen Gewichtes indirekt bewirkten Lageveränderungen frei im Wasser schwebender Einzeller hat man die im wesentlichen durch die Lebenstätigkeit der Zellen bedingten als aktive Bewegungserscheinungen bezeichnet. Wenn die einzelnen Teilchen innerhalb der Zelle bei Ruhelage der Zelloberfläche (Zellmembran) sich gegeneinander verschieben, so spricht man von innerer Protoplasmabewegung und unterscheidet namentlich bei pflanzlichen Objekten eine Rotation und eine Zirkulation, neuerdings bei den Infusorien noch eine „Zyklose" [Hirsch (1927)], eine nach Art der Darmperistaltik hin- und herwogende Plasmabewegung. Beteiligt sich auch die Zelloberfläche oder Teile derselben an der Bewegung, so werden dadurch Form- und Orts-

veränderungen der Zelle bewirkt. Diese „aktiven Kontraktionsbewegungen"
teilt man ein in:

1. Bewegung durch Pseudopodien oder amöboide Bewegungsform.
2. Bewegung durch Undulipodien oder Flimmerbewegung.
3. Muskelbewegung.

Die biologische Bedeutung der Bewegung für die lebende Masse ist eine sehr
verschiedenartige. Bei den Einzellern dienen die Bewegungserscheinungen
vorwiegend der Begünstigung des Stoffwechsels. (Nahrungsaufnahme durch
Phagocytose, Zuführung bzw. Wegschaffung von Partikeln durch Flimmerhaare, Stofftransport bzw. Nahrungszerkleinerung durch innere Protoplasmabewegung); bei den Vielzellern stehen die Zell- und Organbewegungen vielfach
ebenfalls im Dienste des Stoffwechsels. Eine wichtige Rolle spielen aber die
aktiven Bewegungen und Formveränderungen des Zellmaterials auch bei allen
ontogenetischen und regenerativen formbildenden Prozessen. Die meisten
embryonalen Zellen sind amöboid beweglich. Aber auch viele an und für sich
formbeständigen Zellen des erwachsenen vielzelligen Organismus haben sich,
wie namentlich die Explantationsexperimente gezeigt haben, die Fähigkeit
bewahrt, unter besonderen Umständen (Milieuwechsel, Regeneration) wieder
amöboide Beweglichkeit zu gewinnen, „gehört doch", wie SPEK (1927) sagt,
„unter Umständen herzlich wenig zur Erlangung amöboider Beweglichkeit,
manchmal nicht mehr als ein Stückchen flüssiger Oberfläche".

1. Morphologie der Plasmaströmungen und der amöboiden Bewegung.

Das genauere Studium der Protoplasmaströmungen und amöboiden Bewegungen ist für den Cytologen schon deswegen von großem, allgemeinem
Interesse, weil diese Lebenserscheinungen mit Recht schon
seit langem als wichtige Argumente für den flüssigen Aggregatzustand des Zelleibes und gegen eine starre Plasmaarchitektur
gelten.

Teilweise haben allerdings die Auseinandersetzungen über
den Aggregatzustand des Protoplasmas an Schärfe dadurch
verloren, daß die Kolloidchemie uns alle möglichen Übergänge
zwischen dem flüssigen und festen Zustand und die reversible Umwandelbarkeit von dem einen in den anderen Zustand kennen gelehrt hat; aber so viel ist sicher, daß der
flüssige Aggregatzustand wenigstens eines Teiles des Zellleibes die Hauptbedingung für jede aktive Beweglichkeit
und Formveränderlichkeit der Zellen ist, und daß die Gesetze
der Hydromechanik zur Erklärung der Pseudopodienbildung
mit herangezogen werden müssen, wie das namentlich
BÜTSCHLI und RHUMBLER erfolgreich getan haben. Trotzdem sind wir von einem mechanischen Verständnis auch
dieses Lebensvorganges in den meisten Fällen noch weit ent-

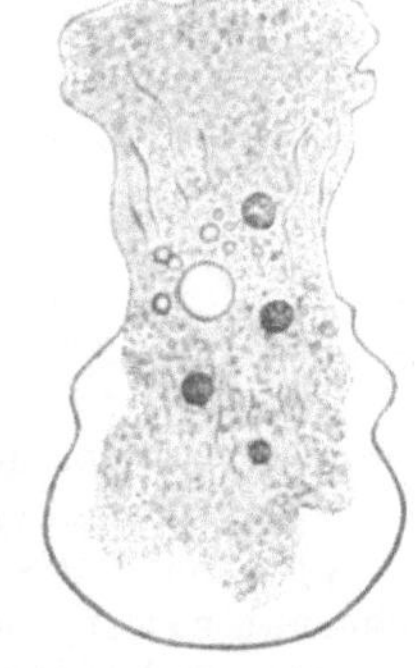

Abb. 298. Amoeba
terricola, nach unten
vorfließend.
(Nach SPEK 1925.)

fernt; die Verhältnisse, die in dem lebenden System der Zelle tatsächlich gegeben sind, sind eben nicht so einfache, daß wir die physikalischen Bedingungen auch nur einigermaßen alle übersehen könnten, und das Bild,
unter dem die Pseudopodienbildung erfolgt, ist ein sehr mannigfaltiges, wenn
auch kein regelloses.

Man hat morphologisch meist 4 Typen von Pseudopodien unterschieden.
Ich führe dieselben nach der Beschreibung von M. HARTMANN (1927) kurz an:

a) Die Lobopodien, mehr oder weniger breite, lappige oder fingerförmige
Fortsätze mit abgerundetem, distalem Ende. Kleinere Lobopodien können

ganz aus Ektoplasma bestehen, größere weisen dagegen im Inneren auch Entoplasma auf. Im einfachsten Falle bildet die ganze Zelle ein einziges breites Pseudopodium (Abb. 298), meist werden jedoch mehrere nach verschiedenen Richtungen ausgesandt.

b) Die Filopodien, durch verschiedene Übergänge mit den Lobopodien verbunden, sind sehr feine zugespitzte Pseudopodien, die in der Regel nur aus Ektoplasma bestehen. Häufig entspringen sie in Büscheln und verzweigen sich, bilden aber keine Anastomosen unter sich, auch finden sich keine Körnchenströmungen wie bei dem folgenden Typus. Die Einziehung derartig glasartig strukturloser Filopodien geschieht oft in der Weise, daß das Pseudopodium plötzlich welk und schlaff wird und sich wellig schlängelt. Hierauf kann es sich

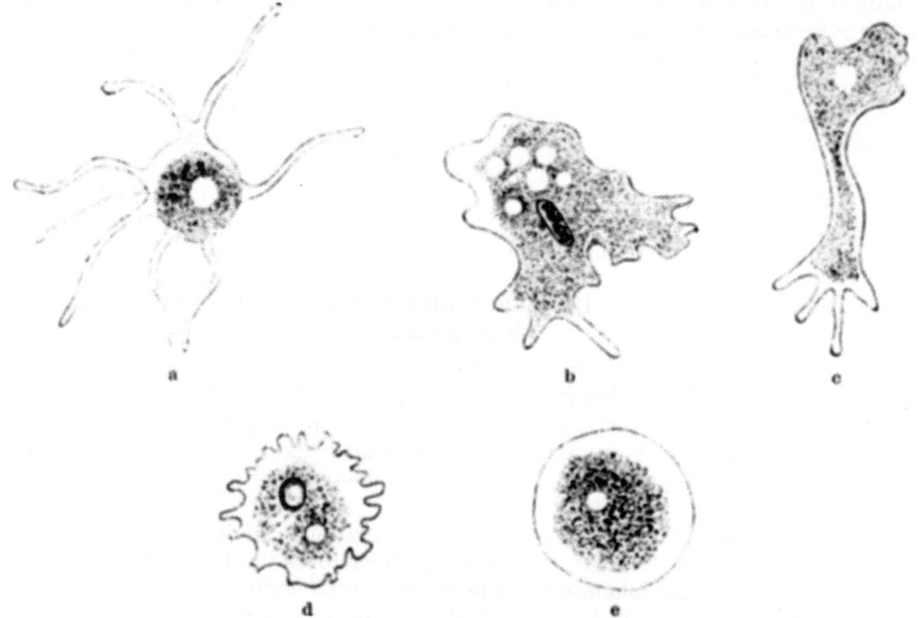

Abb. 299 a—e. Bewegungstypen der Amoeba polypodia. (Nach Spek 1925.)

ohne weiter bemerkbare Veränderungen allmählich verkleinern und schließlich ganz eingehen.

c) „Der dritte Typus: Die Rhizopodien oder retikulosen Pseudopodien sind charakterisiert durch ihre außerordentliche Neigung, sich zu verästeln und untereinander durch Anastomosen zu verbinden. Während bei den Lobopodien und Filopodien die Oberfläche aus zäherem, homogenen Protoplasma besteht, ist bei den Rhizopodien die Oberfläche sehr dünnflüssig und zeigt eine charakteristische sog. Körnchenströmung. Derartig feine Pseudopodien sind natürlich nur möglich, wenn in ihnen eine Achse von festerer Konsistenz vorhanden ist, die durch Untersuchung im Dunkelfeld auch tatsächlich nachgewiesen werden kann (Abb. 290, S. 336)."

d) „Der vierte Typus, die Axopodien der Helizoen, sind eine Modifikation der Rhizopodien; es sind meist fein zugespitzte, nur selten sich verzweigende fadenartige Gebilde mit dünnflüssiger Hülle und einem deutlich sichtbaren festen, im Gelzustand befindlichen Achsenfaden, welcher im Dunkelfeld eine fibrilläre Struktur aufweist und ein dauerhaftes Differenzierungsprodukt darstellt."

Die Art der Pseudopodien ist für die einzelnen Gruppen, sowie für die einzelnen Arten von Zellen meist außerordentlich charakteristisch, so daß z. B. bei den Rhizopoden gerade hieraus wichtige Gesichtspunkte für die systematische Einteilung der Klasse gewonnen werden [M. HARTMANN (1927)].

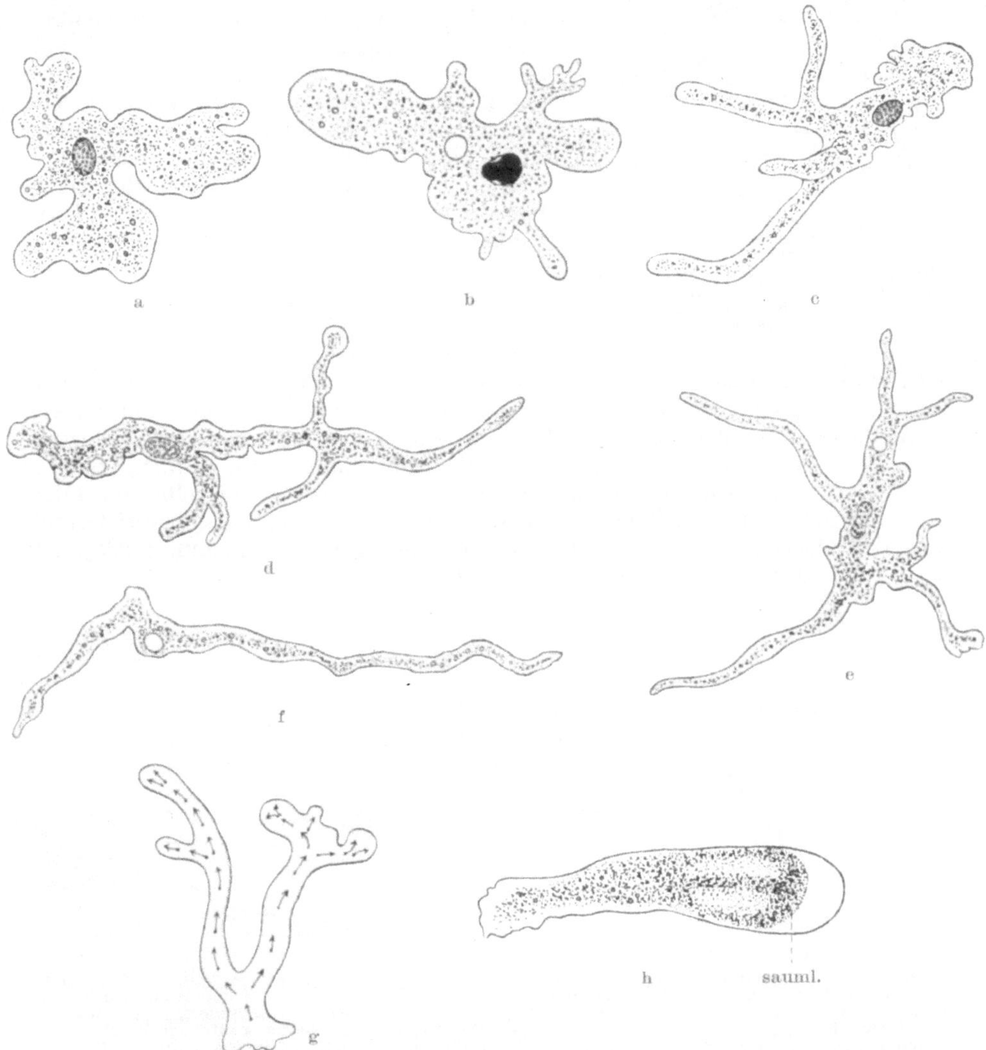

Abb. 300 a—h. Bewegungstypen der Amoeba proteus. a Tier aus wasserreicher salzarmer Kultur; b u. c aus salzreicherer Kultur; d u. e Geweihformen mit starren Schlauchpseudopodien aus CaCl₂-Kultur; f dasselbe aus Na₂SO₄-Kultur; g ganz leichtflüssige „dynamische" Gabelform aus hyperalkalischer Kultur; h „Keulentier" aus Milchsäure-Kultur. (Nach SPEK 1925.)

Andererseits ändert sich die Form, noch mehr die Zahl und die Verteilung der Pseudopodien bei ein und derselben Art oft erheblich je nach den im Augenblick der Untersuchung gegebenen inneren und äußeren Bedingungen (Abb. 299). Daß neben inneren auch äußere im Milieu gegebene Faktoren die Pseudopodienbildung weitgehend beeinflussen, haben Kulturversuche in verschiedenen Medien gezeigt (Abb. 300). Die systematische Auswertung dieser Versuche durch

Spek (1925) und Giersberg (1924), bei denen verschiedene Kolloide verflüssigende bzw. verfestigende Salzlösungen zur Anwendung kamen, sprechen sehr zugunsten der sog. Oberflächenspannungstheorie der Plasmabewegung, wie sie Bütschli (1889), Quincke (1888) und Rhumbler (1898) entwickelt haben.

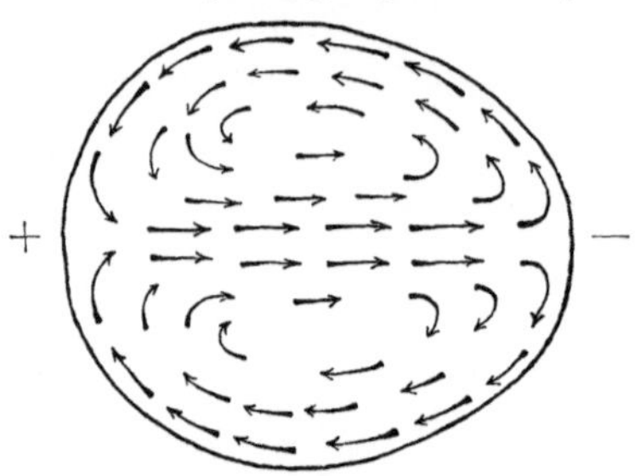

Abb. 301. Strömungsbild eines freischwebenden Öltropfens mit lokal bei − verminderter Oberflächenspannung. (Nach Spek 1925.)

Sehr optimistisch über den Erklärungswert dieser Theorie spricht sich von neueren Autoren Petersen (1922) aus: „Die amöboide Bewegung ist eine der wenigen Vorgänge am lebenden System, dessen physikalische Bedingungen einigermaßen zu übersehen sind. Sie wird allgemein als eine Erscheinung aufgefaßt, die durch das Spiel der Oberflächenkräfte hervorgerufen wird. Man kann analoge Erscheinungen am Flüssigkeitstropfen hervorrufen, wenn man die Oberflächenspannung lokal erniedrigt (Abb. 301)."

„Dann ist eine Störung im Gleichgewicht der Oberflächenkräfte des Tropfens gesetzt. Man muß sich das Innere des Tropfens unter einem Druck stehend vorstellen, gleichsam als wenn eine elastisch gespannte Haut ihn umschlösse. Wird die Spannung an einer Stelle herabgesetzt, so wird das Innere hervorgepreßt. Das gibt genau das Bild eines Pseudopodiums." So einfach, wie hier die Bildung eines Pseudopodiums geschildert wird, verläuft dieselbe nun allerdings niemals. Eine ausführliche Darstellung dieses Prozesses gibt auf Grundlage der Oberflächenspannungstheorie der Bewegung Rhumbler (1898), der seine Ansicht folgendermaßen zusammenfaßt:

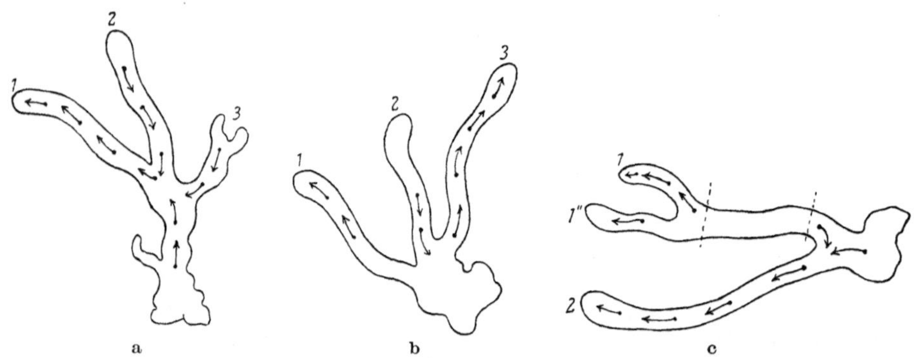

Abb. 302 a–c. Dynamische Gabelformen einer Amoeba proteus aus hyperalkalischem Medium. a Amöbe mit „Schopf", im Pseudopodium 1 ein kräftiger Vorstrom, in 2 und 3 ein Rückstrom; b Folgestadium, in 3 ist von der Spitze beginnend, ein Vorstrom entstanden; c der Mittelteil von 1 zwischen den punktierten Linien besitzt ruhendes Plasma; später greift der Vorstrom von 1 und 1′ über den ganzen Mittelteil hinüber und läßt auch noch die Basis von 2 zurückströmen. (Saugwirkung von der Spitze 1 und 1″ entstehend.) (Nach Spek 1925.)

„Die Amöbenbewegung durch Pseudopodien hat ihren Grund darin, daß entweder durch äußere oder durch innere Einwirkungen (Veränderungen der inneren oder äußeren Zustände) an der Stelle, wo die Pseudopodienbildung stattfindet, eine Herabminderung der Oberflächenspannung eintritt. Diese Herabminderung hat zur Folge, daß aus dem Amöbeninneren, das unter dem zentripetalen Druck der gesamten Amöbenoberfläche steht, Protoplasma an der Stelle der Spannungserniederung herausgesogen, bzw. herausgepreßt wird. Das hervortretende Protoplasma ist das Pseudopodium."

Daß tatsächlich die zur Pseudopodienbildung führende Plasmabewegung an der Spitze des neuentstehenden Pseudopodiums einsetzt, um von hier immer weiter auf den Zellkörper überzugreifen und schließlich andere ältere Pseudopodien auszuleeren, und nicht etwa auf einer primären aktiven Kontraktion des zentralen Plasmakörpers selber beruht, hat schon WALLICH (1863) betont und neuere Beobachtungen haben es immer wieder bestätigt (Abb. 302), daß die primäre Ursache der Pseudopodienbildung auf einer lokalen Veränderung der Oberfläche im Sinne einer Herabsetzung der Oberflächenspannung beruht.

Die weiteren Vorgänge bei der Pseudopodienbildung beschreibt RHUMBLER nun folgendermaßen: „Das aus dem Inneren hervortretende Protoplasma ändert aber, sobald es mit dem äußeren Medium, dem Wasser, in welchem die Tiere leben, in Berührung kommt, seine Eigenschaften; es wird durch Einwirkung des Wassers an seiner Oberfläche zähflüssiger, dichter und drängt durch diese Verdichtung die kleinen Körner aus sich heraus, die es bei seinem Aufenthalt im Innenkörper der Amöbe enthielt, so daß diese Körperchen nicht mit an die Oberfläche des Pseudopodiums herantreten, sondern im Amöbeninneren verharren und die Amöbe aus zwei Körperschichten zusammengesetzt erscheint, einer äußeren, körnchenlosen, zäheren, welche als Ektoplasma bezeichnet wird, und einer inneren, dünnflüssigeren körnchenhaltigen, die man Entoplasma nennt. Das Ektoplasma ist also ein Umwandlungsprodukt des Entoplasmas, entstanden durch die die Oberfläche verdichtende Wirkung des äußeren Wassers und die dadurch bedingte Zurückweisung der körnigen Einlagerungen".

„Das Wasser bedarf zur Verdichtung der Pseudopodienoberfläche einer gewissen, bei den verschiedenen Amöbenarten allerdings sehr verschiedenen Zeitdauer. So kommt es, daß die vortretenden Pseudopodien noch längere Zeit eine weniger dichte Oberfläche aufweisen als die übrige Amöbenoberfläche, daß ferner die Druckdifferenzen, welche durch die lokale Druckerniedrigung an der Spitze des Pseudopodiums entstanden sind, nicht momentan aufhören und ein längere Zeit andauerndes Verfließen des Amöbenprotoplasmas nach der Pseudopodienspitze entsteht, deren Oberfläche sich fort und fort mit neu zu verdichtendem Protoplasma deckt. Dieses Vorfließen des Protoplasmas bringt den axialen Vorwärtsstrom im Inneren des Pseudopodiums zustande, während der abfließende Fontänerandstrom je nach der Schnelligkeit der Umwandlung in starres Ektoplasma mehr oder minder deutlich ausgeprägt ist." Erfolgt der Endo-Ektoplasmaprozeß sehr rasch dicht unterhalb der Pseudopodienspitze, so entstehen die sog. Schlauchpseudopodien, welche durch einen flüssigen strömenden Inhalt und eine starre Ektoplasmahülle ausgezeichnet sind.

Fortgesetztes Vorstrecken von Pseudopodien hätte eine ständige Zunahme der zähflüssigen Ektoplasmaschicht der Amöbe zur Folge, wenn nicht andererseits auch ein der Umwandlung von Entoplasma zu Ektoplasma entgegengesetzter Prozeß, nämlich die Hineinziehung von Ektoplasma in das Entoplasma unter Verflüssigung des eingezogenen Ektoplasmas vor sich ginge." Diese entgegengesetzt verlaufenden Umwandlungsprozesse kann man nebeneinander sehr gut beobachten bei der Bildung der sog. Bruchsackpseudopodien (Abb. 303). Hier breitet sich das Pseudopodium über der Zelloberfläche aus, die bedeckten Ektoplasmateile werden zu Entoplasma, während an der Oberfläche des Pseudopodiums eine neue Schicht von verdichtetem Ektoplasma entsteht.

Dabei ermöglicht der Ento-Ektoplasmaprozeß eine ektoplasmatische Oberflächenvergrößerung, der Ekto-Entoplasmaprozeß umgekehrt eine ektoplasmatische Oberflächenverkleinerung der Amöbe. Bei allen Bewegungsphasen, die die Oberfläche der Amöbe vergrößern, wird also Ento- zu Ektoplasma (Expansionsphase), während umgekehrt bei der Kontraktionsphase Ekto- in

Entoplasma verwandelt wird. Je nachdem, welcher Prozeß überwiegt, kommt es zu einer reichlichen Pseudopodienbildung oder zu einer Abkugelung der Zelle.

Eine Vorwärtsbewegung der ganzen Amöbe kommt dann zustande wenn das Vorstrecken der Pseudopodien in einer bevorzugten Richtung erfolgt und das vordringende Amöbenende gleichzeitig einen Halt auf einer Unterlage gewinnt. Dieser notwendige Halt, die zur Fortbewegung notwendige Reibung der Amöbe auf der Unterlage, wird durch die Abscheidung einer klebrigen, bei den schalentragenden Formen in hohem Grade fadenziehenden Substanz vermittelt, welche die Amöbe vorübergehend an dem voranschreitenden Ende, oder auf ihrer ganzen Berührungsfläche mit der Unterlage festklebt, was zu einer bald mehr schreitenden (Abb. 304), bald mehr fließenden Ortsbewegung der Amöbe führt.

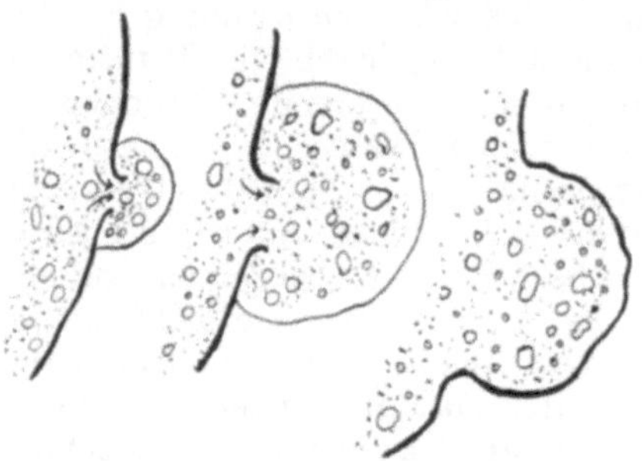

Abb. 303. Bruchsackpseudopodien einer Amöbe. Die Pfeile zeigen die Strömungsrichtung an. (Nach Rhumbler 1898.)

Ganz abgesehen aber davon, daß wir über die Ursachen der von der Oberflächenspannungstheorie der Protoplasmabewegung geforderten Veränderungen der Oberflächenspannung keine irgendwie sicher begründete Theorie besitzen. — Jensen hat die Hypothese aufgestellt, daß die Expansion, also die Verminderung der Spannung dort eintritt, wo assimilatorische Prozesse (Verminderung der Molekülzahl) überwiegen, dagegen die Kontraktion bei überwiegender Dissimilation erfolgt — läßt sich auch nicht leugnen, daß eigentlich nur bei den Zellen mit ziemlich flüssiger Oberfläche die von der Oberflächenspannungstheorie geforderten morphologischen Begleiterscheinungen auch tatsächlich sich beobachten lassen, wie etwa bei Entamoeba blattae (Abb. 305). So kommt denn Spek in seinem

Abb. 304. Kriechende Amöbe im Profil. 2 Stadien, der Pfeil zeigt die Bewegungsrichtung. Der Kreis ist der Kern. (Nach Dellinger aus Petersen 1922.)

Referat über die Plasmabewegung zu folgendem Ergebnis: „Die alten physikalischen Modelle der Plasmabewegung und die daran geknüpften Überlegungen ermöglichen uns ein mechanisches Verständnis der Plasmabewegungen der Pelomyxa (Abb. 306), der Amoeba blattae (Abb. 305) und guttula, mehr aber nicht". „Weitergehende Analyseversuche erfordern vor allem neue Modelle mit Membranen, die außerdem einer gewissen Veränderlichkeit fähig sind."

So haben Mikrodissektionsexperimente von Kite (1913), Chambers (1917) und Seifritz (1920, 1921) an Amoeba proteus übereinstimmend ergeben, daß diese Amöbenart eine dünne, scharf begrenzte Membran von der Konsistenz eines steifen Gels besitzt. Darauf folgt eine dickere, nach außen scharf abgegrenzte, nach innen allmählich übergehende Schicht von ziemlich dichtem Ektoplasma, das in seiner Konsistenz einer 0,8% Gelatine oder einem Brotteig entspricht. Erst das Innenplasma ist dünnflüssiger, einer 0,4—0,6% Gelatinelösung oder Paraffinöl vergleichbar. „Wegen dieses Gelzustandes der Oberfläche können wir", wie SPEK ausführt, „nicht erwarten, daß an solchem Zellmaterial etwaige Oberflächenspannungsdifferenzen so ohne weiteres wie an einem Öltropfen die Zellmasse und die Zelloberfläche in Bewegung setzen werden.

Hier dürften einzig und allein die vorströmenden Spitzen der Pseudopodien noch den Flüssigkeitsgesetzen gehorchen."

Bei der mit einer festen Oberflächenmembran ausgestatteten Amoeba verrucosa kommt es daher zu keiner Pseudopodienbildung mehr, vielmehr rollt die Amöbe bei der Ortsbewegung wie in einem geschlossenen Sack nach vorn, wie JENNINGS zuerst genau nachgewiesen hat (Abb. 307). „Die Rollbewegung der Oberflächenteilchen ist keine Strömung, sondern sie ist ein Nachgezogenwerden

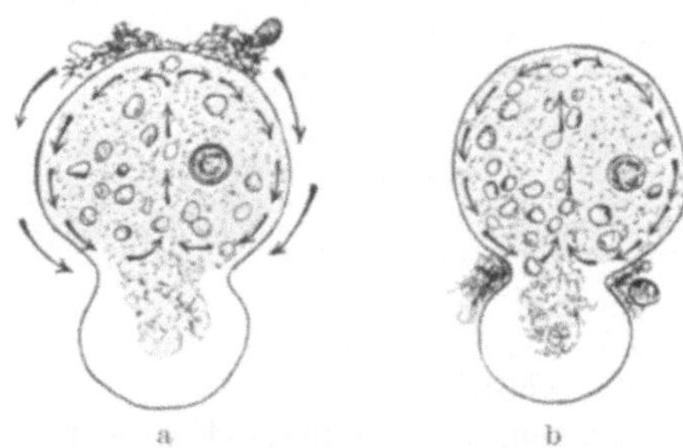

Abb. 305a, b. Ausbreitungsströmung einerAmoeba blattae. Verschiebung der oberflächlich angepappten Partikel nach hinten. (Nach RHUMBLER.)

der festen Oberflächenhaut, die solange die Amöbe vorwärts strömt, und dabei an einzelne Punkte ihrer unteren Flächen fixiert ist, ja überhaupt anders kaum denkbar ist, als es in der Abb. 307 dargestellt ist, und die sich sofort ändert, sowie sich das Tier gelegentlich vorne aufrichtet und die Adhäsion aufgibt."

Wenngleich die inneren Strömungserscheinungen des Protoplasmas, wie sie bei diesen Amöben mit starrer Oberfläche sich finden, und wie man sie besonders schön in manchen Eizellen im Anschluß an das Eindringen des Samenfadens beobachten kann (Abb. 308—309), in vielen Einzelheiten [Fontäneströmungen

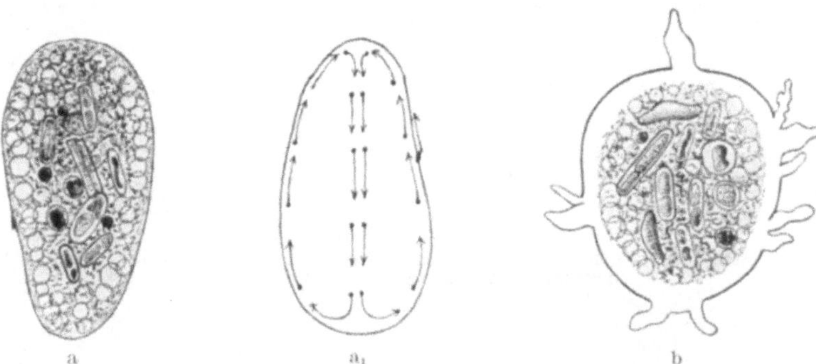

Abb. 306. Bewegungstypen der Pelomyxa. (Nach SPEK 1925.)

(Abb. 308)] den Plasmaströmungen bei der Pseudopodienbildung gleichen, so ist es doch nicht ohne weiteres möglich, diese inneren Strömungen auf Oberflächenspannungsdifferenzen zurückzuführen. Nur bei den in Abb. 310 dargestellten Strömungen, welche bei der Zweiteilung des Nematodeneies auftreten, ist mit ziemlicher Sicherheit eine lokale Veränderung der Oberflächenspannung als Ursache anzunehmen.

SPEK hat den Vorgang der Zellteilung im Modellversuch genau nachahmen können. Im Wasser schwebende Öltropfen, deren Oberflächenspannung er an gegenüberliegenden Polen durch in die Nähe gebrachte Sodakryställchen verminderte, schnürten sich in dem Äquator als einer Zone relativ höhere Oberflächenspannung allmählich völlig durch, wobei von den Polen aus allseitig ein oberflächlicher „Ausbreitungsstrom" nach dem Äquator hin ausgeht, und hier gegen das Innere des Tropfens einbiegt. Genau dieselben Strömungserscheinungen beobachtete nun Spek an den sich teilenden Nematodeneiern (Abb. 310) und zieht daraus den Schluß, daß die Teilung der Zelle ganz allgemein durch Erhöhung der Oberflächenspannung der Einschnürungszone zustande kommt (wegen weiterer Einzelheiten vergleiche man den Artikel von Wassermann).

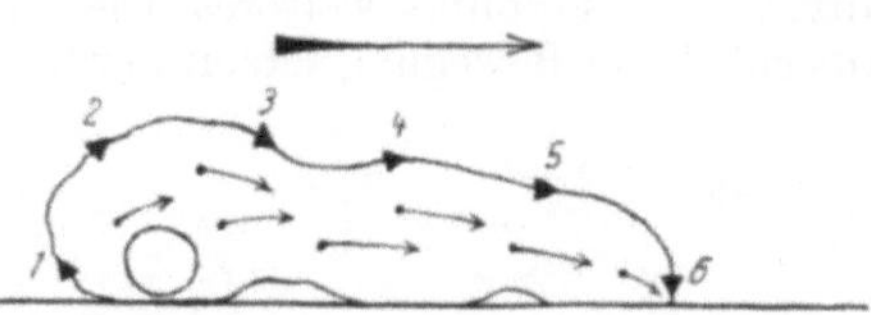

Abb. 307. Schema einer „Rollbewegung" einer adhärierenden Amöbe im Sinne Dellingers. 1—5 aufeinanderfolgende Position eines oberflächlich angepappten Kohleteilchens. (Nach Spek 1925.)

Keineswegs genügt aber das Prinzip der Oberflächenspannungsveränderung zur Erklärung der anderen Formen der Pseudopodienbildung und -Bewegung, die wir auf S. 344 unter b—d angeführt haben.

So nimmt Giersberg für die Entstehung und die Bewegung der zähen Filopodien, bei denen keine Randströmung zu beobachten ist, an, daß hier Gelbildungen, Hydration und Deshydration von Plasmakolloiden eine Rolle spielen.

Abb. 308a, b. Starke Fontäneströme in Nematodeneiern. (Aus Spek 1918.)

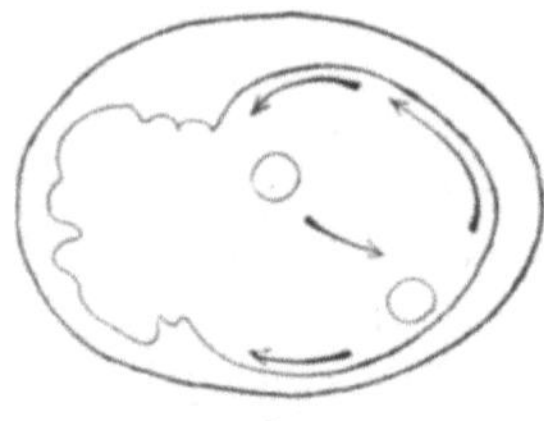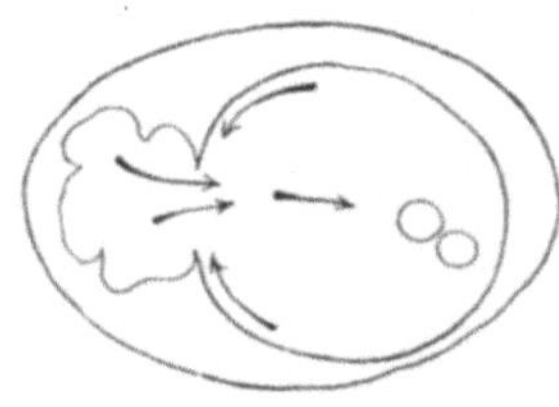

Abb. 309a, b. Strömungen während der Kopulation der Vorkerne im Ei von Diplogaster longicauda. Spermakern rechts unten. (Aus Spek 1918.)

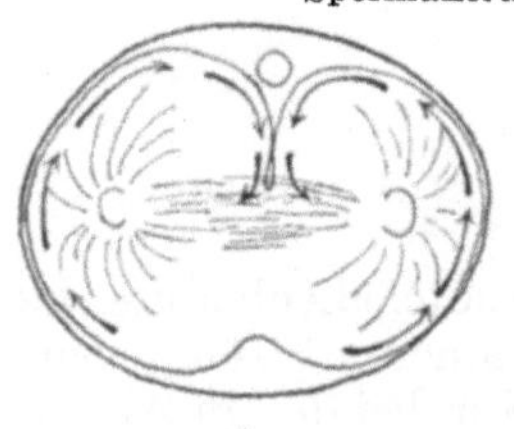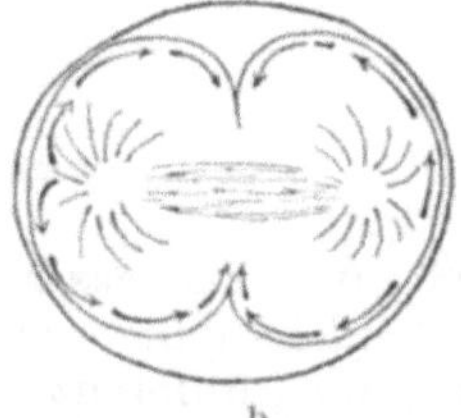

Abb. 310a, b. Strömungen während der ersten Teilung des Eies von Rhabditis dolichura. (Aus Spek 1918.)

Durch Aufnahme von Quellungswasser wird die Viscosität der Plasmakolloide erhöht unter gleichzeitiger Volumenzunahme. Es entsteht zäheres Protoplasma und gleichzeitig übrigens auch eine Abnahme der Oberflächenspannung, die sich nun ihrerseits weiter auswirken kann. Entquellung von Plasmakolloiden führt umgekehrt zu einer Verringerung der Viscosität, einer Vermehrung der Oberflächenspannung, und falls die Abgabe des Wassers nach außen erfolgt, auch zu einer Volumenverminderung, zu einer Kontraktion. Wieweit allerdings diese Hydrationen und Deshydrationen bei der Bildung und Formänderung der Filopodien und der Rhizopodien eine Rolle spielen, ist bisher keineswegs näher festgestellt. Von einer irgendwie gesicherten physikalischen Erklärung sind wir also auch bei diesem Lebensvorgang entgegen der vorher zitierten Meinung von Petersen noch weit entfernt. Ich führe deshalb hier auch einen anderen Deutungsversuch der Plasmabewegung und Pseudopodienbildung an, den M. Heidenhain (1911) auf Grund seiner Protomerentheorie und seiner Vorstellungen über die „mobilen Plasmen" gibt:

„Wenn ein Pseudopodium, sagen wir ein fadenförmiges, von einem Protisten entsendet wird, so bedeutet das nicht, daß an der betreffenden Stelle das Plasma herausgetrieben wird, wie man eine breiige Masse aus einer Spritze heraustreibt, sondern es ist dies eine Form des Wachstums, welche durch den regelrechten Übereinanderbau der kleinsten lebenden Teilchen sich vollzieht. Der Umstand, daß das Pseudopodium in Tausenden von Fällen eine rein geometrische, absolut geradlinige Figur bildet, zeugt dafür, daß die kleinsten lebenden Teile eine bestimmte Gestalt besitzen, so daß aus ihrer Übereinanderordnung sich die Form des Pseudopodiums gleichsam wie von selbst ergibt. Also ist mit dem Wachstum des Pseudopodiums dessen innere Struktur bereits implizite gegeben."

„Es ist nun bekannt, daß die feinen Plasmafäden, welche den Saftraum der Pflanzenzelle durchspannen, wesentlich identisch sind mit den Pseudopodien der Rhizopoden und die gleichen Bewegungserscheinungen erkennen lassen (schon Max Schultze). Die Masse der feineren und feinsten Fäden ist aber wiederum absolut identisch mit derjenigen der groben Strangwerke, welche den Zellraum durchziehen. Es tritt also die räumliche plasmatische Substanz, welche beim Rhizopoden als äußere Organelle erscheint, hier als innerer Bestandteil, oder sagen wir sogar als Repräsentant des Zelleibes auf. Die wesentliche Struktur der in Rede stehenden plasmatischen Substanzen muß daher hier und dort die gleiche, und zwar metamikroskopischer Natur sein. Für diese Strukturen ist es charakteristisch, daß sie ebenso rasch abgebrochen und in ihre kleinsten lebenden Bestandteile aufgelöst werden, wie sie durch Übereinanderbau derselben entstehen. Der Wechsel sich ablösender Strukturfolgen, von denen immer die eine im Anschluß an die andere entsteht, ist hier die Regel."

An diesen Ausführungen ist zunächst interessant, daß auch nach Heidenhains Ansicht die Bewegungserscheinungen des Plasmas dafür sprechen, daß es keine starre Plasmaarchitektur im Sinne der alten Strukturtheoretiker (vgl. S. 13) gibt, sondern daß bei jeder Plasmabewegung sich ein Umbau des Plasmas, ein Abbau bis zu kleinsten Teilstücken sich vollzieht. In dieser Beziehung besteht also, wenn wir einmal von der Bezeichnung dieser Teilstückchen als Protomeren, für die übrigens Heidenhain den Beweis schuldig bleibt, absehen, kein prinzipieller Gegensatz zu den Anschauungen der kolloidchemisch eingestellten Cytologen. Prinzipiell anders ist dagegen die Antwort, welche Heidenhain auf die Frage gibt nach den Ursachen, welche diese mobilen Protomeren bewegen, also z. B. an die Spitze eines sich bildenden Pseudopodiums hinbewegen, damit sie dort zu dem „Wachstum" des Pseudopodiums sich in Reihen einordnen. Heidenhain führt jede Bewegungserscheinung, die Formveränderungen sowohl der quergestreiften Muskelfasern und glatten Muskelzellen, die Flimmer- und die amöboiden Bewegungen, sowie die Plasmaströmungen auf Kontraktionswellen zurück, die sich an zu Fibrillenreihen angeordneten Protomeren abspielen. „Die Kontraktilität der mobilen und amöboiden Plasmen beruht auf der Fähigkeit der Erzeugung und biologischen Verwertung kleinster Kontraktionswellen an allerfeinsten Protoplasmafilamenten."

Als solche contractilen Fibrillen deutet Heidenhain die „organischen Radien", welche von dem Centriol als Zentrum ausgehend die Leukocyten des Salamanders durchziehen (vgl. Abb. 153) und an denen Heidenhain „unter dem Namen des Phänomens der konzentrischen Kreise" Erscheinungen beschrieben hat, die er jetzt als Kontraktionswellen deutet (1892, 1911). Auch bei den Chromatophoren der Knochenfische kann man eine „streng radiale Aufstellung" der Chromatophoren in Abhängigkeit von der Lage des Centriols feststellen und Heidenhain schließt hieraus auf das Vorhandensein von fibrillären Strahlen, die von dem Centriol als Zentrum die Zelle durchziehen. Diese Radiärfasern sind nun nach Heidenhain „die aktiv wirksamen Bestandteile der Kontraktion der Chromatophoren", sie werden direkt innerviert und durch diese

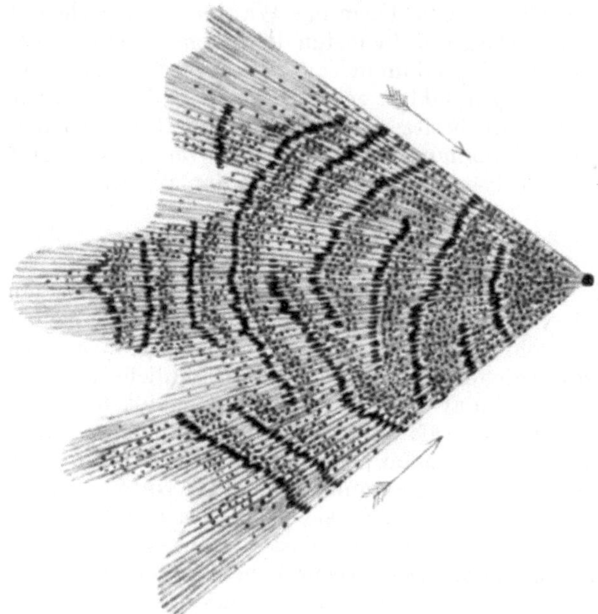

Abb. 311. Schema, darstellend einen Sektor aus einem Chromatophor. Kleinste Kontraktionswellen treiben die Pigmentgranula in der Richtung auf das Zentrum vor sich her.
(Nach M. Heidenhain: Plasma und Zelle.)

nervösen Impulse „entstehen massenhaft kleinste Kontraktionswellen, welche beispielsweise an der Peripherie beginnend gegen das Zentrum hin verlaufen und die Pigmentgranula vor sich her treiben".

„In der Abb. 311 bedeuten die dunklen konzentrischen Linien die kurzen Wellen, welche an den Fibrillen lokal entstehen, und da sie zu vielen nebeneinander angeordnet sind, zum Verschluß oder zur Verengerung der interfilaren Lücken führen. Laufen mithin die Wellen in der Richtung zentralwärts ab, so müssen die Granula in eben dieser Richtung mitgenommen werden. Aus diesen Beobachtungen geht auch hervor, daß wahrscheinlich eine doppelte Innervation der Pigmentzellen vorhanden ist, da die Wellen nach zwei verschiedenen Richtungen hin zum Ablauf kommen können."

Als weitere Beispiele solcher contractiler Fibrillen nennt Heidenhain die sog. Stäbchenstrukturen in den Darm-, Drüsen- und Nierenepithelien, welche „durch ihre Funktion die motorische Funktion des Flüssigkeitstransportes besorgen". Er berichtet ferner, daß er „die Entstehung und den Ablauf von kleinsten Kontraktionswellen an den „Fibrillen" (Schaumlamellen) in den Zellen lebender Kürbishaare beobachtet hat (1897).

Diese Hypothese von HEIDENHAIN hat bisher wenig Beifall gefunden. Die Gegner [u. a. GURWITSCH (1913)] machen ihr zum Vorwurf, daß man Erfahrungen, die man an den contractilen Faserelementen der Muskelzellen gemacht hat, zur Erklärung viel einfacherer Bewegungsvorgänge, wie sie die amöboide Bewegung darstellt, nutzbar machen will. „Den Versuchen, den amöboiden Formwechsel und die Flimmerbewegung auf entsprechende Zusammenwirkung zahlreicher contractiler Elemente (Fibrillen) zurückzuführen, fehlen namentlich in Anwendung auf ersteren Bewegungsmodus die tatsächlichen Belege, d. h. die Nachweisbarkeit solcher Gebilde im amöboiden Plasma so vollständig, oder bei Leukocyten sind die anderen, sich für diese Annahme ergebenden Schwierigkeiten so groß, daß dieser Erklärungsversuch des amöboiden Formwechsels wohl fast allgemein aufgegeben wurde" (GURWITSCH). Trotzdem hält HEIDENHAIN bis in die neueste Zeit an seiner Hypothese fest und kündigt eine umfassende Untersuchung über dieses Thema an.

2. Morphologie der Flimmerbewegung.

Ich wende mich nunmehr der Besprechung der Flimmerbewegung zu, wobei vom morphologischen Standpunkt besonders auffallend ist, daß die Undulipodien, Flimmerhaare und Cilien im Gegensatz zu den vorher besprochenen Pseudopodien Organe bzw. Differenzierungsprodukte von einer viel größeren

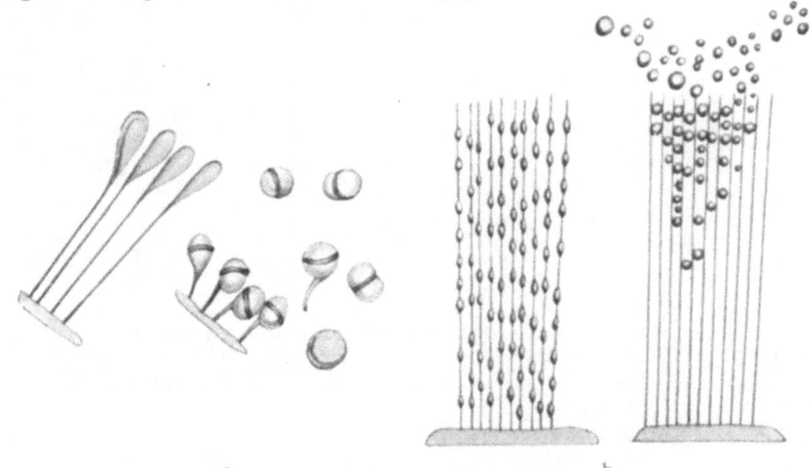

Abb. 312 a u. b. Die Wirkung von verdünntem Meerwasser auf die Cilien a von Cyphonautos, b von Pleurobrachia. (Nach KOLTZOFF 1921.)

Formbeständigkeit und Dauerhaftigkeit darstellen. Allerdings bestehen Übergänge namentlich zu den Axopodien, sowohl in physiologischer wie in morphologischer Beziehung. Denn auch den Cilien kommt, wenn auch in geringem Ausmaß, die Fähigkeit der axialen Expansion und Retraktion zu [vgl. HEIDENHAIN (1911, S. 1000)], wenngleich im allgemeinen die Geißeln und Cilien Organe von gleichbleibender Länge sind; vor allem aber bestehen sowohl Axopodien, Rhizopodien wie die Flimmern aus einem zentralen festen (gelartigen) Faden und einer mehr flüssigen Hülle. Diese Hülle ist zwar bei den Flimmern meist viel schwerer nachzuweisen, als bei den Axopodien, aber ihre Existenz ist namentlich durch die Untersuchungen von KOLTZOFF mit hypotonischen und hypertonischen Salzlösungen sichergestellt (Abb. 312). Schließlich ist noch der genetische Zusammenhang zwischen Flimmer- und Pseudopodienbewegung bemerkenswert, schon Perty und später de Bary, Haeckel, R. Hertwig u. a. beobachteten das Entstehen der Flimmer- aus der Pseudopodienbewegung; umgekehrt findet mitunter bei der Rückbildung der Cilien ein Übergang in amöboide Bewegung statt [Erhard (1910)].

Nach M. Hartmann (1927) „unterscheidet man die Undulipodien als Geißeln oder Flagellen, wenn sie lang und nur in geringer Anzahl vorhanden sind (meist 1—8), als Wimpern oder Cilien, wenn es sich um feinere und kürzere, meist in sehr großer Anzahl vorhandene Undulipodien handelt. Erstere sind

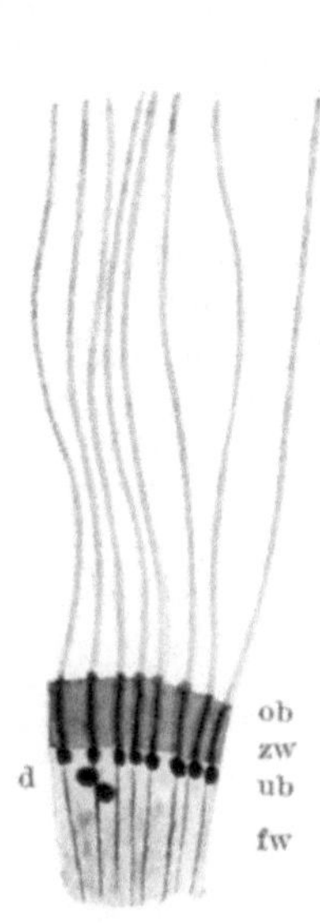

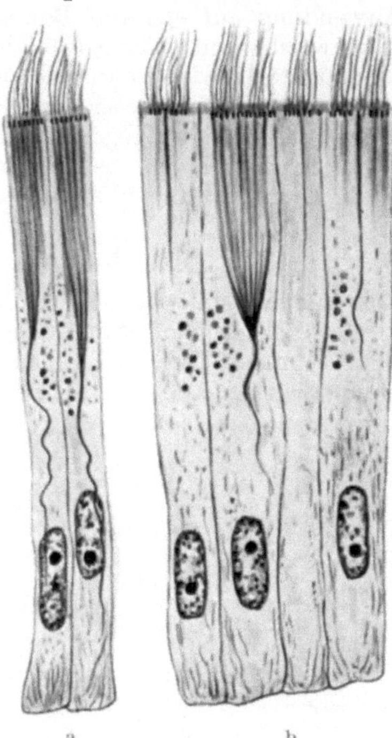

Abb. 313. Flimmerhaare und binnenzelliger Hilfsapparat. ob Obere, ub untere Basalkörner. zw Zwischenstück in der Krusta = Fortsetzung des Achsenfadens. fw Fußwurzeln, dazwischen ein Diplosom. d Darmepithel einer Muschel. Vergr. 2250 fach. (Nach Erhard 1910 aus Petersen 1922.)

Abb. 314a u. b. Vertikalschnitte durch Flimmerzellen aus der Typhlosolis von Anodonta. a Von der Schmalseite, b von der Breitseite. (Nach Gurwitsch 1913.)

für die Flagellaten, die Schwärmzellen von Algen und Pilzen, sowie die Spermien charakteristisch, letztere für die Ciliaten und die Flimmerzellen der Metazoen. Doch wird der Ausdruck Flimmern auch für die Geißeln angewandt, da ja in der Tat kein wesentlicher Unterschied besteht".

„Alle Geißeln von Protozoen gehen von Basalkörperchen aus, die meist in der äußeren Zone des Ektoplasmas der Zelle liegen, aber auch tiefer in die Zelle eingesenkt sein können. Das gleiche gilt auch, entgegen älteren Angaben der botanisch-cytologischen Literatur, für die Geißeln der Schwärmer von Algen und Pilzen. Auch die Geißeln der Spermatoiden von Moosen, Farnen, Characeen und Cycadeen sind an Basalkörperchen inseriert, die in der botanischen Literatur meist Blepharoplasten genannt werden. Die Geißeln der Schwanzfäden tierischer Spermien gehen durchweg von Centriolen aus, die hier ganz wie Basalkörperchen aussehen." Man vergleiche Abb. 166, S. 227.

„Die Cilien oder Wimpern bei den Infusorien sind ebenfalls mittels Basalkörpern unterhalb der Pellicula im Protoplasma inseriert. Die gleichen Verhältnisse wie bei den Cilien der Infusorien finden wir bei den Flimmerzellen der Metazoen. Auch hier sind die Cilien in der oberen Grenzschicht des Plasmas mittels Basalkörperchen inseriert. Häufig erscheinen die Basalkörperchen als Stäbchen oder als Doppelkörner, sog. Diplosomen (Abb. 313). Im Inneren der Flimmerzellen finden sich von den Basalkörperchen ausgehende feine Fortsätze der Cilien, die feiner sind als die freien Cilien (Abb. 313); nach innen konvergieren sie meistens und vereinigen sich zu einem spitzen Kegel. Es sind das die sog. Faserwurzeln (Abb. 314). Auch Ciliaten, z. B. Stentor und die Amöbe *Mastigella vitrea* [GOLDSCHMIDT (1907)] besitzen ähnliche, jedoch einfachere Faserwurzeln. Sie sind deutlich dünner als die Cilien selbst, was sich daher erklärt, daß sie nur dem axialen Faden der Cilie, nicht der protoplasmatischen Hülle entsprechen" [M. HARTMANN (1927)].

Die Form der Geißelbewegungen ist sehr mannigfaltig; besonders bemerkenswert ist, daß die einzelne Geißel selbst plötzliche Änderungen ihres Bewegungsmodus auszuführen vermag. „Der allgemeine Charakter der Bewegung kann als ein abwechselndes Beugen und Strecken oder Rotieren bei gleichbleibender Länge des Organells bezeichnet werden" [M. HARTMANN (1927)], je nachdem unterscheidet man die beiden Haupttypen der „rudernden" und der „rotierenden" (nach Art eines Propellers wirkenden) Cilien. Wegen näherer Einzelheiten und Unterscheidung von mehreren Untertypen der Flimmerbewegung verweise ich auf die Arbeiten von ERHARD, BUDER und METZNER; namentlich die Benutzung der Dunkelfeldbeleuchtung hat die feineren Einzelheiten dieses im allgemeinen sehr rasch sich vollziehenden Bewegungsvorganges (40—60 Umdrehungen pro Sekunde bei rotierenden, 10—28 Schläge pro Minute bei frei rudernden Cilien) besser analysieren lassen.

Die Genese des Geißelapparates ist schon auf S. 227 besprochen und dort die Bedeutung der Centriolen für die Bildung der Geißeln dargelegt worden. Nach der HENNEGUY-LENHOSSÉKschen Theorie sollen aber die Centriolen oder Blepharoplasten nicht nur für die Entstehung, sondern auch für die Funktion der Geißeln und Flimmerhaare von ausschlaggebender Bedeutung sein, sie sollen das kinetische Zentrum für die Flimmerbewegung darstellen. Gegen diese Deutung der Centriolen als Kinozentren wendet sich in sehr scharfer Form GURWITSCH (1913).

„Die Schwäche dieser Hypothese liegt nicht in ihrer Unbewiesenheit oder evtl. sogar Unbeweisbarkeit, sondern in ihrer völligen Inhaltslosigkeit. Die Physiologie der Flimmerbewegung hat die Vorstellung eines „Zentrums" für dieselbe nicht wachgerufen; es bleibt daher die Aufoktroyierung derartiger inhaltsleerer Eigenschaften einem ganz unbekannten Gebilde völlig sinnlos".

K. PETER (1899) hat zwar versucht, der HENNEGUY-LENHOSSÉKschen Hypothese eine festere Basis zu geben, aber seine Experimente an Bruchstücken von Flimmerzellen zeigen nur (Abb. 315), daß der Zellkern und das Zellprotoplasma ohne Bedeutung für die Flimmerbewegung sind, daß ferner Flimmerorgane mit stark verletztem Wurzelkegel unverändert weiter schlagen. Während nun in PETERS Versuchen Flimmerhaare ohne Basalkörperchen sofort ihre Bewegung einstellen, eine Beobachtung, die K. PETER zugunsten der Kinozentrumhypothese deutet, hat MEVES beobachtet, daß der Schwanz des Meerschweinchenspermatozoons auch nach seiner Trennung von dem im Mittelstücke liegenden Centriol beweglich bleibt. Es folgt also aus allen diesen Experimenten nur, daß der Sitz der Geißeltätigkeit in der Geißel selber liegt, die Bewegung des Geißelorgans also autonom ist.

Über die Bedeutung der Faserwurzeln hat Erhard (1910) Experimente angestellt, deren Ergebnis er folgendermaßen zusammenfaßt: „Da es sich zeigte, daß durch experimentelle Einwirkung wie auf natürliche Weise in den Zellen mit den stärksten Faserwurzeln die bedeutendsten, in solchen mit weniger entwickelten geringere und in solchen endlich ohne Faserwurzeln (Frosch, Rachenepithel) keine Verkürzungen der Cilien zu erreichen waren, so erhellt daraus, daß den Faserwurzeln die Rolle der Verkürzung der Cilien zukommt. Dies geschieht in dem Sinne, wie Goldschmidt das gleiche Phänomen an der Mastigellageißel gedeutet hat. Es kann sich nämlich in beiden Fällen, da jedesmal gezeigt wurde, daß der Achsenfaden, bzw. die Faserwurzel als Fortsetzung desselben, der elastische, das ihn umgebende Plasma dagegen der contractile Teil ist, nur um ein Vorstoßen bzw. Rückwärtsziehen des Fadens und nicht um eine Eigenkontraktion desselben dabei handeln."

Mit diesen Ausführungen stellt sich Erhard ganz auf den Boden derjenigen Theorie der Flimmerbewegung, welche das contractile Element der Geißel bzw.

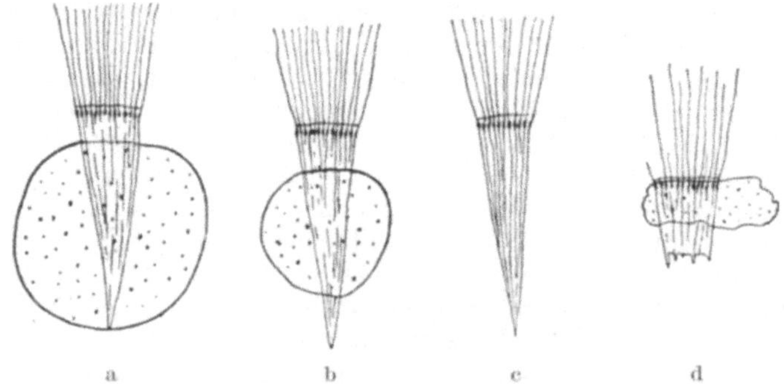

Abb. 315 a—d. Bruchstücke von Flimmerzellen aus dem Darm von Anodonta. Bei a u. b hängt noch ein runder Tropfen von Cytoplasma an dem Flimmerapparat, c stellt einen isolierten Flimmerapparat ohne Cytoplasma vor, bei d ist ein Teil des Wurzelkegels entfernt. Alle Bruchstücke sind kernlos und zeigen noch Flimmerbewegung. (Nach K. Peter 1899.)

des Flimmerhaares in dem flüssigen Hüllplasma und nicht in dem Achsenfaden erblicken. Erhard schreibt denn auch ausdrücklich: „Die Erregung geht vom außen umgebenden Plasma der Geißel aus, nie vom inneren Achsenfaden oder von den Basalkörperchen. Das umgebende Plasma ist der contractile, der eingeschlossene Achsenfaden der elastische Teil des Geißelapparates. Die Basalkörper dienen lediglich zur Verstärkung des Stützpunktes bei der Bewegung als eine Art Gelenk und als Führung für die Achsenfäden. Die Achsenfäden sind das elastische innere Skelet der Cilie" (1910, S. 430).

Diese Theorie über den Mechanismus der Flimmerbewegung, welche zuerst von Gurwitsch, Pütter und Provazek aufgestellt, später namentlich durch die Befunde von Koltzoff, Goldschmidt und Hartmann fester begründet wurde, erfreut sich zur Zeit der meisten Anhänger. Hartmann (1927) erblickt einen Hauptvorteil derselben darin, daß nach dieser Theorie „dasselbe Prinzip, das, wenigstens der Hauptsache nach, der Protoplasmabewegung zugrunde liegt, auch die Ursache der Flimmerbewegung ist". „Das nackte flüssige Geißelplasma liefert wie bei der Amöbenbewegung durch Änderung der Oberflächenspannung die Bewegungsenergie; es ist das aktive contractile Element. Die im Vergleich zur Masse außerordentlich große Oberfläche, die hierbei in Betracht kommt, würde völlig genügen, um den erheblich größeren mechanischen Effekt der Flimmerbewegung gegenüber der Pseudopodienbewegung zu erklären."

„Dadurch, daß aber das contractile flüssige Plasma durch die Kohäsion mit einer festen Skeletfibrille innig verbunden ist, wird die sonst ungeordnete Pseudopodienbewegung in eine bestimmte Bahn, in die Richtung des Achsenfadens gelenkt. Die Folge ist eine seitliche oder schraubige Verbiegung der Geißel, der nun die Elastizitätskräfte der aus ihrer Gleichgewichtslage verbogenen Axialfibrille antagonistisch entgegenwirken. Aus dem Zusammenwirken der beiden Geißelkomponenten kann somit ein komplizierterer Mechanismus resultieren, die schwingende oder rotierende geordnete Bewegung der Geißel. Wir wollen uns hier mit dieser ganz allgemeinen Fassung der Hypothese begnügen, da zur Zeit keine Mittel und Wege ersichtlich sind, wie sie einer exakten Prüfung unterzogen werden kann." (M. HARTMANN 1927.)

Dieses in dem letzten Satz ausgesprochene Zugeständnis, daß die Hypothese, welche den Sitz der Contractilität der Geißel in das flüssige Hüllplasma verlegt, nicht bewiesen ist, macht es mir um so mehr zur Pflicht, auch die Gegner dieser Hypothese zu Wort kommen zu lassen, wenngleich ihre Zahl zur Zeit nur klein ist. Vor allem ist hier HEIDENHAIN zu nennen, der ja schon die Plasmabewegung und die Pseudopodienbildung auf die Contractilität feinster Fibrillen zurückführt, und als Ursache der Geißel- und Flimmerbewegung die Contractilität des Achsenfadens bezeichnet.

HEIDENHAIN führt hierzu u. a. folgendes aus: „Es ist mit Recht in der Literatur mehrfach betont worden, daß es nicht genüge, zu sagen, die Bewegung der Cilien, Geißeln usw. sei auf „Contractilität" zurückzuführen, denn dieser Begriff wird leer und inhaltlos, sobald er ohne nähere Begründung von dem Gebiete der Muskelsubstanzen auf die niederen Plasmen übertragen wird. Man muß ihm zugleich eine festere, anschauliche Fassung geben, wenn er auf diesem Gebiet verwendbar sein soll. Darum habe ich die Tatsache, daß Contractilität auf Wellenbewegung beruht, in den Vordergrund des biologischen Interesses gestellt und die typische Unterscheidung kleinster, kurzer und langer Wellen eingeführt. Im Zusammenhang damit habe ich wahrscheinlich zu machen gesucht, daß die phylogenetische Entwicklung des Muskelprozesses von den kleinen Wellen der niederen Plasmen ausging. Contractilität beruht demnach überall auf Wellenbewegung, deren Modalitäten im einzelnen überaus verschiedenartig sein können."

„Die ungeheure Variabilität der Bewegungsform der Cilien, Geißeln, Tentakeln usw. führe ich meinerseits auf mehrere Variabeln der Wellenbewegung zurück. Eine erste Variable ist darin enthalten, daß die kleinen Wellen, welche an den linienhaften Organen entstehen oder entlang laufen, nicht den ganzen Querschnitt der metafibrillären Struktur zu treffen brauchen, sondern bei allen seitlichen und schraubigen Durchbiegungen der Organelle einseitwendig verlaufen. Um kein Mißverständnis aufkommen zu lassen, hebe ich hier in Parenthese hervor, daß zwischen der unsichtbaren Kontraktionswelle und der sichtbaren wellenähnlichen Durchbiegung der fadenartigen Organelle, welche der äußere Effekt der ersteren ist, strenge unterschieden werden muß. — Eine zweite Variable kann sicherlich in der absoluten Länge der Kontraktionswelle gegeben sein. Die Effekte werden verschiedene sein müssen, je nachdem die Welle größere oder kleinere Längsabschnitte der bündelartig geordneten Strukturelemente der Cilie gleichzeitig betrifft. — Drittens mag auch die Länge der Wegstrecke, welche die Welle an der Cilie durchläuft, der Variation unterworfen ist. — Schließlich müssen wir unter allen Umständen damit rechnen, daß Lage, Frequenz und Rhythmus der Wellen je nach den verschiedenen Typen der Bewegung in außerordentlichem Grade wechseln."

„Auf Grund dieser Besprechungen, welche darauf hinauslaufen, daß die maßgebliche Struktur relativ stabil und uniform, die physiologischen Bedingungen

der Kontraktion dagegen ungemein variabel sind, mag es erlaubt sein, an der
Hand einiger Schemata die Verteilung und den Verlauf der Wellen bei einigen

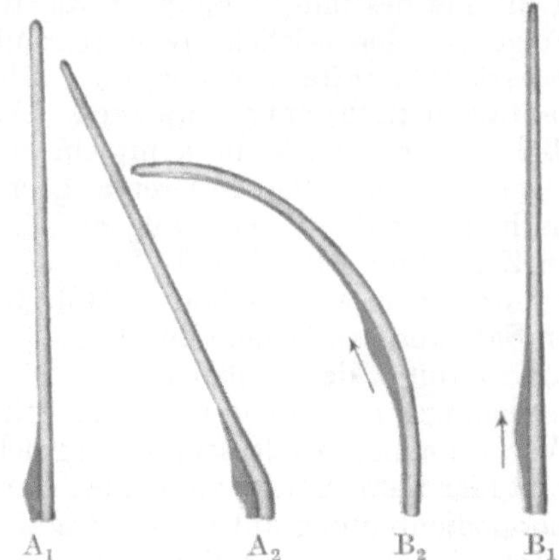

Abb. 316. Schemata der Flimmerbewegung nach M. HEIDENHAIN 1911.

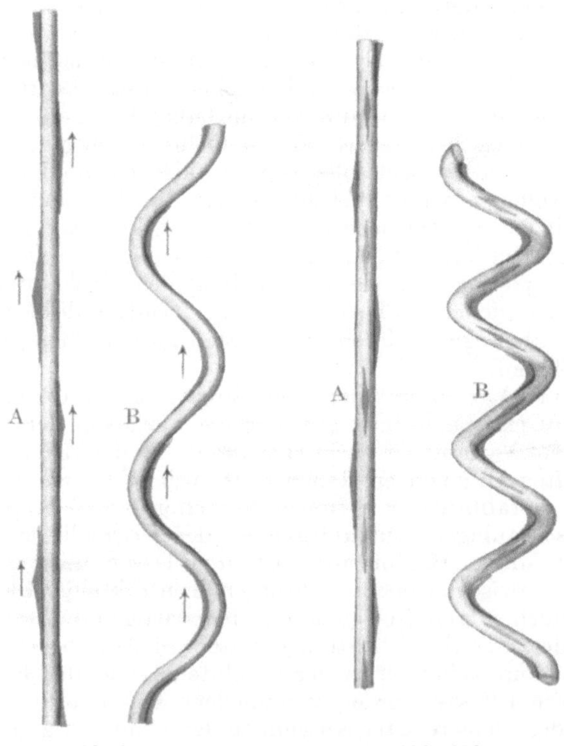

Abb. 317 u. 318. Schemata der Geißelbewegung nach M. HEIDENHAIN 1911.

typischen Bewegungsformen schematisch zu illustrieren, um die Leistungsfähigkeit unserer Prinzipien darzutun.

In den Schemata (Abb. 316—318) ist die Lage und Länge der Wellen überall
in roter Farbe angegeben. Hierbei habe ich die Wellen neben die Cilie (Geißel)

gesetzt an jene Seite, an welcher sie — proximodistalwärts — entlang laufen. Die Wellen wurden ferner in Spindelform gezeichnet; wo sie am stärksten ist, denken wir das Maximum der Kontraktion."

„Abb. 316 A_1 und A_2 illustriert die einfache Pendel- oder Sockelbewegung; die Welle liegt einseitwendig an der Basis der Cilie und erlischt sofort beim Vorwärtschreiten in der Richtung nach aufwärts. Abb. 316 B_1 und B_2 zeigt die Verhältnisse bei der gewöhnlichen hakenförmigen Einkrümmung der Flimmercilien. Die Welle ist langgestreckt, betritt die Cilie von deren Basis und erlischt im Fortschreiten von deren Mitte anfangend in der Richtung nach aufwärts."

„Abb. 317 bringt die peitschen- oder seilwellenähnliche Bewegung zur Anschauung, welche lediglich in einer Ebene statthat. Die Wellen folgen einander in diesem Fall in gleichen Zeitintervallen auf den entgegengesetzten Seiten der Organelle. Bei A sieht man die Art der Verteilung der Wellen, bei B den Effekt des Kontraktionsaktes. Jeder Punkt der Geißel führt eine rein transversale Schwingung aus. Weichen die Wellen in ihrer Lage nicht um 180^0, sondern nur um 90^0 voneinander ab, so ist der Effekt der Durchbiegung eine regelmäßige Schraube (Abb. 318 A und B). Schreiten die Kontraktionswellen an der Organelle mit gleichförmiger Geschwindigkeit fort, so werden die Schraubenwellen das gleiche tun. Das Problem bestand in der Lösung der Frage: wie kann eine kontinuierliche Schraubenbewegung ohne gleichzeitige Torsion der Organelle um ihre Längsachse erfolgen? Träte nämlich Torsion ein, so müßte die Organelle an ihrer Basis abgedreht werden. Dies Problem der Schraubenwelle ohne Torsion haben wir im obigen, wie wir glauben, auf eine ansprechende Art gelöst." — „Es lassen sich die sämtlichen außerordentlich verschiedenartigen Formen der Bewegung der Cilien, Geißeln usw. auf die in Rede stehende einfache anatomische Basis zurückführen, wenn man die Theorie der kleinsten Wellen benutzt, und von der Variabilität der Länge, der Zahl, des Rhythmus, der Frequenz und des Ortes der Wellen ausgeht." (M. HEIDENHAIN: Plasma und Zelle, 1911, S. 1006.)

3. Morphologie der Muskelbewegung und Kritik der allgemeinen Theorien der Bewegungserscheinungen.

Nur ganz kurz möchte ich schließlich noch die Bewegung der glatten und quergestreiften Muskelfasern besprechen, da die anatomischen Bauverhältnisse dieser höchstspezialisierten contractilen Elemente der lebenden Masse in dem Kapitel über das Muskelgewebe ausführlich zur Darstellung kommen. (Bd. II.) Hier interessiert uns vom allgemeinen theoretischen Standpunkt aus, daß auch bei der Theorie der Muskelkontraktion dieselben Streitfragen wiederum auftauchen, die uns schon bei der Theorie der amöboiden und der Flimmerbewegung beschäftigt haben, ob nämlich die fibrillären Elemente oder das homogene, nicht differenzierte Plasma der Sitz der Contractilität sind.

Im Gegensatz zu der vorherrschenden Meinung, daß bei der glatten Muskelzelle die Fibrillen das contractile Element sind, nehmen KOLTZOFF und ROSKIN an, daß die Fibrillen der glatten Muskelfasern nur elastische Skeletelemente sind, und daß die Kontraktion der glatten Muskelfasern ebenso wie die des Vorticellenstieles auf Veränderungen der Oberflächenspannung des homogenen flüssigen Plasmas, des Kinoplasmas, an der Grenze zu den starren, bzw. elastischen Fibrillen oder dem Sarkolemm beruht. Auch HARTMANN schließt sich neuerdings dieser Theorie von KOLTZOFF für die glatten Muskelfasern an, betont aber gleichzeitig, daß noch „weitere eingehendere Untersuchungen über den Aggregatzustand der einzelnen Elemente der glatten Muskelzellen, ihr Verhalten bei der Kontraktion usw. abgewartet werden müssen, ehe sie als völlig bewiesen angesehen werden kann." „Vor allem müßte nachgewiesen werden, wie sich die vermutlichen Skeletfibrillen bei der Kontraktion verhalten; denn wenn es sich tatsächlich um feste Fibrillen handelt, und die Contractilität auf das Plasma, in dem sie eingebettet sind, beschränkt ist, dann müßten sie bei einer erheblichen Kontraktion der ganzen Muskelfaser, resp. Zelle, in irgendeiner Weise spiralig aufgerollt werden, wovon aber bis jetzt nichts bekannt ist." „Sollte sich die Darstellung von ROSKIN aber bestätigen und auf alle Arten von glatten Muskelzellen ausdehnen lassen, dann wäre offenbar der innere Mechanismus der Kontraktion der glatten Muskelzellen derselbe wie bei den Myonemen, z. B. im Vorticellastiel."

Noch einen Schritt weiter geht schließlich KOLTZOFF selber, der im Gegensatz zu der herrschenden und wie mir scheint gut begründeten Lehre, daß die quergestreiften Muskelfibrillen das contractile Element darstellen, folgendermaßen sich äußert: „Die komplizierte Struktur der quergestreiften Muskelfaser scheint mir in erster Linie durch den komplizierten Bau ihres festen Skeletes bedingt zu sein, welches an und für sich nicht contractil ist, jedoch durch seine Elastizität die Form der Kontraktion bedingt. In diesem Skeletgerüst sind die von Thekoplasma umgebenen Tropfen flüssigen Kinoplasmas verteilt. Die einzelnen Kinoplasmatropfen sind bei gestreckter Faser, dank den elastischen Eigenschaften des Skelets, in die Länge gezogen; bei Erhöhung der Oberflächenspannung nähern sie sich alle der Kugelform, was die Kontraktion der ganzen Faser zur Folge hat."

„Die Auffassung, die ich hier als Arbeitshypothese zum Studium der Contractilitätserscheinungen vorlege, besteht in folgendem: Gleichviel, ob wir es mit dem Stiel einer Vorticelle, einer Wimper, einem Spermienschwanz, einer glatten oder quergestreiften Muskelfaser zu tun haben, in all diesen Fällen wird die Form der Kontraktion durch das für jeden einzelnen Fall typische feste Skelet bestimmt, durch welches die ungeordnete Kontraktion des flüssigen Kinoplasmas in eine geordnete Bewegung verwandelt wird. Die Ursache der Kontraktion liegt in der Steigerung der Oberflächenspannung zwischen Kino- und Thekoplasma, was ein Kleinerwerden der Oberfläche, d. h. eine Annäherung der mehr oder weniger gestreckten Kinoplasmasäulen an die Kugelform zur Folge hat. Umgekehrt strecken sich die Kinoplasmatropfen bei Herabsetzung der Oberflächenspannung und nehmen die eine oder andere Gestalt an in Abhängigkeit von den Elastizitätseigenschaften des festen Skelets." „Das Kinoplasma ist eine der Contractilitätsfunktion speziell angepaßte Protoplasmaart. Im elementarsten Sinne verfügt ein jedes flüssiges Protoplasma ebenso wie ein jeder Flüssigkeitstropfen über eine gewisse Contractilität, da die Gestalt eines jeden Tropfens unter dem Einfluß von Schwankungen der Oberflächenspannung Veränderungen erfährt. Die spezielle Anpassung des Kinoplasmas an die Kontraktionsfunktionen besteht darin, daß die Oberflächenspannung dieser Flüssigkeiten besonders weiten Schwankungen unterworfen ist, wodurch die Kontraktionsenergie ganz besonders anwächst."

„Würden diese Vermutungen", so urteilt M. HARTMANN (1927), „sich in positive wissenschaftliche Ergebnisse umsetzen lassen, so würde damit allen aktiven Bewegungserscheinungen der lebenden Systeme ein einziges physikalisches Prinzip zugrunde liegen, und eines der großen Probleme des Lebens, die Contractilität, wäre in einheitlicher Weise erklärt. Doch das ist weit vorauseilende Spekulation." Ich verweise demgegenüber auf die schon mehrfach diskutierte Hypothese von HEIDENHAIN hin, der von einem ganz anderen Standpunkt auch zu einer allgemeinen Theorie der Contractilität gekommen ist. Nach HEIDENHAIN ist jede Kontraktion und jede Protoplasmabewegung an das Vorhandensein fibrillärer Strukturelemente geknüpft, an denen wellenförmige Kontraktionen sich abspielen.

Aber auch diese Hypothese von HEIDENHAIN leidet an dem gleichen Mangel wie diejenige von KOLTZOFF. Steht diese in Widerspruch zu den morphologischen Befunden der quergestreiften, ganz offenbar selber contractilen und nicht nur elastischen Muskelfibrillen, so ist bei HEIDENHAINs Hypothese das tatsächliche Vorhandensein von contractilen Fibrillen bei den niederen Plasmen mit amöboiden Bewegungen keineswegs erwiesen, bzw. sogar unwahrscheinlich. So ist denn zur Zeit, so ansprechend eine einheitliche Theorie der Protoplasmabewegung auch ist, die Möglichkeit nicht von der Hand zu weisen, daß es ein einheitliches Erklärungsprinzip nicht gibt, die einfachen Protoplasmabewegungen (Strömungen, amöboide Bewegungen) tatsächlich ohne besondere morphologische Strukturen ablaufen, die komplizierten geordneten Bewegungen dagegen an das Vorhandensein höherer fibrillärer, sei es starrer oder selber contractiler Strukturen geknüpft sind.

C. Die Morphologie des Zellstoffwechsels.

In diesem Kapitel, das über die Stoffwechselvorgänge der lebenden Masse handelt, beschränken wir uns vornehmlich auf die morphologischen, mit Hilfe des Mikroskopes und der mikroskopischen Methoden feststellbaren Erscheinungen des Stoffumsatzes der Zellen. Alle Prozesse dagegen, welche im Gebiet des Ultramikroskopischen sich abspielen und vor allem von den physiologischen Chemikern studiert werden, können hier nur insoweit berücksichtigt werden, als die mikrochemisch-histologischen Methoden zu ihrer Klärung benutzt worden sind. Ganz unerörtert bleibt, weil aus dem Rahmen dieses Handbuches fallend, die energetische Seite der Stoffwechselprozesse.

Ich bespreche der Reihe nach: 1. Die Morphologie der Stoffaufnahme ins Zellinnere; 2. die Morphologie der Stoffabgabe von seiten der Zelle; 3. die morphologischen Erscheinungen der Stoffwanderung, der Stoffverarbeitung, der Stoffspeicherung im Zellinneren, während das Wachstum der Zellen später von WASSERMANN dargestellt wird.

1. Die Morphologie der Stoffaufnahme ins Zellinnere, vor allem die Phagocytose. Strukturelle Einrichtungen, welche dieser Funktion dienen.

Die Stoffe können ins Zellinnere als Ionen und Moleküle, als Kolloidteilchen oder als Mikronen gelangen. Den Vorgang der Molekül- und Kolloidpermeation kann der mikroskopische Anatom nicht direkt erfassen. Dagegen kann er ihn unter Umständen daraus erschließen, daß er nach vollzogener Permeation innerhalb bzw. auch erst jenseits der Zelle das Erscheinen der permeierten Teilchen entweder direkt dadurch nachweist, daß die ultramikroskopischen, einzeln unsichtbaren Teilchen zu größeren Komplexgebilden aggregiert worden sind, oder daß er indirekt die permeierten Teilchen an ihren Wirkungen auf andere Zellbestandteile erkennt. Als Beispiel nenne ich die Anfärbung von gewissen Zellbestandteilen durch permeierte Farbstoffe. Direkt auf mikroskopischem Weg erfaßbar ist der Vorgang der Permeation von Mikronen, d. h. also von Teilchen von mindestens 0,1 μ Größe; dieser Vorgang wird mit dem Namen der Phagocytose bezeichnet und ist am eingehendsten an den Amöben studiert worden. Bei ihnen kann man vier Vorgangsarten des Nahrungserwerbes unterscheiden, die RHUMBLER (1910) folgendermaßen beschreibt:

1. „Nahrungsaufnahme durch „Import". Hierbei rückt der Nahrungskörper in den Plasmaleib der Amöbe hinein, nachdem er mit ihrer Oberfläche

in Kontakt gebracht worden ist, ohne daß die Amöbe dabei selbst irgendwelche nennenswerten Bewegungen auszuführen braucht."

2. „Nahrungsaufnahme durch Umfließung (Circumfluenz). Auch hierbei wird der aufzunehmende Körper von der Amöbe direkt berührt, das Protoplasma fließt um denselben in enger Anschmiegung herum, indem es sich auf dessen Oberfläche ausbreitet, was selbstverständlich eine Gestaltsveränderung der Amöbe zur Folge hat, welche der Amöbe von dem Fremdkörper aus induziert ist. Die Gestaltsveränderung der Amöbe richtet sich ganz nach der Oberflächenform des aufzunehmenden Fremdkörpers."

3. „Die dritte Art, das Einfangen der Nahrungskörper, die „Circumvallation" ist dadurch merkwürdig, daß sie ganz den Eindruck einer berechnenden Handlungsweise der Amöbe hervorruft. Das Amöbenplasma schickt nämlich an beiden Seiten der Beute vorbei Pseudopodien, die sich jenseits der Beute miteinander vereinigen, nach ihrer Verschmelzung einen vollständigen Wall um

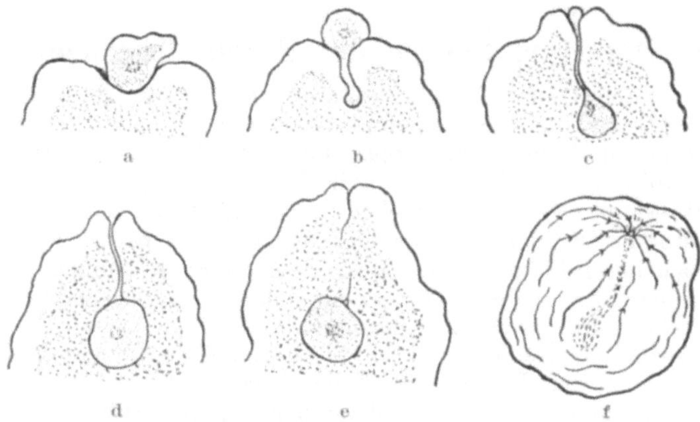

Abb. 319 a—f. Schematische Darstellung einer Nahrungsaufnahme durch Invagination bei Amoeba terricola. a—e aufeinanderfolgende Studien, f Bewegungsrichtung der Pellicula. (Nach Grosse-Allermann aus Rhumbler: Arch. Entw.-mechan. 30.)

sie herum bilden und sich bald darauf auch auf der Ober- und Unterseite der Amöbe zusammenschließen, so daß die Beute vollständig eingekerkert wird, ohne daß das Plasma selbst bis dahin mit ihr irgendwo in direkten Kontakt gekommen zu sein braucht."

4. „Bei der Nahrungsaufnahme durch „Invagination" wird der Nahrungskörper von der hier deutlich häutigen und offenbar stark klebrigen Oberflächenschicht erfaßt und alsdann dadurch in das Innere der Amöbe hineingebracht, daß sich die dem Fremdkörper anhaftende Strecke des Ektoplasmas schlauchartig in das Entoplasma hineinstülpt, um später nach Auflösung des eingestülpten Ektoplasmaschlauches den eingeführten Nahrungskörper dem Entoplasma zur weiteren Verarbeitung zu überantworten" (Abb. 319).

Nach Rhumbler (1898, 1910) lassen nun diese verschiedenen Arten der Nahrungsaufnahme der Amöben „sich ebenso wie ihre Bewegungserscheinungen auf Grund von Spannungsinhomogenitäten in kolloidalen Grenzflächen mechanisch erklären". „Trifft nämlich ein importfähiger Fremdkörper mit der Grenzfläche zweier nicht mischbarer Flüssigkeiten zusammen, so wird er von derjenigen Flüssigkeit umflossen, bzw. importiert, zu der er die größere Adhäsion besitzt, vorausgesetzt, daß diese Adhäsion größer ist als die Kohäsion der importierenden Flüssigkeit."

„Ist das Amöbenektoplasma in gleicher Weise flüssig wie das Entoplasma, so werden Körper von ausreichender Adhäsion zum Plasma durch die Adhäsionskräfte 1. importiert, wenn sie nicht zu schwer und leicht beweglich oder 2. durch Circumfluenz in den Amöbenkörper eingeschlossen, wenn sie schwer und nicht leicht zu bewegen sind."

„Sobald aber das Ektoplasma der Amöbe eine feste hautartige Konsistenz annimmt, so wird die Nahrung durch Circumvallation dem Entoplasma zugeführt, falls die Ektoplasmahaut „kontraktiv" gespannt ist. Zeigt dagegen die Oberflächenhaut der Amöbe eine „expansive" Spannung, dann führt die Verflüssigung der Kontaktstelle" zu einer Invagination der Nahrung." „Das Vorkommen von Spannungen einander entgegengesetzten Sinnes erklärt sich aus der Eigenschaft der in Betracht kommenden Kolloide, von dem Sol- in den Gelzustand und auch umgekehrt von dem Gel- in den Solzustand graduell übertreten zu können. In der Verlaufsrichtung des Prozesses vom flüssigen Sol zum festen Gel verläuft der Prozeß mit „kontraktiver" Spannung, während bei dem Gegenprozeß vom festen über das elastische Gel zum flüssigen Sol eine expansive Spannung auftritt, die schließlich der Geltung der Oberflächenspannungsgesetze Platz macht, sobald der flüssige Solzustand erreicht ist."

Um die Richtigkeit seiner physikalisch-chemischen Deutung der Phagocytose zu erweisen, hat RHUMBLER eine Reihe sehr geistreicher Modellversuche ersonnen, durch welche er alle 4 Modifikationen der Phagocytose „mit mechanisch entsprechend konstituierten anorganismischen Substanzen künstlich bis in alle Einzelheiten nachahmen konnte. So nimmt ein Chloroformtropfen, der in Wasser liegt, einen feinen Schellackfaden, der seine Oberfläche berührt hat, in sein Inneres auf und wickelt ihn dort genau so zu einem Knäuel auf, wie etwa die „Nahrungsathletin" Amoeba verrucosa einen Oscillariafaden von 20 facher Länge ihres Leibes, ohne selbst nennenswerte Bewegungen auszuführen, in ihrem Inneren aufrollt.

Allerdings ist durch diese mechanischen Analogieversuche, und dies gilt prinzipiell von jedem Modellversuch, nur so viel gezeigt, daß der imitierte Lebensvorgang sich mit denselben Mechanismen wie im Modellversuch abspielen kann, nicht, daß er es wirklich auch so tut. RHUMBLER macht selber darauf aufmerksam, daß „die Amöbenoberfläche ganz unbestreitbar für die meisten mit ihr in Berührung kommenden Fremdkörper nicht von vornherein Importfähigkeit besitzt, die unter jedweden Umständen in Wirksamkeit tritt". „Es muß erst eine ganze Reihe chemischer und physikalischer Bedingungen erfüllt sein, damit die Amöbenoberfläche für den betreffenden Fremdkörper importfähig wird; je größer die Bedingungsreihe ist, desto leichter wird der Anschein psychischer Handlungsweise entstehen."

So ist z. B. die Oberflächenspannung einer Amöbe nicht nur von der jeweiligen Konstitution des Amöbenplasmas selbst abhängig, sondern auch von derjenigen des Außenmediums, oder derjenigen etwa berührter fester Gegenstände.

Auf der Basis dieser Überlegungen ergibt sich nun auch die Möglichkeit, den Vorgang der Phagocytose selber experimentell zu beeinflussen, und die Ergebnisse der bisher vorliegenden Experimente sprechen zum Teil entschieden für die Brauchbarkeit des mechanischen Erklärungsprinzipes von RHUMBLER. Den Einwänden gegen dasselbe, die man auf die Beobachtungen einer scheinbar „aktiven Nahrungswahl" von seiten der Amöben und anderer phagocytierender Zellen stützte, kommt keine prinzipielle Bedeutung mehr zu.

HAMBURGER untersuchte schon 1912 den Einfluß chemischer und physikalischer Verhältnisse auf die Freßtätigkeit der Leukocyten und konnte dabei erhebliche Unterschiede feststellen. Koltzoff zeigte, daß die Fremdkörperaufnahme bei dem Infusor Carchesium von der Konzentration der H-Ionen im Außenmedium abhängig ist. So wird bei Carchesium durch Zufügung von HCl in einer Konzentration von 0,00006—0,00008 m zur Kulturflüssigkeit die Aufnahme von Tusche herabgesetzt, durch 0,00005 m vollkommen verhindert. Durch Neutralisation kann die Tuscheaufnahme wieder hergestellt werden. Nach den Angaben von A. Fischer (1927) beobachtet man an normalen Fibroblasten nie, daß sie Tuberkelbacillen oder Carmin phagocytieren. Setzt man aber die Oberflächenspannung herab, indem man dem Züchtungsmedium im Explantatversuch gewisse Narkotica wie Äthylurethan oder Natriumoleat zugibt, so kann man diese Zellen zum Phagocytieren bringen. Man sieht, wie die Fibroblasten sich abrunden und sich mit Tuberkelbacillen oder Carminkörnchen beladen.

In diesem Zusammenhang sind auch die neuen mikrochirurgischen Untersuchungen von Péterfi und Kapel (1928) an Sarkom- und Carcinomzellen zu nennen. Beide Zellarten sind durch ihren Wasserreichtum ausgezeichnet, beide zeigen in ihrem Stoffwechsel und ihrem Verhalten im Explantatversuch keine nennenswerten Unterschiede. Aber die Carcinomzelle zerstört durch Phagocytose und wächst auf Kosten anderer Zellen, welche sie selber zerstört hat. Dagegen konnte bei der Sarkomzelle weder eine Phagocytose noch ein Wachstum auf Kosten von ihr unmittelbar zerstörter Gewebszellen festgestellt werden [Péterfi (1928)].

Als nun diese beiden Zellarten mit der Mikronadel angestochen oder mit Mikroelektroden elektrisch gereizt wurden, ergab sich bezüglich ihrer „Tixotropie", d. h. der Fähigkeit des Protoplasmas, auf mechanische Einwirkungen hin seinen kolloidalen Zustand zu verändern und mit einer Sol = Gel-Umwandlung auf den Reiz zu reagieren, ein sehr beträchtlicher Unterschied. Die Sarkomzelle „bleibt nach dem Cytoplasmastich genau so, wie sie früher war, und auch der Kernstich erweist sich als fast wirkungslos." „Im Gegensatz dazu erweist sich die Carcinomzelle ganz außerordentlich dem mechanischen Reiz gegenüber empfindlich. Schon die Bewegung der Nadelspitze in der Nähe genügt, um an der Carcinomzelle Formveränderungen hervorzurufen. Sticht man in die Zelle ein, so verflüssigt sich momentan der ganze Bereich der Stichstelle. Beim Kernstich verflüssigt sich sozusagen der ganze Zellkörper. Die Zelle dehnt sich stark aus, und es entstehen überall kürzere oder längere Fortsätze. Charakteristischerweise löst sich jedoch die Carcinomzelle nach dem Kernstich nie derart auf, wie es von anderen Zellarten, z. B. Myoblasten und Nervenzellen her bekannt ist. Die Carcinomzelle stirbt nach dem Kernstich nicht ab, sondern behält ihre zwar stark veränderte Form bei, und entfaltet eine Art amöboider Tätigkeit noch stundenlang weiter."

Nach diesen Ergebnissen von Péterfi mit mechanischen und elektrischen Reizen liegt es nahe, an die gleichen kausalen Zusammenhänge auch bei chemischen Reizen zu denken, die von den Nahrungskörpern ausgehen. Wenn und nur wenn die Zelle, deren Oberflächenschicht nicht von vornherein flüssig ist, auf diese mit reversiblen Zustandsänderungen ihres Cytoplasmas antwortet, wird die Aufnahme durch Phagocytose erfolgen. Ist aber diese Veränderung im Sinne einer lokalen Verflüssigung der Oberfläche einmal erfolgt, so werden dann unter Umständen auch solche Fremdkörper mit phagocytiert werden, welche, wenn sie allein der Zelle dargeboten werden, niemals aufgenommen werden. Auf diese Weise ist wohl die Beobachtung von Beutler (1924) bei Hydra, daß deren Darmzellen reine Stärkekörner nur in Verbindung mit Eiweiß phagocytieren, unserem Verständnis näher gerückt, ohne daß hiermit alle Einzelheiten dieses biologischen Vorganges der Nahrungsauswahl in diesem und vielen anderen Fällen schon auf einfache physikalisch-chemische Faktoren zurückgeführt wären. Von diesem Ziel sind wir natürlich noch weit entfernt, da ja immer ein wesentlicher Faktor in der Reaktionskette zwischen dem Reiz, der von dem Nahrungskörper ausgeht, und dem Enderfolg der Phagocytose von dem lebenden komplizierten System der ganzen Zelle mit all seinen nicht nur auf die Oberfläche der Zelle beschränkten Veränderungsmöglichkeiten gebildet wird.

Wenn wir uns nunmehr nach der Verbreitung der Phagocytose umsehen, so ist die Fähigkeit hierzu primär wohl allen Zellen gegeben. Zu diesem Schluß berechtigen uns namentlich die neuen Erfahrungen, die man in Explantatversuchen gemacht hat. „Die verschiedensten Typen von embryonalen Zellen, praktisch fast alle, die uns in der Kultur zugänglich sind, phagocytieren unter den Kulturbedingungen, so die Clasmatocyten, Fibroblasten unter besonderen Bedingungen, die weißen Blutkörperchen, Endothel, epidermale Zellen, Zellen der Lungenalveolen, der Leber, der Nierentubuli, sowie entodermale Zellen, Pigmentzellen der Retina, glatte Muskelzellen" [A. FISCHER (1927)]. Aber von dieser Möglichkeit der Nahrungsaufnahme fester Körper von Mikronengröße, die ja eine flüssige und damit wenig geschützte Oberflächenbeschaffenheit voraussetzt, machen alle diejenigen Zellen keinen Gebrauch, welche mit Nahrungsstoffen in echter oder kolloidaler Lösung ausreichend versorgt werden. So vermissen wir die Phagocytose bei allen autotrophen Pflanzenzellen, weil sie mit Gasen und wassergelösten Salzen ihre Ernährung bestreiten, so phagocytieren nicht die parasitischen, darmschmarotzenden Infusorien (z. B. Opalina ranarum) und viele Somazellen der vielzelligen tierischen Organismen, denen extraplasmatisch verdaute Nahrung in fein verteiltem Zustand zur Verfügung steht.

Wenn auch nach JORDAN und HIRSCH (1927) die Frage, „in welchem Verhältnis steht die Molekelpermeation zur Phagocytose in den verschiedenen Tiergruppen" bisher „keineswegs systematisch erforscht worden ist", so scheint für die Resorption der Nahrung im Darmkanal der vielzelligen Tiere festzustehen, daß überall dort, wo die Nahrung extraplasmatisch auf mechanischem oder auf fermentativem Wege gut verdaut wird, die Darmzellen nicht mehr das Vermögen zur Phagocytose besitzen, so bei allen Wirbeltieren. Allerdings hat v. MÖLLENDORFF (1926) neuerdings beobachtet, daß saugende neugeborene *Mäuse* zum Unterschied von älteren mittels ihres Darmepithels Tuschepartikelchen aufnehmen. Aber es ist, wie v. MÖLLENDORFF hervorhebt, möglich, daß die Tuscheteilchen in kolloider Größe permeieren und erst dann in der Zelle zu Partikeln konzentriert werden, daß also auch bei den neugeborenen Mäusen im Darmkanal keine Phagocytose stattfindet.

Vorwiegend durch Phagocytose ernähren sich nach den Angaben von HIRSCH, *Hydra*, vermutlich auch die meisten Aktinien, die Tricladen, die lecitophoren Rhabdocoelen, ferner Teredo, in dessen Magensaft sich wohl eine Amylase, aber keine Cellulase findet [JORDAN und HIRSCH (1927)]. Fast ausschließlich erfolgt die Nahrungsaufnahme durch Phagocytose bei den Spongien, ferner bei Planaria [WILLIER, HYMAN und RIFENBURGH (1925)], „die keinen Eiweißabbau im Darmlumen besitzt". „Die aufgenommenen Leberstücke werden nur mechanisch zerkleinert und dann phagocytiert."

Was hier für die Darmzellen festgestellt ist, daß diese nur dann phagocytieren, wenn ihnen nicht ausreichendes Nährmaterial in gelöster feindisperser Form dargeboten wird, das gilt auch für die auf den Bezug großer Nahrungsmengen angewiesenen tierischen Eizellen. In der Regel werden dieselben von besonderen „Nährzellen" (Follikelzellen usw.) mit flüssiger Nahrung versorgt, bei den Eizellen der Schwämme erfolgt aber die Nahrungsaufnahme auf dem Wege der Phagocytose (Abb. 320).

Aber auch bei den Zellen, welche ihre Nahrung durch Phagocytose aufnehmen, finden wir häufig insofern eine Beschränkung und Spezialisierung ausgebildet, als nicht mehr wie bei den Amöben, Plasmodien und Leukocyten die ganze, sondern nur ein Teil der Zelloberfläche phagocytiert, wie bei den

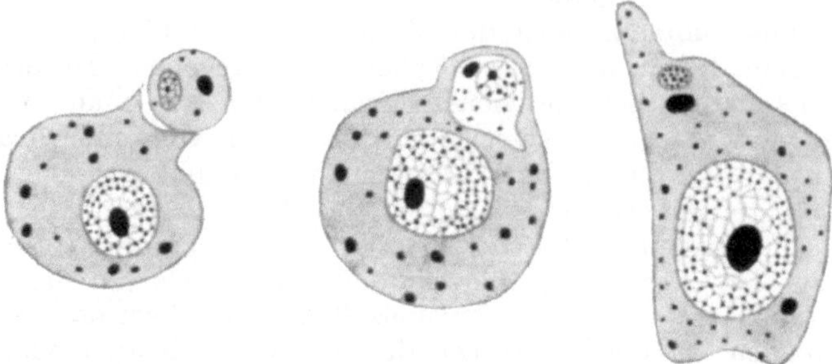

Abb. 320. Eier von Sycandra raphanus, Nährzellen fressend. (Nach Görich 1903, aus Buchner 1915.)

höher organisierten Einzellern, den ciliaten Infusorien und den tierischen Darmzellen. Um trotz dieser Beschränkung der phagocytierenden Oberfläche eine ausreichende Nahrungsaufnahme zu gewährleisten, finden wir mannigfaltige strukturelle Hilfseinrichtungen verwirklicht, von denen einige kurz besprochen seien.

So weisen Jordan und Hirsch (1927) auf die morphologischen Beziehungen eines sehr engen Darmbaues zur Phagocytose und intraplasmatischen Verdauung hin. „Die Phagocytose kommt bei den Metazoen gerade in denjenigen

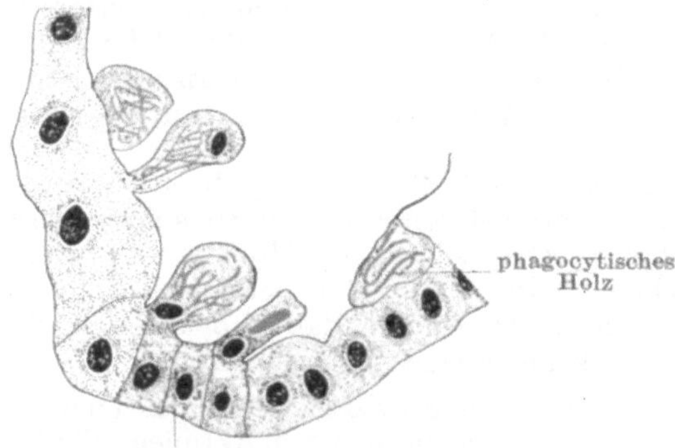

Abb. 321. Mitteldarmdrüse von Teredo navalis. Die Zellen sind teilweise zu einem Syncytium zu·sammengeflossen; teilweise schnüren sich „Phagocyten" ab. Anfangsstadium der intraplasmatischen Verdauung abgeraspelter Holzstückchen. (Nach Potts 1923, aus G. C. Hirsch 1925.)

Darmteilen vor, wo enge Lumina gebildet sind." Durch enge Kanäle bei den Schwämmen, durch starke Einengung des Magenraumes bei vielen Cölenteraten mittels Kontraktion oder Septenbildung, durch enge Mitteldarmschläuche bei den Mollusken, Turbellarien und Seesternen wird die direkte Berührung der Nahrungspartikel mit den phagocytierenden Epithelien begünstigt.

Da die Fähigkeit zur Phagocytose bei diesen Epithelien nur auf die relativ kleine lumenwärts gerichtete Oberfläche beschränkt ist, so findet sich zum

Ausgleich, um auch größere Partikel aufzunehmen, bei diesen Zellen die Fähigkeit entwickelt, Syncytien zu bilden. Bei Teredo [POTTS (Abb. 321)], bei Murex (HIRSCH), bei Ostrea [YONGE (1926)] und bei Ctenophoren hat man beobachtet, daß die Zellgrenzen der phagocytierenden Darmepithelien schwinden, und in einigen Fällen, z. B. Turbellarien [WESTBLAD (1923)] nach vollzogener Nahrungsaufnahme sich wieder herstellen; hier scheint also ein ständiger Wechsel zwischen zelliger und syncytialer Gliederung der resorbierenden Darmwand stattzufinden. Der Zweck dieser Syncytienbildung ist biologisch gut verständlich; er hat übrigens sein Analogon schon bei den Einzellern. Bei den Heliozoen hat man die Bildung kolonialer Verbände aus ursprünglich freilebenden Individuen gleichfalls zum Zweck erleichterter Nahrungsaufnahme beobachtet. Bei Actinophrys sol und Actinosphaerium verschmelzen zeitweise zwei oder mehrere Individuen zu einer einzigen Plasmamasse, in deren Mitte Nahrungskörper von einer derartigen Größe angetroffen werden, daß ihre Bewältigung einem einzelnen Individuum niemals möglich gewesen wäre. Nach erfolgter Verdauung trennen sich dann die Individuen voneinander (Abb. 322).

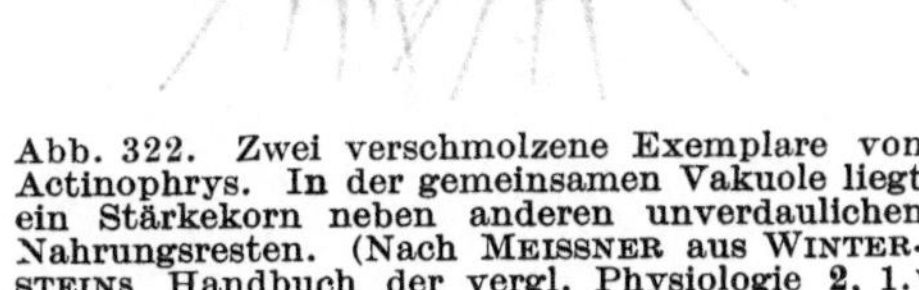

Abb. 322. Zwei verschmolzene Exemplare von Actinophrys. In der gemeinsamen Vakuole liegt ein Stärkekorn neben anderen unverdaulichen Nahrungsresten. (Nach MEISSNER aus WINTER-STEINS Handbuch der vergl. Physiologie 2, 1.)

Bei den Flagellaten und namentlich bei den Infusorien, deren Oberfläche größtenteils aus einer festen Pellicula besteht, besitzt nur eine kleine oft in die Tiefe eingestülpte Oberfläche als „Cytostom" die Fähigkeit der Phagocytose. Bei ihnen finden sich, um trotzdem eine genügende Nahrungsaufnahme zu gewährleisten, die mannigfaltigsten und mitunter kompliziertesten Hilfseinrichtungen namentlich in Form von Strudelapparaten vor, welche für eine Anreicherung der Nahrungspartikel an der Stelle des Cytostoms sorgen.

NIRENSTEIN (1927) gibt von ihnen folgende kurze Schilderung: „Die Strudelapparate bestehen aus Wimpern, welche durch ihre Anordnung und Schlagrichtung in weitem Umkreis rings um das Tier lebhafte Strömungen erzeugen, die alle gegen die Mundöffnung gerichtet sind. Der Mund liegt im Grunde einer muldenförmigen Einsenkung der Körperoberfläche, des Peristoms, das wie ein Trichter die gegen die Mundöffnung konvergierenden, die Nahrungspartikel mit sich fortreißenden Ströme aufnimmt, um sie zum stets offenen Munde zu leiten. Aus der Mundöffnung gelangen die Partikelchen in den Zellschlund. Durch die Tätigkeit der Schlundwimpern bzw. durch die wellenförmigen Bewegungen der undulierenden Membranen, deren Tätigkeit zeitlebens nicht sistiert, werden die Nahrungsteilchen in den Grund des Zellschlundes befördert, von wo sie in die Nahrungsvakuole eintreten. Diese stellt einen an der inneren Schlundöffnung hängenden, ins Endoplasma hineinragenden Tropfen dar, der, soweit er mit dem Endoplasma in Berührung steht, von einer feinsten Haut, der Vakuolenhaut, überzogen ist.

Die Bildung der Nahrungsvakuole erfolgt durch aktive Tätigkeit des dem Schlundende unterlagerten Plasmas, das sich halbkugelig aushöhlt, wodurch die den Schlund füllende Flüssigkeit in Form eines Tropfens ins Innere des Zellkörpers hineingezogen wird, während gleichzeitig die den Grund des Schlundes einnehmende plasmatische Lamelle sich entsprechend ausbaucht und zur Vakuolenhaut wird. Dieses Hineinziehen des Flüssigkeitstropfens entspricht vollkommen dem Vorgang der Nahrungsaufnahme bei den schlingenden

Infusorien. Während aber bei diesen der Nahrungskörper sofort völlig ins Innere des Infusorienkörpers hineingezogen wird, und sich hinter ihm Schlund- und Mundöffnung schließen, wird bei den Strudlern der Schlingakt vorerst gewissermaßen eingeleitet. Der geschlungene Wassertropfen, die Nahrungsvakuole, bleibt zunächst noch mit der Schlundflüssigkeit in Verbindung und füllt sich allmählich mit den Partikelchen, welche durch die Schlundbewimperung zugestrudelt werden. Erst wenn die Füllung der Nahrungsvakuole mit corpusculären Elementen einen gewissen Grad erreicht hat, löst sich die Nahrungsvakuole vom Schlund. Es geschieht dies in der Weise, daß von seiten des Endoplasmas, wie an den Gestaltveränderungen der Nahrungsvakuole deutlich zu erkennen ist, eine Zugwirkung auf diese ausgeübt wird, während gleichzeitig durch konzentrische Zusammenziehung des die Schlundmündung umsäumenden Plasmaringes die Vakuole vom Schlundende abgeschnürt wird. Ist der Zusammenhang zwischen Schlundflüssigkeit und der Vakuole gelöst, dann kann diese der Zugwirkung des Endoplasmas folgen und gelangt ins Innere des Tieres." (Abb. 323.)

Sehr komplizierte Einrichtungen zur Nahrungsaufnahme finden sich bei manchen heterotrichen Ciliaten. So z. B. bei den Balantidien. Bretschneider

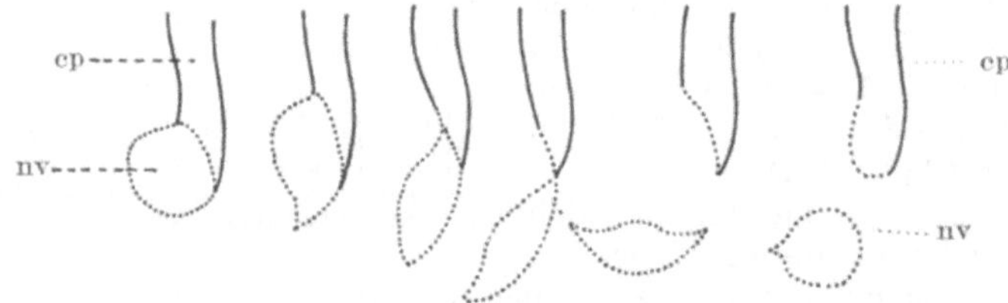

Abb. 323. Bildung und Ablösung der Nahrungsvakuole bei Paramaecium caudatum. cp Cytopharynx, nv Nahrungsvakuole. (Aus Nirenstein 1927.)

und Hirsch (1927) beschreiben *zwei* Durchtrittspforten durch das Ektoplasma; einmal eine offene trichterförmige Röhre am Grunde der Peristomealhöhle, durch welche eingestrudelte *kleine* Nahrungspartikel in das Endoplasma aufgenommen werden: den Strudelmund (Abb. 324); zweitens einen vom Strudelmund abgetrennten, in der Ruhe geschlossenen Spaltmund, der für den Schlingakt dient: den Schlingmund (Abb. 325).

Schließlich müssen wir noch der Aufnahme molekular gelöster Stoffe durch die Zelle einige Worte widmen, obgleich die direkte mikroskopische Analyse dieses Vorganges nicht möglich ist. Unzweifelhaft ist die molekulare Verteilungsform die für den Import in die Zellen geeignetste und günstigste. So sehen wir denn, wie allmählich über Arten, wo im Darm corpusculärer und molekularer Import nebeneinander vorkommt (Schwämme), „der Molekularimport den Corpuscularimport auf allen Geleisen tierischer Stammeslinien den Rang abläuft und sich an seine Stelle setzt, nachdem der Darm einen Raum bot, in welchem die chemische Zerkleinerung der Nahrungsmittel vorgenommen werden konnte" [Rhumbler (1914)].

„Denn der Import gelöster Substanzen hat vor dem Corpuscularimport den Vorteil voraus, daß er mit größerer Kraft, größerer Sicherheit und größerem Ausnutzungseffekt arbeitet" (Rhumbler), ferner sich auch der Transport und die Weiterverarbeitung der importierten Moleküle im Zellinnern im Gegensatz zu den Corpuskeln wesentlich einfacher gestaltet. Diesen Vorteilen steht nur der eine Nachteil gegenüber, daß die aufzunehmende gelöste Substanz, wie das Verteilungsgesetz zeigt, nicht in ihrem vollen Betrag dem Molekularimport der aufnehmenden Zelle verfallen kann. Denn da jede lösbare Substanz, welche mit den Grenzflächen zweier nicht mischbarer Lösungsmittel in Kontakt gebracht wird, sich in seinem Löslichkeitsverhältnis (Teilungskoeffizient) innerhalb der beiden Lösungen verteilt, so muß immer ein Restbetrag der gelösten Substanz im Außenmedium zurückbleiben, der nicht resorbiert würde,

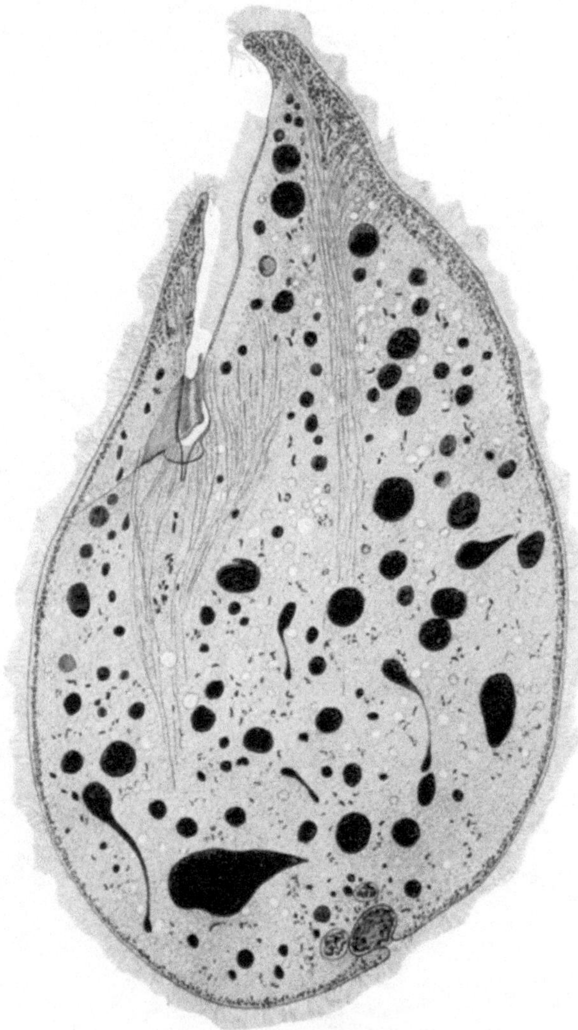

Abb. 324. Nicht schematischer Längsschnitt durch Balantidium giganteum in der Mitte der Verdauung. Die Abbildung zeigt die beiden Phasen der Verdauung nach dem Schlingakte und auch die Verdauung eingestrudelter Bakterienhaufen. Unterhalb des Strudelmundes (vgl. Abb. 325) ist deutlich der Strudeloesophagus zu sehen, dessen Lumen mit Plasma erfüllt ist, dessen Wand von Fibrillen gebildet wird. Zu beachten ist ferner die circumösophageale Fibrille und die intraplasmatische Verankerung der Membranellen. Am analen Pol eine Sammelblase und zwei Nebenblasen. Fixierung: FLEMMING. 5 μ dicker Paraffinschnitt. REGAUDS Hämatoxylin. Längsachse 300 μ. (Nach BRETSCHNEIDER und HIRSCH 1927.)

wenn die Zelle nicht durch irgendwelche mechanische Hilfsmittel sich auch diesen Restbetrag anzueignen vermocht hätte. RHUMBLER (1914) macht nun darauf aufmerksam, daß u. a. stärker gekrümmte Oberflächen einen Molekularimport begünstigen würden und weist in diesem Zusammenhang auf die den

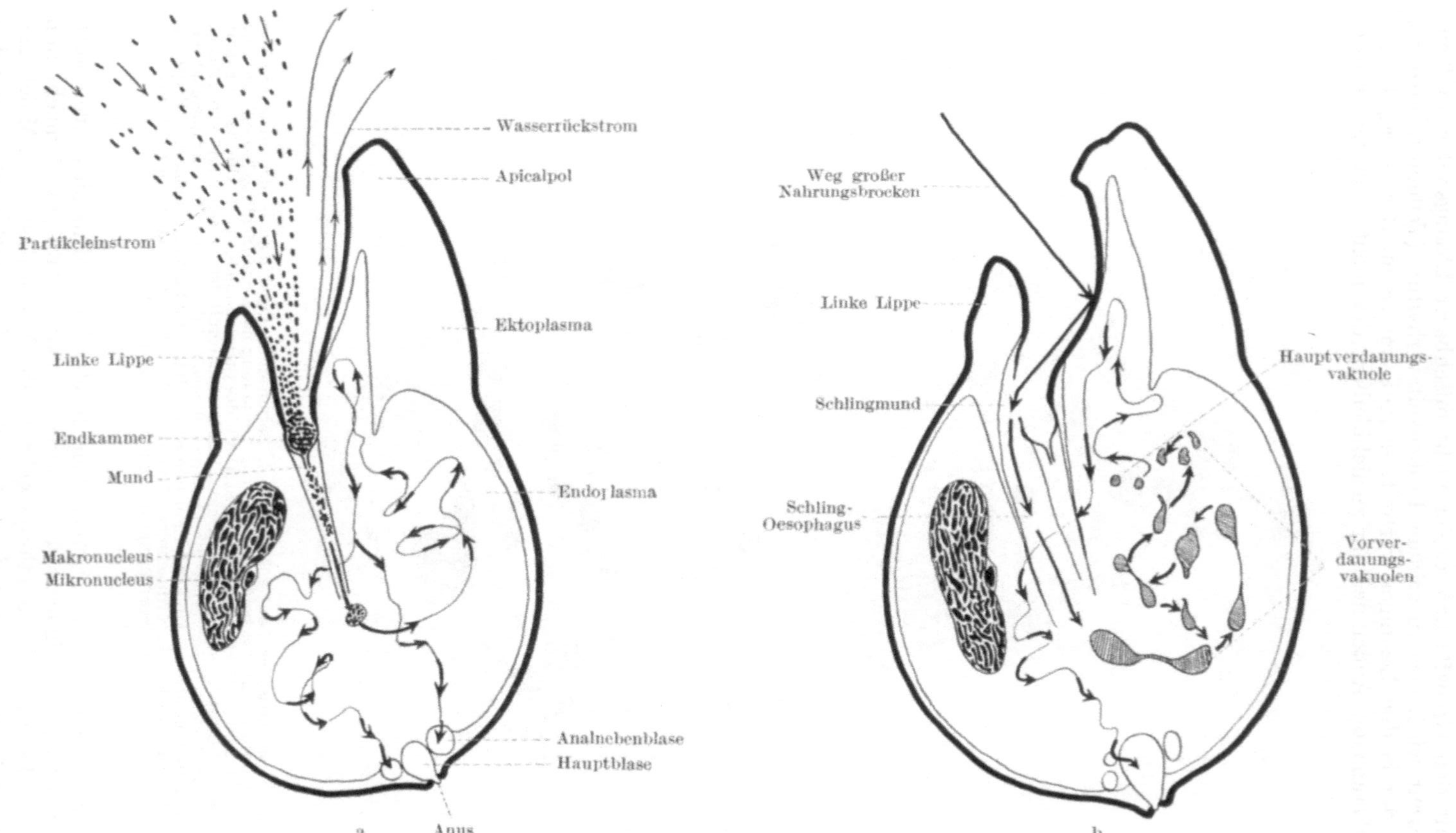

Abb. 325 a, b. Zwei Schemata, von denen a den Weg der Partikel in den Körper hinein und im Plasma zeigen soll, b den Weg großer, eingestrudelter Nahrung in den Körper hinein und seine intraplasmatische Verdauung in zwei Stadien. Deutlich kommt auch zum Ausdruck die verschiedene Lage des Strudel- und Schlingmundes. Die Membranellen sind der Übersichtlichkeit halber fortgelassen. (Nach BRETSCHNEIDER und HIRSCH 1927.)

Cuticularsaum der Darmepithelien durchsetzenden Porenkanäle hin, denen er eine wichtige Rolle zur Erhöhung der molekularen Importfähigkeit der Darmzellen zuschreibt. „In den Darmzellen besitzen die Cuticularsäume oder, physikalisch ausgedrückt, die festen Grenzflächenmembranen besondere Porenkanäle, welche das Protoplasma zu den Importgeschäften befähigen. Der Cuticularsaum ist zur Abwehr der Schädigungen nötig, welche der vorbeistreifende Darminhalt den Zellen zufügen könnte. Die Existenz der Porenkanäle zeigt recht deutlich, daß hier nicht mit bloßer Diosmose gearbeitet werden soll; für letztere wäre eine einheitliche Membran ausreichend gewesen; das Protoplasma mußte vielmehr mit den Resorptionsstoffen in direkte Berührung gebracht werden, um den Import vollziehen zu können. Durch den Turgor der umgebenden Gewebe wird es wahrscheinlich in die kleinen Porenkanäle hineingepreßt, erhält dadurch bei der Feinheit der Kanäle und der dadurch ermöglichten Kleinheit der Krümmungsradien seiner importierenden Endflächen auf seiner Grenzfläche eine vermutlich sehr beträchtliche Krümmungsspannung, deren den Import steigernde Wirkung durch die außerordentlich große Zahl derartiger in die Porenkanäle eingepreßter minimaler Protoplasmazapfen additiv, wahrscheinlich bis zur fast restlosen Resorptionsfähigkeit für importierbare Moleküle gesteigert sein könnte [Rhumbler (1914, S. 608)].

Auch zur Beantwortung der Frage, welche molekular gelösten Stoffe ins Zellinnere importiert werden, hat man morphologische Beobachtungen verwertet. Seit den Untersuchungen von de Vries (1885) und Pfeffer (1890) spielen für die Frage der molekularen Permeabilität die Erscheinungen der Plasmolyse eine ausschlaggebende Rolle. Fand man bei einem Stoff, daß er osmotisch wirksam ist und Plasmolyse hervorruft, so schloß man aus dieser Beobachtung, daß ihm der Eintritt ins Zellinnere verwehrt sei, und kam zu der Auffassung, daß die Zelle ein mit Cytoplasma gefüllter Sack sei, an dessen Oberfläche eine wenn auch oft unsichtbare, semipermeable Membran entwickelt sei, welche über den Eintritt der Substanzen ins Zellinnere entscheidet. Über die Beschaffenheit dieser semipermeablen Membran ist man bisher zu keiner Einigung gelangt. Overton und H. H. Meyer (1899) haben angenommen, daß sie aus Lipoiden bestehe, weil lipoidlösliche Stoffe leicht ins Zellinnere permeieren. Gegenüber dieser Lipoidtheorie hat Traube (1908) seine Haftdrucktheorie entwickelt, wonach besonders leicht solche Stoffe permeieren sollen, die sehr oberflächenaktiv sind. Auf Grund von Farbstoffversuchen hat Ruhland (1912) seine Ultrafiltertheorie aufgestellt. Er fand, daß hochkolloidale Farbstoffe gar nicht oder sehr schwer, molekulardisperse Farbstoffe dagegen meistens rasch permeieren und stellt sich die Plasmahaut nach Art eines Ultrafilters gebaut vor. Mit Recht betont aber v. Möllendorff (1918) im Anschluß an Höber, „daß eine allen Erscheinungen des Stoffaustausches gerecht werdende Vorstellung über den Aufbau dieser hypothetischen semipermeablen Oberflächenmembranen bisher nicht gewonnen worden ist“, und veröffentlicht gleichzeitig Experimente, welche geeignet sind, die ganze Vorstellung über diese bisher allgemein angenommene Oberflächenmembran einer Revision zu unterziehen. v. Möllendorff stellte zunächst fest, daß Urannitrat im Gegensatz zu Kochsalz, welches erst in einer Konzentration von $\frac{n}{10}$ wirksam ist, schon in einer

Konzentration $\frac{n}{10000}$ eine wässerige Trypanblaulösung ausflockt.

Als er nun Zellen von Froschembryonen, welche Trypanblau in homogenen Farbstoffvakuolen reichlich vital gespeichert hatten, in einer isotonischen Kochsalzlösung untersuchte, blieben die Farbstoffvakuolen völlig unverändert; ihr Farbstoff flockte aber sofort „so vollkommen aus, daß man innerhalb jeder

Vakuole eine Anzahl unregelmäßig begrenzter und intensiv gefärbter Flocken erkannte, als ein Zusatz von $\frac{n}{2000}$ Urannitrat zur isotonischen Kochsalzlösung erfolgte". Für die Vitalität der Zelle ist dieser Zusatz von Urannitrat ganz irrevalent, denn sie behalten ihre osmotische Reaktionsfähigkeit lange Zeit noch unverändert bei. Außer Urannitrat untersuchte v. MÖLLENDORFF noch Mangansulfat und Calciumsulfat, welche gleichfalls, wenn auch weniger intensiv, ausflockend wirken. „Diese Versuche lehren, daß die leicht diffusiblen Salze fast momentan in die lebende Zelle eindringen und ihre charakteristische Wirkung auf die kolloiden Farbstoffe ausüben, obgleich sie osmotisch wirksam sind". „Diese Tatsache zeigt, daß Permeabilität in dem bisher gebrauchten Sinne als Durchlässigkeit der Zelloberfläche und osmotische Wirksamkeit zwei vollständig voneinander zu trennende Begriffe sind. Ein Stoff kann ungehindert in das Zellinnere eindringen und trotzdem einen starken osmotischen Einfluß auf das Protoplasma ausüben."

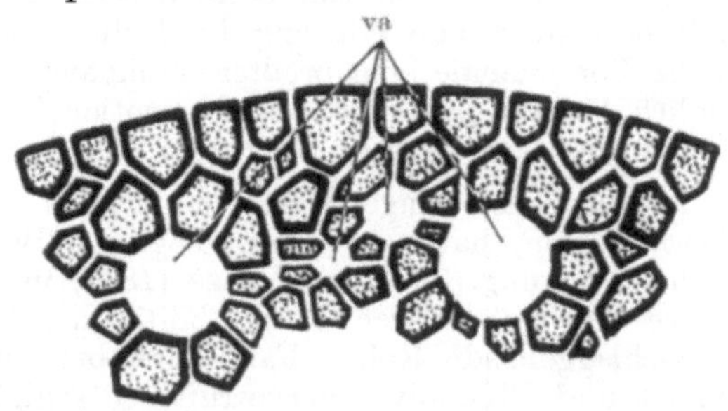

Abb. 326. Hypothetisches Schema über den Bau der Zelloberfläche. Zwischen den schwarz umrandeten Schaumwaben sind, hier übertrieben breit dargestellte, helle Straßen ausgebildet, welche von einer wässerigen Flüssigkeit erfüllt sind. In dem Straßennetz können Vakuolen (va) entstehen, z. B. bei Zufuhr saurer Farbstoffe. Die Schaumwaben haben eine aus Lipoiden und Eiweißstoffen bestehende Hülle und enthalten im Innern eine salzhaltige Flüssigkeit. (Nach v. MÖLLENDORFF 1918.)

v. MÖLLENDORFF fährt dann in Auswertung seiner Versuche folgendermaßen fort: „Meine Ergebnisse können der Lipoidtheorie eine, wenn auch negative Stütze geben, indem sie die Plasmahaut aus dem Vorstellungskomplex der Permeabilitätsfragen streichen. Die Bedeutung der Lipoide liegt eben offenbar gar nicht darin begründet, daß sie eine semipermeable Plasmahaut bilden, sondern in ihrem Vorhandensein im Zellinneren. Das Zellinnere ist nach meiner Vorstellung von einem Straßennetz durchzogen (Abb. 326), das an allen Teilen der Zelloberfläche frei ausmündet. Nur so ist es zu erklären, daß offenbar alle Substanzen befähigt sind, in das Zellinnere einzudringen. Mit dem Eindringen in das Zellinnere ist den Substanzen Gelegenheit gegeben, mit allen Strukturelementen desselben in innige Berührung zu treten."

„Wir können uns das Protoplasma als Emulsion vorstellen, wobei als Dispersionsmittel Wasser, als disperse Phase Tropfen in Betracht kommen, deren Hülle semipermeabel ist. Die einzelnen Tropfen werden immer durch eine, unter Umständen allerdings sehr geringe Schicht von Dispersionsmittel voneinander getrennt. Diese Schicht ist identisch mit dem überall an der Zelloberfläche frei ausmündenden Straßensystem. Aus der Art der Salzwirkung ergibt sich nun mit Sicherheit, daß die Farbstoffvakuolen (Abb. 326) als Teile dieses Straßensystems anzusehen sind, d. h. mit der Zelloberfläche in freier Verbindung stehen. Zu ihnen haben die Salze ungehinderten Zutritt. Da die Salze trotzdem ihre charakteristische Wirksamkeit entfalten, muß ein Teil der Zelle für sie unzugänglich sein. Die Annahme einer Schaumstruktur läßt das Verhalten der Salze sehr leicht verständlich erscheinen. Jeder einzelne

Tropfen der dispersen Phase besteht aus einer semipermeablen (evtl. lipoid-
haltigen) Hülle; im Inneren muß eine wässerige Salzlösung vorhanden sein,
deren Salze die osmotische Reaktionsfähigkeit der Zelle ermöglichen. Die
osmotischen Vorgänge spielen sich also im Zellinneren ab.''

2. Die morphologischen Erscheinungen der Stoffabgabe von seiten der Zelle.

In direktem Anschluß an die morphologischen Erscheinungen der Stoffaufnahme bespreche ich diejenigen der Stoffabgabe von seiten der Zelle, weil
dieselben Gesetzmäßigkeiten, vor allem wieder die Oberflächenkräfte, welche
bei dem Stoffimport beteiligt sind, auch bei dem Stoffexport in Wirksamkeit
treten und dieselben morphologischen Erscheinungen, nur in umgekehrter
Reihenfolge bedingen. So zeigt Abb. 327 den Vorgang der „Defäkation,
der mit Hilfe einer Invagination sich im Prinzip genau so abspielt, wie die

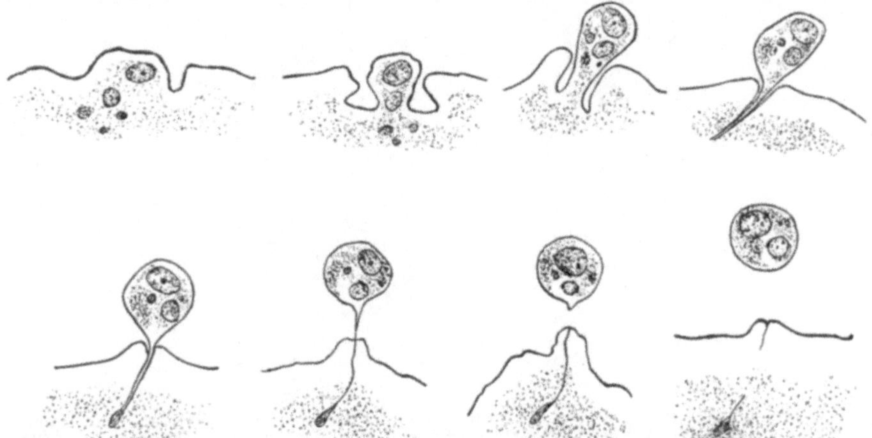

Abb. 327. Schematische Darstellung einer Defäkation mit Hilfe einer Invagination bei Amoeba
terricolla. (Nach GROSSE-ALLERMANN aus HARTMANN 1927.)

Nahrungsaufnahme bei derselben Amöbenart (Abb. 319). Es gilt eben für den
Export genau so wie für den Import das Adhärenzgesetz, und wenn ein vorher
im Zellinneren gelegener Fremdkörper zur Zeit seines Anstoßens an die Zelloberfläche eine geringere Adhäsion zu dem Plasma der Zelle als zu deren äußeren
Umgebung besitzt, so wird er in die äußere Flüssigkeit ausgeschieden. Die
Importbedingungen können eben leicht in Exportbedingungen übergeführt
werden, sei es, daß der phagocytierte Fremdkörper durch die Verdauung bezüglich seiner Adhärenz verändert wird, oder aber, daß sich die Kohäsions-
und Adhäsionsverhältnisse im Cytoplasma, evtl. nur lokal an einer bestimmten
Abscheidungsstelle, die als Zellafter bezeichnet wird, für den Export günstig
gestalten.

RHUMBLER hat im Modellversuch Nahrungsimport und Defäkation durch
ein und denselben Chloroformtropfen vollziehen lassen; denn ein überschel-
lackter Glasfaden wird zunächst von einem Chloroformtropfen ins Innere aufgenommen; nachdem sich aber der Schellacküberzug in Chloroform gelöst hat,
und dadurch die Adhäsion des Fadens zum Chloroform vermindert war, wurde
der Glasfaden wieder ausgestoßen. „In analoger Weise nimmt eine Amöbe
eine Diatomee auf, um nach Lösung des Weichkörpers der Diatomee den Kiesel-
panzer derselben nach außen zu werfen. In beiden Fällen ist die Einfuhr an

die Anwesenheit, die Ausfuhr an die Abwesenheit der löslichen Substanz geknüpft" (Rhumbler).

Mitunter werden diese ausgeschiedenen unverdaulichen Partikel benutzt, um ein Gehäuse um die Zelle zu bauen. So entstehen die kunstvollen Schalen der Thekamöben dadurch, daß die defäkierten Kalkpartikel durch Capillarattraktion und Kohärenz zu einem festen Außenskelet zusammengefügt werden. Die Thekamöben bilden nach den Untersuchungen von Rhumbler ihre neuen Schalen nur bei der Fortpflanzung; nachdem sie zuvor mittels Pseudopodien kleine Steinchen in ihren Weichkörper aufgenommen haben, quillt das Cytoplasma unter starker Wasseraufnahme aus der alten Schalenmündung hervor, gleichzeitig treten die phagocytierten Bausteinchen auf die Oberfläche des

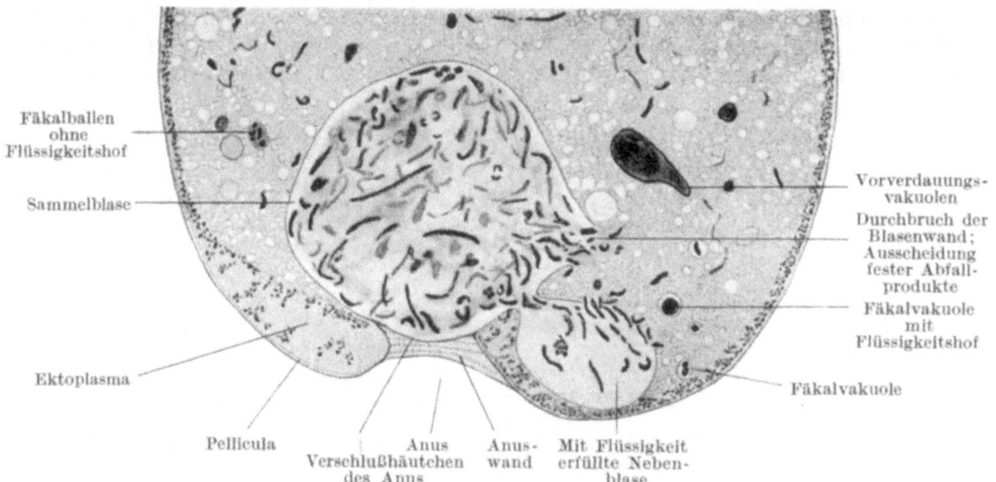

Abb. 328. Längsschnitt durch das anale Körperende von Balantidium giganteum. Die Hauptblase ist nach dem Anus zu durch eine Membran verschlossen: die Membran der vorigen Hauptblase. Aus dem Protoplasma treten Fäkalien entweder direkt in die Hauptblase oder aus Nebenblasen. Die Cilien sind fortgelassen. Technik wie Abb. 324. Das Bild wurde gewonnen durch Übereinanderkonstruieren von 3 Schnitten; ist also 15 μ dick zu denken; daher die körperliche Darstellung des Anus. (Nach Bretschneider und Hirsch 1927.)

hervorgequollenen Plasmateiles, werden hier zusammen mit einer zunächst flüssigen Kittmasse ausgeschieden, und alsdann durch die rasch erstarrende Kittsubstanz zu dem festen Mauerwerk der neuen Schale zusammengehalten. „Daß derselbe Weichkörper, der die Bausteinchen zuvor importiert hat, dieselben später exportiert, hat nichts Verwunderliches, da ja der Weichkörper zur Zeit der Tochterschalenbildung durch seine plötzliche Aufquellung deutlich genug innere Umwandlungen verrät, die mit Veränderungen der Kohäsions- und Adhäsionsverhältnisse der agierenden Substanzen verknüpft sein müssen, und die darum auch leicht die früheren Import- und Exportbedingungen umwandeln können" [Rhumbler (1914)]. Tatsächlich hat Rhumbler im Modellversuch mit anorganischen Flüssigkeiten und beigemengten festen Fremdkörpern den Vorgang der Gehäusebildung weitgehend nachahmen können.

Analog dem der lokalisierten Nahrungsaufnahme dienenden morphologisch besonders strukturierten Zellmund finden wir bei den höher organisierten Infusorien auch besondere strukturelle Einrichtungen, welche dem Nahrungsexport dienen und als Zellafter und als contractile Vakuolen bezeichnet werden. Während durch die contractilen Vakuolen nur Flüssigkeiten bzw. ausschließlich Wasser aus dem Zelleib entfernt werden, können am Zellafter auch corpusculäre Elemente ausgeschieden werden. Bei den Balantidien finden sich beide Excretionsapparate als persistierende Zellorgane nebeneinander, bei beiden spielen rhythmische Entleerungen eine wichtige Rolle. Ich verweise auf die Abb. 328 und die Beschreibung, welche BRETSCHNEIDER und HIRSCH (1927) von dem Vorgang der Defäkation am Plasmaanus der Balantidien geben.

Bezüglich der Funktion der contractilen Vakuolen, welche sich bezeichnenderweise nur bei den im Süßwasser lebenden nackten einzelligen Organismen, sowohl den Protisten wie auch den freischwimmenden Geschlechtszellen der Pilze und Algen finden, existieren verschiedene Theorien, wonach die pulsierende Vakuole als Respirations-, als Excretionsorgan oder schließlich als ein Organ betrachtet wird, welches den osmotischen Druck im Inneren reguliert und konstant erhält. Diese letztere Theorie ist durch Beobachtung und Experimente am besten gestützt [HARTOG (1888), GRUBER (1889), DEGEN (1905), STEMPELL (1914)]. Namentlich DEGEN hat die innige Abhängigkeit des Mechanismus der Pulsation von dem osmotischen Druck des Mediums durch zahlreiche Versuche sichergestellt. Man muß also annehmen, daß erstens dem Inhalt der pulsierenden Vakuole ein höherer osmotischer Druck eigen ist als dem umgebenden Cytoplasma, und daß zweitens die Vakuolenwand semipermeabel ist. Denn nur unter diesen Bedingungen wird das Wasser aus dem Zelleib durch die semipermeable Membran ins Vakuoleninnere hineindiffundieren und wird sie bis zur Diastole ausdehnen, wonach die dünne Pelliculaschicht, welche die Vakuole von dem Außenmedium trennt, durch den erhöhten Binnendruck einreißt und der Inhalt entleert wird.

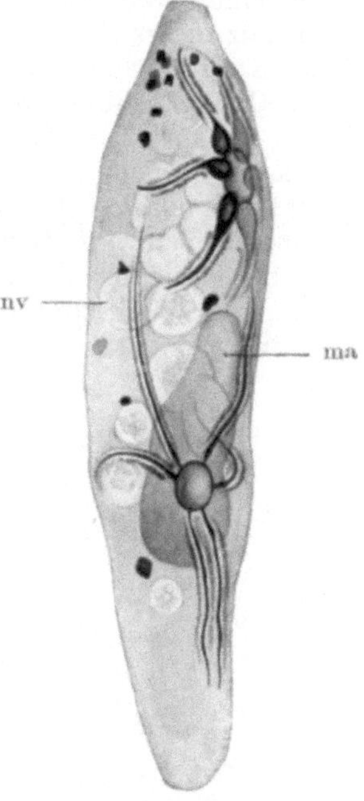

Abb. 329.

Paramaecium caudatum mit osmiertem Excretionsapparat. Totalpräparat. nv Nahrungsvakuole, ma Makronucleus. (Nach NASSONOV 1924.)

Die Form der in Ein- oder Mehrzahl in einer Zelle vorhandenen pulsierenden Vakuolen ist eine verschiedene, einfach ist ihr Bau zum Beispiel bei *Dogiella*

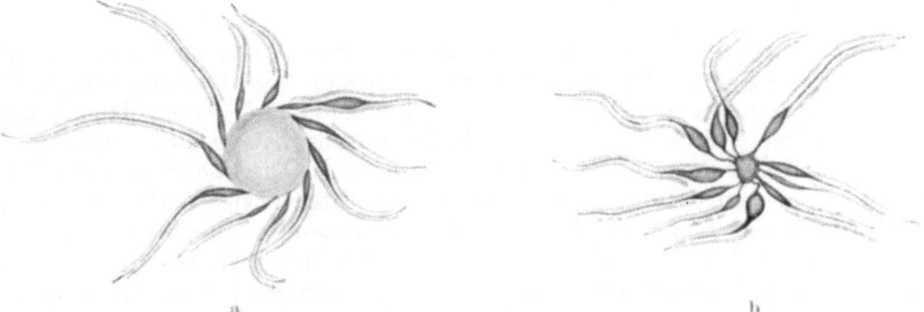

Abb. 330. Paramaecium caudatum, contractile Vakuole. a In Diastole, b in Systole. Osmiummethode. (Nach NASSONOV 1924.)

(Abb. 234, S. 275). Einen kompliziert gebauten Vakuolenapparat mit zuführenden Kanälchen besitzen z. B. die Paramäcien (Abb. 329 u. 330).

Vor kurzem hat NASSONOV mit verschiedenen Fixierungs- und Färbemethoden, namentlich auch mit der Osmierungsmethode, die pulsierende Vakuole bei einigen Protisten untersucht und faßt seine Ergebnisse folgendermaßen zusammen: „Die sog. pulsierende Vakuole der Protozoen stellt einen Hohlraum eines besonderen Organs dar, den ich „Excretionsapparat" nenne. Die Substanz dieses Excretionsapparates der Protozoen ist von dem sie umgebenden Plasma verschieden und wird durch folgende Eigentümlichkeiten charakterisiert:

a) Ihr Brechungskoeffizient nähert sich dem des Cytoplasmas, deswegen ist sie bei Beobachtung in vivo nicht sichtbar. b) Sie wird bei Anwendung sogenannter nicht mitochondraler Fixationsmittel zerstört. c) Nach Fixierung in mitochondralen Fixationsmitteln läßt sie sich weder mit Altmannschem Fuchsin, noch mit Heidenhainschem Hämatoxylin elektiv färben. d) Sie hat die Fähigkeit, nach entsprechender Fixation und bei andauernder Einwirkung des Osmiumtetroxydes dasselbe zu Metallosmium zu reduzieren und sich intensiv zu schwärzen. e) Alle diese Tatsachen, besonders die letztere

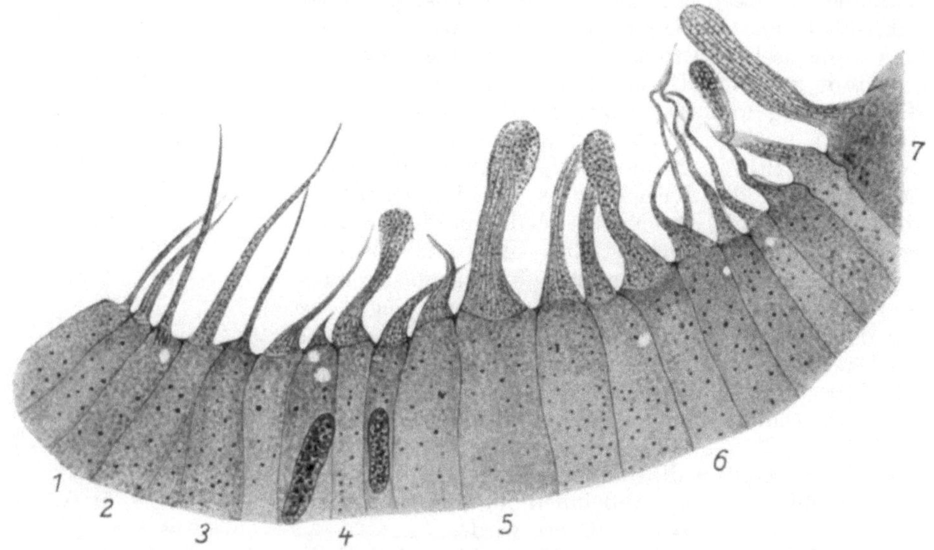

Abb. 331. Nebenhoden. Mensch. Azanfärbung. Vergr. 1000fach. Beginn der Sekretion. Bei 1—3 die Pars secretoria im Ruhezustande. Bei 4—7 Schwellung derselben durch das eintretende Sekret. (Nach Heidenhain und Werner 1924.)

zwingen uns, anzunehmen, daß zum Bestand der Apparatsubstanz lipoide Komponenten gehören. Organisation und Bestand des Excretionsapparates harmonieren ausgezeichnet mit der osmotischen Theorie vom Mechanismus der pulsierenden Vakuolen. Die lipoide Membransubstanz der pulsierenden Vakuolen muß folgende zwei Eigenschaften besitzen: 1. Die Fähigkeit, osmotisch-aktive Substanzen ins Lumen der Vakuolenapparate auszuscheiden, d. h. eine Sekretionsfähigkeit, und 2. die Eigenschaften einer semipermeablen Membran."

Auf Grund der für die pulsierenden Vakuolen der Protisten und für den Golgiapparat der höheren Tiere angenommenen sekretorischen Funktion und der für beide Zellorgane identischen Darstellungsmethoden (Osmierung) homologisiert Nassonov den Apparat der pulsierenden Protistenvakuolen mit dem tierischen Golgiapparat. Ich möchte mich dem vorsichtigen Urteil von Jacobs (1927) anschließen, der sich in seinem Referat hierzu folgendermaßen äußert: „Daß z. B. bei Paramaecium die contractile Vakuole und die zuführenden Kanäle überhaupt eine scharf abgesetzte Membran haben, ist neuerdings auch durch v. Gelei und Howland bestätigt worden. Wieweit sonst die von Nassonov vorgetragene Ansicht über die Homologisierung der pulsierenden Vakuolen mit dem tierischen Golgiapparat, die allzu sehr von unbewiesenen Hypothesen über den Bau und das Wesen des letzteren durchsetzt ist, zu Recht besteht, müssen weitere Untersuchungen zeigen" (man vgl. bezüglich Golgiapparat: S. 293 und S. 296).

Auch bei den sezernierenden Epithelien der vielzelligen Organismen sind an der absondernden Oberfläche mitunter besondere strukturelle Einrichtungen beschrieben worden, welche bei der Stoffausscheidung eine Rolle spielen sollen. Besonders auffallend sind die unter dem Namen der Stereocilien bekannten fadenartigen Strukturen der Nebenhodenepithelien. In einer neuerdings erschienenen Arbeit bezeichnen M. HEIDENHAIN und F. WERNER (1924) diesen Fadenapparat der Nebenhodenepithelien direkt als die Pars secretoria dieser

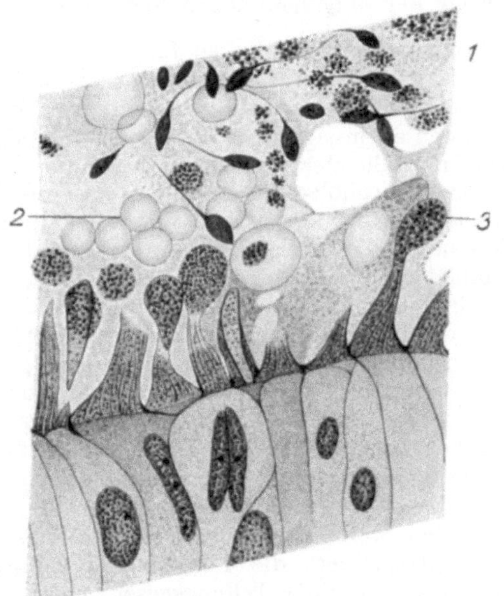

Abb. 332. Nebenhoden. Mensch. Technik wie Abb. 331. Abhebung der Sekrettropfen von der Pars secretoria, z. B. bei 3. Bei 2 Sekretbläschen nach Lösung der Granula. Bei 1 Samenmasse untermischt mit Granulahaufen, welche aus den Sekrettropfen stammen. (Nach HEIDENHAIN und WERNER 1924.)

Zellen (Abb. 331—332). „Sobald das Sekret in den Sezernenten, den Fadenapparat, eintritt, beginnt dieser zu schwellen. So gewinnt dieses Organ zunächst die Form eines Schlauches mit stumpfem Ende, später bei stärkerer Anschwellung die einer Keule (Abb. 331 1–5). Weiterhin schreiten die Veränderungen der Pars secretoria fort, indem das körnchenhaltige Sekret immer mehr gegen die Spitze des Fadenapparates gedrängt wird. Dort bildet sich mit der Zeit ein tropfenartiges, von einer feinen Membran umschlossenes Körperchen, welches schließlich sich ablöst und frei in das Kanallumen zu liegen kommt. Hier findet man die abgeschnürten Teilchen in Gestalt zahlloser Bläschen, welche anfangs noch stark granuliert sind, später aber leer erscheinen, da die Granula allmählich zur Lösung gelangen (Abb. 332). Es ist aber gar kein Zweifel, daß wir hier eine sog. tropfenförmige Sekretion vor uns haben." Welche mechanische Rolle hierbei der Fadenapparat spielt, scheint mir indes noch nicht genügend geklärt. „M. HEIDENHAIN faßt den Fadenapparat als eine Art motorische Preßvorrichtung auf, durch welche das mit Körnchen untermischte Sekret einerseits angesaugt, andererseits aus der Zelle herausgedrückt wird" (SCHAFFER 1927).

3. Das Schicksal der in die Zelle aufgenommenen Stoffe.

Wir verfolgen nunmehr das Schicksal der in die Zelle aufgenommenen Stoffe. Ich betrachte zunächst den Transportweg, soweit sich derselbe in der Zelle feststellen und verfolgen läßt, dann die regressive (intraplasmatische Verdauung) und progressive Metabolie der aufgenommenen Substanzen und ihre Verwendung zur Bildung von paraplasmatischen, bzw. ergastischen Substanzen (Speicherung, Dotterbildung, Sekretion). Im Anschluß daran wird WASSERMANN die Verwertung der Nahrungsstoffe zur Neubildung von Protoplasma in dem Kapitel über das (echte) Wachstum der lebenden Masse besprechen.

a) Die Transportwege der aufgenommenen Substanzen innerhalb der Zelle.

Als Transportwege innerhalb der Zellen funktionieren in erster Linie wohl die auf S. 372 besprochenen Flüssigkeitsstraßen zwischen dem eigentlichen Cytoplasma; aber auch das Cytoplasma selber kann sich an dem Transport beteiligen, namentlich wenn es flüssig und in Bewegung (S. 382) ist. In den Fällen, wo an jeder beliebigen Stelle der Zelle Stoffaufnahme und -Abgabe erfolgen kann, werden wir keine morphologisch besonders ausgezeichneten Stoffbahnen erwarten dürfen, anders dagegen, wenn bestimmt lokalisierte Aufnahme- und Abgabeorgane (Zellmund, Zellafter) bzw. resorbierende und sezernierende Oberflächen ausgebildet sind und der Strom der aufgenommenen und abzugebenden Stoffe in einer bevorzugten Richtung fließt. Nachdem, was über die physikalischen Bedingungen der Stoffaufnahme und -Abgabe gesagt wurde, werden wir nicht erwarten können, daß wir morphologisch zwischen resorbierenden und exzernierenden Oberflächen prinzipielle charakteristische Unterschiede werden feststellen können, höchstens wären graduelle Unterschiede zu erwarten, namentlich nach der Ansicht von MACALLUM (1911) in der Grenzflächenspannung. Besitzt die importierende Zelloberfläche eine höhere Grenzflächenspannung als die exportierende, so wäre in der Spannungsdifferenz auch die Ursache für den Stofftransport von Orten höherer zu solcher niederer Spannung gegeben. „Importiert die Zellseite mit stärkerer Grenzflächenspannung mehr Moleküle, als dem Teilungsgesetz entsprechen, so erhöht sie dadurch den osmotischen Druck der bereits importierten Moleküle innerhalb der importierenden Zelle in der Nähe der Importfläche; die Moleküle werden nunmehr, um diese lokale Erhöhung des osmotischen Druckes diffusionell auszugleichen, von der Importfläche wegwandern und dabei die Exportfläche erreichen, die infolge eines geringeren Grenzflächendruckes die Moleküle nach dem GIBBS-THOMSONschen Prinzip zusammenstapelt, aber sie nicht festzuhalten vermag, da die Importfläche immer neue Moleküle gegen sie vorschickt, sondern sie in die anstoßende Umgebung exportiert“ [RHUMBLER (1914)].

MACALLUM hat weiter, wie schon erwähnt, gefunden, daß sich die Kaliumionen an Orten geringster Oberflächenspannung angehäuft nachweisen lassen. Bei Untersuchung einiger Drüsen (Pankreas) stellte er dann eine, die niedere Grenzflächenspannung anzeigende Kaliumanhäufung an der sezernierend lumenwärts gerichteten Zelloberfläche mit der Kobaltnitritreaktion fest. Sollten sich die der Methode anhaftenden Fehlerquellen des lokalisierten Kaliumnachweises ganz ausschalten lassen, so wäre hiermit ein wichtiger Anhaltspunkt gewonnen, wo in strittigen Fällen, wie z. B. bei den Hauptstückzellen der Niere oder den Zellen der Nebenhodenkanälchen (LANZ, WAGENSEIL) die resorbierende bzw. sezernierende Zelloberfläche gelegen ist. Denn andere morphologische Kriterien, wie die Stellung des Kernes, der Plastosomen, des

Golgiapparates haben bisher die Frage, in welcher Richtung der Stofftransport die Zelle passiert, nicht klarstellen können.

Wohl finden wir bei allen polar differenzierten Zellen, und die einseitig resorbierenden bzw. sezernierenden Zellen gehören ja zu diesen, stets eine exzentrische Lage des Kerns. Wir kennen ferner eine ganze Anzahl von Beispielen, wo der Kern dort gelagert ist, wo Stoffe in die Zelle eintreten (vgl. S. 400). Aber sowohl bei den resorbierenden, wie bei den sezernierenden Darmepithelien liegen die Zellkerne an der Basis, also einmal der stoffexportierenden, das andere Mal der stoffimportierenden Zelloberfläche genähert.

Bezüglich der Plastosomen hat namentlich CHAMPY (1911) darauf aufmerksam gemacht, daß das Chondriom in sezernierenden Drüsenzellen (z. B. Pankreas) stets am (absorbierenden) basalen Zellpol konzentriert ist, während an der sezernierenden Oberfläche nur spärliche oder gar keine Chondriosomen sich nachweisen lassen. Bei den Darmzellen findet man dagegen häufig an beiden Zelloberflächen eine Ansammlung von Plastosomen (z. B. beim Frosch). Diese Strukturbipolarität der Zelle bezüglich des Chondrioms sucht CHAMPY mit einer Funktionsbipolarität der Darmzelle zu erklären; er nimmt an, daß dieselbe Darmzelle erstens Stoffe aus dem Darmlumen resorbiert und an der Basis nach dem Bindegewebe abgibt und zweitens wiederum an das Darmlumen den Darmsaft abgibt, zu dem sie das Material aus dem Körperinnern bezogen hat. Hiergegen wendet sich jedoch WEINER (1928). Er macht geltend, daß die sezernierende Funktion des Darmepithels nach dem Darmlumen durch die bipolare Anordnung des Chondrioms nicht erwiesen sei.

Während die typischen sezernierenden Drüsenzellen (Pankreas usw.) „Nutritivsubstanzen bloß aus dem betreffenden Bindegewebe (bzw. Blut) aufnehmen, ist es unzweifelhaft, daß die Darmepithelien nicht nur vom Darmlumen her, sondern gleichzeitig auch vom Bindegewebe (Blut) Stoffe aufnehmen. Es genügt die Voraussetzung, daß die Chondriosomen sich dort ansammeln, wo Stoffe in die Zelle eintreten, um „die Chondriombipolarität der Darmepithelien verständlich zu machen. „Die Zellen des Darmepithels treten im Vergleich mit anderen Drüsenzellen bezüglich des Chondrioms als bipolar in Erscheinung, jedoch nicht im Sinne von Excretion (Ausscheiden von Stoffen sowohl in das Bindegewebsstroma wie in die Darmhöhle), sondern im Sinne von Absorption (Aufnehmen von Substanzen aus der Darmhöhle und aus dem Bindegewebsstroma)" [WEINER (1928)].

Was die Lage des Golgiapparates in sezernierenden resp. absorbierenden Zellen angeht, so verweise ich auf meine Ausführungen auf S. 282; namentlich die bisher allerdings noch nicht anderweit bestätigten Angaben von COWDRY (1922) über eine „Polaritätsumkehr" der Schilddrüsenzellen, bei denen der Golgiapparat teils supra-, teils infranucleär liegen soll, sind hier von Interesse, ebenso die Befunde von JASSWOIN (1925) an den Hauptstücknierenzellen von Amphibien, bei denen der Golgiapparat seine Lage in verschiedenen Sekretionsperioden mehrmals wechseln soll. Ganz neuerdings berichtet LITWER (1928) über eine Inversion des Golgiapparates in den Dotterentodermzellen der Maus, je nachdem diese Zellen sekretorisch oder resorptiv tätig sind. Aber es muß bei unseren geringen und unsicheren Kenntnissen über den Golgiapparat noch als verfrüht bezeichnet werden, aus diesen vorläufig noch vereinzelt stehenden Beobachtungen über die Topographie des Golgiapparates auf einen Wechsel der Zellpolarität und namentlich auf einen Wechsel der Strömungsrichtung von Substanzen im Zellinnern im Sinne einer resorbierenden bzw. exzernierenden Zellentätigkeit irgendwie bindende Schlüsse zu ziehen.

Immerhin sollte man angesichts derartiger Befunde doch mehr als bisher die Möglichkeit ins Auge fassen, daß dieselbe Zelle je nach den jeweiligen

Umständen bald resorptiv, bald exkretorisch tätig sein und den Stofftransport in zwei verschiedenen, einander entgegengesetzten Richtungen vollziehen kann. Denn es braucht sich hierzu weder an den Oberflächenstrukturen, noch an den Strömungsbahnen, soweit solche im Cytoplasma präformiert sind, irgend etwas zu ändern. Ein Wechsel der relativen Oberflächenspannungsverhältnisse gegenüber gelagerter Zellgrenzflächen könnte genügen, um aus einer importierenden eine exportierende Zelle zu machen.

In all den zahlreichen Fällen, wo ein konstant gerichteter Stofftransport in der Zelle von einem Pol zum anderen stattfindet, ist zu erwarten, daß diese „dimensionale Funktion, welche sich entsprechend einer Richtung des Raumes vollzieht" [M. HEIDENHAIN (1911)], auch die Struktur des Zelleibes entsprechend beeinflussen wird. Dementsprechend finden wir auch bei lebhaft in einer Richtung funktionierenden Zellen (Speicheldrüsen-, Nierenzellen) in der Richtung des Sekretionsstromes eine reihenförmige Anordnung der Zellgranula, bzw. der Plastosomen, die als basale Streifung, als Stäbchenstruktur, als basale Lamellenbildung beschrieben worden ist. Auch die als Tonofibrillen in den Darmepithelien gedeuteten faserartigen Strukturen (vgl. Abb. 287) verlaufen in der Strömungsrichtung. Vielleicht ist in all diesen „gerichteten" Strukturen jedoch nichts weiter erblicken, als eben die Folgeerscheinung eines die Zelle in einer Richtung passierenden Flüssigkeitsstromes, der gerichtete Strömungsbahnen zur Folge bzw. zur Voraussetzung hat und denen sich wiederum das Cytoplasma bzw. die Zelleinschlüsse in ihrer Lage anpassen müssen. Denn die Hypothese von HEIDENHAIN, daß den Stäbchen ganz allgemein eine „motorische Funktion" bei der Fortbewegung der Sekretstoffe zukäme, erscheint mir nicht sehr wahrscheinlich [1911, S. 1035 (vgl. S. 352)].

Eher könnte diese Vorstellung schon zutreffen für den auf S. 377 beschriebenen Fadenapparat der Nebenhodenepithelien, ferner für die zahlreichen, gut ausgebildeten Fibrillen, die bei den Ciliaten die Wand des sog. Oesophagus bilden. So besteht bei Balantidium (Abb. 324) „die Wand des Oesophagus aus Fibrillen, welche tief in den Körper hineinreichen und auf Schnitten gut wahrnehmbar sind"; „nach dem Schlingakt füllt sich der „oesophagische Hohlraum" aufs neue wieder mit Plasma" und es ist so „der Versuch geglückt, auf nichtzelligem Wege zu einem Verdauungskanal zu gelangen" [BRETSCHNEIDER und HIRSCH (1927)].

Allerdings muß es auch hier noch als fraglich bezeichnet werden, ob diese Fibrillen contractil sind oder nur gleichsam als Wegweiser für die aufgenommenen Nahrungspartikel funktionieren, welche, wie man bei den Infusorien gut beobachten kann, durchaus nicht den kürzesten Weg zwischen Zellmund und Zellafter einschlagen. Sie legen vielmehr bis zu ihrer Ausscheidung sehr komplizierte Wege zurück (Abb. 325 a und b), und diese sollen sogar nach Befunden von METALNIKOV bei Paramäcien je nach der Art der zu verdauenden Nahrung in typischer Weise wechseln. Welche Kräfte hier die Fortbewegung der Nahrungsbestandteile bewirken, bzw. wenn das Plasma selber etwa durch Cyklose, d. h. kreisende Bewegung oder durch „Plasmaperistaltik" den Transport übernimmt, die Bewegungen des Cytoplasmas regulieren, ist nicht bekannt. Eher läßt sich schon der Zweck dieser Bewegungsvorgänge erkennen. Es soll offenbar dadurch erreicht werden, daß die aufgenommene und zu verarbeitende Nahrung mit möglichst vielen Zellbestandteilen und Zellorganen, etwa dem Kern, in Berührung kommt, damit diese dissimilatorisch bzw. assimilatorisch auf dieselben bei der „intraplasmatischen Verdauung" einwirken können.

b) Die intraplasmatische Verdauung.

Da die lebende Masse zu ihrem Aufbau nur arteigen gewordenes Material benutzt, so muß zunächst die zugeführte Nahrung ihres artfremden Charakters entkleidet und in indifferente Bausteine von molekularer Größe zerlegt, das heißt also verdaut werden. Bei den höher organisierten Vielzellern findet diese Verdauung, die teils auf mechanischem, teils auf chemischem Wege außerhalb der lebenden Masse selber in den verschiedenen Abschnitten des hierfür

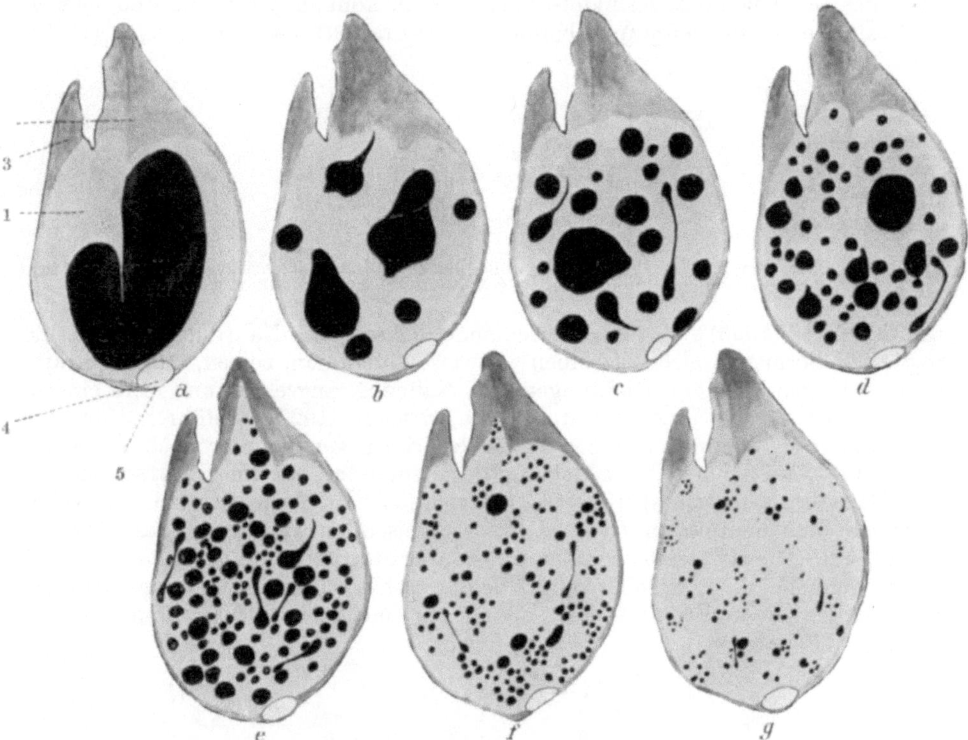

Abb. 333 a—g. Sieben Stadien der intraplasmatischen Verdauung. a—c vor allem Vorverdauung (Nahrungszerkleinerung). d—g vor allem Hauptverdauung in runden Vakuolen. Die Umrißzeichnung jeder einzelnen Abbildung ist schematisch und zeigt die Verteilung des Ektoplasmas, welches nicht verdaut, und des Endoplasmas mit Verdauung. Die Vorgänge im Endoplasma sind nicht schematisch, sondern mit dem Zeichenapparat nach Längsschnitten verschiedener Tiere gezeichnet. — Die Abbildungen zeigen die allmähliche Oberflächenvergrößerung der Nahrung während der Vorverdauung und das Schwinden der Vakuolen während der Hauptverdauung. 1 Endoplasma, 2 dorsales, 3 ventrales Ektoplasma, 4 Analblase, 5 Anus. (Nach BRETSCNEIDER und HIRSCH 1927.)

gebildeten Darmkanals statt, so daß nur molekulare Bausteine zur Resorption gelangen. Bei den Einzellern jedoch und den Tieren, welche Nahrungspartikel von Mikronengröße im Darm phagocytieren (S. 365), erfolgt die Verdauung dagegen intraplasmatisch. Ebenfalls finden wir intraplasmatische Verdauungsvorgänge in allen übrigen phagocytierenden Zellen der höheren Organismen, welche wie die Leukocyten organisches Material von Mikronengröße, z. B. Bakterien oder Zelltrümmer aufnehmen, ferner bei den embryonalen Zellen, welche von ihrem eigenen in Form von „Dotter" gespeicherten paraplasmatischen Nährmaterial unter Zerlegung desselben leben.

Am genauesten sind die Vorgänge der intraplasmatischen Verdauung bei den Einzellern (Amöben, Infusorien) verfolgt worden. Wir unterscheiden zweckmäßig mit Hirsch (1927) eine intraplasmatische mechanische Vorverdauung (Nahrungszerkleinerung, Abb. 333a—c) und eine intraplasmatische chemische Hauptverdauung (Abb. 333d—g).

Die erste Phase ist dadurch gekennzeichnet, daß große Nahrungspartikel, welche unter Umständen die Länge des Erbeuters übertreffen, im Körper geknickt werden (Abb. 333a), dann sanduhrförmig auseinandergezogen, und in kleinere Stücke zerlegt werden. „Die einzelnen Teile nehmen dabei oft eine tortierte und spindelförmige, zugespitzte Form an; solange die Beutestücke eine noch nicht völlig abgerundete Form haben, können wir sagen, daß sie sich im Zustande der Vorverdauung befinden" [Bretschneider und Hirsch (1927),

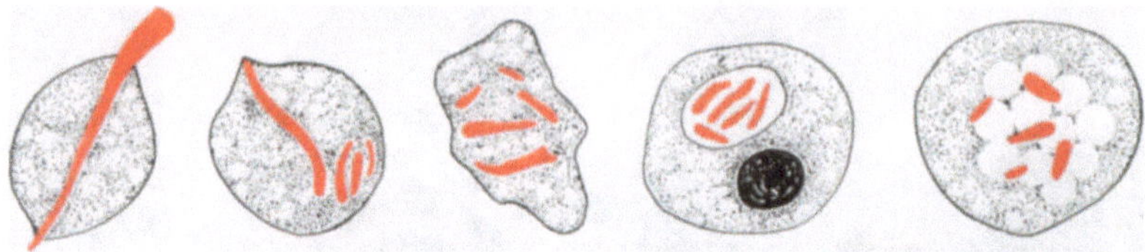

Abb. 334. Teredo navalis. Mitteldarmdrüse. Die phagocytierten Holzpartikelchen liegen anfangs ohne Nahrungsvakuole im Plasma. (Nach Potts 1923 aus G. C. Hirsch 1925.)

ferner Entz (1925)]. Dieses Auseinanderziehen der Nahrungspartikel, die tortierten Formen, welche dieselben zeitweise annehmen, zeigen, daß Zugkräfte nach entgegengesetzten Richtungen die Nahrung angreifen und zerkleinern. Dieses spricht, wie Bretschneider und Hirsch (1927) ausführen, für eine selbständige Bewegung einzelner Plasmabezirke gegeneinander nach Art einer hin- und herwogenden Verschiebung gegeneinander, welche Bretschneider und Hirsch als „Plasmaperistaltik" bezeichnen. Im Gegensatz zu der bisher allgemein angenommenen Cyklose, d. h. kreisenden Bewegung des Gesamtcytoplasmas, bewegt sich bei der Plasmaperistaltik das Plasma als Ganzes nicht, vielmehr bleibt es an Ort und Stelle; es schiebt durch seine peristaltischen Bewegungen die Nahrung weiter, zerlegt sie mechanisch in kleinere Stücke

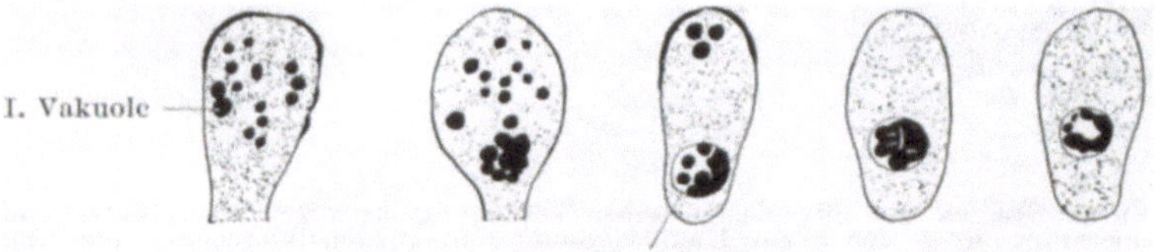

Abb. 335. Limnaea. (Süßwasserschnecke.) Einzelne Zellen der zerzupften Mitteldarmdrüse nach Fütterung eines Gemisches von Tusche und Eiweiß. Keine genaue Stufenuntersuchung. (Nach Peczenik 1925 aus G. C. Hirsch 1925.)

und begünstigt weiterhin auch die chemische Hauptverdauung. Denn während bei der Cyklose die mit dem strömenden Plasma mitgeführten Nahrungspartikel ständig mit demselben Umgebungsplasma in Berührung bleiben, verändert sich durch die Plasmaperistaltik die plasmatische Umgebung der Nahrung ständig, es werden immer wieder neue Cytoplasmapartien mit dem zu verdauenden Material in Berührung gebracht.

Für die intraplasmatische Hauptverdauung ist nun besonders charakteristisch, daß dieselbe, falls es sich nicht um Fett handelt, stets in einem von dem übrigen Cytoplasma abgegrenzten Hohlraum, in der sog. Nahrungsvakuole erfolgt. Ist eine solche Vakuole nicht bereits bei der Nahrungsaufnahme, wie z. B. bei Paramaecium (vgl. S. 368) gebildet worden, so wird nachträglich noch um den zunächst frei im Plasma liegenden Nahrungspartikel ein Flüssigkeitsmantel abgeschieden (Abb. 334 und 335).

Die Vorgänge, die sich in diesen Nahrungsvakuolen abspielen, sind am eingehendsten bei Protisten studiert worden, wo sie bei den Rhizopoden, Flagellaten und Ciliaten in ziemlich übereinstimmender Weise ablaufen. NIRENSTEIN (1927) unterscheidet in seiner zusammenfassenden Darstellung „zwei scharf geschiedene Perioden"; „in die erste Periode der sauren Vakuolenreaktion fällt die Formung des Nahrungsballens, in die zweite Periode der alkalischen Vakuolenreaktion die hauptsächliche chemische Verdauung und Auflösung des Nahrungsballens".

Die Reaktion des Vakuoleninhalts wurde durch Lackmus, Verfütterung von Alizarinsulfat, durch Neutralrot, Kongorot, Dimethylamidoazobenzol und Tropäolin festgestellt. Die beiden letztgenannten Indikatoren sind verhältnismäßig wenig säureempfindlich und geben einen Farbumschlag erst bei ph = 4, bzw. ph = 1,4. Trotzdem erhielt NIRENSTEIN (1925) mit ihnen bei Paramaecium caudatum noch ein deutlich positives Resultat in der ersten Periode, was für die starke saure Reaktion des Vakuoleninhalts spricht. Mittels Kongorotalbumin als Indikator bestimmte NIRENSTEIN bei Paramaecium caudatum „einen Säurewert, welcher der H-Konzentration einer $\frac{n}{12}$ HCl entspricht und von der Größenordnung des Säurewertes im Hundemagen ist". „Gleichzeitig konnte wahrscheinlich gemacht werden, daß die Vakuolensäure von Paramaecium Salzsäure ist." Bei den meisten Arten werden allerdings solche exzessiven Säurewerte nicht beobachtet. Die alkalische Reaktion wurde durch Bläuung bei Lackmus, durch Gelbfärbung bei Neutralrot nachgewiesen.

Morphologisch beobachtet man an den Vakuolen während der ersten Periode zunächst eine Trübung, welche NIRENSTEIN auf eine Absonderung eines „trüben Vakuolenschleimes" zurückführt. Zweitens die Abscheidung einer „überaus zarten hyalinen Membran als Hülle um den Vakuoleninhalt". Dann wird ein Teil des Inhalts resorbiert, „die ganze Vakuole verkleinert sich, die Vakuolenwand liegt jetzt der Oberfläche des Nahrungsballens dicht an". „Damit ist die erste Periode abgeschlossen und der Nahrungsballen kann in diesem Zustand stunden-, ja tagelang verweilen, bis dann plötzlich die zweite Periode einsetzt."

„Diese wird eingeleitet durch den Erguß einer wasserklaren Flüssigkeit in die Nahrungsvakuole, so daß der Nahrungsballen wieder inmitten eines Flüssigkeitsstropfens liegt", bald darauf zerfällt dann der Nahrungsballen in immer kleinere Partikel und löst sich, soweit überhaupt verdaulich, schließlich völlig auf. An diesen Verdauungsprozeß schließt sich dann die Resorption der Verdauungsprodukte, kenntlich an der Verkleinerung der Nahrungsvakuole. Unverdaute Rückstände liegen nach Schwund der Vakuole wieder frei im Zelleib und werden dann, an der Zelloberfläche angelangt, von dieser exportiert (vgl. S. 373).

Bei den vielzelligen Organismen sind die Vorgänge der intraplasmatischen Verdauung neuerdings besonders eingehend an den phagocytierenden Darmepithelien untersucht worden (Abb. 336) und verlaufen im Prinzip ganz gleich wie bei den Protisten. Eine genaue „Stufenuntersuchung", wobei die Tiere in 38 verschiedenen Zeitabschnitten nach der Fütterung mit Leberstückchen getötet wurden, wurde 1925 von WILLIER, HYMAN und RIFENBURGH an Planarien veröffentlicht (Abb. 336). „Zuerst besteht der Inhalt der Nahrungsvakuolen aus Leberstücken, welche noch wie frisches unverändertes Lebergewebe sich verhalten. Dann beginnt die Verdichtung des Lebermaterials zu einer „Körnerkugel", die Leberzellgrenzen schwinden, Kern und Protoplasma zerfallen; die Eiweißreaktionen sind positiv, Fettreaktionen negativ. Durch mehrere Übergangsstadien mit wachsender Verdichtung, Homogenisierung und Verkleinerung des Lebermaterials wird schließlich das Stadium der „homogenen Kugel" erreicht, diese liegt schließlich direkt von Protoplasma umgeben in der Zelle und zerfällt dann weiter." Nach Willier war das Endschicksal ein doppeltes: entweder es wurde in Form sehr kleiner Proteinkügelchen in der Zelle gespeichert oder das Eiweiß wurde zu Fett umgebildet.

In Zusammenhang mit der Besprechung der intraplasmatischen Verdauung haben Jordan und Hirsch (1927) die Frage aufgeworfen: wie verhalten sich Stoffe, welche eine kleinere Größe als die Partikel besitzen? Hirsch (1925) hat darauf hingewiesen, daß die morphologisch zu beobachtenden, intraplasmatischen Vorgänge nach der Aufnahme von Ferrum saccharatum und vitalen, sauren Farbstoffen „sehr denjenigen ähneln, welche man nach Aufnahme der größeren Partikel beobachtet. Er hat zur Verdeutlichung dieses Vergleiches das Schema Abb. 337 entworfen. Danach „ist die Parallelität der intraplasmatischen Vorgänge nach Phagocytose, Eisenresorption und Farbstoffpermeation sehr auffallend".

Demgegenüber ist aber zu bemerken, daß sich bei dem Ferrum sacch. wohl ein intraplasmatischer Verdauungsvorgang abspielt, daß es sich dagegen bei

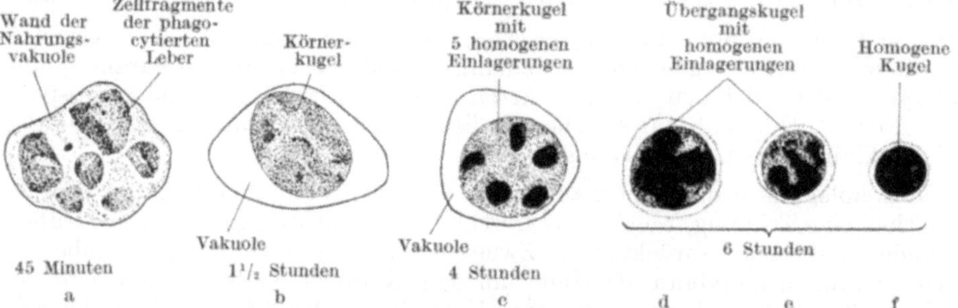

Abb. 336a—f. Vorgänge in den einzeln gezeichneten Nahrungsvakuolen während der ersten 6 Stunden nach Fütterung bei Planaria dorotocephala. Einschmelzung und Verdichtung phagocytierter Leberstücke. (Sublimatfixierung, Färbung mit Eisenhämatoxylin.) Vergr. 900fach. (Nach Willier, Hyman und Rifenburgh 1925.)

den sauren unverdaulichen Farbstoffen um Vorgänge handelt, welche mit einer Verdauung mittels Fermentproduktion nichts zu tun haben, vielmehr in das Gebiet der intracellulären Stoffspeicherung fallen. Nach den Untersuchungen von Möllendorff (1925) über Trypanblau- (und Tusche) resorption im Darmkanal bei neugeborenen Mäusen handelt es sich bei den in den Darmepithelien sichtbar werdenden blaugefärbten Einschlüssen um eine Anfärbung von präformierten Eiweißgranula, während ein anderer Teil des resorbierten Farbstoffes nicht gespeichert die Epithelien unverändert passiert. Während diese angefärbten Eiweißtropfen weiter verarbeitet werden, kann um sie eine Flüssigkeitsvakuole gebildet werden, und so können nach vitalen Farbstoffversuchen Bilder entstehen, welche eine Ähnlichkeit mit denjenigen haben, welche bei einer intraplasmatischen Verdauung auftreten (vgl. S. 382). Sie können den falschen Eindruck erwecken, als ob entgegen der früher erwähnten Regel um die unverdaulichen Farbstoffe und Rußteilchen selber eine Verdauungsvakuole gebildet worden sei.

Um eine echte intraplasmatische Verdauung handelt es sich dagegen bei der Verwertung gespeicherter paraplasmatischer (ergastischer) Cytoplasmaeinschlüsse, wenn etwa Glykogentropfen oder Stärkekörner innerhalb der Zellen in die leichtlösliche Transportform des Traubenzuckers übergeführt werden, oder wenn in den embryonalen Zellen die Dotterkörner durch fermentativen Abbau gelöst und verarbeitet werden.

Das Schicksal des Eidotters haben SAINT-HILAIRE (1913) und neuerdings mit den modernen mikrohistologischen Methoden M. und B. KONOPACKI (1927) und HIBBARD (1928) bei den Amphibien studiert. In der ersten Entwicklungsperiode, während der Eifurchung bis zum Beginn der Gastrulation bleibt der Dotter unverändert, im zweiten Stadium der Embryonalentwicklung dagegen, von der Bildung der Neurula bis zum Verlassen der Eihüllen sind die Veränderungen an den Dotterplättchen sehr ausgesprochen; der Dotter wird unter Bildung von einfacheren, chemisch nicht genauer analysierbaren Eiweißsubstanzen und von Lipoiden zersetzt, gleichzeitig wird in den Embryonalzellen

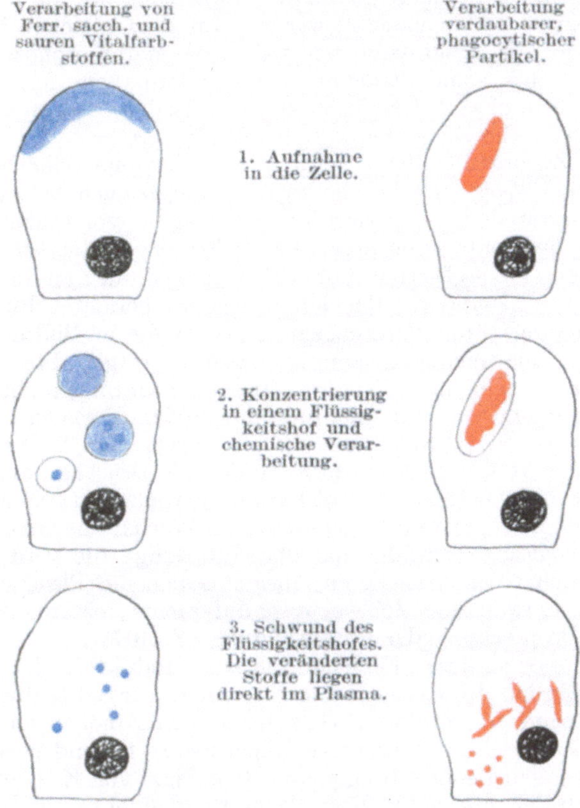

Abb. 337. Schemata zur Verdeutlichung des Vergleiches zwischen den mikroskopisch erkennbaren Vorgängen im Cytoplasma nach der Permeation von: Links kolloidalem Ferrum saccharatum oder kolloidalen sauren Vitalfarbstoffen, rechts von verdaubaren phagocytierten Partikeln. (Nach G. C. HIRSCH 1925.)

mit Ausnahme der Darmepithelien, der Leber- und Pankreaszellen, Glykogen nachweisbar; in kleinen Mengen findet sich letzteres im Mesenchym, in der Chorda dorsalis, im Zentralnervensystem, größere Mengen von Glykogen finden sich in der Epidermis und in der sich bildenden Skelet- und Herzmuskulatur. Beim Verlassen der Eihüllen besitzen die Embryonen noch einen ganz ansehnlichen Rest von Reservematerial, allerdings weniger in Form von unzersetztem Dotter, der sich hauptsächlich noch in den Verdauungsorganen und der Körpermuskulatur findet, als in Form von Lipoiden. Läßt man die Larven sich ohne Nahrungszufuhr weiter entwickeln, so werden diese Reservestoffe, vor allem auch die Lipoide, aufgebraucht, wobei die Lipoide nach der Ansicht von KONOPACKI besonders bei der Histogenese der Gewebe und Organe verwandt werden.

Daß die Lipoide und das Glykogen tatsächlich direkt aus den verdauten Dotterplättchen stammten, dafür sind die Beobachtungen von Konopacki entscheidend, daß diese beiden Substanzen „font leur apparation sous forme de granulations ou de croissants, accolés à ces plaques. Ce n'est que plus tard, qu'ils s'en séparent et apparaissent dans le cytoplasme. La réaction des plaques vitellines envers les colorants change en même temps, de sorte qu'elles deviennent acidophiles".

Diese morphologischen Erscheinungen des Dotterabbaues spielen sich, wie M. und B. Konopacki, ferner Hibbard (1928) weiterhin feststellten, in genau der umgekehrten Reihenfolge ab, wie diejenigen, welche bei der Dotterbildung in den Ovocyten beobachtet werden. Zu dem gleichen Ergebnis kam Riddle (1911), der die progressive und regressive Metamorphose des Vogeleidotters studierte und seine Ergebnisse folgendermaßen formuliert: „The immediate mechanism of yolk formation and of yolk deformation are the same". „Chiefly is involved the reversible action of enzymes."

Von welchen Zellorganen diese verdauenden Enzyme oder Fermente, die natürlich in gleicher Weise wie bei der intracellulären auch bei der extracellulären Verdauung tätig sind, produziert werden, war bis vor kurzem noch völlig unklar. Bei den Fermente sezernierenden Zellen der Metazoen erscheint die Fermentproduktion an eine bestimmte Zellstruktur, nämlich an die Entwicklung granulärer Elemente gebunden. Bei den Einzellern berichtet Provazek, daß bei mit Neutralrot gefärbten Paramäcien rings um die in Bildung begriffenen Nahrungsvakuolen eine feinste Ansammlung feinster rotgefärbter Endoplasmakörnchen auftritt, welche nach Nirensteins Beobachtungen ins Innere der Vakuolen eindringen und von ihm, allerdings mit großem Vorbehalt, als Fermentträger gedeutet werden [Nirenstein (1927)]. Nach der Meinung von Altmann und vor allem von M. Heidenhain werden die Drüsengranula als „lebendige" Organe der Zelle betrachtet, welche, aus cytoplasmatischem Teilkörpermaterial bestehend, nach einer ersten „Periode des Wachstums" in einer „zweiten Periode des histologischen Zerfalls und der Auflösung" die verdauenden Fermente liefern. Nach einer spezielleren Ansicht sollen die Plastosomen sich in die Sekretgranula umwandeln. Ich verweise auf meine späteren Ausführungen gelegentlich der Besprechung der Sekretbildung (S. 407).

Nach der Meinung anderer Forscher soll die Produktion der Verdauungssäfte unter dem Einfluß des Kernes stehen, und man versuchte diese Hypothese durch Beobachtungen an kernlosen Teilstücken von Amöben zu entscheiden. Nirenstein (1927) berichtet über diese Experimente folgendermaßen: „Nach den übereinstimmenden Beobachtungen von Stolc und von K. Gruber nehmen kernlose Amöbenfragmente selbst bewegliche Beuteobjekte auf und verdauen sie in Nahrungsvakuolen. Während nun Stolc daraus den Schluß zieht, daß auch dem kernlosen Plasma das Vermögen zukommt, Verdauungssäfte zu erzeugen, dürfte es sich nach Gruber eher um eine Nachwirkung von Sekreten handeln, die noch zur Zeit der Kernhaltigkeit im Plasma gebildet wurden. Die Frage scheint also nicht genügend klargestellt."

Um so wichtiger ist es, daß für die intracellulare Dotterverdauung der Nachweis, daß der Kern an ihr maßgebend durch spezifische Fermentproduktion beteiligt ist, von G. Hertwig (1922), wie mir scheint, mit aller wünschenswerten Deutlichkeit geführt werden konnte. G. Hertwig hat hierfür folgende Beobachtungen verwertet: Boveri (1918) hat bei der Kreuzung zweier nahe verwandter Seeigel, P. Hertwig (1923) bei der Kreuzung: Rana arvalis ♀ × fusca ♂ und Bufo vulgaris ♀ × viridis ♂ gefunden, daß 1. die Bastarde sich zu wohlausgebildeten durchaus lebensfähigen Larven mit deutlichen Bastardcharakteren entwickeln, daß 2. künstlich zur Parthenogenese angeregte Eier haploidkernige Larven mit rein mütterlichem Kernapparat und dementsprechend auch rein mütterlichen Larvencharakteren liefern, daß dagegen 3. künstlich entkernte und dann bastardierte Eier sich wohl normal furchen, ihre Entwicklung dagegen stets auf dem Blastulastadium mit Beginn der Gastrulation einstellen. Diese Blastulae, deren haploide Kerne nur artfremdes väterliches Kernmaterial enthalten, sterben durchaus nicht rasch ab, zeigen keinerlei Krankheitserscheinungen, leben vielmehr noch einige Tage, ohne jedoch igrendwie zu wachsen und sich weiter zu differenzieren.

Diese drei Experimente verwertet G. Hertwig zu folgenden Schlüssen: Aus 2 folgert er, daß die Haploidkernigkeit als solche nicht Ursache der Entwicklungshemmung in 3 ist, aus 1, daß der artfremde Spermakern, falls ein artgleicher Eikern zugegen ist, an der Weiterentwicklung des Bastardkeimes über das Blastulastadium hinaus sich aktiv beteiligt und dieselbe in väterlicher Richtung maßgebend beeinflußt. Aus dem Vergleich von 2 und 3 ergibt sich, daß das Wachstum und die Vermehrung der Zellen, welche zur Gastrulation und Weiterentwicklung notwendig sind, nur dann erfolgen, wenn ein artgleicher, nicht dagegen, wenn nur ein artfremder Kern zugegen ist. Da wir nun wissen, daß nach Beendigung der Furchung und dem Aufbrauch der kernbildenden Stoffe [Godlewski (1918)] eine Weiterentwicklung nur auf Kosten der Eireservestoffe erfolgen kann, wofür die soeben referierten Untersuchungen von Konopaki ja ganz besonders beweisend sind, so ist der von G. Hertwig gezogene Schluß einleuchtend: der artgleiche Eikern vollzieht diese Verwertung des artspezifischen Eidotters durch Absonderung intracellulär wirksamer spezifischer Verdauungsfermente, der artfremde Spermakern jedoch versagt hierbei, weil seine von ihm produzierten Fermente eben artfremd sind und deshalb unwirksam bleiben.

Aus Mangel an verdautem Dotternährmaterial stockt daher bei 3 die Weiterentwicklung auf dem Blastulastadium, während bei 1 und 3 unter dem Einfluß des artgleichen Eikerns der Abbau des Eidotters sich vollzieht und die Entwicklung weiter fortschreitet. Werden aber, wie in 1. dem artfremden Kernanteil durch die artgleiche vom Eikern abstammende Komponente verdaute und ihrer Artspezifität entkleidete Dotterabbauprodukte zur Verfügung gestellt, so vermag er sich selbst nicht nur weiter zu vermehren, sondern greift auch aktiv in die zum Weiterwachstum erforderlichen, zur Synthese lebender Masse führenden Aufbauprozesse ein, so daß eine Bastardlarve mit deutlich väterlichen Erbcharakteren entsteht.

Zu diesem experimentell geführten Nachweis, daß bei so verschiedenen Arten wie Echinodermen und Amphibien der Kern artspezifische, Dotter verdauende Enzyme liefert, kommen noch weitere Argumente aus der deskriptiven Embryologie, welche namentlich von K. Peter (1922) zusammengestellt und in gleicher Richtung verwertet worden sind. In seinen „Betrachtungen über die Furchung und die Dotterverarbeitung bei den Wirbeltieren" schreibt K. Peter: „Sind die Dotterkörner durch Protoplasma voneinander geschieden und nicht in allzu großer Menge vorhanden, dann können die Blastomeren die Verarbeitung (intracellulär mit Hilfe ihrer Kerne) selber übernehmen.

Genügt dieser Modus bei den partiell sich furchenden Eiern mit ihrem gewaltigen, fast plasmafreien Dottervorrat nicht mehr, so treten die Merocytenkerne in Tätigkeit, Kerne doppelter Herkunft, teils Abkömmlinge von Furchungskernen, teils überzählige Spermakerne bei den Eiern mit physiologischer Polyspermie. Sie verdauen Dotterschollen wie Dotterlösung (Teleostier) und können selbst die größten Dottermassen bewältigen (Teleostier.) Bei den Amnioten genügt ihre Tätigkeit nicht und die Merocytenkerne werden abgelöst durch besondere Dotterzellen und die Epithelien eines besonderen Resorptionsorganes, des Dottersackes."

Diese vergleichend-anatomische Betrachtung der Dotterverarbeitung bei den Wirbeltieren ist übrigens noch dadurch von besonderem Interesse, daß sie zeigt, wie schon in frühen Embryonalstadien bei den phylogenetisch höherstehenden Formen die intracelluläre Verdauung durch die extracelluläre abgelöst bzw. durch dieselbe ersetzt wird, nur daß der Prozeß der extracellulären Verdauung dadurch gegenüber demjenigen der intracellulären kompliziert ist, daß zwischen die Stelle der Fermentproduktion (dem Kern) und dem Ort seiner Verwertung außerhalb der Zelle zumindestens der Zelleib und die Zelloberfläche (Zellmembran) eingeschaltet ist.

Diese Trennung zwischen Produktions- und Verbrauchsort bedeutet insofern einen Nachteil, als die Fermente gegen vorzeitige Verwendung und der Zelleib selber gegen die verdauende Wirkung geschützt werden müssen, auch eine volle Ausnützung außerhalb der Zelle nicht sicher gewährleistet ist. Als offenbar überwiegende Vorteile stehen gegenüber: einmal die Entlastung der Zelle selber von den zu verdauenden Nahrungsbestandteilen, zweitens die Möglichkeit, Fermente in größerer Menge intracellular zu speichern. So ist denn von vornherein zu erwarten, daß das Erscheinungsbild einer extracelluläre Verdauungsfermente liefernden „sezernierenden" Zelle sich durch diese zu dem eigentlichen Akt der Fermentproduktion hinzukommenden akzessorischen Vorgänge komplizieren wird. Während wir daher in den Zellen mit intraplasmatischer Verdauung zumeist nichts von den Fermenten selber im Mikroskop sehen, werden dieselben in den sezernierenden Drüsenzellen in Form von Granula sichtbar, wenn sie in größerer Menge, evtl. zur Inaktivierung an besondere Trägersubstanzen gebunden, gespeichert werden. Ich verweise auf den besonderen Abschnitt, der über die Morphologie der Sekretion handelt (S. 406).

c) Histophysiologie der Stoffpassage durch die Zelle bei der Resorption und Excretion.

Die Komplikationen, die sich für Stoffaufnahme und -abgabe im vielzelligen Organismus im Vergleich zum Einzeller ergeben, und die Arbeitsteilung, welche sich zwischen den einzelnen Zellen herausbildet, bringen es mit sich, daß gewisse Oberflächenepithelien (Darm-, beim Embryo Dottersack- und Placentaepithelien) die Aufgabe erhalten, nicht nur für den Eigenbedarf, sondern darüber hinaus für den ganzen Organismus Nahrungsstoffe aufzunehmen (Resorption) und an die übrigen Zellen weiterzugeben.

Andere Epithelien, vor allem die Nierenepithelien, müssen dann die unbrauchbaren Abfallstoffe aus dem Körperinneren wieder nach außen abgeben (Excretion). Die Aufgabe, die dabei den resorbierenden bzw. exzernierenden Zellen zufällt, ist einmal die elektive Aufnahme, zweitens der rasche Durchtransport, nicht dagegen die chemische Verarbeitung der zu befördernden Substanzen. Wasser, Salze, „harnfähige" Stoffe werden unverändert resorbiert bzw. exzerniert, während es allerdings für die extracellulär verdauten Nahrungsstoffe nicht feststeht, ob sie unverändert die Darmepithelien passieren, was mir das wahrscheinlichste scheint, oder dabei chemisch noch verändert werden. Je weniger aber ein Stoff bei seiner Zellpassage verändert wird, um so weniger wird er morphologisch Spuren in der Zelle hinterlassen; auf die besonderen, evtl. präformierten Transportwege, welche wir in den Darmzellen mikroskopisch nachweisen können, ist auf S. 380 hingewiesen worden. Die besonderen morphologischen Einrichtungen an der Zelloberfläche sind bereits früher besprochen worden; sie gestatten oft, wie wir gesehen haben, kein sicheres Urteil, ob es sich um eine aufnehmende bzw. um eine abgebende Oberfläche handelt.

In den meisten Fällen besteht ja trotzdem über die Richtung der Passage kein Zweifel; aber es sei auf die Hauptstückzellen der Wirbeltierniere hingewiesen, wo bis heute die Frage, ob dieselben exzernieren oder resorbieren, umstritten ist [GURWITSCH (1913), ANIKIN (1927), v. MÖLLENDORFF (1914—1926), WAL-DEYER (1928), K. PETER (1928), ferner auf die Darmepithelien, welchen von einigen Forschern (z. B. CHAMPY) neben der Resorption auch eine Ausscheidetätigkeit in das Darmlumen zugeschrieben wird.

Leider haben die Experimente mit vitalen, namentlich sauren Farbstoffen, die doch sonst für die Frage des Stofftransportes im vielzelligen Organismus so klärend gewirkt haben [GOLDMANN (1907), v. MÖLLENDORFF (1926)], bei den intracellulären Stofftransportvorgängen nicht die erwartete Entscheidung gebracht.

Denn als man bei der Niere die Ausscheidungskurve des in den Körper injizierten Farbstoffes mit den histologischen Bildern verglich, da zeigte es sich,

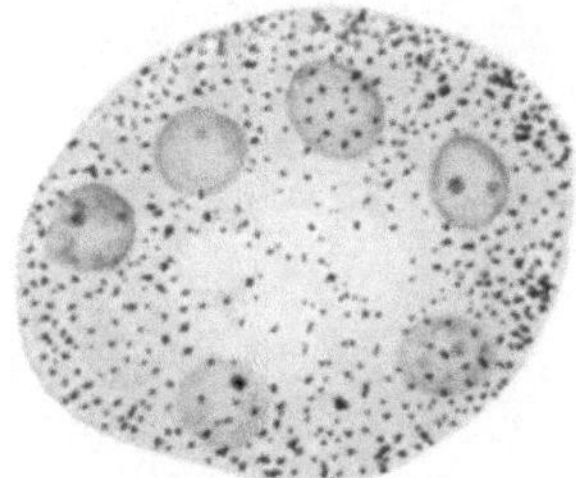

Abb. 338. Kochsalz mit Silbernitrat gefällt im Nierenhauptstück (Ratte 1 Stunde nach Injektion von 2 ccm einer 20⁰/₀ Kochsalzlösung). Vergr. 900fach. (Aus W. v. MÖLLENDORFF 1922.)

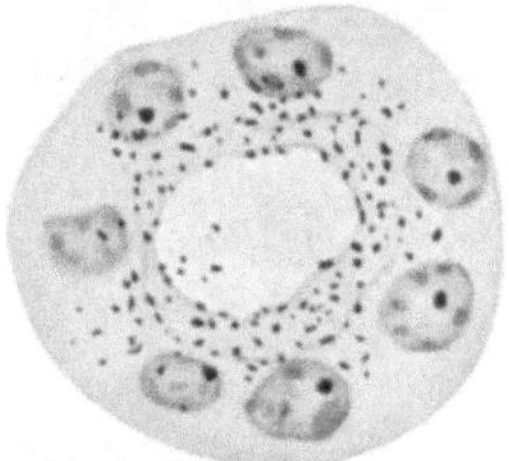

Abb. 339. Ferriammoniumcitrat + Natriumferrocyanid im Nierenhauptstück der Maus. (2 Stunden nach Injektion von 1 ccm des Gemisches.) Vergr. 900fach. (Nach W. v. MÖLLENDORFF 1922.)

daß der Farbstoff sich bereits im Urin nachweisen ließ, als noch keinerlei Farbstoff in den Zellen selber mikroskopisch nachweisbar war. Die Farbstoffe passieren also so rasch, so stark verdünnt und in diffuser Form die Nierenepithelien, daß sie der mikroskopischen Wahrnehmung sich entziehen und die Richtung ihres Transportes infolgedessen nicht direkt feststellbar ist. Wenn dann später im weiteren Verlauf der Farbstoffausscheidung auch Farbstoffgranula bzw. Vakuolen in den Hauptstückzellen auftreten, so handelt es sich hier um eine Anfärbung von paraplasmatischem oder totem Zellmaterial (besonders bei basischen Farbstoffen) oder um eine echte „Speicherung während der Ausscheidungszeit" [v. MÖLLENDORFF (1922)], um Vorgänge also, welche mit der eigentlichen Excretion nicht direkt etwas zu tun haben und scharf von ihr zu unterscheiden sind [v. MÖLLENDORFF (1922)]. Wenn daher mehrfach, besonders einwandfrei soeben von K. PETER (1928) nachgewiesen worden ist, daß die gespeicherten Farbstoffvakuolen in den Hauptstückzellen der Niere zuerst in der Nachbarschaft des Lumens sichtbar sind, bei späteren Stadien dagegen der Zellbasis genähert angetroffen werden, so kann in diesen Beobachtungen wohl ein Argument für die resorbierende Tätigkeit der Hauptstückzellen erblickt werden, aber kein vollgültiger Beweis. Denn es braucht ja die Verlagerung der Farbstoffvakuolen von einem Zellpol zum anderen nicht passiv durch den Flüssigkeitsstrom erfolgt zu sein, sie könnte z. B. auch durch aktive Verlagerung des Speicherapparates der Zelle, etwa des Golgiapparates, bewirkt sein, eine Deutung, welche JASSWOIN diesen Vorgängen gibt (vgl. S. 284).

Man hat weiterhin durch mikrochemische Reaktionen den Weg und die
Art des Stofftransportes bei der Resorption bzw. Excretion zu bestimmen gesucht. Die Ergebnisse der „Salzversuche" an der Niere faßt v. Möllendorff
(1922) folgendermaßen zusammen: „Alle Erfahrungen an Farbstoffen sprechen
dagegen, daß bei diesen diffusiblen Salzen körnige Konzentrierungsgranula
entstehen; es ist über die Existenz derartiger „Salzgranula" vor Anstellung
der entsprechenden mikrochemischen Reaktionen nichts bekannt. Die Form,
in der sich diese Salze im Anschluß an die Reaktion in der Zelle vorfinden (Abb. 338
und Abb. 339), dürfte wesentlich von zwei Faktoren abhängig sein; einmal
von der Lokalisation der Salze im Cytoplasma, dann aber auch sehr wesentlich

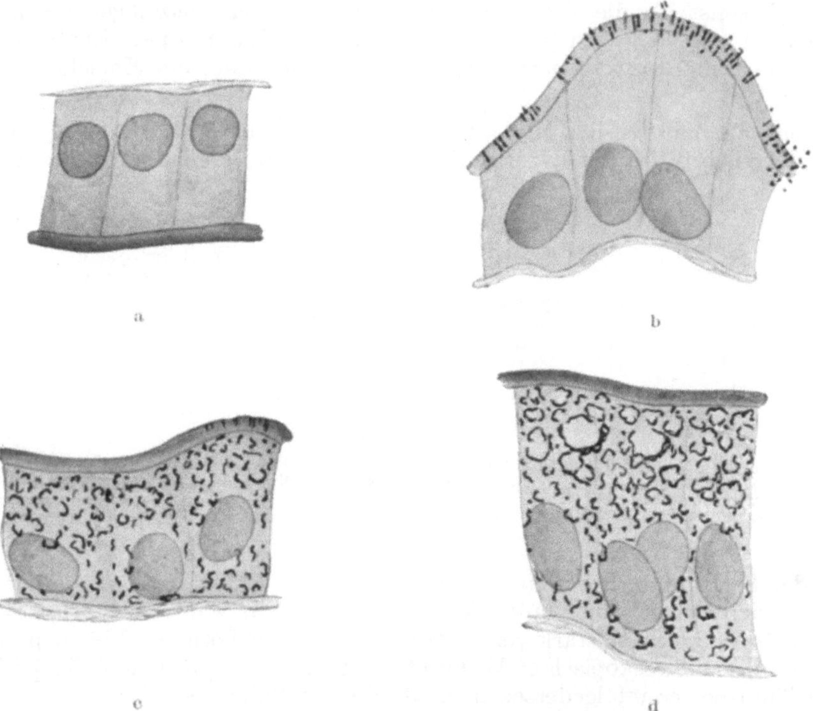

Abb. 340a—d. Darmepithel der Fledermaus. a Hungertier. b—d Nach Fütterung mit Sahne. Verteilung der nach Fischlers Methode dargestellten Fettsäure in den Epithelzellen auf verschiedenen
Stadien der Fettresorption. (Nach Weiner 1928.)

von der Form der Niederschlagsbildung bei der mikrochemischen Reaktion.
Diese letztere ist für das Silberchlorid (Abb. 338) eben feinkörnig und kann
deshalb in der Nierenzelle nicht anders auftreten; bei der Reaktion des Harnstoffes mit Xanthydrol [Stübel (1921), Oliver (1921)] bilden sich strahlige
Düsen, gleichgültig ob diese intra- oder extracellulär angetroffen werden. Die
Bilder, die Leschke (1922), Oliver, Stübel, Stieglitz u. a. bei der Ausscheidung von Salzen gefunden haben, beweisen also nur, daß während der
Ausscheidungszeit eine zum Entstehen der Reaktion ausreichende Konzentration des Salzes in den Hauptstücken vorhanden ist. Über die Anordnung
des Salzes sagen sie gar nichts aus. Die wahrscheinlichste Annahme ist hier
das Fehlen präexistenter „Granula", resp. ein Durchtritt des Salzes in gelöster
Form während der Ausscheidungsperiode". „Nur bei giftigen Salzen genügt
die rasch vorübergehende Anreicherung in den Hauptstückzellen, um hier

umschriebene Cytoplasmabezirke abzutöten; solche nekrotischen Teile ins bio
bieren sich dann mit dem betreffenden Salz (z. B. Eisen) und bleiben auch über
die Hauptausscheidungszeit hinaus nachweisbar", wodurch eine granuläre
Transportform vorgetäuscht werden kann.

Schließlich weise ich noch auf die Form hin, in welcher das Fett von den
Darmzellen resorbiert wird. Hier hat man, getäuscht durch „Speicherungsbilder", ebenfalls bis vor kurzem angenommen, daß das Fett in Granulaform
durch die Epithelien hindurchtransportiert würde.

WEINER (1928) hat nun bei hungernden und dann mit Sahne gefütterten
Fledermäusen gezeigt, daß schon $7^1/_2$ Minuten nach der Fütterung Fettsäuren
nicht nur in den Epithelzellen, sondern schon im bindegewebigen Stroma und sogar in den Chylusgefäßen nachweisbar waren, geraume Zeit bevor eine Speicherung
von Neutralfettgranula in den Epithelzellen sichtbar wurde. Die Abb. 340 a—d
zeigen die Verteilung der nach der Methode von FISCHLER dargestellten Fettsäure in den Darmepithelzellen der Fledermaus in verschiedenen (fortschreitenden) Stadien der Fettresorption. „Das Eindringen der Fettsäure geht durch
den Cuticularsaum vor sich (Abb. 340 b), wobei die eintretenden Körner sich in
senkrechte Reihen lagern und eine Art Querstreifung des Cuticularsaumes erzeugen." In späteren Stadien ist die ganze Zelle mit Fettsäure erfüllt, nur der
Kern bleibt selber stets frei. Durch diese Beobachtungen von WEINER ist es
also erwiesen, daß das im Darm in Form von löslicher Fettsäure resorbierte
Fett bei der Zellpassage nicht erst als Neutralfettgranulum gespeichert zu werden
braucht, sondern in unveränderter, löslicher Form die Epithelien „transitorisch"
durchwandert. „Die Fettablagerung ist kein integraler Teil des Resorptions-
vorganges, sondern bloß eine Begleiterscheinung" [WEINER 1928, S. 264)].

Die angeführten Beobachtungen über die intracelluläre Passage von Farbstoffen, Salzen und Fett durch resorbierende und exzernierende Epithelien
stehen also sämtlich in guter Übereinstimmung; ihr Ergebnis läßt sich dahin
zusammenfassen: In gelöstem Zustand aufgenommene Substanzen können in
dieser Form die Zellen unverändert passieren, zu ihrem Transport durch den
Zelleib ist keinerlei Mitwirkung von besonderen Zellorganen, etwa von Granula
anzunehmen. Sämtliche Beobachtungen über Granulabildung in resorbierenden bzw. exzernierenden Zellen beziehen sich nicht auf den Stofftransport als
solchen, sondern auf Vorgänge ganz anderer Art, welche wir unter den Begriff
der Stoffspeicherung zusammenfassen und nunmehr besprechen wollen.

d) Morphologie der Stoffspeicherung in der Zelle.

Das Vermögen, Stoffe, die von außen aufgenommen oder in der Zelle selber
produziert worden sind, zu speichern, und zwar in vakuolärer Form, ist eine
Eigenschaft, die sämtlichen Zellen, allerdings in verschiedenem Ausmaße, zukommt. Am ausgeprägtesten ist sie im vielzelligen Organismus bei denjenigen
Zellen entwickelt, welche Reservesubstanzen, sei es zu eigenem späteren Gebrauch (Eizellen), sei es zugunsten des Gesamtorganismus (Fettzellen, Leberzellen, Retikuloendothelien) anhäufen.

Ein großes Speicherungsvermögen besitzen ferner die meisten Drüsenzellen,
welche ihre extracellulär zur Verwendung kommenden Sekrete oft vor der
Abgabe nach außen in großer Menge im Inneren aufhäufen. Dieses Speicherungsvermögen geht aber auch nicht ab den soeben besprochenen, besonders
für raschen Stofftransport eingerichteten resorbierenden und exzernierenden
Epithelien des Darmes und der Niere. Dies haben namentlich wieder vitale
Farbstoffversuche gezeigt, durch welche auch das große Speicherungsvermögen
vieler Bindegewebszellen (Pyrrholzellen von GOLDMANN, Retikuloendothelien)

zuerst in das rechte Licht gerückt worden ist. Allerdings muß man sich hüten,
worauf v. MÖLLENDORFF (1926, S. 597) mit Recht aufmerksam gemacht hat,

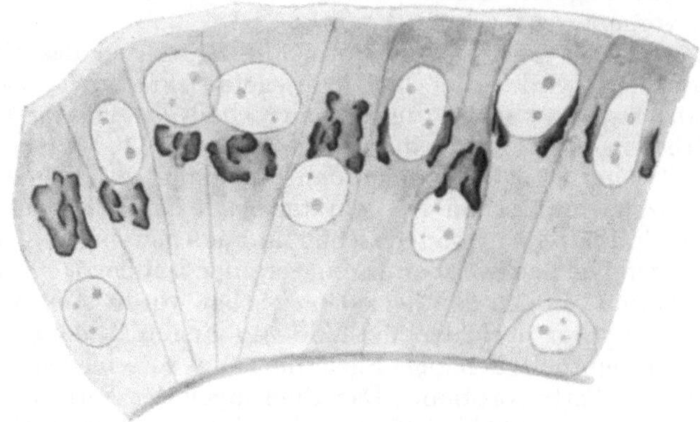

Abb. 341. Golgiapparat in den Epithelzellen des Duodenums beim Kaninchen. KOLATSCHEVs
Methode. (Nach NASSONOV 1927.)

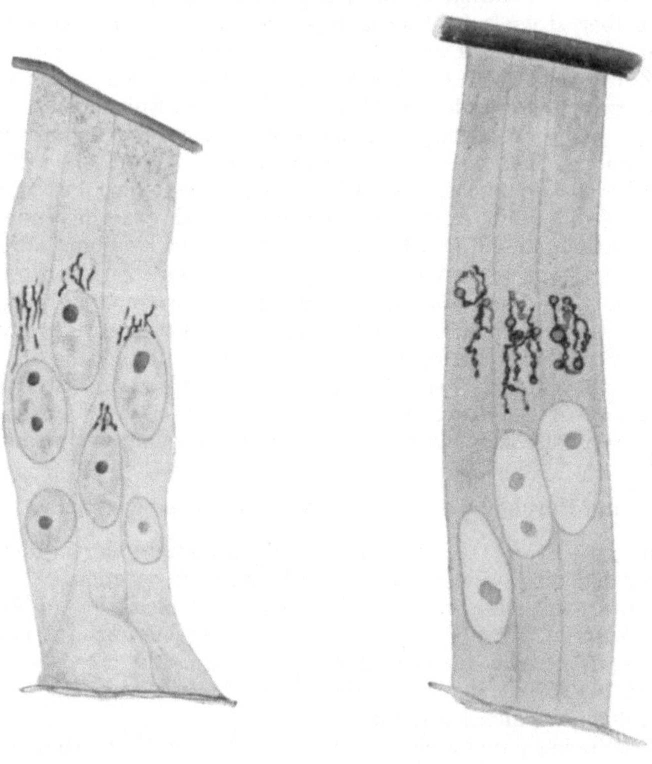

Abb. 342 a—d. Fettablagerung in den Darmepithelien des Frosches nach Fettfütterung. a Anfangsstadium. Die Fetteinschlüsse sind ihrer Feinheit wegen nicht tingiert. Der Golgiapparat ist
geschwärzt, zeigt erhöhte Osmophilie (2 % OsO₄ bis 24 Stunden bei 37 °). b Späteres Stadium.
Beginnende Vakuolisation des Golgiapparates. KOLATSCHEV-Methode.

die Stärke der Speicherung in direkte Beziehung zur Stoffwechselintensität
zu setzen. „Wenn man früher das Bindegewebe vorzugsweise unter mechanischen

Gesichtspunkten betrachtete, so droht demselben heute in der Ära der Stoffwechselforschung wiederum eine falsche Einschätzung, weil man unter dem Einfluß der Vitalfärbungsergebnisse den Hauptbestandteil desselben, das wenig speichernde Fibrocytennetz an der Stoffverarbeitung für weniger beteiligt anzusehen gewillt ist als die stark speichernden Retikuloendothelien. Wir haben nun, wie wir hoffen, überzeugend dargetan, daß diese Ansicht nicht haltbar ist, daß im Gegenteil gerade das Fibrocytennetz von Anfang an intensiv mit der Verarbeitung (und Zerstörung) des Farbstoffes einsetzt, daß die Ablagerung des Farbstoffes erst die Folge eines Mißverhältnisses zwischen Angebot und Stoffwechselintensität ist."

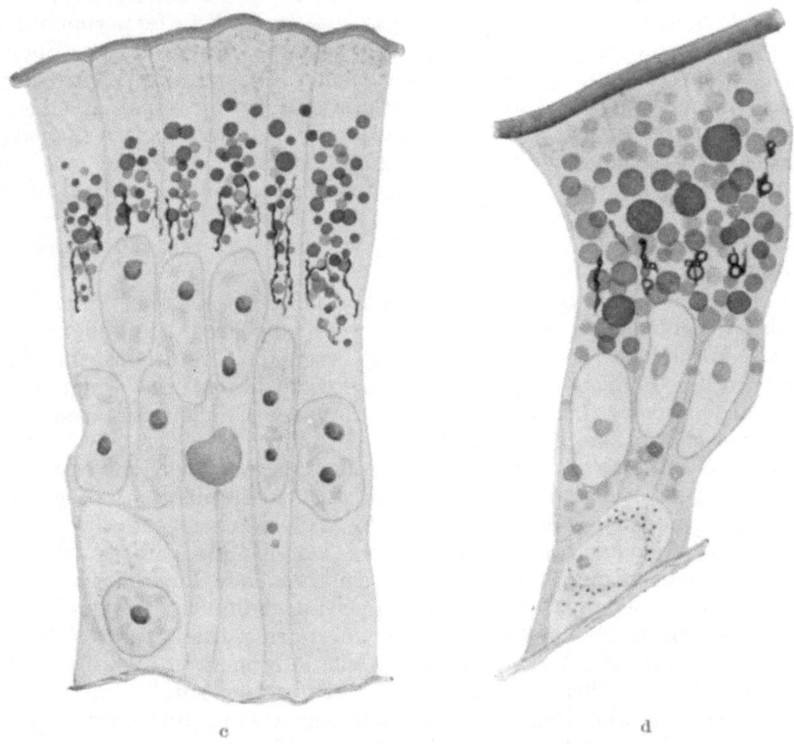

Abb. 342. (Forts.) c Auftreten von Fetteinschlüssen an den Trabekeln des Golgiapparates. Fixierung wie bei a. d Spätes Stadium der Fettablagerung. Starke Vakuolisation und Fragmentation des Golgiapparates. KOLATSCHEV-Methode. (Nach P. WEINER 1928.)

Wir können dies auch kurz so ausdrücken: je stärker die Stoffverarbeitung und der Stoffverbrauch in der Zelle ist, um so weniger kann dieser Stoff gespeichert werden. Stoffspeicherung und Stoffverarbeitung sind zwei ganz verschiedene, scharf voneinander zu trennende Vorgänge.

Diese Betrachtungen führen uns nun schon zu der Frage nach den Bedingungen, unter welchen ein Stoff in der Zelle gespeichert werden kann. Wieder haben hier die vitalen Farbstoffversuche weitgehend klärend gewirkt. Wir können danach zwei Formen der Stoffspeicherung unterscheiden, deren Mechanismus ein ganz verschiedener ist.

Das eine Mal erfolgt die Stoffspeicherung durch Bindung, sei sie chemisch oder physikalisch bedingt, an tote Einschlüsse der Zelle. Namentlich basische Farbstoffe werden in dieser Form — ich möchte sie die passive nennen —

gespeichert. Chemisch-physikalische Eigenschaften des zu speichernden Stoffes, zweitens das Vorhandensein imprägnierbarer toter Zelleinschlüsse sind die bedingenden Momente, wobei zu berücksichtigen ist, daß chemisch differente Stoffe (giftige Salze, viele namentlich basische Farbstoffe) sich nach ihrem Eindringen in die Zelle diese toten Einschlüsse unter Umständen erst selber schaffen können, indem sie ursprünglich lebende Cytoplasmapartien zum Absterben bringen (man vgl. das auf S. 47 über die vitale Färbung Gesagte).

Von dieser passiven Speicherung ist scharf zu trennen die aktive Form der Speicherung, bei der die zu speichernden Stoffe durch aktive, vitale Zelltätigkeit in neugebildeten Vakuolen in Tröpfchen-, bzw. Granulaform im Zelleib abgelagert werden. In dieser Form werden die sauren Farbstoffe zumeist gespeichert (vgl. S. 49) und durch die Analyse vitaler Farbstoffexperimente hat man zunächst die eine Seite des Bedingungskomplexes, der zu aktiver Speicherung führt, klären können. Denn wie namentlich v. Möllendorff gezeigt hat, erfolgt die Speicherung der sauren Farbstoffe nur, wenn sie in genügender Menge und nicht zu rasch die Zelle passieren. Hochmolekulare Farbstoffe gelangen überhaupt nicht oder in zu geringen Mengen in die Zelle, molekulargelöste passieren sie zu rasch; am ausgiebigsten werden kolloide Farbstoffe von mittlerer Teilchengröße gespeichert (Trypanblau, Pyrrholblau). Verschlechtert man die Abgabebedingungen aus der Zelle, so wird dadurch die Speicherung vergrößert.

Da es sich, wie wir annehmen, bei der vakuolären „aktiven" Speicherung um eine aktive Zelltätigkeit handelt, so war weiter die Frage zu stellen, welche Zellbestandteile sind an dieser Speicherung beteiligt. Die wichtigen, bereits S. 264 referierten Beobachtungen von Nassonov haben die Frage meiner Meinung nach eindeutig dahin beantwortet, daß der Golgiapparat das hauptsächlichste Speicherungsorgan der Zelle ist.

Die Übereinstimmung in der Lage des Golgiapparates und der eben sichtbar werdenden gespeicherten Farbstoffgranula ist so frappant, daß schon die von Nassonov gegebenen Beispiele (vgl. Abb. 225) überzeugend dartun, daß die Speicherungsvakuolen an der Oberfläche des Golgiapparates entstehen. Von neuesten Beobachtungen über die übereinstimmende Lagerung von Farbstoffvakuolen und Golgiapparat führe ich noch folgende an: Bei seinen Untersuchungen über vitale Farbstoffspeicherung im Darmepithel fand v. Möllendorff (1926), daß „bei der Maus und ebenso beim Meerschweinchen die Trypanblau-Granula ausschließlich supranucleär anzutreffen sind". „Nur beim Kaninchen, das wir allerdings nur in fortgeschrittenen Speicherungsgraden untersucht haben, liegen zahlreiche Farbstoffeinschlüsse basalwärts vom Kern." „Ich halte es nicht für ausgeschlossen, daß wir es hier mit einer sekundären Verlagerung zu tun haben. Immerhin bildet das Kaninchen in meinen Versuchen einen Sonderfall, dessen Aufklärung bisher nicht durchgeführt ist." Diese Aufklärung haben die cytologischen Untersuchungen von Nassonov (1927) erbracht, der den Dünndarm eines jungen Kaninchens mit Osmiumsäure imprägnierte und fand, daß abweichend von der bei anderen Tieren üblichen ausschließlich supranucleären Lage der Golgiapparat in den Darmepithelien des Kaninchens teils supra-, teils aber auch infranucleär liegt (Abb. 341).

Nassonov zieht aus diesen Beobachtungen den Schluß, daß die Neubildung von Farbstoffvakuolen nicht überall gleichmäßig im Zelleib erfolgt, sondern stets streng lokalisiert am Golgiapparat. Derselbe konzentriert den diffus im Plasma verteilten Farbstoff an seiner Oberfläche und scheidet ihn, gebunden an die Apparatsubstanz, in Vakuolenform aus. Was aber hier für die sauren Farbstoffe nachgewiesen ist, das soll nach Nassonov auch für andere speicherungsfähige Substanzen gelten; auch diese werden durch die Tätigkeit des

Golgiapparates konzentriert und unter Bildung von Vakuolen oder Granula gespeichert.

Als Beispiel für die speichernde Tätigkeit des Golgiapparates nenne ich zuerst die Ausscheidung von Fett in Tropfenform in den Darmepithelien, welche als häufige Begleiterscheinung des eigentlichen Fettresorptionsvorganges durch die Darmepithelien zu beobachten ist [WEINER (1928, vgl. S. 391)]. „Das erste Auftreten der Fetteinschlüsse in den Darmepithelzellen der Maus und des Frosches, welche nach einer Hungerperiode mit Sahne gefüttert worden sind, ist nicht subcuticulär [KREHL (1890)], sondern stets supranucleär zu beobachten in der Golgiapparatzone, in engem Anschluß an die Trabecula dieses Organoids" (Abb. 342). Die Synthese des Fettes aus seinen in die Zelle eintretenden Spaltprodukten vollzieht sich wahrscheinlich außerhalb des Golgiapparates und es liegen Gründe vor zu der Vermutung, daß das Chondriom, welches einen Zerfall in Körner erfährt, hierbei eine Rolle spielt" (Abb. 343);

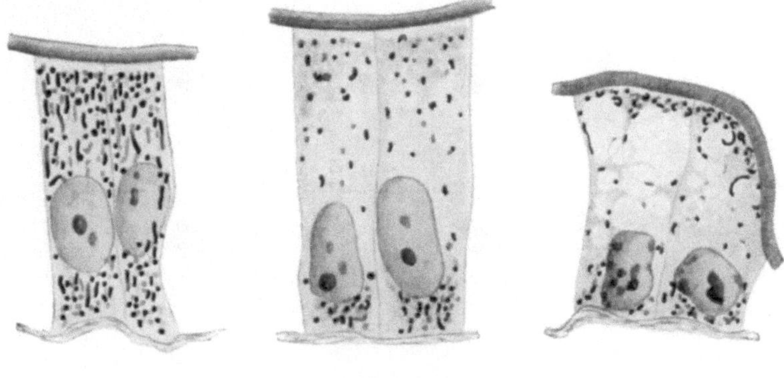

Abb. 343 a—c. Modifizierungen des Chondrioms während der Fettablagerungsvorgänge bei der Fledermaus. CHAMPY-KULL-Methode. a Kontrolle, b 15 Minuten, c 30 Minuten nach Fütterung mit Sahne. (Nach P. WEINER 1928.)

„die Funktion des Golgiapparates ist ausschließlich eine Akkumulation, eine Ausarbeitung von Sekretionsgranula, nicht aber eine chemische Ausarbeitung des Sekretes." „Weder an dem Resorbieren, noch an der chemischen Bearbeitung zu neutralem Fett beteiligt sich der Golgiapparat, nur das dritte Moment im Fettablagerungsvorgang — die Bildung morphologisch formierter Einschlüsse — darf auf Kosten der Aktivität des Golgiapparates bezogen werden" [WEINER (1928)]. „In dem Maße, wie sich die Zelle mit Fetttropfen anfüllt, werden dieselben größer; in den späten Fettablagerungsstadien sind die Zellen prall mit Fetttropfen gefüllt; von einer festen Lokalisation des Fettes kann nun keine Rede mehr sein. In betreff des Wachstums ist schwer zu beurteilen, ob diese Volumenzunahme infolge eines Ineinanderfließens der Tropfen zustande kommt, oder ob hier den einzelnen Tropfen ein selbständiger Wuchs eigen ist, wie es ALTMANN behauptet" (WEINER). Diese letzte Annahme ist wohl entschieden abzulehnen, denn es handelt sich bei den Fetttropfen entgegen der Ansicht von ALTMANN sicher um kein Protomerenmaterial der Zelle, sondern um tote paraplasmatische Einschlüsse. Dagegen erscheint es mir sehr wahrscheinlich, daß wenn einmal Fetttropfen durch die aktive vitale Speichertätigkeit des Golgiapparates gebildet sind, diese späterhin durch passive Anlagerung von weiterem Fett sich weiter vergrößern, zu der aktiven sich also die passive Speicherung gesellt.

Zahlreiche weitere Beispiele über die speichernde Tätigkeit des Golgiapparates sind den Beobachtungen an Drüsenzellen zu entnehmen. Ich verweise auf meine

Ausführungen auf S. 284 und die dort bereits angeführten Beispiele; ferner auf die Abb. 344 und mache noch besonders auf die häufig beobachtete Massenzunahme des Golgiapparates aufmerksam, welche sich kurz vor und während des Auftretens der ersten Sekretgranula in den verschiedensten Drüsenzellen feststellen läßt (u. a. Kopsch, Nassonov).

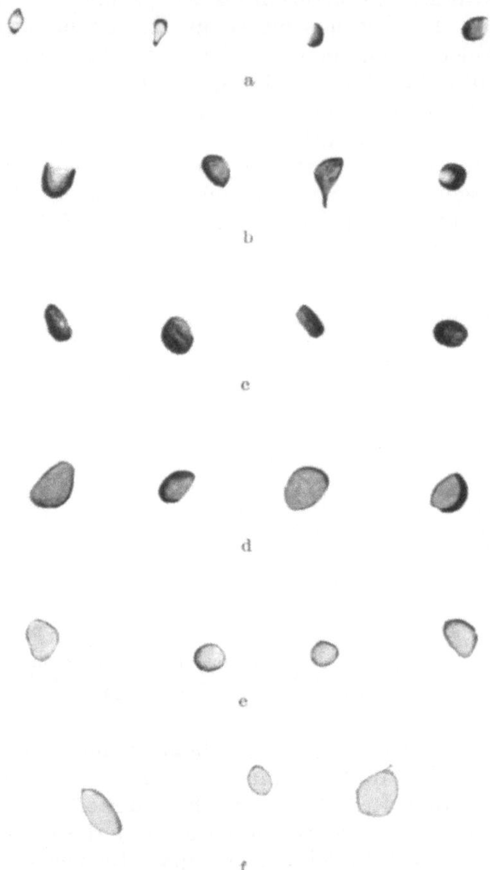

Abb. 344 a—f. Die Entwicklung, welche die Golgiapparatelemente bei der Sekretbildung in der Mitteldarmdrüse, vom Astacus leptodactylus durchmachen. Die Elemente sind alle bei gleicher Vergrößerung gezeichnet und stammen aus Zellen eines einzigen Drüsenschlauches. Aus einer Zelle sind immer mehrere Elemente gezeichnet worden; auch alle anderen Elemente der betreffenden Zellen befanden sich jeweils auf dem gleichen Entwicklungsstadium. Es stammen: a aus einer embryonalen Zelle, b aus einer embryonalen Zelle mit wenigen, aber bereits größeren Elementen distal vom Zellkern, c aus einer Zelle, deren ganzer Leib bereits mit Golgielementen angefüllt ist, d—f aus typischen Fibrillenzellen. In d hat die Masse der imprägnierbaren Substanz bereits abzunehmen begonnen; in f fertige Sekretgranula. (Nach Jacobs 1928.)

Durch die Untersuchungen von Nassonov, Jacobs (1928) scheint mir die Rolle des Golgiapparates als aktives Speicherungsorgan bei denjenigen Drüsenzellen erwiesen, welche ihr Sekret im Zelleib in mehr oder minder größerer Menge vor der Abgabe nach außen speichern. Wie weit darüber hinaus die Befunde uns berechtigen, eine aktive Beteiligung des Golgiapparates bei der Sekretbereitung selber anzunehmen [Bowen, Jacobs (1928)], wird in dem Abschnitt, welcher über die Sekretbildung handelt (S. 408), noch zu besprechen sein.

e) Morphologie der progressiven Stoffumwandlung in der Zelle. Die Verarbeitung von Nahrungsstoffen zu ergastischen Zellprodukten (Betriebsreservematerial).

Ich wende mich nunmehr dem Schicksal der verdauten und resorbierten Nahrungsstoffe zu, soweit dieselben nicht unmittelbar zur Bestreitung des Betriebsstoffwechsels verbrannt werden, wobei nach WARBURG den Struktur- oberflächen der Zelle eine große Bedeutung zukommt, sondern durch die Tätig- keit der Zelle in progressiver, vorwiegend also synthetischer Weise verändert werden.

Im Gegensatz zu der zerlegenden, spaltenden Wirkung des Verdauungs- vorganges werden nunmehr die Nahrungsstoffe entweder als Aufbaumaterial zur Neubildung des Teilkörpermaterials der Zelle verwandt (diese assimilato- rische Tätigkeit der Zelle, welche zu echtem Wachstum der lebenden Masse führt, wird in dem nachfolgenden Kapitel von WASSERMANN besprochen werden); oder aber die Zelle verwertet die ihr zugeführten Nahrungsstoffe zur Synthese ergastischer Zellprodukte, welche als Betriebsmaterial entweder zu eigener Verwendung (z. B. Dotter in Eizellen) oder zugunsten des ganzen Organismus (z. B. Drüsensekrete) gebildet werden. Es versteht sich von selbst, daß dieses Betriebsmaterial, da es ja gleichzeitig auch Reservematerial darstellt, zumeist nach seiner Bildung auch noch gespeichert wird, wir also nebeneinander in derselben Zelle Produktion von Betriebsmaterial und Speicherungsvorgänge kombiniert antreffen müssen. Trotzdem müssen wir natürlich den Vorgang der Betriebsmaterialproduktion scharf von dem seiner Speicherung unter- scheiden, was bisher aber zumeist nicht geschehen ist.

Wie uns die mikrochemische Analyse der ergastischen Zelleinschlüsse zeigt, bestehen dieselben meistens nicht aus den einfachen, durch die Verdauung abgebauten chemischen Verbindungen. Kohlenhydrate werden vorwiegend nicht als wasserlösliche Zuckerverbindungen, sondern als schwerlösliches Gly- kogen oder Stärke gespeichert, die Fettsubstanzen finden sich nicht als Fett- säuren, sondern als Neutralfetttropfen, das Eiweiß nicht in Form der niedersten Spaltprodukte (Aminosäuren, Peptone), sondern als höher molekulare, evtl. noch die Ninhydrinreaktion gebende Verbindungen. Chemisch sehr kom- pliziert ist z. B. die Zusammensetzung der unter dem Namen des Dotters zu- sammengefaßten paraplasmatischen Reservestoffe (vgl. S. 399) und schließ- lich der Sekrete. Wir haben also die Frage zu stellen, wie entstehen aus den chemisch einfach gebauten Nahrungsstoffen die kompliziert gebauten ergasti- schen Zelleinschlüsse, und welche Zellorgane beteiligen sich an ihrer Synthese?

Hierzu möchte ich noch einige prinzipiell wichtige Bemerkungen anfügen. Man hat nämlich in dem an und für sich gerechtfertigten Bestreben, die Be- teiligung der verschiedenen Zellorgane an dieser Synthese nachzuweisen, wie mir deucht, schließlich ganz übersehen, daß das allerdings morphologisch zumeist nicht faßbare, weil in feindisperser Form vorliegende Nährmaterial die Hauptquelle für diese produktive Tätigkeit der Zelle bildet. Man spricht gar nicht mehr von diesem, sondern nur noch von dem Kern, den Plastosomen, dem Golgiapparat usw., als wenn durch direkte und ausschließliche Umwand- lung derselben der Dotter oder die Sekrete entstünden. Bezeichnend ist dafür z. B. folgende Zusammenfassung, welche HARVEY (1925) von der Dotterent- stehung bei Lumbricus gibt: „No direct metamorphosis of either mitochondria, Golgi apparatus or nucleolus into yolk was observed. Yolk probably arises from the cytoplasm". Demgegenüber möchte ich betonen, daß diese ganze Be- trachtungsweise mir prinzipiell falsch erscheint. Gehen wir von unserer Ein- teilung der Zellbestandteile in paraplasmatisches und protomerales Material aus (vgl. S. 28), und hier scheint sie mir ihre Früchte zu tragen — so ist keineswegs einzusehen, warum die lebende Masse, um ergastisches, totes Zellmaterial zu produzieren, zuerst Nährmaterial in Protomerenmaterial umwandeln und dieses dann wieder in paraplasmatische Stoffe (regressiv) metamorphosieren sollte.

Das ist so unbiologisch gedacht, daß für mich kein Zweifel besteht, daß alles ergastische Zellmaterial, Fetttropfen so gut wie Dotterschollen und Sekrete im Prinzip dadurch entstehen, daß von der Zelle aufgenommene einfache Nährstoffe zu diesen chemisch oft sehr kompliziert gebauten Verbindungen synthetisiert werden. Diese Synthese erfolgt unter der Mitwirkung des Protomerenmaterials der Zelle, das dabei aber selber nur in Ausnahmefällen selber verbraucht wird, vielmehr höchstwahrscheinlich nur katalytisch wirkt. Wenn es bei den holokrinen Drüsen zu einem Zerfall der ganzen Zelle kommt, und als Folge davon auch Protomerenmaterial zugrunde geht, evtl. zur Sekretbildung benutzt wird, so liegt hier ein Spezialfall vor, der auch nur im vielzelligen Organismus möglich ist und kein Analogon bei den Einzellern hat.

Morphologisch wird die Mitwirkung des Protomerenmaterials bei der progressiven Stoffumwandlung zu ergastischem Material dadurch zutage treten, daß sich entweder an der Oberfläche oder im Innern der Zellorgane (Kern, Plastosomen, pflanzliche Plastiden usw.) das sich bildende ergastische Material anhäuft (Volumenvergrößerung der betreffenden aktiven Organe) oder daß eine Oberflächenvergrößerung der in Frage stehenden Zellorgane Schlüsse auf ihre Aktivität zuläßt.

a) **Kohlensäureassimilation bei den grünen Pflanzen. Synthese von Glykogen, Stärke, Fett, Eiweiß.**

Am besten sind wir über den Prozeß der Kohlensäureassimilation bei den grünen Pflanzen orientiert. Denn die Synthese von Zucker und Stärke erfolgt hier lokalisiert an ganz bestimmte Zellorgane, die Chloro- und Leukoplasten, welche nicht nur als Kohlenhydratbildner, sondern auch als -speicher funktionieren. Ich verweise bezüglich der chemischen Seite dieses Assimilationsprozesses auf die Arbeiten von Willstätter, ferner auf die zusammenfassende Darstellung in der Biologie von Hartmann (1927), die morphologischen Erscheinungen an den Chloroplasten sind neuerdings von Schürhoff (1924) monographisch in dem Handbuch der Pflanzenanatomie ausführlich geschildert worden.

Viel weniger wissen wir über die Bildung von Glykogen aus Zucker, zumal das Glykogen oft ganz diffus in den Zellen sich findet, seltener in Tropfenform lokalisiert gespeichert wird, wie z. B. in der quergestreiften Muskulatur in Form der interstitiellen Körner. Für diese ist von Duesberg angegeben worden, daß sie aus den Plastosomen entstehen. Arnold glaubt, daß die Plastosomen das Glykogen *speichern,* Duesberg legt den interstitiellen Körnern, welche seiner Ansicht nach Plastosomen sind, „den Wert von vegetativen Organellen bei, welche bei der Speicherung der Reservestoffe und beim Stoffwechsel beteiligt sind." Aber die Rolle der Plastosomen bleibt in allen diesen Untersuchungen schon aus dem Grunde zweifelhaft, weil die Autoren (Arnold, Duesberg, Regaud) überhaupt nicht den Versuch machen, zwischen Speicherung anderswo synthetisierten Glykogens und Synthese von Glykogen durch die Plastosomen eine Unterscheidung herbeizuführen. Über die etwaige Rolle des Golgiapparates bei der Speicherung von Glykogen in Tropfenform ist nichts Sicheres bekannt.

Tiefer einzudringen in das Problem der Synthese und Speicherung des Neutralfettes versucht, wie schon erwähnt, P. Weiner (1928). Nach seinen

Angaben wird das Neutralfett in Granulaform gespeichert von dem Golgi-apparat der Darmepithelien (vgl. S. 392 und Abb. 342); dagegen sollen an der Synthese des Neutralfettes aus Fettsäuren und Glycerin möglicherweise die Plastosomen beteiligt sein, welche einen körnigen Zerfall und eine gewisse Massen-reduktion während der Fettresorption und Fettspeicherung durch die Darm-epithelien aufweisen (Abb. 343). Auf diese Veränderungen haben schon CHAMPY (1911) und POLICARD (1910) hingewiesen und WEINER bestätigt sie, während CRAMER und LUDFORD (1925) allerdings zu negativen Ergebnissen gelangten. Während aber CHAMPY eine unmittelbare Umwandlung von Chondriosomen in Fetteinschlüsse annimmt, hat WEINER „kein einziges Mal die Umwandlung von Chondriosomen in „plastes" und das Auftreten von Fetteinschlüssen an ihrer Oberfläche beobachtet." „Deswegen glaube ich gemeinschaftlich mit POLICARD (1910), daß die Chondriosomen an der Ausbildung der Fetteinschlüsse keinen unmittelbaren, sondern nur einen indirekten Anteil nehmen, indem sie sich an der chemischen Umarbeitung (Synthese zu Neutralfett) beteiligen."

Gesichert scheint mir allerdings diese Folgerung keineswegs und es wird sich durch einfache cytologische Beobachtung ja auch nicht der Nachweis führen lassen, daß die Plastosomen etwa Fermente produzieren, durch welche die Synthese der Neutralfette bewirkt wird. Diese chemischen Vorgänge spielen sich eben in einem nicht mehr der mikroskopischen Analyse zugänglichen Ge-biet ab. Hier können nur Experimente weiterführen.

Wenn wir aber über Vorgänge im Zellplasma, welche zu einer so einfachen Synthese wie des Neutralfettes aus seinen Komponenten führen, so mangel-hafte Kenntnisse besitzen, so ist von vornherein nicht zu erwarten, daß die mikroskopische Analyse die Entstehung komplizierter gebauter Verbindungen, wie der Dotterkörner oder der fermenthaltigen Drüsensekrete, in befriedigen-der Weise wird klären können.

β) Morphologie der Dotterbildung tierischer Eizellen.

Zwar nennt GURWITSCH die Dotterbildung tierischer Eizellen „sozusagen das Paradespiel unserer Lehre von der Ernährung der Zelle"; aber dieses Urteil von GURWITSCH war im Jahre 1913, als es ausgesprochen wurde, allzu opti-mistisch und die Fülle seither erschienener Arbeiten über das Problem des Ei-wachstums und der Dotterbildung haben den Optimismus von GURWITSCH keineswegs gerechtfertigt.

Zunächst sei vorweg festgestellt, daß „Dotter" keineswegs ein einheitlicher chemischer Begriff ist, daß es vielmehr sehr verschiedene (artspezifische), bald mehr eiweißhaltige, bald mehr fett- und lipoidhaltige Dotterpartikel gibt (vgl. S. 312), welche oft in ein und derselben Eizelle nebeneinander vorkommen (z. B. weißer und gelber Dotter der Vogeleizelle). Es ist klar, daß der chemische Vorgang, der zur Dottersynthese führt, von Fall zu Fall ein verschiedener sein muß. Ferner ist zu berücksichtigen, daß neben der eigentlichen synthetischen Produktion von Dotter auch Speichervorgänge einhergehen. Ein nicht gering einzuschätzender Vorzug beim Studium der Dotterbildung ist die Möglichkeit, die einzelnen Stadien dieses progressiv verlaufenden Dotterbildungsprozesses (zumeist in demselben Ovarium) sich verhältnismäßig einfach beschaffen zu können, wobei die Ermittlung der richtigen Reihenfolge der einzelnen Stadien (Stufenuntersuchung, vgl. S. 409) keine Schwierigkeiten macht.

Wir gehen bei unserer Erörterung des Problems der Dotterbildung von der Vorstellung aus, daß der Dotter sich durch direkte synthetische Umwand-lung von zugeführten Nahrungsstoffen bildet (vgl. S. 398). Diese werden den Eizellen in den Fällen des „auxiliären" Eiwachstums in großer Menge und flüssiger Form durch besondere Nährzellen (Follikelzellen) zugeführt, welche entweder allseitig oder unter Bevorzugung einer Seite (Abb. 345) der Eizelle angelagert sind. In letzterem Fall kann man dann fast immer die Beobachtung machen, daß der Eikern der Seite genähert liegt, wo die Nahrungsstoffe eintreten, und oft sogar pseudopodienartige Fortsätze nach den Nährzellen hin entwickelt (Abb. 345). Auch bei den Eiern mit solitärem Eiwachstum finden wir den Kern dort gelagert, wo die Stoffaufnahme vorzugsweise erfolgt. So reichen bei manchen Aktinien die Eier mit einem stielartigen Fortsatz in das Darmepithel bis an dessen Oberfläche heran. Der Stiel (Abb. 346) läßt eine besondere fibrilläre Struktur erkennen, wie sie oft dort auftritt, wo Stoffwechselprodukte auf bestimmten Bahnen in die Zelle eintreten (vgl. S. 380). Regelmäßig liegt das Keimbläschen an der Basis dieses Stieles.

Diese Beobachtungen lassen es, wie schon Korschelt (1891) und Haberlandt (1887) ausgeführt haben, als sicher erscheinen, daß der Zellkern an der Verarbeitung dieses Nährmaterials irgendwie beteiligt ist. Eine Möglichkeit

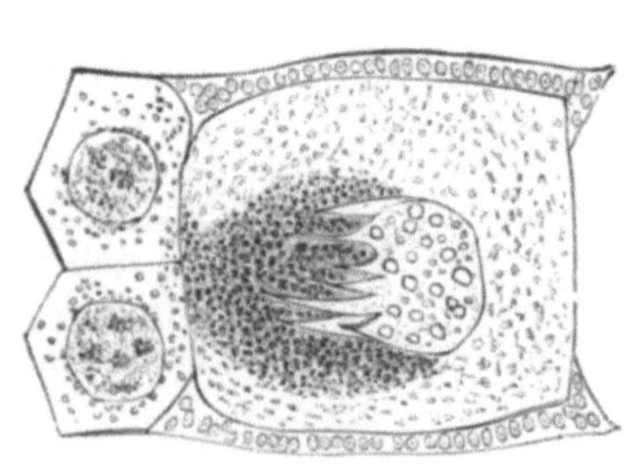

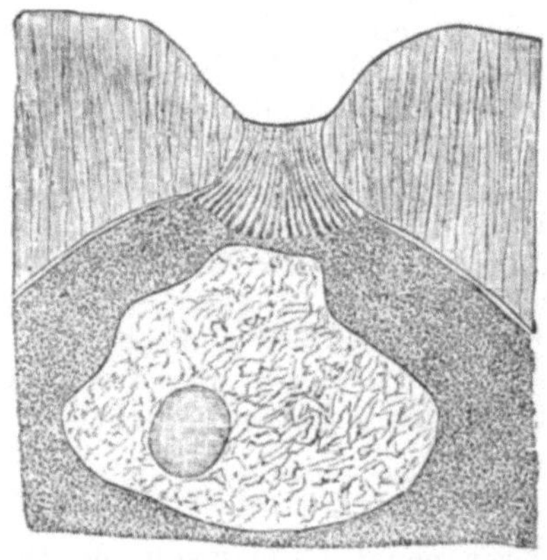

Abb. 345. Ein Eifollikel von Dytiscus marginalis mit angrenzendem Nährfach, in welchem eine reichliche Körnchenausscheidung stattfindet. Das Keimbläschen des Eies sendet Fortsätze aus nach der Richtung der Körnchenanhäufung. (Nach Korschelt.)

Abb. 346. Querschnitt durch das periphere Ende und den Stiel einer Eizelle von Sagartia parasitica. (Nach O. und R. Hertwig.) Nach oben sieht man den gestreiften Stiel der Eizelle in das Epithel eindringen.

ist die, daß der Kern Fermente liefert, welche zur Synthese der Nahrungsstoffe dienen. Hierfür spricht einmal die von mir schon früher besprochene Beobachtung, daß die Abkömmlinge des Eikerns, die Furchungskerne, dotterspaltende Fermente liefern. Da wir nun wissen, daß ein und dasselbe Ferment je nach den äußeren Bedingungen sowohl spaltend wie synthetisierend wirken kann, so scheint mir die Annahme, daß der Kern bei dem Eiwachstum dottersynthesierende Fermente liefert, nicht allzu gewagt, zumal wir gerade von Eizellkernen Beispiele kennen, welche zeigen, daß der Kern aktiv an der Bildung von ergastischen Zellprodukten, welche hier allerdings nicht „Dotter" sind, beteiligt ist. Bei den Wasserwanzen verschmelzen je zwei Zellen des Eifollikels zu einer sog. Doppelzelle. In der Mitte dieses so gebildeten Protoplasmakörpers wird ein Chitinstrahl ausgeschieden. Während dieser Ausscheidung schicken die beiden besonders großen Kerne an der dem sich bildenden Chitinstrahl zugekehrten Seite zahlreiche Fortsätze aus (Abb. 347).

Die zweite Möglichkeit, wie der Kern auf die von der Zelle aufgenommene Nahrungsstoffe einwirken kann, ist die, daß er dieselben in sein Inneres aufnimmt, und dort weiter verarbeitet. Die starke Größenzunahme des Eikerns während des Eiwachstums ist ein genügender Beweis, daß diese Stoffaufnahme durch den Kern tatsächlich auch erfolgt.

Daß diese Stoffaufnahme nur zu einem kleinen Teil der Assimilation und Produktion von Chromosomen(protomeren)material dient, geht aus der am Ende der Wachstumsperiode des Eies nicht vermehrten Chromosomenzahl hervor. Vielmehr wird das aufgenommene Nahrungsmaterial zu ergastischem Kernmaterial, vor allem den Nucleolen verarbeitet (vgl. S. 185), wobei besonders auf die schon früher (S. 184) besprochene Mitwirkung der Chromosomen (Lampenbürstenform) noch einmal hingewiesen sei. Da nun außerdem eine auffällige Parallele zwischen der Größe des Keimbläschens und dem Dotter-

reichtum des Eies besteht (besonders große Keimbläschen besitzen die dotterreichen Eier der Vögel und Reptilien), so hat die weitere Annahme viel Wahrscheinlichkeit für sich, daß der Kern das in seinem. Innern verarbeitete Nahrungsmaterial zur Produktion von Dotter an den Zelleib weitergibt. Wie diese erfolgt, ist bisher allerdings nicht eindeutig nachgewiesen worden. SCHAXEL hat eine sog. Chromatinemission aus den Eikernen bei mehreren Arten beschrieben; ich verweise auf die Kritik (S. 198) und

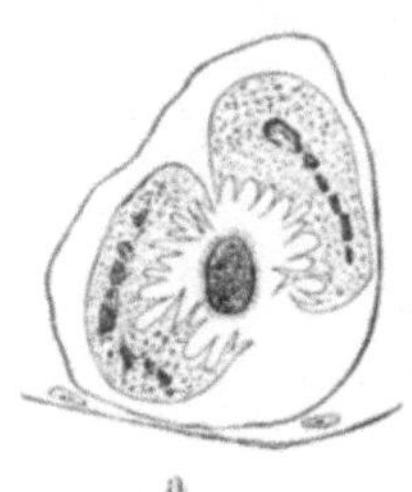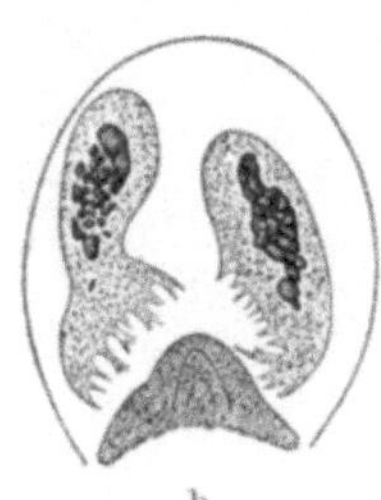

Abb. 347. a Querschnitt einer sezernierenden Doppelzelle aus dem Eifollikel von Nepa cinerea. Die Bildung des Strahles ist noch im Gange. Vergr. 270fach. b Längsschnitt einer Doppelzelle aus dem Eifollikel von Nepa. Bildung der Basis des Strahles. Vergr. 195fach. (Nach KORSCHELT.)

betone hier nochmals, daß es sich hier keinesfalls um eine Abgabe von Kernprotomerenmaterial handeln kann, vielleicht aber um eine solche von ergastischen Kernstoffen, etwa von Nucleinsäure (vgl. S. 200). Allerdings sind bisher Versuche, mittels der Nuclealreaktion (S. 94) die Anwesenheit von Thymonucleinsäure im Eiplasma, bzw. in den Dotterkörnern nachzuweisen, nicht einwandfrei gelungen. Denn HIBBARD (1928) berichtet, daß die Dotterelemente bei Discoglossus bereits ohne Hydrolyse sich mit der Fuchsinschwefelsäure rosa färben lassen. Neuerdings mehren sich dagegen wieder die Angaben, daß Nucleolen durch die Eikernmembran hindurchtreten und im Eiplasma sich in Dotter umwandeln [GATENBY (1919—1922), LUDFORD (1921), MC KATER (1929), KOCH (1929)]; sollten sie sich bestätigen, so wäre damit der sichere Nachweis erbracht, daß durch Vermittlung des Kerns die von der Eizelle aufgenommenen Nährstoffe in Dottermaterial synthetisch umgewandelt werden können.

Damit ist natürlich noch nicht gesagt, daß nicht auch andere Zellbestandteile (Zellorgane) sich an der Dotterbereitung beteiligen. Von zahlreichen Forschern wird den Plastosomen eine wichtige Rolle bei der Dotterentstehung zugeschrieben; die einen Autoren [GRAJEWSKA (1915, 1921), ZOJA (1891), DUESBERG (1912), RUSSO (1910), FAURÉ-FRÉMIET (1910), HIRSCHLER (1917, 1918) nehmen an, daß die Plastosomen sich direkt in Dotterkörner umbilden, bzw. bei der Verarbeitung des Nährmaterials selber ihre Protomerennatur verlieren; die anderen Forscher lassen die Plastosomen mehr indirekt an der Dotterbildung beteiligt sein [VAN DER STRICHT (1908, 1909)].

BLUNTSCHLI (1904), BAILLARD (1904), EMBERGER (1925), NOEL (1924) lassen sie als „Katalysatoren" wirken, KONOPACKI (1927), der die Dotterbildung beim Frosch untersucht hat, stellt die Tätigkeit der Plastosomen in Parallele mit derjenigen der Plastiden bei den Pflanzen. „Les chondriocontes correspondent aux plastes des botanistes et peuvent être nommés vitelloplastes. Le rôle du vitelloplaste n'est qu'indirect et cyclique dans l'élaboration des

substances de réserve. Il constitue un catalysateur de la cellule." „Les vitelloplastes (= chondriocontes), en assimilant les substances du milieu, les syn-
thétisent en lipoproteides, sans prendre pourtant un part directe dans cette
transformation. Ils les placent tout autour de la substance lipoprotéique en
formant en quelque sorte une enveloppe mitochondriale." Nach der Ansicht

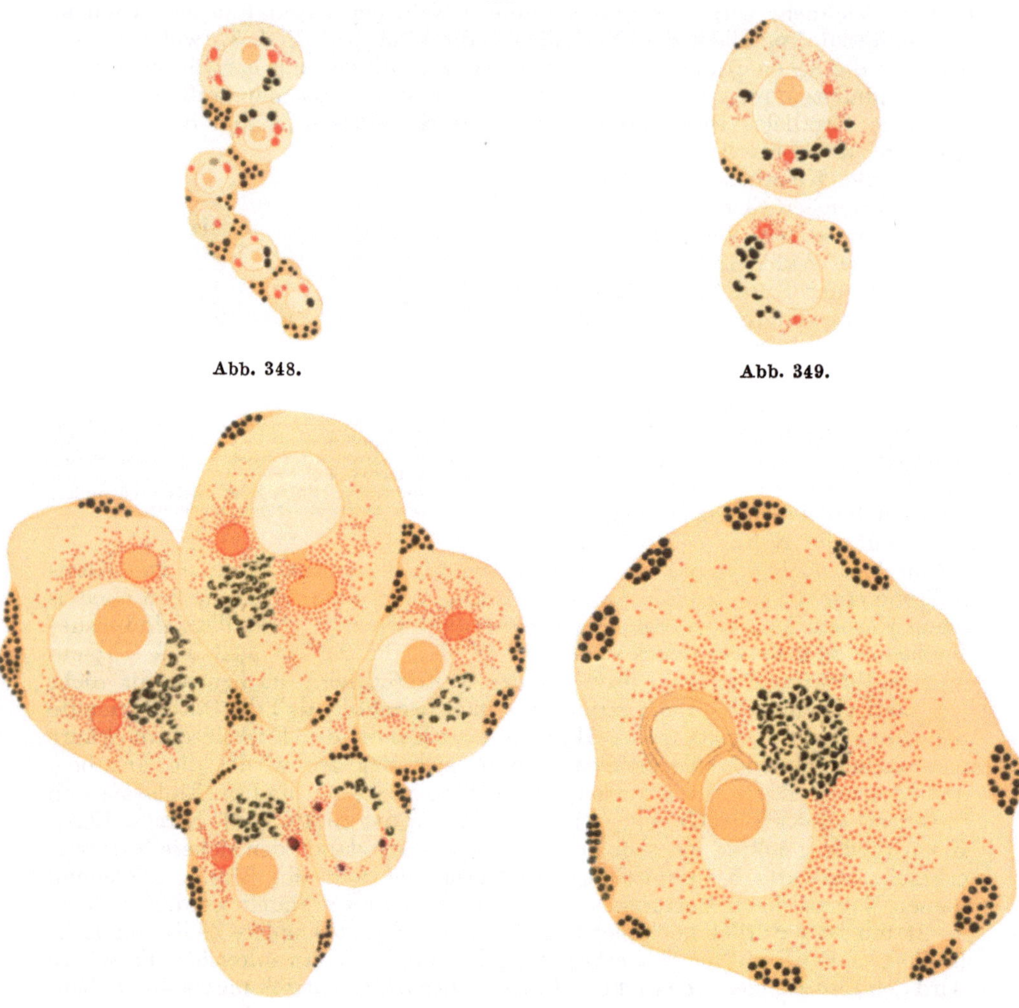

Abb. 348.

Abb. 349.

Abb. 350.

Abb. 351.

Abb. 348—353. Ovogenese von Ciona intestinalis. Fixierung nach Kopsch, Färbung nach Altmann.
(Aus Hirschler 1916.)
Abb. 348. Jüngste Ovocyten; im Plasma rote Mitochondrienkörper und schwarze Golgiapparatelemente. Abb. 349. Etwas ältere Ovocyten, außer den Strukturen wie in Abb. 348 noch rote, granula-
förmige Mitochondrien. Abb. 350. Ovocyten verschiedenen Alters. Im Plasma der Golgiapparat,
Mitochondrien und Dotterkern zu sehen. Abb. 351. Ältere Ovocyte mit komplexem Golgiapparat;
am Kern ein großer Dotterkern, im Plasma die roten Mitochondrien.

von Konopacki sollen dann später, wenn die Dotterverarbeitung mit Beginn
der Gastrulation einsetzt (vgl. S. 387), die Vitelloplasten ihres Dotters sich
entledigen und wieder zu Plastosomen werden. Wieweit diese Annahmen von
Konopacki gerechtfertigt sind, muß die definitive Arbeit zeigen — vorläufig
liegt nur eine kurze Mitteilung vor. — Daß aber etwas Ähnliches tatsächlich

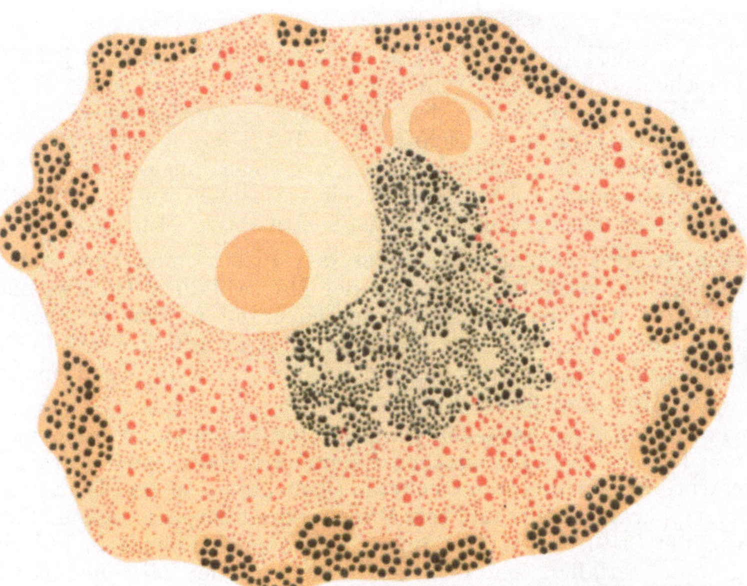

Abb. 352. Noch ältere Ovocyte. Der Golgiapparat in Auflösung. Die Dotterbildung hat begonnen.

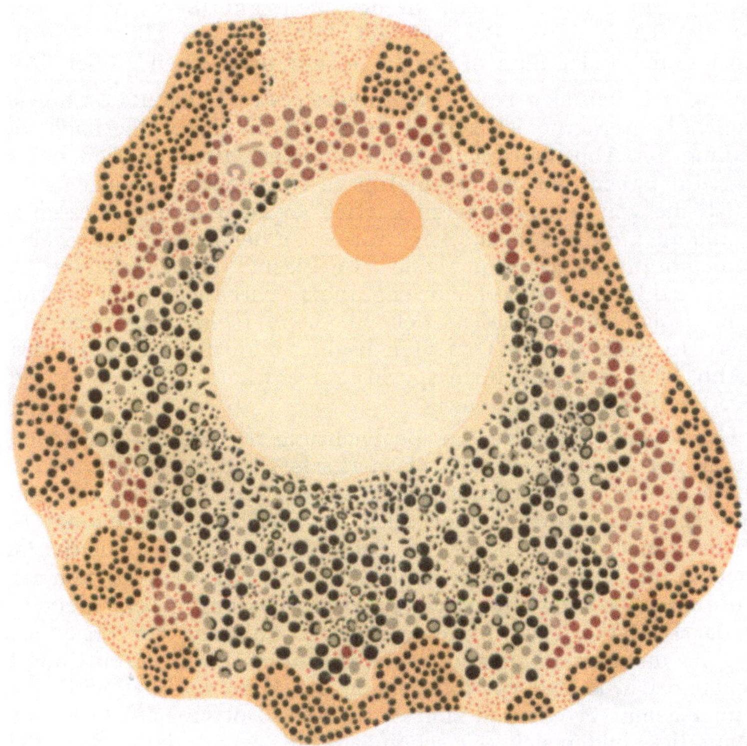

Abb. 353. Ziemlich ausgewachsene Ovocyte. Der Golgiapparat beteiligt sich an der Dotterbildung.

vorkommt, dafür sprechen die Bilder, welche Hirschler (1913) von den Beziehungen der Plastosomen zu den „Glanzkugeln" in den Ascarisspermiocyten gibt. Auf der Abb. 265 b (S. 290) ist zu sehen, wie an der Oberfläche jeder Glanzkugel ein stäbchenförmiges Plastosom angelagert ist. — Hirschler ist geneigt, „eine Genese der Glanzkugeln aus den Mitochondrien anzunehmen und erstere als Mitochondrienderivate zu bezeichnen." — Besonders wichtig ist aber, daß später die stäbchenförmigen Mitochondrien sich ausnahmslos von den Glanzkugeln — gleichsam nach vollbrachter Arbeit — loslösen, in Granula zerfallen und das Chondriom der Samenzellen liefern (Abb. 265 e—k).

Noch komplizierter insofern, als außer den Plastosomen auch der Golgiapparat beteiligt ist, verläuft der Prozeß der Dotterbildung bei den Ascidien. Hirschler (1916) hat hier die Plasmakomponenten in den weiblichen Geschlechtszellen und ihren Anteil an der Dotterbildung mit den verschiedensten Methoden sehr gründlich untersucht, und ich gebe hier an Hand einiger Abbildungen seine Hauptergebnisse kurz wieder:

Sämtliche in den Abb. 348—353 dargestellten Ovocyten wurden nach der Methode von Kopsch in Osmiumsäure fixiert und dann nach Altmann mit Fuchsin gefärbt. In den jüngsten Ovocyten (Abb. 348) sind im Plasma schwarzgefärbte Golgiapparatelemente und rote Mitochondrienkörper zu sehen. Bei etwas älteren Ovocyten (349) ist ein Teil dieser Mitochondrienkörper in kleine Mitochondriengranula zerfallen, ein oder auch mehrere der Mitochondrienkörper haben dagegen durch Ansammlung einer schwach gelbgefärbten Masse im Innern sich vergrößert und durch einen stielförmigen Fortsatz Verbindung mit der Kernmembran erhalten. Aus diesen entwickeln sich durch weitere Vergrößerung die zunächst meist in der Mehrzahl (3—5) vorhandenen sog. „Dotterkerne" (Abb. 350). Bei dem auf Abb. 351 abgebildeten noch älteren Ovocytenstadium findet man in der Regel nur noch einen großen Dotterkern.

Die übrigen haben sich nach der Annahme von Hirschler aufgelöst. Für diese großen Dotterkerne ist typisch, daß die an ihrer Oberfläche noch auf dem Stadium der Abb. 350 reichlich lokalisierten Mitochondrien sich von ihm völlig losgelöst haben, daß in seinem Innern eine hellere (flüssige ?) Partie aufgetreten ist, die von den peripheren Partien kapselartig umschlossen ist. Sehr deutlich sind auch die Stiele zu sehen, mit denen der Dotterkern regelmäßig mit der Kernmembran in Verbindung steht. Im Plasma dieser Ovocyten (Abb. 351) sind ferner zahlreiche Mitochondriengranula vorhanden; die vorher diffus verstreuten Golgielemente haben sich zu einem mehr „komplexen" Apparat gesammelt. In noch älteren Ovocyten beginnt nun die Auflösung des Dotterkernes (Abb. 352), der schließlich spurlos verschwindet (Abb. 353); gleichzeitig setzt aber die Dotterbildung ein.

Auf Grund der geschilderten Beobachtungen betrachtet Hirschler die Dotterkerne der Ascidieneier „als plasmatische Strukturen, die mit den Mitochondrien gemeinsamen Ursprungs sind, zu den Zellkernen in eine sehr intime topographische und wahrscheinlich auch physiologische Beziehung (Aufnahme von Kernsubstanzen durch die Stiele) treten und gegen das Ende der Ovogenese der Degeneration verfallen." Ich schließe mich dieser Deutung von Hirschler an, möchte ihr aber noch eine etwas präzisere Fassung geben: Meiner Meinung nach ist der Dotterkern der Ascidien eine Ansammlung von ergastischem Material, das aus den dem Ei zugeführten Nährstoffen durch Vermittlung zunächst der Mitochondrien, später vor allem auch des Kern gebildet wird, später sich auflöst, im Plasma verteilt und zum Aufbau der Dotterelemente weiter benutzt wird. Denn diese bilden sich, wie schon erwähnt, gerade dann, wenn der Dotterkern verschwindet, und zwar dadurch, wie Hirschler nachgewiesen hat, daß

„an verschiedenen Stellen des Plasmas manche Mitochondrien zu etwas an-
sehnlicheren Kugeln heranwachsen. In älteren Stadien wird die Zahl der heran-
gewachsenen Mitochondrien immer größer (Abb. 352) und ihre Größe nimmt
ebenfalls weiter zu." „Wir haben es bei unserem Objekt mit einer direkten Umwandlung des Mitochondriums in eine Dotterkugel zu tun. Das Wachstum
des Mitochondriums, welches zur Entwicklung einer Dotterkugel führt, kann
natürlich nur auf diese Weise geschehen, daß gewisse Substanzen aus dem
Plasma in das Granulum aufgenommen werden. Die Aufnahme dieser Substanzen muß eine Metabolie des Granulums verursachen, die sich auch im mikroskopischen Bild erkennen läßt. Die ausgewachsene Dotterkugel zeigt noch
zuerst an KOPSCH-ALTMANN-Präparaten die typische Mitochondrienreaktion,
hernach wird aber ihre Affinität zu dem Anilinfuchsin viel geringer. Über den
Metabolismus unterrichten uns noch deutlicher die Biondibilder nach Carnoyfixierung. Da dieses Gemisch ein Lösungsmittel für Lipoide ist, so orientieren
uns diese Bilder bloß über den Metabolismus der Eiweißsubstanz. Wir sehen
nun an ihnen, daß die Mitochondrien sich kräftig rot färben, die Dotterkugeln
der jüngeren Ovocyten einen Mischton in den älteren Ovocyten dagegen eine
rötliche Tingierung annehmen. Über das Verhalten des zweiten Hauptbestand-
teiles, des Lipoides, unterrichten uns SJÖVALL-Bilder. Auf solchen Präparaten
finden wir neben den schwarzen Mitochondrien auch alle ihre Wachstumsstadien
und die Dotterkugeln mehr oder minder geschwärzt, ein Beweis, daß während
des Metabolismus, welcher zur Entwicklung der Dotterkugeln führt, die Lipoid-
substanz in denselben erhalten bleibt. Daß diese Schwärzung nicht auf Fett-
gehalt zurückzuführen ist, ergibt sich aus ihrer Resistenz dem Terpentin gegenüber."

An Hand der nach KOPSCH mit Osmiumsäure behandelten Präparate bespricht HIRSCHLER dann die Beziehungen des Golgiapparates zu den Dotterkugeln: „Man kann direkt beobachten, wie sich die Apparatpartikelchen an
die Dotterkugeln anlegen und sie haubenförmig umgreifen. In dem Maße,
wie sich die Apparatelemente auf einen größeren Plasmabezirk ausbreiten,
ergreift die Schwärzung auch einen größeren Teil der Dotterkugeln (Abb. 353).
Viele zeigen jetzt eine intensivere Schwärzung, anderen sitzen haubenförmige
Apparatelemente auf. Im jungen Ei sind überhaupt nur geschwärzte Dotterkugeln anzutreffen." „Alle diese Bilder deuten nun, wie mir scheint, ganz
sicher darauf hin, daß der Golgiapparat am Aufbau des Dotters beteiligt ist,
und daß die Massenreduktion, welcher er am Ende der Ovogenese unterliegt,
dadurch verursacht wird, daß der größte Teil seiner Elemente in die Dotterkugeln übergeht" [HIRSCHLER (1916, S. 23)].

Zu recht ähnlichen Anschauungen über die Entstehung des Dotters kommen
neuerdings GATENBY (1919—1922) und HOPE-HIBBARD (1928). HIBBARD faßt
ihre Ergebnisse über die Dotterbildung bei Discoglossus folgendermaßen zusammen:

„Le vitellus naît dans l'oeuf aux depens des éléments du vacuome, par
condensation et déshydratation de leur contenu. Ces éléments, colorables par
le rouge neutre et décelables par les imprégnations métalliques, correspondent
aux dictyosomes de l'appareil de Golgi. Ils disparaissent dans l'oeuf mur."

„Le vitellin, envacuolé au début, est essentiellement protéique; d'autre
part, il parait accumuler certaines substances d'origine nucléaire. Arrivé au
terme de sa condensation et de sa déshydratation, il s'imprègnue de lipoides, issus
du cytoplasme fondamental. It s'agit donc, selon la terminologie de GATENBY
d'un vitellus G(golgien) + C (cytoplasmique) + N. (nucléaire)."

„Les graisses et le glycogène naissent au sein du cytoplasme homogène,
sans intervention directe d'aucun constituant cytoplasmique."

In einer soeben erschienenen Arbeit beschreibt Mc Kater (1929), der die Oogenese bei dem Krebs Cambarus mit den modernen cytologischen Methoden sorgfältig studiert hat, die Dotterbildung folgendermaßen: „It is suggested, that mitrochondria function in vitellogenesis as a catalytic agent which alters incoming food material and that Golgi element complete the conversion of this matter into yolk."

Trotz der in den Arbeiten von Gatenby, Ludford, Hirschler, Hibbard, Konopacki, Mc Kater durch Ausnutzung der verbesserten mikrochemischen Untersuchungsmethoden erzielten Fortschritte sind unsere gegenwärtigen Kenntnisse über die Dotterbildung im einzelnen doch noch sehr ungenügende. So macht z. B. Hirschler darauf aufmerksam, daß das „Grundplasma" in den verschiedenen Wachstumsstadien der Ascidienovocyten eine sehr variable Tingierung nach Biondifärbung aufweist, „was wohl darauf schließen läßt, daß es während dieser Zeit tiefgreifenden Metabolien unterliegt". „Wir können drei gesetzmäßige, einander folgende Zustände des Grundplasmas unterscheiden: „Den Zustand der primären Oxyphilie (reine Fuchsinfärbung), den Zustand der Basophilie (reine Methylgrünfärbung) und den Zustand der sekundären Oxyphilie (wieder reine Rotfärbung)."

„Dabei fällt die primäre Oxyphilie des Grundplasmas zeitlich mit dem primär diffusen Zustand des Golgiapparates zusammen, die Basophilie mit dem komplexen Zustand des Apparates, die sekundäre Oxyphilie des Grundplasmas mit dem sekundär diffusen Zustand des Golgiapparates." Die etwaige Bedeutung dieser Reaktionsänderung des Grundplasmas für den Dotterbildungsprozeß ist noch ganz unklar.

Vor allem aber ist die prinzipiell wichtige Frage (vgl. S. 398) keineswegs gelöst, ob die Plastosomen, bzw. die Elemente des Golgiapparates bei der Dotterbildung verbraucht werden und zugrunde gehen, oder präziser ausgedrückt, ihre Protomerennatur einbüßen. Letzteres wäre nicht unbedingt notwendig anzunehmen, wenn die Darstellung von Hirschler von dem weiteren Schicksal der Dotterplättchen der Ascidieneier bei der nachfolgenden Verdauung das Richtige trifft: „Während der Embryonalentwicklung findet ein stärkerer Anwuchs und eine Regeneration der Apparat- und vielleicht auch der Mitochondrialsubstanz statt. Diese Regeneration würde nun, wie wir vermuten, auf diese Weise zustande kommen, daß der Dotter die in ihm enthaltene Apparat- und Mitochondrialsubstanz an die in der sich furchenden Eizelle in geringer Menge vorhandenen Apparat- und Mitochondrienstrukturen abgibt und sich dadurch an der Massenzunahme dieser Strukturen beteiligt." Hibbard (1928) beschreibt übrigens auch eine solche Massenzunahme der Mitochondrien auf Kosten der sich auflösenden Dotterplättchen bei Discoglossus.

„Les mitochondries, d'abord granuleuses entre les plaquettes vitellines, augmentent énormément, en même temps que le vitellus disparaît, bien qu'on ne puisse voir de transformation directe" [Hibbard (1928, S. 314).

γ) Morphologie der Drüsensekretproduktion, bzw. des ganzen komplexen Vorganges der Sekretion.

In vieler Beziehung, sowohl was die Entwicklung als den gegenwärtigen Stand der Probleme angeht, gleicht die Frage nach der Entstehung der Drüsensekrete, d. h. nach der Umwandlung der den Drüsenzellen zugeführten Nährstoffe in spezifische Sekrete, derjenigen, welche ich soeben bei der Dotterbildung diskutiert habe.

Ganz neuerdings macht auch Mc Kater (1929) auf diese Ähnlichkeit der genannten Probleme aufmerksam; er geht sogar noch einen Schritt weiter, wenn er schreibt: „The process of vitellogenesis is probably fundamentally the same as secretory activity of gland-cells."

Wie bei der Dotterbildung hat man auch bei der Drüsensekretproduktion die verschiedenen Zellorgane mit mehr oder minder Erfolg für diese produktive, synthetische Tätigkeit verantwortlich gemacht, wobei je nach der herrschenden Mode, wenn ich mich so ausdrücken darf, bald der Kern, bald die Plastosomen und neuerdings der Golgiapparat im Vordergrund des Interesses standen.

Was bezüglich der Mitwirkung des Kernes an der Sekretbereitung bekannt ist, wurde schon größtenteils früher auf S. 198 erwähnt. Die direkte Abgabe geformter Nucleolensubstanz aus dem Zellkern und ihre direkte Umwandlung in Sekretgranula ist sicher oft zu Unrecht behauptet worden, in vereinzelten Fällen (z. B. Spinndrüsenzellen der Raupen) scheint aber eine solche tatsächlich vorzukommen. Sichergestellt ist dagegen eine sehr häufige Beteiligung des Kerns an der Sekretbildung durch Abgabe ungeformter (flüssiger) Stoffe an das Zellplasma, wenngleich nicht jede basophile im Zelleib nachweisbare Stoffmasse nun unbedingt von dem Zellkern ausgeschieden zu sein braucht.

Solche basophilen, vor allem nach Fixierung mit sublimat- und essigsäurehaltigen Fixierungsmitteln mit basischen Farbstoffen darstellbaren Plasmamassen, sind namentlich von Garnier und Bouin in vielen Drüsenzellen beschrieben und als Ergastoplasma benannt worden. Oftmals tritt es in Fadenform auf (Basalfilamente von Solger (1891)]. War man anfangs geneigt, das Ergastoplasma eben wegen seiner Basophilie als Kernabkömmling aufzufassen, so trat später namentlich infolge der Untersuchungen von Prenant (1910) die Hypothese in den Vordergrund, daß das Ergastoplasma nichts anderes als das durch die Sublimatessigsäure schlecht fixierte Chondriom sei. Doch haben Lutz (1922), Roskin (1926), Jacobs (1928) wenigstens für ihre Objekte (Planorbis-, Pteropoden- und Astacusdrüsen) nachgewiesen, daß hier „das Ergastoplasma ein selbständig und unabhängig neben den Plastosomen bestehender Zellbestandteil ist" [Jacobs (1928)].

Wegen der sehr umfangreichen Literatur über die angebliche Beteiligung der Plastosomen an der Sekretbereitung verweise ich auf die zusammenfassenden Referate von Duesberg (1912) und Cowdry (1924); die Literatur über das Verhalten des Golgiapparates in Drüsenzellen ist bei Jacobs (1927) zusammengestellt (vgl. ferner S. 293 und die Literaturverzeichnisse S. 319). Da in sehr vielen Fällen, wenn wir von den neuesten Arbeiten [z. B. Jacobs (1928)] absehen, einseitig entweder nur das Verhalten des Kerns, oder des Plastosomen oder des Golgiapparates bei der Sekretbildung untersucht worden ist, so verlieren diese Untersuchungen sehr viel von ihrem Wert und das Urteil von Jacobs scheint mir durchaus berechtigt, daß „die betreffenden Ergebnisse, insbesondere was die feinen Einzelheiten angeht, mit großer Vorsicht zu beurteilen sind".

Vor allem erhebt sich ja bei all diesen Mitteilungen über die angebliche Beteiligung der verschiedenen Zellorgane an der Sekretbildung wieder die prinzipielle Frage, ob das Protomerenmaterial der Zelle, was im Kern, evtl. auch in den Plastosomen (vgl. S. 255) und dem Golgimaterial (vgl. S. 292) enthalten ist, bei der Sekretbildung nur katalysatorisch wirkt und selber erhalten bleibt, oder selber dabei verbraucht wird. Ich habe meinen prinzipiellen Standpunkt zu dieser Frage schon auf S. 398 dargelegt und kann mich keineswegs der Hypothese von Altmann und Heidenhain anschließen, welche „die Drüsengranula (in ihrer Wachstumsphase) für lebendige Organe der Zelle" halten [Heidenhain (1911, S. 395)]. Denn Heidenhain (1911, S. 395) gibt selbst zu, daß „aus den mikroskopischen Beobachtungen über die erste Entstehung der Drüsengranula allein kein genügender Schluß auf die Natur der

Granula gezogen werden kann". Von den folgenden 5 Argumenten Heidenhains für die Protomerenabstammung der (serösen) Drüsengranula ist aber kein einziges stichhaltig. Nach Heidenhain (1911, S. 381) besitzen die serösen Granula 1. ein immer begrenztes Wachstum. 2. Sie gelangen zu einer bestimmten Durchschnittsgröße, welche bei verschiedenen Drüsen derselben Tierart und sogar bei der nämlichen Drüse verschiedener Tierarten spezifisch variiert. 3. Sie konfluieren niemals untereinander, sondern bewahren ihre morphologische Individualität. 4. Sie bringen in bestimmten Fällen eine besondere Binnenstruktur zur Ausbildung (Halbmondkörperchen). 5. Sie lassen in ihrer Geschichte zwei deutlich unterschiedene Perioden erkennen, eine erste des systematischen Aufbaues, eine zweite der atypischen Auflösung und des Zerfalls.

Wenn neuerdings Jacobs bei der Sekretbildung in den Mitteldarmdrüsen von Astacus einen Verbrauch des Golgimaterials bis zum völligen Schwund desselben beschreibt (Abb. 343), so ist, abgesehen davon, daß die Protomerennatur des Golgiapparates keineswegs feststeht (vgl. S. 292), die Umwandlung von Golgimaterial in Sekretstoffe schon aus dem Grunde nicht als allgemeine Regel, wie übrigens auch Jacobs selber betont, erwiesen, weil es sich bei Astacus um eine holokrin arbeitende Drüse handelt, und bei dem Tode der Zelle alles Protomerenmaterial, mag es nun an der Sekretbildung selber beteiligt oder unbeteiligt sein, zugrunde geht.

So schließe ich mich denn ganz der Meinung von Gurwitsch (1913) an, daß „die Drüsensekrete wirkliche Elaborate der Drüsenzellen und nicht vorher in ihnen (als Protomeren) präformiert sind". Daß wir aber über den Vorgang der Sekretproduktion so wenig Sicheres, noch weniger wie über die Dotterbildung, wissen, das hat verschiedene, zum Teil schwer, zum Teil aber auch schon bei dem gegenwärtigen Stand der Untersuchungstechnik vermeidbare Gründe, auf die im folgenden noch hingewiesen werden soll.

Zunächst ist es ein unbedingtes Erfordernis, daß gleichzeitig alle Zellorgane (Kern, Plastosomen, Golgiapparat, Grundplasma) auf ihre evtl. Mitbeteiligung bei der Sekretbereitung mit den verschiedenen Methoden untersucht werden. Das ist bisher, wie schon erwähnt wurde, kaum geschehen.

Schwierig, aber unbedingt notwendig ist ferner, wie Gurwitsch (1913) mit Recht betont, „für das rationelle Studium der Sekretbereitung, daß der Vorgang in seiner jeweiligen Spezifizität dargestellt wird". „Es wären mit anderen Worten für die Differenzen der fertigen Enderzeugnisse entsprechende Korrelate in irgendeiner Phase des Werdeganges nachzuweisen, sei es struktureller oder chemischer Art". Allerdings ist das Charakteristicum der Spezifität der Drüsenzelle schwer zu bestimmen, „solange nicht bekannt ist, ob in den verschiedenen Drüsenzellen aus gleichem Ausgangsmaterial spezifisch differente Elaborate entstehen, oder ob die Spezifität der Drüsenzelle in erster Linie in der elektiven Auswahl von Stoffen besteht, welche dann in den verschiedenen Zellarten gewissermaßen nach ähnlichem Muster synthetisiert werden". „Der gegenwärtige Stand der Forschung steht daher noch auf einer primitiven Stufe und die Darstellung des ganzen Herganges der Sekretbereitung wird gewissermaßen aus Einzelerfahrungen zusammengeflickt, welche verschiedensten Drüsenzellarten entliehen werden; es wird dabei stillschweigend angenommen, daß die entsprechenden Prozesse verschiedenen Ortes nicht nur vergleichbar, sondern wesensgleich sind. Hier liegt jedoch ein offenbarer Trugschluß vor. Das Wesensgleiche und durchgehend Vergleichbare bei allen Drüsenzellen ist nur die Tatsache der Stoffaufnahme und Sekretbereitung (und Stoffabgabe) selbst, nicht jedoch die Fabrikation der verschiedenartigen, spezifischen Sekrete. Werden daher von sehr verschiedenartigen Drüsenzellarten übereinstimmende

Befunde gemeldet, so können wir dies nur dahin interpretieren, daß die beobachteten Tatsachen den Kernpunkt der Vorgänge nicht treffen, d. i. nur der Sekretbereitung als solcher, nicht jedoch der Bildung eines gegebenen spezifischen Sekretes zu gehören."

Durch diese Ausführungen ist ein sehr wesentliches Moment hervorgehoben, das die Deutung der morphologischen Bilder der Drüsenzellen sehr erschwert, daß es nämlich meist unmöglich ist, die Vorgänge, die für die Sekretzellen wesentlich sind, von den oft nebenher laufenden (akzessorischen) Vorgängen der Rohstoffaufnahme, der Sekretspeicherung und der Sekretabgabe einwandfrei zu unterscheiden. Auf einen Fall, wo eine solche Unterscheidung mit Sicherheit gelungen ist, komme ich noch zu sprechen (S. 411).

Schließlich ist das Studium „der Morphokinese" der Drüsenzellen — und nur ein solcher ist erfolgversprechend, schon an und für sich mit technischen Schwierigkeiten verknüpft. Denn die anatomische Erforschung aufeinanderfolgender Entwicklungsstadien, welche die Analyse der Dotterbildung in vielen Beziehungen erleichterte, ist nur bei den holokrinen Drüsen möglich, und auch hier besitzen wir kaum irgendwelche Kenntnisse über den zeitlichen Ablauf dieses Sekretbildungsprozesses, d. h. über die Geschwindigkeit, mit der ein Stadium in das nächstfolgende übergeht. Bei den merokrinen Drüsen waren wir aber bis vor kurzem größtenteils auf die Verwertung der histologischen Zustandsbilder angewiesen, aus denen dann durch „willkürliche Konstruktion cytologischer Übergangsbilder" auf den morphologischen Ablauf des Sekretionsprozesses [B. Fischer (1928)] Rückschlüsse gezogen wurden (vgl. auch S. 53). Mit Recht warnt B. Fischer (1928) vor einer kritiklosen Verwertung histologischer Zustandsbilder. „Klare Erkenntnis der Fehlergrenze der anatomischen Methode muß Allgemeingut der Morphologen werden, soll nicht der „anatomische Gedanke" in der Wertung der Naturwissenschaft schwersten Schaden erleiden und das morphologische Bedürfnis grade bei den biologisch eingestellten Forschern auf den Null- und Gefrierpunkt heruntergehen." „Vorgänge kann man mit der anatomischen Methode allein überhaupt nicht beobachten und erforschen. Histologische Zustandsbilder gewinnen ihre große Bedeutung erst im Zusammenhang mit all unserem anderen Wissen und mit der direkten Beobachtung des Lebensvorganges selber."

Diese Worte von B. Fischer verdienen ganz besondere Berücksichtigung, wenn es sich um die Analyse eines so komplexen Vorganges wie den der Tätigkeit merokriner Drüsenzellen handelt, in denen die Prozesse der Stoffaufnahme, der Stoffumwandlung (Sekretbereitung), der Stoffspeicherung und der Stoffabgabe oft alle gleichzeitig nebeneinander sich abspielen. Es ist das große Verdienst von G. Chr. Hirsch (1918—1928), diese schwer zu übersehenden Verhältnisse zunächst durch mehr theoretische, begriffliche Auseinandersetzungen übersichtlicher gestaltet zu haben, und im Anschluß daran „durch Stufenuntersuchung" eine einwandfreie Seriierung der aufeinanderfolgenden Sekretionsstadien ermöglicht zu haben.

Hirsch gibt von den Grundlagen seiner Stufenuntersuchung der Drüsensekretion neuerdings (1927) eine zusammenfassende Darstellung, der ich im wesentlichen hier folge.

„Die reaktive Sekretion der Verdauungsdrüsen vieler Tiere verläuft in den bisher bekannten Fällen auf zwei verschiedene Weisen." „Bei der ersten Gruppe fließt ein gleichmäßiger Strom vom Blut zum Drüsenlumen." „Die Zelle schöpft basal die für die Absonderung nötigen Stoffe, sie verarbeitet sie zur gleichen Zeit im Protoplasma und gibt ebenfalls gleichzeitig Stoffe an ihrem freien Ende, mit dem Wasserstrome gemischt, ab." Die morphologischen Bilder dieser

Drüsenzellen sind ziemlich konstante, „die Fermentkurve während der Verdauungszeit ist also schematisch eine eingipflige Kurve".

Bei der zweiten Gruppe von Drüsenzellen baut die Zelle, nachdem sie vorher ihre Sekrete entleert hat, „langsam neue Sekrete auf". Diese nehmen ihren Ursprung aus Stoffen der Zelle selbst und aus solchen, die dem Blute in diesem Augenblick entnommen werden; bei der Reifung durchläuft die Sekretbereitung in langsamem Tempo mehrere (viele) Stadien.

Nach Ausstoßung des neuen fertigen Sekretes kann die Zelle wieder neue Stoffe basal aufnehmen und so eine neue Portion Stoff zur Reifung bringen, hierbei werden wieder alle Stadien durchlaufen, die hierzu nötig sind. Während dieser Fabrikationszeit ist die Sekretion „refraktär"; es wird kein Ferment abgeschieden. Dieser Wechsel wiederholt sich in mehreren Perioden. Die Fermentkurve dieser Gruppe von Drüsen muß demnach in einer mehrgipfligen

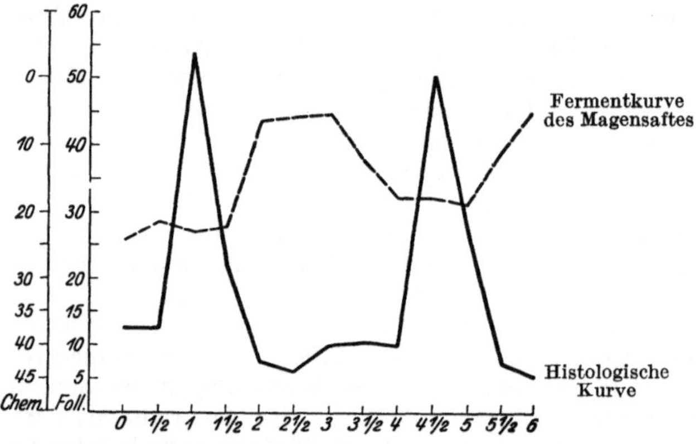

Abb. 354. Helix pomatia. Mitteldarmdrüse. Vergleich der Kurve der Fermentstärke im Magensaft (- - - - - - -) mit der Kurve der prozentualen Durchschnittszahl der sezernierenden Follikel (———). Die Ziffern über „Foll" beziehen sich auf die Anzahl der sezernierenden Follikel in Prozenten aller Follikel. Die Ziffern über „Chem" stellen die Stunden dar, welche der Magensaft brauchte, um Stärkekörner in einer bestimmten Menge Kartoffel zu lösen. Nach der Granulaausscheidung (1 Std.) steigt die Fermentkraft (2—2¹/₂ Std.), nach einer neuen Sekretion (4¹/₂ Std.) tritt eine neue Fermentkraftsteigerung (5¹/₂—6 Std.) auf. (Aus B. J. Krijgsman 1925, aus Jordan und Hirsch 1927.)

Kurve (Rhythmus) bestehen. Den verschiedenen einzelnen Stadien der Sekretentwicklung entsprechen verschiedene, morphologisch charakterisierbare Stadien der Drüsenzelle."

„Lehren uns zukünftige Untersuchungen, daß dieser Unterschied zwischen beiden Gruppen in dieser Schärfe aufrecht erhalten werden kann, so könnte man die sekretorischen Erscheinungen bei der ersten Gruppe wegen der Geringfügigkeit der morphologischen Veränderungen „morphostatisch" nennen; hingegen die Zellerscheinungen bei der Sekretion der zweiten Gruppe: „morphokinetisch". „Denn diese Drüsenzellen zeigen morphologisch und chemisch tiefe (rhythmische) Schwankungen, wie sie G. C. Hirsch (1918) für die Protease sezernierende Fundusschleimhaut des Schweines festgestellt hat. Ebenso wahrscheinlich sind die neugefundenen tiefen periodischen Schwankungen der Parotis des Menschen während kontinuierlicher Reizung durch Geschmack und Geruch [Grisognani (1925)] und der Rhythmus der Brunnerschen Drüsen [Tschassowarkow (1926)] als eine morphokinetische Sekretion zu deuten. Bei den Brunnerschen Drüsen sollen bis zur 3.—5. Stunde nach der Fütterung die im Hunger gebildeten Sekrete ausgestoßen werden, dann soll die Sekretion viel schwächer werden, während neue Sekretmengen sich bilden; erst 10—12 Stunden nach Fütterung sind diese Sekrete verbraucht und eine neue Refraktionsperiode tritt ein."

Wirklich beweisen und tiefer analysieren kann man aber den Ablauf der Sekretion nur durch gleichzeitige Verfolgung mehrerer Sekretionssignale während der Verdauung in regelmäßigen „Stufen". Die Signale sind nach G. C. HIRSCH (1915) folgende: 1. Die Verdauungskraft des Saftes. 2. Die Verdauungskraft des Extraktes aus der Drüse. 3. Die unter dem Mikroskop wahrnehmbaren histologischen Bestandteile des Darmsaftes (abgestoßene Drüsenzellen, noch nicht aufgelöste Granula). 4. Die histologischen Befunde der Drüse. Diese vier Signale werden gleichzeitig auf jeder Verdauungsstufe in regelmäßiger Folge untersucht.

Mittels dieser „Stufenuntersuchung" wurden bisher die Mitteldarmdrüsen von Pleurobranchaea [HIRSCH (1915—1918)] und Helix pomatia [KRIJGS-MAN (1925)] untersucht, bei Helix die Methodik noch dadurch exakter gestaltet, „daß die Stufen gleichmäßig zu einer halben Stunde von der Fütterung

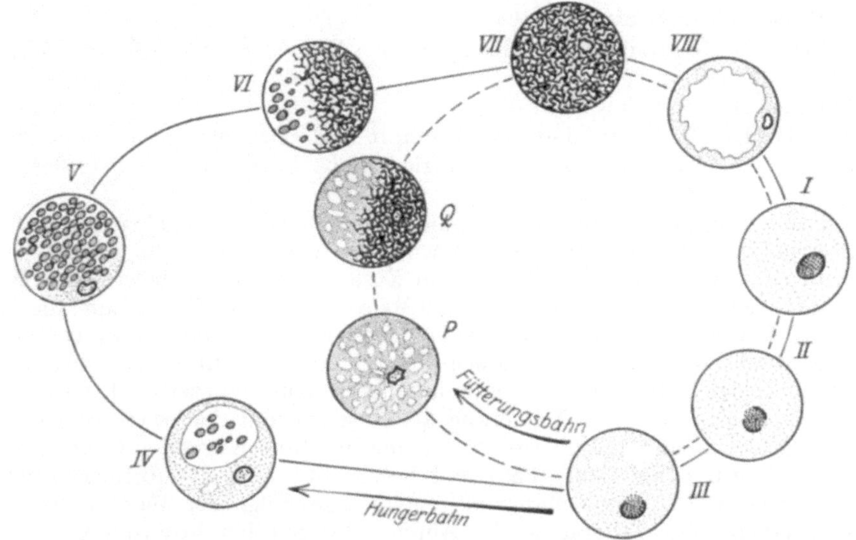

Abb. 355. Helix pomatia. Speicheldrüse. Schema des Arbeitszyklus innerhalb einer Zelle während des Hungers und während der Fütterung. Während des Hungers wird aus der ruhenden Zelle (I) über II und III Stadium IV gebildet; dieses bildet über V und VI Stadium VII, wird nach Ausscheidung zu Stadium VIII und nach Regeneration zu I. Während der Fütterung wird die Granulaphase (IV + V + VI) ausgeschaltet. Stadium III bildet durch Alveolenvermehrung Stadium P, dieses Stadium Q, dieses wird zum Stadium VII, welches über VIII wieder I gibt.
(Nach B. J. KRIJGSMAN 1925, aus JORDAN und HIRSCH 1927.)

ab genommen wurden und die Schätzung des histologischen Bildes ersetzt wurde durch eine genaue prozentuale Berechnung der einzelnen Stadien jeder Periode". Mit dieser Untersuchungstechnik stellte KRIJGSMAN an der Mitteldarmdrüse von Helix ein rhythmisches Funktionieren fest. Zunächst werden die im Hunger gebildeten und gespeicherten Sekrete ausgestoßen; diese „Hungerperiode" reicht bei Helix histologisch bis zur ersten Stunde (Abb. 354), im Magensaft bis zur dritten Stunde. In der nun folgenden ersten (rhythmischen) Sekretionsperiode spielt sich der Wiederaufbau ab histologisch bis zur vierten Stunde, im Magensaft bis zur fünften Stunde; das Ausstoßen des Fermentes zeigt sich histologisch nach $4—4^1/_2$ Stunden, chemisch nach 5—6 Stunden. Die zweite Sekretionsperiode verläuft in der Zelle von $4^1/_2—10$ Stunden; im Magensaft liegen noch keine Ergebnisse vor" (JORDAN und HIRSCH).

Bei der Speicheldrüse von Helix unterscheidet KRIJGSMAN morphologisch 8 Zellstadien (vgl. Abb. 355).

1. Phase Rohstoffaufnahme:
    I. Der Kern ist reich an Chromatin, färbt sich stark mit Hämatoxylin. Protoplasma feinkörnig, homogen.
    II. Die Kernmembran löst sich teilweise auf. Verminderung des Chromatins.
    III. Auftreten von Vakuolen in Plasma.
2. Phase Bildung der Vorstoffe:
    IV. In den Vakuolen erscheinen Sekretgranula.
    V. Die Granula füllen die Zelle, das Protoplasma wird durch sie verdrängt. Der mit Hämatoxylin sich schwach färbende Kern erscheint geschrumpft.
    VI. Aus den Granula entstehen durch Zerfließen mit Hämatoxylin sich blau färbende Mucinfäden. Kern eosinophil.
3. Phase Bildung des Sekretes:
    VII. Die Granula sind verschwunden. Die Zelle ist erfüllt mit Mucinfäden.
4. Phase Ausscheidung:
    VIII. Der Kern ist klein, geschrumpft und seine Membran ist gefaltet; er ist eosinophil. Eine einzige große leere Vakuole befindet sich in zentraler Lage.

Alle diese Stadien kann man in einer Hungerdrüse nebeneinander finden. Die Reihenfolge ist zunächst rein statisch und hypothetisch. Es gelingt dann aber, durch Stufen und Berechnung den Zusammenhang zu beweisen. „Man zählt auf jeder Fütterungsstufe mehrere Male von jedem Zellstadium die Anzahl, die sich in einem mikroskopischen Gesichtsfelde findet und bestimmt sie prozentual. Dann wird von diesen Resultaten eine Kurve gemacht, wobei für jedes Zellstadium zunächst eine besondere Kurve gezeichnet wird, mit dem Zeitabstande nach der Fütterung als Abscisse und der prozentualen Anzahl per Gesichtsfeld als Ordinate. Trägt man nun alle Kurven auf ein einziges Koordinatensystem ein (Abb. 356) und beschränkt man die Aufmerksamkeit auf die Maxima, so nimmt man eine regelmäßige Folge der Maxima der einzelnen Stadien wahr. Damit ist die Abfolge der Stadien bewiesen.“

Zweitens kann aus der Abb. 356 ersehen werden, daß diese Abfolge binnen 6 Stunden rhythmisch zweimal sich abspielt:

Erste Sekretionsperiode: Vor und unmittelbar nach der Fütterung findet man ein Maximum von Stadium I. $^1/_2$ Stunde nach der Fütterung kommt das Maximum von Stadium II + III (Kernmembranauflösung, Auftreten der Vakuolen). — 1 Stunde nach Fütterung beobachten wir das Maximum von Stadium VII mit Mucinfäden. — $1^1/_2$ Stunde nach Fütterung kommt das Maximum von Stadium VIII. Die Zelle ist leer geworden.

Zweite Sekretionsperiode: Nach 2 Stunden tritt Stadium I wieder maximal auf und der Kreislauf wiederholt sich (Stadium II und III nach etwa $2^1/_2$ Stunden, Stadium VII nach $3-3^1/_2$ Stunden, Stadium VIII nach $4^1/_2$ Stunden usw.).“

„Drittens ergibt sich, daß die Stadien IV, V, VI, welche im Hunger 12% der Zellen ausmachen, 1 Stunde nach der Fütterung vollständig verschwinden, um während der reaktiven Sekretion nicht mehr aufzutreten. Die Granula sind nicht das Merkmal einer besonderen Zellart, wie man das früher dachte, sondern bilden einen Reservestoff des Sekretes im Hunger. Damit zeigt sich auch, daß die alte Lehre von zweierlei Zellen, wovon die eine Art Mucin, die andere Enzym liefern soll, falsch ist. Es gibt in der Speicheldrüse von Helix pomatia nur eine Zellart, die beide Stoffe absondert.“

„Was geschieht nun während der Hungerperiode? Während des Hungers
findet eine geringfügige chaotische Sekretion statt, d. h. die einzelnen Zell-
rhythmen laufen nicht parallel. Sobald wir das Tier füttern, hat das zunächst
den Einfluß, daß alle Zellen, die im Reservestadium sich befinden (IV, V, VI),
in das Stadium VII mit reifen Sekretfäden übergehen (Abb. 355). Zellen im
früheren Stadium (II, III) aber werden beinahe unmittelbar zu reifen Sekretzellen (VII), d. h. ohne vorherige Granulabildung; nur die Vakuolen nehmen
an Zahl zu (Stadium P) und es treten Sekretfäden auf (Stadium Q). So kommt
es, daß sehr bald nach der Fütterung (nach 1 Stunde) die Mehrzahl der Zellen
in diesem reifen Stadium sind; hierdurch ist zugleich erreicht, daß im weiteren

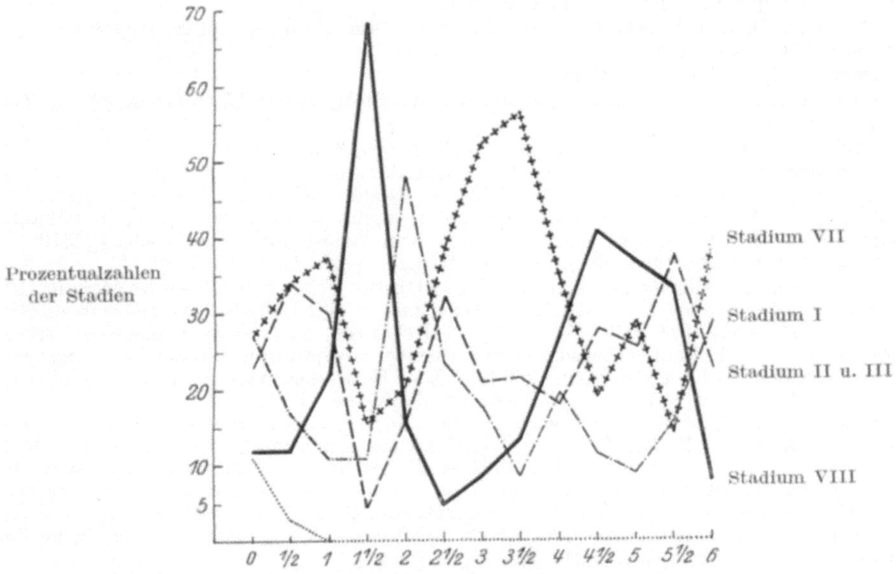

Abb. 356. Helix pomatia. Speicheldrüse. Die Kurven zeigen das prozentuale Verhältnis der ein-
zelnen Zellstadien (vgl. Abb. 355) zur Gesamtzahl der Zellen. Stadium I — · — · —, Stad. II und III
— — —, Stadium IV, V, VI · · · · · ·, Stad. VII + + +, Stadium VIII ———.
(Aus B. J. KRIJGSMAN 1925, aus JORDAN und HIRSCH 1927.)

Verlauf der Sekretion, welche auf diese Fütterung folgt, die Zellen im gemeinsamen synchronen Rhythmus weiterarbeiten. So kann „trotz der Zellindi-
vidualität" das Sekret nach Maßgabe des Bedarfes in größeren Schüben auf
einmal abgegeben werden."

Es steht zu hoffen, daß bei gleichzeitiger Verwertung der „Stufenuntersuchung" und der vervollkommneten histologischen Technik mit Berücksichtigung
aller Zellorgane das komplexe Problem des Sekretionsvorganges sich besser als
bisher in seine einzelnen Komponenten (Stoffaufnahme, Stoffumwandlung,
Stoffspeicherung, Stoffabgabe) wird auflösen lassen. Erst dann wird, namentlich wenn ein großes an verschiedenartigen Drüsenzellen gewonnenes Ver-
gleichsmaterial vorliegt, das Problem mit mehr Aussicht auf Erfolg als gegen-
wärtig zu erörtern sein: welchen Anteil nehmen die einzelnen Zellorgane
bzw. das Protomerenmaterial der Zelle an der Umwandlung der unspezifischen
Rohstoffe, welche in die Drüsenzelle eintreten, zu den spezifischen Drüsen-
sekreten?

Literatur.

VII. Biologische Morphologie der Zelle.

A. Form erhaltende Zellstrukturen.

Statik der Zelle.

Ballowitz, E.: Fibrilläre Struktur und Contractilität. Arch. f. Physiol. **46**, 433 (1889). — Untersuchungen über die Struktur der Spermatozoen. Z. Zool. 1890, 317.— **Berthold, F. G.:** Studien über Protoplasmamechanik. Leipzig 1886. — **Bethe, A.:** Zellgestalt, Plateausche Flüssigkeitsfigur und Neurofibrille. Anat. Anz. **40**, 209—224 (1911). — **Bierich:** Klin. Wschr. 1924, Nr 3. — **Bütschli, O.:** Untersuchungen über mikroskopische Schäume und das Protoplasma. Leipzig 1892.

Chambers, R. and **Reznikoff, Paul:** Micrurgical studies in cell physiology etc. J. of Physiol. **8**, 369—401 (1926).

Domagk: Med. Klin. **21** (1925).

Entz, G. jun.: Studien über Organisation und Biologie der Tintinniden. Arch. Protistenkde **15**, 93 (1909).

Fischer, A.: Gewebezüchtung, 2. Aufl. München 1927.

Giersberg, H.: Untersuchungen zum Plasmabau der Amöben im Hinblick auf die Wabentheorie. Arch. Entw.mechan. **51**, 150 (1922). — **Goldschmidt, R.:** Lebensgeschichte der Mastigamöben Mastigella vitrea n. sp. und die Mastigina setosa n. sp. Arch. Protistenkde Suppl 1, 83 (1907). — Das Skelet der Muskelzelle von Ascaris. Arch. Zellforschg 4 (1910). — **Gurwitsch:** Vorlesungen über allgemeine Histologie. Jena 1913.

Hartmann, M.: Allgemeine Biologie. Jena: Gustav Fischer 1927. — **Heidenhain, M.:** Plasma und Zelle. Jena 1907—1911. — **Heilbrunn, L. V.:** Colloidal change and mitosis. Arch. mikrosk. Anat. **104**, 313—316 (1925). — **Heilbrunn, L. V.:** The colloid chemistry of protoplasm. v. A preliminary study of the surface precipitation reaction of living cells. Arch. exper. Zellforschg 4, H. 2, 246—263 (1927). — **Herwerden, van:** Reversible Gelbildung in Epithelzellen der Froschlarve. Arch. exper. Zellforschg 1 (1925).

Kate, C. S. B.: Über das Fibrillensystem der Ciliaten. Arch. Protistenkde **57**, 362—426 (1927). — **Koltzoff, N. K.:** Über formbestimmende elastische Gebilde in Zellen. Biol. Zbl. **23**, 680 (1903). — Studien über die Gestalt der Zelle. I. Untersuchungen über die Spermien der Dekapoden, als Einleitung in das Problem der Zellgestalt. Arch. mikrosk. Anat. **67**, 364 (1906). — Studien über die Gestalt der Zelle. II. Untersuchungen über das Kopfskelet des tierischen Spermiums. Arch. Zellforschg 2, 1 (1908). — Zur Frage der Zellgestalt. Anat. Anz. **41**, 183 (1912).

Leontjew, Hans: Zur Biophysik der niederen Organismen. IV. Mitt. Die Bestimmung des spezifischen Gewichts der Plasmodien und Sporen bei den Myxomyceten. Z. vergl. Physiol. 7, H. 2, 195—200 (1928). — **Liesegang, R. E.:** Nachahmung von Lebensvorgängen. I. Stoffverkehr, bestimmt gerichtetes Wachstum. Arch. Entw.mechan. **32**, 636—650 (1911). 8 Textabb. II. Zur Entwicklungsmechanik des Epithels. Arch. Entw. mechan. **32**, 651—661. 3 Textabb. III. Formkatalysatoren. Arch. Entw.mechan. **32**, 328—338 (1912). T. 18 u. 19; 1 Textabb.

Péterfi, T.: Die Abhebung der Befruchtungsmembran bei Seeigeleiern. Arch. Entw.-mechan. **112** (1927). — **Péterfi, T.** und **Kapel, O.:** Die Wirkung des Anstechens auf das Protoplasma der in vitro gezüchteten Gewebszellen. Mikrurgische Untersuchungen an den Geschwulstzellen. Z. Krebsforschg **26**, 89—98 (1928) u. Arch. exper. Zellforschg 4 (1927). — **Petersen, H.:** Histologie und mikroskopische Anatomie. Bergmann 1922—1924. — **Plateau, J.:** Statique experimentale et théorique des liquides soumis aux seules forces moleculaires. Gand et Leipzig 1873.

Quincke, G.: Über unsichtbare Flüssigkeitsschichten und die Oberflächenspannung flüssiger Niederschläge bei Niederschlagsmembranen, Zellen, Kolloiden und Gallerten. Ann. Physik 7, 631 (1902).

Rhumbler, L.: Der Aggregatzustand und die physikalischen Besonderheiten des lebenden Inhaltes. Z. Physiol. 1, 279 u. 2, 183 (1902). — Beiträge zur Kenntnis der Rhizopoden. I. Über Entstehung und sekundäres Wachstum der Gehäuse einiger Süßwasserrhizopoden. Z. Zool. **52**, 515 (1891). — Die Foraminiferen (Thalamophoren). Kiel und Leipzig 1911. — Das Protoplasma als physikalisches System. Erg.-Physiol. **14**, 474—617 (1914).

Schulze, Fr. Eilh.: Zellmembran, Pellicula, Cuticula und Crusta. Verh. anat. Ges. 10. Verslg Berlin 1896. — **Sharp, R. G.:** Diplodinium caudatum. Univ. California Publ. Zool. **13** (1914). — **Spek, J.:** Neue Beiträge zum Problem der Plasmastrukturen. Z.

Zellforschg 1, 278—326 (1924). — Zu den Streitfragen über den physikalischen Zustand der Zelle während der Mitose. Arch. Entw.mechan. 108, 525—530 (1926). — Studnička, F. K.: Die Cuticula und die Grenzschichten der tierischen Zellen. Geschichte, Klassifikation und Nomenklatur. Z. Zellforschg 2, 408—452 (1925).

von Tschermak, A.: Allgemeine Physiologie. Berlin: Julius Springer 1924. — Tretjakoff, D.: Das Cytozentrum und der Liparosma(Golgi)stoff. Z. Zellforschg 7, 1—40 (1928). Vlès, Fred: Les tensions de surface de l'oeuf d'Oursin. Arch. Physique biol. 4 (1926). Watermann: Biochem. Z. 133 (1922). — Weiß, P.: Experimentelle Organisierung des Gewebswachstums in vitro. Biol. Z. 48, 551—566 (1928).

B. Bewegungserscheinungen des Cytoplasmas.

Boveri, Theodor: Zellenstudien. H. 4, Über die Natur der Centrosomen. Jena 1900. — Bütschli, O.: Protozoa. 3. Abt. Bronns Klassen und Ordnung des Tierreiches. Leipzig 1887 bis 1889.

Dellinger, O. P.: The cilium as a key to the structure of contractile protoplasm. J. Morphol. a. Physiol. 20, 171—209 (1909). T. 1—4, 5 Textabb.

Eberth: Zur Kenntnis des feineren Baues der Flimmerepithelien. Arch. path. Anat. 35 (1866). — Engelmann, Th. W.: Über die Flimmerbewegung. Jena. Z. Naturwiss. 4 (1868). — Physiologie der Protoplasma- und Flimmerbewegung. Hermann, Handbuch der Physiologie 1 I (1879). — Zur Anatomie und Physiologie der Flimmerzellen. Arch. f. Physiol. 23 (1880). — Entz, Geza: Zur näheren Kenntnis der Tintinniden. Mitt. Zool. Stat. Neapel 6 (1886). — Erhard, H.: Studien über Flimmerzellen. Arch. Zellforschg 4, 310 (1910).

Frenzel, Joh.: Zum feineren Bau des Wimperapparates. Arch. mikrosk. Anat. 28 (1886). — Fuchs, Hugo: Über Beobachtungen an Sekret- und Flimmerzellen. Anat. H. I, H. 77 (25, H. 3) (1904).

Gellhorn, E. und F. Alverdes: Flimmer- und Geißelbewegung. Handb. der norm. und path. Physiologie. Berlin: J. Springer 8, 37—69 (1925). — Goldschmidt, R.: Lebensgeschichte der Mastigamöben Mastigella vtr. n. sp. u. Mastigina set. n. sp. Arch. Protistenkde, Suppl. 1. Jena 1907. — Gruber, Aug.: Studien über Amöben. Z. Zool. 41 (1885). — Gurwitsch, A.: Studien über Flimmerzellen. Arch. mikrosk. Anat. 1900. — Morphologie und Biologie der Zelle. Jena: Gustav Fischer 1904. — Vorlesungen über allgemeine Histologie. Jena: Gustav Fischer 1913.

Haeckel, E.: Zur Entwicklungsgeschichte der Siphonophoren. Utrecht 1869. — Kalkschwämme. Berlin 1872. — Hartmann, M.: Allgemeine Biologie. Jena: Gustav Fischer 1927. — Heidenhain, M.: Über die Struktur der Darmepithelzellen. Arch. mikrosk. Anat. 54 (1899). — Beiträge zur Aufklärung des wahren Wesens faserförmiger Differenzierungen. Anat. Anz. 16 (1899). — Das Protoplasma und die contractilen Fibrillärstrukturen. Anat. Anz. 21 (1902). — Einiges über die sog. Protoplasmaströmungen. Sitzgsber. physik.-med. Ges. Würzburg (1897) 1898, 116—139. — Plasma und Zelle. Bardeleben, Handbuch der Anatomie des Menschen. Jena. 1907—1911, 1110, 671 Abb. — Über die Struktur der contractilen Materie. Erg. Anat. 1901. — Henneguy: Sue les rapports des cils vibratils avec les centrosomes. Arch. d'Anat. microsc. 1898. — Hertwig, R.: Über Microgromia socialis. Arch. mikrosk. Anat. 10, Suppl. (1874). — Hertwig, R. und E. Lesser: Über Rhizopoden und denselben nahestehende Organismen. 3. T. Heliozoa. Arch. mikrosk. Anat. 10, Suppl. (1874). — Hörmann, G.: Studien über die Protoplasmaströmung bei Characeen. Jena 1898, 79 S., 12 Textabb.

Jennings, H. S.: Contributions to the study of the behaviour of lower Organism. Washington 1904, 256 S., 81 Textabb. — Das Verhalten der niederen Organismen. Übersetzt von Mangold. Leipzig 1910. — Jensen, P.: Die Protoplasmabewegung. Erg. Physiol. 1, 1—42 (1902). — Zur Theorie der Protoplasmabewegung und über die Auffassung des Protoplasmas als chemisches System. Anat. H. 27, 831—858 (1905). — Jordan, H. E. und F. Helvestine: Ciliogenesis in the epididymis of the white rat. Anat. Rec. 5 (1923). — Joseph, H.: Beiträge zur Zentrosomen- und Flimmerzellenfrage. Arb. zool. Inst. Wien. 1901.

Koltzoff, N. K.: Studien über die Gestalt der Zelle. III. Untersuchungen über die Contractilität des Vorticellenstiels. Arch. Zellforschg 7, 344 (1911).

Lenhossék, v.: Über Flimmerzellen. Verh. anat. Ges. 1898.

Mast, S. O.: Structure, movement, locomotion and stimulation in Amöben. J. Morph. a. Physiol 41, 347—422 (1925). — Maupas, E.: Contribution à l'étude morphologique et anatomique des Infusoires ciliés. Arch. Zool. expér., 2. s. 1883 I. — Metalnikov, S.: Sipunculus nudus. Z. Zool. 68 (1900). — Meves, Friedr.: Zur Entstehung der Achsenfäden menschlicher Spermatozoen. Anat. Anz. 14 (1898). — Über Zentralkörper in männlichen Geschlechtszellen von Schmetterlingen. Anat. Anz. 14 (1898). — Metzner, F.: Naturwiss. 11 (1923).

Peter, K.: Das Zentrum der Flimmer- und Geißelbewegung. Anat. Anz. **15**, 271 (1899). — **Polowzow, Wera:** Über contractile Fasern in einer Flimmerepithelart und ihre funktionelle Bedeutung. Arch. mikrosk. Anat. **63** (1904). — **Prell, H.:** Zur Theorie der sekretorischen Ortsbewegung. I. Die Bewegung der Cyanophyceen. Arch. Protistenkde **42**, 157 (1921). — Zur Theorie der sekretorischen Ortsbewegung. II. Die Bewegung der Gregarinen. Arch. Protistenkde **42**, 157 (1921). — **Prenant, A.:** Cellules vibratiles et cellules a plateau. Bibliographie anat. **7** (1899). — **v. Provazek, S.:** Protozoenstudien. 3 Euplotes harpa. Arb. zool. Inst. Wien. **14** (1903). — Flagellatenstudien. Arch. Protistenkde **2** (1903). **Pütter, A.:** Die Flimmerzellen. Erg. Physiol. **2**, 1 (1903). — Die Flimmerbewegung. Erg. Physiol. **2**, 1—104 (1904), 15 Textabb.

Quincke, G.: Über periodische Ausbreitung von Flüssigkeitsoberflächen und dadurch hervorgerufene Bewegungserscheinungen. Ann. physik. Chem., N. F. **35**, 580—642 (1888), 1 Teil.

Roskin, G.: Sur la structure de certains elements contractiles de la cellule. Russk. Arch. Anat. i pr. **2**, 33 (1918). — Die Cytologie der Contraktion der glatten Muskelzellen. Arch. Zellforschg **17**, 368 (1923). — Beiträge zur Kenntnis der glatten Muskelzellen. I. Z. Zellforschg **2**, 766 (1925). — **Rhumbler, L.:** Physikalische Analyse von Lebenserscheinungen der Zelle. I. Bewegung. Nahrungsaufnahme, Defäkation, Vakuolenpulsation und Gehäusebau bei lobosen Rhizopoden. Arch. Entw.mechan. **7**, 103, 350 (1898), 100 Textabb. u. Taf. 6 u. 7. — Physikalische Analyse und künstliche Nachahmung des Chemotropismus amöboider Zellen. Physik. Z. **1**, 43—47 (1899). — Der Aggregatzustand und die physikalischen Besonderheiten des lebenden Zellinhaltes. I. Teil. Z. Physiol. **1**, 279—388 (1902). II. Teil. Z. Physiol. **2**, 183—340 (1903), 2 Taf. u. 111 Textabb. — Zur Theorie der Oberflächenkräfte der Amöben. Z. Zool. **83** (Festband für EHLERS), 1—52 (1905), 23 Textabb. — Aus dem Lückengebiet zwischen organismischer und anorganismischer Materie. Erg. Anat. **15**, 1—38 (1906). — Die Foraminiferen (Thalamophoren). Kiel und Leipzig 1911. — Das Protoplasma als physikalisches ·System. Erg. Physiol. **14**, 474 (1914). — Allgemeine Zellmechanik. Erg. Anat. **8** (1899).

Schneider, K. C.: Lehrbuch der vergleichenden Histologie der Tiere. Jena 1902. — **Schulze, Fr. Eilh.:** Zellmembran, Pellicula, Cuticula und Crusta. Verh. anat. Ges. 10. Verslg Berlin **1896**. — **Spek, J.:** Die Protoplasmabewegung, ihre Haupttypen, ihre experimentelle Beeinflussung und ihre theoretische Erklärung. Handb. der norm. und path. Physiol. Berlin: Julius Springer 1925. 8, 1—30. — Die Myoide. Handb. der norm. und path. Physiol. **8**, 31—36 (1925). — Bewegungserscheinungen durch Veränderungen des spezifischen Gewichtes. Handb. der norm. und path. Physiol. **8**, 70—71 (1925). — **Strasburger, Ed.:** Studien über Protoplasma. Jena 1876. — **Studnička, F. K.:** Über Flimmer- und Cuticularzellen mit besonderer Berücksichtigung der Centrosomenfrage. Sitzgsber. böhm. Ges. wiss.-math.-naturwiss. Kl. **1899**. Prag 1900.

v. Tschermak, A.: Allgemeine Physiologie. Berlin: Julius Springer 1924.

Uhlela, V.: Ultramikroskopische Studien über Geißelbewegung. Biol. Zbl. **31**, 645, 657, 689, 721 (1911).

Verworn, Max: Studien zur Physiologie der Flimmerbewegung. Arch. Physiol. **48** (1891). — Die Bewegung der lebendigen Substanz. Jena 1892.

Wallengren, Hans: Zur Kenntnis des Neubildungs- und Resorptionsprozesses bei der Teilung der hypotrichen Infusorien. Zool. Jb. Abt. Anat. u. Ont. **15** (1902). — The development of the Antherozoids of Zamia. Bot. Gaz. **24** (1897—1898). — **Watanabe:** Studien über Flimmerbewegung. Z. Anat. **75**, 1925.

C. Der Stoffwechsel der Zelle.

Arnold, J.: Weitere Beispiele granulärer Fettsynthese (Zungen- und Darmschleimhaut). Anat. Anz. **24** (1904). — Über Plasmastrukturen. Jena 1914. — **Aschoff** und **Suzuki:** Zur Morphologie der Nierensekretion. Jena 1912. — **Asher, L.:** Resorption. Handwörterbuch der Naturwissenschaften **8**, 377—387 (1913).

Benda, C.: Die Bedeutung der Zelleibstruktur für die Pathologie. Verh. path. Ges. **1914**. — **Berg, W.:** Über Anwendung der Ninhydrinreaktion auf mikroskopische Präparate zum Nachweis niederer Eiweißkörper. Pflügers Arch. **195** (1922). — Zum mikroskopischen Nachweis des Stoffwechsels im Gewebe. Die Krystalle in den Kernen der Leber- und Nierenzellen des Hundes. Z. mikrosk.-anat. Forschg **16**, 213—258 (1929). — **Beutler, R.:** Experimentelle Untersuchungen über Hydra. Z. vgl. Physiol. **1** (1924) und **3** (1926). — **Biedermann, W.:** Die Aufnahme, Verarbeitung und Assimilation der Nahrung. H. WINTERSTEINs Handbuch der vergl. Phys. Jena: Gustav Fischer 1911. — **Bluntschli, H.:** Beobachtungen am Ovarialei der Monascidie Cynthia micr. Morph. Jb. **32** (1904). — **Boveri, Th.:** Zwei Fehlerquellen bei Merogonieversuchen und die Entwicklungsfähigkeit merogonischer Seeigelbastarde. Arch. Entw.mechan. **44** (1918). — **Bowen, R.:** On a possible relation between the Golgi apparatus and secretory products. Amer. J. Anat. **33**, Nr 2 (1924). — The Golgi apparatus — its structure and functional significance. Anat. Rec.

32, Nr 2 (1926). — Studies on the Golgi apparatus in gland-cells. Part. I. Quart. J. microsc. Sci. 70 I—II (1926) — **Bozler, E.**: Über die Morphologie der Ernährungsorganelle und die Physiologie der Nahrungsaufnahme bei Paramaecium caudatum Ehrb. Arch. Protistenkde 49 (1924). — **Bretschneider, L. H.** und **G. Chr. Hirsch**: Nahrungsaufnahme, intraplasmatische Verdauung und Ausscheidung bei Balantideum giganteum. Z. vgl. Physiol 6, 598—622 (1927). — **Broussy, Jean**: Recherches sur la coloration histologique des graisses par la chlorophylle. Arch. Soc. Sci. Med. et Biol. Montpellier et Languedoc Mediterraneen 9, H. 3, 177—179 (1928). — **Buchner, P.**: Praktikum der Zellenlehre. Berlin: Bornträger 1915.

Champy, C.: Recherches sur l'absorption intestinale et le rôle des mitochondries dans l'absorption et la secretion. Arch. d'Anat. microsc. 13 (1911/1912). — **Ciaccio, C.**: Contributo alla conoscenza dei lipoidi cellulari. Anat. Anz. 35 (1910). — Les lipoides intracellulaires. Biologie med. 1912. — **Corti, A.**: L'apparato reticolare interno del Golgi nelle cellule dell' epitelio intestinale di mammifero. Bull. Sci. med. 1919/1920. — Le lacunome révèle les premières modifications structurales des cellules absorbantes de l'intestin au cours de leur fonctionnement. Bull. histol. appl. 3, 265—270 (1926). — **Cowdry**: General Cytology. Chicago 1924. — **Cramer, W.** and **R. Ludford**: On cellular changes in intenstinal fat absorption. J. of Physiol. 60, Nr 4 (1925).

Da Fano, C.: On Golgis internal apparatus in different physiological conditions of the mammary gland. J. of Physiol. 56, Nr 6 (1922). — **Degen, A.**: Untersuchungen über die contractile Vakuole und die Wabenstruktur des Protoplasmas. Botan. Z. 63 (1905). — **Dembowski, J.**: Weitere Studien über die Nahrungswahl bei Paramaecium caud. Trav. Labor. biol. gen. Inst. M. NENCKE 1, Nr 2 (1921). — **Dietrich**: Naphtholblausynthese und Lipoidfärbung. Zbl. Path. 1908. — **Doflein, F.**: Lehrbuch der Protozoenkunde, 4. Aufl. Jena: Gustav Fischer. 1916. — **Dubreuil, G.**: Transformation directe des mitochondries et des chondriocontes en graisses dans les cellules adipeuses. C. r. Soc. Biol. 70 (1911). — **Duesberg, J.**: Plastosomen, Apparato reticolare interno und Chromidialapparate. Erg. Anat. 20 (1912).

Fauré-Frémiet E., A. Mayer, A. Schaeffer: Sur la microchimie des corps gras, application à l'etude des mitochondries. Arch. d'Anat. microsc. 12 (1910). — **Fischer, A.**: Gewebezüchtung, 2. Aufl. München: R. Müller und Steinicke 1927. — **Fischer, B.**: Klin. Wschr. Berlin: Julius Springer 1928. — **Fischler, F.**: Zbl. Path. 14 (1904). — **Frank, O.** und **A. Ritter**: Einwirkung der überlebenden Dünndarmschleimhaut auf Seifen, Fettsäuren und Fette. Z. Biol. 47 (1906).

Gatenby, J. Br.: The cytoplasmic inclusions of the Germ-Cell. X. The gametogenesis of Saccocirrus. Anat. J. microsc. Sci. 66, 1—46 (1922). — **Giroud, A.**: Structure des chondriosomes. C. r. acad. Sci. 186, Nr 12, 794—795 (1928). — **Görich, W.**: Zur Kenntnis der Spermiogenese bei den Poriferen und Cölenteraten nebst Bemerkungen über die Oogenese der ersteren. Z. Zool. 76 (1903). — **Groebbels, Fr.**: Funktionelle Anatomie und Histophysiologie der Verdauungsdrüsen. Handb. der norm. und path. Physiol. Berlin: Julius Springer. 3, (1927). — **Gruenhagen, A.**: Über Fettresorption im Darmepithel. Arch. mikrosk. Anat. 29, H. 1 (1889). — **Gurwitsch, A.**: Vorlesungen über allgemeine Histologie. Jena 1913.

Haberlandt: Über die Beziehungen zwischen Funktion und Lage des Zellenkerns bei den Pflanzen. Jena 1887. — **Hamburger, H. J.**: Physikalisch-chemische Untersuchungen über Phagocyten. Ihre Bedeutung vom allgemein biologischen und pathologischen Gesichtspunkt. 247 S., 4 Textabb. Wiesbaden 1912. — **Hartmann, M.**: Allgemeine Biologie. Jena: Gustav Fischer 1927. — **Harvey, L. A.**: On the relation of the mitrochondria and Golgi apparatus to yolk formation in the egg. cells of the common Earthworm Lumbricus terrestris. Anat. J. microsc. 69, 291—316 (1925). — The history of the Cytoplasmic Inclusions of the egg. of ciona intestinalis. Proc. roy. Soc. Lond. 101, 136—162 (1927). — **Heidenhain, M.**: Plasma und Zelle. Jena 1907—1911. — **Heidenhain, M.** und **Fr. Werner**: Über die Epithelien des Corpus epididymidis beim Menschen. Z. Anat. 72, 556—608 (1924). — **Hertwig, G.**: Die Bedeutung des Kerns für das Wachstum und die Differenzierung der Zelle. Verh. anat. Ges. 1922. — Die funktionelle Bedeutung der Zellstrukturen. Handb. der norm. und path. Physiol. 1 (1927). — **Hertwig, O.**: Allgemeine Biologie. 6. u. 7. Aufl., herausgegeben von G. und O. HERTWIG. Jena 1923. — **Hertwig, P.**: Bastardierung und Entwicklung von Amphibieneiern ohne mütterliches Kernmaterial. Z. indukt. Abstammungslehre 27 (1922). — **Hibbard, Hope**: Cytoplasmic constituents in the developing egg of discoglossus pictus Otth. J. Morph. 45, Nr 1, 233—257 (1928). — Contribution à l'étude de l'Ovogenèse, de la fécondation et de l'histogenèse chez Discoglossus pictus. Arch. de Biol. 38, 251—324 (1929). — **Hirsch, G. C.**: Arbeitsrhythmus der Verdauungsdrüsen. Biol. Zbl. 38, 51 (1918). — Der Weg des resorbierten Eisens und des phagocytierten Carmins bei Murex trunculus. Z. vergl. Physiol. 2, 1 (1924). — Probleme der intraplasmatischen Verdauung. Z. vergl. Physiol. 3 (1925). — **Hirschler, J.**: Über die Plasmastrukturen in den Geschlechtszellen der Ascariden. Arch. Zellforschg 9 (1913). — Über die

Plasmakomponenten (Golgi-Apparat, Mitochondrien) der weiblichen Geschlechtszellen. Arch. mikrosk. Anat. **89** (1916). — **Höber, R.:** Physikalische Chemie der Zelle und Gewebe. 5. Aufl. Leipzig 1922. — **Horning, E. S.** and **Arthur H. K. Petrie:** The enzymatic function of mitochondria in the germination of cereals. Proc. roy. Soc. Ser. B. **102**, Nr B 716, 188 bis 206 (1927). — **Hoven, H.:** Du rôle du chondriome dans l'éboration des produits de secretion de la glande mammaire. Anat. Anz. **39** (1911). - Contributions à l'etude du fonctionnement des cellules glandulaires. Le rôle du chondrione dans la secretion. Arch. Zellforschg 8, H. 4 (1912). — **Howland, Ruth, B.:** Experim. on the contractile vacuole of amoeba ver. and Paramaec. caud. J. of exper. Zool. **40** (1924).

Jacobs, W.: Der GOLGISche Binnenapparat. Erg. Biol. **2** (1927). — Untersuchungen über die Cytologie der Sekretbildung in der Mitteldarmdrüse von Astacus. Z. Zellforschg 8, 1—62 (1928). — **Jasswoin, G.:** Zur Histophysiologie der Tubuli contorti der Amphibienniere. Z. Zellforschg 2, H. 5 (1925). — **Jennings, H. S.:** Das Verhalten der niederen Organismen. Übersetzt v. MANGOLD. Leipzig 1910. — **Jordan, H.:** Vergleichende Physiologie wirbelloser Tiere. Bd. I. Die Ernährung. Jena: Gustav Fischer 1913. — **Jordan, H. J.:** Phagocytose und Resorption bei Helix. Arch. neerl. Physiol. **2**, 471 (1918). — **Jordan, H. J.** und **G. Chr. Hirsch:** Einige vergleichend physiologische Probleme der Verdauung der Metazoen. Handb. der norma. und path. Physiologie **3** (1927).

Karpowa, L.: Beobachtungen über den Apparat GOLGI (Nebenkern) in den Samenzellen von Helix pomatia. Z. Zellforschg 2, H. 4 (1925). — **Kawamura Kinya:** Die Cholesterinesterverfettung. Eine differential-diagnostische Studie über die in den menschlichen und tierischen Geweben vorkommenden Lipoide. Jena 1911. — **Kischensky:** Über die Resorption des Fettes im Darmkanal usw. Beitr. path. Anat. **32**, (1901). — **Koch, A.:** Studien über den Dotterkern der Spinnen. Z. Zellforschg 8, 296—360 (1928). — **Kolatschev, A.:** Recherches cytologiques sur les cellules nerveuses des mollusques. Russk. Arch. Anat. i pr. **1**, H. 2 (1916). — **Kolossow, A.:** Zur Anatomie und Physiologie der Drüsenepithelzellen. Anat Anz. **21** (1902). — **Konopacki** et **B. Konopacka:** La Micromorphologie du Metabolisme dans les periodes initiales du developpement de la Grenouille (Rana Fusca). Extrait du Bulletin de l'Academie Polonaise des Sciences et des Lettres. Serie B: Sciences Naturelles **1926**. — **Kopsch, Fr.:** Das Binnengerüst in den Zellen einiger Organe des Menschen. Z. mikrosk.-anat. Forschg **5** (1926). — **Korschelt, E.:** Beiträge zur Morphologie und Physiologie des Zellkerns. Zool. Jb. Anat. **4** (1891). — **Krehl, L.:** Ein Beitrag zur Fettresorption. Arch. f. Anat. **1890.** — **Krijgsman, B. J.:** Arbeitsrhythmus der Verdauungsdrüsen bei Helix pomatia. Z. vergl. Physiol. **2**, 264 (1925). — **Kumagai, Kuranosuke:** Experimental studies on the oxydase reaction of nervous tissue and its significance. Jap. med. World **8**, Nr 1, 5—8 (1928).

Litwer, G.: Die histologischen Veränderungen der Kropfwandung bei Tauben zur Zeit der Bebrütung und Auffütterung ihrer Jungen. Z. Zellforschg **3**, H. 4 (1926). — Über die Sekretion und Resorption in den Dotterentodermzellen der graviden weißen Mäuse. Z. Zellforschg 8, 135—152 (1928). — **Ludford, R. J.:** The morphology and physiology of the nucleolus. J. roy. microsc. Soc. **1922**, 113 ff. - Nuclear activity in tissue cultures. Proc. roy. Soc. **98**, 692 (1925). — Studies in the microchemistry of the cell. I. The chromatin content of normal and malignant cells, as demonstrated by Feulgens „nuclealreaction". Proc. roy. Soc. Ser. B, **102**, Nr B 719, 397—406 (1928). — **Ludford, R. J.** and **W. Cramer:** Secretion and the Golgi apparatus in the cells of the islets of Langerhans. Proc. roy. Soc. Lond., Serie B **101**, 16—23 (1927). — **Lutz, H.:** Physiologische und morphologische Deutung der im Protoplasma der Drüsenzellen außerhalb des Kernes vorkommenden Strukturen. Arch. Zellforschg **16** (1922).

Ma, Wen-Chao: The relation of mitochondria and other cytoplasmic constituents to the formation of secretion granules. Amer. J. Anat. **41**, 51—63 (1928). — **Macallum, A. B.:** Oberflächenspannung und Lebenserscheinungen. Erg. Physiol. **32**, 598—658 (1905). — **Mc. Kater, A.:** Morpholog. aspects of protoplasmic and deutoplasmic synthesis in oogenesis of cambarus. Z. Zellforschg 8 (1928). — **Mast, S. O.:** The reactions of Didinium nasutum Stein. Biol. Bull. Marine biol. Labor. **16** (1909). — **Maziarski, S.:** Recherches cytologique sur les phenomenes secretoires dans les glandes filieres des larves des lepidopteres. Arch. Zellforschg **6**, 397—423 (1911). — **Metalnikov, S.:** Les infusoires peuvent ils apprendre a choisir leur nourriture? Arch. Protistenkde **34** (1914). — **Metzner:** Über die Beziehung der Granula zum Fettansatz. Arch. f. Anat. **1890.** — **Meves, F.:** Die Plastosomentheorie der Vererbung. Arch. mikrosk. Anat. **92 II**, 41—136 (1918a). - Zur Kenntnis des Baues pflanzlicher Spermien. Arch. mikrosk. Anat. **92 II**, 272—311 (1918b). — Über Umwandlung von Plastosomen in Sekretkügelchen nach Beobachtungen an Pflanzenzellen. Arch. mikrosk. Anat. **92 II**, 445—462 (1918c). — **v. Möllendorff, W.:** Zur Histophysiologie der Niere. Speicherungsgranula, Niederschläge und partielle Protoplasmanekrosen während der Ausscheidung von Fremdsubstanzen. Erg. Anat. **24** (1922). — Beiträge zur Kenntnis der Stoffwanderung bei wachsenden Organismen. IV. Z. Zellforschg. **2**, H. 2 (1925). — Einschaltung des Farbstofftransportes in die Resorption bei Tieren verschiedenen Lebensalters.

Z. f. wiss. Biol. Abt. B: Z. Zellforschg **2**, 130 (1925). — **Morelle, J.:** Les constituants cytoplasmiques dans le pancreas et leur role dans la sécrétion. Bull. Acad. belg. Kl. Sci. **9**, 139 (1923). — **Moroff, Th.:** Entwicklung der Nesselzellen bei Anemonia. Ein Beitrag zur Physiologie des Zellkerns. Arch. Zellforschg **4** (1910).

Nassonov, D.: Das GOLGISche Binnenetz und seine Beziehung zu der Sekretion. Untersuchungen über einige Amphibiendrüsen. Arch. mikrosk. Anat. **97**, H. 1/2 (1923). — Das GOLGISche Binnehnetz und seine Beziehungen zu der Sekretion (Fortsetzung). Arch. mikrosk. Anat. **100**, H. 3/4 (1924). — Der Exkretionsapparat (contractile Vakuole) der Protozoen als Homologon des Golgi-Apparates der Metazoenzelle. Arch. mikrosk. Anat. **103** (1924); Z. Zellforschg **2** (1925). — Die physiologische Bedeutung des Golgi-Apparates im Lichte der Vitalfärbungsmethode. Z. Zellforschg **3**, H. 3 (1926). — Die Tätigkeit des Golgi-Apparates in den Epithelzellen des Epididymis. Z. Zellforschg **4** H. 4 (1927). — **Nirenstein, Edmund:** Die Nahrungsaufnahme bei Protozoen. Handb. der norm. und path. Physiologie **3** (1927). — Die Verdauungsvorgänge bei den Protozoen. Handb. der norm. und path. Physiologie **3** (1927). — **Noll, A.:** Über Fettsynthese im Darmepithel des Frosches bei der Fettresorption. Arch. f. Physiol. Suppl., **1908**. — Chemische und mikroskopische Untersuchungen über den Fetttransport durch die Darmwand bei der Resorption. Pflügers Arch. **136** (1910). — WINTERSTEINS Handb. der. vergl. Physiol. **2**, 2 (1921). — **Nusbaum-Hilarowicz, J.:** Über das Verhalten des Chondrioms während der Eibildung bei Dysticus marginalis L., Z. Zool. **117**, 554—590 (1917).

Peter, K.: Der Weg des injizierten Farbstoffes in den Hauptstückzellen der Salamanderniere. Z. Zellforschg **8** (1928). — Betrachtungen über die Furchung und die Dotterverarbeitung bei den Wirbeltieren. Z. Anat. **63** (1922). — **Petersen, H.:** Histologie und mikroskopische Anatomie I und II München: J. F. Bergmann 1922. — **Pfeffer, W.:** Über die Aufnahme und die Abgabe ungelöster Körper. Abh. sächs. Ges. Wiss. Leipzig, Math.-physik. Kl. **16** (1890). — **Policard, A.:** Faits et hypotheses concernant la physiologie de la cellule intestinale. C. r. Soc. Biol. **68** (1910). — **Potts, F. A.:** The structure and function of the liver of Teredo. Proc. Cambridge philos. soc. **1**, 1 (1923). — **Prenant, A.:** Les mitochondries et l'ergastoplasme. J. de l'Anat. et Physiol. **46** (1910). — **Pütter, A.:** Vergleichende Physiologie. Jena: Gustav Fischer 1911.

vom Rath, O.: Über den feineren Bau der Drüsenzellen des Kopfes von Anilocra mediterranes Leach im speziellen und die Amitosenfrage im allgemeinen. Z. Zool. **60** (1895). — **Regaud, Cl.:** Participation du chondriome à la formation des grains de sécrétion dans les cellules des tubes contourne du rein. C. r. Soc. Biol. **66** (1909). — **Regaud, Cl et J. Mawas:** Sur la structure du protoplasma dans les cellules sero-zymogenes des acini et dans les cellules des canaux excreteurs de quelques glandes salivaires de mamiferes. C. r. Assoc. Anat. **11** Reunion Nancy **1909**. — **Reuter, K.:** Ein Beitrag zur Frage der Darmresorption. Anat. H. **21**, H. 1 (1903). — **Riddle, O.:** On the formation, significance and chemistry of white and yellow yolk of ova. J. Morph. a. Physiol. **5**, 22 (1911). — **Rhumbler, L.:** Die verschiedenartigen Nahrungsaufnahmen bei Amöben als Folge verschiedener Kolloidzustände ihrer Oberflächen. Arch. Entw.mechan. **30**, 194—223 (1910). 9 Textabb. — Das Protoplasma als physikalisches System. Erg. Physiol. **14** (1914). — **Roskin, G.:** Drüsenzellen von Pteropoda. Z. Zellforschg **3**, 99 (1926).

Schaeffer, A. A.: Selection found in Stentor coeruleus. J. of exper. Zool. **8** (1910). — Choice of food in ameba. J. of anim. behaviar. **7** (1917). — **Saint-Hilaire, C.:** Intracelluläre Verdauung in den Darmzellen der Planarien. Z. Physiol. **11**, 177 (1910). — Phagocytose der Dotterkörner durch Leukocyten im Darm der Turbellarien und Protozoen. Zool. Jb. Abt. Physiol. **34** (1914). — Veränderungen der Dotterkörner der Amphibien bei intracellularer Verdauung. Zool. Jb., Abt. Physiol. **34**, 107 (1914). — **Stieglitz, E. J.:** Amer. J. Anat. **23** (1921).

Tischler, G.: Allgemeine Pflanzenkaryologie. Handbuch für Pflanzenanatomie. Herausgegeben von K. LINSBAUER. Allg. Teil. Zytologie **2** (1921). — **v. Trigt, H.:** Contribution to the physiologie of the freshwater Sponges (Spongilidae). Tijschr. nederlansch. Dierkund. Vereenigung (2) **17**, 1 (1919). — **Tschassownikow, N.:** Über den Gang des Sekretionsprozesses in den Zellen des Magendeckepithels bei einigen Amphibien und Säugern. (Zur Frage über die Rolle des Golgischen Retikularapparates und der Chondriosomen im Sekretionsprozesse.) Z. Zellforschg **5**, H. 5, 680—703 (1927). 11 Textabb.

van der Stricht, O.: Etude comparée des ovules des mammiferes aux differentes periodes de l'ovogenese, d'apres les travaux du Laboratoire de l'Histologie et d'Embryologie de l'université de Gand. Arch. de Biol. **33** (1923). — **Verworn, M.:** Allgemeine Physiologie, 7. Aufl. Jena: Gustav Fischer 1922. — **Vonk, H. J.:** Verdauungsphagocytose bei den Austern. Z. vergl. Physiol. **1**, 607 (1924). — **Vries, H. de:** Plasmalytische Studien über die Wand der Vakuolen. Jb. wiss. Botan. **16** (1885).

Warburg, O.: Beiträge zur Physiologie der Zelle, insbesondere über die Oxydationsgeschwindigkeit der Zellen. Erg. Physiol. 14 (1914). — **Waldeyer, A.:** Z. Zellforschg 7 (1928). — **Weiner, P.:** Der GOLGIsche Apparat bei der Ovogenese. Z. anat. mikrosk.-Forschg 4, 1 (1925). — Sur la resorption des graisses dans l'intestin. Russk. Arch. Anat. i pr. 5, H. 1 (1926). — Der GOLGIsche Apparat bei der Ovogenese. Z. mikrosk.-anat. Forschg 4 (1926). — Über Fettablagerung und Fettresorption im Darm. Z. mikrosk.-anat. Forschg 13, 137—268 (1928). — **Will, A.:** Vorläufige Mitteilungen über Fettresorption. Pflügers Arch. Physiol. 20 (1879). — **Will, L.:** Die sekretorischen Vorgänge bei der Nesselkapselbildung der Cölenteraten. Sitzungsber. und Abh. naturf. Ges. Rostock, N. F. 2 (1910). — **Willers, W.:** Celluläre Vorgänge bei der Häutung der Insekten. Z. Zool. 116 (1916). — **Willier, B. H., L. H. Hyman** and **S. A. Rifenburgh:** A histochemical study of intracellular digestion in triclad worms. J. Morph. a. Physiol. 40, 299 (1925). — **Willstätter und Stoll:** Das Chlorophyll. Berlin: Julius Springer 1918.

Yonge, C. M.: Mech. of feeding, digestion and assim. of Mya. Brit. J. exper. Biol. 1, 50 (1923). — Structure and physiology of the organs of feeding and digestion in Ostrea. J. marine biol. Assoc. 15, 340 (1926).

Zacharias, E.: Über den Nucleolus. Bot. Ztg 43 (1885).

B. Die Organisation der lebendigen Masse.

Von **F. K. Studnička**, Brünn.

Mit 61 Abbildungen.

Wie es in den vorangehenden Teilen dieses Werkes gezeigt wurde, stehen der Natur sehr verschiedene Substanzen, Plasmen und ihre Produkte, zur Disposition, und es soll jetzt darauf hingewiesen werden, auf welche Weise und wo, das ist in welchen Teilen sich diese Substanzen am Aufbau des tierischen Körpers beteiligen, welche sind die „Elementarbestandteile" und die „Massen" des Tierkörpers, die aus ihnen gebaut werden, auf welche Weise sich die Elementarbestandteile (und die Massen) unter einander verbinden, und so beim Aufbau der Gewebe und des Ganzen Verwendung finden. Die morphologischen Eigenschaften der lebendigen Masse sollen in der ersten Reihe das Thema dieses Abschnittes sein.

Noch am Anfang dieses Jahrhunderts würde man die hier angedeuteten Fragen sehr einfach beantworten, und der vorliegende Abschnitt würde damals den Titel „Die Lehre von der Zelle" erhalten; mit der Zeit ist es anders geworden. Jetzt ist es nicht möglich, dasjenige im Körper, „was nicht Zelle ist", und was sich da außerhalb der Zellen befindet, bei allem Respekt für die Zellen, beiseite zu lassen, oder den spezielleren Kapiteln der Histologie zu überlassen, wie es früher in der Regel geschehen ist.

Es handelt sich nicht nur um die einzelnen Bestandteile des Körpers, um ihre Charakteristik und um die Frage, wie sich diese Teile untereinander zu verbinden pflegen, sondern auch darum, wie dadurch ein Gewebe entsteht, und was eigentlich ein „Gewebe" ist; auch um die Frage, welche die Haupttypen der tierischen Gewebe sind. Unser Abschnitt über die „Organisation" soll auch eine histologische „Promorphologie", „Prohistologie" möchte ich es nennen, enthalten. Daß man dabei jederzeit auch an die Funktion und auf das Zusammenwirken der Teile im Gesamtkörper, zu dem die Teile gehören, denken muß, braucht man vielleicht nicht besonders erwähnen; rein morphologisch kann das Thema des Abschnittes also nicht sein. Die „Organisation" der lebendigen Masse des Wirbeltierkörpers kommt da in erster Reihe zur Berücksichtigung.

I. Geschichtliches. —
Die Erforschung der mikroskopischen Struktur.

Die Histologie des tierischen, bzw. des menschlichen Körpers hat zweierlei Geschichte. Zuerst entwickelte sie sich als eine Lehre von den Geweben, die sie zu klassifizieren versuchte (vgl. Kap. X), und als solche kann sie sogar auf Aristoteles, als auf ihren Vater, hinweisen, dann hat sie sich, bedeutend später, als eine Lehre von der mikroskopischen Struktur des Tierkörpers, von dessen „Elementarbestandteilen", wie man dann sagte, entwickelt; seit der Zeit, als (im siebzehnten Jahrhundert) dank den optischen Hilfsmitteln, darunter dem zusammengesetzten Mikroskope, solche Bestandteile, oder wenigstens ihre Gruppen und Bündel, gesehen werden konnten. Robert Hooke, Marcello Malpighi und Anton van Leeuwenhoek sind ihre vorzüglichsten Gründer. Erst vor nicht einmal hundert Jahren vereinigte sich diese zweite Richtung mit der ersteren, und es entstand dasjenige, was wir heute unter den Namen „Histologie" — „Allgemeine Histologie" — verstehen, die Lehre von den „Elementarbestandteilen" und von den einfachen Geweben (den „Grundgeweben") des tierischen Körpers. In den achtziger Jahren hat sich von dieser Histologie, auf deren Geschichte wir unten nochmals zu sprechen kommen, die „Cytologie", als eine besondere, speziell mit der „Zelle" und ihren Organen sich beschäftigende Lehre zu trennen angefangen und heute genügt auch dieser Begriff nicht mehr; man könnte jetzt auch von einer „Plasmatologie", einer Lehre von der „lebendigen Masse" im allgemeinen oder vom „Bioplasma" sprechen.

Beim Studium der tierischen Strukturen werden die Forscher zu jeder Zeit von den Resultaten der pflanzenanatomischen Untersuchungen (die pflanzlichen Objekte sind eben einfacher und in der Regel leichter zu verstehen) beeinflußt, und so ist es ratsam, auch an dieser Stelle, um die Orientierung zu erleichtern, die Hauptsache aus der Geschichte der Erforschung der pflanzlichen Strukturen vorauszusenden. Vieles in der Geschichte der tierischen Histologie wird durch den Hinweis auf die Pflanzenanatomie klarer.

1. Die Elementarbestandteile des Pflanzenkörpers[1].

Der erste, der einen Schnitt durch einen Teil des Pflanzenkörpers unter das Mikroskop legte, entdeckte — so können wir sagen — die „Zellen", kleine Kammerchen in der sonst einheitlichen — so schien es damals — Pflanzensubstanz. Der englische Physiker Robert Hooke tat mit dem von ihm selbst verfertigten Instrumente diese Entdeckung, und in seiner 1665—1667 erschienenen Schrift „Mikrographia" befinden sich zwei Abbildungen:„schematisme or texture of corc", in denen die „Cellulae" — er hielt sie für Poren des Korks — abgebildet werden. Nehemia Grew (1672) und Malpighi (1675—1679) fanden solche Höhlen bei ihren sorgfältigen, auf alle Pflanzenteile sich beziehenden mikroskopischen Untersuchungen überall. — Grew gibt ihnen den Namen „cells" und „bladders", Malpighi nennt sie „utriculi". — Besonders der Name „utriculi" hat sich dann lange gehalten; man begegnet ihm z. B. auch in der „Philosophia botanica" von Linné (1751). Neben den Zellen wurden in den Pflanzenteilen auch lange röhrenförmige enge Höhlen gefunden, die Tracheen, wie sie Malpighi nach ihrer Bedeutung („ab officio") benannte.

Seit der Zeit hielt man die Substanz des Pflanzenkörpers für eine schaumartige Masse, für eine Substanz, in der massenhaft, dicht nebeneinander kleine Kammerchen, daneben aber auch jene Kanäle vorkommen. Im Jahre 1812 überzeugte sich Moldenhawer davon, daß man durch Mazeration aus der Pflanzensubstanz kleine Bläschen isolieren kann, daraus mußte man schließen, daß die intercellulare Substanz nicht homogen ist und daß die „Cellulae" keine einfache Kammerchen vorstellen; es sind das Bläschen mit eigenen Wänden, und man sollte für sie jetzt eigentlich einen neuen Namen einführen. Dazu ist es nicht gekommen, man hat den Namen „Zellen" einfach auf die Bläschen übertragen.

Einen anderen Schritt tat etwas früher, 1806, L. C. Treviranus. Es ist ihm gelungen nachzuweisen, daß sich die Tracheen aus reihenweise aufeinander sich schließenden und verschmelzenden „Zellen" entwickeln. Auch von den anderen, unterdessen entdeckten röhrenförmigen Gebilden, den Milchgefäßen — wenigstens

---

[1] Literatur siehe bei Sachs (1875), Henneguy (1896), und Lundegaard (1921).

einigen von solchen — konnte später dasselbe nachgewiesen werden. — Jetzt lag der Gedanke, der Pflanzenkörper bestehe anfangs bloß aus „Zellen", die erst später hie und da untereinander verschmelzen, ganz an der Hand, doch es sollte noch einige Zeit dauern, ehe man sich gehörig vergegenwärtigte, die „Zellen" seien hier das Wichtigste. Zuerst hat es TURPIN (1826) ganz deutlich, sogar im Titel eines seiner Werke, ausgesprochen. Es zeigte sich weiter, daß es auch einzellige Pflanzen gibt; darauf hat vor allem 1830 MEYEN in seiner „Phytotomie", — in der auch eine für die damalige Zeit sehr gute Definition der Zelle enthalten war — hingewiesen. Im Jahre 1838 machte auf die Bedeutung der Zellen SCHLEIDEN nochmals aufmerksam, und erst ihm gelang dann die Zellenlehre in der Botanik populär zu machen; seitdem hielten ihn viele sogar für den Vater des Gedankens.

Eine Entdeckung, deren hohe Bedeutung man sich zuerst nicht vergegenwärtigen konnte, geschah ebenfalls in den dreißiger Jahren. Im Jahre 1831 entdeckte ROBERT BROWN ein kleines Bläschen im Innern der Zelle, „areola or nucleus of the cell". Kurz vordem, 1825, entdeckte PURKINJE den Zellkern, als „Keimbläschen" im Inneren des Vogeleies, COSTE (1833) und BERNHARDT (1834) sahen ihn im Inneren des Säugetiereies.

Die Pflanzenzelle konnte man jetzt als ein von einer „vegetabilischen Membran" umschlossenes Bläschen definieren, in dessen Innerem sich ein je nach der Art der Zelle verschiedener „Inhalt" und dann der BROWNsche „nucleus" befindet. Im Jahre 1832 beobachtete DUMORTIER bei Conferva, 1836 MOHL bei Cladophora Erscheinungen der Zellteilung, 1844 entdeckte v. MOHL den sog. „Primordialschlauch" und 1846 vergegenwärtigte er sich die Gegenwart einer besonderen Substanz im Inneren der Pflanzenzellen, des „Protoplasmas".

2. Die Elementarbestandteile des Tierkörpers [1].

HOOKE, derselbe, der die Pflanzenzellen zuerst sah, untersuchte unter anderem auch die Muskeln des Krebses (MUYS, 1678; ich zitiere nach HENLE, 1841), und er beobachtete hier faserige Strukturen; feine Fädchen und deren Bündel. Als man später andere tierische Gewebe mit dem Mikroskop zu untersuchen anfing, konnte man derartige Strukturen nicht überall finden. MALPIGHI, der auch als Begründer der tierischen mikroskopischen Anatomie gilt, mußte sich davon überzeugen, daß in der mikroskopischen Struktur der tierischen Gewebe sogar eine sehr große Mannigfaltigkeit herrscht. Er untersuchte z. B. das Fettgewebe, in dem er offenbar schon die Fettzellen beobachtete, dann die Epidermis, die Lungen, verschiedene Drüsen, Gehirn usw., und er fand da meistens „drüsenartige" Strukturen. Er sah zuerst die Blutkörperchen. LEEUWENHOEK, der sich bekanntlich um die Erforschung der mikroskopischen Welt von den alten Mikroskopikern die größten Verdienste erworben hat, konnte sich ebenfalls von der großen Mannigfaltigkeit in der Struktur der tierischen Gewebe überzeugen. Er beobachtete wieder die Muskelfasern, von denen er bereits gute Abbildungen lieferte, er fand eine faserige Struktur in den Nerven, wahrscheinlich die Bündel von Nervenfasern, und er hat schon die Bindegewebsbündel, die in einigen Geweben (Sehnen) schon bei schwacher Vergrößerung leicht erkennbar sind, gesehen. Daneben beobachtete auch er die roten Blutkörperchen, und sein Schüler HAMM entdeckte die Samen-,,Körperchen". — Gleich in der ersten Zeit der Mikroskopie entdeckte man also in den tierischen Geweben Fasern, größere und kleinere Körper und Körnchen; je nachdem, auf welche von diesen Gebilden man mehr Nachdruck legte, entwickelte man

---

[1] Vgl. auch TYSON (1878), HENNEGUY (1896) und M. HEIDENHAIN (1899, 1907).

in der darauf folgenden Zeit verschiedene auf die Elementarstruktur des tierischen Körpers sich beziehende Lehren.

a) Die Faserntheorie.

Albrecht v. Haller, der berühmte Physiologe, legt auf die „Fasern“ der tierischen Gewebe den Hauptnachdruck und nach einem Ausspruch, den er in den „Elementa physiologiae“ (1757) tat, soll die „Fibra“ dem Physiologen dasselbe sein, „wie die Linie dem Geometer“. Jedenfalls fügt er diesem Ausspruche gleich zu: „Fibra, quo nomine multiplex genus elementorum comprehendimus“ und er hatte neben den eigentlichen Fasern wohl auch flächenhafte Gebilde im Sinne. Charakteristisch ist die Bemerkung, die er weiter in seiner Physiologie folgen läßt: „Invisibilis est ea fibra, sola mentis acie distinguimus“. Dadurch wollte er offenbar andeuten, daß sich die Fasern auch da in den Geweben befinden, wo wir sie nicht direkt beobachten können, daß man eine Faserstruktur überall im Tierkörper voraussetzen soll. Ganz deutlich spricht er sich über diesen Umstand nicht aus. Haller hat sich gewiß viel mit dem Studium der Muskelfasern und der Nervenfasern beschäftigt, deren Kontraktilität“ und „Irritabilität“ ihn interessierten, und ganz bestimmt mußte er auch die Bündel der Bindegewebsfasern mit der Hilfe des Mikroskopes beobachtet haben[1]. Tyson (1878) erwähnt, indem er auf die Lehre von Haller zu sprechen kommt, eine englische Ausgabe von Hallers Physiologie vom Jahre 1779, in der direkt auf mikroskopische Untersuchungen hingewiesen wird.

b) Die Körnchen- oder Kügelchen(Granula)-Theorie.

Schon oben sagten wir, daß Malpighi und Leeuwenhoek im Blut „Körperchen“ entdeckten. Swammerdamm beobachtete schon früher, 1658, kleine Körperchen in zerdrückten Körpern der *Frosch*larven. Körnchen verschiedener Größe mußte man in beinahe allen zerdrückten Geweben, die man damals untersuchte, beobachten. In den Nerven und in den nervösen Zentralorganen waren das die Tropfen des herausfließenden Myelins, anderswo die Fetttropfen, die aus den verschiedensten Geweben ausgedrückt wurden, Blutkörperchen sah man überall, Fettkügelchen sah man außerdem in der Milch, im Embryonalkörper auch die Dotterkörperchen usw. Gewiß beobachtete man in zahlreichen Fällen auch die Zellen, die unter den alten Mikroskopen größtenteils ebenfalls als Körnchen erscheinen. mußten, und wenn nicht diese, so wenigstens die bei der Zerdrückung eher sich erhaltenden Zellkerne. Zahlreiche Körnchen und eigentümliche gewundene Zylinder sah man in allen Geweben, die man unter Anwendung von direktem Sonnenlicht untersuchte, besonders Monro (1787) und Fontana haben auf diese Bilder, die sie an zerdrückten Organen beobachteten, aufmerksam gemacht.

Wieder verallgemeinerte man das Gesehene. Man erklärte die Bilder der Fasern einerseits als Reihen von Körnchen, andererseits dachte man, daß es sich um schlauchartige Gebilde handelt (Muskelfasern), die Körnchen in ihrem Inneren enthalten. So entstand die zweite Strukturtheorie, jene der Körnchen.

Man kann annehmen, daß diese Theorie als Gegensatz zu der Fibralehre verteidigt wurde, und sie fand in der Tat den größten Aufschwung erst dann, nachdem der Einfluß Hallers nach seinem Tode schwand. Georg Prochaska, der ausgezeichnete Wiener Physiologe, war (1779) einer ihrer Verteidiger, und

---

[1] Ich beobachtete jetzt alles das ganz deutlich mit der Hilfe eines alten Culpeperschen Mikroskopes, das sich in unserem Institute in Brünn befindet, und das gewiß nicht besser ist, als die Mikroskope, deren sich Haller seinerzeit bediente.

die Lehre fand auch in den ersten Jahrzehnten des vorigen Jahrhunderts viele Anhänger. Milne Edwards verteidigte die Körnchenlehre im Jahre 1823 von neuem und zuletzt vertrat sie, in einer Zeit, wo andere schon die „Zellen" kannten, Friedrich Arnold in seinem Lehrbuche der Physiologie (1836). Er liefert Abbildungen, an denen die Körnchen im Inneren von Muskelfasern und sogar der von ihm richtig beobachteten Knorpelzellen dargestellt sind. Auch Dutrochet muß hier genannt werden, nach dessen Ansicht (1837) sich die Körnchen verschiedenster Art zu kleinen Bläschen und schließlich zu Zellen entwickeln sollten. Man nennt ihn oft unter den Vorgängern von Schwann.

Ein Teil der Granulalehre ist später in die Zellenlehre von Schleiden und von Schwann (s. unten) mit übergegangen. Diese Autoren stellten sich vor, daß Zellen aus „Körnchen" einer Ursubstanz entstehen und Henle führt in seiner „Allgemeinen Anatomie" (1841, S. 163) die „Elementarkörnchen" neben den Zellen als Elementarbestandteile des tierischen Körpers an. Er führt unter diesem Namen jedenfalls Bestandteile von sehr verschiedener Bedeutung an. Dotterkörnchen neben den Fettkügelchen der Milch usw. Noch im Jahre 1852 figurieren im Koellikers „Handbuch der Gewebelehre" „Elementarkörner" und „Elementarbläschen". Als später die Protoplasmalehre zur Geltung gekommen ist, suchte und fand man „Körnchen" in dieser Substanz, und man kann diese Bestrebungen bis zu Altmann und zu der modernen Plastosomenlehre verfolgen.

c) Die Körnchen- und Faserntheorie.

Am Ende des achtzehnten und am Anfang des neunzehnten Jahrhunderts wurde die Aufmerksamkeit der Mikroskopiker von neuem auf die Fasern der tierischen Gewebe gewendet. Fontana (1787), den wir schon im vorangehenden nannten, beobachtete im „Zellgewebe" feine geschlängelte Zylinder, offenbar die heutigen Bindegewebsfasern, er beobachtete sehr deutlich die Nerven- und die Sehnenfasern und lieferte neue, sehr vollkommene Abbildungen von Muskelfasern. Später, 1816, beschrieb G. R. Treviranus, der vielleicht schon mit dem vervollkommneten achromatischen Mikroskope arbeitete, ziemlich einwandsfrei die Elementarfibrillen des Bindegewebes, „Zellgewebsfasern", wie man damals sagte.

Das Vorhandensein von „Fasern" oder von „Elementarzylindern" konnte jetzt nicht so leicht, wie früher, bestritten werden, und es war weniger leicht in den feinen Fasern, um die es sich handelte, Reihen von Körnchen zu erblicken, welche man früher z. B. an den zerdrückten Gliedern der quergestreiften Muskelfasern zu sehen glaubte. Das Vorhandensein von körnchenartigen Gebilden, Kügelchen usw., ließ sich daneben auch nicht bestreiten, und so bekannten sich manche der vorsichtigeren Autoren, G. R. Treviranus (1816) unter anderen, zu einer Theorie der „Körnchen und Fasern", wie wir es jetzt zu nennen vermögen, der „Kügelchen und Zylinder", wie man damals sagen würde.

d) Die Theorie der kernhaltigen Körnchen und Zellen.

Während die Körnchen, auf welche die vorangehenden Lehren Nachdruck legten, ganz deutlich von sehr verschiedenem Wert waren, handelt es sich in der Lehre, auf die ich jetzt zu sprechen komme, um „Körnchen", die einen „Kern" in ihrem Inneren enthalten. Auf solche haben seit dem Jahre 1835 J. E. Purkinje und seine Schüler aufmerksam gemacht.

In den Dissertationen mehrerer Schüler von Purkinje werden als Bestandteile von Geweben „Körperchen" und „Körnchen" erwähnt und Valentin,

der Schüler und Mitarbeiter von Purkinje, kennt aus dem Embryonalkörper
der Vertebraten aus der Chorda dorsalis usw. „Kugeln", daneben sahen jedoch
diese Autoren schon (darüber erst später) auch „Zellen". Später fanden sie in
solchen Gebilden Zellkerne, zuerst in Knorpel- und Epithelgewebe, dann in
den gangliösen Körperchen. Als „vesicula germinativa" kannte Purkinje
— wie wir schon wissen — schon früher den Zellkern der Eizelle (der Vögel),
früher, als man ihn anderswo fand (s. meine Abhandl. v. J. 1927).

In einem im Herbst des Jahres 1837 vor der Versammlung der deutschen
Naturforscher und Ärzte in Prag gehaltenen Vortrage erwähnte nun Purkinje
solche, von ihm auch in zahlreichen Drüsen, den Lymphdrüsen usw. entdeckten
kernhaltigen „Körnchen" (Abb. 1) von neuem und er verglich sie mit den Pflanzenzellen; er bemerkte von ihnen, daß sie im Tierkörper (er hatte die Drüsen im
Sinne) eine ähnliche Rolle besorgen wie die Pflanzenzellen. Im Pflanzenkörper
gäbe es demnach „Zellen", das ist blasenartige Gebilde, im Tierkörper kompakte
kernhaltige Körnchen. — Purkinje
wußte nun sehr gut und gab dem
später in einer Kritik des 1839 erschienenen Werkes von Schwann
Ausdruck, daß es in einigen tierischen Geweben auch „Zellengebilde" gäbe und er definierte
1840 seine „Zellen - Körnchen-
Theorie", so können wir es vielleicht bezeichnen, viel präziser.
Neben den Körnchen und Zellen
unterscheidet er jetzt noch Fasern
und eine homogene Substanz.
Unter seiner Leitung veröffentlichte
Rosenthal (1839) eine Abhandlung über die „Substantia granulosa" verschiedener Gewebe. Es

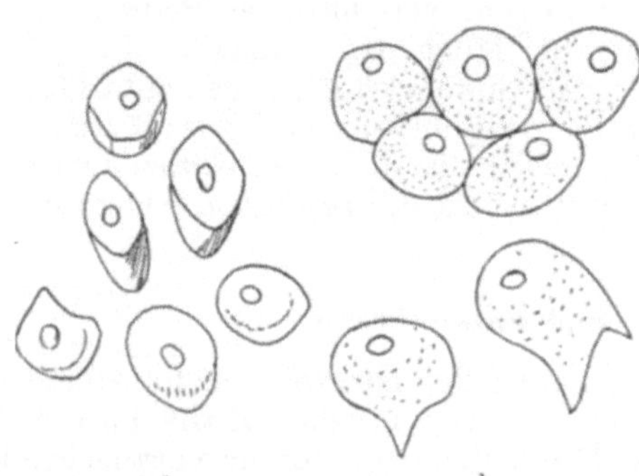

Abb. 1. a „Körnchen" aus den Fundusdrüsen des
Magens. b Ebensolche von der Oberfläche eines
Plexus chorioideus des Gehirns. [Nach Purkinje
(1837).]

sollte dies offenbar eine Erweiterung der Körnchenlehre sein, doch in vielen
Fällen handelte es sich da nicht um Zellen, sondern um Zellkerne.

e) Zellentheorie.

Die kernhaltigen Körnchen von Purkinje entsprachen, das ist ganz klar,
den „Zellen" der späteren Histologie und ich sagte bereits oben, daß mehrere
Forscher schon früher solche gesehen haben.

Sehr frühen Datums sind die Bestrebungen, in diesen und in anderen Bestandteilen des Tierkörpers direkt „Zellen" nach der Art der pflanzlichen
zu erblicken.

Die Pflanzenzellen bezeichnete man früher meistens mit dem Namen „utriculi" und
wenn man in der Anatomie des tierischen bzw. des menschlichen Körpers den Namen „Zellen"
zuerst einführte, dachte man nicht viel an die pflanzlichen Zellen, am wenigsten an eine
direkte Analogie der Kämmerchen, um die es sich da handelte, mit solchen. Albin erwähnt
1722 zuerst unter dem Namen „textus cellulosus" das lockere Bindegewebe, vor allem das
Subcutangewebe, in dem ein „zelliger" Bau beobachtet wurde. Dementsprechend sprach
man damals von „Zellgewebsfasern", wodurch Bindegewebsfasern gemeint wurden.

Im Jahre 1759 erschien die erste Lehre, welche sich zur Aufgabe stellte,
die Lücke zwischen der Auffassungsweise der tierischen und pflanzlichen Strukturen auszufüllen. C. F. Wolff, der im Embryonalkörper kleine „Kügelchen"
beobachtete, erwähnt die „zellige" Struktur der jungen Gewebe und er hat
offenbar in erster Reihe das junge Bindegewebe (s. oben) im Sinne, er ver-

gleicht seine „Zellen" mit den Pflanzenzellen. Er meint, daß die Pflanzenzellen in einer homogenen Masse durch Flüssigkeitsansammlung ihren Ursprung nehmen, und dieselbe Ansicht spricht er auch von den vermutlichen tierischen Zellen aus.

Später, 1809, fand der Gedanke von der Zusammensetzung des tierischen Körpers aus Zellen in dem Zoologen und Naturphilosophen LORENZ OKEN, einen Anhänger. Vielleicht beobachtete OKEN, der sich viel mit entwicklungsgeschichtlichen Untersuchungen beschäftigte, ebenfalls die „Kügelchen" der Anlage, sonst ließ er sich wahrscheinlich durch die Lehre von WOLFF, die er auf eigentümliche Weise ergänzte, verleiten.

Nicht nur, daß der Körper der Pflanzen und der Tiere aus „Zellen" zusammengesetzt sein sollte, er entsteht auch aus solchen Gebilden und er zerfällt nach dem Tode, bei der Fäulnis, wieder in seine Elementarbestandteile. Das sind — so meint OKEN — die „Infusorien" und er spricht direkt von der Zusammensetzung der Gewebe aus Infusorien. Der Gedanke von der „Einzelligkeit" und der „Vielzelligkeit" der Organismen wäre demnach schon bei OKEN vertreten, doch leider handelt es sich in seiner Lehre bloß um ein Phantasiegebilde. — Trotzdem kann man die Bedeutung OKENs nicht ganz unterschätzen. Seine „Naturgeschichte für alle Stände" wurde in den dreißiger Jahren viel gelesen und so wurden schon aus ihr viele der Histologen auf das Kommen der Zellenlehre gut vorbereitet.

Unabhängig von WOLFF, so kann man annehmen, sind auf den Gedanken eines Vergleichs der tierischen Elementarbestandteile mit den Pflanzenzellen einige französische Autoren gekommen; schon oben nannten wir DUTROCHET (1824, 1837) und hier können wir noch den Namen von RASPAIL (1827) erwähnen.

Abb. 2. Zellen mit Zellkernen. Aus der Epidermis des Aales. [Nach FONTANA (1787)].

Nun wollen wir die faktischen Beobachtungen von tierischen „Zellen", das ist von pflanzenzellenähnlichen Gebilden erwähnen, die mehreren Forschern gelangen. Oben haben wir die „Kugeln" von VALENTIN (1835) und die von PURKINJE (1837) beobachteten kernhaltigen „Körnchen" erwähnt; das waren, wie es schon PURKINJE angedeutet hat, keine „Zellen", d. i. Bläschen, doch es gab auch andere Angaben. Im Jahre 1787 beobachtete FONTANA, dessen Namen wir schon kennen, in der Epidermis vom *Aale* Elementarbestandteile in der Gestalt von Zellen (vgl. unsere Abb. 2); er vergegenwärtigte sich damals die Ähnlichkeit noch nicht. Als Anfang der dreißiger Jahre die neuen achromatischen Mikroskope zu weiteren Untersuchungen angezogen wurden, mehrten sich die Angaben über pflanzenzellenähnliche Elemente. PURKINJEs Schüler RASCHKOW beobachtete im Zahnfleisch der *Säugetier*feten ein „parenchyma plantarum cellulis simillimum" und fand im Inneren der Zellen auch Zellkerne. PURKINJE selbst beobachtete 1835 Knorpelzellen mit Zellkernen bei *Frosch*larven, wo das Knorpelgewebe sehr an ein Pflanzengewebe erinnert. JOHANNES MÜLLER lieferte in demselben Jahre eine Abbildung des Chordagewebes und des Parenchymknorpels der Cyklostomen, wieder mit pflanzenzellenähnlichen Elementen. DUTROCHET beobachtete 1837 zellenartige Gebilde in der Leberanlage der *Mollusken* usw. Man wußte jetzt, daß das Gewebe der Chorda dorsalis, verschiedenster Epithelien und Drüsen, dann das Knorpelgewebe in ihrem Bau sehr den Pflanzenparenchymen ähneln, und der Gedanke an eine Analogie ihrer Elementarbestandteile lag ganz an der Hand. PURKINJE wehrte sich (1837), wie wir wissen, gegen den Gedanken, daß sowohl der Pflanzen-, wie der Tierkörper aus „Zellen" bestehen sollten, aber THEODOR SCHWANN, ein junger

Schüler von Johannes Müller, hat sich des Gedankens angenommen, und bearbeitete ihn in seinem bekannten klassischen Buche (1839) zu einer „Zellen-Theorie". Er ließ sich von der Richtigkeit des Gedankens durch histogenetische Untersuchungen, die er im Anschluß an die analogen Untersuchungen seines Freundes Matthias Schleidens, des Jenenser Botanikers, angestellt hat, überzeugen.

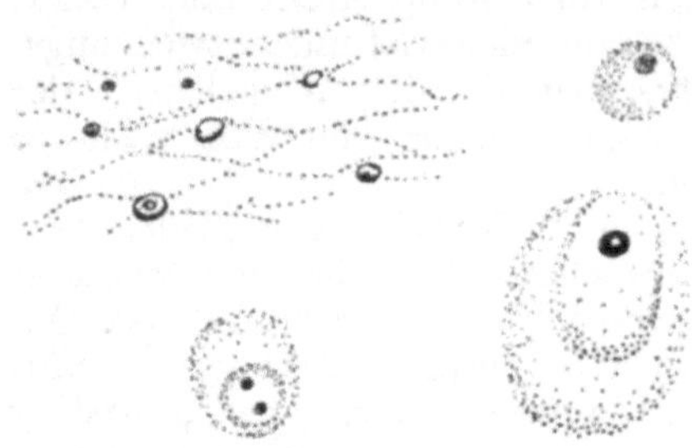
Abb. 3. Zu der Theorie der Cytogenese von M. Schleiden (1838).

Es war eine alte, bis auf C. F. Wolff zurückgehende Lehre, nach der neue Zellen in einer homogenen Masse zwischen den bereits bestehenden entstehen sollten. Mirbel formulierte die Lehre 1832 von neuem, und Schleiden hat 1838 auf Objekte hingewiesen, an denen man, nach seiner Ansicht, die Entstehung neuer Zellen in einer Ursubstanz sehr deutlich beobachten kann; er war der Meinung, daß sich die zellbildende Substanz vor allem im Inneren der Pflanzenzellen befindet, und er hat (darin unterscheidet sich eben seine Zellbildungslehre von den älteren) den Kernen, die er direkt als Zellbildner („Cytoblasten") bezeichnet, bei diesem Prozesse eine besondere Rolle zugeschrieben. Seine Angaben beziehen sich auf den Embryosack und auf das Ende des Pollenschlauches der Phanerogamen; er meint, daß sich da kleine Körnchen bilden, aus denen Zellkerne entstehen, von diesen löst sich dann die Zellmembran ab, unter der der Zellinhalt zum Vorschein kommt (vgl. Abb. 3).

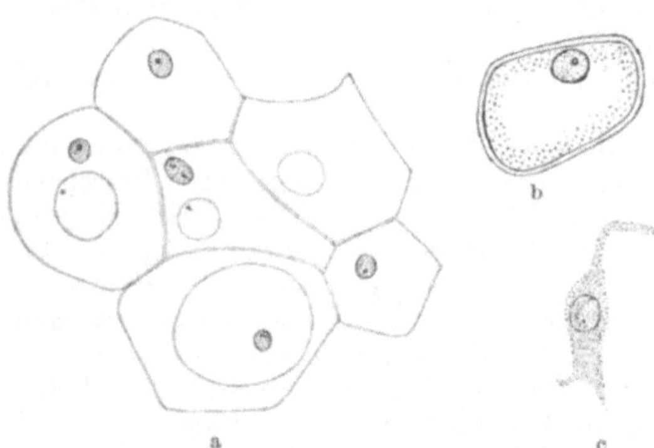
Abb. 4. Abbildungen aus dem Werke von Th. Schwann (1839):
a Zellen der Chorda dorsalis einer Plötze, b Knorpelzelle einer Froschlarve, c Zelle aus dem Gallertgewebe zwischen Chorion und Amnion eines Schweinefetus.

Theodor Schwann, der als Schüler von Johannes Müller und als Mitarbeiter von Henle bereits die Zellen aus Chordagewebe, Knorpel und aus den Epithelien gut kannte und dem auch die Angaben der Purkinjeschen Schule nicht unbekannt waren, dachte nun, daß es ihm ähnliche Bilder auch bei der Genese der tierischen Gewebe zu finden gelungen ist. Die zellbildende Substanz nennt er „Cytoblastem", und er meint, daß sie sowohl zwischen den Zellen, wie auch in ihnen vorhanden ist. Im Chordagewebe und im Knorpel sah er neue Zellen im Inneren der alten, anderswo sah er, so meinte er, kleine Körnchen, Zellkerne und neue Zellen zwischen den alten entstehen. Dadurch schien seine Lehre von der Analogie der pflanzlichen und der tierischen Zellen eine Bestätigung zu finden.

Schwann war der Ansicht, daß es in allen tierischen Geweben, wenigstens am Anfang, „Zellen", das ist bläschenartige, aus einer Zellmembran bestehende und Zellkern enthaltende Elementarbestandteile gibt. Einmal erhalten sich diese Zellen als solche, in Fällen, wo der Zellinhalt weich ist, ein anderes Mal wird der Zellinhalt dicht und die Zellmembran ist dann an der Zelloberfläche wenig deutlich (vgl. Abb. 4); schließlich verändern sich die Zellen auf verschiedene Weise. Ähnlich, wie es früher die Botaniker an ihren Objekten beobachtet haben, können auch tierische Zellen reihenweise untereinander verschmelzen, und so entstehen, nach der Meinung von Schwann, die Muskel- und Nervenfasern, sogar, wie er meint, die Capillaren, sonst können die Zellen in feine Fädchen zerfallen; so erklärt er die Entstehung der kollagenen Bindegewebsfibrillen.

Der Tierkörper besteht nach Schwann aus Cytoblastem und aus Zellen, beziehungsweise ihren Umwandlungsprodukten. Die Zellen sollen nach ihm auch „metabolische Fähigkeiten" entwickeln und Schwann sagt bereits, daß sich „die Frage über die Grundkraft der Organismen reduziert" „auf die Frage über die Grundkräfte der einzelnen Zellen". Dadurch spricht er einen Gedanken aus, den die neuere Zeit weitgehend zu verwerten wußte.

Neben den Zellen ist hier das „Cytoblastem" einmal als Flüssigkeit, ein anderes Mal als eine feste Substanz, die „Grundsubstanz" der neueren Histologie. Auch die Blutflüssigkeit hält Schwann für ein Cytoblastem und er will die anderen Cytoblasteme von dieser Flüssigkeit, deren Ursprung er nicht kannte, ableiten. Ein Teil der alten Humoraltheorie ist auf diese Weise in seiner Theorie mit enthalten; im Körper kann ohne jene Flüssigkeiten nichts geschehen. — Schwann war der Ansicht, daß die Zellen in dem Cytoblastem durch eine Art Krystallisation entstehen und er dachte, daß jetzt sogar auch die Lücke zwischen den anorganischen Welt und jener der Organismen kleiner wird.

Von größter Bedeutung war jedenfalls der Gedanke von der prinzipiellen Übereinstimmung der Elementarbestandteile des pflanzlichen und des tierischen Körpers, der sogleich überall Beifall fand, später zeigte es sich jedenfalls, daß man die pflanzlichen Zellmembranen mit denen der tierischen Zellen nicht direkt vergleichen darf; schon Purkinje hat ja eine solche Ansicht ausgesprochen und erst der Befund von Protoplasma, auf den wir da später zu sprechen kommen, hat den Gedanken von der prinzipiellen Übereinstimmung auf eine andere Weise, als sich das Schwann vorgestellt hat, gerettet. Unrichtig war bei Schwann auch die Auffassung der Muskel- und der Nervenfasern, ganz verfehlt jene der Capillaren und der kollagenen Fibrillen, vor allem ließ sich jedoch seine Lehre von der Genese der Zellen nicht halten.

Die Botaniker erinnerten bald darauf, daß sich die Zellen der Fadenalgen durch Teilung vermehren; Angaben darüber [Dumortier (1832), Mohl (1836) gab es schon vor Schwann und bald beobachtete man Zellteilungen bei den Pflanzen überall. Die Zoologen und die Anatomen hielten länger an der Lehre von der Urzeugung der Zellen fest, doch Untersuchungen an sich teilenden Eizellen, dann solche an Gewebszellen belehrten auch sie schließlich eines anderen. Bischoff (1842), Koelliker (1844) und Bergmann (1847) beobachteten Zellteilungen überall bei der ersten Entwicklung des *Metazoen*körpers. Remak beobachtete 1841 die Teilung von Leukocyten; man nahm dann an, daß die Cytogenese aus Cytoblastem in pathologischen Prozessen irgendeine Rolle spiele und schließlich vertrat Virchow (1858) den Gedanken „Omnis cellula e cellula". Schon vor ihm hat Remak (1855) dasselbe deutlich genug behauptet.

Man mußte jetzt fragen, was für Bedeutung haben denn eigentlich das „Cytoblastem", die Flüssigkeiten und die festen intercellularen Substanzen des tierischen Körpers, auf welche Weise sie eigentlich entstanden sind. Schwann hat diese Frage nicht gelöst, und nach dem Fall seiner Cytoblastemlehre war ihre Beantwortung besonders dringend. Schon aus dem Jahre 1845 stammen wichtige, auf die Grundsubstanzen sich beziehende Angaben von C. B. Reichert. Sie stellen nicht das Zellbildende vor, sondern es sind das umgekehrt Zellprodukte, die bei der Entwicklung erst später zum Vorschein kommen und durch Ausscheidung entstehen. Ähnlich mußte man dann auch die Flüssigkeiten des tierischen Körpers deuten. Es sind das sekundär entstandene Stoffe, und Virchow hat jetzt darauf hingewiesen, daß sie nicht der Sitz der Lebenserscheinungen sein können; dies seien eben nur die Zellen. Auf diese Weise gründete Virchow (1858) die bis heute noch nicht überwundene Lehre von der Passivität der Interzellularsubstanzen, welche nach ihm vollkommen unter dem Einflusse der Zellen stehen sollen. Dasjenige, was im tierischen Körper selbständig lebt, sind nur seine Zellen; der Tierkörper kann als Komplex von lebendigen Zellen aufgefaßt werden. Das ist schon eine Ansicht, die sich von derjenigen der älteren Forscher unterscheidet; noch im Jahre 1841 hielt Henle die Grund-substanzen für lebendig.

Vom Anfang an fragte man, ob es überall im Tierreich, d. i. bei allen Tieren, Zellen als Elementarbestandteile des Körpers gibt, und vom Anfang an hat man sich um die mikroskopischen Organismen, die *Infusorien, Rhizopoden* usw. interessiert; man war neugierig, wie sich diese mit Rücksicht auf Zellentheorie deuten lassen. Einzellige Pflanzen kannte man bereits, und Siebold hat (1849) definitiv bewiesen, daß die hier erwähnten Tiere ebenfalls einfachen, selbständig lebenden Zellen entsprechen.

Man kannte zu dieser Zeit „Zellen", Bläschen — von einer Zellmembran gebildet — mit verschiedenem Inhalt und mit Zellkern, dann Produkte dieser Zellen, die Grund- und die Cuticularsubstanzen. Zellen als Teile von mehr-zelligen Organismen und als Einzellige.

f) Die Protoplasma-(= „Zellplasma"-)Theorie.

Die Zellentheorie von Schwann wußte eigentlich nichts von dem Vorhandensein eines besonderen Lebensstoffes, ihr Cytoblastem war bloß eine zellbildende Substanz und von den die Zellmembranen und die Zellkerne zusammensetzenden Substanzen wußte sie wenig zu erzählen. Später wurde das Cytoblastem als Zellprodukt erklärt. Durch diese Lehre blieb also, wie man sieht, die Sucht der alten Physiologen des achtzehnten Jahrhunderts, die die Irritabilität und die Contractilität der tierischen Gewebe besonderen Stoffen zuschreiben wollten, unbefriedigt. Die Zellenlehre war eigentlich eine Lehre von Zellmembranen.

Auch im achtzehnten Jahrhundert haben einzelne Physiologen eine alles durchdringende lebendige Substanz anerkannt und haben ihr verschiedene Namen erteilt. Brisseau Mirbel hat 1808 eine Lehre vom „Cambium", einer in allen Zellen und in den intercellularen Räumen der Pflanzenkörper vorkommen-den Flüssigkeit, aufgestellt, aus der, wie wir schon wissen, die Zellen entstehen sollten. L. C. Treviranus hat 1835 die Ansicht von einer „dem Tierreich und dem Pflanzenreich gemeinschaftlichen Lebensmaterie" entwickelt. Auch Purkinje wollte zuerst für die Substanz, aus der sich im Körper der Pflanzen und der Tiere neue Zellen entwickeln sollen, den Mirbelschen (bzw. Duhamel-schen) Namen „Cambium" wählen. In allen diesen Fällen handelte es sich um vorauszusetzende Substanzen.

Die wirkliche, der heutigen Biologie gut bekannte lebende Substanz, das „Protoplasma", haben die Naturforscher, ohne sich zuerst deren Vorhandensein deutlich zu vergegenwärtigen, sehr bald beobachtet. In den Körpern der *Amöben* bewunderte man seine Bewegungen, man sah es deutlich in den Körpern der *Infusorien,* dann beobachtete man [Corti (1774)] die Rotation dieser Substanz im Inneren der Pflanzenzellen (Chara). Der erste, der sich die Gegenwart einer solchen Substanz in den Körpern der mikroskopischen Organismen ganz klar vergegenwärtigte und sie bereits ganz zutreffend charakterisierte, war Dujardin, der ihr 1835 den Namen „Sarcode" erteilte. Aus solcher Sarcode sollen nach ihm die Körper der kleinsten, jetzt für einzellig gehaltenen Tiere bestehen. DUJARDIN gehört somit die Priorität bei der Entdeckung der lebendigen Substanz, und dem von ihm vorgeschlagenen Namen sollte eigentlich Vorrang vor anderen gegeben werden. Für die Substanz der „Elementarmoleküle" der tierischen Embryone, „der gallertartigen Kügelchen oder Körnchen, die einen Mittelzustand zwischen dem Flüssigen und Festen darstellen", hat PURKINJE (1839) den Namen „Protoplasma" vorgeschlagen und er ist somit der zweite Entdecker der lebendigen Substanz. Später, 1846, vergegenwärtigte sich HUGO V. MOHL, daß auch in Pflanzenzellen, in denen man bisher nur den Zellsaft und etwas „Pflanzenschleim" beobachtete, eine besondere Substanz vorhanden ist, zu der auch der kurz vordem von ihm gefundene „Primordialschlauch" gehört. Für diese Substanz wählte nun MOHL den früher schon von PURKINJE benützten Namen „Protoplasma".

Auch die Zoologen und die Anatomen suchten jetzt an ihren Objekten etwas Ähnliches, doch es dauerte noch einige Zeit, ehe sie in dem „Inhalt" der tierischen Zellen und in der Substanz ihrer „Umhüllungskugeln" (so nannte man einmal das Cytoplasma der Eizellen und der Ganglienzellen; den Zellkern hielt man dabei für die eigentliche Zelle — VALENTIN, KOELLIKER) eine besondere dem Protoplasma der Pflanzen vergleichbare Substanz erkannten. Noch im Jahre 1852 schreibt KOELLIKER in seiner „Gewebelehre": „Sehr verbreitet ist namentlich eine durch Wasser und verdünnte Säuren sich niederschlagende, stickstoffhaltige Substanz, die an den Schleimstoff erinnert und die mikroskopische Untersuchung der Zellen und Gewebe erschwert, indem sie dieselben statt hell und klar, trübe und gekörnt erscheinen läßt". Man hat für diese Substanz zuerst den Namen „Zooplasma" vorgeschlagen, doch im Jahre 1855 spricht REMAK schon vom „Protoplasma". Auch die DUJARDINsche Sarcode der Protozoen identifizierte man jetzt mit dem Protoplasma [FERD. COHN (1850)] und von großer Bedeutung war der Hinweis auf DE BARYs Untersuchungen über *Myxomyceten*, in deren Plasmodien man Massen nackten Plasmas erkannte (1859).

Das Lehrbuch der Histologie von FRANZ LEYDIG (1857) war das erste, das sich auf den Standpunkt der neuen Lehre stellte und bereits auch eine richtige Deutung der tierischen Zellmembranen enthielt, es sind das oberflächliche Verdichtungen des Protoplasmas der Zellen. Bisher half man sich in jenen Fällen, in denen die Zellmembran nicht zu sehen war, mit der Ausrede, sie sei hier so dünn, daß man sie nicht zu sehen bekommt, jetzt war es klar, daß es auch nackte Zellen gibt. MAX SCHULTZE, ein Autor, der sich damals am meisten mit Untersuchungen über den Protoplasmakörper der *Rhizopoden* beschäftigte, lieferte auch eine sehr gute Analyse der embryonalen und der fertigen Gewebe des *Metazoen*körpers vom Standpunkte der neuen Lehre aus; er prägte (1861) auch eine neue Definition einer „Zelle"; es soll das ein „Klümpchen von Protoplasma" sein, „in dessen Inneren ein Kern liegt" und der auf seiner Oberfläche von einer Membran umgeben sein kann. Offenbar waren schon die zellkernhaltigen Körnchen PURKINJES dieser Art.

Nachdem jetzt der ehemalige „Inhalt" der Zelle zur Hauptsache erklärt wurde, sollte es eigentlich zu einer neuen Namengebung kommen; die „Zelle" war jetzt doch etwas ganz anderes als früher. Dazu ist es wieder nicht gekommen; wieder behielt man, diesmal ganz unrichtigerweise, den Namen „Zelle". Man erblickte jetzt in dem Protoplasma eine „Zellsubstanz", wie man es auch nannte, das „Zellplasma", und so ist es erklärlich, daß es keine große Mühe kostete, die Eigenschaften der bisherigen Zellen auf das Protoplasma zu übertragen; in der Tat hat die neue Lehre das gesamte Inventar der alten Zellenlehre übernommen.

Bisher sagte man, bei der Zellteilung teile sich die Membran und dann der Inhalt der Zelle, jetzt mußte man die Fähigkeit, sich durch Teilung vermehren zu können, dem Protoplasmaklümpchen, den die Zelle vorstellt, zuschreiben. Die Grundsubstanzen hielt man für Produkte der Zellen, jetzt mußte man sie für Produkte des Protoplasmas halten, doch hier teilten sich die Ansichten. Max Schultze selbst war der Ansicht, daß die Grundsubstanzen durch Umwandlung des Protoplasmas der unter einander zusammenhängenden Zellen entstehen, andere deuteten sie als Sekrete des Protoplasmas (vgl. darüber im Kap. VII).

Sehr bald hat man darauf hingewiesen, daß man in dem Protoplasma nicht eine einfache strukturlose Substanz erblicken dürfe, sondern daß es offenbar Strukturen enthält und daß somit der Protoplasmaklumpen — die Zelle — als ein Organismus aufzufassen sei. Von dem Physiologen Ernst Brücke stammt dieser Gedanke, und ihm verdanken wir den Begriff des „Elementarorganismus". In der weiteren Verfolgung dieser Gedanken ist dann eine neue Lehre von der Organisation der Zelle, die Cytologie, entstanden.

g) Die Theorie der lebendigen Masse, die Bioplasmalehre, die Einheitslehre.

Die im vorangehenden erwähnte Zellplasmatheorie war, streng genommen, nur eine wenig modifizierte Zellenlehre. An die Stelle der Bläschenzellen sind einfach die Zellplasmaklümpchen getreten, und sonst ist, wie wir schon sagten, alles beim alten geblieben. Wohl versuchte schon 1861 Schultze die Fibrillen und die Grundsubstanzen als Produkte der Protoplasmaumwandlung aufzufassen, doch diese Deutung fand wenig Beifall, und man blieb schließlich bei der alten Lehre, die alles, was da außerhalb der Zellen ist, für ihre passiven oder toten Produkte halten wollte, und man hielt den vielzelligen Metazoenkörper auch weiter für einen „Zellenstaat", in dem alles den „Zellen" untergeordnet ist.

Am Ende des vorigen Jahrhunderts erschien die Umbildungslehre von neuem; in ihrem Gefolge kam jetzt auch eine andere Lehre, die bisher nur von einzelnen vertreten wurde und für die man früher keine gewichtigeren Beweise anführen konnte, die Lehre von der Vitalität der extracellulären Teile des Metazoenkörpers. Diese Lehren, zu deren Gunsten sich heute schon ein ziemlich umfangreiches Material anführen läßt, änderten wesentlich die bisherige Auffassung der Organisation des Metazoenkörpers. Man hat sich jetzt [M. Heidenhain (1907)] gegen die „Zellenstaatstheorie" ausgesprochen. Wir kommen auf diese Lehren unten — im Kap. IX (S. 551) — zu sprechen.

II. Die Zelle und der celluläre Aufbau des Metazoenkörpers.

Unter dem Namen einer „Zelle" verstehen wir die einfachsten, des selbständigen Lebens fähigen Systeme, oder, wie man in diesem Falle sagt, „Elementarorganismen" [Brücke (1861)], Protoplasmaklümpchen mit Zellkern, wie sie zuerst Max Schultze (1861) definierte. Solche existieren einerseits frei in der Natur, als einzellige Organismen (es gibt auch Kolonien von solchen), sie beteiligen sich am Aufbau der Körper der sog. „vielzelligen" Organismen, in deren Körpern sie verschieden differenziert sind, oder sie leben schließlich im Inneren von solchen Körpern; parasitische einzellige Organismen. Von jenen Zellen, die als „Elementarbestandteile" der vielzelligen Körper auftreten, können die Geschlechtszellen eine kurze Zeit außerhalb des Organismus leben, sonst lassen sich unter geeigneten Umständen, in künstlichen Kulturen, auch die somatischen Zellen (in der Regel jedoch nicht einzeln, sondern in ganzen

Gewebsteilen), wie es scheint, sogar eine unbegrenzte Zeit, am Leben erhalten. — Kleinere des selbständigen Lebens fähige Teile gibt es offenbar nicht.

Die Regel ist eine „Zelle", Protoplasmaklümpchen mit einem Zellkern mit Centriol, und mit Plastosomen. Es gibt „Einzellige" *(Protozoen),* in denen der Zellkern (regressiv) durch diffus verbreitete Chromatinkörperchen vertreten wird, dann Einzellige und Gewebszellen, in denen zahlreiche blasenartige Zellkerne vorkommen. Im letzteren Falle spricht man von „Polykaryocyten" und diese vermitteln den Übergang zu den „Syncytien"; es ist praktisch unmöglich, die Polykaryocyten von den Syncytien — da, wo man sich nicht auf das Vorhandensein eines Cytozentrums berufen kann — zu trennen (näheres darüber s. im Kap. V). Fraglich ist, ob die zellkernfreien Cytoplasmaklümpchen, sog. „apyrennen Zellen", den Namen „Zellen" noch verdienen; man könnte sie als „Akaryocyten" bezeichnen und den Namen „Karyocyten" für typische Zellen verwenden. Für die Zelle als einen Apparat, ein System, wäre vor allem charakteristisch, daß sich da eine bestimmte Menge von Cytoplasma in der Umgebung eines Kernes ansammelt und zu ihm in ein näheres, heute noch schwer definierbares Verhältnis tritt, welches vor allem durch die Konstanz der Volumina der beiden Plasmaarten — die „Kernplasmarelation" — charakterisiert wird [M. HEIDENHAIN (1907)].

Bereits im vorangehenden Abschnitte habe ich darauf hingewiesen, daß man die „Zelle" zu verschiedenen Zeiten verschieden definierte und noch heute ist darin eigentlich keine Einigkeit erzielt. Es gibt Zellen von verschiedenem Wert, worauf ich besonders dann zu sprechen komme, bis die Genese der Zellen besprochen sein wird. Die die Gewebe bauenden Zellen eines Metazoenkörpers hängen untereinander innig zusammen, einmal mittels ihrer Grenzschichten (vgl. Kap. III), ein anderes Mal mittels besonderer „Zellverbindungen" (Kap. IV), und dann legen sich in einigen Geweben Grundsubstanzen (Kap. VII) zwischen die Zellen; die Zellen können zu Netzen untereinander verbunden sein und sie können schließlich in den Geweben von plasmodialen Zuständen ersetzt werden (Kap. V). Es gibt auch „extrazelluläre" Plasmen (S. 503).

1. Die Objekte.

a) Die Pflanzenzelle.

Bei einigen niedrigsten Pflanzen — Algen, Pilze — und in einigen anfänglichen Entwicklungsstadien beobachtet man nackte oder bloß von eiweißhaltigen Grenzschichten bedeckte Zellen, die aus mobilem Cytoplasma bestehen können. Sonst stellt im Pflanzenreich eine mit fester cellulosehaltiger „Zellmembran" (die den cytoplasmatischen „Protoplasten" enthält) versehene Zelle die Regel. Bloß der Protoplast kann mit einer typischen tierischen Zelle verglichen werden. — Weiter sind für die Pflanzenzellen die mit einem „Zellsaft" gefüllten Vakuolen charakteristisch, deren Inhalt oft das gesamte Cytoplasma zu einer die Zellmembran innen bedeckenden Schicht — dem sog. „Wandplasma" — verdrängt. Schließlich der Mangel an Zentriol und Zentroplasma; bloß bei den niedrigen Algen beobachtet man jenes Zellorganoid. — Es gibt einzellige, acelluläre (vgl. Kapitel V) und vielzellige Pflanzen. Eine scharfe Grenze zwischen den Kolonien der Einzelligen und den Vielzelligen läßt sich im Pflanzenreich nicht führen.

b) Die Protozoenzelle.

Vollkommen nackte, amöboide, von einem weichen Exoplasma oder von einer festeren eiweißhaltigen Grenzschicht (Kapitel III), sogar mit festen, ausgeschiedenen Einlagerungen umgrenzte Zellen, die in zahlreichen Fällen außerdem noch innere „Skelete" enthalten, oder von einem, von den Grenzschichten verschiedenem, wie man sagt ausgeschiedenem „Gehäuse" umgeben sind.

Nicht alle Protozoen stellen typische Zellen vor; die vielkernigen, oft sehr umfangreichen Körper einiger Heliozoen und Foraminiferen müssen wir anders beurteilen (vgl. Kapitel V). Es gibt einzellige und pseudosymplasmatische, bzw. nichtzellige Protozoen.

c) Die Metazoenzelle.

Während man im Pflanzenreich Übergänge von den einzelligen Formen und von deren Kolonien zu den vielzelligen findet, und während es da Fälle gibt, in denen man in Verlegenheit kommen kann, ob man eine Kolonie oder ein vielzelliges Wesen vor sich hat, gibt es im Tierreich zwischen den „Einzelligen" (Protozoen) und den „Vielzelligen" (den Metazoen) eine scharfe Grenze, welche eben die Aufstellung dieser beiden systematischen Gruppen ermöglichte. Jedenfalls kommen, abgesehen von den „polyenergiden" „Foraminiferen, auf die wir unten zu sprechen kommen, auch einige Entwicklungsstadien [Sporen der Sporozoen (z. B. der Actinomyxidien), Stolc (1889)] in Betracht, wo sich mehrere Zellen zu einem Gebilde vereinigen, das man nicht so leicht als eine Kolonie auffassen kann [vgl. Doflein (1916)]. Die einfachsten Metazoen, die sog. Mesozoen [van Beneden (1876)], sind ganz deutlich vielzellig mit bereits in zwei oder drei verschiedenen Richtungen differenzierten somatischen Zellen, übrigens wird von ihnen behauptet, daß sie nicht primitive Wesen vorstellen, sondern eher regressiv, vielleicht aus Coelenteraten, entstanden sind.

Aus den Zellen sind bei den *Metazoen* in der überwiegenden Mehrzahl der Fälle die primitivsten Gewebe, die Epithelien, zusammengesetzt, sonst kann jedoch, wie wir darauf unten (Kapitel V) zu sprechen kommen, die Bildung der Zellen in den Geweben in sehr zahlreichen Fällen unterdrückt werden; wir begegnen dann den Syncytien und verschiedenen plasmodialen Zuständen der Gewebe. Zellen können (vgl. unten auf S. 452) auch nachträglich aus nicht oder nicht typisch cellulären Teilen der embryonalen Anlage oder der Gewebe entstehen.

d) Geschlechtszellen.

In den meisten Fällen, bei den *Wirbeltieren* immer, entstehen die „vielzelligen" Körper, die sich bei den niederen Tiergruppen auch durch Teilung und durch Knospenbildung vermehren können, aus einfachen Zellen. Bei der Parthenogenese entsteht ein *Metazoon* aus einer Art von Zellen, aus der nicht befruchteten Eizelle, doch der andere Fall, wo sich früher zwei Zellen, das Ei und das Spermatozoon, zu verbinden haben, stellt das Typische vor, und die Parthenogenese muß für eine Ausnahme gehalten werden. Jedenfalls kann sich sogar bei den Säugetieren die nichtbefruchtete Eizelle unter Umständen selbständig teilen — sogar im Innern des Ovariums — und kann manchmal einen ansehnlichen Zellenhaufen produzieren. Darauf beziehen sich z. B. die Versuche von Novak und Eisinger (1923), und es gelang auch schon die Teilung der nicht befruchteten Eizelle in Kulturen zu beobachten [z. B. Mjassojedoff (1925), Champy (1927)].

Die Eizelle ist immer eine „vollwertige" Zelle, das ist eine Zelle mit einem großen Cytoplasmaanteil, in dem Dotter enthalten zu sein pflegt, mit großem bläschenartigem Zellkern, der eine deutliche Kernstruktur und den Nucleolus zeigt. Bereits Schwann hat die Zellennatur der Eizelle richtig erkannt, aber noch später hielten einzelne ihren Kern, das „Keimbläschen" von Purkinje, für die eigentliche Zelle und das Cytoplasma für eine Umhüllungsmasse. Es gibt Eizellen mit reich in „organbildende" Bezirke differenziertem Plasma, in denen also bestimmte Teile des späteren Körpers präformiert sind und dann solche, an denen man eine solche Differenzierung nicht sieht, und höchstens voraussetzen kann, daß sie hier in metamikroskopischem Zustande vorhanden ist.

Demgegenüber ist das Spermatozoon (die Spermie) in der Regel eine „rudimentäre" Zelle, das ist eine Zelle, die nur das zum Zellenleben notwendigste enthält, und in der vor allem der Cytoplasmaanteil auf ein Minimum beschränkt zu sein pflegt (vgl. unten S. 446). Der Zellkern ist kompakt und besteht scheinbar bloß aus Chromatin, neben ihm sind hier das oft zerteilte Centriol und die Plastosomen vorhanden. Beinahe immer auch ein Lokomotionsapparat; meist eine Geißel, mit deren Hilfe sich das Spermatozoon (das man früher für einen Parasiten hielt) auf eine ähnliche Weise wie ein Protozoon bewegt. — Bekanntlich ist der Chromatingehalt eines typischen Spermatozoons und einer zur Befruchtung vorbereiteten Eizelle reduziert.

e) Furchungszellen.

In allen Fällen, in denen es die allzu große Menge von Dottersubstanz, oder andere Umstände, auf die später hingewiesen wird (Kap. V), nicht verhindern, entstehen durch Teilung der Eizelle die „Furchungszellen". Bei partieller Furchung der extrem telolecithalen Eier entstehen Zellen bloß aus dem wenig Dotter enthaltenden „animalen" Pole des Eies, und nur bei den zentrolecithalen Eiern der Arthropoden gibt es eine Ausnahme, indem hier die Furchungszellen erst nachträglich, auf der Oberfläche des Eies, in dem sich früher die

Zellkerne allein vermehrt haben, entstehen können (vgl. im KORSCHELT und HEIDERs Lehrbuch 1909, Allg. Teil II, S. 115).

Die Teilung („Furchung") der Eizellen und die Entstehung der Vielzelligkeit des Metazoenkeimes ist die Regel — nicht ein Gesetz. Man beobachtet sie in allen Fällen, wo das Cytoplasma dotterarm ist, und sie stellt gewiß den ursprünglichen Zustand vor (vgl. unten auf S. 496).

f) Die Zellen der Keimblätter und der Organanlagen.

Die nach der Beendigung des Furchungsprozesses zustandekommenden Keimblätter bestehen de norma aus deutlich voneinander unterscheidbaren, sogar sehr scharf gegeneinander abgegrenzten Embryonalzellen. Andere Fälle, auf die wir im Kapitel V zu sprechen kommen, stellen Ausnahmen vor. Aus den Keimblättern entstehen, bzw. von ihnen trennen sich die Organanlagen, welche wieder de norma aus Zellen bestehen, bei deren Bildung (der Organogenese) sich jedoch schon bedeutend häufiger die nicht cellulären Zustände des Protoplasmas betätigen können. Jetzt enthält der *Metazoen*körper unter Umständen Tausende von Elementarbestandteilen, die alle den Charakter von indifferenten oder „primären" Zellen besitzen. Es sind das Zellen (bzw. die einer Mehrzahl von solchen entsprechenden Syncytien und Plasmodien), die in ihrem Inneren noch keine funktionelle Strukturen (oder bloß die allerersten Anfänge von solchen) ausgebildet haben, und welche die in ihnen oft enthaltenen Dotterkörnchen und Pigmentkörperchen noch von der ehemaligen Eizelle erhalten haben. [Das Pigment konnte sich hier gewiß vermehrt haben und man könnte gewiß sehr bald auch die ersten Anfänge der Glykogenbildung beobachten. LIVINI (1927)]. Solche Zellen sind in der Regel in einem und demselben Keimblatte, oder in derselben Gegend eines solchen, annähernd gleich groß, und ihre Gestalt, die noch möglichst einfach ist, wird bloß durch den gegenseitigen Druck und durch die Raumverhältnisse bestimmt. Sehr bald beobachtet man die Zellverbindungen, später auch die ersten Anlagen der Grundsubstanzen, durch welche die Zellen untereinander verbunden sein können (näheres darüber in den Kapiteln IV und VII).

Neben den Zellteilungen spielen beim Ordnen der Zellen auch Verschiebungen der Zellkörper und ganzer Zellschichten, sogar auch aktive Wanderung der Zellen eine gewisse Rolle [vgl. VOGT, (1913)] und bald kommt es (s. unten) auch zur Auswanderung von Zellen aus den Keimblättern, in denen sich der enge Zellverband übrigens später auch selbst auflockern kann, so daß man statt dicht liegender Zellen Zellnetze erhält.

Dem Wachstum widmete SCHAPER (1902) eine umfangreichere Studie, in der er beweist, daß es nicht allein im Vermehren der Zellen besteht, sondern auch im Anhäufen von Flüssigkeiten und in anderen Vorgängen [vgl. auch die zusammenfassende Darstellung von RÖSSLER (1926) mit weiteren Literaturangaben].

g) Differenzierte Zellen der fertigen Gewebe.

Wo der Embryo die Fähigkeit hat, sich von den Eihüllen frühzeitig zu befreien und sehr bald ein selbständiges Leben anfangen soll, differenzieren sich die funktionellen Strukturen in seinen Zellen selbstverständlich früher als dort, wo er sich lange in den Eihüllen oder sogar in den Embryonalhüllen entwickeln muß. Eine Amphibienlarve zeigt noch innerhalb der Eihüllen Myofibrillen und Nervenfasern und ist sehr bald fähig sich zu bewegen, in einem noch früheren Entwicklungsstadium (Gastrula, Trochophora) bilden sich z. B. bei den *Anneliden* Flimmercilien und dann die nervösen Zentren. Dagegen bilden die Zellen der *Amnioten* ihre Strukturen sehr spät. Auch jetzt entstehen aus oder an der Stelle der Zellen oder schließlich zwischen ihnen nicht celluläre, an den Funktionen ebenfalls beteiligte oder passive Massen und Gebilde. Es erscheinen die Grundsubstanzen und im Gebiete des Nervensystems die für dieses Gewebe charakteristischen Fasergebilde, ihre Geflechte und Netze. Die Differenzierung bezieht sich also, und das muß man sich gleich jetzt vergegenwärtigen, nicht auf die Körper der Zellen allein. — Früher hat man, nach dem Vorgange von Weissman, einen Nachdruck auf den Unterschied der „somatischen" Zellen und der „Keimzellen" (des somatischen und des Keimplasmas) gelegt, man hat gefunden, daß sich Keimzellen auf dem Wege einer „Keimbahn" aus bestimmten Furchungszellen oder sogar aus bestimmter Partie der Eizelle entwickeln. Nachdem neuestens (Janda, Tirala) festgestellt werden konnte, daß sich die Geschlechtszellen aus somatischen Zellen (des Peritonealepithels) entwickeln können, erscheinen die betreffenden Lehren etwas hinfällig. Bei verschiedenen *Cölenteraten*gruppen entstehen die Gonaden einmal im Ektoderm, ein anderes Mal im Entoderm.

2. Gewebszellen und freie Zellen.

In den Geweben, bzw. in den Organanlagen, wandeln sich die indifferenten, primären Zellen unmittelbar in die „eigentlichen Gewebszellen" um, das ist in solche Zellen, die untereinander oder (auch) mit den Grundsubstanzen zu einem „Gewebe" fest verbunden sind (Kapitel IV), ähnlich beobachtet man es an den differenzierten Plasmodien (Kapitel V), die an dieser Stelle vorläufig beiseite bleiben müssen. — Daneben gibt es in einem in der Entwicklung weiter fortgeschritteneren Embryonalkörper und dann im fertigen Metazoenkörper, bzw. in den einzelnen seiner Gewebe, auch „freie" Zellen, das ist solche, die sich zu verschiedenen Zeiten aus dem relativ festen Verbande des Gewebes losgelöst haben und nun in dessen Lücken oder in den Lücken des Gesamtkörpers (Kapitel VIII) verbleiben, sich hier evtl. aktiv oder passiv bewegen und von denen sich einige evtl. früher oder später wieder zu einem Gewebe vereinigen können. Es wandern ganze Zellen oder nur die Endoplasmen heraus.

Die aus dem Verbande der Keimblätter (offenbar ursprünglich aus allen Keimblättern, bei den *Vertebraten* vor allem oder ausschließlich aus Mesoderm) austretenden „Mesenchymzellen" sind die ersten Elemente dieser Art. Indem sie sich mit dem interdermalen Mesostroma (Kapitel IV), dann auch untereinander verbinden, bilden sie ein netzartiges Mesenchymgewebe, von dem sich früher und später, besonders nachdem sich das Mesenchym in ein fibrilläres, retikuläres usw. Bindegewebe umgewandelt hat, neue und neue Zellen loslösen können, die als Blutkörperchen, als Wanderzellen, Phagocyten usw. dem Körper dienen. Das Wandern der austretenden freien Mesenchymzellen kann man, wie Laguesse (1901) zeigte, bei durchsichtigen Fischembryonen gut beobachten; über die mannigfachen gegenseitigen Beziehungen der Elemente, und zwar jener des lockeren Bindegewebes liegen jetzt genaue Nachrichten von v. Möllendorff und seinen Schülern (1926, 1927) vor (vgl. Abb. 24, S. 478).

Ein anderes Beispiel liefert uns das auf der Grundlage eines „Neurosyncytiums" entstehende Nervengewebe der *Vertebraten*. Von dem später zum Neuroglianetz und zum Ependymepithel werdenden Plasmodium lösen sich die Neuroblasten, cytoplasmaarme (rudimentäre) Zellen (Abb. 10, S. 447), die in die Lücken zwischen den „Spongioblasten" gelangen und sogleich sich mit ihren Fortsätzen zu verflechten evtl. zu verbinden anfangen.

Man könnte erwarten, daß sich auch in Epithelien, vor allem in den mehrschichtigen, wo dazu in den oft sehr breiten Intercellularlücken Platz ist, freie

Zellen durch das Loslösen aus dem festen Verbande der anderen bilden werden, doch vorläufig ist darüber nichts Sicheres bekannt. Man muß sich hüten, freie Zellen mit absterbenden und ebenfalls aus dem Zellverband sich loslösenden (vgl. unten auf S. 456) zu verwechseln. Auf das Loslösen von Zellen aus den unteren Epithelschichten und die Umwandlung derselben zu Lymphzellen beziehen sich die Angaben von RETTERER. Man muß diese Fälle von jenen trennen, in denen sich Basalzellen eines Epithels loslösen und als Geschwulstzellen in das darunterliegende Bindegewebe einwachsen.

Später erscheint zwischen den Zellen einiger Gewebe der Mesenchymreihe, aber auch in der Chorda dorsalis, die Grundsubstanz und jetzt kann man „einfache Gewebszellen" von „Grundsubstanzzellen", die oft durch große Mengen einer Grundsubstanz zusammengehalten werden, unterscheiden.

Die Zellen eines Gewebes sind aneinander und an den Gesamtkörper, dessen „Elementarbestandteile" sie sind, angewiesen, sie sind deshalb sehr genau mit Rücksicht auf die Funktionen der Gewebe, der Organe usw. organisiert; sie bauen z. B. gemeinschaftlich zweckmäßig angeordnete Fibrillen und Fasern, bzw. Grundsubstanzen mit zweckmäßigen Strukturen. Explantiert man die Zellen (bzw. die sie enthaltenden Gewebe) und züchtet man sie nach dem von HARRISON (1907) und von CARREL (1910) vorgeschlagenen Verfahren in Gewebskulturen, erhalten sich beim Beibehalten gewisser Kautelen die Zellen am Leben, doch sie haben sich jetzt gewissermaßen um sich selbst zu kümmern. Sie dedifferenzieren sich hochgradig, niemals jedoch so vollkommen, daß ihre Unterschiede ausgeglichen wären. Sie haben jetzt keine Ursache, solche Strukturen, Netze und Massen, zu bauen, die früher dem Gesamtkörper zu dienen hatten, und sie bauen solche wirklich auch beinahe nicht. Höchstens die Fähigkeit, Fibrillen in ihrem Plasma zu differenzieren, ist ihnen erhalten geblieben, die Grundsubstanzen und ihre Vorstufen, das Mesostroma, bauen sie, von geringen Anläufen dazu abgesehen, nicht; und von einer Zweckmäßigkeit des aus ihnen entstehenden Gewebes kann selbstverständlich gar keine Rede sein [vgl. ALBERT FISCHER (1927)].

3. Das Eindringen von Zellen in Zellen. — Die Trophocyten.

Unter dem Namen „Trophocyten" (zuerst als „Zellen 2. Ordnung") beschreibt EMIL HOLMGREN (1900, 1904) Zellen, die gewissermaßen das Gegenteil der „freien" Zellen vorstellen. Es sind das Zellen, deren Fortsätze, die „Trophospongien", in das Innere von anderen einwachsen sollen. Es sollten das Zellen ganz besonderer Art sein, doch es können auch gewöhnliche Zellen in das Innere von anderen größeren Zellen eindringen; man beobachtete z. B. im Inneren von Ganglienzellen Neurogliazellen mit Neurogliafasern, daneben auch Wanderzellen (MENCL, 1903, KRONTHAL u. a.). In das Innere von großen Ganglienzellen können übrigens sogar Capillaren eindringen [G. FRITSCH (1886), STUDNIČKA (1903d) (Abb. 6, S. 442)].

4. Aktive differenzierte Zellen. Ihre Beurteilung.

Aus den „primären Zellen" [FÜRBRINGER (1909)] des Embryonalkörpers entstehen, wie wir schon sagten, die differenzierten oder „sekundären" Zellen der jungen und der definitiven Gewebe. Der Histologe beurteilt solche Zellen auf folgende Weise: Nach ihrer Gestalt, nach dem Gehalt an von ihnen differenzierten funktionellen Strukturen und nach dem Gehalt an von ihnen produzierten und in ihrem Körper (zeitlich oder dauernd) abgelagerten paraplasmatischen („metaplasmatischen", wie ich sonst sage) Substanzen.

Im allgemeinen teilen sich die Zellen um die Funktionen, doch es gibt, besonders bei niederen *Metazoen*, nicht selten Fälle, in denen eine und dieselbe Zelle zwei oder mehrere Funktionen übernehmen muß, und schließlich sind alle Zellen neben ihrer eigentlichen Funktion im gewissen Sinne auch Drüsenzellen, da sie Stoffe von sich an das innere Medium, evt. an die Grundsubstanzen abzugeben haben. Auch bei den Pflanzen, wo die Verhältnisse gewiß bedeutend einfacher sind, kümmern sich, wie neuestens Haberlandt (1925) zeigte, die Funktionen — sozusagen — nicht immer um die Grenzen der Zellen. Ein Teil einer Zelle kann da z. B. eine, ein anderer derselben Zelle eine andere Funktion besorgen. (Umgekehrt: „In vielen Fällen entspricht das betriebsphysiologische Organ nicht einer einzelnen Zelle, sondern nur dem Teil einer solchen". Die Pflanze ist „nicht daran gebunden", „sich bei der Herstellung zweckmäßig gebauter Elementarorgane an die morphologisch und entwicklungsgeschichtlich gegebenen Zellgrenzen zu halten".) Unter den tierischen Zellen bieten z. B. die Epithel-Muskelzellen der *Cölenteraten* ein schönes Beispiel dieser Art.

Was die von der Funktion abhängige Gestalt der sekundären Zellen betrifft, so genügt da ein Hinweis auf die Gestalt der Deckzellen eines Epithels, diejenige vieler Drüsenzellen, auf die Sinneszellen, glatte Muskelfasern, die Pigmentzellen, Nervenzellen, die Cnidoblasten usw.

Von den funktionellen Strukturen, den „Organulen" der Zellen — und der Syncytien, der plasmodialen Massen usw. — seien hier die Tono-, Myo- und Neurofibrillen, die Cilien der Flimmerzellen usw. genannt, die im Inneren von Zellen (aber auch extracellulär, wie wir später hören werden) auf Grundlage des Cytoplasmas entstehen können, und die man von den eigentlichen Zellorganen, den Organoiden („Zellorganoiden"), zu denen der Zellkern, das Centriol, die Plastosomen usw. gehören, unterscheiden muß. Wie kompliziert und wie zweckmäßig gebaut solche Organula sein können, sehen wir an den Körpern vieler *Infusorien* und von den *Metazoen*zellen können hier wieder die Cnidoblasten mit ihrem merkwürdigen höchst komplizierten Mechanismus [vgl. P. Schulze (1922)] erwähnt werden.

Vom eigentlichen „Inhalt" der Zellen sieht man an fixierten Objekten gewiß nur dasjenige, was hier im geformten Zustande vorhanden war, oder was bei der Fixierung koagulierte, und es ist klar, daß man an lebenden oder überlebenden Zellen [in den Kulturen z. B. vgl. A. Fischer (1927, S. 249 ff.)] noch weniger davon zu sehen bekommt. Es handelt sich da, wie darüber die früheren Teile des vorliegenden Werkes berichten, um Substanzen, die vom Zellkern geliefert wurden, die das Cytoplasma selbst vorbereitet hat, aber auch um solche, die die Zelle von außen übernommen hat. Koelliker wollte in den neueren Auflagen seiner Gewebelehre (1889, S. 32) die solchen Inhalt führenden Zellen als „diplasmatisch" den „monoplasmatischen" entgegenstellen, doch man könnte demgegenüber dasjenige einwenden, was schon hier unlängst gesagt wurde; beinahe eine jede Zelle produziert irgendetwas und außerdem müssen nicht alle Zellprodukte durch unsere Untersuchungsmethoden nachweisbar sein. (Ich selbst wende die Termine „mono-" und „diplasmatisch" in einem anderen Sinne — vgl. S. 447 — an.) Große Mengen passiver Stoffe enthaltende Zellen können selbst passiv werden oder schließlich vollkommen absterben (vgl. S. 456).

5. Zellen, Endoplasmazellen, Gesamtzellen.

Von den gewöhnlichen Zellen kann man „Endoplasmazellen" und dann, wie ich darauf unlängst (1927) von neuem hingewiesen habe, „Gesamtzellen" sogar zweierlei dieser Art, unterscheiden.

Von „Endoplasmazellen" [„endoplasmatische Zellen", F. C. Hansen (1889)] kann man in jenen Fällen sprechen, wo das innere Zellplasma („Endoplasma"; vgl. im Kapitel III) die Gestalt einer inneren Zelle angenommen hat, evt. sich im Inneren der „Gesamtzelle", so kann man es jetzt nennen, selbständig benimmt, mit eigenen Grenzschichten sich umgrenzt, sich sogar teilt usw. Die „Gesamtzelle" ist also die ursprüngliche Zelle, zusammen mit der in ihr enthaltenen Endoplasmazelle (meine Bezeichnung vom Jahre 1903b). Man kann den Terminus „Gesamtzelle" auch in solchen Fällen anwenden, in denen sich das Exoplasma der Zelle zu der älteren Grundsubstanz — als Knorpelkapsel — angeschlossen hat. Als eine „Gesamtzelle" kann man z. B. die eigentliche (endoplasmatische) Knorpelzelle und die zu ihr zugehörenden, jetzt praktisch einen Teil der Grundsubstanz vorstellenden Knorpelkapseln auffassen. Die Knorpelkapsel wäre in diesem Falle als ein „extracellulär gewordenes Exoplasma" aufzufassen (Abb. 5b).

Neben solchen Gesamtzellen, für die ich 1927 den Namen „Holocyten" vorgeschlagen habe, kann man auch Gesamtzellen ganz anderer Art unter-

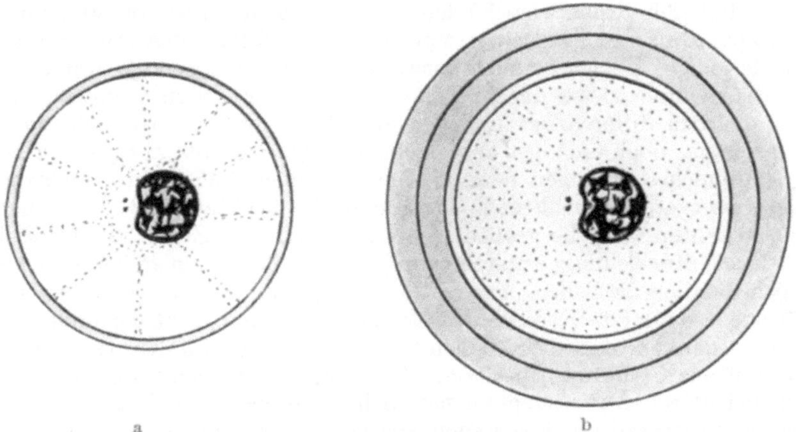

Abb. 5. a Eine vesiculöse Zelle. b Eine Knorpelzelle mit Knorpelkapsel. Schematisch.

scheiden, die eigentlichen, das ist ursprünglichen Zellkörper zusammen mit der gesamten Menge der von ihnen produzierten („gesponnenen", wie man nicht ganz richtig sagen kann) Cytoplasmafädchen. Ein Neuron, dessen Hauptteil die eigentliche „Ganglienzelle" vorstellt, wäre eine Gesamtzelle dieser Art („Cyton" 1927), ein anderes Beispiel kann man in den Mesenchymzellen, besonders jenen der niederen *Vertebraten (Amphibien)*, erblicken, deren Körper sehr große Mengen fädigen oder lamellären Cytoplasmas produzieren können, wie darüber noch später die Rede sein wird (S. 503). Lewis beobachtete 1922, daß sich die Zellfortsätze in einem mechanisch und anders gereizten Mesenchymgewebe zusammenziehen können, woraus man erkennt, daß ihr Cytoplasma in der Tat unter dem Einflusse der Zellkerne steht; von den Zellfortsätzen der Ganglienzellen ist bekannt, daß sie (Versuche mit Durchtrennung!) vom Zellkörper abhängig sind. Trotzdem muß man sich vorstellen, daß das Cytoplasma der in Betracht kommenden extracellulären Fädchen und anderer Teile ziemlich selbständig ist; gewiß müssen die bei ihrem Aufbau und bei ihrer Ernährung verwendeten Moleküle nicht zuerst den eigentlichen circumnucleären Zellkörper passieren; sie wachsen selbst. A. Fischer wehrt sich neuestens (1927, S. 278) gegen die obenerwähnte Auffassung von Lewis.

6. Nicht aktive Zellen, Reservezellen. Die Entdifferenzierung der Zellen.

Nicht alle Zellen des *Metazoen*körpers sind auf diese oder auf die früher im vorangehenden Abschnitte charakterisierte Weise differenziert. In den verschiedensten Geweben findet man auch wenig differenzierte oder, so scheint es, beinahe undifferenzierte Zellen, die den Eindruck erwecken, als handle es sich in ihnen um eine Art Reserve, aus der später unter Umständen wieder differenzierte, mit verschiedenen Funktionen betraute Zellen entstehen können. Man dachte ehemals, daß es für jede Art von differenzierten Zellen besondere Reserven dieser Art gibt und daß sich überhaupt jede Art von Zellen aus dazu bestimmten Anlagen in der Form von indifferenten Zellen entwickeln kann. Die Muskelzellen aus „Myoblasten", Nervenzellen aus „Neuroblasten", Knorpelzellen aus „Chondroblasten" usw., und man wollte [Bard (1899)] die Devise „omnis cellula e cellula eiusdem generis" aufstellen. Dieser Gedanke ließ sich nicht aufrecht halten, da es gar zu zahlreiche Fälle gibt, in denen aus denselben primitiveren Zellen Zellen verschiedener Art entstehen und dann sah man immer mehr ein, daß sich Zellen verschiedener Art in solche einer anderen umbilden können, wovon man als von einer Metaplasie der Zellen (das wäre ein anderer Fall, als derjenige, den wir da zuerst erwähnten) sprechen kann (s. unten S. 441).

Die Beurteilung vieler der in den Geweben bleibenden primitiveren, das ist nicht deutlich differenzierten Zellen als „Reservezellen" ist nicht so leicht, wie man sich das noch unlängst vorgestellt hat. Man könnte z. B. in den basalen Zellen eines mehrschichtigen oder in den niedrigen Zellen eines mehrreihigen Epithels Reservezellen erblicken, doch man beobachtet, daß die Zellen der höheren Schichten oder die großen mehr differenzierten Zellen nicht aus ihnen, das ist durch ihre Teilung, entstehen müssen; auch in den höheren Schichten teilen sich nämlich die Zellen, und so könnte man in den basalen Zellen schließlich höchstens die letzte Reserve des Epithels erblicken. Auf der anderen Seite muß man bedenken, daß diese Zellen doch nicht ganz primitiv sind und sogar auch ihre eigene Strukturen besitzen. Eine größere Aussicht auf die Annahme hätte vielleicht die Auffassung kleiner nicht sezernierenden Zellen in gewissen Drüsen als Reservezellen, aus denen später Drüsenzellen entstehen, für sich, aber auch hier sind die Verhältnisse nicht ganz eindeutig (vgl. Zimmermann in diesem Handb., Bd. 5, Abt. S. 69, 129). Viel schwieriger läßt sich das auf der Grundlage von Mesenchym entstandene, sehr mannigfache Zellenmaterial, wie wir es z. B. im lockeren Bindegewebe beobachten, von einem solchen Standpunkte aus beurteilen; die eigentlichen Mesenchymzellen gehören der Embryonalzeit an, und die Fibroblasten, welche ihre Nachkommen vorstellen, sind gewiß schon höher differenziert; trotzdem beobachtet man hier ganz bestimmt, wie sich aus einigen Zellen, die sozusagen „niedrigeren Grades" sind, solche eines höheren Grades bilden können. Aus den Fibroblasten bilden sich, abgesehen von anderen, z. B. Knorpelzellen, Osteoblasten, Odontoblasten usw. Von gänzlich indifferenten Zellen läßt sich auch in ersterem Falle schwer sprechen. (Ich verweise auch auf die Darstellung von Maximow, die im Bd. 2, Abt. 1 dieses Werkes enthalten ist und auf die Arbeiten von v. Möllendorff und seiner Schüler).

Besonders groß ist die Umwandlungsfähigkeit der primitiveren Zellen bei Regenerationsprozessen; sogar Geschlechtszellen können sich da, wie Janda (1924) und Tirala (1912) bei *Oligochäten* feststellen konnten, aus gewöhnlichen somatischen Zellen entwickeln. Andere Umwandlungen beobachtet man bei einigen pathologischen Prozessen (Entzündung, Bildung von Geschwülsten), doch man hat bei beiden Prozessen umgekehrt auch mit hochgradig dedifferenzierten Elementen zu tun.

Die Entdifferenzierung der Zellen spielt, besonders bei der sog. Morphallaxis, wo sich der ganze Körper entdifferenziert und von neuem organisiert wird, eine sehr große Rolle [vgl. KORSCHELT (1927). Auch in den Gewebskulturen entdifferenzieren sich die Zellen, wie wir schon oben sagten, oft sehr weitgehend. [Vgl. die Darstellungen von B. FISCHER (1927, S. 1299), daselbst Literaturangaben, und von A. FISCHER (1927)].

Die Umwandlungsfähigkeit der Zellen scheint bei niederen Metazoen in der Tat uneingeschränkt zu sein, dagegen bilden bei den Vertebraten die Epithelien einerseits und die auf der Grundlage von Mesenchym entstehenden Gewebe zwei große Gruppen, deren Grenzen bei der Entwicklung und bei der Regeneration in späteren Entwicklungsstadien, soviel wir heute wissen, nur sehr schwer überschritten werden.

7. Umdifferenzierung (Metaplasie) von Zellen.

Bereits oben wurde angedeutet, daß wir darunter die gegenseitigen Umwandlungen von vollwertigen, das ist differenzierten Zellen verstehen, und bereits im Vorangehenden zeigten wir an Beispielen, wie schwer es sich in der Praxis entscheiden läßt, ob bestimmte Zellelemente gleichwertig oder einander untergeordnet sind. Die Zellen können sich übrigens zuerst entdifferenzieren und sie entwickeln sich erst dann in einer anderen Richtung.

Von verschiedenen Autoren wurde z. B. die Frage erörtert, ob sich Epithelzellen in Bindegewebszellen oder in lymphoide Elemente umwandeln können, und man bezeichnete den ersteren Fall als eine „Desmoplasie" [KROMEYER (1899); vgl. auch KROMPECHER (1904)]. Genaue Beweise für normale Fälle stehen noch aus. Ein anderer Fall bezieht sich auf Ependymzellen und Ganglienzellen. STUDNIČKA (1900) und AGDUHR (1920) veröffentlichten Angaben, aus denen hervorgeht, daß sich vom Ependym Zellen loslösen können, die sich zu Ganglienzellen umwandeln. Man muß bedenken, daß sich dabei relativ hoch differenzierte Zellen, die als Drüsenzellen und als Flimmerzellen tätig sein können, in Elemente einer ganz anderen Bedeutung umwandeln. Andere Angaben müssen nicht eine derartige Bedeutung haben. Wenn man z. B. von Umwandlung von glattem Muskelgewebe in Bindegewebe spricht, so muß das nicht bedeuten, daß sich glatte Muskelzellen in Fibrocyten umwandeln — obzwar es nicht unmöglich erscheint, sondern das Bindegewebe kann die zugrundegehenden Muskelzellen bloß verdrängen. Gut gesichert erscheinen dagegen die sehr zahlreichen, im Gebiete der Mesenchymgewebe vorkommenden Fälle. Aus Knorpelzellen können, wie heute wieder angenommen wird, wenigstens in einigen Fällen Knochenzellen entstehen, aber man beobachtete [WOLF (1923), STUDNIČKA (1925)], daß aus den Innenkörpern der vesiculösen Knorpelzellen wieder den ursprünglichen Fibrocyten vollkommen ähnliche Elemente entstehen können. Endothelzellen können sich in Fibrocyten und umgekehrt die Fibrocyten wieder zu Endothelzellen einer Capillare oder eines Lymphraumes verwandeln. Von den blasigen Elementen des Chordagewebes wird von einer Reihe von Autoren angenommen, daß sie sich zu Knorpelzellen des sog. Chordaknorpels umwandeln können, und ganz bestimmt entstehen in vielen Fällen Knorpelzellen aus dem Chordaepithel, doch in diesem Falle könnte man einwenden, es handle sich in letzteren um eine Art Reservezellen und daß der Fall somit in das vorangehende Kapitel gehört. Die Chordazellen machen auch andere Umwandlungen durch, doch da handelt es sich um Umwandlungen im Bereiche eines und desselben Gewebes und solche kommen da nicht so in Betracht (meine Abhandlung vom Jahre 1913 b).

Jedenfalls gibt es unter den Zellen der *Metazoen* auch Terminalformen, das sind solche hochdifferenzierte Zellen, die sich nicht weiter umbilden können und nicht dedifferenziert werden können. Von den Ganglienzellen kann man es bestimmt annehmen [näheres vgl. bei B. Fischel (1927), S. 1306. Daselbst Literaturangaben].

8. Die Größe der Zellen.

Die Tatsache, daß die als „Zellen" bezeichneten Systeme von der Natur einmal so klein gebildet werden, daß man sie mit den stärksten Linsen schwer erkennen kann und daß dieselben Systeme in anderen Fällen wieder so groß werden können, daß man sie sogar mit bloßem Auge erblicken kann, gehört zu den überraschendsten Erkenntnissen in der Biologie.

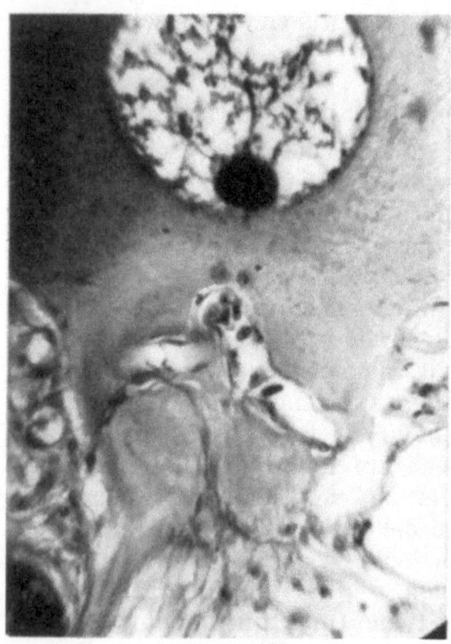
Abb. 6. Eine Riesenganglienzelle von Lophius mit endocellulärer Capillare. [Studnička 1903 d.]

Ein jeder war gewiß verwundert, als er einmal einen *Stentor* (Infusor) mit einem daneben schwimmenden, viel kleineren *Rotator* verglich und sich vergegenwärtigte, daß es sich im ersteren Falle um eine einzige reich differenzierte große Zelle handelt, in dem anderen um ein Wesen, das aus vielen Hunderten von kleinen kernhaltigen Zellen zusammengesetzt ist. Nicht weniger auffallend ist der Anblick einer der auffallend großen Ganglienzellen aus der oberen Seite der Oblongata von *Lophius (Teleostier)*, deren Nucleolus vielmals größer ist als ein im Inneren der Zelle in einer endocellulären Capillare sich befindendes Blutkörperchen oder als eine daneben liegende kleine Neurogliazelle (vgl. Abb. 6). Man könnte schließlich auf die Dimensionen kleiner *Bakterien (Mikrokokken)* und von Gewebszellen hinweisen.

Sehr häufig wird die Frage aufgeworfen, ob es nicht submikroskopische Zellen, bzw. einzellige Wesen gibt, solche, deren Körper mit unseren optischen Hilfsmitteln nicht sichtbar wäre. Eine solche Frage erheben vor allem die Parasitologen, die sich so die Existenz der unsichtbaren und filtrierbaren Keime erklären wollten. Jetzt nach der Feststellung des D. Herelleschen Phänomens wird diese Frage besonders ventiliert, ohne bisher definitiv gelöst zu werden. Soviel können wir gewiß heute als festgestellt annehmen, daß es unter den Elementarteilen der Metazoenkörper keine für uns unsichtbare Zellen gibt.

Angaben, die sich auf die Größe verschiedener Zellen beziehen, findet man, soweit sie sich auf den menschlichen Körper beziehen, in dem Lehrbuch von Gegenbaur - Fürbringer (1909, S. 15, 156—158) zusammengestellt. — Die kleinsten Zellen der Metazoenkörper sind in der Regel ihre Blutkörperchen (Größe beim Menschen von 4·5 μ an, die Blutplättchen nur 3 μ), dagegen gehören die Eizellen und die Ganglienzellen immer zu den größten (die Eizelle des Menschen 220 bis 320 μ). Die Größe der Eizellen wird sehr oft durch große Anhäufung von Dotterkörperchen bedingt und die Zelle erreicht dann sogar die Größe mehrerer Zentimeter. Dann erreichen einige Ganglienzellen, besonders bei den *Mollusken*, den *Crustaceen* und bei einigen *Teleostiern* (*Orthagoriscus, Lophius*) eine bedeutende Größe; bis über 1 mm. Daneben gibt es lange Zellen, Zellen des glatten Muskelgewebes, die 100 bis 200 μ groß sind und das Maximum von 500 μ erreichen können. Die „Neurone" des Nervensystems, welche in extremen Fällen sogar einige Meter lang sein können, kann man jedenfalls (vgl. Seite 504) auch anders beurteilen, und in jedem Falle handelt es sich in ihnen nicht um einfache Zellen. — Sieht man von den Extremen ab, kann man sagen, daß sich die Größe der Zellen in ziemlich geringen Grenzen, ungefähr zwischen 10 bis 30 μ beim Menschen, bewegt. Bei sehr großen Tieren sollte man eigentlich größere Dimensionen der Zellen erwarten, und es wurden da z. B. in der Größe der Ganglienzellen (*Elephant, Maus*) gewisse Unterschiede festgestellt [HARDESTY (1902)].

Etwas ganz anderes sind die Unterschiede in der Zellengröße, die man bei den Repräsentanten verschiedener Tiergruppen beobachten kann. Die Amphibien, und von diesen vor allem die *Urodelen* (*Proteus* und *Menopoma* werden besonders genannt), besitzen auffallend große Zellen, dagegen sind diejenigen der *Teleostier*, der *Vögel* und der *Säugetiere* relativ klein. Als Beispiele der verschiedenen Größe werden gewöhnlich die Dimensionen der Erythrocyten erwähnt[1], doch diese sind da nicht ganz entscheidend, da gerade hier die Größe auch von anderen Momenten abhängen kann [BABÁK (1908)]. Die Größe der Zellen kann, sogar bei verschiedenen Arten einer und derselben Gruppe (ohne Rücksicht auf die Artgröße), verschieden sein; LEVI (1906) behauptet, daß sie sogar bei verschiedenen Individuen einer und derselben Art verschieden sein kann, wie es auch aus den auf die Größe der Zellkerne der Herzmuskelzellen

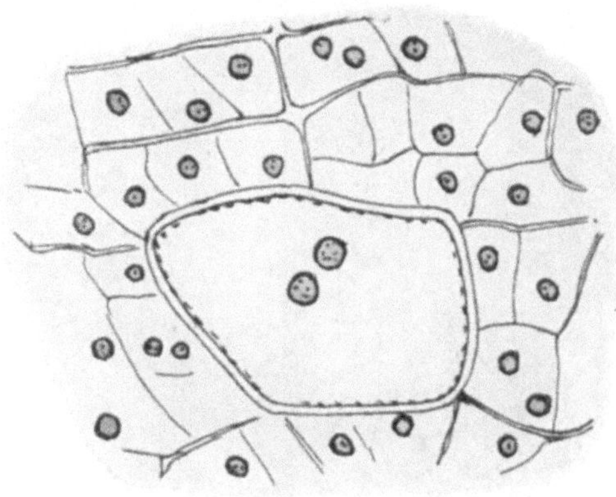

Abb. 7. Eine abnorm große (multivalente) Knorpelzelle aus dem harten Knorpel von Petromyzon inmitten von normalen Zellen. [Nach STUDNIČKA (1897).]

(bzw. seiner Territorien) sich beziehenden Angaben von SCHIEFFERDECKER (1916) hervorzugehen scheint.

Schließlich gibt es in verschiedenen Geweben abnorme Zellen von besonderer Größe, Riesenzellen im wahren Sinne des Wortes, doch vom Aussehen der gewöhnlichen Zellen. Es handelt sich darunter wohl auch um Zellen, die ihre das mehrfache der Dimensionen der Nachbarzellen betragende Größe der Anhäufung des Chromatins in ihren Kernen[2] und der daraus folgenden Vergrößerung des Cytoplasmaanteiles verdanken. Unsere Abbildung 7 stellt eine derartige Knorpelzelle, die ich einmal inmitten von normalen Zellen in einem Flossenstrahl von *Petromyzon* beobachtete, bei *Amphioxus* beobachtete ich kolossale Zellen in der einschichtigen Epidermis, bei *Orthagoriscus* einmal (1900) inmitten typischer Ependymzellen. Es gibt bekanntlich auch kolossale, deutlich multivalente Eizellen; bei *Ascaris* hat solche durch Verschmelzung zustandekommenden „Rieseneier" ZUR STRASSEN (1898) beschrieben [vgl. sonst RÖSSLE (1926, S. 932 ff.)]. (Neuestens TRETJAKOFF im An. Anz. 1928.)

9. Zelle. Zellkern. Zentriol. Riesenzellen.

HAECKEL wollte einmal, 1866, als „Zellen" bloß jene Protoplasmaklümpchen auffassen, die einen einzigen, scharf umgrenzten Zellkern enthalten. Klümpchen

---

[1] Amphiuma 78×46 μ. Frosch 22×15 μ, Mensch 7,5 μ, Moschustier 2,5 μ.
[2] Nach unterdrückten Zellteilungen oder nach Zellverschmelzungen?

ohne Zellkern nannte er „Cytoden", und er dachte, daß die Cytoden die Vorstufen der eigentlichen Zellen vorstellen. Klümpchen mit zwei oder mit mehreren Zellkernen hielt er für Elementarbestandteile höheren Grades, für einfache Organe (darüber im Kapitel V).

Seit der Zeit hat man auch in den für Cytoden gehaltenen *Protisten* Zellkerne, meist in der Mehrzahl und im Zellkörper diffus verteilt, aufgefunden [vgl. Schepotieff (1912)], und heute wird angenommen, daß die Kernver-

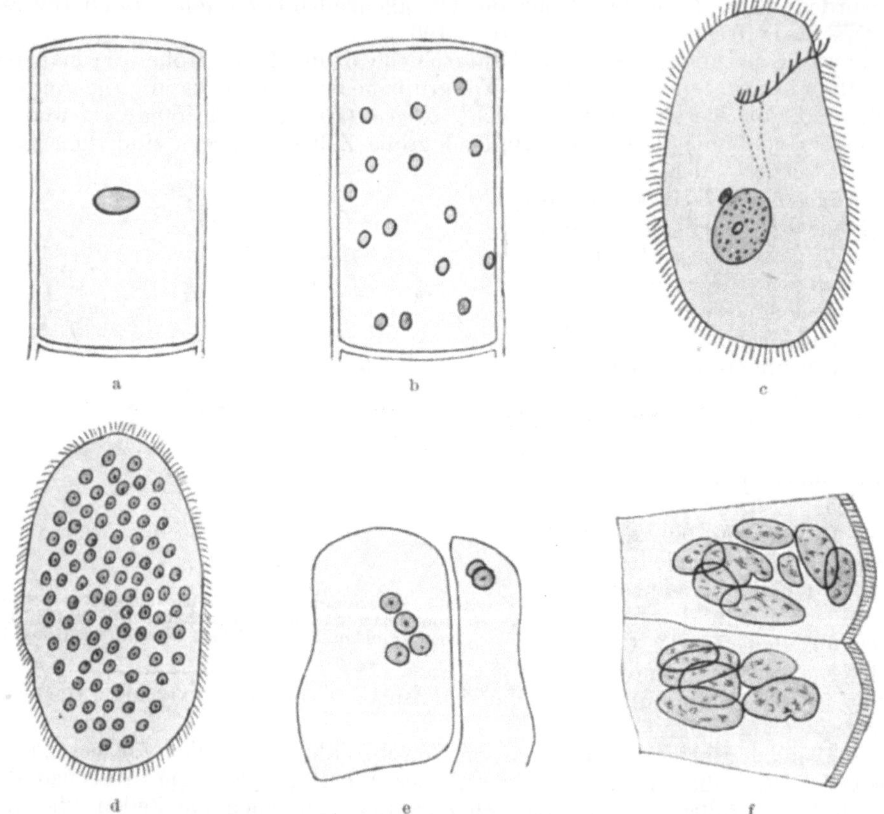

Abb. 8. Einkernige Zellen im Vergleich mit vielkernigen: a, b: Fadenalgen, a Spirogyra, b Cladophora, c, d: Infusorien, c Nassula elegans (nach Schewiakoff aus Lang), d Opalina [nach Zeller (1877) aus Doflein], e Knorpelzellen aus dem harten Knorpel von Petromyzon, f Zellen aus dem Deciduaepithel des Kaninchens [nach Heidenhain (1907)].

hältnisse, soweit sie sich z. B. bei der mitotischen Zellteilung offenbaren, bei allen *Protozoen* sogar sehr kompliziert sind [vgl. Bělař (1926)]. — Von den zellkernfreien, „apyrennen", wie man sagt, Gebilden der *Metazoen*körper, den Akaryocyten, wissen wir andererseits, daß sie sekundär aus typischen Zellen entstanden sind. Was die zwei oder mehrkernigen Zellgebilde betrifft, so fragen wir heute bei ihrer Beurteilung nach dem Centriol, und alle Gebilde mit zentriertem Cytoplasma, sie mögen noch so viel Zellkerne enthalten, bezeichnen wir als „Zellen". Zellkernfreie Zellen sind z. B. die Erythrocyten der *Säuger* und die „apyrennen Spermien" einiger *Mollusken* und *Spinnen* [vgl. Meves (1902)]. Die ebenfalls zellkernfreien Thrombocyten des *Säugetier*blutes halten wir für Fragmente von Zellen, doch ihre Kernlosigkeit steht noch nicht über alle Zweifel [vgl. Brodersen in diesem Werke, Bd. 2, Abt. 1].

Früher behauptete man, daß sich zellkernfreie Zellen nicht durch Teilung vermehren können, doch heute wissen wir, daß die Fähigkeit sich zu teilen nicht an die Gegenwart des Zellkernes gebunden sein muß. Jollos und Péterfi haben (1923) gefunden, daß sich sogar der Zellkerne künstlich beraubte Eizellen (von *Amblystoma*) durch Teilung vermehren können und schließlich eine Blastula produzieren und die älteren Versuche von Štolc (1910), haben die große Lebensfähigkeit der zellkernfreien Fragmente von *Amöben*, die bis zu einem Monat am Leben blieben, bewiesen. Trotzdem kann man nicht im geringsten bezweifeln, daß die zellkernfreien Gebilde nicht besonders lange am Leben bleiben; von den oben erwähnten Blutelementen wissen wir, daß ihr Leben besonders kurz bemessen ist. Nur das aus Kern- und Cytoplasma gebildete System kann sich eben, wie wir anfangs sagten, dauernd erhalten. Durch Teilung vermehren sich sonst einige Zellorganoide, sogar die Bindegewebsfibrillen (vgl. Kap. VI).

Jetzt die Frage nach der Bedeutung der zwei- und mehrkernigen Zellen[1]. Von den zweikernigen Leberzellen konnte Münzer (1923) beweisen, daß ihre

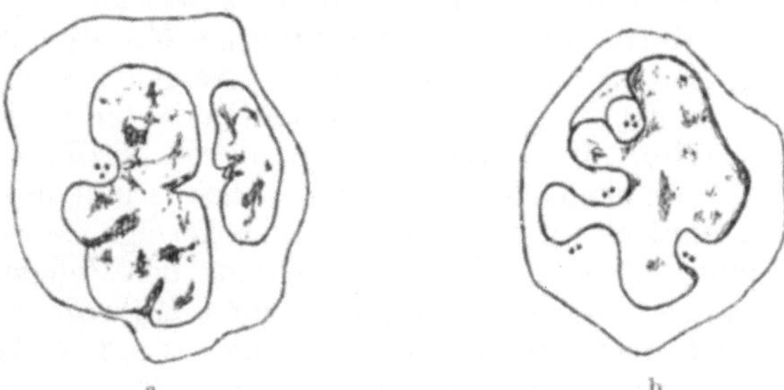

Abb. 9a, b. Zwei Riesenzellen aus dem Knochenmark von Kaninchen. [Nach M. Heidenhain (1894).]

Zellkerne durch Amitose entstehen und etwas Ähnliches muß man wohl auch von anderen Fällen annehmen, wo Zellen typischer Größe sogar viele Kerne enthalten, wie wir es z. B. bei der von anderen Infusorien sonst wenig sich unterscheidenden *Opalina* [vgl. Schuster (1911)] oder von den Zellen der Fadenalge Cladophora beobachten (vgl. Abb. 8b, d).

Etwas anderes muß man in den sog. „Riesenzellen", den „Mega"- oder „Gigantocyten" der Metazoen erblicken. Es sind das Zellen von einer durchaus nicht außerordentlichen Größe (die Eizellen und manche Ganglienzellen sind mehrmals größer), doch sie unterscheiden sich in ihren Dimensionen auffallend von den mit ihnen verwandten Zellen, zwischen denen man sie in einem Gewebe findet, und dann unterscheiden sie sich, und das ist das Wichtigste, von ihnen durch ihre eigentümlichen, oft abenteuerlich gestalteten, großen oder in großer Anzahl vorhandenen Zellkerne. Riesenzellen kommen entweder als normale Bestandteile gewisser Gewebe vor, dann findet man sie in pathologischen Geweben verschiedener Art, Epithelien, wie auch und vor allem der Gewebe der Mesenchymreihe, in Geschwülsten: Carcinome, Sarkome; wo sie durch Reizwirkung verschiedener chemischer Stoffe oder durch mechanische Reizung verschiedener Art (Fremdkörperriesenzellen) hervorgerufen wurden. Man konnte sie auch künstlich in verschiedenen Geweben oder schließlich in künstlichen Kulturen von solchen [Lambert und Hanes (1911), vgl. A. Fischer (1927)] hervorrufen.

Es gibt „Megakaryocyten" mit einem einzigen „polymorphen", das ist stark gelappten, rosenkranzförmigen oder hufeisenförmigen Zellkerne, die den Anschein

---

[1] Solche gibt es im Epithel der Harnblase, in der Leber, in einigen Knorpeln usw.

erwecken könnten, es handle sich in ihnen um Zellen, die den oben erwähnten „multivalenten" (die jedoch typisch aussehende Zellkerne enthalten) verwandt wären, dann gibt es sog. „Polykaryocyten" [Howell (1891)], die in ihrem ebenfalls bedeutend großen Körper — mit großem Cytoplasmaanteil — eine größere Anzahl von kleineren kugelförmigen, ovoiden usw. Zellkerne enthalten, welche hier sehr oft rings herum, das ist an der Peripherie des Zellkörpers, angeordnet sind.

Über den Wert der „Riesenzellen" wurden verschiedene Ansichten ausgesprochen und es scheint, daß sie in der Tat auf verschiedene Weise entstehen können (nähere Angaben darüber siehe in dem über das Knochenmark handelnden Teile des Bd. 2 dieses Werkes). — Nach der Ansicht der einen würden die Megakaryocyten den Wert von einfach vergrößerten gewöhnlichen Zellen haben, in denen die Zellkerne die jetzige eigentümliche Gestalt (s. oben) erhalten haben. Indem ihre polymorphen (ob sie „multivalent" sind oder nicht, darüber sagt die Lehre nichts aus) Zellkerne zerfallen, entstehen aus den Zellen die „Polykaryocyten". Virchow und M. Heidenhain (1894) sind die Vertreter dieser Ansicht. Daneben entstehen die Polykaryocyten gewiß auch nicht durch einen einfachen Zerfall der Kerne, sondern durch multiple Mitosen. Solche beobachtete in der neueren Zeit z. B. F. Levy (1921). Nach einer anderen Deutung, die neuestens, z. B. in Guglielmo (1925) einen Vertreter findet (bei ihm die weitere Literatur), sollten die Polykaryocyten durch Verschmelzung gewöhnlicher kleiner Zellen entstehen. Jede von den Zellen bringt ihren Zellkern und ihre Centriolen mit, und es entstehen zuerst mehrkernige Zellen mit mehreren Cytozentren und erst später durch Verschmelzung der Zellkerne Megakaryocyten mit polymorphen Zellkernen und mit einem Mikrozentrum. Auch die Centriolen haben sich nämlich einander genähert (und vielleicht vermehrt (Abb. 9). Die Anhäufungen sehr zahlreicher kleiner Centriolen, manchmal in Bandform, sind für die Riesenzellen sehr charakteristisch; man hat sie z. B. auch in den Riesenzellen der Tuberkuloseknoten gefunden [vgl. Herxheimer (1914)]. Schließlich wurde von seiten der Pathologen, welche besonders oft mit den Riesenzellen zu tun haben, die Ansicht ausgesprochen, daß sich Polykaryocyten auch so bilden können, daß die Elemente einer Blutcapillare untereinander verschmelzen und eine Cytoplasmaanhäufung mit kreisförmig angeordneten Zellkernen bilden.

Mega- und Polykaryocyten kommen in der Placenta, in der embryonalen Leber und vor allem im Knochenmark und als Osteoblasten vor. Ich beobachtete sie auch an den Meningen von *Lophius piscatorius* (einem Teleostier). Sehr deutliche Riesenzellen beobachtete ich einmal in der regenerierten mehrschichtigen Epidermis von *Petromyzon,* wo sie vielleicht durch den Einfluß von Parasiten hervorgerufen waren (vgl. Abb. 37, S. 498). Über die Bedingungen ihrer Entstehung sprachen wir schon oben [vgl. P. Ernst (1915) und Marchand (1924)].

10. Rudimentäre Zellen.

Einen Gegensatz zu den Riesenzellen stellen gewissermaßen rudimentäre Zellen vor, die man sowohl in sich entwickelnden Geweben, hier besonders oft, aber auch in fertigen Geweben beobachten kann. Ich sagte oben, daß die Spermatozoen in der Regel den Wert von rudimentären Zellen haben.

Zellen, die ich (1918) so benannt habe, sind Elemente, in denen sich der Cytoplasmaanteil bedeutend verkleinert hat, so daß die Zelle oft so aussieht, als ob es sich um einen nackten, das ist allein lebenden Zellkern handeln würde. Bei der Bildung der Spermatozoiden handelt es sich allem Anscheine nach um eine Deminution bzw. Auflösung des Cytoplasma, anderswo kann das Cytoplasma bei schnell aufeinander folgenden Karyokinesen, nach denen die Zellen nicht Zeit haben sich zu vergrößern (solche Elemente sieht man am meisten im Mesenchym und im embryonalen Nervengewebe, als Neuroblasten), verloren gehen und schließlich können sich die cytoplasmatischen Anteile der Zellen bei der Bildung der Grundsubstanzen, vielleicht auch der Cuticularsubstanzen, reduzieren, und zwar so, daß Teile von ihnen beim Bau dieser Substanzen Verwendung finden. Auch im fertigen Nervengewebe sieht man an vielen Stellen Zellen mit geringer Menge von Cytoplasma („Körner",

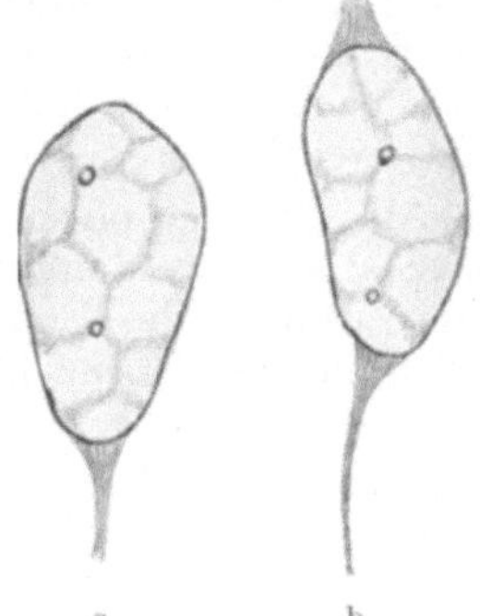

wie man sie hier nennt), und das gesamte zu dem Zellkern gehörende Cytoplasma scheint hier in den Fortsätzen, den Neuriten und den Dendriten, enthalten zu sein. Das Vorhandensein von „nackten" Zellkernen im Bindegewebe verzeichnen z. B. LAGUESSE (1914) und WETEKAMP (1915). Cytoplasmaarme Elemente gibt es auch unter den Lymphocyten des Blutes.

Nach meiner Überzeugung (1918) handelt es sich in keinem dieser Fälle um nackte Zellkerne, sondern in der Nähe des Zellkernes bleibt immer ein Cytoplasmaanhängsel mit dem Centriol, offenbar immer auch mit den Plastosomen erhalten; es ist das eine Zelle, deren Körper eben auf das zum Leben Notwendigste verkleinert wurde.

Abb. 10 a, b. Neuroblasten aus der Hemisphärenwand eines 5 cm langen menschlichen Fetus. [Nach His (1904).]

11. Nackte Zellen. Begrenzte Zellen. Diplasmatische Zellen.

Schon in dem Unterschiede der PURKINJEschen „Körnchen" und „Zellengebilde" — vgl. oben auf S. 426 —, dann in dem Unterschiede der „Protoplasten" und der „Zellen", die KOELLIKER im Tierkörper unterscheiden wollte, wird darauf hingewiesen, daß nicht alle Elementarbestandteile des Tierkörpers den Pflanzenzellen, das waren eben die Prototypen von „Zellen", ähneln oder entsprechen. Die heutige Histologie legt auf die hier in Betracht kommenden Umstände, ob eine Zelle nackt oder von Grenzschichten begrenzt wird, wenig Nachdruck, da die Grenzschichten seit der Entdeckung des Protoplasmas [LEYDIG (1857), M. SCHULTZE (1861)] für nebensächlich gehalten werden; sie benützt dafür gewöhnlich keine besonderen Namen, aber vollkommen unterschätzen kann man die sich da ergebenden Unterschiede nicht.

Den „Grenzschichten" der tierischen Zellen wird unten das Kapitel III gewidmet; an dieser Stelle sollen bloß einige Bemerkungen über „diplasmatische Zellen", wie ich es nennen möchte, eingefügt werden. Es handelt sich um Zellen, welche an ihrer Oberfläche aus abweichend gestaltetem Cytoplasma, dem homogenen Exoplasma, wie man es seit HAECKEL (1872) nennt (unrichtig sprechen jetzt einige vom „Hyaloplasma"), gebaute breite Zonen besitzen, Zonen von manchmal solcher Breite, daß der Zellkörper eigentlich in zwei Partien, eine oberflächliche und eine innere, das „Endoplasma", zerfällt, von denen sich beide mehr oder weniger deutlich an den Lebenserscheinungen der Zelle beteiligen. Es ist klar, daß die äußere Zone, das homogene Exoplasma, unter anderem den Schutz des Zellkörpers übernehmen und die Festigkeit des Gewebes bedingen kann, während sich das Endoplasma mehr den Beziehungen zu dem in ihm liegenden Zellkern widmen kann und in der Regel auch die übrigen Organoide der Zelle enthält; nicht ausschließlich, da die Plastosomen, wie es scheint, in das Gebiet des Exoplasmas übertreten können (Abb. 16 b, c).

Diplasmatische Zellen besitzen, wie ich sagte, eine exoplasmatische äußere Zone, eine „Crusta", wie F. E. Schulze (1896) sagen würde, doch es gibt auch diplasmatische Zellen anderer Art, solche nämlich, bei denen beinahe nur die Zellfortsätze aus dem hyalinen, homogenen, wohl auch festeren Exoplasma bestehen. Diplasmatische Zellen ersterer Art sind die Kolbenzellen der *Vertebratenepidermis* und einige Chordazellen, zu jenen der anderer Art gehören die von Fauré-Fremiet unlängst (1927) als Blutkörperchen beschriebenen Choanoleukocyten, aktive Formen der Amöbocyten, vieler *Evertebraten*. Hier ist das die Form lamellärer Fortsätze annehmende äußere Plasma relativ passiv und man könnte einwenden, daß es sich um eine Art Sekret handelt, doch man beobachtete ähnliche Bilder auch an den Monocyten der Säugetiere, die in Gewebskulturen sogar aktiv sich bewegende Exoplasmasäume produzieren.

Aus einer „diplasmatischen" Zelle kann, so scheint es, wieder eine monoplasmatische werden. Entweder so, daß sich das gesamte Plasma wieder zu dem Zustande des Endoplasmas rückverwandelt. Bilder, die ich an Epidermiszellen aus den Hornzähnen von *Petromyzon*, die ihr Exoplasma verloren haben,

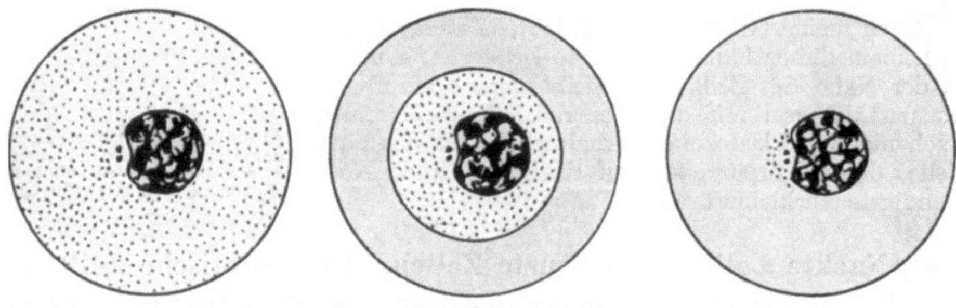

Abb. 11. a Eine nackte weiche Zelle. b Eine diplasmatische Zelle mit breiter Crusta.
c Eine Exoplasmazelle. Schematisch.

beobachtete (1909), sprechen für die Möglichkeit dieser Umwandlung. Oder kann sich aus einer diplasmatischen Zelle eine „Exoplasmazelle" entwickeln, so daß sich das gesamte Cytoplasma, mit der Ausnahme eines die Centriolen umgebenden kleinen Hofes, in das homogene Plasma verwandelt (Abb. 11 c). Es gibt Chorda- und Epidermiszellen dieser Art, und dann gehören hierher die Chondroidzellen der Achillessehne des *Frosches* mit ihrem eigentümlich homogenen, glasartig hellen Cytoplasma. Schließlich kann — als Beispiele dazu wurden gewisse Kolbenzellen der *Teleostier* [*Tinca* nach Nordquist (1908)] beschrieben — das Endoplasma aus der Gesamtzelle auskriechen und sich auf ihrer Oberfläche ausbreiten. Das wäre ein Vorgang, dem ähnliche man auch im Gebiete der Grundsubstanzgewebe — in den Synexoplasmen (vgl. Kapitel V) — beobachten kann, und ich komme auf ihn unten (S. 354) nochmals zu sprechen.

Manche „diplasmatischen" Zellen entsprechen, wie der letzte Fall deutlich zeigt, den oben erwähnten Gesamtzellen, im allgemeinen legt man jedoch beim Anwenden des Wortes „diplasmatisch" auf die Selbständigkeit des Endoplasmas keinen Nachdruck.

12. Blasige oder vesiculöse Zellen.

Unter den tierischen Zellen nehmen weiter die sog. „blasigen" oder „vesiculösen" Zellen [Leydig (1864), Schaffer (1903)] eine besondere Stellung ein (Abb. 5a, S. 439, 12a, S. 449).

Diese Zellen sind durch eine feste dünne Grenzschicht und einen flüssigen, das Cytoplasma zur Seite oder gegen das Zentrum der Zelle zu verdrängenden Inhalt charakterisiert, und sie erinnern sehr auffallend an die eine große zentrale Vakuole enthaltenden typischen Pflanzenzellen. Die ersten tierischen Zellen, die man beobachtete (Chordazellen, Knorpelzellen und gewisse Epithelzellen) gehörten zu dieser Kategorie. An den Präparaten erscheinen solche Zellen gewöhnlich fast leer, da die sie füllende Substanz in der Regel bei der Behandlung des Objektes beseitigt wird; erst mittels spezieller Methoden informiert man sich über das Wesen des Zellinhaltes. Es gibt Zellen, die, ohne „diplasmatisch zu sein", Endoplasmazellen enthalten (Abb. 12a).

Hierher gehören typische Fettzellen mit ihrem großen, das gesamte Cytoplasma zur Seite verdrängenden Fetttropfen, jedenfalls gibt es auch Fettzellen mit vielen kleinen Fetttropfen, die hierher nicht gehören. In der „Wand" einer solchen Zelle befindet sich der Zellkern und daselbst wurden auch die Plastosomen [GUYON (1924)] entdeckt[1].

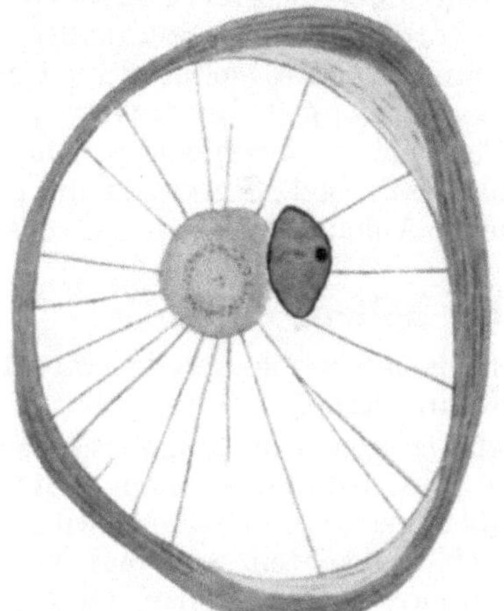
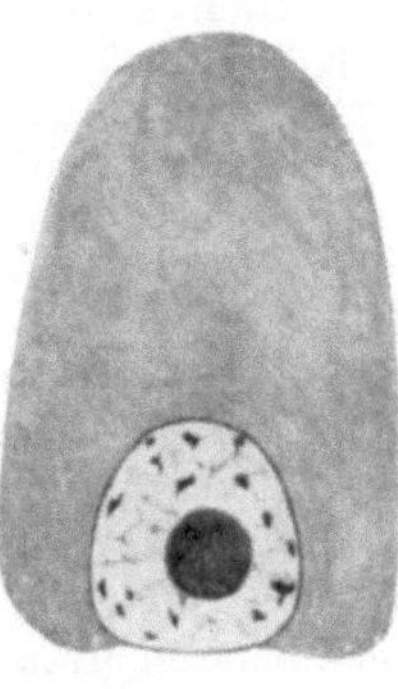

Abb. 12. a Eine vesiculöse Zelle aus der Chorda dorsalis von Belone (Teleostier). Im Inneren eine sternförmige Endoplasmazelle. [Nach STUDNIČKA (1913 b).] b Eine junge Fadenzelle von Myxine als Beispiel einer Exoplasmazelle.

Andere blasige Zellen stellen die Glykogenzellen vor. Zellen, in deren Körper sich massenhaft Glykogen angesammelt hat, und in denen infolgedessen das Cytoplasma mehr und mehr gegen die Mitte der Zelle, wo sich auch der Zellkern mit dem Centriol in einem cytoplasmatischen „Innenkörper" befindet, verdrängt wird. Jedenfalls kann es auch ähnlich wie in den Fettzellen seitlich verdrängt werden und bildet dann zusammen mit der Zellmembran eine Begrenzung der blasenförmigen Zelle. Die Zellen des blasigen Stützgewebes [des chordoiden Typus nach J. SCHAFFER (1903)] sind nach dem ersteren Typus, die vesiculösen Chordazellen nach beiden hier erwähnten Typen gebaut. Die blasigen Epithelzellen sind manchmal nach dem zweiten Typus gebaut, doch es gibt, darauf darf man nicht vergessen, auch glykogenhaltige Epithelzellen, in denen das überall mit Glykogen durchsetzte Cytoplasma bloß einen etwas lockereren Bau zeigt. Es gibt eben Übergänge von den blasigen Zellen zu den gewöhnlichen, kompakten.

---

[1] Abweichend ist die Auffassung von WASSERMANN (1926), nach der die sich vergrößernden Fetttropfen das Cytoplasma eines Plasmodiums, ohne Rücksicht auf die Zellkerne, zu Fettblasen umwandeln können und nach der sich nicht jeder Fetttropfen in einer Fettzelle befinden muß. Die Grundsubstanz baut eine fibrillenführende Scheide um die Fettzellen herum.

Schließlich gibt es blasige Zellen, welche bloß eine eiweißhaltige Flüssigkeit enthalten und genau dasselbe Aussehen haben wie diejenigen, die wir im vorangehenden erwähnten und die besonders auffallend an Pflanzenzellen erinnern. Die sog. „serösen Fettzellen" gehören hierher. Es gibt auch Zellen, die neben einem serösen Inhalt auch kleine Fetttropfen behalten haben, und dann gibt es [Tretjakoff (1927)] Zellen, die sowohl Fett wie Glykogen enthalten. Viele Chordazellen enthalten Glykogen und in ihrem Zentrum eine eiweißhaltige Flüssigkeit [Studnička (1926)]. Hier sollten jetzt eigentlich auch Drüsenzellen, die vom festeren Sekret gefüllt sind, Becherzellen z. B., folgen, doch diese rechnet man nicht in diese Kategorie.

Fettzellen entstehen in vielen Geweben der Mesenchymreihe, im lockeren Bindegewebe, auch die Knorpelzellen werden durch Fettanhäufung manchmal in dieser Richtung umgewandelt. Glykogenhaltige blasige Zellen findet man in der Chorda dorsalis und in den Geweben der Mesenchymreihe, hier stellen sie vor allem im sog. blasigen Gewebe („Chondroiden" nach Schaffer) einen charakteristischen Gewebsbestandteil vor; dann wurden sie in dem Gewebe der Lumbalintumeszenz des Rückenmarkes der Vögel beobachtet [Terni (1924)], schließlich sind blasige Zellen für manche mehrschichtige Epithelien des fetalen Körpers der *Säugetiere* charakteristisch (vgl. Schaffer im Bd. 2, Abt. 1, S. 78 u. 202 dieses Werkes und meine Abhandlung vom Jahre 1925).

13. Die Gestalt der Zellen.

Ich komme zu diesem Thema erst jetzt, nachdem ich bereits eine Reihe, der die Gestalt bedingenden Umstände erwähnt habe.

Die einfachste Gestalt einer tierischen Zelle ist gewiß diejenige einer Kugel; man kann sie mit einigen Modifikationen und Komplikationen (besonders oft wird sie durch Zellfortsätze, auf die ich aber erst unten eingehen will, modifiziert) schon bei pelagisch lebenden Protozoen beobachten, und man kann sie auch bei frei lebenden Metazoenzellen, den Lymphocyten, feststellen. Organismen und Zellen, die sich auf einer festen Unterlage bewegen, verlassen diese Gestalt, wie man an den *Amöben* und an den im Gewebe kriechenden Wanderzellen beobachtet, und ihr Körper kann bei der amöboiden Bewegung jedes Moment eine andere Gestalt bekommen; Zellen mit fortwährend sich ändernder Gestalt. Auch solche Zellen können, wenn ihr Plasma gereizt wird, wieder ihre Fortsätze und Unebenheiten der Oberfläche einziehen und wieder die Gestalt einer Kugel annehmen. Die Form einer Kugel beobachtet man an vielen Zellen der Mesenchymreihe, die man als „Rundzellen" den Fortsätze aussendenden oder im netzartigen Zellverbande lebenden Elementen entgegenstellen kann, jedenfalls erhalten eine kugelförmige oder davon abgeleitete Gestalt auch einige der Grundsubstanzzellen, vor allem die Knorpelzellen, die in einer gleichförmigen, in großen Massen auftretenden Grundsubstanz eingeschlossen sind. Dann beobachtet man sie an den oben erwähnten „blasigen" oder „vesiculösen" Zellen, wo sie durch den Turgor bedingt sein kann.

Schließlich beobachtet man die Kugelgestalt an den Eizellen mit nur seltenen Ausnahmen (Poriferen, einige Cölenteraten). Hier sucht sie die Natur sozusagen künstlich zu erhalten, indem sie die betreffenden Zellen durch eine feste Hülle (Zona pellucida) umgibt, welche sie vor dem Drucke der benachbarten Elemente schützt (S. 464).

In der überwiegenden Mehrzahl der Fälle wird die ursprüngliche Gestalt durch den gegenseitigen Druck der Zellen eines und desselben Gewebes, durch den Druck bzw. Zug des ganzen Gewebes, die Lage der Zellen im Keimblatte usw. geändert, und schließlich hat, wie wir schon wissen, die Funktion einen **großen**

Einfluß auf die Gestalt der Zellen. Man spricht von „kubischen" und von „zylindrischen" (in der Wirklichkeit sind sie jedoch prismatisch), von „pflasterförmigen" (oft direkt membranösen), von „ovoiden", „birnförmigen", „becherförmigen", „pyramiden-", „spindelförmigen", „faserartigen", „glockenförmigen" usw. Zellen.

Nun ändert sich die Gestalt einer Zelle auch in jenen Fällen sehr, in denen der „Zellkörper" „Zellfortsätze" aussendet. Die Bildung von solchen hängt gewöhnlich wieder mit der Funktion der Zellen zusammen, oder haben dieselben — so oft bei freilebenden Zellen — verschiedene ökologische Bedeutung. Man beobachtet sie an den kugelförmigen Zellen, die dadurch zu sternförmigen werden, aber auch an solchen von verschiedenster anderer Gestalt. Wie mannigfaltig ihre Erscheinung sein kann, zeigen am besten die Foraminiferen und die Nervenzellen. Es scheint, daß das Aussenden von Zellfortsätzen gewissermaßen zu den Elementarerscheinungen, die man an den Cytoplasmaklümpchen — den Zellen — beobachten kann, gehört. ANDREWS beobachtete es — er spricht davon (1898) als von einer „filose activity" des Zellplasmas — an Eizellen und an Blastomeren der Echiniden, und neuestens 1926 beobachtete es an Eizellen SEIFRITZ.

Die Fortsätze der Zellen können fadenförmig oder flach segelförmig, bzw. lamellenartig, sein und man kann sogar behaupten, daß die Form der Fädchen und der Lamellen eigentlich die zweite und dritte Form vorstellt, in der das Cytoplasma (neben der Form der kernhaltigen Klümpchen) in der Natur auftreten kann. Auf die extremen Fälle, die man auch von einem anderen Standpunkte aus beurteilen kann, komme ich auf S. 503 von neuem zu sprechen. Hier sollen von den fortsätzeführenden Zellen bloß die „Stachelzellen", die „sternförmigen" (flache und allseitig entwickelte), die „spinnenförmigen" Zellen, „Riffzellen", „Flügelzellen", usw. genannt werden. Die Fortsätze können aus homogenem Exoplasma bestehen. Sie sind starr oder sie können eingezogen werden oder bewegen sich auf eine andere Weise.

Die Fortsätze endigen entweder frei oder sie verschmelzen mit denen der benachbarten Zellen oder sie verflechten sich schließlich (in den „Neuropilemen") mannigfaltig miteinander. Sie können zum Verbinden der Zellen (vgl. Kapitel IV) dienen.

Die Gestalt der Zellen kann sich weiter bei noch anderen Gelegenheiten ändern. Beim Wachstum der Zellen, welche mit anderen Zellelementen in Berührung — und in Verbindung — kommen, bei der Funktion, wie wir schon sagten, bei einer passiven Dehnung des Gewebes und bei Kontraktionen des Zellinhaltes. (Pigmentzellen, Muskelzellen, Epithelzellen der Harnblase usw. sind Beispiele dazu.)

Vor einiger Zeit knüpfte man auf die Frage nach der Gestalt der Zellen noch diejenige nach ihrer „Polarität" an [VAN BENEDEN, M. HEIDENHAIN (1894)]. Man stellte sich vor, daß die Zellen polar differenzierte Wesen vorstellen und man wollte die Pole nach der Lage des Zellkernes und des Centriols, nach der Lage der Zellen in den Zellschichten usw. bestimmen. Bei den Epithelien würde der eine Pol dem nach außen gewendeten Ende der zylindrischen Zellen entsprechen, bei den Ganglienzellen der Seite, wo der Neurit die Zellen verläßt, auf welcher Seite sich in diesen Zellen auch die Centriolen befinden. In flachen Epithelzellen, wo das Centriol seitlich vom Zellkern liegt, kann man sich nach ihm nicht richten. In den Zellelementen der Mesenchymreihe liegen die Centriolen wohl an verschiedenen Seiten, in glatten Muskelzellen sind sie seitlich vom Zellkern. Von einer Polarität kann man in solchen Fällen nicht sprechen.

14. Die Genese der Zellen.

Remak hat (1855) schon ganz deutlich erkannt, daß im Tierkörper neue Zellen immer nur von den alten abstammen, und Virchow gab dem (1858) in dem bekannten Spruch „omnis cellula e cellula" den Ausdruck. Man dachte, daß sich die Zellen immer einfach durch Teilung der bereits bestehenden vermehren, doch diese in den schematischen Darstellungen der Lehrbücher allgemein vertretene Ansicht läßt sich nicht vollkommen aufrecht halten. Die Zellen teilen sich in zwei gleich große Teile, sie können (bei *Protozoen*) schnell in eine große Anzahl von neuen Zellen zerfallen, sie teilen sich bei der Knospung, wobei die Knospe eigentlich einen zellkernhaltigen Auswuchs der Mutterzelle vorstellt, und schließlich teilen sich die Zellen so, daß sich in der Umgebung des Zellkernes eine bestimmte Partie des Cytoplasmas abgrenzt und zum Cytoplasma einer Tochterzelle wird. In allen diesen Fällen stammt eine neue Zelle wirklich von einer Zelle, die da früher vorhanden war, von einer „Mutterzelle", die entweder in die „Tochterzellen" zerfällt oder solche in ihrem Inneren oder auf ihrer Oberfläche produziert.

Nun entstehen in zahlreichen Fällen neue Zellen durch den Zerfall von vielkernigen Syncytien oder Plasmodien (Kapitel V). Das waren keine „Zellen", doch

Abb. 13. Zwei Muskelkörperchen aus dem lateralen Rumpfmuskel von Amphioxus.
[Nach Studnička (1920).]

man kann, darauf komme ich unten nochmals zurück, darauf hinweisen, daß hier die Zellen latent, als „Energiden", zugegen sind. Solche zusammenhängende Cytoplasmapartien können nun wieder Zellen, und zwar auf wesentlich verschiedene Weise, produzieren. Sie zerfallen einmal einfach in Zellen, ein anderes Mal entstehen hier die Zellgrenzen in bestimmten Entfernungen von den einzelnen Zellkernen, und es bleibt da, wie man es bei der Sporenbildung der Ascomyceten und der Foraminiferen beobachtet, ein an der Teilung nicht beteiligter cytoplasmatischer „Restkörper" (Foraminiferen) übrig. Schließlich begegnet man in einigen Fällen Bildern, die man nach meiner Überzeugung nicht anders erklären kann, als so, daß man annimmt, die Zellkerne haben ringsherum durch Ausscheidung eines frischen Cytoplasmas selbst neue Zellen gebildet und sind selbst die Gründer von „Tochterzellen" des ursprünglichen cytoplasmatischen Gebildes. Gewiß muß man annehmen, daß das alte Cytoplasma an dem Prozesse der Zellbildung nicht ganz unbeteiligt sein kann; ein Cytoplasmarest bleibt, so nehme ich an, immer bei dem Zellkern und stellt zusammen mit ihm, wie wir schon oben sagten (S. 446), ein „Zellrudiment" vor, von dem wieder eine neue „volle" Zelle entstehen kann (vgl. meine Abhandlungen vom Jahre 1918).

Ganz eigentümliche, ebenfalls sekundär entstandene Zellen sind die sog. „Muskelkörperchen" des Muskelgewebes. Zellähnliche Sarkoplasmaanhäufungen bei den Zellkernen der quergestreiften Muskelfasern, die zusammen mit dem Zellkern die Gestalt spindelförmiger Zellen nachahmen. Man findet solche nur in einigen, vor allem in sarkoplasmaarmen Muskeln, und sie fehlen in jungen Muskelfasern, wo das Sarkoplasma überall reichlich verbreitet ist. Besonders deutlich fand ich sie in der symplasmatischen Myomere von *Amphioxus* (meine Abhandlung vom Jahre 1920), wo sie sehr deutliche Grenzen besitzen und sich genau so wie gewöhnliche Zellen durch Teilung vermehren. Dieser Fall beweist wieder, daß Zellen oder zellähnliche Gebilde in nichtzelligen Gebilden des Tierkörpers nachträglich entstehen können (vgl. Abb. 13).

Der auf die Genese der Zellen sich beziehende bekannte Spruch von VIRCHOW läßt sich, wie wir im vorangehendem zeigten, nicht wörtlich nehmen, dagegen läßt sich gegen die Richtigkeit des anderen, später entstandenen Spruches, „omnis nucleus e nucleo", nichts einwenden; die Zellkerne sieht man nirgends frei im Cytoplasma entstehen. Eine jede Zelle muß aus einer Cytoplasmapartie entstehen, die schon einen Zellkern enthielt. Es wurde das nicht immer anerkannt und noch in die neueste Zeit hinein lassen sich die Bestrebungen einiger Pathologen verfolgen, welche die Zellkerne gerne aus Grundsubstanzen sogar von Bindegewebsfibrillen ableiten wollten. Es ist wohl nicht notwendig, näher darauf einzugehen.

Die Vermehrung der Zellen ist selbstverständlich nicht, oder nicht in allen Fällen, unbegrenzt. Bei der Entwicklung der *Metazoen* vermehren sich die Zellen solange, bis die für jede Art bestimmte Größe des Gesamtkörpers erreicht wird, wenn sich dann noch die Zellen vermehren, so wird das nur so ermöglicht, daß unterdessen alte Zellen verbraucht und abgestoßen werden oder sich in den Geweben auflösen; es handelt sich also um den Ersatz verloren gegangener Zellen. Auf alle Zellen bezieht es sich nicht, die Ganglienzellen bleiben, so wird es übereinstimmend von allen Autoren angegeben, an ihren Stellen, und sie können sogar auch bei der Regeneration des Gewebes (oder vielleicht bis auf wenige Ausnahmen?) nicht ersetzt werden.

Bei kleinen Tierformen konnte man sich davon überzeugen, daß die Anzahl der in ihrem Körper oder in einzelnen ihrer Organe enthaltenen Zellen konstant sein kann; die Zellen vermehren sich hier also so lange, bis diese Anzahl erreicht wird. MARTINI hat (1912) bei *Hydatina senta*, einem *Rotator*, 959 Zellen im Körper gezählt, GOLDSCHMIDT (1908) zählte die Anzahl der Zellen im Nervensystem von *Ascaris*, PROEBSTING (1923) im Labyrinth von *Triton* usw. In Fällen, wo die Zellenzahl konstant ist, hängen die Unterschiede in der Körpergröße von der Größe der Zellen ab; nicht überall gibt es jene Konstanz. Bei höheren *Vertebraten* am ehesten in den nervösen Zentralorganen, wo sich die Zellen, wie wir unlängst sagten, nicht vermehren. Zusammenfassende Referate, auf die wir hier hinweisen können, wurden von MARTINI (1924) und von LEVI (1925) veröffentlicht.

15. Die Bedeutung einer Zelle.

Bereits oben vergegenwärtigten wir uns, daß man die Zellen für primäre Gebilde halten muß; man findet sie am Anfang der „Reihe" in beiden Reichen der lebendigen Wesen, man findet sie de norma bei der Furchung und man findet sie in den primitivsten Geweben, den Epithelien. In den Epithelien erhalten sich die Zellen [STUDNIČKA (1909 S. 210)] mit einer eigentümlichen Hartnäckigkeit, obzwar gerade hier — so scheint es — ihre Gegenwart nicht unumgänglich notwendig wäre — es gibt doch auch nichtzellige Epithelschichten. — Man muß jetzt fragen, worin eigentlich die Bedeutung der Zellen besteht.

Es ist klar, daß ein typischer kleiner einzelliger Körper einer *Alge*, eines *Pilzes* oder eines *Protozoons* ein sehr einfaches, aus wenigstens zwei Arten von Plasma (im Kern und im Körper) bestehendes, der Umgebung vorzüglich adaptiertes System vorstellt, und wir kennen derzeit nichts, was einfacher wäre und dabei so selbständig leben könnte, wie jene einzelligen Organismen. Anders verhält es sich mit jenen Zellen, welche die Körper der „vielzelligen" Organismen zusammensetzen, hier sind die Zellen offenbar nicht unumgänglich notwendig und in der Tat hat die Natur (vgl. Kapitel V) in einigen „acellulären" Organismen sogar in beiden Reichen der Organismen gewissermaßen den Versuch gemacht, ohne die Zellen auszukommen, einen Versuch, den sie eben nur bei in Wasser lebenden Organismen machen konnte, den sie aber auch hier nicht weiter verfolgte.

Bei den vielzelligen pflanzlichen Organismen haben die von festen Zellmembranen umgebenen Zellen, soviel wir beurteilen können, etwa die folgende Bedeutung: Die in einzelne Zellen zerteilte Protoplasmamasse des Körpers läßt sich offenbar besser ernähren, als wenn sie unzerteilt und vollkommen einheitlich geblieben wäre. Die Pflanzenzellen stellen mit ihren von Turgordruck gespannten Zellmembranen vorzügliche, auf andere Weise nicht ersetzbare Bauelemente vor, die auf die bekannte Weise die Festigkeit ihres Körpers bedingen. Schließlich stellen die Pflanzenzellen mit ihren für sich beinahe geschlossenen Räumen voneinander abgeschlossene, von semipermeablen Wänden begrenzte chemische Laboratorien vor. — Die Zellen betätigen sich hier sowohl bei der Entwicklung der Gewebe, wie beim späteren Leben der fertigen Pflanzenorgane [vgl. darüber z. B. Haberlandt (1918)].

Die Bedeutung der tierischen Zellen, die nur selten die Gestalt der Pflanzenzellen (und diese auch nicht vollkommen) erhalten, scheint eine andere zu sein. Bei der Entwicklung des Tierkörpers wird die gesamte Cytoplasmamasse ebenfalls in kleine kernhaltige Teile, eben die „Zellen", zerteilt, und die Zelle ist auch hier ein „Werkzeug der Entwicklungsphysiologie", wie sich über die Pflanzenzellen unlängst Haberlandt geäußert hat. Die Natur kann hier, wie die Erfahrung lehrt, bei der Entwicklung schon in bedeutend zahlreicheren Fällen ohne die Zellen auskommen, und dazu erscheinen hier sehr bald zwischen den Zellen des Embryonalkörpers Protoplasmateile, die nicht, den Zellen entsprechend oder nach der Art der Zellen in Territorien zerteilt sein müssen und die sich sogar, so scheint es, dem direkten Einfluß der Zellen entwinden können (vgl. Kapitel V). Trotzdem sind die Fälle der von festeren Grenzschichten umgrenzten Zellen in Embryonalgeweben sehr zahlreich, und man beobachtet auch, sogar auch unter den Dauergeweben des Tierkörpers, in vielen der oben erwähnten „blasigen" Zellen Elemente, die sich ähnlich wie Pflanzenzellen am Aufbau eines druckfesten Gewebes beteiligen. Gewiß haben alle tierischen Zellen, und zwar auch jene, die sich durch keine deutlichen Grenzschichten ausweisen können, den Wert von chemischen Laboratorien, und jene, welche größere Mengen eines bestimmten Produktes (Sekrets) produzieren, können sich ebenfalls von festeren Grenzschichten, wenn auch ganz anderer Natur als bei den Pflanzenzellen, umgeben. Wieder muß man jedenfalls zulassen, daß im Tierkörper die chemischen Prozesse und schließlich alle Lebensprozesse nicht auf die Zellen allein beschränkt sein können; das ist ein Gedanke, der uns noch an anderer Stelle (vgl. Kap. V—VIII) beschäftigen wird.

M. Heidenhain bezeichnete (1907) die Zellen des Tierkörpers als dessen „trophische Einheiten", doch es läßt sich schwer entscheiden, ob diese Auffassung heute noch voll haltbar wäre. Für die weitaus größte Mehrzahl der Fälle wäre die Auffassung gewiß richtig, doch für die umfangreichen Netze und Geflechte des Nervensystems ist sie bisher eigentlich nur eine Voraussetzung. Jene Ursache der Zellenbildung, auf welche die physikalische Chemie einen so großen Nachdruck legt, daß nämlich durch die Zellenbildung neue und neue Oberflächen in der Protoplasmamasse zustandekommen, läßt sich nicht gut halten. Die so oft vorkommenden Cytoplasmanetze verschiedener Gewebe haben doch ebenfalls ihre Oberflächen und diese müssen schließlich genügen.

Was nun die Definition einer Zelle betrifft, so kann man die Zellen als Zellkern enthaltende und dem Zellkern (und dem Centriol) unterworfene Cytoplasmaklümpchen auffassen, die sich überall da bilden, bzw. sich bei der Entwicklung der Gewebe überall da erhalten, wo es für die Funktion der Gewebe und des Gesamtkörpers von Nutzen ist oder wo es für die Funktionen wenigstens nicht hinderlich ist. Oft erhalten sich die Zellen nur durch die primäre Kohärenz eines Cytoplasmaanteiles mit einem bestimmten Zellkern und wir können es an den Gewebskulturen kontrollieren, wo die Zellen in der überwiegenden Mehrzahl der Fälle als gut abgegrenzte Gebilde entstehen, da sich das Cytoplasma in dieser Form wohl besser ernähren kann als in jeder anderen. — Wo es für den fertigen Metazoenkörper von Vorteil ist, verläßt das Cytoplasma ohne weiteres und offenbar sehr leicht die Form der Zellen und wir begegnen dann den anderen Formen, in denen es auftreten kann. Auch in Gewebskulturen ist das Cytoplasma, wie die bisherigen Erfahrungen lehren, durchaus nicht unbedingt auf die Form von „Zellen" gebunden.

Wie aus dem vorangehenden hervorgeht, gibt es gewisse Beziehungen zwischen dem Karyoplasma der Zellkerne und dem Cytoplasma, welches die ersteren in der Gestalt der Zellkörper umgibt. Diese Beziehungen werden durch die gegenseitigen Massenverhältnisse beider Plasmaarten ausgedrückt. Schon im Jahre 1902 zeigte GERASSIMOFF, daß das Verhältnis der Zellkernmasse zur Masse des Cytoplasmas bei den Zellen derselben Natur unter verschiedenen Umständen konstant bleibt und R. HERTWIG hat 1903 die große Bedeutung dieser Tatsache hervorgehoben. Von ihm stammt der Terminus „Kernplasmarelation". Es sind zahlreiche auf diese Sache sich beziehende Untersuchungen erschienen, deren Ergebnisse in seinem zusammenfassenden Referate von ERDMANN (1918) gesammelt wurden.

16. Die Metamorphose der Zellen. Umwandlung in nicht zellige Elementarbestandteile.

Unter dem Namen der „metamorphosierten Zellen" verstand die alte Histologie (SCHWANN und seine unmittelbaren Nachfolger) Gebilde des Tierkörpers, die durch unmittelbare Umwandlung ganzer Zellkörper entstanden sein sollten. SCHWANN selbst wollte auf diese Weise die elastischen Fasern deuten, welche Deutung in etwas anderer Fassung (neben einer anderen) sogar noch bei LOISEL (1897) erschien; man deutete so auch die Prismen des Zahnschmelzes und die Fasern der Linse.

Die heutige Histologie kann mit vollem Rechte bloß die Linsenfasern in diese Kategorie rechnen. Sie haben, wie ihr allmählicher Übergang in die kubischen Zellen des vorderen Linsenepithels und überhaupt ihre Entwicklungsgeschichte lehrt, den Wert von stark in die Länge ausgezogenen ehemaligen Zellen, deren Cytoplasma sich in eine lichtbrechende Substanz verwandelte, während der Zellkern aufgelöst wurde. Wenn man wollte, könnte man hierher auch die verhornten flachen Epithelzellen des Stratum corneum der mehrschichtigen Epithelien rechnen, doch hier bleibt die Gestalt der ehemaligen Zelle ziemlich erhalten und die Zelle wird als abgestorben abgeworfen, der Fall gehört daher eher in den folgenden Abschnitt. Abseits liegen ebenfalls die beim Ausüben ihrer Funktion absterbenden Drüsenzellen, die als Ganzes abgeworfen werden. Die früher hierher gerechneten Schmelzprismen entstehen nicht durch Zellenumwandlung, sondern werden gegenüber den Schmelzepithelien in einer besonderen extracellulären Schicht abgelegt (vgl. S. 541).

17. Das Absterben der Zellen — ihr Zugrundegehen bei der Grundsubstanzbildung.

In den mehrschichtigen Epithelien kann man sehr deutlich beobachten, wie die oberflächlichen Zellen, deren Plasma sich durch Verschleimung oder durch Verhornung veränderte, absterben und abgestoßen werden. Ebenso deutlich beobachtet man die zum Tode der Zellen führenden Veränderungen an den Zellen im Chordagewebe der *Fische*. Hier gehen die Zellen im Zentrum der Chordagallerte, welche der freien Oberfläche eines mehrschichtigen Epithels entspricht, zugrunde. Im Chordagewebe vieler *Teleostier* findet man abgestorbene und geschrumpfte Zellen außerdem auch vereinzelt, überall zwischen den lebensfrischen, und man kann auch von den mehrschichtigen, den mehrreihigen usw. Epithelien annehmen, daß in ihnen nicht bloß die oberflächlichen oder die zur Epitheloberfläche reichenden, sondern auch die mitten im Gewebe liegenden Zellen absterben können. Der Ersatz für die „abgestorbenen" Zellen kommt hier aus den unteren, im wachsenden Chordagewebe aus den peripheren Zellschichten.

Weiter konnte man das Zugrundegehen der Zellen sehr deutlich bei der Chondrogenese beobachten. Strasser (1879) sah, wie sich (bei den Amphibien) die „dunklen prochondralen Elemente" in Grundsubstanz verändern, und Schaffer spricht von „Interkalarzellen" und von „verdämmernden" Zellen des jungen Knorpelgewebes [auch Studnička (1903c)]. Diese Zellen gehen als solche gewiß zugrunde, doch ihr Plasma geht in der Grundsubstanz, wie wir darauf unten zu sprechen kommen, für den Organismus nicht ganz verloren. Schon Schwann (1839), dann Boll (1872) und andere nahmen an, daß bei der Bildung des fibrillären Bindegewebes Zellen „verbraucht" werden.

Auch in fertigen Geweben der Mesenchymreihen gehen Zellen, und zwar verschiedenster Art, fortwährend zugrunde, während andere fortwährend neu gebildet werden. Hier läßt sich der Prozeß des Unterganges nicht so gut beobachten wie in den vorangehenden Fällen und vor allem im Chordagewebe, da die Körper der zugrundegehenden Zellelemente sogleich aufgelöst werden und sich vollkommen verlieren. Von den Blutkörperchen ist es allgemein bekannt, daß ihr Leben nur kurz bemessen ist.

Von allen Zellen und allen Geweben kann man es nicht behaupten. Die Zellen des fertigen Knorpel- oder Knochengewebes, die in fester Grundsubstanz eingeschlossen sind, müssen wohl an ihren Stellen bleiben, und können schließlich fast so alt werden wie das Individuum, zu dessen Körper sie gehören. Besonders von den hochorganisierten Nervenzellen ist es bekannt, daß sie sich niemals teilen und ebenfalls zu jenen Zellen gehören, die an ihrer Stelle als solche bis zum Ende ausharren.

Bei *Protozoen* wurden sogar an einzelnen Körpern Erscheinungen beobachtet, die zum Tod der Teile führten, einzelne Teile des einzelligen Körpers können bei den *Infusorien* abgestoßen und durch Regeneration wieder neugebildet werden (Wallengren).

Schließlich kann man da den massenhaften Untergang der Zellen erwähnen, zu dem es in jenen Fällen kommen kann, wo eine Metamorphose vom Larvenzustande stattfindet: Bei den *Echinodermen* und bei *Anurenlarven*. Bei den letzteren wurden die sich hier abspielenden Prozesse von zahlreichen Autoren sehr genau verfolgt [Noetzel (1895), neuestens Kremer (1927); hier die Literatur].

Eine zusammenfassende Darstellung der auf das Altern der Zellen und auf ihren Tod sich beziehenden Angaben s. bei Korschelt (1925).

III. Die Grenzschichten der Zellen.

Das die Zellkörper zusammensetzende Cytoplasma, bzw. dessen einzelne Formen oder Phasen, bestehen aus Kolloiden und von kolloiden Stoffen ist es bekannt, daß sie sich an ihren freien Flächen, da, wo sie mit einem fremden Medium in Berührung kommen, durch ganz feine „physikalische Membranen" bedecken. Solche bedecken also auch die Protoplasmakörper der „nackten" Zellen und sie stellen wohl — in zahlreichen Fällen — die allererste Anlage der dickeren, mikroskopisch und durch Färbung nachweisbaren Oberflächenschichten, um die sich der Histologe interessiert, der sog. „histologischen Membranen". Sie fehlen dort, wo das Cytoplasma in eine Grundsubstanz allmählich übergeht. Es gibt also auch „Zellen" ohne Grenzschichten.

Man erklärt die physikalischen Membranen durch das Einwirken der Oberflächenkräfte, die man an der freien Zelloberfläche, aber auch zwischen den verschiedenen Plasmapartien voraussetzen kann. Bei der Deutung der histologischen Membranen kann man sich auf solche Kräfte nicht immer berufen. Die Membranen entstehen oft als Scheidewände zwischen sich teilenden Zellen und inmitten der Plasmodien. Gewiß könnte man mit Rücksicht auf solche Fälle einwenden, daß es sich da um die Grenzen der Einflußsphären zweier Zellkerne handelt, nun kann man aber auf solche Fälle hinweisen, wo eine Zellmembran in gewisser Entfernung von der Oberfläche des Zellkernes mitten im Cytoplasma entsteht, wie man es z. B. bei der Sporenbildung, in dem Ascus eines *Ascomyceten* am besten beobachten kann. Ich wollte hier bloß darauf hinweisen, daß die Bildung der Grenzschichten nicht in jeder Hinsicht so einfach sein muß, wie man es so oft voraussetzt; sie hängt, wie wir noch hören werden, auch mit der bisher wenig beleuchteten Frage der Schichtung des Cytoplasmas in den tierischen Zellen zusammen.

Die die Zellen begrenzenden Schichten bieten offenbar dem weichen Zellinhalt Schutz und sie machen das aus solchen Zellen bestehende Gewebe resistenter, als es sonst wäre; nun gibt es auch andere Vorrichtungen zum Schutz der Zellen und zum Stützen der Gewebe. Bei den *Protozoen* sind es die verschiedenen inneren Skelette und die Gehäuse, bei den Metazoen vor allem die Fibrillen, dann die Grund- und Cuticularsubstanzen (vgl. Kapitel VI, VII).

Außerdem muß man sich vergegenwärtigen, daß die Grenzschichten auch andere Aufgaben zu besorgen haben; man spricht von „Membranfunktionen" und die Physiologie interessiert sich viel um die Durchlässigkeit dieser Schichten, die darüber entscheiden, welche Stoffe in die Zelle aufgenommen werden sollen. Die breiten Krusten, die man ebenfalls hierher rechnen muß, stellen schließlich große Teile des Zellkörpers vor und entwinden sich sogar schon dem Begriffe der Grenzschichten. — Von den „Grenzschichten", wir bleiben schon bei diesem Termin, kann man also vom Standpunkte der Morphologie (der morphologischen Histologie) von dem der Physiologie und schließlich der physikalischen Chemie sprechen. Nur der erste von diesen Standpunkten interessiert uns an dieser Stelle, sonst verweise ich auf die Abhandlungen und die Werke von ZANGGER (1908), P. ERNST (1914, 1915) und VON TSCHERMAK (1924).

Man muß sich vergegenwärtigen, daß die „Zellmembranen" (im weiteren Sinne des Wortes) nicht die einzigen „Membranen" des Tierkörpers vorstellen; es sind da noch die Zellkernmembranen und auch das Mesostroma, das Zellbrückennetz des Mesenchyms, das Bindegewebe und die Neuroglia bauen ganz feine, verschiedene Medien voneinander trennende Membranen. Ich meine die verschiedenen Membranae limitantes, terminales, primae usw. der Histologie.

Ich hatte im vorangehenden die Grenzschichten der „Zellen" im Sinne, doch gleich hier muß ich den Umstand betonen, daß sich genau solche Schichten auch auf der Oberfläche einiger Syncytien (das Sarkolemm der Muskelfasern kann als ein Beispiel erwähnt werden) und der symplasmatischen Schichten und Gewebe bilden können. Bereits im vorangehenden Abschnitte sagten wir, daß die Zellen wohl gegen die Gewebsflüssigkeit oder gegen die Grundsubstanz abgegrenzt zu sein pflegen, sonst aber untereinander zusammenhängen können[1].

A. Zur Geschichte der Grenzschichten.

Aus dem die Geschichte der Strukturlehre behandelnden Kapitel (Kapitel I) wissen wir bereits, daß man zuerst die Zellmembranen der Pflanzenzellen kannte, aber auch diese hat man erst im Jahre 1812 (Moldenhaver) entdeckt. Man hat ihnen wegen ihrer Bedeutung, die sie für die Festigkeit des Pflanzenkörpers haben, immer sehr große Aufmerksamkeit zugewendet, auch nachdem man in ihrem Inneren die lebendigen Protoplasten entdeckte.

Im Tierkörper hat man zuerst solche „Zellen" beobachtet, die mit deutlichen Zellmembranen versehen waren (Purkinje, Valentin, Müller, Henle); erst Schwann war der Ansicht, eine jede tierische Zelle werde von einer Zellmembran umgeben. Leydig zeigte (1857), das wissen wir ebenfalls, daß eine Zellmembran auf der Oberfläche des Protoplasmaklümpchens, das war später die Zelle, fehlen kann, und daß sie sich da, wo sie ist, wie eine Rinde durch Protoplasmaverdichtung bildet. Koelliker machte fast gleichzeitig auf einen anderen Modus der Zellmembranbildung aufmerksam; er dachte, daß besonders die festeren Grenzschichten (wie sie die Knorpelkapseln vorstellen) durch Ausscheidung aus dem Zellkörper entstehen und seit der Zeit hat man meistens zweierlei Grenzschichten unterschieden; solche, die durch Plasmaumwandlung entstehen und zum Zellkörper zugehören und solche, die aus der Zelle ausgeschieden wurden. Schon früher haben einige [Virchow (1847), Schacht (1851)] darauf hingewiesen, daß die gewöhnliche tierische Zellmembran unmöglich der pflanzlichen entsprechen kann. Auch die zusammenhängenden Cuticulen der tierischen Epithelien sind eher mit den pflanzlichen Membranen, als den typischen tierischen Grenzschichten vergleichbar. Besonders groß ist jedenfalls der Unterschied zwischen einer tierischen und einer pflanzlichen Schicht, wenn man auf das chemische Rücksicht nimmt. Alle tierischen Grenzschichten bestehen, soviel man entscheiden kann, aus eiweißhaltigen Stoffen, während bei der Pflanze die Cellulose wenigstens anfangs bei der Entwicklung zur Regel gehört. Der *Tunicaten*mantel, der aber in eine andere Kategorie (Kapitel VII) gehört, enthält jedenfalls auch eine Art Cellulose. Umgekehrt kann man bei den Pilzen in der Zellmembran Chitin nachweisen.

In der neueren Zeit hat man auf jene Unterschiede (Typus von Leydig und Typus von Koelliker) beinahe vergessen, man gewöhnte sich, alle dickeren, wenn nicht alle Grenzschichten für Ausscheidungen der Zelle zu halten.

Ganz unabhängig davon ist der Begriff eines „Exoplasmas" entstanden („Ektosark", Wallich, „Ectoplasma", Haeckel). Hier handelte es sich um ganz weiche oberflächliche Protoplasmaschichten, die bei der *Amöbe*, wo man sie zuerst beobachtete (Haeckel erwähnt jedoch 1872 das Exoplasma auch bei den Zellen der *Calcispongien*), sogar die Fähigkeit der Rückverwandlung in das innere gekörnte Protoplasma haben. Man hielt sie lange (und noch heute sind sehr viele dieser Ansicht) für etwas ganz anderes als die festen Grenzschichten, doch die Untersuchung zahlreicher Gewebe, vor allem des Epithels, des Chordagewebes und des Knorpels hat bewiesen, daß es unmöglich ist, jenes Exoplasma von den starren Schichten an der Oberfläche vieler Gewebszellen vollkommen zu trennen. Schon die feste Rindenschicht, von der Leydig 1857 sprach, war ein Exoplasma. Neuestens kompliziert sich die Frage wiederum dadurch, daß man auf der Oberfläche des Exoplasmas eine feine „Pellicula" entdeckte, und man muß jetzt von mehrfachen Grenzschichten sprechen, wenn man den Begriff einer „Grenzschicht" — das wäre eben auch möglich — nicht für die allerletzte, die Zelle in der Tat „begrenzende" Schicht, „die Pellicula", reservieren will[2].

B. Die Objekte. Die Genese der Grenzschichten.

Die Zellmembranen der Pflanzenzellen — das ist der typischen Pflanzenzellen — sind vom Standpunkte der tierischen Histologie „extracellulär" — so merkwürdig dies auch scheinen mag. Der Protoplast, der allein der tierischen Zelle entspricht, besitzt unter der Zellmembran eine eigene dünne Grenzschicht, das Hyaloplasma, wie es einige Autoren nennen, jene Schicht, von der die Cytodesmen ausgehen. Man kann die pflanzliche Zell-

---

[1] Vgl. meine Abhandl. darüber vom Jahre 1925 b. Hier ein Literaturverzeichnis.
[2] Wie es anderswo in diesem Werke geschieht.

membran höchstens mit einer tierischen Kapsel (Knorpelkapsel, vgl. S. 463) mit einer Cuticula oder mit einer Grundsubstanz vergleichen. Auch der Vitalitätsgrad einer pflanzlichen Zellmembran ist am ehesten z. B. einer Grundsubstanz vergleichbar; gewiß sind die Grundsubstanzen nicht tot (Kapitel VII), aber auch von den Zellmembranen der Pflanzen hat man neuestens einsehen müssen, daß sie ihr eigenes Leben, und dazu noch ein nicht bloß formatives Leben besitzen. Die Untersuchungen von HANSTEEN-CRAMER (1922), neuestens jene von LLOYD und ÚLEHLA (1926), beweisen es ganz deutlich (vgl. auch meine Abhandlung vom Jahre 1917, S. 45).

Die *Protozoen* besitzen „tierische", das ist eiweißhaltige und zum Zellkörper zugehörende Grenzschichten; man muß solche von den „Gehäusen" unterscheiden, die bei manchen ihren Gruppen eine sehr große Rolle spielen [1].

Man hat bisher viele der Protozoenformen für nackt gehalten, doch neuestens hat man ganz genau das Vorhandensein einer feinen Pellicula auf der Oberfläche des Amöbenexoplasmas nachgewiesen und so kann man voraussetzen, daß eine ähnliche auch anderswo das „nackte" Cytoplasma bedeckt.

C. Metazoenzellen.

Bei den *Metazoen* zeigen wohl das primitivste Verhalten — was die Grenzschichten betrifft — die Blastomeren und die Zellen des Embryonalkörpers (Keimblätter, Organanlagen). Gewöhnlich hält man solche Zellen für nackt, doch man muß voraussetzen, daß da etwas vorhanden ist, was das Verschmelzen der Cytoplasmaklümpchen, welche sie vorstellen, verhindert. Entweder müßte man da das Vorhandensein einer fetten (ölartigen) Schicht auf ihrer Oberfläche voraussetzen, welche etwa so wirkt, wie eine Haptogenmembran an der Oberfläche der Öltropfen einer Emulsion, oder es handelt sich da — wie man es heute annimmt — um eine lipoidhaltige, ganz feine, mit dem Mikroskope nicht oder kaum erkennbare Pellicula. Das, was man in der Tat sieht, ist eine feine Linie dort, wo die Zellen beieinander liegen — die Blastomeren können übrigens auch weiter voneinander liegen — und auch von relativ sehr breiten Gallerthüllen umgeben sein, bei den Echiniden z. B. An Scheidewände darf man wohl in keinem dieser Fälle denken.

D. Die Grenzschichten in fertigen Geweben.

Hier gibt es bekanntlich Zellen von der verschiedensten Natur. Von den freien Zellen verhalten sich die Leukocyten beinahe so wie die Embryonalzellen, die Erythrocyten sind jedoch schon von feinen Membranen umgeben; sie haben eben den Wert von Hämoglobinbehältern. Auch die Gewebszellen sind einmal „nackt", ein anderes Mal von Zellmembranen verschiedener Natur umgeben. Sie enthalten einmal ein Sekret, oft einen Reservestoff und stellen von ihm gefüllte Säcke vor, ein anderes Mal sind sie als feste Bausteine des Körpers aufzufassen. Es gibt auch Grenzschichten, die sich am Aufbau der Grund- und der Cuticularschichten beteiligen. Einerseits gibt es also, um mit HAECKEL (1866) zu sprechen, „Gymnocyten", andererseits „Lepocyten" sehr verschiedener Natur.

F. E. SCHULZE betonte 1896 in seiner Nomenklatur, der noch heute viele folgen, den Umstand, ob eine Grenzschicht vom inneren Cytoplasma scharf abgegrenzt ist oder mit ihm durch allmähliche Übergänge zusammenhängt. Im ersteren Falle spricht er von einer „Membran", in dem anderen von einer „Crusta". Unter den Membranen unterscheidet er solche, die eine Zelle allseitig umgeben, das wäre die „Pellicula", und solche, welche die Zelle bloß einseitig bedecken, die „Cuticula".

---

[1] Vgl. das Kapitel von BIEDERMANN in WINTERSTEINs Handbuch (1913). Daselbst auch über die pflanzlichen Zellmembranen.

Gegen diese Einteilung und Nomenklatur läßt sich verschiedenes einwenden (vgl. meine Abhandlungen vom Jahre 1925 b); erstens darf man nicht vergessen, daß die Grenze gegen das innere Cytoplasma (das Endoplasma) zu nicht besonders wichtig ist; sie kann an verschiedenen Stellen derselben Zelle verschiedenes Aussehen haben und ihr Aussehen kann sogar durch die Art der Fixierung bedingt werden. Auch die Dicke der Schicht kann gewissermaßen von der Fixierung abhängen, da die Schicht einmal aufquellen, ein anderes Mal wieder schrumpfen kann, aber im ganzen kann man sich doch am ehesten nach der Dicke richten. Sehr wichtig ist der Umstand, ob die Membran eine Zelle einseitig oder allseitig umgibt.

Es kann keine vollkommene Klassifikation geben und es ist am besten, wenn man womöglich die älteren Termine, wie sie sich mit der Zeit eingebürgert haben, anwendet. Daß es zahlreiche Zwischenformen zwischen einzelnen Typen von Grenzschichten gibt, ist selbstverständlich.

Offenbar sind alle Grenzschichten der tierischen Zellen durch Plasmaumbildung entstanden. Bei den dicken, den Krusten, kann man direkt Belege für diese Art der Entstehung finden und nach ihnen kann man dann den Wert der dünnen beurteilen. Ich komme auf die Frage später nochmals zurück.

1. Die Scheidewände.

Von den „Grenzschichten" muß man hier erstens jene einheitlichen dünnen Schichten erwähnen, die sich gleich bei der Zellteilung (z. B. nach dem Beendigen der Mitose) zwischen den auf einer breiten Fläche voneinander trennenden Zellen entstehen (nur in einigen Fällen teilen sich die tierischen Zellen so, öfter werden die sich teilenden Zellen einfach durchgeschnürt). Bei der Pflanze gehören die Scheidewände zur Regel und ihre Vorstufe stellt hier eine Zwischenkörper - „Dermatosomen" - Schicht vor. Flemming und Reinke (1894) beobachteten die Scheidewände bei der Teilung der Fibroblasten bei Amphibien.

Novikoff (1908) beobachtete sie sehr deutlich in sich teilenden Knorpelzellen, Ide (1888) im jungen Epithelgewebe des Blättermagens, wo sich die Scheidewände dann in zwei Spezialmembranen der Tochterzellen zerspalten. Ich beobachtete dasselbe in der Epidermis (1909) und ich berichtete 1912 b über Fälle von Riesenzellen aus der regenerierten Epidermis von Petromyzon, in denen man unvollkommene Scheidewände beobachten konnte (vgl. Abb. 37, S. 498).

Scheidewände sieht man auch sonst in zahlreichen Fällen, doch in den meisten Fällen sind sie so entstanden, daß sich dünne Pelliculen oder Membranen miteinander verklebt haben und eine Scheidewand bloß vortäuschen.

Durch Spaltung von Scheidewänden, so daß sich zwischen ihnen mit der Zeit konfluierende Vakuolchen bilden, entstehen spezielle Grenzschichten. In einzelnen Fällen (Knorpelanlage) kann aus den Scheidewänden direkt die Grundsubstanz entstehen.

2. Verschiedene Formen der Grenzschichten.

Von den „Grenzschichten" muß man das „Epiplasma" (einige Autoren nennen es unpassend auch „Exoplasma") solcher Zellen unterscheiden, die eine oberflächliche, manchmal ziemlich breite Schicht des Cytoplasmas besitzen, die sich von dem darunterliegenden Teile des Plasmas nur dadurch unterscheidet, daß sich da gewisse Gebilde in geringerer Anzahl befinden oder sogar fehlen, Neurofibrillen, Tigroidsubstanz, Dotterkörperchen, Granula usw. Den Namen Epiplasma hat Fürbringer (1909) vorgeschlagen.

a) Die die Zellen allseitig bedeckenden Grenzschichten.

α) Das Grenzplasma, „Plasma limitans" („Zona limitans").

Dadurch, daß sich ganz nahe unter der Oberfläche einer Zelle kleine, mit Flüssigkeit gefüllte Vakuolchen bilden, wird die oberflächlichste Plasmaschicht, die wohl schon bei der Entstehung der Vakuolchen ein wenig fester sein mußte, vom übrigen Cytoplasma abgehoben und bildet jetzt selbst eine Zellbegrenzung. Ihre Substanz ändert sich, sie wird zur Pellicula oder zur Zellmembran und kann schließlich sogar zur Knorpelkapsel werden. Solange sie sich vom übrigen Cytoplasma nicht deutlich unterscheidet, kann man sie mit dem Namen „Grenzplasma" bezeichnen. Hierher die Grenzschichten einiger Knorpelzellen (meine Abhandl. v. J. 1925b) und die sog. „Befruchtungsmembranen" der Eizellen. His bezeichnete (1897) das wenig veränderte Oberflächenplasma der Blastomeren als „Zona limitans".

β) Die Pellicula.

Hierher kann man die feinsten festen Grenzschichten tierischer Zellen rechnen, solche, die man als eine dunkle einfache Kontur auf der Zelloberfläche

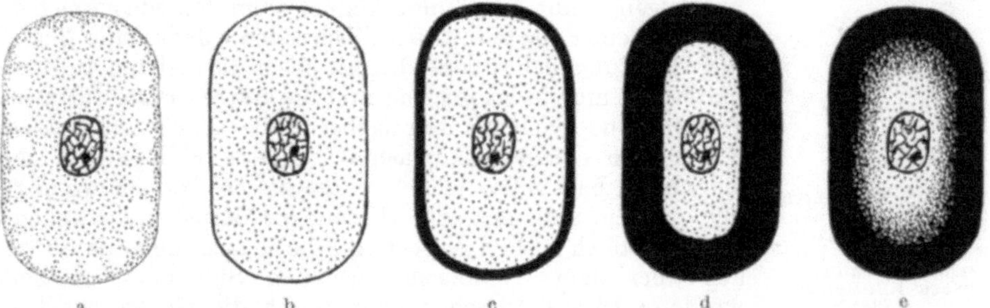

Abb. 14. Verschiedene Formen der die Zelle an allen Teilen bedeckenden Grenzschichten: a Grenzplasma, b Pellicula, c Membrana, d u. e Crusta.

erblickt und die sich durch Färbung als etwas vom Cytoplasma Abweichendes kaum nachweisen lassen. Am überlebenden Objekte heben sich manchmal solche Schichten nach Einwirkung von Wasser vom Cytoplasma ab und sind dann sehr deutlich [Koelliker (1855)], sonst kann man ihr Vorhandensein mittels Mikromanipulators, dessen Nadel sie in Falten legt, nachweisen [Howland an der Amöbe (1924)]. Lepeschkin zeigt 1925, daß sich die Pellicula bei Infusorien sehr leicht auflöst und schließt daraus, daß sie umgewandeltes Cytoplasma vorstellt.

γ) Membrana.

Hierher kann man jene dünne Grenzschichten tierischer Zellen rechnen, an denen man bei starker Vergrößerung deutlich ihre beiden Konturen sieht. Die Membranen können wieder verschiedener Art sein. Einmal sind es weiche homogene Oberflächenschichten des Cytoplasmas, ein anderes Mal wieder Schichten von bedeutender Festigkeit. Das Sarkolemm — das aber auch die Muskelfaser, also ein Syncytium, bedeckt — ist z. B. eine Zellmembran der letzteren Art, und seine Festigkeit kann, wie es Versuche mit dem Mikromanipulator oder mit dem Zerreißen der Muskelfaser beweisen, ziemlich bedeutend sein.

Die Zellmembran ist vom eigentlichen Cytoplasma in der Regel scharf abgegrenzt. Sie kann sich durch Schrumpfung oder durch Aufquellung ändern, und die geschrumpfte Schicht kann sich stärker färben lassen als die aufquellende. So wie eine Pellicula ist bis auf wenige Ausnahmen auch die Membran lückenlos.

δ) Das Exoplasma und die Crusta (das Exoplasma sensu str.) (Abb. 11 b u. 15, 16).

Endlich können tierische Zellen auch von einer dicken Oberflächenschicht bedeckt werden, die so aussehen kann, als ob sie einen Teil des Zellkörpers („diplasmatische Zelle", S. 447) vorstellen würde.

Bei einigen Rhizopoden, vor allem bei den Amöben, gibt es breite weiche Schichten dieser Art, das sog. „Exoplasma" [Haeckel (1872)][1]. Diese Schichten dienen nicht zum bloßen Schutz des Körpers; die sich bewegenden Pseudopodien bestehen oft allein aus dem dichteren Plasma und es besorgt auch die Atmung und die Nahrungsaufnahme. Auch an den Seeigeleiern bildet sich ein breites homogenes Exoplasma, das man auch an den Blastomeren, die es untereinander zu verbinden hilft, sieht. [Vgl. Goldschmidt und Popoff (1908).] Ähnlich sogar an *Amphibien*blastomeren.

Die breite, starre Oberflächenschicht vieler Gewebszellen der Metazoen, die „Crusta", wiederholt sehr auffallend die Formen eines solchen Exoplasmas,

Abb. 15. Schnitt durch Amoeba verrucosa. Mit KOH behandelt. Nur das Exoplasma erhalten. [Nach Rhumbler (1898).]

so daß man sogar beide unter einem und demselben Titel vereinigen könnte, und man könnte dann von einer weichen und von einer harten „Crusta" sprechen. Jedenfalls findet diese Deutung nicht überall Beifall, sogar die meisten Autoren halten das mobile Exoplasma und die starre Crusta für zwei verschiedene Sachen. Ich selbst habe früher in beiden Fällen von einem „Exoplasma" (Haeckel, Renaut) gesprochen, man sollte jedoch unter diesem Namen womöglich nur die Substanz, das Plasma der Krusten verstehen.

Schließlich gibt es „Krusten", die so aussehen, als ob sie aus einer dem Cytoplasma fremden Substanz bestehen würden. Dieses Aussehen kann durch die Gegenwart von zahlreichen Fibrillen, aber auch durch sekundäre Imprägnation der Schicht bedingt werden. Schon von dem weichen Exoplasma der Amöben hat man [Rhumbler (1898)] nachgewiesen, daß es sich vom Endoplasma verschieden verhält und daß es nach Einwirkung von Kalilauge vom Zellkörper schließlich als ein hohler Sack allein übrig bleibt (Abb. 15).

Wieder kann die Grenze der Schicht dem Endoplasma gegenüber (so bezeichnet man jetzt das weiche innere Cytoplasma, als Gegensatz zu dem starren der Crusta, bzw. des Exoplasma) verschieden aussehen; die Regel sind — trotz allem Erwarten — Fälle; in denen die Crusta dem inneren Plasma gegenüber scharf abgegrenzt ist, Fälle, wo man einen allmählichen Übergang sieht, sind seltener. Die Dicke der Schicht kann verschieden sein, und zwar sogar an einer und derselben Zelle (vgl. Abb. 16d, dann die Abb. 30 auf S. 483). Es gibt Zellen (Kolbenzellen von *Petromyzon* viele Basalzellen der Epidermis z. B.), die in ihrer einen Hälfte eine breite Crusta, in der anderen eine Zellmembran besitzen.

Der Wert der „Krusten" kann nach meiner Überzeugung ein sehr verschiedener sein. Die einen sind so wie die Zellmembranen durch das Verdichten des oberflächlichsten Cytoplasmas entstanden, andere entstanden dagegen so, daß sich im Innern der Zelle das Cytoplasma vermehrt oder neugebildet hat, wobei das alte Plasma zu der Zelloberfläche verschoben wurde und hier zu einer Crusta erstarrte (vgl. meine Abhandlungen vom Jahre 1914 und 1918).

(Bemerkung: Das „Exoplasma" entsteht in zahlreichen Fällen auch in breiten Schichten, die vielen Zellen gemeinschaftlich sind. Das ist das „Syn-

---

[1] Ein Exoplasma kommt, vgl. Bütschli in Bronn, nur bei wenigen Rhizopoden vor.

exoplasma", auf das wir im Kapitel VII zu sprechen kommen — ein Gegensatz zu dem „Autexoplasma", das wir im vorangehenden im Sinne hatten).

ε) Die Kapsel (Abb. 17d, S. 464, 58d, S. 534).

Während die typische Crusta noch einen Teil des eigentlichen Zellkörpers vorstellt, welcher unter ihr in normalen Fällen keine weitere Grenzschicht besitzt, bildet das innere Zellplasma unter der „Kapsel" eine neue, meist ganz feine Grenzschicht (ein Grenzplasma z. B.) und so wird die Schicht, um die es sich handelt, „extracellulär". Sie trennt sich auch sehr leicht von der „Zelle", die unter ihr schrumpfen kann (auch unterhalb einer typischen Crusta kann aber das Endoplasma schrumpfen! Meine Abhandlung vom Jahre 1909).

Neben ihrer Lage ist für eine Kapsel auch ihre Beschaffenheit charakteristisch. Die Knorpelkapseln, die den einzigen uns bekannten Fall dieser Art vorstellen, sind feste, sogar harte Schichten, welche ihre Festigkeit und ihr vom Cytoplasma

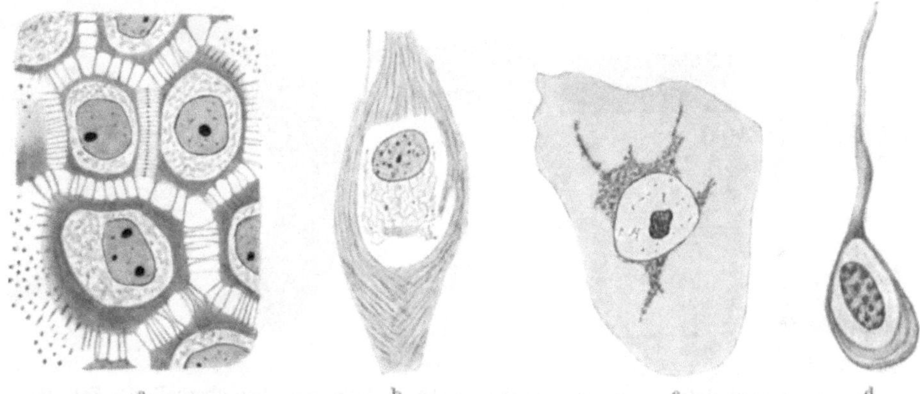

Abb. 16. a Zellen aus dem dicken Epithel der Mundhöhle von Chimaera monstrosa. b Eine Kolbenzelle aus der Epidermis vom Aale. Das Exoplasma zerfasert. c Eine Kolbenzelle von Ophidium barbatum. Das Exoplasma homogen, das Endoplasma sternförmig. [a—c nach STUDNIČKA (1909).] d Eine Knorpelzelle von Myxine mit langem Fortsatz. [Nach demselben (1903c).]

verschiedenes Aussehen dadurch erlangt haben, daß sich in ihre zuerst rein exoplasmatische Substanz feste Zellsekrete eingelagert haben; Substanzen meist derselben Natur, wie man sie in der Intercellularsubstanz nachweisen kann, zu der sich die Kapsel auch zugesellt und mit der sie schließlich (Kapitel VII) vollkommen verschmelzen kann.

ζ) Area pericellularis (Zellhof) (Abb. 17e).

Pericelluläre Schichten, die im fertigen Zustande genau so wie die Kapseln aussehen, können (Knorpelgewebe) auch auf eine ganz andere Weise entstanden sein [1].

Der später zur Knorpelkapsel werdende Grenzsaum einer Knorpelzelle (elastischer Knorpel der menschlichen Epiglottis) kann feine Fortsätze aussenden, die sich verzweigen und sich mannigfach untereinander verbinden. Das so entstandene Netz (bzw. ein Lamellenwerk) verdichtet sich, wird imprägniert und bildet schließlich kollagene Fibrillen in tangentialer Anordnung (meine Abhandlung vom Jahre 1925).

---

[1] Nach SCHAFFER (1901b) sollte man die auf die unmittelbare Hülle der Knorpelzellen (die Kapsel) folgende äußere Schichte als „Zellhof" bezeichnen.

η) Die Zona pericellularis (Zona pellucida).

Eine dicke, feste, eine Zelle (diesmal handelt es sich um die Eizelle der Vertebraten) begrenzende und schützende Schicht oder Zone, die ihrer Anlage nach, im Unterschied zu dem vorangehenden Falle, extracellulär ist.

Sie entsteht nach der Art einer Grundsubstanz aus dem dichten Zellbrückennetz, das sich zuerst zwischen der Eizelle und den sie umgebenden Corona radiatazellen befindet. Wieder ist diese Schicht imprägniert und enthält Fibrillen [Mjassojedoff (1923)].

ϑ) Die Zellwand.

So kann man das zur Seite geschobene Plasma einer Fettzelle oder einer blasigen Chordazelle bezeichnen, das festgeworden ist und das Aussehen einer Zellmembran erhielt. Der Zellkern befindet sich in oder an einer solchen Zellwand. (Einige Autoren nehmen an, daß es sich in den betreffenden Fällen um

Abb. 17. a Deckplatte. b, c Cuticula (vergleiche die Lage derselben oberhalb der Zellen), d Knorpelkapsel. e Zellhof einer Knorpelzelle.

eine Zellmembran handelt, unter der sich eine minimal dünne Schicht des weichen Cytoplasmas mit Zellkern befindet (vgl. die Anm. 2 auf S. 449).

b) Die Zelle einseitig bedeckenden Grenzschichten.

Solche kommen an Epithelzellen vor, bei denen die obere freie Seite der Zellen oder die basale Seite, mit der sie sich an das darunterliegende Gewebe ansetzen, von einer besonderen festen Schicht bedeckt sein kann. Die Schichten, um die es sich handelt, sind lokale Verdickungen der die Zelle an den übrigen Seiten bedeckenden Grenzschicht; man muß sie streng von den extracellulären „Cuticulen" (vgl. Kap. VII, S. 538) trennen.

α) Die Deckplatte („Zellsaum", „der gestreifte Cuticularsaum").

Der die obere freie Fläche der Epithelzellen (in einem mehrschichtigen Epithel der sog. „Deckzellen") bedeckende dickere Saum besteht aus einer Grundmembran und aus auf ihr senkrecht stehenden Lamellen, zwischen denen sich längliche, manchmal ein Sekret enthaltende Vakuolchen befinden. Bei den *Cyclostomen* gibt es zwischen den „Streifen" (so hat man die optischen Querschnitte der Lamellen bezeichnet) ganze Reihen kleiner Vakuolchen. Oben sind die Vakuolchen durch die sog. Wolffsche Cuticula (vgl. Kapitel VII) verschlossen (Abb. 17a, 18a). Bei *Anuren*-Larven gibt es sehr große, in einer Schicht liegende Vakuolen mit einem gallertartigen Inhalt in der Deckplatte [vgl. O. Schultze (1907 und meine Abh. v. J. 1909)].

Da alle Deckplatten in einem Epithel im gleichen Niveau liegen, hat es oft den Anschein, als ob es sich um eine zusammenhängende Cuticularschicht handeln würde, doch die Intercellularlücken reichen bis zum oberen Rande der Deckplatten, wo sie erst durch „Schlußleisten" verschlossen sind (Epidermis der meisten in Wasser lebenden *Anamnier*) (Abb. 18a).

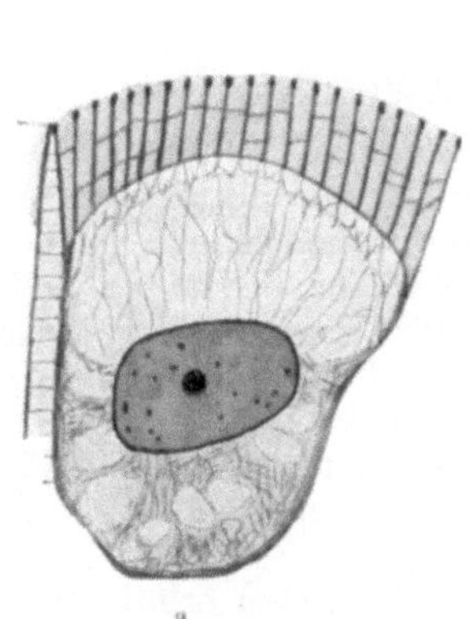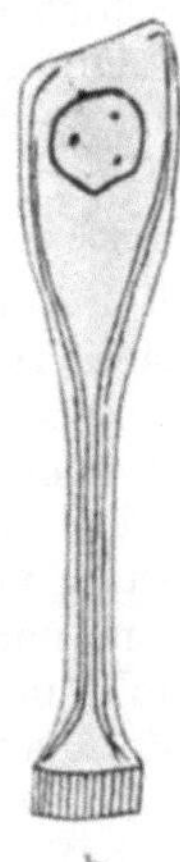

Abb. 18. a Eine Deckzelle von Petromyzon. [Nach Studnička (1909); etwas modif.]. b Eine Basalzelle aus dem Mundhöhlenepithel von Chimaera. [Nach demselben (1903).]

β) Die Basalplatte.

Diesmal handelt es sich um eine am basalen Ende der Epithelzellen (Basalzellen) entstandene festere Schicht von einfacherem Bau, ohne Vakuolen. [In der Epidermis und dem Mundhöhlenepithel einiger Fische. Studnička (1903, 1909) (Abb. 18 b, 28, S. 481).]

E. Die Bildung mehrfacher Grenzschichten.

Die Zellen, Riesenzellen oder Syncytien können auf ihrer Oberfläche auch mehrere Grenzschichten nacheinander bilden [vgl. Heidenhain-Werner (1924)], die hier entweder verbleiben oder nacheinander abgeworfen werden, und die im Grundsubstanzgewebe zum Vermehren der Menge der Grundsubstanz beitragen können.

Es können sich mehrere Grenzschichten derselben Art bilden und man erhält dann eine geschichtete breitere Hülle. Heidenhain beobachtete z. B. (1894) sehr breite geschichtete Exoplasmen an Riesenzellen aus den Lymphknoten und ich selbst fand etwas Ähnliches an den Zellen der Chorda dorsalis bei *Teleostiern*. An solchen Objekten (Belone) beobachtete ich (1913b), daß die neuen Schichten in einer blasigen Zelle auf die alten vom Inneren angelagert werden. Allgemein bekannt sind die geschichteten Kapseln vieler Knorpelgewebe, die bereits Schwann erwähnt und die Schaffer (1901b) bei *Cyclostomen* sehr genau untersuchte.

Außerdem können sich auf der Oberfläche einer Zelle (oder eines anderen protoplasmatischen Gebildes) verschiedenartige Schichten bilden. An der Oberfläche des Amöbenexoplasmas *(Amoeba verrucosa)* hat man jetzt eine ganz feine Pellicula entdeckt und so liegt der Gedanke ganz nahe, daß auch die starren Exoplasmen bzw. Krusten von einer solchen kaum sichtbaren Schicht bedeckt sind; vielleicht befindet sich eine solche sogar auf der Oberfläche der dickeren Zellmembranen. Ficalbi (1914) nimmt z. B. auf der Oberfläche der durch eine besonders dicke Crusta sich auszeichnenden Kolbenzellen von *Petromyzon* das Vorhandensein von einer feinen Grenzschicht an. An den *Seeigel*eiern gibt es zu einer Zeit zugleich eine Befruchtungsmembran und ein breites Exoplasma. Es gibt gewiß auch Zellen, die zugleich eine Crusta und eine wirkliche Membran besitzen. Oft bemerkt man eine Schichtung im ganzen Zellkörper, so in dem oben erwähnten Fall von Heidenhain (1894), und es sollten besonders die Beziehungen dieser Schichtung zum Cytozentrum näher untersucht werden. Die Frage der Grenzschichten bzw. der Oberflächenschichten erscheint hiermit in einem ganz anderen Lichte als früher.

F. Der Artefakteneinwand.

Bereits oben (S. 460) sagte ich, daß das Aussehen der Grenzschicht sehr von der Art der Fixation abhängt, diesmal will ich darauf aufmerksam machen, daß bei schlechter Fixierung krustenartige Oberflächenschichten, manchmal auch an „nackten" oder nur von einer dünnen Pellicula bedeckten Zellen entstehen können. Demoll zeigte z. B. (1914), daß man an Leberzellen von *Frosch* durch Fixierung verschieden dicke Krusten erhalten kann. Das gesamte Cytoplasma kann manchmal schrumpfen und, indem es sich vom Zellkern trennt, den Eindruck einer Grenzschicht machen. Unter Einfluß von Fixierung können, wie ich ebenfalls schon oben sagte, Grenzschichten auch zu einheitlichen Scheidewänden zusammenschmelzen usw.

Es ist ratsam die Bilder, die man an fixierten Objekten erhält, womöglich am überlebenden Objekte (auch im Dunkelfeld!) zu überprüfen. Die geeignetsten Objekte sind die Epidermis und die Chordazellen der *Vertebraten*. Hier sieht man Pelliculen als scharfe äußere Konturen, die Zellmembranen und die Krusten meist als helle Oberflächenschichten, in denen die für das innere Plasma charakteristische Körnelung fehlt. Sonst kann man die Resultate, die man nach verschiedenen, einerseits Schrumpfung bedingenden, andererseits das Plasma und die Grenzschicht zur Aufquellung bringenden Fixierungsmitteln erhält, vergleichen. Gerade auf diesen Weg ist man in den meisten Fällen angewiesen.

G. Die Grenzschichten und die Zellfortsätze (bzw. die Zellverbindungen). – Die Exoplasmazellen.

Bei Zellen, deren Körper Zellfortsätze aussenden, können sich die Grenzschichten verschieden verhalten. Die dünneren Pelliculen bedecken offenbar auch die oft sehr feinen Zellfortsätze und es wird z. B. von den ganz feinen, übrigens oft exoplasmatischen Filopodien der Rhizopoden vorausgesetzt, daß sie nicht nackt sein können, da sie sonst untereinander bei ihrer Berührung sehr leicht verschmelzen würden (vgl. oben auf S. 459).

Die dickeren Grenzschichten — schon die Membranen — verhalten sich ganz anders. Oft beobachtet man, z. B. an Epidermiszellen oder an ganz jungen Knorpelzellen, daß die Fortsätze, welche der Zellkörper aussendet, oder auch nur dir Kanten, die er bildet, kompakt sind, während die Grenzschicht an anderen Stellen sogar sehr dünn sein kann. Am Epithelgewebe beobachtet man z. B., daß die Zellen untereinander verbindenden „Stacheln" kompakt sind; spindelförmige Zellen besitzen z. B. sehr häufig kompakte Enden, während die Mitte ihres Körpers von einer dünnen Membran bedeckt ist usw. (vgl. Abb. 16d). Es kann kompakte sternförmige Zellen mit kleinem abgerundetem innerem Cytoplasmaanteil geben, polygonale Zellen können an verschiedenen Seiten ihres Körpers verschieden dicke Krusten besitzen und ihr weiches Endoplasma verhält sich in ihrem Innern genau so, als ob es sich um einen Flüssigkeitstropfen handeln würde. In der Tat läßt sich die verschiedene Dicke der Crusta sehr oft aus dieser Eigenschaft des Endoplasmas erklären (vgl. Abb. 30).

Nun gibt es Fälle, in denen die Crusta bis nahe zum Zellkern reicht und solche, in denen sich das Endoplasma kaum oder nicht nachweisen läßt. So eigentümlich dies auch erscheinen mag, ist es trotzdem nichts Außerordentliches; auch die Substanz der Crusta besteht ja aus lebendem Plasma und so kann eine solche „Exoplasmazelle" (vgl. oben S. 448), ganz gut existieren und den Zellkern am Leben erhalten. (Vgl. meine Abhandlungen vom Jahre 1903 und 1909).

H. Die Beziehungen der Grenzschichten zu den Cuticulen und den Grundsubstanzen.

Nach der Sekretionstheorie ist die Grundsubstanz ein festes, plastisches Sekret der Zellen, oder ist sie durch Verdichtung einer von den Zellen zuerst in flüssigem oder halbflüssigem Zustande ausgeschiedenen Substanz entstanden, und hätte somit mit den Grenzschichten, die wir da als Protoplasmaumwandlungen beurteilten, nichts gemeinschaftlich; nach der Umwandlungstheorie entsteht auch die Grundsubstanz (ähnlich auch die Cuticulen) durch Protoplasmaumwandlung, sie wäre demnach den Grenzschichten nicht fremd und sogar wird, so behaupten es die Anhänger der Theorie, die Menge der Grundsubstanz durch die abgestoßenen Grenzschichten vermehrt. Auf dieses Thema wird im Kapitel VII ausführlich eingegangen.

I. Die Grenzschichten und die Tonofibrillen.

Die ganz dünnen Pelliculen und viele der Membranen sind wohl vollkommen strukturlos, doch schon in den letzteren, und vor allem in den Krusten, hier beinahe in allen Fällen, beobachtet man faserige Strukturen, Plasmofibrillen, die den ganzen Zellkörper umkreisen, und die — davon kann man sich jedoch nur in besonders günstigen Fällen überzeugen (vgl. Abb. 45, S. 511) — durch Zellbrücken von einer Zelle zur anderen verlaufen können. Wo es zahlreiche Fibrillen gibt, kann es den Anschein haben, als ob die Grenzschicht (eine Crusta z. B.) nichts anderes wäre, als eine Anhäufung von Plasmofibrillen in der oberflächlichsten Partie des Zellkörpers. Daß dem nicht so ist, beweisen Fälle, in denen man dicke, einerseits fibrillenfreie, andererseits fibrillenführende Grenzschichten findet (einige Kolbenzellen!), übrigens lassen sich auch in den mit den gewöhnlichen Krusten zusammenhängenden Deckplatten keine Fibrillen nachweisen. Das Exoplasma und die Fibrillen sind also zwei verschiedene Sachen. Fibrillen können übrigens auch im inneren weichen Cytoplasma vorkommen, doch darüber und über andere ihre Eigenschaften handelt das Kapitel VI. (Vgl. Abb. 16 b, S. 463.)

K. Die Bedeutung der Grenzschichten.

Von diesem sehr umfangreichen Thema sollen da bloß wenige auf das Morphologische sich beziehende Bemerkungen angeführt werden, durch die das anfangs (S. 457) Gesagte etwas vervollständigt wird.

Von der Verbreitung der ganz feinen Pelliculen sind wir bisher nicht genau unterrichtet, ich sagte, daß beinahe eine jede Zelle solche besitzt, festere Membranen besitzen nur solche Zellen, die es wegen dem Gewebe, dessen Teil sie sind, oder wegen dem in ihnen angehäuften Inhalt brauchen.

Den ersteren Fall kann man in Epithelien beobachten, wo die durch Intercellularlücken getrennten Zellen sehr häufig von Membranen oder von Krusten bedeckt sind, wodurch das Gewebe fester wird, jedenfalls gibt es da auch

(Säugetiere) feste Exoplasmazellen (vgl. S. 448), womit derselbe Zweck erreicht wird. Die Nervenzellen brauchen offenbar keine besonderen festeren Grenzschichten und man hat solche an ihnen auch nicht nachgewiesen; ihr Plasma scheint übrigens selbst relativ fest zu sein. Dagegen sind feste Grenzschichten, Membranen, die man mit dem Namen „Sarkolemm" bezeichnet, für das Muskelgewebe charakteristisch und wohl sehr wichtig. In Grundsubstanzgeweben sind die Grenzschichten wieder mehr nebensächlich, die meisten Zellen sind da „nackt" und nur vesiculöse Zellen, Fettzellen, dann die Knorpelzellen brauchen aus naheliegenden Gründen feste Membranen. Von den freien Zellen besitzen festere Grenzschichten, wie wir schon oben sagten, die Erythrocyten. [Vgl. Löhner (1907) und Gutstein (1927).]

Wir wissen, und ich habe es bereits anfangs angedeutet, daß die Zellmembranen bei der Nahrungsaufnahme die entscheidende Rolle spielen; gewiß sind sie auch fähig, die nervösen Impulse weiter zu übertragen usw. Die Grenzschichten isolieren also nicht im mindesten die Protoplasmaklumpen, die sie bedecken. Ihre Substanz ist eben, das geht schon aus allem, was wir da sagten, hervor, von der des Endoplasmas gar nicht viel entfernt. Man kann Fälle beobachten, wo sich dicke Grenzschichten (Krusten) wieder in das weiche Endoplasma zurückverwandeln können; bei dem weichen Exoplasma der Amöben ist dies bekanntlich die Regel. (Meine Abh. v. J. 1909, S. 49).

IV. Die Zellverbindungen.

Zellen, die sich am Aufbau eines tierischen Gewebes beteiligen — daneben gibt es bekanntlich in Geweben auch „freie" Zellen — müssen untereinander auf irgendwelche Weise verbunden sein. Die Art und Weise der Verbindung kann verschieden sein.

Die einfachste Verbindung der Zellen untereinander, die man z. B. an roten Blutkörperchen auf dem Objektträger beobachten kann, ist die durch Adhäsion; die Blutkörperchen bilden dadurch, daß ihre Körper aneinander adhärieren, ganze Reihen. Man hat vielfach angenommen, daß sich auch die Blastomeren und die Zellen des Embryonalkörpers auf ähnliche Weise vereinigen; besonders Roux hat (1894) auf diese Weise der Verbindung hingewiesen; sonst ist es klar, daß diese Art der Verbindung, die vielleicht am Anfang der Entwicklung genügen könnte, in den fertigen Geweben bestimmt nicht ausreichen würde, um ihnen eine gewisse Festigkeit zu verleihen. Hier sind die Gewebszellen, soweit wir zu erkennen vermögen, entweder durch cytoplasmatische „Zellverbindungen", oder so untereinander verbunden, daß sich zwischen ihre Körper „Intercellular"- oder „Grundsubstanzen" einlegen; vielfach beobachtet man auch beides davon. Viele Autoren halten auch heute noch die Grundsubstanzen für Zellsekrete, die Zellen wären demnach durch ihre eigenen Sekrete verklebt, nach den Anderen handelt es sich um umgewandeltes Cytoplasma, das sie verbindet (vgl. Kap. VII).

Heute suchen wir beim Betrachten der histologischen Präparate vor allem die cytoplasmatischen Zellverbindungen, in denen wir zugleich auch Wege erblicken, auf welchen sich Reize von einer Zelle zur anderen verbreiten können. Dann erblicken wir in ihnen auch einen Teil der Wege, auf welchen sich Nährstoffe im Körper verbreitern. Was das Übertragen von Reizen betrifft, so gibt es im Körper aller höheren *Metazoen* noch ganz besondere Einrichtungen, die nur diesem Zwecke dienen und die in letzter Reihe oft wieder nichts anderes sind als Zellverbindungen; wir sollen ihre Vorstufen, die „Neurodesmen" (Held), von den übrigen Zellverbindungen unterscheiden.

An dieser Stelle handelt es sich uns vor allem um rein cytoplasmatische Verbindungen gewöhnlicher benachbarter Gewebszellen. Solche können dünn sein, aber auch so dick, daß man schließlich nicht erkennt, wo der eine Zellkörper aufhört und der andere beginnt. Es können so alle Zellen eines Gewebes zusammenhängen, und das Gewebe erhält schließlich das Aussehen eines Protoplasmanetzes, in dessen Knotenpunkten sich die Zellkerne befinden. Derartige Fälle stellen nun Übergänge zu den „Plasmodien" oder „Symplasmen" (Kapitel V) vor, doch ist es ratsam, von solchen erst dann zu sprechen, nachdem die Umrisse der Zellkörper im Gewebe nicht einmal angedeutet sind. Sonst handelt es sich um „Zellverbände", „Syndesmien". (Vgl. Abb. 34 e, S. 492.)

Noch auf andere Umstände muß man beim Definieren der tierischen Zellverbindungen Rücksicht nehmen. Ursprünglich verbinden sich die nackten, das ist von keiner sichtbaren Grenzschicht bedeckten Zellkörper so untereinander, daß das Protoplasma der Zellen direkt zusammenhängt, nun bilden sich an den Zelloberflächen Grenzschichten, und da sehen wir — das ist die Regel — daß sich mit dem Verdichten des oberflächlichen Cytoplasmas zugleich auch die Substanz der Zellverbindungen verdichtet; es kann aber bei der Bildung der Zellverbindungen noch zu etwas ganz anderem kommen. Während das Cytoplasma nackt bleibt, ändert sich die Substanz der Zellverbindungen und dadurch kann der erste Anlauf zur Bildung einer „Intercellularsubstanz" (Kapitel VII) geliefert werden. Noch etwas. In der Zelle entstehen „Fibrillen" (Kapitel VI); sie lassen sich in die Zellverbindungen hinein verfolgen und man bekommt den Eindruck, die Zellen würden bloß von den Fibrillen zusammengehalten.

Beim Beurteilen der Zellverbindungen muß man also trachten, daß man mit den Begriffen der Symplasmen oder Plasmodien, der Grundsubstanzen und der Fibrillen nicht in Kollision kommt. Daß man die „Neurodesmen" abseits halten muß, sagte ich schon oben. Das Thema „Zellfortsätze" deckt sich nur zum Teil mit dem Thema „Zellverbindungen".

A. Geschichtliches[1].

Die Frage nach dem Zusammenhang der Zellen mußte die Histologie von Anfang an beantworten. Zuerst sah man nur eine „Substanz" zwischen den Zellen. Für SCHWANN (1839) war sie das „Cytoblastem", die alle Zellen bildende und verbindende Masse, doch REICHERT (1845) und seine Nachfolger erkannten darin eine umgekehrt von den Zellen gebildete Grundsubstanz. Daneben gab es schon von Anfang an vereinzelte Angaben über einen direkten Zusammenhang der Zellen, denen man zuerst keine besondere Aufmerksamkeit widmete.

SCHWANN zeichnete zuerst (1839) Pigmentzellen mit langen Fortsätzen, und bemerkt, „es kommt zuweilen vor, daß eine solche Pigmentfaser ununterbrochen von einem Zellenkörper zum anderen fortgeht." BERGMANN beobachtete zuerst (1850) verzweigte und mittels ihrer Fortsätze zusammenhängende Knorpelzellen der *Cephalopoden*. VIRCHOW kannte seit 1851 sternförmige Bindegewebszellen, die mittels ihrer Fortsätze anastomosieren und er erwähnt Anastomosen auch aus dem Knochengewebe, wo schon vor ihm MIESCHER und JOH. MÜLLER (1836) mit Luft gefüllte Kanälchen sahen. REMAK fand 1852 „netzförmig verbundene" Zellen im Gallertgewebe der *Frosch*larven, HIS (1854) in der Substantia propria der Cornea usw.

Andere Angaben beziehen sich auf das Nervengewebe. Schon 1846 beobachtete R. WAGNER im Lobus electricus von *Torpedo* Anastomosen der Ganglienzellenfortsätze, doch es handelte sich da vielleicht um einen Irrtum in der Beobachtung, da man derartige Verbindungen später oft vergebens suchte.

---

[1] Die Literatur ist bei STUDNIČKA (1898), SCHUBERG (1903) und vor allem bei A. MEYER (1920) zusammengestellt.

Später hat man — vor allem Gerlach (1871) — auch das Vorhandensein von ganz feinen, durch Zersplitterung von Nervenfortsätzen entstehenden Netzen zwischen den Ganglienzellen angenommen.

Im Epithelgewebe beobachtete man die Zellverbindungen zuletzt. Gewiß sah schon 1852 Koelliker Verbindungen zwischen den verzweigten Zellen der Schmelzpulpa, doch man rechnete diese damals noch zum Bindegewebe. Im typischen Epithelgewebe hat man zuerst das Vorhandensein von „porösen Zellmembranen" angenommen [Leydig (1857), Schrön (1863)] und erst 1864 beobachtete Max Schultze an Isolationspräparaten von mehrschichtigen Epithelien und von Karzinomen „Stacheln" und „Riffe". Er meinte, daß die „Stachelzellen" etwa so miteinander zusammenhängen, „wie zwei ineinander gepreßte Bürsten" —. Erst Bizzozero konnte sich 1871 von dem Vorhandensein von wirklichen Intercellularlücken und von der brückenartigen Natur der vermeintlichen „Stacheln" überzeugen. Dann fand man die Stachelzellen, bzw. die Zellbrücken, auch in anderen Epithelien.

Nach Heitzmann (1873) sollten alle Zellen des Tierkörpers eine netzartige Struktur ihres Zellplasmas besitzen und die Trabekeln dieses Plasmagerüstes sollten in den Intercellularverbindungen ihre Fortsetzung finden. Nicht nur in den Epithelien, sondern auch in Grundsubstanzgeweben, sogar im Knorpel, sollte es feine Zellverbindungen und ihre Netze (die Heitzmann mit Goldchlorid nachzuweisen versuchte) geben. Der ganze Metazoenkörper wäre demnach nichts anderes, als ein allgemeines lebendiges Netz, dessen Lücken einmal von Flüssigkeit, ein anderes Mal (in den eigentlichen Grundsubstanzgeweben) von fester Substanz ausgefüllt wären.

In den späteren Jahren fand man Zellverbindungen auch im Endothel [Kollosow (1892)] und es tauchten die ersten Angaben über das Vorhandensein von solchen im glatten Muskelgewebe [Kultschitzky (1887)] auf.

Bei den Pflanzen fand man die Zellverbindungen viel später. Zuerst sah sie hier im Jahre 1877 Goroshankin [ich zitiere nach A. Mayer (1920)], doch erst die Angaben von Tangl (1879) fanden eine allgemeine Beachtung. Seit der Zeit hat man die Plasmodesmen in allen pflanzlichen Geweben gefunden; in den tierischen Geweben konnte man sie später, wie wir noch hören werden, nicht überall finden.

B. Die Objekte.

1. Zellverbindungen in den Kolonien einzelliger Organismen.

Man kennt *Rhizopoden* — gewisse *Gromien* z. B., deren Körper mittels ihrer feinen Filopodien zu einer Kolonie vereinigt sind, doch in solchen Fällen

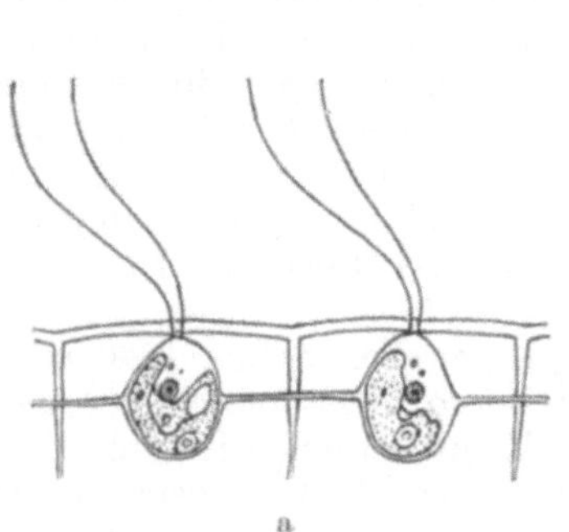
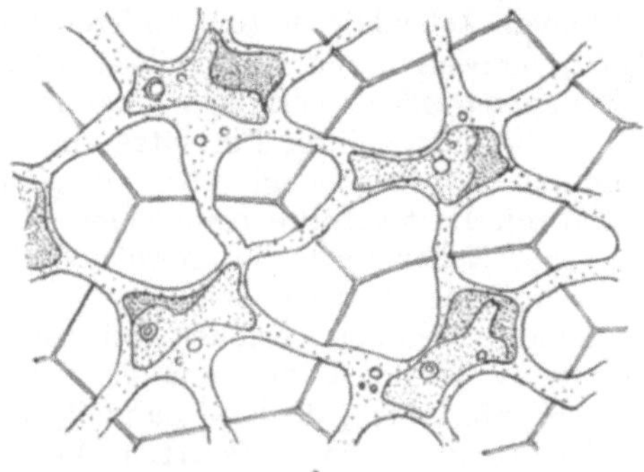

Abb. 19. a Zwei Individuen aus der Kolonie von Volvox aureus. b Mehrere Zellen aus der Kolonie von Volvox globator; von der Fläche aus gesehen. [Beide Abbildungen nach Janet (1912).]

läßt sich der Zweck des Zusammenseins und des Zusammenhanges schwer
erkennen. Bedeutend lehrreicher ist der Fall der *Volvox*kolonie, in welcher
die zahlreichen, in einer Gallertsubstanz eingebetteten Individuen mittels
feiner oder auch dickerer Zellverbindungen (Abb. 19 a u. b) zusammenhängen,
und wo der Zusammenhang aller Zellplasmen offenbar bei der Reizübertragung
— alle Geißeln der einzelnen Individuen müssen ja bei der Bewegung der Kolonie
in derselben Richtung schlagen — zugunsten kommt. Ob die Zellverbindungen
hier auch andere Aufgaben zu besorgen haben, läßt sich nicht entscheiden.

A. Mayer (1896) sah diese Verbindungen zuerst, und er widmete ihnen besondere Aufmerksamkeit. Ein Bericht darüber ist auch in seinem Buche über
die Pflanzenzelle (1920) enthalten. Auch bei *Stephanosphaera*, vielleicht auch
anderswo, gibt es offenbar Zellverbindungen, doch in den meisten pflanzlichen
Organismen, die man als Kolonien auffassen muß, fehlen sie bestimmt. Man
vermißt sie z. B. bei den Fadenalgen, von denen man gerade Übergänge zu den
vielzelligen Zuständen der Pflanzen gerne verfolgen würde.

2. Die „Plasmodesmen" der vielzelligen Pflanzen.

Nach dem Vorschlage von Strasburger (1901) bezeichnet man die Zellverbindungen der höheren Pflanzen allgemein mit dem Namen „Plasmodesmen",

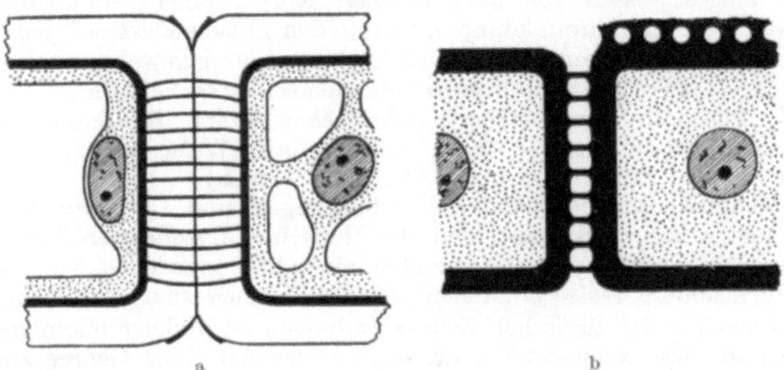

Abb. 20. Die Plasmodesmen der Pflanzenzellen (a) und die Cytodesmen tierischer Zellen (b).
(Schematisch.)

da sie nicht ganze Zellen, sondern bloß ihr Cytoplasma, die „Protoplasten",
untereinander verbinden. (Abb. 20a.)

Es handelt sich um feine, aus dichtem homogenen Plasma bestehende Fädchen, welche von der Hautschicht (dem sog. „Hyaloplasma") des einen Protoplasten ausgehen, in engen Kanälchen die Zellmembran der einen Zelle, die
Zwischenschicht und dann die Membran der benachbarten Zelle durchtreten,
um sich mit der Hautschicht ihres Protoplasten zu verbinden, das ist mit ihr
zu verschmelzen. Erweiterungen in ihrer Mitte, die man hie und da beobachtet,
erklärt man heute (vgl. A. Mayer (1920)] so, daß man annimmt, die Kanälchen erweitern sich in der bei der Fixierung etwas mehr schrumpfenden Zwischen-
lamelle in der Mitte zwischen den beiden Zellen.

Man findet sie in der Membran oft in der Gegend der „Tüpfel"; auf diese
Weise muß ihre Länge nicht immer der Dicke der Zellmembran entsprechen.
Einmal sind sie zahlreich, ein anderes Mal in geringer Menge vorhanden.

Die Plasmodesmen der Pflanzen, zu deren Nachweis man besondere Methoden
verwenden muß (am lebenden Objekte sieht man sie nicht — näheres darüber
siehe z. B. bei A. Mayer (1920)] — können bei der Fixierung an verschiedenen

Stellen zerreißen und daraus muß man schließen, daß sie einheitlich sind und
nicht aus zwei in der Mitte sich bloß berührenden Hälften bestehen, wie man auch
meinen könnte.

3. Die Zellverbindungen der Metazoen.

Bei den *Metazoen*, wo sich zwischen den Zellen einmal Intercellularlücken,
ein anderes Mal Scheidewände oder gerüstartige und kompakte Grundsubstanzen
befinden, sind die Verhältnisse selbstverständlich bedeutend komplizierter
als bei den Pflanzen, und man muß da — auch wenn man von den „Neurodesmen" absieht verschiedene Formen der Zellverbindungen unterscheiden.

Die „Zellverbindungen", „Intercellularverbindungen" oder „Intercellular-
strukturen" (letzterer Name ist jedenfalls nicht ganz eindeutig, da man unter
ihm alles verstehen kann, was sich zwischen den Zellen befindet) der tierischen
Gewebe verbinden in der Regel ganze Zellen untereinander, da im Tierkörper
den pflanzlichen Zellmembranen entsprechende (extracelluläre) Schichten selten
sind. Sie gehen von den Zelloberflächen aus, und es ist für sie gleichgültig, ob
diese Oberfläche weich ist oder aus verdichtetem Plasma besteht (Kapitel III).

Solche Zellverbindungen verdienen, wie ich darauf 1911 hingewiesen habe, den
Namen „Cytodesmen", und nur jene Verbindungen, die in einer festen Grundsubstanz eingeschlossen von dem weichen Körper einer Grundsubstanzzelle
zu dem der anderen führen, könnte man mit den „Plasmodesmen" der Pflanzen
vergleichen. Es gibt einen Fall, das epidermoide Chordagewebe von *Esox lucius*
[Studnička (1927 b)], wo man in einem und demselben Gewebe die „Cytodesmen"
und die „Plasmodesmen" nebeneinander sehen kann; die Endoplasmen der
Chordazellen verbinden sich hier auf eine ähnliche Weise, wie man es an den
Protoplasten der Pflanzen sieht. (Abb. 29, S. 482.)

Die Mehrzahl der tierischen Zellverbindungen sind Cytodesmen, und wir
werden später hören (S. 485), daß die tierischen Cytodesmen (dieser Name
läßt sich gewiß viel allgemeiner anwenden, als es hier angedeutet wurde) auf eine
vollkommen andere Weise entstehen, als die Plasmodesmen der Pflanzen.

Das Aussehen der tierischen Zellverbindungen ist äußerst mannigfaltig und
wieder hängt dies, wenigstens teilweise, mit der Art ihrer Genese zusammen.

Man findet z. B. polygonale Zellen, die dicht nebeneinander liegen und mittels
zahlreicher kurzer „Brücken", wie man sagt, zusammenhängen. Dieser Art
sind die Max Schultzeschen „Stachelzellen" der mehrschichtigen Epithelien
(1864). Auf der anderen Seite gibt es — als das andere Extrem — sternförmige
Zellen, deren spärlichere, lange, vielfach sich verzweigende Fortsätze hie und
da, oft an vielen Stellen, „anastomosieren", so daß man ein zwei- oder dreidimensionales Netz vor sich hat. Dieser Art sind oft die Pigmentzellen. — Sind
die Cytodesmen breit, läßt sich, das sagten wir jedoch bereits in der Einleitung
zu diesem Kapitel, manchmal kaum entscheiden, wo der Körper der einen Zelle
aufhört und derjenige der anderen beginnt; das „Netz" wird zu einem netzartigen „Plasmodium" (vgl. Kapitel V), früher war es ein „Syndesmium".

Jetzt gibt es noch Unterschiede, die durch die Umgebung der Zellen bedingt
werden. Ist zwischen den Zellen eine Intercellularlücke und überbrücken die
Intercellularverbindungen als kurze Fädchen oder Lamellchen eine solche,
spricht man von „Zellbrücken"; solche besitzen eben die „Stachelzellen". Sind
die brückenartigen Cytodesmen sehr breit als breite Lamellen entwickelt,
spricht man dann von „Riffzellen". Häufig gibt es auch lamelläre Verbindungen
als Wände von intercellulären Vakuolen; sogar mehrere Schichten von solchen
kann es da geben, doch darüber erst später, da man ein solches Verhalten
bloß aus der Genese der betreffenden Strukturen verstehen kann (vgl. S. 485).

a) Zellverbindungen zwischen den Blastomeren.

Hammar hat 1897 die Ansicht ausgesprochen, daß die Blastomeren untereinander zusammenhängen und daß es sich da um einen primären Protoplasmazusammenhang handelt. Er meinte zuerst, daß hier (*Echinideneier*) bloß eine äußere Exoplasmahülle zusammenhängt, dann beobachtete er hier breite, spärliche Zellverbindungen. Die Existenz des Exoplasmas, aber auch der aus gekörntem Cytoplasma bestehenden Verbindungen, konnten später an demselben Objekte Goldschmidt und Popoff (1908) bestätigen. Daß die Blastomeren durch je eine Cytodesme mit den benachbarten verbunden sein können, haben andere gesehen. Rhumbler (1905) beobachtete einen solchen Zusammenhang an den zerdrückten Blastomeren von *Triton*, andere Autoren berichten jedoch — so wie Hammar — über zahlreiche feine Zellverbindungen zwischen den Blastomeren. Solche zeichnen z. B. Vejdovský und Mrazek (1902) bei Rhynchelmis und Klaatsch hat (1898) solche bei *Amphioxus* beobachtet. Außerdem können hier die Angaben von Fromann (1889), von Schaxel (1915), von Herbst usw. erwähnt werden.

An lebenden Objekten wurden die interblastomeralen Cytodesmen bisher selten mit voller Bestimmtheit beobachtet. Die Angaben von Andrews (1898) und die oben schon erwähnten von Goldschmidt und Popoff gehören hierher. Sonst wurde die Ansicht ausgesprochen, es könne sich in den in Betracht kommenden Fällen um artifizielle Strukturen, um Schleimfädchen z. B., handeln, welche sich bei der Schrumpfung des fixierten Schleimes zwischen den Blastomeren aufspannen [Chambers (1924) z. B.].

b) Zwischen den einzelnen Zellen der Keimblätter vorkommende Zellverbindungen.

In der überwiegenden Mehrzahl der Fälle beobachtet man (an lebenden Objekten, besonders jedoch an fixierten), daß sich die einzelnen Zellen der Keimblätter (bei Wirbeltieren muß da vor allem das Ekto- und das Entoderm genannt werden) direkt berühren, und es läßt sich nicht entscheiden, auf welche Weise sie miteinander verbunden sind. Die Berührung der Zelloberflächen schließt gewiß, das muß man sich vergegenwärtigen, die Existenz von ganz kurzen Cytoplasmabrücken nicht aus. In der Tat gelang es in einigen Fällen dieser Art solche zu finden, doch wieder ist da der oben erwähnte Einwand möglich.

Klaatsch beobachtete (1898) bei *Amphioxus* zahlreiche feine Zellverbindungen von dem Zweiblastomerenstadium angefangen bis zu dem Stadium der Gastrula. Minot macht (1913) auf die sehr deutlichen Zellverbindungen in den Keimblättern (vor allem im Ektoderm) des *Huhnes* aufmerksam. Hier sind die Zellen, wie ich selbst finde, mittels weniger, dagegen jedoch breiter Brücken untereinander verbunden. Ich selbst beobachtete (1911 c) zahlreiche feine Zellverbindungen zwischen den Zellen der Keimblätter bei *Anurenembryonen*, dagegen fand ich an den von Herrn Dr. Florian in unserem Institute in Brünn bearbeiteten jungen menschlichen Embryonen (Bi II und TF.) deutliche Zellverbindungen nur im Bereiche des Mesoderms; im Ektoderm und Entoderm liegen die von deutlichen Zellmembranen bedeckten Zellen, so viel es sich unterscheiden läßt, dicht aneinander. (Vgl. C. r. Assoc. Anat. 1928.)

c) Zwischen den Keimblättern und zwischen den Organanlagen des embryonalen Körpers, „interdermal", vorkommende Zellverbindungen.

Sehr deutliche Brücken hat zwischen den Elementen zweier gegenüberliegenden Epithelschichten in der Anlage der *Lepidopteren*schuppe A. G. Mayer (1896) gefunden. Seine Abbildung reproduziere ich hier in der Abb. 21a, da sie uns wie ein Schlüssel beim Deuten der weniger deutlichen Bilder, denen man in jungen Entwicklungsstadien der *Vertebraten* begegnet, dienen kann. Mannigfach verzweigte, zwischen zwei Epithelschichten sich befindende Zellbrückennetze boebachtete in den Leuchtorganen von *Acholoe* Kutschera (1909). Ich erwähne sie hier aus einem ähnlichen Grunde. Jetzt die *Vertebraten*.

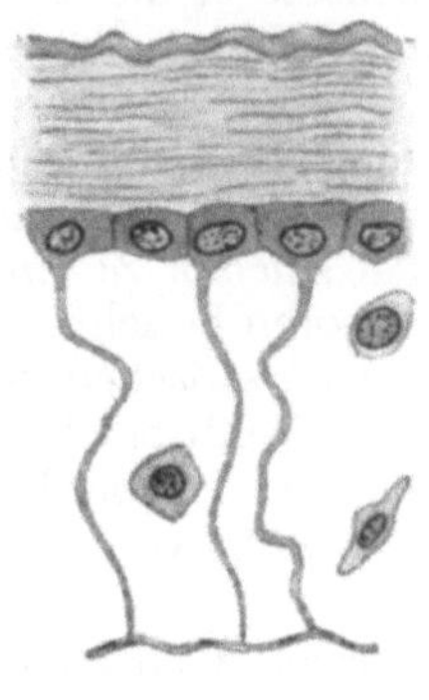
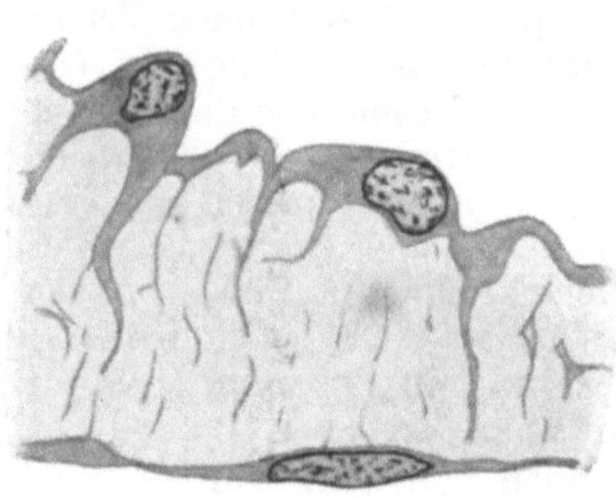

Abb. 21. a Teil eines Längsschnittes durch die Flügelanlage nebst Cuticula einer Puppe von Samia cecropia. [Nach Mayer (1896), aus Biedermann (1913).] b Beide Epithelschichten aus dem Amnion eines 8 mm langen Schweineembryos.

Schon 1875 machte Hensen auf ein feines Netz aufmerksam, welches er bei *Säugetierembryonen* zwischen den Keimblättern und der Medulla spinalis beobachtete. Er wollte von dieser, wie er meinte, primären Verbindung dieser Teile die Nervenfasern, welche die aus den Keimblättern entstehenden definitiven

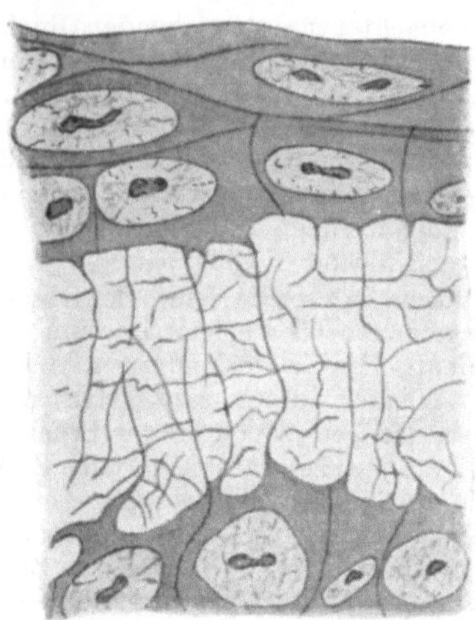

Abb. 22. Das Zellbrückennetz („Mesostroma") zwischen Ektoderm und der Somatopleura eines Forellenembryos. [Nach Szily (1908).]

Körperteile mit dem Rückenmark verbinden, ableiten. In neuerer Zeit widmete diesem Netz Szily (1904, 1908) von neuem Aufmerksamkeit, und er untersuchte es vor allem bei *Fisch-* und *Vogelembryonen*. Szily beobachtete, daß die Zellen des Ektoderms in sehr frühen Entwicklungsstadien an ihrer unteren Seite feine spitzige Fortsätze besitzen (Abb. 22), von denen sich in die darunter befindende „Interdermallücke" hinein feine Protoplasmafäden verfolgen lassen, die sich schließlich mit den Körpern der Somatopleurazellen, den Zellen des Cutisblattes usw. verbinden. Szili sah solche Fäden in allen Lücken der von ihm untersuchten Embryonalkörper, ich beobachtete solche Strukturen (1911 c) bei *Anurenlarven*, dann (1926) bei Embryonen von *Gallus* und *Sus* und zusammen mit Florian fand ich sie (1928) schließlich auch bei menschlichen Embryonen, wo man sie besonders deutlich beobachten kann. (Abb. 21 b, 59, S. 535.)

In älteren Entwicklungsstadien werden die soeben erwähnten einfachen Zellverbindungen durch sehr komplizierte Netze und schließlich durch ein Gallertgewebe ersetzt, aber auch dann beobachtet man in diesem neben den feinen zu dem Netze gehörenden Trabekeln auch direkt z. B. vom Ektoderm zur Somatopleura oder von Entoderm zu der Splanchnopleura usw. verlaufende, ganz deutlich protoplasmatische dickere Fädchen. Eine Eigentümlichkeit dieser Netze, auf die ich unten nochmals zu sprechen komme (S. 528), ist, daß sie sich später gegen die Keimblätter zu durch feine Grenzmembranen [Membrana terminans, MERKEL (1909)] abgrenzen und sich somit gewissermaßen für sich abkapseln.

Die auf solche Netze sich beziehenden Angaben von SZILI bestätigte 1909 bei der Gelegenheit seiner Untersuchungen über die Genese der Nervenfasern HELD. Sehr dichte „interdermale" Netze bzw. ein interdermales, zuerst zellfreies, daraus entstehendes Gallertgewebe beobachtete ich (1907 b) bei jungen *Lophiuslarven,* dagegen vermißte ich derartige Netze, bzw. Gallerten ganz bestimmt bei der Gelegenheit meiner Untersuchungen über das Mesenchym der *Froschlarven,* wo sie sich nur lateral von der Chorda, an einem engen Bezirke bilden. Es gäbe demnach Unterschiede sogar bei verschiedenen *Vertebraten*gruppen. Beim *Menschen* gibt es, wie ich 1928 zusammen mit FLORIAN feststellen konnte, ebenfalls dichte interdermale, auf der Grundlage von Cytodesmen entstehende Netze und schließlich eine Gallerte.

Nach SZILY, nach HELD und nach meinen Untersuchungen an *Lophius,* neuestens auch an menschlichen Embryonen, dringen in das „Mesostroma", so habe ich jenes Netz (1911) benannt, später Mesenchymzellen hinein und das Netz verschmilzt mit dem Mesenchymgewebe zu einem Ganzen.

Einige der neueren Autoren [ISAACS (1919), BAITSELL (1921), NAGEOTTE (1922)] erblicken in dem interdermalen Netze, bzw. dem daraus entstehenden Gallertgewebe einfach Koagulate' einer eiweißreichen Flüssigkeit oder einer interdermalen Gallerte, die bei der Fixierung des Objektes entstanden sind. Sie berufen sich auf den Umstand, daß man jene Netze am lebenden Objekte nicht beobachten kann, dann darauf, daß sie nach der Fixierung ein verschiedenes Aussehen erhalten können. Auch den Glaskörper, den SZILI zuerst für ein persistierendes Gewebe dieser Art erklärte, soll nach diesen und anderen Autoren eine strukturlose Gallerte vorstellen.

Der Einwand, daß man am lebenden Objekte jene Strukturen nicht beobachten kann, läßt sich auf folgende Weise abwenden. Auch im Glaskörper sieht man weder beim durchfallenden Lichte, noch bei Dunkelfeldbeleuchtung jene Strukturen, die hier an fixierten und gefärbten Objekten gefunden werden, und doch gelang es neuestens [BAUERMANN und THIESSEN (1922)] mit der Hilfe des Ultramikroskopes am lebenden Objekte nachzuweisen, daß da Strukturen in der Tat vorhanden sind. Das sind die feinsten Strukturen; die dickeren die Keimblätter untereinander verbindenden Zellverbindungen sind auch an den gewöhnlichen Präparaten so deutlich, daß man an ihrem Vorhandensein gar nicht zweifeln darf. Die „Kegel" und die kopfförmigen Auswüchse, von denen die interdermalen Cytodesmen in zahlreichen Fällen ausgehen, beobachtet man ebenfalls vollkommen deutlich.

d) Die Zellverbindungen des Mesenchyms.

Im Mesenchym, dessen Zellen die entweder nur vereinzelte „interdermale" Zellbrücken aufweisenden, sonst leeren Lücken zwischen den Keimblättern und den Organanlagen zu füllen beginnen (wir haben hier *Amphibien*embryone im Sinne) oder in das im vorangehenden Abschnitte erwähnte „Mesostroma" eindringen, sieht man sehr bald, auch am überlebenden Objekte, Intercellularverbindungen, da sich hier die zuerst freien Zellen untereinander verbunden haben (vgl. S. 436). Das Gewebe ist jetzt ausgesprochen „retikulär".

Das Aussehen des Mesenchymnetzes kann sehr verschieden sein, je nachdem die Zellen ganz nahe beieinander liegen oder sich voneinander weit entfernen.

Die kurzen Verbindungen können dick, die langen dünn sein, einfach oder
verzweigt; es können sogar kleinere Netze zwischen den Zellen entstehen, und
umgekehrt können wir solche Fälle beobachten, in denen die Verbindungen so
dick sind, daß es sich nicht entscheiden läßt, wo sich ungefähr die Grenze der
Zellen befindet. Zellen mit zahlreichen kurzen Verbindungen können das Aussehen
von „Stachelzellen" erhalten. (Vgl. meine Abhandlung vom J. 1913, vgl. Abb. 56a,
S. 530.) Das Mesostroma, das sich hier befand, läßt sich anfangs noch in
den Lücken des Mesenchymgewebes beobachten, es wird jedoch sehr bald, soviel
sich beurteilen läßt, darin vollkommen eingeschmolzen; sein Plasma dient zur
Vermehrung der Cytoplasmamenge in den
extracellulären Teilen des Mesenchymnetzes.

Das Mesenchymnetz entwickelt sich auch
in künstlichen Kulturen, aber man hat den
Einwand erhoben, es handle sich da nicht um
ein wahres Netz, sondern man wollte es als
einen Komplex von gegenseitig sich mit ihren
Fortsätzen berührenden sternförmigen Zellen
auffassen. Lewis hat (1922) auf diese Möglichkeit hingewiesen, indem er zeigte, daß sich
das Cytoplasma unter verschiedenen Umständen (wenn es gereizt wird) zu den Zellkernen
zurückzieht [vgl. darüber auch Levi (1923)].
Was dies betrifft, so muß man bedenken, daß
in dieser Hinsicht gerade die Kulturen, in
denen sich jede einzelne Zelle vor allem um
sich selbst kümmert, nicht entscheidend sein

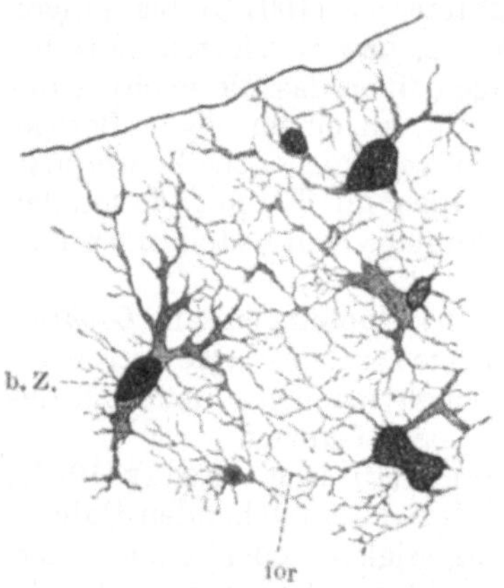

Abb. 23. Das Zellbrückennetz des Mesenchymgewebes einer Salamandralarve.
[Nach Schneider (1902).]

können. Im *Metazoen*körper entsteht ganz
bestimmt ein ihm allein nützliches Mesen-
chymretikulum, in welchem — und das wird auch von den Gegnern des Zusammenhanges (Lewis) nicht bestritten — Mesenchymfibrillen ohne jede Rücksicht auf
die evtl. Grenzen der „Zellen" ununterbrochen und auf weite Strecken verlaufen.

Ein Objekt, an dem sich das protoplasmatische Netz des Mesenchyms am
überlebenden Objekte sehr deutlich beobachten läßt, sind die *Urodelenlarven*.
Bei *Amblystoma* sieht man sogar die sehr feinen Zersplitterungen der Zellfortsätze sehr deutlich (vgl. Abb. 23), und man bemerkt nicht, daß sie beim Anwenden eines stärkeren Druckes auf das Deckglas zerrissen würden.

e) Zellverbindungen der fertigen Gewebe des Metazoenkörpers.

α) Das Epithelgewebe.

Das mehrschichtige Epithel der Körperoberfläche der *Kranioten* und dasjenige der vorderen Teile der Verdauungsröhre [Max Schultze (1864)] stellt
immer noch das vorzüglichste Untersuchungsobjekt vor. Als überlebendes Objekt
kann man mit Vorteil die aus wenigen Zellschichten bestehende und daher
durchsichtige Epidermis der *Urodelen*larven *(Triton, Salamandra)*, dann die
junge Hufanlage von *Wiederkäuern* (letztere an Freihandschnitten durch das überlebende Objekt) untersuchen (vgl. meine Abhandlung vom Jahre 1909). Hier
sind die Cytodesmen fadenförmig oder lamellär. Chambers und Rényi untersuchten (1925) das überlebende Objekt — Epidermis der *Amphibien* — mit der
Hilfe des Mikromanipulator, und es gelang ihnen die Reste der Cytodesmen
auch an der Oberfläche künstlich voneinander abgetrennter Zellen als kleine
Höcker zu beobachten. (Abb. 16a, S. 463, Abb. 28, S. 480, Abb. 30, S. 483,
Abb. 45, S. 511, Abb. 61, S. 541.)

MAX SCHULTZE beobachtete (1864) die Zellbrücken auch in der Conjunctiva, LANGHANS (1873) im Epithel der Cornea. In den einschichtigen Epithelien des Magens und des Darms beobachteten reichliche feine und kurze Zellverbindungen an fixierten Objekten BRÜMMER (1875, Magen), R. HEIDENHAIN (1888) und M. HEIDENHAIN (1907, Darm). Im Uterus sah sie BARFURT (1896). Zwischen den Follikelzellen des Ovariums KOLOSSOW, zwischen den Spermatogonien und Spermatocyten derselbe. KOLOSSOW sah sie (1892, 1893) auch in den Endothelien der Blut- und Lymphgefäße, dann in denen der serösen Höhlen, weiter in dem Epithel der Membrana Descemeti. Schließlich gelang es ihm (1898, 1903), sie wieder an fixierten Objekten, in allen von ihm untersuchten Drüsen, darunter auch in der Leber, zwischen den Zellen zu beobachten. Heute müssen wir gewiß verlangen, daß diese Angaben durch neue, an überlebenden Objekten ausgeführte Untersuchungen kontrolliert werden, damit der Einwand, daß es sich um Artefakte handeln hönnte, möglichst abgewendet wird.

Auf die sehr eigentümlichen langen Zellverbindungen der „retikulären Epithelgewebe" (Schmelzpulpa, Hornzähne der *Cyclostomen* usw.) komme ich unten besonders zu sprechen (Abb. 31, S. 484, Abb. 33, S. 487).

β) Das Gewebe der Chorda dorsalis.

Das sog. „epidermoide" Chordagewebe der *Teleostier* [v. EBNER (1896)], welches dem Gewebe der mehrschichtigen Epithelien (Stachelzellenschicht der Epidermis) auffallend ähnlich sein kann, ist wieder ein Objekt, an dem sich die Zellbrücken sehr bequem und sogar am überlebenden Objekte [STUDNIČKA (1926)] untersuchen lassen. (Abb. 29, S. 482, Abb. 32, S. 486.)

γ) Die Binde-, Stütz- und Füllgewebe. Die „Baugewebe" der Mesenchymreihe. Die Grundgewebe.

Hier beobachtet man die größte Mannigfaltigkeit in der Form und in dem Verhalten der Zellverbindungen. Einmal sind sie hier frei, ähnlich wie im Epithel und in der Chorda dorsalis (Cytodesmen); ein anderes Mal befindet sich zwischen den Zellen eine Intercellularsubstanz, in der die Zellverbindungen verlaufen. Im letzteren Falle können sie auch vollkommen fehlen und die Zellkörper sind dann bloß durch die Grundsubstanz verbunden, wie man es deutlich im Knorpel sieht, wo die Zellverbindungen von vielen Forschern vergeblich gesucht wurden.

Die Gewebe, um die es sich handelt, entstehen aus Mesenchym (in einigen Fällen aus Mesostroma-Mesenchym) und man beobachtet, daß die Verbindungen nach Möglichkeit, soweit sich wenigstens die (fixen) Zellen nicht abgerundet und mit eigenen kapselartigen Grenzschichten umgeben haben, den Charakter der Zellverbindungen des Mesenchyms zeigen. Das Gewebe ist manchmal (am deutlichsten bei den *Anuren,* wo ein Mesostroma fehlt) ein überall zusammenhängendes Netz, bzw. Gerüst, in dessen Knotenpunkten sich die Zellkörper befinden. Trotzdem darf man sich nicht vorstellen, daß derartige Protoplasmanetze, bzw. Gerüste, die man in verschiedenen Geweben dieser Reihe antrifft, direkt ein umgewandeltes Mesenchym vorstellen; die Zellen können sich in einem Grundsubstanzgewebe auch später zu einem Netz verbinden und den Bau des Mesenchyms können sie dann nur nachahmen. Sogar Knorpelzellen (ihre Endoplasmen) können sich unter Umständen nachträglich zu einem Netz verbinden.

Im Gallertgewebe [Nabelstrang, VIRCHOW (1851)] kann man die in einer weichen Grundsubstanz eingeschlossenen Zellverbindungen schon am überlebenden Objekte, oder am Gefrierschnitte beobachten. Sie sind nicht in jedem

Gallertgewebe vorhanden. Bei *Selachiern* und bei *Anuren*larven sah ich weit voneinander liegende Zellen ohne jede Verbindung, man muß jedoch bedenken, daß

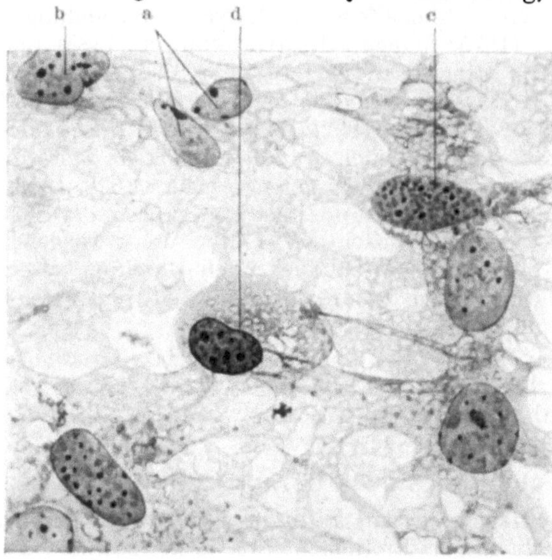

die Verbindungen sehr fein und sehr lang sein können, und nicht nach jeder Behandlung sichtbar sind. Goldschmidt (1908) hat solche bei *Amphioxus* mit der Hilfe von Vergoldung deutlich gemacht.

Im lockeren fibrillären Bindegewebe gibt es, wie aus den neueren Untersuchungen von Heringa (1926) und besonders aus jenen von M. und W. v. Möllendorff (1926) hervorgeht, ebenfalls zahlreiche Verbindungen. Nach Letzterem enthält das lockere Bindegewebe überhaupt ein überall zusammenhängendes Protoplasmanetz, das stellenweise das Aussehen eines Plasmodiums erhält (Abb. 24). Nach Laguesse (1914) gibt es Gewebe dieser Art mit lamellär angeordneter Grundsubstanz, an der die Zellen bzw. die „Fibrocytennetze" liegen.

Abb. 24. Lockeres Bindegewebe vom Oberschenkel der Maus. Eisenhämatoxylin. Die hellen Kerne gehören dem unveränderten Fibrocytennetz an. Bei a liegen 2 kleine weiche Kerne, die offenbar vor kurzem durch Amitose entstanden sind; bei b bereitet sich vielleicht eine Amitose vor; c zeigt Kern und Cytoplasma eines Netzteiles, die offenbar der Form der ruhenden Wanderzelle zustrebt; bei d ist durch „Verdichtung" des Kernes, Zunahme seiner chromatischen Bestandteile und Verkleinerung durch teilweise Abgrenzung des Cytoplasmas die Bildung einer ruhenden Wanderzelle in vollem Gange. Nach W. u. M. v. Möllendorff (1926).

Im festen (geordneten) fibrillären Bindegewebe sind die Zellverbindungen ebenfalls in vielen Fällen sehr deutlich. Bekannt sind z. B. die Bilder, die man aus der Hornhaut nach Argentum nitricum oder nach Goldchlorid erhält [His (1854) Abb. 26a], dann die Bilder, die man am Querschnitte einer Sehne beobachtet. Im letzteren Falle sind die Zellverbindungen flügelartig (Abb. 26b). Aus dem *Urodelen*corium hat Schuberg (1903) sehr deutliche Zellverbindungen beschrieben. In allen diesen Fällen sind die Zellverbindungen in der Grundsubstanz eingeschlossen und haben somit den Wert von Plasmodesmen.

Schließlich muß ich hier die allgemein — wegen der Leichtigkeit, mit der man sie beobachten kann — bekannten Verbindungen der Pigmentzellen erwähnen. Es gibt z. B. bei den *Urodelen*larven derartige in dem Integument und es lassen

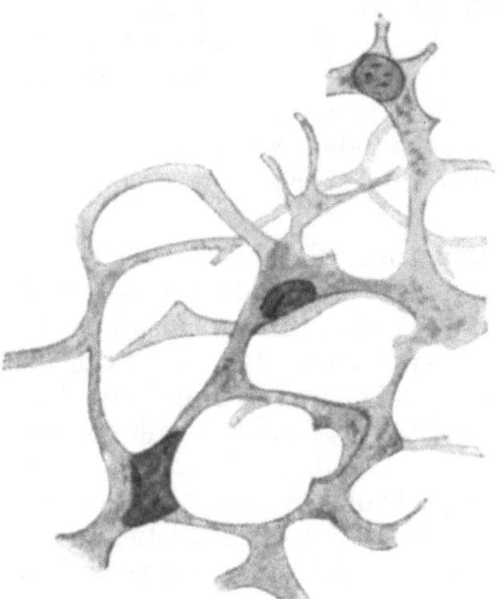

Abb. 25. Junges retikuläres Bindegewebe aus der Milz von Acanthias. Nach Laguesse (1904).

sich hier in ihnen wieder manchmal die Zellgrenzen schwer nachweisen [Aswadourova (1913)].

Im retikulären Bindegewebe gibt es ebenfalls ein Netz, doch im fertigen Gewebe dieser Art bestehen dessen Trabekeln aus verdichtetem Cytoplasma (Exoplasma) und haben eigentlich den Wert von Grundsubstanztrabekeln, denen die „Zellen“ wie angeklebt sind [LAGUESSE (1904)]. Abb. 25. Näheres im Kapitel VII.

Von den Knorpelgeweben soll hier in erster Reihe dasjenige der *Cephalopoden* erwähnt werden, dessen Zellen untereinander mittels zahlreicher Fortsätze zusammenhängen [BERGMANN (1850)], sonst findet man in Grundsubstanz eingeschlossene Zellverbindungen (Plasmodesmen) vielfach in *Selachier*knorpeln und am Rande der Gelenkknorpel der *Säugetiere* [VAN DER STRICHT, HAMMAR, HANSEN, neuestens O. SCHULTZE (1920)]. In typischen Knorpeln aller Art fehlen die Zellverbindungen.

Seit langer Zeit sind die Zellverbindungen des Knochengewebes bekannt, die zuerst MIESCHER und JOH. MÜLLER (1836) deutlich gesehen haben und die

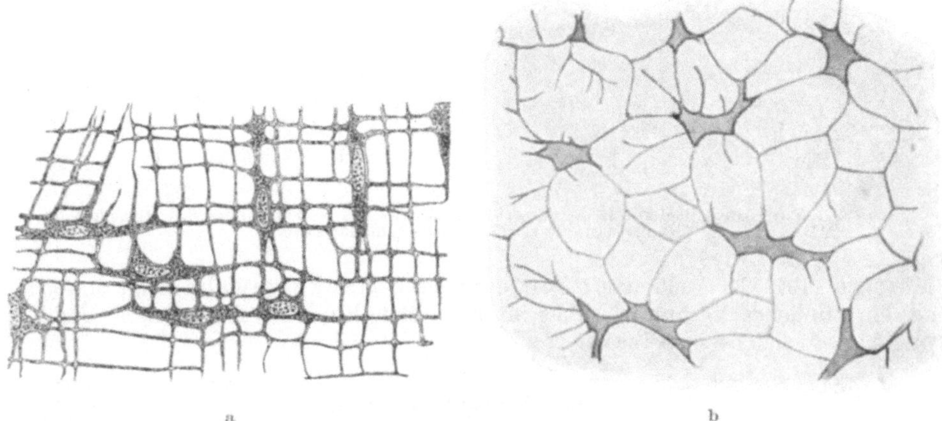

Abb. 26. a Untereinander zusammenhängende Hornhautzellen. [Nach KOELLIKER-EBNER (1902).] b Untereinander zusammenhängende Sehnenzellen, im Querschnitte. [Nach SCHAFFER (1920).]

dann R. VIRCHOW (1851) als solche erkannte. Sie verbinden die festeren Grenzschichten der einzelnen Zellen untereinander und verzweigen sich dabei vielfach. Im Zahnbein, das de norma keine Zellen enthält, verbinden sich bloß die in seine Substanz eindringenden langen TOMESschen Fasern, die streng genommen eine Art extracellulären Cytoplasmas (vgl. unten auf S. 503) vorstellen, untereinander und bilden zusammen mit ihren Seitenzweigen ein sehr kompliziertes Netz.

δ) Das Muskelgewebe.

Das glatte Muskelgewebe enthält gegenüber einer älteren Auffassung [KULTSCHITZKY (1887)] relativ spärliche wahre Zellverbindungen. Die einzelnen Muskelzellen sind da, wo sie nicht unmittelbar nebeneinander liegen, durch ein interstitielles“ Bindegewebe verbunden [SCHAFFER (1899)], das jedoch, genau so wie die Muskelzellen selbst, aus Mesenchym entstanden ist [MAC GILL (1907), neuestens PLENK (1927)] und somit ebensogut zu den Muskelzellen wie zu den manchmal sehr spärlichen Fibroblasten des Gewebes gehört. Stellenweise, so in dem glatten Muskelgewebe der Nabelstranggefäße, fehlen diese Fibroblasten beinahe [FLORIAN (1923)]; man hat dann an zahlreichen Stellen bloß die

Muskelzellen und das zwischen ihnen sich befindende Gerüst (gegen das die Zellen wie abgekapselt erscheinen) vor sich; das Gewebe erinnert jetzt an einige Formen der retikulären Epithelgewebe (Abb. 27). Sehr deutliche Zellverbindungen sieht man zwischen den Muskelzellen in den Sinussen der Milz

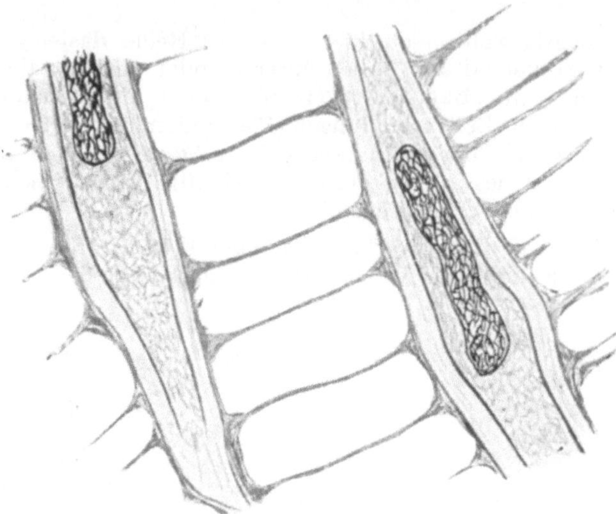

Abb. 27. Zwei Muskelzellen aus der Arteria umbilicalis des Nabelstranges des Menschen. [Nach Florian (1923); etwas schematisiert.]

[Mollier (1911)]. Auch das quergestreifte Muskelgewebe zeigt manchmal ein ähnliches Verhalten seines interstitiellen Bindegewebes, dessen Bedeutung hier vielleicht dieselbe ist.

ε) Das Nervengewebe.

Das eigentliche Nervengewebe — die Neuroglia erwähne ich später — weist bekanntlich die am schwierigsten zu deutenden Bilder auf, und es ist hier sehr Vieles noch heute der Gegenstand von Kontroversen. Breite Anastomosen zwischen Ganglienzellen, die schon 1846 R. Wagner erwähnte, gehören gewiß zu seltenen Ausnahmen [vgl. Mencl (1902)], dagegen muß man jetzt in den „nervösen Netzen" der alten Histologen, die man später als einfache Geflechte von Bestandteilen verschiedener Neurone auffaßte, Anastomosen suchen. Schon 1891 hat darauf Dogiel in seinen Arbeiten über die Netzhaut und allerneuestens (1923) Stöhr jun. hingewiesen. Sonst weicht der Bau des Nervengewebes sehr auffallend von dem der anderen Gewebe, und wir müssen es hier noch an einer anderen Stelle (im Kapitel V) besprechen.

Die Neuroglia ist wieder ein großmaschiges Netz mit zellkernhaltigen Cytoplasmaanhäufungen und mit Fibrillen, dem Mesenchym anfangs nicht unähnlich (Hardesty (1904)].

C. Verbindungen zwischen den Zellen verschiedener Gewebe oder zwischen verschiedenartigen Gewebsbestandteilen.

Schon im Embryonalkörper sind, wie wir oben sagten (S. 473), die verschiedenen Keimblätter, bzw. die Organanlagen mittels fadenförmiger Cytodesmen und mittels ganzer Netze untereinander verbunden, es überrascht daher nicht im mindesten, daß man derartige Zellverbindungen auch im fertigen Metazoenkörper findet[1]. Den bekanntesten hierher gehörenden Fall stellen die Verbindungen (Plasmodesmen) zwischen Epidermiszellen und den obersten Fibrocyten des Coriums vor, die SCHUBERG (1903) bei *Amblystoma* sehr genau untersuchen konnte. Ich selbst fand solche (1909) auch bei *Petromyzon,* und ich beobachtete, daß in ihnen das Endoplasma der Epidermiszellen mit den Cytoplasma der Fibrocyten verbunden sein kann (Abb. 28).

In anderen Fällen handelt es sich um Verbindungen zwischen verschiedenen Elementen, die zu einem und demselben Gewebe gehören (streng genommen waren schon die „interstitiellen" Gerüste des glatten Muskelgewebes dieser Art), dann gehören hierher die Verbindungen zwischen Endothelzellen und benachbarten Bindegewebszellen, schließlich Verbindungen zwischen Nerven- und Neurogliazellen bei *Ascaris,* auf die GOLDSCHMIDT (1910) hingewiesen hat.

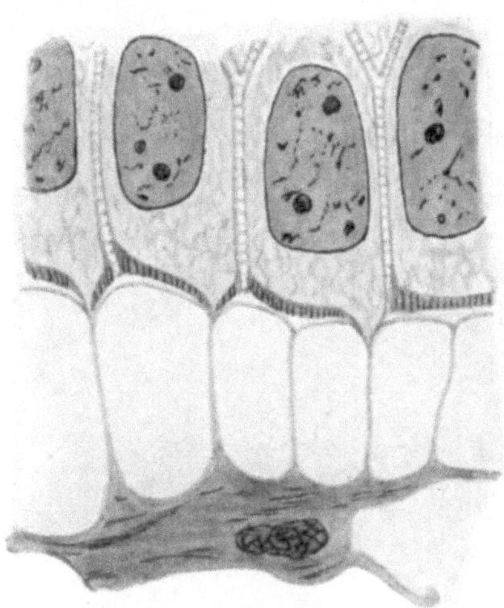

Sehr interessant sind die Verbindungsstränge zwischen den Eizellen und den sie umgebenden Zellen der Corona radiata im Ovarium der *Säugetiere* [FLEMMING (1882), RETZIUS (1889), PALADINO (1890)]. Sie dienen offenbar der Ernährung der Eizelle und man kann etwas Ähnliches in zahlreichen Fällen bereits bei *Evertebraten* beobachten. Offenbar handelt es sich — die Sache scheint nicht definitiv gelöst zu sein — auch in den nervösen Verbindungen, motorischer Nerv-Muskelfaser, Nerv-Drüsenzelle usw. um einen Zusammenhang

Abb. 28. Basalzellen aus der Epidermis von Petromyzon in Verbindung mit Coriumzellen. [Nach STUDNIČKA (1909).]

der Teile und nicht um bloßen Kontakt. BOEKE konnte jetzt (1926) nachweisen, daß sich in ähnlichen Fällen — Epithelzellen — die Neurofibrillen im Innern der Zellen und nicht zwischen ihnen, wie man früher voraussetzte, befinden. Das Thema gehört schon in das große Kapitel über die „Neurodesmen".

D. Die gegenseitigen Beziehungen der Zellverbindungen und der Zellmembranen bzw. der Grenzschichten überhaupt.

Bedeckt sich irgendeine tierische Zelle auf ihrer Oberfläche (auf diese oder auf jene Weise) mit einer Oberflächen- oder Grenzschicht, beobachtet man beinahe immer, daß jetzt die Zellverbindungen von dieser Schicht und nur ganz ausnahmsweise vom inneren weichen Zellplasma ausgehen.

Ich erwähnte bereits oben die vom Endoplasma ausgehenden und zu den obersten Fibrocyten des Coriums sich hinziehenden Zellverbindungen des Integumentes von *Petromyzon.* BARFURT erwähnt (1896), daß im Uterusepithel die Zellmembranen perforiert sind und die Zellverbindungen somit nur die inneren Plasmapartien untereinander verbinden. Ich selbst beobachtete neuestens mit Perforationen versehene Knorpelkapseln im elastischen Knorpel der menschlichen

---

[1] Ältere Literatur findet man z. B. in meiner zusammenfassenden Arbeit vom Jahre 1898 zusammengestellt.

Epiglottis (1925); auch an den Hornschichten der verhornenden Epidermis-zellen beobachtete ich einigemal dem Durchtritt der Zellverbindungen dienende Perforationen. Sehr deutlich sah ich solche an den inneren „epidermoiden" Zellen der Chorda dorsalis von *Esox lucius*. Die Zellen, um die es sich handelt, hängen

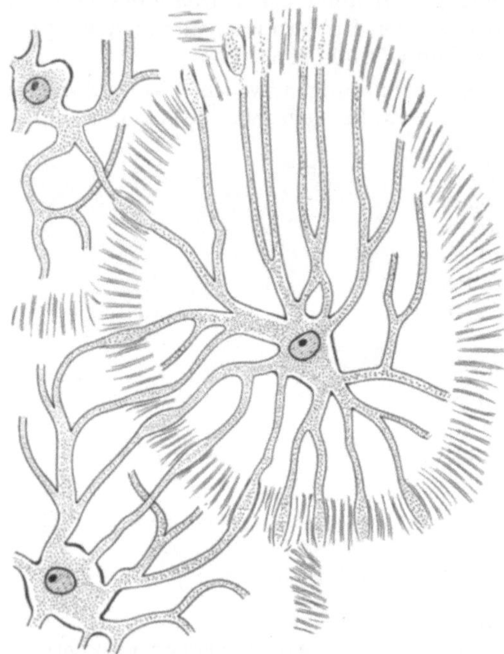

ursprünglich mittels Cytodesmen zusammen (vgl. oben S. 477), nun wandeln sich ihre Endoplasmen in sternförmige innere Endoplasma-zellen um, deren Fortsätze das Exoplasma durchbrechen und sich zu einem Plasmodesmennetz verbinden (meine Abhandlung vom Jahre 1927 b). [Abb. 29.]

E. Die gegenseitigen Beziehungen der Zell-verbindungen und der Fibrillen.

Es wurde mehrmals die Frage aufgeworfen, ob in einigen Ge-weben — mehrschichtiges Epithel, Chordagewebe, Mesenchym — die Existenz der Zellverbindungen nicht bloß durch in solchen Ge-weben verlaufende und die Zellen untereinander verbindende Fibril-len vorgetäuscht wird, anders gesagt, ob die Zellen nicht bloß durch Fibrillen — Plasmofibril-len — miteinander verbunden

Abb. 29. Zellen aus der mittleren Partie der Chorda dorsalis von Esox lucius. Die Endoplasmen mittels Plasmodermen untereinander verbunden. [Nach Studnička (1927 b)].

sind [vgl. darüber z. B. Hoepke (1924)]. Dazu kann man folgendes bemerken:
Die Fibrillen (vgl. Kapitel VI) entstehen durch Cytoplasmaverdichtung (es gibt jedenfalls auch andere Theorien der Fibrillogenese, die sich jedoch bloß auf die Bindegewebsfibrillen beziehen, die Plastosomentheorie der Fibrillenbil-dung halten wir für abgetan), nun verdichtet sich einmal das Cytoplasma des Zellkörpers, in der Regel an seiner Oberfläche, ein anderes Mal das Plasma einer Zellbrücke zu einer Fibrille. Die Brücke kann sich, wenn es die im Gewebe herrschenden mechanischen Momente verlangen, gänzlich in eine Fibrille oder in einen Fibrillenbündel verwandeln. In der Tat gelang es bisher auf der Ober-fläche der in einer Zellbrücke verlaufenden Fibrillen keine deutliche Hülle zu beobachten, die hier von der ursprünglich einfach cytoplasmatischen Masse der Zellverbindung übrig geblieben wäre und die hier einige Autoren in der Tat voraussetzen wollten. In jungen Entwicklungsstadien, in denen es noch keine Fibrillen gibt, wären die Zellen also durch einfach cytoplasmatische Ströme, später durch Fibrillen untereinander verbunden. (Vgl. Abb. 45a—c, S. 511.)

F. Die „Zwischenkörperchen", „Desmosomen" der Zellbrücken.

Die Zellbrücken des mehrschichtigen Plattenepithels (vor allem der Epi-dermis), dann jene des Chordagewebes, besitzen [Bizzozero (1871), Studnička

(1897)] in zahlreichen Fällen, nicht immer — besonders die ersteren nicht —
in ihrer Mitte dunkle, mit Hämatoxylin und mit anderen Farbstoffen dunkel
sich färbende Knötchen, welche sie, den Zellen entsprechend, in zwei Hälften
teilen (Abb. 30). Sie ähneln, wie darauf HANS RABL (1897) hingewiesen hat,
den „Dermatosomen", die der Zellteilung pflanzlicher Zellen, bzw. der Bildung
der pflanzlichen Zellmembranen vorausgehen, und RABL hat sie ebenso bezeichnet.
FLEMMING hat den am Ende der Mitose zwischen den Tochterzellen in tierischen
Geweben (Bindegewebe) sich bildenden, jedoch vereinzelt hier vorkommenden
Gebilden den Namen „Zwischenkörper" erteilt,
und so habe ich 1903 (c) für unsere Gebilde den
Namen „Zwischenkörperchen" vorgeschlagen.
SCHAFFER nennt sie seit 1920 und in dem über
Epithelien handelnden Kapitel dieses Werkes
„Desmosomen", und es ist in der Tat ratsam,
diesen indifferenteren Namen zu wählen, weil die
Homologie mit den früher erwähnten Gebilden
zur Zeit doch nicht ganz wahrscheinlich erscheint;
niemand hat bisher genau nachgewiesen, in welchen
Beziehungen die Desmosomen zu den Zellteilungs-
prozessen, und ob überhaupt in welchen, stehen.
Um Artefakte handelt es sich da bestimmt nicht,
da man die Gebilde z. B. im Chordagewebe an
überlebenden Objekten ganz deutlich sehen kann
[STUDNIČKA (1926)].

Man versuchte sie wiederholt als Querschnitte
von inmitten der Intercellularlücke verlaufenden
Tangentialfasern aufzufassen, doch diese Auffassung läßt sich nicht halten. Im Chordagewebe
von *Belone* kann man derartige intercelluläre
Tangentialfibrillen sogar in größerer Anzahl

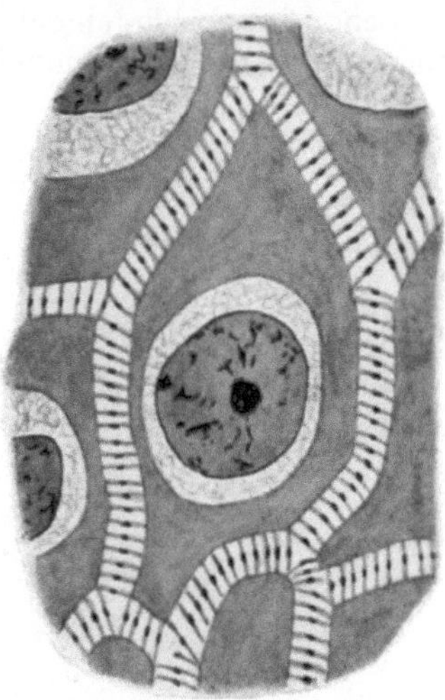

Abb. 30. Epithelzelle mit dickem
Exoplasma (Crusta) aus einem Horn-
zahn von Petromyzon.
[Nach STUDNIČKA (1909).]

finden, und man überzeugt sich hier davon, daß ihre Querschnitte mit den
Desmosomen nichts zu tun haben. Die letzteren sind Gebilde, welche die
Zellbrücken, bzw. die aus ihnen entstehenden Plasmofibrillen nicht unterbrechen, sondern umgeben, wie man daraus zu erkennen vermag, daß die nach
DEL RIO HORTEGA (1926) verfertigten Präparate die Plasmofibrillen auch an
solchen Stellen ununterbrochen zeigen, wo Desmosomen vorhanden sind. Eigentümlich ist, daß die in Betracht kommenden Gebilde im epidermoiden Chordagewebe gerade in den längsten Zellbrücken fehlen, während die ganz kurzen
hier mit ihnen beinahe immer versehen sind. Man sieht sie im Chordagewebe
auch an solchen Stellen, wo die Zellbrücken unsichtbar sind, und es scheint dann,
als ob die einzelnen Zellkörper bloß durch die Schichte der Desmosomen voneinander getrennt wären. SCHAFFER (in diesem Handb., Band 2, Kapitel über
das Epithelgewebe S. 41) meint, daß es sich in den Desmosomen um eine Art
Kittsubstanz handelt, welche die Zellen miteinander verbindet. Er beruft sich
dabei offenbar gerade auf die zuletzt hier erwähnten Bilder.

G. Die Zwischenmembranellen und der Anfang der Grundsubstanzbildung.

Die „Desmosomen" sind in der Epidermis in einigen Fällen durch eine feine
Linie untereinander verbunden, die zuerst H. RABL (1897) beobachtete, und
die man für den optischen Querschnitt einer Membran halten muß. Im Chordagewebe beobachtete ich [*Belone* (1915)] dasselbe, und ich konnte hier sogar

mehrere derartige Zwischenschichten, die aus feinen tangential verlaufenden Fibrillen zusammengesetzt waren, beobachten. Die ganze Intercellularlücke kann sich im Chordagewebe durch solche Strukturen füllen, als ob sie durch Grundsubstanz ausgefüllt wäre.

H. Die aus Zellverbindungen entstehenden „Netze". Die „Zellbrückennetze", das „Mesostroma".

Schon im vorhergehenden Falle handelte es sich um ein intercelluläres Netz, bzw., da es dreidimensionale Strukturen sind, um ein „Gerüst"; solche Fälle

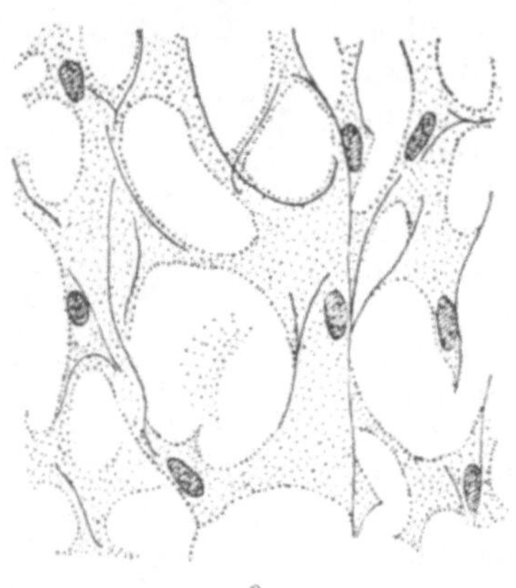
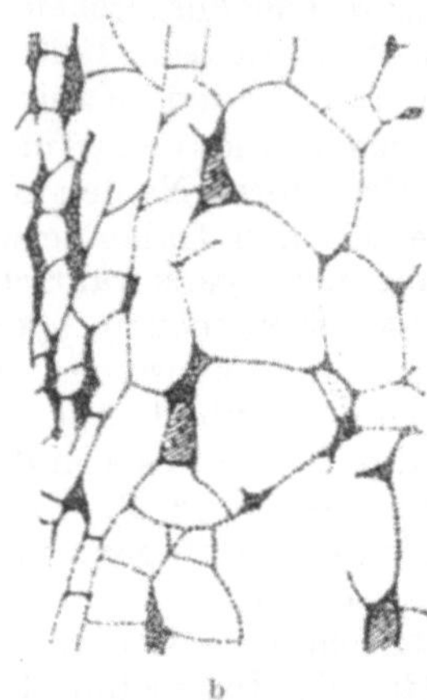

sind auch anderswo nicht selten. Vor allem gehören hierher die auf S. 474 erwähnten Zellbrückennetze, welche sich zwischen den Keimblättern und den Organanlagen bilden. In diesem „primären Mesostroma" bilden sich die Trabekeln vielfach in zwei zueinander senkrechten Richtungen, was gewiß dagegen spricht, daß es sich in diesen Strukturen um einfache

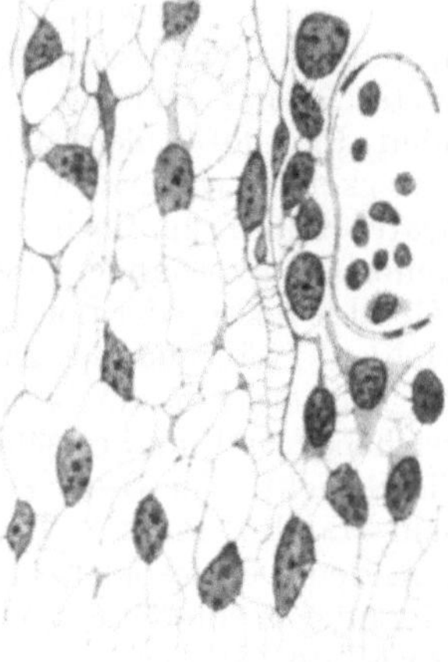
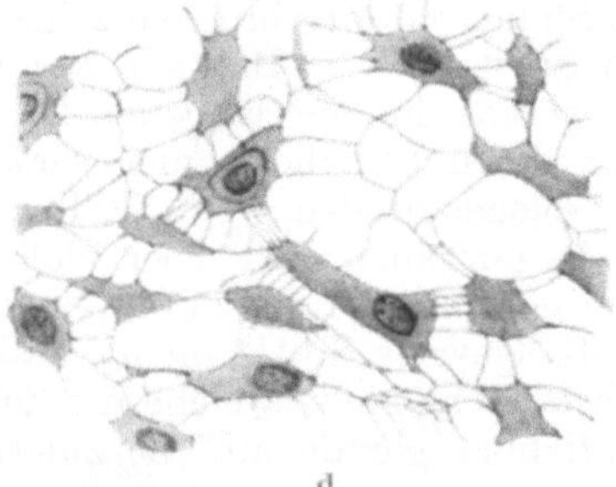

Abb. 31 a—d. Sternförmige Epithelzellen. a, b Aus der Schmelzpulpa einer Zahnanlage von Bos taurus. c Aus dem basalen Teile eines Hornzahnes von Myxine. d Epithelzellen aus der Schicht zwischen zwei nacheinanderfolgenden Hornzähnen von Petromyzon. [Nach Studnička (1899).]

Koagulate handeln könnte, wie manche meinen. Das im Corpus vitreum des Auges enthaltene Gerüst stellt eine Dauerform des Mesostroma vor und besitzt bei seiner Entwicklung sehr deutlich jene senkrecht zueinander verlaufenden Systeme von Trabekeln [Lenhossék (1903), Szily (1908) St. Györgyi (1914)].

Mehr oder weniger komplizierte Zellbrückennetze kann man schließlich in modifizierten, und zwar den „retikulären" Epithelgeweben beobachten, wo sie einfach intercellulär durch die Verlängerung der gleichzeitig sich verzweigenden, vielleicht auch sich spaltenden Zellbrücken zustandekommen. Man beobachtet solche in den den Hornzähnen der *Cyclostomen (Myxine, Petromyzon)* zur Unterlage dienenden Gewebspartien (Abb. 31), an den Flossenstacheln von *Spinax* [KOEPPEN (1901)] und vor allem in der Schmelzpulpa der Anlagen der Dentinzähne, wo sie neuestens sehr genau REICHENBACH (1926, 1928) untersuchte; hier entstehen auch besondere Faserungen im Verlaufe der Trabekeln des an das Mesenchymgewebe sehr erinnernden Gewebes. Das Zellbrückennetz des Mesenchyms, das man z. B. an jungen *Urodelen*larven bequem untersuchen kann, wurde schon oben (S. 476) erwähnt. Auch das interstitielle Gewebe des glatten Muskelgewebes stellt manchmal sehr komplizierte Netze bzw. Gerüste dieser Art mit meistens lamellären Verbindungen vor [FLORIAN (1923)]-

J. Die Genese der Zellverbindungen.

1. Die Genese bei den Pflanzen.

Bei der Zellteilung, am Ende der Mitose z. B., entsteht in der Mitte zwischen den sich differenzierenden Tochterzellen eine aus kleinen, stärker sich färbenden Anschwellungen der Spindelfasern („Dermatosomen") bestehende Schicht, dann eine kompakte einheitliche Scheidewand. An diese schließen sich dann von beiden Seiten weitere Schichten an, die schließlich zu den beiden Spezialmembranen der aneinander hier grenzenden Zellen werden. Nachdem diese Schicht einige Zeit bestanden hat, entstehen [STRASBURGER (1901)] die „Plasmo. desmen". Sie wachsen von beiden Seiten in die zuerst kompakten Schichten hinein und verbinden sich in der Mitte zu einheitlichen Protoplasmafädchen. Erst jetzt ist die Verbindung zwischen den beiden zuletzt voneinander getrennten Protoplasten wieder hergestellt.

Neben diesen „sekundären" Plasmodesmen gibt es auch „primäre" [A. MEYER (1920)], in denen es sich um den letzten Rest des ursprünglichen Zusammenhanges der beiden Protoplasten handelt.

2. Die Genese in den tierischen Geweben.

Die Zellbrücken des mehrschichtigen Pflasterepithels und jene des Chordagewebes entstehen wohl alle auf die zuerst von F. E. SCHULZE (1896) angegebene Weise, so daß zwischen den auf breiter Fläche sich teilenden Zellkörpern zuerst eine Schicht von kleinen Vakuolchen entsteht, welche später untereinander verschmelzen (Abb. 32), so daß dadurch eine zusammenhängende, anfangs nur enge Intercellularlücke zum Vorschein kommt. Diese wird durch feine lamellenartige, dann fadenförmige Brücken, Reste der intervacuolären Wände, überbrückt. Im Chordagewebe sieht man einzelne dieser Entwicklungsstadien manchmal sehr deutlich und auch an überlebenden Objekten.

Hie und da erhalten sich solche Vakuolchenschichten im Epithelgewebe und vor allem im Chordagewebe lebenslang. Bei *Chimaera* sah ich sie z. B. deutlich in den oberen Schichten des dicken Mundhöhlenepithels, während hier in den mittleren und in den unteren Schichten desselben Epithels durchgängige Intercellularlücken mit fadenförmigen Zellverbindungen zu sehen waren [STUDNIČKA (1903)]. Die Vakuolchenschichten kann man in der *Urodelen*epidermis an überlebenden Objekten ganz deutlich beobachten [F. E. SCHULZE (1896)].

Die soeben erwähnten Vakuolchen entstehen entweder zwischen nackten Zellkörpern, im weichen Cytoplasma, oder sie bilden sich inmitten von festeren intercellulären Scheidewänden (vgl. S. 460), und die später wieder durch Intercellularlücken voneinander getrennten Zellen besitzen auf diese Weise gleich von Anfang an ihre Spezialgrenzschichten.

Unter ganz anderen Umständen entstehen die äußerst variablen Zellverbindungen der Mesenchymzellen. Diese Zellen teilen sich seltener auf breiten Flächen, sondern ihre Körper werden eingeschnürt, und die Zellverbindungen, die zwischen benachbarten Zellen nur vereinzelt vorkommen, stellen dann den letzten Rest des ehemaligen Zusammenhanges vor; die Tochterzellen hängen schließlich mittels einfacher Cytoplasmafädchen zusammen. Es wurde bereits oben angedeutet, daß sich im Mesenchym in der ersten Zeit Zellverbindungen auch durch das Verschmelzen der Zellfortsätze mit den früher da (jedoch nicht in allen Fällen) vorhandenem Mesostroma und überhaupt mit den interdermalen Cytodesmen bilden. Es gehört also nicht notwendig alles Cytoplasma, das man

Abb. 32. a—c. Nacheinander folgende Stadien der Durchreißung des intercellulären Lamellensystems. Chordagewebe von *Belone*. [Nach Studnička (1903 c).]

da sieht, den Mesenchymzellen an; trotzdem beobachtet man später, da schließlich alles zu einem Ganzen verschmilzt, keine Unterschiede im Aussehen der einzelnen Verbindungen.

Die „interdermalen“ Zellverbindungen, die ich soeben erwähnte (S. 474), entstehen gewiß sekundär, so daß sich fadenförmige Fortsätze der einen Zellen, z. B. jener des Mesoderms, an die gegenüberliegenden, z. B. jene des Ektoderms, anheften, oder auch so, das läßt sich eben nicht durch direkte Beobachtung entscheiden, daß sich die gegeneinander wachsenden Fortsätze begegnen. Einen sehr lehrreichen Fall von sekundären Zellverbindungen beobachtete Leo Loeb (1927). Er sah, daß sich die Amöbocyten von *Limulus* mittels ihrer Fortsätze verbinden können, und daß auf diese Weise ein netzartiges Gewebe zustandekommen kann. — Man könnte sich auch einen Fall vorstellen, in dem Zellverbindungen durch Vakuolisierung eines Symplasmas, in dem sich um die Zellkerne herum neue Zellkörper bilden, entstehen.

In Grundsubstanzgeweben — einige Gallertgewebe und die meisten Knorpel — sieht man auch vollkommen voneinander isolierte Zellen; nun ist es möglich, daß solche Zellen Zellfortsätze bilden und sich zu einem Netz — Plasmodesmen und Zellen — verbinden. J. Wolf hat (1923) aus Erweichungsherden der Tracheenknorpel derartige Netze beschrieben und ich beobachtete Anläufe zur Bildung von solchen in der menschlichen Epiglottis (1925). Die im Chordagewebe von *Esox* sekundär entstehenden Plasmodesmen wurden schon oben (S. 482) erwähnt.

K. Die Regeneration der Zellverbindungen.

Die Cytodesmen des mehrschichtigen Epithels der *Vertebraten* müssen oft den in den Intercellularlücken sich bewegenden Wanderzellen weichen, und sie werden dabei oft zerrissen; auf diese Weise bilden sich manchmal sogar größere Lücken im Gewebe. REINKE, der 1906 auf diese Vorgänge aufmerksam machte, meint, daß sich die zerrissenen Brücken wieder vereinigen und somit regenerieren.

L. Das Zusammenschmelzen der Zellverbindungen. Bündel von solchen.

Im mehrschichtigen Epithelgewebe der *Vertebraten* beobachtet man manchmal an jenen Stellen, wo sich durch die in größerer Menge in das Gewebe eingedrungene Wanderzellen die Intercellularlücken stark verbreitert haben, daß sich die stark in die Länge gedehnten Brücken zu mehreren zusammenlegen. Man sieht dann ganze Bündel von Zellbrücken, und sogleich auch, da die Zellbrücken

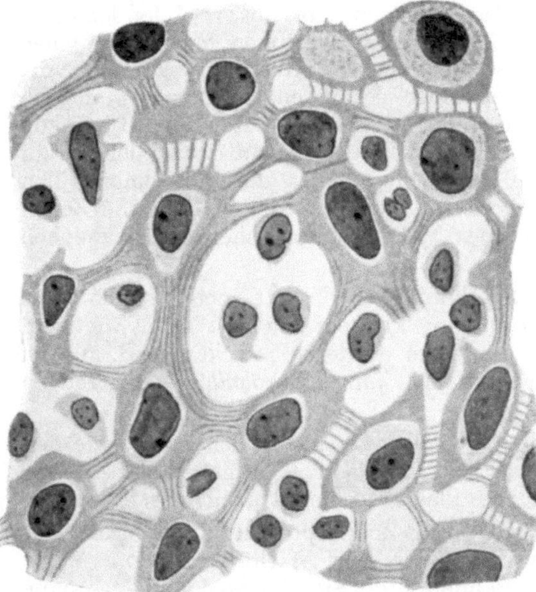
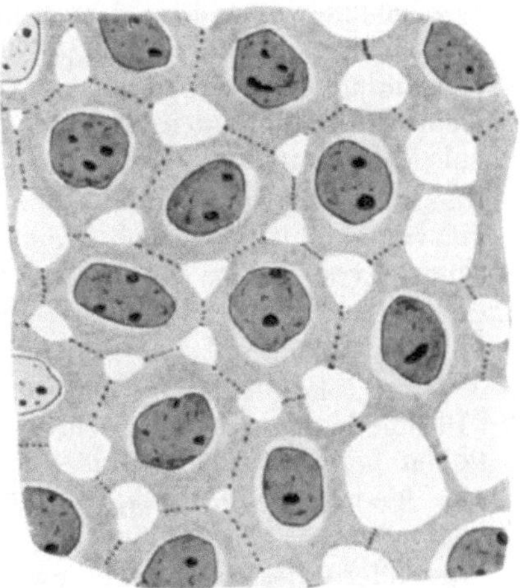

Abb. 33 a, b. Sternförmige Epithelzellen. a Sternförmige Zellen aus dem Mundhöhlenepithel von Chimaera. b Aus der Epidermis von Carassius auratus. [Nach STUDNIČKA (1902).]

dabei verschmelzen können, dicke zusammengesetzte Brücken zwischen den jetzt sternförmigen Epithelzellen [Mundhöhle von *Chimaera*, STUDNIČKA (1903), Abb. 33a].

M. Die Aufgabe der Zellverbindungen.

Die Plasmodesmen der Pflanzen entstehen in typischen Fällen, wie wir oben sagten, erst nachdem die Zellmembranen angelegt worden sind, wahrscheinlich erst dann, nachdem diese undurchgängig zu werden beginnen. Jetzt stellen die Plasmodesmen die eigentlichen Kommunikationen zwischen benachbarten Protoplasten und die Zellmembranen befinden sich sozusagen abseits von dem frischen Zellplasma. Die Plasmodesmen gestatten, daß sich die Protoplasten gegenseitig beeinflussen und sie stellen — so scheint es — die Hauptbedingung zum Erzielen einer Einheit des Gesamtkörpers vor. Sie sind gewiß die einzigen

Wege, auf denen sich die Reize im Pflanzenkörper verbreitern, da dieser Körper anderer Wege, wie sie der Tierkörper in den Nervenfasern besitzt, entbehrt. Trotz dem allgemeinen Vorkommen der Plasmodesmen sieht man im Pflanzenkörper (abgesehen von seltenen Ausnahmen, vgl. Kapitel V) überall die „Zellen", bzw. die Protoplasten und die von solchen abgeleiteten Gebilde, und wenn man mit Russow (1883) die Pflanze für einen einheitlichen, durch die Zellmembranen nur partiell zerteilten Protoplasmaklumpen halten wollte, so wäre damit gar nichts gewonnen. Die pflanzlichen Plasmodesmen dienen also dem Übertragen der Reize und daneben teilweise auch der Ernährung, Übertragung flüssiger Stoffe.

Die Zellverbindungen der Tiere haben in erster Reihe die Verbindung der Zellen, also das Mechanische zur Aufgabe, und zwar gilt dies von allen jenen Fällen, in denen die Zellen nicht auf eine andere Weise, das ist durch eine Grund- bzw. Kittsubstanz zu einem Gewebe verbunden sind. Im ersteren Falle haben wir „Cytodesmen", in den anderen „Plasmodesmen" vor uns. Bei den letzteren fällt die mechanische Rolle weg, und wir haben Einrichtungen vor uns, die jenen der Pflanzen nicht unähnlich sind. — Wie fest die Zellverbindungen z. B. die Epithel- oder die Chordazellen untereinander verbinden, überzeugt man sich leicht, wenn man ein Stückchen eines solchen Gewebes unter dem Mikroskop zerdrücken will; eher platzen hier die Zellen. Jedenfalls muß man auch darauf Rücksicht nehmen, daß die Zellen in zahlreichen Fällen durch Plasmofibrillen zusammengehalten werden. Am macerierten Gewebe trennen sich die Zellen leichter voneinander, da hier die dünnen Protoplasmafädchen eher erweichen als die kompakten Zellkörper.

Auch die langen und dünnen Zellverbindungen des Mesenchyms, bzw. des larvalen Gallertgewebes einiger *Vertebraten,* können sehr fest sein, wie man sich davon wieder durch die Anwendung eines stärkeren Druckes, z. B. auf ein Stückchen des subcutanen Gallertgewebes einer jungen *Axolotllarve,* überzeugen kann.

Jetzt kommen den Zellverbindungen, und zwar sowohl den Cyto-, wie den Plasmodesmen der tierischen Gewebe, noch die beiden Aufgaben zu, die wir oben beim Besprechen der pflanzlichen Plasmodesmen verzeichnet haben.

Sie leiten wohl überall die Reize von einem Zellkörper zum anderen und auf weitere Strecken im Gewebe; das hat besonders dort Wichtigkeit, wo es keine besondere diesem Zwecke gewidmete Bahnen gibt. Sie können somit auch ohne die Gegenwart des Nervensystems in irgendeinem primitiven Tierkörper oder in irgendeinem Gewebe — z. B. in einem der Nervenfasern entbehrenden Flimmerepithel, dessen Zellen einfach nebeneinander liegen — das Zusammenwirken der Teile bedingen. Eine andere Auffassung, nach der sich die Zellen durch den bloßen Kontakt ihrer Oberflächen gegenseitig beeinflussen könnten, ist gewiß viel weniger wahrscheinlich.

Schließlich noch der Stofftransport. Gewiß sind für diesen vor allem die in den tierischen Geweben sehr verbreiteten Intercellularlücken (Kapitel VIII) bestimmt, vielleicht auch Spalten, die in Grundsubstanzgeweben den Zellfortsätzen entlang führen (und auf die man besonders früher einen großen Nachdruck legte), doch wir haben direkt Beweise dafür, daß Stoffe von einer Zelle der anderen mittels der Zellverbindungen übergeben werden können. Schon im Embryonalkörper der *Frosch*larven sieht man Dotter- und Pigmentkörnchen sehr häufig in den Zellverbindungen und man konnte das Wandern verschiedener Körnchen in diesen Wegen auch in künstlichen Kulturen beobachten. Es können hier außerdem die Zellverbindungen zwischen den einer besonders guten Ernährung bedürftigen Eizellen und den sie umgebenden Nährzellen erwähnt werden, auf die man sehr bald aufmerksam gemacht wurde, und die besonders in den Ovarien der *Evertebraten* in verschiedenen Formen auftreten. Gewiß können sich sehr verschiedene Produkte der Zellen auf die soeben angedeutete Weise im Gewebe verbreitern, unter anderem vielleicht auch innere Sekrete.

N. Die Theorie der Ubiquität der Zellverbindungen im Tierkörper.

Bald darauf, als man die Zellverbindungen in den wichtigsten tierischen Geweben entdeckte, hat man schon eine Theorie ihrer Ubiquität aufgestellt; man wollte unter anderem auch die Ansicht verbreitern, daß Zellverbindungen als mehr oder weniger feine Netze auch alle Grundsubstanzen durchtreten, und HEITZMANN (1873) (vgl. oben auf S. 470), der eifrigste Verteidiger dieser Lehre, dachte, daß der *Metazoenkörper* in allen seinen Teilen eigentlich ein Cytoplasmanetz vorstellt, in dem die Zellen bloß als lokale Verdichtungen erscheinen.

Die Ansicht von dem Vorhandensein der Zellverbindungen zwischen allen tierischen Zellen ließ sich nicht halten; es gibt Gewebe, in denen sich trotz aller darauf gerichteten Untersuchungen Zellverbindungen nicht nachweisen ließen.

Bis unlängst konnte man glauben, daß die Zellverbindungen in allen Epithelien vorkommen, aber heute verlangt man, daß ihre Befunde, besonders jene in den einschichtigen Cylinderepithelien, durch Untersuchungen an über lebenden Objekten kontrolliert werden. In manchen Fällen sieht man hier an den Zellgrenzen deutliche Scheidewände und in embryonalen Geweben, in den Keimblättern, lassen sich die Zellbrücken oft trotz aller darauf gewendeten Sorgfalt nicht entdecken. Ganz bestimmt fehlen die Zellverbindungen in einigen Grundsubstanzgeweben, dazu in solchen, in denen man sie wegen der Beschaffenheit der Grundsubstanz sehr leicht beobachten müßte, wenn sie hier vorhanden wären. Hierher gehört vor allem der Hyalinknorpel. Er besitzt an einigen oben schon erwähnten Stellen deutliche Plasmodesmen, doch sonst ist seine Grundsubstanz kompakt; nur die bei *Cephalopoden* vorkommende Abart dieses Gewebes enthält als Regel reiche Netze von Zellverbindungen. Strukturen, die man im Hyalinknorpel früher häufig für Zellverbindungen, bzw. für „Saftbahnen" halten wollte, haben sich schließlich als Phänomene entpuppt, die bei der Schrumpfung des wasserreichen Gewebes zustandekommen [vgl. HANSEN (1905), meine Abhandlung von Jahre 1905, O. SCHULTZE (1920)].

Daß die Zellverbindungen in jenen Fällen vermißt werden, wo die Zellen durch Scheidewände getrennt sind, überrascht am wenigsten. Wir wissen, daß solche ein Analogon der aus verdichtetem Plasma bestehenden Grenzschichten bzw. Spezialschichten vorstellen, mit deren Oberfläche die Zellbrücken ja in der Regel zusammenhängen. Nun stellen die Grundsubstanzen, wie wir darauf später (im Kapitel VII) zu sprechen kommen, breite Schichten derselben oder ähnlicher lebendigen Substanz, wie sie in den Grenzschichten und in den Scheidewänden enthalten ist vor und sie trennen somit die Zellen nicht so streng voneinander, daß ihre Existenz unbedingt an das Vorhandensein von Zellverbindungen (jetzt der Plasmodesmen) gebunden wäre. — Die Zellverbindungen sind also in den tierischen Geweben keine allgemein vorhandene Erscheinung. Das Cytoplasma kann übrigens, und darauf komme ich gleich im folgenden Kapitel zu sprechen, auch auf eine andere Weise als mittels der Zellverbindungen im Zusammenhange bleiben.

V. Nicht in Zellen differenziertes Protoplasma: Syncytien, Plasmodien, extracelluläres Protoplasma.

In dem den Zellen gewidmeten Abschnitte (Kapitel II) wurde auf das Vorhandensein von „Polykaryocyten" hingewiesen und es wurde bemerkt, daß man in diesen „Riesenzellen" („Megacyten") Gebilde erblicken soll, die zwar meistens den Wert von mehreren Zellen besitzen können, sich jedoch sonst vollkommen so benehmen wie typische Zellen, mit denen sie auch darin übereinstimmen, daß ihr Cytoplasma sehr oft — nicht in jedem einzelnen Falle — zentriert ist, das ist, daß die Gebilde ein Cytozentrum (oft mit zahlreichen Zentriolen) besitzen. Einmal beteiligen sich derartige Riesenzellen zusammen mit den Megakaryocyten und mit typischen Zellen am Aufbau eines Gewebes, ein anderes Mal kann man sie zwischen typischen „freien" Zellen antreffen.

Nun gibt es im *Metazoenkörper* auch andere protoplasmatische Gebilde, Gebilde von bestimmter Form und Größe, ebenfalls „Elementarbestandteile" von Geweben, die sich in die Kategorie der Riesenzellen nicht einreihen lassen, die sich in ihrem Aussehen von den Zellen vollkommen unterscheiden, deren Cytoplasma niemals zentriert ist und deren Zellkerne — dies sieht man jedoch auch in einigen Polykaryocyten — in dem Gebilde zerstreut liegen und nicht um ein Zentrum herum angeordnet sind. Sie können genau so, wie die Zellen von besonderen Membranen umgeben werden. Das sind die „Syncytien", so können wir, einen von Haeckel (1872) (siehe unten) vorgeschlagenen Namen benützend, diese ebenfalls einer Vielzahl von Zellen entsprechende Gebilde nennen. Eine ganz scharfe Grenze zwischen ihnen und den Riesenzellen einerseits und den zugleich zur Besprechung kommenden Plasmodien andererseits läßt sich nicht führen. [Studnička (1911 b) u. in d. Z. Zellforschg u. mikr. Anat. 7 1928.]

Als „Syncytien" kann man vor allem die Bestandteile der quergestreiften Muskeln der Vertebraten auffassen, die sog. „Muskelkästchen" der Petromyzontiden, dann die Muskelfasern von *Myxine* und jene der *Gnathostomen*. Weiter auch die Elementarbestandteile des Muskelgewebes der *Anneliden*, die quergestreiften Muskelfasern der *Arthropoden* usw.

So wie die Riesenzellen — von denen wir es bereits im Kapitel II sagten — können auch die Syncytien auf verschiedene Weise, einmal durch das Größerwerden von Zellen, in denen sich die Zellkerne vermehrt haben, ein anderes Mal durch das Verschmelzen von zuerst voneinander getrennten Zellen, aber auch auf beiderlei Weise, entstehen. (Vgl. Abb. 446.)

Außer den „Riesenzellen" („Megacyten") und den „Syncytien" gibt es noch einen dritten Fall, in dem sich Teile des *Metazoen*körpers über den Zustand der einfachen Zellen erheben, den der „Plasmodien", oder, wie ich früher (1911 b) zu sagen pflegte, der „Symplasmen".

Während man bei den beiden früher erwähnten Zuständen mit „Elementarbestandteilen" des Körpers, bzw. seiner Gewebe zu tun hatte, handelt es sich diesmal um einen besonderen Zustand der Gewebe selbst; neben den aus Zellen und aus Syncytien gebauten Geweben gibt es nämlich auch „plasmodiale" (bzw. „symplasmatische") Gewebe, oder man kann von einem „plasmodialen Zustand" eines Gewebes sprechen.

Ein derartiges Gewebe kann ein sehr verschiedenes Aussehen haben: Es gibt erstens Schichten von Cytoplasma, in denen in regelmäßigen Abständen voneinander Zellkerne eingelagert sind; dieser Art sind die plasmodialen Epithelien. Dann gibt es kompakte plasmodiale Gewebe, wie man es in der Anlage einiger Knorpel, in den Gonaden usw. beobachten kann, und schließlich gibt es netzartige, bzw. gerüstartige Plasmodien, Cytoplasmapartien mit Lücken oder Cytoplasmanetze, in deren Knotenpunkten Zellkerne liegen, in denen sich jedoch die Zellkörper wegen der Dicke der Trabekeln des Netzes (bzw. Gerüstes) nicht unterscheiden lassen. Schließlich kann es auch aus Lamellen vom plasmodialen Bau bestehende Gewebe geben. In den beiden letzteren Fällen läßt sich eine scharfe Grenze zwischen dem, was man für ein netzartiges, gerüstartiges, bzw. lamelläres, zellhaltiges Gewebe halten kann und einem Plasmodium von einem solchen Bau, nicht führen. In einem und demselben Gewebe können Partien mit deutlich ausgebildeten zellkernhaltigen Cytoplasmaanhäufungen, die mittels Zellverbindungen zusammenhängen („Syndesmien"), in solche Partien, in denen die Zellkörper nicht einmal angedeutet sind, ganz allmählich übergehen.

Wieder können die „Plasmodien" auf die uns schon bekannte zweierlei Weise, einmal durch nachträgliches Verschmelzen von Zellkörpern (dies ist wohl der seltenere Fall), ein anderes Mal durch die Vermehrung von Zellkernen in einer Cytoplasmapartie, welche nicht durch Teilung des Cytoplasmas gefolgt wird, entstehen. Die „Plasmodien" können jedenfalls auch — und das ist sehr wichtig (eben deshalb würde ich für sie den Namen „Syncytien" nicht wählen) — durch die Verschmelzung von „Syncytien" zustandekommen.

Man wollte, doch darauf komme ich unten noch besonders (S. 494) zu sprechen, die in Betracht kommenden „nichtcellulären" Zustände des Cytoplasmas nach ihrer Genese einteilen und die durch Zellenverschmelzung entstandenen anders benennen als diejenigen, die durch das einfache Wachstum des Cytoplasmas entstanden sind [BONNET (1903)]. Es muß gleich hier bemerkt werden, daß man an einem derartigen Gebilde bzw. Gewebe niemals sieht, auf welche Weise es zu seinem zusammenhängenden Cytoplasma gekommen ist; schon 1902 hat sich STÖHR mit Recht gegen derartige Bestrebungen gewendet.

Etwas ganz anderes sind die „Zellfusionen", welche die Pflanzenanatomen aus Pflanzengeweben beschreiben. In solchen handelt es sich um untereinander reihenweise verschmolzene, von Anfang an von pflanzlichen Zellmembranen umgebene Zellen, die ihr Cytoplasma (den „Protoplasten") entweder behalten oder auch verlieren und sich im letzteren Falle in hohle, röhrenartige Gebilde verwandeln. Die Tracheen und einige Milchgefäße gehören hierher. Die letzteren konnten ihren Inhalt behalten haben. In den tierischen Geweben gibt es Zellfusionen dieser Art nicht. Man wollte so früher die Muskelfasern, dann Nervenfasern, in denen noch 1902 BETHE Ketten von untereinander verschmolzenen Zellen erblicken wollte, deuten, doch die Zellverschmelzungen, die wahrscheinlich bei der Genese einiger Muskelfasern seltener im Nervengewebe irgendeine Rolle spielen können, sind ganz anderer Natur als jene des Pflanzenreiches. Es verschmelzen da bloß nackte Zellen, während es sich in den pflanzlichen Geweben vor allem um die Verschmelzung von Zellmembranen handeln muß und dieses eben das Charakteristische der „Zellfusionen" vorstellt.

Wieder etwas anderes stellt uns das „extracelluläre Protoplasma" vor, dessen Begriff ich 1911 aufzustellen versuchte und den ich unten im Anschluß an dieses Kapitel näher erklären werde. Alle die im vorangehenden erwähnten „syncytialen" (wie man gewöhnlich zu sagen pflegt) Gebilde und Gewebe enthalten, soweit in ihnen lebendiges Cytoplasma vorhanden ist (in den Pflanzentracheen gibt es solches nicht), zahlreiche Zellkerne, und alle lassen sich schließlich als mehreren oder sogar sehr zahlreichen Zellen entsprechende Gebilde und Massen deuten. Das extracelluläre Protoplasma ist demgegenüber aus Zellfortsätzen und aus besonderen Teilen von Zellen entstanden, befindet sich außerhalb (bzw. neben) der zellkernhaltigen Cytoplasmaklümpchen der Zellen und neben den anderen zellkernhaltigen Teilen.

Der Begriff eines „Synexoplasmas" gehört schließlich auch nicht hierher; unter ihm wird das zusammenhängende Exoplasma vieler Zellen, die Anlage einer Grundsubstanz (im Sinne der Umwandlungslehre) verstanden (Kap. VII).

Wir haben da also folgende Begriffe auseinanderzuhalten: Zelle, Riesenzelle, Syndesmium, Syncytium, Plasmodium (Symplasma), Zellfusion, extracelluläres Protoplasma und Synexoplasma. (Vergl. Abb. 34.)

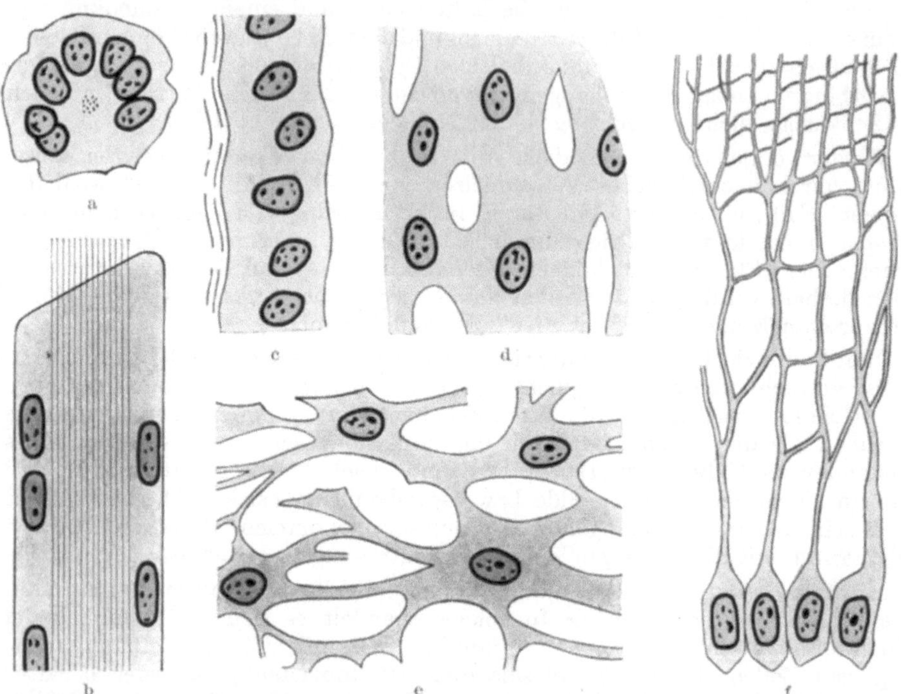

Abb. 34 a—f. a Ein „Megacyt". (Polykaryocyt mit Mikrozentrum). b Ein „Syncytium". (Teil einer quergestreiften Muskelfaser.) c Ein „Plasmodium". (Teil eines symplasmatischen Epithels.) d Ein „Plasmodium" mit Lücken. (Anlage des Herzmuskels eines höheren Vertebraten.) e Ein „Syndesmium" — rechts Übergang in ein netzartiges Plasmodium. (Retikuläres Epithelgewebe.) f Extrazelluläres Protoplasma. (Mesodermzellen eines Vertebratenembryo mit dem mit ihnen zusammenhängenden Mesostroma.) — Alle Abbildungen schematisch.

A. Geschichtliches.

Noch bevor die Zellen als besondere bläschenartige Bestandteile des Pflanzenkörpers erkannt wurden, fand L. C. Treviranus (1806), daß die Tracheen aus reihenweise angeordneten Zellen, die sich miteinander verbinden, entstehen; hier begegnet man also zuerst dem Begriffe der Zellverschmelzungen, „Zellfusionen", wie man es heute, wo man jedenfalls auf die Zellmembran Nachdruck legt (früher war die Zelle ja bloß ein „Kämmerchen"), bezeichnet. Die fertigen Tracheen der Pflanzen sind bekanntlich leere Röhren; darüber hat sich in der damaligen Zeit niemand aufgehalten, da man ja damals in dem Inhalt der Zellen nichts Besonderes erblickte.

Nachdem man sich von der Gegenwart des „Protoplasmas" in den Pflanzenzellen überzeugte [v. Mohl (1846)], fand man eine solche Substanz auch anderswo, und da erregte eine große Aufmerksamkeit der Befund großer Massen einer gallertartigen Substanz, die man schließlich für jenem Protoplasma gleichwertig ansehen mußte. Das war der Befund von de Bary (1859) der Myxomyceten-„Plasmodien", wie er diese durch die Verschmelzung von einer großen Anzahl von kleinen amöbenartigen Entwicklungsstadien dieser Pilze entstehenden umfangreichen Massen benannte. In diesem Falle sah man also direkt, daß nicht bloß die „Zellen", sondern auch nackte Protoplasmaklümpchen verschmelzen können.

Der dritte Fall, der wieder eine große Aufmerksamkeit der Botaniker erregte, war die Erkenntnis, daß die Körper von relativ hoch organisierten (so schien es zuerst) Algen aus vielkernigen, von einer Zellmembran umgebenen Protoplasmamassen bestehen können.

Es handelte sich um die Siphoneen, deren einige Formen, die Caulerpa z. B., in ihrer Gestalt sogar höhere Pflanzen nachahmen. Einige wollten in den Körpern dieser Algen ganz eigentümliche, kolossale, sogar mehrere Zentimeter große Zellen erblicken, während andere ihren Zustand anders deuteten. Zu diesen letzteren gehört JULIUS SACHS (1892), dem gerade der Fall der „Cöloblasten" (so bezeichnete man später die betreffenden großen Gebilde) die Veranlassung zur Aufstellung seiner „Energidentheorie "gab. Schon HAECKEL hielt (1866) mehrkernige Zellen für Gebilde, die mehreren Zellen entsprechen, und der Botaniker HANSTEIN hat 1880 in der Verfolgung dieser Gedanken die „Monoplasten" von den vielkernigen „Symplasten" unterschieden. SACHS hat jetzt, etwas anders die Sache auffassend, „Zellen" und „Energiden" unterschieden. Als eine „Energide" bezeichnet er eine von einem Zellkern beherrschte Cytoplasmapartie zusammen mit dem Zellkern, eine einkernige Zelle würde demnach einer Energide entsprechen, aber eine Zelle mit zwei oder mit mehreren Zellkernen würde ebensoviele „Energiden" enthalten, die untereinander zusammenhängen; sichtbare Grenzen der Energiden gibt es hier nämlich nicht. Der Glaube an von einem Zellkern beherrschte Protoplasmaterritorien ist der Lehre von VIRCHOW, welche schon im Jahre 1858 in den Grundsubstanzen von einzelnen Zellen beherrschte Territorien voraussetzen wollte, nicht unähnlich.

Die Ansichten der Zoologen, auf die ich jetzt zu sprechen komme, entwickelten sich deutlich unter dem Einfluß jener der Botaniker.

SCHWANN hat, das haben wir schon im Kapitel I gezeigt, von der Botanik mit dem gesamten Inhalt der Zellenlehre auch den Begriff der Zellverschmelzungen übernommen, und er hat ihn dort angewendet, wo er bei der Deutung der faser- oder röhrenförmigen Gebilde mit dem Zellenbegriffe nicht auskommen konnte. Ich sagte bereits, daß er die Muskelfasern, die Nervenfasern und die Capillaren als Zellenverschmelzungen auffaßte. [Die Muskelfasern hat schon vor ihm (1835) VALENTIN als durch Verschmelzung von in Reihen liegenden „Kügelchen" aufgefaßt]. Die tatsächlichen Befunde waren, das fühlt man deutlich bei der Lektüre seines Werkes, nicht derart, daß sie seine Ansichten rechtfertigen würden.

Die SCHWANNsche Auffassung der Capillaren ließ sich nicht lange halten und seine Deutung der Muskelfasern wurde bald darauf durch die Beobachtungen von REMAK (1855), dem es gelungen ist nachzuweisen, daß sich die Muskelfasern bei *Anuren*larven durch das Vergrößern von Zellen bilden, erschüttert. Nur seine Deutung der Nervenfasern sollte sogar noch in der neueren Zeit durch BETHE (1902) und durch O. SCHULTZE eine Stütze (doch nicht in ihrer ursprünglichen Form) erhalten.

SCHWANN bezeichnete die Zellenverschmelzungen als „sekundäre Zellen", während KOELLIKER für sie in seiner Gewebelehre vom Jahre 1852 den Namen „höhere Elementarbestandteile" des Tierkörpers einführte. Solche entsprechen nach seiner Meinung „einer ganzen Summe von einfachen". Jedenfalls rechnet KOELLIKER in diese Kategorie sehr verschiedene Sachen, unter anderen auch die elastischen Fasern und die Arthropodentracheen.

Bei HAECKEL (1866), der in seiner Generellen Morphologie schon auf dem Standpunkte der Protoplasmalehre stand und für eine Zelle bloß die einkernigen Protoplasmaklümpchen hielt, wird der Gedanke von KOELLIKER weiter gesponnen. HAECKEL hält die nicht in Zellen differenzierten Gebilde und Massen, von denen er als Beispiel die „Zellnetze, Muskel- und Nervenröhren" anführt, für „Organe erster Ordnung (Zellfusionen, Zellstöcke, Cytocormen, höhere Elementartheile)".

Diese Angaben beziehen sich, wie man sieht, vor allem auf die „Elementarbestandteile" der tierischen Gewebe, nun sind schon früher, ehe man sich noch die Gegenwart des Protoplasmas vergegenwärtigte, auch auf ganze Gewebe sich beziehende Angaben erschienen; schon KOELLIKER rechnet hierher (1852) auch die „Zellnetze".

In der Histologie von LEYDIG (1857) findet man zuerst die Angabe, daß eine Epithelschicht auch durch eine einfache, das ist nicht in Zellen zerteilte Masse repräsentiert werden kann (l. c. S. 113) und der Verfasser hat dabei direkt das Protoplasma im Sinne. Dann folgte MAX SCHULTZE, in dessen Artikel vom Jahre 1861 besonders auf den nicht zelligen Bau des embryonalen Bindegewebes (offenbar des Mesenchyms der neueren) hingewiesen wurde. „Gewebe, gebildet aus zum Teil membranlosen Zellen, die auf dem Punkte stehen, untereinander zu verschmelzen, kommen bei niederen Organismen mehrfach vor", sagt er bei dieser Gelegenheit.

Der Begriff eines nicht aus Zellen bestehenden Gewebes — die Botaniker kannten damals schon das „Plasmodium" — war also da; jetzt wurde dafür noch ein anderer Name vorgeschlagen; diesen lieferte HAECKEL.

In seiner Monographie der *Calcispongien* (Teil 1, 1872) macht HAECKEL darauf aufmerksam, daß das Ektoderm dieser Organismen durch eine einfache Protoplasmaschicht, ein „Syncytium", repräsentiert wird[1]. „Syncytium nenne ich", sagt er, „bei den

---

[1] Die Angabe HAECKELs von dem „syncytialen" Zustand des *Calcispongien*ektoderms war jedoch, wie später (1875) F. E. SCHULZE zeigen konnte, nicht richtig; es gibt da bei erwachsenen Exemplaren doch Zellen. An der Sache änderte dies nichts, da man unterdessen auch anderswo „syncytiale" Zellschichten gefunden hat.

Kalkschwämmen die ganze Gewebsmasse, welche durch die Verschmelzung der Geißelzellen des Exoderms der Flimmerlarve entstanden ist.",, Das Syncytium unterscheidet sich von dem Plasmodium durch die Anwesenheit der Kerne der Zellen, aus denen es entstanden ist, das Plasmodium ist ein Komplex von verschmolzenen Cytoden". Haeckel wollte also zweierlei Begriffe unterscheiden, so wie er damals kernhaltige „Zellen" und zellkernfreie „Cytoden" unterschieden hat.

Es ist nun vollkommen klar, daß sich der Haeckelsche Begriff eines „Syncytiums" auf keine Weise mit dem Begriffe eines „Elementarorgans", wie ihn nach seiner Auffassung z. B. die Muskelfasern vorstellen sollen, deckt.

Auch Haeckel dachte also beim Aufstellen seiner Begriffe, so wie vor ihm Max Schultze, darauf, daß die betreffenden Gebilde oder Gewebe des *Metazoen*körpers ihren jetzigen Zustand durch Zellenverschmelzung erhalten; das ist nicht für einen jeden Fall richtig, ich erwähnte schon oben die Remakschen Beobachtungen, nach denen die Muskelfasern durch das Vergrößern von Zellen entstehen. Man mußte schließlich einsehen, daß man ähnlich auch die Syncytien auffassen muß.

Man hat jetzt angefangen — die Einzelheiten brauche ich vielleicht nicht anzuführen — die „Syncytien" und die „Elementarorgane" unter einem und demselben Begriffe zu subsumieren, für den man den Namen „Syncytium" benützte. Man sprach von einem „syncytialen" Epithel und man bezeichnete daneben auch eine Muskelfaser als ein „Syncytium". Ich komme auf diese Verwirrung in der Terminologie unten besonders zu sprechen.

Zwei Autoren haben, bald nacheinander, auf die Wichtigkeit der „syncytialen" Zustände hingewiesen, und das Thema hat in der ersten Hälfte der neunziger Jahre des letzten Jahrhunderts ziemlich interessiert. Man dachte, daß man von dieser Seite aus die Zellenlehre wird reformieren können.

A. Sedgwick hat 1892 auf den bereits Max Schultze bekannten „syncytialen" Zustand des Mesenchyms, dann auf die bereits von Schwann behauptete Entwicklung der Nervenfasern aus reihenweise verschmelzenden Zellen hingewiesen und sagte, daß in beiden diesen Fällen von einem Aufbau der Gewebe aus Zellen keine Rede sein kann, dann hat er auf die Zustände bei der superfizialen Furchung der *Arthropoden*eier hingewiesen und besonders den Fall von *Peripatus* (siehe unten) hervorgehoben. Whitmann hat 1894 unter anderem darauf hingewiesen, daß ein und dasselbe Organ, er hat es auf dem Trichter des Exkretionsorganes der *Anneliden* demonstriert, einmal aus gut differenzierten Zellen besteht, während es ein anderes Mal von einer nicht weiter differenzierten syncytialen Protoplasmamasse zusammengesetzt sein kann. Daraus schloß Whitmann, daß der Aufbau eines Organes aus Zellen oder aus Protoplasma, das nicht die Form der Zellen hat, für die Funktion des Organes nebensächlich sein muß. Die Zellen sind demnach als physiologische Einheiten nicht unumgänglich notwendig, wie es die bisherige Zellenlehre annahm.

Gegen die bisherige Zellentheorie haben sich in ihren Artikeln auch Delage (1896) und sein Schüler Labbé (1897) ausgesprochen. Sie gingen dabei noch weiter; sie versuchten den Gedanken zu verteidigen, daß die Zellen überhaupt nur eine sekundäre Einrichtung vorstellen. Die vielkernigen *Protozoen* sollten nach ihnen die Vorfahren der *Metazoen* sein, in deren Körpern sich das Protoplasma also erst nachträglich und dazu nicht überall in Zellen zerteilt hat, so wie man es noch heute bei der superfiziellen Furchung beobachten kann.

Die Bestrebungen von Sedgwick, Whitmann, Delage und Labbé führten nicht zu einer Reform der Zellenlehre, da man sich damals noch mit den im Körper der höheren *Metazoen* bekanntlich eine große Rolle spielenden Grundsubstanzen keinen Rat wußte, und da man andererseits doch in der überwiegenden Mehrzahl der Fälle im *Metazoen*körper und bei seiner Entwicklung „Zellen" sah.

Erst seit dem Jahre 1899 hat die Frage der nichtcellulären Gebiete des Tierkörpers dadurch ein anderes Aussehen erhalten, daß man sich davon überzeugen konnte, daß die Grundsubstanzen nicht abseits liegende tote Partien des Körpers, sondern umgewandelte Cytoplasmapartien vorstellen. Darauf komme ich unten (Kapitel VII) zu sprechen. Seit 1911 versuche ich den Begriff eines „extracellulären Protoplasma" zu rechtfertigen.

B. Die Nomenklaturfrage.

Aus dem vorausgehenden wissen wir, daß beide Termine, sowohl der von de Bary eingeführte Terminus „Plasmodium", wie der Haeckelsche Terminus „Syncytium", für einheitliche Protoplasmamassen eingeführt wurden, die durch Zellenverschmelzung entstanden sind; der Unterschied besteht darin, daß es sich im ersteren Falle um ein Entwicklungsstadium eines primitiven pflanzlichen Organismus handelte, während in dem zweiten Falle der Terminus zum Bezeichnen des Epithels eines niedrigen *Metazoons* verwendet wurde, dann darin, daß das Plasmodium *(Myxomyceten)* durch das Verschmelzen von frei existierenden Individuen zustande kommt, während bei der Bildung eines Syncytiums nebeneinander liegende Gewebszellen verschmelzen .sollten.

Während also diese beiden Termine für ganz nahe verwandte Begriffe eingeführt wurden, fehlte auf der anderen Seite in der Wissenschaft eine passende Bezeichnung für die „höheren Elementarbestandteile", denn dieser Termin war offenbar, da mit ihm auch sehr Verschiedenes bezeichnet wurde, recht unbequem.

Ich sagte schon oben, daß man sich mit der Zeit gewöhnte, die Termine „Syncytium" bzw. „Plasmodium" zum Bezeichnen aller Fälle, in denen das Cytoplasma auf irgendwelche Weise zusammenhängt, zu verwenden, sogar auch in jenen Fällen, wo deutlich differenzierte Zellkörper mittels Cytodesmen untereinander zusammenhängen, spricht man oft von einem „Syncytium".

Am deutlichsten beobachtet man diese Ungenauigkeit im Anwenden der Termine in den Schriften von Emil Rohde. Rohde sprach zuerst (1908) von „vielkernigen Syncytien oder Plasmodien" und er wendet jetzt (1923) die Namen „Plasmodien" und „plasmodiale Zustände" der Gewebe an. Der ganze Metazoenkörper soll nach ihm ein vielkerniges Plasmodium vorstellen; das ist nur so möglich, daß er die Grundsubstanzen direkt unter den Begriff der Plasmodien subsumiert.

Auf der anderen Seite gab es Autoren, die die Notwendigkeit einer präziseren Differenzierung der Begriffe und der Termine fühlten.

Bonnet widmete der Frage 1903 einige kritische Kapitel und er hat mit spezieller Rücksicht auf die in der Placenta vorkommenden Zustände Folgendes unterschieden: 1. „Syncytien", welche er definiert: „Aus vorher schon mehr oder weniger gesonderten Zellen durch nachträgliche Verwischung der Zellgrenzen entstandenes Syncytium". 2. „Plasmodium": „Eine kernreiche Plasmamasse, die unter mehr oder minderer Massenzunahme des Plasmas und wiederholter Kernteilung aus einer Zelle entstanden, sich überhaupt nicht in Zellen gesondert hat." 3. „Symplasma": „Unter Verwischung der Zellgrenzen konglutierende, absterbende oder schon abgestorbene Symplasmamassen."

Bonnet berücksichtigt also in seiner Nomenklatur vor allem die Genese, bzw. das Schicksal der zusammenhängenden Plasmamassen, man kann ihm aber schwer folgen, da man, wie ich schon sagte, an den fertigen Gebilden bzw. Geweben kaum jemals erkennt, auf welche Weise sie entstanden sind und da sie außerdem auch auf beiderlei Weise, das ist sowohl durch die Verschmelzung der Zellen, wie (in einem späteren Stadium) durch die Unterdrückung der Zellbildung (darüber unten näheres) entstehen können. Schon früher wollten einige für die durch Zellenverschmelzung entstandenen Massen den Namen „Plasmodium" anwenden. Auch in diesem Werke wird anderswo der Name so angewendet.

Ich selbst verwende seit dem Jahre 1911 die Namen „Syncytium" und „Symplasma". Den letzteren habe ich mir 1903 aus dem alten Hansteinschen Termin „Symplast" (vgl. S. 493) gebildet; v. Spee hat ihn schon 1901 angewendet. Als „Syncytium" bezeichne ich die einer Mehrzahl von Zellen entsprechenden Gebilde, als „Symplasma" die einer Mehrzahl von Zellen entsprechenden Gewebe; die Muskelfaser wäre demnach ein „Syncytium", ein nicht aus Zellen bestehendes Epithel wäre „symplasmatisch".

Meine jetzigen Termine, „Syncytium" für die Gebilde, „Plasmodium" für die Gewebe, sind schon aus der Einleitung (S. 491) bekannt[1].

---

[1] Nach Einverständnis mit dem Herausgeber dieses Werkes!

C. Die Objekte.

1. Nichtcelluläre Zustände bei den Pflanzen.

Von den Algen, die entweder einzellig sind oder einen streng durchgeführten cellulären Bau zeigen, macht die Gruppe der oben (S. 493) bereits erwähnten Siphoneen eine Ausnahme. Es handelt sich in ihnen offenbar nicht um eigentümliche große Zellen, sondern um „nichtcelluläre" Organismen, das ist um solche, bei denen die Zellbildung gänzlich unterdrückt wurde. In der Tat muß man die nächsten Verwandten der *Siphoneen* unter vielzelligen Algen — nicht unter den einzelligen — suchen (vgl. Lotsy (1907) (Abb. 35).

Nichtcelluläre Zustände findet man weiter in den Hyphen einiger *Pilze.* In der Regel bestehen die Hyphen aus langen reihenweise verbundenen Zellen, doch sie können auch sehr lange, von Zellmembran umgebene Cytoplasmaschläuche mit zahlreichen Zellkernen vorstellen. Nichtcelluläre — plasmodiale — Zustände findet man auch in den Reproduktionsorganen mancher *Pilze.*

In den Körpern höherer vielzelliger Pflanzen, der *Gefäßkryptogamen* und der *Phanerogamen,* beobachtete man schöne Fälle von Plasmodien wieder in den Fortpflanzungsorganen. Bei *Equisetazeen* findet man z. B. ein Keimsyncytium, in dem Sporen entstehen, bei *Phanerogamen* stellt das sog. „Wandplasma des Embryonalsackes", das

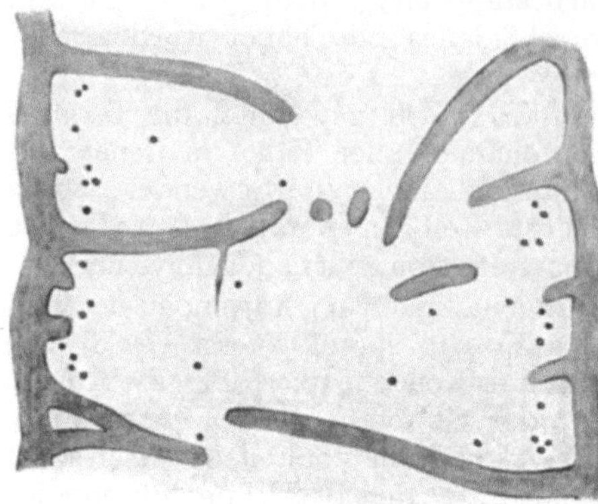

Abb. 35. Schnitt durch den acellularen Thallus von Caulerpa, mit eingezeichneten Zellkernen [Nach Bělař aus Hartmann (1925) — vereinfacht.]

später in Zellen zerfällt, ein Plasmodium vor. Als „Syncytien" präsentieren sich uns schließlich einige Milchgefäße. Sonst sind bei höheren Pflanzen nur wahre „Zellfusionen" vertreten.

2. Die nicht typisch einzelligen Protozoen.

Neben den typisch „einzelligen" Protozoen gibt es auch solche, die im Innern ihres Körpers zahlreiche Zellkerne enthalten; in Anbetracht solcher muß man fragen, ob es sich wirklich um Zellen handelt.

Eine Opalina (vgl. Abb. 8d, S. 444) ist offenbar eine vielkernige Zelle, da sich ihr Körper weder in seinem Verhalten, noch was seine Größe betrifft, von dem anderer *Infusorien* (auch bei der Konjugation) auffallender unterscheidet.

Mit Rücksicht auf *Actinosphaerium* könnte man schon eher fragen, ob es eine Zelle oder ein Syncytium [1] vorstellt. Wenn man erwägt, daß es auch einkernige Individuen dieses Organismus gibt, so kann man sich endlich doch für dieselbe Deutung entschließen wie in dem früheren Falle. Noch anders verhält sich die Sache in Anbetracht der oft bedeutend großen Foraminiferen (Polythalamien), die in ihrem Körper Hunderte von kleinen Zellkernen enthalten können. Das sind gewiß keine vielkernigen Zellen, sondern man muß es entweder für „Syncytien" halten, oder für „nichtcelluläre Organismen"; ähnlich den *Siphoneen.* Max Hartmann hat vor einiger Zeit (1911) für derartige Organismen den Terminus „Polyenergid" vorgeschlagen, doch es wird durch diesen Namen nichts gesagt, was nicht auch in den beiden oben erwähnten Begriffen enthalten wäre. Es genügt, wenn wir uns vergegenwärtigen, daß es auch unter den *Protozoen* Organismen gibt, die sich über den Zustand einer einfachen Zelle erhoben haben.

3. Die Metazoen.

a) Die „Furchung" mit nachträglicher Zellendifferenzierung, künstlich unterdrückte Furchung.

In den zentrolezithalen Eiern teilen sich zuerst bloß die Zellkerne; sie wandern zu der Peripherie des Eies, wo sie erst zu Zentren von Zellen eines

---

[1] Bei den *Protozoen*körpern muß man wohl den Namen „Syncytium", nicht „Symplasma" anwenden.

Keimblattes werden. Oft werden die Zellkerne von einem deutlichen, ganz kleinen Cytoplasmahof umgeben, und man könnte somit meinen, eben dies sei die Zelle; es gibt Fälle (Abb. 36), in denen man sich davon überzeugen kann, daß die Grenzen der definitiven Zellen mit den Grenzen dieser Höfe durchaus nicht zusammenfallen müssen.

Den Fall der superfizialen Furchung hat gegen die Grundsätze der Zellentheorie, wie wir schon sagten, zuerst SEDGWICK verwertet, in der neueren Zeit beruft sich darauf besonders ROHDE (1916, 1923).

Den zweiten, weniger instruktiven Fall stellen die am Rande der Keimscheibe der discoidal

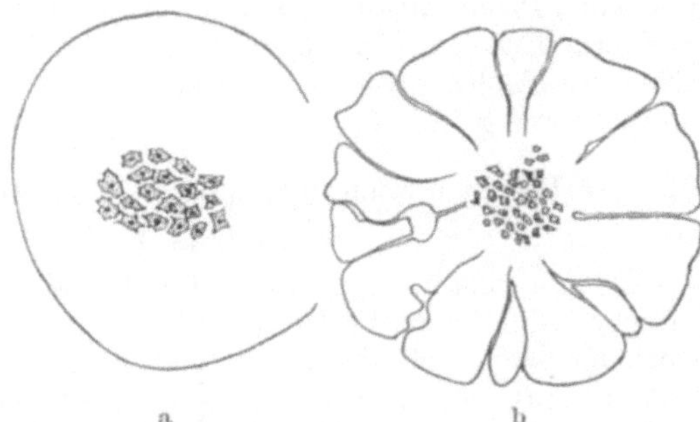

Abb. 36a, b. Furchung eines zentrolezithalen Eies von Geo-philus. (Nach SOGRAFF aus KORSCHELT und HEIDER.)

sich furchenden *Teleostier*eier vorkommenden Syncytien vor. HIS beschäftigte sich 1897 mit diesem Objekte sehr eingehend und er zeigte, unter welchen Umständen sich hier die Grenzen zwischen den zu den einzelnen Zellkernen zügehörenden Territorien bilden.

Nun kann man ähnliche syncytiale, bzw. symplasmatische Zustände auch artifiziell, an Eiern, die sich de norma furchen, hervorrufen. Die Furchung der Eizelle, bzw. die Teilungen der einzelnen Blastomeren lassen sich durch chemische Eingriffe einstellen und es resultieren dann einheitliche vielkernige Cytoplasmamassen, ähnlich denen, die wir von den vorangehenden Fällen erwähnten. LOEB gelang es 1901 nach Einwirkung von KCl-Gemischen bei *Chaetopterus* die Furchung zu verhindern, und er verfolgte dann die nichtzelligen Entwicklungsstadien bis zu der Trochophora. LILLIE beobachtete bei derselben Form 1902 ähnliche Zustände, von KOSTANECKI (1908) und von WILSON (1912) stammen weitere Angaben und neuestens gelang es POLOWZOW (1923, 1924) nach Alkoholwirkung „Mono-" und „Polysyncytien" bei *Seeigel*eiern zu erzielen. Die Teilung der einzelnen Blastomeren ließ sich dabei verhindern und der Keim bestand dann aus einer Anzahl von Syncytien. Eine Zusammenstellung der älteren, auf derartige Fälle sich beziehenden Literatur findet man bei KOSTANECKI (1908).

b) Die Keimblätter.

Hierher gehört vor allem der Fall, auf den schon 1892 SEDGWICK hingewiesen hat und den er später gegen die Zellentheorie verwertete. Bei einigen — nicht bei allen — Formen von *Peripatus* entwickeln sich die aus einer superfizialen Furchung hervorgehenden Keimblätter ohne Zellbildung, als Plasmodien, bzw. Syncytien, weiter. Der Fall ist offenbar nicht vereinzelt. Neuestens berichtet MONTEROSSO (1927) über den Zustand der Gewebe bei dem *Kopepoden Peroderma cylindricum,* wo alle Gewebe zeitlebens aus einfachen Protoplasmaschichten bestehen sollen und unwillkürlich kommt man zu dem Gedanken, daß es sich da um primäre Plasmodien handelt. Man kann derartige plasmodiale Zustände auch experimentell hervorrufen. Oben referierten wir schon über die Versuche von LILLIE und von LOEB, denen es gelungen ist, bei Chaetopterus Entwicklungsstadien bis zur Trochophora ohne Zellbildung zu züchten.

c) Die Embryonalhüllen und die Placenta der Säuger.

Hier soll das die Chorionmembran und die Chorionzotten bedeckende Epithel, das aus einer unteren „Grundschicht", dem „Cytotrophoblast" und aus

einer oberen „Deckschicht" von verschiedener Dicke, dem „Plasmoditrophoblast" besteht, erwähnt werden. Von dem letzteren kann man ein „Resorp-
tionsplasmodium" — eine Cytoplasmaschicht mit eingelagerten Zellkernen —
und ein „Proliferationsplasmodium" — ein plasmatisches Netz mit zahlreichen
Zellkernen, welches in das Muttergewebe der Decidua proliferiert, unterscheiden.
[Neueste Nachrichten über dieses Thema s. bei Florian (1928). (Z. mikrosk.-
anat. Forschg. 13).]

d) Die Syncytien, Plasmodien und Megacyten der Metazoengewebe.
α) Das Epithelgewebe.

Es gibt erstens „plasmodiale" Epithelien, die besonders bei Evertebraten
in sehr zahlreichen Fällen vorkommen. Sehr oft ist hier z. B. die unter einer
Cuticula sich befindende Hypodermis als eine einfache Cytoplasmaschicht
mit eingestreuten Zellkernen entwickelt (bei den *Nematoden* z. B.). Dagegen
sind bei den *Vertebraten* plasmodiale Epithelien eine seltenere Erscheinung,

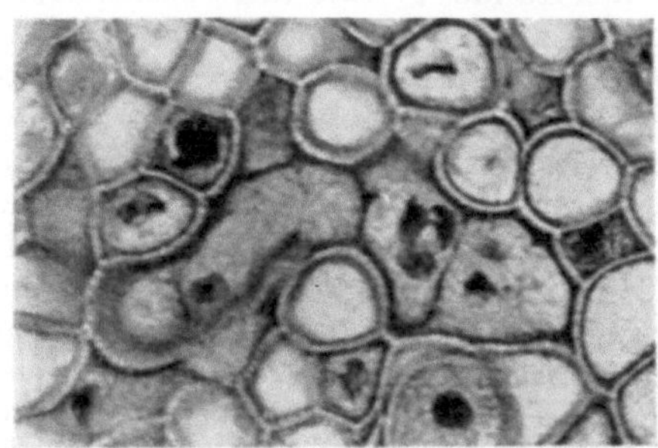

Abb. 37. Eine Riesenzelle aus regenerierter Epidermis von Petromyzon. [Nach dem Verf. (1912 b).]

die Epithelien behalten hier sogar mit einer gewissen Hartnäckigkeit (wie ich
darauf 1909 hingewiesen habe) den zelligen Bau. Ich beobachtete z. B. am
wachsenden Ende der Schwanzflosse von *Petromyzon* ein Plasmodium, plasmodial ist oft das Epithel der inneren Wand der Capsula Bowmanni der Niere,
das Endothel der Blutcapillaren an einigen Stellen usw. Plasmodiale Zustände
findet man oft in den Gonaden, doch diese sollen sogleich besonders zur Besprechung kommen.

Neben den plasmodialen Zuständen fand vielkernige Riesenzellen Tonkoff
(1899) in dem Plattenepithel des Herzbeutels der *Katze*. Zawarzin (1909) in
der Membrana Descemeti. — Ich beobachtete in der regenerierten Epidermis
von *Petromyzon* Riesenzellen, die durch ihre Form und teilweise entwickelte
Septen ganz deutlich zeigten, daß sie mehreren Zellen entsprechen (Abb. 37).

β) Die Gonaden.

Schon bei der Besprechung der bei den Pflanzen vorkommenden Plasmodien sagte ich, daß sich solche besonders in den der Fortpflanzung gewidmeten Teilen befinden; dasselbe gilt nun von den Tieren.

Man findet symplasmatische Partien sowohl in den männlichen wie in den
weiblichen Gonaden, und zwar sind da sogar jene Teile plasmodial, welche
Geschlechtszellen zu produzieren haben. Das überrascht nicht wenig, da man
gerade hier einen streng durchgeführten cellulären Aufbau erwarten sollte.

Es handelt sich um primäre Plasmodien, so entstanden, daß die Teilung
der Zellkerne nicht durch die Teilung des Cytoplasmas gefolgt wurde; die Zellen
können in ihnen auf verschiedene Weise wieder entstehen. Entweder zerfällt

das Plasmodium in Zellen, oder es bilden sich Zellkörper um die Zellkerne herum (darüber noch später).

Man findet hierher gehörende Fälle vielleicht bei allen Gruppen der *Evertebraten*. Beispiele davon habe ich in meiner Abhandlung vom Jahre 1918 zusammengestellt [sonst bei ROHDE (1923)]. Bei *Vertebraten* findet man einen symplasmatischen Zustand in der Wand der Samenkanälchen [BOUIN (1897), REGAUD (1901) u. a.] und wenn nicht anders, so wenigstens einen solchen Zustand der Sertolischen Plasmagebiete. Im Ovarium gibt es dagegen, soviel ich jetzt zu beurteilen vermag, einen cellulären Bau. Es scheint, daß die cellulären und nicht cellulären Zustände in den im Betracht kommenden Teilen abwechselnd vorkommen können.

Jetzt die Riesenzellen. Man kennt z. B. „Riesenspermatiden". BROMAN hat 1900 bei *Bombinator* Riesenzellen, den Polykaryocyten des Knochenmarkes ähnlich, beschrieben.

γ) Die Stütz-, Binde- und Füllgewebe („Baugewebe").

Sehr oft wird das Mesenchym als ein „Syncytium" aufgefaßt, doch meistens mit Unrecht; es handelt sich in ihm ursprünglich um einen netzförmigen „Zellverband", um ein Netz, in dessen Knotenpunkten sich zellkernartige Cytoplasmaanhäufungen, eben die Zellen, befinden. Stellenweise und sehr leicht können nun aus diesem Zellverbande, wie ich schon oben (S. 476) bemerkte, wirkliche Plasmodien entstehen, entweder so, daß die Zellverbindungen breiter werden, oder so, daß sich in bestimmten Partien Zellkerne vermehren, ohne daß ihre Teilung durch die Teilung der Cytoplasmaanhäufungen gefolgt wird. Es kann auch Mesenchymnetze geben, in denen die Cytoplasmaanhäufungen so klein sind, daß man sie nicht gut als Zellen bezeichnen kann.

Plasmodien können im Mesenchym z. B. dort entstehen, wo sich in ihm Knorpel bilden soll [SCHAFFER (1901) bei Petromyzon], aber gerade bei der Chondrogenese sieht man sonst in zahlreichen Fällen sehr deutliche Zellen (Abb. 56, S. 530). Im fertigen Grundsubstanzgewebe sieht man beinahe überall Zellen und netzartige Zellverbände, Netze usw.; nur in kleinen Bezirken kann da das Plasma beisammen bleiben.

Syndesmien, die in Plasmodien übergehen, beobachteten W. u. M. v. MÖLLENDORFF (1926) im lockeren Bindegewebe der *Säuger,* Plasmodien oder schon eher „Syncytien" entstehen auch in Mesenchymkulturen, wie darauf z. B. CHLOPIN (1922) aufmerksam macht, sonst bei pathologischen Prozessen; in einigen Tumoren.

Sehr häufig sind in den Geweben der Mesenchymgruppe Riesenzellen verschiedener Art, „Polykaryocyten" und „Megakaryocyten" [HOWELL (1891)]. Man kennt sie aus dem Knochenmark der *Säugetiere,* aus den Lymphdrüsen, als Osteoklasten usw.; ich fand „Megakaryocyten" an den Meningen des *Teleostiers Lophius piscatorius.* HEIDENHAIN hat sich mit solchen Gebilden in mehreren Arbeiten (1894, 1897, 1907) beschäftigt; er leitet sie, so wie es seine Vorgänger taten, von Leukocyten ab. Nach einer anderen Ansicht stellen die Polykaryocyten Gebilde vor, die durch Zellenverschmelzung entstanden sind; aus ihnen erst entstehen die Megakaryocyten mit ihren eigentümlich gestalteten Zellkernen [DI GUGLIELMO (1925)]. Schon oben haben wir uns (S. 445) mit diesen Gebilden, die einen Übergang zu den Syncytien vorstellen, beschäftigt.

Riesenzellen sieht man in normalen Geweben, sonst entstehen sie bekanntlich sehr häufig bei chemischer Reizung unter pathologischen Umständen: Riesenzellen, bzw. „Syncytien"; in Tuberkulose-, Actinomycose- und Syphilisknoten, dann in einigen Sarkomen. Man hat sie in zahlreichen Fällen auch durch mechanische und chemische Eingriffe künstlich hervorgerufen. Fremdkörperriesenzellen usw.

δ) Muskelgewebe.

Eine besonders große Verbreitung haben die nicht cellulären Gebilde und Massen im Muskelgewebe. Man muß annehmen, daß sich die Form der Zellen zur Produktion einer größeren Menge von speziell differenzierten Myofibrillen wenig eignet und daß die Natur eben deshalb zu diesem Zwecke mit Vorliebe die Form von Syncytien und Plasmodien wählt. Nur in den weniger differenzierten glatten Muskeln der *Vertebraten* und in einigen ihnen ähnlichen Geweben der *Evertebraten* genügt die Form der Zellen. Bei den Cestoden gibt es auch extracelluläre Muskelfasern als Teile eines Mesostromas. (Vergl. Abb. 41a, S. 504.)

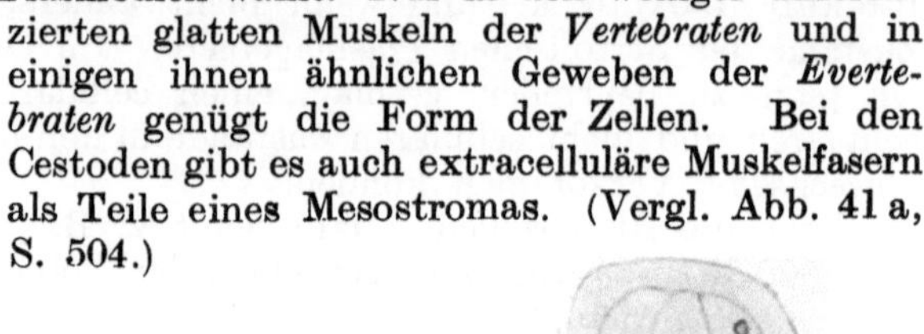
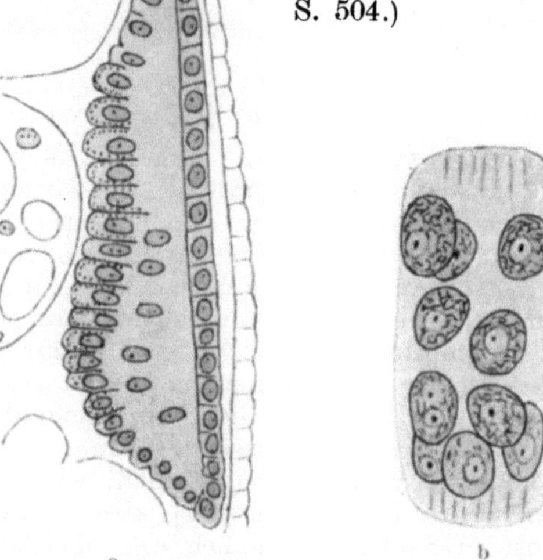
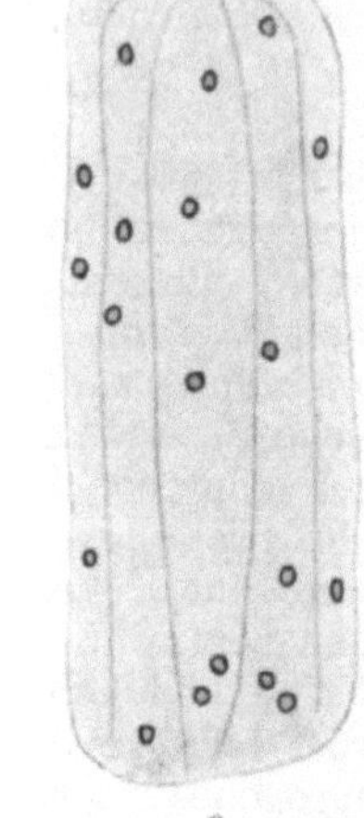

Abb. 38. a Das symplasmatisch angelegte Myotom von Petromyzon — Embryo 3 mm. [Nach Maurer (1894).] b Längsschnitt durch ein Muskelkästchen eines Embryo von Maraena. [Nach Sunier (1911).] c Querschnitt durch ein Muskelkästchen von Ammocoetes. [Nach Maurer (1894).]

Bei *Anneliden* findet man flache kästchenartige Muskelsyncytien, bei *Arthropoden* und bei *Mollusken* erscheinen walzenförmige syncytiale Muskelfasern.

Amphioxus besitzt, wie ich 1920 zu beweisen versuchte, Myomeren, die als Ganzes ein „Syncytium" oder ein „Plasmodium" — man ist hier in Verlegenheit, wie man es nennen sollte — repräsentieren. Es handelt sich um relativ sehr große, mit einem komplizierten „Muskelgerüst" versehene Gebilde, in denen die Zellkerne beinahe alle zu einer Seite verschoben sind. (Nach der Auffassung von Hatschek (1888), die meistens geteilt wird, sollte die Myomere aus ganz dünnen blattartigen Zellen zusammengesetzt sein.)

Bei den *Petromyzontiden* zerfällt die Myomerenanlage in große, flache Muskelkästchen",, (Abb. 38 c) und schließlich teilt sie sich beim erwachsenen Tiere in kleinere, flache oder prismatische Balken. Bei *Myxine* sieht man an ihrer Stelle lange walzenförmige Gebilde mit vielen Zellkernen, die eigentlichen „Muskelfasern", die man auch bei allen *Gnathostomen* in den Myomeren, dann in allen quergestreiften Muskeln findet [Maurer (1894, 1899)].

Die walzenförmigen Syncytien („Elementarbestandteile höheren Grades" der älteren Autoren), um die es sich jetzt handelt, sind von einer festen Zellmembran, dem „Sarcolemm", bedeckt und enthalten zahlreiche Zellkerne; das Plasma ist, so viel wir wissen, niemals zentriert. Es kann in einigen Fällen in der Umgebung der Zellkerne in der Umgebung der Zellkerne in der Gestalt von „Muskelkörperchen" (eine Art von Zellen; vgl. S. 452) angehäuft werden.

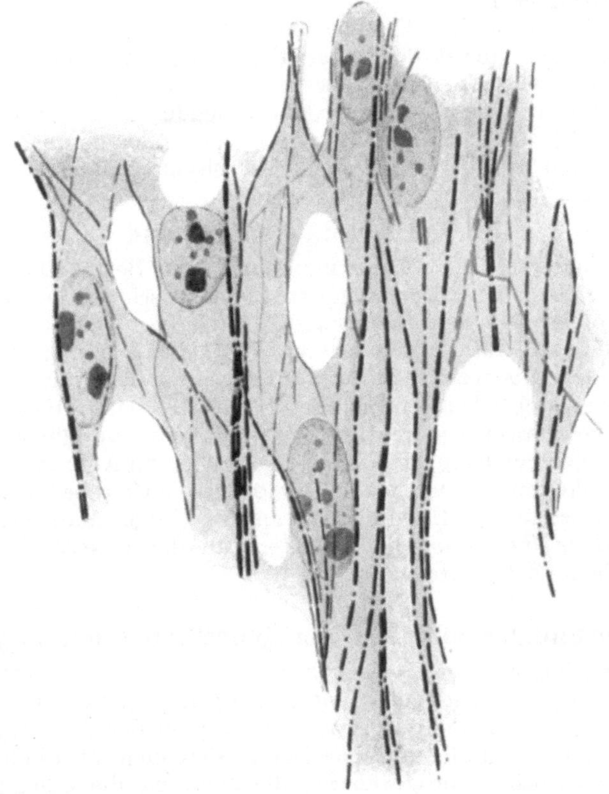

Abb. 39. Syncytial angelegter Herzmuskel eines Entenembryos. [Nach GODLEWSKI (1902).]

Die Muskelfasern sind entweder für sich abgeschlossene Gebilde oder sie verzweigen sich und verbinden sich untereinander, wodurch ein Netz entsteht, das man wieder mit dem Namen „Plasmodium" bezeichnen könnte [SCHIEF-FERDECKER (1909)]. Sie vermehren sich durch Längsspaltung, es sind das eben „Elementar-bestandteile" des Gewebes.

Der Herzmuskel wird in der neueren Zeit als ein netzartiges (bzw. gerüstartiges) Plasmodium gedeutet. Er entsteht aus einem typischen netz-artigen Symplasma [GODLEWSKI (1902), Abb. 39] und er wird im fertigen Zustande durch sog. „Quer-linien" in Territorien zerteilt. Nach WERNER (1910) können solche Territorien bis 20 Zellkerne ent-halten [Literatur bei DIETRICH (1910) und bei v. EBNER (1920)]. Versuche mit Kulturen zeigen jedenfalls die „Zellen" getrennt.

ε) Das Nervengewebe.

Hier ist wirklich symplasmatisch das „Neuroplas-modium" („Neurosyncytium" der Autoren), aus dem

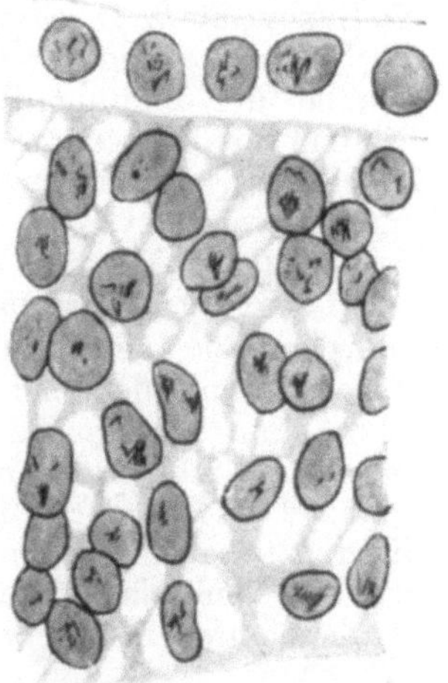

Abb. 40. Das Neuroplasmodium eines jungen menschlichen Embryos. [Nach HIS (1904).]

sich das Nervengewebe der *Vertebraten* entwickelt. Es ersetzt auf eine noch nicht bekannte Weise den früher an dieser Stelle im Ektoderm vorhandenen Zellenaufbau (Abb. 40).

Es ist dies ein netzartiges Gewebe, nicht unähnlich dem Mesenchym, doch ohne die in letzterem meist deutlichen Zellkörper. Aus ihm entsteht später die Neuroglia und das Ependym, aus speziellen Zellkernen des Symplasmas bilden sich die später seine Lücken einnehmenden Neuroblasten und dann Ganglienzellen. (S. 436). Unter abnormen Zuständen bildet das Neuroglia-gerüst Symplasmen, wieder denen des Mesenchyms ähnlich.

4. Der Artefakteneinwand.

Wie in den anderen Fällen kann man auch beim Betrachten mancher Syncytien und vor allem der Plasmodien den Einwand erheben, es handle sich um künstliche Cytoplasmaverschmelzungen, die unter dem Einfluß der das Protoplasma zu teilweiser Auflösung oder zur Aufquellung bringenden Fixierungsmittel zustandegekommen sind. In der Tat hat man in der früheren Zeit manches als Plasmodium beschrieben, was später seinen cellulären Bau verraten hat.

Um derartige Einwände zu entkräften, muß man die Objekte einmal mit Schrumpfung hervorrufenden, ein anderes Mal mit sie zur Aufquellung bringenden Fixierungsflüssigkeiten behandeln und womöglich die Gewebe wieder im frischen Zustande zu untersuchen. Es gibt auch andere Wege. Man hat früher z. B. manche Endothele für plasmodial gehalten, an denen später das Argentum nitricum deutliche Zellgrenzen zeigte.

5. Die Genese und das Schicksal der Syncytien und der Symplasmen.

Sowohl die Syncytien wie die Plasmodien hat man ursprünglich, das haben wir in dem geschichtlichen Teile hervorgehoben, für eine Art von Zellfusionen gehalten. Diese Deutung war unrichtig; in der überwiegenden Mehrzahl der Fälle entstehen die uns hier interessierenden Zustände so, daß die Zellbildung unterbrochen wird, während die Zellkerne die Fähigkeit zur Fortpflanzung behalten. Ich sagte bereits oben, daß nach unseren heutigen Kenntnissen die Art und Weise der Entstehung auf dem Aussehen und dem Verhalten des einen oder des anderen Gebildes keine deutliche Spuren hinterläßt, daß ein Syncytium z. B. einmal durch Zellenverschmelzung[1], ein anderesmal durch die Unterdrückung der Zellteilung entstehen kann, und ich bemerke noch, daß sich bei der Bildung der plasmodialen Gewebe sogar auch beide Arten der Bildung kombinieren können, so etwa, daß in einem in der Embryonalzeit aus Zellen bestehenden Gewebe die Zellen sehr früh untereinander verschmelzen, und daß von jetzt an in dem so entstandenen und weiter unter Kernvermehrung wachsenden Teile jede Zellbildung unterdrückt wird.

In einem jetzt symplasmatischen wahren Epithel befanden sich in der Mehrzahl der Fälle zuerst Zellen, da ja die Keimblätter in der Regel aus solchen bestehen; diese Zellen sind zusammengeschmolzen, und die Zellbildung wurde von jetzt an unterdrückt. Da sich aus einem Symplasma wieder Zellen bilden können, kann die Sache manchmal noch komplizierter werden, wie der folgende Fall zeigt: Das Ektoderm besteht bei einer *Vertebraten*form zuerst aus deutlich differenzierten Zellen, im Bereiche der Neuralplatte entsteht daraus ein netzartiges „Neuroplasmodium", und aus diesem schließlich einerseits die Neuroglia mit ihren deutlichen „Zellen", andererseits die Ganglienzellen. Es gibt

---

[1] So das Plasmoditrophoblast der Chorionzotten beim Menschen, das sich durch das Verschmelzen der sog. Langerhansschen Zellen bildet. (Neuestens Florian, Verhandl. d. anat. Gesellsch. 1928.)

aber auch symplasmatische Epithelien, die später regelrecht in Zellen zerfallen, in den Gonaden kommt so etwas vor.

Im Mesenchym gibt es zuerst isolierte Zellen, dann ein Zellennetz und schließlich stellenweise ein kompaktes Plasmodium, aus dem die Zellkörper wieder regenerieren und sich davon loslösen (frei werden) können. Auch hier kann beides, sowohl Zellenverschmelzungen wie die Unterdrückung der Zellbildung, vorkommen. (Ich sprach darüber schon auf S. 475). Bei der Chondrogenese bilden sich in dem Symplasma wieder Zellen. Die kompliziertesten Zustände gibt es im Muskelgewebe, z. B. dem der *Vertebraten*, wie folgende Beispiele zeigen:

Bei *Amphioxus* gibt es im Myotom zuerst Zellen, die Zellen verschmelzen untereinander, und es erscheint da ein Symplasma, das sich vergrößert, ohne daß es in typische Zellen zerfällt. Auf der Oberfläche der Zellkerne entstehen später „Muskelkörperchen" (vgl. S. 462, Abb. 13). Bei den *Cyklostomen* gibt es in früher Embryonalzeit Zellen, dann ein Syncytium (Abb. 38 a, S. 500), die ganze Myomere wird einheitlich, und schließlich die oben erwähnten Muskelkästchen (Abb. 38 c). SUNIER (1911) bestreitet es. Bei *Acipenser* gibt es Zellen, Muskelkästchen und zuletzt walzenförmige Muskelfasern. Bei den *Amphibien* entwickeln sich Muskelfasern aus Zellen, von denen jede einzelne zu einem Syncytium wird. [REMAK (1855), FRANZ (1915)]. Bei den *Säugetieren*, wohl auch anderswo, vergrößern sich bei der Muskelfaserbildung Myotomzellen, daselbst kommt es auch zu Zellenverschmelzung [vgl. ASAI (1914)].

Wo sich Zellen in einem Syncytium, bzw. in einem Plasmodium bilden, kann es sich um einen einfachen Zerfall in Zellen handeln, so daß Scheidewände zwischen den Zellkernen erscheinen, oder um jenen Typus, den ich 1918 mit dem Namen „Zellregeneration" (vgl. S. 452) bezeichnet habe.

Die Zellverschmelzung und Zellunterdrückung auf der einen Seite, der Zerfall in Zellen und die Zellbildung auf der anderen sind also Prozesse, durch welche die Bildung der Syncytien und Symplasmen begleitet wird. Sehr konservativ sind in der Regel die Epithelien, vor allem jene der Körperoberfläche, in denen man meistens von Anfang an einen regelmäßigen Zellenaufbau beobachtet und wo schon netzartig zusammenhängende Zellen zu Ausnahmen gehören.

6. Das extracelluläre Protoplasma.

Neben den Begriffen der Syncytien und der Plasmodien kann man noch den des „extracellulären Protoplasmas" unterscheiden. Unter den beiden ersteren verstanden wir kompakte Komplexe, die in typischen Fällen einer Mehrzahl von Zellen entsprechen, unter dem Begriffe des „e. P." einen mehr oder weniger selbständigen Komplex von Zellfortsätzen oder von Zellverbindungen; ein Protoplasma, das sich außerhalb der Zellkörper, aber auch außerhalb der Syncytien und der Plasmodien befindet. Den Begriff eines „extracellulären Protoplasmas" habe ich (1911 c) aufgestellt, und ich widmete 1913 dem Thema eine umfangreichere Abhandlung. Führt man auf diesem Gebiete den Begriff der Gesamtzellen (Cytone) (S. 439) und ihrer Verschmelzungen (Syncytonien) ein, wird wohl etwas — nicht alles — für die strenge Zellentheorie gerettet.

Wir erwähnten oben auf S. 484 die „Zellbrückennetze", die sich in einigen Epithelgeweben und in zahlreichen Fällen im Mesenchym zwischen den Zellen befinden. Von den mittleren Trabekeln solcher Netze läßt sich schwer entscheiden, wohin sie gehören; es ist da eben keine Grenze angedeutet, die das zu der einen Zelle gehörige von den Produkten der anderen Zelle trennen würde. Die oben schon erwähnten Beobachtungen an Mesenchymkulturen [LEWIS (1921)] beweisen, daß sich unter gewissen Umständen das Plasma zu den Zellkörpern zurückziehen kann, und daß das „extracelluläre" Plasma eigentlich

doch Beziehungen zu den „Zellkörpern" hat. Nun entwickeln sich im Tierkörper (nicht in den Kulturen, wo die Zellen es nicht brauchen) zwischen den
Zellen äußerst umfangreiche Netze, „Mesostromen", und von diesen sind besonders diejenigen auffallend, die sich zwischen gegeneinander liegenden Keimblättern und Organanlagen [Szily (1904)] befinden. Die Trabekeln dieser oft
in eine gallertartige Grundsubstanz sich ändernden Gerüste (Abb. 22, S. 474) verlieren, so scheint es, ihre ursprünglichen Beziehungen zu den im Bereiche der
Keimblätter bleibenden Zellen vollkommen und jetzt kann man da mit vollem
Rechte von einem „extracellulären Protoplasma" sprechen.

Eine Eigentümlichkeit solcher „Mesostromen" besteht darin, daß sie sich
sehr bald nach ihrem Entstehen durch feine Membranae limitantes (terminales)
den Keimblättern und den Organanlagen gegenüber begrenzen. Jetzt sind
sie noch deutlicher „extracellulär" und sie können, wie der Fall des Glaskörpers (auf den gerade Szily hingewiesen hat) beweist, lebenslang so bleiben;
in anderen Fällen erhalten diese extracellulären Netze jedenfalls nachträglich
Zellen in der Form der Mesenchymzellen, die in sie einwandern. Auch zwischen den
Mesenchymzellen kann sich ein „sekundäres" Mesostroma bilden (Abb. 23, S. 476).

So wie sich ein Mesostroma zwischen zweien Keimblättern bildet, kann in
anderen Fällen auf der freien Oberfläche eines Epithels ein feines, aus Zellfortsätzen bestehendes Gerüst entstehen, das man wieder zu der Kategorie des
„extracellulären Protoplasmas" rechnen kann. Ich habe dafür 1913 den Namen
„Exostroma" vorgeschlagen.

Hierher gehören die Anlagen der „Otosomen" aus den Gehörorganen, die
bei *Vertebraten* in verschiedener Form entwickelt sind und die man früher
allgemein für einfache Zellsekrete gehalten hat. Sie haben eine bestimmte
Form, eine bestimmte Größe, sie enthalten Strukturen und auch ihr Gewicht ist
(da wo sie Otolithen oder Otoconien bilden) wohl nicht gleichgültig. Über ihre
biologische Bedeutung wird zwischen Wittmaak und Kolmer (1921, der sie für
ein Sekret halten will) polemisiert. (Vgl. den Bd. III, 1 S. 296 dieses Werkes.)

Einen anderen Fall, der hierher gehört, stellt der sog. Reissnersche Faden
aus den Gehirnventrikeln und dem Canalis centralis des Rückenmarkes der *Vertebraten*, der den vorangehenden Gebilden nicht allzu fern steht vor. Es handelt
sich in ihm um zusammengeschmolzene Zellfortsätze von bestimmten Gruppen
von Ependymzellen, die sich an der Grenze zwischen Zwischenhirn und Mittel-
hirn befinden; das von ihnen produzierte „extracelluläre Protoplasma" reicht
bis an das Ende des Rückenmarkes und wird nach der Durchtrennung regeneriert. (Vergl. Nicholls 1912.)

Schließlich kann man sogar den größten Teil des im Nervensystem enthaltenen Protoplasmas als „extracelluläres Protoplasma" auffassen. Zuerst
gibt es da Neuroblasten, die aus ihren Körpern feine Ströme von Protoplasma
aussenden und dann als Ganglienzellen zusammen mit ihnen dasjenige bilden, was
wir nach dem Vorgange von Waldeyer (1891) mit dem Namen „Neurone" bezeichnen. Der Körper, die „Ganglienzelle" im engeren Sinne des Wortes, ist
die eigentliche Zelle, einer Mesenchymzelle vergleichbar, zusammen mit den
Dendriten und dem Neuriten bildet sie das „Neuron", eine Art „Gesamtzelle".
(Vgl. S. 439.) Nach der Silberimprägnation findet man solche „Neurone" in
den meisten Fällen, doch manchmal in so bizarren Formen (Abb. 41 b),
daß wir zweifeln müssen, es handle sich in ihnen überhaupt um „Zellen", besonders wenn wir aus den bekannten Versuchen von Bethe (1897) an *Carcinus*
wissen, daß sich die extracellulären Teile bedeutend selbständig benehmen
können. Es gibt Autoren, die an dem Vorhandensein eines Neuronenaufbaues
zweifeln und neuestens gelang es, die älteren Angaben von Dogiel (1891),

von APÁTHY (1897). zu bestätigen, nach denen die Neurone direkt zusammenhängen. STÖHR hat es neuestens (1923) an den PURKINJEschen Zellen nachgewiesen, deren Dendriten nach seinen Befunden zu einem Netz verbunden sein sollen. Die nervösen Zentralorgane enthalten also doch zusammenhängende Netze; nicht unähnlich denen, die seinerzeit GERLACH angenommen hat. [Näheres über die Neuronenlehre kann man im Bd. IV, 1 dieses Werkes (S. 119) nachsehen].

Dies wären also die Fälle von „extracellulären" Netzen, bzw. Gerüsten,

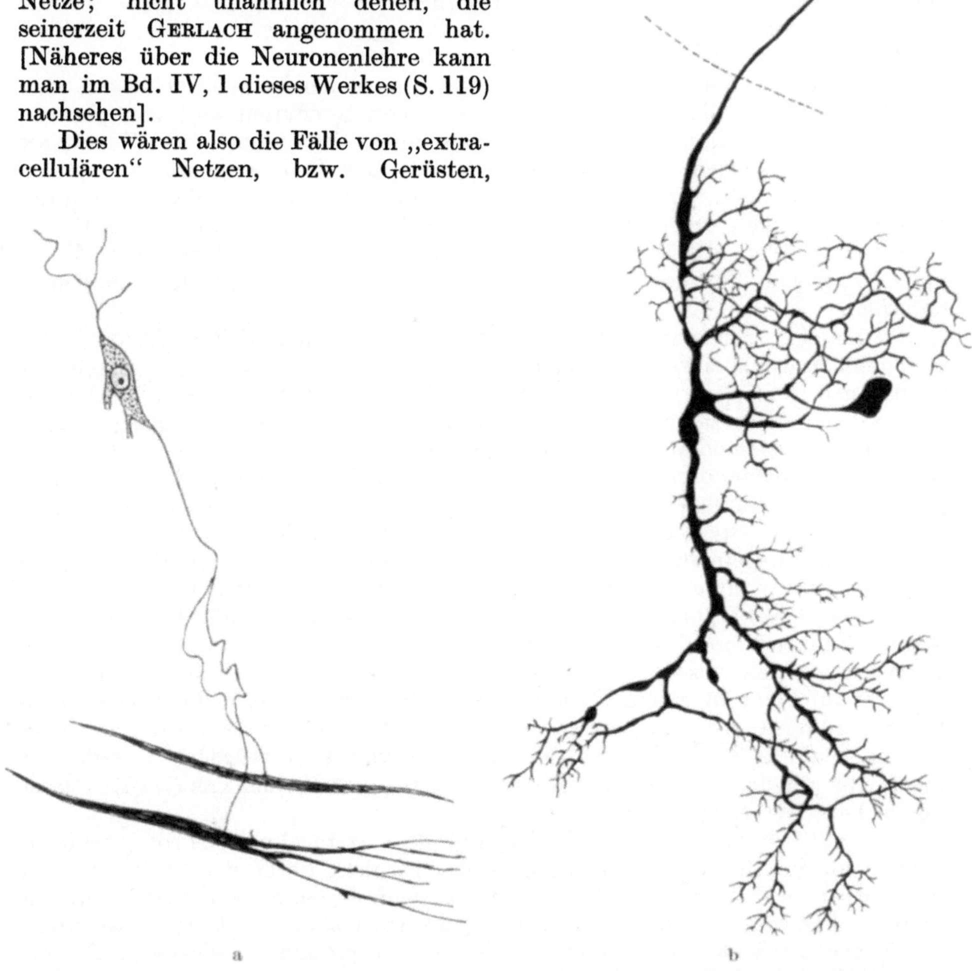

Abb. 41. a Bindegewebszelle in Verbindung mit einer extracellulären Muskelfaser von einer Taenia. [Nach ZERNECKE (1895), aus M. HEIDENHAIN (1907).] b Ein Neuron aus einem Gehirnganglion von *Carcinus maenas*. Die punktierte Linie deutet die Neuropilgrenze an, welche der austretende Azom überschreitet. [Nach BETHE (1897), aus HEIDENHAIN (1911).]

von denen wir manchmal mit Berechtigung zweifeln können, sie seien in bestimmten Zellen bzw. Zellkernen unterworfene Territorien zerlegbar. Beim Besprechen der Grundsubstanzen und der Cuticularsubstanzen kommen wir zu diesen Begriffen nochmals zurück.

7. Auf die nicht cellulären Zustände (Syncytien und Plasmodien) sich beziehende Theorien.

Hier muß in erster Linie die Energidenhypothese von JULIUS SACHS (1892) (vgl. oben auf S. 493) erwähnt werden.

Nach Sachs gehört zu jedem Zellkern ein Cytoplasmaterritorium, dessen Zentrum er vorstellt; eine Zelle mit einem Zellkern entspricht einer Energide, eine umfangreiche Zelle mit zahlreichen Zellkernen sollte ebensoviele Energiden enthalten. Die Energiden wären demnach etwa dasselbe wie untereinander verschmolzene nackte Zellen; so etwa hat den Gedanken Koelliker (1897) verstanden, der ihn bald nach dem Veröffentlichen der Sachschen Lehre für die tierische Histologie fruchtbar machen wollte und dabei seine alten Ansichten über Zellen und Protoplasten weiter ausgebreitet hat.

In der Energidenlehre von Sachs kann man einen Versuch erblicken, den durch die immer sich mehrenden Befunde von Syncytien und von plasmodialen Zuständen (auf die gerade damals auch Sedgwick und Whitmann aufmerksam machten) gefährdeten Gedanken der Cellulartheorie zu retten. In Anbetracht der nicht aus Zellen bestehenden Gebilde und Massen konnten jetzt die Zoologen sagen, jene Gebilde und Massen bestehen zwar nicht aus (tierischen) Zellen, die Protoplasten sind in ihnen jedoch trotzdem als „Energiden" zugegen. Man konnte jetzt sogar von einer „Zellen- und Energidenlehre" sprechen.

Es handelt sich nun darum, ob der Grundgedanke der Energidenlehre, nach dem zu jedem einzelnen Zellkerne eine bestimmte Cytoplasmapartie gehören sollte, auch richtig ist. In der Beantwortung dieser Frage müssen wir zulassen, daß es dem in sehr zahlreichen Fällen wirklich so sein kann, die Zellkerne liegen nämlich in plasmodialen Geweben (z. B. Epithelien) oft in bestimmten Abständen voneinander, genau so, wie wenn da Zellen wären, doch es gibt auch zahlreiche Ausnahmen. Es gibt viele Fälle, in denen die Zellkerne in einem Gebilde an einer Stelle angehäuft sind; es gibt Muskelfasern, in denen die Zellkerne ganz unregelmäßig zerstreut sind, bei Amphioxus sind sie alle bei einer Oberfläche der symplasmatischen Myomere, bei der Furchung der Geophiluseier (vgl. Abb. 36, S. 497) liegen sie alle im Zentrum, usw. Es gibt also Fälle, in denen sich die Zellkerne um das Cytoplasma offenbar nicht viel kümmern, oder wenigstens keine Tendenz zeigen, es zu „beherrschen". Schließlich können die Zellkerne ihren Platz in einem Plasmodium oder einem nicht cellulären Gebilde bei Strömungen des Cytoplasmas ändern und wieder ist es höchst unwahrscheinlich, daß sie hier Zentra von Energiden vorstellen würden. Gerade mit Rücksicht auf die *Caulerpa* machte Berthold [nach Koelliker (1897) zitiert] diesen letzteren Einwand geltend.

Der zuletzt oben erwähnte Fall, derjenige des „extracellulären Protoplasmas", beweist am deutlichsten, daß das Cytoplasma nicht unter dem Einflusse von bestimmten Zellkernen stehen muß. Jedenfalls kann es auf der anderen Seite auch nicht ohne den Einfluß von Zellkernsubstanz bleiben; es ist offenbar gleichgültig, welche Zellkerne auf das Cytoplasma einwirken oder mit ihm in Wechselwirkung stehen.

Wir können den wirklichen Tatbestand etwa auf folgende Weise kurz charakterisieren. Eine typische tierische Zelle — Protoplast — besteht aus einem Zellkern und der zu ihm zugehörenden Cytoplasmapartie von bestimmter Größe; die Zellen können gegeneinander entweder scharf (auf diese oder jene Weise) abgegrenzt sein, es kann aber auch zum Verschmelzen des Cytoplasmas kommen oder es können nach der Zellkernteilung die Zellkörperteilungen unterbleiben. Man kann voraussetzen, daß in diesem Falle die Zellen doch jetzt als „Energiden" zugegen sind, nun kann sich aber das Verhältnis von Cytoplasma und Zellkern ändern, die Zellkerne können sich z. B. an einigen Stellen anhäufen, das Cytoplasma kann aus dem Bereiche der Zellen als extracelluläres Protoplasma auswachsen usw.; dann hat man kein Recht, von „Energiden" zu sprechen. Der Gedanke der Zellenlehre wird also durch die Energidenlehre schließlich doch nicht gerettet. Zellkern und ihn umgebende Cytoplasmaterritorien stellen bloß den am häufigsten vorkommenden Fall vor.

Eine andere Theorie, die man an das Vorhandensein der Syncytien und der Plasmodien knüpfte, ist eine auf die Genese des vielzelligen Zustandes sich beziehende Lehre.

DELAGE, LABBÉ, ROHDE wollten, wie wir schon oben sagten, in den Symplasmen den urprünglichen Zustand erblicken, dem gegenüber die Differenzierung in Zellen erst sekundär entstehen würde. Von den Protozoen sollten die vielkernigen Formen besonders wichtig sein, da sie den Übergang zu den vielkernigen vorstellen. Von einem opalinaähnlichen Infusor wollte man z. B. ein salinellaähnliches *Mesozoon* ableiten. Die ursprüngliche Form der Furchung wäre nicht diejenige, bei der sich die Eizelle total teilt, sondern diejenige vieler *Arthropoden*, bei der erst nachträglich die Zellen zum Vorschein kommen usw. Der ursprüngliche Zustand würde sich auch in den plasmodialen Epithelien, den syncytialen Muskelteilen usw. zeigen.

Neuestens hat zahlreiche auf Syncytien und auf plasmodiale Zustände sich beziehende Literaturangaben in mehreren Abhandlungen EMIL ROHDE (1908—1923) zusammengestellt; er rechnet hierher auch Fälle, in denen Zellen mittels deutlicher Cytodesmen untereinander zusammenhängen und schließlich auch solche, in denen zwischen ihnen durch Protoplasmaumbildung entstandene Grundsubstanzen liegen. Nur so kann er sagen, daß „vielkernige Plasmodien" im *Metazoen*körper überall vorkommen; sogar für den Pflanzenkörper reklamiert er die plasmodiale Natur. Er wiederholt die längst verworfenen Ansichten von RUSSOW, von DELAGE und von LABBÉ über den Wert der Zellen. (Vergl. S. 494.)

Gegen diese Lehren kann man folgendes einwenden: Bei den Pflanzen sieht man kontinuierliche Reihen von Organismen, die mit einzelligen Formen anfangen und zu vielzelligen führen, und es ist wenig wahrscheinlich, daß es im Tierreich anders sein sollte, dazu haben wir nicht die geringste Ursache auf die Verwandtschaft von opalinaartigen *Infusorien* oder der *Foraminiferen* mit den niedrigsten *Metazoen* zu glauben. Bei allen ursprünglichen *Metazoen* finden wir die totale Furchung und die superfiziale wird ganz deutlich durch Dotteranhäufung in den Eiern bei einigen nicht ganz primitiven Gruppen hervorgerufen. Gerade die primitiven Epithelien bestehen in den zahlreichsten Fällen aus Zellen, und gerade das eine Spezialfunktion besorgende Muskelgewebe bildet in seinem Inneren verschiedene Syncytien usw. Die Syncytien und die Plasmodien stellen, so häufig sie auch vorkommen, immer nur eine Ausnahme vor.

Die Ansichten von ROHDE hat SCHAXEL einer Kritik (1917. Naturwiss.) unterworfen, doch gerade er ist wieder für den Gedanken der Zellentheorie zu stark eingenommen; er übersieht die Bedeutung der synplasmatischen Zustände beinahe vollkommen. Den Umstand, daß die Natur die Form einer Zelle und sogar einer Energide so leicht verläßt, ist jedenfalls äußerst wichtig; wir kommen unten (Kap. IX) darauf nochmals zu sprechen.

VI. Fibrillen und Fasern (Fasergebilde).

Im Cytoplasma und in den Grenzschichten der Zellen, in den Syncytien, den Plasmodien, im extracellulären Protoplasma, dann in den extracellulären Bausubstanzen (vgl. Kapitel VII) des Tierkörpers findet man lange, faserartige, den betreffenden Substanzen zugehörige Strukturen, die sich ganz deutlich, jedoch auf sehr verschiedene Weise, an den Funktionen der Zellen und ganzer Gewebe beteiligen oder diese direkt bedingen. Die Histologen wollten bisher die verschiedenen Fasergebilde nicht unter einem Gesichtspunkte betrachten; die einen hielten sie für Protoplasmastrukturen, während die anderen von ihnen zu den Produkten des Protoplasmas gerechnet wurden, aber die Fasergebilde zeigen sowohl in der Art ihrer Genese — in den dichteren — nicht in den dünnflüssigen — kolloiden Substanzen des Tierkörpers — wie in ihrem Verhalten im fertigen Körper soviel Analogien, daß es wohl nicht unrichtig sein wird, wenn ich sie — wie ich es seit Jahren in Spezialarbeiten tue — auch hier alle gemeinschaftlich besprechen werde.

Man findet feine „Elementarfibrillen", die sich von der „Mikrostruktur" des Cytoplasmas — und der von ihm abgeleiteten Substanzen — nicht viel unterscheiden, dann dickere „Fibrillen", ganze Bündel von solchen, dickere und sogar sehr dicke „Fasern" oder „Balken", und schließlich Gebilde, die schon nicht mehr faserförmig sind, die „Lamellen". Auch die Besprechung der letzteren gehört demnach in dieses Kapitel; sonst kann man in ihnen einen Übergang zu den „Bausubstanzen" und zu den Geweben erblicken.

Im Pflanzenkörper fehlen die „Fasergebilde" — soviel wir heute wissen — überhaupt, sie kommen sowohl bei *Protozoen* wie bei *Metazoen* vor, und sind für die Funktion einiger Gewebe wichtiger als die Zellen; eben deshalb muß man ihnen auch in dem der Organisation der lebendigen Substanz gewidmeten Abschnitte Aufmerksamkeit widmen.

Die Fibrillen beteiligen sich — neben den Zellen — am „Aufbau" der tierischen Gewebe. Betrachtet man die Zellen (vgl. S. 453) als „Systeme", kann man in den Fibrillen — die anderen Gebilde lasse ich da beiseite — „Biostrukturen" erblicken, Organe des Cytoplasmas und der aus ihm bestehenden und aus ihm hervorgehenden Substanzen.

Im Tierkörper gibt es auch verschiedene andere faserige Strukturen, die man von den eigentlichen „Fibrillen" unterscheiden muß. Erstens gibt es da fadenförmige Zellfortsätze (und Zellverbindungen), die oft den Fibrillen sehr ähnlich sind und in zahlreichen Fällen auch solche enthalten oder sich in solche umwandeln. Dann gibt es in zahlreichen Zellen fadenförmige Plastosomen, die „Plastoconten", von denen noch heute viele annehmen, sie seien die Vorstufen der Fibrillen, die Strukturen der Astrosphäre, dann die sog. „Ergastoplasmafasern" [Garnier (1899), Bouin], die auf irgendwelche Weise mit den Sekretionsvorgängen der Zellen zusammenhängen. Schließlich unterscheidet neuestens Dehorne (1925) Fasern des sog. „Linoms"; was letztere betrifft, so läßt sich der Gedanke nicht vollkommen verwerfen, es handle sich da nur um eine ganz besondere Art von auf den Körper einzelner Zellen (Lymphocyten) sich beschränkenden „Fibrillen".

Die „Fibrillen" sind nicht die einzigen „Organoide" ihrer Art. Neben ihnen kann man mit Heidenhain (1907) noch die „Granula" (ich meine nicht die granulären Plastosomen) anerkennen, denen wohl ebenfalls eine große Rolle im Leben der Zellen und der Gewebe zukommt. Sie beteiligen sich vor allem an den Stoffwechselvorgängen; aus ihnen — und aus den Plastosomen — gehen wohl Sekrete und Reservestoffe hervor.

Die „Granula" können sich, das hängt mit ihrem ganzen Charakter zusammen, nicht am Aufbau des Gesamtkörpers beteiligen, anders gesagt, sie sind nicht fähig sich als „Bausteine", als „Elementarbestandteile" des Körpers, zu betätigen; eben deshalb kommen sie in einem der „Organisation" gewidmeten Kapitel nicht weiter in Betracht.

A. Geschichtliches.

Von den eigentlichen „Fasergebilden" waren offenbar die Bündel kollagener Fibrillen die ersten, die man mit dem Mikroskope erblicken konnte. Man sah sie auch mit den unvollkommenen alten Mikroskopen überall im „Zellgewebe", LEEUWENHOEK entdeckte sie in der Sehne. Die eigentlichen „Elementarfibrillen" sah vielleicht am Anfang des 19. Jahrhunderts G. R. TREVIRANUS (1816), und aus dem Jahre 1834 stammt die erste Angabe, die sich auf elastische Fasern bezieht (LAUTH).

SCHWANN hat die kollagenen Fibrillen und die elastischen Fasern ganz verschieden beurteilt. Die ersteren waren für ihn, streng genommen, fadenförmige Zellen, er dachte nämlich, daß sie durch Zerfall von Zellen entstehen, die anderen war er geneigt für ganze in die Länge ausgezogene Zellen zu halten, wobei er sich auf eine Beobachtung von PURKINJE und RÄUSCHEL (1836) berief, nach der es inmitten des Querschnittes der elastischen Fasern eine dunklere Stelle, das Lumen, geben sollte. Die heutigen Myofibrillen sah er als eine wenig deutliche (das beweisen seine Abbildungen) Faserung („Primitivfasern der Muskeln") in dem „Inhalte" der Muskelfasern.

Gleich der erste Forscher, der sich nach SCHWANN mit dem Thema genauer beschäftigte, HENLE (1841), hat ganz andere Ansichten entwickelt. Kollagene Fibrillen sollten nach ihm im Cytoblastem, also neben den Zellen entstehen und in den elastischen Fasern wollte er „Kernfasern" erblicken, entstanden aus in die Länge ausgezogenen und reihenweise untereinander verschmolzenen Zellkernen. Offenbar war für ihn der Umstand maßgebend, daß sich sowohl Zellkerne, wie die elastischen Fasern nach Einwirkung von schwacher Essigsäure erhalten.

REICHERT erklärte 1845 (vgl. S. 429) die Intercellularsubstanzen für ein Zellprodukt und von einem solchen leitete man jetzt die kollagenen Fibrillen ab; LEYDIG hat (1857) auch die elastischen Fasern für Differenzierungen der Grundsubstanz aufgefaßt und diese Ansichten erhielten sich bis zu der neuesten Zeit.

Ganz anders entwickelten sich die auf jetzige Myofibrillen sich beziehenden Kenntnisse. Zuerst rechnete man sie, wie ich schon oben sagte, zu dem Zellinhalt, und man hielt sie für eine Ablagerung an der inneren Seite der Membran (SCHWANN), aber man diskutierte ernstlich auch die Frage, ob nicht die Zellmembran selbst contractil sei. Nachdem man sich das Vorhandensein des Protoplasmas in tierischen Zellen vergegenwärtigte, mußte man einsehen, daß die Myofibrillen den Wert von dessen Bestandteilen oder, wie man es später sagte, von dessen „Strukturen" besitzen.

MAX SCHULTZE, der Vorkämpfer der Protoplasmalehre auf dem Gebiete der tierischen Histologie, wußte bereits 1861, daß sich auch Bindegewebsfibrillen im Protoplasma bilden können; er hat ja auch Grundsubstanzen durch Protoplasmaumwandlung erklärt (Kapitel VII) und seinem Schüler BOLL (1872) verdanken wir sehr genaue Untersuchungen, die gerade die intracelluläre, das ist intraprotoplasmatische Bildung kollagener Fibrillen zum Gegenstand haben. MAX SCHULTZE entdeckte (1868) Fibrillen auch in Nervenzellen.

Mit seinen Ansichten über die Genese aller Faserarten im Protoplasma konnte SCHULTZE nicht durchdringen, die Mehrzahl der Histologen hielt die festen Fibrillen und Fasern immer noch für Grundsubstanzprodukte, doch gegen das Ende des Jahrhunderts zu erschien in der Person von FLEMMING (1897) ein neuer Verteidiger seiner Lehre; er ließ die kollagenen Fibrillen in Zellen entstehen und aus diesen — den Fibroblasten — in die Grundsubstanz übergehen. Die fertigen Gebilde, Fibrillen des Bindegewebes einerseits, die Myo- und Neurofibrillen andererseits (APÁTHY hat jetzt beiden diese Namen gegeben) wagte er jedenfalls nicht in eine Reihe zu stellen. Dasselbe gilt von O. HERTWIG, der in seiner Allgemeinen Biologie 1905 bloß auf die Genese der Fibrillen Rücksicht nimmt.

Seit den siebziger Jahren wurde die Aufmerksamkeit auch auf die Fasergebilde des Epithels [RANVIER (1879), RENAUT (1885)], die „Protoplasmafasern" [KROMAYER (1892)], gewendet, die man jetzt genau so wie die Myo- und die Neurofibrillen für Cytoplasmastrukturen halten mußte.

Als man zu neuen Ansichten über Grundsubstanzen (vgl. Kap. VII) gelangte, haben sich bei einigen Autoren auch die Ansichten über Fibrillen geändert. HANSEN machte (1899) darauf aufmerksam, daß die Desmofibrillen sowohl im Innern der Zellen, wie in ihrem Exoplasma und schließlich in Grundsubstanzen entstehen können; die Dualitätslehre, die mit Rücksicht auf die Genese und den Wert der Fibrillen bisher herrschte, sollte hiermit beseitigt werden, doch haben diese Ansichten zuerst nicht allgemein Anklang gefunden. Sie hatten mit den Ansichten der Plastosomentheoretiker zu kämpfen, die nun [MEVES (1910)] alle Fibrillen von Plastoconten ableiten wollten, und in der allerneuesten Zeit ist eine weitere Lehre entstanden, die in einem Teil der Fibrillen Gerinnungen der Körperflüssigkeiten erblicken wollte. Die Ansicht, daß alle Fibrillen zu einer und derselben Gruppe von Gebilden zugehören, die zuerst, andeutungsweise KROMAYER (1892), dann JOSEPH (1902) ausgesprochen haben und die ich seit dem Jahre 1902 verteidige, findet in der allerletzten Zeit in PATZELT (1925) einen Anhänger.

B. Die Objekte.

1. Fasergebilde bei den Protozoen.

Bei den Protozoen gibt es sowohl feste wie contractile Fibrillen, das Vorhandensein von reizleitenden Fasergebilden ist hier nicht genau bewiesen. Von den contractilen können da die sog. „Myophrisken" der *Radiolarien,* die sich an die kieseligen Skeletteile ansetzen, dann die „Myonemen" der *Infusorien* und besonders die „Muskeln" der contractilen Vortizellidenstiele erwähnt werden. In den festen Stielen von Epistylis sind starre Fibrillen (Abb. 42) enthalten. Als Fibrillenbündel kann man auch die Cilien und die Geißeln auffassen; darüber unten an anderer Stelle.

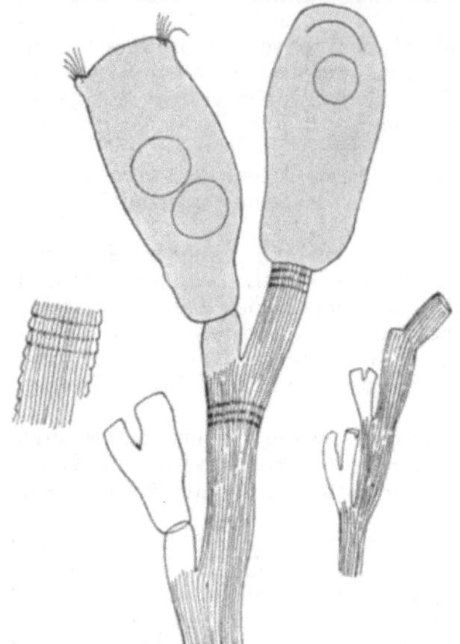

Abb. 42. Fibrillenführender, nicht contractiler Stiel von Epistylis. (Original.)

2. Bei den Metazoen.

Hier stellen die Fibrillen, wie wir schon sagten, hochwichtige Elementarbestandteile der meisten Gewebe vor. Man kann sie nach ihrer Funktion auf etwa folgende Weise einteilen:

a) Feste Fibrillen (Tonofibrillen) und Fasern (Balken).

v. Tschermak wendet für sie neuestens (1924) den Namen „Mechanofibrillen" an, doch mit diesem Namen müßte man eigentlich auch die die mechanische Arbeit besorgenden contractilen Fibrillen bezeichnen. Ich spreche von „Tonofibrillen", ich wähle somit einen Namen, den schon M. Heidenhain (1900, An. Anz.) zum Bezeichnen einer speziellen Art von ihnen (der Plasmofibrillen) vorgeschlagen hat. M. Heidenhain hat dafür übrigens zwei Namen; er spricht (1911) auch von „Steringofibrillen". Ich bleibe schon bei dem oben genannten Namen, da ich voraussetze, daß sich alle Fibrillen dieser Gruppe durch eine gewisse Zugfestigkeit ausweisen müssen.

Gerade unter den Tonofibrillen findet man Vertreter beider der oben erwähnten Faserarten; einige davon entstehen im Cytoplasma der Zellen, der Plasmodien usw., andere in Bausubstanzen.

α) Plasmofibrillen.

[Meine Bezeichnung vom Jahre 1923, „Protoplasmafasern", Kromayer (1892), „Tonofibrillen" von M. Heidenhain (1900)].

Zugfeste Fibrillen — seltener Fibrillenbündel (Abb. 43, 45 b) —; die im Cytoplasma einzelner Zellen, vor allem der Epithelzellen und in ihren Cytodesmen, vorkommen. Die einfachsten ihrer Art sind etwa die „Wimperwurzeln" der Flimmerzellen, die auf den Bereich einzelner Zellen beschränkt bleiben (Abb. 44 a). Gebilde höheren Grades, „Elementarbestandteile" eines Gewebes, stellen die „Fibres unitives" [Renaut (1885)] der mehrschichtigen Epithelien und des Chordagewebes, die sich durch ganze Zellenreihen verfolgen lassen (Abb. 45 c), vor. Koltzoff hat vor einiger Zeit (1906) darauf hingewiesen, daß Fibrillen eine Grundbedingung für die Erhaltung der Zellform nackter Zellen und von weichem Cytoplasma überhaupt vorstellen; Bethe (1913) korrigierte seine Ansichten.

Aus Plasmofibrillen entstehen bei *Geckoniden* an den Extremitäten sog. „Haftborsten" [z. B. W. Schmidt (1912)], bei *Eidechsen* Tastborsten [W. Schmidt (1924)]. Die Trabekeln der sog. Langerhansschen Netze der großen Drüsenzellen aus der *Urodelen*epidermis [z. B. Beigel-Klaften (1918)], stellen vielleicht hyalinisierte Plasmofibrillenbündel vor (meine Abhandlung vom Jahre 1909). Bei *Triton*, nicht bei *Axolotl*, sah ich in ihnen die Elementarfibrillen.

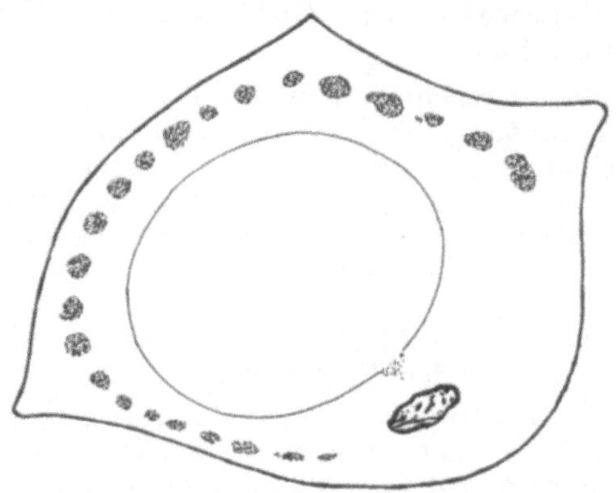

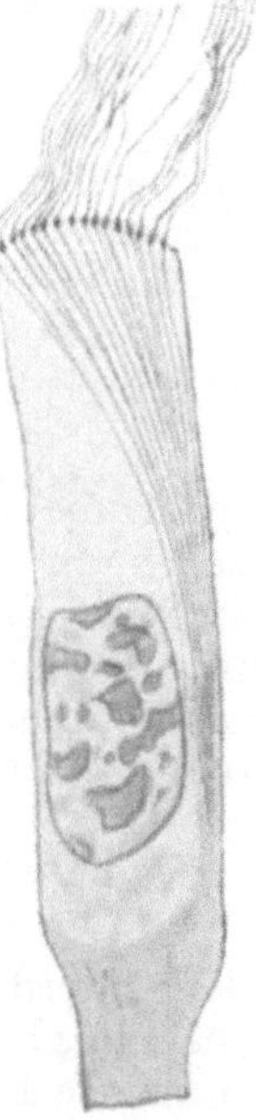

Abb. 43. Eine blasige Chordazelle von Belone mit dicken Plasmofibrillenbündeln. [Nach Studnička(1923).]

Abb. 44. Eine Flimmerzelle von Helix mit Wimperwurzeln. [Nach M. Heidenhain (1907).]

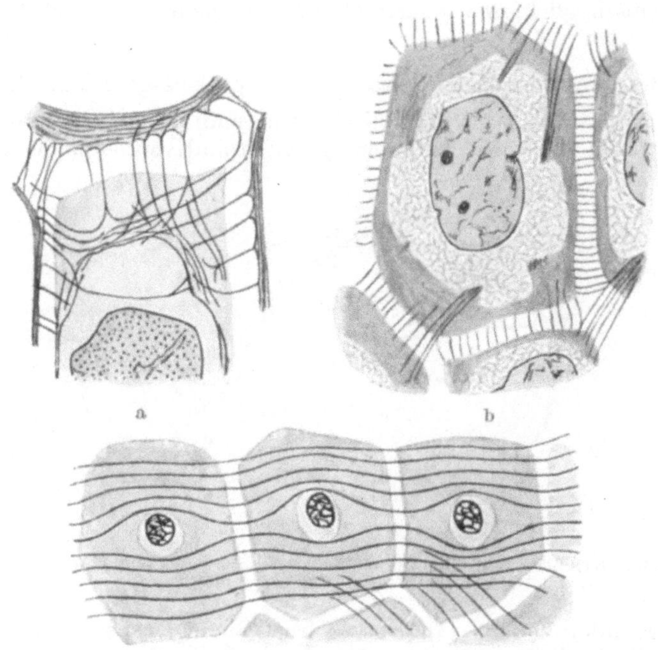

Abb. 45. a Teil einer Epidermiszelle von Torpedo mit Plasmofibrillen. b Eine Epidermiszelle aus den Lippen von Chimaera mit Plasmofibrillenbündeln. [Beide Abbildungen nach Studnička (1909).] c Epidermiszellen mit durchgehenden Fibrillen. (Schematisch.)

Die Verstärkungsfasern („Randstreifen") der Erythrocyten [Meves (1903)] gehören zu dem „Linom" von Dehorne; sie sind schließlich den anderen hier erwähnten Strukturen doch verwandt.

β) Gliafibrillen (Neurogliafasern).

Elementarfibrillen, größtenteils wohl Fibrillenbündel, die sich im Gewebe, dessen Gerüst sie bilden, auf weite Strecken verfolgen lassen. Nach Hardesty (1904) verlaufen sie, wenigstens anfangs, im Cytoplasma des Zellennetzes.

γ) Desmofibrillen. — Bindegewebs- und Cuticular-Fibrillen und Fasern.

Fibrillen, die im Cytoplasma der Mesenchymzellen und der jungen Bindegewebszellen, in ihren Fortsätzen, in Zellverbindungen und in ihren Netzen, („Mesostroma" hier vorzugsweise) angelegt werden. Später befinden sie sich meistens außerhalb der Zellen, in der Grundsubstanz (bzw. in der Cuticularsubstanz; darüber im Kap. VII). Als Bestandteil aller Baugewebe mesenchym-mesostromatischen Ursprungs der „Grundgewebe".

1. Mesenchym - Mesostroma - Fibrillen [„Mesofibrillen", „Silberfibrillen" von Ranke (1914) — zus. mit den Folgenden].

In dem interdermalen primären Mesostroma (S. 474), im Mesenchym und in den nachträglich entstandenen Zellbrückennetzen und Lamellen dieses letzteren. Einzelne Fibrillen (keine Netze?) und ganz dünne Fibrillenbündel; besonders durch die Silbermethoden von Bielschowsky und von Achúcarro nachweisbar. Offenbar gehören hierher auch die „Inofibrillen", die Tello (1922) im Inneren von Mesenchymzellen findet.

Es ist nicht möglich eine scharfe Grenze zwischen ihnen und den folgenden zu führen.

2. Retikulumfibrillen („Gitterfasern", präkollagene Fibrillen.)

Bleibende, ein wenig modifizierte Mesenchymfibrillen, dann Fibrillen und Fasern ihrer Art, die sich im wachsenden primitiven Gewebe nach ihrem

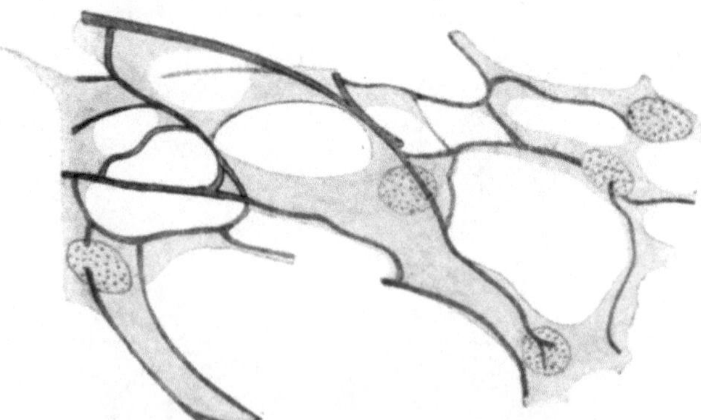

Abb. 46. Retikuläres, fibrillenführendes Gewebe aus einer Lymphdrüse. Katze
[Nach M. Heidenhain (1907)].

Muster neugebildet haben. Im retikulären Bindegewebe ganze Bündel und Fasern der „Retikulinfasern" (Abb. 46). In der Nähe der Blutcapillaren, Leber, Niere, Nebenniere, Knochenmarkmuskeln usw. Dann in den Lücken des fertigen kollagenen Bindegewebes — die sog. „Tramule" von Renaut (1903) (hier in der Grundsubstanz). Ähnlich jenen Fibrillen, die sich in Sekreten darstellen lassen [Huzella (1925)]. Färbung nach Mallory; Silberimprägnation. Ein zusammenfassendes Referat über die „argentophile Fasern" von Plenk, ist 1927 erschienen.

3. Glaskörperfibrillen und Zonulafasern.

Es handelt sich wieder um eine Art von persitierenden Mesostromafibrillen [Szily (1904, 1908)], die gesetzmäßig netzartig angeordnet sind [St. Györgyi (1914, 1917)]. Die Glaskörperfibrillen sind nachgiebig, während die die Linse befestigenden Zonulafasern bedeutend fest sein müssen; vielleicht stellen letztere auch Fibrillenbündel vor. In zellfreien Geweben entstanden!

4. Fibrogliafasern.

Eigenartige, von Mallory (1903) entdeckte Fasern des fibrillären Bindegewebes primitiver Art. Man wollte sie für contractil halten. [Vgl. Mac Gill (1908).]

5. Kollagene Fibrillen („Desmofibrillen" im engeren Sinne des Wortes).

Feine, gewöhnlich in Bündeln vorkommende Fibrillen des Gallertgewebes, des fertigen fibrillären Bindegewebes und einiger anderer Grundsubstanzgewebe (Knorpel, Knochen, Dentin). Sie entstehen (so scheint es) entweder im Zellplasma, sonst aus dem Retikulum; in letzter Reihe aus den Mesenchymfibrillen. (Daher die Bezeichnung „präkollagene Fibrillen" für die anderen.)
Man sieht sie sowohl im Cytoplasma der Zellbrückennetze, wie in Grundsubstanzen; einmal als vereinzelte Fibrillen, ein anderes Mal in Bündeln; solche können eine beträchtliche Dicke erlangen. Für einige Fälle (Hyalinknorpel) sind vereinzelte Fibrillen charakteristisch. [Vgl. Heringa und Lohr (1926, 1927).]

6. Elastische Fibrillen und Fasern.

Feine, mitteldicke und sehr starke Fasergebilde von bekannten Eigenschaften, die sich zu Netzen verbinden, dagegen keine wahre Bündel nach der Art der vorangehenden bilden. Über ihre Bedeutung siehe weiter unten, wo der Begriff der „Fasern" bzw. „Balken" erklärt werden soll. Die sog. „Dürckschen Fasern" [Dürck (1907), Rothfeld (1911)] sind eine Abart von ihnen.

7. Cuticularfibrillen und Fasern.

Fasergebilde, wohl von sehr verschiedener Natur, die in den Cuticulen und den Cuticulargebilden der *Evertebraten* vorkommen. Sehr häufig Bündel von verschiedener Dicke. Hier können wohl auch die Fibrillen der Otosomen [Membrana tectoria, nach Hardesty (1915)] der *Vertebraten* erwähnt werden als eine besondere Abart.

d) Contractile Fibrillen, Säulchen und Bänder.

Bei *Metazoen* — die contractilen Strukturen der *Protozoen* erwähnte ich schon oben — kommen contractile Fasergebilde als Bestandteil von besonderen Elementen, meistens in besonderen Geweben, dem Muskelgewebe, vor, doch man kennt auch Epithelzellen mit im Inneren differenzierten Myofibrillen — vielleicht haben sich hier die Plasmofibrillen in dieser Richtung verändert [quergestreifte Fasern fand z. B. in Epithelzellen .des *Bryozoen*-oesophagus Henneguy (1925)]. Nach meiner Überzeugung kommen bei *Cestoden* Myofibrillen und ihre Bündel, sogar als Bestandteile von Zellbrückennetzen, also extracellulär (vgl. Abb. 41a, S. 505), vor.

Die Myofibrillen der Metazoen sind glatt oder sie sind gegliedert, und man bezeichnet die betreffenden Muskeln dann als „quergestreift". Das Wesen der Querstreifung wird auf einer anderen Stelle (Bd. II) beschrieben. Es gibt entweder contractile Elementarfibrillen, dickere Fasergebilde, „Muskelsäulchen" oder flache „Muskelbänder" (Abb. 47).

In die Verwandtschaft der Myofibrillen gehören nach meiner Überzeugung [und nach der Hypothese, die mit Rücksicht auf sie M. Heidenhain (1911) aufgestellt hat], auch die Flimmercilien und die Geißeln. Man kann in ihnen unmöglich einfache Gebilde erblicken; sie entsprechen offenbar Bündeln von überaus feinen metamikroskopischen contractilen Fibrillen, die sich immer nur partiell kontrahieren. Es gibt Geißeln, die aus vielen Cilien zusammengesetzt sind. (Vgl. meine Abb. v. J. 1899 b.)

C. Neurofibrillen.

Feine, seltener Bündel, dagegen häufig Netze (sogar gleich bei ihrer Genese) bildende Fasergebilde, die sich intracytoplasmatisch, innerhalb der Ganglienzellen und der Sinneszellen und in ihren Fortsätzen befinden. Sie lassen sich nur mittels spezieller Methoden nachweisen.

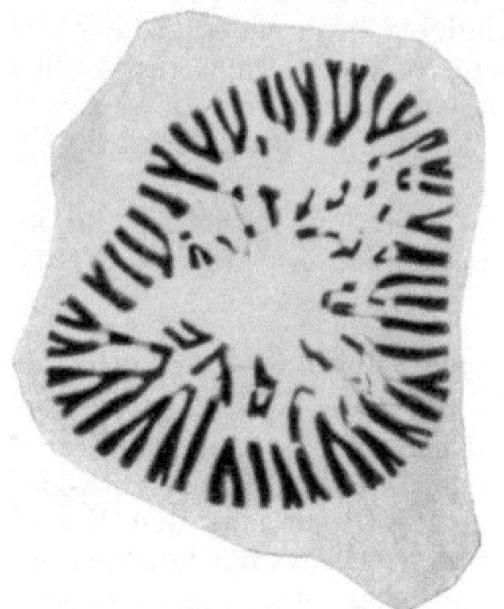

Abb. 47. Querschnitt durch eine Muskelfaser mit lamellenartigenMuskelsäulchen. Forelle. [Nach M. Heidenhain (1911).]

Die gewöhnliche Auffassungsweise sieht in ihnen reizleitende Strukturen, nach der Ansicht von Koltzoff und von Goldschmidt sollten es Stützfibrillen (Plasmofibrillen) sein. Gegen die letztere Auffassung spricht der Umstand, daß ihre Anordnung im Innern der Zellen, besonders in den Sinneszellen, vollkommen von der Anordnung der typischen Plasmofibrillen abweicht. In feinen nervösen Netzen und bei den Nervenendigungen gibt es wahrscheinlich nackte Neurofibrillen — Apáthy bestreitet es [Literatur bei Bethe (1902), Marinesco (1909), Heidenhain (1911)].

1. Der Artefakteneinwand. Die Fibrillen am überlebenden Objekte.

Beinahe zu allen Zeiten gab es Autoren, die entweder alle Fibrillen, oder nur einzelne Arten von ihnen für Artefakte hielten, oder die Bedeutung der Fibrillen wenigstens sehr unterschätzten.

Reichert hielt 1845 Bindegewebsfibrillen für Falten, in welche sich die sonst homogene Grundsubstanz legen sollte. Bütschli hielt sie in den neunziger Jahren für Scheinbilder, dadurch hervorgerufen, daß sich Alveolen in Reihen ordnen, wobei die Scheidewände zwischen ihnen das Aussehen von Fasern erhalten. Seine Schüler wollten auf diese Weise auch die Cuticularfibrillen deuten. Neuestens versuchten einige Autoren [Isaacs (1919)] die Bindegewebsfibrillen des jungen Bindegewebes als Koagulate einer homogenen kolloiden Substanz zu deuten, und es gibt Autoren, die von den Glaskörperfibrillen, die man bekanntlich am lebenden Objekte schwer erblicken kann, nichts wissen wollten (vgl. S. 475).

Daß feine kollagene Fibrillen kein Artefakt vorstellen, davon kann man sich sehr leicht an passenden überlebenden Objekten, vor allem an Geweben niederer *Vertebraten*, überzeugen, schwieriger gelingt es bei den Retikulum-

und den Glaskörperfibrillen. Hier erhält man auch bei Dunkelfeldbeleuchtung keine befriedigenden Resultate. Dagegen sieht man Glaskörperstrukturen (offenbar nicht die einzelnen Elementarfibrillen, sondern ihre größeren Massen), bei der Spaltlampenbeleuchtung des lebenden Auges sogar einzelne Fibrillen mit der Hilfe des Ultramikroskopes [z. B. Bauermann u. Thiessen (1922), Heesch (1927)]. Die ihnen verwandten Zonulafasern sieht man sehr deutlich.

Auch die Existenz der schon bei relativ schwacher Vergrößerung sichtbaren Myofibrillen (in Muskelfasern) wagte man zu bestreiten; man hat sie [van Gehuchten (1886/1888)] eine Zeitlang für bloße Füllungen in dem für das Wesentlichste gehaltenem „Retikulum" erklärt. Objekte mit starken Muskelsäulchen beweisen ihre Bedeutung am deutlichsten; daß in ihnen das Contractile enthalten ist, beweist am besten ihr Zusammenhang mit Desmofibrillen (s. S. 522).

Auch gegen die Neurofibrillen hat man den Einwand erhoben, daß man sie am überlebenden Objekte — auch bei Anwendung der Dunkelfeldbeleuchtung — nicht erblicken kann. Ganz deutlich sieht man dagegen die Plasmofibrillen in einigen Epidermiszellen und vor allem in Chordazellen (meine Abhandlung vom Jahre 1926). Aus alledem kann man so viel schließen, daß man beim Beurteilen der Faserstrukturen, und zwar sogar der sehr feinen von ihnen, nicht berechtigt ist, sogleich an Artefakte zu denken. Fixierungsmittel sind zwar fähig, das Bild von Fibrillen, auch in Sekreten und in verschiedenen toten Kolloiden, aber nicht das ihrer zweckmäßigen Anordnung hervorzurufen.

2. Die Bedeutung der Fibrillen, beurteilt nach der Art ihrer Genese.

Beim Aufstellen der Zellenlehre mußte man gleich fragen, in welchem Verhältnis sich die Fibrillen (und Fasern — doch diese lasse ich da zuerst beiseite) zu den Zellen befinden. Schwann ließ die kollagenen Fibrillen durch Zellenzerfall entstehen, während Henle außer den Zellen auch die Fibrillen vom Cytoblastem ableiten wollte. Dann wollte man die Fibrillen vom „Zellplasma" ableiten. Boll, Lwoff und Flemming gehören in diese Periode, doch in der neueren Zeit hat die Frage ein ganz anderes Aussehen erhalten. Man überzeugte sich erstens davon, daß auch außerhalb der Zellen in der Form von Netzen usw. viel Cytoplasma enthalten ist [Spalteholz (1906)], und man hat angefangen (Hansen), die Grundsubstanzen als lebende Teile des Organismus zu beurteilen.

Ich sagte bereits in der Einleitung zu diesem Kapitel und dann in dem geschichtlichen Teile, daß man die Fibrillen seit etwa den fünfziger Jahren [bereits bei Leydig (1857) findet man die Anfänge dieser Auffassungsweise] in zwei große Gruppen eingereiht hat, und diese Ansichten erhalten sich noch heute in dem größten Teile der histologischen Werke.

Die Plasmofibrillen, die Myofibrillen und die Neurofibrillen sieht man immer im Cytoplasma der Zellen, ihrer Fortsätze und der Zellverbindungen entstehen und sie bleiben auch lebenslang in diesem Plasma. Man hält sie meistens für funktionelle Strukturen des Cytoplasmas, die einen davon hat man ja direkt mit dem Namen „Protoplasmafasern" bezeichnet. Ganz allgemein wurde diese Auffassung nicht angenommen. Boll spricht schon 1871 von einer „formativen Fähigkeit" des Protoplasmas und Apáthy hält noch im Jahre 1902 die Fibrillen für passive Zellprodukte; erst der Streit, der darüber zwischen Apáthy und Heidenhain (1902) ausgebrochen ist, verhalf richtigeren Ansichten zum Siege, gleich darauf entstand aber eine neue Lehre, welche die Fibrillen von Plastoconten abgeleitet hat. Heute hält man alle Fibrillen dieser Gruppe für lebendig, aber die Zeit ist noch nicht so weit zurück, als man — ich bemerkte das bereits oben — sogar die Myofibrillen für bloße Ablagerungen in den Lücken eines contractilen „Retikulums" halten wollte.

Die zweite Gruppe bilden die Bindegewebsfibrillen und die Cuticularfibrillen, also die Faserstrukturen der vielfach sogar bedeutend harten Bausubstanzen. Während die Fasergebilde der ersteren Gruppe nach der Entdeckung des Cytoplasmas keine besondere Schwierigkeiten bereiteteten, ist mit der Rücksicht auf die Desmofibrillen des Bindegewebes, mit der Zeit eine ganze Reihe von Deutungen entstanden (vgl. Abb. 48).

Sie befinden sich im fertigen Gewebe in der Regel in der Grundsubstanz und schon in den frühesten Zeiten hat man sie auch von ihr abgeleitet. Ranvier, Leydig und Rollet sind in der älteren Zeit die Hauptvertreter dieser Ansicht, Merkel und v. Ebner haben die Ansicht in der neueren Zeit vertreten. Da man die Grundsubstanzen für nicht lebend hielt, mußte man die Zellen auch für die Anordnung der Fibrillen verantwortlich machen — diese Ansicht findet man z. B. bei Haeckel (1866) vertreten.

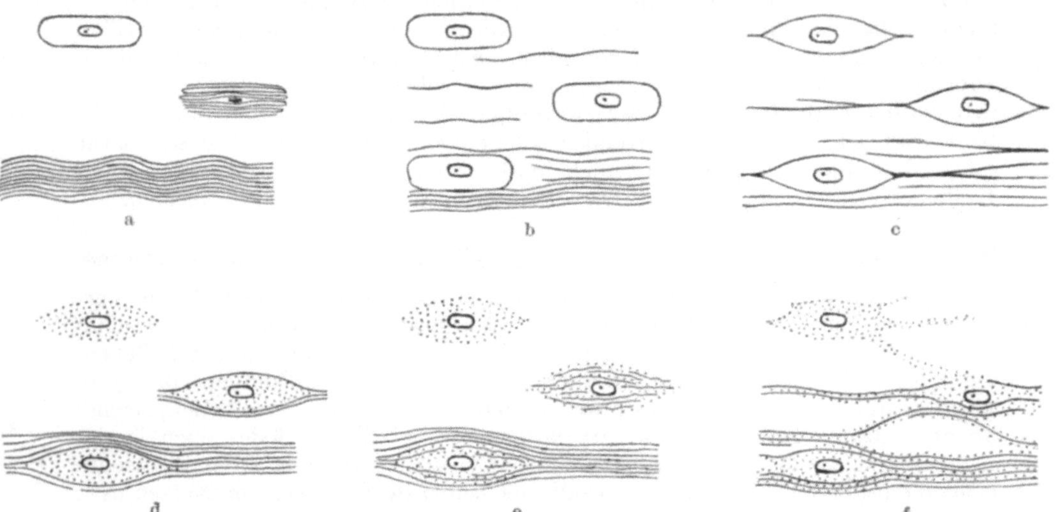

Abb. 48 a–f. Schematische Abbildungen zur Erklärung der auf die Fibrillenbildung im Mesenchym sich beziehenden Theorien. a Theorie von Schwann, b Henle, c Valentin und Krause, d Lwoff, e Flemming, f im Sinne der Exoplasmalehre.

Valentin (1839) und W. Krause (1871) wollten sie von Zellfortsätzen ableiten. Max Schultze (1861), Boll (1872) und Flemming (1891) lassen sie im Zellplasma, Lwoff (1889) an der Oberfläche der Zellen — „epicellulär" — entstehen. Reinke (1894), der sie ebenfalls in Zellen entstehen sieht, läßt sie sich später aus den Zellkörpern „losspinnen". Damals ist der Termin „Fibroblasten" entstanden und man dachte, daß die Fibroblasten die von ihnen produzierten Fibrillen an die als Sekret gedachte Grundsubstanz abgeben; dabei konnte man sich die Desmofibrillen einmal als lebendige Protoplasmastrukturen, die später erstarren, ein anderes Mal als vom Anfang an nicht lebende Sekretfäden vorstellen.

Eine Vermittlung beider Standpunkte (Henle-Schultze) stellt gewissermaßen die Lehre vom Exoplasma, die Hand in Hand mit den veränderten Vorstellungen über Zellverbindungen und Zellbrückennetze geht [Hansen (1899), Mall (1902), Studnička (1902/1903)]. Desmofibrillen entstehen nach ihr sowohl im Cytoplasma, wie in der aus verändertem Plasma entstehenden Grundsubstanz; sowohl in den Körpern der Zellen, wie in ihren besonderen Oberflächenschichten und schließlich extracellulär (vgl. Kapitel VII).

Noch zwei weitere Theorien muß man da erwähnen, die gleich anfangs erwähnte Plastosomentheorie, nach der sich die Fibrillen durch Umwandlung von Plastoconten bilden sollten — MEVES (1910) — und die Ansicht von ISAACS, von BAITSELL und von NAGEOTTE, die in den Fibrillen Gerinnungen der primitiven Gewebslymphe erblicken wollen. Für ihre zweckmäßige Anordnung werden wieder die Zellen verantwortlich gemacht.

Die Plastosomenlehre, deren Kritik ich 1920 zu liefern versuchte, übersieht, daß an zahlreichen Stellen, an denen Fibrillen massenhaft vorkommen, keine Zellen und keine Plastoconten vorkommen, die Gerinnungslehre läßt sich nur auf weiche Gewebe mit viel Gewebslymphe, nicht dagegen auf Knorpel, die Hartgewebe und die Cuticula anwenden. LAGUESSE bekämpfte erfolgreich diese beiden Lehren und er hat (1926) besonders sehr deutlich die Unzulänglichkeit der Plastosomenlehre bewiesen.

Nach meiner Überzeugung entstehen die Fibrillen des Tierkörpers entweder im Cytoplasma oder in seinen Umwandlungsprodukten; offenbar gehören alle festen Fibrillen in eine einzige Reihe, die mit feinen Plasmofibrillen anfängt und etwa mit elastischen Fibrillen endigt.

Bei der Genese der Fibrillen verschiedener Natur beobachtet man, daß sie sich um die Grenzen der Zellen, Syncytien usw. nicht kümmern. Noch BOLL dachte, daß jede Zelle den ihr zukommenden Teil einer kollagenen Fibrille ausarbeitet und daß diese Teilchen dann zu einem langen Fasergebilde zusammenschmelzen, aber heute müssen wir auf den Umstand Nachdruck legen, daß Plasmofibrillen, Myofibrillen, kollagene Fibrillen womöglich als einheitliche Gebilde angelegt werden. Plasmofibrillen können von einer „Vielheit von Zellen" (HEIDENHAIN) angelegt werden. Kollagene Fibrillen entstehen größtenteils extracellulär in großen Teilen von Mesostroma und von Grundsubstanz und die meisten davon kommen mit den „Fibroblasten" nicht in Berührung.

Ganz abseits von den übrigen Fasergebilden stehen diejenigen, die sich in Eihüllen der *Vögel, Reptilien* usw. befinden und die man (vgl. z. B. GIERSBERG, Z. Zool., 120, 1921) in den Eileitersekreten entstehen läßt. Ihre Bedeutung ist immer noch rätselhaft. Nach meiner Überzeugung kann man aus ihrem Vorhandensein nicht direkt auf die Genese der kollagenen Fibrillen schließen, doch beweist der Fall vielleicht, daß wirkliche Fasergebilde auch in Flüssigkeiten, in welche etwas von dem extracellulären Protoplasma übergegangen ist, entstehen können.

Jetzt sollte man noch die Frage erörtern, wie sich die Fibrillen bilden, das ist, welche die feineren Vorgänge sind, die zu ihrer Entstehung aus dem Cytoplasma und den Bausubstanzen — von denen ich sie ableite — führen, oder, wenn man sich auf die Seite einer anderen Theorie stellt, auf welche Weise die Fibrillen aus den Plastosomen oder aus den Gerinnungen der Körperflüssigkeiten entstehen. Schließlich ist hier die für jeden wichtige Frage, wie sich die Fibrillen zu den Faserstrukturen verhalten, die sich in nichtlebenden kolloiden Stoffen (Gelatine z. B.) durch Zugwirkung hervorrufen lassen; auf diesem Felde und überhaupt auf dem Gebiete der Kolloidchemie liegen nämlich die letzten Fragen, die uns hier interessieren sollen. Mit diesem Thema beschäftigt sich ein anderer Abschnitt dieses Werkes, und so ist es wohl möglich, sich hier mit dem bloßen Hinweise zu begnügen. (Vgl. S. 518.)

3. Die Vermehrung (Teilung) und die nachträgliche Bildung der Fibrillen.

Während man in den jungen Geweben, bzw. in jungen Partien der Gewebe vorzugsweise vereinzelte und dünne Elementarfibrillen zu sehen gewohnt ist, findet man in den fertigen, bzw. alten Geweben sehr oft Fibrillenbündel. Solche Bündel kennt man sowohl von den Plasmofibrillen (des Epithel- und des Chordagewebes, Abb. 43 b, 45 d, S. 511), wie von den Myofibrillen, die in Muskelfasern das bekannte Bild der sog. Cohnheimschen Felder bedingen; und vor allem kennt man Bündel, sogar sehr dicke, aus dem kollagenen Bindegewebe. Die Neurofibrillen, die auch sonst etwas abweichendes Verhalten zeigen, treten weniger oft in geschlossenen und nur in dünnen Bündeln auf.

Die Fibrillenbündel entstehen wohl in beinahe allen Fällen dadurch, daß sich die zuerst einfachen Fibrillen (die „Elementarfibrillen“)[1] durch Längsspaltung vermehrt haben, wobei die zwischen ihnen vorkommende Interfibrillarsubstanz (Cytoplasma oder eine Bausubstanz) weniger rasch zugenommen hat, so daß die später entstandenen Gebilde näher beieinander geblieben sind. Möglich ist es jedenfalls, daß sich stellenweise Bündel auch durch nachträgliche Annäherung von Fibrillen bilden. Die Fibrillen vermehren sich also und es entstehen so „Teilsysteme“ im Sinne von M. Heidenhain (vgl. Kapitel IX). Das ist gar nicht überraschend; im Tierkörper vermehren sich die verschiedensten Gebilde, bis unten zu den Granulen und den Plastosomen, durch Teilung, und man kennt Teilungsvorgänge sogar von den sog. „lebenden Krystallen“ (Lehmann). Vielleicht vermehren sich die Fibrillen — das läßt sich eben nicht kontrollieren — erst nachdem sie eine gewisse Dicke erlangt haben; daß sie in die Länge wachsen, läßt sich ganz deutlich feststellen.

Die Fibrillen vermehren sich im Embryonalgewebe, beim Wachstum der sie enthaltenden Teile und ihre Anzahl kann auch im fertigen Gewebe, wo es z. B. infolge ihrer mechanischen Anstrengung (Muskel, Sehne usw) notwendig erscheint, vermehrt werden. Im letzteren Falle muß man in dem Wachstum und der Längsspaltung der in Betracht kommenden Strukturen direkt den Ausdruck ihrer Vitalität erblicken. Es läßt sich nämlich kaum annehmen, daß ihre Vermehrung nur durch Einfluß des gereizten Cytoplasmas, in dem sie liegen, oder der Zellen, die sich in der Nähe befinden, bedingt sein sollte. Darauf kommen wir sogleich nochmals zu sprechen.

Eine andere Frage ist diejenige, ob im Cytoplasma, bzw. in einer Bausubstanz, neben oder zwischen den bereits bestehenden Fibrillen, im Falle es z. B. durch erhöhte Tätigkeit des Organes notwendig erscheint, neue Fibrillen unabhängig von den alten entstehen können. Auch dies muß man unbedingt zulassen; sonst müßte man auch annehmen, daß die gesamte Fibrillenmenge eines Organes von den allerersten Fibrillen, die da erscheinen, abstammen müßte, das ist in einigen Fällen [Myomere von *Amphioxus,* meine Abh. v. J. 1920] unmöglich. Übrigens sieht man neben gut oder vollkommen differenzierten Fibrillen im Bindegewebe öfters auch eine aus weniger differenzierten Fibrillen bestehende Reserve (der Fall der Renautschen „Tramule“ (1902) — es sind das feine Gitterfasern — gehört hierher).

Eine noch weitere Frage ist diejenige, ob sich die Fibrillen umformen, auflösen und neubilden können. In dieser Beziehung sind unsere Kenntnisse bisher noch unvollständig. Die Versuche von Levy an Sehnen (1904) beweisen, daß es nicht unmöglich ist.

4. Die Anastomosen der Fibrillen.

Eine Frage, die man sehr schwer zu beantworten vermag, ist diejenige nach dem Vorhandensein von Anastomosen zwischen benachbarten Fibrillen; treten die Elementarfibrillen, wenigstens die Desmo- und die Myofibrillen immer als

---

[1] Die „Primitivfasern“ (Muskel) von Schwann. Die „Primitivfibrillen“ von Max Schultze.

selbständige Gebilde auf, oder können sie schon als Elementarfibrillen Anastomosen und dadurch Netze bilden?

Wir wissen soviel, daß es schon in der Mikrostruktur des Cytoplasmas, von der eben einige Autoren die Fibrillen ableiten (vgl. meine Abhandlung vom Jahre 1909, und M. HEIDENHAINs vom Jahre 1911), Netze geben kann, dann wissen wir, daß sich Fibrillenbündel, und zwar solche des Bindegewebes, sehr häufig untereinander zu Netzen verbinden; bei elastischen Fasern gehören die Anastosomen und die Netzbildung sogar zur Regel.

Die Schwierigkeit, die ich erwähnte, besteht darin, daß es in einzelnen Fällen [wie schon M. HEIDENHAIN (1911) bemerkte] beinahe unmöglich ist, zu entscheiden, wo man noch eine Elementarfibrille und wo man schon einen Bündel vor sich hat. Die ganz feinen Desmofibrillen und die Myofibrillen verlaufen in der Regel vereinzelt, nun hat man aber gerade bei den ersteren in einzelnen Fällen [z. B. ERIK MÜLLER (1912) im Subcutangewebe der *Selachier*] doch Netzbildungen beobachtet. Es ist möglich, daß es sich um ganz feine Bündel handelte, und daß hier die Fibrillen trotzdem einfach sind. Bei den Plasmofibrillen sieht man öfters,

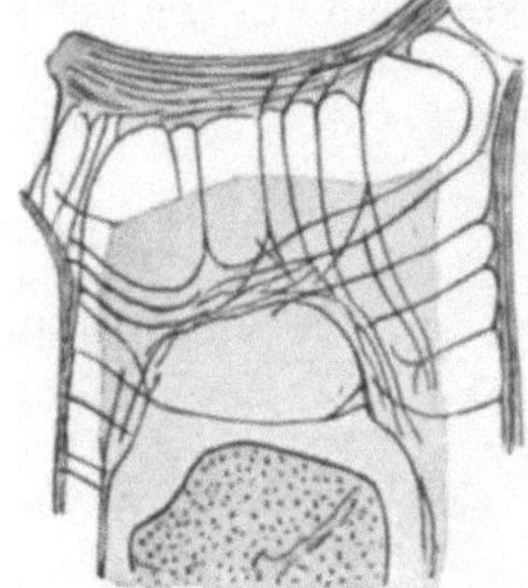

Abb. 49. Teil einer Epidermiszelle von T o r p e d o mit Plasmofibrillen.

daß sich eine scheinbar einfache, aus einer Zellbrücke in den Zellkörpern übergehende Fibrille in mehrere Teile zerspaltet (Abb. 49); entweder handelt es sich da um wirkliche Spaltung, oder entsprach jene Fibrille einem ganz feinen Fibrillenbündel, der sich erst im Zellkörper in seine Teile aufgelöst hat. Sehr häufig sind Anastomosen der Neurofibrillen; schon bei ihrer Anlage bilden die Neurofibrillen dichte Knäuel [HELD (1909)] und unterscheiden sich dadurch von allen anderen.

5. Interfibrillärsubstanz.

Entstehen die Fibrillen aus Cytoplasma oder aus einer Grundsubstanz, kann man voraussetzen, daß Reste dieser „Fibrillenmatrix" zwischen den Fibrillen übrig bleiben; das beobachtet man deutlich im Epithel-, Muskel- und Nervengewebe. Anders könnte es in jenem Falle sein, wo Desmofibrillen in einem Zellbrückennetz entstehen; das Zellbrückennetz könnte nämlich die Fibrillen einmal in einzelnen seinen Trabekeln bilden, aber man könnte sich auch einen Fall vorstellen, wo sich das gesamte Netz schließlich in eine Menge von Fibrillen verwandelt. Im letzteren Falle gäbe es natürlich keine Interfibrillärteile.

Nach meiner Überzeugung gibt es überall interfibrilläre Teile und diese sind es, die gerade die Fibrillen (ich meine die Desmofibrillen) von einander trennen, sonst müßten die Fibrillen miteinander verkleben und wir würden sie nicht als selbständige Gebilde erblicken, oder wären die Fibrillen bloß durch Flüssigkeit von einander getrennt. Man hat die Interfibrillärsubstanz auch als „Kittsubstanz" [vgl. SCHAFFER (1901)] bezeichnet. Spricht man also, wie es so oft geschieht, von einer „fibrillär differenzierten" Grund- bzw. Cuticularsubstanz, darf man sich das nicht so vorstellen, als ob die gesamte Substanz einfach in Fibrillen zerfallen wäre. In der Praxis ist es jedenfalls manchmal beinahe unmöglich, das Vorhandensein einer Interfibrillärsubstanz (man spricht manchmal auch von einer „Grundsubstanz im engeren Sinne des Wortes") praktisch nachzuweisen; wo man sie z. B. in den Lücken zwischen den Bindegewebsfibrillen sucht, entdeckt man noch feinere Fibrillen. ROLLET gelang, 1871, die Interfibrillärsubstanz des kollagenen Bindegewebes mittels Kalk- und Barytwasser zur Lösung zu bringen. (Vgl. auch Abb. 51a S. 522.)

6. Fibrillen, Fasern, Lamellen, Stäbe.

Die Fibrillenbildung fängt für uns, wie wir sagten, mit den „Elementar-fibrillen" an, und wir sagten schon oben, daß aus ihnen sehr oft „Fibrillen-bündel" enstehen.

Nicht überall begegnet man Elementarfibrillen und Bündeln; es gibt auch dickere Fasergebilde, aber es ist nicht sicher, ob man alle davon von demselben Standpunkte aus betrachten darf und in der Benützung des Namens „Fasern" gibt es deutliche Verwirrung. Als „Fasern" oder „Balken" sollte man alle dickeren Fasergebilde bezeichnen, an denen sich die Zusammensetzung aus Elementarfibrillen nicht nach-weisen läßt, in der Praxis wendet man jedenfalls den Namen „Fasern" oft auch für die Bündel (so spricht man z. B. von kollagenen Bindegewebsfasern"), dann bezeichnet man mit ihm Gebilde, welche in eine ganz andere Kategorie gehören (Muskelfasern, Nervenfasern); das Bestreben, den Namen „Fasern" auf unserem Gebiete durch einen anderen („Balken") zu ersetzen, ist daher ganz erklärlich.

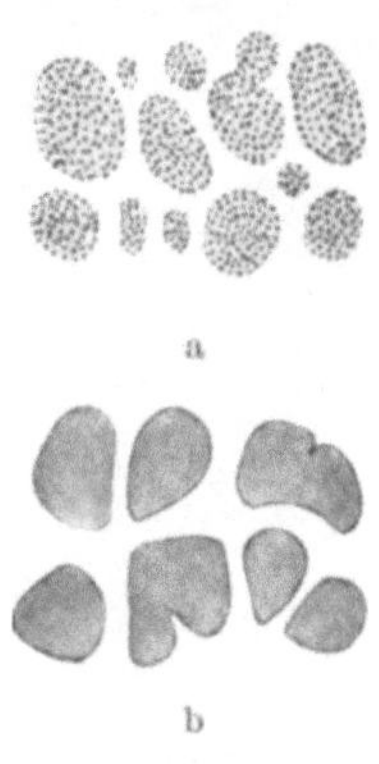

Abb. 50.
a Bündel von kolla-
genen Fibrillen.
b Elastische Stränge
(Schema.)

Besonders häufig erlangen die contractilen Fasergebilde eine beträchtliche Dicke und verlieren so den Anspruch an den Namen von „Fibrillen", trotzdem kann man in ihrer homogenen Substanz Fibrillen durch keine Methode nach-weisen. Man hat für die dicken Gebilde den Namen „Säulchen" oder „Sarcostyle" [Retzius (1890)] vorgeschlagen, doch es gibt auch lamellenartige Gebilde dieser Art (manche Insekten und Teleostier, Abb. 47 a, S. 514). Bei *Amphioxus* sieht man breite „Muskelblätter", die in „Muskelbänder" zerfallen. In der Fortsetzung je eines Muskelbandes befindet sich da ein Bündel von kollagenen Fibrillen. Eine ganz abweichende Auffassung des Wesens der Muskelsäulchen wird in den Arbeiten von Roskin (1925) vertreten, der in den Fibrillen des glatten Muskels röhrenartige Gebilde erblicken will.

Einen anderen Fall dieser Art stellen die elastischen Fasern („Balken") des Bindegewebes vor. Wohl gibt es auch wirkliche elastische Elementarfibrillen, doch meistens sieht man dickere, sogar sehr dicke Fasern dieser Art, die auch dadurch, daß sie Anastomosen bilden (wahre Fibrillen bilden sie nie), den Bündeln kollagener Fibrillen ähneln. So wie an den Muskelsäulchen und in den Muskelbändern kann man auch hier eine Zusammensetzung aus Elementarfibrillen mit keiner Methode nachweisen (Abb. 50 b). Sogar auch die Spaltbarkeit, die an den Muskelbändern manchmal deutlich ist, läßt sich an den elastischen Balken nicht beobachten, und merkwürdigerweise sind an ihnen auch die Polarisations-erscheinungen bedeutend schwächer als z. B. an kollagenen Fibrillen. Wenn man also die Muskelsäulchen und die elastischen Fasern den Fibrillenbündeln auf diese Weise gleichstellen will, darf man nicht annehmen, es seien in ihnen Elementarfibrillen auf irgendwelche Weise enthalten und sie seien da vielleicht nur untereinander sehr fest verklebt oder durch Imprägnation unsichtbar ge-macht worden. Nur die in einer Faser enthaltene Substanz entspricht etwa derjenigen, die in einem Fibrillenbündel enthalten ist und dann muß hier, mit Heidenhain, dessen Gedankengange ich da folge, eine entsprechende Anordnung der Protomeren vorausgesetzt werden. Die Fibrillen können also, ohne sich vermehren zu müssen, in die Dicke wachsen. Auch im Epithel (verschiedene Drüsenzellen — meine Abh. v. J. 1909) kann man „Fasern", die einer Viel-zahl von Fibrillen entsprechen, nachweisen.

Außer den dicken elastischen Fasern kommen im *Vertebraten*körper an verschiedenen Stellen, in den Blutgefäßen, vor allem in der Aorta, dann als

Chordascheiden, aus elastischer Substanz bestehende Lamellen vor. Wieder könnte man meinen, es handle sich da um Gebilde, die aus zusammengeschmolzenen Fasern entstanden sind, doch diese Art der Zusammensetzung läßt sich nicht beweisen. Vielleicht entstehen einige Lamellen auf die hier angedeutete Weise (vielleicht die Chordascheiden, die so zerfallen!), doch andere kann man nur so erklären, daß man annimmt, ganze Gewebsschichten (Grundsubstanzen!) verwandeln sich in die elastische Substanz oder werden so imprägniert. Ich komme darauf an einer anderen Stelle (Kapitel VII) zu sprechen.

Schließlich muß ich hier noch die „Stäbe", dicke, meist walzenförmige, feste Gebilde erwähnen, die als Ergänzung des Skelets, z. B. in den „Hornfasern" der *Fische,* auftreten. Wie HARRISON (1893), der ihre Anfänge bei *Teleostiern* untersuchte, festgestellt hat, stellen ihre Anlage dünne Fasergebilde vor, die den feinen elastischen Fasern nicht unähnlich sind. Sie entstehen im Innern von Mesenchymzellen, später befreien sie sich aus den Zellen und umgekehrt ordnen sich an ihrer Oberfläche mehrere, dann viele Zellen, die gewiß die zu ihrer weiteren Bildung notwendigen Stoffe liefern. Die dicken Hornfasern verhalten sich dann ähnlich wie ein Teil einer Grundsubstanz, und in der Tat können in ihre Substanz hinein einzelne Zellen eingeschlossen werden [GOODRICH (1903) bei *Ceratodus*]. Andere stabartige Gebilde (im Kiemenkorb einiger *Mollusken*) können, wie wir aus den Untersuchungen von KOLLMANN (1876) wissen, direkt in einer Grundsubstanz, ohne Intervention von Zellen, entstehen. Auch bei *Amphioxus* sieht man im Kiemenkorb Stäbe dieser Art.

Mit der inneren Struktur der Fibrillen und der Fasergebilde stehen wohl im Zusammenhange die Polarisationserscheinungen, die man an ihnen beobachten kann [vgl. SCHMIDT (1924)].

7. Die Frage der Fibrillenimprägnation und Desimprägnation.

Wie man nach dem Verhalten der Fibrillen und der Fasern zu den Reagenzien und zu den Farbstoffen schließen kann, gibt es ziemlich große Unterschiede in ihrer chemischen Zusammensetzung. Die einfachsten von ihnen sind wohl im wahren Sinne des Wortes „Protoplasmastrukturen", aber schon die Plasmofibrillen der Epidermis enthalten vom Cytoplasma abweichende Substanzen [UNNA (1921)]; man hat die Fibrillen als „paraplasmatische"[1] Strukturen (KUPFFER) gedeutet. Noch mehr gilt dies von den Myofibrillen oder sogar von den Desmofibrillen. Von den letzteren hat man angenommen, daß sie vom Protoplasma als seine Produkte ausgeschieden werden; ihre Grundlage stellen sehr resistente Skleroproteine vor.

Es handelt sich jetzt um die schwer zu beantwortende Frage, ob alle diese Fibrillenarten durch Veränderungen einer im Prinzip überall gleichen Anlage entstehen (die Plastosomenlehre nimmt es z. B. an) und ob die höheren von ihnen, so kann man die vom Cytoplasma am meisten abweichenden Faserarten bezeichnen, nicht vielleicht so entstehen, daß eine plasmatische Anlage bloß durch Sekrete des Plasmas imprägniert wird. Ich habe schon früher (1909, 1911 b) mit dieser Möglichkeit bei den kollagenen und den elastischen Fasern gerechnet und RANKE (1914) läßt verschiedene Arten der Imprägnation und Desimprägnation zu. Solche Prozesse würden bei pathologischen Prozessen, bei denen bekanntlich gerade die Desmofibrillen manchmal große Veränderungen erfahren, eine Rolle spielen. Es gibt auch imprägnierte Fibrillenbündel. Man kann annehmen, daß dabei die Fibrillen undeutlich werden.

---

[1] „Metaplasmatische" nach der in diesem Werke eingeführten Nomenklatur.

8. Der Zusammenhang von Fibrillen verschiedener Natur.

Von großer Bedeutung für die Beurteilung des Fibrillenwertes sind Fälle, in denen es gelungen ist, den allmählichen Übergang von Fibrillen einer Art in solche einer anderen festzustellen. Es gelang dies bei den Myofibrillen und

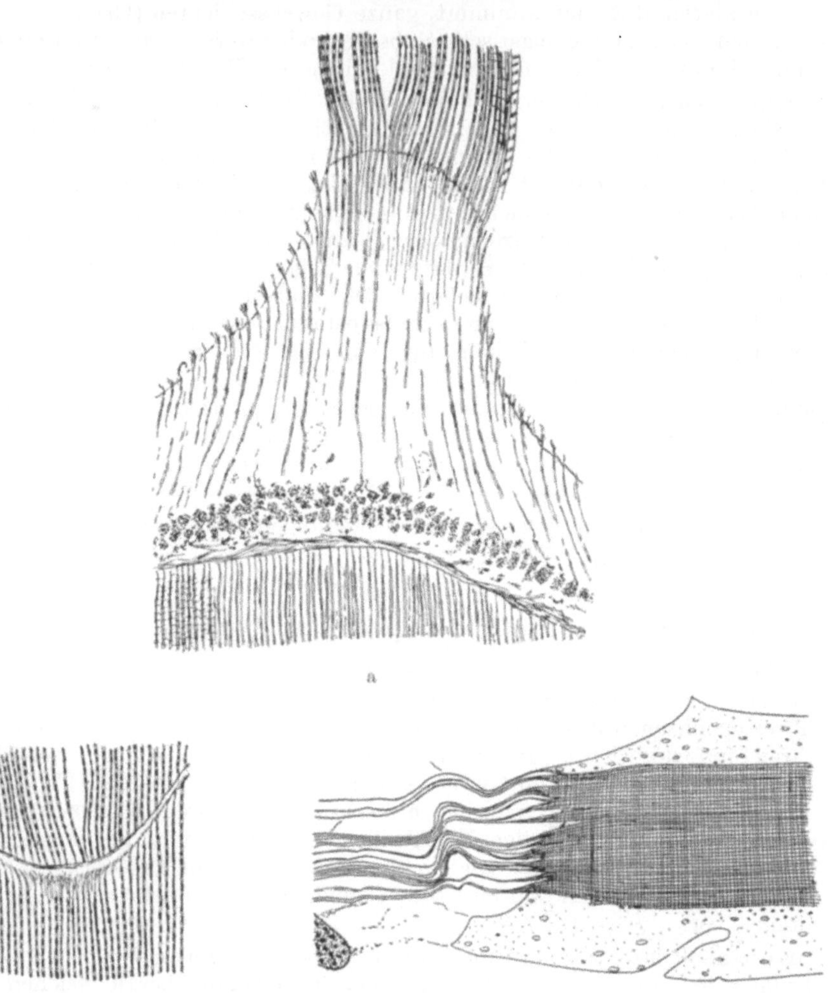

Abb. 51. a Die Kante eines Myoseptums vom erwachsenen Amphioxus. Am Übergang zum Septen-flügel. Oben Muskelblätter im Zusammenhange mit Bindegewebsfasern des Septums. b Die Kante des Myoseptums und die an sie grenzenden Muskelblätter von einem 16 mm langen Amphioxus. Beide Abbildungen nach Carazzi, Hämatox-Präparaten. c Der Zusammenhang von Muskelfasern mit Bindegewebsfasern eines in Entwicklung begriffenen Myoseptums einer jungen Froschlarve. [Nach Studnička (1920).]

Desmofibrillen, Myofibrillen und Plasmofibrillen, und es ist dies für die Plasmo-fibrillen und Desmofibrillen sehr wahrscheinlich.

Schon 1850 beobachtete Koelliker, daß quergestreifte Muskelfasern in Bündeln von Sehnenfibrillen Fortsetzung finden, Oscar Schultze machte in der neueren Zeit (1912) auf dieses Thema von neuem aufmerksam und die neuesten Angaben darüber stammen von dem Verfasser (1920, 1924), von Sobotta

(1924), von QUAST (1925) (hier Literaturangaben) und von HÄGGQVIST (1926). Letzterer und PETERSEN sind Gegner der Lehre von dem Fibrillenzusammenhange und meinen, daß sich nur die Desmofibrillen mit ihresgleichen verbinden.

Man beobachtete Desmofibrillen, welche zwei nacheinanderfolgende Myomeren verbinden [E. MÜLLER (1912)], dann beobachtete man, wie sich eine Muskelfibrille bzw. Säulchen mit fertigem Myoseptum (*Amphioxus, Siredon*) verbinden und schließlich sah man den direkten Zusammenhang zwischen Muskelfibrillen (Abb. 51) und denen der Sehne. Einigemal beobachtete man, daß die Desmofibrillen sogar bis in das Innere der Muskelfasern eindringen [STUDNIČKA (1924)].

Den Zusammenhang von Myofibrillen mit den plasmatischen Grenzfibrillen der Hypodermiszellen beobachtete man in mehreren Fällen unter dem *Crustaceen*panzer und unter den *Mollusken*schalen [zuletzt z. B. LUNDAHL (1908) An. Hefte].

Weniger sicher bewiesen ist der Übergang der Desmofibrillen in Plasmofibrillen der Epidermis. W. J. SCHMIDT (1922) hält es bei *Amyda* für möglich.

GOLDSCHMIDT erwähnt (1910), daß sich bei *Ascariden* Gliafibrillen mit Neurofibrillen verbinden, sonst befinden sich die Neurofibrillen abseits von allen anderen und sie hängen, soviel wir wissen[1], mit den Myofibrillen nirgends unmittelbar zusammen.

Noch auf die Beziehungen der Flimmercilien zu den „Wimperwurzeln" sei da hingewiesen; hier wird jedenfalls der Zusammenhang durch die Basalkörperchen unterbrochen.

9. Die Vitalität der Fibrillen und der Fasern.

In dem Vorhandensein der Fibrillen müssen wir immer den sichtbaren Ausdruck einer bestimmten Funktion erblicken, es sind das eben „Funktionsstrukturen" des Cytoplasmas und der Bausubstanz. „Der Reiz ruft dimensional orientierte Strukturen hervor", sagt M. HEIDENHAIN (1907).

An der Vitalität der Myo- und der Neurofibrillen zweifelt heute noch kaum jemand, auch die Plasmofibrillen werden ziemlich allgemein für lebende Teile der Zellen gehalten. Anders verhält es sich mit den Desmofibrillen. Schon oben (S. 508 u. 509) haben wir auf die abweichende Beurteilung dieser Strukturen bei der Mehrzahl der Autoren hingewiesen.

Noch unlängst hielt man sie ziemlich allgemein für tote Sekretfäden oder für Strukturen, die im Sekret entstanden sind, und man machte für die zweckmäßige Anordnung nahe liegende Zellen verantwortlich. Dagegen hat ROUX in seinem Werke über den „Kampf der Teile" auf die Lebensäußerungen der Stützgewebe hingewiesen und der Befund von zweckmäßig angeordneten Faserstrukturen in den Chordascheiden der *Fische*, wo Zellen fehlen [v. EBNER (1897)], führte später zu einer Änderung der Ansichten. HEIDENHAIN (1907) schließt aus der Selbstspannung der Ligamente darauf, daß sie unmöglich tote Gebilde vorstellen können. Es sind das gerade die Desmofibrillen, die den Tonus erhalten. Auch der Umstand, daß die Sehnen angestrengter Muskeln gleichzeitig mit ihnen dicker werden und größere Anzahl von Fibrillen aufweisen [TRIEPEL (1903)] spricht dafür, daß die Fibrillen, die gerade angestrengt werden, lebendig sein müssen. Ich selbst würde vor allem auf die Fasern der Zonula ciliaris, die in einem zellfreien Gewebe entstehen und liegen und kaum durch andere ersetzt werden können, hinweisen.

---

[1] Wenn das „periterminale Netzwerk" von BOEKE (1926) nicht hierher gehört.

10. Die Fibrillen und Fasern als Elementarbestandteile von Geweben.

Wir wissen bereits, daß die Fibrillen durch ganze Zellenreihen verlaufen können, auch außerhalb der Zellen in den Zellbrückennetzen verhalten sich die Fibrillen ganz selbständig und kümmern sich nicht viel um die Zellen, d. i. um die Zellkörper. Man sieht sie auch in solchen Geweben, wo keine Zellen vorhanden sind und so kann man nicht bezweifeln, daß sie ebenso wie die Zellen den Titel der „Elementarbestandteile" verdienen. Gerade sie bauen dadurch, daß sie sich untereinander verschieden verflechten, jene Teile des Tierkörpers, die vollkommen an solche Produkte der Industrie erinnern, die man seit jeher mit dem Namen der „Gewebe" bezeichnet.

Die Plasmofibrillen eines mehrschichtigen Epithels — um einige Beispiele anzuführen — verbinden die Zellen untereinander und sie stellen im Gewebe ein elastisches Netz, welches in seiner Bedeutung den Federn eines Polsters nicht unähnlich ist (Abb. 45 c, S. 511).

Die Desmofibrillen (später ihre Bündel und die Fasern) stellen schon im Embryonalkörper, im Mesenchym, ein Gerüst vor, das erstens diesem sonst ganz weichen Gewebe eine gewisse Festigkeit verleiht, und dann — das ist viel wichtiger — ein „Tonoskelet" der betreffenden Körperpartie (der Schwanzflosse einer *Froschlarve* z. B., Abb. 55, S. 530) und des ganzen embryonalen Körpers baut. Die Fibrillen heften sich an das embryonale Corium·an und leisten dem Druck der im Gewebe enthaltenen Flüssigkeit Widerstand. Im fertigen Tierkörper sieht man die Fibrillen überall in den Geweben, die zur Umhüllung, zur Füllung, zum Stützen, zum Verbinden usw. bestimmt sind. Entweder leisten die Fibrillen beim Zug Widerstand, oder es wird in ihnen der Druck in Zug umgewandelt, oder schließlich stellen große Massen von Desmofibrillen selbst druckfeste und zugleich elastische Polster vor.

Im Muskelgewebe sind, wie man nicht näher beweisen braucht, die Fibrillen das Wichtigste; die Form der Zellen oder der Muskelfasern, in denen sie enthalten sind, ist eigentlich nebensächlich; alles steht da, so scheint es, in dem Dienste der Myofibrillen.

Endlich die Neurofibrillen, von denen man zwar nicht dasselbe behaupten kann, die aber doch gewiß sehr wichtig sind, und endlich die Neuroglia, in der die Gliafibrillen wieder den wichtigsten Strukturbestandteil vorstellen.

(Bemerkung: Etwas von den Fibrillen vollkommen Verschiedenes stellen die Spiculae der Poriferen vor.)

VII. Das Synexoplasma und die Bausubstanzen (Grundsubstanz, Cuticularsubstanz).

Die Zellen, Syncytien und Plasmodien bestehen ursprünglich aus weichem Cytoplasma, handelt es sich nun darum, das eine oder das andere Gewebe fester zu machen, den Körper zu schützen (Integument), das Ganze, den einen oder den anderen Teil zu stützen (Skeletteile), so kann die Natur in zahlreichen Fällen mit den Zellen auskommen, so daß sie die Zellen mit breiten harten Grenzschichten (Krusten, Kapseln) versieht, oder umgekehrt, indem sie von dünnen Zellmembranen umgebene Zellen mit Flüssigkeit füllt und in Turgorzellen verwandelt. Auch kann sich das gesamte Cytoplasma der Zellen verdichten und es kann sogar eine besondere Umwandlung in Exoplasma erfahren, welche es bedeutend resistent und hart macht. Bei allen diesen Prozessen beteiligen sich Fibrillen, die man einmal in den Grenzschichten der Zellen, ein anderes Mal in ganzen

Zellkörpern findet. Man kann somit behaupten, daß die Zellen, das ist die Zellkörper, und die Fibrillen zum Aufbau sehr resistenter, zugfester oder druckfester Gewebe (Binde- und Stützgewebe) genügen können.

Es gibt weiter Fälle, in denen es sich umgekehrt darum handelt, daß Lücken zwischen den Keimblättern (Epithelien) und den Organen mit ganz weichem Material (Füllgewebe) ausgefüllt werden, und wieder kann die Natur zu solchem Zwecke die Zellkörper verwenden; sie wendet einerseits große, dicht aneinander gepreßte Zellen, oder sie wendet zu dem Zwecke kleine sternförmige, netzartig verbundene Zellen, wie man beides in den Parenchymen der niederen Würmer (Plathelminthen) so häufig beobachtet. In beiden Fällen braucht die Natur zu solchen Geweben sehr wenig festes Material; einmal füllt sie das Zellinnere mit Flüssigkeit, ein anderes Mal verdrängt sie die Zellkörper durch eine Intercellularflüssigkeit. Auch hier können, vor allem in dem zweiten Falle, wieder Fibrillen vorkommen, welche die Teile zusammenhalten (vgl. Kap. V) und das Gewebe und den Gesamtkörper resistenter machen.

Kann die Natur also in beiden den hier angedeuteten Fällen gut mit Zellen auskommen, so wählt sie neben ihnen und besonders bei Vertebraten doch noch ein anderes Mittel; es entstehen extracelluläre Gerüste und Massen, die einmal zum Ausfüllen der Lücken (auch ohne die Gegenwart der Zellen), ein anderes Mal wieder zum Bedecken, Verbinden, zum Einhüllen, zum Stützen usw. der Organe oder Körperteile verwendet werden können und schließlich stellen die mit Zellen kombinierten Gerüste sogar auch die Grundlage wichtiger Organe sui generis vor. Man beobachtet, daß die extracellulären Gerüste und Massen, die sich ihrerseits wieder beinahe immer mit Fibrillen kombinieren, die größte Mannigfaltigkeit zeigen können, nicht nur in ihrem Aussehen, sondern auch in ihrer Konsistenz, ihrer Ausstattung mit Fibrillen, Fibrillenbündeln und Fasern usw.

Extracelluläre Teile kennen wir bereits aus den früheren Kapiteln. Es sind das erstens einfache Zellverbindungen (Zellbrücken), dann Zellbrückennetze (S. 484) und mit dem Namen des „extracellulären Protoplasmas" bezeichneten wir (S. 503) umfangreiche Netze und Geflechte dieser Art, die sich von dem direkten Einfluß der Zellen offenbar weitgehend emanzipiert haben. Diesmal handelt es sich um extracelluläre „Substanzen", wodurch ich andeuten will, daß es schon andere Substanzen sind als das primitive Protoplasma. Man kann nun, und diese Frage werden wir unten ausführlich erörtern, die Substanzen entweder für umgewandeltes, manchmal Sekrete enthaltendes Cytoplasma, ein Exoplasma (Gegensatz zu Endoplasma) halten, oder für ein Protoplasmasekret.

Jene Autoren, die sie für Sekrete gehalten haben, waren in ihrer Deutung besonders dadurch befestigt, daß sich aus Sekreten an der Körperoberfläche bei Evertebraten in der Tat sehr verschiedene, dem Schutz des Körpers dienende Gehäuse bilden können. Diesmal würde es sich um im Innern des Körpers bleibende Sekretansammlungen handeln.

Auch die Körperflüssigkeiten (vgl. Kapitel VIII) sind „extracellulär", und zu jeder Zeit gab es Autoren, welche die oben erwähnten Substanzen einfach für verdichtete Körperflüssigkeiten hielten, solche, in denen sich durch Gerinnung Fibrillen, analog den Fibrinfäden des Blutes, ausgebildet haben[1].

Ich sagte bereits oben, daß in den in Betracht kommenden Substanzen beinahe immer Fibrillen (Desmofibrillen) vorkommen, nun könnte man meinen, daß sie eigentlich nichts anderes sind als Massen von Fibrillen, zwischen denen

---

[1] Umgekehrt hielt man z. B. das Blut für ein Grundsubstanzgewebe mit flüssiger Grundsubstanz.

Reste von Cytoplasma enthalten sind. Man hat die Grundsubstanzfrage öfters für identisch mit der Fibrillenfrage gehalten[1].

Mit den oben erwähnten Grenzschichten kommen die oben erwähnten Massen manchmal in nahe Beziehungen; man beobachtete z. B., daß Knorpelkapseln mit der Grundsubstanz verschmelzen und ihre Menge zu vermehren helfen, umgekehrt bauen die Grundsubstanzen ihre eigenen Grenzschichten.

Ich wollte im Vorangehenden nur andeuten, daß man bei Betrachtungen über Bausubstanzen auf die Begriffe Zellbrücken und Zellbrückennetze, Sekrete, Körperflüssigkeiten, Grenzschichten, Exoplasma der Zellen und auf Fibrillen Rücksicht nehmen muß.

Es gibt zwei Hauptformen der „Bausubstanzen": Im Innern des Metazoenkörpers entstehende „Grundsubstanzen" oder „Intercellularsubstanzen" und die auf der Oberfläche vieler Epithelien sich bildenden „Cuticularsubstanzen".

A. Grundsubstanzen (Intercellularsubstanzen).

Als „Grundsubstanzen" müssen wir alle festeren Intercellularsubstanzen (im weiteren Sinne des Wortes) auffassen, die im Innern des Metazoenkörpers auf der Grundlage von Morphoplasma (nicht des Hyaloplasma), nach anderen als Sekretablagerungen entstehen; es sind das geformte Substanzen von gallertartiger bis fester Konsistenz, keine Flüssigkeiten. Schwierigkeiten mit der Anwendung des Namens „Grundsubstanz" können dann entstehen, wenn es sich um Flüssigkeiten handelt, die durch Sekretansammlungen dichter geworden sind, solche, von denen färbbare Koagulate im Präparate übrig bleiben (die Grundmasse in der Schmelzpulpa der Dentinzähne z. B.). Man muß sich in solchen Fällen darnach richten, ob in solcher Substanz Fibrillen entstehen oder nicht; nur die Fibrillen bildenden und enthaltenden Massen rechne ich hierher. (In der gallertartigen Grundmasse der Schmelzpulpa sieht man z. B. keine bleibenden Fibrillen; diese sind alle in dem Zellennetz enthalten [Mazur (1907, Reichenbach (1926)]. Gerüstartige Grundsubstanzen lassen sich vom Zellbrückennetze kaum unterscheiden. Grundsubstanzen gibt es nicht nur zwischen den einzelnen Zellen (so z. B. im Knorpel), sondern auch zwischen den Keimblättern, bzw. Epithelschichten. Der Terminus „Grundsubstanz" ist daher passender. (Vgl. meine Abh. v. J. 1907, b.)

1. Geschichte.

Der Begriff einer „Grundsubstanz" entstand noch vor dem Aufstellen der Cellulartheorie. Man entdeckte im Knorpelgewebe Bläschen oder „Acini" [Meckauer (1836)] und man brauchte nun einen Namen für die zwischen ihnen sich befindende „eigentliche Knorpelsubstanz". Joh. Müller benützte 1836 den Namen „Substantia intermedia", Meckauer, ein Schüler von Purkinje, in demselben Jahre den Namen „Massa" oder „Substantia fundamentalis". Den Namen „Grundsubstanz" findet man in der Allgemeinen Anatomie von Henle (1841) — auch in den vom Knochen und vom Zahnbein handelnden Kapiteln —, Schwann wendet den den Botanikern schon früher bekannten Namen „Intercellularsubstanz" an.

Schwann erkannte, wie wir schon wissen, als erster die große Verbreitung einer solchen Substanz (sein „Cytoblastem"!) in tierischen Geweben. Er weiß bereits, daß die Substanz einmal weich, ein anderes Mal dicht, im Knochen sogar ganz fest sein kann. Er versucht sie vom Blutplasma abzuleiten. Wie die Substanz im Ei enthalten ist und wie aus ihr die ersten Zellen entstehen, konnte er, und das ist eine merkliche Lücke in seiner Lehre, nicht angeben.

Reichert erkannte (1845) zuerst, daß zwischen den Zellen eines Embryo eine Intercellularsubstanz noch fehlt, eine solche entsteht also nachträglich aus den Zellen; von ihm stammt auch der Begriff von „Bindesubstanzgeweben". Zuerst wußte man nicht, auf welche

---

[1] Vgl. die Arbeiten von Meves (1910) und von v. Korff (1907).

Weise die Intercellularsubstanz entsteht. REMAK wollte (1852), sich auf Beobachtungen am Knorpelgewebe (Knorpelkapseln) stützend, eine Lehre von der „Parietalsubstanz" aufstellen; Zellmembranen sollten sich an der Bildung von Grundsubstanz beteiligen, andere erblickten in ihr einfach ein Sekret der Zellen.

HENLE hielt 1841 die Grundsubstanz ausdrücklich für lebendig, doch VIRCHOW vergegenwärtigte sich später (1858), daß man Lebenserscheinungen bloß an den Zellen beobachtet. Er erklärte die Grundsubstanz für „passiv" und er wollte in ihr „Territorien", Einflußsphären der einzelnen Zellen, unterscheiden. Die später entstandene Protoplasmalehre übernahm, wie ich schon anderswo sagte, auch diese Ansicht.

MAX SCHULTZE (1861), der Begründer der neuen Lehre, hat die Grundsubstanzen als umgewandeltes Protoplasma aufgefaßt; dieser Ansicht war auch BRÜCKE (1861), der sich der neuen Lehre sogleich angeschlossen hat. Zu derselben Zeit hat in England LIONEL BEALE eine Lehre von zweien im Metazoenkörper enthaltenen Substanzen aufgestellt, von einer „Germinal matter", die sich in eine unter ihrem Einfluß bleibende „Formed matter" verwandeln sollte, doch war bei ihm der Begriff einer „Formed matter" viel breiter als der heutige einer Bausubstanz. Die Umwandlungslehre hatte also gleich in der ersten Zeit drei Verteidiger.

Man beschäftigte sich jetzt viel mit dem Protoplasma und man beobachtete an ihm deutliche Zeichen von Leben, Reizbarkeit und Beweglichkeit; an den Grundsubstanzen gelang es nichts davon zu entdecken, und so erblickte man darin eine Bestätigung der Ansichten VIRCHOWs; die fertige Grundsubstanz wäre also doch eine in ihren Eigenschaften vom Protoplasma vollkommen verschiedene Substanz.

Die Umwandlungslehre der sechziger Jahre hatte wenig Glück; schon BOLL hat sie 1872 teilweise verlassen und andere sind der alten Sekretionstheorie, so formulierte man jetzt allgemein die Sache, treu geblieben. Man hielt jetzt die Grundsubstanzen einfach für Sekrete der Zellen, die einmal weich, gallertartig, ein anderes Mal fest und schließlich sogar hart sein können. Man dachte, daß verschiedene Zellen verschiedene Grundsubstanzen (ähnlich auch Cuticularsubstanzen) produzieren. In den Fibrillen erblickte man, aber das wissen wir schon aus dem vorangehenden Kapitel, einmal Produkte der Zellen, eine andere, ganz besondere Art von Sekreten, ein anderes Mal wieder Strukturen, die in Grundsubstanzen „geprägt" [ROLLET (1871)] wurden.

In den achtziger und den neunziger Jahren tauchte von neuem der Gedanke der Vitalität der Grundsubstanzen auf [STRICKER (1883), LUKJANOW (1894)], doch man war zu ·fest von der Richtigkeit der Sekretionslehre und der Passivitätslehre überzeugt, und so blieb die offizielle Histologie der alten Lehre treu. Im Jahre 1896 hat WEIGERT die Grundsubstanzen sogar für „tot" erklärt und erst dies hat eine Art Besinnung unter den Histologen hervorgerufen. FLEMMING hat ihm (1897) widersprochen und seit dem Jahre 1899 inaugurierte F. C. C. HANSEN eine neue Ära, deren Ansichten später angeführt werden sollen. Übrigens werden von Einzelnen auch heute noch die alten Ansichten verteidigt.

2. Die Objekte.

a) Die Pflanzen.

Bei den Pflanzen verdient höchstens die dünne (nur bei einigen Algen ausnahmsweise breite) „Mittellamelle", die die benachbarten Zellmembranen voneinander trennt, den Namen einer „Intercellularsubstanz". Da bei den Pflanzen bloß die Protoplasten den tierischen Zellen entsprechen, muß man hier eigentlich auch die Zellmembranen den tierischen Grundsubstanzen (bzw. den Kapseln) gleichstellen.

b) Die Metazoengewebe.

Nach einer alten, auch heute noch nicht vollkommen verdrängten Ansicht sollte eigentlich zwischen allen Zellen des *Metazoen*körpers eine „Intercellularsubstanz" vorkommen; wo sie in geringer Menge, wie in den Epithelien, zugegen ist, wäre es eine „Kittsubstanz", in den „Baugeweben" dagegen, wo sie reichlicher ist, wäre es eine wirkliche „Grundsubstanz" [vgl. WALDEYER (1901) und SCHAFFER (1901)]. Dann stellt man sich noch heute fast allgemein vor, daß es sich dabei immer um kompakte Substanzen handelt. Beide Ansichten mußte die Histologie erst allmählich überwinden und heute wissen wir bestimmt, daß die Grundsubstanzen (bzw. die Kittsubstanzen) erstens nicht allgemein verbreitet sind, und daß es (zweitens) auch gerüstartige und lamelläre Substanzen dieser Art gibt.

Eine Grundsubstanz fehlt den Epithelien und dem direkt von ihnen sich ableitenden Nervengewebe, sie ist dagegen in den meisten „Baugeweben" zugegen; im Muskelgewebe nur insoweit dieses — interstitiell, das ist zwischen den eigentlichen Muskelelementen — Bindegewebe enthält. Man hat früher angenommen, daß Epithelzellen durch Vermittlung einer „Kittsubstanz" zusammenhängen. Recklinghausen zeigte, daß sich die Zellgrenzen durch Argentum nitricum (in Endothelien!) schwärzen lassen, aber Flemming konnte nachweisen (1896), daß es sich da bloß um eine Koagulation von Silbersalzen in dem flüssigen Inhalt der Intercellularlücken handelt. Eine Ausnahme findet man z. B. beim Verhornen des mehrschichtigen Epithels in der Hufanlage einiger Säuger, wo die Intercellularlücken nach meinen Erfahrungen (1909) wirklich durch eine Art Grundsubstanz ausgefüllt werden können.

Von den „Baugeweben" (Stütz-, Füll- und Bindegewebe der Autoren) machen diejenigen Gewebe, die durch direkte Umbildung von Zellen eines Keimblattes oder eines Epithels entstehen, eine Ausnahme. Eine Grundsubstanz fehlt also in dem sog. „epithelialen Stützgewebe" einiger Polypen, und sie fehlt bis auf wenige Ausnahmen (S. 484) auch dem Gewebe der Chorda dorsalis der Vertebraten.

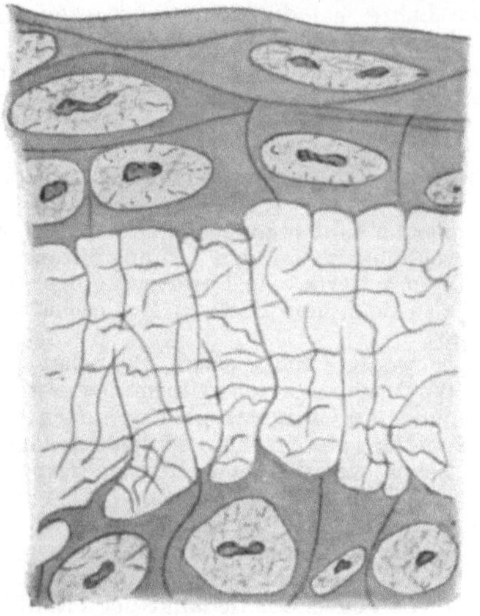

Abb. 52. Das Zellbrückenne („Mesostroma" zwischen Ektoderm und der Somatopleura eines Forellenembryos. [Nach Szily (1908).]

Die eigentliche Domäne der Grundsubstanzen sind die auf der Grundlage von Mesenchym und von „Mesostroma" entstehenden Grundgewebe.

O. und R. Hertwig, von denen der Begriff des „Mesenchyms" stammt [früher sprach man von einem „Bildungsgewebe" (Goette)], nehmen (1881) an, daß sich zwischen den Keimblättern zuerst eine gallertartige Substanz ansammelt, in die erst vom Mesoderm abgetrennte Zellen hineinwandern. Diese Gallertsubstanz wäre die erste Grundsubstanz, in der später Fibrillen und Fasern entstehen. Gegen diese Ansicht, die in der ersten Zeit allgemein angenommen wurde, haben im Jahre 1902 Mall und der Verfasser (eigentlich auch Flemming 1901) eine andere gestellt, nach der die erste Grundsubstanz nicht aus der Gallerte bzw. der Flüssigkeit entstehen sollte, sondern aus den Zellen, die nicht voneinander isoliert sind, sondern ein überall zusammenhängendes Netz bilden. Ich habe auf die „retikulären" („modifizierten", wie ich 1899 sagte) Epithelien (der Schmelzpulpa z. B. Abb. 31 a) hingewiesen, und ich zeigte, daß man in ihren Plasmofibrillen ein Analogen der Bindegewebsfibrillen, erblicken kann. Dadurch, daß sich in einem netzartigen Embryonalgewebe die Lücken des Netzes (Intercellularlücken) schließen, entsteht ein kompaktes Grundsubstanzgewebe. Szily ergänzte (1904, 1908) diese Angaben auf eine ganz unerwartete Weise. Er zeigte, daß noch früher, ehe noch Zellen in die Lücken zwischen den Keimblättern einwandern, daselbst Zellbrückennetze (vgl. S. 473, Abb. 52) vorkommen, und er war der Ansicht, daß das junge Mesenchymgewebe diese Netze assimiliert; sie sollten zusammen mit den von den Mesenchymzellen gebildeten Trabekeln die Anlage der künftigen Desmofibrillen bilden. Sogar ein kompaktes Gallertgewebe kann so entstehen [Studnička (1907 b).] Überall kommen, wie ich später (1911) zeigen konnte, solche Netze (das primäre Mesostroma) nicht vor; bei den Froschlarven bauen die Mesenchymzellen beinahe allein das Gerüst des Mesenchymgewebes.

Zuerst ist da also ein Gerüst [später oft, wie Laguesse (1921) zeigt, ein Lamellenwerk)], in ihm, nicht in seinen Lücken, befinden sich nun die Fibrillen.

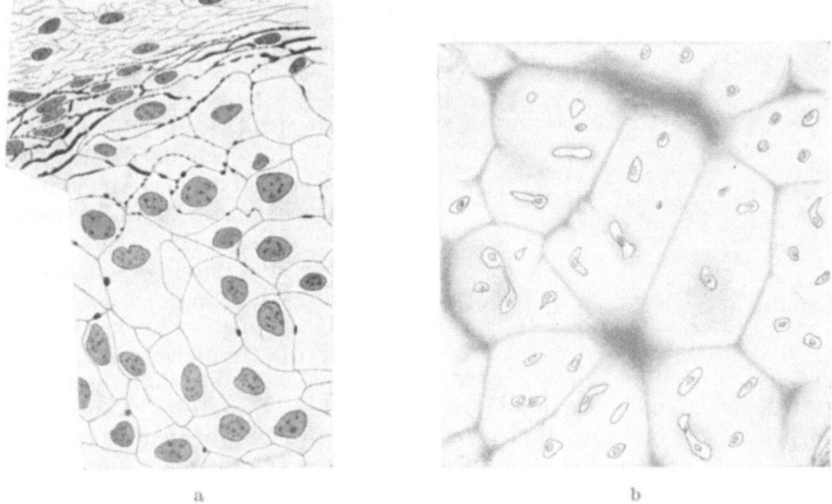

Abb. 53. Grundsubstanzreiches und grundsubstanzarmes Gewebe. a Chondroides Gewebe von Cobitis. b Hyalinknorpel mit territorial geordneter Grundsubstanz. [Nach Studnička (1903).]

Eine Reihe von Autoren, die in dem Gerüst nur Koagulate erblicken [Baitsell (1925) z. B.], leiten auch heute die Fibrillen und dann die Grundsubstanz von dem Inhalt der Lücken ab.

Nun gibt es erstens fertige Gewebe der Mesenchymreihe, welche den ursprünglichen Charakter des Gewebes womöglich behalten; das sind die „retikulären"

Abb. 54. Retikuläres, fibrillenführendes Gewebe aus einer Lymphdrüse. Katze. [Nach M. Heidenhain (1907.)

(bzw. „lamellären") Gewebe — wie man sie nennen könnte (Abb. 54), — zweitens solche, in denen die ursprünglichen Lücken stark reduziert wurden oder vollkommen verschwanden, „wahre Grundsubstanzgewebe" mit kompakter Grundsubstanz (Abb. 53b). Schließlich gibt es „zellige" Gewebe, in denen die Grundsubstanz auf dünne intercelluläre Scheidewände reduziert wird (Abb. 53 a).

Das retikuläre Gewebe und das lockere fibrilläre Gewebe können beide unter Umständen sehr auffallend die Bauweise des Mesenchyms behalten oder imitieren. Beide enthalten ein weiches Protoplasmaretikulum, das durch

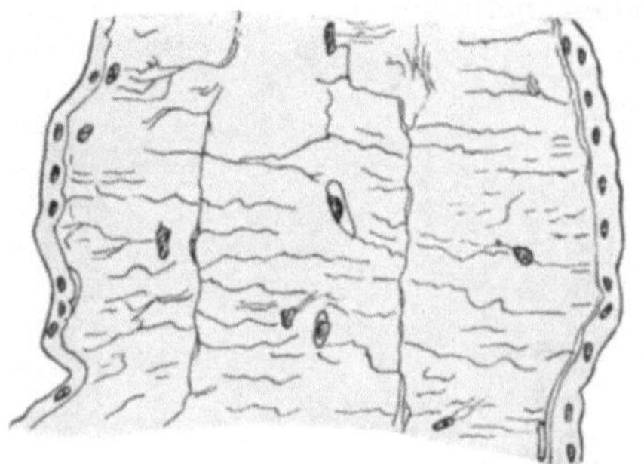

feste fibrillenführende Grundsubstanzbalken und -lamellen (wie ich unten zeigen will, das „Exoplasma") ergänzt und unterstützt wird. Im retikulären Gewebe gibt es vorzugsweise Trabekeln [Laguesse (1904, Abb. 25, S. 478)], im lockeren Lamellen [Laguesse (1914, 1921, Abb. 57b, S. 533)]. Die Grundsubstanz bildet da also ein relativ festes Gerüst, auf dem erst die weichen, isolierten oder netzartig zusammenhängenden [v. Möllendorff (1926)] Zellen liegen. Als Ganzes sind diese Gewebe wohl weich und es gibt Übergänge zu dem folgenden.

Abb. 55. Gallertgewebe aus der Schwanzflosse einer Froschlarve; mit Tonofibrillen. [Nach Triepel (1911).]

Das Gallertgewebe kann mit Rücksicht auf die Grundsubstanz sehr verschiedenes Verhalten zeigen, und überhaupt versteht man unter diesem Namen eine Anzahl von wesentlich ungleichen Geweben. Neben den zellfreien Gallertgeweben der *Hydroidmedusen*, dem embryonalen Subcutangewebe einiger Fische *(Lophius)* und dem Glaskörpergewebe der *Vertebraten*augen

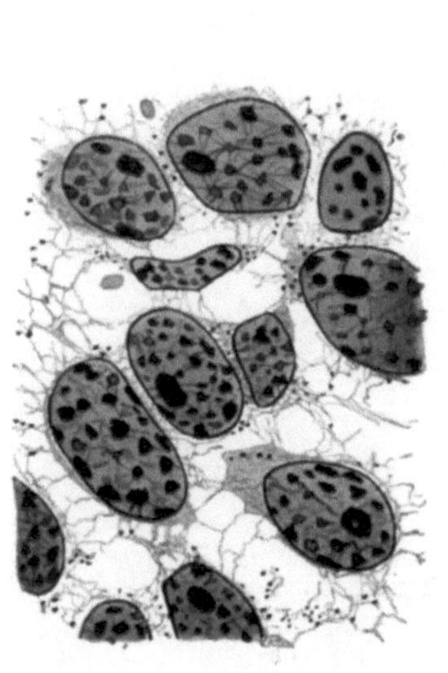

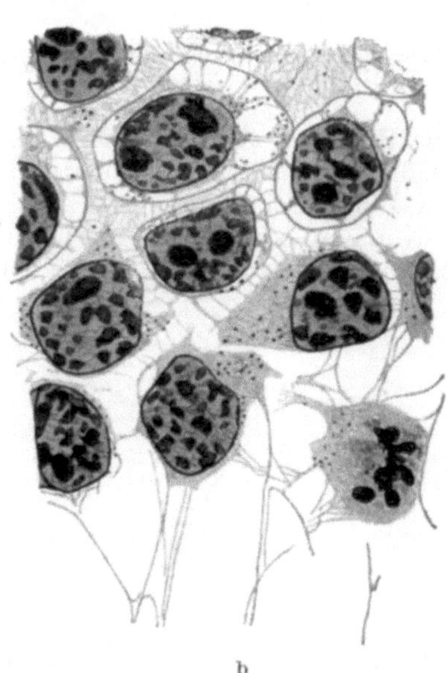

a   b

Abb. 56 a, b. Zwei Stadien der Chondrogenese im Mesenchym einer Froschlarve. [Nach Studnička (1911 c).]

gibt es zellhaltige Gewebe, wie dasjenige der Nabelschnur. Die ersteren Gewebe sind fein gerüstartig und sehr weich, aus der Nabelschnur der *Selachier* beschrieb Laguesse unlängst ein lamelläres zellhaltiges Gallertgewebe. Das Nabelschnurgewebe der *Säuger* enthält neben den lamellären auch kompakte Partien. In der Grundsubstanz gibt es überall feine, vereinzelte oder dünne Bündel bildende Fibrillen. Das Gallertgewebe stellt auf seiner höheren Stufe ein weiches kompaktes Grundsubstanzgewebe vor (Abb. 55).

Das lockere fibrilläre Bindegewebe, das wir schon oben erwähnten, und das ihm eigentlich wenig ähnliche feste fibrilläre Bindegewebe besitzen sog. „fibrilläre Grundsubstanzen"; nicht daß Fibrillen anderswo fehlen würden, aber hier sind die Fibrillen viel dichter, und es gibt da sogar dicke Fibrillenbündel. Das feste fibrilläre Bindegewebe hat eine einfache primäre Grundsubstanz; das hyaline Knorpelgewebe besitzt eine druckfeste Grundsubstanz, die ihre Eigenschaften durch Imprägnation erhielt, wobei die in ihr enthaltenen Fibrillen unsichtbar geworden (maskiert) sind. Das Knochengewebe und das Dentin sind schließlich Gewebe mit kompakter imprägnierter und verkalkter Grundsubstanz; „Hartgewebe", wie man sie mit Rücksicht auf diese Eigenschaft ihrer Grundsubstanz bezeichnen kann.

3. Die Genese der Grundsubstanz.

Ich nannte die darauf sich beziehenden zwei Haupttheorien, die „Sekretionslehre" und die „Umbildungslehre", bereits in der Einleitung und in dem der Geschichte der Grundsubstanzfrage gewidmeten Abschnitte, will ich jetzt andeuten, wie diese und die sonstigen Lehren formuliert werden und welche Beweise zugunsten der einen oder der anderen angeführt werden.

a) Die Sekretionstheorie.

Sie entstand, wie so viele andere der hier besprochenen Lehren, unter dem Einfluß der Botanik. Nachdem das „Protoplasma" entdeckt wurde (1846), hat man in der Zellmembran ein Protoplasmaprodukt erblickt, und zwar hat man sie als ein Sekret aufgefaßt. KOELLIKER, der schon 1846 die Chordascheiden auf eine solche Weise deutete, bekennt sich ausdrücklich dazu, daß er seine Deutung aus der Botanik genommen hat. Er war in der älteren Zeit der Hauptvertreter dieser Doktrin, und da er sich damals gleichzeitig mit den Grundsubstanzen und den Cuticularsubstanzen beschäftigte (1857), und da er in den letzteren vielfach Bilder sah, die für schichtweise Ablagerung von Zellsekreten auf Zelloberflächen sprachen, darf man sich nicht wundern, daß er sich auch mit Rücksicht auf die Grundsubstanzen zugunsten der Sekretionslehre ausgesprochen hat. Besonders der Befund von Odonto- und Osteoblasten [GEGENBAUER (1864), WALDEYER (1865)] schien für die Ausscheidungslehre zu sprechen; man dachte, daß man da Drüsenzellen und ihr Produkt, die Grundsubstanz, nebeneinander sieht. Noch in der neuesten Zeit versuchte man wiederholt den Fall der Osteoblasten zugunsten der bekannten Lehre auszunützen; zuletzt tat es Z. KASCHKAROFF im Jahre 1914, doch gerade sein Fall, der *Orthagoriscus*knochen, läßt sich (wie ich 1916 zu zeigen versuchte) sehr gut gegen die Ausscheidungslehre ausnützen. (Ein zusammenfassendes Referat über die Osteoblastentheorie hat neuestens HINTZSCHE (1927) veröffentlicht.)

Man hat darauf hingewiesen, daß zwischen den Zellen und ihren Produkten immer eine scharfe Grenze vorhanden ist, dann darauf, daß man in den sezernierenden Zellen Vorstufen der Sekrete in der Gestalt von kleinen Körnchen beobachtet. Außerdem hat man sich vom Anfang an auch auf eine ursprüngliche Gallerte des embryonalen Mesenchymgewebes berufen, in der man entfernt von den Zellen Fibrillen entstehen sah; darin hat man wieder einen Beweis dafür erblickt, daß die Gallerte die Anlage einer Grundsubstanz vorstellt [neuestens ALFEJEW (1926), BIEDERMANN (1913, 1917)].

b) Die Fibrillentheorie.

Eine andere Form erhielt die Sekretionslehre bei jenen Autoren, die in der Grundsubstanz zuerst nichts anderes erblicken wollten als eine Masse von

Desmofibrillen, zwischen denen sich eine Gewebsflüssigkeit (von einer Gallerte sprechen diese Autoren nicht) befindet [v. Korff (1910), Nageotte (1922)].

Die „Fibroblasten" sollen, so wie wir es im vorangehenden Abschnitte sagten, in ihrem Körper Fibrillen bilden, die sich von ihnen loslösen und die Grundsubstanz eines „fibrillären" Bindegewebes dann selbst vorstellen. Da, wo daraus die feste Grundsubstanz eines Knorpels, eines Knochens, des Dentins usw. entstehen soll, liefern die Zellen später noch ein Bindemittel, das die Fibrillen verkittet; erst jetzt hat man eine druckfeste, kompakte Grunsdubstanz vor sich. Hierher gehören Flemming (1897), Mall (1902), Szily (1908) u. a.

c) Die Umbildungstheorie.

Sie ist beinahe gleichzeitig mit der Entdeckung des Protoplasmas in tierischen Geweben entstanden; Max Schultze (1861) ist ihr Begründer.

Schultze erkannte offenbar, daß das embryonale Bindegewebe, jetziges Mesenchymgewebe, netzartig angeordnet ist, und er nahm an, daß Teile dieses Netzes, indem sie Fibrillen bilden, zur Grundsubstanz werden. Vollkommen deutlich ist die Darstellung von Schultze nicht, und sein Schüler Boll (1872) spricht schon nur von Fibrillen. Rollet (1871) war ein Anhänger jener Lehre auch Waldeyer hat sich (1895) zu ihrem Gunsten ausgesprochen, aber erst F. C. Hansen lieferte 1899 eine neue Grundlage zu dieser Lehre, indem er nach dem Beispiel von Renaut (1893) auf den Begriff des „Exoplasmas" (vgl. S. 462) hingewiesen hat. Die Knorpelzellen bilden exoplasmatische Oberflächenschichten, die den Übergang zur Grundsubstanz vermitteln, und evtl. kann man den ganzen Knorpel mit Hansen „als eine Art von Syncytium mit gemeinsamem Ektoplasma auffassen".

Der Verfasser dieses Kapitels, dem der Begriff eines Exoplasmas aus seinen Untersuchungen über das Chordagewebe (1897) schon früher bekannt war, versuchte neben Mall seit dem Jahre 1902 die Exoplasmalehre weiter auszuarbeiten. Es war nicht möglich, die Grundsubstanz eines höher differenzierten Grundsubstanzgewebes, des Knorpels, des Knochens usw., als einfaches Exoplasma, bzw. „Synexoplasma" (1907) aufzufassen, es gibt da unverkennbare Zeichen von Sekretionsprozessen; so war es notwendig, die Umbildungslehre mit der Sekretionslehre zu kombinieren. Zu vollkommen ähnlichen Ansichten kam bei seinen Untersuchungen über die Genese des retikulären Bindegewebes (1903), dann des Gallertgewebes (1914) und des lockeren Subcutangewebes der Säugetiere Laguesse. Er sprach zuerst (1903) von einer „präkollagenen" Substanz, aber später (1914, 1921) wendet auch er den Namen „Exoplasma" an. Der Exoplasmalehre haben sich in der darauffolgenden Zeit unter anderen A. Hartmann (1910), Ranke (1913, 1914), Hueck (1920), neuestens Wassermann (1926), Zawarzin (1926) und Danini (1927) angeschlossen. Auch Rohde hat sie in seinen zusammenfassenden Arbeiten (vgl. S. 495) benützt.

M. Heidenhain hat sich (1907) gegen den Begriff des Exoplasmas ausgesprochen; er wollte in den Grundsubstanzgeweben nicht Analoga von Syncytien erblicken und er stellte somit dem „Protoplasma" der Zellen das „Metaplasma" der Grundsubstanzen (= Plasma + Sekret) gegenüber (1907).

Da der Name „Exoplasma" für die Grundlage einer fertigen Grundsubstanz manchen (v. Ebner, v. Korff) unpassend erschien, habe ich später den Termin „Bauplasma" vorgeschlagen. Das „Exoplasma" würde demnach nur die Anlage einer Grundsubstanz höheren Grades bilden, die fertige Grundsubstanz selbst würde aus „Bauplasma", aus „Bausekreten" und aus „Baufibrillen" (Desmofibrillen) bestehen (1911.

Ich versuche im nachfolgenden die einzelnen Momente zusammenzustellen, auf die man bei dem Definieren der „Exoplasmalehre" hinweisen kann.

α) Die Exoplasma-Endoplasma-Differenzierung.

An erster Stelle muß man fragen, welche Partien des Cytoplasmas eigentlich umgewandelt werden.

Wir wissen bereits (vgl. S. 448, 462), daß es vor allem die Zellen selbst sind, deren Körper auf ihrer Oberfläche sogar sehr breite, aus „Exoplasma“ bestehende Krusten (Exoplasmen sensu str.) bilden können; extracelluläre Schichten dieser Art haben wir oben als „Kapseln“ bezeichnet (Abb. 58 c). Sind die von den Zellen abgeschiedenen Schichten dieser Art für sich abgegrenzt, das ist hängen sie nicht besonders innig mit den ähnlichen Produkten der benachbarten Zellen zusammen, kann man dafür den Namen „Autexoplasma“ anwenden.

In sehr zahlreichen Fällen werden in einem netzartig angeordneten Gewebe breite Exoplasmapartien vom Anfang an einheitlich angelegt; so daß sich der Name „Krusten“ oder Kapseln dafür nicht anwenden läßt. Es handelt sich in der Tat um keine „Grenzschichten“

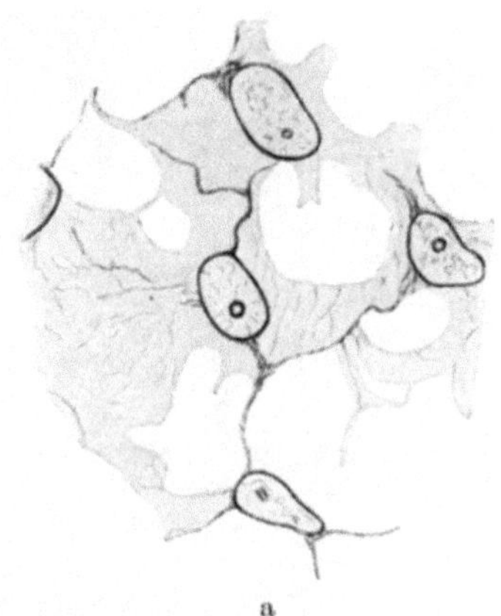
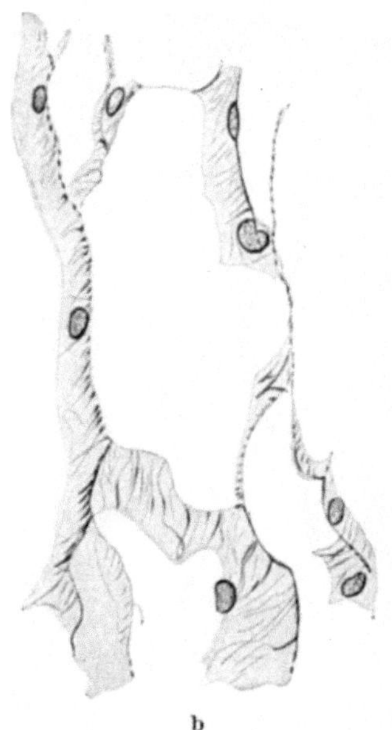

Abb. 57. a Älteres Mesenchymgewebe aus dem Subcutangewebe eines 16 Tage alten Embryo einer Ratte. b Subcutangewebe einer neugeborenen Ratte. Grundsubstanzlamellen mit Zellen und Fibrillen. [Beide Abb. nach LAGUESSE (1921).]

und wir können diese einheitlichen Zwischenschichten als das „Synexoplasma“ den Autexoplasmen entgegenstellen. In der Regel handelt es sich um primäre Plasmodien mit breit untereinander zusammenhängenden kernhaltigen Teilen, in denen das Cytoplasma in gewisser Entfernung von den Zellkernen in Exoplasma umgewandelt wird (Abb. 57 a).

Drittens kann man auf wirkliche Zellbrücken und Zellbrückennetze hinweisen, deren Cytoplasma ebenfalls selbständig, das ist ohne daß sich das Zellkörperplasma ändert, fester wird und sich in ein Exoplasma umwandelt. Ganze Netze und ganze Lamellenwerke können sich so verwandeln, und das Exoplasma nimmt in ihnen das Aussehen einer gallertartigen, Farbstoffe kaum annehmenden Substanz an, die leicht der Aufmerksamkeit des Beobachters entgeht. Besonders müssen da von solchen Netzen die interdermalen (primären) oft sehr umfangreichen Mesostromen (S. 474) erwähnt werden. In allen diesen Fällen handelt es sich wieder um „Synexoplasmen“ (vgl. Abb. 56, 58 b).

Schließlich kann man sich einen Fall vorstellen, in dem sich in einem vollkommen kompakten Plasmodium das Cytoplasma in die zwei Plasmaarten, das die Zellkerne umgebende Endoplasma und das weiter liegende Exoplasma

differenziert. Wieder erhält man da ein „Synexoplasma“. Ein solches konnte
auch so entstanden sein — das gilt von allen vorangehenden Fällen —, daß sich
in der Umgebung der Zellkerne neues Zellplasma angesammelt hat, während das
alte zum Exoplasma geworden ist. (Meine Abh. v. J. 1903, 1913, vgl. S. 452.)

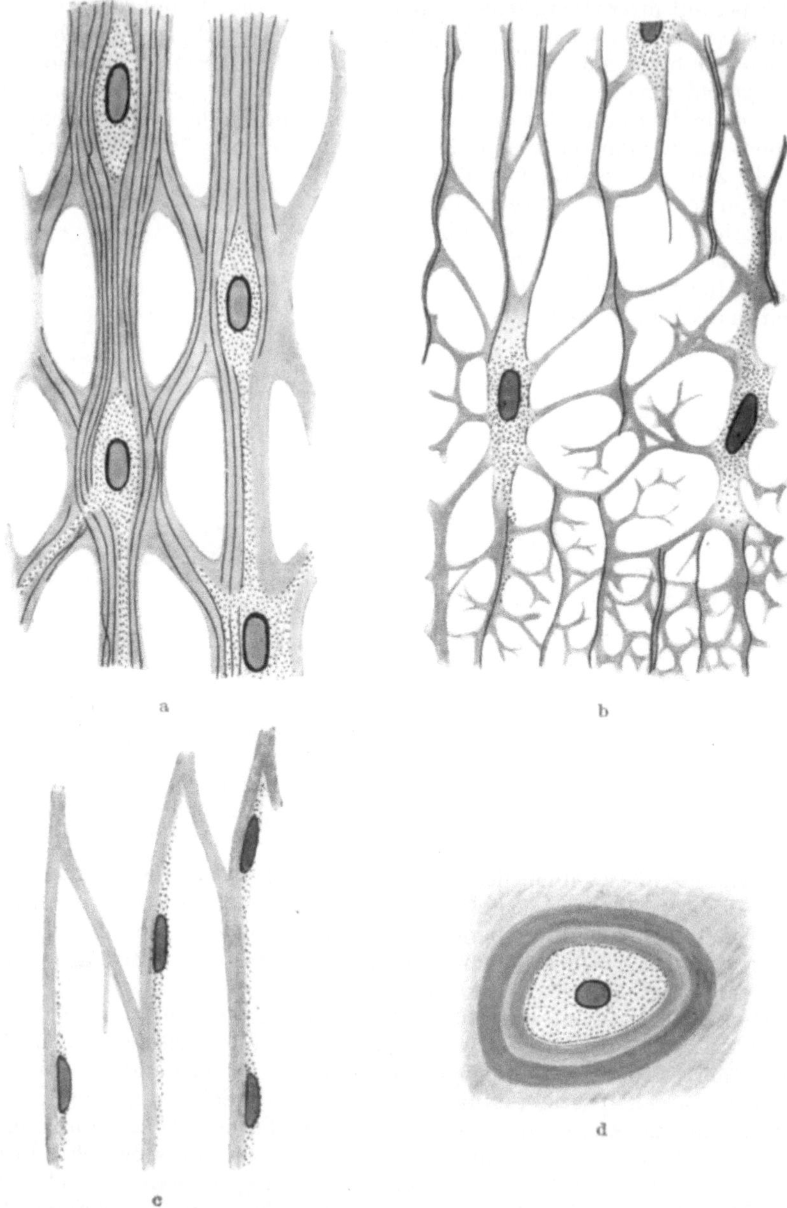

Abb. 58. a Schema, die Beziehungen des Endo- und Exoplasmas im jungen fibrillären Bindegewebe darstellend. [Nach Studnička (1903 b).] b Schema, Mesenchymzellen und zwischen ihnen
sich entwickelndes Zellbrückennetz (Mesostroma) darstellend. Die Endoplasmazellen beginnen sich
über das von ihnen produzierte Exoplasma auszubreiten. c Exoplasmatische Grundsubstanzlamellen
mit auf ihrer Oberfläche ausgebreitetem Endoplasma (Zellnetz). [Im Sinne der Angaben von
Laguesse (1921) und v. Möllendorff (1926).] d Eine Grundsubstanzzelle (Endoplasmazelle) mit
extracellulär gewordenem Autexoplasma — Knorpelzelle mit Knorpelkapsel, bzw. einem Zellhof.

Als Endoplasma erhält sich, das sehen wir in allen Fällen, immer das den Zellkern und das Zentriol unmittelbar umgebende Plasma, während alles übrige zum Exoplasma werden kann; nun kann die „Endoplasmazelle" auf ihrer Oberfläche neue Autexoplasmaschichten bauen, die mit dem älteren Synexoplasma zu einem einheitlichen Ganzen, der Grundsubstanz, verschmelzen können. Sowohl das celluläre wie das extracelluläre Plasma kann also zum Exoplasma werden (vgl. meine Abh. v. J. 1914).

β) Fibrillenbildung („morphotische Differenzierung" bei RANKE 1914).

Diesen Prozeß erwähnte ich bereits oben (S. 515). Dort sagte ich, daß die Fibrillen sowohl in reinem wie in verändertem Plasma entstehen können, an dieser Stelle kann man noch den Umstand hervorheben, daß die Fibrillen bei

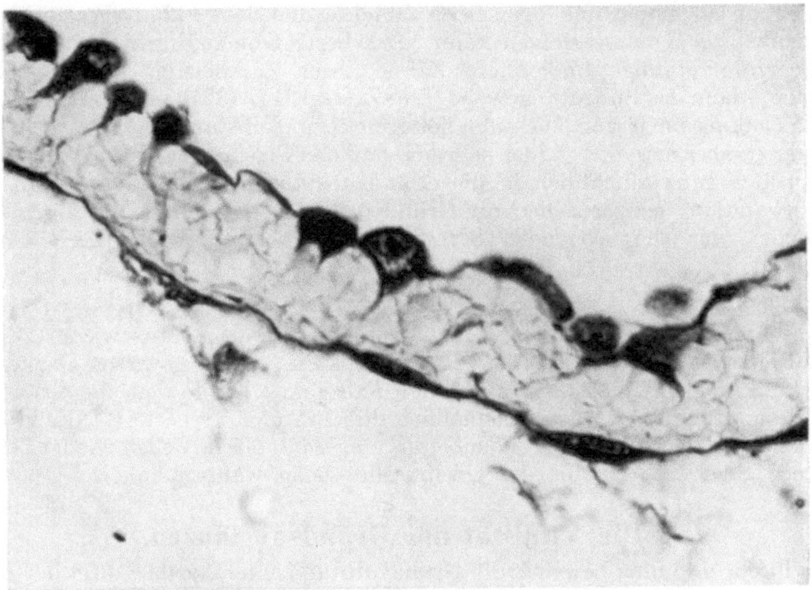

Abb. 59. Amnion eines 8 mm langen Embryo von Sus. Aus Mesostroma entstehende Grundsubstanz zwischen Ektoderm und Mesoderm. (Nach dem Verf. 1926 b).

der Exoplasmabildung aus dem ursprünglichen Plasma in das Exoplasma übergehen, wo man dann die Mehrzahl von ihnen, wenn nicht alle, findet. Der Streit, der lange Jahre über die Genese der Desmofibrillen geführt wurde, wird also von der Exoplasmalehre auf die soeben angegebene Weise gelöst.

γ) Weitere chemische Vorgänge und die Imprägnation des Exoplasmas und der Fibrillen.

Zuerst unterscheidet sich das Exoplasma nur ganz wenig vom übrigen Plasma, dann ändert es sich; es kann verschleimen, es kann aber auch härter werden, so daß es sich gut als eine Stützsubstanz eignet. Das sind Prozesse, die sich im Exoplasma selbst abspielen, daneben muß man aber auch Ablagerung von Sekreten anerkennen, die aus naheliegenden Zellen[1] stammen und die schließlich das ganze Exoplasma durchtränken und das Aussehen der Grundsubstanz vollkommen ändern können. Sie erhält ein eigentümlich homogenes Aussehen

---

[1] Hierher gehören die Osteoblasten und die Odontoblasten.

und die Fibrillen sind nun darin weniger deutlich. Solche gibt es im Knorpel, im Knochen und im Dentin; in den beiden letzteren Geweben ist es die „erste Imprägnation", die hier die Grundsubstanz erfährt, später folgt noch die zweite mit anorganischer Substanz; erst jetzt wird die Grundsubstanz vollkommen hart. Man kann also wenigstens dreierlei Grundsubstanzen unterscheiden: primäre mit ziemlich reinem Exoplasma und mit vollkommen deutlichen Desmofibrillen, sekundäre mit organischer, und tertiäre auch mit anorganischer Imprägnation.

Die Exoplasmalehre kann sich auf folgende Umstände berufen:

An Stellen, an denen sich in einem früheren Entwicklungsstadium ein primitives Cytoplasma befand, beobachtet man in einem späteren Entwicklungsstadium eine meist homogene Substanz, das Exoplasma; nun gibt es Fälle, in denen man eine ununterbrochene Reihe von Übergangsstadien nebeneinander sieht, so daß man an einem und demselben Objekte die Entwicklungsgeschichte der Grundsubstanz genau verfolgen kann. Das beste Objekt dieser Art stellen die Selachierzähne, junge und ältere Zähne ihrer Zahnleisten (meine Abh. v. J. 1907 b), dann das Subcutangewebe (Laguesse 1914, 1921) und einige Knorpel.

Die Endoplasmen sind von einer fertigen Grundsubstanz in der Regel scharf abgegrenzt, aber man findet auch sehr oft, daß das Plasma der endoplasmatischen Zellfortsätze ganz allmählich in die Grundsubstanz übergeht. Man kann auch die Umwandlung ganzer Zellen zur Grundsubstanz beobachten; die sog. „Intercalarzellen" der Chondrogenese [Schaffer (1901 b)] gehören hierher.

δ) Regressive Prozesse.

Eine andere Frage ist diejenige, ob sich die Grundsubstanz wieder zurück, in der Richtung zum Cytoplasma, verwandeln kann. Unter gewissen Umständen ist es wohl möglich; man kann sich einen Fall vorstellen, in dem die Grundsubstanz desimprägniert wird und schließlich ihre Fibrillen verliert [Ranke (1914)]. Daß sich dabei ehemals zur Grundsubstanz eingeschmolzene Zellen wieder beleben könnten [Stricker (1883)], ist gewiß sehr wenig wahrscheinlich.

4. Die Vitalität der Grundsubstanzen.

Dadurch, daß man beweist, die Grundsubstanz entstehe als Sekret der Zellen oder als ein Umbildungsprodukt des cellulären und des extracellulären Cytoplasmas, wird noch nichts über den eigentlichen Wert dieser Substanz ausgesagt; man kann sich nämlich ebensogut „lebendige Sekrete", solche, welche vom Cytoplasma einen Teil ihrer Eigenschaften übernommen haben (Biedermann hat 1903 diesen Begriff, den er später verlassen hat, aufgestellt), wie abgestorbene, jetzt passive Umbildungsprodukte des Zellplasmas vorstellen.

Es handelt sich um die Frage, ob man in den Grundsubstanzen lebendige oder nicht lebende Teile des Metazoenkörpers erblicken soll; ob sie die Zellen untereinander als lebende Teile verbinden oder ob es sich um passive Stoffe handelt, welche zwischen ihnen abgelagert wurden und sie voneinander nur trennen. Diese Frage wurde, wie wir gleich anfangs bemerkten, zu verschiedenen Zeiten verschieden beantwortet.

Die Lebendigkeit der Grundsubstanz suchte man auf dreierlei Weise festzustellen. Für Virchow, der sich als der erste eingehender mit der Frage beschäftigte, war der Umstand entscheidend, daß sich die Grundsubstanzen an pathologischen Prozessen in den Geweben nirgends aktiv beteiligen; wohl sieht man an ihnen Veränderungen, doch diese sind eher regressiver Natur, während die Zellen durch ihre Vermehrung und auf verschiedene andere Weise sehr auffallend ihre Vitalität beweisen. Nach dem Entdecken des Protoplasmas verglich man sogleich das Benehmen dieser, wie man damals dachte, nur in den Zellen enthaltenen Substanz und der Grundsubstanz, und man beobachtete, daß nur das Cytoplasma gereizt werden kann, die Reize verschieden beantwortet und sich unter anderem auch allein aktiv bewegt; an den Grundsubstanzen beobachtete man nichts davon; auch nach dem Anwenden der stärksten Reize ließen sich an ihnen keine Bewegungserscheinungen feststellen. Auch an den Regenerationsvorgängen beteiligen sie sich beinahe nicht. Das wären also die ersten zwei Wege, welche man beim Feststellen der Grundsubstanzvitalität in der älteren Zeit gegangen ist.

Aus neuerer Zeit stammen Betrachtungen über die in den Grundsubstanzen enthaltenen Strukturen, ihre Anordnung, ihr Entstehen und ihre Vermehrung und auf diese beruft man sich jetzt vor allem.

Aus dem fibrillären Bindegewebe kannte man gleich vom Anfang an die Fibrillen, doch die eigentlichen kompakten Grundsubstanzen, jene des Hyalinknorpels, des Knochens und des Zahnbeins, wurden für homogene, das ist strukturlose Stoffe gehalten. Mit der Zeit konnte man sich davon überzeugen, daß sie alle fibrilläre Strukturen enthalten. Nicht nur das; man überzeugte sich auch davon, daß diese Strukturen sehr regelmäßig, und zwar ganz zweckmäßig angeordnet sind, nur war es nicht immer möglich, für diese Anordnung der Strukturen die Zellen verantwortlich zu machen, wie man es früher tat. Sehr wichtig waren hier die Untersuchungen v. EBNERs (1896), die sich mit den Chordascheiden der Cyklostomen beschäftigten. Diese Chordascheiden, welche vollkommen zellfrei sind und oft eine beträchtliche Dicke erlangen, enthalten sehr regelmäßig angeordnete, sich unter rechtem Winkel kreuzende Fibrillensysteme. v. EBNER hat die Meinung ausgesprochen, es seien das „mechanische" Fibrillen, und hat auf jene Strukturen hingewiesen, die unter Einwirkung von orientiertem Zug in nichtlebenden kolloiden Stoffen, Gelatine, Kollodium usw. entstehen. Später hat man analoge Strukturen kennen gelernt, die in dem Corium der Amphibien [SCHUBERG (1908)] und im Zahnbein der *Vertebraten* [GEBHARDT 1900)] vorkommen. Diese Fälle waren so kompliziert (Corium), daß sich auf sie jene Erklärungsweise nicht so leicht anwenden ließ, oder bildeten sich in ihnen (Zahnbein) die Fibrillen in einer vollkommen weichen Umgebung, so daß man eine Zug- und Druckwirkung nicht voraussetzen konnte. Umgekehrt mußte man von den Strukturen voraussetzen, daß ihre Anordnung auch vererbt wird. Da man sich also weder auf die Fernwirkung der Zellen, noch auf die mechanischen Momente allein berufen konnte, blieb schließlich nichts anderes übrig, als die Erklärung, es handle sich um eine Autonomie bei der Entwicklung, eine vitale Reaktion der entstehenden Grundsubstanzen und um Erscheinungen derselben Zweckmäßigkeit, wie man sie überall anderswo an lebenden Objekten beobachtet. Auch die extracellulären Stoffe können demnach, so wie das Cytoplasma, zweckmäßig angeordnete Strukturen hervorbringen, die vererbt werden und sich nicht jedesmal mechanisch neubilden müssen.

ROUX war einer der ersten, der (1883) darauf (indirekt) hingewiesen hat, daß die Grundsubstanz selbst durch Strukturbildung reagieren kann, und am Anfang des neuen Jahrhunderts entwickelte sich Hand in Hand mit der oben erwähnten Exoplasmalehre auch eine neue Vitalitätslehre. Für sie hat sich als einer der ersten FLEMMING (siehe oben) ausgesprochen und sie hat später (1907) in M. HEIDENHAIN einen warmen Verteidiger gefunden. Durch den Hinweis auf zahlreiche nicht zellhaltige tierische Gewebe suchte man jenen Gedanken zu stützen. „Das ganze Gewebe lebt, nicht nur seine Zellen" (1907).

Die Grundsubstanz kann also, so etwa formuliert die Frage M. HEIDENHAIN, die verschiedenen Reize nicht unmittelbar beantworten, aber längere Zeit wirkende mechanische Reize sind doch nicht ohne Wirkung auf ihre

Entwicklung und auf die sich in ihr entwickelnden Fibrillen. Gewiß sind auch die Fibrillen selbst, wie ich schon oben sagte, nicht als passiv aufzufassen, doch der auf sie wirkende Reiz wird in zahlreichen Fällen auch auf ihre Matrix, die Grundsubstanz, übertragen und diese beantwortet ihn, indem sie zweckmäßig geordnete, neue Strukturen baut; der Reiz beginnt in einer anderen Richtung zu wirken und die Strukturen werden umgeordnet usw. Das Substrat der Fibrillen und die Interfibrillarsubstanz (die Kittsubstanz), die Grundsubstanz, darf also nicht unterschätzt werden. Es ist nicht ausgeschlossen, daß sich das Leben der Grundsubstanzen [ich habe einmal vom „formativen Leben" gesprochen (1914)] durch diese Tätigkeit nicht erschöpft, offenbar ist die Reihe der Aufgaben, welche die Grundsubstanzen im Metazoenkörper besorgen, eine bedeutend größere, doch darüber wird uns die Zukunft belehren. Wie die Fibrillen, leben also auch die Grundsubstanzen des Körpers. Nicht unwichtig ist der Umstand, daß man gerade jetzt auch in den Zellmembranen der Pflanzen Zeichen von Lebenserscheinungen findet (vgl. oben auf S. 459).

Es handelt sich nun darum, welche sind die Beziehungen zwischen den Grundsubstanzen und den Zellen. Gewiß sind sie — das sagten wir gerade — nicht derart, wie sich das Virchow vorgestellt hat, es gibt, besonders bei niederen Vertebraten, auch zellfreie Grundsubstanzen, die Virchow unbekannt waren, aber trotzdem können wohl die Grundsubstanzen nicht ohne die Zellen existieren. Niemand kann sich eine in einer künstlichen Kultur selbständig wachsende Grundsubstanzpartie vorstellen. Ihr Verhältnis zu den Zellen ist vielleicht dasselbe wie das Verhältnis des extracellulären Cytoplasmas zu den Zellkörpern. Dieses Verhältnis unterscheidet sich wesentlich von dem Verhältnis zwischen Cytoplasma und Zellkern in einer Zelle; es gibt keine bestimmte Grundsubstanz-Zellen-Relation im Sinne der Kern-Plasma-Relation.

Noch neuestens versuchte Nageotte (1922) die alte Passivitätslehre durch den Hinweis auf seine Versuche, die er an implantierten, mit Formol getöteten Sehnen unternahm, in welche, wie er findet, Zellen eindringen, zu retten. Gewiß kann eine tote Sehne eine lebendige ersetzen, so wie eine Prothese den Knochen ersetzt, aber niemand kann von ihr verlangen, daß sie sich z. B. beim Stärkerwerden des zugehörigen Muskels der jetzt stärker werdenden Zugwirkung durch die Vermehrung ihrer Fibrillen adaptiert; sie bleibt immer das, was sie war. Busacca (1926) und Weidenreich (1924) kontrollierten übrigens seine Versuche und kamen zu anderen Ansichten.

5. Noch einmal die Lamellen und die Stäbe.

Es genügt, wenn wir uns an dieser Stelle nochmals das Vorhandensein von dicken elastischen Lamellen und jener dicken Stäbe, die sogar Zellen in ihrem Inneren enthalten (*Ceratodus* — Goodrich) vergegenwärtigen, von denen im vorangehenden Abschnitte (vgl. S. 521) die Rede war. Fertige Gebilde dieser Art sind gewiß den Grundsubstanzen näher als den Fibrillen und Fasern, aus denen sie hervorgegangen sind.

B. Die Cuticularsubstanzen.

Die dicken, die Körper vieler Evertebraten bedeckenden Cuticularschichten, die Chitindecken der Arthropoden, die Panzer der Krebse, die Molluskenschalen usw. hielten die alten Histologen der vor Schwannschen Zeit für eine Art „Horngewebe", das ist sie hielten sie für der Hornschicht der Vertebratenintegumente analoge Schichten. Nachdem Schwann auf die Gegenwart von Zellen in den tierischen Geweben aufmerksam machte, suchte man solche auch hier und man war gewiß nicht wenig überrascht, als man da keine Zellen finden konnte. Leydig, der als einer der ersten, das Gebiet der vergleichenden Histologie zu bearbeiten begann, hielt jene dicken Cuticularschichten für eine Art Bindegewebe, das die Körperoberfläche bedeckt, und er führt es sogar noch 1857 in seiner Histologie unter dem Namen „Chitingewebe" an. Für ihn war die auffallende Ähnlichkeit des Bildes, welches der

Querschnitt einer Chitincuticula z. B. mit dem Bilde aufweist, das man z. B. am Corium eines Fisches zu sehen gewohnt ist, entscheidend. Zellen fand er in dem „Chitingewebe" nicht.

Derselbe Autor machte schon 1849 eine Entdeckung, die später zum richtigen Verständnis des „Chitingewebes" führen sollte. Er beobachtete bei Hirudineen, bei Lumbricus und bei Mollusken, auf der Oberfläche des die Körper bedeckenden Epithels ein „Oberhäutchen", wie er es nannte, und er deutete es als eine von den Epithelzellen ausgeschiedene Schicht.

KOELLIKER und HAECKEL haben beinahe gleichzeitig (1857) erkannt, daß sich auch unter dem „Chitingewebe" und unter anderen festen dicken Schichten von der Oberfläche des Evertebratenkörpers (und aus einigen Teilen des Darmkanals) Epithel befindet, und daß jene dicke Schichten, genau so, wie die von LEYDIG gefundenen, durch Zellenausscheidung entstehen. Ihre Deutungen wurden offenbar von seiten der Botanik beeinflußt. Hier hielt man zu dieser Zeit schon die Zellmembranen für ausgeschiedene Schichten und hier kannte man schon früher eine die ganze Körperoberfläche bedeckende „Cuticula". Letzterer Name hat sich jetzt auch in der Zoologie eingebürgert [1].

So vergegenwärtigte man sich die Existenz einer Cuticula und solche war ihre erste Deutung. Die Protoplasmalehre änderte nichts an dieser Auffassung, und bis in die neueste Zeit hinein wurde die Cuticula für eine Sekretschicht gehalten; nur vereinzelt erschien hie und da die Ansicht, es könnte sich da um eine durch Plasmaumbildung entstandene Schicht handeln.

1. Die Objekte.

Eine „Cuticula" findet man, wie wir schon im Vorangehenden bemerkten, auf der Oberfläche des Körpers der vielzelligen Pflanzen. Das ist eine Schicht, welche die freie Seite der von Zellmembran bedeckten Zellen überzieht; bei den Metazoen bedeckt die als „Cuticula" bezeichnete Schicht in zahlreichen Fällen unmittelbar das Cytoplasma der Epithelzellen (vgl. meine Abh. v. J. 1925b).

Die tierische Cuticula bedeckt als eine zusammenhängende, dünne, feine, unter rechtem Winkel sich kreuzende, Fibrillen enthaltende Schicht, z. B. die Oberfläche des Körpers eines *Regenwurmes*, sie bildet eine dickere, hautartige Schicht bei den *Nematoden* und den *Gordiiden*, sie bildet eine dicke chitinige Hülle auf der Oberfläche eines *Crustaceen-* oder *Insekten*körpers und dicke, mit Kalksalzen imprägnierte Panzer bei den *Krebsen*. Bei Mollusken bestehen aus einer Cuticularsubstanz, die die mannigfaltigste Gestalt annehmenden Schalen und Gehäuse, und bei *Tunicaten* schließlich (ich führe bloß die wichtigsten Typen an), wo die Cuticula bei den *Ascidien* eine besondere Dicke erreicht, wird sie ausnahmsweise sogar mit Zellen versehen, die aus dem äußeren Keimblatte ausgewandert sind („Exenchym").

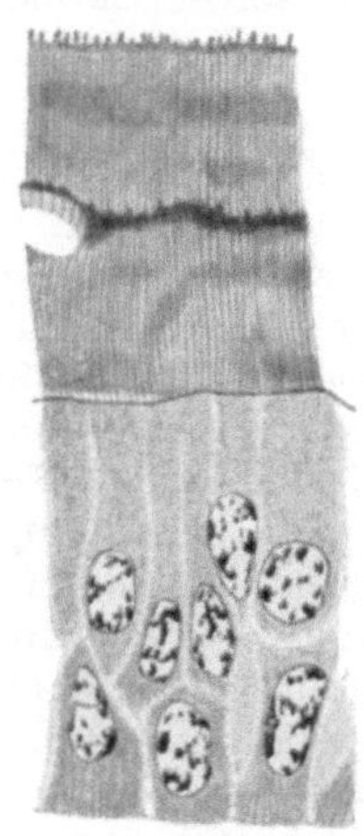

Abb. 60. Cuticula von *Lepadogaster* (Teleostier). [Nach STUDNIČKA (1909).]

Bei *Vertebraten* kommt eine wahre Cuticularschicht seltener vor. Die die Epidermis von Amphioxus, von Cyclostomen und von Fischen auf ihrer Oberfläche bedeckende Schicht der oben (S. 464) erwähnten Deckplatten ist keine Cuticula; nur unrichtig wendet man für sie diesen Namen an. G. WOLFF entdeckte (1889) auf der Oberfläche der Deckplattenschicht eine andere, dünne, zusammenhängende Schicht, die er für die eigentliche Vertebratencuticula hält, aber neuestens will man diese Schicht für eine einfache Sekretschicht erklären [FRANZ (1927) z. B.]. Trotzdem kann auch bei *Vertebraten* in Ausnahmefällen, wie der Fall von *Lepadogaster* (Abb. 60) beweist, eine wirkliche dicke Cuticula vorkommen.

Zu den Cuticulen kann man auch die „Otosomen", das ist die im Gehörorgan der *Vertebraten* den Sinnesepithelstellen zugegebenen Schichten rechnen,

---

[1] Schon GABRIEL FALLOPIA kennt den Namen „Cuticula", er versteht darunter die heutige Epidermis. Zwei Termine, „Cutis" und „Cuticula", kommen schon bei ihm.

die bei der Funktion der Sinnesepithelien auf verschiedene Weise behilflich sind, die Otolithenmembran, die Otoconienmembran, die Cupula acustica und die Membrana tectoria. Ihre Anlage stellt, wie ich oben (S. 504) bemerkte, ein „extracelluläres" Protoplasma vor, doch die fertige Schicht kann man, wenn man will, ganz gut als eine Art weicher Cuticularschicht, einer solchen, die in einer gewissen Entfernung vom Epithel entsteht, auffassen. [Meine Abh. v. J. 1912c, 1915; Wittmaack (1918); Werner (1926); Kolmer (1922, 1926.)]

2. Die Bestandteile einer Cuticula.

Man kann da wieder Fibrillen, „Cuticularfibrillen" und eine Interfibrillarsubstanz unterscheiden. Die Fibrillen, die entweder vereinzelt vorkommen oder in dicken, sogar sehr dicken Bündeln auftreten, sind wieder zweckmäßig, manchmal sehr kompliziert [Ascaris Toldt (1905), v. Ebner (1910)] angeordnet. Von manchen Cuticulen kann man annehmen, daß ihre Substanz auf ähnliche Weise, wie wir es bei einigen Grundsubstanzen beobachtet haben, mit organischen Zellsekreten („Bausekreten") imprägniert wurden und es gibt auch harte Cuticulen, die anorganische Substanzen, meistens Kalksalze, enthalten. Die Struktur der Cuticulen unterscheidet sich somit nicht prinzipiell von der der Grundsubstanzen, die dicken verkalkten Cuticularschichten weisen jedenfalls viele Eigentümlichkeiten auf, auf die wir da nicht eingehen müssen. [Näheres über solche Cuticularschichten s. bei Biedermann (1913)].

3. Die Genese der Cuticulen.

Zugunsten der ältesten Theorie, der Sekretionstheorie, hat man den Umstand angeführt, daß die gegen das Cytoplasma der darunterliegenden Zellen scharf abgegrenzten Schichten in der Regel aus einer Substanz bestehen, die sich von Zellplasma auffallend, sowohl chemisch, wie durch ihre Konsistenz, unterscheidet. Die Schichtung, die sich an den Cuticulen sehr häufig beobachten läßt, erklärte man durch periodisches Ablagern von Sekreten auf der Epitheloberfläche. [Koelliker (1857)]. Auf der „Hypodermis", wie man das Epithel nennt.

Die Umbildungslehre verweist auf allmähliche Übergänge zwischen Zellplasma und der Cuticularsubstanz, die offenbar keine einfache Substanz vorstellt. Die scharfe Grenze, die wohl die Regel ist, spricht nicht gegen die Umbildungslehre, man sieht eine solche in zahlreichen Fällen auch bei Grundsubstanzen. Manchmal sieht man Zellfortsätze der Epithelzellen, die in das Innere der Cuticularschicht führen und sich hier verlieren. Schließlich gibt es Übergänge zwischen Cuticularsubstanzen und Grundsubstanzen. Grobben beobachtete (1911) bei Argulus, daß sich hier die Cuticularsubstanz auch zwischen inneren Zellen des Körpers befindet, wo sie kaum den Wert eines Sekretes hat. Die Existenz einer zellhaltigen Cuticula (Ascidien) spricht ebenfalls für eine ganz nahe Verwandtschaft zwischen den Cuticulen und den Grundsubstanzen.

Die Cuticula entsteht in den meisten Fällen als eine der Epitheloberfläche dicht anliegende, dünne, dann dickere Schicht, aber es gibt auch Fälle, in denen sich auf einer Epitheloberfläche zuerst ein protoplasmatisches Gerüst bildet, das sich verdichtet und erst dann zur Cuticula wird (meine Abhandlung vom Jahre 1915). Sie entstehen manchmal sehr schnell, so die Gehäuse der Appendicularien [Lohmann (1909)].

4. Die Vitalität der Cuticulen.

Wieder handelt es sich darum, welchen Wert man einer Cuticularsubstanz zuschreiben soll; ist es ein an den Lebensprozessen sich beteiligender, lebender Teil des Metazoenkörpers, oder handelt es sich, wie es die Sekretionstheorie in der Regel voraussetzt, um ein totes „geformtes Sekret". Diesmal ist die Antwort etwas komplizierter, als sie da war, wo wir von der Grundsubstanz sprachen.

Man muß erstens Unterschied machen zwischen einer wachsenden und einer fertigen Cuticularschicht. Mit Rücksicht auf die zweckmäßig angeordneten Strukturen, die gerade in den Cuticulen in der Regel weit vom Cytoplasma entstehen, muß man auch diesmal annehmen, daß sich die Substanz, um die es sich handelt, durch ein formatives Leben auszeichnet. Anders ist es mit der fertigen Cuticularschicht. Es gibt weiche häutige Cuticulen, z. B. jene der *Nematoden* und der *Gordiiden,* von denen es nicht unwahrscheinlich ist, daß sie lebenslang ihre Vitalität erhalten, sie sind ja manchen Grundsubstanzen äußerst ähnlich, dann gibt es aber harte Chitincuticulen und sogar verkalkte Panzer und Schalen, die offenbar mit dem Momente, indem sie fertig sind, bereits auch absterben. Man beobachtet an ihnen ja auch kein Wachstum in die Fläche, den man im vorangehenden Falle feststellen konnte. Die Schichten werden oft, wenn sie zu klein werden, abgeworfen und durch neue ersetzt.

C. Die „Basalmembran" — die Schmelzschicht.

Die Cuticula bedeckt die obere, bzw. äußere Oberfläche eines Epithels und man könnte voraussetzen, daß eine ähnliche Schicht auch an der basalen Seite von Epithelien entstehen kann. Man hat lange die sog. „Basalmembran" [TODD u. BOWMANN (1845)] für eine solche Schicht gehalten, doch heute wissen wir, daß sie zu dem subepithelialen Bindegewebe gehört. [Vgl. STEINER (1927.)] Ein wirkliches Analogon der Cuticulen darf man höchstens in der Schmelzschicht der Dentinzähne erblicken. Sie entsteht außerhalb des Epithels (Ameloblastenschicht) aus einer extracellulären Schicht, welche

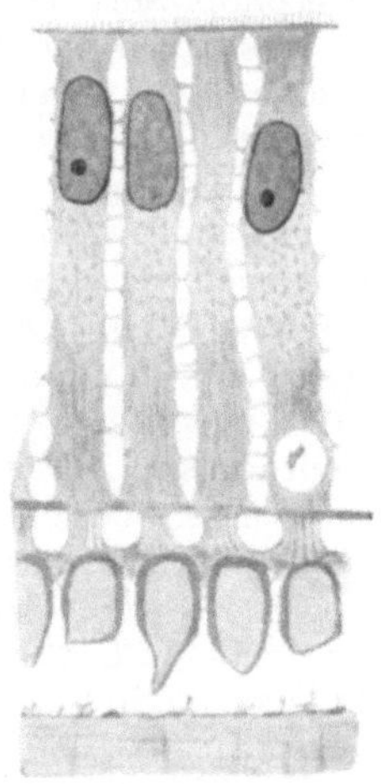

Abb. 61. Die Anlage der Schmelzschicht von einem Dentinzahn, Katze. [Nach STUDNIČKA (1917b).]

die Zellen zuerst gemeinschaftlich bauen [STUDNIČKA (1917 b), JASSWOIN (1925), HELD (1926); WALKHOFF (1927). Neuestens FABER (1928), Abb. 61 b]. WEIDENREICH (1926, Z. Anat. 79) will den Schmelz für eine Außenzone des Dentins halten.

Anhang. Die Schutzsekrete.

Bei den Vertebraten findet man, soviel mir bekannt, nur eine Art davon, die sog. „Hornschicht" aus dem Muskelmagen der Vögel. Es ist das das erstarrende Sekret zahlreicher Drüsen [Literatur bei OPPEL (1896)].

VIII. Die Körperflüssigkeiten.

Um die Flüssigkeiten des Körpers interessiert sich der Histologe, dessen Arbeitsgebiet das Reich der mikroskopischen Strukturen vorstellt, in der Regel sehr wenig und doch lehrt eine einfache Erwägung, daß sich Strukturen enthaltende und strukturlose Substanzen in den Körpern der lebendigen Wesen nicht von einander trennen lassen. Seit der Zeit von SCHWANN hat man z. B. die Körperflüssigkeiten und die Intercellularsubstanzen wiederholt in eine und dieselbe Kategorie des histologischen Systemes eingereiht. SCHWANN selbst wollte sein Cytoblastem von der Blutflüssigkeit ableiten, und noch neuestens lassen viele — sagten wir schon oben — die Grundsubstanzen durch ein Verdichten von Körperflüssigkeiten entstehen. Daraus erkennt man, daß die Histologie schon aus diesen Gründen die Flüssigkeiten des Körpers eigentlich nicht beiseite lassen sollte, selbstverständlich darf sie dieselben auch aus dem Grunde nicht ignorieren, da die vorzüglichsten Objekte ihres Studiums, die Zellen, mit diesen Flüssigkeiten in fortwährenden Wechselbeziehungen existieren. Gewiß stellt die moderne Histologie das Protoplasma und die Körperflüssigkeiten einander gegenüber, aber es läßt sich zwischen beiden schwer eine scharfe Grenze führen; das bestätigt uns wieder darin, was wir gerade gesagt haben.

Das Cytoplasma der Zellen, der Syncytien, Symplasmen usw. enthält Mikrostrukturen verschiedener Art, zwischen denen sich die anderen mehr flüssigen Phasen des Cytoplasmas, das „Hyaloplasma", wie man es (im Unterschied zu dem „Morphoplasma")[1] nennt, befinden. Es gab Autoren (Elsberg, ein Schüler von Heitzmann z. B.), die nur das Morphoplasma („Bioplasson", wie Elsberg es nennt) leben ließen, doch heute bezweifelt niemand, daß sich beide, bzw. alle Phasen des Cytoplasmas an den Lebensvorgängen beteiligen. Sowohl die relativ festen, wie die gallertartigen und die flüssigen Phasen des Cytoplasmas stellen Substrate von Lebenserscheinungen vor, und unter den letzteren wohl auch jene, die durch Aufnahme größerer Mengen von Wasser dünnflüssig geworden sind. Das sog. „Hyaloplasma" ist nur ein Sammelbegriff für eine Reihe von für uns nicht unterscheidbaren Cytoplasmaphasen, von solchen, deren chemische und physikalisch-chemische Unterschiede uns derzeit unkenntlich sind. Das Lösungsmittel und das Dispersionsmittel ist in allen Fällen das Wasser, welches das Plasma aus der Umgebung, im Inneren des Körpers aus den Körperflüssigkeiten, aufnimmt. Eigentlich kann der Biologe nicht angeben, wo die Körperflüssigkeit aufhört und das Hyaloplasma anfängt, er setzt jedenfalls voraus, daß sich zwischen beiden eine feine Grenzschicht des Plasmas befindet, doch diese Grenze wird wohl sehr leicht, hin und her, überschritten.

Das Cytoplasma der Zellkörper enthält in zahlreichen Fällen Vakuolen, die mit einer „Zellflüssigkeit" (die Botaniker sprechen in ähnlichen Fällen von einem „Zellsaft") gefüllt sind, und es gibt Zellen, in denen solche Vakuolen sehr umfangreich sein können (einige „vesiculöse" Zellen; in anderen solchen Zellen sind jedoch Reservestoffe, Fett, Glykogen, enthalten). Die Flüssigkeit hat sich hier gewiß aus einem größeren Bezirke des Cytoplasmas — das dabei zu einem kleinen Körper schrumpfen kann — zusammengezogen; es ist dies eine eiweißhaltige Flüssigkeit, die mit dem Hyaloplasma nicht identisch ist. Wieder andere Flüssigkeiten — neuestens sprechen einige von Exkreten — enthalten die Kanälchen des Golgischen Apparato reticolare usw. Soviel — andeutungsweise — über die von den im Cytoplasma enthaltenen Flüssigkeiten, von denen man beim Besprechen der Körperflüssigkeiten ausgehen muß. (Die im Zellkern enthaltene Flüssigkeiten lasse ich da beiseite.)

Nun entstehen gleich bei der Zellteilung Vakuolen zwischen den Zellen, jene Vakuolchen, aus denen sich, wie wir oben (S. 485) sagten, später durchgängige Intercellularlücken (der Epithelien z. B.) entwickeln. Woher die Flüssigkeit der Vakuolen stammt, läßt sich nicht direkt erkennen, doch es ist wahrscheinlich, daß die ersten Quanta derselben wieder aus dem Cytoplasma stammen; später ziehen wohl die Zellen größere Mengen von wässerigen Flüssigkeiten aus der Umgebung zusammen, durch welche die jetzt schon durchgängigen Intercellularlücken gefüllt werden. Wieder haben wir es da mit einer eiweißhaltigen Flüssigkeit zu tun, die mit dem Hyaloplasma besonders dort

---

[1] NB.: Das „Hyaloplasma" von Leydig; „Morphoplasma" von Ballowitz (das letztere bei Leydig als „Spongioplasma"!).

nicht zusammenhängt, wo die Zellen feste Grenzschichten erhalten. An der Annahme, die Flüssigkeit werde von den Zellen abgegeben, liegt nichts Eigentümliches; es sind zahlreiche Fälle bekannt, in denen sich Zellen durch Abgabe von Flüssigkeit sogar schnell verkleinern können (Ascarideneier z. B. nach der Reifung).

Der flüssige [vgl. FLEMMING (1896)] Inhalt einer fertigen Intercellularlücke, den wir da als Beispiel einer einfachen „Gewebsflüssigkeit" anführen, jener der Intercellularlücke eines Epithels z. B., also eines Gewebes, dem Lymph- und Blutgefäße fehlen, steht wohl in Beziehungen zu anderen Körperflüssigkeiten, zu dem Gewebssaft des darunterliegenden Bindegewebes und zu dem Inhalt von dessen Blut- und Lymphgefäßen. Gewiß wird er auch, wenn er nicht strömt, fortwährend erneuert, bzw. mit neuen Nährstoffen versehen. Schon im Embryonalkörper gibt es wohl solche Intercellularlücken mit flüssigem Inhalt.

Jetzt die anderen Lücken des Körpers und Behälter von Körperflüssigkeiten. Von den Embryonalhüllen sehe ich hier, um die Sache nicht zu komplizieren, zuerst ab [1].

Von einem sehr frühen Entwicklungsstadium an gibt es im Embryonalkörper „interdermale" Lücken und Räume, jene, die wir schon im Vorangehenden (Kap. IV) mehrmals erwähnten: Ganz enge Räume, die sich zwischen den sich nicht direkt berührenden Keimblättern und den Organanlagen befinden, oder breitere Räume, in denen, wie wir sagten, das „Mesostroma" aufgespannt ist. Man kann sie in letzter Reihe von der Furchungshöhle ableiten und schon vom Morulastadium an (man stelle sich einen primitiven *Metazoen*typus vor!) ist da eine Körperflüssigkeit, die man von der obenerwähnten „intercellularen" unterscheiden muß, enthalten. Wieder können wir von ihr nicht annehmen, sie wurde ganz einfach von außen, vielleicht durch die Intercellularlücken des äußeren Keimblattes hindurch, in das Innere des Keimes aufgenommen. Es ist das wohl eine Flüssigkeit, die das Cytoplasma der Zellen und die das Keimblatt unten abschließende Membrana terminans passieren mußte, die, anders gesagt, von den Zellen abgegeben wurde, und gewiß spielten die Zellen dabei nicht die Rolle eines einfachen Filters. Sie haben an die wässerige Flüssigkeit wieder aus eigenen Vorräten Stoffe abgegeben, deren Spuren sich am fixierten Präparate in der Form von Koagulaten nachweisen lassen. Es ist das eine „Urlymphe", die in späteren Entwicklungsstadien alle Lücken des Körpers füllt und gewiß mit der im Vorangehenden erwähnten Intercellularflüssigkeit, mit der sie ganz nahe verwandt ist, in Wechselbeziehungen steht. Sie mischt sich später vielleicht sogar mit Teilen des Mesostroma.

Die „Urlymphe" füllt die Lücken des primären Mesostromas und die Lücken des „Mesenchymgewebes"; von ihr muß man die Gewebsflüssigkeit des embryonalen Bindegewebes, dann aller auf Grundlage des Mesenchyms entstandenen Gewebe ableiten. Auf die Lückensysteme dieser Gewebe, bzw. auf die Art und Weise, wie sich in ihnen die Gewebsflüssigkeiten verbreitern, komme ich später zu sprechen.

Dasselbe, wie von dem Inhalte der „interdermalen" Lücken, gilt auch von jenem der sehr früh im Embryonalkörper erscheinenden Leibeshöhle, die sich wieder durch das Mitwirken und Zusammenwirken von Zellen — diesmal der Zellen des Cölomepithels — mit Flüssigkeit füllt, und sich somit anfangs in dieser Richtung kaum von den anderen Lücken unterscheidet. Auch die inneren Höhlen der Cerebrospinalröhre erhalten wohl auf ähnliche Weise ihren definitiven Inhalt.

---

[1] Ich erinnere bloß daran, daß z. B. die Chorionhöhle eines menschlichen Embryo bereits eine dichte eiweißhaltige Flüssigkeit enthält!

Jetzt einige allgemein bekannte Daten aus der vergleichenden Anatomie: Bei den niedrigsten *Metazoen* gibt es bloß Epithelien, dann gibt es Epithelien und eine interepitheliale Gallerte oder ein „Parenchym"; der Körper enthält zuerst neben den Zellen und den Grundsubstanzen bloß Gewebsflüssigkeiten. Bei den *Coelomaten* kommt noch die Körperhöhle mit ihrer Flüssigkeit dazu, und wir können als allgemein bekannt voraussetzen, wie sie sich in den Dienst des Exkretions- und des Genitalapparates stellt. Gewiß ist jetzt die in ihr enthaltene Flüssigkeit von der eigentlichen Gewebsflüssigkeit verschieden; vor allem sind in ihr in größerer Menge einerseits die Nährstoffe, andererseits die Exkrete enthalten. Jetzt kommt es, und davon belehrt uns wieder die vergleichende Anatomie, zur Bildung des Zirkulationsapparates, dessen Flüssigkeit wieder eine andere Zusammensetzung erhalten kann. Zuletzt erscheinen die Lymphgefäße. Es gibt also neben der „Gewebsflüssigkeit" — der Unterschied der „Intercellularflüssigkeit" und der „interdemalen" Flüssigkeit muß beim Betrachten der fertigen Gewebe wegfallen — noch die Flüssigkeit der Körperhöhle bzw. ihrer Abteilungen, dann das Lymph- und das Blutplasma. Davon hat die Körperhöhlenflüssigkeit später nur wenig Wichtigkeit, und so bleiben die drei wichtigsten Flüssigkeiten, die Gewebslymphe, die Lymphe und das Blut übrig. Von untergeordneter Bedeutung ist z. B. die Synovialflüssigkeit der Gelenke und der Sehnenscheiden, die den Wert einer modifizierten Gewebsflüssigkeit hat. Wichtig ist dagegen die mit der Cerebrospinalflüssigkeit zusammenhängende, zwischen den Hüllen der nervösen Zentralorgane sich befindende Flüssigkeit, auf die wir noch unten zu sprechen kommen.

Alle diese Flüssigkeiten erhalten ihre Eigenschaften durch den Einfluß des Cytoplasmas; die Gewebszellen beeinflussen die Eigenschaften der Gewebsflüssigkeit und die Endothelien der Lymph- und Blutgefäße[1] die Eigenschaften der beiden anderen Flüssigkeiten. Das Wasser wird auf der Körperoberfläche, durch die Oberfläche des Darmkanals oder durch letztere allein aufgenommen. (Die Hormone brauchen da wohl nicht besonders erwähnt werden).

Soviel über den Begriff der „Körperflüssigkeiten". Wir müssen sie, wie wir gleich anfangs sagten, einerseits von den flüssigen Phasen des Cytoplasmas, auf der anderen Seite von den weichen gallertartigen Grundsubstanzen unterscheiden.

Die Unterscheidung der Körper- bzw. Gewebsflüssigkeiten und der Grundsubstanzen ist nicht in jedem Falle leicht, und es gibt Fälle, in denen wir uns schwer Rat wissen. Es gibt stellenweise Gewebsflüssigkeiten, die sehr reich an Eiweißstoffen und sogar gallertartig sind und infolgedessen am fixierten Präparate Koagulate hinterlassen. Sind solche Koagulate dicht, ähneln sie einer Grundsubstanz, und dies um so eher, da in ihnen an Präparaten sogar fibrilläre Koagulate, den Retikulumfasern ähnlich [Huzella (1925)], erscheinen können. In der Schmelzpulpa z. B. sieht man zwischen den Zellen manchmal Reste solcher Substanzen, doch nur nach einigen Fixierungen und sozusagen nur zufällig; nach anderen Fixierungen sieht man sie hier nicht.

Daß sich in Körperflüssigkeiten faserige Strukturen bilden können, ist nichts Eigentümliches. Auch das Blutplasma gerinnt bei der Fixierung und bildet am Präparate in den Gefäßen ganz feine Geflechte, die jeder Geübte nach ihrer Anordnung von Grundsubstanzstrukturen zu unterscheiden weiß. Sonst ähneln die Fibrinfäden, die sich im Blutplasma schon beim Stehenbleiben der Flüssigkeit bilden, nicht wenig den Desmofibrillen und man braucht sich nicht

---

[1] Bei einigen *Evertebraten* gibt es Blutgefäße ohne Endothel, solche, die bloß aus einer Schicht Grundsubstanz bestehen [Danini (1927)].

wundern, daß mehrere Autoren Desmofibrillen von in embryonaler Zeit in Körperflüssigkeiten entstehenden Gerinnungen ableiten wollen (vgl. S. 517). Zweckmäßige Anordnung, Vermehrung durch Längsspaltung und die Bildung von
Fibrillenbündeln hat an solchen Koagulaten jedenfalls niemand beobachtet
und die Angaben über die Umbildung von Fibrinfäden zu Bindegewebsfibrillen (NAGEOTTE z. B. 1922) brauchen gewiß noch Kontrolle.

Jetzt noch einige Worte über den Wert der Körperflüssigkeiten. Soll man
in den Körperflüssigkeiten bloß passive Sekrete, resp. in den Körper auf-
genommenes Wasser, in dem sich Zellsekrete aufgelöst haben, erblicken, oder
soll man allen oder nur einigen Gewebsflüssigkeiten eine größere Bedeutung
zuschreiben? Die alte Medizin hat den Körperflüssigkeiten bekanntlich eine
sehr große Wichtigkeit zugeschrieben; das Blut war für sie ein Lebensstoff kat
exochen, aber mit der modernen Serologie kommen die „Humoraltheorien" in
einem neuen Gewande in die Medizin zurück, und wieder fragen wir, ob die
Körperflüssigkeit, vor allem das den Bakteriengiften gegenüber so merkwürdig
feine Reaktionen gebende Blutplasma, dessen Eigenschaften sich vererben, von
dem Cytoplasma, mit dem es sich gewiß in beständigem Wechselwirken befindet,
nicht einige Lebenseigenschaften übernommen hat. ALBRECHT hat diese Frage
schon vor vielen Jahren (1907) aufgeworfen und RETTERER beschäftigte sich
(1914) weiter mit ihr. Gewiß würde es sich da um eine ganz andere Art von
Leben handeln, als es dasjenige der Bausubstanzen ist.

Zuletzt will ich in diesem Kapitel kurz auf die Wege hinweisen, auf welchen
sich die Körperflüssigkeiten und die Nährstoffe in fertigen Geweben „von Zelle
zu Zelle" — falls man es heute noch sagen darf — bewegen.

Im Epithelgewebe gibt es die oben schon erwähnten Intercellularlücken,
doch solche gibt es da nicht überall, und so muß man voraussetzen, daß sich
die Flüssigkeiten auch durch die Zellkörper hindurch und durch die sie voneinander trennenden Scheidewände bewegen können.

Im Nervengewebe bewegen sich die Flüssigkeiten frei in den engen Lücken,
die hier überall vorhanden sind und sie stehen offenbar in Wechselbeziehungen
mit der das Innere der Cerebrospinalröhre füllenden Flüssigkeit, die von besonderen Organen, den Plexus chorioidei, daneben aber auch vom übrigen
Ependym, ausgeschieden und fortwährend erneuert wird.

Im Muskelgewebe bewegt sich der Säftestrom im interstitiellen Bindegewebe und dieses Bindegewebe, jene Abart, die man unter dem Namen des
„lockeren Bindegewebes" kennt, dient wie ein Docht zum Verbreiten des Ge-
webssaftes auch in allen anderen Teilen des Körpers. Es vermittelt zwischen
den Zellen und den Lymph- bzw. den Blutgefäßen.

Abseits stehen die Gewebe mit kompakterer bzw. mit einer vollkommen
kompakten und festen Grundsubstanz. Im festen und fibrösen Bindegewebe bewegt sich der Säftestrom, soweit da keine anderen Lücken vorkommen, in der
interfibrillären „Kittsubstanz", dann verbreitet er sich da in den netzartig
zusammenhängenden Zellverbindungen und in den Zellnetzen. Früher hat
man [RECKLINGHAUSEN (1862)] angenommen, daß er sich in engen Lücken
den Zellfortsätzen entlang verbreitet. Im Hyalinknorpel suchte man früher
besonders „Saftkanälchen", doch jetzt nimmt man allgemein an [RETTERER
(1900)], daß sich die Säfte in der homogenen Grundsubstanz diffus verbreiten.
Im Knochen verbreiten sie sich wohl in den Zellverbindungen, im Zahnbein
in den Kanälchen.

Die Körperflüssigkeiten sind also zwischen den Zellen und den Gewebsteilen überall vorhanden; sie können in das Cytoplasma der Zellverbindungen,
der Zellen, der Symplasmen usw. eindringen und sie dringen auch in sehr
feste Grundsubstanzen hinein.

IX. Der Metazoenkörper als Ganzes. Heutige Theorien darüber.

Die auf die mikroskopische Organisation des Metazoenkörpers sich beziehenden Theorien berücksichtigen folgendes:

Sie beziehen sich zuerst auf die Frage, wie sich der sog. „vielzellige" Organismus entwickelt hat. Hierher gehört erstens die sich auf die Phylogenese beziehende Frage, die man unter der Berücksichtigung der heute auf der Erdoberfläche lebenden tierischen Organismen wenigstens etwas der Lösung näher zu bringen versucht, dann eine zweite, der Lösung zugänglichere Frage, auf welche Weise, das ist durch welche Einflüsse, sich der Metazoenkörper jedesmal in der Ontogenese bildet. Zweitens beziehen sich die Theorien auf die Organisation des fertigen Metazoenkörpers. Diesmal kann es sich wieder um zweierlei handeln. Es kann rein morphologische Lehren geben, die sich bloß mit der Anordnung und mit dem Zusammenhange der Teile, ohne Rücksicht auf ihre Funktion, beschäftigen, dann Lehren, die auf die Vitalität einzelner Teile („Elementarbestandteile"), auf ihre Beteiligung an den Funktionen der Gewebe, der Organe und an dem Leben des Gesamtkörpers Rücksicht nehmen. Letztere beschäftigen sich natürlich auch mit der wichtigen Frage des Zusammenwirkens der Teile. Dazu kommt jetzt noch die Frage der Regeneration: wie sich die Teile bei der Regeneration benehmen; dieses Thema muß man dem genetischen Gebiete zuteilen.

Es gibt, wie wir sehen, etwa vier oder fünf Standpunkte, von denen aus man Betrachtungen über die Organisation des Metazoenkörpers anstellen kann, doch vielfach lassen sich die einzelnen Momente schwer voneinander sondern. Das Genetische hängt innig mit dem Statischen zusammen und dann ist es beinahe unmöglich, das Morphologische von dem Physiologischen zu trennen. Unter dem Termin „Organisation" kann man beides davon verstehen und es bleiben dann der genetische und der Organisationsstandpunkt übrig.

Der verschiedenen Theorien gab es eine Reihe, doch diejenigen, die heute nur noch ein historisches Interesse haben, wurden bereits in dem ersten Kapitel erwähnt, und so können wir uns damit begnügen, wenn wir im Nachfolgenden bloß jene besprechen, die auch heute noch Anhänger finden. Es gibt eine „Zellenlehre", die sich, wie wir oben angedeutet haben, in vier Komponenten zerlegen läßt, und dann eine „Einheitslehre", „Totalitätslehre", wie es M. Heidenhain nennt. Die Zellenlehre ist die einzige mögliche „Bausteintheorie"; es gibt keine andere, für uns erkennbare Elementarteile niedrigeren Grades. Die auf „Granula" hinweisenden Theorien (Altmann) haben heute keine Anhänger.

A. Die Zellen als Bildnerinnen (Plastiden) des vielzelligen Ganzen.

Haeckel, der (1866) die Zellenlehre zuerst für die Zwecke der Phylogenie ausnützte, stellt an den Anfang der Organismenreihe die „Cytoden", mikroskopische Organismen, deren Protoplasmakörper noch keinen Zellkern enthält. Eine höhere Stufe stellen nach ihm die einzelligen Formen vor, und aus Kolonien von Einzelligen entwickeln sich schließlich die Vielzelligen. Auch in der Ontogenese entwickelt sich der Metazoenkörper aus einer Zelle, die, so dachte man seinerzeit, bei der Befruchtung auf den Stand einer Cytode zurücksinkt.

In der Zelle — dem Individuum ersten Grades — erblickt nun Haeckel, indem er die Ontogenese im Sinne hat, die „Bildnerin" oder die „Plastide", die fähig ist, aus sich das vielzellige Ganze hervorzubilden. Schon SCHWANN sprach von „plastischen Eigenschaften" der Zellen (neben den „metabolischen") und noch in der neueren Zeit (1899) will SCHENK die Zellen für „Elementarorganisatoren" des Körpers erklären.

Der Inhalt der HAECKELschen „Plastidenlehre" ist etwa der folgende: Aus der Eizelle entstehen Furchungszellen, Embryonalzellen und schließlich die Zellen fertiger Gewebe. Schon in der Eizelle sind die Eigenschaften der Gewebszellen und des ganzen fertigen Körpers enthalten und die Zellen sind dasjenige, was diesen Körper baut. Nun bauen die Zellen — diesmal wird das Wort „bauen" in anderem Sinne angewendet — später auch alles, was im fertigen Metazoenkörper „nicht Zelle ist", Fibrillen, Fasern, Grundsubstanzen, Cuticulen usw. Nicht nur, daß sie diese Teile selbst produzieren, sie sorgen auch dafür, daß sie an passender Stelle zur rechten Zeit in richtiger, sozusagen abgewägter Menge erscheinen und daß die Strukturen so angeordnet sind, daß sie die ihnen zugemessene Arbeit am vorteilhaftesten ausüben. Die Zellen besorgen die hier zuletzt erwähnte Aufgabe jedesmal bei jeder einzelnen Ontogenese. Nur die auf die Plastiden-Zellen wirkenden äußeren und inneren Einflüsse können den Gesamtkörper beeinflussen und nur in den Zellen vererben sich die Eigenschaften des Organismus. Nur sie können nämlich, so stellte man sich später (WEISSMANN) die Sache vor, das Keimplasma beeinflussen.

Bei der Regeneration ist die Zelle wieder die „Bildnerin"; sie produziert neue Gewebe und neue Bausubstanzen, so, wie es der Zellenstaat braucht.

Die Plastidenlehre HAECKELs ist nur eine weitere Ausarbeitung von Ansichten, die sich zahlreiche Histologen der älteren Periode, vor allem KOELLIKER, LEYDIG und VIRCHOW gebildet haben. Sie hat sich in den Büchern von VERWORN und O. HERTWIG bis in die neue Zeit hinein erhalten und fand noch unlängst in SCHAXEL (1915) und NAGEOTTE Verteidiger.

B. Kritik der Plastidenlehre.

Es läßt sich nicht bestreiten, daß man die Zelle bei der Ontogenese am Anfang der Entwicklungsreihe sieht und daß man sie beim Zusammenstellen der „Reihe" der Organismen mit Berechtigung an den Anfang stellen kann. Von den „Cytoden" spricht heute schon niemand, da man in allen von ihnen Zellkernsubstanz nachgewiesen hat. Wenn daher FRANZ (1924) die Ansicht ausspricht, die Vielzelligkeit könne ebenso alt sein wie die Einzelligkeit, so läßt sich zugunsten einer solchen Ansicht kaum etwas anführen. Wenn jemand behaupten wollte, daß sich vielzellige Formen aus den einzelligen sehr schnell (oder „sogleich") ausgebildet haben, so könnte man damit übereinstimmen, da ja niemand behaupten will, daß früher eine so große Reihe von einzelligen Formen, wie wir sie aus der heutigen Natur kennen, vorausgehen mußte, ehe es zum Entstehen der Vielzelligkeit gekommen ist.

Wenn also die Zelle am Anfang der beiden „Reihen" steht, so kann man, wie wir schon im Kap. V sagten, in den folgenden Entwicklungsstadien Zellen vermissen; der Zellkern kann sich allein teilen und es entsteht so eine vielkernige Cytoplasmamasse, die sich erst nachträglich superfizial furchen kann (S. 496). Von den meisten Fällen kann man voraussetzen, daß da statt Zellen „Energiden" vorhanden sind, doch wir sagten bereits oben, daß in einigen Fällen auch diese Deutung unmöglich ist und man muß zulassen, daß diese Tatsache für die Plastidenlehre sehr fatal ist. Wären die Zellen die „Bildnerinnen" des späteren vielzelligen Körpers, so sollten sie wohl immer zugegen sein, aber wir erkennen, daß eine vielkernige Cytoplasmamasse dasselbe verrichten kann, wie sonst die Zellen oder Energiden. Es ist derzeit unmöglich, die betreffenden Tatsachen mit dem Zellenprinzip in Einklang zu bringen. Offenbar genügt es, wenn in dem Keim einfach Cytoplasma und Zellkerne zugegen sind, bestimmte Partien des Cytoplasmas brauchen dabei nicht von bestimmten Zellkernen beherrscht zu werden. Der Umstand, daß uns in den meisten Fällen die Ursache der Unterdrückung der Zellbildung bekannt ist, ändert an der Sachlage natürlich nichts.

Auch bei der Histogenese kann man, wie wir im Kap. V näher erklärten, Zellen vermissen, und auch hier besorgt das nicht in Zellen zerteilte, eine Anzahl von Zellkernen enthaltende Cytoplasma dasselbe, wie anderswo die Zellen. Die Substanzen sind da offenbar wichtiger als die Systeme.

Einen anderen Beweis gegen die Richtigkeit der Plastidenlehre kann man in der Gegenwart der extracellulären Protoplasmen, in den Grund- und den Cuticularsubstanzen des fertigen Metazoenkörpers erblicken. Sie sollen, wie wir sagten, so wie sie sind, mit allen ihren Strukturen durch die Wirkung der Plastidenzellen entstanden sein, nun kann man einerseits umfangreiche cytoplasmatische extracelluläre Netze und Geflechte und andererseits umfangreiche, vollkommen der Zellen und der Zellkerne entbehrende Massen von Grundsubstanzen und dicke Cuticularschichten beobachten, Massen, welche die Gestalt des Körpers bedingen, wie die Gallertsubstanzen mancher Cölenteraten und Cuticulargebilde z. B. solcher Art, wie sie die wunderbaren Appendikulariengehäuse mit ihren sehr komplizierten Strukturen vorstellen. In solchen Fällen ist es unmöglich, die weit entfernt liegenden Zellen für alles verantwortlich zu machen. Offenbar werden die Eigenschaften solcher Gebilde — ich meine da z. B. die Appendikulariengehäuse — durch äußere Einflüsse geändert, und es wäre sehr gekünstelt, wenn man annehmen wollte, die äußeren Einflüsse wirken auf die entfernten Zellen und nötigen sie, ihre Produkte in dieser oder jener Richtung zu modifizieren. Daß die Vererbung der Eigenschaften schließlich doch in letzter Reihe durch die Zellkerne vermittelt wird, das bestreitet dabei niemand, es würde von der Plastidenlehre also schließlich doch etwas übrig bleiben: nicht die Zellen, aber die Zellkerne!

C. Die Zellen als Bausteine des fertigen Metazoenkörpers. Der morphologische Anteil der „Bausteintheorie“.

Der Körper einer höheren Pflanze „besteht“ aus Zellen, so etwa wie eine Mauer aus Bausteinen oder aus Ziegeln „besteht“, die Mittellamellen haben dabei nach der gewöhnlichen Auffassung kaum viel mehr Wert als der die Ziegeln verbindende Mörtel. Nun behauptet man sehr häufig — und nicht bloß in populären Werken —, die Zellen seien auch Bausteine eines Metazoenkörpers. Diese Behauptung ist unrichtig. Nur der Körper einiger ganz primitiver Tiere, einer *Salinella* z. B., ist bloß aus Zellen zusammengesetzt, sonst kommen überall im fertigen Metazoenkörper auch andere Gebilde, Fasern, Netze und Massen usw. vor, und man kann dann bloß behaupten, der fertige Metazoenkörper „enthalte“ die Zellen.

Eine Lehre, die ernstlich behaupten würde, der Metazoenkörper sei aus Zellen zusammengesetzt, ist eigentlich von niemanden aufgebaut worden und die oben erwähnte Behauptung ist nur so erklärlich, daß man vollkommen vergaß, das Genetische von dem Statischen oder das Physiologische von dem Morphologischen zu unterscheiden.

Nach einer längeren Periode in der Geschichte der Histologie, in der man wegen der Zellen alles übrige beinahe übersehen hat und in der man die Zellen für „die“ Elemente des Körpers hielt, vergegenwärtigte man sich in der neueren Zeit, daß es da auch andere „Elementarbestandteile“ gibt, Bestandteile, die wir aus den vorangehenden Kapiteln gut kennen, die Fibrillen, Fasern, Syncytien, Bausubstanzen usw. Auf die Fibrillen habe ich bereits 1902 hingewiesen

und M. Heidenhain sagte 1907 sehr zutreffend: „Der fertige Körper hoch-
organisierter Geschöpfe" sei „eine Assoziation ungleichwertiger Formbestandteile (Bindegewebsbündel, elastische Fasern, Zellen, Muskelfasern)". Dagegen
wagte niemand etwas einzuwenden.

Die Sache ist jedenfalls noch komplizierter, und man kann (wie ich 1911 b
versuchte) die „Bestandteile" des Metazoenkörpers klassifizieren versuchen,
wobei man etwa zu folgendem Schema gelangen kann:

A. Elementarbestandteile:
    I. Biosysteme: Zellen, Riesenzellen, Syncytien.
    II. Biostrukturen: Fibrillen, Fasern.
B. Massen (und Netze): Plasmodien, extracelluläre Plasmen, Bausubstanzen,
    Lamellen, Stäbe.
C. Körperflüssigkeiten.

Eine Theorie, nach der die Gewebe des fertigen Körpers aus anderen sichtbaren gleichwertigen Bestandteilen — ich spreche schon nicht mehr von den
„Zellen" und von den Fasern — bestehen, läßt sich nicht aufstellen, möglich
dagegen ist nach meiner Überzeugung eine „Protomerentheorie" im Sinne von
M. Heidenhain (1907), die mit metamikroskopischen Teilen rechnet; auf
diese will ich da nicht weiter eingehen.

D. Die Zellen als „Lebenseinheiten" („Elementarorganismen") und ihr Zusammenwirken.

Jetzt handelt es sich um denjenigen Teil der Zellenlehre, der sich auf das
„Leben" des fertigen Metazoenkörpers, auf das „Physiologische" bezieht.
Schon im Vorangehenden bemerkten wir, daß man, indem man von den Zellen
als „Bausteinen" sprach, mehr das Physiologische als das Morphologische im
Sinne hatte und in den Zellen eigentlich funktionelle Einheiten des Körpers,
„Lebenseinheiten", „Elementarorganismen" nach Brücke, „Individuen ersten
Grades", wie es Haeckel nennt, erblickte.

Schon Schwann hat den Zellen neben der oben erwähnten „plastischen"
auch eine „metabolische" Fähigkeit zugeschrieben, Virchow hat, wie wir wissen,
die Zellen für das allein lebende im Metazoenkörper erklärt und hat eine „Cellularpathologie" begründet, und Koelliker hat (1889) den Wunsch nach einer
„Cellularphysiologie" ausgesprochen, der später in der „Allgemeinen Physiologie" von Verworn (1895) wirklich in Erfüllung gekommen ist. Zwei der
Bücher, aus denen die ältere Biologengeneration gelernt hat, standen unter dem
Einflusse der extremen Zellenlehre.

O. Hertwig sagte in seinem Buche über die „Zelle und Gewebe" (1893)
und seit 1906 in den zahlreichen Ausgaben seiner „Allgemeinen Biologie", daß
„der Gesamtlebensprozeß eines zusammengesetzten Organismus nichts anderes"
sei, „als das höchst verwickelte Resultat der einzelnen Lebensprozesse seiner
zahlreichen, verschieden funktionierenden Zellen" und genau dasselbe wird
in der bereits oben erwähnten „Allgemeinen Physiologie" von Verworn (1895)
behauptet. Die Syncytien und die Symplasmen werden da kaum erwähnt
und den Grundsubstanzen werden von O. Hertwig nur wenig Zeilen gewidmet.

Es handelt sich, wie man wohl nicht besonders bemerken muß, um eine Fortsetzung der „Plastidenlehre". Die „Zelle", die den Metazoenkörper gebaut
hat, sollte auch in dem fertigen Körper das Dominierende bleiben und es sollte
ihr da alles untertan sein.

Umgekehrt erblickt man in dem Metazoenkörper einen „Staat" von selbst-
ständigen und voneinander bis zu einem gewissen Grade unabhängigen Zellen

[Milne Edwards (1853)]. Es sind das eben „Elementarorganismen" [Brücke (1861)], die sich zum Aufbau eines Individuums höheren Grades vereinigt haben. „Außerhalb der Zellen ist nichts Lebendes im Zellenstaat", bemerkt Verworn ausdrücklich in dem oben genannten Buche.

Die Lehre von den Lebenseinheiten, bzw. Elementarorganismen, setzt voraus, daß die Zellen ein zweifaches Leben führen, einmal im Leben für sich als Zellen, ein anderes Mal als Teile des Gesamtorganismus, dem sie untergeordnet sind; schon Schleiden hat (1838) diesen Gedanken mit Rücksicht auf die Pflanzenzellen ausgesprochen und man hat ihn später auch für die Zoologie adoptiert.

Nun nimmt die Zellenstaatstheorie weiter an, daß die verschiedenen Funktionen, um die es sich in dem hochdifferenzierten Metazoenkörper handelt, zwischen die Zellen und die Gruppen von Zellen bzw. die Gewebe geteilt sind; wo die Zellen zum Besorgen irgendeiner Funktion nicht ausreichen, können sie extracelluläre Strukturen oder Massen bauen, welche sie auch weiter „beherrschen". Virchow stellte sich, wie wir schon wissen, vor, daß man in den Grundsubstanzen sogar bestimmte Einflußsphären einzelner Grundsubstanzzellen anerkennen muß.

Sollen die Zellen in einem Metazoenkörper zusammenwirken, müssen sie sich wohl auch gegenseitig beeinflussen, denn nur so läßt sich eine Einheit erzielen. Wohl hat man eine Art Fernwirkung der Zellen angenommen, von der gerade in der Virchowschen Lehre von den Einflußsphären der Zellen die Rede ist, aber sonst suchte man, besonders nachdem man sich die Gegenwart des Zellplasmas vergegenwärtigte, die Wege, auf denen sich der Einfluß im Zellenverband verbreitet, und so kann man sich leicht vorstellen, mit welchem Enthusiasmus seinerzeit der Befund von cytoplasmatischen Zellverbindungen begrüßt wurde; wir wundern uns gar nicht, daß sogleich auch eine Theorie von ihrer Allgegenwart (Heitzmann) entstanden ist (vgl. S. 470, 489). Man hat die Zellverbindungen als „Verkehrswege des Zellenstaates" bezeichnet, und man war sehr enttäuscht, als man sie schließlich doch nicht überall finden konnte.

E. Kritik der Lehre von den Zellen als den Lebenseinheiten.

Eine ausführliche Kritik jener Lehre, die erste ihrer Art, lieferte 1907 in seinem Buche über „Plasma und Zelle" M. Heidenhain. Es sei hier auf dieselbe besonders hingewiesen und ich will sonst auf meine Abhandlung vom Jahre 1917 verweisen.

Wir wissen bereits aus dem hier unmittelbar Vorangehenden und aus einem früheren Kapitel dieses Werkes (Kap. V), daß die Zellen nicht die alleinigen cytoplasmatischen und Zellkerne enthaltenden Teile des Metazoenkörpers vorstellen, es gibt da auch die Syncytien und die Symplasmen. Gewiß läßt sich da mit der Hilfe der mehrmals genannten Energidenhypothese, welche Cytoplasmabezirke mit Zellkernen auch da voraussetzt, wo sie nicht deutlich abgegrenzt sind, viel retten, aber auch diese Lehre läßt sich, wie wir schon hörten, nicht überall anwenden, übrigens sind hier noch die extracellulären (d. i. nicht zellkernhaltigen) Protoplasmen. Aus Allem geht hervor, daß man sich mit einer Lehre vom Cytoplasma als einer Substanz, an die Lebenserscheinungen gebunden sind, begnügen könnte, aber es sind da weiter noch die Grundsubstanzen mit ihrem, wenn auch nur einseitigen Leben. Darauf muß man gewiß unter allen Umständen Nachdruck legen, daß die Zellen, das ist die einen Zellkern enthaltenden Cytoplasmaklümpchen, die am meisten verbreitete Erscheinung vorstellen und daß manche Gewebe (das Epithel) in der Tat nur aus ihnen zusammengesetzt sind.

Wo es sich um Vermehrung der Metazoen handelt, besorgen es in den zahlreichsten Fällen gerade die Zellen, bei Regenerationen und bei pathologischen Prozessen verschiedener Art sieht man wieder beinahe nur die Zellen, und die Zellen, das ist jene zellkernhaltige Cytoplasmaklümpchen, erhalten sich auch allein in künstlichen Kulturen, in denen die extracellulären Teile, allein gezüchtet, gar keine Lebensfähigkeit zeigen. Das alles wurde schon oben bei einer anderen Gelegenheit gesagt.

Gegen ihre alleinige Bedeutung und Alleinherrschaft im Metazoenkörper sprechen die Fälle hoher Differenzierung der extracellulären Teile, weiter Fälle, wo zwischen Gewebszellen Zellverbindungen fehlen [1] (S. 489).

Man beobachtet übrigens, daß sich die Funktionen nicht unter die Zellen teilen, sondern, daß sie unter die Zellen, die vielkernigen Cytoplasmapartien und schließlich die sog. Cytoplasmaprodukte geteilt sind. „Das Prinzip der Arbeitsteilung oder der funktionellen Differenzierung ist also bei weitem allgemeiner als das Zellenprinzip", sagt M. HEIDENHAIN (1907). Es gibt große funktionell differenzierte Teile außerhalb der Zellen im Tierkörper, und neuestens hat HABERLANDT (1925) sehr zutreffend gezeigt, daß auch bei den Pflanzen die Funktionen nicht immer nach den Zellen geteilt sind.

F. Die Einheitslehre [2].

Während die im vorangehenden besprochene Zellenlehre bzw. deren einzelne Komponenten auf die Elemente Nachdruck legen und sagen, daß das Ganze durch das Zusammenwirken der Teile entsteht und besteht, legt die Einheitslehre im Gegenteil den Hauptnachdruck auf das Ganze und erblickt in den Zellen bloß die kleinsten Teile, die sich (in künstlichen Kulturen) selbständig am Leben erhalten könnten. Sie unterscheidet sich von der Zellenlehre (als einer Bausteinlehre) hauptsächlich darin, daß sie neben den Zellen auch die Syncytien und die Symplasmen berücksichtigt, und dann, das ist eben der wichtigste Unterschied zwischen den beiden Lehren, die Grundsubstanzen für lebendig hält; den Metazoenkörper hält sie schließlich für einen Klumpen „lebendiger Masse", in der das Cytoplasma und die anderen Bioplasmen sehr mannigfaltig differenziert sind. Dabei muß auch die Einheitslehre voraussetzen, daß in den einzelnen Teilen, und zwar in den zellkernhaltigen Teilen — den „Zellen" oder nur den Zellkernen (vgl. oben S. 548) — eine Art Bewußtsein des Ganzen erhalten bleibt, welches sich unter bekannten Umständen (Vermehrung, Regeneration) betätigen kann.

Die erste Einheitslehre war — abgesehen von den alten Lehren von SCHWANN und von HENLE, die sich derartige Fragen noch nicht gehörig vergegenwärtigten — die oben schon (S. 470) erwähnte Lehre von HEITZMANN (1873). Sie ist gewißermaßen in Opposition zu der offiziellen Zellenlehre entstanden, und sie wollte, wie wir schon wissen, die Einheit durch ein überall im Körper, in den Zellen, wie zwischen ihnen vorhandenes Protoplasmareticulum erklären. In den Zellkernen wäre das Retikulum am dichtesten, etwas lockerer in den Zellkörpern, und sogar sehr locker in den Grundsubstanzen. Ein Anhänger der Einheitslehre war STRICKER (1883), ein Nachfolger HEITZMANNs, bei dem sich jedoch die Vorstellung eines Retikulum verliert und der die ganze Grundsubstanz leben und sogar Zellen produzieren läßt. Auch seine Lehre war nicht genügend — auch histogenetisch nicht — gestützt, und enthielt unrichtige Voraussetzungen; erst in der neuesten Zeit hat man (S. 537) etwas festere Grundlagen für die Ansicht von der Vitalität der Grundsubstanzen geschaffen und M. HEIDENHAIN hat die Einheitslehre zuerst in einem größeren Werke (1907) in die Wissenschaft eingeführt. Neben ihm (und dem Verfasser) haben sich zugunsten

---

[1] Gewiß sind auch die „freien" Zellen (vgl. S. 436) ohne jede direkte Verbindung mit den anderen!

[2] Vgl. S. 432 Literatur bei HEIDENHAIN (1907), STUDNIČKA (1917), ROHDE (1923).

der Lehre noch Schlater, Rohde [in mehreren zusammenfassenden Arbeiten, deren Kritik wir auf anderer Stelle (S. 495) lieferten], Ranke 1914, Hueck 1920 u. a. ausgesprochen.

So wie an der Zellenlehre, kann man an der Einheitslehre wieder die zwei Seiten, die genetische und die funktionelle, unterscheiden.

Die Einheitslehre will durchaus nicht die hohe Wichtigkeit der Zellen übersehen, sie macht jedoch auf jene — seltene — Fälle aufmerksam, wo sich die Zellkerne in den Anfangsstadien ohne Rücksicht auf das Cytoplasma verteilen (vgl. S. 497), sie berücksichtigt weiter jene zahlreichen Fälle, in denen neben den Zellen sehr früh nichtcelluläre Teile, das Mesostroma, Gallerten usw., erscheinen, welche zwar für das Ganze viel weniger wichtig als die Zellen sind, aber nichtsdestoweniger seine lebendigen Bestandteile vorstellen und selbst wachsen und sich selbst differenzieren, auch die die Lücken des Gewebes und des ganzen Körpers füllenden Flüssigkeiten (S. 541) übersieht sie nicht.

Nun der fertige Metazoenkörper. Er besteht noch deutlicher aus den drei im Vorangehenden erwähnten Teilen, den cytoplasmatischen (Zellen, Syncytien, Plasmodien usw.), den Bausubstanzen und den Körperflüssigkeiten.

Auch die Anhänger der Bausteintheorie kennen natürlich die zahlreichen Fälle der cytoplasmatischen Zellverbindungen, aber die Anhänger der Einheitslehre berufen sich auch auf die in neuerer Zeit festgestellten vielen Fälle des netzartigen Zellenzusammenhanges, auf Zellverbände, die sich manchmal nur schwer von Plasmodien unterscheiden lassen. In großen Partien verschiedener Gewebe (ich brauche sie da wohl nicht von neuem zu nennen) hängt das Cytoplasma breit zusammen; dann gibt es in dem Cytoplasma, wieder in zahlreichen Fällen, Fibrillen verschiedener Art, die sich um die „Zellen" beinahe nicht kümmern, sondern so verlaufen und sich so benehmen, wie es eben für den Gesamtkörper am vorteilhaftesten ist. Alle Teile des Körpers sind so eingerichtet, daß sie am zweckmäßigsten zusammenarbeiten; gerade dies berücksichtigt die neuere „synthetische" Histologie, die sich somit von dem Ideal der alten analysierenden cellulären Histologie zu entfernen beginnt [Boeke (1926)].

Gewiß sieht man in den fertigen Geweben in den meisten Fällen — nicht immer, wie wir darauf noch unten zu sprechen kommen — die Zellen, aber man muß schließlich einsehen, daß die Zellen einen sehr verschiedenen Wert haben und durchaus nicht gleichwertige Elemente vorstellen, wie man ursprünglich dachte. M. Heidenhain sagte einmal, daß es zwischen einer Ganglienzelle und einem Leukocyt ähnliche Unterschiede gibt, wie z. B. zwischen einem *Elephanten* und einer *Maus* (vgl. auch unsere Abb. 6, S. 442), und neuestens konnte man sich davon überzeugen, daß dasjenige, was wir bei verschiedenen Gelegenheiten als eine „Zelle" bezeichnen, auch mit Rücksicht auf die Genese nicht immer dasselbe sein muß (vgl. S. 452). Es gibt volle Zellen und Zellrudimente, die sich wieder zu Zellen einer anderen Art verwandeln können. Nicht alle Zellen sind also einander gleich und der Grundsatz „omnis cellula e cellula" ist nicht ganz richtig. Nur die Zellkerne stammen in jedem Falle immer von früher dagewesenen Zellkernen und es scheint sogar, als ob die Zellkerne gewissermaßen wichtiger wären als die Form der „Zellen". Das ist wieder eine vollkommen andere Auffassung als jene der Cellularhistologie.

Nun sind im fertigen Metazoenkörper die Grundsubstanzen (und die Cuticularsubstanzen) vorhanden, doch von diesen haben wir in diesem Kapitel (S. 556) gesprochen und so genügt, wenn wir uns bloß das Bekannte vergegenwärtigen, den Umstand, daß sie die Zellen nicht voneinander trennen, sondern als lebendige Massen untereinander auch verbinden und sie es eben sind, die uns erlauben, den Metazoenkörper als einen „Klumpen lebendiger Masse" zu betrachten.

Es handelt sich jetzt um die die „Einheitslehre" besonders interessierende Frage, wie man die im Metazoenkörper enthaltenen Plasmen klassifizieren und benennen sollte. Man hat zu dieser Frage an einer anderen Stelle, in einem der dem Protoplasma gewidmeten Kapiteln Stellung eingenommen und so genügt bei dieser Gelegenheit bloß ein kurzer Hinweis auf die Hauptrichtungen.

M. Heidenhain unterscheidet 1907 im Metazoenkörper das „Protoplasma" der Zellen, der Syncytien usw., und daneben ein durch die Umwandlung des ersteren entstehendes „Metaplasma" der Grund- und Cuticularsubstanzen, welche den Zellsekreten der älteren Histologie entspricht. Vor ihm hat F. C. Hansen das Endoplasma der Zellen usw. und Exoplasma als Anlage, evtl. Grundlage der Grundsubstanzen unterschieden. Ich selbst habe zuerst neben dem Endoplasma und dem Exoplasma noch das „Paraplasma" der Fibrillen anerkannt (1911 b), und noch später (1918) habe ich verschiedene Arten von „Bioplasma"[1] oder der „lebendigen Masse" M. Heidenhains (1907) unterschieden. Die „Einheitslehre" hängt, wie man sieht, innig mit der „Umbildungslehre", der Lehre von Protoplasmaumwandlungen, zusammen; notwendig ist diese Parallelität der Lehren, wie ich vielleicht nicht näher beweisen muß, nicht.

Es handelt sich weiter darum, wie man die Einheitslehre noch anders charakterisieren sollte.

v. Tschermak unterscheidet in seiner „Allgemeinen Physiologie" (1924) zwei Arten von Einheitstheorien, eine „Syncytien- oder Symplastentheorie" und eine „Theorie des cellulardispersen Lebenssystems". Ich sagte bereits oben (S. 507), daß sich eine „Syncytien- oder Symplastenlehre" in Anbetracht der vielen aus scharf gegeneinander begrenzten Zellen zusammengesetzten Gewebe nicht verteidigen läßt, die Tatsache der Zellen läßt sich eben nicht übersehen, aber auch von einem „cellulardispersen System" läßt sich nicht gut sprechen. Nimmt man auf die Epithelgewebe oder auf das glatte Muskelgewebe Rücksicht, kann man von ihnen nicht behaupten, daß in ihnen die Zellen dispers vorhanden wären, eher schon kommen sie so in den Retikulargeweben vor, bestimmt im Knorpelgewebe; am wenigstens ist das quergestreifte Muskelgewebe mit seinen Muskelfasern „cellulardispers"; überhaupt gibt es Zellen nicht überall, und so kann man den Namen auch für das ganze System, den Metazoenkörper, nicht anwenden, er wäre für die alte Bausteinlehre entschieden mehr am Platze. Es genügt heute mit Rücksicht auf den Metazoenkörper der Name „Einheitslehre".

G. Die Teilkörpertheorie von M. Heidenhain[2].

M. Heidenhain, der sich ganz entschieden auf die Seite der Einheitstheorie stellte, machte (1907) darauf aufmerksam, daß man in dem als Einheit aufgefaßten Metazoenkörper eine neue, bisher übersehene Gesetzlichkeit feststellen könne. Der ganze Körper sei aus „Teilsystemen" („Biosystemen", wie er es auch nennt) niedrigeren und höheren Grades zusammengesetzt und selbst der Körper stellt, wenigstens bei niederen Formen, ein „Teilsystem" vor. Sein Gedankengang ist etwa der folgende:

Im Metazoenkörper vermehren sich im Cytoplasma durch Teilung die Granula, die Plastosomen, bei den Pflanzen die Plastiden, dann teilen sich die Centriolen, die Zellkerne, ihre Chromosomen und schließlich ganze Zellen. Nun vermehren sich durch Teilung (Längsspaltung) die Syncytien der Muskeln, Fibrillen verschiedener Natur, aber es teilen sich auch ganze Teile von Organen. Aus einer

---

[1] Ich habe damals (1918): a) Proplasma (Karyoplasma), b) Protoplasma, c) Exoplasma, d) Paraplasma (hier Metaplasma) und e) Rheoplasma unterschieden. Daneben metaplasmatische Substanzen. Der Begriff des „Bioplasmas" ist also breiter, als der der „lebendigen Masse".

[2] **Literatur bei Heidenhain (1923).**

einfachen Anlage einer tubulösen oder alveolären Drüse (Heidenhain untersuchte in dieser Beziehung z. B. die Speicheldrüsen und die Niere) entstehen durch fortwährende Teilungen der „Histomeren" „komplexe Histosysteme höherer Ordnung" und die ganze Drüse wächst dabei auf im Prinzip dieselbe, Weise wie etwa eine Polypenkolonie. Der ganze äußerst komplizierte Bau mancher fertigen Organe ist durch fortwährende Teilungen zustandegekommen (doch andere Organe wachsen ohne solche Teilungsprozesse). Durch Spaltung vermehren sich die Zungenpapillen, die Darmozotten, die Geschmacksknospen usw., umgekehrt sind Verschmelzungen möglich. Nun können sich ganze Organe teilen, der Körper bildet durch Teilung Metameren und schließlich teilt sich, nur bei einfach organisierten Metazoen ist es möglich, bei einigen Formen der ungeschlechtlichen Vermehrung der ganze Körper. Auf der anderen Seite der Reihe kann man Teilungen schon bei den metamikroskopischen „Protomeren" voraussetzen.

Dies alles spricht wieder für die Einheit des Metazoenkörpers, der aus Teilsystemen („Teilkörpern") verschiedenen Grades (von denen die niedrigeren den höheren untergeordnet sein können — aber nicht müssen) zusammengesetzt ist. Die Teilkörpertheorie läßt sich als ein Teil der Einheitslehre auffassen. (Vgl. auch Heidenhains Abh. in den „Vorträgen", herausgegeben von Roux, Heft 32, 1923.)

X. Die Gewebe und ihre Klassifikation.

A. Der Begriff eines Gewebes.

In dem ersten Kapitel haben wir darauf hingewiesen, daß man zu verschiedenen Zeiten verschiedene Elementarbestandteile des Metazoenkörpers unterschieden hat. In den ersten Definitionen eines tierischen Gewebes, die man bei den Anatomen des neunzehnten Jahrhunderts findet, werden nun verschiedene Elementarbestandteile berücksichtigt und es wird das Gewebe als ein Komplex von ihnen aufgefaßt, ein Komplex von Fasern, von Kügelchen, „die eigentümliche Vereinigungsart kleiner, nicht einzeln vollkommen bestimmter Teile zu größeren Teilen", wie Weber (1830) sagt.

Theodor Schwann liefert keine Definition eines Gewebs; er sagt bloß, daß sich „die Zellen in allen Geweben des tierischen Körpers bei ihrer Entstehung befinden", und mit Rücksicht auf die fertigen Gewebe bemerkt er bloß, „daß alle Gewebe aus Zellen bestehen, oder sich auf verschiedene Weise aus Zellen hervorbilden". Sie bestehen aus Zellen oder aus Zellenumbildungen, das will er etwa sagen.

Auch Henle (1841) kennt „Zellen" und „Metamorphosen von Zellen", daneben erwähnt er, noch vor den Zellen, die „Körnchen". „Die Summe der Zellen ist ein Organismus und der Organismus lebt, solange die Teile im Dienste des Ganzen tätig sind. Daß an dem Leben und den Funktionen des Organismus der Zelleninhalt und die Intercellularsubstanz partizipieren, darf ich — — — als bewiesen ansehen".

Koelliker erwähnt in seiner Gewebelehre (1852) wieder die „Elementarkörnchen", die „einfachen" und „höheren" Elementarteile, das ist die Zellen und die „Metamorphosen von Zellen", daneben erwähnt er die „flüssigen und festen Zwischensubstanzen". „Die Behauptung, daß alle höheren Tiere einmal ganz und gar aus Zellen bestehen und ihre höheren Teile aus solchen entwickeln, steht fest, wenn auch dieselbe nicht so aufzufassen ist, als ob nun gerade die Zellen oder ihre Derivate die einzigen möglichen oder vorhandenen Elemente der Tiere seien". Nun liefert Koelliker auch eine Definition der Gewebe: „Die Elementarteile einfacher und höherer Art sind nicht regellos im Körper verteilt, sondern nach bestimmten Gesetzen zu sogenannten Geweben oder Organen vereint. Mit dem ersteren Namen bezeichnet man jede konstante, in gleichen Teilen immer in derselben Weise wiederkehrende Gruppierung der Elementarteile". Die Definition von KOELLIKER erwähnt, wie man sieht, die Zellen noch nicht.

Der erste, der auf „Zellen" den Hauptnachdruck legt und alle anderen Bestandteile beiseite läßt, ist der Zoologe LEYDIG. In seinem „Lehrbuch der Histologie" (1857) figurieren schon die „Zellen" als die „Formelemente" oder „Formbestandteile" des Metazoenkörpers, die anderen Teile werden da nicht besonders (nur in den speziellen Kapiteln) erwähnt. Nun definiert LEYDIG auch die Gewebe danach: „Gewebe, worunter man die größeren Massen begreift, zu welchen sich bestimmter Funktionen halber die Zellen und Zellengebilde vereinigt haben".

Zu etwa derselben Zeit (1858) erschien VIRCHOWs „Cellularpathologie", die die uns schon bekannten Ansichten von dem Alleinleben der Zellen enthält; die Zellen wurden, diesmal von einem Pathologen, noch mehr in den Vordergrund gestellt.

Von jetzt an spricht jede Definition eines tierischen Gewebes von den Zellen und definiert, ähnlich, wie es LEYDIG tat, die Gewebe sogar als Komplexe von Zellen. Das ist die Zeit, in der der Gedanke vom Metazoenkörper als von einem Zellenstaat allgemein propagiert wurde. Die Definition wiederholt sich in den seit jener Zeit erscheinenden Lehrbüchern der Histologie sogar stereotyp auf folgende Weise: „Ein Gewebe ist ein Komplex von in gleicher Richtung differenzierten Zellen und ihren Abkömmlingen". Auch die allerneuesten Lehrbücher enthalten diese durch den Fortschritt der Histologie jetzt überwundene Definition.

Die Unrichtigkeit dieser Definition beweisen am besten folgende Fälle:

Das quergestreifte Muskelgewebe ist kein Komplex von Zellen, sondern es besteht aus Syncytien, den Muskelfasern und dem solche untereinander verbindenden Bindegewebe. Ein Knochengewebe, das Zellen enthält, ist ohne Zweifel ein Gewebe, aber ein Osteoidgewebe eines Teleostiers, das zellfrei ist und das auch auf seiner Oberfläche beinahe keine Zellen besitzt, soll nach der Definition kein Gewebe sein, das Zahnbein ist nach ihr nur dann ein Gewebe, wenn man zu ihm die Odontoblasten rechnet. Eine Chordascheide von *Petromyzon* ist, da sie zellfrei ist, kein Gewebe, aber jene eines Selachiers, in die Knorpelzellen eingedrungen sind, ist schon ein Gewebe. Ähnlich wäre die wunderbar kompliziert gebaute Cuticula eines *Gordius* oder einer *Ascaris* kein Gewebe, aber der Tunicatenmantel mit seinen Zellen wäre ein Gewebe. Die zellfreien Schichten und Gebilde sollen nach der Auffassung der offiziellen Histologie innerte „Massen" sein und der Metazoenkörper wäre demnach eigentlich aus „Geweben" und aus „Massen" — dann natürlich den Körperflüssigkeiten — zusammengesetzt.

Die hier angeführten Beispiele beweisen ganz deutlich — und natürlich auch alles das, was wir in den vorangehenden Kapiteln von den Symplasmen und von den Bausubstanzen (von diesen letzteren als lebenden Teilen des Metazoenkörpers sagten —), daß man heute beim Beurteilen des Baues des fertigen Metazoenkörpers und seiner Gewebe auch die anderen Teile berücksichtigen sollte und daß man zu der alten Definition des Gewebes, wie sie etwa von KOELLIKER (1852) formuliert wurde, zurückkehren muß.

Ein tierisches Gewebe ist ein eine bestimmte Funktion besorgender Komplex vom Elementarbestandteilen und von Massen[1]. Die Flüssigkeiten befinden sich in den Lücken der Gewebe.

---

[1] Massen im Sinne der auf S. 549 enthaltenen Klassifikation.

B. Verschiedene Arten von Geweben.

Wie aus dem, was ich im Vorangehenden sagte, hervorgeht, sind nicht alle Gewebe zellhaltig, auch die zellfreien „Massen" der älteren Histologen muß man als „Gewebe" auffassen.

Die Unterscheidungen von „zellhaltigen" und von „zellfreien" Geweben wäre also die erste, aber auch diese Unterscheidung genügt nicht, die tierischen Gewebe treten unter viel mannigfaltigeren Formen auf und man kann sie sogar in sehr viele Kategorien einteilen; damit wollen wir uns in den folgenden Zeilen beschäftigen. Ich würde diese Einleitung in die spezielle Histologie als „Prohistologie" bezeichnen; sie hat für die tierische Histologie etwa dieselbe Bedeutung wie ein analoges Kapitel, das man gewöhnlich der speziellen Pflanzenanatomie voraussendet. Einzelne hierher gehörende Begriffe besaß bereits die Histologie und es handelt sich bloß darum, sie zu ergänzen und zu klassifizieren.

Man kann die Gewebe nach dem Inhalt, den Zellen, den Syncytien, den Symplasmen und den Grundsubstanzen, auf etwa folgende Weise unterscheiden:

1. Zellgewebe.
   - a) Mit nebeneinander liegenden Zellen (Zellparenchyme).
   - b) Mit netzartig verbundenen Zellen (Zellretikula, Netzgewebe).
2. Syncytiengewebe: Bestehend aus Muskelkästchen oder aus Muskelfasern.
3. Symplasmatische Gewebe, entstanden z. B. aus einem netzartigen Zellgewebe.
4. Grundsubstanzgewebe. Es gibt:
   - a) Zellhaltige Grundsubstanzgewebe.
     - α) Mit geringer Menge von Grundsubstanz.
     - β) Mit viel Grundsubstanz.
     - α) Primär zellhaltig (z. B. Knorpel).
     - β) sekundär zellhaltig (z. B. die fibröse Chordascheide der Selachier).
   - b) Zellfreie Grundsubstanzgewebe.
     - α) Primär zellfreie Grundsubstanzgewebe (z. B. ein Mesostromagallertgewebe).
     - β) Sekundär zellfreie Grundsubstanzgewebe (ein Osteoidgewebe).

Als Fasergewebe kann man sehr Verschiedenes bezeichnen:
   - a) Muskelgewebe.
   - b) Gewebe der weißen Substanz der nerv. Zentralorgane und der peripheren Nerven.
   - c) Elastisches Bindegewebe.

Als „fibrilläres" Gewebe verschiedene Formen des Bindegewebes.

Nach der Form bzw. Anordnung der Teile kann man als die wichtigsten folgende Typen von Geweben[1] unterscheiden:

1. „Synenchym": Plasmodiales kompaktes Gewebe.
2. „Parenchym". Ein Zellgewebe aus ungefähr äquidimensionalen oder kurz zylindrischen Zellen bestehend (z. B. Epithelgewebe).
3. „Prosenchym". Ein Zellgewebe aus spindelförmigen bis faserförmigen Zellen bestehend (z. B. ein glatter Muskel).
4. „Nemenchym". Ein Gewebe ausschließlich oder vorwiegend aus Fasern verschiedener Bedeutung bestehend (z. B. quergestreifter Muskel, periphere Nerven).
5. „Retenchym". Netzartiges Gewebe. Entweder ein Netz von Zellen oder ein netzartiges Plasmodium oder ein netzartiges Grundsubstanzgewebe (z. B. retikuläres Epithel, Mesenchym, retikuläres Bindegewebe).

---

[1] Die meisten Termine, die ich da anwende, sind neu!

6. „Phyllenchym“. Aus Blättern bestehendes Gewebe; mit Zellen oder ohne solche (lockeres Bindegewebe, das Unterhautgewebe in zahlreichen Fällen).

7. „Plectenchym“. Ein Geflecht von Zellfortsätzen mit (oder ohne) dazugehörenden Zellkörpern (Nervengewebe der grauen Substanz).

8. „Synekchym“. Wie das Synenchym, aber nicht cytoplasmatisch (kompakte zellfreie Grundsubstanzen, Cuticularsubstanzen).

Es gibt auch Kombinationen von zwei oder von mehreren solchen Gewebstypen.

Schließlich kann man nach der Zusammensetzung „einfache“ und „zusammengesetzte“ Gewebe unterscheiden.

„Einfach“ sind in erster Reihe die Epithelien, die nur in den allerseltensten Fällen Blutgefäße enthalten und in denen ein interstitielles Gewebe vollkommen fehlt. Jedenfalls dringen in ihren Bereich Endigungen der sensitiven Nerven und sogar feine Nervengeflechte können sich hier befinden. BOEKE zeigte neuestens, daß die Nervenfasern im Innern der Epithelzellen verlaufen können. Dann gibt es hier in einigen Fällen Wanderzellen. Einfach sind die meisten Binde- und Stützgewebe: festes fibrilläres Bindegewebe einer Sehne z. B. (hier jedoch Blutgefäße!), ein Knorpelgewebe, Knochen, Zahnbein usw.

Die „zusammengesetzten“ Gewebe können aus zweierlei aus derselben Anlage entstandenen Elementen bestehen, zu denen die Blut- und Lymphgefäße — dann auch die Nervenfasern — dazukommen. Auf diese Weise ist das glatte Muskelgewebe zusammengesetzt (Muskelzellen, interstitielles Gewebe mit Bindegewebszellen evtl. Wanderzellen, Gefäße, Nerven), dann das Nervengewebe der Zentralorgane (eigentliche nervöse Elemente, Neuroglia, Blutgefäße).

Nun gibt es Fälle, wo sich mehrere nicht aus derselben Anlage stammende Gewebe gegenseitig durchwachsen. Vom quergestreiften Muskelgewebe wird gewöhnlich (aber kaum mit Recht!) angenommen, daß das darin enthaltene Bindegewebe zwischen die Muskelfasern eingewachsen ist. Die peripheren Nerven müssen ähnlich gedeutet werden usw. Bei der Bildung einer zusammengesetzten Drüse wächst — sagt man — das Bindegewebe (zusammen mit den Blutgefäßen, den Lymphgefäßen und den Nerven) überall zwischen die sich voneinander trennenden Tubuli bzw. Acini hinein, in der Tat durchwachsen sich die Gewebe gegenseitig.

Zu den wichtigsten Aufgaben der modernen Histologie gehört eben das Studium der Frage, wie sich die verschiedenen Teile in den Geweben verbinden und wie sie zusammenwirken.

C. Die Einteilung der Gewebe.

Genaue Nachrichten über die älteren Klassifikationsversuche bringt HEUSINGERs Histologie vom Jahre 1822. Auch bei WEBER (1830) findet man viele Nachrichten über die älteste Histologie.

Schon ARISTOTELES unterscheidet eine Reihe von Geweben, oder, wie er es nennt, von den „ὁμοιομερῆ μόρια“, im Unterschied zu den Organen, den „ἀνομοιομερῆ μόρια“. Sein Kommentator IBN SINA vervollständigte diese Reihe und noch weiter vervollständigte sie GABRIEL FALLOPIA. BICHAT, von dem (1801) die „Anatomie générale“ in ein neues, sehr vollständiges System gebracht wurde und der sie auch für die Zwecke der Pathologie verwertete, unterschied im ganzen 21 verschiedene Gewebe. Es handelte sich ihm und seinen unmittelbaren Nachfolgern mehr um das Erkennen der Verschiedenheiten im Bau als um das Aufsuchen von Ähnlichkeiten und Verwandtschaften. C. MAYER (1819) führte in die Wissenschaft den Namen „Histologie“ ein.

Noch zur SCHWANNs Zeit hat man, wie die Lehrbücher von GERBER, von HENLE und von BRUNS beweisen, eine große Reihe von Geweben unterschieden. Einen sehr großen Fortschritt bedeutete die Aufstellung des Begriffes eines Epithels, die wir HENLE (1838) verdanken; das alte „Horngewebe" wurde jetzt allmählich durch diesen neuen Begriff ersetzt, 1857 entstand (LEYDIG) der Begriff der „Chitin- oder Cuticulargewebe".

Auf der anderen Seite verdienten sich um die Histologie JOH. MÜLLER und C. B. REICHERT (1845) durch die Aufstellung des Begriffes der Bindegewebe oder Bindesubstanzen; REICHERT auch durch die Erkenntnis, daß Bindegewebe, Knorpel, Knochen usw. Gewebe einer und derselben genetischen Gruppe vorstellen.

KOELLIKERs Handbuch der Gewebelehre vom Jahre 1855 ist das erste, das, auf diese Entdeckungen Rücksicht nehmend, die auch heute anerkannten vier Gruppen von Geweben unterscheidet:

1. Das Epithelgewebe[1], das unterdessen auch als das älteste Gewebe erkannt wurde. [Später wollte man (HIS) das Endothel als etwas davon Verschiedenes unterscheiden.] Vom Epithel lassen sich bekanntlich die anderen Gewebe ableiten.

2. Das Muskelgewebe, durch seine Rolle charakterisiert.

3. Das Nervengewebe, ebenfalls so charakterisiert.

4. Stütz- und Bindegewebe von verschiedener Bedeutung („Baugewebe", wie ich es nennen möchte (1911) — besser noch: „Bau- und Nährgewebe"); am ehesten wieder durch die (Haupt-) Funktion charakterisiert.

Die Elemente des Blutes und der Lymphe stellen in dem System der Histologie gewöhnlich die letzte Gruppe vor, obzwar man sie mit vollem Recht und noch besser der Gruppe der Bau- und Nährgewebe, wo sie Ursprung nehmen, zurechnen könnte.

Literatur[2].

Agduhr, E.: Studien über die postembryonale Entwicklung der Neuronen. J. Psychol. u. Neur. 25, 463 (1920). — **Albrecht, E**: Cellular-Pathologie. Frankf. Z. Path. 1, 1—22 (1907). — **Alfejew, S.**: Über die embryonale Histogenese der kollagenen und retikulären Fasern des Bindegewebes bei Säugetieren. Z. Zellforschg 3, 149—168 (1926). — **Andrews, E. A.**: Filose activity in metazoan cells. Zool. Bull. 2, 1—13 (1898). — **d'Antona, S.**: Über die Entstehung der Bindegewebsfasern bei den atherosklerotischen Aortenverdickungen. Z. Zool. 109, 485—530 (1914). — **Apáthy, S.**: Das leitende Element des Nervensystems usw. Mitt. zool. Station Neapel. 12, 495—748 (1897). — M. HEIDENHAINs und meine Auffassung der contractilen und leitenden Substanz. Anat. Anz. 21, 61—80 (1902). — *Aristoteles: Περὶ ζῴων μορίων βιβλία Δ. — *Arnold, Fr.: Lehrbuch der Physiologie des Menschen. Teil I. Zürich 1836. — **Asai, T.**: Beiträge zur Histologie und Histogenese der quergestreiften Muskulatur der Säugetiere. Arch. mikrosk. Anat. 86, 8—68 (1914). — **Aswadourova, N.**: Recherches sur la formation de quelques cellules pigmentaires et des pigments. Arch. d'Anat. microsc. 15, 153—314 (1913).

Baitsell, G.: A study of the development of connective tissues in the amphibia. Amer. J. Anat. 28, 447—467 (1921). — On the origin of the connective tissue Groundsubstance. Quart. J. microsc. Sci. 69, 571—590 (1925). — **Bard, L.**: La spécificité cellulaire. Scientia Sér. Biol. Nr. 1. Paris (1899). — La spécificité cellulaire et les cultures des tissus séparées de l'organisme. Ann. Méd. 22, 5—18 (1927). — **Barfurt, D.**: Zellücken und Zellbrücken im Uterusepithel. Anat. H. 9, 79—103 (1896). — *de Bary, Anton: Die Mycetozoen. Z. Zool. 10, 1859. — **Bauermann, M.** und A. Thiessen: Die Struktur des Glaskörpers des Auges. Nachr. Ges. Wiss. Göttingen 1922, 125—128. — **Beale, L.**: Die Struktur der einfachen Gewebe des tierischen Körpers. (Übersetzt von V. CARUS.) Leipzig 1862. — **Beigel-Klaften, C.**: Über Plasmastrukturen in Sinnesorganen und Drüsenzellen des Axolotls. Arch. mikrosk. Anat. 90, 39—68 (1918). — **Bělař, K.**: Der Formwechsel der Protistenkerne. Erg. Zool. 6, 236—654 (1926). — **Berezowski, A.**: Studien über die Zellgröße. Arch. Zellforschg 5, 375 bis 384 (1910). — **Bergmann, A.**: Disquisitiones microscopicae de cartilaginibus in specie

---

[1] Bei KOELLIKER „Zellengewebe".

[2] Die mit einem Stern besonders bezeichneten Autorennamen gehören zu Schriften, die im Abschnitt I (Geschichtliches) erwähnt werden. Die Arbeiten des Verf. ausführlich aufgeführt.

hyalinicis. Inaug.-Dissert. Lipsiae. 1850. — *Bergmann, C.: Bemerkungen über die Dotter-furchung. Arch. Anat. u. Physiol. 1847. — *Bernhardt, A.: Symbolae ad ovi mammalium historiam ante praegnationem. Dissertatio inauguralis. Vratislaviae 1834. — Bethe, A.: Das Zentralnervensystem von Carcinus maenas. I. Teil. 2. Mitt. Arch. mikrosk. Anat. 50, 589—639 (1897). — Allgemeine Anatomie und Physiologie des Nervensystems. Leipzig 1902. — Können intracelluläre Strukturen bestimmend für die Zellgestalt sein ? Anat. Anz. 44, 385—392 (1913). — Bichat, F. X.: Anatomie générale appliqué à la physiologie et à la médicine. Paris 1801. — Biedermann, W.: Geformte Sekrete. Z. allg. Physiol. 2, 395—481 (1903). — Physiologie der Stütz- und Skeletsubstanzen. Handb. vergl. Physiol. WINTERSTEIN) I 3, H. 1, 319—1185 (1913). — Sekretion und Sekrete. Arch. f. Physiol. 167, 1—116 (1917). — Vergleichende Physiologie des Integuments der Wirbeltiere. Erg. Biol. 1, 1—342 (1926). — *Bischoff, T.: Entwicklungsgeschichte des Kanincheneies. Braun-schweig 1842. — Bizzozero, G.: Sulla struttura degli epiteli pavimentosi stratificati. Ren-diconti del reale Istituto Lombardo, II. s 3, 16 (1871). — Boeke, J.: Die Beziehungen der Nervenfasern zu den Bindegewebselementen und Tastzellen. Z. mikrosk. anat. Forschg 4, 448—509 (1926). — Boll, F.: Untersuchungen über den Bau und die Entwicklung der Gewebe. Arch. mikrosk. Anat. 8, 28—68 (1872). — Bonnet, P.: Über Syncytien, Plasmodien und Symplasmen in der Placenta der Säugetiere und des Menschen. Mschr. Geburtsh. 18, 1—51 (1903). — Bouin, P.: Études sur l'évolution normale et l'involution du tube sémini-fère. Arch. d'Anat. microsc. 1, 225—261 (1897). — Bozier, E.: Untersuchungen über das Nervensystem der Cölenteraten. Z. vergl. Physiol. 6, 255—263 (1927). — Broman, J.: Über Riesenspermatiden bei Bombinator. Anat. Anz. 17, 20—30 (1900). — *Brown, Robert: On the organs and the mode of fecondation in Orchideae and Asclepiadeae. Trans. Linn. Soc. London 16 (1831). — *Brücke, Ernst: Die Elementarorganismen. Sitzgsber. Akad. Wiss. Wien 1861. — Brümmer: Stachel- und Riffzellen in der Magenwand verschiedener Säuge-tiere. Med. Zbl. 1875. — Bruni, A. C.: Contributo alla conoscenza dell' istogenesi delle fibre collagene. R. acc. sc. Torino (1908). — Stato attuale della dottrina della istogenesi delle fibre connective e elastiche. Ophthalm. 1, 169—216 (1909). — Busacca, A.: Über die Transplantation konservierter Sehnen. Virchows Arch. 258, 238—245 (1926). — Bütschli, O.: Protozoen. BRONNs Klassen und Ordnungen des Tierreichs. Protozoa 1883—1888. — Unter-suchungen über Strukturen. Leipzig 1898.

Chambers, R.: The physical structure of protoplasme etc. COWDRY, General Cytology. Chicago 1924, 242. — Chambers, R. et Rényi, G. S.: The structure of the cells in tissues as revealed by Microdissection. 1. The physical relationships of the cells in epithelia. Amer. J. Anat. 35, 385—402 (1925). — Champy, Ch.: Parthenogenese experimentale chez le lapin. C. r. Soc. Biol. 96, 1108 (1927). — Charipper, H.: A method of staining fibrillae in the epithelia of vertebrates and invertebrates, as well as fibrillar structures in protozoa. Anat. Rec. 38, 401—404 (1928). — Chlopin, N.: Einige Betrachtungen über das Bindegewebe und das Blut. Virchows Arch. 252, 25—32 (1924). — *Cohn, Ferd.: Nachträge zur Naturge-schichte des Protococcus pluvialis. Nova acta acad. Leopold-Carol. nat. curios. 22 (1850). — Conclin, E. G.: Cell size and nuclear size. J. of exper. Zool. 12 (1912). — *Corti, Bona-vertura, Osservazioni microscop. sulla Tremella e sulla circolazione del fluido in una pianta aquaiola. 1774. — *Coste, J. V.: Untersuchungen über das Ei der Säugetiere. Frorieps Nachrichten 38 (1833). — Cowdry, E. W.: General Cytology. Chicago 1924.

Danini, E. S.: Beiträge zur vergleichenden Histologie des Blutes und des Bindegewebes. VI. Experimentell-histologische Untersuchungen über das Verhalten der Blutgefäßwand beim Flußkrebs. Z. mikrosk.-anat. Forschg 11, 565—597 (1927). — Dehorne, A.: Sur les expansions petaloides des leucocytes des Chétopodes, le linome etc. C. r. Acad. Sci. Paris. 180 (1925). — Delage, Y.: La conception polyzoique des êtres. Rev. sci. 5, Nr 21, 4 (1896). — Demoll, R.: Protoplasmatransformationen usw. Zool. Jb., Abt. f. allg. Zool. 34, 543—558 (1914). — Dietrich, A.: Die Elemente des Herzmuskels. Slg anat. u. physiol. Vortr. Jena 1910, H. 12. — Doflein, F.: Lehrbuch der Protozoenkunde. 4. Aufl. Jena: Gustav Fischer 1916. — Dogiel, A. S.: Über die nervösen Elemente in der Retina des Menschen. Arch. mikrosk. Anat. 38, 317—344 (1891). — *Dujardin, Felix: Recherches sur les or-ganismes inférieures. Ann. des sci. natur., N. s. zool. 1835. — *Dumortier, B. C.: Recher-ches sur la structure comparée et le développement des animaux et végétaux. Bruxelles 1832. — Dürck, H.: Über eine neue Art von Fasern im Bindegewebe und in der Gefäß-wand. Arch. path. Anat. u. Physiol. 189, 62—69 (1907). — *Dutrochet, R. J. H.: Recher-ches sur la structure intime des animaux et des végétaux. Paris 1824. — Mémoires pour servir à l'histoire anatomique et physiologique des végétaux et des animaux. Paris 1837.

Ebner, V. v.: Über die Wirbel der Knochenfische und die Chorda dorsalis der Fische und Amphibien. Sitzgsber. Akad. Wiss. Wien, Math.-naturwiss. Kl. III, 105, 123—161 (1896). — Die Chorda dorsalis der niederen Fische und die Entwicklung des fibrillären Bindegewebes. Z. Zool. 62, 469—526 (1896 b). — Über Fasern und Waben. Sitzgsber. Akad. Wiss. Wien, Math.-natwiss. Kl. III, 119, 285 bis 326 (1910). — Über die Entwicklung der leimgeben-den Fasern, insbesondere im Zahnbein. Sitzgsber. Akad. Wiss. Wien, Math.-naturwiss.

Kl. III, 115, 281—346 (1906). — Über den feineren Bau der Herzmuskelfasern usw. Sitzgsber. Akad. Wiss. Wien, Math.-natwiss. Kl. III 129, 1—40 (1920). — **Enriques, P.:** La teoria cellulare. Bologna 1912. — **Erdmann, R.:** Kern und Plasmawachstum in ihren Beziehungen. Erg. Anat. 18, 844—877 (1918). — **Erhard, H.:** Studien über Flimmerzellen. Arch. Zellforschg 4, 307—442 (1910). — **Ernst, M.:** Untergang der Zellen während der normalen Entwicklung bei Wirbeltieren. Z. Anat. 79, 228—262 (1927). — **Ernst, P.:** Die Bedeutung der Zelleibstruktur für die Pathologie. Verh. dtsch. path. Ges. 1914, 43—85. — Die Pathologie der Zelle. Handb. allg. Path. I, 3. Leipzig 1915. — **Ewald, Al.:** Zur Histologie und Chemie der elastischen Fasern und des Bindegewebes. Z. Biol. 26, 1—56 (1890). ***Faber, F.:** Das organische Gewebe des menschlichen Zahnschmelzes. Z. Anat. 86, 1—70 (1928). — ***Fallopia, G.:** Lectiones Gabrielis Fallopii de partibus similaribus humani corporis.... a Volchero Coiter collectae. Norimbergae 1775. — **Fauré-Fremiet, E:** Les amibocytes des invertébrés à l'état quiescent et à l'état actif. Arch. d'Anat. microsc. 23, 99 bis 173 (1927). — **Ficalbi, E.:** Struttura dell tegumento dei Petromizonti. Arch. ital. Anat. 15, 13, 596—827 (1914); 14, 372—480 (1915). — **Fischel-Wasels, B.:** Metaplasie und Gewebsmißbildung. Handb. normal. Path. u. Physiol. 14, H. 2, 1211—1334 (1927). — **Fischer, Alb.:** Gewebszüchtung. München 1927, 249 ff. — **Flemming, W.:** Zellsubstanz, Kern und Zellteilung. Leipzig 1882, 36. — Über die Intercellulärlücken des Epithels und ihren Inhalt. Anat. H. 6, 1—21 (1896). — Über die Entwicklung der kollagenen Bindegewebsfibrillen bei Amphibien und Säugetieren. Arch. Anat. u. Physiol., Anat. Abt. 1897, 171—190. — Die Histogenese der Stützsubstanzen der Bindesubstanzgruppe. Handb. exper. u. vergl. Entwicklungslehre 3, II, 1—20 (1902). — **Florian, J.:** Disposition des particules dans le muscle lisse des vaisseaux du cordon ombilical. Publ. de la Fac. Med. Brno. 1, Nr 9, 43 bis 66 (1923). — Über das Syncytium im Trophoblast junger menschlicher Embryonen. Verh. anat. Ges. Ergänzgbd. Anat. Anz. 66, 211—221 (1928). — ***Fontana, F.:** Abhandlung über das Viperngift usw. Übersetzt a. d. Italienischen. Berlin 1787. — **Franz, V.:** Das Problem der uni- oder multicellulären Entwicklung der quergestreiften Muskelfasern. Arch. mikrosk. Anat. 87, 364—491 (1915). — Geschichte der Organismen. Jena 1924. — Morphologie der Akranier. Erg. Anat. 27, 464—690 (1927). — **Fritsch, G.:** Über einige bemerkenswerte Elemente des Zentralnervensystems von Lophius piscatorius. Arch. mikrosk. Anat. 27, 13—31 (1886). — **Frommann, C.:** Beiträge zur Kenntnis der Lebensvorgänge in tierischen Zellen. Jena. Z. Naturwiss. 23, 389—412 (1889). — **Fürbringer, M.:** Gegenbaurs Handb. d. Anat. d. Menschen. 1. Leipzig 1909.

Garnier, Ch.: Considérations générales sur l'ergastoplasme, protoplasme supérieur des cellules glandulaires. J. Physiol. et Path. gén. 2, 539—548 (1899). — **Gebhardt, W.:** Über den funktionellen Bau einiger Zähne. Arch. Entw.mechan. 10, 135—243, 263—360 (1900). — **Gegenbaur, C.:** Über die Bildung des Knochengewebes. Jena. Z. Naturwiss. 1, 343—369 (1864). — **van Gehuchten, A.:** Étude sur la structure intime de la cellule musculaire striée. Cellule. 2, 293—453 (1886); 4 (1888). — **Gerasimoff, J. J.:** Die Abhängigkeit der Größe der Zelle von der Menge ihrer Kernmasse. Z. allg. Physiol. 1, 220 (1902). — **Gerlach, L.:** Vom Rückenmark. STRICKERs Handb. der Lehre von den Geweben 2, 665—693 (1871). — **Giersberg, H.:** Eihüllenbildung bei Reptilien nebst einer Untersuchung über die Entstehung der Bindegewebsfasern und Faserstrukturen. Biol. Zbl. 41, 252—268 (1921). — **Godlewsky, E.:** Die Entwicklung des Skelet- und Herzmuskelgewebes der Säugetiere. Arch. mikrosk. Anat. 60, 111—156 (1902). — **Goldschmidt, R.:** Das Nervensystem von Ascaris. Z. Zool. 90, 73—135 (1908). — Das Bindegewebe von Amphioxus. Sitzsber. Ges. Morph. u. Physiol. München 1908 b, 1—26. — Das Nervensystem von Ascaris lumbricoides und megalocephala. Teil III. Festschrift für RICH. HERTWIG. 2, 255—354 (1910). — Sind die Neurofibrillen das leitende Element des Nervensystems? Sitzgsber. Ges. Morph. u. Physiol. Münch. 1910 b, 28—32. — **Goldschmidt, R.** und **M. Popoff:** Über die sog. hyaline Plasmaschicht der Seeigeleier. Biol. Zbl. 28, 210—223 (1908). — **Goodrich, E. S.:** On the dermal Fin-rays of Fish. Quart. J. microsc. Sci. 47, 465—522 (1903). — **Goroshankin** (1877): Zur Kenntnis der Corpuscula bei den Gymnospermen. Bot. Ztg. 1883, 826. — **Grawitz, P.:** Über die schlummernden Zellen des Bindegewebes und ihr Verhalten bei progressiven Ernährungsstörungen. Virchows Arch. 127, 96—121 (1892). — ***Grew, Nehemia:** The anatomy of plants. London 1672. — **Grobben, K.:** Die Bindesubstanzen von Argulus. Arb. zool. Inst. Wien. 19, 1—24 (1911). — **Guglielmo, G.:** Sul sistema delle cellule giganti midollari. Haematologica 6 (1925). — **Gurwitsch, A.:** Morphologie und Biologie der Zelle. Jena 1904. — Vorlesungen über allgemeine Histologie. Jena 1913. — **Gutstein, M.:** Zur Morphologie und Mikrochemie der tierischen Zellen. Nachweis der Zellmembran. Virchows Arch. 265, 805—826 (1927). — **Guyon, L.:** Le chondriome des cellules adipeuses. C. r. Soc. Biol. 90, 1324 (1924). — **St. Györgyi, A.:** Untersuchungen über die Glaskörper der Amphibien und Reptilien. Arch. mikrosk. Anat. 85, 303—360 (1914). — Untersuchungen über den Bau des Glaskörpers des Menschen. Arch. mikrosk. Anat. 89, 324—386 (1917).

Haberlandt, G.: Physiologische Pflanzenanatomie. 5. Aufl. 1918. — Zelle und Elementarorgan. Biol. Zbl. 45, 257—272 (1925). — **Haeckel, E.:** Über die Gewebe des Flußkrebses. Arch. Anat. u. Physiol. 1857, 469—568. — Generelle Morphologie der Organismen. 1.

Berlin 1866. — Die Kalkschwämme. Berlin 1872. — **Häggqvist, G.**: Über den Zusammenhang von Muskel und Sehne. Z. mikrosk.-anat. Forschg 4, 605—634 (1926). — ***Haller, Albrecht v.**: Elementa physiologiae corporis humani. I. Lausanne 1757. — **Hammar, F. A.**: Über eine allgemein vorkommende primäre Protoplasmaverbindung zwischen den Blastomeren. Arch. mikrosk. Anat. 49, 92—102 (1897). — **Hansen, F. C. C.**: Über die Genese einiger Bindegewebsgrundsubstanzen. Anat. Anz. 16, 417—438 (1899). — Untersuchungen über die Gruppe der Bindesubstanzen. I. Der Hyalinknorpel. Anat. Hefte 27, 537—820 (1905). — **Hanstein, J.**: Einige Züge aus der Biologie des Protoplasmas. Bot. Abh. 4, 1—56 (1880). — **Hansteen-Cramer, B.**: Zur Biochemie und Physiologie der Grenzschichten lebender Pflanzenzellen. Meldingar fra Norges landbrukshoj-skole 2 (1922). — **Hardesty, J.**: Observations on the Medulla spinalis of the Elephant. J. of compar. Neur. 12, 125 (1902). — On the development and nature of the Neuroglia. Amer. J. Anat. 3, 229, 268 (1904). — On the proportions, development and attachement of the tectorial membrane. Amer. J. Anat. 18, 1—62 (1915). — **Harrison, R. G.**: Über die Entwicklung der nicht knorpelig vorgebildeten Skeletteile in den Flossen der Teleostier. Arch. mikrosk. Anat. 42, 248—278 (1893). — **Hartmann, A.**: Zur Entwicklung des Bindegewebsknochens. Arch. mikrosk. Anat. 76, 253—287 (1910). — **Hartmann, M.**: Die Konstitution der Protistenkerne und ihre Bedeutung für die Zellentheorie. Jena 1911. — Mikrobiologie, Allgemeine Biologie der Protisten. Die Kultur der Gegenwart. Teil 3, Abt. 4. 1, 283—301 (1915). — Allgemeine Biologie. I. Teil. Jena 1925. — **Hatschek, B.**: Über den Schichtenbau des Amphioxus. Anat. Anz. 3. (Verh. anat. Ges.) 1888, 662—667. — **Heesch, K.**: Untersuchungen über den Zusammenhang zwischen der ultramikroskopischen und mikroskopischen Fadenstruktur des Glaskörpers. Arch. Augenheilk. 98, 129—134 (1927). — ***Heidenhain, M.**: Neue Untersuchungen über die Zentralkörper usw. Arch. mikrosk. Anat. 43, 423—758 (1894). — Über die Mikrozentren mehrkerniger Riesenzellen. Morph. Arb. 7, 225—280 (1897). — Schleiden, Schwann und die Gewebelehre. Sitzgsber. physik.-med. Ges. Würzburg 1899, 16—36. — Beiträge zur Aufklärung des wahren Wesens der faserförmigen Differenzierungen. Anat. Anz. 16, 97—131 (1899b). — Struktur der contractilen Materie. Erg. Anat. 8, 3—107 (1899c); 10, 115—213 (1901). — Das Protoplasma und die contractilen Fibrillenstrukturen. Anat. Anz. 21, 609—640 (1902). — Plasma und Zelle. Allgemeine Anatomie der lebendigen Masse. Lief. 1 u. 2. Jena 1907. 4—23, 1911. — **Heidenhain, M.** und **F. Werner**: Über die Epithelien des Corpus epididymidis. Z. Anat. 72, 556 bis 608 (1924). — **Heidenhain, R.**: Beiträge zur Histologie und Physiologie der Dünndarmschleimhaut. Arch. Physiol. 43, Suppl.-H., 1—103 (1888). — **Heitzmann, C.**: Untersuchungen über das Protoplasma. Sitzgsber. Akad. Wiss. Wien. 67, III, 100—115, 141—160 (1873); 68, III, 41—50 (1873). — **Held, H.**: Die Entwicklung des Nervengewebes. Leipzig 1909. — Über die Entwicklung des Achsenskelets der Wirbeltiere. Abh. sächs. Akad. Wiss. 38, Nr 5, 1—29 (1921). — ***Henle, Jakob**: Symbolae ad anatomiam villorum intestinalium. Berolini 1837. — Allgemeine Anatomie. Leipzig 1841. S. T. Sömmering: Vom Bau des menschlichen Körpers. 6. (Lit.-Verz.). — **Henneguy, L. F.**: Leçons sur la cellule. Paris 1896, 1—14. — Contribution àl'histologie des nudibranchies. Arch. d'Anat. microsc. 21, 400—468 (1925). — **Hensen, V.**: Beobachtungen über die Befruchtung und die Entwicklung des Kaninchens und Meerschweinchens. Z. Anat. 1875, 211—353. — **Heringa, G. C.** et **H. A. Lohr**: Sur la nature et la genèse des Fibres collagènes. Bull. Histol. appl. 3, 201—211, 125—141 (1926). — **Heringa, G. C.** u. **H. A. Lohr**: Over de kollagene Fibrillen. Versl. Akad. Wetensch. Amsterdam. 33, 1927. — **Hertwig, O.**: Die Cölomtheorie. Versuch einer Erklärung des mittleren Keimblattes. Jena 1881. — Allgemeine Biologie. 6. Aufl. Jena 1923. — **Hertwig, R.**: Über Korrelation von Zell- und Kerngröße und ihre Bedeutung für die sexuelle Differenzierung. Biol. Zbl. 25 49 (1903). — **Herxheimer, G.**: Zur feineren Struktur der tuberkulösen Riesenzellen. Verh. dtsch. path. Ges. 1914, 128—135. — **Heusinger, C. F.**: System der Histologie. Eisenach 1822. — **Hintzsche, E.**: Die Osteoblastenlehre und die neueren Anschauungen vom normalen Verknöcherungsvorgang. Erg. Anat. 27, 413—463 (1927). — **His, W.**: Untersuchungen über den Bau der Hornhaut. Verh. physik.-med. Ges. Würzburg. 4 (1854). — Über den Keimhof oder Periblast der Selachier. Arch. Anat. u. Physiol., Anat. Abt. 1—64 (1897). — Über Zellen- und Syncytienbildung. Abh. sächs. Ges. Wiss. 24, 401—468 (1898). — Protoplasmastudien am Salmonidenkeim. Abh. sächs. Ges. Wiss. Leipzig 1899. 157. — **Hoepke, H.**: Die Epithelfasern der Haut und ihre Verbindung mit dem Corium. Erg. Anat. 25, 185—240 (1924). — Der Aufbau des Epithels in spitzen Kondylomen. Z. Anat. 75, 464—473 (1925). — **Holmgren, E.**: Weitere Mitteilungen über die „Saftkanälchen" der Nervenzellen. Anat. Anz. 18, 290—296 (1900). — Beiträge zur Morphologie der Zelle. II. Verschiedene Zellarten. Anat. Hefte 25, 97—208 (1904). — ***Hooke, Robert**: Micrographia. London 1665—67. — 1678: Zitiert J. Henle 1841. — **Howell, W.**: Observations upon the occurence, structure and function of the giant cells of the marrow. J. Morph. 4, 117—130 (1891). — **Howland, R. B.**: Dissection of the pellicle of Amoeba verrucosa. J. exper. Zool. 40 (1924). — **Hueck, H.**: Über das Mesenchym. Beitr. path. Anat. 66, 330—376 (1920). — ***Huxley, Thomas H.**: Review of the cell theory. Brit. and for. med.

chir. Rev. **12** (1853). — **Huzella, T.:** Der Mechanismus des Capillarkreislaufs und der Sekretion im Bindegewebe. Z. Zellforschg **2,** 558—584 (1925).

Ide, M.: La membrane des cellules épithéliales. Cellule **4,** 403 (1888). — **Isaacs, R.:** An interpretation of connective tissue and neurogliar fibrillae. Anat. Record. **10,** 206—207 (1916). — The structure and mechanics of the developing connective tissue. Anat. Rec. **17,** 243—270 (1919). — **Ivakin, A. A.:** Der Bau der Basalmembran (Membranae basilares). Z. Anat. **75,** 444—463 (1925).

Janda, V.: Die Regeneration der Geschlechtsorgane bei Rhynchelmis limosella. Zool. Anz. **59,** 257—269 (1924). — **Jasswoin, G.:** On the structure and development of the enamel. Quart. J. microsc. Sci. **69,** 97—118 (1925). — **Jollos, T., Peterfi:** Furchung von Axolotleiern ohne Beteiligung des Kernes. Biol. Zbl. **43,** 286—288 (1923). — **Jordan, H. E.:** Varieties and significance of giant cells. Anat. Rec. **31,** 51—64 (1925). — **Joseph, H.:** Untersuchungen über die Stützsubstanzen des Nervensystems. Arb. zool. Inst. Wien. **13,** 1—66 (1902).

Kaschkaroff, D.: Zur Kenntnis des feineren Baues und der Entwicklung des Knochens der Teleostier. Anat. Anz. **47,** 113—138 (1914). — **Kienitz-Gerloff, F.:** Die Protoplasmaverbindungen zwischen benachbarten Gewebselementen in der Pflanze. Bot. Ztg. **49,** 1—10, 16—26, 32—46, 48—59, 64—74 (1891). — **Klaatsch, H.:** Die Intercellularstruktur an der Keimblase des Amphioxus. Sitzgsber. preuß. Akad. Wiss. Berlin **1898,** 800—806. — **Koelliker, Albert:** Entwicklungsgeschichte der Cephalopoden. Zürich 1844. — Die Lehre von der tierischen Zelle. Z. wiss. Bot. H. 1/2 (1845). — Note sur le développement des tissus chez les batraciens. Ann. des Sci. natur. Zoologie 1846. — Handbuch der Gewebelehre des Menschen. Leipzig 1852. — Dasselbe, 2. Aufl. Leipzig 1855. — Dasselbe, 5. Aufl. 1889. — Untersuchungen zur vergleichenden Gewebelehre. VII. Über sekundäre Zellmembranen, Cuticularbildungen und Porenkanäle in Zellmembranen. Verh. physik.-med. Ges. Würzburg **1857,** 37—109. — Die Energiden von v. Sachs im Lichte der Gewebelehre der Tiere. Verh. physik.-med. Ges. Würzburg. **1897,** 1—21. — **Koeppen, H.:** Über Epithelien mit netzförmig angeordneten Zellen und über die Flossenstacheln von Spinax niger. Zool. Jb., Abt. f. Anat. **14,** 477—522 (1901). — **Kollmann, J.:** Strukturlose Membranen bei Wirbeltieren und Wirbellosen. Sitzgsber. Akad. München, Math.-naturwiss. Kl. **6,** 163—192 (1876). — **Kolmer, W.:** Bau der statischen Organe. Handbuch der normalen u. path. Physiol. **11,** 167 790 (1926). — Über das Verhalten der Deckmembranen zum Sinnesepithel der Labyrinthendstellen. Arch. Ohr.- usw. Heilk. **116,** 510—526 (1921). — **Kolossow, A.:** Struktur des Endothels der Pleuroperitonealhöhle, der Blut- und Lymphgefäße. Biol. Zbl. **12,** 87—94 (1892). — Über die Struktur des Pleuroperitoneal- und Gefäßepithels (Endothels). Arch. mikrosk. Anat. **42,** 318—382 (1893). — Eine Untersuchungsmethode des Epithelgewebes usw. Arch. mikrosk. Anat. **52,** 1—44 (1898). — Zur Anatomie und Physiologie der Drüsenepithelzellen. Anat. Anz. **21,** 226—237 (1903). — **Koltzoff, N. K.:** Studien über die Gestalt der Zelle. I. Arch. mikrosk. Anat. **67,** 364—571 (1906). II. Arch. Zellforschg. **2,** 1—65 (1909). — **Korff, K. v.:** Entgegnung auf die v. Ebnersche Abhandlung „Über scheinbare und wirkliche Radiärfasern des Zahnbeins". Anat. Anz. **35,** 257 bis 280 (1910). — Zur Histologie und Histogenese des Bindegewebes besonders der Knochen- und Dentingrundsubstanz. Erg. Anat. **17,** 247—299 (1907). — **Korschelt, E.:** Altern und Sterben bei Tieren und Pflanzen. Handb. der normalen u. path. Physiol. **17,** 717—749 (1925). — **Korschelt, E.** und **K. Heider:** Lehrbuch der vergleichenden Entwicklungsgeschichte der wirbellosen Tiere. Allgem. Teil. Lief. 1. Jena 1902–10. — **Kostanecki, K.:** Zur Morphologie der künstlichen parthenogenetischen Entwicklung bei Mactra. Arch. mikrosk. Anat. **72,** 327—352 (1908). — **Kremer:** Die Metamorphose und ihre Bedeutung für die Zellforschung. II. Amphibia. Z. mikrosk.-anat. Forschg **9,** 99—233 (1927). — **Krieg, H.:** Über das geschichtete Plattenepithel. Grundzüge für ein kausales Verständnis seiner Organisation. Arch. mikrosk. Anat. u. Entw.mechan. **100,** 488—516 (1924). — **Kromayer, E.:** Die Protoplasmafaserung der Epithelzelle. Arch. mikrosk. Anat. **39,** 141—150 (1892). — Die Parenchymhaut und ihre Erkrankungen. Arch. Entw.mechan. **8,** 253—354 (1899). — **Krompecher, E.:** Über Verbindungen, Übergänge und Verwandlungen zwischen Epithel, Endothel und Bindegewebe. Beitr. path. Anat. **37,** 128—134 (1904). — **Kronthal, P.:** Von der Nervenzelle und der Zelle im allgemeinen. Jena 1892. — **Kultschitzky, N.:** Über die Art der Verbindung der glatten Muskelfasern miteinander. Biol. Zbl. **7,** 572—574 (1887). — **Kunze, H.:** Konstanz der Zellenzahl. Zool. Anz. **49,** 123—137 (1917). — **Kutschera, F.:** Die Leuchtorgane von Acholoe astericola. Z. Zool. **92,** 75—102 (1909).

Labbé, A.: La différentiation des organismes. Rev. sci. **1897,** Nr 25. — **Laguesse, E.:** Quelques observations sur la motilité des cellules de mésenchyme. C. r. l'Assoc. Anat. **1901,** 29. — Sur l'histogenèse de la fibre collagène et de la substance fondamentale dans la capsule de la rate chez les Sélachiens. Arch. d'Anat. microsc. **6,** 99—169 (1904). — La structure lamelleuse du tissu conjonctiv lache chez la torpille. Arch. d'Anat. microsc. **16,** 67—131 (1914). — La structure lamelleuse et le développement du tissu conjonctif lache. Arch. de Biol. **31,** 173—298 (1921). — La première ébauche des fibrilles conjonctives provient-elle du chondriome. Arch. d'Anat. microsc. **22,** 129—174 (1926). — Développement de la cornée chez le poulet, le rôle de mésostrome, son importance générale. Arch d'Anat. microsc. **22**, 216—265 (1926b). — **Lambert, R. A.** et **F. M. Hanes:** 1911. (Nach A. FISCHER, II, 1927, 263 zitiert.) — **Lauth, A.:** Mémoire sur divers points d'anatomie. Ann. Soc. Hist. natur. Strasbourg. **1.** 1834. — *Leeuwenhoek, Antony van:** Arcana naturae detecta. Delphis 1695. — **Lazarenko, T.:** Beiträge zur vergleichenden Histologie des Blutes und des Bindegewebes. II. Die morphologische Bedeutung der Blut- und Bindegewebselemente der Insekten. Z. mikrosk.-anat. Forschg **3**, 409—499 (1925). — **Lenhossék, M.:** Die Entwicklung des Glaskörpers. Leipzig 1903. — **Lepeschkin, W. W.:** Untersuchungen über das Protoplasma der Infusorien, Foraminiferen und Radiolarien. Biol. generalis (Wien) **1**, 3—5, 368 bis 395 (1925). — **Levi, G.:** Studi sulla grandezza delle cellule. Arch. ital. anat. embr. **5** (1906). — Per la migliore conoscenza del fondamento anatomico e dei fattori morfogenetici della grandezza del corpo. Arch. ital. Anat. e embriol. **18**, 316—434 (1922). — Wachstum und Körpergröße. Die strukturellen Grundlagen der Körpergröße usw. Erg. Anat. **26**, 87—342 (1925). — Trattato di istologia. Torino, Unione tipogr. 1927. — Processi regressivi reversibili nelle cellule coltivate in vitro. Atti Accad. naz. Lincei. **32**, 131 (1923). — Esiste una continuità protoplasmatica fra individualità cellulari etc. Atti Accad. naz. Lincei **32**, 11—13 (1923). — **Levy, F.:** Untersuchungen über abweichende Kern- und Zellteilungsvorgänge. II. Über die Entstehung der Riesenzellen im Knochenmark und der fetalen Leber bei Säugetieren. Z. Anat. **61**, 32—40 (1921). — **Levy, O.:** Über den Einfluß von Zug auf die Bildung faserigen Bindegewebes. Arch. Entw.mechan. **18**, 184 bis 247 (1904). — **Lewis, W. H.:** Is mesenchyme a syncytium ? Anat. Rec. **23**, 177—184 (1922). — *Leydig, Franz:** Lehrbuch der Histologie des Menschen und der Tiere. Frankfurt 1857. — Zur Anatomie von Piscicola geometrica. Z. Zool. **1**, 103—134 (1849). — Vom Bau des tierischen Körpers. Tübingen 1864. — **Lidforss, B.:** Cellulärer Bau, Elementarstruktur usw. Die Kultur der Gegenwart. Teil III, Abt. 4, 1, 265—276. Leipzig (1915). — **Lillie, F.:** Differentiation without cleavage in the egg of the Annelid Chaetopterus permanganaceus. Arch. u. Entw. mechan. **14**, 477—499 (1902). — Observations and experiments concerning the elementary phenomena of embryonic development in Chaetopterus. J. exper. Zool. **3**, 153—268 (1906). — *Linné, Carolus:** Philosophia botanica. Stockholm 1751. — **Lloyd, F. E.** and **V. Ulehla:** The role of the wall in the living cell as studied by the auxographic method. Trans. roy. Soc. Canada. **3**, ser. 20 (1926). — **Loeb, J.:** Experiments on artificial parthenogenesis in annelids (Chaetopterus) etc. Amer. J. Physiol. **4**, 423—459 (1901). — **Loeb, Leo:** Amoeboid movement and agglutination in Amoebocytes of Limulus and the relation of these processes to tissue formation. Protoplasma **2**, 512 bis 553 (1927). — **Lohmann:** Die Gehäuse und die Gallertblasen der Appendicularien usw. Verh. dtsch. zool. Ges. **1909**, 200—239. — **Löhner, L.:** Beiträge zur Frage der Erythrocytenmembran. Arch. mikrosk. Anat. **71**, 129—158 (1907). — **Lotsy, J. P.:** Vorträge über botanische Stammesgeschichte. 1. Jena 1907. — **Lukjanow:** Über die Intercellularsubstanzen. Verh. d. 5. PIROGOFFschen Ärztekongresses in St. Petersburg 1894. (Nach ALFEJEW zitiert.) — *Lundegardh, H.:** Zelle und Cytoplasma. Handbuch der Pflanzenanatomie. Abt. 1, Teil 1. Berlin 1821, 3—62 (Literaturverz.). — **Lwoff, B.:** Über die Entwicklung der Fibrillen des Bindegewebes. Sitzgsber. Akad. Wiss. Wien 98, Abt. III, 1889, 184—210.

Mac Gill, C.: The histogenesis of the smooth muscle in the alimentary canal and respiratory tract of the pig. Internat. Mschr. Anat. u. Physiol. **24**, 209—245 (1907). — Fibroglia fibrills in the intestinal wall of Necturus etc. Internat. Mschr. f. Anat. u. Physiol. **25**, 90 bis 98 (1908). — **Mall, P.:** On the development of the connective tissues from the connective tissue syncytium. Amer. J. Anat. **1**, 329—365 (1902). — **Mallory:** On the hitherto undescribed fibrill substance by connective tissue cells. J. med. Res. **10** (1903). — *Malpighi, Marcello:** Opera omnia. Lugduni Bat. 1687. — *Mandel, L.:** Anatomie microscopique. Paris 1838—42. (Ältere Lit.) — **Marchand, F.:** Die örtlichen reaktiven Vorgänge. Handbuch der allgem. Pathologie. 4, Abt. 1, 78—642 (1924). — **Marcus, H.:** Zur Struktur der Mycfibrillen. Eine Erwiderung an Biedermann. Anat. Anz. **63**, 165—167 (1927). — **Marinesco, G.:** La cellule nerveuse. 1. Paris 1909. — **Martini, E.:** Studien über die Konstanz histologischer Elemente. I—III. Z. Zool. **92**, **94**, 563—626, **102**, 81—170, 425—645 (1909). — Die Zellkonstanz und ihre Beziehungen zu anderen zoologischen Vorwürfen. Z. Anat. **70**, 179—259 (1924). — **Maurer, F.:** Die Elemente der Rumpfmuskulatur bei Cyklostomen und höheren Wirbeltieren. Morph. Jb. **21**, 473—619 (1894). — Die Rumpfmuskulatur der Wirbeltiere usw. Erg. Anat. **9**, 691—819 (1899). — **Maximow, A.:** Untersuchungen über Blut und Bindegewebe. Arch. mikrosk. Anat. **79**, 560—611 (1912). — **Mayer, A. G.:** The development of the wing scales and their pigment in Butterflies and Moths. Bull. Mus. compar. Zool. Harvard College, **29**, 207—236 (1896). — **Mayer, C.:** Über Histologie und eine neue Einteilung der Gewebe des menschlichen Körpers. Bonn 1819. — **Mazur, A.:** Beiträge zur Histologie und Entwicklungsgeschichte der Schmelzpulpa. Anat. Hefte **35**, 263—292 (1907). — Die Bindegewebsfibrillen der Zahnpulpa und ihre Beziehungen zur Dentinbildung. Anat. Hefte **40**, 397—422 (1910). — **Meckauer, M.:** De penitiori cartilaginum structura. Dissert. inaug. Wratislaviae 1836. — **Mencl, E.:** Einige Bemerkungen zur Histologie des elektrischen Lappens bei Torpedo. Arch. f. mikrosk. Anat. **60**, 181 bis 189 (1902). — **Merkel, F.**: Betrachtungen über die Entwicklung des Bindegewebes. Anat. Hefte **38**, 323—392 (1909). — **Meves, F.**: Über oligopyrene und apyrene Spermien und über ihre Entstehung nach Beobachtungen an Paludina und Pygaera. Arch. mikrosk. Anat. **61**, 1—84 (1902). — Zur Struktur der roten Blutkörperchen bei Amphibien und Säugetieren. Anat. Anz. **23**, 212—213 (1903). — Über Strukturen in den Zellen des embryonalen Stützgewebes usw. Arch. mikrosk. Anat. **75**, 149—208 (1910). — Historisch-kritische Untersuchungen über die Plastosomen der Pflanzenzellen. Arch. mikrosk. Anat. **89**, 249 (1917). — *****Meyen, F. F. J.**: Phytotomie. Berlin 1830. — **Meyer, A.**: Die Plasmaverbindungen und die Membran von Volvox globator, aureus und tertius. Mit Rücksicht auf die tierische Zelle. Bot. Ztg. **54**, 187—215 (1896). — Morphologische und physiologische Analyse der Zelle, der Pflanzen und Tiere. Teil I. Jena 1920. — *****Milne, Edwards, A.**: Mémoire sur la structure élémentaire des principaux tissus des animaux. These de Paris. 1823. — **Minot, Ch. S.**: Moderne Probleme der Biologie. Jena 1913 (Die neue Zellenlehre). — *****Mirbel, Brisseau de**: Exposition et défense de ma théorie de l'organisation végétale. Haye 1808. — Recherches anatomiques et physiologiques sur le Marchantia polymorpha. Paris 1832. — **Mjassojedoff, S. W.**: Über in vitro-Kulturen von Eifollikeln der Säugetiere. Arch. mikrosk. Anat. **104**, 151—240 (1925). — Zur Frage über die Struktur des Eifollikels bei den Säugetieren. Arch. mikrosk. Anat. **97**, 72—135 (1923). — *****v. Mohl, Hugo**: Über die Vermehrung der Pflanzenzellen durch Teilung. Inaug.-Dissert. 1836. — Einige Bemerkungen über den Bau der vegetabilischen Zelle. Bot. Ztg 1844. — Über die Saftbewegung im Inneren der Zellen. Bot. Ztg. 1846. — *****Moldenhawer, J. H. D.**: Beiträge zur Anatomie der Pflanzen. Kiel 1812. — **Möllendorff, W. u. M.**: Das Fibrocytennetz im lockeren Bindegewebe, seine Wandlungsfähigkeit und Anteilnahme am Stoffwechsel. Z. Zellforschg u. mikrosk. Anat. **3**, 503—601 (1926). — **Mollier, S.**: Über den Bau der capillären Milzvenen (Milzsinus). Arch. mikrosk. Anat. **76**, 608—657 (1911). — *****Monro, Alex.**: Bemerkungen über die Struktur und Verrichtungen des Nervensystems. Leipzig 1787. — **Monterosso, B.**: Di un nuova reperto contrario alla „teoria cellulare". Boll. soc. biol. sperim. **1** (1926). — **Müller, Erik**: Untersuchungen über ein faseriges Stützgewebe bei den Embryonen von Acanthiasvulgaris. Kongl. sv. vetenskapsakademiens Hdl. **49**, 1—18 (1912). — *****Müller, Joh.**: Jahresbericht über die Fortschritte der anatomisch-physiologischen Wissenschaften im Jahre 1837. A. Allgemeine und menschliche Anatomie. Arch. Anat. u. Physiol. **1838**, 101—115. — Bericht über die Fortschritte der mikroskopischen Anatomie im Jahre 1838. Arch. Anat. u. Physiol. **1839**, 188—207. — Über die Struktur und die chemischen Eigenschaften der Knorpel und Knochen. POGGENDORFFs Ann. d. Phys. u. Chem. **38**, 295—353 (1836). — Vergleichende Anatomie der Myxinoiden. I. Abh. Akad. Wiss. Berlin. 1835/1836. — Observationes de canaliculis corpusculorum ossium. (MIESCHER, F.: De inflammatione ossium eorumque anatome generali. Berolini.) 1836 b. — **Münzer, F. T.**: Über die Zweikernigkeit der Leberzellen. Arch. mikrosk. Anat. **98**, 249—282 (1923).

Nageotte, J.: L'organisation de la matière dans ses rapports avec la vie. Paris. Alcan. 1922. — **Noetzel, W.**: Die Rückbildung der Gewebe im Schwanz der Forschlarve. Arch. mikrosk. Anat. **45**, 475—512 (1895). — **Nicholls, G.**: An experimental investigation on the function of Reissners Fibre. Anat. Anz. **40**, 409—432 (1912). — **Nordquist, H.**: Zur Kenntnis der Kolbenzellen der Schleie. (Tinca vulgaris, Cuv.) Zool. Anz. **33**, 525—528 (1908). — **Novak, J.** und **K. Eisinger**: Über künstlich erwirkte Teilung des unbefruchteten Säugetiereies. Arch. mikrosk. Anat. **98**, 10—47 (1923). — **Novikoff, M.**: Beobachtungen über die Vermehrung der Knorpelzellen. Z. Zool. **90**, 205—257 (1908).

*****Oken, Lorenz**: Naturphilosophie. Jena 1809. — Allgemeine Naturgeschichte für alle Stände. **4** (1833). — **Oppel, A.**: Der Magel. Lehrbuch der mikroskopischen Anatomie. **1** (1896).

Paladino, G.: I ponti intercellulari tra 1 uovo ovarico e le cellule follicolari e la formazione della zona pellucida. Anat. Anz. **5**, 254—259 (1890). — **Patzelt, V.**: Zellen, Gewebe, Fasern usw. Z. mikrosk.-anat. Forschg **3**, 109—145 (1925). — Zum Bau der menschlichen Epidermis. Z. mikrosk.-anat. Forschg **5**, 371—462 (1926). — **Plenk, H.**: Über argyrophile Fasern (Gitterfasern) und ihre Bildungszellen. Erg. Anat. **27**, 302—412 (1927). — **Poche, F.**: Über den Begriff des intracellulären Lumens. Zool. Anz. **60**, 313—324 (1924). — **Polowzoff, V.**: Über die Wirkung der Alkoholnarkose auf die Entwicklung der Seeigeleer. I. Monosyncytien. Arch. mikrosk. Anat. u. Entw.mechan. **98**, 1—67 (1923). — Über die Wirkung der Alkoholnarkose auf die Entwicklung der Seeigeleier. II. Polysyncytien. Arch. mikrosk. Anat. u. Entw.mechan. **103**, 68—97 (1924). — Über contractile Fasern in einer Flimmerepithelart und ihre funktionelle Bedeutung. Arch. mikrosk. Anat. **63**, 365—388 (1904). — **Prenant, A.**: Cellules vibratiles et cellules à plateau. Bibliographie anat. **7**, 302 bis 412 (1899). — Problémes cytologiques généraux soulevés par l'étude des cellules musculaires. J. l'Anat. et physiol. **48**, 449—680, 109—335 (1912). — Les appareil ciliés et leur dérives. J. l'Anat. et physiol. **48**, 49, 192 ff. (1912, 1913). — **Prenant, A., Bouin, P.** et **L. Maillard**: Traité d'histologie. **1**, Cytologie. Paris 1904. — *****Prochaska, Georg**: De structura nervorum. Vindobonae 1779. — **Proebsting**: Zellenzahl und Zellgröße im Labyrinthorgan der Tritonen nebst anderen damit zusammenhängenden Fragen. Zool. Jb., Abt. allg. Zool. **41**, 425. 1923. — **Przibram, H.**: Experimental-Zoologie. I. Embryogenese. Leipzig 1907. — *****Purkinje, Johannes Ev.**: Symbolae ad ovi avium historiam ante incubationem. Wratislaviae 1825. (Dasselbe Lipsiae 1830.) — Über den Bau der Magen-drüsen usw. Ber. Verslg dtsch. Naturf. u. Ärzte Prag. 1837. (Herausgeg. von STERNBERG und KROMBHOLZ.) — Über die Analogieen in den Strukturelementen des pflanzlichen und tierischen Organismus. Übersicht d. Arb. u. Veränderungen d. schles. Ges. f. vaterländ. Kultur. Breslau 1839. — Rezension des Buches von SCHWANN (1839). Jb. f. wissensch. Kritik. Berlin 1840. — **Pütter, A.:** Die Flimmerbewegung. Erg. Physiol. 2, 1—102 (1903). **Quast, P.:** Histologie der Muskel-Sehnengrenze usw. Z. mikrosk.-anat. Forschg 4, 1—40 (1925). **Rabl, H.:** Untersuchungen über die menschliche Oberhaut und ihre Anhangsgebilde usw. Arch. mikrosk. Anat. 48, 430—495 (1897). — **Ranke, O.:** Neue Kenntnisse und Anschau-ungen von dem mesenchymalen Syncytium usw. Sitzgsber. Akad. Heidelberg, Math.-naturwiss. Kl., Abt. B, Abh. 3, 1—30 (1913). — Zur Theorie mesenchymaler Differenzie-rung und Imprägnationsvorgänge. Sitzgsber. Akad. Heidelberg, Math.-naturwiss. Kl. B, Abh. 2, 1—21 (1914). — **Ranvier, L.:** Nouvelles recherches sur le môde d'union des cellules du corps muqueux de Malpighi. C. r. Acad. Sci. Paris. 89, 667—669 (1879). — *Raschkow, Isaac: Meletemata circa mammalium dentium evolutionem. Inaug.-Dissert. Wratislaviae 1835. — *Raspall, F. G.: Sur la structure intime des tissus de nature animale. Repert. gén. d'anat. et physiol. Paris 4, 1827. — **Räuschel, F.:** De arteriarum et venarum structura. Inaug.-Dissert. Wratislawiae 1836. — **Regaud, C.:** Études sut la structure des tubes semini-fères et sur la spermatogenèse chez les Mammiferes. Arch. d'Anat. microsc. 4, 101—155 (1901). — **Reichenbach, E.:** Die Umwandlungen der Schmelzpulpa und der Schmelzepithelien während der Entwicklung des Zahnes. Z. Anat. 1. Teil. 80, 524—546 (1926); 2. und 3. Teil. 85, 490—540 (1928). — *Reichert, Carl Bogisl: Bericht über die Fortschritte der mikro-skopischen Anatomie in den Jahren 1839 und 1840. 1, 162—217. — Beiträge zur ver-gleichenden Naturforschung. Dorpat 1845. — **Reinke, F.:** Zellstudien. Arch. mikrosk. Anat. 43, 377—422 (1894). — Grundzüge der allgemeinen Anatomie. Wiesbaden 1901. — Über die Beziehungen der Wanderzellen zu den Zellbrücken, Zellücken und Trophospongien. Anat. Anz. 28, 369—378 (1906). — *Remak, Robert: Teilung roter Blutzellen beim Embryo. Med. Vereinsztg. 1841. — Untersuchungen über die Entwicklung der Wirbel-tiere. Berlin: Reimer 1855. — Über die Entstehung des Bindegewebes und des Knorpels. Arch. Anat. u. Physiol. 1852. — **Renaut, J.:** Sur les fibres unitives des cellules du corps muqueux de Malpighi. C. r. de la 14. session l'Assoc. franc. pour advanc. des Sci. 1885. — Tissu epithélial. Dictionnaire encyklop. des sciences médic. Paris 1886. — Traité d'histo-logie pratique. 1 et 2. Paris 1893. — Sur la tramule du tissu conjonctif. Arch. d'Anat. microsc. 6, 1—15 (1903). — **Rényi, G. v.:** Gibt es einen unmittelbaren Zusammenhang zwischen Muskel- und Sehnenfibrillen während der Entwicklung der Muskelfaser ? Anat. Anz. 58, 339—345 (1924). — **Retterer, E.:** La cellule. Dictionnaire de physiologie. Paris: Ribot, 3. s. a. — Sur le développement morphologique et histologique des bourses muqueuses et des cavités péritendineuses. J. anat. et physiol. 23, 256—300 (1896). — Vitalité des éléments figurés et amorphes de la lymphe et du sang. J. Anat. Physiol. 49 (1914). — **Retzius, G.:** Die Intercellularbrücken des Eierstockes und der Follikelzellen usw. Verh. d. Anat. Ges. 1889, 10—11. — Muskelfibrille und Sarcoplasma. Biologische Untersuchungen. N. F. 1, 50—88 (1890). — **Rhumbler, L.:** Physikalische Analyse der Lebenserscheinungen der Zelle. Arch. mikrosk. Anat. u. Entw.mechan. 7, 103—350 (1898). — *Rich, A. R.: The place of R. J. H. DUTROCHET in the development of the cell-theory. Bull. Hopkins Hosp. 39 (1926). — **del Rio Hortega, P.:** Contribution al conocimiento de las epitelio-fibrilas. Trab. Labor. Invest. biol. Madrid. 15, 201—299 (1917). — (Einfache Art, die Epithelfibrillen und gewisse protoplasmatische Netze zu färben.) Boll. real. Soc. españ. Histol. natur. 26, 117—113 (1926). — **Rohde, E.:** Histologische Untersuchungen. I. Syncytien, Plasmodien, Zellbildung und histologische Differenzierung. Breslau 1908. — Zelle und Gewebe in neuem Licht. Vorträge usw., herausgegeben von W. ROUX. Nr 20. Leipzig 1914. — Histogenese, Furchung und multiple Teilung. Z. Zool. 115, 129—154 (1916). — Histologische Differenzierung, Zellbildung und Entwicklung usw. Z. Zool. 115, 155—200 (1916 b). — Der plasmodiale Aufbau des Tier- und Pflanzenkörpers. Z. Zool. 120, 325—535 (1923). — **Rohrbacher, H.:** Untersuchungen über die Größe der Zellen, in ihrer Beziehung zu der Körpergröße, Alter, Rasse und Geschlecht. Z. Tierzüchtg. 9, 163—206 (1927). — **Rollet, A.:** Von den Bindesubstanzen. STRICKERs Handbuch der Lehre von den Geweben 1, 34—107 (1871). — Über die Entwicklung des fibrillären Bindegewebes. Unters. a. d. Inst. f. Physiol. u. Histol. in Graz. 1872, 257—265. — *Rosenthal, J.: De forma-tione granulosa. Inaug.-Dissert. Wratislaviae 1839. — **Roskin, E.:** Beiträge zur Kenntnis der glatten Muskelzellen. Abt. I. Arch. Zellforschg u. mikrosk. Anat. 2, 766—782 (1925). — **Rössler, R.:** Wachstum der Zellen und Organe, Hypertrophie und Atrophie. Handbuch der normal. u. path. Physiol. 14, 903—949. Berlin: Julius Springer 1926. — **Rothfeld, J.:** Zur Kenntnis der radiären elastischen Fasern in der Blutgefäßwand. Anat. Anz. 38, 573 bis 576 (1911). — **Röthig, P.:** Entwicklung der elastischen Fasern. Erg. Anat. 17, 300 bis 336 (1907). — **Roux, W.:** Struktur eines hoch differenzierten bindegewebigen Organes (der Schwanzflosse des Delphin). Arch. Anat. u. Physiol., 1883, 76—162. — Über den Cytotropismus der Furchungszellen des Grasfrosches. Arch. mikrosk. Anat. u. Entw.mechan. **1**, 43—68, 161—202 (1894). — **Russow, E.**: Über den Zusammenhang der Protoplasmakörper benachbarter Zellen. Sitzgsber. d. Naturf.-Ges. Dorpat 1883.

***Sachs, J.**: Über nichtcelluläre Pflanzen. Sitzgsber. physik.-med. Ges. Würzburg. 1878. — Beiträge zur Zellentheorie. A. Energiden und Zellen. Flora 1892. — Weitere Betrachtungen über Energiden und Zellen. Flora **81** (1895) (Erg.-Bd.). — Geschichte der Botanik. München 1875. — **Schacht, H.**: Mikroskopisch-chemische Untersuchung des Mantels einiger Ascidien. Arch. Anat. u. Physiol. 1851, 176—201. — **Schaeffer, A. A.**: Amoeboid movement. Princeton 1920. — **Schaffer, J.**: Über die Verbindung der glatten Muskelzellen untereinander. Anat. Anz. **15**, 36—41 (1899). — Grundsubstanz, Intercellularsubstanz und Kittsubstanz. Anat. Anz. **19**, 95—104 (1901). — Über den feineren Bau und die Entwicklung des Knorpelgewebes und der verwandten Formen der Stützsubstanz. I. Z. Zool. **70**, 109—170 (1901 b); II, 80 (1905). — Über das vesikulöse Stützgewebe. Anat. Anz. **23**, 464—479 (1903). — **Schaper, A.**: Beiträge zur Analyse des tierischen Wachstums. Arch. Entw.mechan. **14**, 307—400 (1902). — **Schaxel, J.**: Die Leistungen der Zellen bei der Entwicklung der Metazoen. Jena 1915, 112. — **Schenk, F.**: Physiologische Charakteristik der Zelle. Würzburg **1899**, 1—123. — **Schepotieff, A.**: Untersuchungen über niedere Organismen. Zool. Jb., Abt. f. Anat. **32**, 43—76 (1912). — **Schiefferdecker, P.**: Untersuchung des menschlichen Herzens in verschiedenen Lebensaltern in bezug auf die Größenverhältnisse der Fasern und Kerne. Arch. ges. Physiol. **165** (1916). — Muskeln und Muskelkerne. Leipzig 1909. — Über das Auftreten der elastischen Fasern in dem Tierreiche usw. Arch. mikrosk. Anat. **95**, 134—185 (1921). — ***Schlater, G.**: Der gegenwärtige Stand der Zellenlehre. Biol. Zbl. **19**, 657—681, 689—700, 721—738 (1899). — ***Schleiden, Math.**: Beiträge zur Phytogenesis. Arch. Anat. u. Physiol. (1838). — **Schmidt, W. J.**: Über den Nachweis der Epidermis-Tenofibrillen im polarisierten Licht. Arch. Zellforschg **16**, 1—18 (1922). — Die Bausteine des Tierkörpers im polarisierten Licht. Bonn 1924. — Über den Feinbau tierischer Fibrillen. Naturwiss. **12**, 269—275, 296—303 (1924 b). — **Schrön, O.**: Über die Porenkanäle in der Membran der Zelle des Rete malpighii beim Menschen. Moleschotts Unters. zur Naturlehre des Menschen. **9**, 93—101 (1863). — **Schuberg, A.**: Untersuchungen über Zellverbindungen. Z. Zool. **74**, 155—325 (1903); **87**, 551—602 (1907). — Beiträge zur vergleichenden Anatomie und zur Entwicklungsgeschichte der Lederhaut der Amphibien. Z. Zool. **90**, 1—72 (1908). — ***Schultze, Max**: Über Muskelkörperchen und das, was man eine Zelle zu nennen habe. Arch. Anat. u. Physiol. 1861. — Stachel- und Riffzellen, neue Zellenformen in den tieferen Schichten der Pflasterepithelien. Arch. Pathol. u. Anat. **30**, 260—262 (1864). — **Schultze, O.**: Über den Bau und die Bedeutung der Außencuticula der Amphibienlarven. Arch. mikrosk. Anat. **69**, 544—562 (1907). — Über den direkten Zusammenhang von Muskelfibrillen und Sehnenfibrillen. Arch. mikrosk. Anat. **79**, 307—332 (1912). — Zur Kenntnis der sog. Saftbahnen des Knorpels. Arch. mikrosk. Anat. **94**, 254—267 (1920). — **Schulze, F. E.**: Über die Verbindung der Epithelzellen untereinander. Sitzgsber. preuß. Akad. Wiss. Berlin 1896. — Zellmembran, Pellicula, Cuticula und Crusta. Verh. Anat. Ges. **1896** b, 27—32. — Untersuchungen über den Bau und die Entwicklung der Spongien. I. Z. Zool. **25** (Suppl.-Bd.) 247—280 (1875). — **Schulze, P.**: Der Bau und die Entladung der Penetranten von Hydra attenuata. Pall. Arch. Zellforschg **16**, 383—438 (1922). — **Schumacher, S.**: Die Blinddärme der Waldhühner mit besonderer Berücksichtigung eigentümlicher Sekretionserscheinungen. Z. Anat. **64**, 76—95 (1922). — Die Individualität der Zelle. Slg v. Vortr. a. d. Geb. d. Anat. u. Physiol. Jena 1914, Nr 10. — ***Schwann, Theodor**: Mikroskopische Untersuchungen über die Übereinstimmung in der Struktur und dem Wachstum der Tiere und Pflanzen. Berlin 1839. — **Sedgwick, A.**: Monograph on the development of the cape species of peripatus. Quart. J. microsc. Sci. 1888, 373—396. — On the inadequacy of the cellular theory of development and on the early development of nerves etc. Quart. J. microsc. Sci. **37**, 87—102 (1892). — **Seifritz, W.**: Protoplasmic papillae of Echinarachnus Protoplasma **1**, 1—14 (1926). — ***Siebold, C. Th.**: Über einzellige Pflanzen und Tiere. Z. Zool. **1** (1849). — **Spalteholz, W.**: Über die Beziehungen zwischen Bindegewebsfasern und -zellen. Verh. d. anat. Ges. Erg.-Heft zu Anat. Anz. **29**, 209—217 (1905). — **Spee, F. v.**: Die Implantation des Meerschweinchens in der Uteruswand. Z. Morph. u. Anthrop. **3**, 130—182 (1901). — **Sobotta, J.**: Über den Zusammenhang von Muskel und Sehne. Z. mikrosk.-anat. Forschg **1**, 229—244 (1924). — **Steiner, K.** und **O. Hitschmann**: Über die Entwicklung der Basalmembran des Hautepithels. I. Z. Zellforschg **5**, 150—173 (1927). — **Stöhr jr., Ph.**: Zur Architektur der Nervenzellen im ultravioletten Mikrophotogramm. Verh. anat. Ges. **1923**, 154—157. — Studien am menschlichen Kleinhirn mit O. Schultzes Natronlaugesilbermethode und mit der ultravioletten Mikrophotographie. Z. Anat. **69**, 181—201 (1923 b). — **Stöhr, P.** und **O. Schultze**: kernlose Teile von Amoeba proteus. Arch. Entw.-mechan. **29**, 152—168 (1910). — **Stras-** Lehrbuch der Histologie. 15. Aufl. Jena 1912. — **Stolc, A.**: Über kernlose Individuen und **burger, E.**: Über Plasmaverbindungen pflanzlicher Zellen. Jb. wiss. Bot. **36**, 493—610 (1901). — **Strasser, H.**: Zur Entwicklung des Extremitätenknorpels bei Salamandern und Tritonen. Morph. J. **5**, 240—315 (1879). — **Stricker, S.**: Allgemeine Pathologie. Wien 1883.

*Studnička, F. K.: JOH. EV. PURKINJES und seiner Schule Verdienste um die Entdeckung der tierischen Zellen und um die Aufstellung der „Zellen"-Theorie. Acta Soc. sci. natur. moravicae 4. Brno 1927 (Lit.-Verz.). — Über das Vorhandensein von intercellularen Verbindungen im Chordagewebe. Zool. Anz. 1897, 286—293. — Über das Gewebe der Chorda dorsalis und den sog. Chordaknorpel. Sitzgsber. Kgl. Ges. d. Wiss. Prag. 1897 b, Nr 45, 47—71. — Über die intercellularen Verbindungen, den sog. Cuticularsaum und den Flimmerbesatz der Zellen. Sitzgsber. Kgl. Ges. d. Wiss. Prag 1898, Nr 22, 1—66 (Lit.-Verz.). — Über einige Modifikationen des Epithelgewebes (Schmelzpulpa der Wirbeltierzahnanlage, die Hornzähne der Cyklostomen, die Epidermis von Ophidium barbatum usw.) Sitzgsber. Kgl. Ges. d. Wiss. Prag 1899, Nr 14, 1—22. — Über Flimmer- und Cuticularzellen mit besonderer Berücksichtigung der Centrosomenfrage. Sitzgsber. Kgl. Ges. d. Wiss. Prag 1899 b, Nr 35, 1—22. — Untersuchungen über den Bau des Ependyms der nervösen Zentralorgane. Anat. Hefte 15, 303—431 (1900). — Über Stachelzellen und sternförmige Zellen in Epithelien. Sitzgsber. Kgl. Ges. d. Wiss. Prag 1902, Nr 42, 1—9. — Die Analogien der Protoplasmafaserungen der Epithel- und Chordazellen mit Bindegewebsfasern. Sitzgsber. Kgl. Ges. d. Wiss. Prag 1902 b, Nr 48, 1—9. — Über das Epithel der Mundhöhle von Chimaera monstrosa mit besonderer Berücksichtigung der Lymphbahnen desselben. Bibliographia anat. 11, 217—233 (1903). — Schematische Darstellungen zur Entwicklungsgeschichte einiger Gewebe. Anat. Anz. 22, 537—556 (1903 b). — Histologische und histogenetische Untersuchungen über das Knorpel-, Vorknorpel- und Chordagewebe. Anat. Hefte 21, 281—525 (1903 c). — Beiträge zur Kenntnis der Ganglienzellen III. Über endocelluläre und pericelluläre Blutcapillaren der großen Ganglienzellen von Lophius. Sitzgsber. Kgl. Ges. d. Wiss. Prag 1903 d, Nr 41, 1—12. — Über einige Pseudostrukturen der Grundsubstanz des Hyalinknorpels. Arch. mikrosk. Anat. 66, 525—548 (1905). — Die radialen Fibrillensysteme bei der Dentinbildung und im entwickelten Dentin der Säugetierzähne. Anat. Anz. 30, 209—228 (1907). — Über einige Grundsubstanzgewebe. Anat. Anz. 31, 497—522 (1907 b). — Exoplasma oder Metaplasma? Sitzgsber. Kgl. Ges. d. Wiss. Prag 1907 c, Nr 24, 1—10. — Vergleichende Untersuchungen über die Epidermis der Vertebraten. Anat. Hefte 39, 1—267 (1909). — Die Natur des Chordagewebes. Bemerkungen zu einer Arbeit von FRIEDR. KRAUSS. Anat. Anz. 34, 81 bis 91 (1909 b). — Zur Lösung der Dentinfrage. Bemerkungen zu den Arbeiten von v. KORFF und von v. EBNER. Anat. Anz. 34, 481—502 (1909 c). — Das Gewebe der Chorda dorsalis und die Klassifikation der sog. „Stützgewebe". Anat. Anz. 38, 498—513 (1911). — Über Bausubstanzen und über die Bestandteile des Tierkörpers überhaupt. Anat. Anz. 39, 225 bis 237 (1911 b). — Das Mesenchym und das Mesostroma der Froschlarven und deren Produkte. Anat. Anz. 40, 33—62 (1911 c). — Die Plasmodesmen und die Cytodesmen. Anat. Anz. 40, 497—506 (1912). — Über Regenerationserscheinungen am caudalen Ende des Körpers von Petromyzon fluviatilis. Arch. Entw.mechan. 34, 187—238 (1912 b). — Die Otoconien, Otolithen und Cupulae terminales im Gehörorgan von Ammocoetes und von Petromyzon. Nebst Bemerkungen über das Otosoma des Gehörorganes der Vertebraten überhaupt. Anat. Anz. 42, 529—562 (1912). — Das extracelluläre Protoplasma. Anat. Anz. 44, 561—593 (1913). — Über die Bildung des Endoplasmas und des Exoplasmas in einigen Zellen. Anat. Anz. 45, 433—458 (1913 b). — Das Autexoplasma und das Synexoplasma. Anat. Anz. 47, 257—268 (1914). — Ein weiterer Beitrag zur Kenntnis der Zellverbindungen (Cytodemen) und der netzartigen (gerüstartigen) Grundsubstanzen. Anat. Anz. 48, 396—413 (1915). — Über den Knochen von Orthagoriscus. Anat. Anz. 49, 151—1169, 177—194 (1916). — Die Übereinstimmung und der Unterschied in der Struktur der Pflanzen und der Tiere. Sitzsber. Kgl. Ges. Wiss. Prag 1917, Nr 1, 1—91. — Über die Histogenese der Schmelzschicht der Säugetierzähne. Anat. Anz. 50, 225—243 (1917 b). — Die Reduktion und die Regeneration des Cytoplasma. Eine Theorie der Plasmogenese. Z. Zool. 117, 654—726 (1918). — Die lateralen Rumpfmuskeln von Amphioxus. Anat. Hefte 58, 215—398 (1920). — Neue Studien über das Gewebe der Chorda dorsalis. Trav. fac. méd. de l'univ. Masaryk, Brno. 1, 40—47 (1923). — Muskelfasern und Bindegewebsfibrillen. Anat. Anz. 57, 432—446 (1924). — Sur la genèse des capsules dans le tissu cartilagineux de l'épiglotte de l'homme. C. r. Soc. Biol. Paris 92, 1063—1066 (1925). — Die Cuticula und die Grenzschichten der tierischen Zellen. Geschichte, Klassifikation und Nomenklatur. Z. Zellforschg 2, 408—452 (1925 b). — Der physiologische Typus der vesiculösen Zellen. Z. Zellforschg 2, 538—557 (1925 c). — Untersuchungen am überlebenden Gewebe der Chorda dorsalis der Wirbeltiere. Z. Zellforschg 3, (1926). — Noch einmal die Cytodesmen, das Mesostroma und die Grundsubstanz. Z. Zellforschg 4, 365—381 (1926 b). — Über verschiedene Arten tierischer Zellen. Z. Zellforschg 4, 682—701 (1927). — Les plasmodesmes et les cytodesmes du tissu de la corde dorsale de l'Esox lucius. C. r. Soc. Biol. Paris 96, 1093—1096 (1927 b).

Sunier, A.: Les premièrs stades de la différentiation interne du myotome etc. Leiden 1911. — *Swammerdamm, Jan: Biblia naturae. Lugduni batav. edit. 1737. — Szily, A. v.: Zur Glaskörperfrage. Anat. Anz. 24, 417—428 (1904). — Über das Entstehen eines fibrillären Stützgewebes im Embryo und dessen Verhältnis zur Glaskörperfrage. Anat. Hefte 35, 649—758 (1908). **Tangl, E.:** Über offene Kommunikationen zwischen den Zellen des Endosperms einiger Samen. Jb. wiss. Bot. 12, 170—190 (1879). — **Tello, F.:** Das argentophile Netz der Bindegewebszellen. Z. Anat. 65, 204—225 (1922). — **Terni, T.:** Ricerche sulla cosidetta sostanza gelatinosa. Arch. ital. anat. 21, 407—531 (1924). — **Tirala, L. G.:** Regeneration und Transplantation bei Criodrilus. Arch. Entw.mechan. 35, 523—554 (1913). — **Toldt, K.:** Über den feineren Bau der Cuticula von Ascaris megalocephala usw. Arb. zool. Inst. Wien. 11, 289—326 (1899). — Über die Differenzierungen in der Cuticula von Ascaris megalocephala. Zool. Anz. 28, 539—542 (1905). — **Tonkoff, W.:** Über die vielkernigen Zellen des Plattenepithels. Anat. Anz. 16, 256—260 (1899). — **Tretjakoff, D.:** Fettglykogenzellen beim Neunauge. Anat. Anz. 63, 72—82 (1927). — *****Treviranus, G. R.:** Vermischte Schriften. Göttingen 1816. — *****Treviranus, L. C.:** Vom inwendigen Bau der Gewächse. Göttingen 1806. — Physiologie der Gewächse. Bonn 1835. — **Triepel, H.:** Der Querschnittquotient des Muskels und seine biologische Bedeutung. Anat. Hefte 22, 249—305 (1903). — Das Bindegewebe im Schwanz der Anurenlarven. Arch. mikrosk. Anat. u. Entw.mechan. 82, 477—499 (1911). — **Tschermak, A. v.:** Allgemeine Physiologie. I. Berlin 1924. — *****Turpin:** Organographie microscopique élémentaire et comparée des végétaux. Paris 1826. — Observations sur l'organisation tissulaire des sécrétions produites aux surfaces des membranes muqueuses animales. Ann. Sci. natur., s. 2. 7 (1837). — *****Tyson, J.:** The cell doctrine. Its history and present state. 2. Edit. Philadelphia 1878. (Lit.-Verz.)

Unna, P. G.: Zur feineren Anatomie der Haut II. Das Epithelfasersystem. Berl. klin. Wschr. 1921, 493, 555, 713.

*****Valentin, Gabriel:** Handbuch der Entwicklungsgeschichte des Menschen. Berlin 1835. — Repertorium der Anatomie und Physiologie. Berlin 1836—42. — **Vejdovský, F. und A. Mrázek:** Die Umbildung des Cytoplasmas während der Befruchtung und Zellteilung. Arch. mikrosk. Anat. 62, 431—579 (1902). — **Verworn, M.:** Allgemeine Physiologie. Jena 1895. — **Vignon, P.:** Recherches de cytologie générale sur les épithéliums. Arch. Zool. expér. gén. s. III, 9, 371—715 (1902). — *****Virchow, Rudolf:** Arch. path. Anat. 1 (1847). — Die Identität von Knochen-, Knorpel- und Bindegewebskörperchen sowie über Schleimgewebe. Verh. physik.-med. Ges. Würzburg. 2, 150—162 (1851). — Die Cellularpathologie. Berlin 1858. — **Vogt, W.:** Über Zellenbewegungen und Zelldegenerationen. Anat. Hefte 48, 1—64 (1913).

Wagner, R.: Sympathischer Nerv, Ganglienstruktur und Nervenendigungen. Handwörterbuch der Physiologie 3, 398 (1846). — **Waldeyer, W.:** Untersuchungen über die Entwicklung der Zähne. Z. für rationelle Med. 24, 169—213 (1865). — Über einige neuere Forschungen im Gebiete der Anatomie des Zentralnervensystems. Dtsch. med. Wschr. 17, Nr 44 ff. (1891). — Die neueren Ansichten über den Bau und das Wesen der Zelle. Dtsch. med. Wschr. 1895. — Kittsubstanz und Grundsubstanz, Endothel und Epithel. Arch. mikrosk. Anat. 57, 1—8 (1901). — **Walkhoff, O.:** Studien über die erste Entwicklung des Zahnschmelzes. Dtsch. Mschr. Zahnheilk. 45, 49—95 (1927). — **Wassermann, F.:** Die Fettorgane des Menschen. Entwicklung, Bau und systematische Stellung des sog. Fettgewebes. Z. Zellforschg 3, 235—328 (1926). — *****Weber, E. H.:** Allgemeine Anatomie. Hildebrandts Handbuch der Anatomie des Menschen. 1. Braunschweig 1830 (Ält. Lit.) — **Weidenreich, F.:** Die Verwendung von organisiertem „Totem" im Aufbau des lebendigen Organismus und ihre theoretische und tatsächliche Basis. Naturwiss. 11, 485—491 (1923). — Über die Transplantation konservierter Sehnen. Virchows Arch. path. Anat. 250, 178—194 (1924). — Über den Bau und die Entwicklung des Zahnbeins in der Reihe der Wirbeltiere. Z. Anat. 76, 218—260 (1927). — **Weigert, C.:** Neue Fragestellungen der pathologischen Anatomie. Dtsch. med. Wschr. 1896. — **Werner, C. F.:** Die Cupula im Labyrinth der Fische. Z. Zellforschg 4, 459—474 (1926). — **Werner, M.:** Besteht die Herzmuskulatur der Säugetiere aus allseits scharf begrenzten Zellen oder nicht? Arch. mikrosk. Anat. 75, 101—148 (1910). — **Wetekamp, F.:** Bindegewebe und Histologie der Gefäßbahnen von Anodonta cellensis. Z. Zool. 112, 433—526 (1915). — **Whitmann, C. O.:** The inadequacy of the cell theory of development. J. Morph. a. Physiol. 1894; Biological lectures delivered at the biolog laboratory of Wood Holl. Boston 1894, 105—124. — **Wilson, E. B.:** The cell in development and heredity. 3. Edit. New York 1925. — **Wittmaack, K.:** Zur Kenntnis der Cuticulargebilde des inneren Ohres usw. Jenaische Z. Naturwiss. 55, 537—576 (1918). — *****Wolff, Caspar Friedrich:** Theoria generationis 1759. — **Wolff, J.:** Sur les cavités et les endroits amollis dans le cartilage aryténoide. Bull. internat. Acad. Sci. Prague 1923. — **Wolff, G.:** Die Cuticula der Wirbeltierepidermis. Jenaische Z. Naturwiss. 23, 567—583 (1889).

Zangger, H.: Über Membranen und Membranfunktionen. Erg. Physiol. 7, 99—160 (1908). — **Zawarzin, A.:** Beobachtungen an dem Epithel der Descemetschen Membran. Arch. mikrosk. Anat. 74, 116—138 (1909). — Beiträge zur vergleichenden Histologie des Blutes und des Bindegewebes. IV. Über die entzündliche Bindegewebsneubildung bei Anodonta. Z. Zellforschg 6, 508—625 (1926). — **Zur Strassen:** Über Riesenbildung bei Ascariseiern. Arch. Entw.mechan. 7, 642—676 (1898).

C. Die Lokalisation anorganischer Substanzen in den Geweben (Spodographie).

Von **E. Tschopp**, Basel.

Mit 36 Abbildungen.

I. Einleitung.

Die Mikrochemie der Gewebe hat die Aufgabe, sehr kleine Stoffmengen in Organen, Geweben und Zellen nachzuweisen und gleichzeitig ihre Lokalisation zu ermitteln. Die Anfänge einer allgemeinen Mikrochemie liegen über ein halbes Jahrhundert zurück. Als die Bahnbrecher dieser Disziplin dürfen wir die Namen Behrens, Haushofer, Emich, Schoorl, Kley, Molisch, Bang, van Slyke, Benedict, Myers, Hawk, Underhill, Mathews usw. und den Schöpfer der organischen quantitativen Mikroanalyse F. Pregl nennen. Es wird mit Recht betont, daß der Nachweis von sehr kleinen Stoffmengen (Millionstel- oder Tausendstel-Milligrammen) an sich für den Chemiker im allgemeinen nur begrenzten Wert hat, da man ja sehr selten auf solche Menge angewiesen ist. Wohl aber kann eine so weitgehende Analyse für den Biologen von der allergrößten Bedeutung sein, da es dadurch möglich wird, einzelne Stoffe in Zellen oder noch kleineren Gebilden des Organismus nachzuweisen. Kann man schon mit unbewaffnetem Auge an der Hand mikrochemischer Reaktionen kleine Mengen einer Substanz erkennen, so kann die Empfindlichkeit der Reaktion durch die mikroskopische Beobachtung erheblich, oft um das Tausendfache und noch mehr gesteigert werden. So ist die von Koninck (1881), Bilmann (1900), Kramer und Tisdall (1921), usw. empfohlene Kaliumkobaltihexanitrit-Reaktion auf Kalium ebenso empfindlich, wie der spektralanalytische Nachweis.

Was der Mikrochemie einen ganz besonderen Wert verleiht, liegt in dem Umstande, daß sie uns in Kombination mit der mikroskopischen Beobachtung gestattet, nicht nur die die Zelle aufbauenden Stoffe nachzuweisen, sondern daß sie auch unter gewissen Voraussetzungen zeigen kann, wo diese Körper liegen; das ist für die Physiologie und Pathologie ganz besonders wichtig, denn aus der Lokalisation kann man oft auf die Funktion einer Zelle, eines Organes, usw. schließen.

Da die meisten Reagenzien infolge ihrer Giftwirkung beim Eindringen in die Zelle das Cytoplasma töten, so hat man sich freilich stets zu überlegen, ob das, was in den Zellen oder Organen nachgewiesen wird, auch schon in der lebenden Zelle vorhanden war, oder ob es erst postmortal entstanden ist.

Der Organismus und ebenso die ihn aufbauenden Bestandteile, befinden sich in einem dynamischen Gleichgewicht, das außerordentlich leicht verändert werden kann, nicht nur in reversibler Form (darauf beruht ja das Leben), sondern auch in irreversibler Weise, wie bei allen Absterbeerscheinungen. Das muß man sich stets bei der Deutung histochemischer Reaktionen vor Augen halten:

das Calcium, z. B. das wir quantitativ in den Zellen mit Oxalat nachweisen können, kommt für die wichtigsten Zelleistungen nicht in seiner Gesamtheit in Betracht, sondern nur soweit es ionisiert ist.

Dieser Umstand muß ganz allgemein berücksichtigt werden, um so mehr, weil wir es ja oft mit durch konzentrierte Farbstofflösungen abgetöteten, meist mit fixierten Präparaten zu tun haben, und die Fixation im physikalischen und chemischen Sinne jedenfalls ein recht komplizierter Vorgang ist, der die Deutung analytischer Befunde aufs äußerste erschwert, ist doch auch die Farbenanalyse an fixierten Geweben nicht geeignet, uns einwandfreie Angaben über die histochemische Zusammensetzung zu liefern.

Trotzdem hat man lange Zeit versucht, die Färbungsreaktionen im chemischen Sinne zu deuten, und immer wieder treten erneut Bemühungen hervor, aus den Färbungen, auf die Mikrochemie der Gewebe Schlüsse zu ziehen. Alle diese Versuche sind, wie namentlich W. v. Möllendorff wiederholt gezeigt hat, für die Färbungs-Phänomene nicht genügend fundamentiert. Schon 1897 hat Spiro auf die Bedeutung der Kolloide für die Färbungsvorgänge hingewiesen und gezeigt, daß dabei Affinitäten physikalisch-chemischer Art mitwirken, die nicht rein chemisch zu betrachten sind. Die Abhängigkeit z. B. der Färbung eines Gelatinegels von dessen Konzentration, d. h. dem Grade seiner Strukturdichte, ist dafür ein eindeutiger Beweis, und die Bedeutung des Kolloidzustandes auch der Farblösungen ist in den letzten Jahren namentlich von Bethe, v. Möllendorff, R. Keller und W. Schulemann gezeigt worden, worauf an anderer Stelle dieses Handbuches ausführlich eingegangen wird.

Uns kommt es hier auf den Hinweis an, welch außerordentliche Schwierigkeiten den mikrochemischen Analysen der Zellen durch den Kolloidzustand der organisierten Materie bereitet wird; und daß es darum im Interesse der Ökonomie der wissenschaftlichen Arbeit geboten erscheint, entweder zunächst einmal die Analyse an kolloidfreien Zellen zu studieren, oder wenigstens die an nativen Präparaten erhaltenen Resultate an kolloidfreien nachzuprüfen. Auch für die Theorie der Färbung scheinen Versuche an anorganischen Stoffen, Krystallen, die z. B. F. Paneth (1924) und Mitarbeitern eine monomolekulare Adsorption im Sinne von Langmuir (1918) ergaben, am meisten Erfolg zu versprechen.

Einstweilen können wir die Kolloide vollständig entfernen nur durch Veraschung. Dieses grobe Verfahren hat, neben anderen, von vornherein zwei Nachteile: Erstens, es liefert uns Bilder nur der anorganischen Substanzen, und zweitens können wir auch von diesen nicht einmal eindeutig sagen, wie weit sie primär vorhanden waren, oder durch Oxydation (SO_4 aus S, usw.) oder Abspaltung, (PO_4 der Phosphatide) aus organischen Molekülen gebildet sind.

Auf den zweiten Punkt wird bei Bestimmung der einzelnen Ionen immer jeweils eingegangen werden. Bezüglich des ersten ist immerhin zu berücksichtigen, daß gerade die Erkenntnis des anorganischen Aufbaues der Zellen sehr wichtige Resultate verspricht: zeigt sich doch die Bedeutung dieser Stoffe nicht nur in immer höherem, geradezu überraschendem Maße, sondern ihr Vorkommen in den Geweben scheint mindestens ebenso konstant und charakteristisch zu sein, als z. B. das der Kohlenhydrate und Fette.

Vor allem: Der Aufbau der Zellen kann in einer wirklich so überraschenden Weise am Aschenbild festgestellt werden, daß die von uns zunächst aus chemischen Interessen ausgeführten Untersuchungen in morphologischer Absicht fortgeführt werden. Sicherlich kommt der Spodographie für die Formbeschreibung der Zellen und ihrer Bestandteile eine bisher nicht genügend gewürdigte Bedeutung zu, und es ist daher mit Dank zu begrüßen, daß

A. Policard (1923) die schon von R. E. Liesegang (1910) und A. L. Herrera (1912) begründete, bisher nur in physiologischem Interesse angewandte Methode neuerdings aufgenommen hat.

Doch haben leider die meisten Autoren, so besonders Policard und seine Mitarbeiter, entweder in Formol oder in Alkohol fixierten Präparaten gearbietet. Eine solche Härtung oder Fixierung, auch wenn sie mit neutralen Reagenzien vorgenommen wird, führt, wie wir qualitativ und quantitativ zeigen konnten, zu ganz erheblichen Verlusten an Mineralbestandteilen. Für den analytischen Nachweis von in Wasser, Formol, Alkohol usw. unlöslicher Ionen, ist jedoch obige Methode, wie wir auch später zeigen werden, von Bedeutung. Um über die Beteiligung der anorganischen Stoffe am Aufbau der Zellen, dem Zellgefüge Aufklärung zu erhalten, habe ich Schnitte einzelner Organe, z. B. Nebenniere, Gehirn, Pankreas, Knorpel usw. auf über 600° erhitzt, d. h. auf Temperaturen, bei denen die Oxyde der Alkalien flüchtig sind, während die der Erdalkalien es noch nicht sind. Es ergab sich eindeutig, daß die Konturen der Zellen noch vollkommen erhalten waren. Am Aufbau des Zellgefüges scheinen also die Kalksalze in ganz wesentlicher Weise beteiligt zu sein, d. h. man kann wohl sagen, daß die einzelne Zelle ebenso wie der ganze Körper ein Kalkskelet enthält, das für seine Form maßgebend ist.

Bei der Neuartigkeit der Methodik liegt noch kein systematisch vollständiges Material vor, infolgedessen erscheinen die folgenden Zusammenfassungen etwas aphoristisch, wie das wohl immer der Fall ist, wenn ein neues Gebiet zugänglich gemacht wird. Eine Abrundung wird sich besser in dem zweiten, später folgenden Teil, der die eigentliche Mikrochemie der Gewebe bringen wird, geben lassen.

II. Technik der Mikroveraschung.

1. Die Gefriermethode.

Diese Methode bietet den Vorteil, daß sich relativ rasch gute Präparate aus unfixiertem Material herstellen lassen. Das Durchfrieren des vorher mit der Fingerkuppe leicht an den Objekttisch des Gefriermikrotoms angedrückten Blockes geschieht nach bekannter Art mit Kohlensäure. Der zu untersuchende Gewebeteil muß langsam vollständig erstarren; deshalb dürfen von größeren Organen nur etwa 0,5 cm dicke Scheiben verwendet werden. Bei richtigem Erstarrungsgrad lassen sich tadellose Schnitte von den allermeisten Objekten herstellen. Man stelle im Durchschnitt die Schichtdicke auf 10—15—30 μ ein. Die gefrorenen Schnitte, die auf dem Messer gewöhnlich sehr rasch schmelzen, übertrage man sehr rasch mit einem weichem Pinsel und eiskalter Pinzette auf einen ganz sauberen, entfetteten Objektträger. Damit die Schnitte auf dem Messer nicht allzurasch schmelzen, muß letzteres vor dem Schneiden gut gekühlt werden. Mit einiger Übung gelingt die direkte Übertragung der gefrorenen Schnitte auf den Objektträger recht gut. Sollte ein Schnitt auf dem Messer dennoch schmelzen, so kann dieser mit Hilfe von Kohlensäureschnee, welcher durch eine geeignete Vorrichtung aus einer zweiten Kohlensäureflasche entnommen wird, wieder gefroren werden.

2. Die Mikroveraschung.

Die vollkommen getrockneten Schnitte werden zur Zerstörung der organischen Substanz in einem elektrischen Ofen auf Rotglut erhitzt. Organe, die reich an Bindegewebe sind (Prostata, Hoden, Sehnen usw.), schrumpfen in der Hitze zusammen und es müssen deshalb ihre Schnitte an der Peripherie mit sehr wenig, stark verdünntem Kaliumsilikat auf den Objektträger angeklebt werden. Erhitzt wird auf sehr dunkle Rotglut, also nicht über 600⁰ C, denn eine höhere Temperatur führt zu Verflüchtigung und Zersetzung oder zum Einschluß unvollkommen veraschter Substanzen in Schmelzprodukte des Glases. Zur besseren Regulierung der Temperatur haben wir einen kleinen elektrischen Apparat gebaut (Abb. 1), der aus einem 30 mm weiten Quarzrohr besteht, welches mit einem nicht oxydablen Metalldraht, durch den der elektrische Strom geht, umwickelt ist. Zur genauen Registrierung der Temperatur haben wir ein mit einem Pyrometer verbundenes Thermoelement eingebaut. Ein Rheostat erlaubt eine genaue Graduierung der Temperatur. Da manche Teile der Zelle schnell, andere langsam veraschen, so empfiehlt es sich, um eine gleichmäßige Veraschung herbeizuführen, nach dem Verfahren von Schoeller (1912) angefeuchteten Sauerstoff durch das Rohr zu leiten. Man führe aus einer Bombe den Sauerstoff durch eine Waschflasche mit heißem Wasser, so daß pro Minute etwa 30 Blasen hindurchgehen. Um die Verbiegung der Objektträger im Ofen zu vermeiden, werden

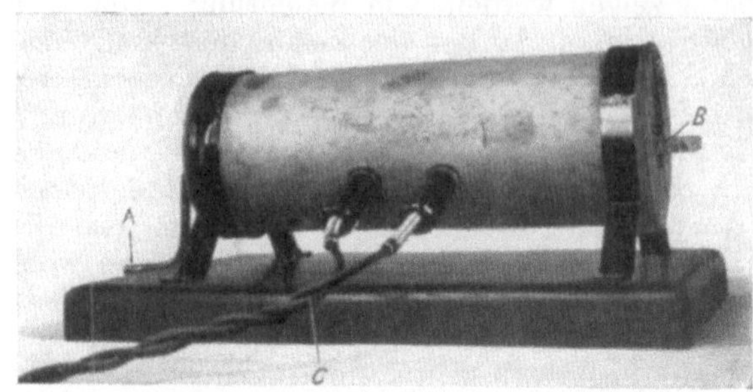

Abb. 1. Elektrischer Veraschungsofen für die Spodographie. A O₂-Zuleitung. B Eternitplatte in der Einführungsöffnung. C Stromanschluß.

sie auf Schlitten von Asbest, Eternit, Platin, Kupfer usw. in das Quarzrohr geführt. Eine Mikroveraschung dauert etwa 15 Minuten. Müssen sehr lipoidreiche Organe (Gehirn, Rückenmark, Nebenniere usw.) verascht werden, so erhält man hiervon nur tadellose Spodogramme, wenn die gut getrockneten histologischen Schnitte vorher 10 Minuten in Chloroform-Äther eingelegt waren.

3. Mikroskopische Untersuchung der veraschten histologischen Schnitte.

a) Das Spodogramm.

Durch den großen Opak-Illuminator von Zeiß, bei dem die beleuchtende Strahlung aus der Richtung des Objektives her dem Objekt zugeführt wird, sind wir in den Stand gesetzt, die Asche so zu betrachten, daß sie uns auf dunklem Untergrunde rein weiß erscheint.

Für die schwächsten Objektive ist aber eine besondere Beleuchtungseinrichtung überhaupt entbehrlich, und es genügt bei dem ansehnlichen Arbeitsabstand dieser Objektive vom Präparat seitlich einfallendes, mehr oder weniger diffuses Tages- oder Lampenlicht. Sollen jedoch Mikrophotogramme hergestellt werden, so ist eine Anwendung einer Lichtquelle von höherer Flächenhelligkeit unbedingt anzuraten (Bogenlampe) (Abb. 2). Eine Betrachtung des Spodogrammes mit binokularem Mikroskop ermöglicht die Asche räumlich, stereoskopisch wahrzunehmen. Die Dunkelfeldbeleuchtung oder Ultramikroskopie eignet sich leider weniger gut, da durch den Kanadabalsam die Struktur der veraschten histologischen Schnitte erheblich leidet. Wir empfehlen daher überall da, wo es auf hohe Leistungsfähigkeit an Auflösungsvermögen, Lichtstärke und Bildqualität ankommt, die Hellfeldbeleuchtung mit guten Trockensystemen (Abb. 2a).

b) Das Fixieren und Färben der Asche.

Der leiseste Luftzug genügt, um die Asche, die nur sehr lose am Objektträger haftet, wegzublasen. A. POLICARD (1923) empfiehlt die veraschten Schnitte

Abb. 2. Spodogramm. Atherosklerotische Gefäße des Uterus einer 46jährigen Frau. Gefäßwände stark verkalkt. Lumen aschenfrei. Zeiß-Phoku. Obj. 4. Leitz. Vergr. etwa 150mal. Im auffallenden Licht.

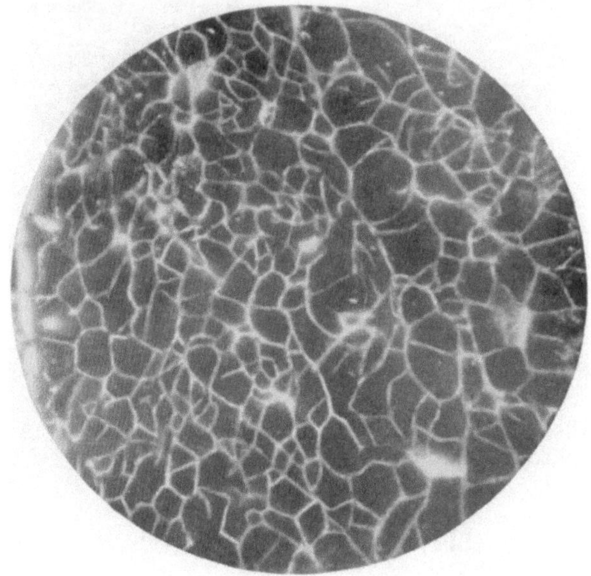

Abb. 2a. Spodogramm. Omentum majus. Mensch. Zeiß-Phoku. Obj. 4, Leitz. Vergr. etwa 150mal. Im auffallenden Licht.

mit einem Deckglas zu schützen. MOLISCH (1920) bettet die Asche in Anilinöl oder Phenol ein.

Die freie Farbsäure des Jodeosins, gewonnen aus dem Kaliumsalz des Tetrajodfluoresceins durch Ansäuren der Lösung, löst sich in Äther mit

gelber Farbe. Taucht man den Objektträger mit dem Spodogramm ganz
kurze Zeit in die ätherische Lösung der freien Farbsäure, so färbt sich das
anorganische Gerüst sofort rot, weil das Alkali mit der freien Farbsäure eine
chemische Verbindung eingeht. [Hof (1900)]. Wir empfehlen die so gefärbten,
veraschten histologischen Schnitte mit einer 0,1% Äther-Kollodium-Lösung,
die ein paar Tropfen Oleum Ricini enthält, zu fixieren. Diese Art der Fixierung
eignet sich aber nur für die Betrachtung des Aschenbildes bei seitlich einfallen-
dem Licht. Nelken- und Paraffinöl bietet gegenüber dem Anilinöl keine besonderen Vorteile.

Die schönsten und eindruckvollsten Bilder erhält man aber durch bloßes
Betrachten der unfixierten, frisch veraschten Schnitte im seitlich auffallenden
Licht.

c) Der Nachweis der Ionen im Spodogramm.

Es ist uns nach vielen sehr mühevollen Untersuchungen gelungen, im Spodogramm alle Anionen und Kationen einzeln zu lokalisieren, ohne daß dabei die
Struktur der Asche Schaden genommen hätte (Abb. 3).

Abb. 3. Spodogramm. Atherosklerotische Gefäße des Uterus einer 46jähr. Frau. Gefäßwand stark
verkalkt. (Calcium-Nachweis.) Zeiß-Phoku. Obj. 4, Leitz. Vergr. etwa 150mal. Im durchfallenden Licht.

Wir werden diese Technik, die viele Übung und geschicktes Arbeiten voraussetzt, in einer späteren Mitteilung näher beschreiben.

III. Spezieller Teil.

Im folgenden sei nur von denjenigen Organen das Spodogramm beschrieben, über welche wir, sei es aus der Literatur (Herrera, Policard), sei es
durch eigene Untersuchung gesichertes Tatsachenmaterial besitzen. Aus der
umfangreichen, meist physiologischen Literatur ist nur eine Auswahl der
wichtigsten Arbeiten so herangezogen, daß sich aus der Literatur weitere Hinweise ergeben.

1. Spodogramm pflanzlicher Epithelzellen.

Einleitend seien einige Spodogramme aus der pflanzlichen Natur hier wiedergegeben. Hat es sich doch gezeigt, daß die „Aschenbilder" von MOLISCH (1920)
sich für diagnostische Zwecke glänzend bewährt haben.

Es sind ja auf animalischem Gebiete die Schwierigkeiten der histochemischen
Untersuchungen noch viel größer als auf dem der Botanik, wo die Cellulosemembranen der Zellen viel energischere Eingriffe erlauben. Außerdem finden
sich in den pflanzlichen Zellen häufiger einfachere organische und anorganische
Stoffe in größerer Menge angesammelt. Die oft starke Membraninkrustation
mit Calcium-Magnesium- und Siliciumsalzen verleiht dem Aschenbild der

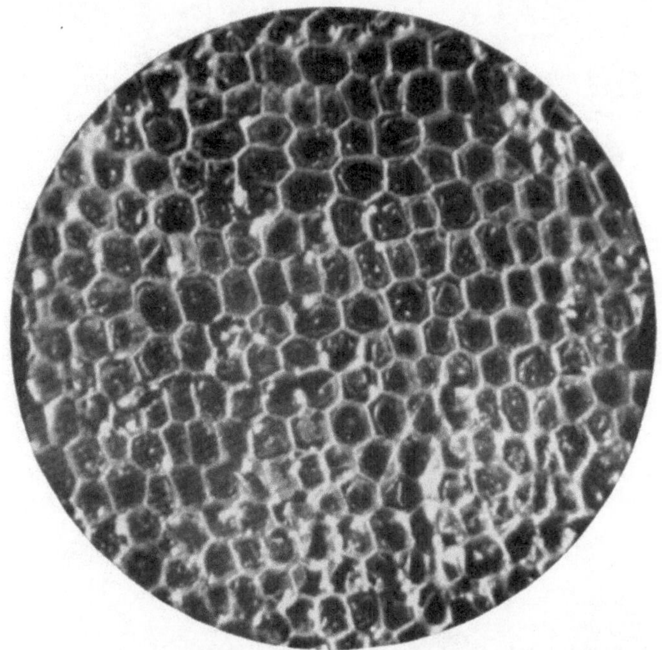

Abb. 4. Spodogramm. Epithelzellen von TRADESCANTIA (Blattunterseite). Zeiß-Phoku. Obj. 16,0 mm.
Apert. 0,3. Zeiß. Vergr. etwa 50 mal. Im auffallenden Licht.

pflanzlichen Zellen ein ganz charakteristisches Gepräge, wie aus den Spodogrammen der Epithelzellen von TRADESCANTIA hervorgeht (Abb. 4 u. 5). Es
ist uns gelungen, in der Asche jener Membranen, z. B. das Calcium, Silicium,
Kalium und Magnesium nach eigenen, an anderer Stelle dieses Handbuches zu
beschreibenden Methoden, histochemisch nachzuweisen.

Es ist z. B. das Magnesium in der Pflanze, wie WILLSTÄTTER gezeigt hat,
teilweise „maskiert" an den Pyrolkern des Chlorophylls, von dem es eine blau-
grüne Komponente a und eine gelblichgrüne b gibt, gebunden. Wie das Eisen
im Hämoglobin, so kann das Magnesium im Chlorophyll, durch diese Mikroveraschung „demaskiert", und so dem direkten analytischen Nachweis zugänglich gemacht werden.

Ist es uns bis jetzt nicht oft gelungen, im Cytoplasma der tierischen Zelle
einen Zellkern im Spodogramm deutlich nachzuweisen, so konnten wir ihn
um so schöner in der spärlichen Asche des Cytoplasmas vieler pflanzlicher
Zellen, wie unsere Spodogramme deutlich zeigen (Abb. 6) abgrenzen. KÖHLER
(1904) beobachtete, daß der Kern im Ultraviolettlicht ein opakes Aussehen

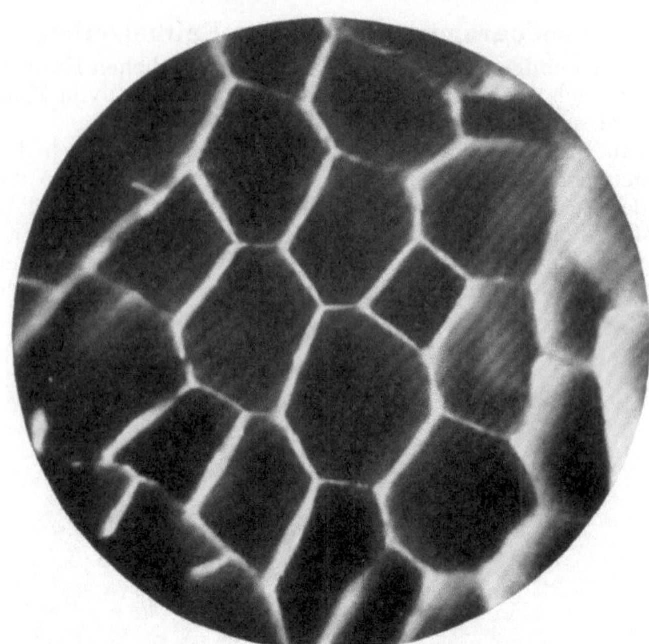

Abb. 5. Spodogramm. Epithelzellen von Tradescantia. Zellmembranen. Zeiß-Phoku. Obj. 4. Leitz. Vergr. etwa 150mal. Im auffallenden Licht.

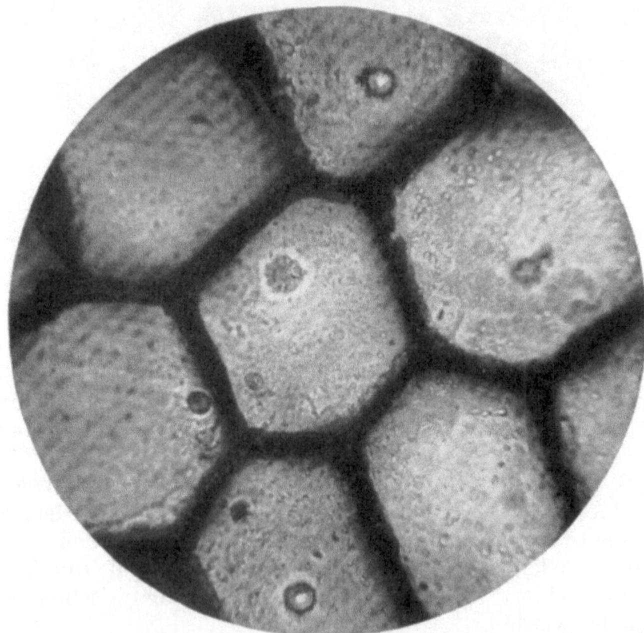

Abb. 6. Spodogramm. Epithelzellen von Tradescantia mit Zellmembran (schwarz), Zellinhalt und Zellkern. Zeiß-Phoku. Obj. 4,0 mm. Apert. 0,95 Zeiß. Vergr. etwa 250mal. Im durchfallenden Licht.

hat. Diese Erscheinung könnte sehr wohl durch den höheren Calcium- und Magnesiumgehalt des Kernes erklärt werden; hat es sich doch gezeigt, daß die Kerne der Leukocyten mehr Asche (Calcium) hinterlassen als das Cytoplasma.

2. Muskelspodogramm.

Die bei der Verbrennung von Muskeln zurückbleibende Asche, deren Menge etwa 1—1,5% auf den feuchten Muskel berechnet beträgt, reagiert sauer. Das Kalium, dessen Vorkommen nach MACALLUM (1905) auf die anisotropen Querbänder beschränkt ist, ist in ihr in größter Menge enthalten. Danach kommen Phosphorsäure, Natrium, Magnesium, Calcium, Chlor und Eisenoxyd. Kaliummono- und Kaliumdiphosphat scheinen im Muskel auch nach eigenen Untersuchungen das vorherrschende Salz zu sein [NEUSCHLOSZ, TRELLES (1924)]. Die Fibrillen der quergestreiften Muskeln zeigen sich in den Spodogrammen (Abb. 7, 8), wie auch in den nach üblichen Methoden dargestellten histologischen Präparaten im durchfallenden Licht als regelmäßig abwechselnde dunkle (doppelbrechende anisotrope) und helle (einfach brechende-isotrope) Partien.

Abb. 7. Spodogramm. Muskelfaser des Musc. Sartorius. Mensch. Zeiß-Phoku. Obj. 4,0 mm. Apert. 0,95 Zeiß. Vergr. etwa 250mal. Im durchfallenden Licht.

Bei gut gelungenen Spodogrammen tritt sogar die KRAUSEsche Querlinie deutlich hervor; auch in ihr herrschen wiederum die Kaliumsalze vor. Nach STÜBEL (1923) muß man annehmen, daß die Doppelbrechung der Muskelfaser, soweit sie eine Eigendoppelbrechung ist, die resultierende aus einer schwachen negativen Doppelbrechung von Lipoidteilchen und einer starken positiven Doppelbrechung anderer Teilchen ist. Wenn nämlich die Lipoide vorher aus der Faser entfernt waren, war die positive Doppelbrechung gesteigert.

Die Bedeutung der verschiedenen Mineralstoffe für die Funktion des Muskels ist Gegenstand zahlreicher Untersuchungen gewesen; so sollen für die Erhaltung der Erregbarkeit, für die Kontraktion und die Erschlaffung des Muskels die Ionen Na, Ca zund K eine bestimmte Rolle spielen. Den Kaliumionen innerhalb der Zelle scheint eine besondere Bedeutung für die Erzeugung der bioelektrischen Potentialdifferenzen und Ströme zuzukommen. Im Ruhezustand dürfte die Plasmagrenzschicht für Kaliumionen undurchlässig sein, für andere Ionen aber durchlässig. Dies muß zu einer elektrischen Doppelschicht an der Zelloberfläche führen. Bei Erregung erfolgt eine Zustandsänderung gewisser Kolloide und damit eine Steigerung der Permeabilität speziell für

Kaliumionen. Nach neueren, nicht unbestritten gebliebenen Untersuchungen von Zwaardemaker scheinen auch radioaktive Momente bei der Muskeltätigkeit (Herzmuskel) im Spiele zu sein, denn der vorher stillgestandene Ventrikel kann

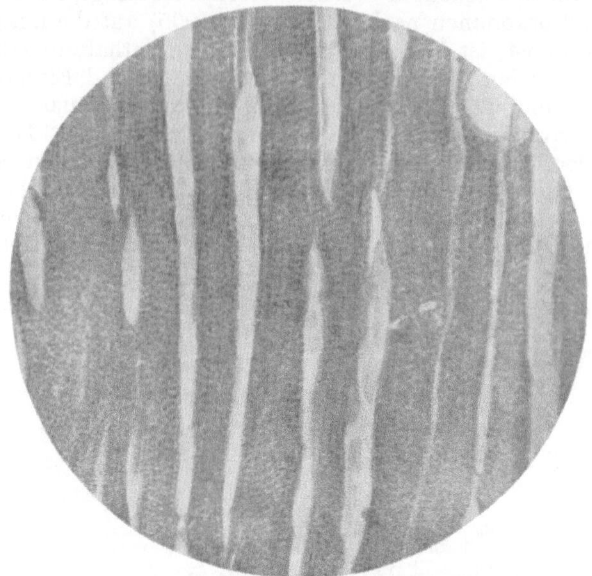

Abb. 8. Spodogramm. Musc. Sartorius. Mensch. Zeiß-Phoku. Obj. 16,0 mm. Apert. 0,3 Zeiß. Vergr. etwa 50mal. Im durchfallenden Licht.

Abb. 9. Spodogramm. Herzmuskulatur in Totenstarre. Mensch. Zeiß-Phoku. Obj. 4,0 mm. Apert. 0,95. Zeiß. Vergr. etwa 200mal. Im durchfallenden Licht.

schon durch bloße Bestrahlung mit Radium oder Mesothorium (beta-Strahlung) zum Pulsieren gebracht werden. (Der photochemische Nachweis der Radioaktivität des Kaliums ist ja schon Campbell und Wood (1906) gelungen.) Trotzdem diese Untersuchungen noch nicht zu einem Abschluß gelangt sind,

daß man etwa die Ionwirkung klar überblicken könnte, scheint es doch auf alle
Fälle klar zu sein, daß für das normale Funktionieren des Muskels eine Zusammenwirkung verschiedener Ionen ein notwendiges Bedingnis ist.

Durch postmortale Veränderungen, namentlich durch weitere Säurean-
häufung, durch Übergang eines Teiles des Alkalidiphosphates in Monophosphat
tritt eine Vermehrung der Wasserstoffionen auf, und dies führt allmählich zu
einer fortschreitenden Gerinnung der Eiweißkörper. Bei der Temperatur des
elektrischen Ofens (700⁰ C) gehen aber die Dimetallphosphate in Pyrophos-
phate, die Monometallsalze der Orthophosphorsäure aber in Metaphosphate
über, so daß es, wie man leicht einsieht, nicht gleichgültig ist, ob man ganz
frische Muskelpräparate oder schon stark zersetzte auf ihre Asche hin untersucht. Andererseits besteht die Gefahr, daß flüchtige Säuren, von denen vor
allem Chlorwasserstoff in Betracht kommt, durch etwa sich bildende Sulfate
oder Phosphate jetzt leichter ausgetrieben werden. Wir fanden, daß die Verteilung der Asche in einer Muskelfaser, die längere Zeit im Kühlschrank gelegen
hatte, eine mehr oder weniger diffuse war, demnach müssen aus den anisotropen
Schichten Salze in die isotropen gewandert sein.

3. Spodogramm der Organe des Nervensystems.

Überblickt man die bis jetzt erschienenen Untersuchungen über die Aschen-
bestandteile des Gehirns, so fällt sogleich die große Differenz zwischen den
Angaben der einzelnen Autoren auf. Es haben fast alle Forscher die gesamte

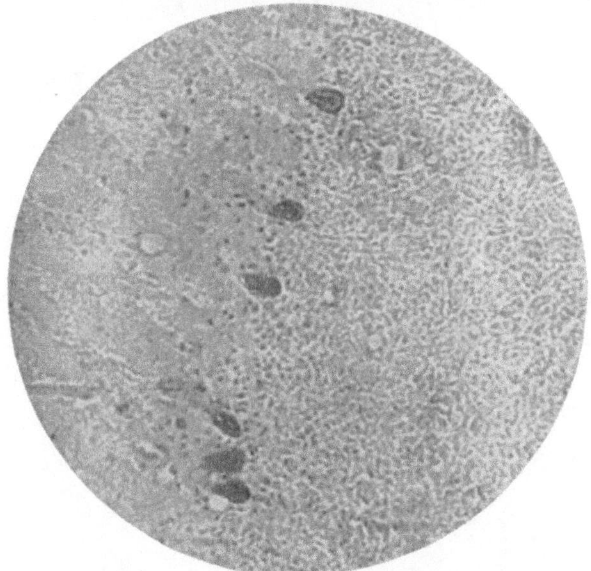

Abb. 10. Spodogramm. Kleinhirn. Mensch. Mit Purkinjeschen Zellen, Molekular- und Körnerschicht. Zeiß-Phoku. Obj. 16,0 mm. Apert. 0,3 Zeiß. Vergr. etwa 50mal. Im durchfallenden Licht.

Hirnsubstanz untersucht, ohne in Grau und Weiß zu trennen. Koch (1907),
Thudichum (1901), Weil (1914) usw. haben aber gezeigt, daß der Aschegehalt
von Grau keineswegs gleich ist demjenigen des Weiß. Als einen der weißen
Substanz überwiegend angehörenden organischen Bestandteil hat man das sog.
Protagon betrachtet, welches aber nach den meisten Forschern nur ein Gemenge
von Phosphatiden mit Cerebron sein soll. Der Phosphor dieser Gehirn-
lipoide bleibt durch Oxydation und Bindung an glühbeständigen (basischen)

Bestandteilen teilweise oder ganz in der Asche zurück unter Bildung feinster, glasiger Tröpfchen.

Dadurch kann die Struktur der Asche der weißen Substanz des Gehirns, des Kleinhirns und des Rückenmarks bis zur Unkenntlichkeit zerstört werden.

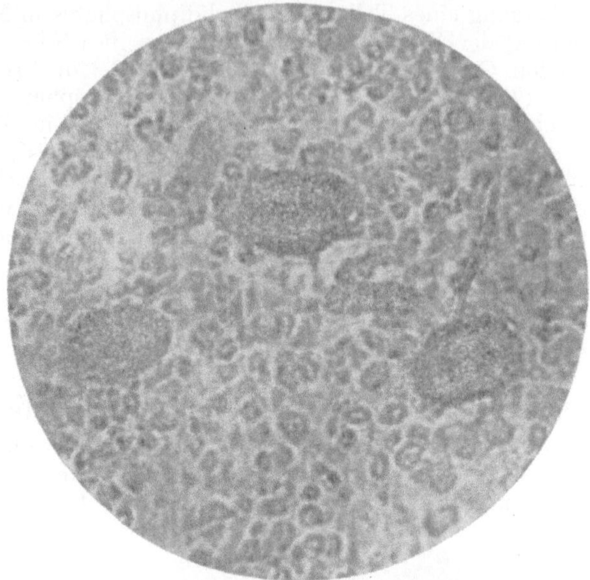

Abb. 11. Spodogramm. Kleinhirn. Mensch. Mit drei Purkinjeschen Zellen, Körnerschicht. Zeiß-Phoku. Obj. 4,0 mm. Apert. 0,95, Zeiß. Vergr. etwa 200mal. Im durchfallenden Licht.

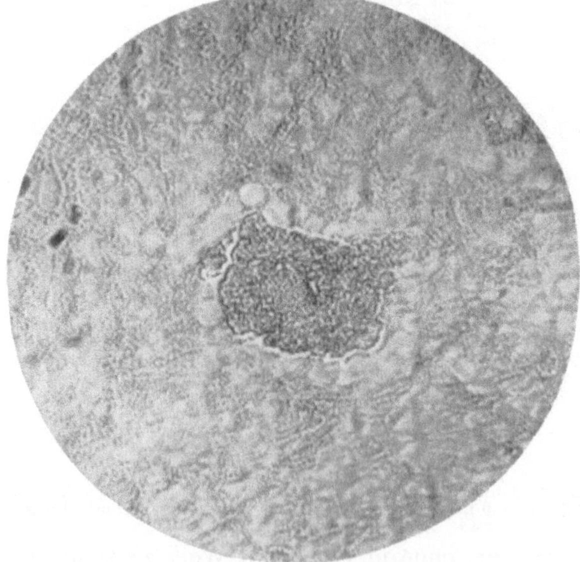

Abb. 12. Spodogramm. Vorderhornzelle des Rückenmarks. Mensch. Zeiß-Phoku. Obj. 4,0 mm. Apert. 0,95 Zeiß. Vergr. etwa 200mal. Im durchfallenden Licht.

Andererseits besteht auch hier die Gefahr, daß flüchtige Säuren, vor allem Chlorwasserstoff, durch die sauren Phosphate ausgetrieben werden. Um solchen Verlusten vorzubeugen, und um die störenden glasigen Massen wegzubekommen, lege man die gut an den Objektträger angetrockneten möglichst dünnen Schnitte

10 Minuten in eine Äther-Chloroform-Lösung, wodurch die Lipoide aus den Schnitten herausgelöst werden. In der scheinbar gleichförmigen Zusammensetzung der Großhirnrinde kann man doch deutlich noch im Spodogramm Nervenzellen Glia und Nervenfasern unterscheiden. Schon mit bloßem Auge erkennt man am Spodogramm der Kleinhirnrinde das relative geringe Ausmaß der weißen Substanz gegenüber der Rinde (Abb. 10). An der letzteren selbst tritt die äußerste, zellarme Molekularschicht deutlich hervor gegen die zellreiche Körnerschicht. Bei stärkerer Vergrößerung erkennt man an der Grenze beider eine Lage von großen Zellkörpern, die PURKINJEschen Zellen, die deutlich aschereicher sind als das umliegende Gewebe. Auch bei stärkster Vergrößerung ist in der Asche jener Zellen ein Kern nicht mit Sicherheit zu erkennen (Abb. 11). Nach den Untersuchungen von MACALLUM ist der Kern frei von Chloriden, Phosphaten, Kalium, eventuell Natrium und Magnesium. Jedoch wurde Calcium in der Asche der isolierten Nucleoproteine aus der Leber und Niere, von SPITZER (1896), LÖNNBERG (1891) und HALLIBURTON (1892) gefunden. Ebenfalls kommt Calcium nach MIESCHERs (1897) Beobachtungen in dem Nucleinmaterial der Köpfe der Spermatozoen des *Lachses* vor. In den Mikrophotogrammen der Asche der PURKINJEschen Zellen und der Vorderhornzelle des Rückenmarks ist, wie oben schon bemerkt, von einem Kern nichts zu bemerken (Abb. 12).

4. Spodogramm der Geschlechtsdrüsen.
a) Die Hoden.

Die Hodenkanälchen, Tubuli seminiferi, zeigen eine bindegewebige, elastinreiche Wand, welcher ein sehr kompliziert gebautes Epithel aufsitzt, das einen wechselnden Anblick gewährt, je nach dem es sich in lebhafter Funktion (Spermatogenese) oder in Ruhe befindet. Infolge des Elastinreichtums kontrahieren

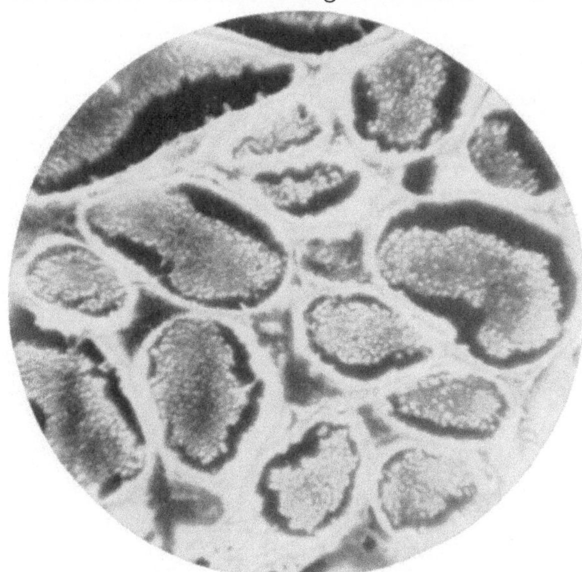

Abb. 13. Spodogramm. Hoden. Mensch. Normal. Zeiß-Phoku. Obj. 2, Leitz. Vergr. etwa 50mal. Im auffalllenden Licht.

sich die Wände der Kanälchen in der Hitze sehr stark, so daß im Spodogramm, dann nur noch die Asche des Lumeninhaltes zurückbleibt. Wird aber die Peripherie des histologischen Schnittes mit Kaliumsilikat an den Objektträger angeklebt, so erhält man verblüffend kontrastreiche Bilder (Abb. 13). Es sticht unter dem Mikroskop bei seitlicher Beleuchtung die rein weiße Asche der Septula testis und der Wände der Tubuli seminiferi contorti sehr deutlich von der etwas grauen der Lumina ab (Abb. 14). Bei starker Vergrößerung erblickt man im durchfallenden Licht (Abb. 15) kleine, rundliche, dunkle Stellen, die

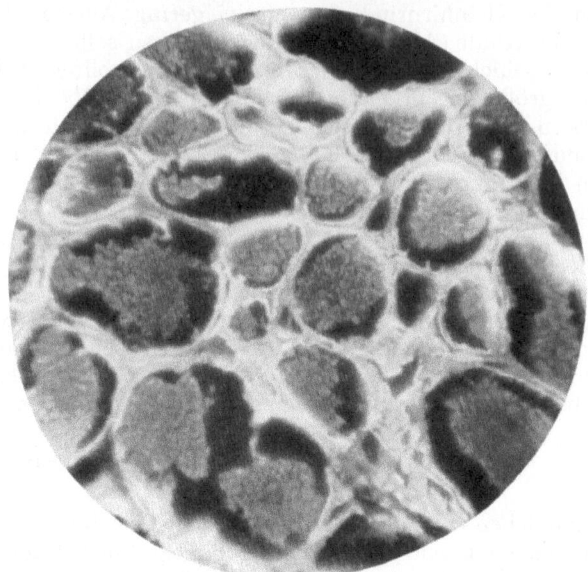

Abb. 14. Spodogramm. Hoden. Mensch. Normal. Zeiß-Phoku. Obj. 2, Leitz. Vergr. etwa 50mal. Im auffallenden Licht.

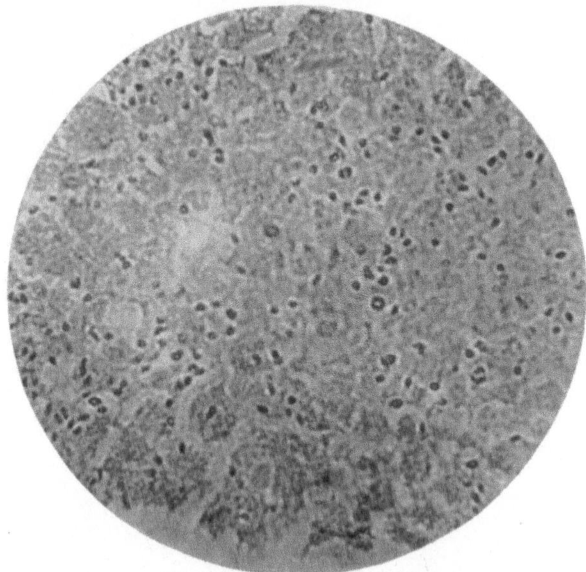

Abb. 15. Spodogramm. Inhalt eines Hodenkanälchens. Mensch. Spermatozoen. Zeiß-Phoku. Obj. 4,0 mm, Apert. 0,95. Zeiß. Vergr. etwa 200mal. Im durchfallenden Licht.

Spermatozoen, die meistens mehr gegen die Mitte der Lumina der Samenkanälchen ihren Sitz haben. Während man in der Samenflüssigkeit Kalium, Chlor und Natriumionen nachgewiesen hat, konnte Macallum (1908) und Miescher in den Köpfen der Spermatozoen keine Spur dieser Elemente nachweisen. Es fand MIESCHER in den Köpfen der Spermatozoen des *Lachses* bis zu 0,23% Calcium und MACALLUM konnte mit der Sulfidmethode „maskiertes“ Eisen nachweisen. Nach den modernen Anschauungen der Chemie müssen wir annehmen, daß Di- und Polyvalenz Hauptfaktoren für das Zustandekommen „maskierter“ Verbindungen sind, und daraus muß gefolgert werden, daß kaum ein monovalentes Element der Kationenreihe eine „organische“ Verbindung zu bilden vermag. Wo das Calcium in den Köpfen lokalisiert, und an was es gebunden ist, bleibt aber uns noch unbekannt. MACALLUM glaubt, daß es „in der Form“ einer anorganischen Verbindung, in der die Köpfe deckenden Membran vorhanden ist. Wie dem auch sei, so geht doch aus meinen Spodogrammen mit Sicherheit hervor, daß die Köpfe der Spermatozoen reich an Asche sind. Schon einmal haben wir bei der Besprechung der Spodographie des Nervensystems ähnliche Verhältnisse bei den Nervenzellen angetroffen.

b) Die Prostata.

Das zwischen den Drüsen der Prostata befindende derbe Bindegewebe ist reich an Asche, während der in den Drüsenlumina sich vorfindende Prostatasaft

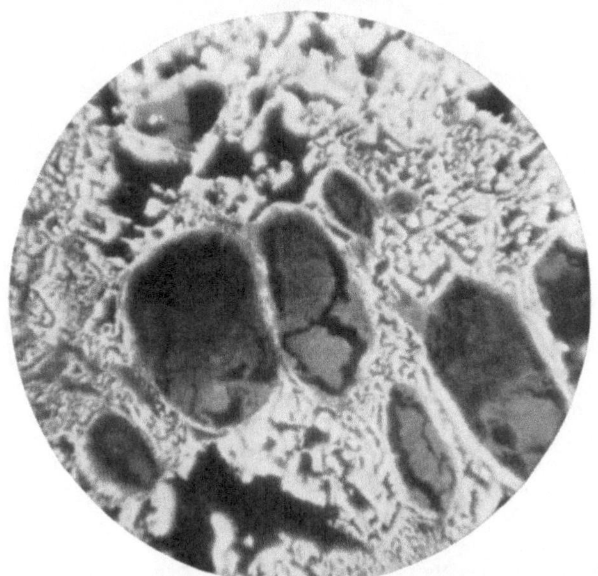

Abb. 16. Spodogramm. Prostata. Mensch. Normal. Zeiß-Phoku. Obj. 2, Leitz. Vergr. etwa 50mal. Im auffallenden Licht.

arm daran ist (Abb. 16). Die Prostatakörperchen, die oft reichlich vorhanden sind, können mehr oder weniger kalkhaltig sein und so mehr oder weniger gut in der Asche sichtbar werden.

c) Die Ovarien.

A. POLICARD (1923) hat das Spodogramm des mit Formol fixierten Ovariums des Menschen genau beschrieben. Die Zona parenchymatosa, der wichtigste Teil des Ovariums, ist sehr reich an weißer Asche, wie auch POLICARD hervorhebt. Die in ihr sich befindenden Folliculi (GRAAFI) sind etwas weniger aschehaltig. Das Corpus luteum ist reich an ganz eigentümlich gelblichrot gefärbter Asche, die deutlich von der rein weißen Asche der bindegewebigen Wand, welche den gelben Körper umgibt, absticht.

Die Hämatoidinkrystalle, welche aus der Umbildung des ursprünglichen Blutergusses hervorgegangen sind, hinterlassen beim Veraschen eine rostfarbene Asche, bestehend aus Fe_2O_3, welche eben der Gesamtasche des Corpus luteums jenen gelbroten Ton verleiht. Wenn sich die regressiven Veränderungen einstellen, nimmt der Aschegehalt des Corpus luteum nach A. Policard ab. Man findet dann kleine verkalkte Partien, die schon von Miller (1910) und Marcotty (1914) in den histologischen Schnitten beobachtet worden sind. Die weiche, schwammige, aus lockerem Bindegewebe bestehende Zona vasculosa, die von vielen Nerven und Gefäßen durchzogen wird, zeigt eine mehr oder weniger unregelmäßige Verteilung der Asche. Besonders aschereich erscheinen hier die Wandungen der vielen Gefäße.

5. Spodogramm der Lunge.

Die Bronchioli respiratorii zeigen ein ganz charakteristisches und zierliches Aschenbild. Jenseits des respiratorischen Epithels besteht die Wand der Alveolen aus vielen elastischen Fasern und fibrillärem Bindegewebe, welche nach

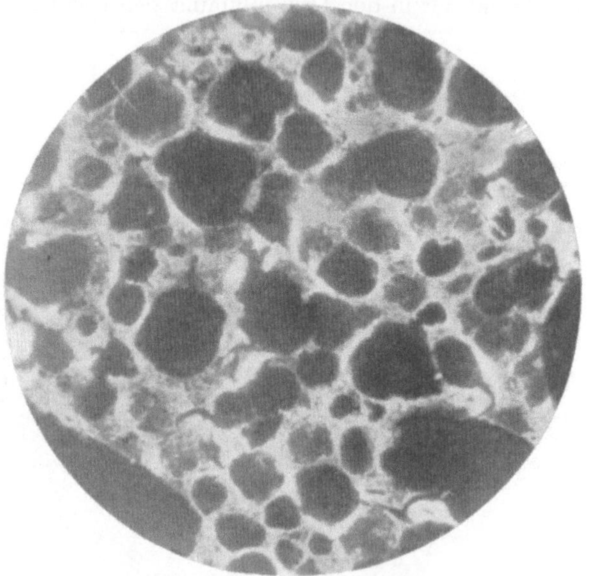

Abb. 17. Spodogramm. Lunge. Meerschweinchen. Normal. Zeiß-Phoku. Obj. 2, Leitz. Vergr. etwa 50mal. Im auffallenden Licht.

der Veraschung eine rein weiße Asche zurücklassen (Abb. 17). Die Lumina der Alveolen der normalen, gesunden Lunge sind natürlich aschefrei (Abb. 18). Mit der Luft, die wir einatmen, gelangt Staub in die Atemwege. Hier wird der qualitativ sehr verschieden zusammengesetzte Staub teils passiv in die Lymphgefäße resorbiert, teils von Alveolarepithelien, Leukocyten und Wanderzellen aufgenommen. Mit den Lymphgefäßen gelangt er schließlich in die bronchialen Lymphknoten, wo er teils frei, teils in Zellen der adenoiden Substanz eingeschlossen liegen bleibt (Abb. 19). Die bei der gewöhnlichen Form von Anthracosis pulmonum zu beobachtenden Gewebsveränderungen stellen sich makroskopisch durch die Ablagerung von Kohlenstaub als schwarze Flecken dar. Die bronchialen Lymphknoten sind ebenfalls mehr oder weniger schwarz gefärbt und induriert. Da der Kohlenstaub neben Calcium auch Silicium und Aluminium enthält, so bleiben bei der Mikroveraschung, an der Stelle der Kohle jene Elemente

als Oxyde zurück (Abb. 20). Steinstaub, (Chalikosis), Tonstaub (Aluminosis)
hinterlassen beim Veraschen eben dieselbe Asche. Man sieht die Asche jener
Ablagerungen besonders deutlich in der Umgebung der Bronchien und Gefäße

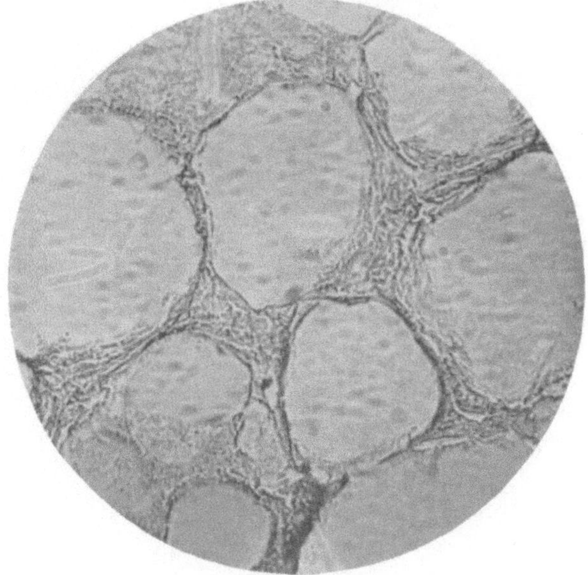

Abb. 18. Spodogramm. Lunge. Meerschweinchen. Normal. Zeiß-Phoku. Obj. 4,0 mm Apert. 0,95.
Zeiß. Vergr. etwa 200mal. Im durchfallenden Licht.

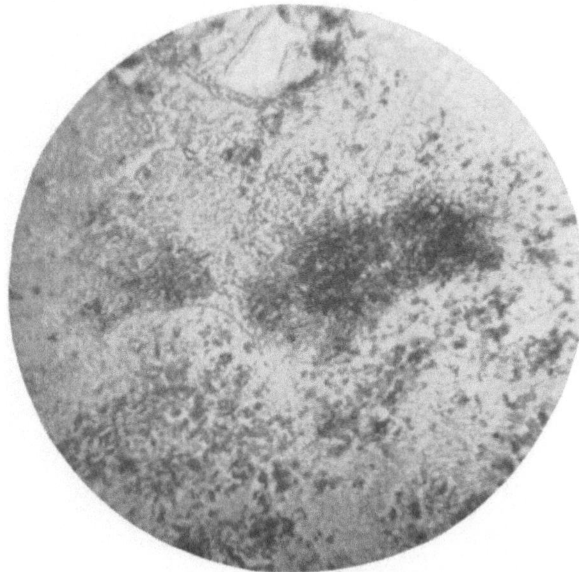

Abb. 19. Spodogramm. Anthrakotische Lymphdrüse. Mensch. Kieselsäure und Kalkablagerung.
(Exogener Natur.) Zeiß-Phoku. Obj 2, Leitz. Vergr. etwa 50mal. Im durchfallenden Licht.

und im feineren Bindegewebe der Lunge. Die Asche jener Elemente liegt im
Interstitium in Form von (weißen) Körnchen (Oxyde) teils innerhalb von Zellen,
teils frei in Lymphgefäßen. Ebenfalls findet man hin und wieder in den Lumina
der Alveolen Zellen, in deren Asche jene weißen Körnchen deutlich zu sehen

sind. Es ist zu beachten, daß z. B. intavenös injiziertes Aluminium, wie wir gefunden haben (Tschopp und Underhill), in ganz anderer Form abgelagert wird als das eben besprochene „exogen" zugeführte.

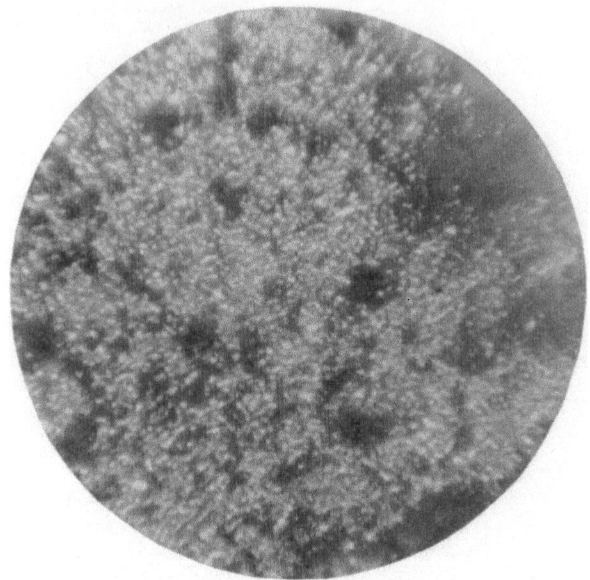

Abb. 20. Spodogramm. Anthrakotische Lymphdrüse. Mensch. Kieselsäure und Kalkablagerung (exogener Natur). Zeiß-Phoku. Obj. 2, Leitz. Vergr. etwa 50mal. Im auffallenden Licht.

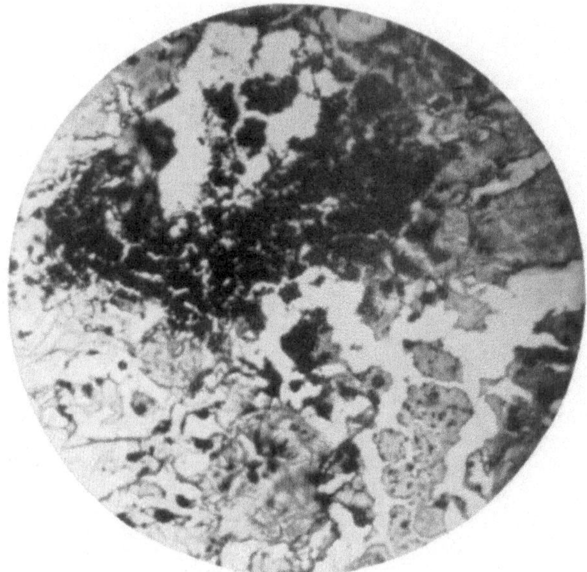

Abb. 21. Spodogramm. Lunge. Mensch. (Siderosis). Starke Eisenablagerung. Zeiß-Phoku. Obj. 2, Leitz. Vergr. etwa 50mal. Im auffallenden Licht.

Bei der Siderosis der Lunge findet man das Eisenoxyd im Spodogramm, ganz besonders im Zellkern und im Cytoplasma in nächster Nähe desselben (Abb. 21). Oft erscheint der Zellkern der Alveolarzellen allein deutlich eisenhaltig, während das Cytoplasma ganz leicht „verrostet" ist. Es scheint demnach, als ob jene Zellkerne eine besondere Affinität zu dem Eisen haben. Es muß hervorgehoben werden, daß das Chromatin der toten Kerne die Kraft hat, Eisensalze aufzunehmen, und diese Eigenschaft, ist eine der Hauptfaktoren in HEIDENHAINs Eisenhämatoxylin-Farbenreaktion. Wenn Eisensalze in Spuren in einer Flüssigkeit, die zum Fixieren der Gewebe gebraucht wird, enthalten sind, so geben die Kerne des letzteren eine deutliche Reaktion für Eisen. Dagegen haben das Cytoplasma und die Zellmembranen eine geringere Affinität zu den Eisensalzen.

Die bei der Herzfehlerlunge per diapedesin in die Alveolarlichtungen und in das Interstitium ausgetretenen roten Blutkörperchen lösen sich hier auf und ihre Zerfallsprodukte werden von Wanderzellen und Alveolarepithelien zu einem eisenhaltigen Pigment (Hämosiderin) verarbeitet. Im Spodogramm

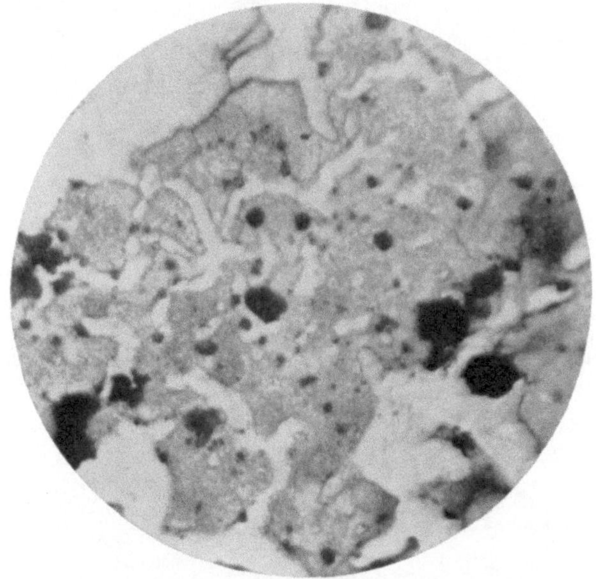

Abb. 22. Spodogramm. Lunge. Mensch. Eisenablagerung in Alveolarepithelien (Herzfehlerzellen). Zeiß-Phoku. Obj. 4,0 mm Apert. 0,95 Zeiß. Vergr. etwa 200mal. Im durchfallenden Licht.

einer solchen Herzfehlerlunge erscheinen dann die sideroferen Zellen ganz mit Eisenoxyd beladen (Abb. 22). In den hämosiderinführenden Herzfehlerzellen ist das Eisen nicht mehr in „maskierter" Form vorhanden, denn solche Zellen mit Ferrocyankalium und Salzsäure zusammengebracht, bringen die für Ferriionen charakteristische Berlinerblaureaktion hervor.

BEALE (1852), BAMBERGER (1854), SALKOWSKI (1883) haben bei der Pneumonie eine ziemlich erhebliche Ausscheidung von Salzen durch das Sputum gefunden. BEALE fand weiter, daß bei der Pneumonie die Salze eine gewisse Tendenz zeigen, sich im Lungengewebe abzulagern (Abb. 23). SCHENK (1872) hat gefunden, daß der NaCl-Gehalt im Harn bei Pneumonien sehr stark vermindert, während der Kochsalzspiegel im Blute nicht erhöht ist. Ich habe gezeigt (1925), daß zwischen Blut und pathologischen Ergüssen (Exsudate und Transudate) eine ganz bestimmte Ionenverteilung stattfinden muß, welche durch chemisch-physikalische Gesetze geregelt wird. Im Stadium der Anschoppung findet ebenfalls infolge entzündlicher Veränderungen eine Ionenwanderung in die Lumina der erkrankten Alveolen statt. Es ist ganz besonders wieder das Chlornatrium, welches aus dem Blute in das entzündliche Exsudat

der Lunge diffundiert. Dadurch, daß das NaCl zum Teil mit dem pneumonischen
Sputum ausgehustet wird, verliert der Organismus ganz besonders viel Kochsalz. Um den Verlust an Chlornatrium einigermaßen zu kompensieren, scheiden

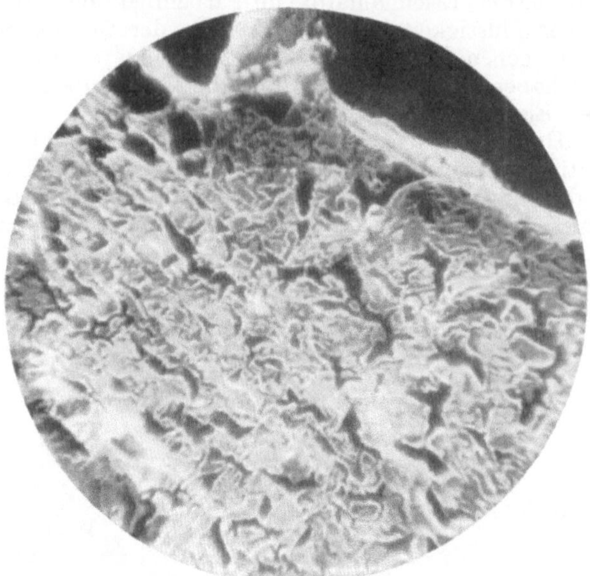

Abb. 23. Spodogramm. Lunge. Mensch. Pneumonie. Alveolen mit Asche angefüllt. [Pleura verdickt
und aschereich. Zeiß-Phoku. Obj. 2, Leitz. Vergr. etwa 50mal. Im auffallenden Licht.

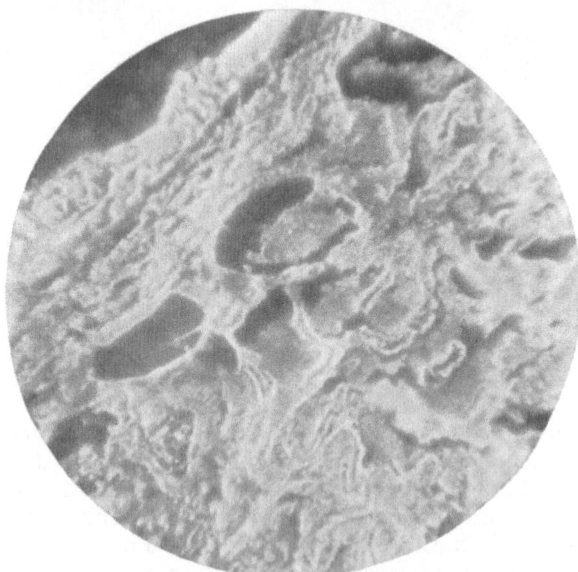

Abb. 24. Spodogramm. Lunge. Mensch. Tuberkulose. Alveolen mit Asche reichlich angefüllt.
Beginnende Verkalkung des Lungengewebes. Pleura stark verdickt und aschereich. Zeiß-Phoku.
Obj. 4, Leitz. Vergr. etwa 150mal. Im auffallenden Licht.

die Nieren mit dem Harn sehr wenig NaCl aus. Im Stadium der Lösung, wo
durch den intraalveolären Zerfall der Leukocyten autolytische Fermente in
Wirksamkeit kommen, wird wieder ein großer Teil der anorganischen Salze

durch Resorption seitens der Lymph- und Blutgefäße aus dem autolysierten Exsudat allmählich entfernt. Dadurch erscheint wiederum im Harn mehr Kochsalz.

Nach den Untersuchungen von ROBIN entnimmt der Tuberkulose seinem Skelete Mineralien, um damit die Gewebe, die sich gegen die Infektion verteidigen müssen, zu versorgen. Eine solche Trans- bzw. Demineralisation im Sinne SPIROS findet bei der Tuberkulose tatsächlich statt.

Im Spodogramm der tuberkulösen Lunge sind die in gesunden Lungen sonst lufthaltigen Alveolen gänzlich oder fast gänzlich mit weißer Asche vollgestopft (Abb. 24). Wird ein solches Spodogramm leicht angehaucht, so erscheint die vorher weiße Asche der (einwertigen) Ionen Natrium und Kalium durch Wasseraufnahme nunmehr grauweiß; sie hebt sich deshalb von der rein weiß gebliebenen Asche der Calcium- und Magnesiumsalze (Oxyde) recht deutlich ab. (Vergleiche auch das Spodogramm der Hoden.)

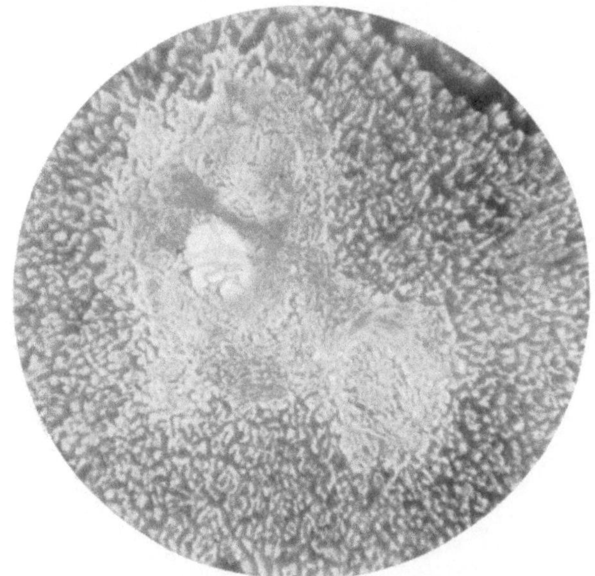

Abb. 25. Spodogramm. Akute Miliartuberkulose der Leber. Mensch. Scharf umgrenzter Herd mit zentraler Kalkablagerung. Zeiß-Phoku. Obj. 2, Leitz. Vergr. etwa 50mal. Im auffallenden Licht.

Es lassen sich neben Natrium auch Calcium und Magnesiumsalze besonders in älteren Tuberkelherden (und in der Schwarte) reichlich nachweisen. Besonders eindrucksvoll ist das Spodogramm des miliaren Tuberkels der Leber (Abb. 25), wo der Kranke, teilweise schon mit zentraler Kalkablagerung versehene, scharf abgegrenzte Herd deutlich mehr weiße Asche hinterläßt als das gesunde Lebergewebe.

Interessant ist die Tatsache, daß im Spodogramm die Calciumsalze schon deutlich nachzuweisen sind, bevor man überhaupt mit den üblichen Färbungsmethoden, z. B. in der Placenta oder in pathologisch veränderten Organen (Tuberkulose, Carcinom usw.) diese färberisch darstellen kann. Daher erscheint auch im Spodogramm z. B. ein Kalkherd immer größer, als nach der Färbemethode zu erwarten gewesen wäre.

6. Spodogramm der Niere.

Ebenso fleißig wie die anatomischen Verhältnisse der Niere studiert worden sind, ebensowenig ist ihre chemische Zusammensetzung genauer untersucht worden. Man hat sich bis jetzt nur mit der Analyse des Organes [Gossmann (1898), Magnus-Levy (1910)] als solche und nicht mit dessen anatomisch verschiedenartigen Teilen beschäftigt. Für die physiologische Funktion der Niere wird angenommen, daß im Bereich der Glomeruli eine „Ultrafiltration", wie es Richards (1922), Wearn (1922), Cushny (1926), Tschopp (1927) usw. annehmen, stattfindet, während in den Nierenkanälchen eine selektive Rückresorption von Plasmabestandteilen, wie Tschopp (1927) sogar durch Berechnungen nach der Aktivitätstheorie und dem Löslichkeitsprodukt des Calciumphosphates zeigen konnte, statthat (Abb. 26).

Chrzonszczewsky (1864), von Wittich (1875) und Heidenhain (1883) haben vor allem die Methode der Vitalfärbung eingeführt, um den Weg sichtbar zu machen, den die einzelnen Stoffe von der Blutbahn aus in die Harnwege hinein einschlagen. Höber (1908), Suzuki (1912), von Möllendorff

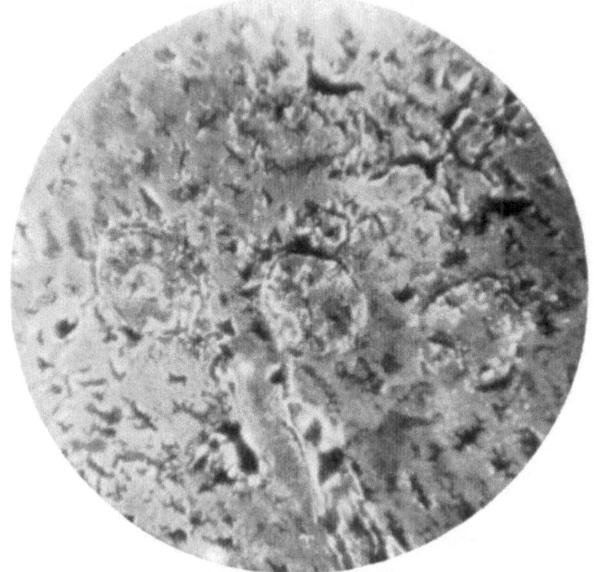

Abb. 26. Spodogramm. Niere. Mensch. Mit drei Glomeruli. Zeiß-Phoku. Obj. 4. Leitz. Vergr. etwa 150mal. Im auffallenden Licht.

(1915), de Haan und Bakker (1923) und andere haben dann später versucht, durch die Färbungsversuche, die an sich unsichtbaren normalen Harnbestandteile durch sichtbare Stoffe zu imitieren. Neuerdings ist es aber geglückt, mit Hilfe einer chemischen Reaktion z. B. den Harnstoff mit Xanthydrol in Form von Krystallen aus Dixanthylharnstoff auszufällen [Policard (1915), Chevalier et Chabanier (1918)]. Auf diese Weise konnten J. Oliver (1921), Stübel (1921) und K. Walter (1923) zeigen, daß der Harnstoff innerhalb der Glomeruli und der Zellen der Tubuli contorti sich befindet, wobei seine Menge distalwärts gegen den absteigenden Henleschen Schenkel abnimmt. Außerdem beobachteten sie reichlich Krystalle im Lumen der Tubuli recti und vereinzelt in den Lumina der größeren Blutgefäße. Durch chemische Reaktion ist auch der Weg für Chlorid-, Jodid- und Phosphationen, sowie Harnsäure etc. gezeichnet worden. Es finden sich wiederum die Niederschläge hauptsächlich in den Zellen der Tubuli contorti, dagegen nur wenig in den Glomeruli.

Wearn (1922) ist es gelungen die Glomeruli von *Fröschen* zu punktieren und aus der Kapsel Flüssigkeit zu gewinnen, welche er dann qualitativ untersucht hat. Nach den neuesten Anschauungen über die Harnbereitung wird in den Glomeruli ein provisorischer Harn abfiltriert, welcher während der Wanderung durch die Harnkanälchen umgewandelt wird, teils durch Rückresorption seiner einzelnen Bestandteile, teils durch chemische Umsetzungen.

7. Spodogramm der Nebenniere.

Auf dem Durchschnitt der Nebennieren sieht man schon makroskopisch zwei Gebilde, die nach Farbe und Konsistenz völlig verschieden sind: Rinde und Mark. Morphologisch und genetisch handelt es sich ja auch um zwei verschiedene Organsysteme, die als Nebennieren ein einheitliches Organ vortäuschen. Auch im Spodogramm ist diese Zweiteilung zu sehen (Abb. 27). Die Marksubstanz ist reich an Lipoiden, Kephalin und Lecithin und enthält Zellen,

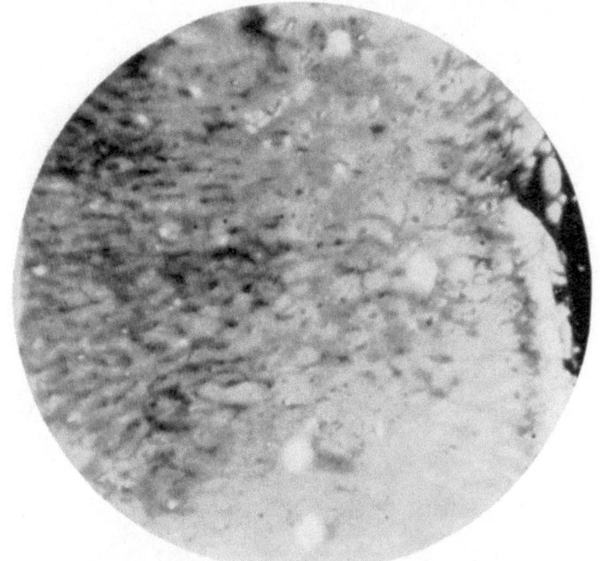

Abb. 27. Spodogramm. Nebenniere. Mensch. Rinde und Mark. Zeiß-Phoku. Obj. 2, Leitz. Vergr. etwa 50mal. Im auffallenden Licht.

deren Substanz mit Chromsäure sich braun färben, sog. chromaffines Gewebe. Das Chromogen, welches man in Beziehung zu der abnormen Pigmentierung der Haut bei der Addisonschen Krankheit gestellt hat, scheint in naher Beziehung zu der blutdrucksteigernden Substanz der Nebenniere, dem Adrenalin [Takamine (1901)] zu stehen. Nach Bloch (1916) soll die Epidermis der höheren Tiere in den Teilen, welche Melanin bilden, ein ganz spezifisches Oxydationsferment enthalten, welches auf 3,4-Dioxyphenylalanin einwirkt. Dieses Oxydationsenzym bildet aus dem von Guggenheim (1913) in den Samen von Vicia faba gefundenen Dioxyphenylalanin („Dopa") das „Dopamelanin". Bei herabgesetzter Nebennierenfunktion kommt es zu einer Anhäufung der Pigmentvorstufen in der Haut und so soll eine vermehrte Pigmentbildung einsetzen.

Bemerkenswert sind die Versuche von Myers (1898), daß die Nebennierenlipoide der Rinde Gifte in vitro neutralisieren. Cobragift, mit einer Emulsion von Nebennierenrinde gemischt, verliert die Giftwirkung. Die Lehre der Entgiftungsfunktion der Nebennierenrinde hat eine Stütze gefunden in anatomischen und histologischen Veränderungen der Rindensubstanz bei Infektionskrankheiten, Intoxikationen durch Metallgifte und durch Bakteriengifte. Wir haben in unveröffentlichten Versuchen gefunden (Tschopp und Underhill), daß intravenös injiziertes Aluminiumion eine ganz besondere Affinität zu der Nebennierenrinde besitzt, was auch mikrochemisch von uns festgestellt wurde.

8. Spodogramm der Thyreoidea.

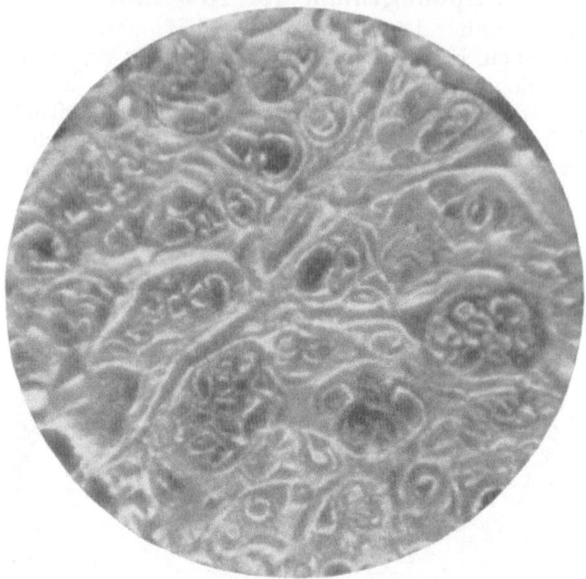

Abb. 28. Spodogramm. Thyreoidea. Mensch. Zeiß-Phoku. Obj. 2, Leitz. Vergr. etwa 50mal. Im auffallenden Licht.

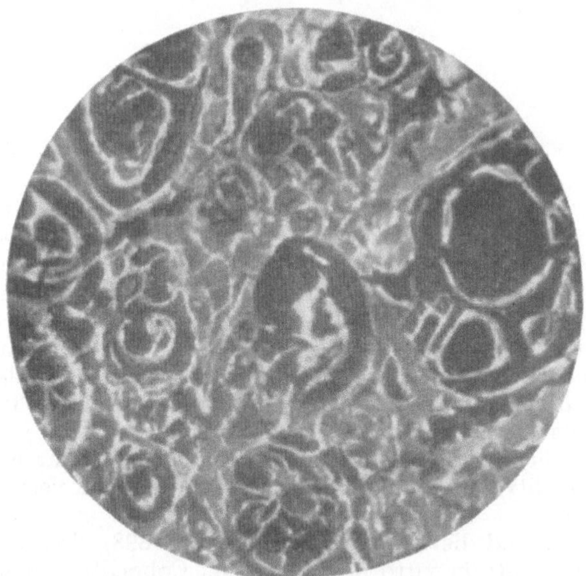

Abb. 29. Spodogramm. Thyreoidea. Mensch. Follikel aschearm. Zeiß-Phoku. Obj. 4, Leitz. Vergr. etwa 150mal. Im auffallenden Licht.

Die Schilddrüse wird durch Bindegewebszüge in kleinere und größere Lappen geteilt.   Die Drüsenbläschen, Follikel, sind in das netzartige Stroma des

Parenchyms eingebettet, welche bei der Einäscherung eine rein weiße Asche hinterlassen (Abb. 28). Die Follikel enthalten die charakteristische Schilddrüsensubstanz, das „Kolloid", welches, wie wir aus den Spodogrammen ersehen können, meistens wenig oder fast keine Asche hinterläßt. In 100 g frischer Substanz fand MAGNUS-LEVY (1910) CaO 47,2 mg, MgO 16,0 mg, Eisen 5,8 mg, Cl 169,0 mg, also relativ viel Ca (Abb. 29).

9. Spodogramm der Placenta.

HIGUCHI (1909) fand in 100 g frischer Placenta: K = 29 mg, Na = (116 mg), Ca = 18 mg, Mg = 7 mg und Eisen 13 mg. SFAMENI, GRANDIS (1900) und GAUBE (1900) geben an, daß der Aschegehalt der Placenta weiblicher Früchte größer ist als der männlicher (Abb. 30). CUNNINGHAM (1920) untersuchte an

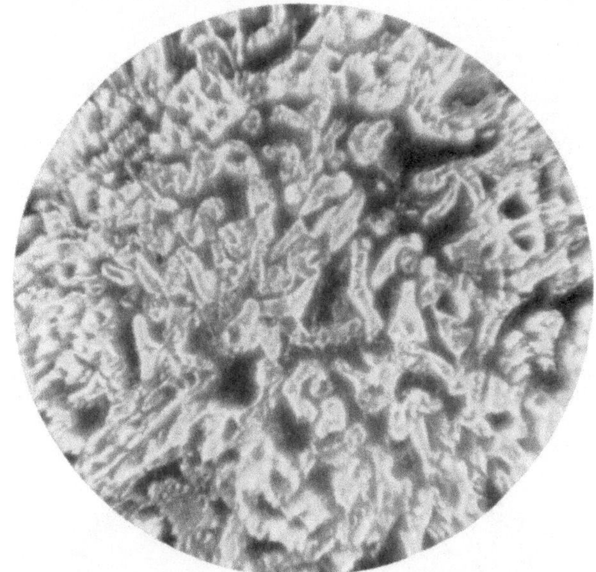

Abb. 30. Spodogramm. Reife Placenta. Mensch. Normal. (Calciumreich.) Zeiß-Phoku. Obj. 2, Leitz. Vergr. etwa 50mal. Im auffallenden Licht.

der Katzenplacenta den Durchtritt von Eisensalzen. Es liegt nach ihm keine Filtration des Eisens zugrunde, denn die Erhöhung des Blutdruckes des Muttertieres blieb auf die Permeabilität ohne Einfluß. Bereits nach 10 Minuten finden sich Niederschläge von Berlinerblau in den Zellen des mütterlichen und fetalen Endothels, während sogar noch $1^1/_2$ Stunden später Amnionsack, Blase und fetale Gewebsextrakte eisenfrei blieben. Es scheint demnach, als ob das ektodermale Syncytium für die Eisensalze schwer permeabel ist. Neuere Untersuchungen von SHIMIDZU (1922) über die Farbstoffpermeabilität der Rattenplacenta weisen auf einen Zusammenhang zwischen dem Dispersitätsgrad der Farbstofflösungen und der Permeabilität hin. Die Placenta verhält sich wie ein Ultrafilter. Deshalb ist es wahrscheinlich, daß Eiweißkörper vor dem Übertritt in das fetale Blut erst abgebaut werden müssen. Wir haben in noch unveröffentlichten Untersuchungen gefunden, daß die Phosphatide, Nucleoproteide und Ovovitelline im Hühnerei bei der Bebrütung tief abgebaut werden. Wasserstoffionenkonzentrationsänderung begünstigt den Zerfall jener phosphorhaltigen organischen Verbindungen. Wir glauben deshalb, daß der Hühnerembryo die Fähigkeit besitzt, aus anorganischem Phosphor Phosphatide und die übrigen phosphorhaltigen organischen Bausteine zu synthetisieren.

10. Spodogramm der Nabelschnur.

Der Nabelstrang geburtreifer Feten besteht aus den Nabelgefäßen, zwei Arterien und einer etwas dünnwandigeren Vene, welche durch die Whartonsche Sulze zusammengehalten werden. Da das gallertige Bindegewebe bei der

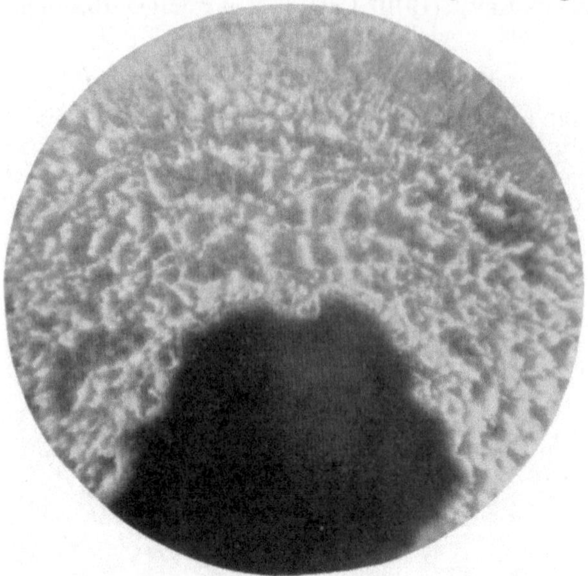

Abb. 31. Spodogramm. Nabelschnurgefäß. Querschnitt. Mensch. Mit aschefreiem Lumen. Zeiß-Phoku. Obj. 4, Leitz. Vergr. etwa 150mal. Im auffallenden Licht.

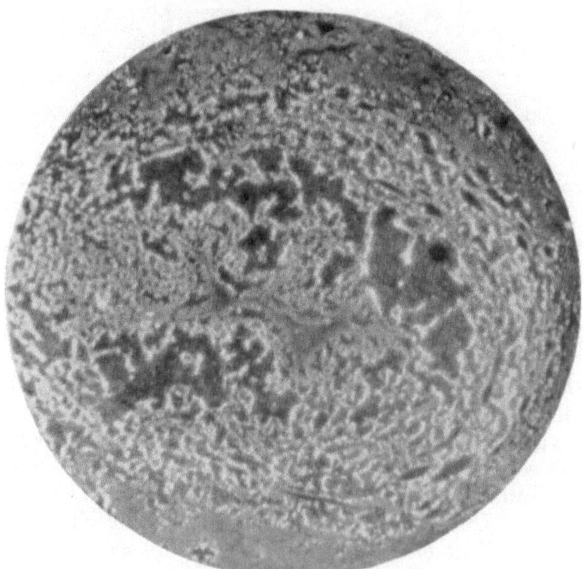

Abb. 32. Spodogramm. Nabelschnurgefäß. Mensch. Mit kollabiertem Lumen. Aschereich. Zeiß-Phoku. Obj. 2. Leitz. Vergr. etwa 50mal. Im auffallenden Licht.

Einäscherung deutlich weniger Asche hinterläßt, so tritt das aschereiche Spodogramm der Gefäße um so deutlicher hervor (Abb. 31 u. 32). Die netzartig angeordneten, aus rein weißer Asche bestehenden Balken verleihen dem Aschenbild der Nabelstranggefäße und der Sulze ein ganz charakteristisches Gepräge (Abb. 33).

Anhangsweise seien einige Befunde über das Vorkommen von Kieselsäure, das im Spodogramm besonders deutlich zu erkennen ist, mitgeteilt.

Nach Schulz Untersuchungen (1915) ist das Bindegewebe besonders reich an Kieselsäure und der Kieselsäuregehalt der Organe fast direkt von ihrem Gehalt an Bindegewebe abhängig. Beträchtliche Mengen Kieselsäure enthalten ferner die Gebilde der Epidermis, der Haare, die Federn der Vögel usw. Aus den Federn hat Drechsel eine interessante organische Siliciumverbindung, ein Orthokieselsäureester isoliert. Gerade weil die Kieselsäure in ektodermalen Gebilden angereichert werden kann, weil also eine Selektion gerade dieser

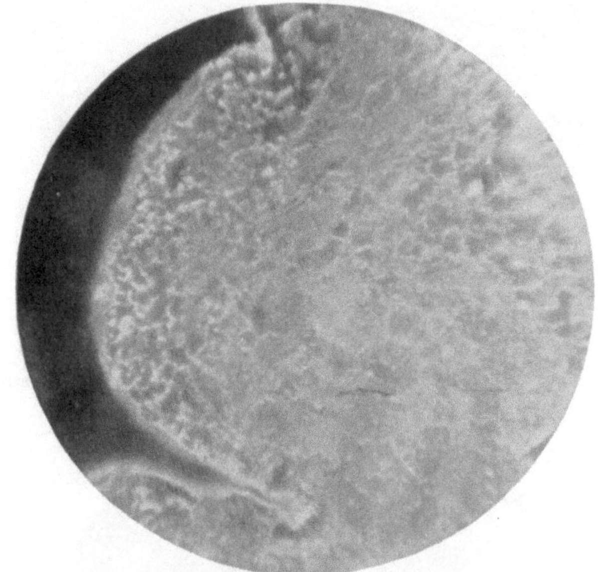

Abb. 33. Spodogramm. Nabelschnur (Sulze). Mensch. Zeiß-Phoku. Obj. 2, Leitz. Vergr. etwa 50mal. Im auffallenden Licht.

Gewebe besteht, kommt ihr vermutlich nicht nur für das Bindegewebe, welches ja in der Jugend stets SiO_2 reicher ist, als im höheren Alter, sondern für alle Gewebe des Körpers eine erhebliche Bedeutung zu. So findet man nicht nur im embryonalen Bindegewebe der Whartonschen Sulze, sondern auch im Hühnereiweiß, in den Nebennieren und ganz besonders im Glaskörper viel Silicium. Ein ausgesprochen Kieselsäurereservoir, mit normal 0,14—0,15 g Kieselsäure pro kg Trockensubstanz und einer Verminderung auf ein Durchschnitt 0,0828 g bei Tuberkulösen und einer Vermehrung auf 0,325 g bei Carcinomatösen, ist die Bauchspeicheldrüse. Man sieht, daß sich hier die allgemein pathologisch so interessante Differenz der beiden Krankheiten im Siliciumgehalt des Pankreas dokumentiert. R. Rössle und sein Schüler H. Kahle (1914) haben unzweifelhaft bei tuberkulösen Tieren nach Kieselsäurebehandlung Bildung neuen Bindegewebes, Abkapselung und Vernarbungsvorgänge feststellen können. Demnach müßte man annehmen, daß allgemein der Vernarbungsprozeß im Tierkörper davon abhängig ist, daß ihm genügend Kieselsäure zur Verfügung steht.

Eine der wichtigsten Fragen ist die nach den Verbindungen, in denen das Silicium in den Organen vorhanden ist. Wir neigen zur Ansicht, daß das endogen

zugeführte Siliciumion (wie auch das Aluminiumion) größtenteils in der Form
einer organischen Verbindung, in den Organen abgelagert wird, um so mehr,
da ja zahlreiche organische Siliciumverbindungen bekannt sind [DRECHSEL,

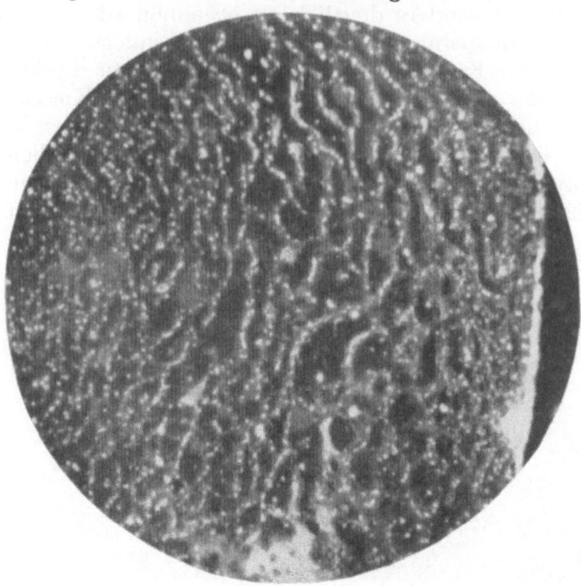

Abb. 34. Kieselsäuregerüst einer Nabelschnur vom Menschen nach Behandlung in verdünnter Salzsäure. Reichert-Mikrokammera nach CERNY. Obj. 2, Leitz. Vergr. etwa 50mal. Im auffallenden Licht.

Abb. 35. Kieselsäuregerüst eines Nabelschnurgefäßes vom Menschen nach Behandlung mit verdünnter Salzsäure. Lumen kollabiert. Reichert-Mikrokammera nach CERNY. Obj. 2, Leitz. Vergr.
etwa 50mal. Im auffallenden Licht.

LADENBURG (1874), STOCK (1909)]. Wir sind nun durch die Methode der Einäscherung der Gewebe in den Stand gesetzt worden, z. B. die sehr interessante
Frage zu prüfen, ob tatsächlich auch Narben- oder tuberkulöses Granulations-

gewebe Silicium speichert. Der Südamerikaner A. L. Herrera (1912) hat zum erstenmal an histologischen Schnitten die Methode der Veraschung angewendet, um in den Geweben das Silicium an Ort und Stelle nachzuweisen. Unsere Kieselsäure-Spodogramme der Nabelschnur (Abb. 34) resp. des Gefäßes (Abb. 35) zeigen auf das allerdeutlichste, daß die Kieselsäure nicht etwa wahllos im Gewebe verteilt ist, sondern, daß sie ganz besonders das Bindegewebe imprägniert.

11. Spodogramm der Leber.

Policard, Noël und Pillet (1924) haben das Aschenbild der in Alkohol fixierten Leber von *Mäusen*, welche mit verschiedener Kost gefüttert wurden, untersucht und beschrieben. Nach Kohlenhydratkost hinterlassen die im Gebiete der Lebervenen gelegenen Teile der Leberläppchen (Zones sushépatiques) mehr Asche als die peripheren Abschnitte.

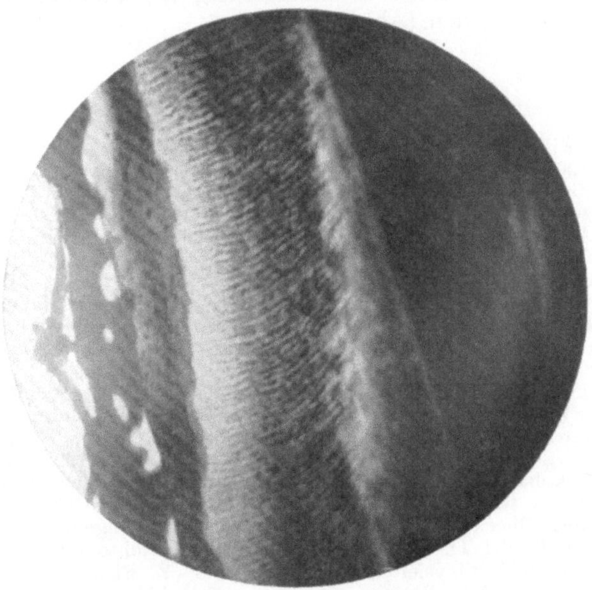

Abb. 36. Zahnschliff. Arsennachweis. Darstellung der Dentinkanälchen. Zeiß-Photo. Obj. 4, Leitz. Vergr. etwa 150mal. Im durchfallenden Licht.

Erstere lassen sich leichter als letztere veraschen. Es sind ganz besonders die Zellkerne, die schwer in reine Asche umzuwandeln sind. Bei langsam und stufenweise ausgeführter Einäscherung kann man die Kerne verkohlt erhalten im vollständig zur Asche reduzierten Cytoplasma. Policard (1923) schreibt diese Erscheinung der Anwesenheit aromatischer Körper im Kerne (Pyrol) zu. Nach Eiweißkost ist der Aschegehalt der Leber gleichmäßig verteilt, jedoch geringer als nach Kohlenhydratkost. Es ist hier ganz besonders der Zellkern, der sich nur schwer veraschen läßt. Nach Fettkost geht die Veraschung leichter als nach Eiweißkost. Tschopp und Underhill haben bei einem Kaninchen vor der Injektion einer isotonischen Zuckerlösung einen Leberlappen unterbunden und gefunden, daß der Aschegehalt in den Spodogrammen des unterbundenen Leberlappens deutlich größer war als in den durchspülten Teilen. Daraus geht hervor, daß die isotonische Zuckerlösung einen Teil der anorganischen Ionen aus der Leber entfernt hat. Nach oraler Wasserzufuhr verlieren Hunde (Underhill und Mitarbeiter) im Urin beträchtliche Mengen anorganische Ionen, welches zu einer „Wasserintoxikation" führen kann. Die Erklärung der von UNDERHILL, MYRON und SALLICK (1925) beobachteten Erscheinung der Wasserintoxikation soll nach den Autoren in einem Salzverlust des Organismus begründet sein.

Anhangsweise sei ferner über eine Anwendung der vorstehend mitgeteilten Untersuchungsmethoden berichtet, welche zeigen, daß auch indirekt die mikroskopische Anatomie von Geweben durch chemische Vorgänge vorgeführt werden kann. Bei Versuchen, welche ich mit Herrn Zahnarzt H. LENZIN zusammen in der physiologisch-chemsichen Anstalt Basel angestellt habe, hat es sich gezeigt, daß das durch den Zahnkanal zugeführte Arsenik in die feinsten Verzweigungen der Zahnkanälchen hineindringt und sogar nach außen hinausdiffundieren kann. Der Umstand, daß das Arsenik leicht in das Arsensulfid und dieses in Silbersulfid übergeführt werden kann, ermöglicht es, die Zahnkanälchen bzw. den gesamten Zusammenhang der Zahnpulpa mit all ihren Verzweigungen festzustellen (Abb. 36).

Literatur.

Albu, A.: Über den Aschengehalt einiger Se- und Exkrete des Körpers. Z. exper. Path. u. Ther. **5**, 25 (1908).
Bamberger: Zur Lehre vom Auswurf. Würzburg. med. Z. **2**, 333 (1854). — **Bang, J.:** Mikromethoden zur Blutuntersuchung. München 1922. — **Beale:** Chemische Untersuchung bei Pneumonie. Med. Chir. Trans. **35**, 325 (1852). — **Beebe, P. S.:** Amer. J. Physiol. **2** (1904); **12** (1905). — **Behrens, H.:** Anleitung zur mikrochemischen Analyse. Hamburg u. Leipzig 1899. — **Behrens-Kley:** Mikrochemische Analyse. Leipzig 1921. — **Biilmann, E.:** Über die Darstellung des Natriumkobaltnitrits und seine Anwendung zum Nachweis von Kalium. Z. anal. Chem. **39**, 284 (1900). — **Bloch, Br.:** Chemische Untersuchung über das spezifische pigmentbildende Ferment der Haut, der Dopaoxydase. Hoppe-Seylers Z. **98**, 226 (1916). — **Breest, Fr.:** Zur physiologischen Wirkung der Kieselsäure. Biochem. Z. **108**, 309 (1920).
Chevalier, P. et **H. Chabanier:** Localis. de l'ureé dans le rein. C. r. Soc. Biol. **78**, 689 (1918). **Chrzonszczewsky:** Virchows Arch. **31**, 191 (1864). — **Ciaccio, C.:** Untersuchungen über die Autooxydation der Lipoidstoffe usw. Biochem. Z. **69**, 313 (1915). — **Cunningham, R. S.:** Studies in placental perm. I u. II. Amer. J. Physiol. **53**, 439 (1902); **60**, 448 (1922). — **Curtman:** Natriumkobaltnitrit als Reagens auf Kalium. Ber. dtsch. chem. Ges. **14**, 1951 (1881). — **Cushny, A. R.:** Die Absonderung des Harns. Jena (1926).
Dafert, O.: Notiz über die Veraschung kleiner Substanzmengen. Biochem. Z. **164**, 444 (1925). — **Donnan, F. G.:** Theorie der Membrangleichgewichte und Membranpotent. bei Vorhandensein von nicht dilaysierenden Elektrolyten. Z. Elektroch. **17**, 572 (1911). — **Drechsel, E.:** Vorläufige Mitteilungen über einen natürlich vorkommenden Kieselsäureester. Zbl. Physiol. **2**, 361.
Ebstein, W. und **A. Nikolaier:** Über die Ausscheidung der Harnsäure durch die Nieren. Virchows Arch. **143**, 337 (1896). — **Emich, F.:** Lehrbuch der Mikrochemie. Wiesbaden 1911.
Feldt: Dtsch. med. Wschr. **50**, 873 (1924). — **Fellner, O.:** Die innere Sekretion des Ovariums. Verh. dtsch. Ges. Gynäk. **120**, 231 (1923). — **Frauenberger, Fr.:** Über den Kieselsäuregehalt der Whartonschen Sulze menschlicher Nabelstränge. Hoppe-Seylers Z. **57**, 17 (1908).
Gaube, G.: Essai de statique minerale du plac. et du foetus humain. These Paris **1900**. — **Glaevecke:** Über subcutane Eiseninjektionen. Arch f. exper. Path. **17**, 466 (1883). — **Gonnermann, M.:** Beitrag zur Kenntnis der Biochemie der Kieselsäure und Tonerde. Biochem. Z. **88**, 401 (1918). — **Goßmann, H.:** Über den anorganischen Bestand der Bauchspeicheldrüse und der Niere. Inaug.-Diss. Erlangen 1898. — **Grandis, V.:** Studi sulla composizione della plac. Atti Accad. naz. Lincei **9**, 170 (1900). — La composizione delle ceneri della plac. Atti Accad. naz. Lincei. **19**, 262. — **Guggenheim,:** Dioxyphenylalanin, eine neue Aminosäure aus Vicia faba. Hoppe-Seylers Z. **88**, 276 (1913).
de Haan, J. und **A. Bakker:** Ausscheiden von sämtlichen Vitalfarbstoffen usw. Pflügers Arch. **199**, 125 (1923). — **Halliburton, W. T.:** The proteids of kidney and liver cells. J. of Physiol. **13**, 807 (1892). — **Hammarsten, O.:** Lehrbuch der physiologischen Chemie. München 1923. — **Haushofer, K.:** Mikroskopische Reaktionen. Braunschweig 1885. — **Heidenhain, R.:** Die Harnabsonderung. Hermans Handb. Physiol. **5**, 279 (1883) Leipzig. — **Herrera, A. L.:** El acido silicico en los residuos carbonósos de las materias orgánicas. La terapeutica Moderna. Mejico. 15. Julio 1912, 122. — Congrés international de Zoologie. Monaco 1913, 431. — Sur

la presence de la silice dans les coupes histologiques incinereés. C. r. Acad. Sci. 180, 538 (1925). **Higuchi:** Ein Beitrag zur chemischen Zusammensetzung der Placenta. Biochem. Z. 15, 95 (1909); 22, 341 (1909). — **Hof, A. C.:** Untersuchung über die Topikunde. Alkaliverteilung in Pflanzengeweben. Bot. Zbl. 83, 273 (1900). — **Hollmann, J. L. A. H.:** Histochemische Untersuchung nach dem Ureumausscheiden. Nederl. Tijdschr. Geneesk. 67, 2266 (1923). — **Höber, R.:** Physikalische Chemie der Zelle und der Gewebe. 5. Aufl. 1924. — Durchlässigkeit der Zelle für Farbstoffe. Biochem. Z. 20, 56 (1909). — **Höber, R.** und **F. Kempner:** Betrachtungen über die Farbstoffausscheidung durch die Nieren. Biochen. Z. 2, 105 (1908). — **Höber, R.** und **S. Chassin:** Die Farbstoffe als Kolloide und ihr Verhalten in der Niere vom Frosch. Kolloid-Z. 3, 76 (1908). — **Höber, R.** und **O. Nast:** Weitere Beiträge zur Theorie der Vitalfärbung. Biochem. Z. 50, 418 (1913).

Kahle, H.: Einiges über den Kieselsäurestoffwechsel bei Krebs und Tuberkulose und seine Bedeutung für die Therapie der Tuberkulose. Münch. med. Wschr. 1, 753 (1914). — **Kley, P. D. C.:** Mikrochemische Analyse (Behrens-Kley). Leipzig 1921. — **Kobert, R.:** Zur Physiologie der Fe und Mn. Arch. f. exper. Path. 16, 361 (1883). — **Koch, W.:** Zur Kenntnis der Schwefelverbindungen des Nervensystems. Hoppe-Seylers Z. 53, 496 (1907); 70, 94 (1919). — **Köhler, A.:** Z. Mikrosk. 21, 163 (1904). — **de Koninck, L. L.:** Neue Reaktion auf Kali. Z. anal. Chem. 20, 390 (1881). — **Kramer** und **Tisdall, Fr.:** A clin. Method f. the quant. determ. of pottassium in small amounts of serum. J. of biol. Chem. 46, 339 (1921).

Ladenburg, A.: Über aromat. Siliciumverbindungen. Chem. Ber. 6, 379; 1029 (1873); 7, 387 (1874). — **Langmuir, J.:** Die Adsorption von Gasen an ebenen Oberflächen von Glas, Glimmer und Platin. J. amer. chem. Soc. 40, 1361 (1918). — **Liesegang, R. E.:** Die Veraschung von Mikrotomschnitten. Biochem. Z. 28, 413 (1910). — **Lönnberg, J.:** Beitrag zur Kenntnis der Eiweißkörper der Nieren und der Harnblase. Skand. Arch. Physiol. (Berl. u. Lzp.) 3, 1 (1891). — **v. Lynch:** Chemistry of the whitefish sperm. J. of biol. Chem. 44, 319 (1920).

Macallum, A. B.: On the distribution of potassium in animal and veget. cells. J. of Physiol. 32, 95 (1905). — Die Methoden der biologischen Mikrochemie. Abderhaldens Handb. d. Biochem. Arbeitsmethoden. 5, 1099 (1912). — Die Methoden und Ergebnisse der Mikrochemie in der biologischen Forschung. Erg. Physiol. 7, 552 (1908). — On the Demonstration of the presence of iron in chromatin by mikro chemical methods. Proc. roy. Soc. 50, 277 (1891). **Magnus-Levy:** Über den Gehalt normaler menschlicher Organe an Cl, Ca, Mg, und Eisen, sowie an Wasser, Eiweiß und Fett. Biochem. Z. 24, 363 (1910). — **Marcotty:** Arch. f. Gynäk. 91, 279 (1910). — **Miescher, F.:** Briefe. 74., 76., 77. und 78. Veröffentlichungen in: Die histochemischen und physiologischen Arbeiten von F. Miescher, gesammelt und herausgegeben von seinen Freunden. Leipzig 1897. — Physiologisch-chemische Untersuchungen über die Lachsmilch. Arch. f. exper. Path. 37, 100 (1896). — **Miller:** Arch. Gynäk. 91, 279 (1910). — **Molisch, H.:** Mikrochemie der Pflanze. Jena: Fischer 1923. — Aschenbild und Pflanzenverwandtschaft. Sitzgsber. Akaf. Wiss. Wien, Math.-naturwiss. Kl. 1920, 129. — **v. Möllendorff, W.:** Erg. Physiol. 18, 141 (1920). — Die Dispersität der Farbstoffe, ihre Beziehungen und Speicherungen in der Niere. Anat. H. 53, 87 (1915). — Durchtränkung und Niederschlagsfärbung als Haupterscheinung bei der histologischen Färbung. Erg. Anat. 25, 1 (1924). — Zur kritischen Auswertung gefärbter Strukturen in fixierten Präparaten. Dermat. Wschr. 77, 1417 (1923). — **v. Möllendorff, W.** und **Dörle:** Beitrag zur histologischen Färbung. Arch. mikrosk. Anat. 100, 61 (1923). — **Möllgaard:** Chemotherapeutics of tuberculosis. Kopenhagen 1924.

Neuschloß, S. M. y R. A. Trelles: Über Mengen und Zustand des Kaliums in den quergestreiften Muskeln unter normalen und pathologischen Bedingungen. Rev. Asoc. méd. argent. 37, 93 (1924).

Oliver, J.: Mechanism. of urea excretion. J. of exper. Med. 33, 177 (1921).

Paneth, Fr. und **W. Vorwerk:** Über die Dicke der adsorbierten Schicht bei der Adsorption von Farbstoffen an Krystallen. Z. Elektrochem. 28, 113 (1922). — **Paneth, Fr.** und **Thimann:** Über die Adsorption von Farbstoffen an Krystallen. Berl. chem. Ber. 57, 1215 (1924). — **Paneth, Fr.** und **Radu:** Über die Adsorption von Farbstoffen an Diamant, Kohle und Kunstseide. Berl. chem. Ber. 57, 1221 (1924). — **Piras, A.:** Dimonstr. microchim. dell'urea. Arch. di Fisiol. 20, 237 (1922). — **Policard, A.:** La minéralisation des coupes histologiques par calcination et son intérèt comme méthode histochimique genérale. C. r. Acad. Sci. 176, 1012 (1923). — Sur une Méthode de micro-incinération applicable aux recherches histochimiques. Bull. Soc. Chim. France 33, 1551 (1923). — La microincinération et son intérèt dans les recherches histochimique. Bull. Histol. appl. 1, 1 (1924); 1, 26 (1924). — Recherches histochimiques sur la teneur en cendres de l'ovaire humain. C. r. Soc. Biol. 89, 535 (1923). Recherches histochimiques sur la rapidité de minéralisation et la teneur en cendres des diverses parties des cellules. C. R. Soc. Biol. 89, 533 (1923). — Dédection histochimique du fer total dans les tissus par la méthode de l'incinération. C. r. Acad. Sci. 177, 1187 (1923). **Policard, A. et Leulier:** Etude critique sur l. méthodes de caracterisation histochim du phosphore. Bull. Histol. appl. 2, 22 (1925). — **Policard, A. et R. Noël et D. Pillet:** Etude histochim. d. variations d. la teneur en cendres du tissu héptique suivant divers régimes. C. R. Coc. Biol. 91, 1219 (1924). — Policard, A. et D. Pillet: Recherches histochim. s. l. teneur en matières minérales fixes d. cancers expér. C. R. Soc. Biol. 92, 272 (1925). — Policard, A. et S. Durow: Recherches histochim. s. l. teneur en cendres des cancers. Ann. Anat. päth. méd.-chir. 1, 163 (1924). — Policard: Part prise par les canaux excreteurs dans la formation des composés calcaires de la salive. Bull. Histol. appl. 3 (1926). — Pregl, F.: Die quantitative organische Mikroanalyse. Berlin: Jul. Springer 1923.

Rößle, R.: Zur Siliciumbehandlung der Tuberkulose. Münch. med. Wschr. 1, 756 (1914). Salkowski: Zur Kenntnis des pathologischen Speichels. Virchows Arch. 109, 358 (1887). — Schenk, S. L.: Anatomisch-physiologische Untersuchungen. Wien 1872. — Schneider und K. Spiro: Erg. Physiol. 1, 414 (1902). — Schulz, H.: Über den Kieselsäuregehalt der menschlichen Bauchspeicheldrüse usw. Biochem. Z. 70, 464 (1915); Pflügers Arch. 84, 67. — Schoeller, A.: Mikroveraschung. Ber. dtsch. chem. Ges. 55, 2191 (1912). — Seifert, Nelly: Diss. Basel 1925: Synergistische Versuche an überlebenden Gefäßstreifen. — Stameni, P.: Über die chemische Zusammensetzung der Placenta usw. Arch. ital. de Biol. 34, 216. — Shimidzu, Y.: On the perm. to dystuffs of the placenta. Amer. J. Physiol. 62, 202 (1922). — Spiro, K.: Einige Ergebnisse über Vorkommen und Wirkung der weniger verbreiteten Elemente. Erg. Physiol. 24, 474 (1925). — D. oligodynamische Wirkung des Kupfers. Münch. med. Wschr. 1915, 1601; Biochem. Z. 74, 265 (1916). — Physikalische und physiologische Selektion. Straßburg 1897. — Spitzer, D.: Bedeutung gewisser Nukleoproteine für oxydative Leistungen der Zelle. Pflügers Arch. 67, 615 (1896). — Stock, A.: Zur Nomenklatur der Siliciumverb. Ber. dtsch. chem. Ges. 50, 169 (1917); 50, 1754 (1917). — Stübel, H. D.: Mikrochemischer Nachweis von Harnstoff in der Niere mit Xanthydrol. Anat. Anz. 54, 236 (1921). — Die Ursache der Doppelbrechung der quergestreiften Muskelfasern. Pflügers Arch. 201, 629 (1923). — Suzuki: Zur Morphologie der Nierensekretion. Jena 1912.

Takamini, J.: Verfahren zur Gewinnung der wirksamen Substanzen der Nebenniere. J. of Physiol. 27, 29 (1901). — Thudichum, J. L. W.: Die chemische Konstitution des Gehirns des Menschen und der Tiere. Tübingen 1901. — Tschopp, E.: Verh. d. Dtsch. path. Ges. Würzburg. April 1925. Verh. d. Schweiz. Naturforsch. Ges. Aarau 1925, 171. — Die Rückresorption als allgemeines biologisches Prinzip. Schweiz. med. Wschr. 57, 1065 (1927). — Histochemische Demonstrationen mikrochemischer Präparate. Verhandl. Schweiz. Naturforsch.-Ges. Freiburg 255 (1926).

Underhill, Frank P. and Myron A. Sallik: On the mechanism of water intoxic. J. of biol. Chem. 63, 61 (1925).

Walter, K. D.: Bedeutung der Xanthydrolr. für den mikrochemischen Nachweis des Harnstoffes in den Nieren. Pflügers Arch. 198, 267 (1923). — Wearn, J. T.: Observ. upon the compos. of clomerular urine. Amer. J. Physiol. 59, 490 (1922). — Weil, A.: Vergleichende Studien über den Gehalt verschiedener Nervensysteme an Aschenbestandteilen. Hoppe-Seylers Z. 89, 349 (1914). — Willstätter, R.: Über die Bindung des Eisens in Blutfarbstoff. Ber. dtsche. chem. Gs. 42, 3985 (1909). — v. Wittich: Arch. mikrosk. Anat. 2, 75 (1875).

Zwaardemaker, H.: Die K-Ca-Äquilibrierung in tierischen Systemen. Biochem. Z. 132, 95 (1923) und Erg. Physiol. 25, 535 (1926).

Namenverzeichnis.

Die *kursiven* Zahlen weisen auf die Literaturverzeichnisse hin.

Sachverzeichnis.

VERLAG VON JULIUS SPRINGER / BERLIN

Allgemeine Physiologie. (Bildet Band 1 des „Handbuches der normalen und pathologischen Physiologie", herausgegeben von A. Bethe, Frankfurt a. M., G. v. Bergmann, Berlin, G. Embden, Frankfurt a. M., A. Ellinger †, Frankfurt a. M.) Mit 119 Abbildungen. XII, 748 Seiten. 1927. RM 64.—; gebunden RM 69.60

Inhaltsübersicht: Definition des Lebens und des Organismus. Von Professor Dr. Jakob von Uexküll, Hamburg. — Übersicht über die chemischen Systeme des Organismus und ihre Fähigkeit, Energie zu liefern. Von Professor Dr. Werner Lipschitz, Frankfurt a. M. — Die Fermente. Von Professor Dr. Peter Rona, Berlin. — Die physikalische Chemie der kolloiden Systeme. Von Dr. Georg Ettisch, Berlin-Dahlem. — Allgemeine Energetik des tierischen Lebens (Bioenergetik). Von Professor Dr. H. Zwaardemaker, Utrecht. — Erregbarkeit, Reiz- und Erregungsleitung, allgemeine Gesetze der Erregung. Von Professor Dr. Philipp Broemser, Basel. — Allgemeine Lebensbedingungen. Von Professor Dr. August Pütter, Heidelberg. — Der Stoffaustausch zwischen Protoplast und Umgebung. Von Professor Dr. Rudolf Höber, Kiel. — Ionenwirkungen und Antagonismus der Ionen. Von Professor Dr. Heinrich Reichel, Wien und Professor Dr. Karl Spiro, Basel. — Die Narkose und ihre allgemeine Theorie. Von Geheimrat Professor Dr. Hans Horst Meyer, Wien. — Protoplasmagifte. Von Professor Dr. Heinrich Reichel, Wien und Professor Dr. Karl Spiro, Basel. — Die funktionelle Bedeutung der Zellstrukturen mit besonderer Berücksichtigung des Kernes und seiner Rolle im Leben der Zelle. Von Professor Dr. Günther Hertwig, Rostock i. M. — Arbeitsteilung bei „höheren" Organismen. Von Professor Dr. Otto Steche, Leipzig. — Parasitismus und Symbiose. Von Professor Dr. Otto Steche, Leipzig. — Die Einpassung. Von Professor Dr. Jakob von Uexküll, Hamburg. — Kreislauf der Stoffe in der Natur. Von Professor Dr. Karl Boresch, Prag, Tetschen-Liebwerd. — Sachverzeichnis.

Allgemeine Physiologie. Eine systematische Darstellung der Grundlagen sowie der allgemeinen Ergebnisse und Probleme der Lehre vom tierischen und pflanzlichen Leben. Von A. von Tschermak.

Erster Band: **Grundlagen der allgemeinen Physiologie.**

1. Teil: Allgemeine Charakteristik des Lebens, physikalische und chemische Beschaffenheit der lebenden Substanz. Mit 12 Textabbildungen. IX, 281 Seiten. 1916.
(Dieser 1. Teil ist einzeln nicht mehr lieferbar.)

2. Teil: Morphologische Eigenschaften der lebenden Substanz und Zellularphysiologie. Mit 109 Textabbildungen. XIV, 515 Seiten 1924. RM 30.—
(Für diese beiden Teile ist eine Einbanddecke hergestellt, die zum Preise von RM 2.— vom Verlag bezogen werden kann.)
Gleichzeitig sind die noch vorhandenen Exemplare des 1. Teiles des ersten Bandes mit dem 2. Teile zu einem gebundenen Bande vereinigt unter dem Titel:

Erster Band: **Grundlagen der allgemeinen Physiologie.** Mit 122 Textabbildungen. XIV, 796 Seiten. 1924. Gebunden RM 48.—

Grundriß der allgemeinen Physiologie. Von William Maddock Bayliss †, ehemals Professor für Allgemeine Physiologie an der Universität London. Nach der dritten englischen Auflage ins Deutsche übertragen von L. Maass, E. J. Lesser. Mit 205 Abbildungen. XVI, 951 Seiten. 1926. RM 39.—

Theoretische Biologie. Von J. von Uexküll. Zweite, gänzlich neubearbeitete Auflage. Mit 7 Abbildungen. X, 253 Seiten. 1928.
RM 15.—; gebunden RM 16.80

Theoretische Biologie vom **Standpunkt der Irreversibilität des elementaren Lebensvorganges.** Von Professor Dr. Rudolf Ehrenberg, Privatdozent für Physiologie an der Universität Göttingen. VI, 348 Seiten. 1923. RM 9.—

Körper und Keimzellen. Von Jürgen W. Harms, Professor an der Universität Tübingen. (Bildet Band 9 der „Monographien aus dem Gesamtgebiet der Physiologie der Pflanzen und der Tiere".) In zwei Teilen. Mit 309, darunter auch farbigen Abbildungen. XIV, 1024 Seiten. 1926. Jeder Teil RM 33.—; gebunden RM 34.50
(Beide Teile werden zusammen abgegeben.)

Das Problem der Zellteilung, physiologisch betrachtet. Von Alexander Gurwitsch, Professor der Histologie an der Ersten Universität in Moskau. Unter Mitwirkung von Lydia Gurwitsch. (Bildet Band 11 der „Monographien aus dem Gesamtgebiet der Physiologie der Pflanzen und der Tiere".) Mit 74 Abbildungen. VIII, 222 Seiten. 1926. RM 16.50; gebunden RM 18.—